青海省灾害性天气个例分析文集
（2007—2017 年）

王振海　主编

气象出版社
China Meteorological Press

内容简介

本书收集了2007—2017年间发生在青海省的典型灾害性天气个例，包括区域性大到暴雪天气、大到暴雨天气、大风和沙尘暴天气、寒潮天气的个例分析和技术总结，并对青海高原四类灾害性天气的时空分布、影响系统和预报着眼点做了简要的介绍。

本书适合青海高原天气预报工作者日常业务中相似个例的参考和新预报员对青海高原各类灾害性天气形成机制的初步了解，也可供广大从事预报及相关领域的业务和科研人员参考。

图书在版编目(CIP)数据

青海省灾害性天气个例分析文集：2007—2017年/王振海主编．—北京：气象出版社，2021.5

ISBN 978-7-5029-7439-8

Ⅰ.①青… Ⅱ.①王… Ⅲ.①灾害性天气—天气分析—青海—2007—2017—文集 Ⅳ.①P468.244—53

中国版本图书馆CIP数据核字(2021)第088756号

Qinghaisheng Zaihaixing Tianqi Geli Fenxi Wenji（2007—2017 Nian）

青海省灾害性天气个例分析文集(2007—2017年)

王振海　**主编**

出版发行：气象出版社

地　　址：北京市海淀区中关村南大街46号　　**邮政编码**：100081

电　　话：010-68407112(总编室)　010-68408042(发行部)

网　　址：http://www.qxcbs.com　　**E-mail**：qxcbs@cma.gov.cn

责任编辑：邵　华　张玥滢　熊廷南　　**终　　审**：吴晓鹏

责任校对：张硕杰　　**责任技编**：赵相宁

封面设计：地大彩印设计中心

印　　刷：北京建宏印刷有限公司

开　　本：787 mm×1092 mm　1/16　　**印　　张**：36.5

字　　数：920千字

版　　次：2021年5月第1版　　**印　　次**：2021年5月第1次印刷

定　　价：198.00元

《青海省灾害性天气个例分析文集（2007—2017年）》编委会

主　　编： 王振海

副 主 编： 张青梅　马学莲　韦淑侠

编委会成员： 马元仓　徐　亮　马秀梅　李金海
马　琼　马海超　石成珍　张吉农
余学英　裴尕桑　钟元龙　郑志红
严玉霞　王　敏　白文珊　魏永亮
梁志勇　曹晓敏　祁彩虹　郭晓宁
牛海祯　张宁瑾

序　　言

青藏高原是中国最大、世界海拔最高的高原，是我国天气气候的“上游”。青海省地处青藏高原东北部，境内地形复杂，下垫面多样，灾害性天气频发，有“一天有四季，十里不同天”之说，天气预报难度大。开展青海省灾害性天气的研究，对于认识青海高原灾害性天气的形成机理和提高预报能力有着十分重要的意义。

长期以来，一代代青海气象工作者发扬“艰苦不怕吃苦，缺氧不缺精神”的高原气象人精神，坚持“一年四季不放松，每次过程不放过”，密切监视“三性”天气生消演变，科学探究灾害性天气成因，不断提升高原天气预报和服务能力，为青海省经济社会发展和生态文明建设提供了优质的气象服务，得到了社会各界赞誉和地方政府的肯定。

青海省气象局深入贯彻落实习近平总书记对气象工作的重要指示精神，努力做到“监测精密、预报精准、服务精细”，进一步提升青海省灾害性天气预报预警能力，组织省气象台、市（州）气象局一线骨干预报员编写完成《青海省灾害性天气个例分析文集（2007—2017年）》。这本天气个例分析文集是对近10年青海省大到暴雨（雪）、大风、沙尘暴以及寒潮大范围主要灾害性天气的集中总结，是青海省广大天气预报技术人员集体智慧的结晶，也是落实研究性天气预报业务的重要体现。该书的出版有助于新入职预报员在短时间内掌握青海高原灾害性天气形成机理和预报方法，也是今后青海省天气预报工作者日常业务中的重要参考书，具有较高的实用价值和学术价值。在此，我向为编撰本书而付出辛苦努力的全体人员表示衷心的感谢！

高原天气预报目前仍是全国乃至全球天气预报的难点问题之一，提高青海省灾害性天气预报的精准化水平任重道远，需要青海气象人持之以恒强化青海高原天气的深入研究和客观预报技术方法的不懈探索。青海省气象工作者要勇于创新，不断进取，努力提高青海省气象预报的精准化水平，更好地发挥气象防灾减灾第一道防线作用，全面推动青海气象事业高质量发展！

2020年9月23日

前　言

青海省地处“世界屋脊”青藏高原东北部，幅员辽阔，地势高峻，地形复杂，总面积 72 万 km^2，南北约 800 km，东西约 1200 km，平均海拔 3000 m 以上。北部祁连山脉巍峨横亘，南部昆仑山、巴颜喀拉山及唐古拉山脉屹立雄峙，西部盆地戈壁辽阔广袤，而东部则河谷蜿蜒纵横。独特的地势地形和复杂的下垫面，导致青海省气候多样，天气多变，灾害性天气频发。

青海省灾害性天气主要有大到暴雪、大到暴雨、大风、沙尘暴以及寒潮等。大到暴雪主要集中在春、秋季，具有影响范围广、降雪强度大以及持续时间长等特点，经常给农牧业生产和交通运行造成较大的影响。大到暴雨主要集中在夏季，具有突发性、局地性、历时短及致灾性强等特点，经常导致山洪、泥石流、滑坡以及中小河流洪水等次生灾害发生。大风天气主要集中在冬春季节，以动量下传类为主因的大风为主。冷空气大风在春秋季较为频繁，且伴随着冷锋在柴达木盆地的西进，沙尘暴天气常伴随其左右，故春季也是青海省沙尘暴天气的高发季。青海省区域性寒潮天气主要集中在春秋季，尤以春季居多，相对内地而言，高海拔和稀薄的大气导致高原寒潮天气降温幅度较平原地区更大。

复杂多样的灾害性天气给高原天气预报员提出了巨大的挑战，除了高原固有的复杂地形地势等先天性难题外，相对沿海地区稀疏的观测站点以及各类数值天气预报模式在高原的预报性能相对偏弱等因素，也制约着预报员对高原灾害性天气的机理认知和预报能力的提高。因此，为了进一步提高高原预报员对青海省各类灾害性天气形成机理和原因的认知，提升高原预报员综合业务水平，增强青海省气象防灾减灾能力，同时也为了积淀天气预报职业技能竞赛历史个例基础，青海省气象局组织开展了 2007—2017 年青海省灾害性天气个例分析文集的编制工作。

该项工作自 2018 年 5 月启动以来，得到了青海省气象局领导的高度重视和多次部署，青海省气象局科技预报处制定了详细的工作方案。在近 2 年时间内，先后有省级首席专家、省台首席预报员及业务骨干预报员、各州市气象台骨干预报员近 50 余人参与本项工作。通过组织省级预报专家集中培训和指定专家组分类评审等方式，按照数据资料准确统一、图形图表直观易懂、论点结论高度凝练的原则，青海省气象台和各州地市局气象台个例负责人(具体撰写人见青海省灾害性天气个例分析文集)进行了逐个个例普查和分析总结，完成了 2007—2017 年间数千例灾害性天气历史个例的普查、重大过程个例筛选、数百个个例分析幻灯片和典型个例总结文档的撰写、初审、评审、整理汇总等一系列工作，共完成了 116 篇幻灯片格式和文档格式总结分析报告的撰写，最终 81 篇典型天气个例总结分析文章入选此次青海省灾害性天气个例分析文集，其中大到暴雪天气21篇，大到暴雨天气21篇，大风和沙尘暴天气22篇，寒潮天气17篇。

本次普查工作由李金海、王振海完成，分析个例文档的初审工作由王振海、马秀梅等个例普查分析专家完成。王振海、张青梅、马学莲、韦淑侠首席预报员分别负责大到暴雪、大到暴雨、大风和沙尘暴、寒潮天气历史个例的二次评审及修改工作，并完成了各自负责类型灾害性天气的概述撰写，最后由王振海负责青海省灾害性天气个例分析文集的汇总、统稿排版等工作。个例分析文集初稿完成后，由青海省气象局科技预报处组织扎西才让、保广裕、肖宏斌等专家进行了最后的评审，王振海和牛海祯根据评审意见完成了最后的校稿修订。对各位专家的认真评审和完善修改，在此表示感谢！同时也对全省参与此次个例普查和分析工作的所有高原预报员表示衷心的感谢！

由于编者能力和水平有限，书中难免有不妥或错误之处，敬请专家和同行批评指正。

编　者

2020年6月于西宁

目　录

第一部分　大到暴雪天气

第二部分　大到暴雨天气

第三部分　大风和沙尘暴天气

第四部分　寒潮天气

第一部分
大到暴雪天气

大到暴雪天气概述

青海省大到暴雪天气过程主要发生在春季和秋季，冬季和夏季发生频次较少。就各季节大到暴雪年均发生站次而言，春季最多，为 29.7 站次，秋季为 14.1 站次，冬季为 3.4 站次，夏季为 0.5 站次(盛夏 7—8 月在青南牧区、北部祁连山区等高海拔地区年均也有 0.5 站次的大到暴雪天气出现)。就大到暴雪发生的具体月份而言，发生最多的为 4 月，年均发生 14 站次，次多月份为 10 月，年均有 9 站次，最少月份为 7—8 月(年均 0.5 站次)。从空间分布来看，大到暴雪天气过程主要发生在青南地区、祁连山区、海西东部及东部农业区，出现次数最多的站是清水河站，年均出现 4.4 次，久治次之，年均 3.9 次，达日排列第三，为 2.8 次。另外泽库、班玛、大峻、门源、同德、杂多、玛沁、河南、湟中、化隆、互助地区都是大到暴雪天气出现较多的站点，年均都在 1.3 次以上。海西西部的大部分站点、东部低海拔河谷等地出现最少，年均在 0.2 次以下。

青海省大到暴雪天气过程的发生主要和行星风带的季节性南北移动而引起的南支槽系统的加强有关，同时和北支系统引导南下的冷空气有很大关系。主要影响天气系统有北支槽、高原槽、高原切变线、高原涡、南支槽、蒙古气旋、北方冷高压、地面冷锋以及中尺度青海湖锢囚锋等。根据各天气系统的配合和影响，青海省大到暴雪天气过程的天气形势主要可以分为南北槽叠加型、北槽南涡型、南支切变型、东高西低型以及低涡切变型。在本次个例普查中的 27 个典型大到暴雪天气个例中，南北槽叠加型 10 次，东高西低型 7 次，南支切变型 6 次，北槽南涡型和低涡切变型各 2 次。

南北槽叠加型大到暴雪天气过程在春秋季发生最多，影响范围大、持续时间长。此类型主要影响系统高空 500 hPa 为北支西风槽，高原上为 500 hPa 高原槽，高原南部为较强的南支槽，3 个不同纬度的 500 hPa 槽自北向南依次呈阶梯槽分布，基本呈同位相叠加，各槽前部西南气流较为畅通，可一致自西南向东北输送，并和北支槽后引导的地面冷空气交汇于高原槽前偏北和北支槽底区域，冷暖交汇造成青海省东部较大范围的大到暴雪天气过程。此类过程的主要预报着眼点是槽前西南气流的风速，其向北输送的北界以及北部冷锋强度和青海湖锢囚锋的维持区域等，同时需要关注一致的西南气流中跨越大型山脉时背风波扰动引起的降雪天气，这在海南南部地区表现较为明显。

北槽南涡型和南支切变型大到暴雪天气过程是南北槽叠加型缺少南支槽和北支槽配合形势下的两种变型，也以春秋季发生居多，其中北槽南涡型在秋季中前期发生较多，而南支切变型则在春季中前期发生更多，这主要也和行星风带秋季南压和春季北退有关。两种类型的降雪影响范围相对来说南支切变型比北槽南涡型的要小，北槽南涡型主要影响东北部地区，南支切变型则主要影响青南地区。北槽南涡型的影响系统主要是北支西风槽和高原系统，相对而言，高原南部南支系统发展偏弱，从而造成平流水汽输送不畅，故动力有余而水汽不足。该类型降水主要发生在局地水汽较好的东北部河谷地带，这种类型大到暴雪天气的预报着眼点要重点分析北部冷锋和青海湖锢囚锋影响区域内局地水汽较好的区域，降水天气发生前 6～12 h 地面天气图上地面露点或比湿相对大值的区域可能是后期降水的中心区域。相比北槽南涡型，南支切变型则是在缺少北支槽配合下的南部系统的表演舞台，总体而言是水汽有余但动力不足，这类型大到暴雪天气的预报着眼点要放在南支槽西南气流的强度、输送北界以及高原切变线或高原涡等能提供动力条件的高原系统的影响区域，同时需要关注大型准东西向山脉的地形抬升作用，如巴颜喀拉山脉南麓及阿尼玛卿山脉南麓等。

东高西低型大到暴雪天气过程也多发生在春秋两季，但比起前面3种类型而言，降水强度小但降水时间较长。其典型的天气形势是南支槽偏弱，青藏高原25°～30°N之间以偏西风为主，有时也有弱偏西南风，但其更南区域也即高原南侧无南支槽或以西风气流为主；高原中部地区多高原槽或高原切变线活动，高原北部地区有北支槽配合，其和高原槽基本呈同位相形成一个较深厚的西低形势，而东部河套至华北西部地区存在一个弱脊或弱的反气旋环流区域形成东高形势，从而形成东高西低的降水天气背景形势。此类大到暴雪天气的预报着眼点需要重点关注西低形势后部偏西或西北风和东高形势后部偏西南风辐合的区域，槽前脊后偏西南风输送北界区域。这两个动力条件较好的区域内局地水汽相对较好的站点往往能形成大到暴雪天气，同时需要关注东高西低形势的维持时间和维持区域，东高西低的形势对峙对于形成较长时间降水至关重要。

相比于前面4种类型的大到暴雪天气类型过程中有南北系统的参与，低涡切变型大到暴雪天气过程基本就是高原系统的独自表演，多发于春秋季中期，降雪区域多集中于35°N线青海省偏东地区，主要在海南南部、黄南南部和果洛北部地区。其典型形势是高原北部北支系统和南部南支系统均较弱，有时北部还呈弱脊形势。高原西部多波动，高原槽东移过程中发展或加强为高原涡或配合北部脊底部的偏东北气流在35°N线附近形成高原切变线，在这些高原系统东移过程中往往在海南、黄南及果洛地区造成大到暴雪天气过程。这类天气过程的预报着眼点着重关注高原系统的移动路径以及其东移可能路径上局地水汽较好的区域，尤其是海南南部和黄南南部，有时若高原系统北抬明显的话，也需关注海西东部及东部河谷地区。

总而言之，青海省大到暴雪天气过程多发于春秋两季，尤以春季为最多，多发于青南地区、祁连山区以及东部河谷河源地区。各类型大到暴雪天气过程均需要动力和水汽的共同配合，若平流水汽和局地水汽均较好的情况下(如南北槽叠加型)，降水范围一般较大且量级也较大，在二者缺一或者二者均较弱的情况下(如其他类型)，降水范围较小，降水强度略弱，但也不排除秋初或春末时期地面能量较好情况下对流性降水参与进来后导致的局地大降水。因此，大到暴雪天气过程和其他降水过程一样，需要着重从预报场和临近的实况场上分析动力、水汽、热力等各类条件，从高空到地面分析预报场和实况场上天气系统发生发展过程中的误差，着重分析南部西南气流的预报强度误差和北部冷空气的预报路径和强度误差，不断挖掘和凝练前期数值预报中对后期大降水过程有预报指示意义的预报指标，同时需要通过后期实况场，进一步分析和研究青海省大到暴雪天气过程发生的触发机制以及发展加强的机理，从而进一步提高青海省大到暴雪天气的预报准确率，增强气象防灾减灾能力。

2007 年 3 月 15 日大到暴雪天气过程分析和总结

谢天蓉
（青海省气象台，西宁　810001）

摘　要：基于高空、地面和模式资料，对 2007 年 3 月 15 日发生在青海省东部地区一次初春大到暴雪天气过程进行了分析，结果表明：1）此次过程降雪范围广、强度大、强降水时段集中、大到暴雪落区集中，天气现象复杂，包括暴雪、寒潮、伴局地浮尘、扬沙、沙尘暴。2）此次过程中，500 hPa 南北系统同相位叠加，西风槽底部分裂短波槽携带冷空气，与南支槽前较强的西南暖湿气流在青海省东部交汇，有利于大降水的出现。3）中尺度天气系统决定大到暴雪落区：α 中尺度的青海湖锢囚锋维持在青海湖以西地区（6 h 以上），锢囚锋西侧配合有气旋性环流及迎风坡地形，是造成德令哈市暴雪的主要原因；β 中尺度的地面辐合线，配合谷地地形及迎风坡地形，是造成青海省东部地区大雪的主要原因。4）良好的动力因子、热力因子以及水汽，为大降水的出现创造了有利条件。5）此次天气过程的预报着眼点：EC 形势预报场中，北方冷空气与西南暖湿气流在海西东部交汇，配合短波槽、地形及 $RH>90\%$ 高湿区，对德令哈暴雪有较好的指示意义，东北部大雪需配合 $RH>85\%$ 以上高湿区；过程前期，出现大到暴雪天气过程的国家站（近 80%）附近存在 β 中尺度的地面辐合线，因此，地面辐合线的位置对于确定大降水出现区域有很好的指示意义；过程前期，青海省境内垂直上升运动明显，700～300 hPa 均为上升运动区。

关键词：暴雪，成因，多尺度特征，预报着眼点

1　天气实况

2007 年 3 月 15 日 08 时—16 日 08 时，青海省中东部发生了一次初春大到暴雪天气过程，降雪范围广，全省大部出现降水；降水强度大，按 24 h 标准，全省共计出现 8 站大雪、1 站暴雪（暴雪出现在德令哈，积雪深度 16 cm）；强降水时段集中（3 月 15 日 08—14 时）、大到暴雪落区集中（青海省东部）；过程期间伴随天气现象复杂，9 站达到寒潮标准、局地伴浮尘、扬沙、其中 1 站达到沙尘暴标准。具体如图 1.1 所示。

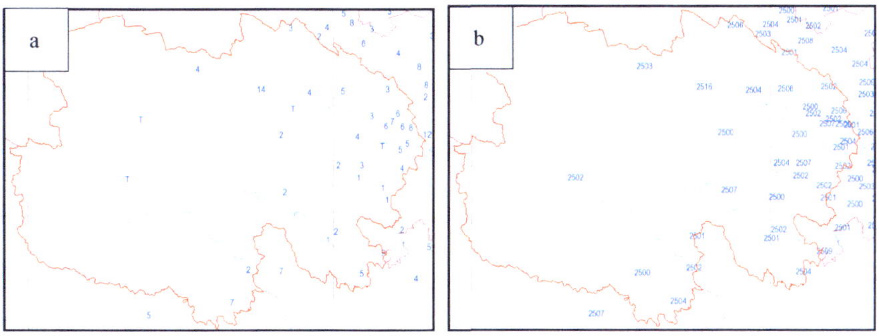

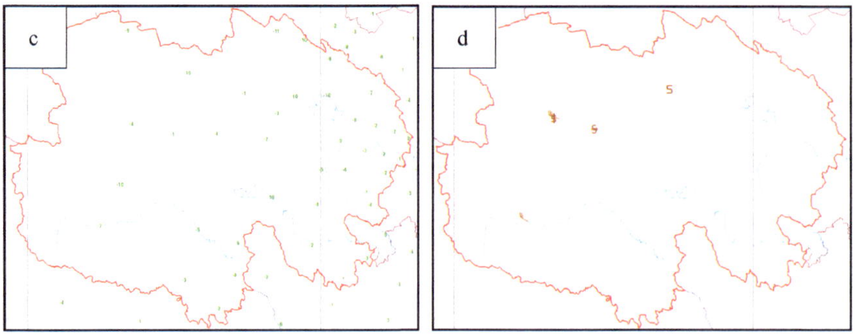

图1.1　2007年3月15日08时—16日08时天气实况

(a)2007年3月15日08时—3月16日08时降水量

(b)2007年3月16日08时积雪深度(25开头为积雪,后2位是积雪深度)

(c)2007年3月16日最低气温变温(d)2007年3月15日浮尘、扬沙、沙尘暴

(单位:降水量为mm,积雪深度为cm,变温为℃)

2　大到暴雪天气过程成因分析

2.1　天气尺度天气系统及其作用分析

分析3月15日20时高空图及形势演变(图1.2a),可以看出,在500 hPa上,15日08时西风槽底部分裂短波槽位于河套地区,而在青海省中部偏南地区存在东西向高原切变线,于20时同北支槽同相位叠加于青海省东部地区;同时,北支槽携带冷空气(新疆北部存在−32 ℃闭合冷中心),与南支槽前较强的西南暖湿气流(15日08时达日站西南风18 $m \cdot s^{-1}$,图略)在青海省东部交汇,系统的叠加和槽前正涡度平流的输送、冷暖空气的碰撞及通畅的水汽供应,有利于青海省东部出现降水过程。从3月15日08时700 hPa高空图来看(图1.2b),西路冷空气从新疆进入海西西部,东路冷空气经蒙古至我国河套回流至青海省东北部,东西两路冷空气在青海湖附近交汇,为降水提供了有利的动力抬升条件。

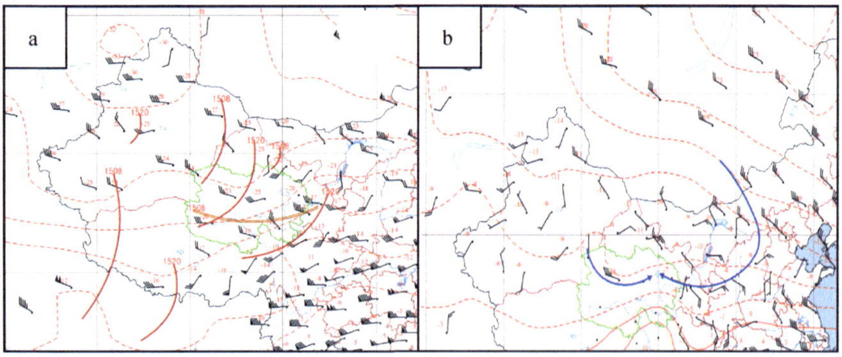

图1.2　3月15日20时500 hPa温度场+高空观测+形势演变图(a)

3月15日08时700 hPa温度场+高空观测(b)

2.2 中尺度天气系统及其作用分析

分析此次过程中的中天气尺度系统，主要是α中尺度的地面冷锋及青海湖锢囚锋（图1.3a）以及β中尺度的地面辐合线（图1.3b）。在3月15日02时，在北支槽的引导下，西路冷空气前沿地面冷锋从新疆进入海西西部，东路冷空气前沿地面冷锋经蒙古至我国河套东移至青海省东北部，于15日14时在青海湖地区相遇并形成青海湖锢囚锋，维持时间达6 h以上，锢囚锋西侧配合有气旋性环流及迎风坡地形，是造成德令哈市暴雪的主要原因。位于青海省东部的地面中尺度辐合线，配合谷地地形造成的地形辐合和地形抬升，是造成青海省东部地区大雪的主要原因。

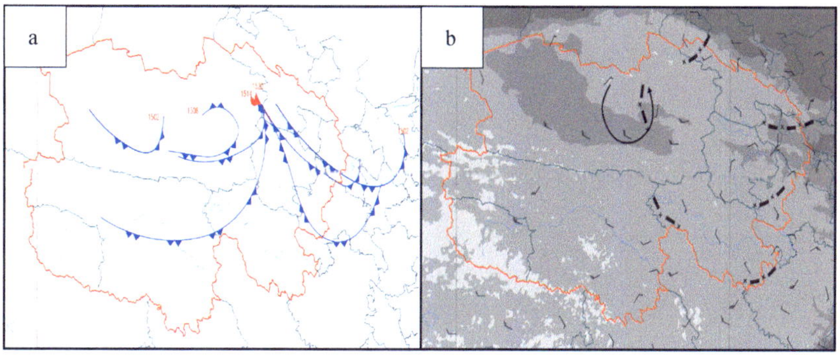

图1.3 15日02—20时影响青海省的地面冷锋及青海湖锢囚锋动态图(a)
15日11时地面风场＋地面辐合线＋地形(b)

2.3 动力因子

分析此次过程中的动力抬升条件，从3月15日08时散度场来看，大到暴雪发生区域地面至500 hPa为辐合层，500 hPa及以上为辐散层，其中700 hPa辐合中心位于青海湖以南，强度为$-3.8\times10^{-4}\,s^{-1}$，300 hPa辐散中心位于青海省偏东地区，强度为$+1.6\times10^{-4}\,s^{-1}$（图1.4a、b），低层辐合高层辐散有利于上升运动发展。

从垂直速度场来看，3月15日08时大到暴雪区域700～300 hPa均为上升运动区，700 hPa中心位于青海省东部，强度$-1.9\ Pa\cdot s^{-1}$，300 hPa中心位于柴达木盆地，强度$-3.8\ Pa\cdot s^{-1}$（图1.4c、d），上升运动中心区与大到暴雪的发生区域有较好的对应关系。

2.4 热力因子

分析15日08时温度场，可知有一深厚冷温槽位于青海省以西、新疆西藏交界一线，青海省中部偏南地区存在东西向高原切变线，冷温槽前正热成风涡度平流较强，促使高原切变线加强（图1.5a）。

选取15日08时西宁、达日两站风矢端图进行分析（图1.5b、c）：青海省中东部低层（地面至400 hPa）风随高度顺转，有暖平流，高层（400 hPa以上）风随高度逆转，有冷平流，这种上冷下暖的配置说明此时大气层结不稳定（$LI<0$ ℃），为此次过程提供了有利的热力条件。

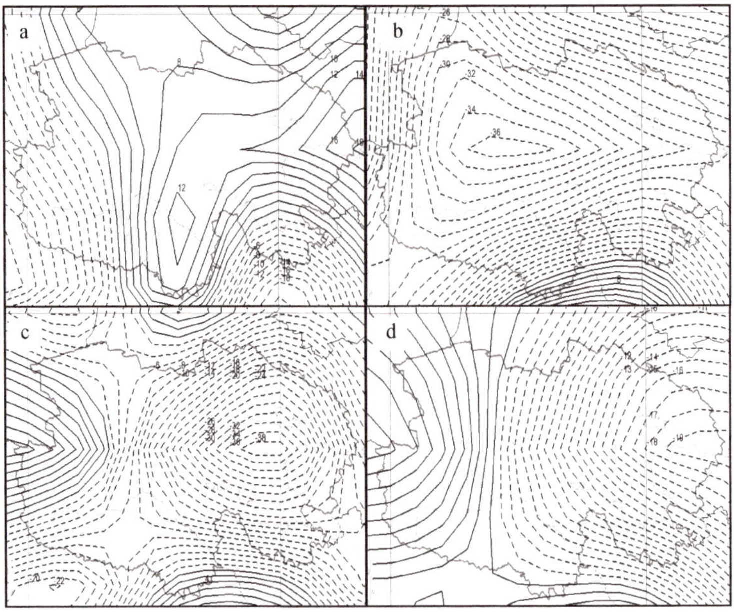

图 1.4 2007 年 3 月 15 日 08 时散度场和垂直速度场

(a)15 日 08 时 300 hPa 散度场(b)15 日 08 时 700 hPa 散度场(单位:10^{-4} s^{-1})

(c)15 日 08 时 300 hPa 垂直速度场(d)15 日 08 时 700 hPa 垂直速度场(单位:$Pa \cdot s^{-1}$)

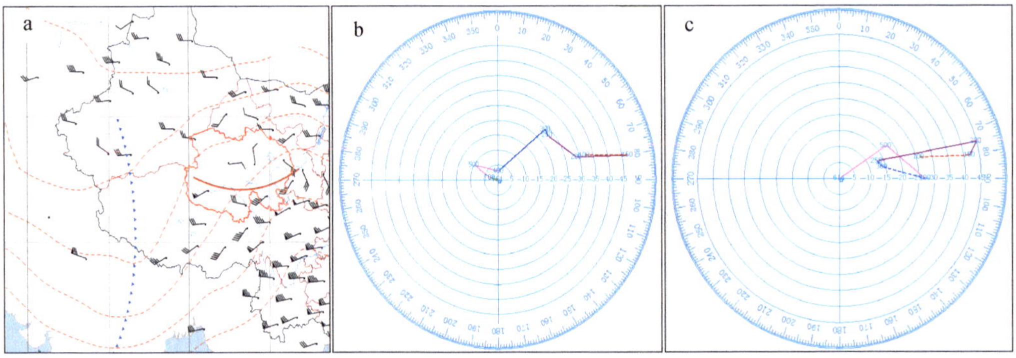

图 1.5 15 日 08 时 500 hPa 温度场及热成风涡度平流示意图(a)

15 日 08 时风矢端图西宁站(b)达日站(c)

2.5 水汽条件

分析 15 日 08 时水汽条件,可以看出全省大部水汽较好,青海省中东部处在 $RH \geqslant 70\%$ 的高湿区中;除达日、沱沱河,青海省境内 $T-T_d=2$ ℃;西宁站 T-ln$P$ 图显示青海省东北部中高层湿层深厚,700~400 hPa 均为 $RH \geqslant 80\%$ 的高湿区;青海省东部地面普遍比湿 $Q \geqslant 2\ g \cdot kg^{-1}$,地面水汽相对初春季节气候背景较好(图 1.6)。充足的水汽供应是此次大到暴雪过程发生的必要、有利条件。

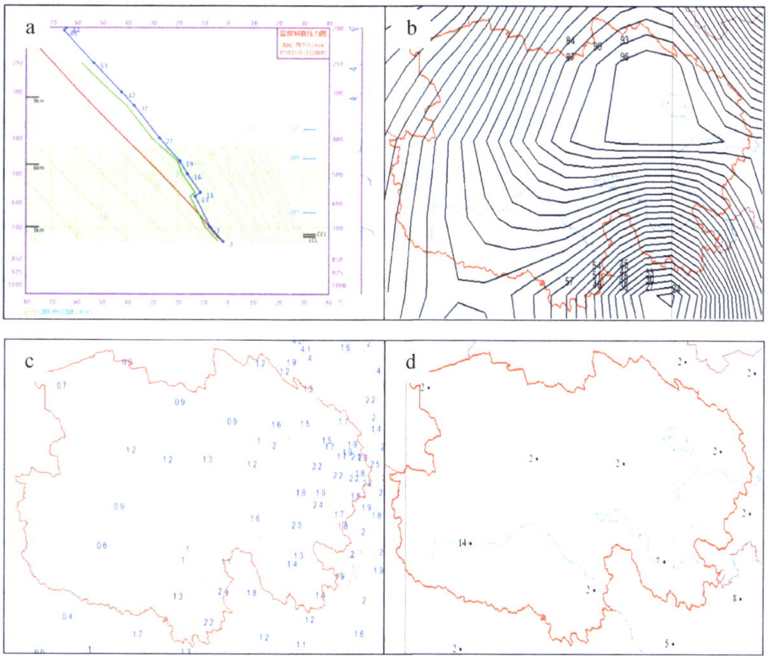

图 1.6　15 日 08 时水汽条件

(a)西宁站 T-ln$P$ 图(b)700 hPa RH(c)地面 Q(d)500 hPa $T-T_d$

3　大到暴雪天气过程预报着眼点

3.1　EC 形势预报场

分析 EC 形势预报场中 3 月 14 日 08 时起报的 15 日 08 时 500 hPa 高度场和风场以及 700 hPa RH,可知北方冷空气与西南暖湿气流在海西东部交汇,配合短波槽、地形及 $RH>90\%$湿区,对德令哈暴雪有较好的指示意义;东北部大雪需配合有 85%以上湿度饱和区域(图 1.7)。

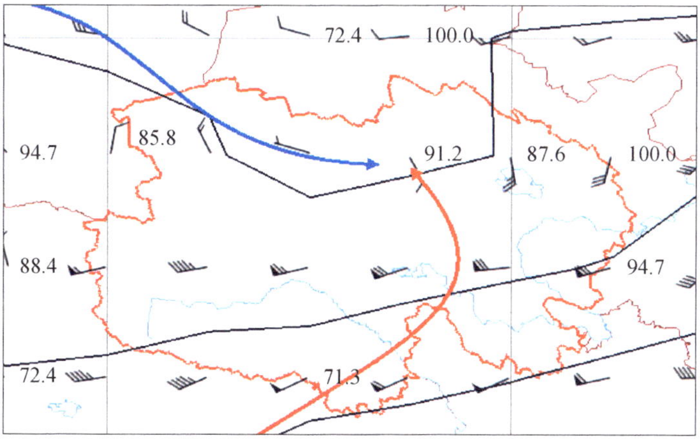

图 1.7　EC 3 月 14 日 08 时起报 15 日 08 时 500 hPa 高度场+风场+700 hPa $RH(\geq 70\%)$

3.2 地面辐合线

过程前期，出现大到暴雪天气过程的国家站(近80%)附近存在β中尺度的地面辐合线，这种中尺度地面辐合线大部分是因为地形山谷风的原因造成的，而山谷风对降水的作用主要是加强地面水汽的辐合和抬升，从而加强降水的发生和发展。因此，地面辐合线的位置对于确定大降水出现区域有很好的指示意义(图1.8)。

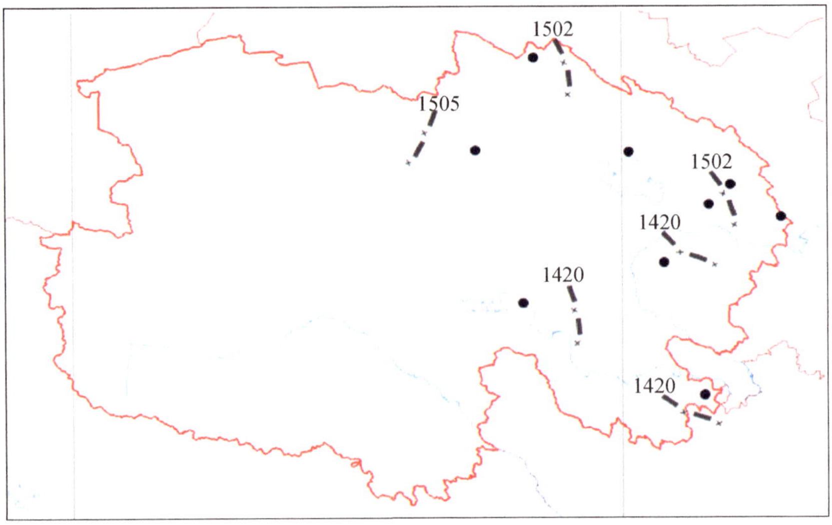

图1.8 3月14日20时—15日05时地面辐合线+出现大到暴雪国家站(黑色实心点)

3.3 垂直速度

过程前期，青海省境内700～300 hPa均为上升运动区，较强且较为深厚的上升运动为大降水提供了动力条件，有利于降水的出现及维持(图1.9)。说明在过程发生之前较强且深厚的上升运动区域对于后期降水落区有一定的预报指示意义。

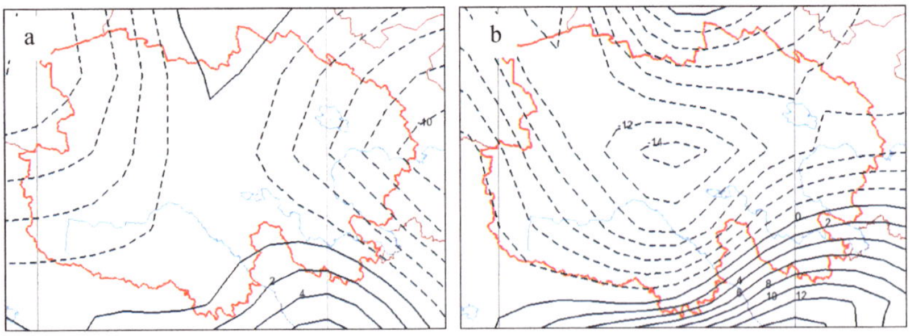

图1.9 3月14日08时垂直速度场(单位：Pa·s^{-1})

(a)700 hPa(b)300 hPa

4 结论

1)此次过程是发生在青海省中东部的一次初春大到暴雪天气过程，降雪范围广、降水强度大，按24 h标准，全省共计出现8站大雪、1站暴雪(暴雪出现在德令哈，积雪深度16 cm)、强降水时段集中(3 月 15 日 08—14 时)、大到暴雪落区集中(青海省东部);过程期间天气现象复杂,包括暴雪、寒潮(9 站达到寒潮标准)、伴局地浮尘、扬沙、沙尘暴。

2)此次大到暴雪天气过程成因:①主要影响天气系统:500 hPa 南北系统同相位叠加。西风槽底部分裂短波槽携带冷空气,与南支槽前较强的西南暖湿气流在青海省东部交汇;15 日 08 时,青海省中部形成东西向高原切变线,于 20 时与北支槽同相位叠加。700 hPa 东西两路冷平流在青海湖以西交汇(西路:从新疆进入海西西部;东路:经蒙古至我国河套回流至青海省东北部)。②中尺度天气系统:α 中尺度的青海湖锢囚锋维持在青海湖以西地区(6 h 以上),锢囚锋西侧配合有气旋性环流及地形迎风坡,是造成德令哈市暴雪的主要原因;β 中尺度的地面辐合线,配合谷地地形及迎风坡,是造成青海省东部地区大雪的主要原因。③动力因子:散度,大到暴雪区域地面至 500 hPa 为辐合层,500 hPa 及以上为辐散层,低层辐合高层辐散有利于上升运动发展;垂直速度,大到暴雪区域 700～300 hPa 均为上升运动区。④热力因子:热成风涡度平流,冷温槽前正热成风涡度平流较强,高原切变线加强;温度平流,青海省中东部低层(地面至 400 hPa)风随高度顺转,有暖平流,高层(400 hPa 以上)风随高度逆转,有冷平流,层结不稳定。⑤水汽条件:除达日、沱沱河,青海省境内 $T-T_d=2$ ℃;青海省中东部处在 $RH\geqslant 70\%$ 的高湿区;青海省东部普遍地面 $Q\geqslant 2\ g\cdot kg^{-1}$,地面水汽相对季节气候背景较好;$T$-ln$P$ 图显示,青海省东北部湿层深厚(700～400 hPa 均为 $RH\geqslant 80\%$ 的高湿区)。

3)此次大到暴雪天气过程预报着眼点:①EC 形势预报场中,北方冷空气与西南暖湿气流在海西东部交汇,配合短波槽、地形及 $RH>90\%$ 高湿区,对德令哈暴雪有较好的指示意义;东北部大雪配合 $RH>85\%$ 以上高湿区。②过程前期,出现大到暴雪天气过程的国家站(近 80%)附近存在 β 中尺度的地面辐合线,因此,地面辐合线的位置对于确定大降水出现区域有很好的指示意义。③垂直速度:过程前期,青海省境内 700～300 hPa 均为上升运动区。

2009年11月11—12日降雪天气过程分析

李妮燕　石秀云　韩廷芳　陈宏松　刘成丰
(格尔木市气象局,格尔木　816000)

摘　要:利用常规地面、高空观测资料以及欧洲中心细网格数值预报资料,对2009年11月11—12日发生在都兰和西宁周边地区的一次局地性较强的降雪天气过程的影响系统、动力因子、水汽等方面进行了分析。结果表明:1)此次过程为秋末降雪,局地性较强,并伴随着较大范围的寒潮天气和局部地区雨夹雪、阵雨天气;另外,此次过程系统移速快,降水时段比较集中。2)此次过程高层受北部短波槽和高原槽共同影响,配合一定的水汽条件和有利的上升运动,受地面冷锋的触发,造成了降雪天气过程,加之地形的抬升作用对都兰地区降雪量较大做出了一定的贡献。3)EC模式预报场上此次过程中对北部分裂短波槽的预报偏弱,对高原槽的预报位置偏东移速偏快,所以落区及过程时间较难把握,并且对于降水地区水汽的预报与实况差距较大,易对降水量级甚至降水是否出现的判断造成较大误导,从而导致EC模式对于降雪的预报不明显,预报参考性较差。

关键词:过程特点,系统影响,动力条件,水汽条件,模式预报

1　降雪天气过程特点

2009年11月11—12日,青海省出现一次局地性较强的秋末短时大到暴雪天气过程,主要集中在都兰和西宁周边地区,西宁、互助、湟中、乐都、贵德、都兰6站达到大雪量级,最大积雪深度为6 cm,最大降水量出现在都兰7.0 mm,12 h降水量6 mm达到暴雪标准(图1.10)。此次过程中伴随着较大范围的寒潮天气,格尔木、海西、海北、西宁、海南、黄南、海东部分地区均受到大幅度降温的影响,其中海晏县温度降幅达12 ℃;另外,过程中局部地区伴有阵雨、雨夹雪天气,降水相态复杂多样(图1.11)。此次过程系统移速快,降水时段比较集中(均在12 h以内)。

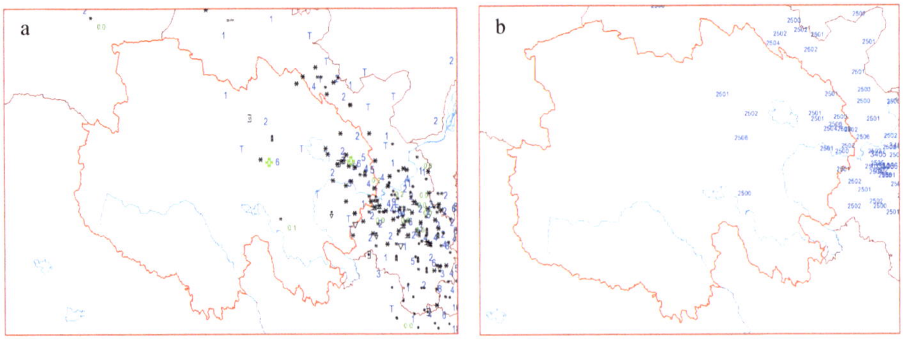

图1.10　2009年11月11日08时—12日08时天气实况
(a)11月11日08时—12日08时降水量(b)11月12日08时积雪深度

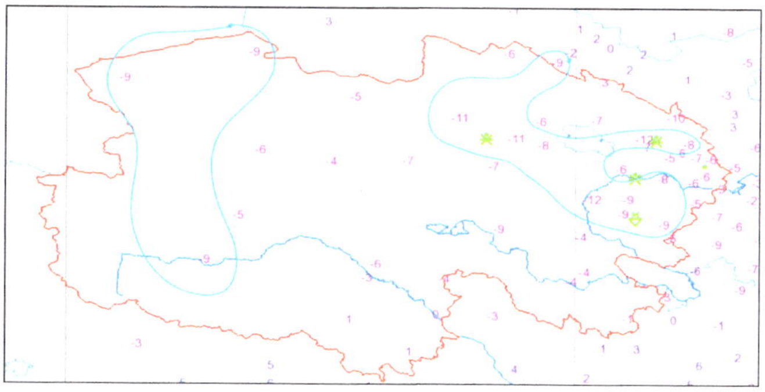

图 1.11 2009 年 11 月 11 日 08 时—12 日 08 时最低温度降幅及寒潮范围

2 大到暴雪天气过程成因分析

2.1 高空影响系统

在 11 日 08 时 500 hPa 高空图上(图 1.12),中高纬地区呈“两槽一脊”型,贝加尔湖以西新疆北部有明显的冷涡影响,中心强度为 5360 gpm,温度场上对应－39 ℃的冷中心,即北方来的冷空气在新疆北部堆积,同时贝加尔湖附近的阻塞形势有利于冷空气的蓄积;中纬度地区有短波槽不断东移发展;青海省处于西亚大槽底部偏西偏南气流当中,在冷涡东移过程中,其低涡槽也不断分裂短波槽引导冷空气南下。至 11 日 08 时分裂短波槽东移至河西走廊一带,冷空气与位于唐古拉山区的南支槽引导的槽前西南气流交汇于青海湖以西地区,造成了都兰及其周边一带的雨雪天气;随着两个系统的不断地东移发展,从 11 日 20 时 500 hPa 高空图上可以看出,高原槽移至黄南地区,为海东及西宁周边输送暖湿气流,与短波槽后部冷空气交汇造成了西宁周边地区降雪降温天气。

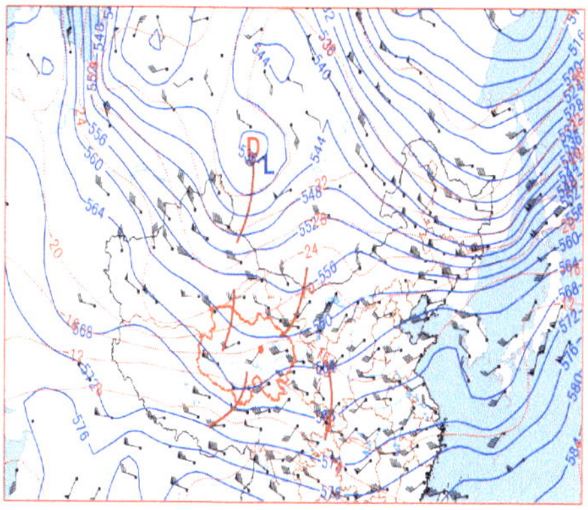

图 1.12 2009 年 11 月 11 日 08 时 500 hPa 环流形势分析

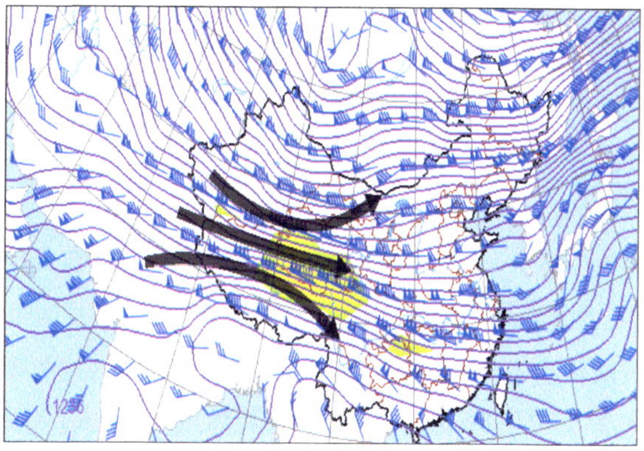

图 1.13 11 日 08 时 200 hPa 高空图

从 11 日 08 时 200 hPa 高空图上可以看出(图 1.13),在 80°～100°E 的地区有明显的高空西风急流存在,青海省恰处于高空急流出口区左侧,Brill 等通过个例研究表明[1-3],在高空急流出口区产生的次级环流,可导致 700～400 hPa 深厚的垂直运动,这有利于此次降雪天气的形成。

2.2 地面影响系统

从地面图可以看出(图 1.14),中高纬地区基本受冷高压控制,位于新疆北部的冷高压中心强度达 1048 hPa,说明过程中冷空气较强,另外高压前部冷锋为此次过程提供了有利的动力条件和触发条件,过程中雨区基本随冷锋的移动而变化(图 1.15)。

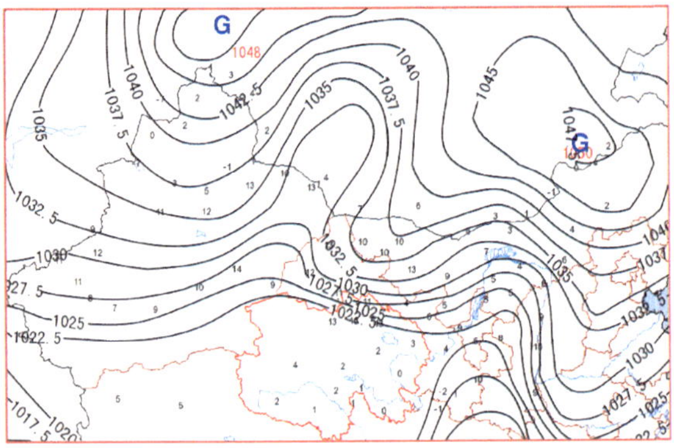

图 1.14 11 日 08 时海平面气压场

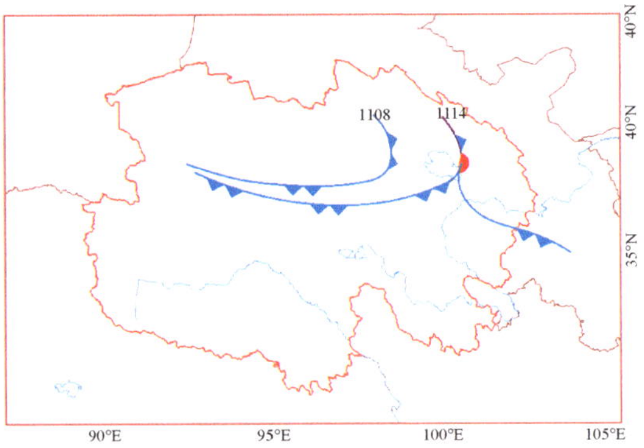

图 1.15 11 月 11 日过程中地面锋面分析

2.3 水汽条件

温度露点差用以表示空气中水汽的饱和程度[1]。在相同的上升运动条件下,大气越饱和,则越有利于降水。从图 1.16 露点温度差来看,青海省中东部(即降水区)露点温度在 −4~0 ℃ 之间,说明该区域处于高饱和区中,且该区域相对湿度也均大于 80%,说明该区域水汽条件较为充足(图略)。

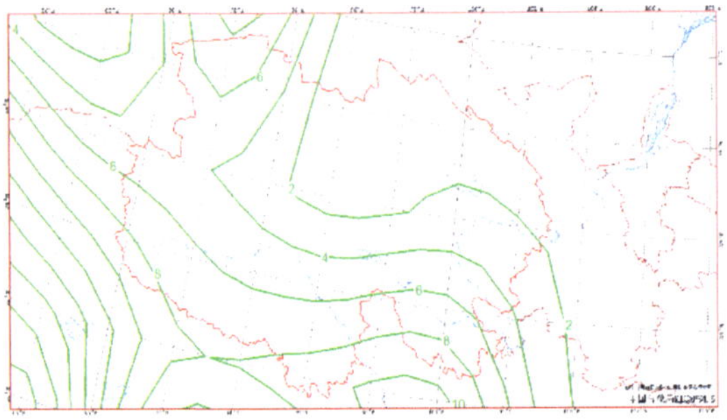

图 1.16 11 日 08 时 700 hPa $T-T_d$

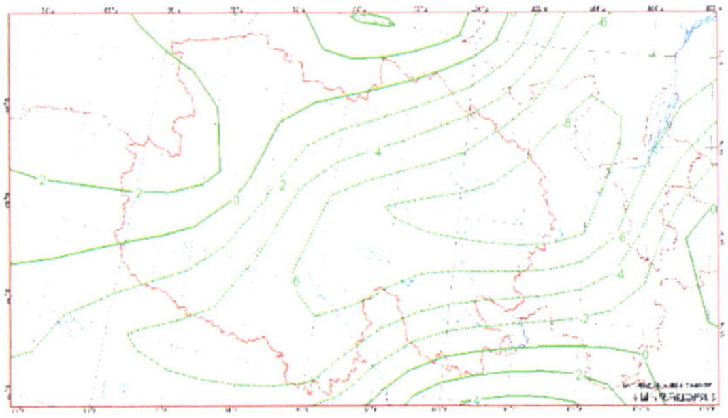

图 1.17 11 日 08 时 700 hPa 水汽通量散度场

水汽由源地通过运输通道到达一定区域时,该地区较低空要有水汽水平辐合,水汽才能上升冷却并产生降水。水汽通量散度能揭示水汽辐合的大小,即水汽输送后水汽是否在该地区汇聚,且汇聚的程度如何都由水汽通量散度来表征。从图 1.17 水汽通量散度场来看,降雪区处于水汽的辐合区,西宁及海东地区水汽通量散度达 -12×10^{-8} g·cm^{-2}·hPa^{-1}·s^{-1},都兰地区水汽通量散度达 -7×10^{-8} g·cm^{-2}·hPa^{-1}·s^{-1},说明水汽辐合条件良好,有利于降水天气的形成。

2.4 动力条件

散度是描述空气从周围汇合到某一处或从某一处流散开来程度的量[2-6]。水平散度是气体在单位时间内水平面积的变化率。图 1.18a、b 分别选取降雪区都兰和西宁两个站点的散度剖面图，可以看出，过程中降雪区低层辐合区强度均达 $-20\times10^{-5}\,s^{-1}$，对流层中上层为辐散、低层为辐合，这种配置极利于造成强烈的抽吸作用来促使水汽的动力抬升，该高低空配置有利于上升运动的维持和发展，为此次过程提供了一定的动力条件。另外，强垂直运动，是大过程发生发展的决定性因素。由于大气中的水汽绝大部分集中在中低对流层，而降水又总是发生在大范围的上升运动区内，因此强的上升运动对水汽的垂直输送有着重要的作用。从垂直速度场（图 1.18c、d）也可以看出，降雪区垂直上升运动较深厚，基本从 700 hPa 延伸至 150 hPa，中心强度均在 $-20\ Pa\cdot s^{-1}$ 以上，垂直运动发展剧烈，有利于此次降雪天气的形成。

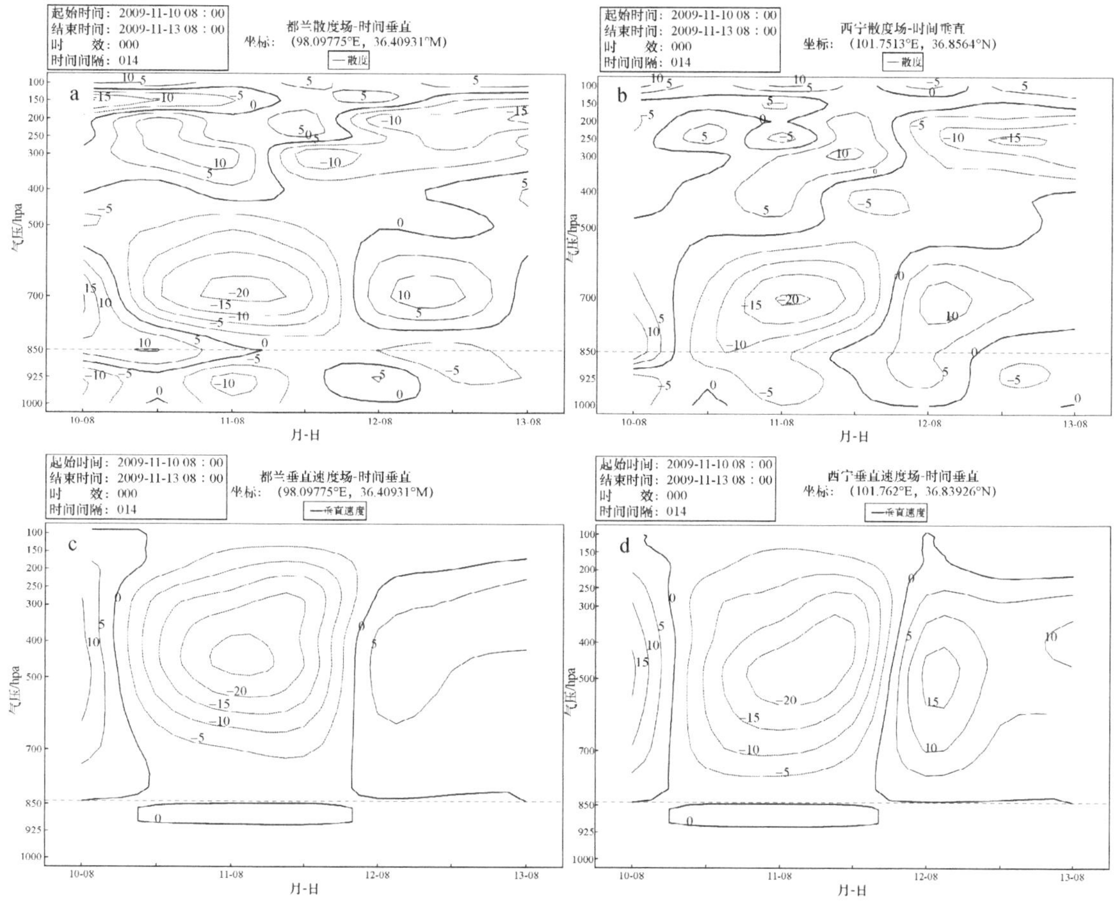

图 1.18 2009 年 11 月 10—12 日过程中动力条件

(a)都兰散度剖面图(b)西宁散度(单位：$10^{-5}\ s^{-1}$)剖面图(c)都兰垂直速度剖面图(d)西宁垂直速度(单位：$Pa\cdot s^{-1}$)剖面图

3 主要预报难点

3.1 模式预报对比分析

根据 EC 预报场分析，从图 1.19 可以看出，模式对北部分裂短波槽的预报偏弱，对高原槽的预报强度偏弱，同时对于其位置预报偏北且偏东，移速预报也偏快，因此对降水落区及过程时间较难把握；从图 1.20 EC 模式预报 10 日 08 时对 11 日 08 时相对湿度预报场和 11 日 08

时700 hPa相对湿度实况相比,模式预报对于降水地区水汽预报与实况差距较大,易对降水量级甚至降水出现与否的判断造成较大误导,从而易于空报。

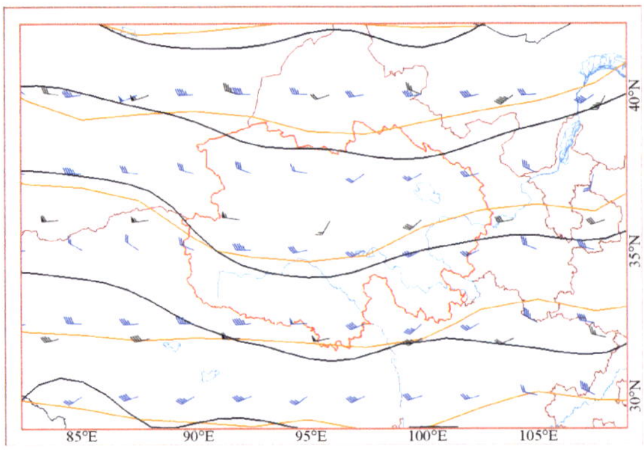

图1.19　11日08时500 hPa实况流场高度场(黑色)与模式预报流场(蓝色)高度场(橘色)对比图

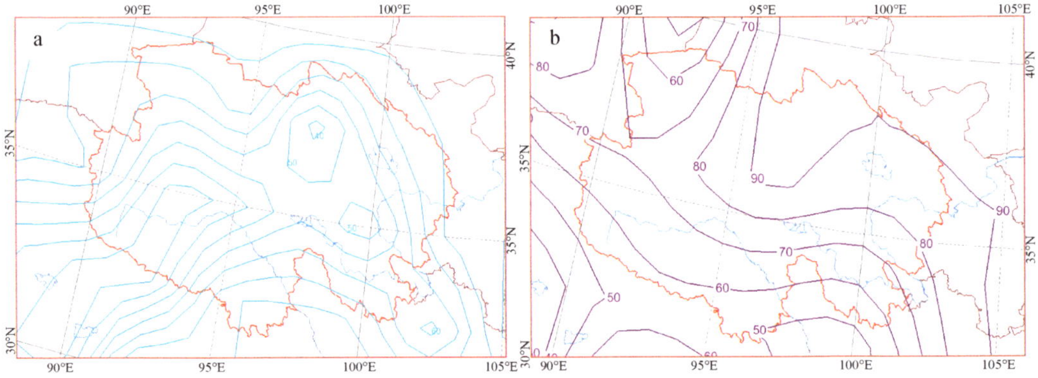

图1.20　EC模式预报和实况场对比

(a)EC 10日08时对11日08时相对湿度预报场(b)11日08时700 hPa相对湿度实况

3.2　其他因素

此次过程处于11月上旬,气温变化幅度较大,过程中,雨、雨夹雪、雪多相态并存,降水相态不好把握,加上此次降水局地性较强,降水落区难确定。海拔落差大,水汽垂直分布不均匀,降水量级不好把握。

4　小结

1)此次过程为秋季发生在青海省中东部一次大到暴雪,局地性较强,并伴随着较大范围的寒潮天气和局部地区雨夹雪、阵雨天气,另外,过程中系统移速快,降水时段比较集中。

2)此次过程高层受北部短波槽和高原槽共同影响,配合一定的水汽条件和有利的上升运动,受地面冷锋的触发,造成了降雪天气过程。另外,地形抬升作用对此次过程也有一定的影响。

3)此次过程预报难点:根据以往思路,只依靠EC数值模式,但是此次过程中模式对北部分裂短波槽的预报偏弱,对高原槽的预报位置偏东移速偏快,所以落区及过程时间较难把握;

另外，模式预报对于降水地区水汽预报与实况差距较大，易对降水量级甚至降水出现与否的判断造成较大误导，从而出现空报。而且，此次过程中阵雨，雨夹雪，雪多相态并存，降水相态不好把握。

参考文献

[1] 李春芳，赵俊荣，王磊．寒潮暴风雪天气的动力和热力特征分析[J]．新疆气象，2001(1)：9-11.

[2] 姚蓉，叶成志，田莹，等．2011 年初一次持续性暴雪过程成因分析及数值模拟[C]．第 28 届中国气象学会年会——S3 天气预报灾害天气研究与预报，2011.

[3] 张盛魁．2003 年高原秋季一次暴雪天气过程分析[J]．青海气象，2011(4)：23-25.

[4] 张芹，丁治英，杨成芳，等．山东一次历史极端降雪过程的诊断分析[J]．高原气象，2015，34(4)：1131-1138.

[5] 德勒格日玛，李一平，孙永刚，等．内蒙古东部初冬一次暴雪天气过程诊断[J]．干旱区研究，2015，32(4)：726-734.

[6] 孙军，谌芸，杨舒楠，等．北京 721 特大暴雨极端性分析及思考(二)极端性降水成因初探及思考[J]．气象，2012，38(10)：1267-1277.

2010年4月20日青海省东部地区大到暴雪天气过程分析

马　琼

(青海省气象台,西宁　810001)

摘　要:2010年4月20—21日,青海省东部地区出现一次大到暴雪过程,本文利用高空、地面资料对此次降水过程进行了分析,结果表明:1)此次过程降水强度强、降水相态复杂,由雨转为雨夹雪,再转为雪,最终形成大到暴雪。天气现象复杂,伴有寒潮(北部地区)及大风天气(五道梁18 m·s^{-1})。2)此次过程为500 hPa上游冷槽转竖南压过程中,使冷空气在东部聚集,配合南部一定的暖湿气流,700 hPa空气也近于饱和,冷暖空气汇合使东部地区形成大范围辐合上升运动区,200 hPa东部地区处于高空急流入口区右侧且存在分流,加强了上升运动的强度。加之前期东部地区层结处于不稳定状态,而地面冷空气倒灌一方面使得地面气温处于较低水平,有利于积雪形成,另一方面偏东风结合东部河谷地形有利于气流辐合和抬升,导致东部地区大到暴雪天气的出现。3)受冷空气影响,此次暴雪过程西部地区出现寒潮而东部地区未出现,原因之一是平流降温对西部的影响比东部明显,其次是辐射降温程度西部大于东部。

关键词:春季,暴雪,不稳定层结,地形

1　天气实况

春季4月份是青海省降雪日数的第一个高峰值,因为正好处于季节转换期,西太平洋副热带高压南北摆动活跃,高原上空有较好的暖湿气流输送,加之北方冷空气活动频繁,造成4月中到大雪天气较多。本文分析的个例是一次区域性大到暴雪过程,此次过程降水强度强,其中互助站24 h降水量达到23 mm,积雪深度达到12 cm,湟中站降水量为13 mm,积雪深度为11 cm,互助及湟中达到暴雪量级。门源站24 h降水量为11 mm,积雪深度为8 cm,达到大雪量级(图1.21a、b)。

此次降水过程是一次持续性的降水过程,从门源站三线图(图1.21c)可看出,降雪从20日凌晨开始,一直维持到21日上午,是持续性降水形成的大到暴雪天气。此外,也可看出此次降水过程相态复杂,20日凌晨及白天由雨转为雨夹雪,至20日晚上由于温度降低由雨夹雪转为雪,最终形成大到暴雪。另外,此次大到暴雪过程中伴随的天气现象复杂,包括寒潮(图1.21d),出现在北部大柴旦和野牛沟站,最低气温下降−11 ℃,还伴有大风天气,五道梁最大风速达到18 m·s^{-1}。

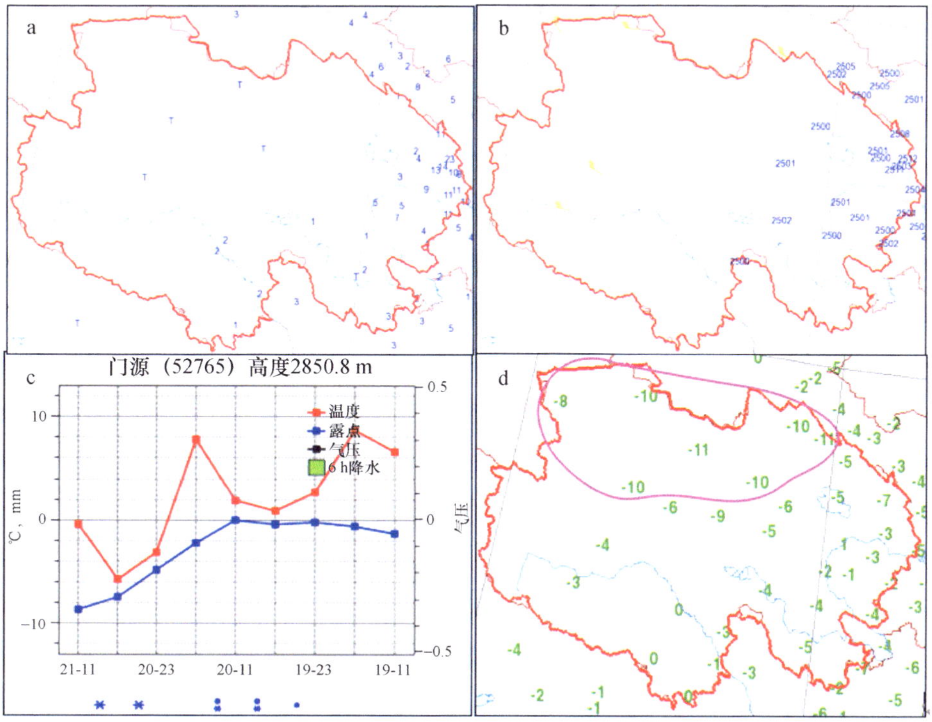

图 1.21 20 日 08 时—21 日 08 时 24 h 降水量(mm)(a)21 日 08 时积雪深度(25 开头为积雪，后 2 位是积雪深度)(cm)(b)门源站 19 日 08 时—21 日 14 时三线图(c)21 日最低气温变温(℃)(d)

2 环流背景分析

前人[1-14]对产生中到大雪的 500 hPa 环流形势综合分析，总结了 4 种典型的环流形势，分别为两槽一脊型、两脊一槽型、西高东低型、西低东高型。此次降水过程属于“西低东高型”，巴尔喀什湖以北地区受高压脊控制，其下游蒙古西北部至新疆南部地区为低槽区，配合－36 ℃的冷中心，槽呈东北—西南走向，槽后偏北气流强劲，风速达到 22 m·s^{-1}，使冷空气聚集，随后新疆槽转竖东移南压，东部地区有一定冷平流，南部有一定的西南暖湿气流配合，冷暖空气交汇，形成大范围辐合上升运动区(图 1.22)。

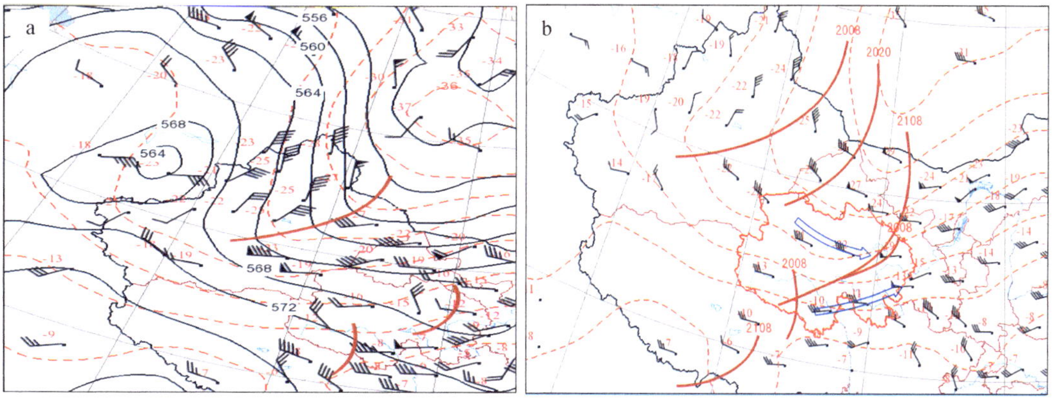

图 1.22 20 日 08 时 500 hPa 高空形势(a)21 日 08 时风场＋温度场、20 日 08 时—21 日 08 时高空槽演变(b)

700 hPa 青海省东部地区有弱温度脊存在，$T-T_d=2$ ℃，水汽近乎饱和，低层处于暖湿环境中，高层有干冷平流，故层结处于较不稳定状态。300 hPa 存在极锋急流，急流中心最大风速可超过 50 m·s^{-1}，青海省东部地区位于极锋急流入口区右侧，高空存在风速分流区，高空辐散强，使得低层产生强辐合，从而加强了上升运动(图 1.23)。

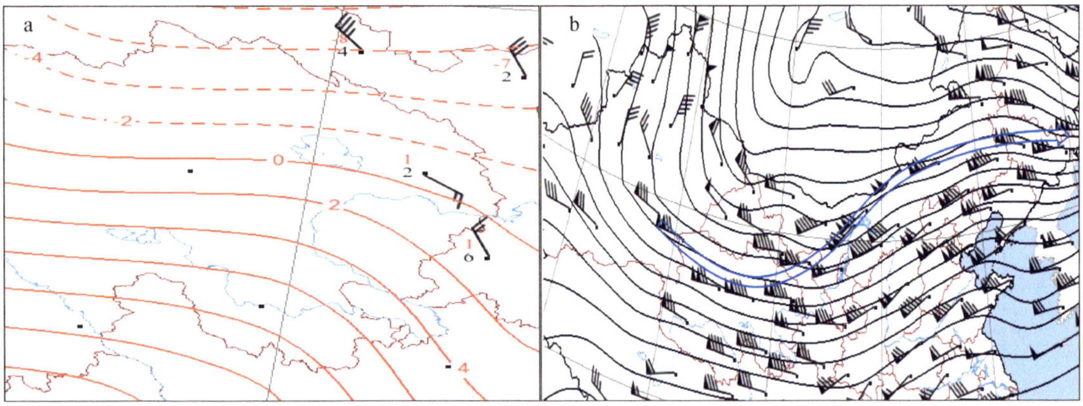

图 1.23　20 日 20 时 700 hPa 温度＋温度露点差＋风场(a)20 日 20 时 300 hPa 风场(b)

地面冷高压位于萨彦岭附近，中心强度达到 1037.5 hPa，之后冷高压分裂，其中一个高压南下，19 日 20 时位于青海省北部地区，中心强度达到 1032.5 hPa，东部地区 20 日下午开始受到冷空气影响。21 日 02 时东部地区地面温度在 5 ℃以下，05 时在 3 ℃以下，如图 1.24 所示，有利于积雪形成。

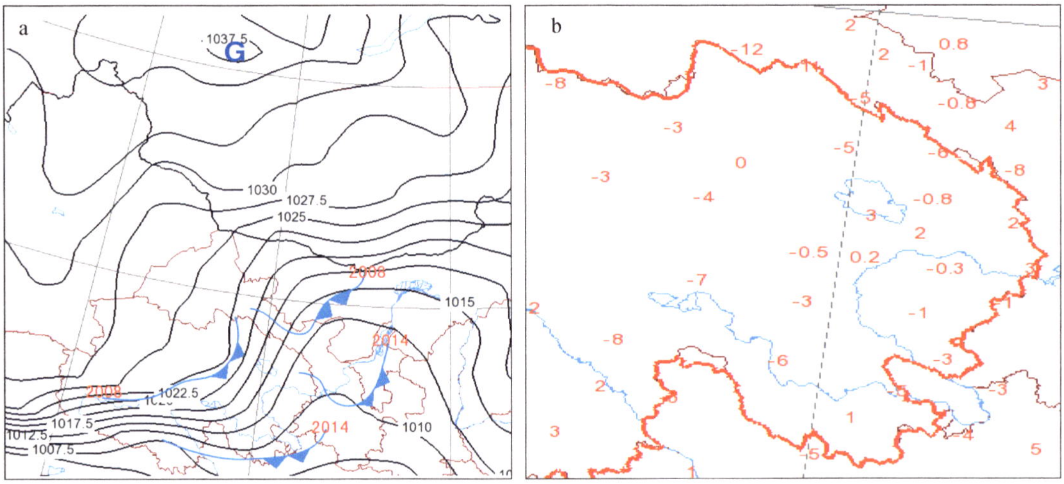

图 1.24　20 日 08 时海平面气压＋冷锋动态图(a)21 日 05 时地面温度(b)

3　水汽条件分析

此次过程有较好的水汽条件配合(图 1.25a、b)，20 日 20 时 700 hPa 相对湿度大于 80%，过程前期 20 日 08 时在青海省东部地区 700 hPa 上存在水汽通量辐合。西宁站 19 日 08 时温度露点差为 7 ℃，20 日 08 时变为 1 ℃，湿度条件转好，空气近于饱和。至 22 日 20 时变为 19 ℃，湿度降低，空气处于不饱和状态。

21 日 08 时西宁站探空图上整层湿度条件较好，中低层有明显湿层存在，且湿层厚度较高，这在春季青海省气候背景而言，还是非常有利于降水的产生和发展的类型，如图 1.25c 所示。

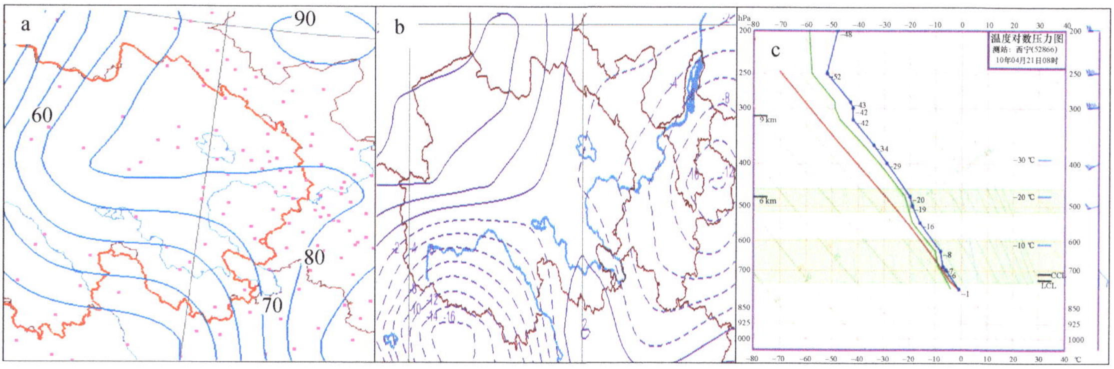

图 1.25 20 日 20 时 700 hPa 相对湿度(a)21 日 08 时 700 hPa 相对湿度(b)21 日 08 时 T-ln$P$ 图(c)

4 物理量诊断分析

4.1 不稳定条件分析

降雪前期高层存在强冷平流，低层弱冷平流，东部地区 K 指数较前两天明显增加，东北地区假相当位温在 46～48 ℃之间，有能量舌存在且北伸较为明显(图略)，均表明东部地区层结处于不稳定状态，有利于大到暴雪天气发生。

4.2 动力条件分析

从散度场来看过程前期东部地区存在低层辐合，高层辐散，至 500 hPa 均为一致的上升运动，上升运动区较为深厚(图 1.26)。

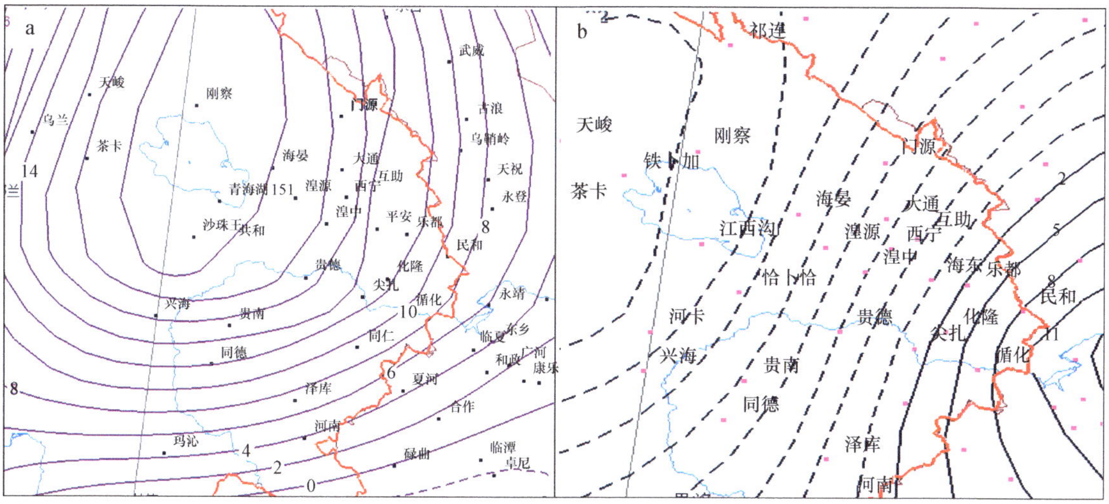

图 1.26 19 日 20 时 400 hPa(a)700 hPa(b)散度场

5 卫星云图分析

从FY-2C红外云图分析得知20日08时整个青海省地区基本上为云系覆盖,东部地区锋面云系和高空槽云系重叠,云系呈片状分布,由多层云系组成,较为深厚,云顶亮温较低。20日20时随着高空槽东移南压转竖,云系也随之东移且逐渐呈东北—西南走向带状分布,主体云系东移至河套地区,21日08时主体云系东移至我国东部,整个西北地区处于少云状态,但青海省地区由于受到槽前西南气流影响,东北部及东南部还是有一些云系存在,降水过程基本结束。整体来看,20日白天及夜间青海省东部地区上空一直有云系存在,使得降水未产生间歇(图1.27)。

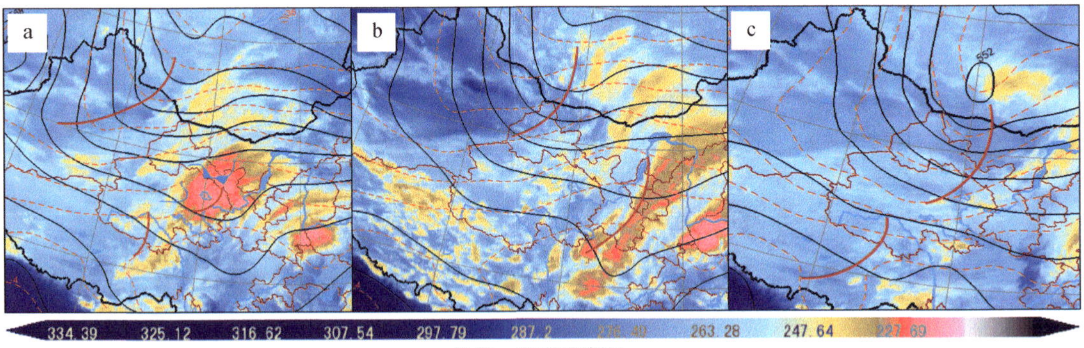

图1.27 20日08时(a)20日20时(b)21日08时(c)红外云图

6 地形增幅作用

地形在此次降水过程中也起到一定的作用,青海省东部地区处于河谷地带,冷空气沿河西走廊下滑,经青海省东部地区倒灌入河湟谷地,产生偏东风,21日08时风场以东南风为主,风从河谷宽阔开口处向狭窄河源吹进来,会造成一定的地形辐合和抬升作用,使得降水量加大,增幅明显。

7 北部地区出现寒潮,东部地区未出现寒潮原因

7.1 平流降温程度不同

20日08时700 hPa全省大部受冷平流影响,冷平流中心位于柴达木盆地南缘。20时西部仍为冷平流控制,冷平流中心位于海西西部,东部除了偏东地区全为暖平流控制,21日08时全省为暖平流控制,东部有一暖平流中心。故西部受冷平流控制时间长,东部短,且20日一直有冷平流中心在西部地区,总之,平流降温对西部的影响比在东部明显(图1.28)。

7.2 辐射降温程度不同

21日08时青海省西部地区受槽后西北气流控制,天空放晴,有较强冷平流,气温下降明显。东部地区受槽前西南气流控制,云系较多,并产生了显著降水,气温没有明显下降(图1.29)。

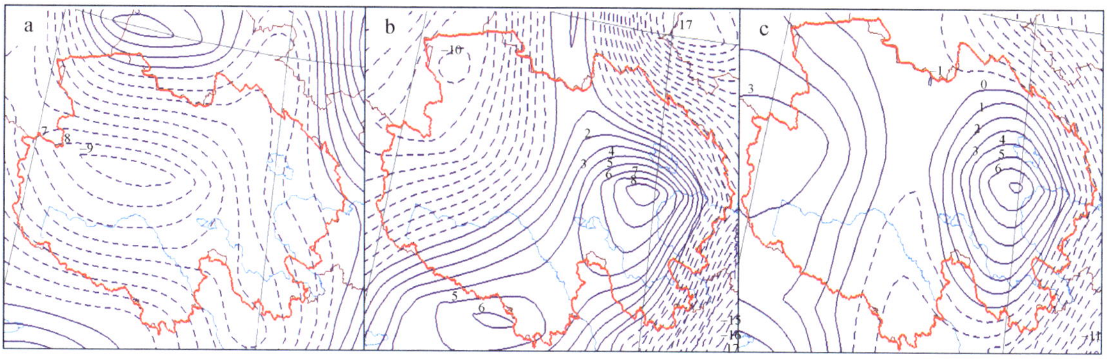

图 1.28 20 日 08 时(a)20 日 20 时(b)21 日 08 时(c)700 hPa 温度平流

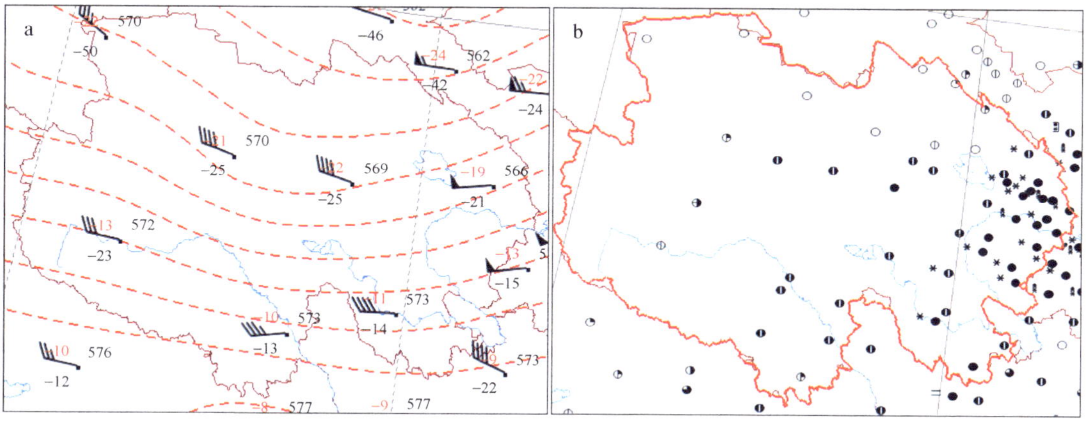

图 1.29 21 日 08 时 500 hPa 风场与温度场(℃)(a)21 日 08 时总云量与天气现象(b)

8 结论

1)这是一次春季区域性大到暴雪,降水强度强,两站暴雪,一站大雪,降水时段较长且相态复杂,由雨转为雨夹雪,再转为雪。伴随天气现象复杂,包括寒潮及大风。

2)新疆冷性低槽转竖,使得青海省东部地区冷空气汇集,南部有西南风输送暖湿空气,冷暖空气在东部交汇,500 hPa 存在较强冷平流,700 hPa 有弱温度脊存在,过程前期东部地区 K 指数明显增高,且出现假相当位温能量舌,使大气层结处于较不稳定状态。地面冷锋过境,高低层配置有利于产生较强的系统性的上升运动,中低层有明显湿层存在,水汽充足。不稳定能量在冷锋及有利的地形条件下得以释放,故此次大到暴雪由大尺度系统造成的连续性降水为主,冷锋及地形触发的对流性降水为辅。从红外云图分析得知,20 日 08 时整个青海省地区基本上为云系覆盖,东部地区锋面云系和高空槽云系重叠,云系较为深厚,云顶亮温较低。随着高空槽东移南压转竖,云系也随之东移且逐渐呈东北—西南走向带状分布并移出青海省,但青海省中东部地区由于受到槽前西南气流影响,云系还是较为明显,降水也是一直持续。

3)青海省西部地区出现寒潮而东部地区未出现寒潮,首先平流降温对西部的影响比在东部明显,西部受冷平流控制时间长,且 20 日一直有冷平流中心存在,东部冷平流控制时间短。其次 21 日 08 时西部地区受槽后西北气流控制,天空放晴,冷平流较强,气温下降明显。东部地区受槽前西南气流控制,云系较多,并产生显著降水,低温下降不多。

参考文献

[1] 康志明,罗金秀,郭文华,等.2005年10月西藏高原特大暴雪成因分析[J].气象,2007,33(8):60-67.
[2] 李加洛,达成荣,刘海明,等.青海省东部一次强暴雪天气的Q矢量诊断分析[J].气象,2003,29(9):8-12.
[3] 索渺清,丁一汇.南支槽与孟加拉湾风暴结合对一次高原暴雪过程的影响[J].气象,2014,40(9):1033-1047.
[4] 林志强,假拉,薛改萍,等.1980—2010年西藏高原大到暴雪的时空分布和环流特征[J].高原气象,2014,33(4):900-906.
[5] 周倩,程一帆,周甘霖,等.2008年10月青藏高原东部一次区域暴雪过程及气候背景分析[J].高原气象,2011,30(1):22-29.
[6] 元震,肖天贵,周振波,等.2015年3月西藏高原南部大暴雪物理参数特征分析[C].第33届中国气象学会年会——S3青藏高原与复杂山地天气气候.2016:262-263.
[7] 艾丽华,井喜,王淑云,等.湿位涡诊断在青藏高原东北侧暴雪预报中的应用个例[J].气象科学,2008,28(S1):92-96.
[8] 次仁朗杰,贡嘎曲塔,白觉平措.2015年1月1日至4日西藏西南部暴雪天气分析[J].西藏科技,2017(6):63-65.
[9] 董安祥,罗琦,周陆生.青藏高原东部一次大雪过程的湿位涡分析[J].甘肃科学学报,2001(3):43-46.
[10] 张俊兰,崔彩霞,陈春艳.北疆典型暴雪天气的水汽特征研究[J].高原气象,2013,32(4):1115-1125.
[11] 张雪梅,江志红,兰博文.西北地区水汽输送特征及其年际、年代际变化[J].灾害学,2010,25(4):27-32.
[12] 达成荣,李凤霞,时兴合,等.青海省大～暴雪天气环流特征及其预报方法研究[J].青海科技,2005(2):26-29.
[13] 徐建国,赵立清,姜凤友,等.内蒙古东南部大到暴雪过程影响系统及物理量场特征分析[J].气象科技,2018,46(5):919-931.
[14] 王林,覃军,陈正洪.一次暴雪过程前后近地层物理量场特征分析[J].大气科学学报,2011,34(3):305-311.

2012年4月8日暴雪天气过程分析总结

梁　宁　孙　瑛

（海南州气象局，共和　813000）

摘　要：利用常规观测、卫星云图、ECMWF分析场等资料，应用天气分析和诊断方法，对2012年4月8日青海省东部地区的暴雪天气过程进行系统分析。结果表明：此次降雪天气过程中500 hPa南支槽东移北抬在海南地区形成低涡切变；700 hPa有暖中心配合；地面辐合线为此次过程提供触发条件；200 hPa为弱的高度脊，高低空配置表现为低层辐合，高层弱辐散，有利于高空抽吸作用。南支槽前的西南气流不断将孟加拉湾的水汽输送到青海省东南部地区，造成水汽在东南部地区辐合，为暴雪天气提供了充足的水汽条件。同时，低层暖平流为此次降雪过程提供了能量、水汽，建立了不稳定层结。

关键词：暴雪，动力条件，水汽条件，低层暖平流

1　引言

暴雪是冬季常见的灾害性天气之一，对交通运输和工农业生产影响严重，给社会经济和百姓生活带来了很多影响甚至损失。因此，准确地预报强降水天气，提前发布预警，可以提早为各部门制定正确的防灾减灾措施，并提供相应的保障。

青海省由于特殊的地理位置和气候背景，强降雪是冬季青藏高原降水预报的重点和难点。暴雪是在多种天气系统的共同作用下形成的，多年来关于暴雪的研究，青海省气象工作者对青海省大降水的环流形势、影响系统、高低空配置和急流、水汽及地形影响等方面进行了全面的研究[1-5]，使得对暴雪天气机理的认识不断加深。北方其他地区在暴雪的环流背景、高低空系统配置以及动力、热力条件的物理量场分布与暴雪的关系等方面有许多的科研成果[6-18]；为本文暴雪的分析和研究提供了较好的思路和借鉴。

本文利用常规气象资料，针对2012年4月8日海南地区暴雪天气过程的环流背景、地面形势、高低空天气系统配置以及水汽、动力条件等方面研究了此次降雪天气过程的成因及特点，进一步明确预报思路，为以后相关过程的预报进行探索和研究。

2　天气实况

2012年4月8—9日，受低涡切变、西南暖湿气流以及北部冷空气的共同影响，青海省东部地区出现雨、雪天气过程，此次天气过程属于春季暴雪。本次暴雪落区主要集中在海南地区（图1.30a、b）。据统计，此次过程持续时间较长，降雪强度大，其中2站出现暴雪，1站出现大雪。较大降水出现在共和15.0 mm，积雪深度10 cm；贵南13.8 mm，积雪深度12 cm；贵德22.7 mm，积雪深度4 cm。此次过程中相态复杂，且随时间变化（图1.30c、d），其中共和地区由阵雨转为雨夹雪，贵南地区由雨夹雪转为阵雪天气，贵德地区从9日05时开始出现雨夹雪天气，随后转为阵雪。深厚的积雪对农业、畜牧业带来不利影响，影响最大

的是公路交通，此次暴雪导致城区交通堵塞。

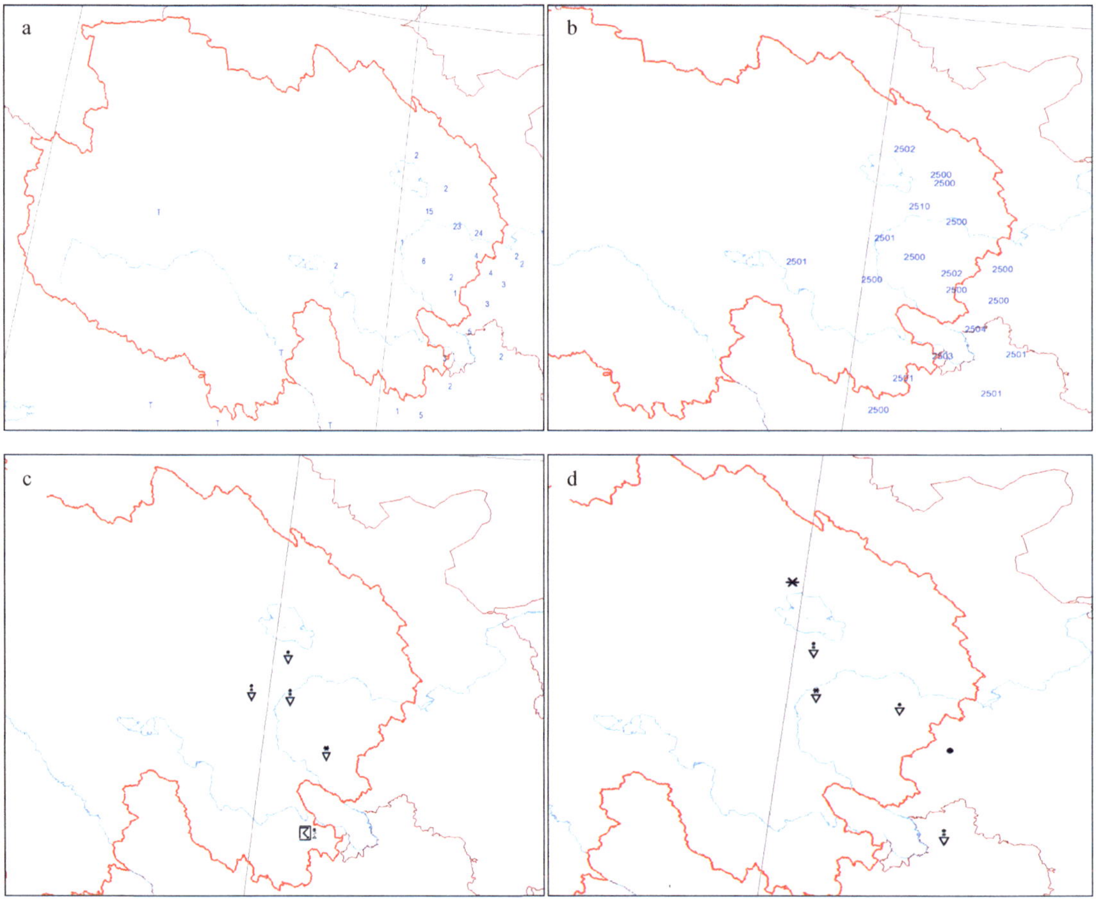

图 1.30 (a)2012 年 4 月 8 日 08 时—9 日 08 时降水量(mm)(b)2012 年 4 月 9 日 08 时积雪深度(25 开头为积雪，后 2 位是积雪深度(cm))(c)4 月 8 日 23 时地面观测天气现象(d)4 月 9 日 02 时地面观测天气现象

3 环流形势和天气系统

3.1 天气系统分析

3.1.1 高空影响系统

此次暴雪天气过程从 500 hPa 形势场来看(图 1.31a、b)，降雪前 4 月 8 日 08 时中低纬地区有南支槽发展，在青海省西南部有高原槽发展，高原槽前的西南气流(最大风速 10 $m \cdot s^{-1}$)不断将孟加拉湾的水汽输送到青海省南部地区。到 8 日 20 时，此次天气过程主要的影响系统为南支槽的东移北抬，在青海省东南部果洛北部和海南南部形成低涡切变，青海省东南部地区的高空湿度加大，空气接近饱和，配合北部短波槽带来的冷平流，冷暖平流在海南南部汇合，开始出现降雪。9 日 08 时，低涡移出青海省，青海省受西北气流控制，降雪天气结束。

从 700 hPa 形势场来看(图 1.31c)，青海省东部地区有暖中心配合。偏东风向东部地区输送暖湿气流，同时，西北气流和东南气流在东部地区聚集，造成冷暖气流的汇合。

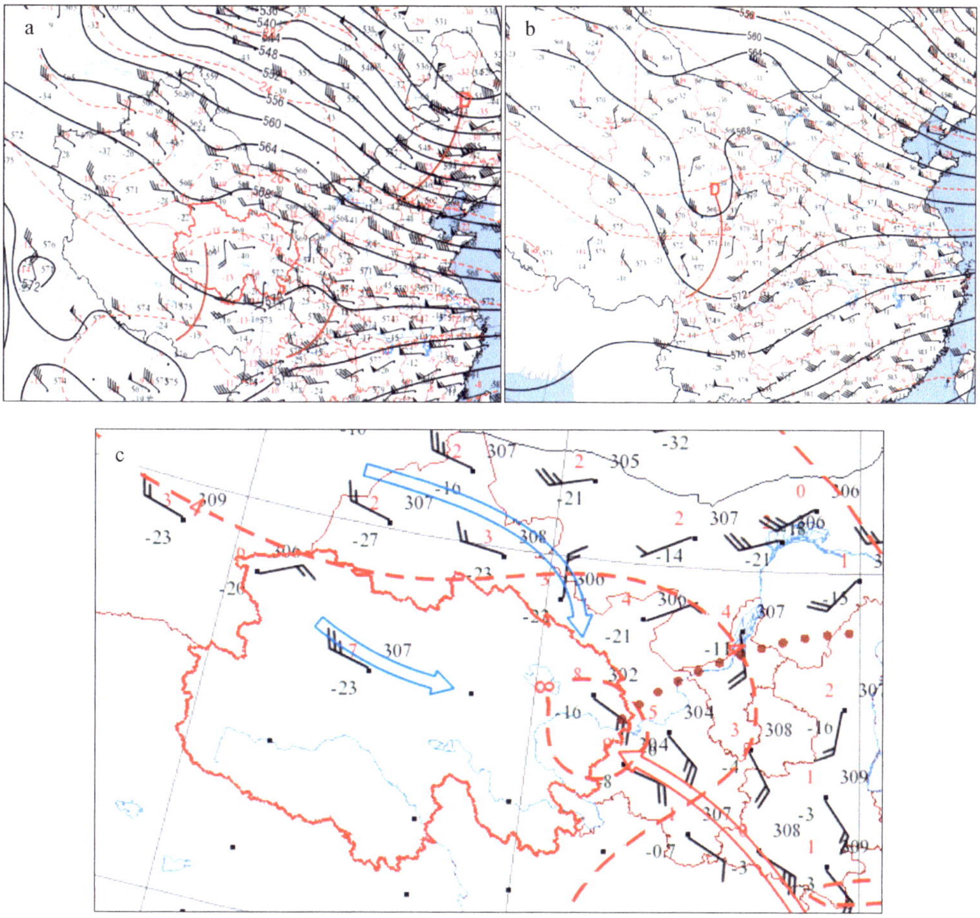

图 1.31　(a)8 日 08 时 500 hPa 形势场(b)8 日 20 时 500 hPa 形势场(c)8 日 20 时 700 hPa 形势场

3.1.2　地面天气系统

从 24 h 变压来看(图 1.32a)，在过程期间，海南地区地面无冷空气配合。在 8 日 17 时地面图上(图 1.32b)，海南以西有一条地面辐合线，辐合线在 20 时后进入海南地区，为此次过程提供触发条件。

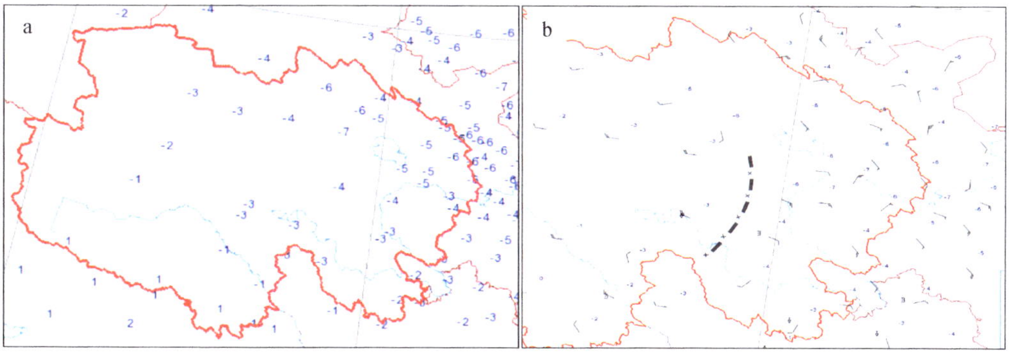

图 1.32　(a)4 月 8 日 14 时 24 h 变压场(hPa)(b)4 月 8 日 17 时地面天气图

3.1.3 高低层配置

从200 hPa形势场来看(图1.33),4月8日20时,青海省东部地区对流层高层表现为弱的高空脊。高低层的配置表现为中低层辐合,高层弱辐散,有利于高空抽吸作用,使得上升运动维持并加强。

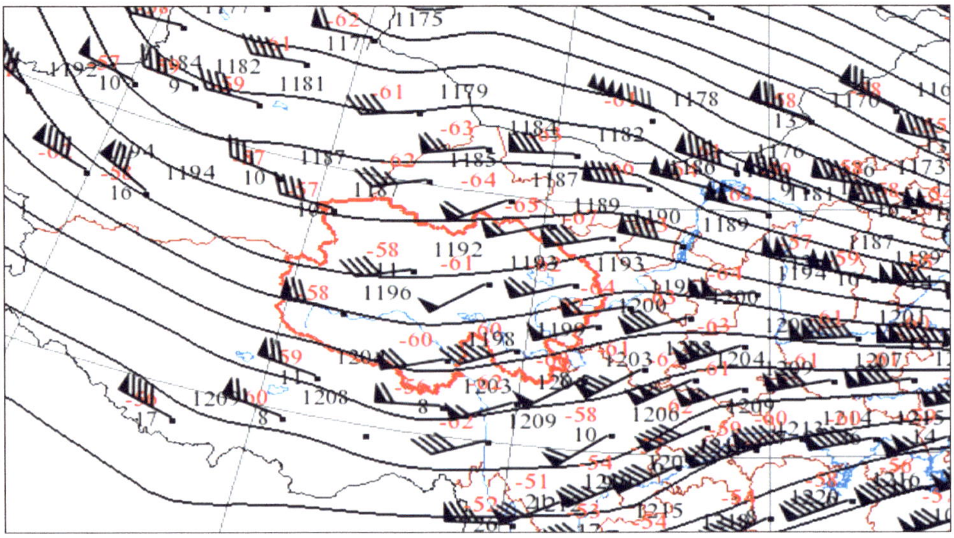

图1.33 4月8日20时200 hPa形势场

3.2 卫星云图分析

8日14时在青海省南部的果洛地区有低涡云系发展(图1.34a),云系的外围有一条云带呈螺旋形状旋向中心,到19时(图1.34b),低涡云系快速东移并加强,强中心在海南地区。8日20时海南各站开始出现降雪。9日08时低涡云系东移减弱,海南地区的降雪随之减弱。

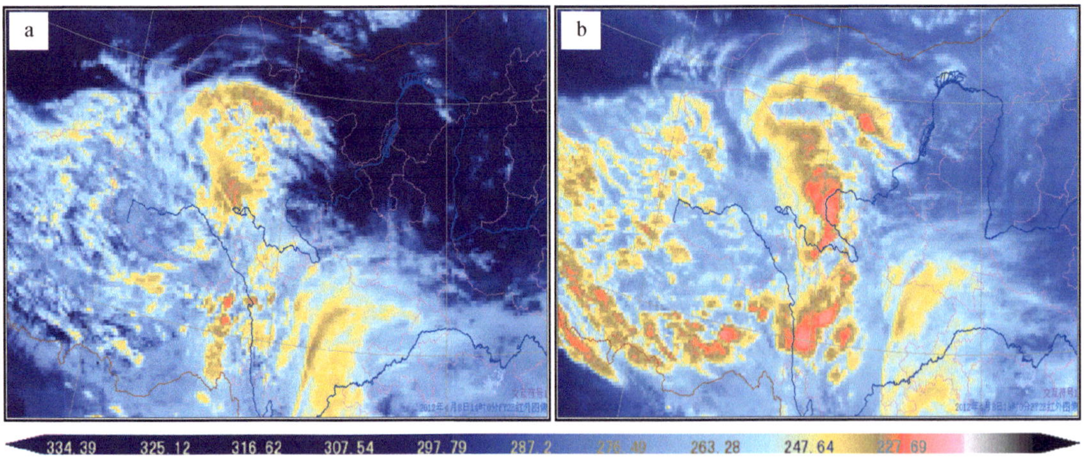

图1.34 (a)4月8日14时卫星云图(b)4月8日19时卫星云图

4　诊断分析

4.1　动力条件

沿贵南站分别做散度和ω随时间变化的垂直剖面图(图1.35)。8日0时散度场表现为贵南地区低层为较强的辐合区,高层为弱的辐散区,散度场随高度的变化和配置与降雪的关系密切,高层辐散、低层辐合的形势有利于垂直运动的加强,是产生暴雪的关键条件;ω场在8日20时贵南地区上空表现为强烈的上升运动区,这与散度场配置相一致,ω中心最大值为$-30\ Pa\cdot s^{-1}$,这为大雪天气过程提供了较好的动力条件。

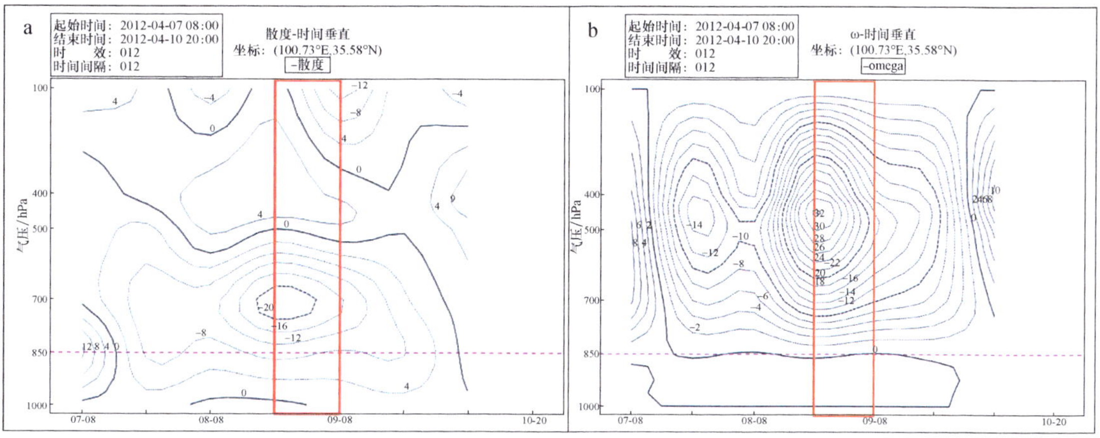

图1.35　(a)沿贵南站散度随时间变化的垂直剖面图(b)沿贵南站ω随时间变化的垂直剖面图

4.2　水汽条件

水汽向暴雪区的输送和聚集是形成暴雪的重要条件,在700 hPa比湿场上(图1.36a),青海省东南部地区比湿达到$2\sim4\ g\cdot kg^{-1}$,表明东南部地区水汽较为充沛;从水汽通量散度图看出(图1.36b),青海省东南部有水汽的辐合,水汽的聚集对此次暴雪天气的维持和发展提供了必要条件。

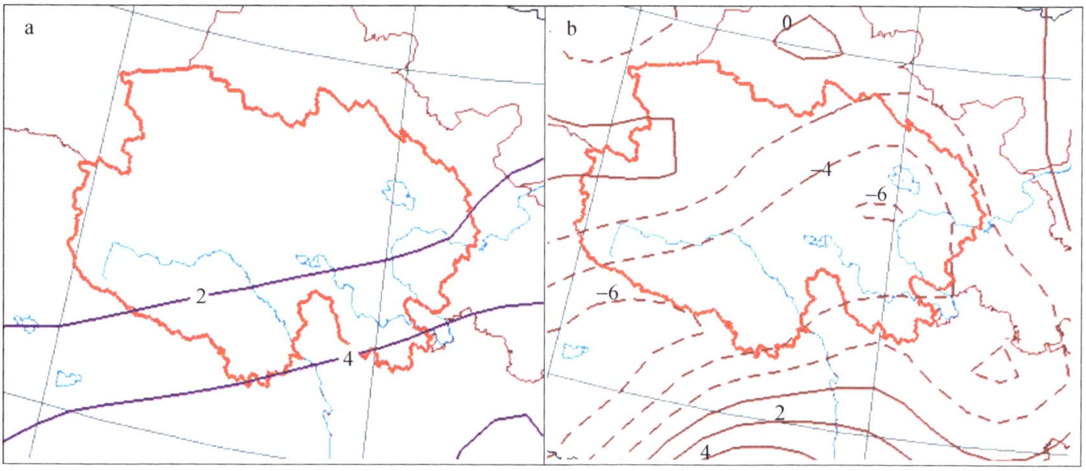

图1.36　(a)4月8日20时700 hPa比湿场(b)4月8日20时700 hPa水汽通量散度场

5 低层暖平流的影响和作用

5.1 提供能量

在降雪天气出现的前 24 h 即 7 日 20 时 500 hPa 总温度场上(图 1.37a),在西藏中东部地区有高能舌,中心值达到 52 ℃,高能舌不断东移北扩,到 8 日 20 时(图 1.37b)高能舌东移至四川西北部和青海省东南部交界的地区,中心值为 52 ℃,海南地区达到 44 ℃以上,这为大雪天气的发生提供了能量条件。

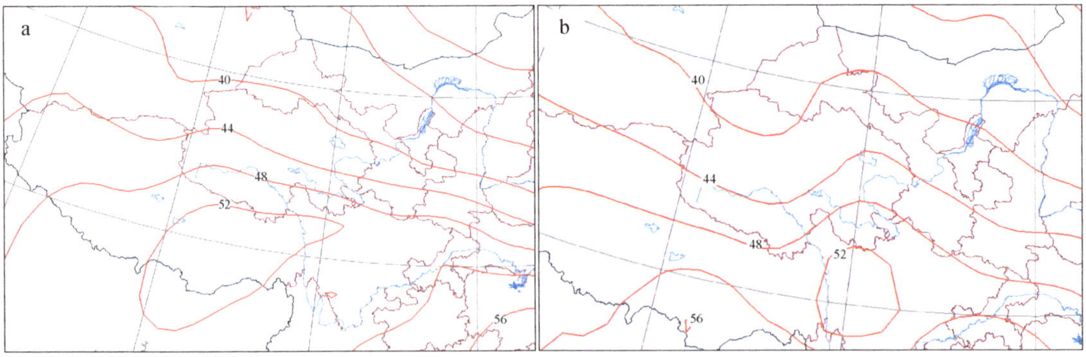

图 1.37 (a)4 月 7 日 20 时 500 hPa 总温度场(b)4 月 8 日 20 时 500 hPa 总温度场(℃)

5.2 提供水汽

低层 700 hPa 青海省东部的温度露点差为 24 ℃(图 1.38),而在东南风气流中湿度接近饱和,这为海南南部提供了较强的暖湿气流,有利于低层空气湿度增大。

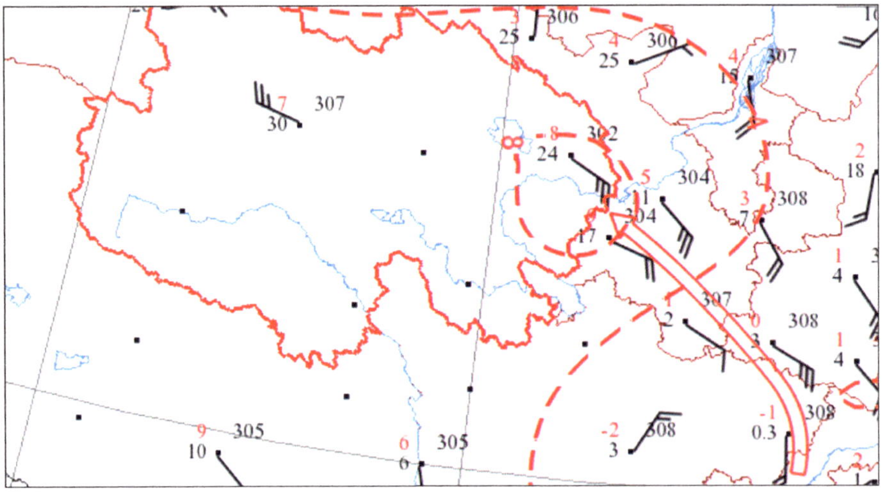

图 1.38 4 月 8 日 20 时 700 hPa 形势场分析

5.3 不稳定层结

沿贵南站假相当位温随时间变化的垂直剖面图在 8 日 20 时低层较前期有明显的增暖过

程(图 1.39a);同时在贵南站的总温度平流垂直剖面图中(图 1.39b),8 日 20 时贵南地区低层表现为较强的暖中心(6 ℃),暖平流较强,配合高空的冷平流,低层增暖有利于提供此次过程的热力不稳定条件。

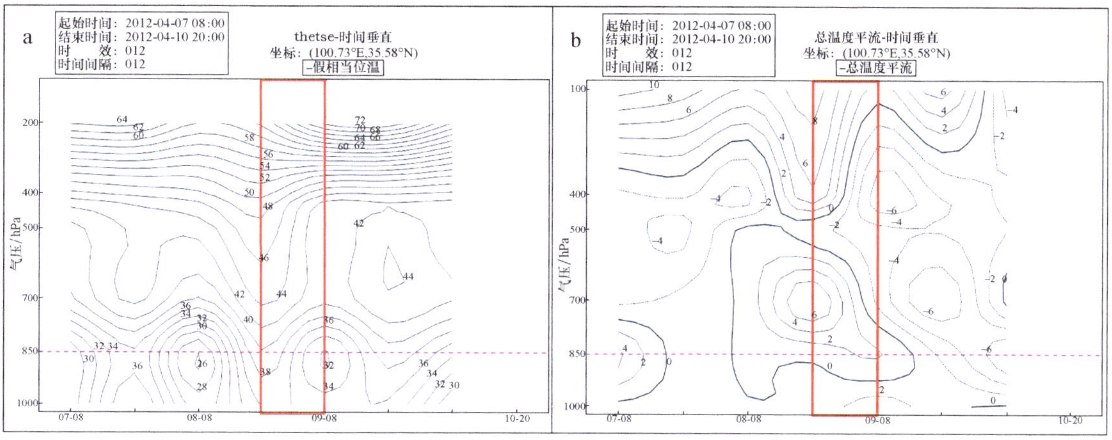

图 1.39　(a)沿贵南站假相当位温时间-高度剖面(b)沿贵南站总温度平流随时间-高度剖面图

6　小结

1)此次天气过程属于春季暴雪,东部地区雨、雪天气,暴雪落区主要集中在海南地区。此次过程维持时间长,降雪强度大,其中 2 站暴雪,1 站大雪。过程期间相态复杂,且随时间变化,阵雨转为雨夹雪,雨夹雪转为阵雪。

2)此次降雪天气过程中影响系统为 500 hPa 南支槽东移北抬在海南地区形成低涡切变;700 hPa 有暖中心配合;地面辐合线为此次过程提供触发条件;200 hPa 为弱的高度脊,高低空配置表现为低层辐合,高层弱辐散,有利于高空抽吸作用。同时南支槽前的西南气流不断将孟加拉湾的水汽输送到青海省东南部地区,造成水汽在东南部地区辐合,为暴雪天气提供了充足的水汽条件。

3)低层暖平流为此次过程提供能量:8 日 20 时 500 hPa 总温度场上高能舌东移至四川西北部和青海省东南部交界的地区,海南地区达到 44 ℃以上;提供水汽:低层 700 hPa 的东南风气流为海南南部提供了暖湿气流,促使空气湿度增大;建立不稳定层结:贵南单站的假相当位温剖面图和总温度平流剖面图上,低层增暖,为此次过程提供了热力不稳定条件。

参考文献

[1] 徐亮,马秀梅,管琴.2014 年秋季青海省北部地区一次寒潮暴雪过程的多种相态降水机理分析[J].青海科技,2017,24(1):104-109.

[2] 田成娟,魏国财.2011 年 4 月 6—7 日青海东部地区大到暴雪天气过程预报[J].青海气象,2012(3):35-37.

[3] 李昌玉,沈洁,玉红英.青藏高原东北部近 10 年大到暴雪天气过程分析[J].现代农业科技,2017(14):210-212.

[4] 郑志红,王敏.2014 年 4 月 10—11 日泽库县暴雪天气过程分析[J].现代农业科技,2018(08):197-200.

[5] 魏永亮.2016 年 9 月 22—23 日玉树北部地区一次暴雪天气过程分析[J].现代农业科技,2017(16):206-207.

[6] 张俊兰,崔彩霞,陈春艳．北疆典型暴雪天气的水汽特征研究[J]. 高原气象,2013,32(4):1115-1125.
[7] 刘宁微,齐琳琳,韩江文．北上低涡引发辽宁历史罕见暴雪天气过程的分析[J]. 大气科学,2009,33(2):275-284.
[8] 杨成芳,周雪松,李静,等．基于构成要素的一次切变线暴雪天气分析[J]. 高原气象,2015,34(5):1402-1413.
[9] 吴庆梅,杨波,王国荣．北京地区一次回流暴雪过程的锋区特征分析[J]. 高原气象,2014,33(2):539-547.
[10] 段宇辉,王文,田志广,等．华北北部相似形势下的两次雨转暴雪过程对比[J]. 干旱气象,2013,31(4):784-789.
[11] 王学强,王澄海,孟雪峰,等．内蒙古锡林郭勒盟2012年冬季暴雪过程天气学特征研究[J]. 冰川冻土,2013,35(6):1446-1453.
[12] 德勒格日玛,李一平,孙永刚,等．内蒙古东部初冬一次暴雪天气过程诊断[J]. 干旱区研究,2015,32(4):726-734.
[13] 闫慧,赵桂香,张朝明,等．山西中部一次暴雪天气过程分析[J]. 干旱气象,2015,33(5):838-844.
[14] 赵桂香,杜莉,范卫东,等．山西省大雪天气的分析预报[J]. 高原气象,2011,30(3):727-738.
[15] 周倩,程一帆,周甘霖,等．2008年10月青藏高原东部一次区域暴雪过程及气候背景分析[J]. 高原气象,2011,30(1):22-29.
[16] 张俊兰,杨霞,李建刚,等．2015年12月新疆极端暴雪天气过程分析[J]. 沙漠与绿洲气象,2018,12(5):1.
[17] 周雪松,杨成芳,孙兴池．两次早春暴雪过程的对比分析[J]. 高原气象,2013,32(2):446-455.
[18] 牟欢,闵月,洪月,等．2016年3月北疆一次暴雪天气过程诊断分析[J]. 沙漠与绿洲气象,2017,11(6):26-33.

2012 年 4 月 15 日大到暴雪个例技术总结

曲欣瑶　魏永亮　解文璇　李云霞
（玉树州气象台，玉树　815000）

摘　要：基于高空、地面和模式资料，对 2012 年 4 月 15 日发生在青海省南部地区的一次大到暴雪天气过程进行了分析，结果表明：1）这是发生在春季的青海省大范围降水天气过程，降水相态复杂，低海拔地区雨、雨夹雪、雪 3 种相态相互转换，其中 3 站（杂多、久治、达日）大雪，最大降雪量出现在玉树州杂多县 16.0 mm，积雪深度为 9 cm。此次过程降雪时段主要在 15 日 14 时—16 日 08 时，持续时间长，强度强。2）这是一次新疆横槽底部分裂下滑的高原短波槽快速东移引导地面冷空气南下，配合南支槽前的西南暖湿气流造成的青海省大范围降水天气过程。500 hPa 青南地区受短波槽后偏北气流与南支槽前西南气流的影响，且青南地区温度水平梯度明显加强，有利于降水产生；300 hPa 玉树地区存在明显风速辐散，有利于高空抽吸，加强上升运动；地面气温梯度明显增强，锋生明显；充沛的水汽，持续强烈的上升运动；玉树南部地区 60 ℃的高能舌，玉树地区的水汽和能量明显增强；存在层结不稳定，具有一定的不稳定能量；云系中心与冷暖平流交汇区位置一致，持续时间较长，地形抬升作用，有利于降水的出现。3）影响锋生的主要因素：水平运动作用$F_1=-\frac{\partial v}{\partial y}\frac{\partial \theta}{\partial y}$，温度梯度明显增强，$F_1>0$，有锋生作用。垂直运动作用$F_2=-\frac{\partial \omega}{\partial y}\frac{\partial \theta}{\partial p}$，500 hPa 均为上升运动区，$\omega<0$，500～400 hPa 之间为不稳定层结，$\frac{\partial \theta}{\partial p}>0$，则$F_2>0$，即锋生。$F_3=\frac{\partial}{\partial y}\left(\frac{\mathrm{d}T}{\mathrm{d}t}\right)$，冷空气移动在较冷的下垫面上，下垫面的冷却通过湍流、对流、辐射和传导等过程使得冷空气变冷，则锋消。$F=F_1+F_2+F_3>0$，此次过程中水平运动对锋生起主要作用。

关键词：暴雪，温度梯度，南支槽，锋生

1　天气实况

2012 年 4 月 15 日 08 时—16 日 08 时，青海省大部地区发生了一次降雪过程，大到暴雪集中在青南。降水相态复杂，低海拔地区雨、雨夹雪、雪三种相态相互转换，主要天气过程发生在青海省的南部和东部地区。其中 3 站（杂多、久治、达日）达到大雪，其余小雨雪，最大降雪量出现在玉树州杂多县 16.0 mm，积雪深度为 9 cm。以降水中心杂多、久治为例，此次过程降雪时段主要在 15 日 14 时—16 日 08 时，持续时间长，强度强。具体如图 1.40 所示。

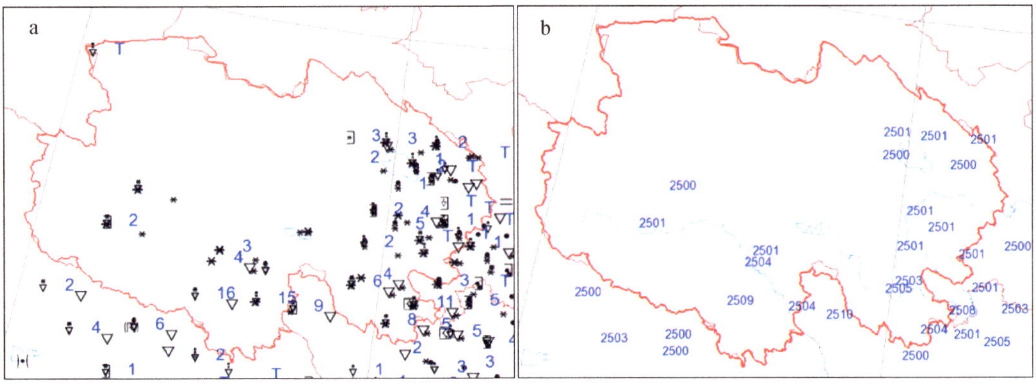

图 1.40 15 日 08 时—16 日 08 时天气实况

(a)24 h 降水量+地面天气现象(b)16 日 08 时特殊天气图(25 开头为积雪,后 2 位数字是积雪深度(cm))

2 成因分析

2.1 环流背景和系统分析

分析 500 hPa 高空形势,中高纬度呈多波动型,印度地区有明显南支槽存在,我国东北及以北地区存在一个大槽,高原上空多有新疆横槽底部分裂下滑的短波槽东移。15 日 08 时 500 hPa 高空形势(图 1.41a),可以看出这是一次新疆横槽底部分裂下滑的高原短波槽快速东移引导地面冷空气南下,配合南支槽前的西南暖湿气流造成的青海省大范围降水天气过程。15 日 08—20 时新疆横槽底部分裂下滑的高原短波槽快速东移(图 1.41b),青南地区受高空短波槽后偏北气流与南支槽前西南暖湿气流的共同影响,存在明显的偏西北和偏西南风的辐合;且青南地区温度水平梯度有明显加强,有利于降水产生。

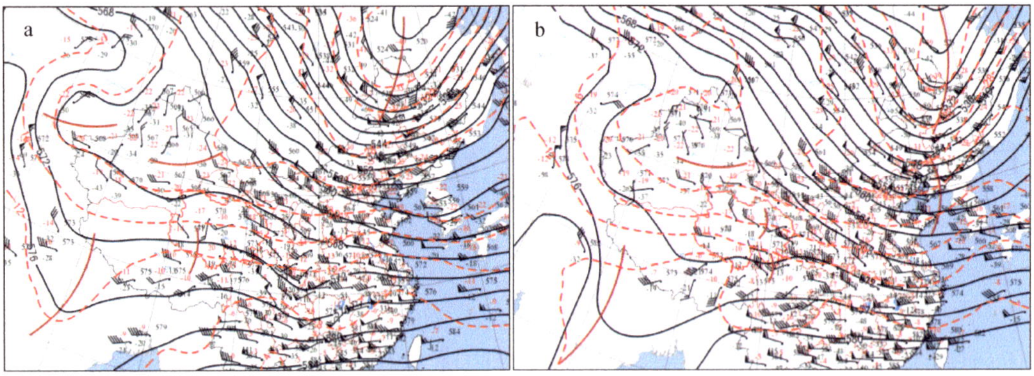

图 1.41 2012 年 4 月 15 日 08 时 500 hPa 高空图(a)2012 年 4 月 15 日 20 时 500 hPa 高空图(b)

2.2 地面系统分析

在地面温度实况图(图 1.42a、b)上看出全省大部降温明显,14—20 时地面气温梯度有明显增强,锋生明显,有利于降水。例如:14 时,格尔木—曲麻莱站之间的温度差为 6 ℃,至 20 时,格尔木—曲麻莱站之间的温度差为 9.4 ℃,可以明显看出地面气温梯度明显增强,增强了 3.4 ℃，因此锋生明显，有利于降水的出现。同时，受地形影响，冷空气自西北进入柴达木盆地以后经过攀爬巴颜喀拉山脉进入玉树地区，在巴颜喀拉山脉迎风坡地形抬升作用下，越往南抬升作用越强，冷空气强度就越强，与来自孟加拉湾地区北上的西南暖湿空气交汇后产生的降水量就越大(图 1.42e)。

2.3　卫星云图分析

根据红外云图分析，15 日 13 时开始，自小唐古拉山地区以东有降水云系生成并不断向东移动发展，15 日 20 时降水云系发展旺盛，且主要集中在青海省中南部地区，至 16 日 08 时云系有明显东移并逐渐消散，云系中心与冷暖平流交汇区位置基本一致，在青南上空移动较为缓慢，持续时间较长，对此次过程出现暴雪天气有利(图 1.42c、d)。

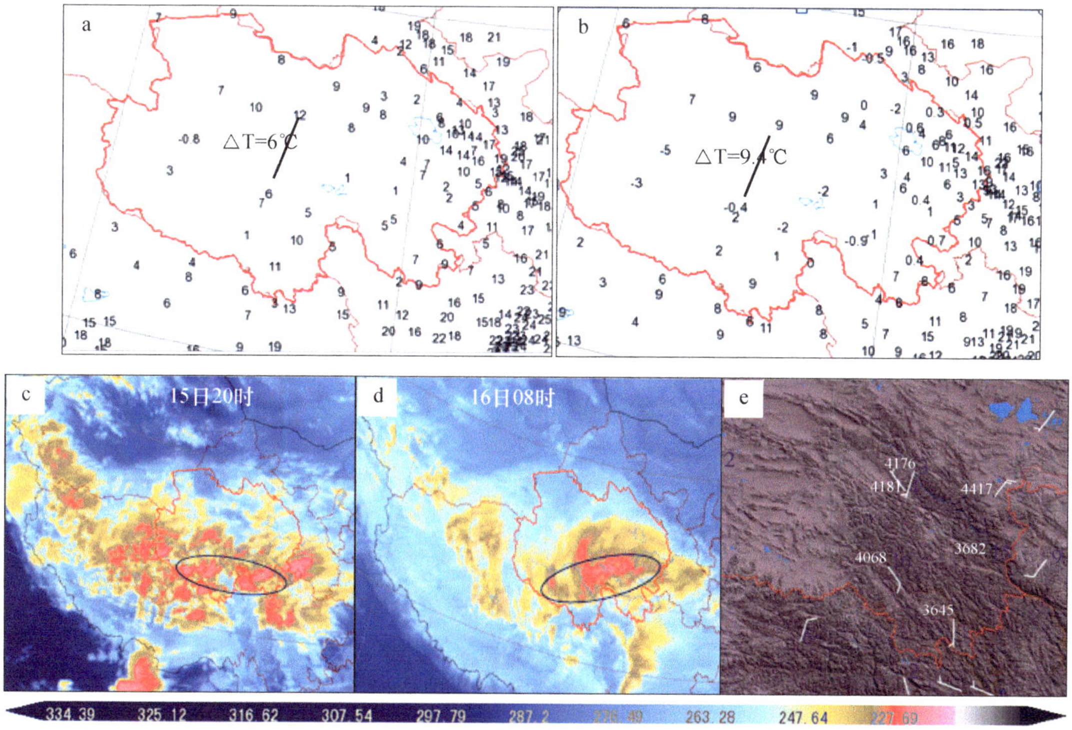

图 1.42　地面温度＋红外云图＋地形图

(a)15 日 14 时地面温度(℃)(b)15 日 20 时地面温度(℃)(c)红外云图(d)红外云图(e)地形＋15 日 20 时地面风场

2.4　诊断分析

2.4.1　水汽条件

分析 15 日 20 时 500 hPa 比湿场＋风场(图 1.43 a)，上游林芝站为西南风，风速达 16 $m \cdot s^{-1}$，水汽沿南支槽前西南气流自孟加拉湾向青海省南部地区输送，水汽输送明显，青南地区比湿大，达 2～4 $g \cdot kg^{-1}$。从 15 日 20 时 500 hPa 水汽通量散度场(图略)上来看，青海省西部地区有明显的水汽辐合，玉树上空存在水汽辐合中心，中心值小于 -6×10^{-8} $g \cdot cm^{-2} \cdot hPa^{-1} \cdot s^{-1}$，玉树地区的水汽源汇明显，有利于降水。

玉树 T-ln$P$ 图(图 1.43b)上来看，玉树本站湿层深厚，整层水汽条件好，地面至 400 hPa 相对湿度≥80%，水汽充沛。

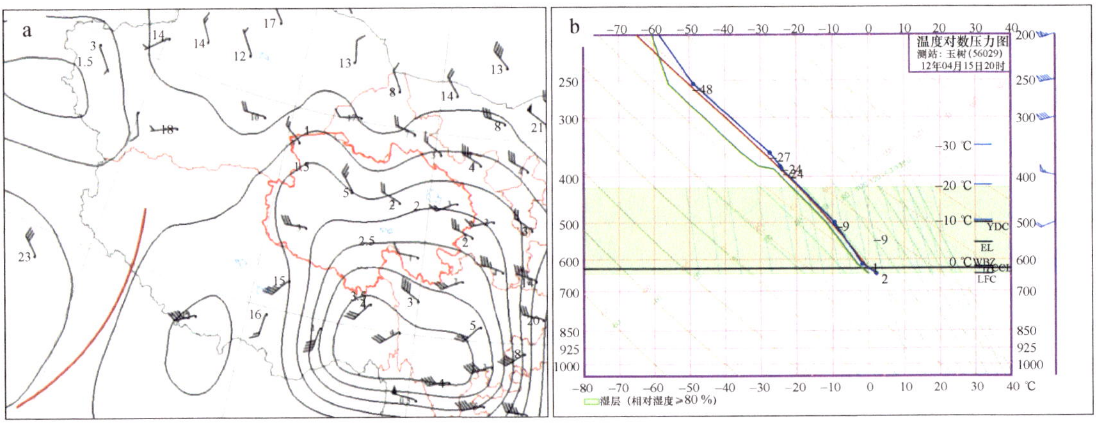

图 1.43　2012 年 4 月 15 日 20 时 500 hPa 比湿(a)2012 年 4 月 15 日 20 时玉树探空曲线(b)

2.4.2　动力条件

分析玉树地区气流的垂直运动，15 日 08 时 300 hPa 高空填图+UV 风场(图 1.44a)上来看，300 hPa 以上高空辐散，青海省上空有风速的大值区，最大风速达 42 m · s^{-1}，在玉树地区存在明显风速辐散，有利于高空抽吸，加强上升运动。分析垂直速度场时间垂直剖面图(图略)，以杂多地区为例，15 日 08 时—16 日 08 时整层为强上升运动区，存在明显的不稳定层结，持续强烈的上升运动有利于气流的垂直输送、高低空能量的交换[1-8]，同时也促进系统的发展和维持，为强降水的发生提供了动力条件。

分析散度场时间垂直剖面图(图略)，以杂多地区为例，15 日 08 时—16 日 08 时对流层中低层为负值，500～300 hPa 层内为强辐合区，散度场高空辐散、低空辐合的配置，有利于暖湿气团的抬升，为强降水的发生提供了动力条件。这种高空的辐散导致了低层辐合的维持，这种配置的较长时间维持也是此次过程降水时间较长的原因之一。

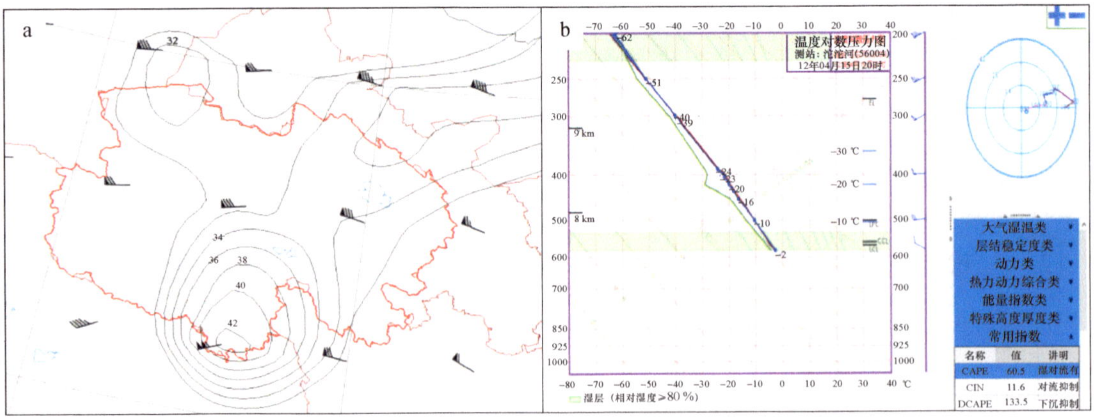

图 1.44　4 月 15 日 08 时 300 hPa 高空填图+UV 风场(a)4 月 15 日 20 时沱沱河站 T-ln$P$ 图(b)

2.4.3　热力条件

分析 4 月 15 日 08 时和 20 时 500 hPa 温度平流场(图略)，15 日 08 时 500 hPa 青海省中

部地区受高空暖平流影响，在玉树地区存在一个值达 6×10^{-5}℃·s^{-1}的暖平流中心；随着时间的变化，自青海省西北部有冷平流向东南移动，且中心强度达 -8×10^{-5}℃·s^{-1}，至 20 时，玉树北部及海西东部地区为冷暖平流交汇区域，与降水云系中心相对应，说明高空冷暖平流交汇有利于强降水的出现。从 4 月 15 日 08 时假相当位温场（图略）可以看出，玉树地区处于 50 ℃ 以上，玉树西南侧有一个 58 ℃的高能舌；至 20 时高能舌北抬至玉树南部地区，其值达 60 ℃，玉树地区的水汽和能量明显增强，为此次暴雪提供了更加有利的条件。

2.4.4　层结不稳定

分析 15 日 20 时上游沱沱河站的探空曲线图（图 1.44b），沱沱河 T-ln$P$ 图地面至 400 hPa 为暖平流，400～300 hPa 为冷平流，同时这种高低层冷暖平流的配置导致层结不稳定性增强，存在层结不稳定，具有一定的不稳定能量，CAPE 值为 80 J/kg，说明此次降水具有弱对流性，从而使降水强度较大。

3　此次过程中影响锋生的主要因素

根据锋生公式：$F=\frac{\mathrm{d}T}{\mathrm{d}t}$，$F>0$，锋生；$F<0$，锋消。由公式推导得到，$F=F_1+F_2+F_3$ 其中：$F_1=-\frac{\partial v}{\partial y}\frac{\partial\theta}{\partial y}$，$F_2=-\frac{\partial\omega}{\partial y}\frac{\partial\theta}{\partial p}$，$F_3=\frac{\partial}{\partial y}\left(\frac{\mathrm{d}T}{\mathrm{d}t}\right)$。

（1）水平运动作用 $F_1=-\nabla\theta\frac{\partial v}{\partial y}$，在假设等位温线与纬向平行，则 y 轴与位温梯度 $-\nabla\theta$ 方向重合。分析 500 hPa 青海省西部地区因水平运动而引起的锋生情况，在 08—20 时期间，青海省西部地区等位温线在南北风辐合下，具有逐渐变密的趋势，可见该地区出现明显锋生过程（图 1.45）。例如：选取 08—20 时格尔木站和那区站资料，$v_{格尔木}=-5\ \mathrm{m\cdot s^{-1}}$，$v_{那区}=6\ \mathrm{m\cdot s^{-1}}$，$\frac{\partial v}{\partial y}=-1.8\times10^{-5}\ \mathrm{s^{-1}}$，$\nabla\theta=2.1\times10^{-5}\ \mathrm{K\cdot m^{-1}}$，故：

$$F_1=-\nabla\theta\frac{\partial v}{\partial y}=3.8\times10^{-10}\ \mathrm{K\cdot m^{-1}\cdot s^{-1}},F_1>0$$

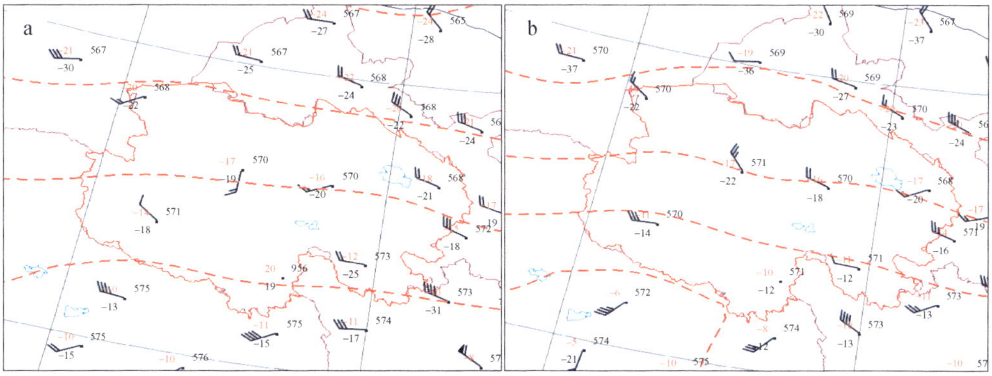

图 1.45　15 日 08 时 500 hPa 温度场和高空填图(a)15 日 20 时 500 hPa 温度场和高空填图(b)

（2）垂直运动作用 $F_2=-\frac{\partial\omega}{\partial y}\frac{\partial\theta}{\partial p}$，20 时 500 hPa 在青海省均为上升运动区，$\omega<0$，20 时格尔木站 500～400 hPa 之间为稳定层结，$\frac{\partial\theta}{\partial p}<0$，则 $F_2<0$，即锋消，说明冷空气在由盆地向南部高

原爬升过程中，由垂直运动引起对的南北温度梯度减小，产生一定程度的锋消。例如：格尔木站 $\omega_{500}=-18\ \mathrm{Pa\cdot s^{-1}}$，那曲站 $\omega_{500}=-9\ \mathrm{Pa\cdot s^{-1}}$，$\frac{\partial\omega}{\partial y}$约为 $-1.4\times10^{-5}\ \mathrm{Pa\cdot s^{-1}}$该区域平均 $\frac{\partial\theta}{\partial p}$约为 $-1.885\times10^{-4}\ \mathrm{K\cdot Pa^{-1}}$，故：

$$F_2=-\frac{\partial\omega}{\partial y}\frac{\partial\theta}{\partial p}=-3.4\times10^{-9}\ \mathrm{K\cdot m^{-1}\cdot s^{-1}},F_2<0$$

(3)影响锋生的主要因素：水平运动 $F_1>0$，青海省西部地区等位温线在南北风辐合下，具有逐渐变密的趋势，可见该地区在水平运动作用下出现明显锋生过程；但冷空气在由盆地向南部高原爬升过程中，由垂直运动引起的南北温度梯度减小，产生一定程度的锋消，$F_2<0$，但其较 F_1 小一个量级；F_3 量级较小，影响作用有限。综合而言，$F>0$，在此次过程中水平运动对锋生起主要作用。

综上，此次天气过程中水平运动对锋生起主要作用。

4 小结

1)2012 年春季，青海省大范围降水，降水相态复杂，低海拔地区雨、雨夹雪、雪三种相态相互转换，此次过程降雪时段主要在 15 日 14 时—16 日 08 时，持续时间长，强度强。其中 3 站(杂多、久治、达日)达到大雪，其余小雨雪，最大降雪量出现在玉树州杂多县 16.0 mm，积雪深度为 9 cm。

2)此次过程是由新疆横槽底部分裂下滑的高原短波槽快速东移引导地面冷空气南下，配合南支槽前的西南气流造成的青海省大范围降水天气过程。500 hPa 青南地区受短波槽后偏北气流与南支槽前西南气流的影响，存在明显的偏西北和偏西南风的辐合；且青南地区温度水平梯度有明显加强，有利于降水产生；300 hPa 在玉树地区存在明显风速辐散，有利于高空抽吸，加强上升运动。地面气温梯度明显增强，斜压锋生明显；充沛的水汽，持续强烈的上升运动；玉树南部地区 60 ℃的高能舌，玉树地区的水汽和能量明显增强；存在层结不稳定，具有一定的不稳定能量；云系中心与冷暖平流交汇区位置一致，持续时间较长，地形抬升作用，有利于降水的出现。

3)影响锋生的主要因素：水平运动 $F_1>0$，青海省西部地区等位温线在南北风辐合下，具有逐渐变密的趋势，可见该地区在水平运动作用下出现明显锋生过程；但冷空气在由盆地向南部高原爬山过程中，由垂直运动引起的南北温度梯度减小，产生一定程度的锋消，$F_2<0$，但其较 F_1 小一个量级；F_3 量级较小，影响作用有限。综合而言，$F>0$，在此次过程中水平运动对锋生起主要作用。

参考文献

[1] 谢媛，罗英健．“3.29”果洛州中南部大到暴雪天气成因分析[J]．农家参谋，2017(24)：140.

[2] 张青梅，马海超．青海省高原东部初冬大到暴雪天气过程分析[J]．现代农业科技，2017(16)：175-178.

[3] 魏永亮，韩方昕，张玉洁，等．玉树地区“3.28-3.29”强降雪天气过程成因分析[J]．青海气象，2017(1)：45-48.

[4] 张玉洁，魏永亮，解文璇，等．孟加拉湾风暴影响下玉树地区一次大暴雪天气过程分析[J]．现代农业科技，2017(2)：196-197.

[5] 甄国赟．海北门源地区两次极端暴雪天气过程对比分析[J]．青海气象，2018(4)：20-25.

[6] 姬菲菲,戴明晶,马宁,等.2017年2月20—21日宁夏大到暴雪天气过程分析[J].现代农业科技,2018(24):214-215.
[7] 张俊兰,杨霞,李建刚.2015年12月新疆极端暴雪天气过程分析[J].沙漠与绿洲气象,2018,12(5):1-9.
[8] 郑志红,王敏.2014年4月10—11日泽库县暴雪天气过程分析[J].现代农业科技,2018(8):187-190.

2012年5月1日大到暴雪天气过程分析总结

马颖鸿
(果洛州气象台,玛沁 814000)

摘 要:基于高空、地面和模式预报资料,对2012年5月1日08时—2日08时发生在青海省大部地区除海西外出现的春季大到暴雪天气过程进行了分析。结果表明:1)此次天气过程特征:是一次春季大到暴雪天气过程,具有降水落区集中、降水强度较大、存在降水相态转变的特点。此次降水主要出现在果洛、玉树、黄南地区,过程期间单站24 h最大降水量达11 mm,最大积雪深度14 cm。2)此次天气过程成因:500 hPa高空图上中高纬度地区以两槽一脊形势为主,有分裂下滑的短波槽带来弱冷空气,中纬度高原上存在高原横切变影响青海省南部地区,低纬度孟加拉湾有西南气流提供充足的水汽输送。3)青南地区有弱急流分流存在,有利于系统发展。4)500 hPa高空图上高原低涡位于青海省西部地区,且存在高原槽和切变线提供动力条件,自孟加拉湾而来的西南气流输送的水汽较为充沛;之后地面存在辐合线触发不稳定能量,产生了此次大到暴雪天气过程。5)此次降水过程预报难点:根据EC模式500 hPa在5月1日20时预报场与1日20时500 hPa实况分析,仅凭预报场和部分物理量场对大到暴雪天气的落区和降水强度有预报误差;对降水相态变化预报有困难。

关键词:降水相态转变,高原槽,高原切变线,高空急流

1 降水实况分析

1.1 降水量

2012年5月1日08时—2日08时青海省除海西外的大部地区均出现雨雪天气。此次降雪过程为春季出现的果洛地区的大到暴雪天气过程,降水落区主要集中在果洛、玉树及黄南地区;过程期间单站24 h最大降水量达11 mm,积雪深度14 cm(久治),达暴雪量级;达日站为大雪量级,降水量12 mm,积雪深度7 cm(图1.46)。

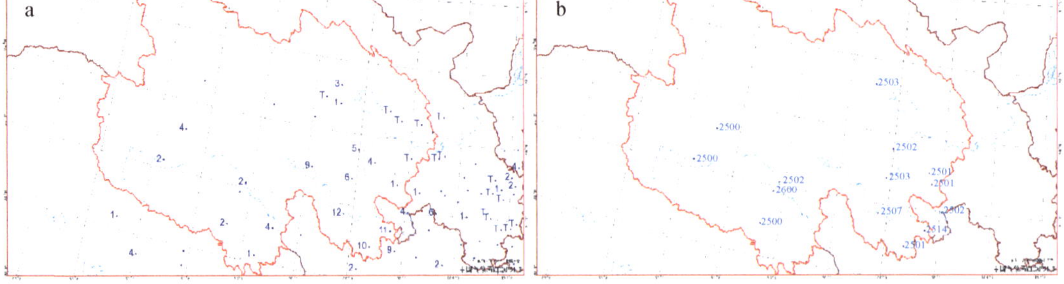

图1.46 5月2日08时24 h降水量(a)5月2日08时特殊天气现象
(25开头为积雪,后2位数字是积雪深度(cm))(b)

1.2 降水相态

此次大到暴雪天气过程降水强度较大，落区集中，持续时间较短。果洛地区降水情况如下：玛多站自5月1日11时开始出现降雪天气，达日站于1日17时开始出现降雨天气，至23时转为降雪，出现雨雪相态转变；久治站在5月2日02时开始出现降雪；直至5月2日05时，果洛全州所有站点均转变为降雪天气。5月2日05时玛沁，玛多，久治站气温降至0℃以下，其余各站均在0℃以上。此次降水天气持续时间较短，自1日08时陆续开始，至2日08时结束，降水较强时段为1日夜间至2日凌晨，且整个降水过程中降水相态复杂，雨、雪并存，且单站降水相态随时间发生转换。具体如图1.47所示。

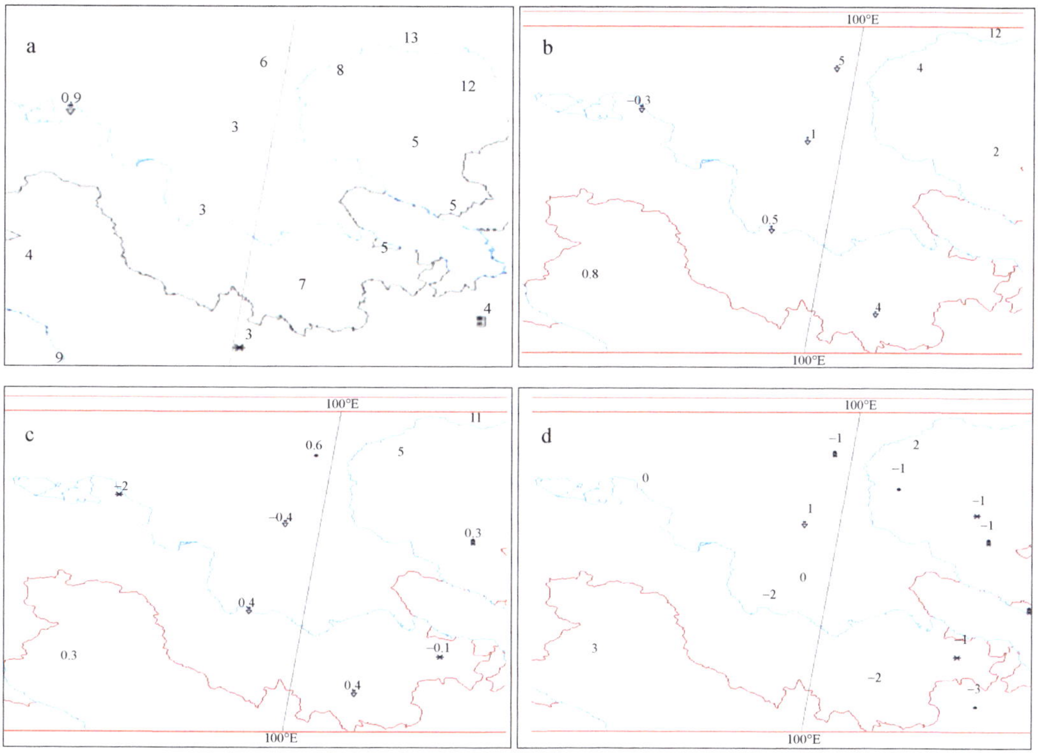

图1.47 (a)5月1日11时地面天气现象+气温(b)5月1日23时地面天气现象+气温(c)5月2日05时地面天气现象+气温(d)5月2日08时地面天气现象+24 h变温

2 天气过程分析

2.1 天气形势

分析1日08时500 hPa高空图可以看出(图1.48)，亚欧中高纬度地区以两槽一脊的环流形势为主，中部有不断分裂下滑的短波槽带来弱冷空气，中纬度地区存在高原横切变影响青海省南部地区，而高原西部地区有一低涡系统在发展，配合低纬度地区孟加拉湾的低值系统持续影响高原地区，西南水汽输送较为明显。分析1日20时500 hPa形势场可以看出，亚欧中高纬度地区两槽一脊形势依然维持，且高原低涡移动至青海省西部地区，移速较快;同时存在高原槽和高原切变线为此次降水提供动力条件,而来自孟加拉湾的西南气流输送的水汽较为充沛。

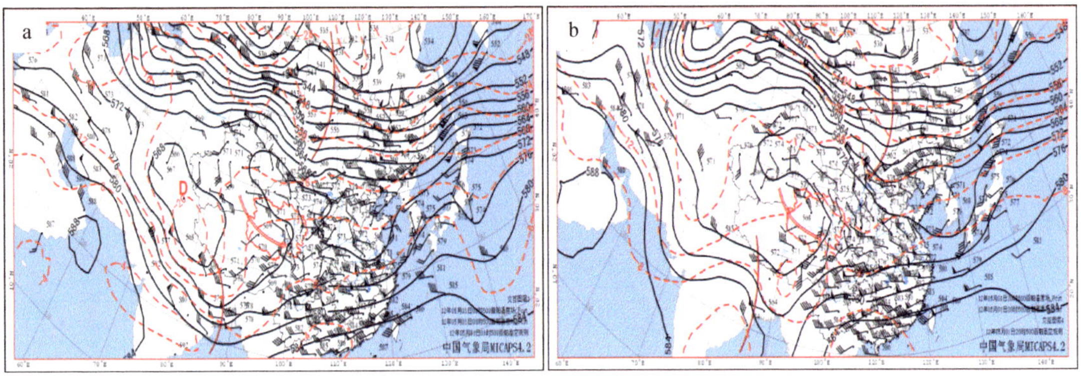

图 1.48　5 月 1 日 08 时 500 hPa 高空形势场(a)5 月 1 日 20 时 500 hPa 高空形势场(b)

2.2　动力条件

2.2.1　高空急流分析

分析 1 日 08 时 200 hPa 流场(图 1.49)可以看出,青南地区位于 200 hPa 急流轴北侧,且高空西风急流中心风速达 52 m · s^{-1},南部地区有弱分流区存在,形成了高空辐散的有利形势。而研究[1-15]表明,高空急流及其附近散度场和高空急流相伴的次级环流对低层气旋、强对流、暴雨、暴雪以及强上升运动等均有重要的影响,暴雪区位于高空急流出口区北侧,高空急流及其相伴的次级环流的上升使得暴雪强度增强,故而此次 200 hPa 高空急流有利于天气系统的发生和发展。

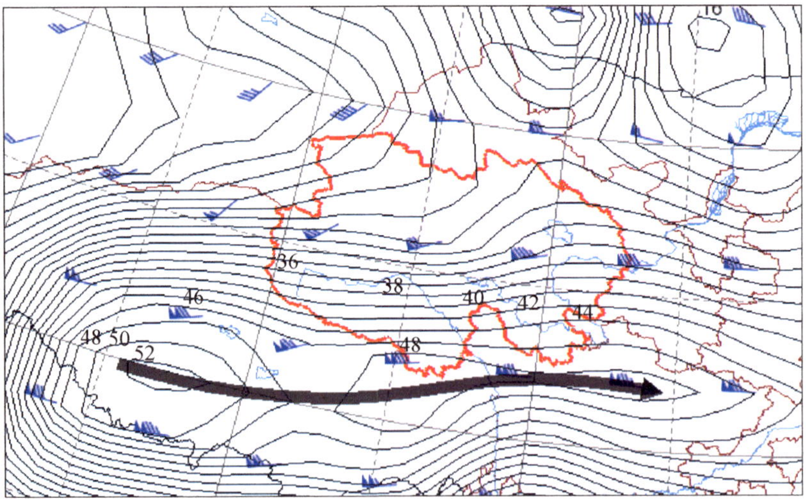

图 1.49　5 月 1 日 08 时 200 hPa 高空急流

2.2.2　涡度场分析

分析此次大到暴雪过程的 500 hPa 涡度场(图 1.50)可以看出,自 5 月 1 日 20 时涡度≥28×$10^{-5}s^{-1}$大值中心位于青海省西部地区,2 日 08 时涡度中心移出青海省东南部,涡度中心强度

$\geq 40\times10^{-5}s^{-1}$，说明存在较强的上升运动，且涡度中心最大值从 $28\times10^{-5}s^{-1}$ 到 $40\times10^{-5}s^{-1}$ 逐渐加强并东移南压的移动情况，考虑暴雪落区出现在青南地区夜间，与涡度场配合较为吻合。

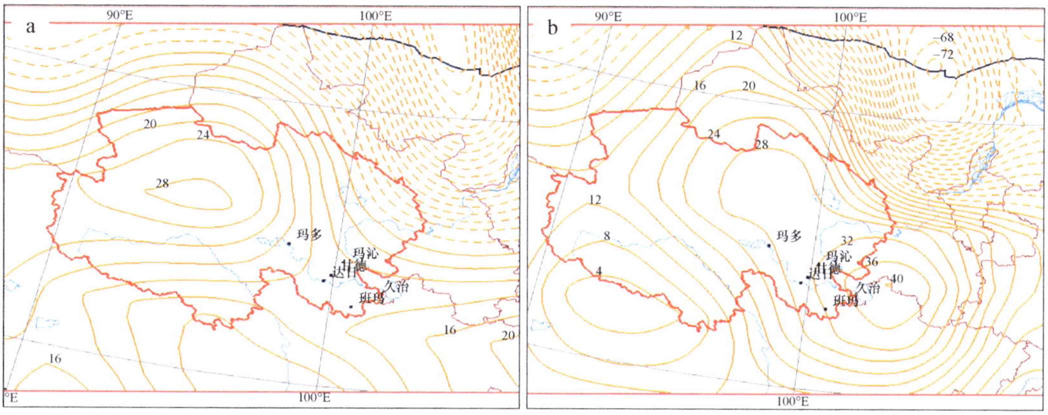

图 1.50　5 月 1 日 20 时 500 hPa 涡度场(a)5 月 2 日 08 时 500 hPa 涡度场(b)

2.2.3　散度分析

分析青南地区上空气流的散合情况(图 1.51)。通过分析 5 月 1 日 20 时低层 500 hPa 至高层 200 hPa 的散度场显示，除青海省海西地区之外的其余地区整层存在明显的低层辐合，且辐合强度较大，高层较强辐散的配置情况，且低层辐合、高层辐散的配置呈东北—西南向的倾斜，20 时的辐合辐散中心位于青海省玉树地区，而较强降水时段在 20 时之后到 2 日凌晨位于果洛地区，说明后期辐合中心既向东移同时又有加强的趋势。

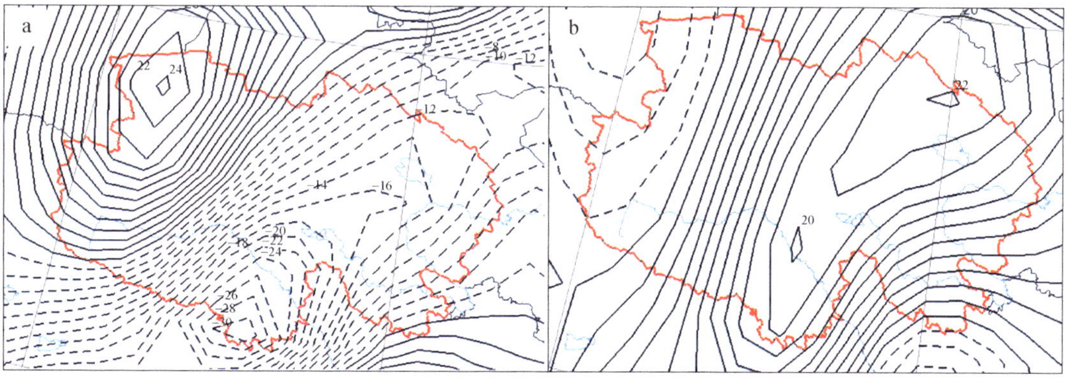

图 1.51　5 月 1 日 20 时 500 hPa 散度场(a)5 月 1 日 20 时 200 hPa 散度场(b)

2.3　水汽条件

2.3.1　比湿

形成暴雨、暴雪的必要条件之一，是要有足够的水分，除了当地已有的水分，还要有源源不断的水汽输入暴雨暴雪区。分析此次大到暴雪过程的水汽条件，从比湿和水汽通量的分析结果可以看出：从 5 月 1 日 08—20 时 500 hPa 比湿场上看，比湿增大明显，从 08 时的1 g·kg^{-1} 增大至 20 时的 3 g·kg^{-1}。见图 1.52a、b。

2.3.2 水汽通量散度

水汽通量散度可以说明暴雪出现的落区以及量级的大小，通过分析1日08—20时水汽通量散度(图1.52)可以看出，此次水汽主要来源于孟加拉湾，08时辐合中心强度由-3×10^{-8} g·cm^{-2}·hPa^{-1}·s^{-1}且中心位置位于青海省中部，到20时辐合中心增强至-9×10^{-8} g·cm^{-2}·hPa^{-1}·s^{-1}且中心位置移动至青海省东南部地区。见图1.52c、d。

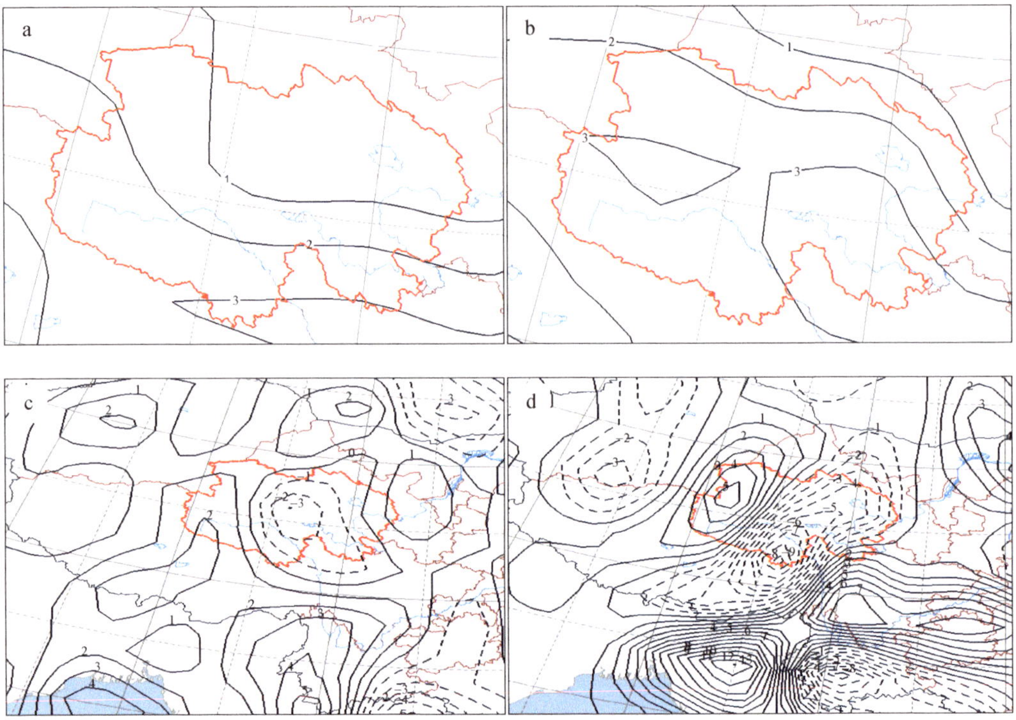

图1.52 (a)5月1日08时500 hPa比湿场(b)5月1日20时500 hPa比湿场
(c)5月1日08时500 hPa水汽通量散度(d)5月1日20时500 hPa水汽通量散度

2.4 卫星云图分析

分析卫星云图可以直观而清晰地观察云系水汽的发展强度变化和移动路径(图1.53)。通过分析此次大到暴雪过程的云系可以看出：5月1日14时玛多已出现降水天气，云图显示对流云系已经在上游地区发展；后期降水云团自西向东移动影响青南地区，至2日08时降水过程结束。

2.5 不稳定能量

分析探空图可以了解本地区局地能量条件的变化，通过分析5月1日20时56046达日站探空图可以看出，湿层深厚，地面至350 hPa均为湿层，温度露点差小于2 ℃。垂直风切变弱，且整层受弱暖平流影响，有利于降水云团发展和维持。见图1.54。

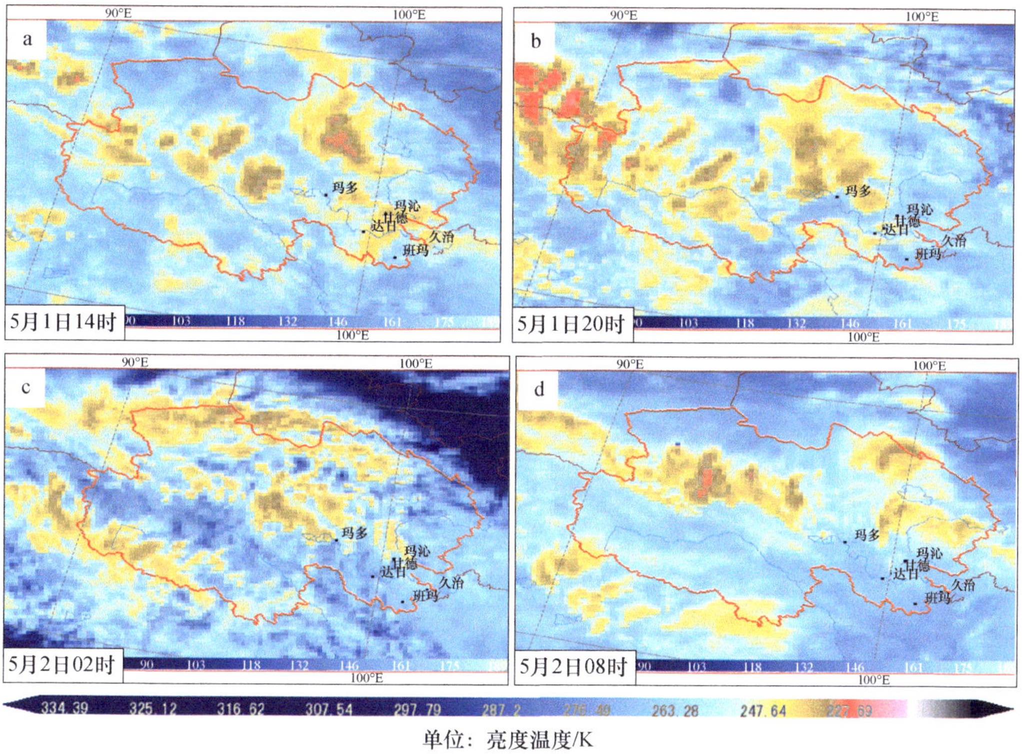

图 1.53　红外云图演变

(a)1 日 14 时(b)1 日 20 时(c)2 日 02 时(d)2 日 08 时

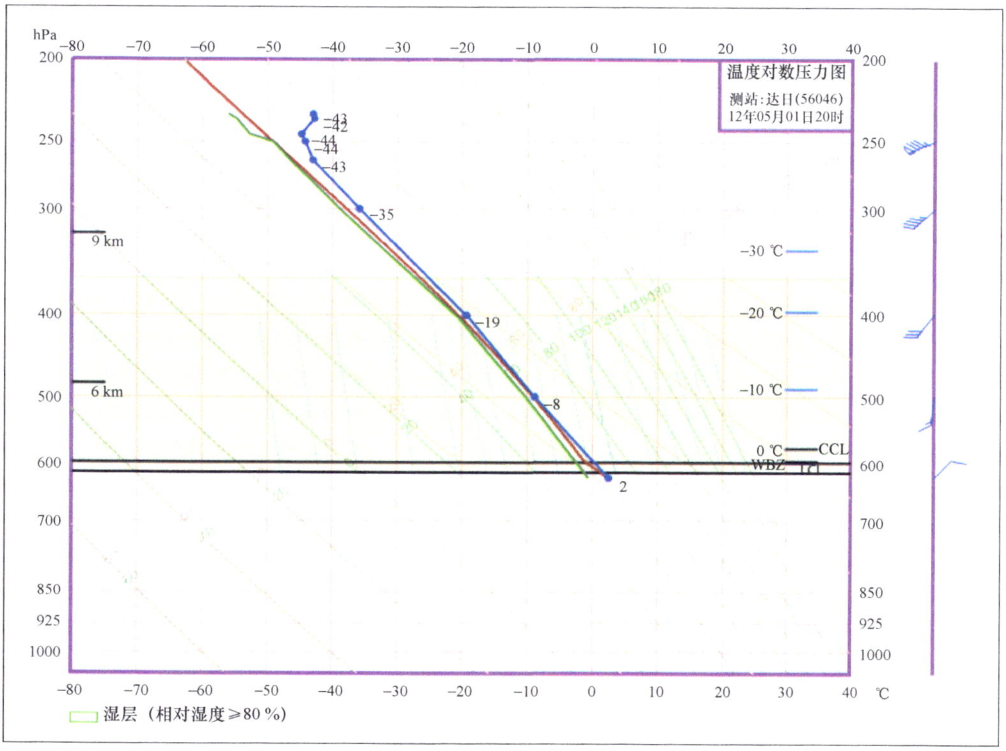

图 1.54　5 月 1 日 20 时 56046 达日站探空图

3　此次降雪过程预报难点分析

3.1　预报实况分析

通过分析可知:1日20时EC预报场系统位置偏北偏西,且预报场风速整体偏小;而1日20时实况场系统位置相对偏东南向,并且风速较大,自孟加拉湾而来的西南气流输送完整,西南气流在高原500 hPa上空存在大于12 $m \cdot s^{-1}$的急流,因此仅凭预报场对此次大到暴雪天气的落区和降水强度有预报误差;并且由于前期气温高,存在降水相态的转变,对降水相态变化预报有困难(图1.55)。

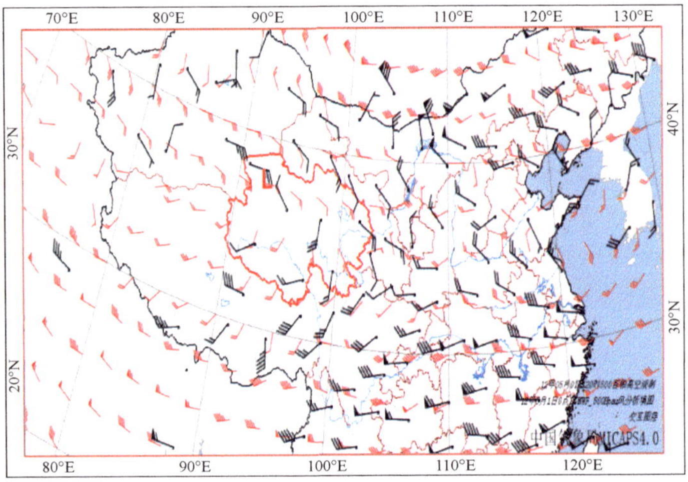

图1.55　5月1日20时500 hPa实况风场(黑色)与EC 500 hPa 1日20时起报场风场(红色)

3.2　物理量场分析误差

通过分析1日20时500 hPa散度场和水汽通量散度场(图1.56)均显示:1日20时大值区域位于玉树南部地区,但后期降水落区和强度检验显示降水中心位于果洛地区,且降水时段大部分在夜间,从而对落区预报有一定的误导性。

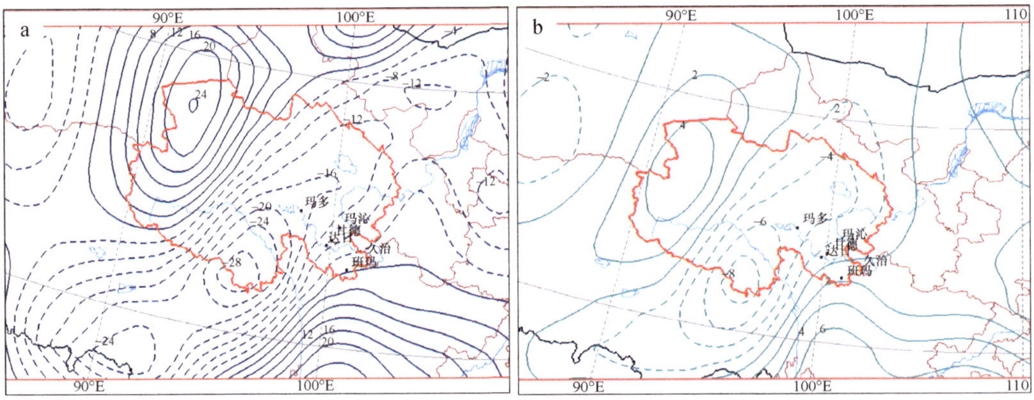

图1.56　5月1日20时500 hPa散度场(a)(单位:$10^{-5}\ s^{-1}$)
5月1日20时500 hPa水汽通量散度(b)(单位:$10^{-8}\ g \cdot cm^{-2} \cdot hPa^{-1} \cdot s^{-1}$)

4　小结

1)此次天气过程特征：是一次春季大到暴雪天气过程，降水落区集中，强度较大，存在降水相态转变，不存在寒潮、降温及冷空气大面积入侵。

2)此次天气过程成因：500 hPa 高空图上中高纬度地区以两槽一脊形势为主，中部有分裂下滑的短波槽带来弱冷空气，中纬度高原上存在横切变影响青海省南部地区，低纬度孟加拉湾西南气流输送的水汽较为充足。

3)存在高空急流分流区，有利于上升运动加强。

4)500 hPa 高空图上高原低涡位于青海省西部地区，且存在高原槽和切变线提供动力条件，自孟加拉湾而来的西南气流输送的水汽较为充沛；之后地面存在辐合线触发不稳定能量，产生了此次大到暴雪天气过程。

5)此次降水过程预报难点：根据 EC 模式 500 hPa 5 月 1 日 20 时预报场与 1 日 20 时 500 hPa 实况分析，仅凭预报场和部分物理量场对大到暴雪天气的落区和降水强度有预报误差；对降水相态变化预报有困难。

参考文献

[1] 李春芳，赵俊荣，王磊．寒潮暴风雪天气的动力和热力特征分析[J]．新疆气象，2001(1)：9-11.

[2] 朱乾根，林锦瑞，寿绍文，等．天气学原理和方法[M]．北京：气象出版社，2016：619.

[3] 高晓梅，王文波，苏莉莉，等．潍坊地区 2013 年 1 月一次局地暴雪天气成因分析[J]．现代农业科技，2015(20)：196-199.

[4] 马振锋．一次大一暴雪过程的诊断分析[J]．气象，1988(3)：20-24.

[5] 钱鹏，吴琼，孔启亮，等．江苏省两次区域性暴雪过程的对比分析[C]．第 31 届中国气象学会年会——S2 灾害天气监测、分析与预报．2014.

[6] 张楠，易笑园 朱立娟，等．地面气旋影响下两次华北暴雪(雨)过程分析[J]．气象与环境学报，2014，30(5)：7-14.

[7] 谷秀杰，邵宇翔，王友贺，等．一次暴雪成因及相态演变分析[J]．陕西气象，2018(4)：12-17.

[8] 易笑园，李泽椿，朱磊磊，等．一次 β-中尺度暴风雪的成因及动力热力结构[J]．高原气象，2010，29(1)：175-186.

[9] 姚蓉，叶成志，田莹，等．2011 年初一次持续性暴雪过程成因分析及数值模拟[C]．第 28 届中国气象学会年会——S3 天气预报灾害天气研究与预报．2011.

[10] 冀兰芝，仝志伟，宋琳琳，等．甘肃东部一次暴雪过程的诊断分析和数值模拟[J]．干旱气象，2014，32(5)：845-850.

[11] 柳龙生，李英，赵毅勇．孟加拉湾风暴费林(1302)对藏南一次暴雪过程的影响分析[J]．气象，2015，41(9)：1079-1085.

[12] 鲁坦．2006 年 2 月 26—27 日河南省区域暴雪过程分析[C]．中国气象学会 2007 年年会天气预报预警和影响评估技术分会场．2007.

[13] 张盛魁．2003 年高原秋季一次暴雪天气过程分析[J]．青海气象，2011(4)：23-25.

[14] 杨柳．2003 年江淮春冬两次降雪天气过程数值模拟和初步诊断分析[D]．南京：南京信息工程大学，2005.

[15] 益西卓玛，尼玛卓嘎．2017 年 3 月 10—13 日西藏暴雪天气过程分析[J]．时代农机，2018，45(9)：31.

2013年4月22日大到暴雪天气过程分析

魏永亮　解文璇　张玉洁　索南巴桑
(玉树州气象台，玉树　815000)

摘　要：基于高空、地面和模式资料，对2013年4月22日发生在青海省南部地区的一次大到暴雪天气过程进行了分析，结果表明：1)这是一次春季大范围降雪天气过程，大降雪主要集中在青海省南部地区；降雪强度较大、时间较集中；2站暴雪，3站大雪，降雪中心位于玉树市：24 h降雪量19 mm，积雪深度15 cm；降水相态复杂，果洛东南部地区雨转雨夹雪；海北刚察、托勒出现大风；达日、门源出现雷暴。2)这是一次由东亚大槽后部西北气流引导地面冷空气南下与南支槽前西南气流共同作用造成的暴雪天气过程。500 hPa青南地区受切变线影响，水汽输送好；300 hPa青南地区存在明显风速辐散，有利于高空抽吸，加强上升运动；地面冷空气扩散南下，北部冷锋影响，且锋后部有副冷锋补充；南部受蔓延上高原的冷空气影响，降温明显，且持续降温，有利于降水；充沛的水汽，强烈的上升运动，有利于降水产生；T-ln$P$图上低层暖平流，高层冷平流，低层$\partial\theta_{se}/\partial p>0$，存在对流不稳定，降水具有对流性；云系移动趋势与切变线位置基本一致，强降水出现于云系南部边缘，且维持时间较长；地形辐合、地形抬升对降水增幅明显。3)降雪落区与温度平流的对应关系：500 hPa冷暖平流在玉树地区交汇，降雪大值区与温度平流零线对应较好。

关键词：暴雪，青海省南部，南支槽，锋区

1　天气实况

2013年4月22日08时—23日08时，青海省南部地区发生了一次春季暴雪天气过程，大雪集中在青南，暴雪集中在玉树市。此次过程降雪范围集中、降雪强度大，按24 h降雪量等级标准，全省共计出现5站暴雪(玉树、清水河、曲麻莱、杂多、久治)，多站出现大雪，降雪中心位于玉树，24 h降雪量19 mm，最大积雪深度15 cm；此次过程大降雪时间集中，主要出现在22日20时—23日08时，其中23日02—08时降雪量达到14 mm，降雪强相态以雪为主。同时22日20时青海省海北出现大风天气，极值出现在托勒为19 m·s^{-1}；达日、门源出现雷暴。具体如图1.57所示。

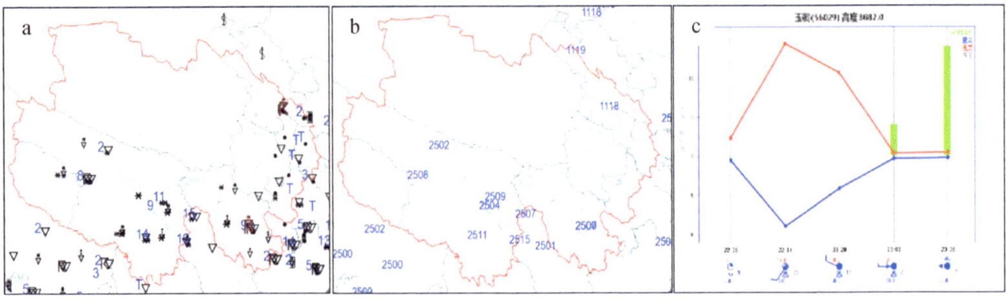

图1.57　2013年4月22日08时—23日08时天气实况

(a)22日08时—23日08时24 h降水量和地面天气现象(b)22日20时和23日08时特殊天气

(c)22日08时—23日08时玉树市地面三线图

2　成因分析

2.1　环流背景

分析4月22日20时高空形势(图1.58a),可以看出,500 hPa高空形势为一槽一脊型,这是一次由东亚大槽后部西北气流引导地面冷空气南下与南支槽前西南气流共同作用造成的暴雪天气过程。22日20时500 hPa上青南地区受新疆脊前西北气流与南支槽前西南气流形成西北风和西南风的辐合切变线影响,玉树本站22日08—20时西风转为西南风,西南水汽输送至玉树地区;23日08时随系统东移(图1.58b),玉树本站西南风转为东南风,冷式切变线转为暖式切变线且南压,降水落区随系统南落。玉树地区主要受西南气流影响,水汽输送好,且一直持续,同时玉树地区存在风向辐合。总体而言,此次降水主要受由东亚大槽后部西北气流引导地面冷空气南下与南支槽前西南气流共同作用造成的暴雪天气过程。

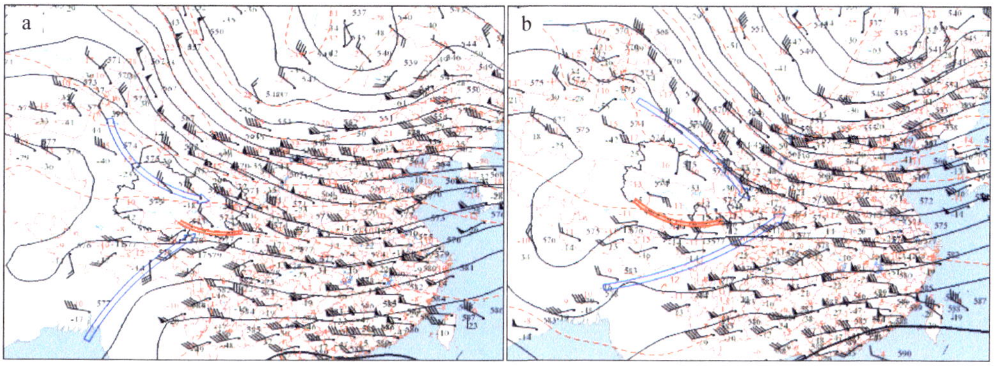

图1.58　4月22日20时500 hPa高空形势场(a)23日08时500 hPa高空形势场(b)

2.2　地面系统分析

影响此次过程的次天气尺度系统,主要是地面冷锋(图1.59a)以及500 hPa高原切变线、南支槽。在4月22日08—14时,在高空西风气流的引导下,地面冷空气扩散南下,北部有冷锋影响,且锋后部有副冷锋补充;南部受蔓延上高原的冷空气影响,降温明显,且持续降温,有利于降水。且地形(图1.59b)辐合、地形抬升对降水增幅明显,玉树地区自东南向西北逐渐升高(迎风坡)。

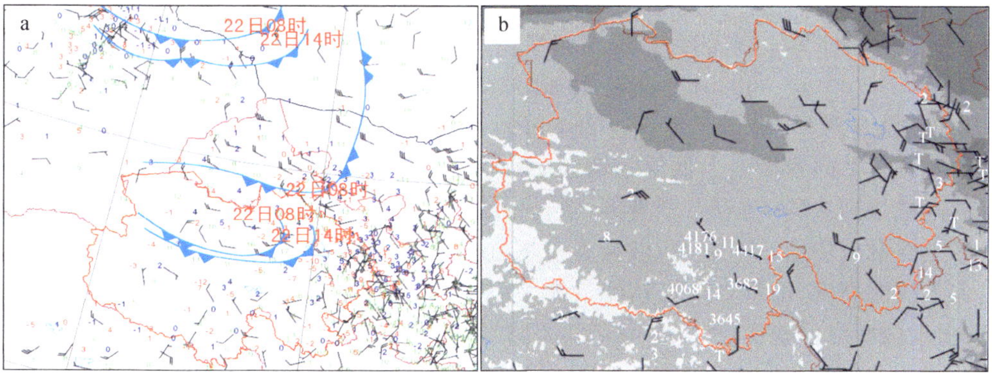

图1.59　4月22日14时地面图及冷锋(a)23日08时24 h降水量+地形图+20时风场(b)

2.3 卫星云图分析

分析此次过程期间的红外云图(图1.60)可以看到,从14时玉树西部地区上空开始有云系发展,到16时云系布满玉树北部地区,南部地区有低云发展,到20时云系进一步东移南压,此后云系不断东移南压,云系移动趋势与切变线位置基本一致,强降水出现于云系南部边缘,且维持时间较长。

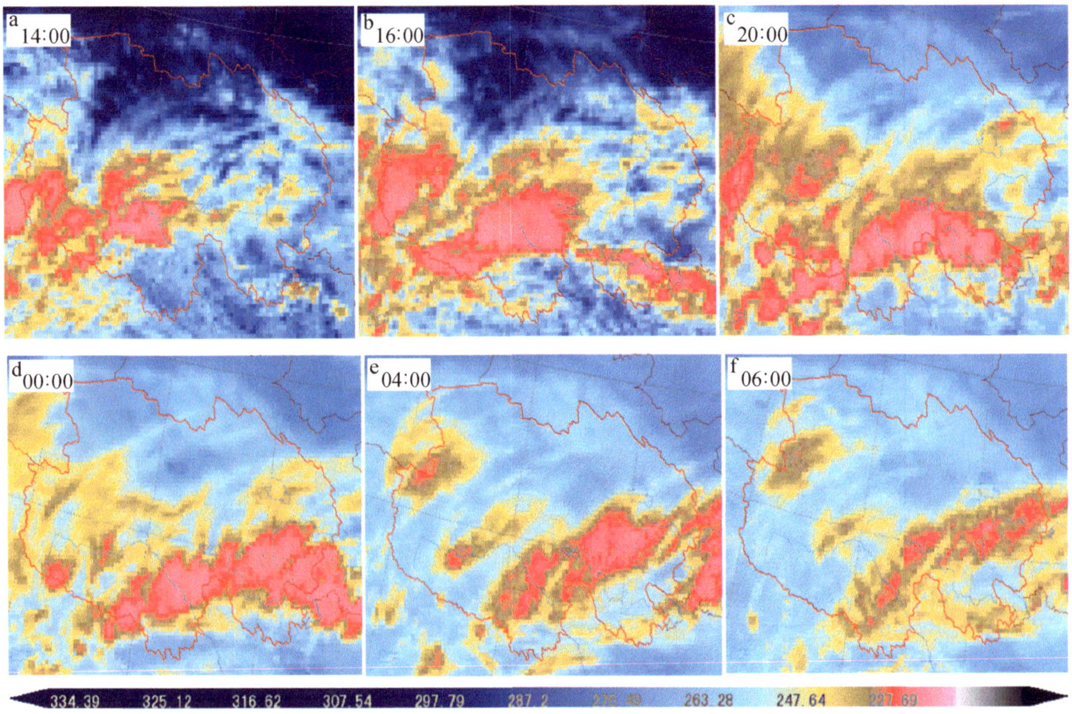

图1.60　22日14时—23日06时红外云图

(a)22日14时(b)22日16时(c)22日20时(d)23日00时(e)23日04时(f)23日06时

2.4 诊断分析

2.4.1 动力条件分析

散度分析:22日20时东部大到暴雪区域地面至300 hPa为辐合层,辐合强度较大,散度值约$-2\times10^{-4}\ s^{-1}$,中层300 hPa没有明显的辐合辐散,散度量级约为零,是一无辐散层,300 hPa以上为辐散层,最强层出现在200 hPa,散度值约为$1.5\times10^{-4}s^{-1}$,且低层辐合和高层辐散场的配置自东向西倾斜。低层强辐合中心集中在青海省玉树区域,这和地面出现较大降水过程的区域是配合的,随着高度增大,辐合中心逐渐向西倾斜,强度也有所减小,至300 hPa,玉树地区上空散度场值在0左右,散合不清楚,说明该高度气流水平辐合辐散不清楚,可能是高空对流上限的高度,即垂直速度达到最大的高度,而300 hPa上空则由于下部空气的强烈上输,导致出现较明显的辐散层,200 hPa最大辐散量级和对应地面最大辐合量级也基本一致,符合流体连续方程的限制,而高空的辐散也导致了低层辐合的维持(图1.61),这种配置的较长时间维持也是此次过程降水时间较长的原因之一[1-2]。

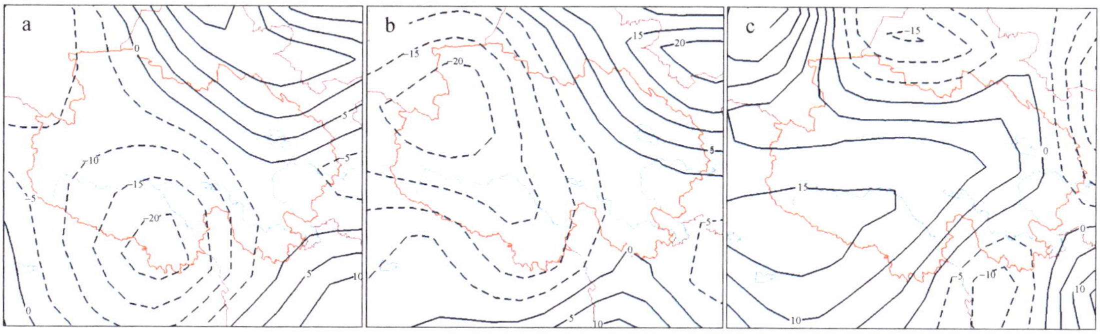

图 1.61　4 月 22 日 20 时 500 hPa 散度场(a)400 hPa 散度场(b)200 hPa 散度场(c)

垂直速度分析：分析 22 日 20 时大到暴雪区域上空 500～200 hPa 均为上升运动区(图 1.62)，ω 均小于零，且最强上升速度层次出现在 400 hPa，这和前面分析的无辐散层是对应的，而其低层和高层的垂直速度量级基本一致。具体分析来看，22 日 20 时低层 500 hPa 暴雪区对应 ω 为－4～－12 $Pa \cdot s^{-1}$，400 hPa ω 为－16～－24 $Pa \cdot s^{-1}$，而200 hPa ω 为－5～－10 $Pa \cdot s^{-1}$，若换算为自然坐标系，其量级约为 10^0 $m \cdot s^{-1}$，这个数量级和此次降水过程的降水强度是匹配的。

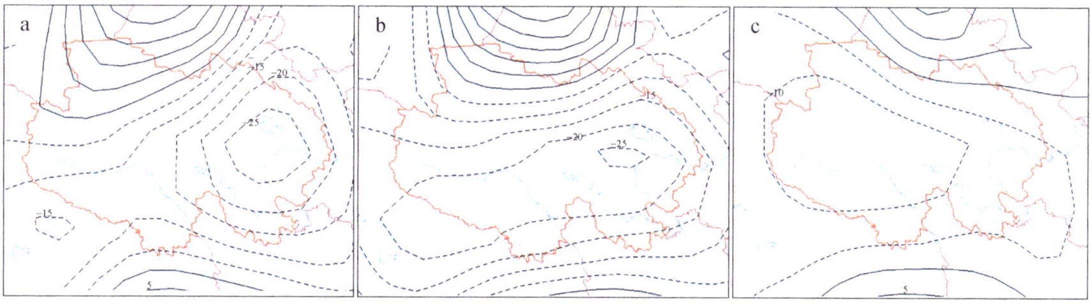

图 1.62　4 月 22 日 20 时 500 hPa 垂直速度场(a)400 hPa 垂直速度场(b)
200 hPa 垂直速度场(c)(单位：$Pa \cdot s^{-1}$)

2.4.2　热力因子分析

温度平流分析：分析 22 日 08 时南部地区玉树站的探空风矢端图(图 1.63a)，玉树地区低层(地面至 400 hPa)有暖平流(＞5×10^{-6} $℃ \cdot s^{-1}$)，高层 400 hPa 以上有冷平流(＜-5×10^{-6} $℃ \cdot s^{-1}$)，暖平流随高度而减弱；同时这种高低层冷暖平流的配置导致层结不稳定性增强，如图 1.63b 所示假相当位温，南部地区的假相当位温处在大值区大于 52 ℃，具有高温高湿等特性，使得降水在开始之初具有一定的对流性质，降水强度较大。

2.4.3　水汽条件分析

分析此次过程中水汽条件，从前期南支槽一直维持，主要就是将孟湾的水汽通过槽前西南气流向北输送，500 hPa 降水中心比湿维持在 2～3 $g \cdot kg^{-1}$，且水汽通量散度场始终维持水汽辐合，水汽辐合中心值＜-5×10^{-6} $g \cdot cm^{-2} \cdot hPa^{-1} \cdot s^{-1}$，有利于降水。

2.4.4　不稳定条件

分析玉树站 22 日 20 时探空曲线图可以看到，在玉树站 T-ln$P$ 图上地面至 400 hPa 为暖

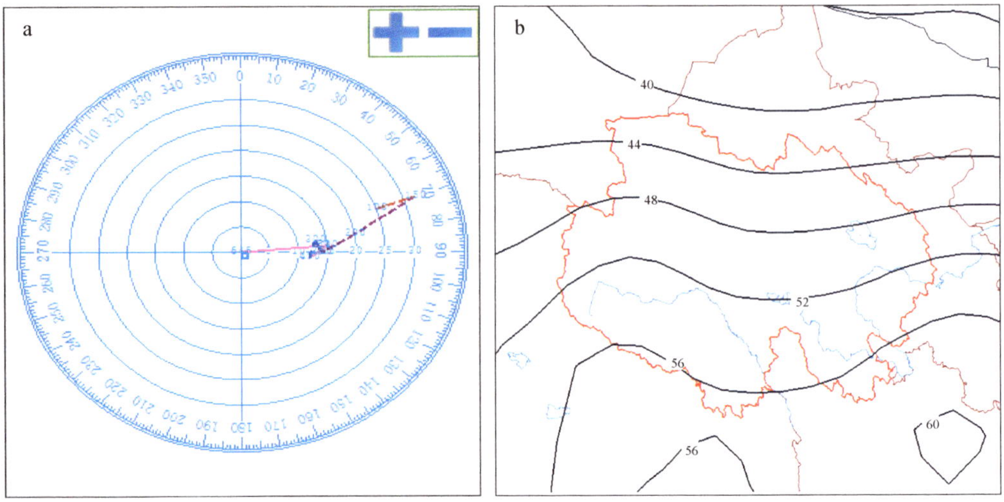

图 1.63　22 日 08 时玉树站风矢端图(a)22 日 08 时青海省南部假相当位温(b)(单位:K)

平流,400～200 hPa 为冷平流;地面至 500 hPa 以及 400 hPa 上 $\frac{\partial\theta_{se}}{\partial p}>0$,存在对流不稳定;CAPE 达 84 J·kg^{-1},降水具有对流性。

3　降雪落区与温度平流的对应关系

3.1　500 hPa 温度平流与降雪落区

分析 4 月 22 日 20 时 500 hPa 温度平流与 24 h 降水落区图(图 1.64)可以看到,500 hPa 上青海省玉树中南部地区为暖平流区,其余地区均为冷平流区,冷暖平流在玉树地区交汇,22 日 20 时冷暖平流在玉树中部地区交汇,降水大值区与温度平流零线对应较好,分析 23 日 08 时 500 hPa 冷暖平流得到,冷暖平流较前一个时次有明显的减弱,青海省中南部地区仍然为暖平流,其余地区均为冷平流,冷暖平流交汇区仍在玉树中部地区,降水大值区与温度平流零线依然对应较好。

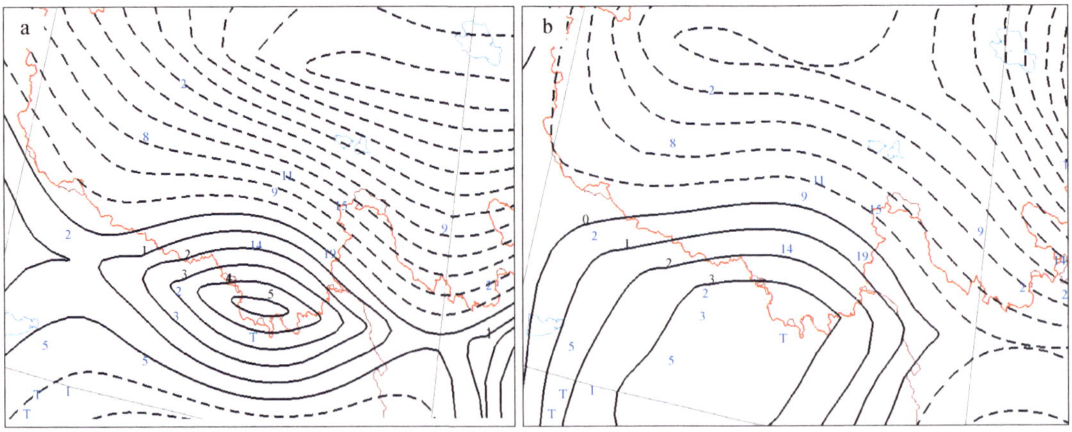

图 1.64　22 日 20 时 500 hPa 温度平流+24 h 降水量(a)23 日 08 时 500 hPa 温度平流+24h 降水量(b)(温度平流单位:10^{-5}℃·s^{-1},降水量单位:mm)

3.2　冷暖平流交汇

分析4月22日20时格尔木探空曲线得到，格尔木站地面至300 hPa上为冷平流，林芝站地面至300 hPa为暖平流，冷暖平流在玉树地区交汇，与降水大值区较为吻合(图1.65)。

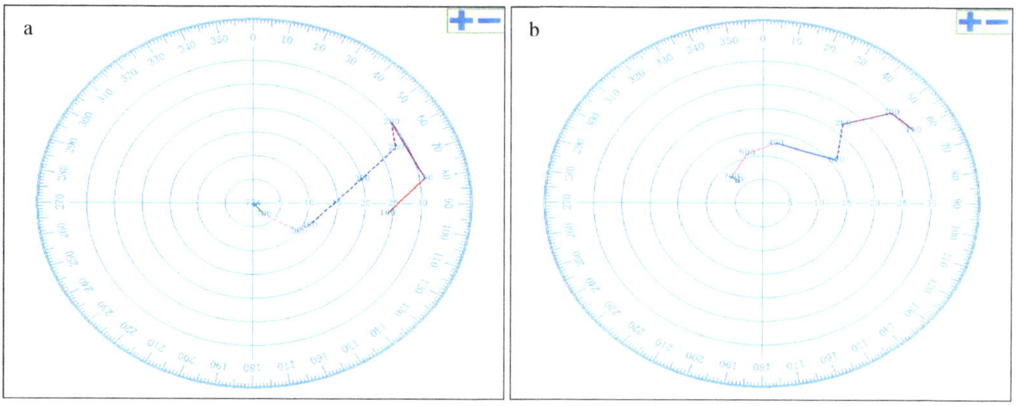

图1.65　22日20时格尔木站探空曲线(a)22日20时林芝站探空曲线(b)

4　结论

1)这是一次春季大范围降雪天气过程，大降雪主要集中在青海省南部地区；降雪强度较大、时间较集中；2站暴雪，3站大雪，降雪中心位于玉树市：24 h降雪量19 mm，积雪深度15 cm；降水相态复杂，果洛东南部地区雨转雨夹雪；海北刚察、托勒出现大风；达日、门源出现雷暴。

2)这是一次由东亚大槽后部西北气流引导地面冷空气南下与南支槽前西南气流共同作用造成的暴雪天气过程。500 hPa青南地区受切变线影响，水汽输送好；300 hPa青南地区存在明显风速辐散，有利于高空抽吸，加强上升运动；地面冷空气扩散南下，北部冷锋影响，且锋后部有副冷锋补充；南部受蔓延上高原的冷空气影响，降温明显，且持续降温，有利于降水；充沛的水汽，强烈的上升运动，有利于降水产生；T-ln$P$图上低层暖平流，高层冷平流，低层$\partial\theta_{se}/\partial p>0$，存在对流不稳定，降水具有对流性；云系移动趋势与切变线位置基本一致，强降水出现于云系南部边缘，且维持时间较长；地形辐合、地形抬升对降水增幅明显。

3)500 hPa冷暖平流在玉树地区交汇，降水大值区与温度平流零线对应较好。

参考文献

[1] 朱乾根，林锦瑞，寿绍文，等．天气学原理和方法(第四版)[M]．北京：气象出版社，2007：60-560.
[2] 姚学祥．天气预报技术与方法[M]．北京：气象出版社，2011：80-155.

2013年5月7日暴雪过程中的多尺度系统及预报难点分析

王振海
(青海省气象台,西宁　810001)

摘　要:基于高空、地面和模式资料,对2013年5月7日发生在青海省东部和南部地区一次晚春大雨、暴雪过程进行了分析,结果表明:1)此次过程降水范围广,降雪、降水强度大,持续时间长,相态复杂,并随时间转换;天气复杂、伴局部寒潮、雷电天气。2)此次过程中,天气尺度天气系统决定了降水落区大致发生的区域:西太副高和西风脊的作用是对西风槽的阻挡及水汽输送,而西风槽或贝加尔湖槽则主要是引导冷空气南下,二者形成东高西低的大降水有利形势。3)次天气尺度系统决定降水的落区和维持时间:蒙古气旋和冷锋提供动力条件和对流触发条件,高原切变线和高原低涡加强动力条件并将水汽接力北输。4)中尺度天气系统决定降水开始结束时间、降水强度和具体地点:α中尺度的青海湖锢囚锋和β中尺度地面辐合线,配合东部谷地地形,是东部谷地大降水产生的主要中尺度系统。中尺度系统加强水汽辐合和上升运动,触发不稳定能量。5)此次天气过程的主要预报难点为非主雨季大雨过程,非主降雪期的暴雪过程,预报思路难以准确建立,且多种相态并存,且随时间转换,因此,降水相态和量级预报难以准确把握。另外,此次过程中模式对南支系统预报偏弱,模式参考性较差,导致降水预报量级难度增大,且相对气候背景偏大的降水过程,极端性难以把握。

关键词:暴雪,大雨,多尺度,预报难点

1　天气实况

2013年5月7日08时—8日08时,青海省南部和东部地区发生了一次晚春暴雪、大雨过程,暴雪集中在青南,大雨集中在河湟谷地。此次过程降水范围广,全省大部雨、雪天气;降雪、降水强度大,按24 h降雪量等级标准,全省共计出现2站暴雪(达日、泽库),2站大雪(河南、门源),最大积雪深度11 cm(达日);6站大雨,最大达到了44.6 mm(大通),且此次过程持续时间长,相态复杂,雨、雨夹雪、雪均有出现,并随时间转换。伴随天气也较为复杂,西宁周边出现寒潮,青南地区有雷电。具体如图1.66所示。

2　多尺度天气系统及其作用分析

2.1　天气尺度天气系统及其作用分析

分析5月7日08时高空形势(图1.67a),可以看出,影响此次过程主要天气尺度系统有西太平洋副热带高压及其北部的西风脊和西风槽,二者形成东高西低的大降水有利形势。西太平洋副热带高压及其北部的西风脊形成的东高形势,有利于对其西部西风槽的阻挡,同时高脊西侧的偏南气流有利于水汽的向北输送。在东高的西风带上游地区,西风槽形成了西低形势,其主要作用是引导北部冷空气沿槽后偏北气流南下。分析同时刻的200 hPa高空急流(图

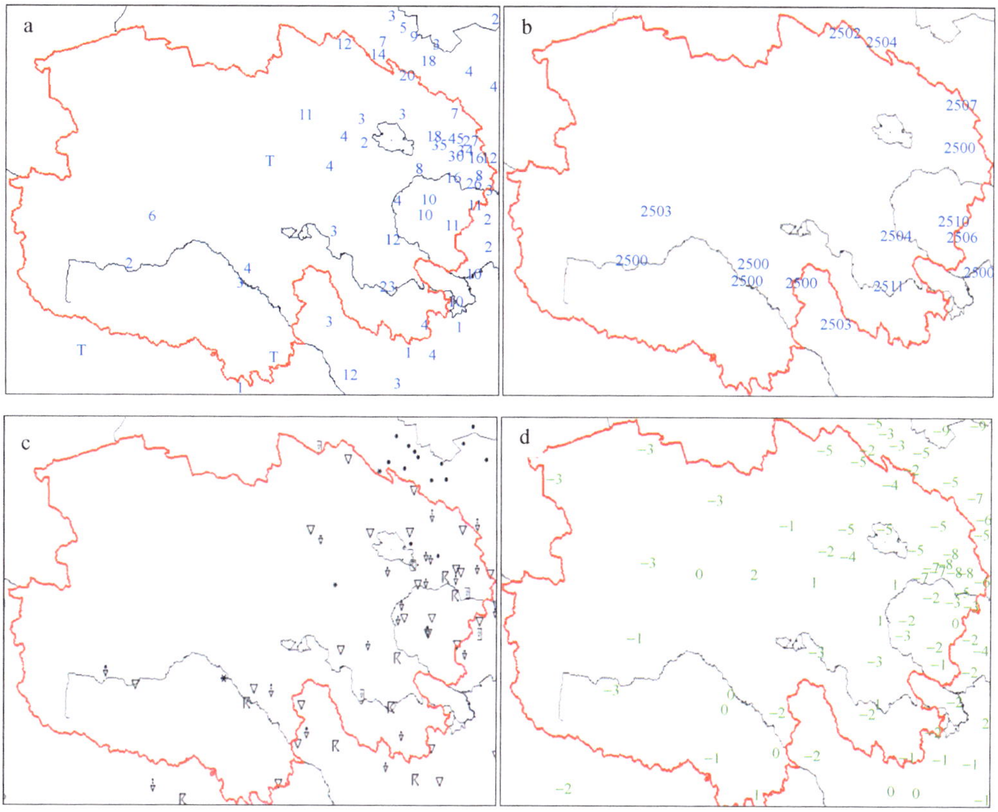

图 1.66　2013 年 5 月 7 日 08 时—8 日 08 时天气实况

(a)2013 年 5 月 7 日 08 时—8 日 08 时降水量(单位:mm)(b)2013 年 5 月 08 日 08 时积雪深度(单位:cm)

(c)5 月 7 日 20 时地面观测天气现象(单位:℃)(d)5 月 8 日最低气温降幅(单位:℃)

1.67b),降水区域位于高空急流入口右侧,这一区域的急流轴上由于有正的加速度(向偏东方向的加速度),导致在急流入口区出现由右向左的地转偏差,形成急流入口右侧的高空辐散区域,因为连续方程,相应的地面出现辐合,因此这一区域有上升运动。总体而言,此次降水区域主要出现在东高西低形势的二者交汇区域以及高空急流入口右侧,因此天气尺度天气系统决定了降水落区大致发生的区域。

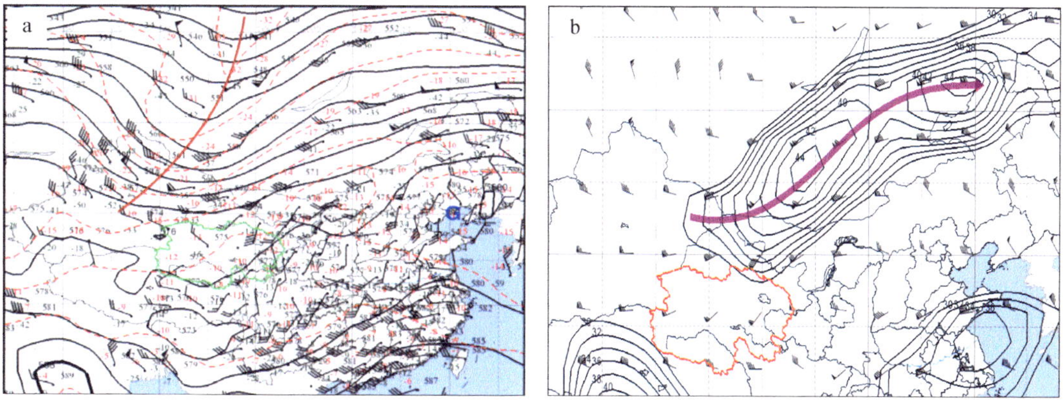

图 1.67　5 月 07 日 08 时 500 hPa 高空形势场(a)200 hPa 高空急流(b)

2.2 次天气尺度天气系统及其作用分析

分析此次过程中的次天气尺度系统，主要是地面蒙古气旋和冷锋(图1.68a)以及500 hPa高原切变线、高原低涡、南支槽(图1.68b)。5月7日08时，在高空西风槽的引导下，地面冷空气向南暴发，冷空气前沿地面冷锋已东移南压至河西走廊东部地区，蒙古气旋位于蒙古国中部地区，其南部冷锋和东部暖锋均较为明显，锋后降水较为明显，因此，随着冷锋和冷空气南下，提供了此次过程的动力条件和东部河谷地区大雨的对流触发条件。另外，分析500 hPa形势场，在青海省玉树、果洛地区有风场较明显的高原低涡的存在，其前部暖式切变线和后部冷式切变线较为明显，但二者作用略有不同，后部的冷切主要是提供动力条件，前部暖切主要作用是将南支槽向北输送的水汽接力北输，而南支槽的作用主要就是将孟湾的水汽通过槽前西南气流的向北输送。

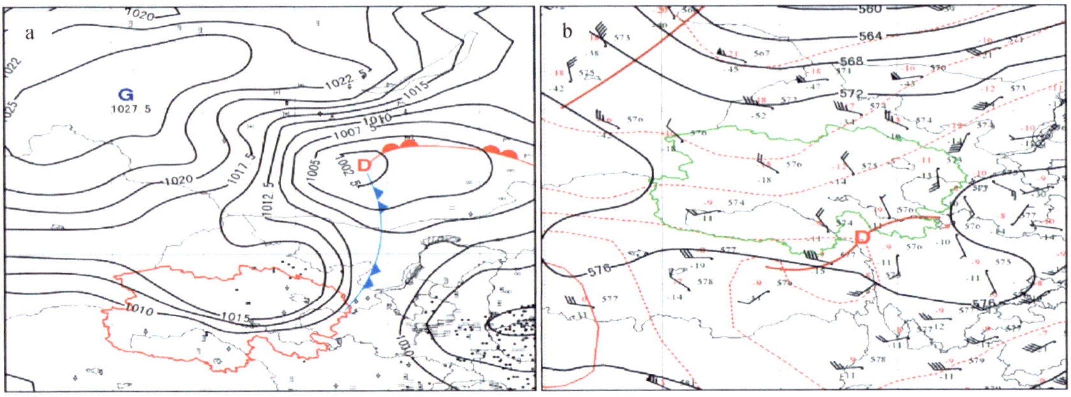

图1.68 5月07日08时地面蒙古气旋及冷锋(a)500 hPa高原低涡和切变线(b)

因此，总体而言，冷锋和高原低涡后部冷切提供了动力条件，而南支槽和暖切提供了水汽条件，各类此天气尺度系统的位置和维持时间基本决定降水的落区和维持的时间。

2.3 中尺度天气系统及其作用分析

此次过程中，降水的具体地点、开始结束时间及降水强度，主要决定于中小尺度系统[1-14]，鉴于资料限制，能分析出的中尺度系统主要有α中尺度的青海湖锢囚锋和β中尺度地面辐合线。这两个中尺度系统配合东部谷地地形，是东部谷地大降水产生的主要中尺度系统。青海湖锢囚锋主要形成于7日20时，这和大降水开始时间基本一致；锢囚锋主体主要维持在青海湖以东地区，大降水落区也主要出现在东路倒灌冷空气一侧，而南部大到暴雪区域主要出现在锢囚锋形成后冷空气堆积向南部高原蔓延的地面弱冷锋前部。柴达木盆地东侧的经向中尺度辐合线也基本形成于7日20时，降水落区主要在这中尺度辐合线的东侧。另外，东部河谷地形对东灌冷空气的地形辐合和抬升作用也不容小觑，大降水的位置基本都出现在河谷源地的山区地带，尤其在湟水河谷地表现更为清楚(图1.69)。

总体而言，中尺度系统加强水汽辐合和上升运动，触发不稳定能量，决定降水开始结束时间、降水强度和具体地点。小尺度系统可能对降水中心的位置有更好的决定权，但需要更细的资料来支撑。

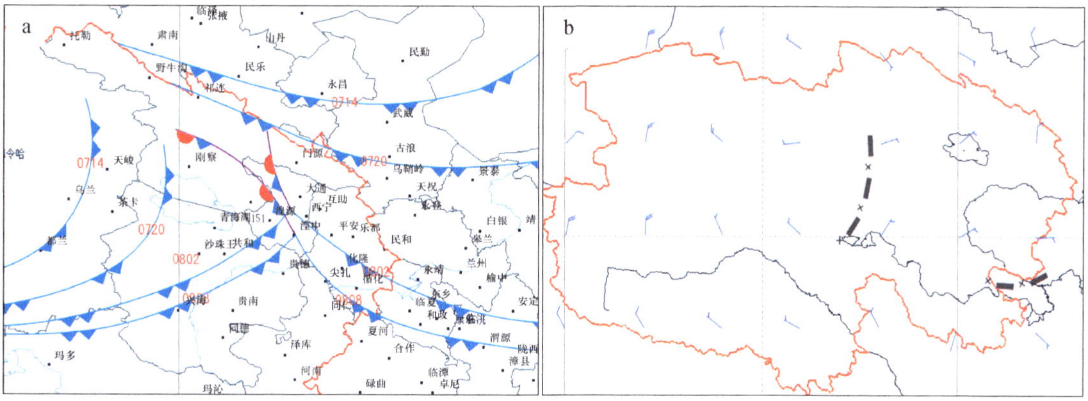

图 1.69 7 日 14 时—8 日 08 时影响青海省东部地区地面冷锋、青海湖锢囚锋动态(a)

7 日 20 时地面流场及中尺度地面辐合线(b)

3 预报难点分析

3.1 预报思路难以准确建立,降水相态和量级难以准确把握

一般而言,青海省地区的大到暴雨主要发生在夏季,大部分出现在 7—8 月,偶尔发生在 6 月中下旬和 9 月上中旬,此次区域性的大雨却发生在春季,5 月初发生区域性大雨的基本属于异常大雨个例。暴雪而言,青海省地区主要发生在入冬前和开春后,每年 9—10 月和次年的 3—4 月是暴雪的主要发生时期,但此次青南暴雪发生在 5 月初,也是属于较为少见的非典型暴雪个例。因此,这种非主雨季大雨过程,非主降雪期的暴雪过程,预报思路难以准确建立。

另外,此次过程中存在多种降水相态(图 1.70a),青海省境内存在雨、雨夹雪、雪等多种相态降水,因为相态不同导致降水量级也不同,全省范围而言,小雨、中雨、大雨,小雪、雨夹雪、中雪、大雪、暴雪均出现,因此,降水相态和量级预报难以准确把握,预报挑战性较大。

3.2 模式参考性较差,导致降水预报量级难度增大

分析欧洲模式对 7 日 08 时的预报场,对比实况资料,如图 1.70b 所示。可以看出,就位置而言,在小唐地区实况为偏南风,而预报场则为偏北风,因此对于南支系统模式预报偏东。强度而言,在玉树和达日站上空 500 hPa 的实况风场为西南风 8 $m \cdot s^{-1}$ 和 10 $m \cdot s^{-1}$,而模式只预报了 4 $m \cdot s^{-1}$ 和 6 $m \cdot s^{-1}$,强度明显偏弱,风向也预报偏西,因此受模式引导,预报员可能对此次过程预报位置偏西(更有可能将大降水落区定在海西东部等地),预报降水量级偏低。因此,模式对南支系统预报偏弱,模式参考性较差,导致降水落区和量级预报难度增大。

3.3 相对气候背景偏大的降水过程,极端性难以把握

分析此次降水过程日降水量较大降水站点及其月降水量对比发现(表 1.1),5 月气候平均降水量为 45～66 mm 之间,而此次一日降水量就达到了月降水量的 40%～70%,尤其是湟源、大通和西宁以及湟水河谷地的几个站点,日降水量均达到了月降水量的一半以上,因此,此次降水过程具有较强的极端性,而对于极端天气的预报一直是天气预报的一个难点。

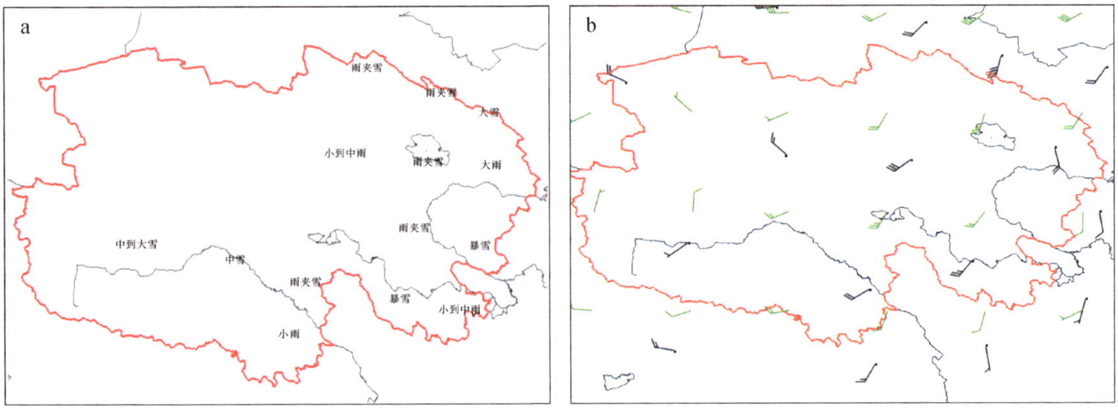

图 1.70　7日23时降水相态大致分布(a)7日08时500 hPa实况风场(黑色)和预报风场(绿色)(b)

表 1.1　7日08时—8日08时较大降水站点及其月降水量对比

站点	24 h降水(mm)	5月总降水(mm)	占比(%)
大通	45	66.2	68
湟源	35	49.2	71
西宁	34	51.9	66
湟中	30	71.0	42
互助	27	65.1	41
尖扎	26	48.3	54
达日	23	58.7	39
祁连	20	45.8	44

4　结论

1)此次过程是一次晚春暴雪、大雨过程:暴雪集中在青南,大雨集中在河湟谷地。降水范围广,全省大部雨、雪天气;降雪、降水强度大;持续时间长,相态复杂,雨、雨夹雪、雪,并随时间转换;天气复杂,伴局部(西宁周边)寒潮、雷电天气。

2)此次天气过程中的天气尺度天气系统主要为西太副高和西风脊(东高——对西风槽的阻挡及水汽输送),西风槽或贝加尔湖槽(西低——引导冷空气南下),二者形成东高西低的大降水有利形势;高空急流(入口右侧,加强上升运动)。天气尺度天气系统决定了降水落区大致发生的区域。次天气尺度天气系统为蒙古气旋和冷锋(地面冷空气南下,提供动力条件和对流触发条件),南支槽、高原切变线和高原低涡(提供动力条件并将水汽接力北输),次天气尺度系统决定降水的落区和维持的时间。中尺度天气系统主要是α中尺度的青海湖锢囚锋和β中尺度地面辐合线,配合东部谷地地形,是东部谷地大降水产生的主要中尺度系统。中尺度系统加强水汽辐合和上升运动,触发不稳定能量,决定降水开始结束时间、降水强度和具体地点。

3)此次天气过程的主要预报难点是非主雨季大雨过程,非主降雪期的暴雪过程,预报思路难以准确建立。多种相态并存,小雨、中雨、大雨,小雪、雨夹雪、中雪、大雪、暴雪均出现,且随时间转换。因此,降水相态和量级预报难以准确把握。模式对南支系统预报偏弱,模式参考性较差,导致降水预报量级难度增大。相比气候背景偏大的降水过程,极端性难以把握。

参考文献

[1] 黄明政,凌艺,梁卫芳,等. 多尺度天气系统的共同作用与暴雨成因分析[J]. 气象,2005,31(6):67-70.
[2] 叶更新. 多尺度天气分析理论和应用Ⅰ:基本原理和天气系统的本质[J]. 高原气象,2013,32(4):964-972.
[3] 林宗桂,林墨,林开平,等. 一类降水过程多尺度天气系统结构特征[J]. 气象研究与应用,2014,35(3):1-4.
[4] 苏爱芳. 河南典型天气系统云和降水的多尺度结构研究[D]. 南京:南京信息工程大学,2007.
[5] 吴照宪. 皖南山区一次特大暴雨过程的多尺度天气分析[J]. 安徽农业科学,2008,36(9):3789-3791.
[6] 梁科. 0506 华南致灾暴雨的多尺度分析和数值模拟[D]. 北京:中国气象科学研究院,2007.
[7] 张旭斌,薛纪善,万齐林,等. 时间依赖的多尺度背景误差协方差研究Ⅱ——应用[J]. 热带气象学报,2015,31(2):161-172.
[8] 江学顶,夏北成,郭泺,等. 广州城市热岛空间分布及时域-频域多尺度变化特征[J]. 应用生态学报,2007,18(1):133-139.
[9] 董学贤,杨淑梅. 鸡西市一次暴雨过程的多尺度天气分析[J]. 农业与技术,2016,36(20):233.
[10] 陶诗言. 中国之暴雨[M]. 北京:科学出版社,1980.
[11] 丁一汇. 暴雨和中尺度气象学问题[J]. 气象学报,1994(3):274-284.
[12] 丁一汇,蔡则怡,李吉顺. 1975 年 8 月上旬河南特大暴雨的研究[J]. 大气科学,1978,2(4):276-289.
[13] 高守亭,赵思雄,周晓平,等. 次天气尺度及中尺度暴雨系统研究进展[J]. 大气科学,2003,27(4):618-627.
[14] 寿绍文,李耀辉,范可. 暴雨中尺度气旋发展的等熵面位涡分析[J]. 气象学报,2001,59(5):560-568.

2014年2月16日大到暴雪天气及南支槽东移加强原因分析

解文璇　魏永亮
(玉树州气象台,玉树　815000)

摘　要:基于高空、地面和模式资料,对2014年2月16日发生在青海省南部地区的一次大到暴雪天气过程进行了分析,结果表明:1)此次过程降雪范围大,持续时间长,玉树两站出现暴雪(称多清水河为12 mm,杂多11 mm(13 cm)),班玛出现大雪,其余地区以小雪为主;小灶火、五道梁出现寒潮(降温幅度10 ℃和9 ℃),局地大风(五道梁21 m·s^{-1})。2)此次过程中,500 hPa中高纬度呈多波动型,此次暴雪天气过程是由新疆槽分裂的短波槽携带冷空气配合南支槽前西南暖湿气流共同造成的,青海省等温线密集,高空锋区明显;玉树地区主要受西南气流影响,水汽输送好,存在风向辐合;300 hPa高空急流强,玉树地区存在明显风速辐散,有利于高空抽吸,加强上升运动;在高空西风槽的引导下,地面冷空气向南暴发,南部地区受蔓延上高原的冷空气影响,冷空气入侵明显;玉树地区降水云系发展旺盛,水汽活动明显,且持续时间较长;500 hPa高空有水汽输送,且水汽输送增强,降水区存在明显的水汽辐合;降水区地面至250 hPa上升气流强且深厚;降水中心均位于迎风坡,对降水增幅明显。4)此次天气过程中南支槽东移加强的原因是南支槽的涡度平流强;温度槽落后于高度槽,正的热成风涡度平流有利于加强南支槽;降水强,非绝热因子潜热释放,地面减压,有利于加强南支槽;地形绕流作用。
关键词:暴雪,高空锋区,南支槽,涡度平流

1　天气实况

2014年2月16日08时—17日08时,青海省大部地区发生了一次降雪天气过程,大到暴雪集中在青南地区。此次过程降雪范围广,持续时间长(从16日08时一直持续到17日08时),玉树两站出现暴雪(称多清水河为12 mm、积雪数据有误;杂多11 mm、积雪13 cm),班玛出现大雪,其余大部以小雪天气为主。伴随天气也较为复杂,局地出现大风天气,其中五道梁最大风速为21 m·s^{-1};全省大部出现了降温天气,其中小灶火、五道梁出现寒潮天气(最低气温降幅分别为10 ℃、9 ℃)。具体如图1.71所示。

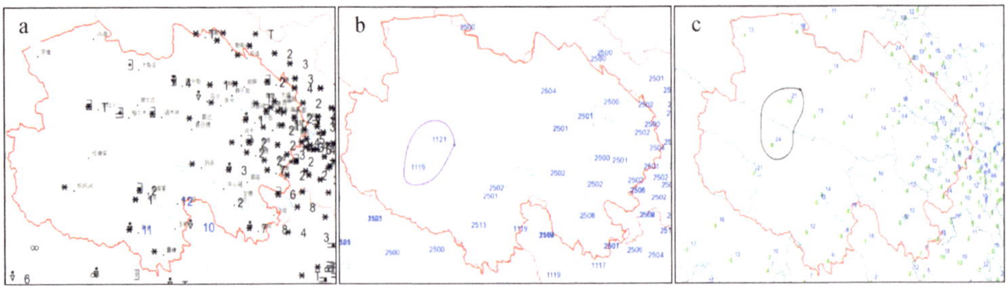

图1.71　2014年2月16日08时—17日08时天气实况

(a)2014年2月16日08时—17日08时降水量(单位:mm)(b)2月16日20时和2月17日08时特殊天气图

(c)2月17日最低气温及24 h最低气温降幅(单位:℃)

2 成因分析

2.1 环流背景

分析2月16日08时高空形势(图1.72a),可以看出,500 hPa中高纬度呈多波动型,印度上空存在明显的南支槽,新疆地区高空槽,青藏高原上空不断有新疆槽底分裂的短波槽下滑东移。此次暴雪天气过程主要是由新疆槽分裂的短波槽携带冷空气配合南支槽前西南暖湿气流共同造成的,08时青海省受南支槽前西南暖湿气流和高原短波槽的共同影响,且等温线密集,高空锋区明显;玉树地区主要受西南气流影响,水汽输送好,高空风较强大于20 $m \cdot s^{-1}$,至20时,玉树地区存在明显的风向辐合。同时分析2月16日08时的300 hPa高空急流(图1.72b),300 hPa上高空急流强,急流轴中心最大风速为52 $m \cdot s^{-1}$,玉树地区位于高空急流轴中心北侧,存在明显风速辐散,有利于高空抽吸,加强上升运动。

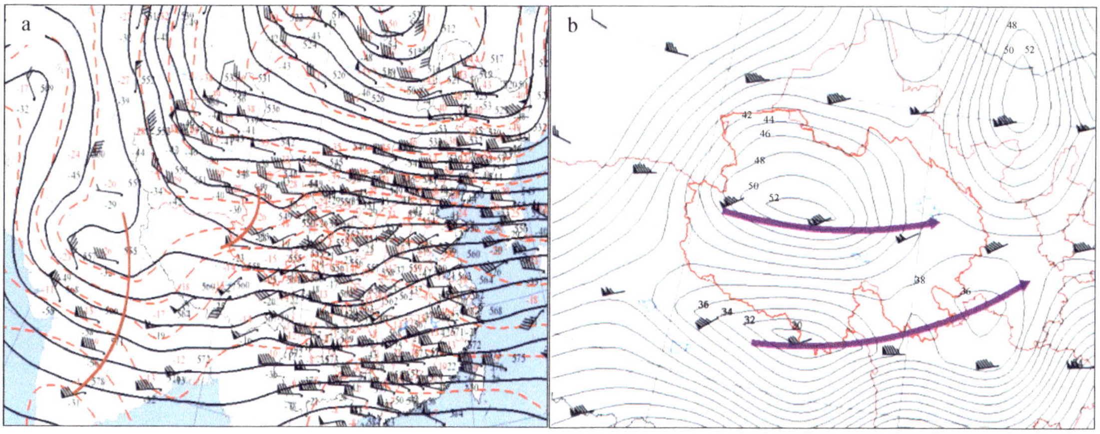

图1.72 2月16日08时500 hPa高空形势场(a)2月16日08时300 hPa高空急流(b)

2.2 地面及卫星云图分析

分析此次过程中的影响次天气尺度系统,主要受地面冷锋(图1.73a)以及500 hPa新疆槽分裂的短波槽、南支槽(图1.72a)的影响。从2月15日午后开始,在500 hPa高空西风槽的引导下,地面冷空气向南暴发,青海省受两路冷空气影响,自柴达木盆地进入和河西走廊到灌入的两路冷空气在青海湖附近形成锢囚锋并维持,且持续时间长,从而造成了青海省东、北部地区的降水天气,南部地区降水主要受蔓延上高原的冷空气影响。因此,随着冷锋和冷空气南下,提供了此次过程的动力条件。

红外云图上分析,2月16日12时开始自西藏地区有降水云系不断自西南向东北方向发展,从而影响玉树地区,且降水云系移动较为缓慢,在玉树地区上空持续时间较长。

从水汽图上来分析,杂多至清水河地区的水汽亮带明显,水汽上升运动强,且持续时间较长(16日12时—17日08时),从而造成了两站的暴雪。

同时,地形辐合、地形抬升对降水的增幅明显,杂多自西南向东北地形逐渐升高(迎风坡)(图1.73b),清水河位于巴颜喀拉山迎风坡,有利于大降水出现。

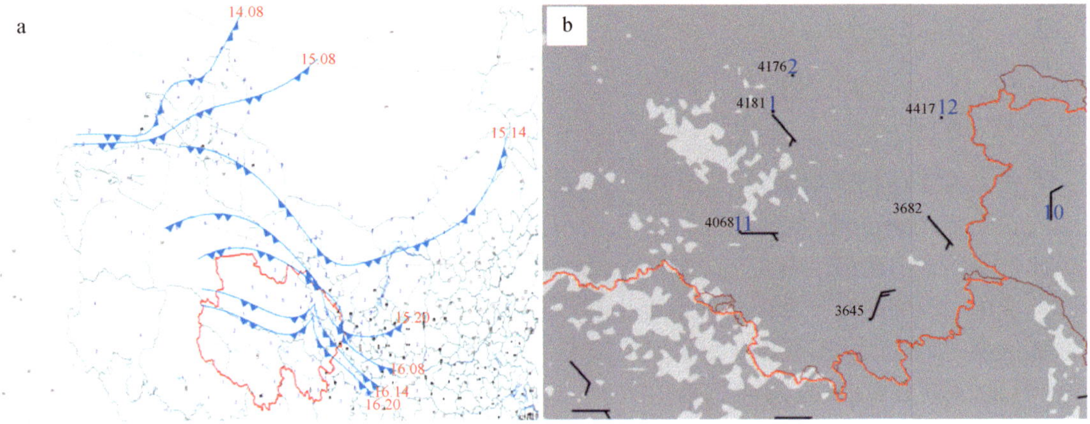

图 1.73 地面冷锋系统演变图(a)地形+16 日 20 时地面风场+17 日 08 时 24h 降水量(mm)(b)

2.3 诊断分析

2.3.1 动力条件分析

分析此次过程中上升运动,从 2 月 16 日 20 时垂直速度场(图略)上看,青海省均处于气流上升区,降水区地面至 250 hPa 均为强上升区,上升气流强且深厚,果洛地区存在明显的上升中心,中心最大上升速度达到了 $-35\ Pa \cdot s^{-1}$。

分析 2 月 16 日 20 时散度场,500 hPa(图 1.74a)上,除海西北部地区外,青海省大部地区均为辐合区,且在玉树地区存在一个 $-20 \times 10^{-5}\ s^{-1}$ 的辐合中心;250 hPa(图 1.74b)上,青南、东南地区位于辐散区,降水区域配置为低层辐合,高层辐散,有利于上升运动,辐合上升中心与暴雪中心配合相对好。

2.3.2 热力条件分析

分析 2 月 16 日 08 时和 20 时 500 hPa 温度平流场(图略),16 日 08 时 500 hPa 青海省除西北部以外,其余地区均受高空暖平流影响,在海西西部存在一个值达 -8×10^{-5} ℃ $\cdot\ s^{-1}$ 的冷平流中心,而在青海湖南部存在一个值达 10×10^{-5} ℃ $\cdot\ s^{-1}$ 的暖平流中心;随着时间的变化冷平流中心东移且强度明显增强,至 20 时,青海省全省有明显冷平流,冷平流中心移动至青海省东部地区,且中心值增强至 -24×10^{-5} ℃ $\cdot\ s^{-1}$,说明高空冷平流明显,且在东移过程中增强并影响青海省地区。

从 2 月 16 日 08 时和 20 时 500 hPa 探空风矢端图(图略)分析,玉树本站(地面至 400 hPa)有暖平流(风随高度顺转),高层有冷平流(400 hPa 以上),这种高低层冷暖平流的配置易导致层结不稳定性,易出现降水天气。

2.3.3 水汽条件分析

分析 2 月 15 日 20 时 500 hPa 高空风场+温度露点差(图略),从图上可以明显看出 $T-T_d$ 由西藏地区 2 ℃沿西南风至玉树地区变为 5 ℃,且西藏地区西南风风速较前一时次明显加强(增强 $2\ m \cdot s^{-1}$),说明有水汽的输送,且水汽输送有增强的趋势。

分析 2 月 16 日 20 时 500 hPa 比湿场(图略),存在由孟加拉湾地区向玉树地区输送的水汽,水汽值由 08 时的 $1\ g \cdot kg^{-1}$ 增加为 $1 \sim 2\ g \cdot kg^{-1}$,水汽输送较好。

分析 2 月 16 日 20 时 500 hPa 水汽通量散度场(图略),除小唐古拉山及海西地区外的降水区域存在明显的水汽辐合,青海省东南部地区的水汽辐合更强。

总体而言,充沛的水汽条件和强烈的上升运动,有利于大降水的出现。中小尺度系统可能对降水中心的位置有更好的决定权,但需要更细的资料来支撑。

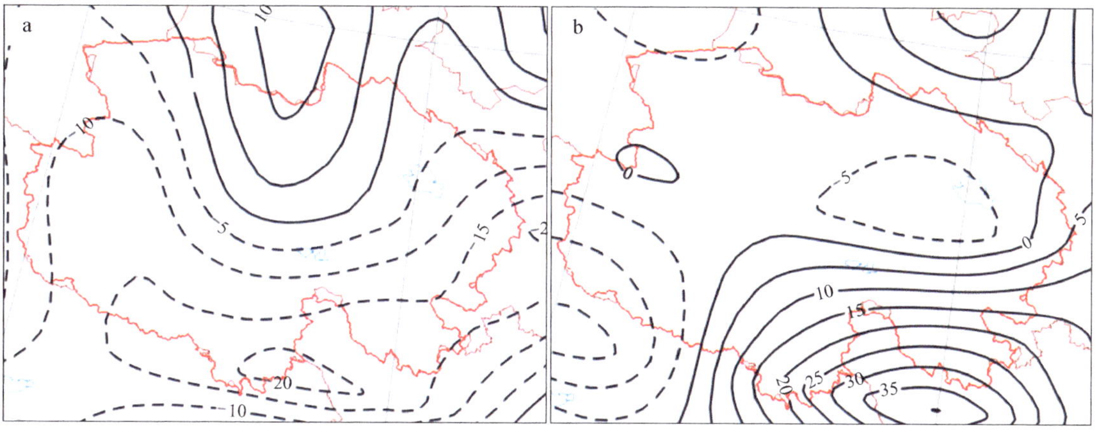

图 1.74　2 月 16 日 20 时 500 hPa 散度场(a)2 月 16 日 20 时 250 hPa 散度场(b)

3　南支槽东移加强的原因

3.1　涡度平流

2 月 16 日 08 时 300 hPa 涡度平流场上来看,青海省西南部处于正涡度平流区中,玉树东部和果洛地区处在负涡度平流区,至 20 时(图 1.75a),玉树大部地区处在正涡度平流区,正涡度平流有明显增强,有利于南支槽加强。

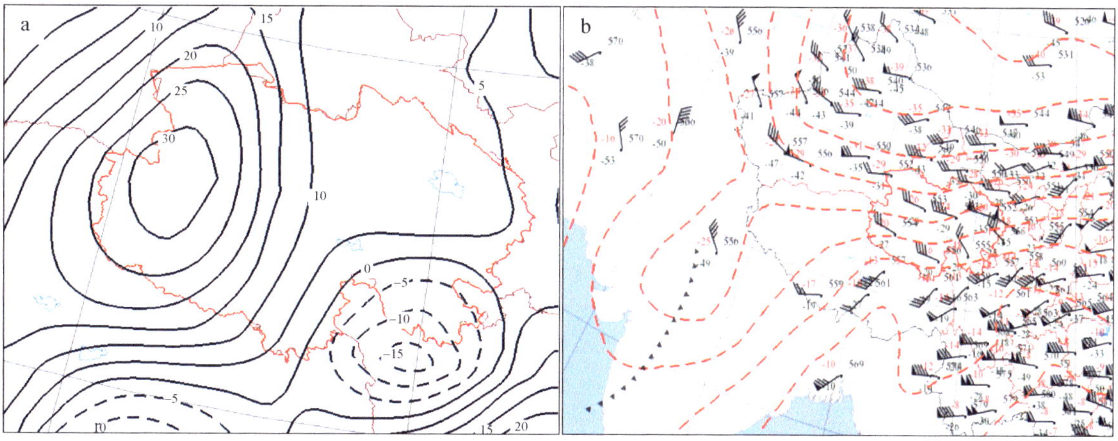

图 1.75　2 月 16 日 20 时 300 hPa 涡度平流(a)2 月 16 日 20 时 500 hPa 高空图(b)

3.2　热成风涡度平流

分析 2 月 16 日 20 时 500 hPa 高空图(图 1.75b),可以看出,500 hPa 玉树地区处在南支槽的正涡度平流中,正的热成风涡度平流强,且温度槽落后于高度槽,正的热成风涡度平流有利于南支槽的发展。

3.3 非绝热因子潜热释放

此次过程降水强度强,降水凝结释放潜热,非绝热因子潜热释放显著,从而造成地面减压,有利于增强南支槽。

3.4 地形影响

南支槽在东移过程中,受青藏高原地形的影响绕流,在绕流过程中槽的曲率增大,使得南支槽加强。

4 结论

1)此次过程是一次冬季大范围降雪天气过程,大到暴雪集中在青南地区,降雪持续时间长,玉树两站出现暴雪(称多清水河为 12 mm,杂多 11 mm、积雪深度 13 cm),班玛大雪,其余小雪;小灶火、五道梁寒潮(降温幅度分别为 10 ℃和 9 ℃),局地出现大风(五道梁 21 $m \cdot s^{-1}$)。

2)此次天气过程中,500 hPa 中高纬度呈多波动型,此次暴雪天气过程是由新疆槽分裂的短波槽携带冷空气配合南支槽前西南暖湿气流共同造成的,青海省等温线密集,高空锋区明显;玉树地区主要受西南气流影响,水汽输送好,存在明显风向辐合;300 hPa 高空急流强,玉树地区存在明显风速辐散,有利于高空抽吸,加强上升运动;在高空西风槽的引导下,地面冷空气向南暴发,南部地区受蔓延上高原的冷空气影响,冷空气入侵明显;玉树地区降水云系发展旺盛,水汽活动明显,杂多至清水河地区的水汽亮带明显,水汽上升运动强,且持续时间较长,从而造成了两站的暴雪;500 hPa 高空有水汽输送,且水汽输送有增强的趋势,降水区存在明显的水汽辐合;高空冷平流明显,且在东移过程中增强并影响青海省地区;垂直运动场降水区地面至 250 hPa 上升气流强且深厚;散度场降水区域配置为低层辐合,高层辐散,有利于上升运动,辐合上升中心与暴雪中心配合相对好。降水中心均位于迎风坡,地形辐合、地形抬升对降水增幅明显。

3)此次天气过程南支槽东移加强的原因:南支槽的涡度平流强;温度槽落后于高度槽,正的热成风涡度平流有利于加强南支槽;降水强,非绝热因子潜热释放,地面减压,有利于加强南支槽;地形绕流作用。

2014 年 4 月 20—21 日暴雪过程分析

甄国赟　黄桂玲
（海北州气象台，刚察　812300）

摘　要：利用高分辨率卫星资料、常规观测和再分析资料，分析了 2014 年 4 月 20—21 日青海省东北部一次暴雪天气过程的环流背景特征和物理量配置，结果表明：1）500 hPa 中高纬度呈两槽一脊的形势，贝加尔湖西侧脊向东发展，环流经向度加大，东北—西南向的蒙古槽在向南加深到青海省北部地区，底部有不断分裂的短波槽东移，引导蒙古冷空气不断东移南下，并有 −28 ℃的冷中心与之配合。南支槽前西南气流强盛，北部冷空气与西南暖湿气流在青海省东北部交汇，形成了较强的风向辐合区，为暴雪天气过程提供了有利的环流条件。2）垂直速度（ω）中心值达到 $-32\ Pa \cdot s^{-1}$，从低层 700 hPa 到高层 200 hPa 存在深厚且很强的上升运动。700～500 hPa 之间形成一个中心强度达 $-15\times10^{-5}s^{-1}$ 的强辐合中心，高层 300～200 hPa 之间对应出现一个中心强度达 $24\times10^{-5}s^{-1}$ 的强辐散中心。低层辐合、高层辐散使得整层大气的垂直上升运动增强，为暴雪过程提供了有利的动力条件。3）门源地区处于 θ_{se} 等值线密集区，低层高温高湿的不稳定能量与中层向下渗透的冷空气导致中低层位势不稳定的建立，为此次强降水过程提供了热力条件。4）强盛的高原南支低槽槽前的西南气流，其中心强度达 $4.5\times10^{-2}\ g\cdot cm^{-1}\cdot hPa^{-1}\cdot s^{-1}$ 的水汽通量高值带，为暴雪区提供充沛的水汽输送。且门源地区处于 $-3\times10^{-7}\ g\cdot cm^{-2}\cdot hPa^{-1}\cdot s^{-1}$ 的强辐合区中，加上门源地区山谷地形的影响，进一步加强了此次暴雪天气过程的水汽条件和抬升触发条件。

关键词：暴雪，短波槽，辐合辐散，假相当位温，水汽通量

1　天气实况

2014 年 4 月 20 日 08 时—21 日 08 时，青海省东北部地区发生了一次春季大到暴雪过程，伴局地寒潮天气。此次暴雪天气特点是影响范围广，全省大部出现强降温，冷湖、大柴旦达到寒潮标准，降温幅度达 10 ℃（图 1.76），青海省东部都出现雨雪天气，东北部暴雪，降雪强度大，按 24 h 标准（积雪 10 cm 以上），门源出现暴雪，雪量 13 mm，积雪深度 11 cm，多站大雪（图 1.77）。整个降水过程中降水相态复杂，雨、雨夹雪、雪并存，单站的降水相态随时间转换，互助微量积雪，同仁中雨。

2　大尺度环流背景

20 日 08 时 500 hPa 高空图上（图 1.78a），中高纬度呈两槽一脊的形势，贝加尔湖西侧脊向东发展，环流经向度加大，东北—西南向的蒙古槽向南加深到青海省北部地区，底部有不断分裂的短波槽东移，引导蒙古冷空气不断东移南下，并有 −28 ℃的冷中心与之配合。南支槽位于青海省西部，槽前西南气流强盛，为暴雪天气过程提供了有利的水汽条件。20 时 500 hPa 高空图上（图 1.78b）低槽分裂短波槽携带冷空气进入青海省东北部，与东移至青海省中部的

南支槽前西南暖湿气流交汇，于青海省东北部形成了较强的风向辐合区，降雪过程开始。21日，随着蒙古低槽与南支槽的东移，青海省东北部上空逐渐转变为西风气流，且其上空的风速明显减弱，暴雪过程结束。

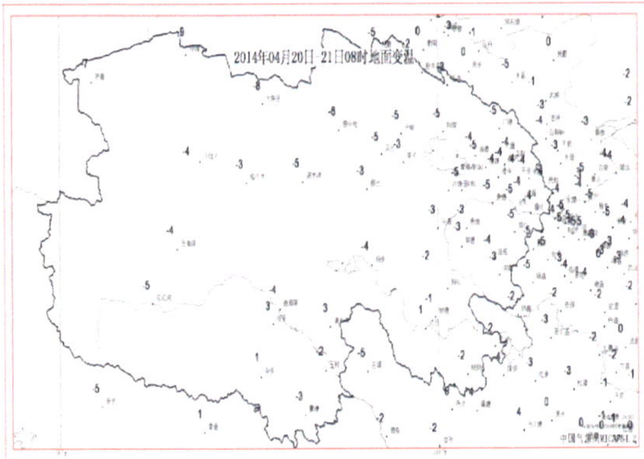

图 1.76　2014 年 04 月 20 日 08 时—21 日 08 时地面变温(℃)

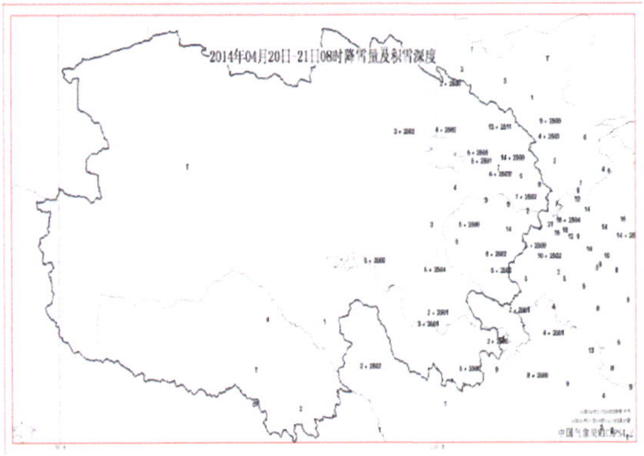

图 1.77　2014 年 04 月 20 日 08 时—21 日 08 时降水量(mm)及积雪深度(cm)

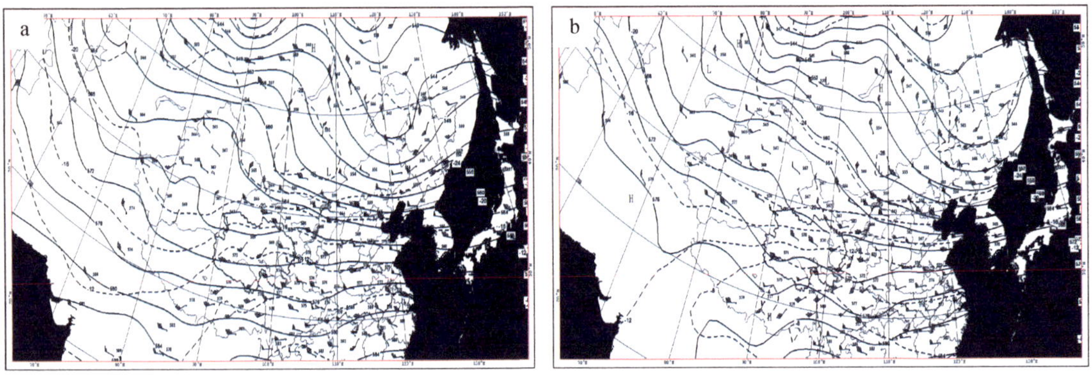

图 1.78　2014 年 4 月 20 日 08 时(a)与 20 时(b)500 hPa 位势高度(实线 单位:dagpm)和温度场(虚线 单位:℃)分布

3　动力、热力条件及水汽分析

3.1　垂直环流特征

从门源地区垂直速度(ω)垂直剖面与风场叠加图(图 1.79)可以看出，20 日 08 时，门源地区冷平流加强，700 hPa 为西北气流控制，500 hPa 开始转为西南气流，风随高度逆转，有冷空气开始入侵。门源地区从低层 700 hPa 到高层 200 hPa 存在深厚且很强的上升运动，21 日 08 时后逐渐为下沉运动所控制。20 日 20 时低层西南气流到达门源地区后受到峡谷大地形阻挡，正好处于迎风坡，地形的抬升与辐合，使得上升运动增强，同时也增强了水汽的辐合与聚集，为即将开始的降雪天气准备了有利的动力条件。随后，中低层的偏南气流开始加强，在暴雪区中心上空出现一个垂直上升运动的大值中心，此时降雪开始增强。之后，门源强降雪区的垂直上升运动继续维持，凌晨开始减弱，降雪强度随之减弱趋于结束。

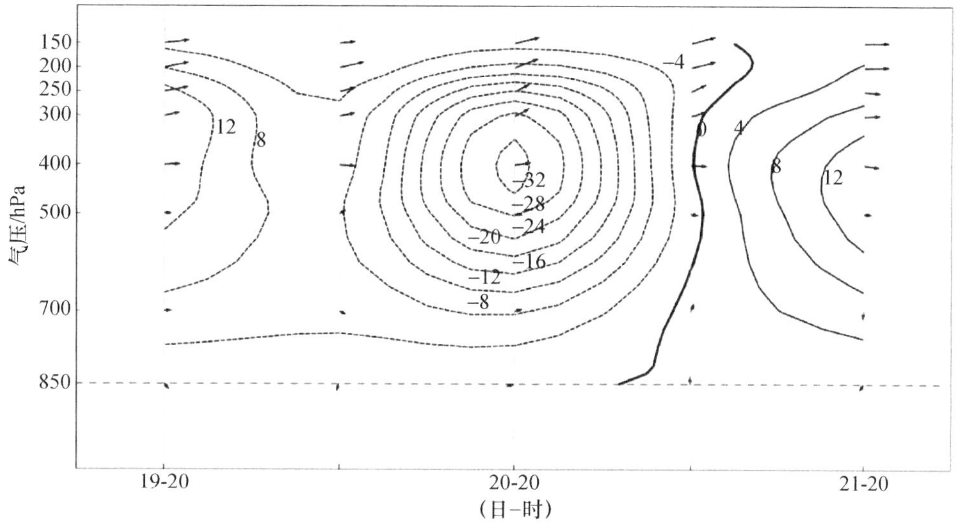

图 1.79　2014 年 4 月 19 日 20 时—21 日 20 时门源垂直速度(ω)时间垂直剖面(单位:10^{-3} hPa·s^{-1})

3.2　散度场分析

从暴雪中心门源站散度的时间垂直剖面(图 1.80)可以看出,20 日 08 时之后低层辐合逐渐加强。20 时低层辐合运动迅速增强,700～500 hPa 之间形成一个中心强度达 -15×10^{-5} s^{-1} 的强辐合中心,高层 300～200 hPa 之间对应出现一个中心,强度达 24×10^{-5} s^{-1} 的强辐散中心。低层辐合、高层辐散使得整层大气的垂直上升运动增强,为暴雪过程提供了有利的动力条件。21 日 08 时之后,高层辐散运动开始减弱逐渐转为辐合,低层辐合运动开始减弱逐渐转为辐散,已不利于垂直上升运动的发展,降雪强度随之明显减弱停止。由此可见,散度场对大暴雪的发生有较好的先兆指示意义,与暴雪的发展有较好的对应关系。暴雪发生在高层强烈辐散、低层强烈辐合区,垂直上升运动强且深厚的环境条件下。

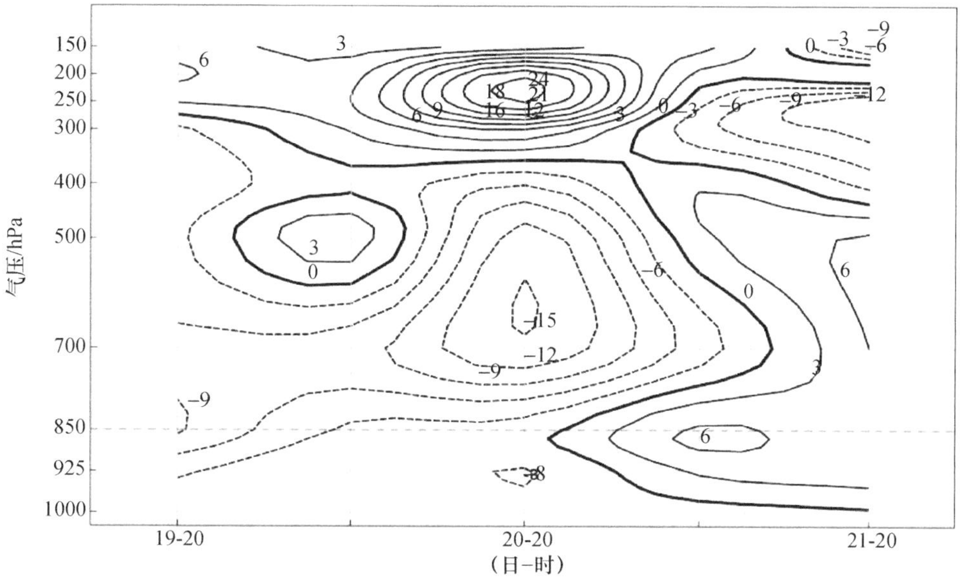

图 1.80　2014 年 4 月 19 日 20 时—21 日 20 时门源散度(单位:10^{-5} s^{-1})时间垂直剖面

3.3 假相当位温场

假相当位温场又称能量场，可直接反映大气的潜热和显热等热力结构，也可间接反映大气三维运动，对于降水形成十分重要，以水汽的分布和能量形势关系更为密切[1-12]。假相当位温场上20日20时(图1.81)，南侧暖湿气流加强向北输送，使得门源地区处于θ_{se}等值线密集区。从θ_{se}随时间的演变过程可以看出，高能高湿舌逐渐加强并向北伸展，能量锋区随之北移与降雪区域保持一致，低层高温高湿的不稳定能量与中层向下渗透的冷空气导致中低层位势不稳定的建立，为此次强降水过程提供了热力条件。

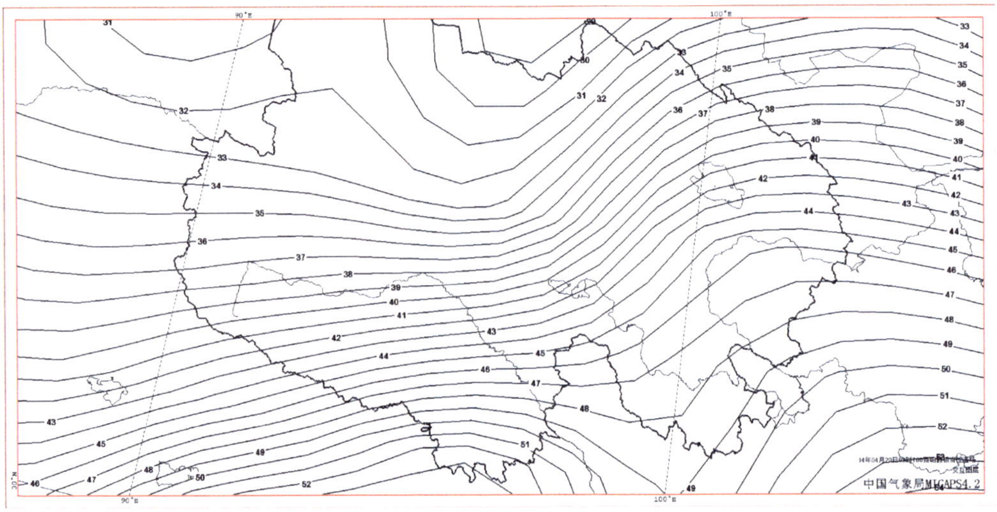

图1.81 2014年4月20日08时700 hPa假相当位温场(单位:℃)

3.4 水汽输送及暴雪区水汽收支

通过此次门源地区暴雪过程500 hPa水汽通量与风场分布可以看出(图1.82a)，此次暴雪的主要水汽输送来自于高原南部低槽槽前的西南气流，20日08时，在500 hPa上，青海省南部有一西南—东北向水汽通量高值带，其中心强度达4.5×10^{-2} g·cm^{-1}·hPa^{-1}·s^{-1}，随着南部低槽东移发展，20日20时(图1.82b)槽前西南气流进一步加强，此水汽通量带随之东移北抬，一直向北输送至河西走廊。20时其中心位于青海省中部，为暴雪区提供充沛的水汽输送，降雪区恰好位于水汽通量密集区的北侧。

图1.82c为500 hPa水汽通量散度分布，20日20时，500 hPa较强的水汽辐合中心位于门源南部，其中心值为-5×10^{-7} g·cm^{-2}·hPa^{-1}·s^{-1}，同时门源地区处于-3×10^{-7} g·cm^{-2}·hPa^{-1}·s^{-1}辐合区中，加上门源地区山谷地形的影响，进一步加强了水汽的辐合。20时后低层700 hPa辐合中心值达-6×10^{-7} g·cm^{-2}·hPa^{-1}·s^{-1}，且水汽通量散度在垂直方向上具有一定的倾斜结构(图1.82d)。之后随着水汽辐合的逐渐减弱，降雪过程逐渐结束。

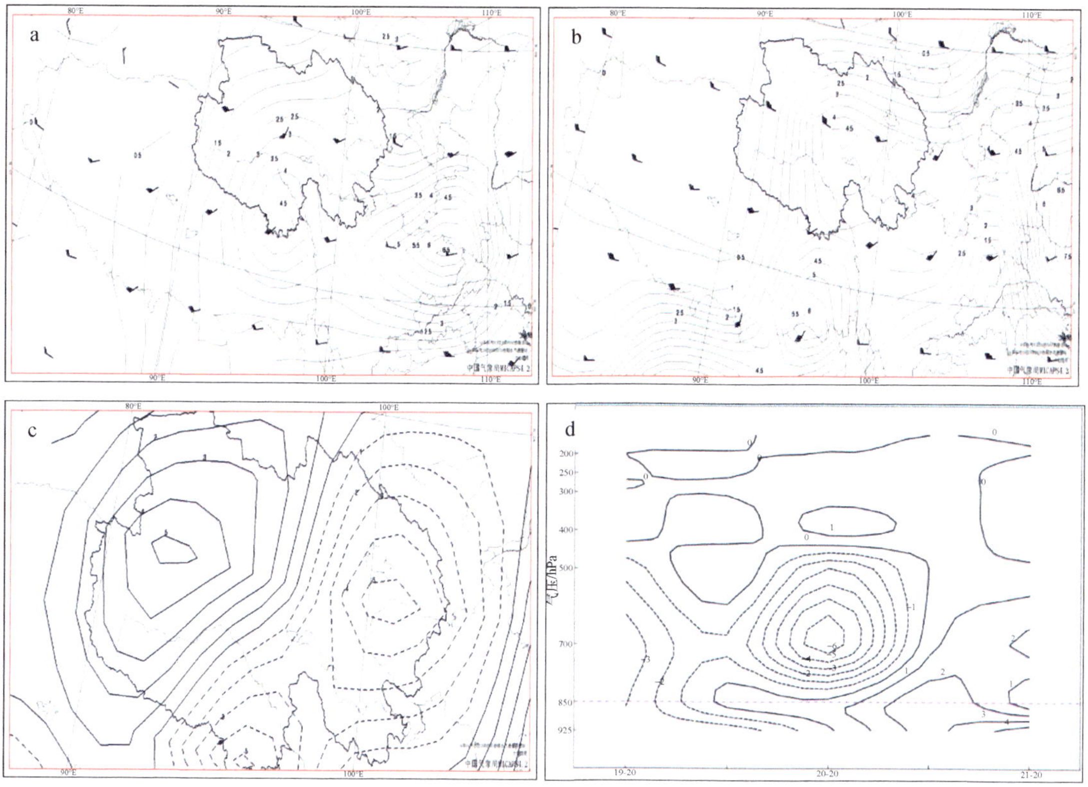

图 1.82 2014 年 4 月 20 日 08 时(a)20 时(b)500 hPa 水汽通量与风场分布
2014 年 4 月 20 日 20 时 500 hPa 水汽通量散度(c)及时间垂直剖面(d)

4 地形影响分析

门源地区出现的此次强降雪天气过程除大气有利环流形势场外,还与当地的地形有密切联系。门源县位于祁连山南麓和大阪山北侧之间,呈谷地状,冷空气不易直接翻越青藏高原以及祁连山脉,而是沿地势低的河西走廊即祁连山北侧东移倒灌至门源地区以及从西部谷底流入,提供了强降雪天气的冷空气条件。同时西南上的暖湿气流在祁连山南麓迎风坡,强迫抬升,有利于气流辐合,并与倒灌冷空气相遇,产生强降雪天气过程(图 1.83)。

5 结论

1)此次过程为一次春季大到暴雪过程,伴局地寒潮天气。此次暴雪天气影响范围广,全省大部出现强降温,冷湖、大柴旦达到寒潮标准,降温幅度达 10 ℃,青海省东北部降雪强度大,按 24 h 降雪量等级标准(积雪 10 cm 以上),门源出现暴雪,雪量 13 mm,积雪深度 11 cm,多站大雪,且整个降水过程中降水相态复杂。

2)此次暴雪过程中环流背景为:500 hPa 中高纬度呈两槽一脊的形势,贝加尔湖西侧脊向东发展,环流经向度加大,东北—西南向的蒙古槽向南加深到青海省北部地区,底部有不断分裂的短波槽东移,引导蒙古冷空气不断东移南下,并有 −28 ℃的冷中心与之配合。南支槽前西南气流强盛,北部冷空气与西南暖湿气流在青海省东北部交汇,形成了较强的风向辐合区,为暴雪天气过程提供了有利的环流条件。

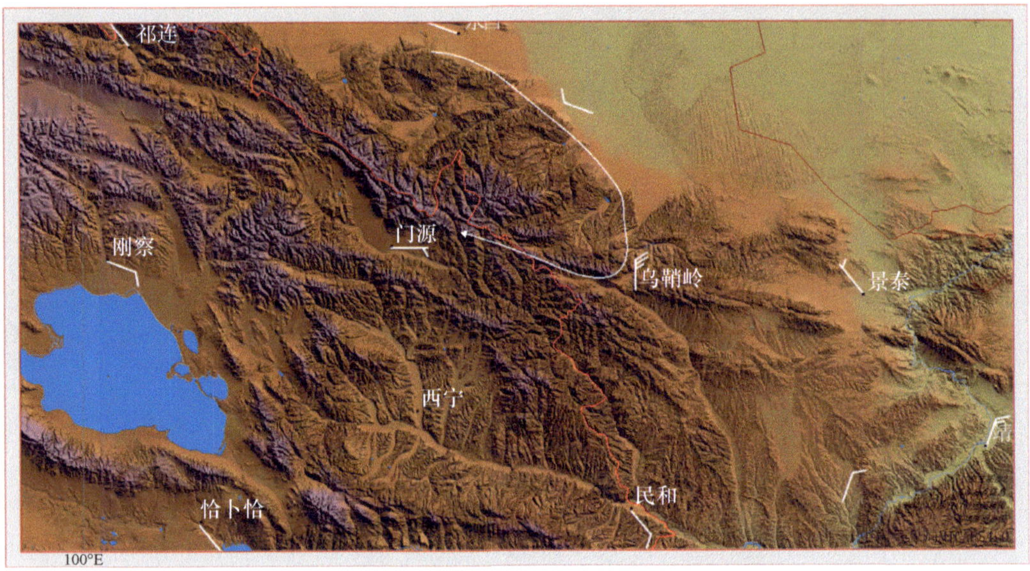

图 1.83　门源地区地形图及 4 月 20 日 14 时地面风向

3)此次过程中的动力因子及其作用主要是:垂直速度(ω)中心值达到 $-32\ \mathrm{Pa\cdot s^{-1}}$,从低层 700 hPa 到高层 200 hPa 存在深厚且很强的上升运动。700～500 hPa 之间形成一个中心强度达 $-15\times10^{-5}\mathrm{s^{-1}}$ 的强辐合中心,高层 300～200 hPa 之间对应出现一个中心强度达 $24\times10^{-5}\mathrm{s^{-1}}$ 的强辐散中心。低层辐合、高层辐散使得整层大气的垂直上升运动增强,为暴雪过程提供了有利的动力条件。

4)此次过程中的热力因子及其作用为:门源地区处于 θ_{se} 等值线密集区,低层高温高湿的不稳定能量与中层向下渗透的冷空气导致中低层位势不稳定的建立,为此次强降水过程提供了热力条件。

5)强盛的高原南支低槽槽前的西南气流,其中心强度达 $4.5\times10^{-2}\ \mathrm{g\cdot cm^{-1}\cdot hPa^{-1}\cdot s^{-1}}$ 的水汽通量高值带,为暴雪区提供充沛的水汽输送。且门源地区处于 $-3\times10^{-7}\ \mathrm{g\cdot cm^{-2}\cdot hPa^{-1}\cdot s^{-1}}$ 的强水汽辐合区中,加上门源地区山谷地形的影响,进一步加强了水汽的辐合和抬升触发。

参考文献

[1] 朱乾根,林锦瑞,寿绍文,等. 天气学原理和方法[M]. 北京:气象出版社,2000.

[2] 张小玲,和麟生."96.1"暴雪期中尺度切变线发生发展的动力诊断 I:涡度和涡度变率诊断[J]. 高原气象,2000(3):285-294.

[3] 赵斌,赵翠萍,闫巨盛,等. 河北两次大(暴)雪过程对比分析[J]. 气象科技,2010,38(3):281-288.

[4] 许亮亮. 2014 年 2 月宁夏吴忠市一次强降雪天气过程分析[J]. 北京农业,2015(17):147-148.

[5] 姚学祥. 天气预报技术与方法[M]. 北京:气象出版社,2011.

[6] 苗爱梅,贾利冬,李智才,等."091111"山西特大暴雪过程的流型配置及物理量诊断分析[J]. 高原气象,2011,30(4):969-981.

[7] 杨霞,张云惠,赵逸舟,等. 南疆西部一次罕见大暴雪过程分析[J]. 高原气象,2015,34(5):1414-1423.

[8] 杨莲梅,杨涛,贾丽红,等. 新疆大～暴雪气候特征及其水汽分析[J]. 冰川冻土,2005,27(3):389-396.

[9] 鲁坦. 2006 年 2 月 26～27 日河南省区域暴雪过程分析[C]. 中国气象学会 2007 年年会天气预报预警和影响评估技术分会场. 2007.

[10] 索渺清，丁一汇．南支槽与孟加拉湾风暴结合对一次高原暴雪过程的影响[J]．气象，2014，40(9)：1033-1047.

[11] 周倩，程一帆，周甘霖，等．2008 年 10 月青藏高原东部一次区域暴雪过程及气候背景分析[J]．高原气象，2011，30(1)：22-29.

[12] 张晓东．唐山一次暴雪天气过程的诊断分析[J]．干旱气象，2009，27(2)：135-141.

2014年10月10日青海省东北部暴雪成因及相态转换分析

王振海
(青海省气象台,西宁　810001)

摘　要:基于高空、地面和模式资料,对2014年10月10日发生在青海省东北部的一次秋季暴雪过程的成因及相态转换进行了分析,结果表明,降水主要发生在东北部地区的原因是:1)500 hPa南北槽同相位叠加,南支槽和高原槽前西南暖湿气流和北支槽引导的强冷空气在东北部交汇,东北部地区斜压锋生明显。2)低层冷暖交汇主要在青海省东北部:700 hPa青海省东部为副高外围偏南气流,有偏东风向东部河谷输送暖湿气流,同时低层浅薄冷空气南下东灌。因此低层冷暖气流的辐合区域也在青海省东北部。3)青海湖锢囚锋主要影响青海省东北部地区:东路和西路冷空气在东北部形成青海湖锢囚锋,且维持时间较长,成为此次过程的主要中尺度影响系统。4)东北部水汽条件较其他地区好:南支槽和高原槽前西南水汽向东北输送明显,东北部地面局地水汽较好,低层水汽辐合显著。5)东北部河谷地形辐合和抬升对降水增幅明显。西宁站经历了雨、雨夹雪、雪过程的转变,地面气温及气层温度的变化是相态转换的主要成因。
关键词:暴雪,成因,相态转换

1　天气实况

2014年10月10日08时—11日08时,青海省东北部地区发生了一次秋季暴雪过程。此次过程降雪落区集中,主要在东北部,降雪强度大,按照24 h降雪标准,东北部地区大部分地区均达到了大雪标准,其中3站达到暴雪标准,最大降雪出现在湟中,降水量25.0 mm,积雪深度达到了13 cm,降水过程中相态复杂,多相态并存且随时间有雨、雨夹雪、雪转换过程,此次过程还伴随寒潮天气,主要在东部低海拔河谷地区,其中循化最低温度降幅达到了13 ℃。具体如图1.84所示。

2　暴雪主要出现在青海省东北部地区的成因分析

2.1　东北部地区斜压锋生明显,冷暖交汇主要在青海省东北部

分析10日08时500 hPa形势场(图1.85a),此次过程发生前,北支西风槽位于新疆东部至河西走廊西部地区,高原槽位于北支西风槽底部海西西部至小唐西部地区,而南支槽位于西藏中南部地区,总体而言,500 hPa南北槽同相位叠加,且温度槽均落后于高度槽,温度槽前正的热成风涡度平流促使前部高度槽加深发展,因此南支槽和高原槽前西南暖湿气流(青南站500 hPa西南风>12 $m \cdot s^{-1}$)和北支槽引导的强冷空气(冷高压>1042.5 hPa,500 hPa冷中心<−40 ℃)在东北部交汇,东北部地区斜压锋生明显大于青海省内其他地区。从低层看,冷暖交汇主要在青海省东北部:700 hPa青海省东部为副高外围偏南气流,有偏东风向东部河谷输送暖湿气

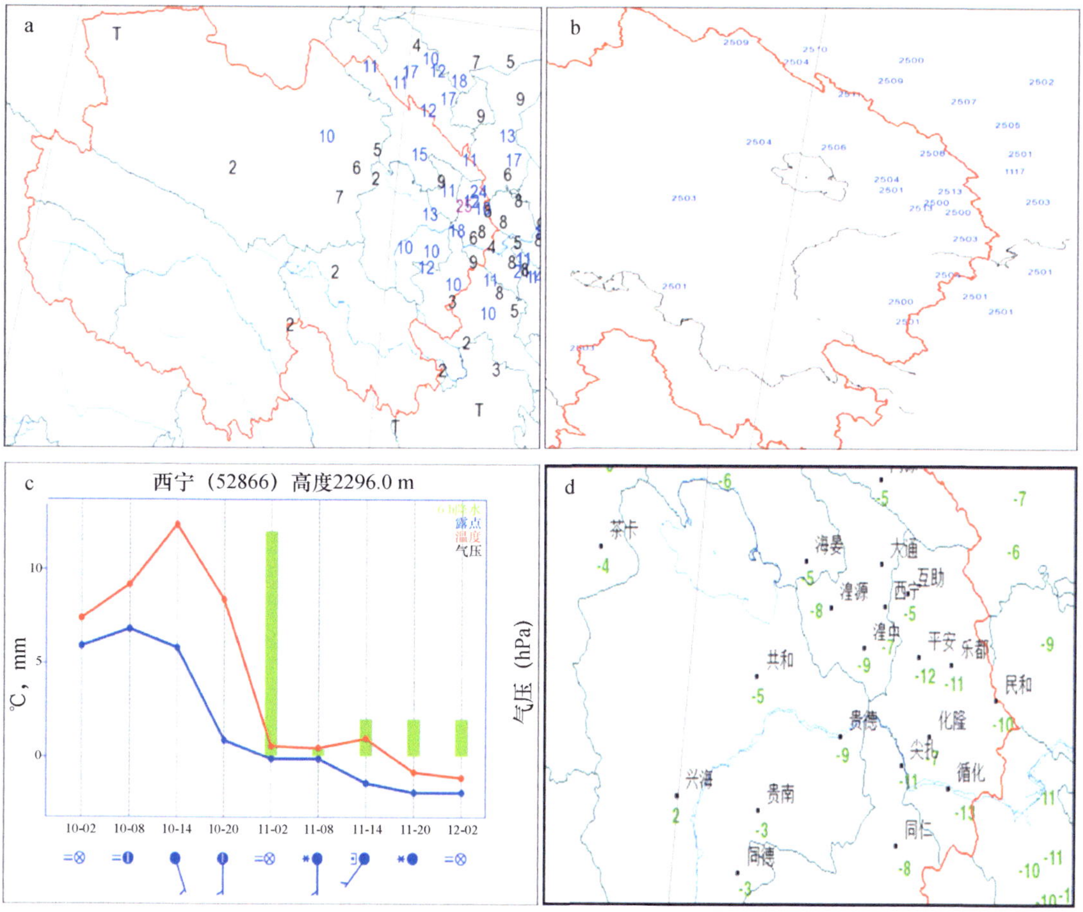

图 1.84　2014 年 10 月 10 日 08 时—11 日 08 时天气实况

(a)10 月 10 日 08 时—11 日 08 时降水量(mm)(b)10 月 11 日 08 时积雪深度(cm)

(c)西宁站过程期间相态变化(d)10 月 11 日最低气温降幅(℃)

流，同时低层浅薄冷空气南下东灌，低层冷暖气流的辐合区域也在青海省东北部(图 1.85b)。因此，高低层天气尺度系统的配置基本限制了降水落区主要出现在青海省东北部地区。

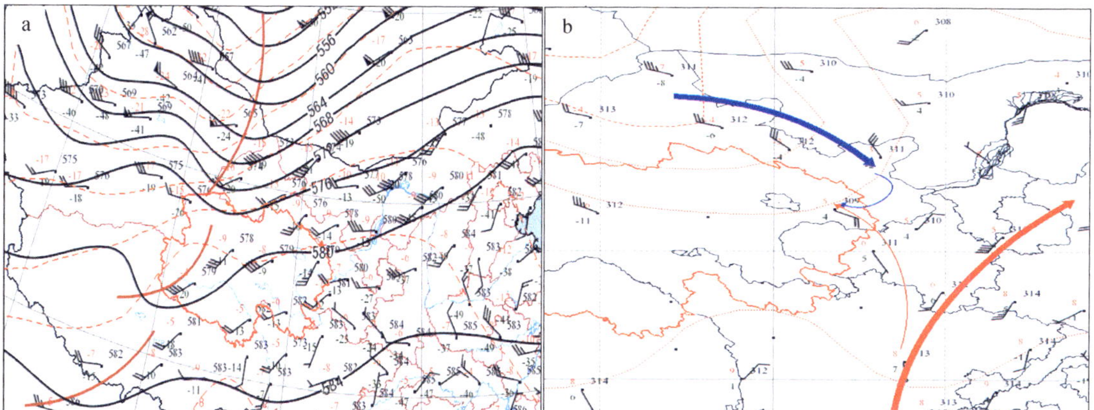

图 1.85　10 月 10 日 08 时 500 hPa 高空形势场(a)700 hPa 高空观测＋温度场(b)(温度单位：℃)

2.2 青海湖锢囚锋主要影响东北部地区,且东北部地形有利于气流辐合抬升

分析此次过程中的中尺度系统,主要是自柴达木盆地东移的西路冷空气和自东部河谷地区东灌的东路冷空气在青海湖东部海晏至共和一带地区形成的青海湖锢囚锋(图1.86a),该α中尺度系统形成于10日20时,大降水也基本开始于锢囚锋形成之后12 h内,降水区域主要位于锢囚锋两侧,锢囚锋地面锋线附近的降水较小,且主要集中于东侧。东侧出现的主要原因和东部向东开口的河谷地形有很大关系(图1.86b),一方面河谷地形东部开口处较为宽阔,而河谷内部即河流上游较为狭窄,在东路冷空气向西灌入时,地形辐合条件较为明显;另一方面,东侧河谷的空气暖湿程度也较西侧大,随着东路冷空气东灌,配合地形辐合,冷空气对暖湿空气的抬升,在河源上游出现较大的降水。

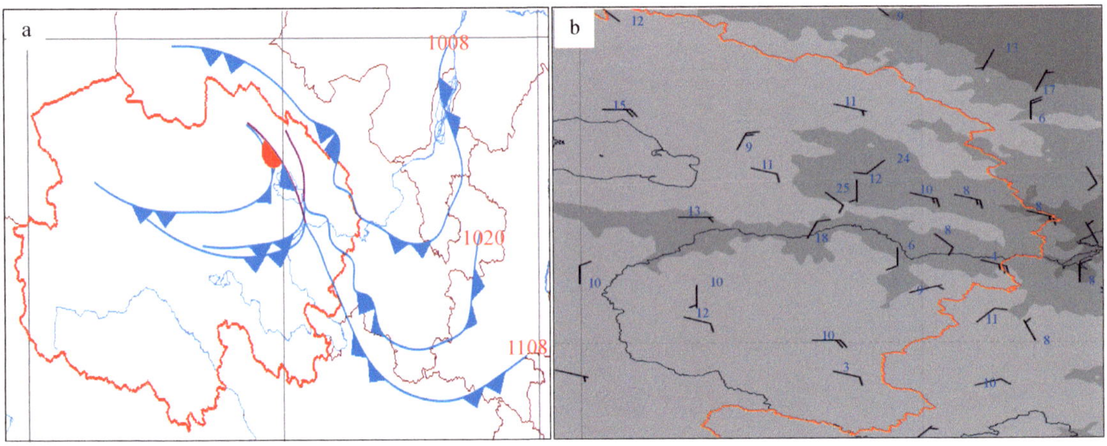

图1.86 10日08时—11日08时影响青海省东部地区地面冷锋和青海湖锢囚锋动态(a)
10日20时地面图和地形(b)

2.3 东北部水汽条件较其他地区好

分析此次过程中的水汽条件,无论局地的水汽条件还是水汽的平流输送条件,东北部地区的水汽条件均较其西部和南部地区好。就局地水汽而言(图1.87a),分析10日14时地面比湿,东部河谷地带的地面比湿均在4 $g \cdot kg^{-1}$以上,而其他地区只有2~3 $g \cdot kg^{-1}$,从一个侧面反映了这一地区的本地水汽绝对量较好,比湿≥4 $g \cdot kg^{-1}$可能对10月上旬的暴雪天气有较好的指示。而分析水汽方程的平流输送项(图1.87b),从水汽通量散度看,水汽的主要源地分位于在玉树偏南部地区和青海省西部地区,说明水汽源来自于冷空气南下锋前堆积的系统携带水汽和南支槽前西南气流中的水汽,而水汽的汇合地区则主要在青海省东北部地区,虽然因为高空站点的稀疏导致的插值等值线有所偏西,但总体水汽的辐合区域和大降水的落区基本一致,东北部的水汽辐合强度明显较其他地区来的大,中心区域辐合值达到了-1.6×10^{-8} $g \cdot cm^{-2} \cdot hPa^{-1} \cdot s^{-1}$,且随冷空气东移推进,辐合中心东移的也较为清楚。

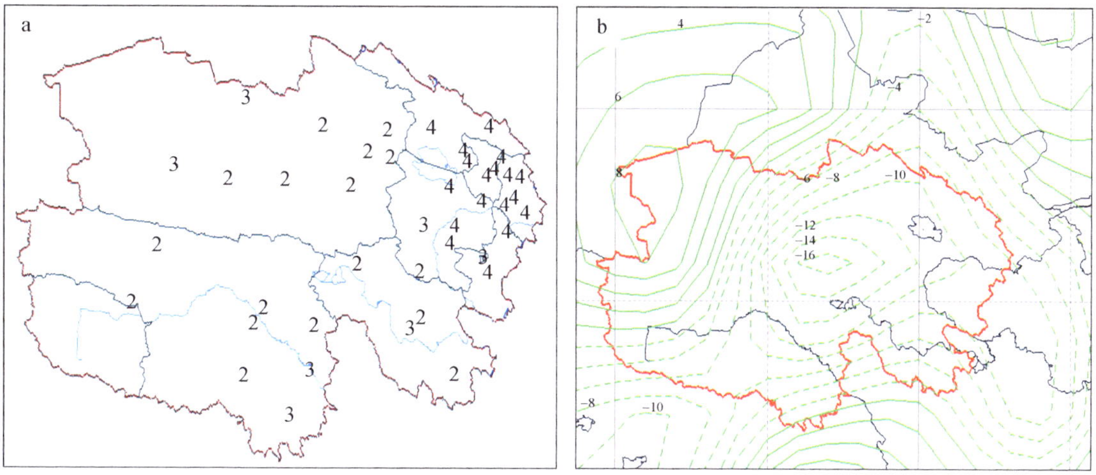

图 1.87 10 日 14 时青海省东北部地面比湿(单位:g·kg^{-1})(a)
10 日 20 时 700 hPa 水汽通量散度(b)(单位:10^{-5} g·cm^{-2}·hPa^{-1}·s^{-1})

2.4 东北部上升运动较深厚

分析东北部地区的垂直运动条件(图 1.88),青海省东部地区自低层至高层均为 $\omega<0$ 的较强上升运动区域,最强上升层在 400 hPa 附近(小于−45 Pa·s^{-1}),说明东部地区较西部地区上升运动要强,且垂直速度中心区域自低层到高层向西、向北倾斜,说明东、西路两路冷空气造成的抬升气流有向西北倾斜的趋势,这可能和青海湖锢囚锋形成的东、西两路锋面的坡度及两股冷空气的势力有关。此次过程中,西路冷空气强,其锋面坡度较小。东路冷空气前期较弱,后期较强,锋面坡度较大,但通过温度对比,发现东路冷空气始终为相对较暖的冷空气。因此无论在前期西路更冷冷空气推动东路冷空气沿西路冷锋面被动上滑的过程还是后期东路冷空气主动上滑过程中,均推动气流自东向西倾斜上升,导致上升运动大值区均向西倾斜。

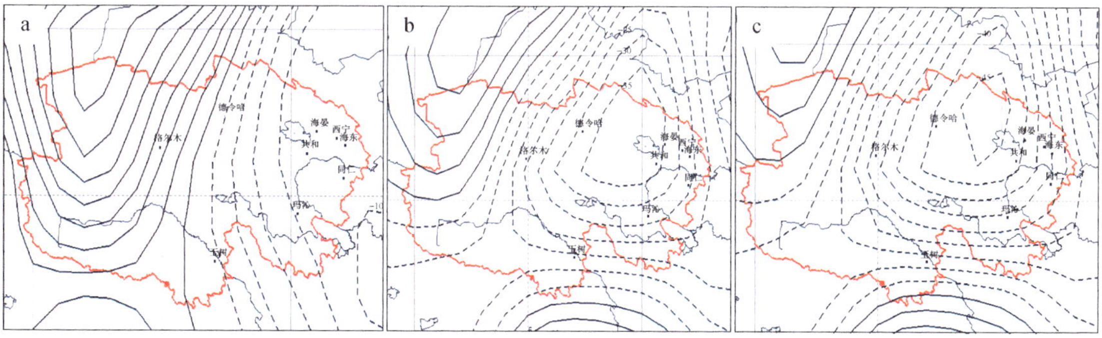

图 1.88 10 日 20 时 700 hPa 垂直速度(a)10 日 20 时 500 hPa 垂直速度(b)
10 日 20 时 400 hPa 垂直速度(c)(单位:Pa·s^{-1})

3 西宁站相态转换过程及原因分析

3.1 西宁降水经历了雨、雨夹雪、雪的相态过程的转变

西宁站的降水开始于 10 日 20 时后,降水主要集中时间段为 10 日 20 时—11 日 02 时,降水量达到了 12 mm,此后降水较弱,6 h 降水量基本都在 2 mm 以下,但持续时间较长,一直到 12 日 08 时才基本结束,降水时间约持续 36 h 左右。在此漫长的降水过程中,西宁站降水的相态经历了雨、雨夹雪、雪的相态转换过程,其中雨和雨夹雪的降水量占比较大,而降雪的比例较小。时间转折点而言,在 10 日 20—23 时之间,雨为主要降水相态,11 日 02—08 时,雨夹雪为主要降水相态,其后基本以雪为主要相态而产生的降水。总体而言,西宁站 10 日 20 时—12 日 08 时的降水过程,经历了雨、雨夹雪、雪的相态的转变,是一次秋季典型雨雪转换的降水过程(图 1.89)。

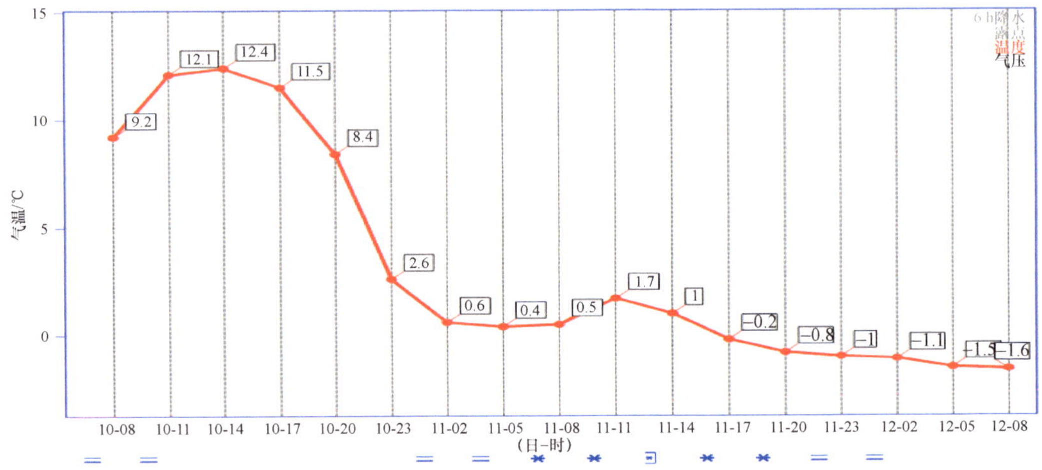

图 1.89 10 日 08 时—12 日 08 时西宁站气温变化曲线及天况观测记录

(11 日 02 时之前和 11 日 20 时之后均有降水,因夜间天气现象不观测,按能见度仪所测能见度判断为低视程障碍现象,故地面天气现象记录为轻雾,实际应为降雪天气引起的低能见度)

3.2 西宁降水相态转换原因:其上空 700 hPa 至地面的温度变化

分析西宁站降水相态转换的原因,主要是由于该站上空大气气层温度的变化所引起。10 日20 时西宁站探空温度层结看,0 ℃层高度约在离地面 1000 m 高空(约 684 hPa),在 700 hPa附近有一弱逆温层的存在,而该高度下为偏东风,因此基本可以判断东路冷空气此时已过境西宁站,而高空锋区位置约在 700 hPa 附近(离地约 800 m),而这个锋区高度已接近西宁地区的低云云底高度(900～1000 m),随着冷空气东推,暖空气进一步抬升,在达到抬升凝结高度时,降水开始,但此时云底高度以下温度大于 0 ℃,地面温度也达到 9 ℃,因此降水以雨的相态首先出现。其后随着冷空气的不断侵入,平流降温较为明显,至 11 日 02 时左右,地面温度为 0.6 ℃,根据前后探空资料时间插值粗略估计,此时 700 hPa 温度约在 −1 ℃左右,而其下气层温度约在 −1～0 ℃之间,此时降水以雨夹雪相态为主。至 11 日 08 时,700 hPa 温度为 −4 ℃,700 hPa 至地面温度均小于 0 ℃,地面温度略高于 0 ℃,此时相态转换以纯雪为主。

其后至 12 日 08 时之间，降雪断断续续，虽然 11 日白天地面温度有小幅回升，但相态一直维持为雪，说明 700 hPa 至地面温度对降水相态有决定作用。地面温度虽然对降水相态有影响，但不是主要因素(图 1.90)。

分析此次 10 月上旬西宁站降水过程中的相态变化，可初步用 700 hPa 温度及其下部气层温度的大小来判断，700 hPa 温度及其下部气层温度在 0 ℃以上时，相态为雨；700 hPa 温度及其下部气层温度在 −2～0 ℃之间时，相态为雨夹雪；700 hPa 温度及其下部气层温度在小于 −2 ℃时，相态为雪。地面温度虽然对相态有影响，但不是主要因素，其主要影响可能是降雪落地后的融化速度。

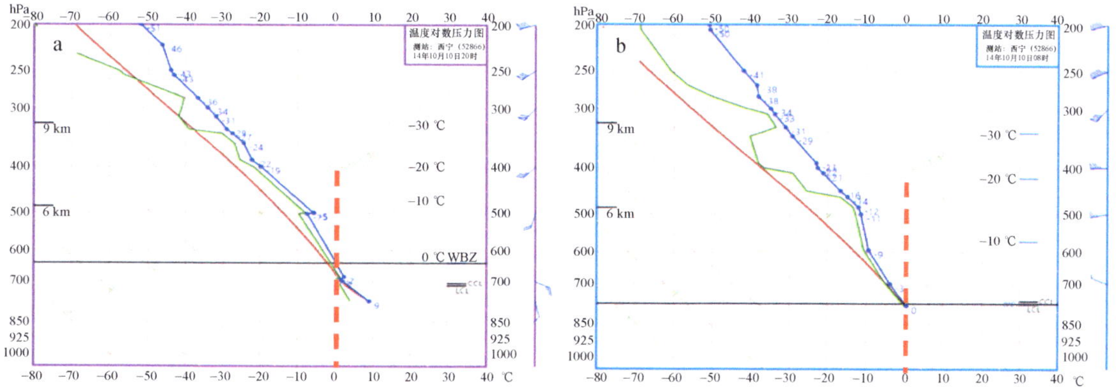

图 1.90　10 日 08 时(a)和 11 日 08 时(b)西宁站探空资料分析

4　结论

1)此次过程是一次秋季暴雪，降雪落区集中，主要在东北部；降雪强度大，多站大雪，3 站达到暴雪。降水过程中相态复杂，且随时间转化。过程结束后伴随寒潮。

2)此次天气过程主要出现在青海省东北部的原因是 500 hPa 南北槽同相位叠加，南支槽和高原槽前西南暖湿气流(青南站 500 hPa 西南风＞12 $m \cdot s^{-1}$)和北支槽引导的强冷空气(冷高压＞1042.5 hPa，500 hPa 冷中心低于 −40 ℃)在东北部交汇，东北部地区斜压锋生明显；低层冷暖交汇主要在青海省东北部，700 hPa 青海省东部为副高外围偏南气流，有偏东风向东部河谷输送暖湿气流，同时低层浅薄冷空气南下东灌，因此低层冷暖气流的辐合区域也在青海省东北部，东北部河谷地形辐合和抬升对降水增幅明显；青海湖锢囚锋主要影响青海省东北部地区，东路和西路冷空气在东北部形成青海湖锢囚锋，且维持时间较长，成为此次过程的主要中尺度影响系统；东北部水汽条件较其他地区好，南支槽和高原槽前西南水汽(西南风＞12 $m \cdot s^{-1}$)向东北输送明显，东北部地面比湿 Q＞4 $g \cdot kg^{-1}$，低层 700 hPa 水汽辐合显著；东北部上升运动较其他地区深厚。

3)西宁站 10 日 20 时—12 日 08 时的降水过程，经历了雨、雨夹雪、雪的相态的转变，初步用 700 hPa 温度及其下部气层温度的大小来判断，700 hPa 温度及其下部气层温度在 0 ℃以上时，相态为雨；700 hPa 温度及其下部气层温度在 −2～0 ℃之间时，相态为雨夹雪；700 hPa 温度及其下部气层温度在小于 −2 ℃时，相态为雪。地面温度虽然对相态有影响，但不是主要因素，其主要影响可能是降雪落地后的融化速度。

2015年4月5日海南等地大到暴雪天气过程分析

夏雨虹　乜国妍
(海南州气象台,共和　813000)

摘　要:基于高空、地面和模式资料,对2015年4月5日发生在海南等地的一次春季大到暴雪天气过程的成因及相态转换进行了分析,结果表明:1)此次降雪天气过程为春季大到暴雪天气过程,降雪范围广,强度大,持续时间长。高空环流形势上主要是受高原低涡南支和北支切变的影响。槽前西南气流不断地向高原中东部输送暖湿气流,而高空槽后部有冷空气分裂下滑,南北气流在高原中东部交汇,造成海南南部及果洛北部的暴雪。2)垂直速度场上,青海省中东部地区存在深厚的上升运动,垂直运动发展强烈,从底层至高层,皆为一致的上升气流所控制。3)水汽的辐合中心正位于青海省中东部地区,与暴雪落区有较好的对应。4)海南南部处于暖平流中,低层有加热作用,降水刚开始的相态为雨夹雪,随后受东移的冷平流影响,低层暖平流被冷平流代替,相态转为雪。

关键词:暴雪,动力条件,水汽条件,相态转变

引　言

青藏高原是世界上海拔最高的高原,由于其低纬度、高海拔的独特性及其对周围自然环境的影响,在气候系统中一直占据着重要地位[1]。暴雪是青海省高原的主要自然灾害之一,青海省高原南部地区(青南地区)海拔多在3500～4800 m,是青海省高原雪灾的多发区。每年10月中下旬至翌年5月中上旬这段时间,青海省高原南部地区的玉树、果洛、黄南南部、海南南部等地区极易出现局地或区域的强降雪天气[2],加之气温偏低、积雪难以融化,时常造成大雪封山、大量牲畜死亡,使当地人民生命财产遭受巨大损失。但暴雪相对而言,是一个小概率事件,预报难度大,一直是气象预报研究的一个主要内容之一,许多气象学者都对其做了大量深入的研究。降雪所需的水汽、动力条件一直是研究的重点,曾有许多气象工作者对此进行了诊断分析,刘建军等[3]、张小玲等[4-5],王文等[6],徐建芬[7]、邓远平等[8]对青藏高原的暴雪过程进行了水汽、动力学诊断分析,认为水汽、条件不稳定在高原暴雪过程中起着重要作用。本文通过对此次大到暴雪天气的环流背景及水汽和动力条件等方面进行系统分析,提升对高原暴雪天气的预报能力,探讨其成因及发展规律,为做好雪灾预报和防灾减灾工作提供依据。

1　天气实况

2015年4月5日,青海省出现了一次明显的降雪天气过程,此次过程属于春季暴雪,降雪范围广,降水强度大,全省除海西西部外,均出现降水。大降雪集中出现在中东部,6站大雪,2站暴雪。最大同德,16.0 mm,积雪深度8 cm;其次玛多和贵南,12.0 mm,积雪深度10 cm(图1.91)。

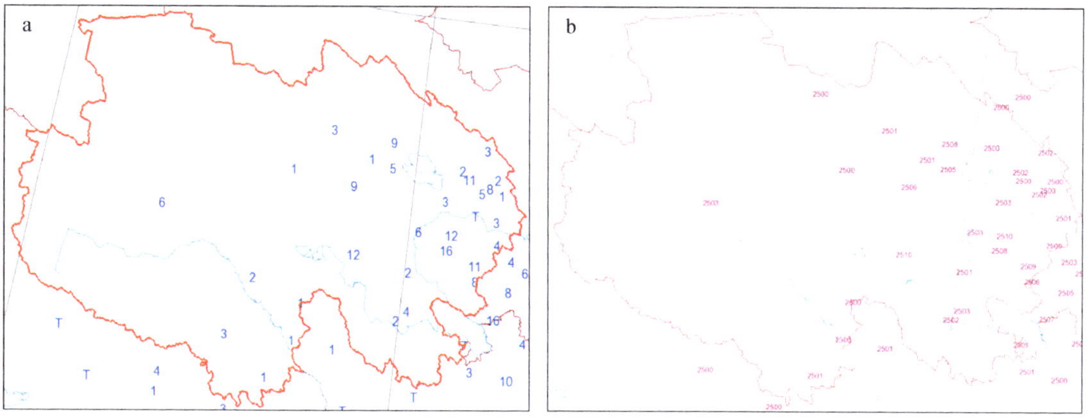

图 1.91　2015 年 4 月 5 日 08 时—6 日 08 时降水量(mm)(a)
2015 年 4 月 6 日 08 时积雪深度(cm)(25 开头为积雪,后 2 位是积雪深度)(b)

2　高空环流和地面形势

4 月 5 日 08 时的 500 hPa 图上,过程前期中高纬呈现一槽一脊的环流形势,贝加尔湖以西北地区有一强大的高压脊,槽位于东北至内蒙地区,槽后脊前有一横槽发展。在 90°E 附近高原南部有南支槽建立,随着南支槽东移北抬,槽前西南气流不断地向高原中东部输送暖湿气流,而同时高压脊前横槽不断有冷空气分裂下滑。至 5 日 20 时,南北冷暖气流在高原中东部交汇,在海南南部至果洛北部地区形成一个明显的高原低涡,其前部偏南风风速大于 12 $m \cdot s^{-1}$。低层 700 hPa 形势上,青海省中东部地区有一温度脊,且偏东气流明显(12 $m \cdot s^{-1}$),顺东部河谷向西倒灌,为青海省东部提供暖湿气流,低层增暖为此次过程提供热力不稳定条件。总体来看,此次春季暴雪天气过程是受南支槽发展其前部高原低涡东移北抬和横槽东移引导的地面冷空气在青海省中东部地区交汇造成的(图 1.92)。

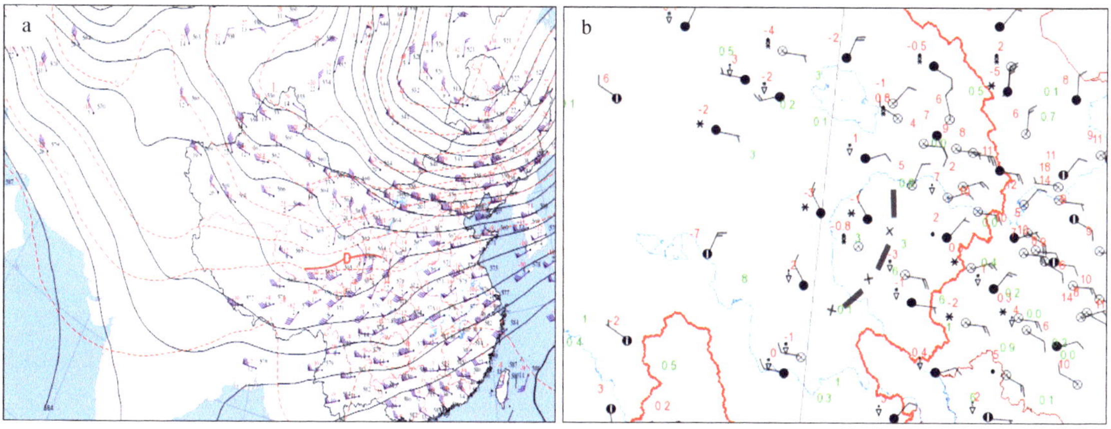

图 1.92　2015 年 4 月 5 日 20 时 500 hPa 高度场(a)2015 年 4 月 5 日 20 时地面图(b)

4 月 5 日 20 时,西路冷锋已抵达海西东部地区,东部冷锋已过 787 指标站,且已向东部河谷倒灌,青海湖锢囚锋在环湖地区形成且呈南北向分布,导致其两侧东西风在青海湖东部至海南南部地区形成较明显的地面辐合线,降水也较为均匀的分布在锢囚锋两侧一定范围内。

3 水汽条件

季良达等指出[9],青藏高原冬季降雪的主要水汽来源是阿拉伯海和孟加拉湾。分析4月5日20时700 hPa水汽通量散度场上,水汽的辐合中心正位于青海省中东部地区,与暴雪落区有较好的对应。对同德站做水汽通量散度的垂直剖面图,水汽主要集中在700 hPa略偏高的位置,这个高度结合同德站海拔(3080 m)分析,基本和抬升凝结高度(即低云云底高度,约700 m左右)一致,水汽通量散度最大值为-11×10^{-5} g·cm^{-2}·hPa^{-1}·s^{-1}。在5日20时的700 hPa比湿场中,海南南部比湿值达到3～4 g·kg^{-1},基本达到了青海省春秋大雪基本阈值2 g·kg^{-1}。地面比湿场中,青海省东南部湿度较大,水汽条件好。此次大到暴雪天气过程,以西南路径的水汽来源为主,结合500 hPa大气环流配置分析,由于高原低涡的存在,西南气流携带来自孟加拉湾丰沛的水汽北上,与中高纬的冷空气在青海省汇合,为此次暴雪过程提供水汽(图1.93)。

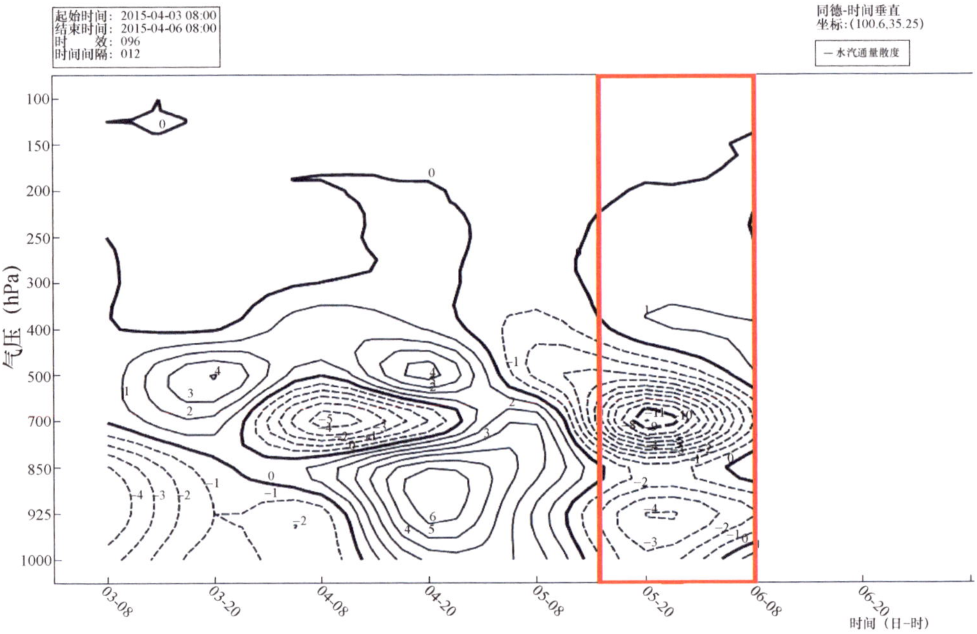

图1.93 2015年4月3日08时—6日08时同德站水汽通量散度垂直剖面图
(单位:10^{-5} g·cm^{-2}·hPa^{-1}·s^{-1})

4 动力条件

当大规模的水汽向降水区辐合时,必须有大范围的上升运动,导致低层水汽抬升造成降水。分析垂直速度场,青海省中东部地区存在深厚的上升运动,垂直运动发展强烈。同德站的垂直速度做垂直剖面图上,在5日20时,从底层至高层,皆为一致的上升气流所控制,最大中心值为-5 Pa·s^{-1}(500 hPa);在涡度场上,同德地区正涡度也较强,最大正涡度值为2.5×10^{-4} s^{-1};在散度场上,同德地区也表现为明显的低层辐合,高层辐散,这样的配置有利于高空抽吸作用,最大中心值为-3×10^{-4} s^{-1}(700 hPa)(图1.94)。

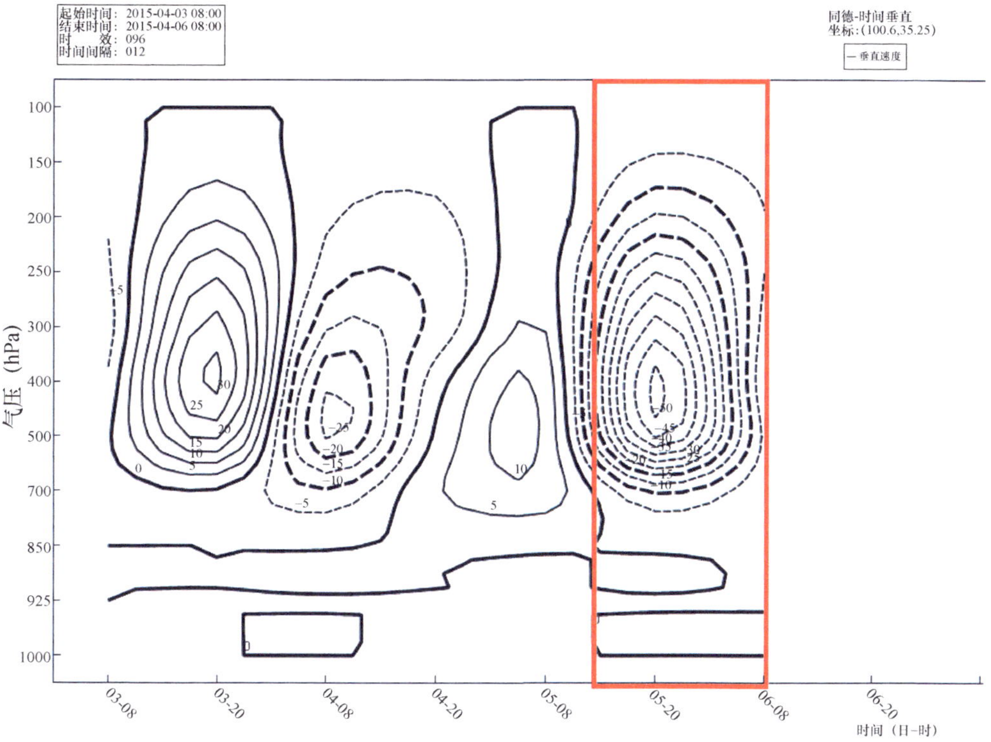

图 1.94　2015 年 4 月 3 日 08 时—6 日 08 时同德站垂直速度垂直剖面图(单位：$Pa \cdot s^{-1}$)

5　大气稳定度

K 指数可用来判断大气层结的稳定程度。数值越大，越不稳定。K 指数的定义为：$K=(T_{850}-T_{500})+T_{d850}-(T-T_d)_{700}$。$K$ 指数计算式中第一项表示温度直减率，第二项表示低层水汽条件，第三项表示中层饱和程度。研究普遍认为[10-13]，在 K 指数高值区有利于产生短时强降水等对流性天气，并且 K 指数越大，对流性越强，降水量越大。强降雪天气的形成往往伴随着不稳定的大气层结，因此分析此次天气过程的 K 指数场有着重要意义。分析 K 指数场，过程前期 4 月 4 日 20 时开始，青海省中东部为 K 指数正值区所控制。4 月 5 日 20 时，全省大部地区均处于 K 指数大于 4 ℃的区域中，青海湖周边地区有一个 20 ℃的大值中心，至 6 日 08 时，该中心增强并移动至海南地区。随着过程结束，K 指数值逐渐下降。

6　卫星云图

从 4 月 5 日 15 时的红外云图(图 1.95)来看，在南支槽前西南气流中已经有云系产生，玉树和果洛北部地区开始有降水出现。随着南支槽的东移北抬，槽前西南气流和北部偏西北气流辐合加强，云系不断发展壮大，至 20 时，海西中部和玉树东部的云带东移北上合并，造成玛多、同德、贵南暴雪及青海省东部地区降雪。

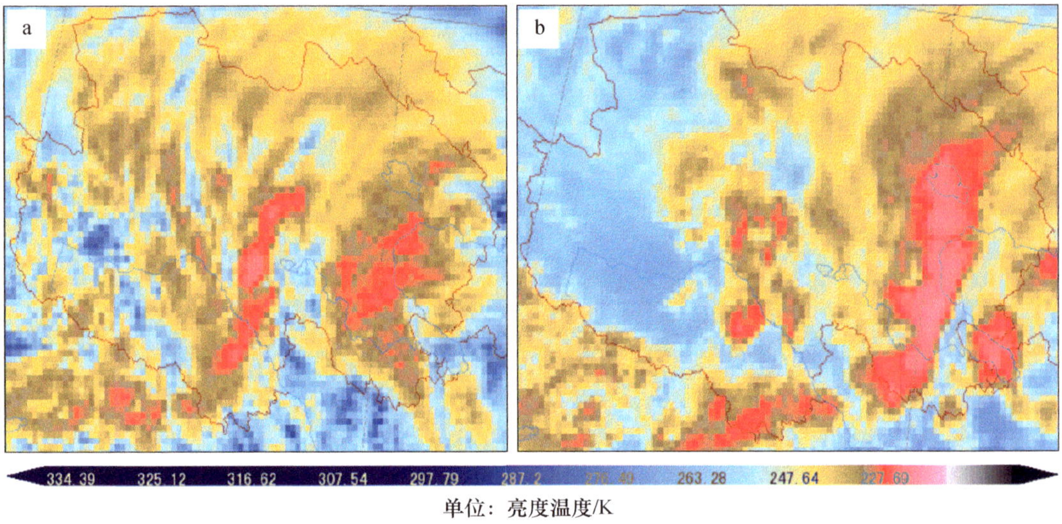

图 1.95　2015 年 4 月 5 日 15 时红外云图(a)5 日 20 时红外云图(b)

7　相态转化及原因

降雪过程初期，700 hPa 海南南部处于温度脊中，受暖平流控制，低层有明显加热作用，降水刚开始的相态为雨夹雪，随后受东移的冷平流影响，低层暖平流被冷平流代替，相态转为雪。

分析同德、贵南三线图，5 日 14 时，同德、贵南升温明显，出现雨夹雪天气，5 日 17 时后，随着降水的出现，温度急剧下降，20 时同德、贵南温度降至 0 ℃以下，因而该地区开始转为降雪(图 1.96a)。

以达日站上空温度分布状况为例，分析降雪区上空整层大气温度层结的演变情况(图 1.96b)。5 日 20 时降雪过程期间，0 ℃层在 600 hPa 以上，与抬升凝结高度接近，中层有冷平流。至 6 日 08 时，零度层高度明显下降，降低到近地面，低于抬升凝结高度，整层大气温度均低于 0 ℃。因而，降水相态由雨夹雪转为雪。

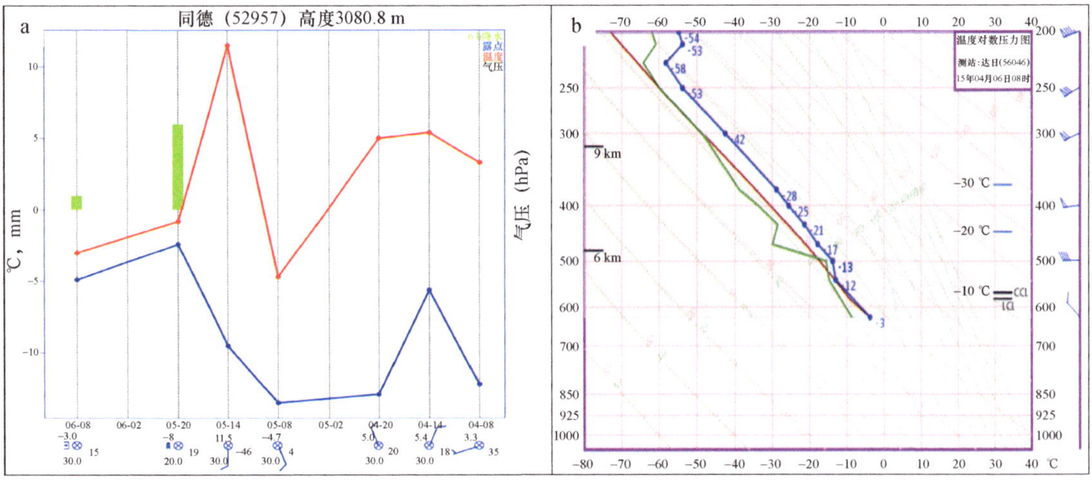

图 1.96　2015 年 4 月 4 日 08 时—6 日 08 时同德站三线图(a)2015 年 4 月 6 日 08 时达日站探空图(b)

8　小结

1)春季青海省中东部大到暴雪，降雪范围广，强度大，持续时间长；随着气温的降低，降水相态由雨夹雪转为雪。分析此次天气过程的相态转化及原因可知：海南南部处于暖平流中，低层有加热作用，降水刚开始的相态为雨夹雪，随后受东移的冷平流影响，低层暖平流被冷平流代替，相态转为雪；地面图上，同德、贵南升温明显，出现雨夹雪天气，随着降水的出现，温度急剧下降，20 时同德、贵南温度降至－1 ℃以下，因而转为降雪。以达日站上空温度分布状况为例，分析降雪区上空整层大气温度层结的演变情况，降雪过程期间，0 ℃层在 600 hPa 以上，与抬升凝结高度接近，中层有冷平流。至 6 日 08 时，零度层高度明显下降，降低到近地面，低于抬升凝结高度，整层大气温度均低于 0 ℃。因而，降水相态由雨夹雪转为雪。

2)此次春季暴雪天气过程是受高原低涡南支和北支切变的影响。槽前西南气流不断地向高原中东部输送暖湿气流，而高压脊底部有冷空气分裂下滑，南北气流在高原中东部交汇，在海南南部至果洛北部地区形成一个明显的高原低涡。低层 700 hPa 形势上，青海省中东部地区有一温度脊，低层增暖为此次过程提供热力不稳定条件。地面图上兴海至同德、贵南有青海湖锢囚锋东西两侧的东西风辐合线存在，辐合线维持时间较长。

3)垂直速度场上，青海省中东部地区存在深厚的上升运动，垂直运动发展强烈，从底层至高层，皆为一致的上升气流所控制；在散度场上，同德地区也表现为明显的低层辐合，高层辐散，这样的配置有利于高空抽吸作用。本次暴雪过程主要有强西南气流输送来自孟加拉湾的水汽，保证了暴雪区充足的水汽供应。在 700 hPa 比湿场中，海南南部比湿值达到 3～4 $g \cdot kg^{-1}$，地面比湿场中，青海省东南部湿度较大，水汽条件好。水汽通量散度场上，水汽的辐合中心正位于青海省中东部地区，与暴雪落区有较好的对应。

参考文献

[1] 鲁亚斌，解明恩，范菠，等．春季高原东南角多雨中心的气候特征及水汽输送分析[J]．高原气象，2008，27(6)：1189-1194.

[2] 王江山，李锡福．青海省天气气候[M]．北京：气象出版社，2004.

[3] 刘建军，程麟生．"97.12"高原暴雪过程中尺度热量和水汽收支诊断[J]．气象，2002，28(6)：16-22.

[4] 张小玲，程麟生．"96.1"暴雪期中尺度切变线发生发展的动力诊断Ⅰ：涡度和涡度变率诊断[J]．高原气象，2000，19(3)：285-294.

[5] 张小玲，程麟生．"96.1"暴雪期中尺度切变线发生发展的动力诊断Ⅱ：散度和散度变率诊断[J]．高原气象，2000，19(4)：459-466.

[6] 王文，程麟生．"96.1"高原暴雪过程湿对称不稳定的数值研究[J]．高原气象，2000，19(2)：129-140.

[7] 徐建芬，陶继红，夏建平．青藏高原切变线暴雪中尺度分析及其涡源研究[J]．高原气象，2000，19(2)：187-197.

[8] 邓远平，程麟生，张小玲．三相云显式降水方案和高原东部"96.1"暴雪成因的中尺度数值模拟[J]．高原气象，2000，19(4)：401-414.

[9] 季良达，徐欢，崔小平，等．利用水汽图研究高原大雪的水汽源[J]．青海气象，1996(4)：19-23.

[10] 杨莲梅．南亚高压突变引起的一次新疆暴雨天气研究[J]．气象，2003，29(8)：21-25.

[11] 张瑞禹，潘鄂芬．松嫩平原一次夏季暴雨机理分析[J]．气象与环境学报，2009，25(3)：8-13.

[12] 孟妙志．K 指数在暴雨分析预报中的应用[J]．气象，2003，29(8)：2-3.

[13] 路爽，李丹．沈阳"06.2"暴雪天气过程的诊断分析[J]．气象科学，2007，27(S1)：89-94.

2015年10月30日青海省东部一次暴雪天气成因分析

雷生国　谭丽娜

(海东市气象台,平安　810600)

摘　要:基于高空、地面和模式资料,对2015年10月30日发生在青海省东部地区一次大到暴雪天气过程进行了分析,结果表明:1)此次过程是一次秋季大到暴雪过程,降水强度大,局地性强,持续时间长,相态复杂。2)影响系统主要为500 hPa新疆东移南下的切断低压减弱后的低压槽南下,配合700 hPa低涡及切变线,以及地面冷锋、锢囚锋、地面中尺度辐合线和东部河谷地形等共同影响造成。3)此次天气过程的降雪量大的另一个原因是中、低层水汽充沛,并持续向暴雪区输送,形成水汽汇;另外,由于高空急流出口区左侧的强辐散抽吸作用和高、中、低空影响系统的配合为暴雪区提供了强烈的上升运动,为西宁和互助地区出现暴雪提供了必要条件。

关键词:暴雪,成因分析,青海省东部

青海省高原的暴雪是高原常见的气象灾害,尤其是青南牧区。青海省的暴雪一般出现在4月和10月,这是因为这两个月份正是青海省季节转换的时期,高原上冷空气活动和暖湿水汽输送都比较频繁[1]。2015年10月30日出现在河湟谷地的暴雪降雪量大、积雪深度大,在青海省东部实属罕见,分析此次暴雪天气过程的成因,有助于为日后预报此类天气提供参考。

1　天气实况

2015年10月30日08时—31日08时,青海省东部地区出现了一次大到暴雪天气过程,降雪落区为西北东南向分布,暴雪集中在河湟谷地。此次暴雪过程范围小,单点降水强度大,按24 h降雪等级标准,全省共计出现大暴雪1站(互助,降雪量24 mm,最大积雪深度22 cm);暴雪1站(西宁,降雪量14 mm,积雪深度12 cm);大雪1站(海晏,降雪量6 mm,积雪深度3 cm)。且此次过程持续时间长,相态复杂,雨、雨夹雪、雪均有出现,并随时间转换。具体如图1.97所示。

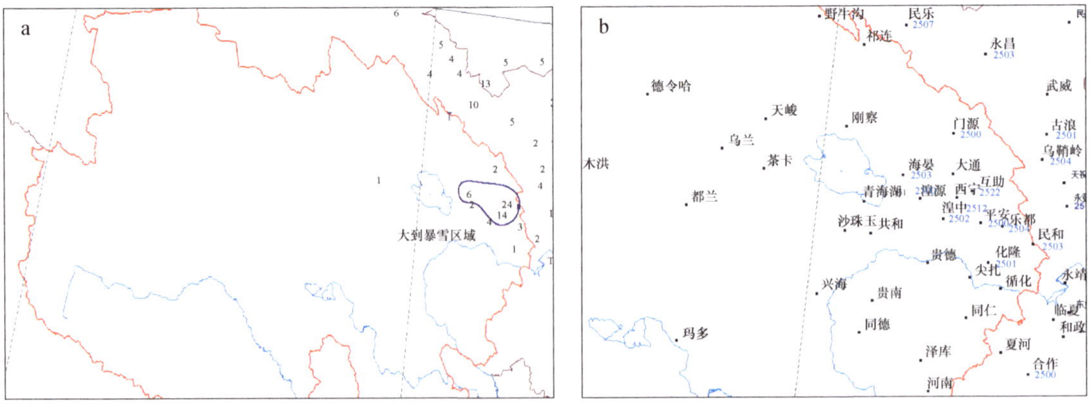

图1.97　2015年10月30日08时—31日08时天气实况

(a)2015年10月29日08时—30日08时降水量(mm)(b)2015年10月30日08时雪深(cm)

2　成因分析

2.1　环流形势和天气系统

此次天气过程中 500 hPa 欧亚中高纬度为两槽一脊的环流形势，两槽分别位于乌拉尔山一带和鄂霍次克海一带，乌拉尔山以东到贝加尔湖以西为高压脊控制，高压脊前的偏北气流携带冷空气在新疆北部堆积形成低压系统，最强时有两根闭合等高线。在高压脊东移过程中新疆北部形成切断低压。分析 10 月 29 日 08 时 500 hPa 高空形势（图 1.98a），可以看出，新疆北部形成 560 dagpm 的闭合低值中心，温度场上有−33 ℃的冷中心配合。到 30 日 20 时，低涡沿河西走廊东移南下，在高原摩擦及抬升作用下减弱为低压槽从青海省东北部移过，影响青海省东部，成为此次暴雪天气的主要影响系统。其主要作用是引导北部冷空气沿槽后偏北气流南下，同时输送系统冷空气前部堆积的相对暖湿空气在槽区辐合。分析同时刻的 200 hPa 高空急流（图 1.98b），降水区域位于高空急流出口区左侧，次级环流形成高空辐散区域，在抽吸作用的影响下加强了这一区域的上升运动，有利于增加降水量和提高降水效率[2-10]。500 hPa 槽前的正涡度区及高空急流出口区左侧上升区叠加的区域，是此次大到暴雪大致发生的区域。

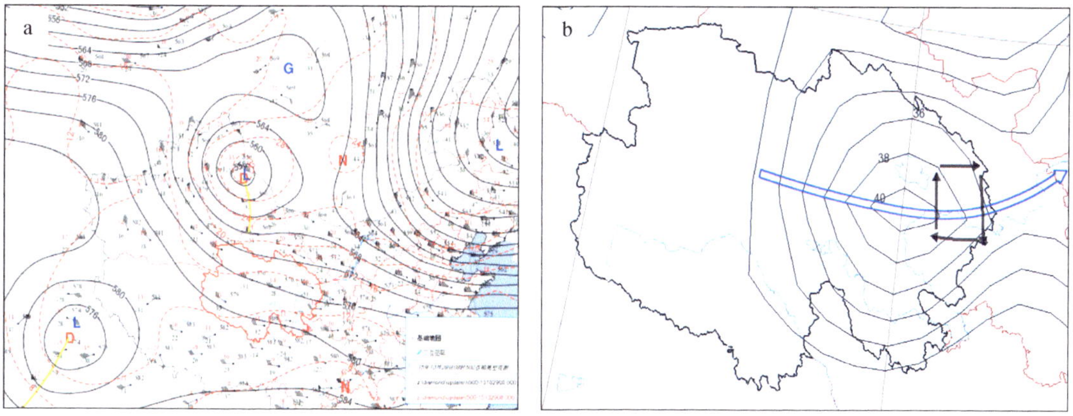

图 1.98　10 月 30 日 08 时 500 hPa 高空形势场（a）200 hPa 高空急流（b）

2.2　天气尺度系统及其作用

分析此次过程中的影响次天气尺度系统，主要是 700 hPa 河西走廊西部的低涡及切变线（图 1.99a），以及地面冷锋（图 1.99b）。10 月 30 日 08 时，新疆西部的西北风与蒙古的偏东风在河西走廊西部形成明显的切变线，同时青海省东部有低涡形成，中心值为 512 dagpm，四川盆地的暖湿空气沿低涡前部的偏南风向青海省东部输送，为暴雪区提供了充沛的水汽条件。此偏南气流在青海省东北部与河西走廊的西北风相遇形成另一条切变线，为青海省东部暴雪提供了动力抬升条件。另外，堆积在新疆北部的冷空气在高空槽后西北气流引导下南下，一路沿河西走廊东移南下，一路翻越阿尔金山经柴达木盆地东移，两路冷空气在青海省东部相遇，为暴雪的出现提供了动力抬升条件和触发作用，冷空气的到来决定了降雪的开始时间和强度。

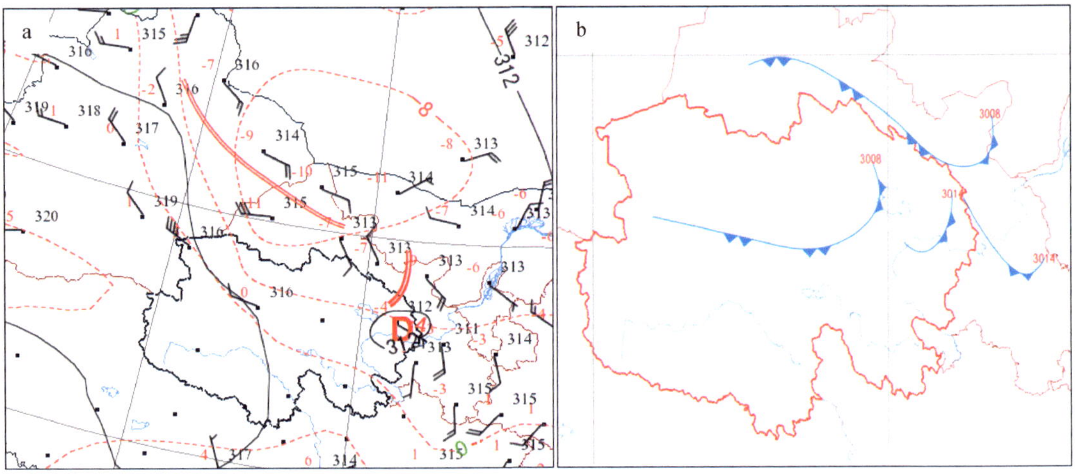

图 1.99　10 月 30 日 08 时 700 hPa 高原低涡和切变线(a)地面冷锋动态图(b)

2.3　中尺度天气系统及其作用

此次过程中,西路冷空气从柴达木盆地东移到青海湖东部,东路冷空气由河谷倒灌进入东部地区,两路冷空气在青海省东北部迎面相遇,暖空气被抬升,形成锢囚锋,锢囚锋主体主要维持在青海湖以东河湟谷地上游,大降水落区也主要出现在东路倒灌冷空气一侧,锢囚锋在河湟谷地维持时间较长,为暴雪的产生提供了较长的持续时间。同时,30 日 14 时地面风场上湟源与西宁、互助与乐都之间形成地面中尺度辐合线,为暴雪天气提供的触发机制,辐合线附近强烈的上升运动加强了降水效率和强度,决定了暴雪的落点。另外,降雪过程中东部河谷地形对东灌冷空气的地形辐合和抬升作用为暴雪的形成提供的重要的作用,大降水的位置基本都出现在河谷源地的山区地带(图 1.100)。

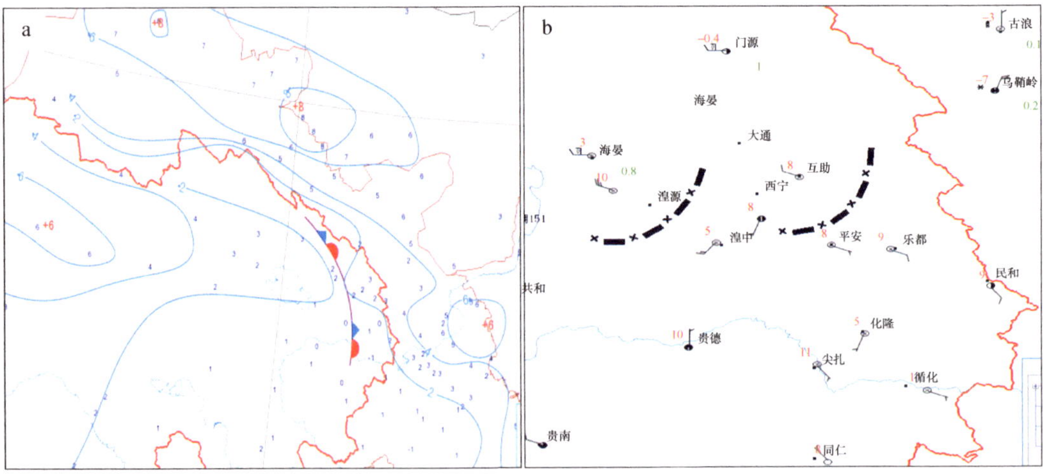

图 1.100　30 日 20 时地面 24 h 变压及锢囚锋(a)30 日 14 时地面中尺度辐合线(b)

3　物理量场分析

3.1　水汽条件

分析30日08时500 hPa高空图上温度露点差，河西走廊中部到青海省东北部存在$T-T_d\leqslant 2$ ℃的饱和区，在高空西风气流引导下向东部输送，在水汽通量散度场上也形成-3×10^{-5} g·cm^{-2}·hPa^{-1}·s^{-1}的水汽辐合中心，表明此次暴雪天气中层水汽是由系统自带水汽向暴雪区输送提供的。在30日08时底层700 hPa上甘肃中东部至青海省东部均为$T-T_d\leqslant 2$ ℃的水汽饱和区，河西走廊的偏北风和甘南的东南风同时向青海省东部输送水汽，形成明显的水汽汇，在水汽通量散度场上也存在辐合区，表明低层水汽由河西走廊向南和甘肃南部向北两路水汽输送带汇合提供。综上所述，中层和低层充分的饱和水汽输送为此次暴雪天气的形成提供了必要的水汽条件(图1.101)。

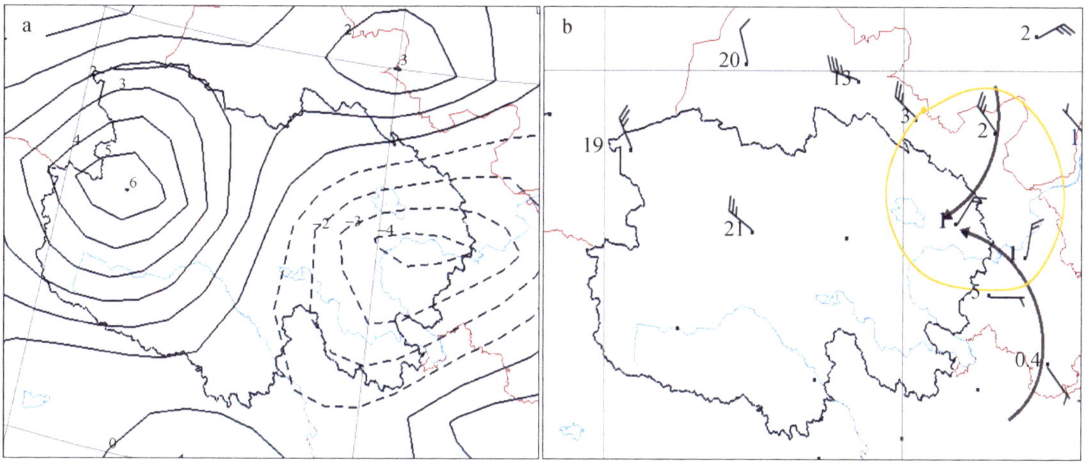

图1.101　30日08时500 hPa水汽通量散度(单位：10^{-5} g·cm^{-2}·hPa^{-1}·s^{-1})(a)
700 hPa温度露点差(℃)及风场(b)

3.2　动力条件

30日08时500 hPa涡度场上河西走廊西部存在正涡度大值区，其中心值为65×10^{-5} s^{-1}，随着低槽系统东移南下，正涡度平流也向青海省东部输送，使青海省东部处于正涡度区，促使地面系统发展。同时，地面辐合线和地形抬升作用共同为暴雪天气提供了动力条件。散度场上青海省东部底层辐合，高层辐散的配置有利于上升运动加强，为暴雪天气提供了有利的动力条件。30日20时，500 hPa垂直速度场上-20×10^{-3} hPa·s^{-1}的垂直速度中心随低槽从河西走廊移动到青海省东部并加强到-25×10^{-3} hPa·s^{-1}，表明暴雪区有强烈的上升运动。

4　降水相态及温度变化

此次降水过程中，青海省东部站点都经历了从雨、雨夹雪、雪的形态转变，以降水量最大的西宁和互助为例，降水相态及转变时间为：西宁16:30—17:07为雨、17:35—19:12为雨夹雪、19:12—20:00以后为雪；互助15:03—17:54为雨夹雪、18:14—20:00以后为雪。从西宁和互助地面气温变化可以看出，气温>3.5 ℃为雨、3.5 ℃≥气温≥0 ℃为雨夹雪、气温<0 ℃为雪。从地表温度变化来看，从15—16时开始降水到18—19时地面出现积雪，地面温度从15 ℃左右下降到0 ℃附近，之后稳定维持在0 ℃左右。从30日西宁站08时和20时探空图中可以看出高空温度变化，08时600 hPa到700 hPa之间存在逆温层，从地面—700 hPa—600 hPa—500 hPa高度的气温依次为1 ℃、−3 ℃、−3 ℃、−16 ℃，随着降水的出现和高空冷平流作用，逆温层消失，各层气温逐渐下降，到20时，各层气温依次下降到0 ℃、−4 ℃、−12 ℃、−20 ℃(图1.102)。

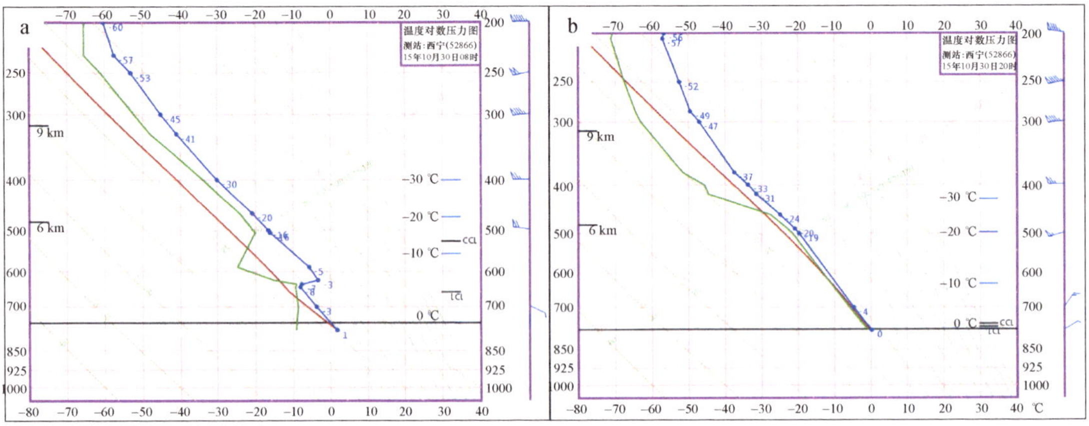

图1.102　30日08时(a)20时(b)西宁站温度对数压力图

5　小结

1)此次过程是一次秋季大到暴雪过程，暴雪集中在河湟谷地，降水强度大，局地性强，持续时间长，相态复杂，雨、雨夹雪、雪，并随时间转换。

2)此次大到暴雪天气过程中的天气尺度天气系统主要为500 hPa新疆东移南下的切断低压减弱后的低压槽，它决定了降水落区大致发生的区域。次天气尺度天气系统为700 hPa青海省东部的低涡及切变线，以及地面冷锋(地面冷空气南下，提供动力条件和对流触发条件)，它决定降水的落区和维持的时间。中小尺度天气系统主要是锢囚锋和地面中尺度辐合线，配合东部谷地地形，是东部谷地大降水产生的主要中尺度系统。中尺度系统加强水汽辐合和上升运动，触发不稳定能量，决定降水开始结束时间、降水强度和具体地点。

3)此次天气过程的降雪量大的另一个原因是中、低层水汽充沛，并持续向暴雪区输送，形成水汽汇；另外，由于高空急流出口区左侧的强辐散抽吸作用和高、中、低空影响系统的配合为暴雪区提供了强烈的上升运动，再加上河谷地形的抬升和辐合作用，为西宁和互助地区出现暴雪提供了必要条件。

参考文献

[1] 张青梅，马海超．青海省高原东部初冬大到暴雪天气过程分析[J]．现代农业科技，2017(16)：175-178.

[2] 张盛魁．2003年高原秋季一次暴雪天气过程分析[J]．青海气象，2011(04)：23-25.

[3] 王振海，山发梅，胡长元．玉树州北部地区一次暴雪过程天气诊断分析[J]．青海气象，2011(04)：26-29.

[4] 张玉洁，魏永亮，解文璇，等．孟加拉湾风暴影响下玉树地区一次大暴雪天气过程分析[J]．现代农业科技，2017(02)：196-197.

[5] 周倩，程一帆，周甘霖，等．2008年10月青藏高原东部一次区域暴雪过程及气候背景分析[J]．高原气象，2011，30(01)：22-29.
[6] 达成荣，李凤霞，时兴合，等．青海省大～暴雪天气环流特征及其预报方法研究[J]．青海科技，2005(02)：26-29.
[7] 马林，马元仓，王文英，等．青藏高原东部牧区秋季雪灾天气的形成及预报[J]．高原气象，2001(04)：407-414.
[8] 董文杰，韦志刚，范丽军．青藏高原东部牧区雪灾的气候特征分析[J]．高原气象，2001(04)：402-406.
[9] 白明．呼伦贝尔市高温天气过程分析[J]．江西农业，2017(01)：42.
[10] 董学贤，杨淑梅．鸡西大到暴雪天气过程分析——以2010年3月15日为例[J]．农业与技术，2017，37(12)：228.

2016年3月21—23日暴雪过程中的动力和热力因子分析

王振海
(青海省气象台,西宁 810001)

摘 要:基于高空、地面和模式资料,对2016年3月21—23日期间发生在青海省东部地区的一次暴雪过程的动力和热力因子以及模式的预报偏差进行了分析,结果表明:1)此次过程为春季大到暴雪过程,伴局地大风,沙尘天气,此次暴雪灾害性天气范围广,强度大,持续时间长,相态复杂。2)此次过程中的动力因子及其作用主要是:大到暴雪区域位于高原低涡前部正涡度平流区,有利于低涡东移,促使近地面低压系统发展;大到暴雪区域地面至400 hPa为辐合层,400 hPa为无辐散层,400 hPa以上为辐散层,有利于上升运动发展;大到暴雪区域500~300 hPa均为上升运动区,上升气流深厚。3)此次过程中的热力因子及其作用是:东部河谷低层有暖平流,高层有冷平流,导致层结不稳定趋强;东部地区前期700 hPa处于θ_{se}高能舌区域,温湿条件相对较好,降水出现在该高能舌前部舌尖区域;垂直方向上,"降水期间"有一定的对流不稳定;青海省东部地区21日20时至22日08时,锋生明显,温度水平梯度随时间加大,说明冷暖空气在该地区交汇明显;热成风涡度平流:冷温槽前正热成风涡度平流较强,高原涡加强;热低压:低层热力因子促使高层系统发展,有利于高层高原切变线生成。4)EC模式此次过程中对高原低涡及降水的预报效果均有一定偏差,表现在对高原低涡的位置预报偏西,强度偏弱,从而导致EC模式对于落区预报偏西,尤其10 mm以上降水落区明显偏西,落区预报参考性较差。但对于降水中心的数值有一定参考性。

关键词:暴雪,动力,热力,模式偏差

1 天气实况

2016年3月21日08时—23日08时,青海省东部地区发生了一次早春大到暴雪过程,伴局地大风,沙尘天气。此次暴雪灾害性天气特点影响范围广,全省除海西西部未出现降水外,其他大部地区均有雨雪天气。暴雪降雪强度大,两天过程中,按24 h降雪量等级标准(积雪10 cm以上),全省有3站出现暴雪(同德、天峻、贵南),多站大雪,累积最大积雪深度16 cm(贵南)。此次降雪天气持续时间长,降雪自21日08时陆续开始,至23日08时基本结束,降水较强时段为21日白天和22日白天到夜间,降水过程断断续续持续了48 h左右,且整个降水过程中降水相态复杂,雨、雨夹雪、雪并存,且单站的降水相态随时间转换。具体如图1.103所示。

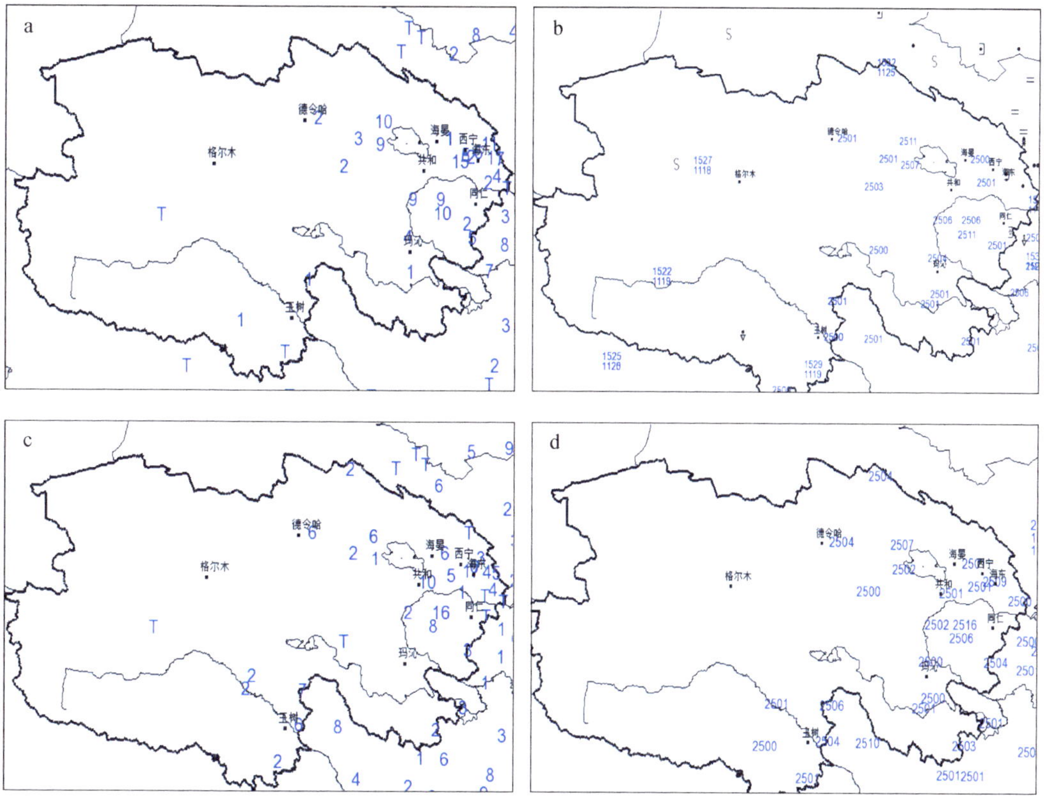

图 1.103　2016 年 3 月 21 日 08 时—23 日 08 时天气实况

(a)3 月 21 日 08 时—22 日 08 时降水量(mm)(b)3 月 22 日 08 时积雪深度(cm)

(c)2016 年 3 月 22 日 08 时—23 日 08 时降水量(mm)(d)3 月 23 日 08 时积雪深度(cm)(25 开头为积雪,后 2 位是积雪深度)

2　暴雪过程中的动力因子和热力因子

2.1　动力因子

2.1.1　涡度平流

首先分析东北部地区上空气流的旋转情况。分析 22 日 20 时 500 hPa 高度场(图 1.104a)可以看出,高原低涡在青海省玉树和西藏昌都地区,正涡度大值区域在西藏中部地区,而青海省北部至河西走廊西部地区有一弱脊控制,是负涡度大值区域。根据涡度平流方程,涡度平流的大小和涡度梯度及风速大小有关,因此,一方面,高原低涡前部的西南风将南部大涡度值向青海省东部输送,另一方面,随着北部弱脊后部西风带短波槽的东移,槽底的大涡度区域也不断向弱脊中输送,呈现了较大的正涡度平流区域,南北两支正涡度平流的输送带导致青海省东部地区涡度增大,促使地面系统发展。从定量的涡度平流场(图 1.104b)也可以看出,此次过程中大到暴雪区域存在南北两支正涡度平流输送带,正涡度平流量级 $-\mathbf{V}\cdot\nabla\xi>10^{-10}\ \mathrm{s}^{-2}$,且南部正涡度平流值大于北部,说明此次过程中的高空涡度平流主要由高原低涡前部的西南输送南部的正涡度值导致。高空的动力因子一方面有利于低涡东移,另一方面促近地面低压系统发展。

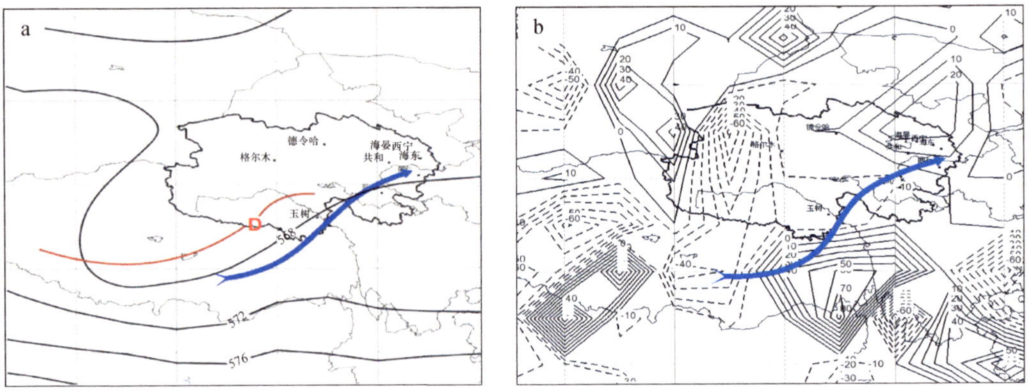

图 1.104　22 日 20 时 500 hPa 高度场(单位:dagpm)(a)涡度平流场(单位:10^{-10} s^{-2})(b)

2.1.2　散度

图 1.105 是东部地区上空气流的散合情况。22 日 20 时东部大到暴雪区域地面至400 hPa 为辐合层,辐合强度较大,散度量级约为-10^{-4},中层 400 hPa 没有明显的辐合辐散,散度约为零,是一无辐散层,400 hPa 以上为辐散层,最强层出现在 200 hPa,量级约为 10^{-4},且低层辐合和高层辐散场的配置自东向西倾斜。低层强辐合中心集中在青海省 90°E 以东的区域,这和地面出现较大降水过程的区域是配合的,随着高度增大,辐合中心逐渐向西倾斜,强度也有所减小,在 500 hPa 时量级减小为-10^{-5},至 400 hPa,东部地区上空散度场值在 0 s^{-1}附近,散合不清楚,说明该高度气流水平辐合辐散不清楚,可能是高空对流上限的高度,即垂直速度达到最大的高度,而 400 hPa 上空则由于下部空气的强烈上输,导致出现较明显的辐散层,200 hPa 最大辐散量级和对应地面最大辐合量级也基本一致,符合流体连续方程的限制,而高空的辐散也导致了低层辐合的维持,这种配置的较长时间维持也是此次过程降水时间较长的原因之一。

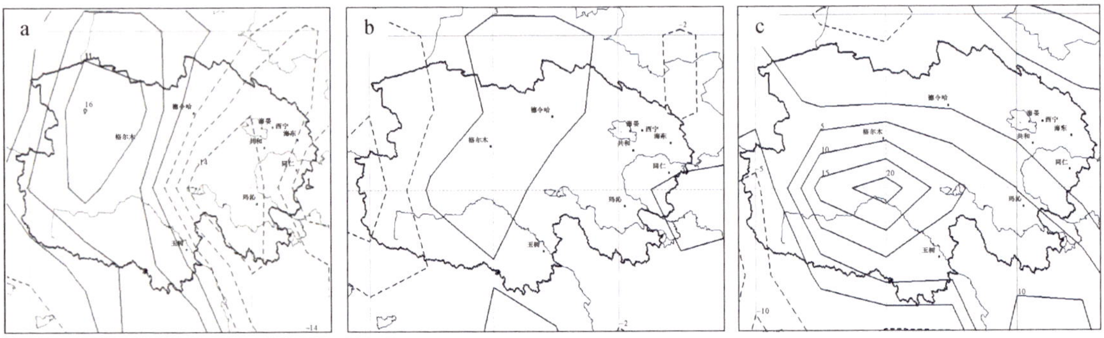

图 1.105　3 月 22 日 20 时 700 hPa 散度场(a)400 hPa 散度场(b)200 hPa 散度场(c)(单位:10^{-5} s^{-1})

2.1.3　垂直速度

最后分析东北部地区气流的垂直运动。分析 22 日 20 时大到暴雪区域上空 500～300 hPa 均为上升运动区(图 1.106),ω 均小于零,且最强上升速度层次出现在 400 hPa,这和前面分析的无辐散层是对应的,而其低层和高层的垂直速度量级基本一致。具体分析来看,22 日 20 时低层 700 hPa 暴雪区对应 ω 为-4～-7 Pa・s^{-1},400 hPa ω 为-12～-14 Pa・s^{-1},而 200 hPa ω 为-6 Pa・s^{-1},若换算为自然坐标系,其量级约为 10^{-1} m・s^{-1},这个数量级和此次降水过程的降水强度是匹配的。

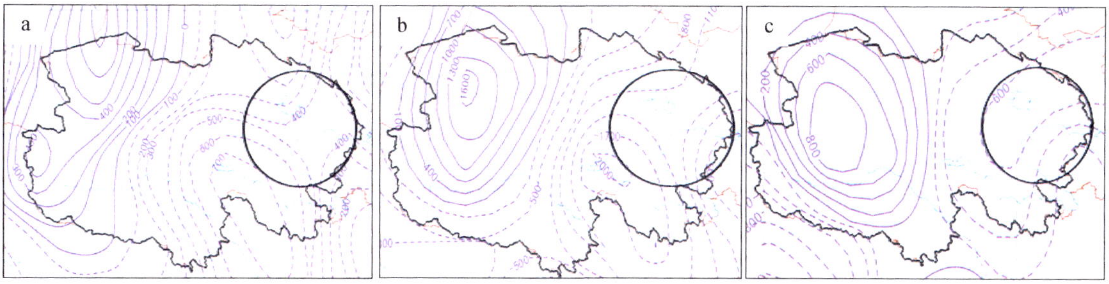

图 1.106　3 月 22 日 20 时 700 hPa 垂直速度场(a)400 hPa 垂直速度场(b)
200 hPa 垂直速度场(c)(单位:Pa・s^{-1})

2.2　热力因子

2.2.1　温度平流

分析 22 日 08 时东部地区西宁站的探空风矢端图(图 1.107a),东部河谷低层(地面至 400 hPa)有暖平流(>5×10^{-6}℃・s^{-1}),高层 400 hPa 以上有冷平流(<-5×10^{-6}℃・s^{-1}),暖平流较强的层次在暖平流随高度而减弱,这种地面的热力因子有利于低层系统移动,高空系统发展加强;同时这种高低层冷暖平流的配置导致层结不稳定性增强,如图 1.107b 所示抬升指数 LI,东部地区的 LI 均小于 0 ℃,层结较西部地区有明显不稳定,使得降水在开始之初具有一定的对流性质,降水强度较大。

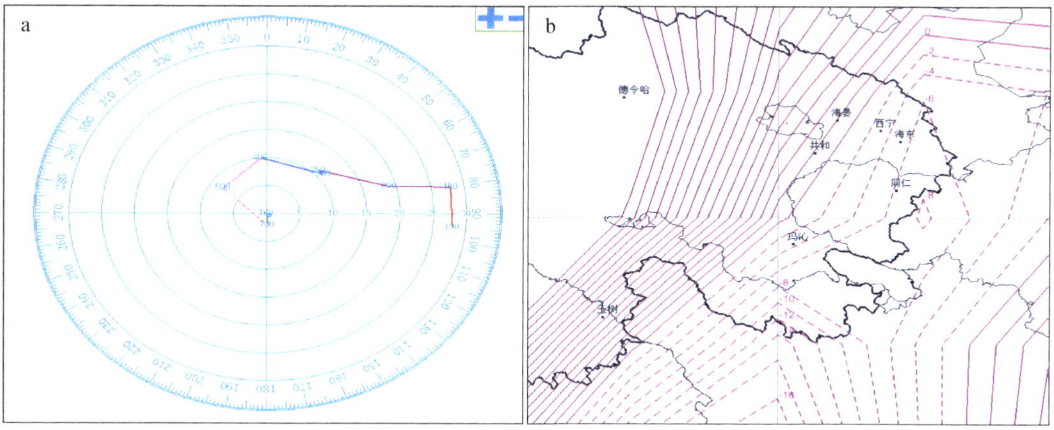

图 1.107　22 日 08 时西宁站风矢端图(a)22 日 08 时青海省东北部抬升指数 LI(b)

2.2.2　θ_{se} 场和 $\frac{\partial\theta_{se}}{\partial z}$

分析降水开始初期的近地层温湿条件,东部地区前期 700 hPa 的 θ_{se} 约在 40 ℃以上,而西部和南部地区均在 40 ℃以下,就温湿条件而言,相对西部地区较好,降水出现在该高能舌前部舌尖区域。垂直方向上,降水期间全省范围内 $\frac{\partial\theta_{se}}{\partial z}<0$,有一定的对流不稳定,但就其强度而言,和降水的大值区域不一致,这可能和高原南部高海拔区域对 700 hPa 资料的缺失以及稀疏的探空站点在插值等值线时造成的误差有关(图 1.108)。如果仅对青海省北部地区海拔小于

3000 m 的区域进行分析，则对流不稳定的相对大值区域还是出现在青海省偏东地区，这和降水落区还是有一定的相关性。

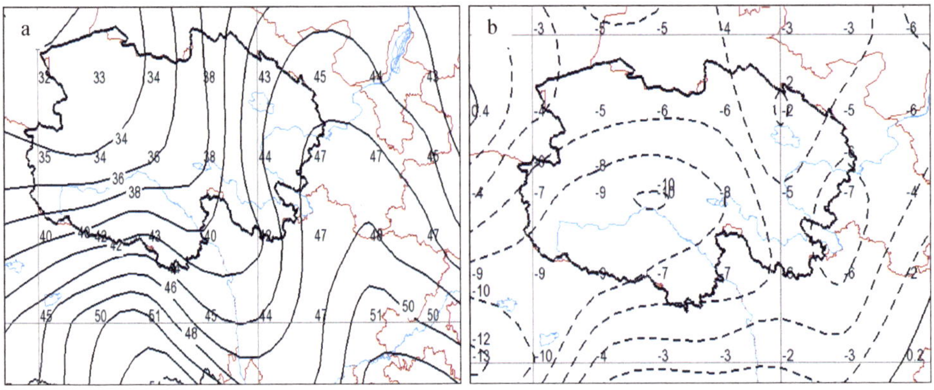

图 1.108　21 日 08 时 700 hPa θ_{se} 场(a)22 日 08 时 500～700 hPa θ_{se} 差值场(b)(单位：℃)

2.2.3　锋生函数 $F=\frac{d}{dt}(T)$

分析 21 日 20 时青海省地区的锋生情况(图 1.109a)，青海省东部地区存在两个明显的锋生带，一条位于青海湖西部至柴达木南缘，另一条位于东部河谷地区内部，这和此时地面上东、西两路冷空气是对应的，说明冷空气西进和东灌造成的低层水平温度梯度随时间增大的趋势是明显的。青海省东部地区 21 日 20 时至 22 日 08 时，$F>0$，锋生明显，温度水平梯度随时间加大，说明低层冷暖空气在该地区交汇明显。而分析 500 hPa 温度的水平梯度(图 1.109b)，也能较好地反映这一点。21 日 20 时，高空 500 hPa 水平温度梯度最大的区域位于青海省北部地区，自海西北部至黄南地区呈较好地带状分布，说明高层冷暖空气的交汇区域处于这一带。

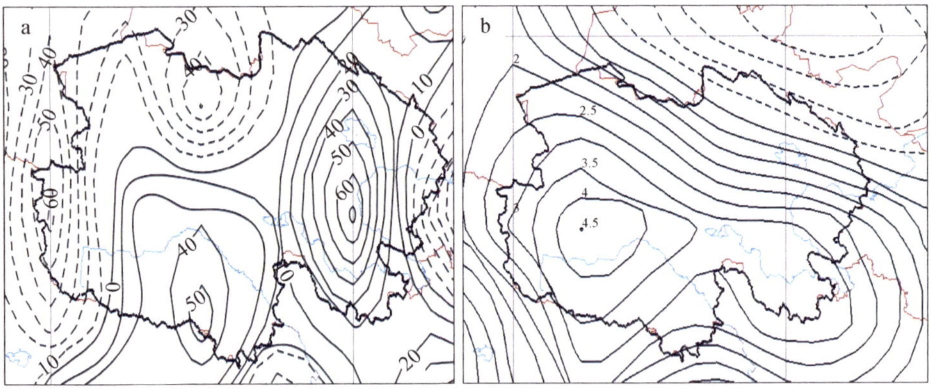

图 1.109　21 日 20 时 700 hPa 锋生函数等值线图(a)500 hPa 温度水平梯度等值线图(b)

2.2.4　热成风涡度平流及热低压分析

另外，此次过程中，前期 21 日 08 时南疆 500 hPa 上空冷温槽前有正的热成风涡度平流，其随高原槽前西南气流向东输送热成风涡度，对于后期高原涡的生成、发展和加强也有一定的作用。柴达木盆地在过程前低层存在一热低压，该低层热力因子促使高层系统发展，有利于高层高原切变线生成和维持。

3　EC 模式此次过程中对高原低涡及降水的预报效果

3.1　高原低涡预报效果分析

22 日 08 时为例，EC 预报对该时次高原低涡的位置预报偏西（图 1.110a），偏差幅度约在 2～3 个经距。对于低涡前部西南风速预报偏小，虽然随着时间推移，模式对系统中心向东调整，但实况仍偏东（图 1.110b）。因此，EC 模式此次过程中对高原低涡预报效果不理想。

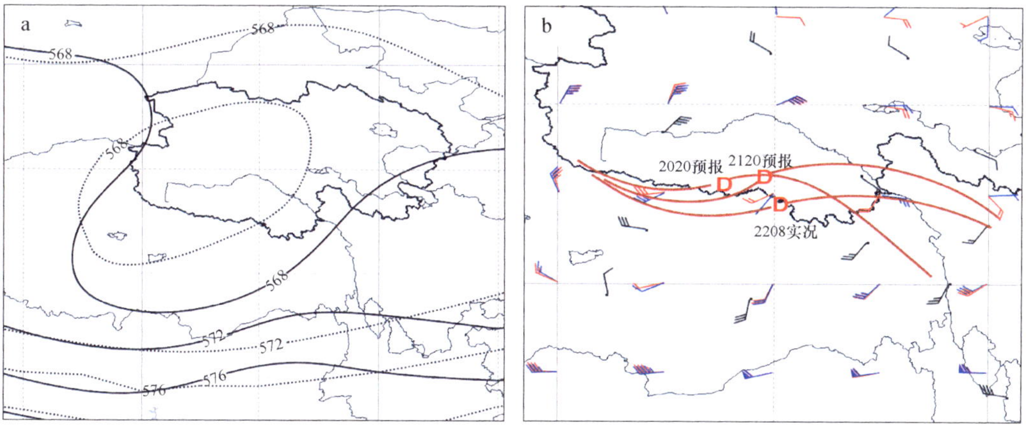

图 1.110　22 日 08 时实况高度场（实线）和预报高度场（虚线）对比（单位：dagpm）（a）
20 日 20 时（蓝色）21 日 20 时（红色）对 22 日 20 时 500 hPa 风场（黑色）预报稳定性分析（b）

3.2　降水预报效果

由于上面所述的 EC 模式此次过程中对主要影响系统高原低涡的预报位置偏西，导致此次过程中 EC 模式不同时次起报对于 22 日 08 时—23 日 08 时效的降水预报也比实况落区偏西（图略），尤其 10 mm 以上降水落区明显偏西，其降水中心预报在青海湖以西，虽然在后期略有向东南调整，但总体位置也是偏西，故落区预报参考性较差。但量级预报和实况较为接近，尤其最大值预报和实况较为接近，模式预报降水中心值为 15 mm 左右，和实况的 16 mm 非常接近，中心数值有一定参考性。

4　结论

1）此次过程为春季大到暴雪过程，伴局地大风，沙尘天气，此次暴雪灾害性天气范围广，强度大，持续时间长，相态复杂。

2）此次过程中的动力因子及其作用主要是：大到暴雪区域位于高原低涡前部正涡度平流区（正涡度平流$>10^{-10}\ s^{-2}$），有利于低涡东移，促使近地面低压系统发展；大到暴雪区域地面至 400 hPa 为辐合层（$D<-10^{-4}\ s^{-1}$），400 hPa 为无辐散层（$D\approx 0$），400 hPa 以上为辐散层（$D>10^{-5}\ s^{-1}$），有利于上升运动发展；大到暴雪区域 500～300 hPa 均为上升运动区（$\omega<-1\ Pa\cdot s^{-1}$），上升气流深厚。

3）此次过程中的热力因子及其作用是：东部河谷低层（地面至 400 hPa）有暖平流（$>5\times 10^{-6}\ K\cdot s^{-1}$），高层 400 hPa 以上有冷平流（$<-5\times 10^{-6}\ K\cdot s^{-1}$），导致层结不稳定趋强（LI<

0 ℃);东部地区前期 700 hPa 处于 θ_{se} 高能舌区域,温湿条件相对较好,降水出现在该高能舌前部舌尖区域;垂直方向上,降水期间 $\partial\theta_{se}/\partial z<0$,有一定的对流不稳定;锋生函数 $F=\mathrm{d}T/\mathrm{d}t$:青海省东部地区 21 日 20 时—22 日 08 时,$F>0$,锋生明显,温度水平梯度随时间加大,说明冷暖空气在该地区交汇明显;热成风涡度平流:冷温槽前正热成风涡度平流较强,高原涡加强;热低压:低层热力因子促使高层系统发展,有利于高层高原切变线生成。

4)EC 模式此次过程中对高原低涡及降水的预报效果均有一定偏差,表现在对高原低涡的位置预报偏西,强度偏弱,从而导致 EC 模式对于落区预报偏西,尤其 10 mm 以上降水落区明显偏西,落区预报参考性较差。但对于降水中心的数值有一定参考性。

2016年3月23日青海省东部大到暴雪天气过程分析

李昌玉

（西宁市气象台，西宁　810001）

摘　要：利用高空、地面资料，对2016年3月21—23日青海省东部大到暴雪过程进行了分析，结果表明：1）此次过程是初春青海省东南部的大到暴雪，伴局地大风，沙尘天气，降水时间长，范围广，相态复杂，降温幅度小。2）此次过程中，高原涡与短波槽是此次大到暴雪天气的主要影响系统。500 hPa蒙古冷槽东移引导槽后冷空气南下，与高原涡转动向北输送的西南暖湿气流在青海省东部交汇，产生了此次大到暴雪天气。3）西路柴达木盆地冷空气和东路从河西走廊东灌进入青海省东部冷空气在青海湖形成的青海湖锢囚锋，是此次过程的主要中尺度系统。4）青海湖锢囚锋生成前，只有东路冷锋后部出现降水，且锋后降水范围较大。锢囚锋维持阶段两路冷锋后部都有降水但范围较小，锋前暖区降水范围较广。锢囚锋消亡后，冷空气向南部高原爬升，降水范围增大，强度增强。

关键词：锢囚锋，大到暴雪，中小尺度系统

1　天气实况

2016年3月22—23日青海省出现大范围的雨雪天气，强度较大，达到了大到暴雪，其中有3站降水量≥10 mm，10个测站降水量≥5 mm，降水量主要集中出现在22日白天。最大降水量出现在西宁市湟中县降雪量17.0 mm，积雪深度9 cm，其次贵南县降雪量16.0 mm，积雪深度16 cm，达到暴雪量级（24 h降雪≥10 mm，并且积雪深度达到10 cm）。大到暴雪分布比较分散，大降水主要集中在青海省东部。此次降水时间长，从21日08时持续到23日08时，相态复杂，雨、雨夹雪、雪转化。降温幅度小，除冷湖站24 h最低气温下降11 ℃，全省变温在−1 ℃到−6 ℃。

2　成因分析

2.1　环流形势和天气系统

2.1.1　高空环流形势

前期500 hPa高空图上亚欧中高纬度环流形势为稳定的两槽一脊，槽分别位于里海和日本，贝加尔湖以西至巴尔克什湖以东为强盛的脊区。随着系统东移，21日20时高压脊受前部低涡的阻挡，经向度拉大（图1.111a）。青海省西部地区有低涡形成，高原南部有南支槽，槽前有12 $m \cdot s^{-1}$以上的西南风，青海省35°N以南的地区都为偏南风，有利于西南暖湿气流的输送。西亚槽底向南分裂小槽影响新疆地区，新疆槽配合有冷温槽，−24 ℃的温度线在新疆北部，随着高原涡的东移，冷暖空气的交汇，青海省东部地区出现降水。22日20时新疆槽底分裂的冷空气下滑影响青海省地区，青海省西南部又有高原涡生成进一步加强，500 hPa青藏高

原呈北槽南涡型(图 1.111b),高原涡前暖湿气流北上与北部下滑冷空气在青海省东部汇合,形成此次大到暴雪天气,到 24 日 20 时随着系统东移出青海省,降水结束。高原低涡与短波槽是此次大到暴雪天气的主要南北影响系统。

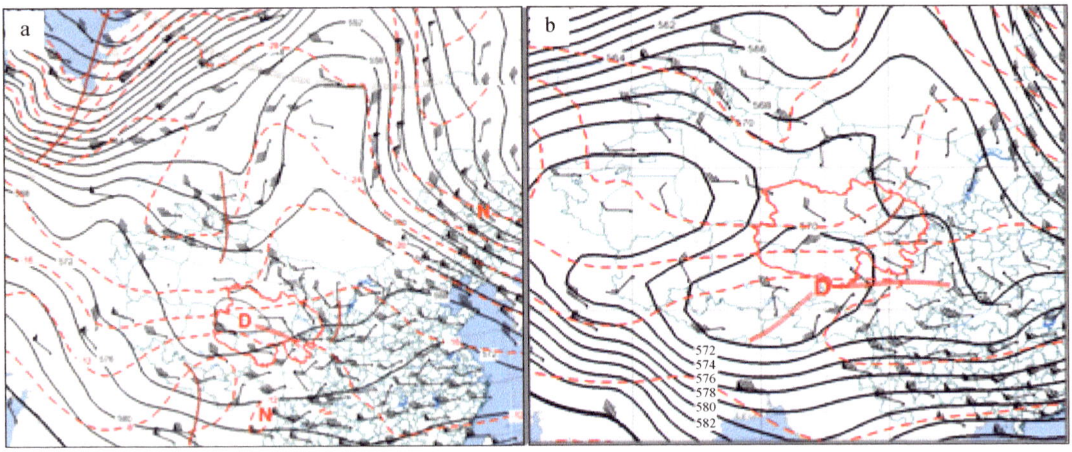

图 1.111　3 月 21 日 20 时(a)22 日 20 时(b)500 hPa 高空图(单位:dagpm)

2.1.2　地面形势

地面上受前一股冷空气的影响,21 日 08 时西宁、海东、黄南东部均出现降水。降水相态以雨和雨夹雪为主。21 日 20 时又有一股冷空气分两路东移,一路河西走廊,一路翻越阿尔泰山进入柴达木盆地,经过河西走廊的冷空气较强,冷锋经过之后以降水为主,柴达木盆地的冷空气较弱,锋后以浮尘为主。22 日 04 时两路冷空气在青海湖形成锢囚(图 1.112a),青海省东部降水量逐渐增大,22 日 08 时海南南部三个站和湟水谷地多站降水量达到了大到暴雪。22 日 10 时锢囚锋消亡,地面上以冷锋形式向南推进,降水区域也逐渐向南扩展。到 23 日 08 时青海省东部多站达到了大到暴雪。降水量主要集中在锢囚锋维持和消亡之后的时间段。

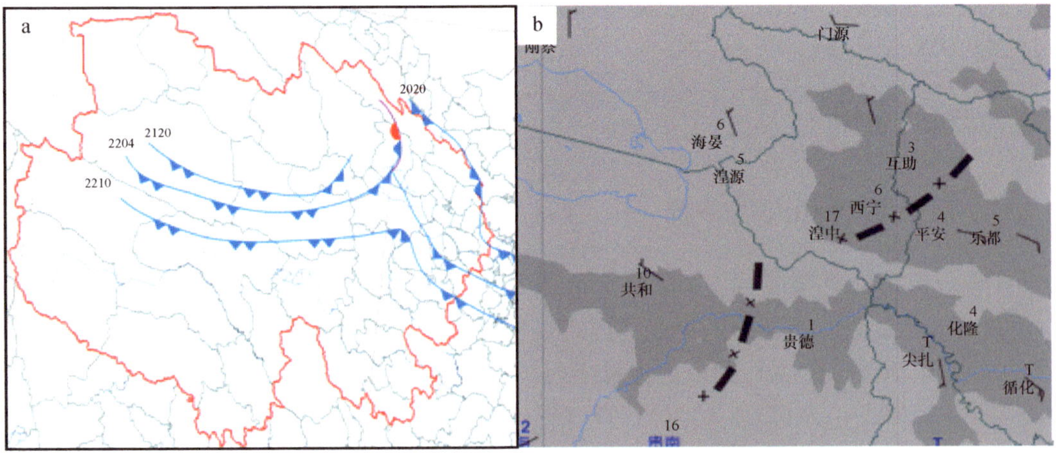

图 1.112　3 月 21 日 14 时—22 日 08 时地面冷锋动态(a)
23 日 05 时地面辐合线+22 日 08 时—23 日 08 时 24 h 降水量(mm),阴影为地形(b)

2.2 中小尺度系统和卫星云图分析

2.2.1 中小尺度天气系统

此次降雪在青海省东部持续时间长达 36 h 左右，锢囚锋持续时间也长。3 月 22 日 04 时西部柴达木盆地冷空气和东路从河西走廊东灌进入青海省东部，冷空气在青海湖迎面锢囚，形成青海湖锢囚锋，且维持长达 6 h，是此次强降水的主要中尺度系统。地面冷高压在青海省东部地区由 1010 hPa 增大到 1032.5 hPa 是逐渐增强的，除了青海湖锢囚锋影响外，地面风场的辐合持续了降水时间。从地面风场分析，23 日 02—08 时东部河湟谷地西宁至平安，共和至贵德形成西北风和东南风的地面辐合线(图 1.112b)，持续影响约 6 h，加之东部河谷地形的辐合作用，对降水增幅作用明显，大降水发生在地面辐合线附近。

2.2.2 卫星云图

3 月 21 日 20 时配合 500 hPa 高度场青海省西部存在高空低涡，从卫星云图明显看到低涡云系发展，尤其低涡切变线处云系发展深厚，云顶亮温最低达到 220 K，并向东北移动影响青海省大部分地区，青海省东部出现降水并逐渐增强。22 日 08 时柴达木盆地东部及海南南部出现大到暴雪。22 日 15 时整个云系移出青海省东部地区，降水区域减弱。但随着西南暖湿气流影响青海省南部地区又有云系发展东移，22 日 20 时 500 hPa 青海省西南部又有低涡生成，云系也随低涡生成而发展加强，低涡的发展东移，带动云系不断向青海省东北移动，其发展过程中携带的水汽使得云系不断发展，云顶亮温最低达到 220 K，云顶亮温 240 K 的区域覆盖青海省大部分区域，东部降水量又出现新一轮的增大，大降水量集中出现在云体边缘 240 K 的区域中。到 23 日 08 日青海省东部地区出现大到暴雪。

3 物理量诊断分析

3.1 水汽条件

比湿是单位质量湿空气实际含有的水汽质量。从图 1.113a 中可以明显看到，3 月 21 日 20 时 700 hPa 青海省东部有湿舌伸入，比湿最大值分布在青海省东部地区达到 4 $g\cdot kg^{-1}$。并且 700 hPa 青海省东部有水汽辐合(图 1.113b)，水汽辐合在青海省东部维持时间较长，从 21 日 20 时维持到 23 日 20 时，青海省东部 700 hPa 层水汽通量散度场始终为负值，水汽通量散度中心达 $-8\times10^{-8}\ g\cdot cm^{-2}\cdot hPa^{-1}\cdot s^{-1}$，一直处于青海省东部区域。大值区与地面大到暴雪区重合，也与 700 hPa 偏南暖湿气流走向一致，南部水汽通过低空偏南气流输送到青海省东部地区，产生辐合上升，引起了本地的大到暴雪天气，说明水汽条件和垂直运动对此次大到暴雪是很重要的。到 24 日 08 时转为正值，降水基本结束。

3.2 热力条件

假相当位温 θ_{se} 场，反映了大气中能量的分布，高值区代表了高能区，等值线密集处是能量锋区[1]。21 日 20 时—22 日 20 时 700 hPa 青海省东部有高能舌伸展，说明高能区向青海省东部地区伸展，大降水出现在 700 hPa 高能舌 36～42 ℃区域。

马素艳等研究[2]说明中层暖湿空气在低层冷垫上爬升，冷垫的出现，一方面可使边界层气温降低，另一方面其构建的“楔”形触发机制，迫使暖湿空气在其上向上爬升。从温度平流剖面

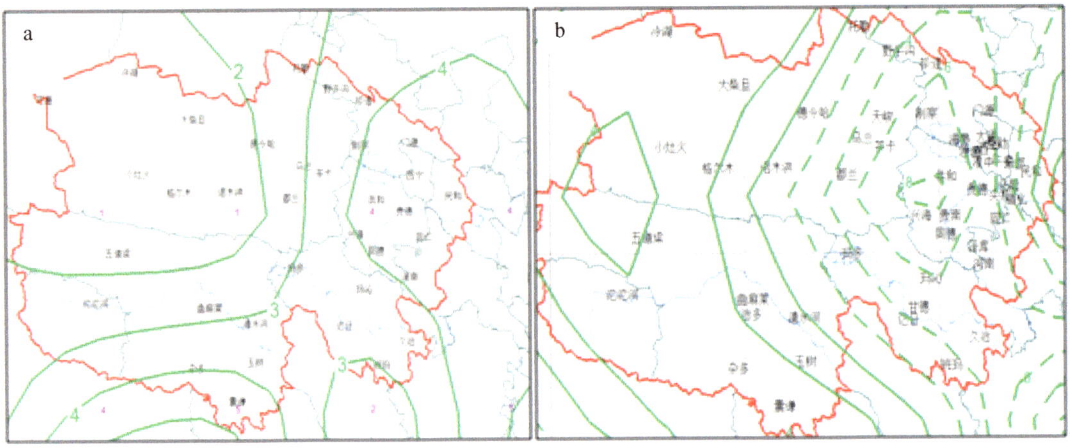

图 1.113　3 月 22 日 20 时 700 hPa 比湿场(单位:$g \cdot kg^{-1}$)(a)
水汽通量散度场(单位:$10^{-8}\ g \cdot cm^{-2} \cdot hPa^{-1} \cdot s^{-1}$)(b)

图上可以看出,大降水区 21 日 20 时低层有冷空气的入侵,暖空气逐渐爬升至冷空气之上。到 22 日 08 时低层 700 hPa 为相对“冷区”,高层 500 hPa 为相对暖区的配置,为降水的发生提供了充足的水汽和能量条件,青海省东部降水逐渐增大(图 1.114)。23 日 08 时 500 hPa 以下冷平流配合高层 400 hPa 有 4 ℃的暖中心,对应大降水时段。24 日 08 时之后 250 hPa 层以下都为冷空气占据,降水趋于停止。

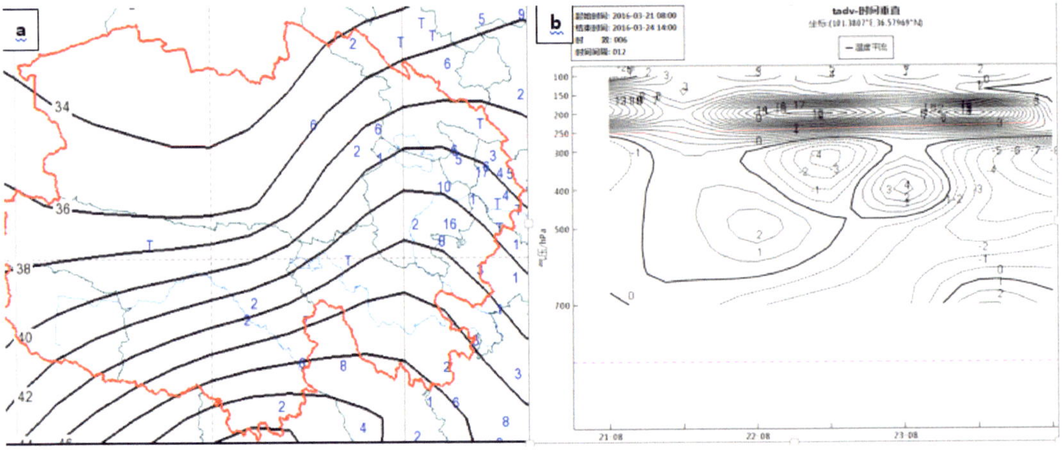

图 1.114　3 月 21 日 20 时 700 hPa 假相当位温(℃)(a)温度剖面(℃)(b)

3.3　动力条件

当水汽辐合时,要有大范围深厚上升运动造成水汽抬升才能产生大到暴雪天气,所以动力条件是发生大到暴雪的必要条件之一[3-4]。从强降水区散度垂直剖面图(图 1.115a)上可看出,21 日 20 时开始强降水区上空散度场呈上正下负分布,此时降水已经开始,随着时间推移,500 hPa 层以下散度负值逐渐增大,最大负散度中心位于 700 hPa 附近,中心值数值达到 $-20\times10^{-5}s^{-1}$,250 hPa 层在 21 日 20 时和 23 日 08 时有两个正散度中心,其中 21 日 20 时 250 hPa 层正散度中心为 $16\times10^{-5}s^{-1}$,23 日 08 时 250 hPa 层为 $18\times10^{-5}s^{-1}$正散度。分别对应两段强降水时段。低层辐合高层辐散的配置为强降水提供了有利的动力条件。

宋志平、刘文明[5]利用GRAPS全球数值模式模拟结果分析得出：高层正散度和负涡度的辐散与低层负散度和正涡度的辐合配置有利于造成强上升运动，从而有利于强降水的产生。从强降水区涡度时间垂直剖面图(图1.115b)上可看出，21日20时和23日08时存在这样的配置，其中21日20时强降水区上空250 hPa有$-16\times10^{-5}s^{-1}$负涡度，与此时散度场250 hPa正散度$16\times10^{-5}s^{-1}$相对应；23日08时强降水区上空250 hPa有$-52\times10^{-5}s^{-1}$负涡度，与此时散度场250 hPa层$18\times10^{-5}s^{-1}$正散度相对应，表明在降水区上空对流层有利于上升运动和降水的发生和发展。

垂直运动可使水汽、热量、动量、涡度等进行垂直输送，大气中水汽凝结和降雪过程与上升运动有密切联系，对天气系统的发生发展有很大的影响[6]。从垂直速度场剖面图(图1.115c)中可以看出21日08时—23日08时，大到暴雪区低层至高层均为上升运动区，上升运动强烈。400～500 hPa之间是垂直速度的大值区，其中21日20时和22日20时对应负值中心，中心强度达到$-28\ Pa\cdot s^{-1}$，同时也对应着大降水时段，说明为水汽输送起重要作用，为产生较大降水提供了必要的抬升动力条件，24日随着冷空气南下上升运动减弱，到夜间转为下沉运动，降水结束。

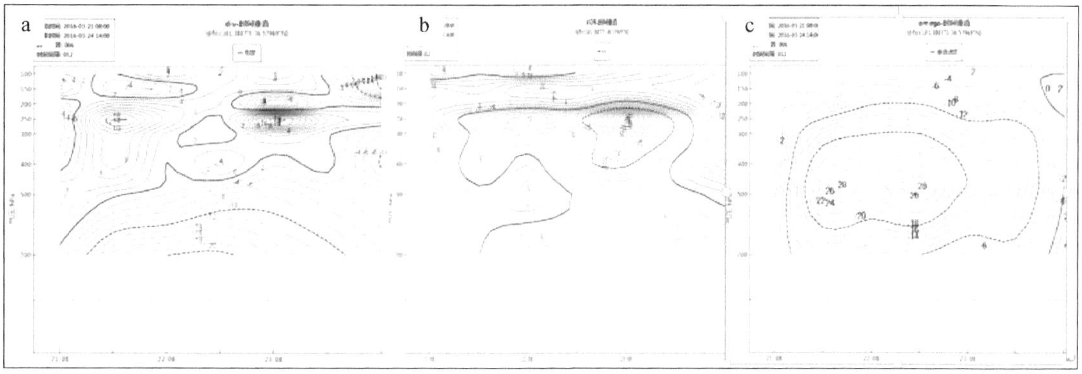

图1.115　21日08时—23日08时强降水区散度(单位：$10^{-5}\ s^{-1}$)(a)涡度(单位：$10^{-5}\ s^{-1}$)剖面(b)垂直速度(单位：$Pa\cdot s^{-1}$)(c)

4　青海湖锢囚锋与降水的对应关系

在青海湖锢囚锋形成之前，只在东路冷锋后部出现降水(图1.116a)，且锋后降水范围较大。东西两路冷空气在青海湖附近锢囚形成锢囚锋，两路冷锋后都出现降水但范围较小(图1.116b)，而锋前暖区降水范围较广。由于西路冷锋上空是500 hPa短波槽后部的西北气流，加之柴达木盆地地表干燥，锋后降水区分布较小，并且出现了大风和浮尘。而东路冷锋上空是涡前西南气流控制，雨区分布较广。冷高压东移后东路冷空气加强，冷空气倒灌进入河湟谷地，东路冷空气加强，此后随着东西两路冷气团热力性质趋于一致，锢囚锋消亡，冷空气向南部高原爬升，降水范围扩大，强度增强(图1.116c)。

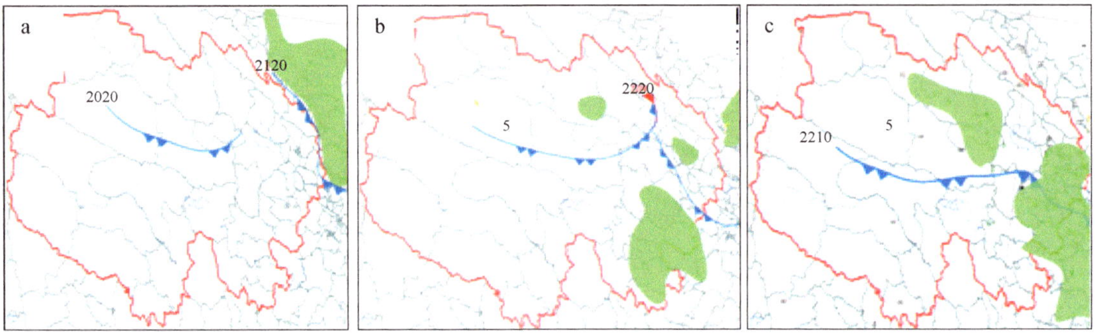

图1.116 锢囚锋形成前的地面冷锋3月21日20时(a)维持时22日04时(b)消亡时22日10时(c)

5 小结

1)此次天气过程是初春青海省东部的大到暴雪,伴局地大风,沙尘天气,降水时间长,范围广,相态复杂,降温幅度小。

2)高原低涡与短波槽是主要的高空影响系统,中尺度青海湖锢囚锋维持时间长,东部的地面辐合线和地形抬升对降水增幅明显。东部低层持续的水汽辐合,提供了充足的水汽条件。高原低涡和地面锢囚锋提供动力抬升条件,上升运动深厚。

3)青海湖锢囚锋生成前,只有东路冷锋后部出现降水,且锋后降水范围较大。锢囚锋维持阶段两路冷锋后部都有降水但范围较小,锋前暖区降水范围较广。锢囚锋消亡后,冷空气向南部高原爬升,降水范围增大,强度增强。

参考文献

[1] 施新民,姚宗国,黄峰.2006年1月19日宁夏北部暴雪成因分析[J].干旱气象,2006,24(2):25-32.

[2] 马素艳,张超,史金丽.回流与倒槽作用引发的内蒙古自治区两次暴雪天气过程分析[J].气象与环境学报,2017,33(1):19-25.

[3] 胡中明,周伟灿.我国东北地区暴雪形成机理的个例研究[J].南京气象学院学报,2005(5):105-110.

[4] 刘素洁,项英芬,侯亚红,等.辽宁冬季一次大风雪天气个例分析[J].辽宁气象,2001(2):19-20.

[5] 宋志平,刘文明.2003年华北初雪的数值模拟和诊断分析[J].气象,2004,30(11):2-8.

[6] 陈传雷,蒋大凯,陈艳秋,等.2007年3月3—5日辽宁特大暴雪过程物理量诊断分析[J].气象与环境学报,2007(5):17-25.

2016 年 3 月 28 日青南地区大到暴雪天气过程分析和总结

魏永亮　解文璇
(玉树州气象台,玉树　815000)

摘　要:基于高空、地面和模式资料,对 2016 年 3 月 28 日发生在青海省南部地区的一次大到暴雪天气过程进行了分析,结果表明:1)此次天气过程是发生在春季的一次大到暴雪天气过程,降雪落区集中,主要在青南地区;降雪强度大,南强北弱,两站暴雪,降水中心杂多县 14 mm(16 cm),久治县 14 mm(11 cm),局地出现大风(囊谦 18 m·s^{-1})。2)500 hPa 中高纬呈西高东低型环流,此次暴雪天气过程是由贝加尔湖大槽后部西北气流携带冷空气南下与南支槽前西南气流共同作用形成的。青海省北部地区受贝加尔湖大槽后部的冷平流影响,青南地区受南支槽前西南气流和偏北气流共同影响,存在明显的风向辐合;且青南地区斜压锋生明显,南部地区西南气流旺盛,有利于降水;300 hPa 高空急流强,青南地区存在明显风速辐散,有利于高空抽吸,加强上升运动;玉树地区受蔓延上高原的浅薄冷空气影响;水汽充沛,玉树地区水汽辐合明显;强烈的上升运动;持续时间较长;地形辐合、地形抬升对降水增幅明显。3)南强北弱原因:南部南支槽发展旺盛,切变线维持,南部西南水汽输送明显,北部冷平流影响,没有水汽通道。南部的动力条件优于北部。南部上升运动强且深厚,北部上升运动弱且浅薄。

关键词:暴雪,南支槽,高空锋区,南强北弱

1　天气实况

受北方冷空气和西南气流的共同影响,3 月 28 日 08 日—29 日 08 时,青海省南部地区和东部地区出现了明显的降雪天气过程(图 1.117)。此次落区集中,主要在青南地区;强度大,南强北弱,两站暴雪,降水中心杂多县 14 mm(积雪深度 16 cm),久治县 14 mm(积雪深度 11 cm),三站大雪。且此次大降水时段集中,主要在 28 日 20 时—29 日 08 时,杂多 6 h 降水量达 7 mm。局地伴有大风天气(囊谦 18 m·s^{-1})。

2　成因分析

2.1　环流形势和天气系统

分析 3 月 28 日 08 时高空形势(图 1.118a),500 hPa 中高纬呈西高东低型环流,此次暴雪天气过程是由贝加尔湖大槽后部西北气流携带冷空气南下与南支槽前西南气流共同作用形成的。28 日 20 时青海省北部地区受贝加尔湖大槽后部的冷平流影响,冷平流较弱(-10×10^{-6} K·s^{-1}),青南地区受南支槽前西南气流和偏北气流共同影响,存在明显的风向辐合;且青南地区斜压锋生明显,有利于降水,南部地区西南气流旺盛,玉树本站西南风 10 m·s^{-1}(由

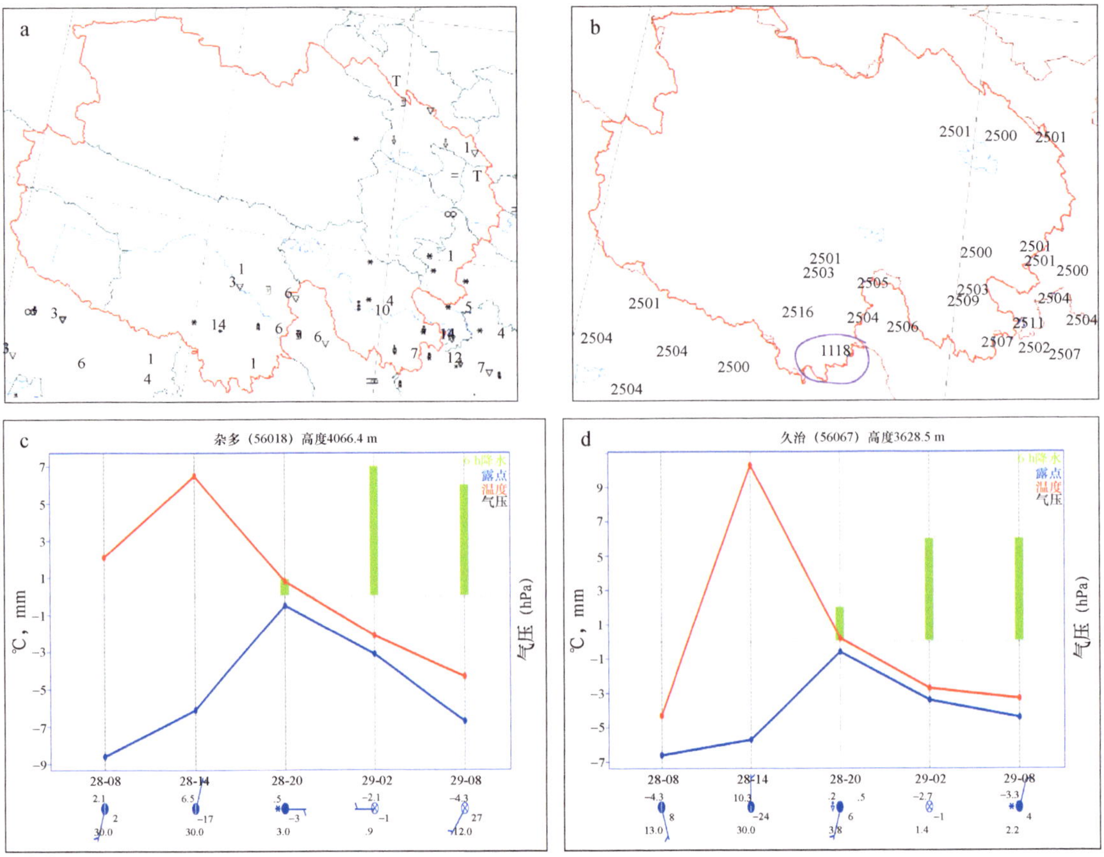

图 1.117　2016 年 3 月 28 日 08 时—29 日 08 时天气实况

(a)3 月 28 日 08 时—3 月 29 日 08 时降水量以及天气现象(b)3 月 29 日 08 时特殊天气

(c)杂多地面三线图(d)久治地面三线图

08 时西风转为西南风)(图 1.118b)。分析 3 月 28 日 08 时 300 hPa(图 1.118c),高空急流强,最大风速达到 44 m·s^{-1},降水区域位于高空锋区南侧和高空急流入口区的右侧,其正次级环流促使低层锋生,青南地区存在明显风速辐散,有利于高空抽吸,加强上升运动。

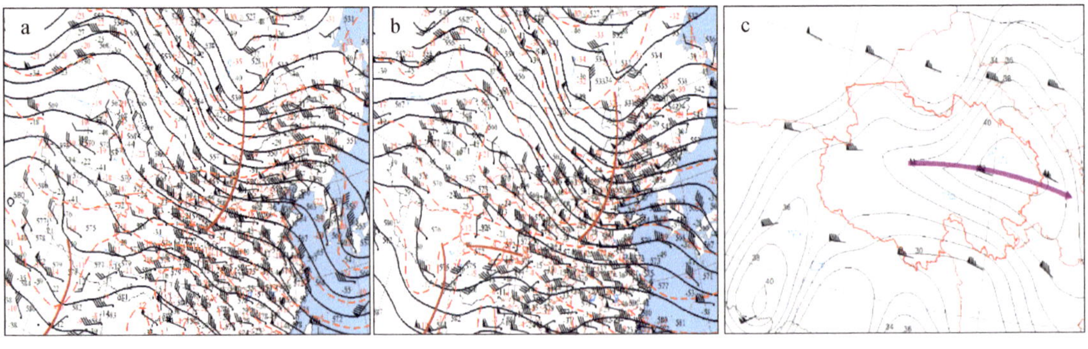

图 1.118　500 hPa 高度场以及 300 hPa 高度场(单位:dagpm)

(a)3 月 28 日 08 时 500 hPa 高度场(b)3 月 28 日 20 时 500 hPa 高度场(c)3 月 28 日 08 时 300 hPa 风场+高度场

2.2 中尺度系统和卫星云图

2.2.1 中尺度天气分析

28 日青海省受两路冷空气影响，两路冷空气在青海湖附近形成锢囚锋，且持续时间长，造成了青海省北部地区的降水天气，在 14 时地面图上的 24 h 变温和变压可以出看，玉树地区受蔓延上高原的浅薄冷空气影响。玉树地区存在风向的辐合，且从 20 时天气现象上看，玉树中部地区均有降雪出现(图 1.119)，这种地面形势有利于降水天气过程的出现。地形辐合、地形抬升对降水增幅明显，玉树地区自东南向西北逐渐升高(迎风坡)。

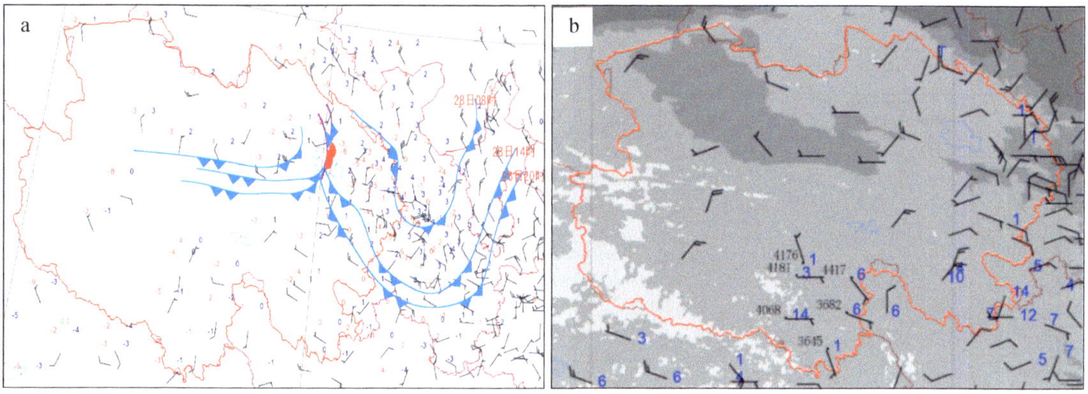

图 1.119 3 月 28 日 14 时地面图上的 24 h 变温(℃)(a)地形＋24 h 降水量(mm)＋28 日 20 时地面风场(b)

2.2.2 卫星云图分析

从降雪过程的红外卫星云图(图略)演变来看，此次降水云系配合南支槽前西南暖湿气流的移动和发展，云系主要集中在青海省的南部地区(玉树和果洛)，南支槽前西南水汽的不断供应和与北方冷空气交汇，使得云系不断地得到加强。随着高原南部南支槽的继续发展、缓慢东移以及西南水汽的不断供应，云系不断的发展，逐渐出现全州性的降雪天气，其中杂多站出现了暴雪，玉树、称多清水河出现了大雪；至 29 日 07 时，随着南支槽的东移南压，云系主力移出玉树地区，玉树州降雪天气结束。

2.3 诊断分析

2.3.1 动力条件

分析 28 日 20 时散度场资料得到，500 hPa 散度场上(图 1.120a)，玉树地区处在辐合区中；400 hPa 散度场上玉树地区处在辐散区，200 hPa 散度场上(图 1.120b)，玉树地区均处在辐散区中。高低空散度场配置为高空辐散、低层辐合，有利于降水的形成[1-8]。

分析 28 日 20 时大到暴雪区域上空 500～200 hPa 均为上升运动区(图 1.120c、d)，ω 均小于零，且最强上升速度层次出现在 300 hPa，而其低层和高层的垂直速度量级基本一致。具体分析来看，22 日 20 时低层 500 hPa 暴雪区对应 ω 为－5～－15 $Pa \cdot s^{-1}$，400 hPa ω 为－10～－25 $Pa \cdot s^{-1}$，而 200 hPa ω 为－10～－15 $Pa \cdot s^{-1}$，这个数量级和此次降水过程的降水强度是匹配的。

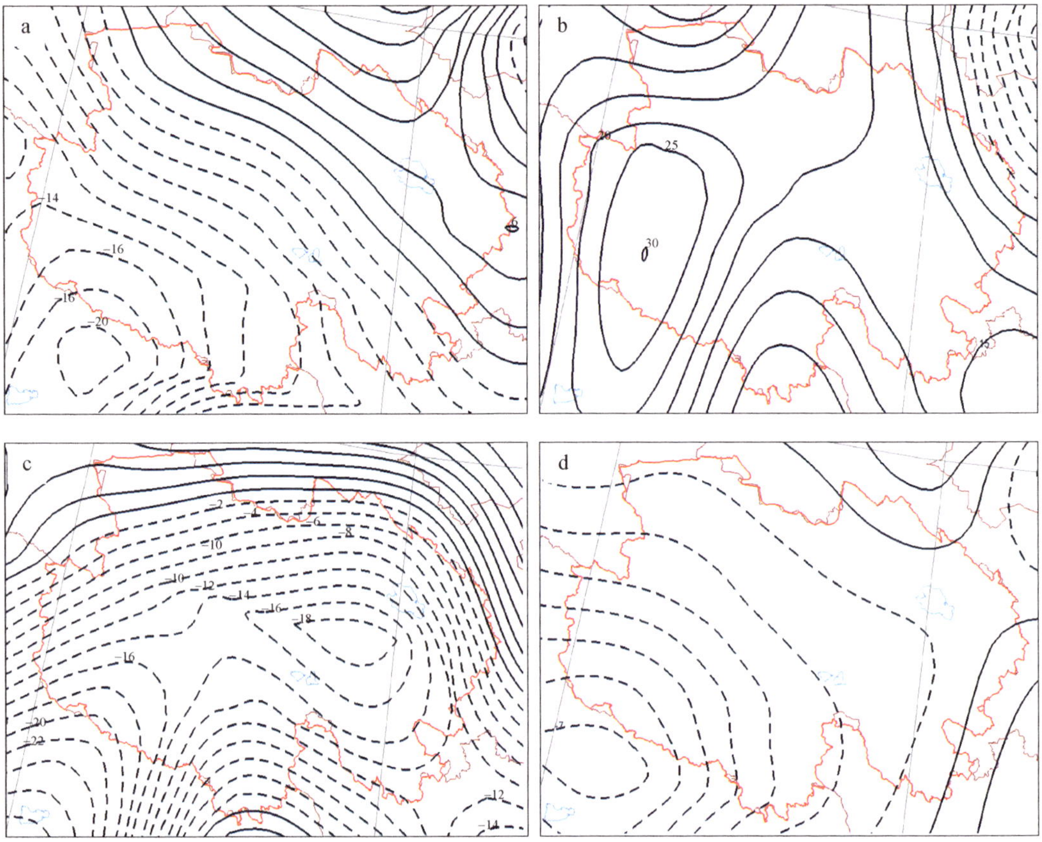

图 1.120 2016年3月28日20时500 hPa散度场(a)200 hPa散度场(b)(散度,单位:10^{-5} s^{-1})28日20时500 hPa垂直速度场(c)28日20时150 hPa垂直速度场(d)(垂直速度,单位:Pa·s^{-1})

2.3.2 水汽条件分析

分析20时500 hPa水汽通量场,可以很清楚地看到,近于西南向东北的带状水汽通量的高值区从孟加拉湾经青海省玉树地区至陕西南部地区地区延伸,而玉树中南部地区处在$2\times10^{-1}\sim4\times10^{-1}$ g·cm^{-1}·hPa^{-1}·s^{-1}之间,孟加拉湾的水汽源源不断地向玉树地区输送,为此次降雪天气过程提供了充沛的水汽。20时500 hPa相对湿度场上,玉树大部地区的相对湿度大于70%,说明大气中有较高的水汽含量。20时500 hPa水汽通量散度场(图1.121b)上,玉树地区处在水汽辐合区,尤其是在杂多县和玉树市一带的水汽辐合更为明显,中心值为-16×10^{-8} g·cm^{-2}·hPa^{-1}·s^{-1};在300 hPa水汽通量散度场上,玉树地区除囊谦县和称多县个别地区之外其余地区均处在水汽辐散区。

08时500 hPa比湿,青海省大部地区的比湿在1～3 g·kg^{-1}之间,南部的比湿大于北部,南部达2～3 g·kg^{-1},北部1～2 g·kg^{-1};20时500 hPa比湿较08时有所增大(图1.121a),北部的比湿在2 g·kg^{-1}左右,北部达3 g·kg^{-1}左右。南部水汽辐合明显,700 hPa青海省大部地区有水汽辐合,500 hPa玉树地区水汽辐合明显,水汽通量散度辐合大于-3×10^{-8} g·cm^{-2}·hPa^{-1}·s^{-1}。

以上分析得到,充沛的水汽条件有利于强降水的发生,造成此次强降雪天气的水汽来源于孟加拉湾地区,降水中心在水汽辐合最明显的地区。

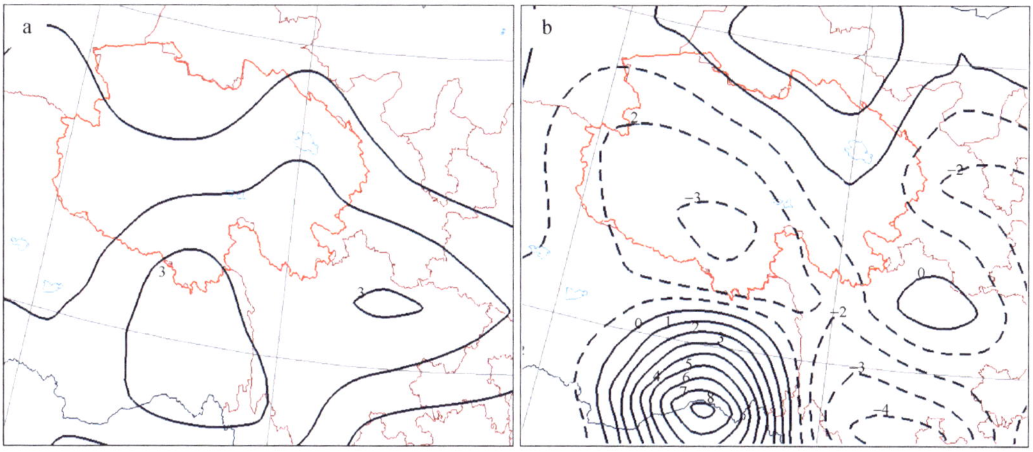

图 1.121　2016 年 3 月 28 日 20 时 500 hPa 比湿场(单位:g · kg^{-1})(a)
28 日 20 时 500 hPa 水汽通量散度场(单位:10^{-8} g · cm^{-2} · hPa^{-1} · s^{-1})(b)

2.3.3　热力条件

分析 28 日 08 时假相当位温(图 1.122a),玉树地区处于假相当位温密集带,西藏地区有一高值中心,中心值达 58 ℃;高能舌从孟加拉湾地区经玉树地区向东北延伸,玉树南部地区更是在 56～60 ℃高值区,假相当位温的大值区对应着强的西南气流输送。20 时(图 1.122b)高能中心达 62 ℃,不稳定能量开始释放,强降雪天气开始,至 29 日 08 时,高能中心东移南压至我国西南地区一带,玉树地区的降水天气结束。

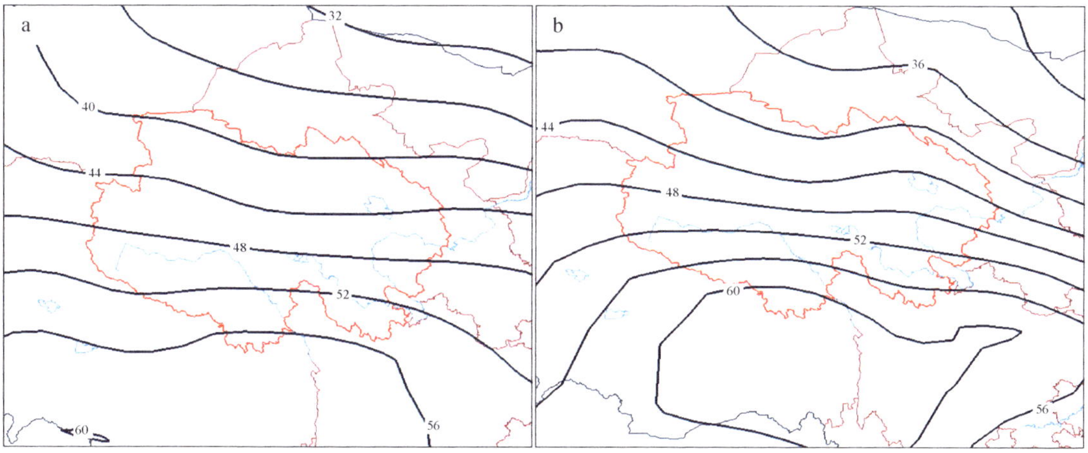

图 1.122　2016 年 3 月 28 日 08 时(a)20 时(b)假相当位温(单位:℃)

3　降雪南强北弱的原因

3.1　天气系统对比

从 2016 年 3 月 28 日 20 时 500 hPa 高空天气图(图 1.118b)上分析得知,青海省南部地区受南支槽影响,南支槽发展旺盛,切变线维持,持续时间长,为南部地区的强降水提供了必要的动力条件，且西南水汽通道一直维持，为南部此次强降水提供了充沛的水汽条件。而青海省北部地区前期受西北气流影响，水汽条件差，没有西南水汽的输送，因此南部的降水较强，北部的降水较弱。

3.2 水汽条件对比

从2016年3月28日20时西宁和玉树站的探空曲线图(图1.123)可以看出，南部(玉树)整层西南风，整层较湿，地面至400 hPa基本维持一个相对湿度大于80%的高湿层结区域，北部(西宁)偏西风，中层湿度较大(600～500 hPa)，但水汽主要供给层的低层却较干，这种层结成云的可能性较大，但致雨的可能性相对而言就较小。总而言之，南部的水汽明显大于北部。

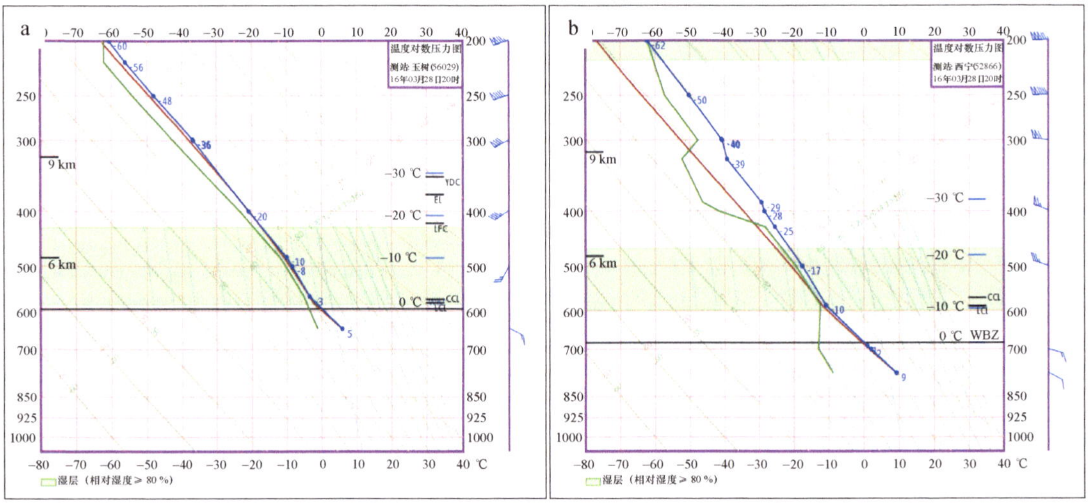

图1.123　3月28日20时玉树 T-ln$P$ 图(a)西宁 T-ln$P$ 图(b)

3.3 动力条件对比

分析2016年3月28日20时各层散度场(图略)得知，700 hPa北部辐合较强，500 hPa南部辐合强，北部只有低层弱的辐合，200 hPa除青海省东北部偏东以外，其余均在辐散区；南部整层配置较好，南部的动力条件优于北部。垂直速度：南部(杂多)上升运动强且深厚，北部(西宁)上升运动弱且浅薄。

4 结论

1)这是一次春季的大到暴雪天气过程，此次过程降雪落区集中，主要在青南地区；降雪强度大，南强北弱，两站出现暴雪，降水中心为杂多县14 mm(积雪深度16 cm)，久治县14 mm(积雪深度11 cm)，局地出现大风(囊谦18 m·s^{-1})。

2)此次过程500 hPa高空图上中高纬呈西高东低型环流，此次暴雪天气过程是由贝加尔湖槽后部西北气流携带冷空气南下与南支槽前西南气流共同作用形成的。青海省北部地区受贝加尔湖大槽后部的冷平流影响，青南地区受南支槽前西南气流和偏北气流共同影响，存在明显的风向辐合；且青南地区斜压锋生明显，南部地区西南气流旺盛，有利于降水；300 hPa高空急流强，青南地区存在明显风速辐散，有利于高空抽吸，加强上升运动；玉树地区受蔓延上高原的浅薄冷空气影响;水汽充沛,玉树地区水汽辐合明显;强烈的上升运动;持续时间较长;地形辐合、地形抬升对降水增幅明显。

3)降水南强北弱原因:南部南支槽发展旺盛,切变线维持,南部西南水汽输送明显,北部冷平流影响,没有水汽通道。南部的动力条件优于北部。南部上升运动强且深厚,北部上升运动弱且浅薄。

参考文献

[1] 朱乾根,林锦瑞,寿绍文,等. 天气学原理和方法(第四版)[M]. 北京:气象出版社,2007:60-560.

[2] 王江山,李锡福. 青海省天气气候[M]. 北京:气象出版社,2004:225-260.

[3] 姚学祥. 天气预报技术与方法[M]. 北京:气象出版社,2011:178-218.

[4] 魏永亮,韩方听. 玉树州一次暴雪天气成因分析[J]. 青海气象,2015(2):21-24.

[5] 张桂莲,王文. 一次暴雪天气过程的分析[J]. 内蒙古气象,2008(2):11-12.

[6] 易笑园,李泽椿,朱磊磊,等. 一次β-中尺度暴风雪的成因及动力热力结构[J]. 高原气象,2010,29(1):175-186.

[7] 李春芳,赵俊荣,王磊. 寒潮暴风雪天气的动力和热力特征分析[J]. 新疆气象,2001,24(1):9-11.

[8] 姚蓉,叶成志,田莹,等. 2011年初一次持续性暴雪过程成因分析及数值模拟[C]. 第28届中国气象学会年会——S3天气预报灾害天气研究与预报. 2011.

2016年5月25日暴雪天气过程分析和总结

黄福寿
(果洛州气象台,玛沁 814000)

摘 要:2016年5月25日08时—26日08时青海省南部(玉树、果洛)和甘肃南部地区出现呈东北—西南走向的暴雪天气。此次降水主要出现在玉树、果洛地区,过程期间单站24 h最大降水量达24 mm,最大积雪深度13 cm。25日08时500 hPa中高纬地区槽后西北气流和南支槽的槽前西南气流汇合于玉树、果洛地区,形成高原切变线。过程期间受南支槽的缓慢东移北抬和北部不断南下的西北气流影响,高原切变线稳定维持于青海省南部地区,导致此次降水过程时间达48 h。玉树、果洛地区位于中高层的干冷平流和低层较弱的暖平流叠置区域,有利于不稳定能量的建立和上升气流的发展,为此次降水天气提供了有利的热力条件。南支槽前西南气流为玉树、果洛地区输送水汽,玉树、果洛地区接近5 g·kg^{-1}的比湿有利于较大降雪量出现,过程降雪中心出现在果洛南部主要受500 hPa急流出口区的辐合及其水汽输送影响。25日20时南支槽减弱,导致青海省南部地区西南暖湿气流无法继续往北输送,水汽大值区主要集中于果洛南部,从而此次过程的降水中心出现在果洛南部地区。

关键词:青海省南部,暴雪,高原切变线,南支槽

1 降雪实况分析

2016年5月25日08时青海省南部(玉树、果洛)和甘肃南部地区呈东北—西南走向的降水,玉树、果洛地区降水相态以雨夹雪为主,甘肃南部部分地区降水相态为雨夹雪,靠近南部地区部分地区为液态降水。至25日14时果洛北部和玉树北部地区为雨夹雪天气,玉树南部出现液态降水。至25日20时降水结束。2016年5月26日11时再次出现降水,玉树、果洛北部部出现降雪天气,玉树、果洛南部为液态降水,至26日20时降水结束(图1.124)。

此次降雪过程为春末暴雪,主要出现在玉树、果洛地区;单站24 h最大降水量达24 mm;最大积雪深度13 cm;持续时间长达48 h;26日08时3站出现暴雪(治多、清水河、久治),27日08时1站出现暴雪(久治),1站大雪(甘德)。

由于此次降水过程出现在春末气温回升季节,白天高原上地表反射太阳辐射导致对流较强,26日白天玉树和达日出现冰雹(图1.125),冰雹直径分别为4 cm和3 cm。

2 降雪天气过程成因分析

2.1 主要影响系统

25日08时500 hPa中高纬地区槽后西北气流控制,受其影响青海省东南部,甘肃南部为西北气流控制。南支槽位于孟加拉湾北部地区,整个青海省南部位于其槽前西南气流控制区。中高纬槽后西北气流和南支槽的槽前西南气流会合区于玉树、果洛地区,形成东西走向的高原

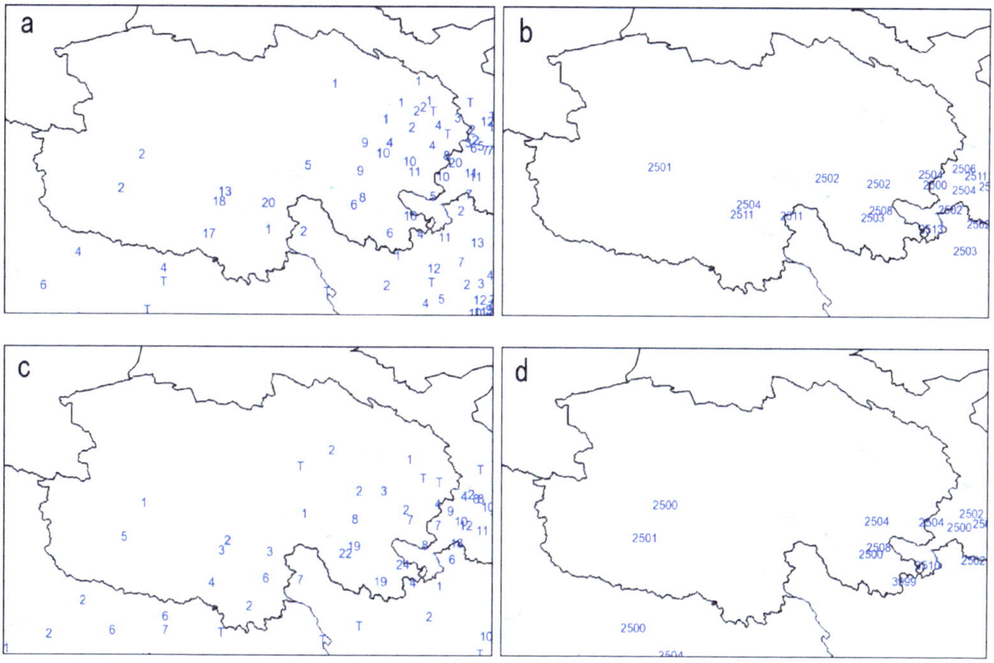

图 1.124　(a)2016 年 5 月 25 日 08 时—26 日 08 时降水量(mm)(b)2016 年 5 月 26 日 08 时积雪深度(cm)
(c)2016 年 5 月 26 日 08 时—27 日 08 时降水量(mm)(d)2016 年 5 月 27 日 08 时积雪深度(cm)
(25 开头为积雪,后 2 位是积雪深度;39 开头为冰雹,后 2 位是冰雹直径)

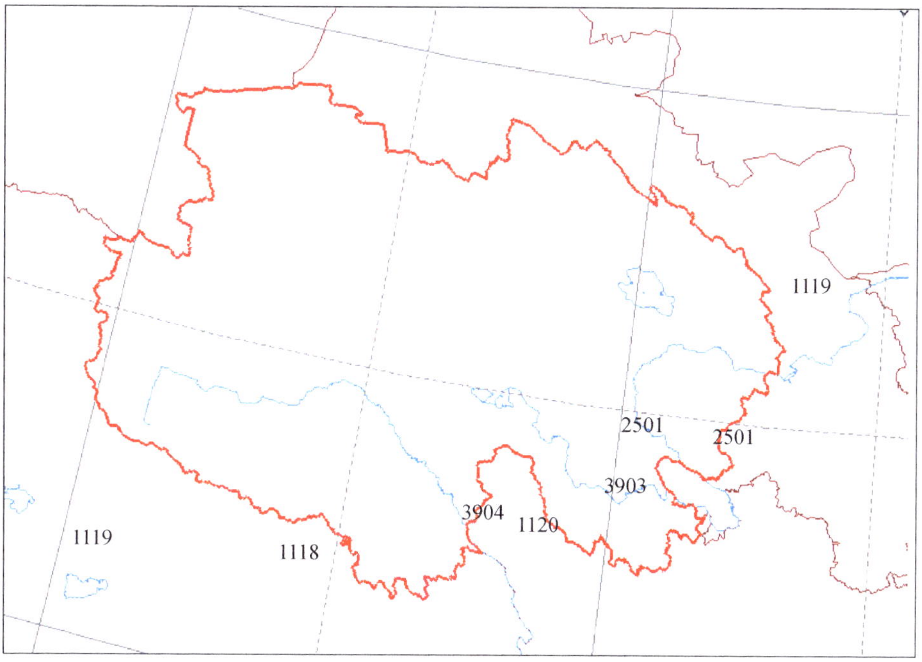

图 1.125　26 日 20 时特殊天气现象
(25 开头为积雪,后 2 位是积雪深度;39 开头为冰雹,后 2 位是冰雹直径)

切变线,影响玉树、果洛地区,成为此次降雪过程的主要影响系统。至25日20时南支槽东移北抬,但从20时高空风场发现槽前西南气流有所减弱。中高纬地区低压槽东移,影响玉树、果洛地区的西北气流减弱。最终导致高原切变线减弱,但切变线仍维持在玉树、果洛地区。对应25日20时玉树、果洛地区的降水出现短暂间歇期。26日08时,随着南支槽的北抬,槽前西南气流再次加强,玉树、果洛南部为较强的西南气流控制,中北部地区500 hPa为东南气流。青海省南部受暖切变影响。至26日20时北部西北气流加强,再次控制玉树、果洛的北部地区,南支槽继续北抬,槽前西南气流控制区向北移动,在玉树、果洛北部地区形成较强的高原冷切变线,使玉树、果洛降雪再次加强(图1.126)。

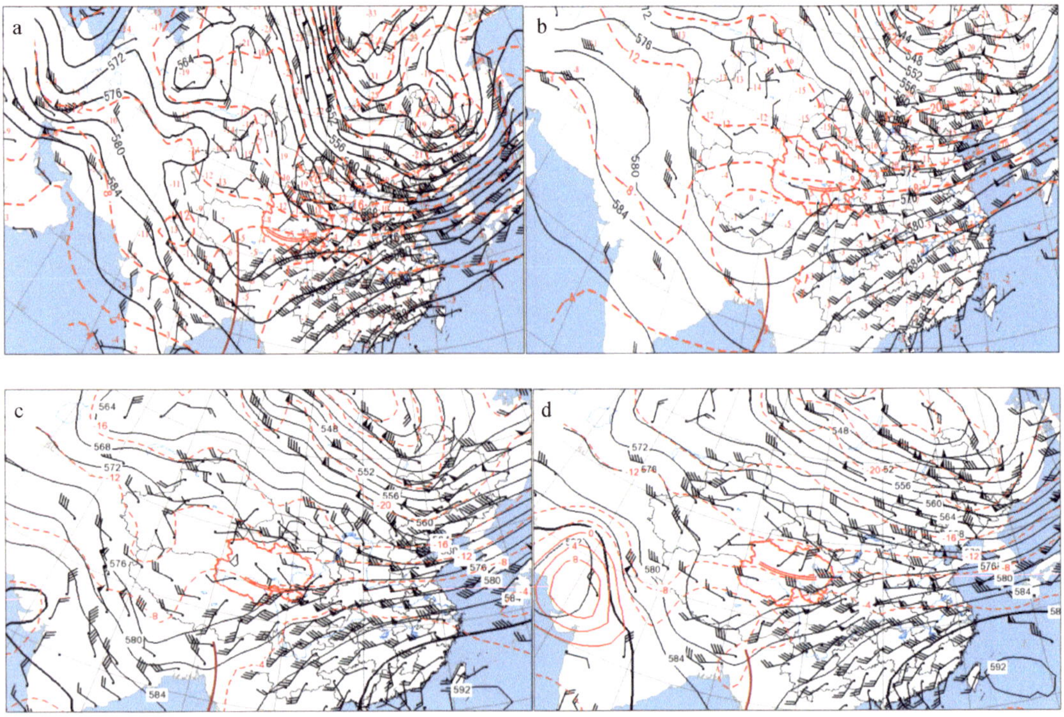

图1.126 (a)5月25日08时500 hPa高空形势场(b)5月25日20时500 hPa高空形势场(c)5月26日08时500 hPa高空形势场(d)5月26日20时500 hPa高空形势场(单位:dagpm)

2.2 热力条件

25日08时从温度场与风场(图1.127a)上看,500 hPa高空由于受中高纬地区较强的槽后西北气流影响,高层有干冷空气入侵,北部地区有较明显的冷平流向南输送,南部地区主要受西南气流影响,为较弱暖平流。冷暖平流在玉树西北部以及果洛地区汇合。25日20时从温度平流图(图1.127b)看到果洛、玉树地区主要以冷平流为主。玉树、果洛地区位于中高层的干冷平流和低层较弱的暖平流叠置区域,有利于不稳定能量的建立和上升气流的发展,为此次降水天气提供了有利的热力条件。

25日20时 T-ln$P$ 图显示(图1.128a,图1.128b),上游的沱沱河站500～300 hPa有明显的不稳定能量,且整层相对湿度较大。玉树站在500～400 hPa有不稳定能量,且整层相对湿度较大。两站的假相当位温随高度增大,且玉树底层至500 hPa有暖平流存在,高层有弱冷平流存在。沱沱河站和玉树站500～400 hPa高度层明显的垂直风切变,有利于暴雪天气的发生发展。

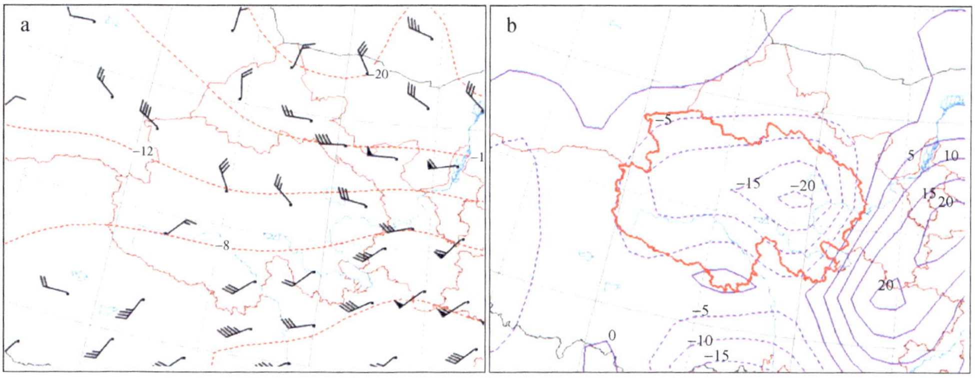

图 1.127　5 月 25 日 08 时 500 hPa 温度场(℃)与风场(a)20 时温度平流(10^{-5}℃·s^{-1})(b)

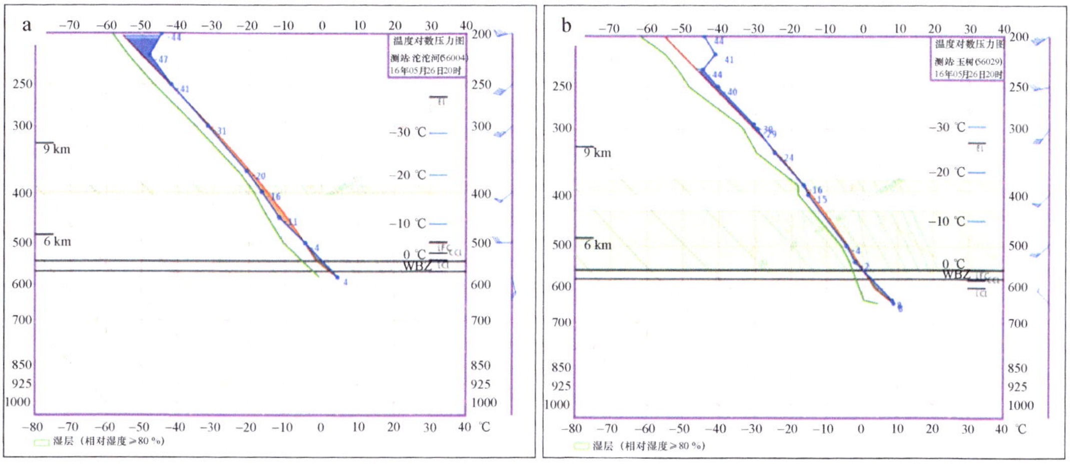

图 1.128　5 月 25 日 20 时沱沱河 T-ln$P$ 图(a)20 时玉树 T-ln$P$ 图(b)

2.3　动力条件

25 日 20 时出现了明显的风向风速辐合，辐合区有明显的东移南压，为此次降水天气提供了有利的动力条件(图 1.129a，图 1.129b)。

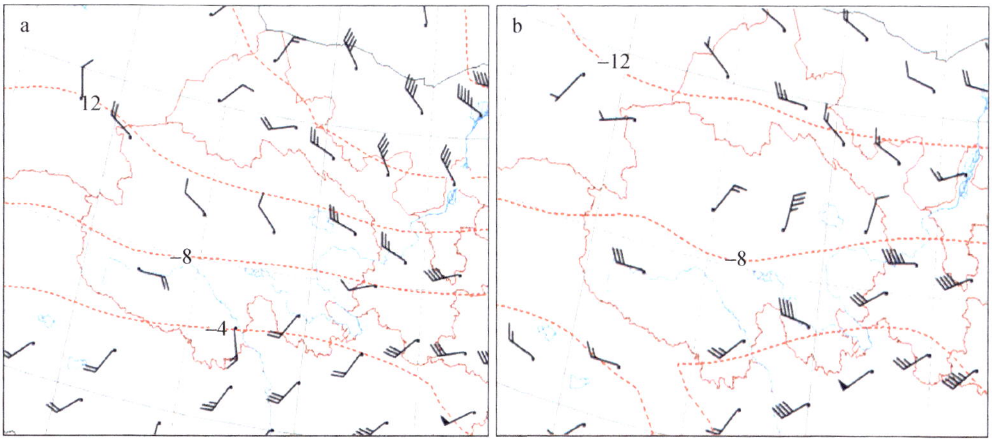

图 1.129　5 月 25 日 20 时 500 hPa 温度场与风场(a)5 月 26 日 20 时 500 hPa 温度场与风场(b)

从 25 日 20 时 500 hPa 和 300 hPa 的垂直速度场上来看(图 1.130c,图 1.130d),整层都有上升运动,最强上升速度层出现在 500 hPa 果洛、玉树北部地区,约为 $-3\ Pa \cdot s^{-1}$。该地区 300 hPa 垂直速度较强,约为 $-2.6\ Pa \cdot s^{-1}$,整层较强的上升运动使得中高层的不稳定能量得以释放,有利于系统的发展和维持。该上升速度大值区域与 26 日夜间玉树北部地区的降雪中心对应。分析 500 hPa 和 300 hPa 的涡度场(图 1.130a,图 1.130b)得知,受高原切变线控制的 500 hPa 高度层上玉树、果洛南部为正涡度。正涡度中心位于果洛以南地区,量级约为 $0.8\times10^{-5}s^{-1}$。300 hPa 玉树、果洛为负涡度区,负涡度中心位于果洛东南部,量级约为 $-4.8\times10^{-5}s^{-1}$,中低层辐合、高层辐散有利于垂直运动的发展。

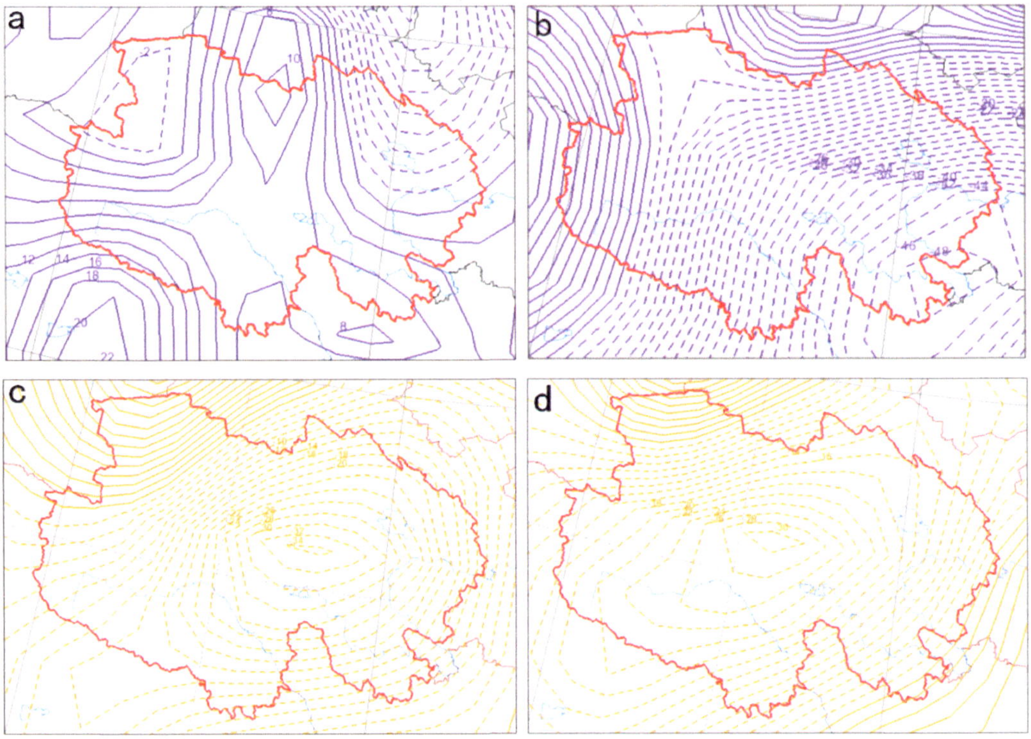

图 1.130　25 日 20 时(a)500 hPa 涡度场(b)300 hPa 涡度场(单位:$10^{-5}\ s^{-1}$)
(c)500 hPa 垂直速度场(d)300 hPa 垂直速度场(单位:$Pa \cdot s^{-1}$)

2.4　水汽条件

25 日 20 时水汽通量散度(图 1.131a)分析,玉树大部,果洛西部及东南部有明显的水汽辐合区,辐合中心位于玉树中部,水汽通量散度中心值约为 $-8\times10^{-8}\ g \cdot cm^{-2} \cdot hPa^{-1} \cdot s^{-1}$,果洛地区水汽辐合较小,该情况与 25 日 20 时南支槽减弱后玉树地区切变对应。26 日 20 时玉树大部和果洛中南部 500 hPa 水汽辐合区明显,水汽辐合中心位于玉树地区,水汽通量散度最大值中心约为 $-6\times10^{-8}\ g \cdot cm^{-2} \cdot hPa^{-1} \cdot s^{-1}$(图 1.131b)。从比湿场上分析(图 1.131c,图 1.131d),25 日 20 时玉树、果洛中南部地区比湿大于 $4\ g \cdot kg^{-1}$,果洛南部达 $5\ g \cdot kg^{-1}$。与以往预报经验相比,果洛地区 $5\sim6\ g \cdot kg^{-1}$ 一般对应大降水天气。26 日 20 时青南地区有 $4\sim5\ g \cdot kg^{-1}$ 的比湿维持,最大 $5\ g \cdot kg^{-1}$,除此之外南支槽前西南气流,有利于输送水汽到本地,为此次降水天气提供较好的水汽条件。

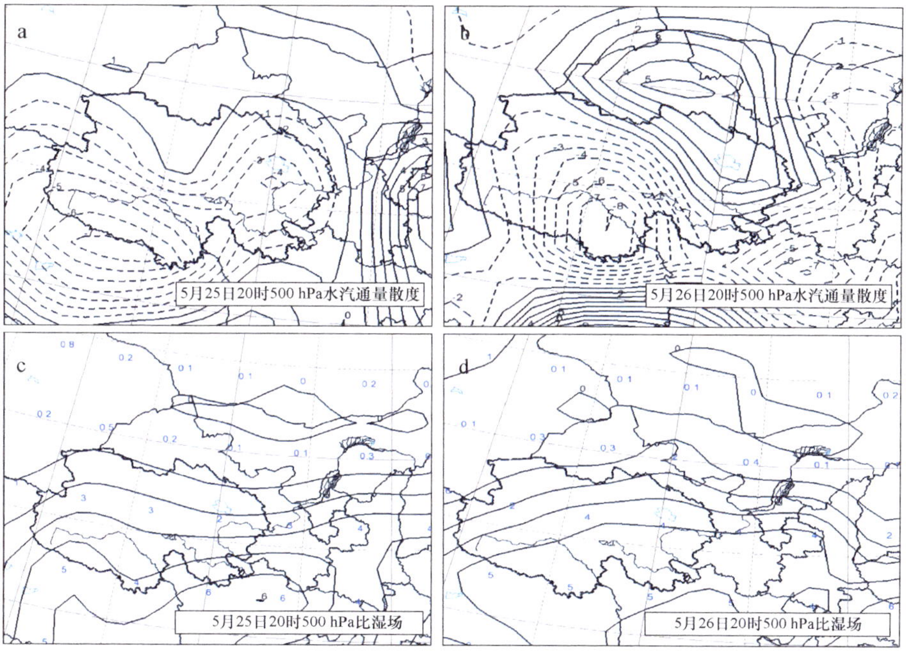

图 1.131 (a)5 月 25 日 20 时 500 hPa 水汽通量散度
(b)5 月 26 日 20 时 500 hPa 水汽通量散度(单位:10^{-8} g·cm^{-2}·hPa^{-1}·s^{-1})
(c)5 月 25 日 20 时 500 hPa 比湿(d)5 月 26 日 20 时 500 hPa 比湿(单位:g·kg^{-1})

26 日 08 时 500 hPa 果洛以南地区(班玛、久治)有急流影响(图 1.132),西南风风速达 16 m·s^{-1},有利于过程中的水汽输送,中空急流出口区存在风速辐合,在果洛偏南一线有明显辐合。且急流轴南北两侧存在风速切变,北部地区平均风速为 13 m·s^{-1},急流轴上靠近久治地区的红原站(站号 56173)风速为 20 m·s^{-1},形成风速切变,从而影响降水中心出现在果洛南部地区。

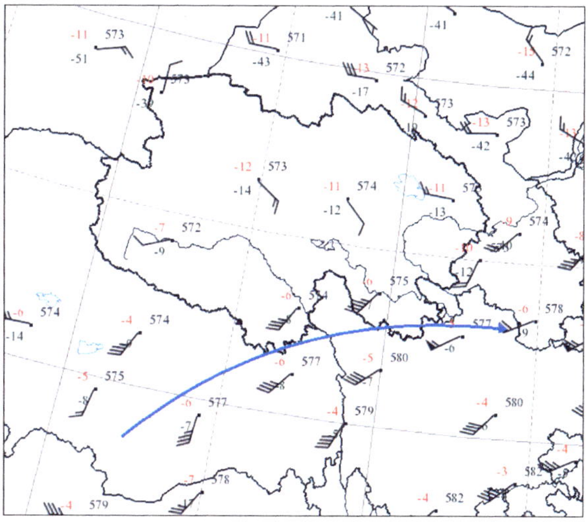

图 1.132 26 日 08 时 500 hPa 急流

3　此次过程中南支槽东移减弱的原因

过程期间25日08—20时南支槽减弱，从25日20时温度平流图(图1.133)看到，南支槽前有冷平流，槽后为暖平流。暖平流使槽减弱。20时南支槽风向切变也明显减弱，槽相对于08时较平缓，槽前西南气流也明显减弱。25日08时500 hPa高空(图1.134a，图1.134b)风向与温度线夹角较大，到25日20时，风向与温度线夹角减小，暖平流减弱。过程期间，南支槽前存在正涡度平流，但是到25日20时，槽前正涡度平流减弱。暖平流以及正涡度平流的减弱，均导致南支槽减弱，使得25日20时在玉树、果洛南部地区水汽输送明显减弱，导致此次降雪过程期间出现短暂的间歇期。

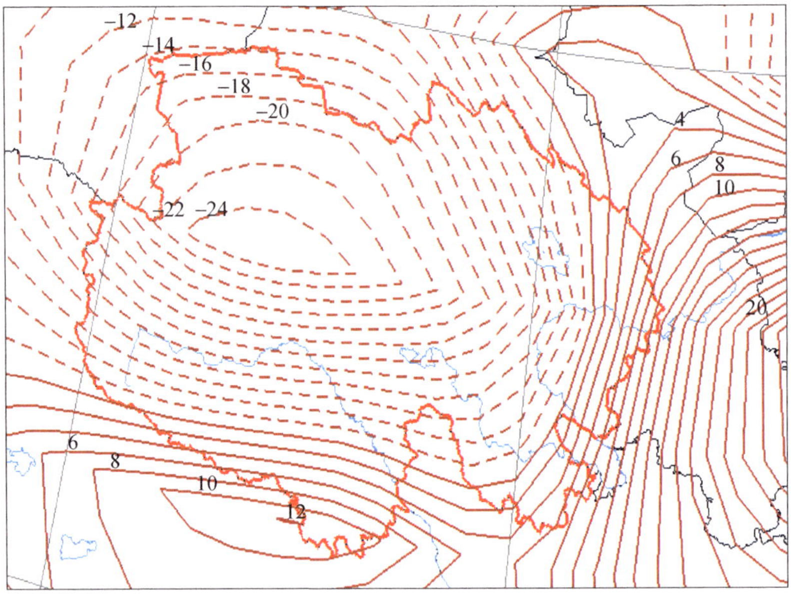

图1.133　25日20时温度平流(单位：10^{-5}℃·s^{-1})

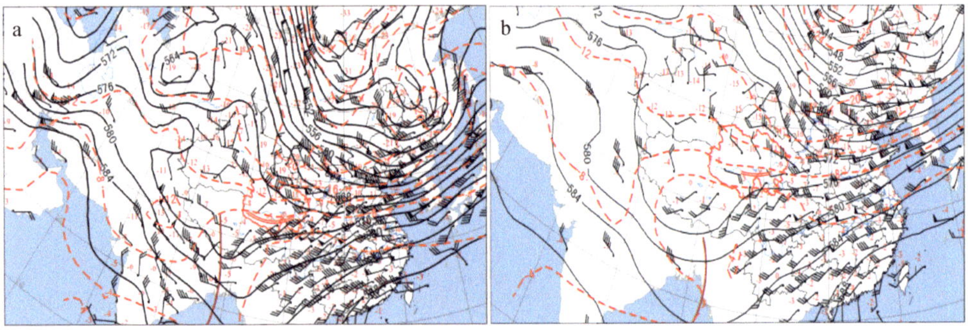

图1.134　25日08时500 hPa高空(a)20时500 hPa高空(b)(单位：dagpm)

4　小结

1)此次降水过程为春末暴雪，过程期间存在明显降水相态转化：雨夹雪、雨、雪。

2)此次暴雪过程特征：主要出现在青南地区；局地性强，单站24 h最大降水量达24 mm，最大积雪深度 13 cm；持续时间长达 48 h。

3）稳定维持的高原切变线为此次暴雪天气过程的主要影响系统，中高纬南下的冷空气结合南支槽前西南气流，冷暖空气在青南地区形成切变。

4）冷暖交汇明显，动力条件充足，配合较好的水汽，产生此次降水天气过程，但由于后期南支槽减弱，导致水汽输送减弱，使得此次降水主要集中在了青南地区。

5）大范围的降水主要受切变线影响，玉树、果洛的地区接近 5 $g \cdot kg^{-1}$ 的比湿有利于较大降雪量出现，但过程降雪中心出现在果洛南部主要受 500 hPa 急流出口区的辐合及其水汽输送影响。

6）地面冷高压外围冷空气入侵，青南地区冷高压外围水平温度梯度达 7～10 ℃，低层大气被迫抬升。

2016年10月27日暴雪天气过程成因分析

谢　媛

(果洛州气象台，玛沁　814000)

摘　要:依据高空、地面及EC模式预报场资料，对2016年10月27日发生在青海省东部及南部地区的大到暴雪天气过程分析，结果表明：1)此次过程为秋季暴雪天气过程，降水范围广；降雪强度大、持续时间长；相态复杂、雨雪转化。2)影响过程的系统是由北支槽引导强冷空气南下和副热带高压588 dagpm边缘的强盛西南气流分别在东部地区和果洛中部地区交汇形成的；3)青海省地区等温线加密，温度梯度增大，斜压锋生明显；700 hPa青海省东南部受西南气流影响，东部地区有偏东风向谷地地区输送，北部有弱冷空气南下东灌；槽前为正涡度平流区，有利于上升运动。4)EC模式场对青南地区暴雪落区的指示预报误差大；EC预报场对青南地区高空槽的预报位置偏西；风速量级差距非常大，对玉树南部的风速偏强，对果洛中部的风速预报偏弱。

关键词:暴雪，因子，模式场

1　天气实况

2016年10月26日08时—28日08时，青海省出现一次秋季暴雪天气过程，此次过程降雪范围广，青南及东部地区均出现雨雪天气，见图1.135；此次过程降雪强度大、持续时间长，东部地区降水集中出现在27日08—14时，青南降水集中出现在27日20时—28日02时；过程期间2站出现暴雪，玛沁降雪量为12 mm、积雪深度10 cm，化隆降雪量为11 mm，积雪深度10 cm；3站出现大雪，分别为互助、甘德、玉树；且此次降雪过程中相态复杂，青海省东北部地区部分站点存在雨雪转换的现象，南部地区以降雪为主，见图1.136。

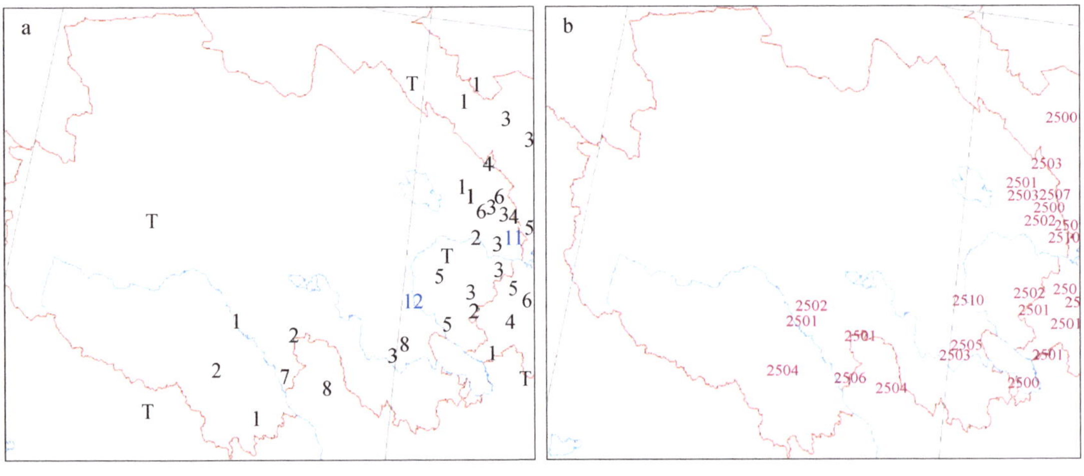

图1.135　2016年10月27日08时—28日08时天气实况

(a)10月27日08时—28日08时降水量(mm)(b)10月28日08时积雪深度(cm)(25开头为积雪，后2位数字是积雪深度)

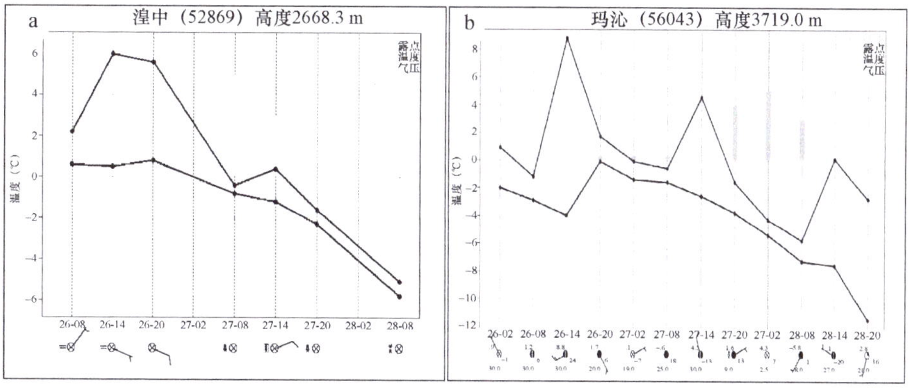

图 1.136　降水相态变化图

(a)湟中(b)玛沁

2　500 hPa 影响系统

过程期间500 hPa高空图上中高纬度地区一直受低压系统控制，26日08时小唐至玉树受西南风影响，省内其余地区受西风影响，无冷平流入侵，至26日20时巴尔喀什湖大槽明显东移南压，同时南支系统588 dagpm线副热带高压（简称副高）明显西伸北抬，青海省境内除格尔木、海西大部，其余地区均受西南气流控制，等温线由−12 ℃增加至−8 ℃，有暖平流入侵。至27日08时500 hPa高度场位于新疆地区的大槽继续东移北抬，引导冷空气至青海省地区，格尔木站500 hPa高空风由西风转为西北风，风速由8 $m\cdot s^{-1}$增加至16 $m\cdot s^{-1}$，南支系统588 dagpm副热带高压北抬，西南气流输送明显加强，有利于水汽的输送，青南地区风速减小，但东部地区西南风速迅速加强，由8 $m\cdot s^{-1}$增加至14 $m\cdot s^{-1}$，且东部地区有明显的冷温槽。27日08时500 hPa北支槽引导强冷空气南下和副高588 dagpm线边缘的强盛西南气流在东部地区交汇，地面冷高压中心大于1052.5 hPa，500 hPa冷中心小于−44 ℃，东部和南部地区西南气流非常强盛，达日站、西宁站的西南风分别达到16 $m\cdot s^{-1}$和14 $m\cdot s^{-1}$。27日08时青海省大部地区有明显冷平流，冷平流中心值达-30×10^{-3} $℃\cdot s^{-1}$，至20时强冷平流区明显南压，中心位于海西中部地区，冷平流中心值达-20×10^{-3} $℃\cdot s^{-1}$，温度梯度增大（4 ℃增加至8 ℃），说明斜压锋生明显，有利于高空系统的发展，如图1.137所示。

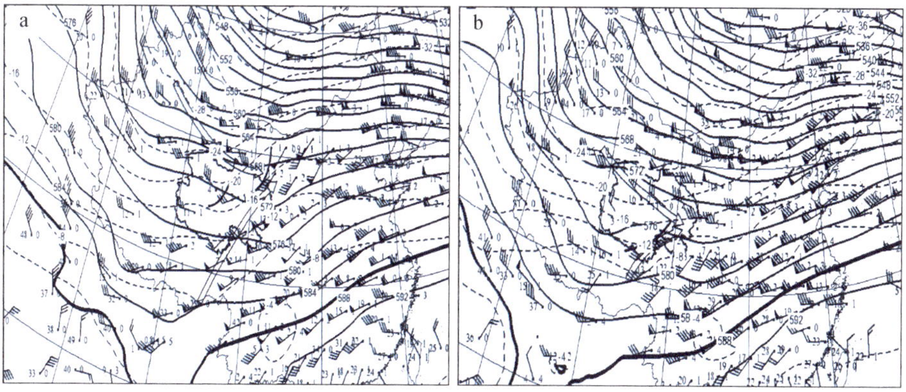

图 1.137　高空观测场

(a)2016年10月27日08时500 hPa高度及温度场(b)20时500 hPa高度及温度场(单位：dagpm;℃)

3 地面影响系统

3.1 锋面移动

27日08时地面图,北部地区已经有弱冷空气入侵,且东部地区有锢囚锋产生,对降水有利,到27日14时锋面基本移出,降水趋于结束(图1.138)。

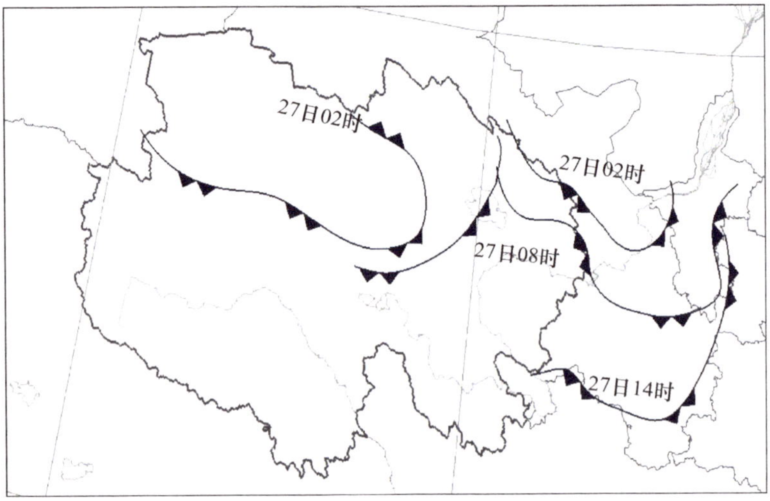

图1.138 地面锋面演变图

3.2 冷空气活动

用地面图上25日14时24 h变压中心的动态来表示冷空气的移动方向、速度和强度的变化。冷空气的活动路径是西北路径,25日14时(图1.139a)冷空气首先入侵北疆,在天山以北堆积以后扩散南下,26日14时(图1.139b)一部分冷空气倒灌进入南疆盆地,最强冷空气强度达到7 hPa,主体沿河西走廊南下,侵入青海省的冷空气在阿尔金山至祁连山以北堆积,强度达到3 hPa,至27日14时(图1.139c)从祁连山东西两边灌入,南压扩展到青海省大部地区,这股冷空气入侵盆地时,强度迅速增强,24 h变压达10 hPa。强冷空气的入侵,为此次降雪天气提供了重要的抬升条件。

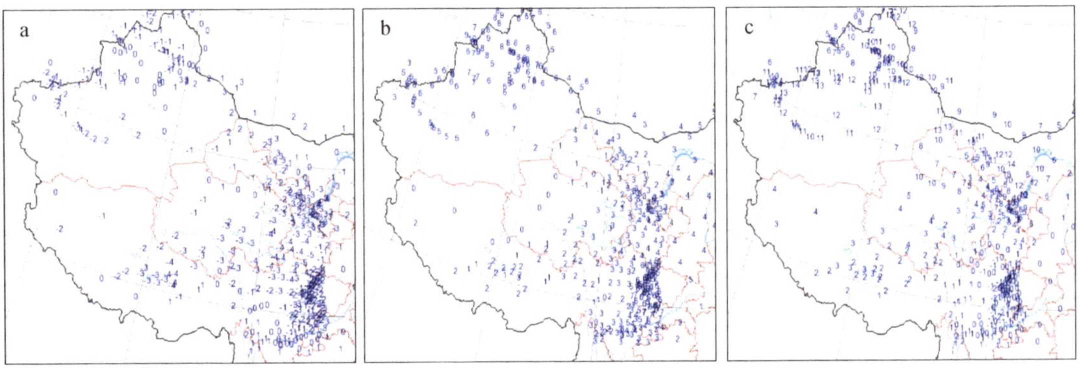

图1.139 (a)25日14时24 h变压图(b)26日14时24 h变压图(c)27日14时24 h变压图(单位:hPa)

4　动力因子

4.1　涡度平流

27 日 08 时 500 hPa 高空图上(图 1.140a)，新疆东南部及西藏东北部一线受高空槽影响，均为正涡度平流区，中心位于青海省、新疆、甘肃交界区，青南地区位于负涡度平流区，东部地区大雪落区均位于短波槽前的正涡度平流区，有利于地面系统的发展，至 27 日 20 时(图 1.140b)，高空槽东移北抬，青海省南部地区的小槽明显加深，正涡度也不断向南部地区输送，呈现了较大的正涡度平流区域，从而促进了地面系统的发展，为降雪天气过程提供了重要的的动力条件。

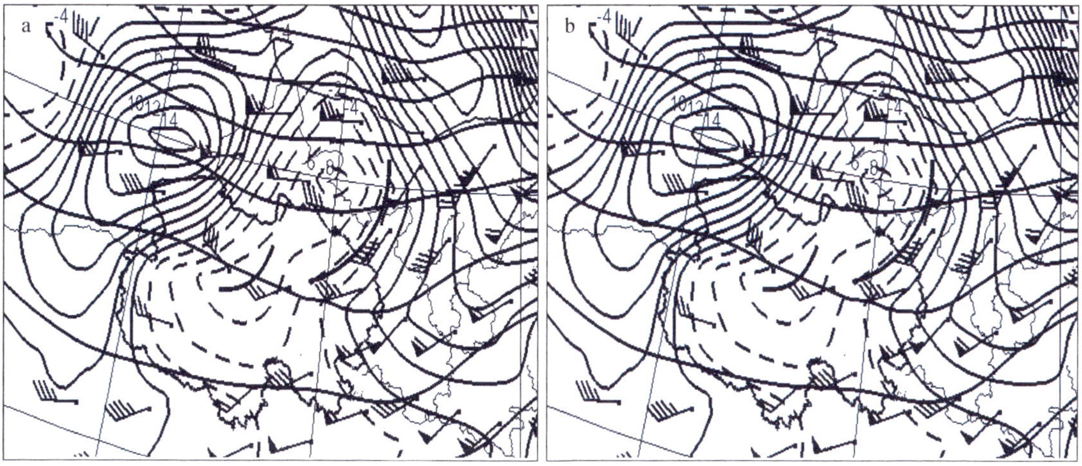

图 1.140　500 hPa 风场和涡度平流叠加图
(a)2016 年 10 月 27 日 08 时 500 hPa 风场和涡度平流
(b)20 时 500 hPa 风场和涡度平流(单位：10^{-10} s^{-2})

4.2　上升运动

27 日 08 时(图 1.141)500 hPa 大到暴雪区域 $\omega<-10$ Pa・s^{-1}，从低层 500～200 hPa 均为上升运动区，上升气流强盛，有利于低层水汽输送和天气系统的维持。但是最强上升速度出现在 300 hPa，从 500～300 hPa 垂直速度的中心呈现东北—西南向，这跟大降雪落区吻合。

5　水汽条件

500 hPa 副高边缘西南气流在东部地区达到 16 m・s^{-1}，青南地区达到 18 m・s^{-1}，说明西南暖湿气流输送强盛，27 日 08 时 700 hPa(图 1.142a)东部大降雪地区水汽辐合显著，水汽通量散度值小于 -2×10^{-8} g・cm^{-2}・hPa^{-1}・s^{-1}，中心位于都兰，从 08 时至 20 时(图 1.142b)水汽通量散度中心向东南方向移动；08 时大到暴雪区地面温度露点差 $T-T_d\leqslant4$ ℃的区域和大降雪落区保持一致；08 时地面比湿 $q>2$ g・kg^{-1}，以上条件均说明大到暴雪区域水汽条件非常好，且湿层深厚，有利于大降雪天气过程的暴发。

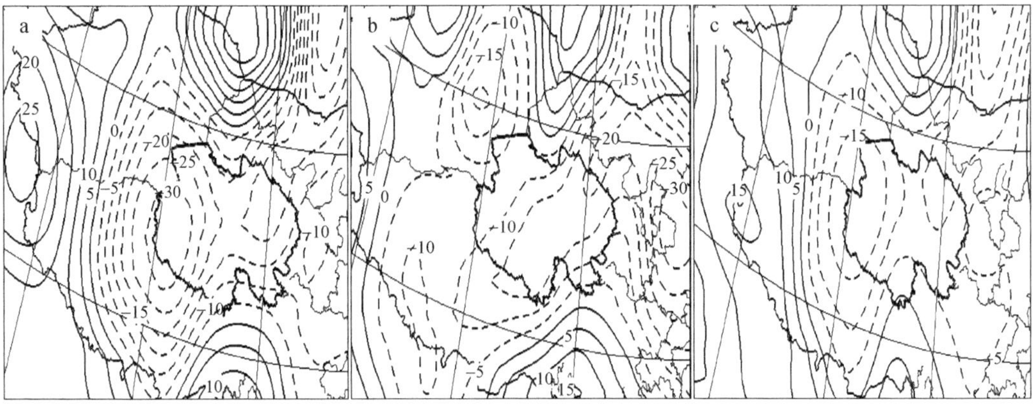

图 1.141　27 日 08 时各层次垂直速度

(a)500 hPa 垂直速度(b)300 hPa 垂直速度(c)200 hPa 垂直速度(单位:Pa・s^{-1})

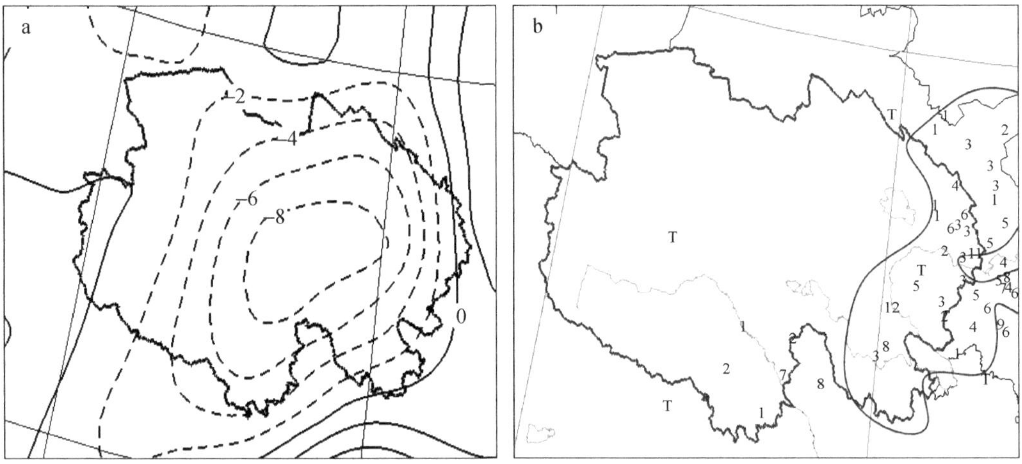

图 1.142　27 日 08 时 700 hPa 水汽通量散度(单位:10^{-8} g・cm^{-2}・hPa^{-1}・s^{-1})(a)地面温度露点差(℃)和降水区(mm)叠加图(b)

6　不稳定层结

从 27 日 08 时(图 1.143a)西宁站的风矢端图可以看出,低层(地面至 400 hPa)风随高度顺转有暖平流、高层(400 hPa 以上)风随高度逆转有冷平流,暖平流随高度而减弱,这种地面的热力因子有利于低层系统移动,高空系统发展加强,这种配置导致层结不稳定;假相当位温 θ_{se}场,东部地区前期 700 hPa 的 θ_{se}约在 40 ℃以上,降水出现在该高能舌前部舌尖区域。在垂直方向上,假相当位温随气压的变化$\left(\frac{\partial \theta_{se}}{\partial p}>0\right)$可以看出有一定的对流不稳定。

从 27 日 20 时(图 1.143b)玉树站的风矢端图可以看出,低层(地面至 300 hPa)风随高度顺转有暖平流、高层(400 hPa 以上)以上风随高度逆转有冷平流,层结不稳定;假相当位温 θ_{se}场,南部地区 500 hPa θ_{se}等值线较 08 时明显加密,形成更明显的高能舌,但是 θ_{se}数值减小,且大值区与大降水落区不一致。在垂直方向上,假相当位温随气压的变化$\left(\frac{\partial \theta_{se}}{\partial p}>0\right)$可以看出有一定的对流不稳定。

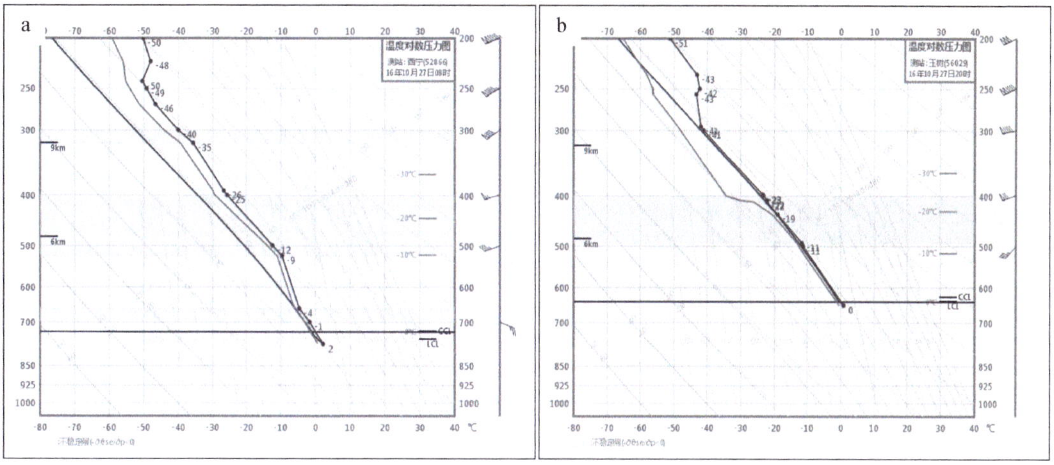

图 1.143　西宁 27 日 08 时温度对数压力图对流不稳定(灰色)(a)
玉树站 27 日 20 时温度对数压力图对流不稳定(灰色)(b)

7　此次降雪天气过程中的预报难点

由于此次过程在东部地区多种相态并存，雨、雨夹雪、雪，所以对预报量级和相态难以把握；从 EC 预报场看出，预报的系统偏西，尤其是南部的暴雪落区，EC 将系统中心报在玉树地区，故预报的参考性差，很难把握南部地区的大降雪落区；27 日 08 时(图 1.144)高空实况与 27 日 08 时 EC 预报场对青南地区风速量级差距非常大，对玉树南部的风速偏强，对果洛中部的风速预报偏弱，难以把握暴雪量级和大降雪落区。

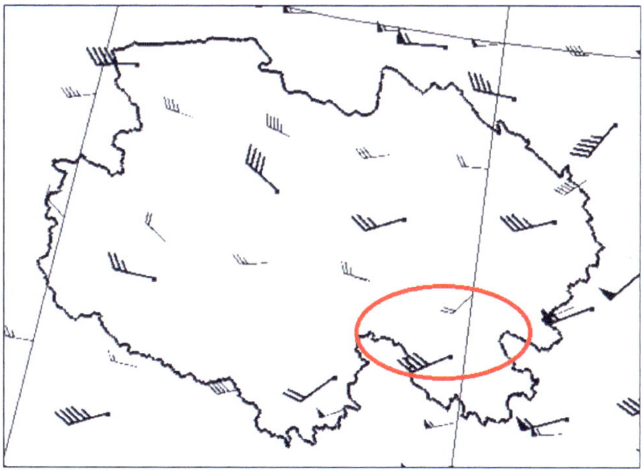

图 1.144　27 日 08 时 500 hPa 实况风场(粗)与 EC 27 日 08 时 500 hPa 预报场(细)

8　小结

1)此次过程为秋季暴雪，降雪出现范围广、降雪强度大、持续时间长；东部地区相态复杂、雨雪转化。

2)此次大到暴雪天气出现在东部地区和青南地区的主要原因是 27 日 08 时、20 时

500 hPa北支槽引导强冷空气南下和副高 588 dagpm 边缘的强盛西南气流分别在东部地区和果洛中部地区交汇。08—20 时青海省地区等温线加密，温度梯度增大，斜压锋生明显；700 hPa 青海省东南部受西南气流影响，东部地区有偏东风向谷地地区输送，北部有弱冷空气南下东灌；槽前为正涡度平流区，有利于上升运动；500 hPa 东部地区、青南地区水汽输送强盛；单站高空图有不稳定层结和对流不稳定。

3)此次降水天气过程中的预报难点，雨、雨夹雪、雪多种相态并存，对预报量级和相态难以把握；EC 预报场对青南地区暴雪落区的指示预报误差大；27 日 08 时 500 hPa 实况与 27 日 08 时 EC 预报场对青南地区高空槽的预报位置偏西；风速量级差距非常大，对玉树南部的风速偏强，对果洛中部的风速预报偏弱，难以把握暴雪量级，所以对大降雪中心难以把握。

2017年2月20日大雪过程中青海湖锢囚锋的生消演变分析

王振海

（青海省气象台，西宁 810001）

摘 要：利用地面加密区域站资料和风廓线雷达资料等，对一次青海湖锢囚锋的生成、发展及消亡过程进行中尺度加密分析，结果表明：1）青海湖锢囚锋生成于20日22时—21日01时，初始为冷式锢囚锋，至21日14时为其发展期，该时期为冷式转中性锢囚锋，21日20时逐步减弱，并与22日02时消亡，消亡阶段为暖式锢囚锋，生消过程维持时间约24 h。2）青海湖锢囚锋附近的降水首先出现于东、西两路冷空气相遇之前的地形辐合区域，相遇锢囚之后降水主要取决于被冷空气锢囚的暖空气抬升的高度及锢囚锋移动方向。3）风廓线雷达对锢囚锋演变过程具有较好的反应，边界层风向的转换对于锢囚锋的位置移动有较好的捕捉。

关键词：青海湖锢囚锋，生消演变，风廓线雷达，降水落区

引 言

青海省地处青藏高原东北部（88°～103°E，30°～40°N），整体地形南高北低，南部（35°N以南）属于青藏高原主体。一般来说，由于北部祁连山脉的阻挡，影响青海省北部地区的地面冷空气一般来自两股。一股是强冷空气灌入南疆盆地后，逐渐溢入高原西侧阿尔金山山口，从而进入柴达木盆地，进而自西向东影响北部大部地区，在后部冷空气很强时也可以南溢上高原主体，此股冷空气一般被青海省天气预报工作者称为西路冷空气[1]。而此时，和这股冷空气在北疆尚处于同一冷气团的另一股冷空气往往沿着祁连山北侧的河西走廊地区迅速东移南下，因为沿途路径相对较为平坦，移速较快，很容易在高原东北部河谷地区形成向西回流倒灌的冷空气，成为影响青海省东北部地区的另一股冷空气，此股冷空气一般被青海省天气预报工作者称为东路冷空气。这两股冷空气常在青海湖附近迎面相遇，形成青海湖锢囚锋，从而对该地区造成较强的降水。

这种由于地形造成的中尺度的锢囚系统，在全国也较多，如对华北锢囚锋[2-6]、河套锢囚锋[3-4]及塔里木盆地地形锢囚锋[7]的分析研究中一般也是与一次冷空气活动相联系的，多伴随降雪天气。但总体而言，中尺度锢囚锋系统对局地降水的影响较大，但研究相对较少或相关研究年代较久。在青海省高原天气日常实际预报中，天气预报工作者对于青海省锢囚锋一直较为关注，但对于其具体的发生发展、生消以及对应的降水落区等方面的研究，目前较为少见。老一代高原预报员孙庆伟[1]等曾对1976年5月一次青海湖锢囚锋过程从天气尺度系统进行过分析，但限于当时站点及资料等客观原因，未从中尺度系统或更小的尺度方面进行研究。鉴于以上原因，本文利用近年布设的加密区域站资料及风廓线雷达资料，就2017年2月20—22日一次较强寒潮过程中，青海湖锢囚锋的发生发展、生成消亡过程中地面资料进行时空加密分析，期望能对青海湖锢囚锋系统进行初步的观测分析，研究其生消发展，定性其时空尺度，探究

其降水落区，对高原实际天气预报工作中多发的该中尺度系统进行初步的研究，对提高青海气象防灾减灾能力进行有益的探索。

1 过程概述及大尺度天气系统背景

1.1 过程概述

2017年2月20—22日，受新疆东移较强冷空气影响，青海省北部地区自西向东出现寒潮天气，此次寒潮天气过程影响范围大，降温幅度大，降雪强度强，伴随天气复杂。在其影响下，青海省北部大部分站点达到寒潮标准，其中降温幅度最大的是柴达木盆地东缘及东部河谷地区，平均气温降温幅度均在10 ℃以上。此次寒潮天气伴随的降雪天气自20日白天开始，至22日白天开始减弱，主要出现在柴达木盆地东侧和海东东部地区。由于影响青海省的西路冷空气快速进入柴达木盆地，在该地区均出现大风和沙尘天气，主要出现时段是在20日白天，盆地大部测站监测到大风和扬沙天气。

1.2 大尺度天气系统

此次过程是晚冬季节一次北方冷空气向南侵袭，从而影响青海省的一次较为典型的寒潮过程，高空500 hPa冷中心(<−40 ℃)及地面冷高压(≥1040 hPa)均达到了青海省该季节寒潮的基本阈值。分析19日20时—21日08时期间冷空气移动动态，在19日20时，同时有两股冷空气影响中国，但影响东部的东北路径冷空气对青海省影响不大。主要影响青海省的冷空气还是来自新疆北部(地面高压中心1043 hPa，500 hPa冷中心−40 ℃)，入新疆，翻天山，从而影响青海省。但此次过程地面系统和高空系统均偏北，加之青海省南部高原的阻挡，因此主要影响区域为青海省北部地区。冷空气对青海省的侵袭也是按常规的东路和西路两个路径进入。20日08时西路冷空气已经影响青海省最西部的茫崖站，测站出现降水和扬沙天气，此后12 h，西路冷空气强势入侵平坦而干燥的柴达木盆地，至20日20时，西路冷空气抵达盆地东侧山区，而此时东路冷空气也倒灌入东部河谷地区，两路冷空气于该日夜间在青海湖附近迎面相遇，抬升锢囚其间相对暖的空气，从而形成锢囚锋。下面对此次锢囚锋的生成、发展及消亡过程进行分析。

2 青海湖锢囚锋生消演变过程

冷空气到达某一地时，由于空气冷却压缩，一般地面气压会有较明显的反映。但高原天气气温日较差大，气压日变化特征也较明显，为了滤除气压的日变化特征，高原天气预报中一般用24 h正变压($+\Delta P_{24}$)表示冷空气活动情况，用其大小定性地表示冷空气相对于当时暖空气的强弱程度。在此次青海湖锢囚锋过程分析中，主要针对该物理量、结合青海省地形资料，手工进行等值线分析，尝试揭示青海湖锢囚锋生成、发展及消亡的过程。

2.1 青海湖锢囚锋生成阶段(20日22时—21日01时)

分析2017年2月20日22时和21日01时期间的地面加密区域站$+\Delta P_{24}$等值线图(图1.145)。在20日22时(图1.145a)，东西两路冷空气沿地形相对低洼处向青海湖地区汇集，西路冷空气已经到达柴达木盆地东侧开始堆积，而东路冷空气则已沿东部河谷地形倒灌进入，处于二者之间的青海湖地区则是负变压区域，说明受两侧冷空气锋前暖空气影响，这一区域整层空气相对前一天有所增温膨胀。经过 3 h，至 21 日 01 时（图 1.145b），除了青海湖东部地区尚有一定区域的弱负变压区域外，这一地区基本为正变压所控制，说明东西两路冷空气迎面相遇与青海湖东部地区，开始锢囚并将二者之间的暖空气抬升至空中。而锢囚锋的位置而言，海晏至共和一线以东为较明显偏东风，而西侧则是较明显偏西风，二者辐合的地区就是地面锢囚锋的位置。这一阶段为青海湖锢囚锋的生成阶段，由于这一期间锢囚锋西侧偏西风速大于东侧偏东风速，且西路冷空气地面平均温度低于东路冷空气地面平均温度，因此更冷的西路冷空气将暖空气及东路冷空气抬升至空中并缓慢东移，因此为冷式锢囚锋。

生成阶段降水而言，西路冷空气主要出现在柴达木盆地东侧易形成气流辐合区域的都兰地区，而东路冷空气则出现在回流冷空气灌入河谷地区的河谷口（民和）地区，而锢囚锋附近及周边无降水出现。

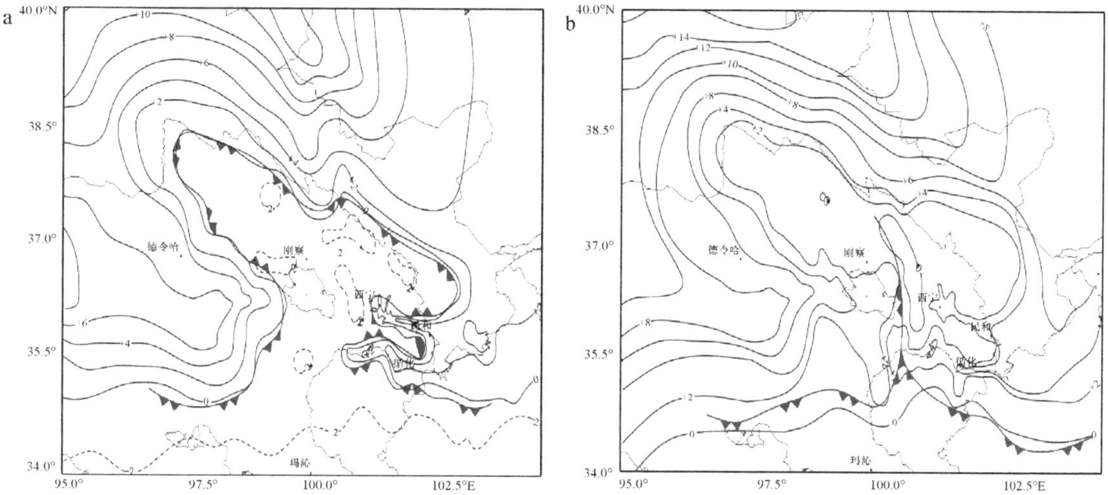

图 1.145 青海湖锢囚锋生成阶段：青海湖附近地面 ΔP_{24} 逐 2 hPa 等值线图及锢囚锋分析

(a)20 日 22 时(b)21 日 01 时

2.2 青海湖锢囚锋发展阶段（21 日 01—14 时）

21 日 08 时（图 1.146a），青海湖附近正变压值逐渐增大，$+\Delta P_{24}$ 在 4～6 hPa 之间，且西路冷空气增强明显加强，柴达木盆地东侧地面正变压达到 +16 hPa 以上，$+\Delta P_{24}$ 梯度也较大。东路冷空气也开始增强，但增强幅度没有西路明显，说明此时仍是西路冷空占主导的冷式锢囚锋阶段。至 14 时（图 1.146b），由于北方主力冷空气的东移，西路冷空气减弱明显，东路冷空气终于增强至可以和西路相抗衡，两路冷空气（平均温度、平均风速）势力相当，锢囚锋在青海湖附近东西震荡摆动，属于中性锢囚锋。因此，这一时期是由西路冷空气占主导的冷式锢囚锋逐步演变成为东西两路冷空气势力相当的中性锢囚锋的青海湖锢囚锋发展增强阶段。这一阶段随着近地面东西两路冷空气的逐渐堆积，暖空气被进一步抬升，地面锢囚锋锋线附近的刚察站开始出现降水，但降水量级不大，较大的降水仍出现在发展阶段冷式锢囚锋更冷冷空气一侧的柴达木盆地东侧，而在冷式锢囚锋演变为中性锢囚锋后，14 时后，降水则出现在地面锢囚锋锋线两侧一定距离的区域内。

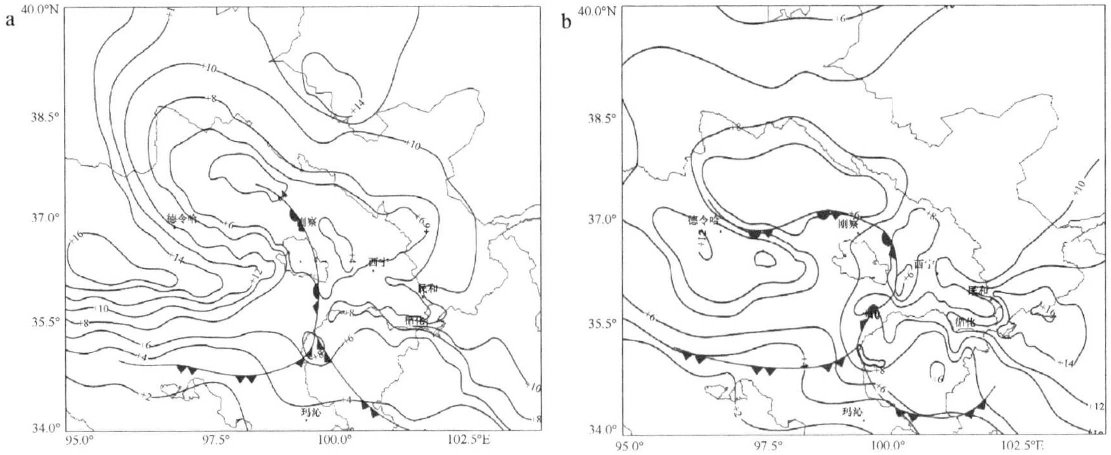

图 1.146 青海湖锢囚锋发展阶段:青海湖附近地面 ΔP_{24} 逐 2 hPa 等值线线及锢囚锋分析
(a)21 日 08 时(b)21 日 14 时

2.3 青海湖锢囚锋消亡阶段(21 日 14 时—22 日 02 时)

至 21 日 20 时(图 1.147a)东路冷空气在东移的北方主力冷空气的强力回流补充下,增强较为明显($+\Delta P_{24}>12$ hPa),同时西路冷空气减弱较明显($+\Delta P_{24}<6$ hPa)。东路冷空气偏东风速明显大于西路偏西冷空气,东风压倒西风,因此推动锢囚锋西移至青海湖西部地区,其后不断西推。分析东、西两股冷空气的强度和相对冷暖情况,东路冷空气仍相对较暖,因此在锢囚锋西推过程中,应该是东路冷空气在西路冷空气之上推动弱暖空气缓慢爬升的过程,降水区域应是锢囚锋地面位置更偏西的地方,也即地面锢囚锋偏更冷冷锋(西路冷锋)的后部,这与实况降水也是一致的。此后,至 21 日 23 时,青海湖锢囚锋一直较为稳定的在青海湖西部地区徘徊,降水区域在锢囚锋西部一直维持。因此,青海湖锢囚锋可能是 21 日夜间海西东部大雪天气的主要系统。至 22 日 02 时(图 1.147b),东路残留冷空气影响东部河谷地区,西路冷空气减弱消失,青海湖以西的德令哈地区也由偏西风转为东北风,至此,锢囚锋消亡。"01.20"青海湖锢囚锋系统生成、发展、消亡周期为 24 h 左右,影响空间尺度为 400 km 左右,是一个 α 中尺度系统。

锢囚锋消亡后,随着冷空气向南部高原爬升,降水范围进一步扩大,青海省南部偏北地区出现相对较强降水。

3 青海湖锢囚锋期间风廓线雷达资料分析

刚察站处于青海湖北侧,对于青海湖锢囚锋的观测具有得天独厚的地理优势。2016 年初,该站安装了 L 波段风廓线雷达(型号:CLC-11-F),下面对此次过程中青海湖锢囚锋的演变在该雷达资料的反映进行简要的分析。因为 3 km 以上(500 hPa 以上)风向基本为一致的偏西风,着重分析 3 km 以下、尤其是边界层内冷空气影响导致的风向及冷暖平流的转换。

从 2 月 20 日 18—21 时左右,刚察站边界层以上至 3 km 为偏西风,风向随高度变化不明显,说明中高层没有明显的温度平流,而上空 1 km 以下均为较明显的弱偏东风,风向顺转较

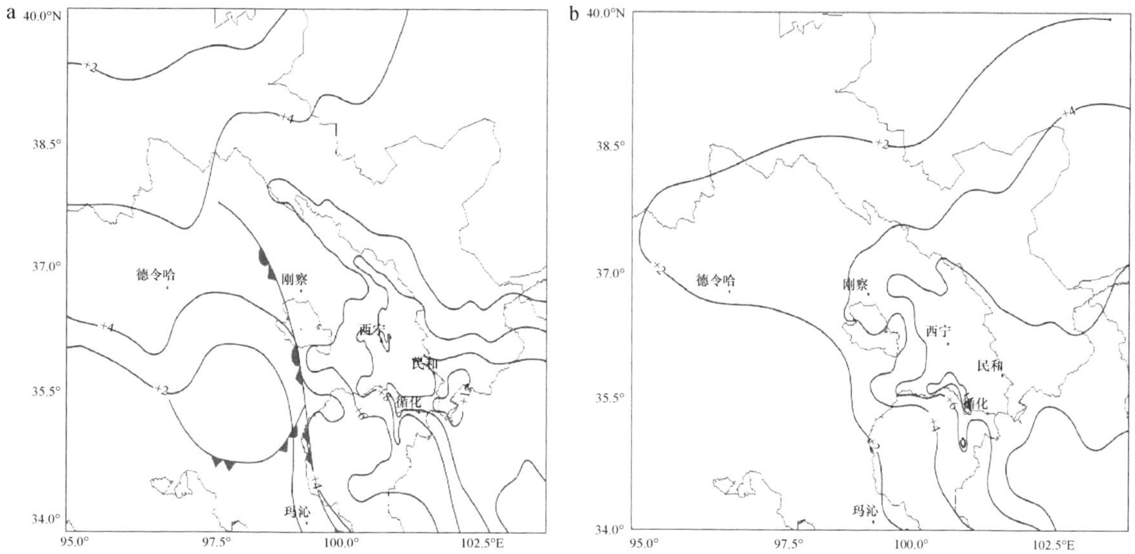

图 1.147 青海湖锢囚锋消亡阶段：青海湖附近地面 ΔP_{24} 逐 2 hPa 等值线线及锢囚锋分析
(a)21 日 20 时(b)22 日 02 时

为清楚，表明低层有暖平流，这和地面负变压区域是对应的。而且随时间推进，顺转层高度逐步抬升至边界层顶附近，暖平流逐渐增厚，说明西路冷锋推动锋前暖气团逐步向刚察站移动，但尚未到达本站。21:30—00:30，刚察站上空边界层以上至 3 km 没有明显冷暖平流导致的风向转换，但边界层内风向转换较为明显。23 时之前边界层风向由偏东风转为偏南风，其中在 22:30 边界层内风向顺转较为明显，说明该时次边界层内暖平流较为明显，而仅仅过了 0.5 h，23 时左右刚察站风向由偏南风迅速转为偏北风，风随高度急剧逆转，边界层内暖平流转为冷平流，说明西路冷锋过境刚察站，锋前中尺度暖低压导致的暖平流和锋后冷空气引导的冷平流表现较为清楚。21 日 00 时左右，刚察站边界层内风向转为较为一致的偏西风(低层的偏北风和此时的中尺度陆风有关)，说明冷锋此时已过境该站，两股冷锋可能在刚察站偏东地区迎面相遇而锢囚，这和前面地面区域站加密分析的锢囚锋在 01 时左右在刚察偏东地区形成基本一致。此后至 21 日 06 时，刚察站边界层内风向虽偶有变化，但基本维持偏西风为主，低层冷平流较为清楚，说明刚察站在该时期内基本属于西路冷空气控制之中。而边界层之上至 3 km 高度的风向在 04 时之前的期间均有所顺转，说明低层冷空气缓慢推动其上层暖空气向东移动时导致高层弱暖平流产生。21 日 06—12 时，低层由冷平流逐步减弱，08—11 时无明显温度平流，说明西路冷空气造成的温度下降到达极值，温度不再持续下降。12 时，低层风向出现顺转，暖平流开始出现，风向也逐步由西风开始转为 14 时后的偏东风(此时地面风向主要受湖风和东风影响，且湖风较强)，说明此时受东路冷空气的西进，青海湖锢囚锋西移过境刚察站，受相对较暖气团影响，暖平流较为清楚，且之后一直到 21 日夜间，刚察站上空均维持弱暖平流。22 日 01 时左右，刚察站 1 km 以下风向转为较为明显的偏北风，没有温度平流存在，局地的湖陆风重新掌控该地区。而在 1～2 km 区域有弱暖平流存在，但随时间推移，其厚度逐渐减小(图 1.148)。

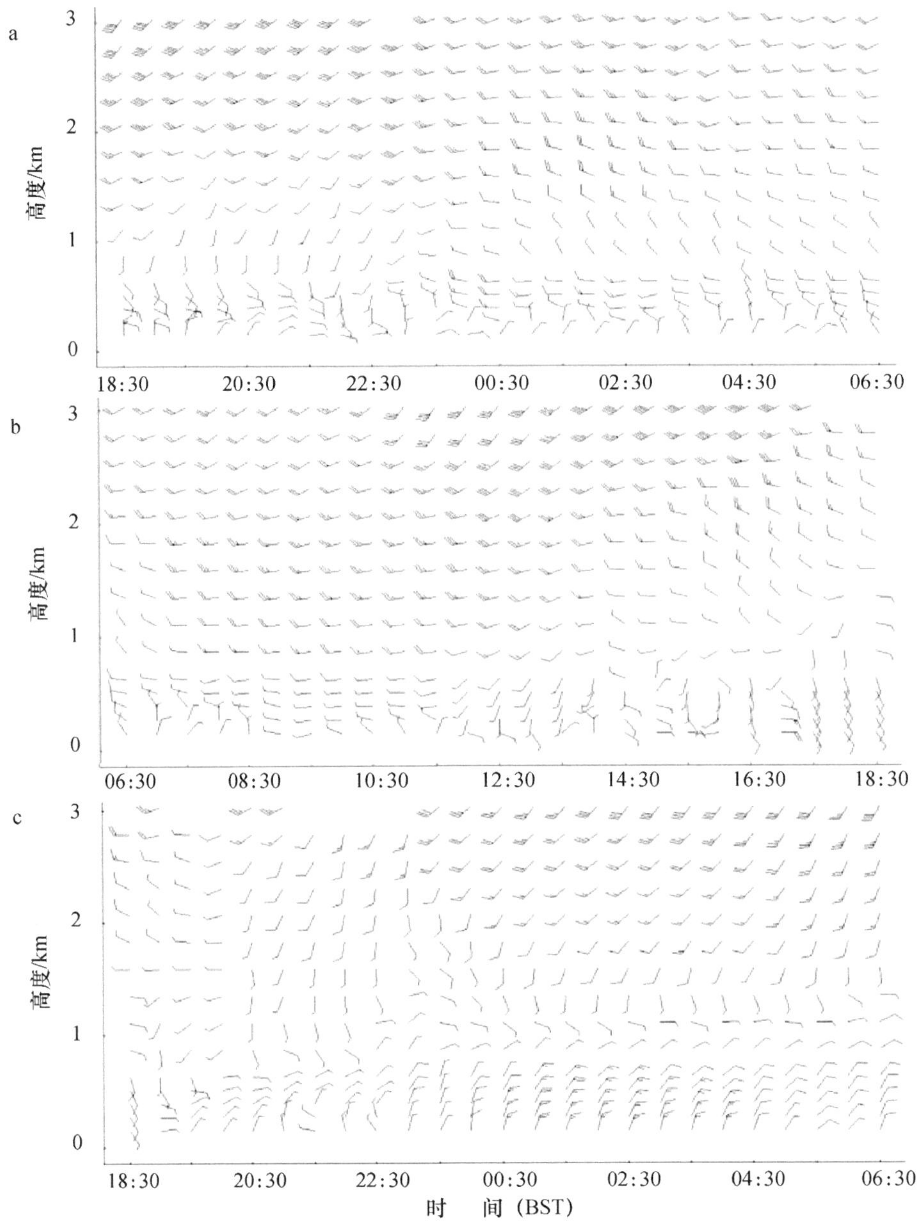

图 1.148 “01.20”过程中刚察风廓线雷达观测低层风演变时序图

(a)20 日 18:30—21 日 06:30(b)21 日 06:30—21 日 18:30(c)21 日 18:30—22 日 06:30

4 青海湖锢囚锋生消过程及其对应降水落区

锢囚锋生成之前(20 日 22 时为例),西路和东路冷空气锋两侧风速差接近一致,但西路冷空气温度差明显大于东路冷空气,根据锋面坡度公式,坡度和锋两侧温度差成反比,和锋两侧风速差成正比,因此定性估计西路冷空气坡度较东路冷空气锋面坡度较小,东路冷空气的抬升力度较西路要强。虽然二者的降水都属于第一型冷锋型降水,且出现于地面锋面过境之后,但东路冷空气后部降水区域相对西路冷空气后的降水区域更接近于地面锋线(图 1.149)。

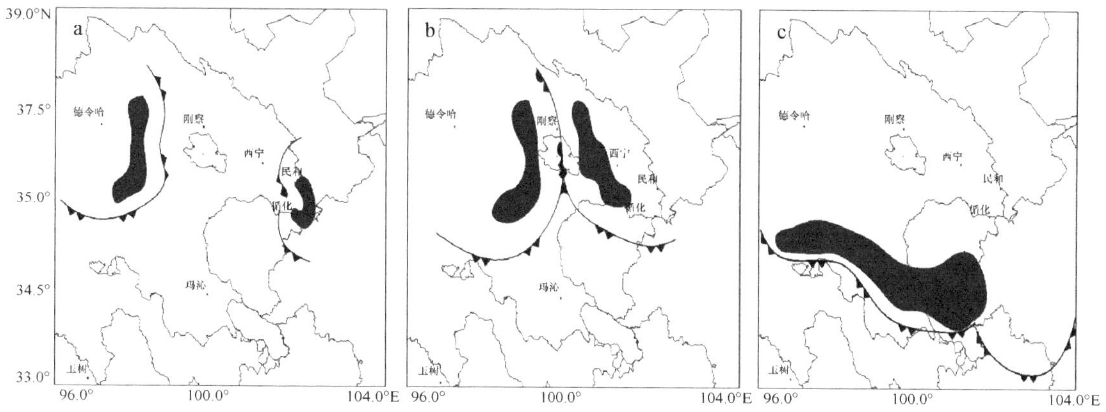

图 1.149 青海湖锢囚锋生消过程中降水落区分布概念模型

阴影区为降水区域(a)锢囚锋生成之前降水落区(b)锢囚锋维持时降水落区(c)锢囚锋消亡后降水落区

锢囚锋生成之后的降水落区和各个发展阶段有关,在刚生成之时(21 日 01 时为例),坡度更小、温度更冷的西路冷锋将暖空气和东路冷气团一并抬升并略东移(西侧偏西风速大于东侧偏东风速),降水落区主要出现在该冷式锢囚锋偏更冷冷锋后侧。锢囚锋发展阶段(21 日 14 时为例),锢囚锋西侧冷锋后部补充冷空气的逐渐减弱,而此时东侧冷锋后部冷空气逐步增强,锢囚锋东侧温度差也逐步增强,东路锋面坡度开始减小,导致锢囚锋两侧冷锋坡度接近相同,冷式锢囚锋转为中性锢囚锋,暖空气以地面锢囚锋为基点对称的分布在其两侧冷空气之上,降水也对称的分布在地面锢囚锋锋线一定距离之外的区域内,这个距离可能就是暖气团从地面沿两侧冷气团爬升至抬升凝结高度的在地面上的投影距离。在锢囚锋消亡阶段(21 日 20 时为例),随着东部河谷冷空气的不断灌入,东路冷锋两侧风速差增大,锋面坡度增大,较强的偏东风促使东路冷空气开始向西移动,因此时地面温度对比而言,仍然是西路冷空气相对较冷,因此东路冷空气沿着西路冷空气上边界将暖空气向西推动,锢囚锋由中性转为暖式锢囚锋,此时的降水也出现在锢囚锋地面锋线偏更冷冷锋的后侧。总体而言,在锢囚锋维持阶段,无论哪种类型锢囚锋,在锢囚锋地面锋线位置附近降水均较小,降水主要出现在其两侧。

锢囚锋消亡后(21 时 02 时为例),北部冷气团热力性质趋于一致,随着冷空气堆积,开始逐步蔓延上南部高原地区,南部锋生,北部锋消。南部地面冷锋前,青海省南部北侧降水较为明显,青海省北部降水区域减弱。

5 结论

1)此次青海湖锢囚锋生成于 20 日 22 时—21 日 01 时,初始为冷式锢囚锋,西路更冷冷空气推动东路冷空气及其上空暖空气向东移动。至 21 日 14 时为其发展期,该时期为冷式转中性锢囚锋,东、西两路冷空气势力相当;21 日 20 时逐步减弱,东路冷空气增强推动西路冷空气向西移动,至与 22 日 02 时西路冷空气变性消失导致锢囚锋消亡,消亡阶段为暖式锢囚锋,生消过程维持时间约 24 h,影响空间尺度约为 400 km 左右,是一个 α 中尺度系统。

2)青海湖锢囚锋附近的降水首先出现于东、西两路冷空气相遇之前也有锋面抬升的地形辐合区域,相遇锢囚之后降水主要取决于被冷空气锢囚的暖空气抬升的高度及锢囚锋移动方向,一般对于冷式或暖式锢囚锋而言,出现在锢囚锋偏更冷冷锋一侧,而对于中性锢囚锋,降水则对称出现在地面锢囚锋线两侧一定距离之外的区域内,这个距离可能就是暖气团从地面沿两侧冷气团爬升至抬升凝结高度的在地面上的投影距离。各类锢囚锋地面锋线位置附近降水均较小。

3)风廓线雷达对此次锢囚锋演变过程具有较好的反应，边界层风向的转换对于锢囚锋的位置移动有较好的捕捉，且锢囚锋过境前后其上空冷暖平流的转换也符合锢囚锋的理论认知。

参考文献

[1] 孙庆伟．一次青海湖锢囚锋过程的分析[J]. 气象，1978，4(1)：3-4.

[2] 苗爱梅．河套锢囚锋带来的一次暴雪过程分析[J]. 山西气象，1993(4)：13-16.

[3] 庄英如．范永祥．对 1979 年 2 月 21—23 日河套锢囚锋的分析——与扈忠慈同志商榷[J]. 气象，1981，7(4)：14-16.

[4] 孙晓磊，易笑园，阿不都外力·阿不力克木，等．华北一次 β 尺度锢囚降雪特征分析[C]. 第 32 届中国气象学会年会——S1 灾害天气监测、分析与预报．2015.

[5] 许培贞．华北锢囚锋的一次个例分析[J]. 气象，1979，5(9)：6-8.

[6] 邓子风，纪良．塔里木盆地地形锢囚锋的成因及与天气的关系[J]. 新疆气象，1990(7)：26-29.

2017年3月30日暴雪过程分析和总结

郑志红　王志远
（海东市气象台，平安　810600）

摘　要：利用常规观测、数值预报产品及自动站等资料对2017年3月29—30日青海省东部地区大到暴雪天气过程的成因进行分析。结果表明，这次暴雪天气过程属于典型的蒙古横槽底部分裂短波槽携带冷空气下滑造成的暴雪类型，冷锋、地面中尺度辐合线以及500 hPa高原短波槽是造成此次大到暴雪的主要影响系统。由高原东部从云贵高原—四川盆地—甘肃南—青海省东部一支大尺度的低空急流带，将孟加拉湾的水汽向北输送到高原东北部地区，为降雪提供了主要的水汽输送。暴雪天气发生在低空急流出口区左侧。从500 hPa温度平流分布来看，强冷空气通过西路和西北路径影响青海省东部地区。大到暴雪区域位于高原低槽前部正涡度平流区，有利于低槽东移，近地面系统发展。过程前期，青海省东部700～300 hPa均为强烈的上升运动区，满足了低层辐合、高层辐散条件，有利于大到暴雪天气的产生。

关键词：暴雪，中小尺度系统，卫星云图，预报难点

1　天气实况

2017年3月29—30日青海省东部出现大范围的降雪天气，降雪集中出现在29日夜间，其中大通、互助、都兰、门源、海晏达到大到暴雪量级，大通最大积雪深度达10 cm。降水相态复杂，由雨转雨夹雪再转雪。具体降雪量及积雪深度实况见表1.2。

表1.2　降雪量及积雪深度实况

地区	降雪量/mm	积雪深度/cm
大通	10	10
互助	8	9
都兰	7	/
门源	6	3
海晏	6	8

2　成因分析

2.1　环流形势和天气系统

3日29日08时，中高纬度500 hPa上空为一槽一脊型，巴尔喀什湖—贝加尔湖一线为高压脊控制，东北—蒙古—新疆北部为一东西向横槽（图1.150a）。青海省处于横槽底部的偏西北气流中，蒙古横槽不断分裂、下滑冷空气影响青海省北部地区。700 hPa上，高原东部从云贵高原—四川盆地—甘肃南部—青海省东部有一低空急流水汽输送带（图1.150b）。冷暖空

气在青海省东部地区上空交汇,是形成此次区域性大到暴雪天气的主要成因。分析同时刻的200 hPa高空急流(图1.150c),降水区域位于高空急流入口右侧,这一区域的急流轴上由于有正的向偏东方向的加速度,导致在急流入口区出现由右向左的地转偏差,形成急流入口右侧的高空辐散区域,因此这一区域有上升运动。29日20时高压脊继续发展,横槽深厚且略有东移,在贝加尔湖地区形成一个−28 ℃的冷中心,在东北气流的引导下冷空气与短波槽前的西南暖湿气流在青海省东部交汇,造成大范围的雨雪天气。30日08时短波槽移出青海省,降水过程结束。

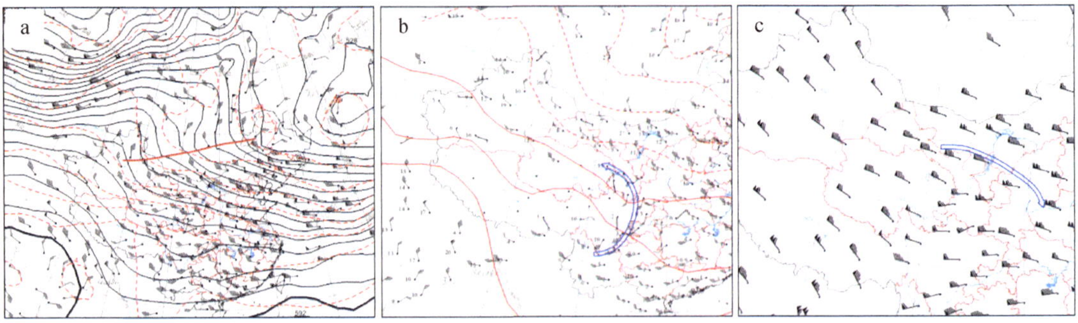

图1.150　3月29日08时500 hPa分析图(a)700 hPa水汽输送(b)200 hPa高空急流(c)

2.2　中小尺度系统

分析此次过程中的影响次天气尺度系统,主要是冷锋和地面中尺度辐合线(图1.151a)以及500 hPa高原短波槽(图1.151b)。29日冷空气分两路侵入,东路冷空气沿河西走廊东进,29日17时由河谷地带倒灌进入青海省东部,西路冷空气由柴达木盆地进入,29日17时与东路冷空气在青海省东部汇合。因此,随着冷锋和冷空气南下,提供了此次过程的动力条件和东部地区大到暴雪触发条件。分析500 hPa形势场,在甘肃西部至海西西部有横槽分裂的短波槽存在,另外,青海省东部的中尺度辐合线也于29日20时左右形成,降水落区主要在这中尺度辐合线附近,而东部河谷地形对东灌冷空气的地形辐合和抬升作用也不容小觑,大量级降水出现的位置基本集中在河谷地区的山区地带,尤其在湟水河谷地表现更为清楚。

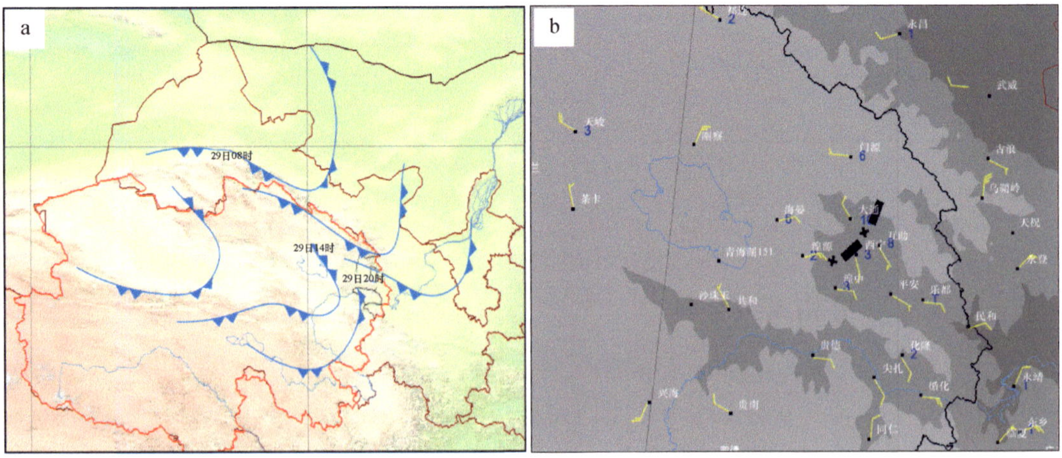

图1.151　3月29日08—20时地面冷锋动态(a)3月29日20时地面中尺度辐合线(b)

2.3　卫星云图特征

图 1.152 给出 FY-2E 卫星红外云图 TBB 的演变。在强的降水开始前，青海省南部有明显的带状云系存在，黄南南部、果洛、玉树有对流云系发展，其中在玉树曲麻莱—清水河—达日一线发展旺盛，云顶亮温为−61 ℃。青海省东北部地区有中低云覆盖，强度较弱。从地面降水情况来看，17 时开始在刚察、门源地区出现阵雪天气。29 日 15—20 时，云带主要呈东北—西南向，曲麻莱一带的对流云在东移过程中发展加强并有所北抬，于 16 时开始影响环湖地区，此时 TBB 极小值达到−33 ℃，青海省东部地区开始出现降水，至 19 时门源一带 TBB 极小值达到−41 ℃，降雪发生在 TBB 梯度大的区域。在此期间，门源的降水相态由雨转为雪。随着冷锋不断东移，云系强度有所减弱。29 日 20 时至 30 日凌晨有对流云系不断从曲麻莱至玛多一线生成，东移北抬影响东部地区，大通、互助、门源等地区降雪天气持续。至 30 日凌晨左右，云系主体移出青海省东部，降雪基本结束。

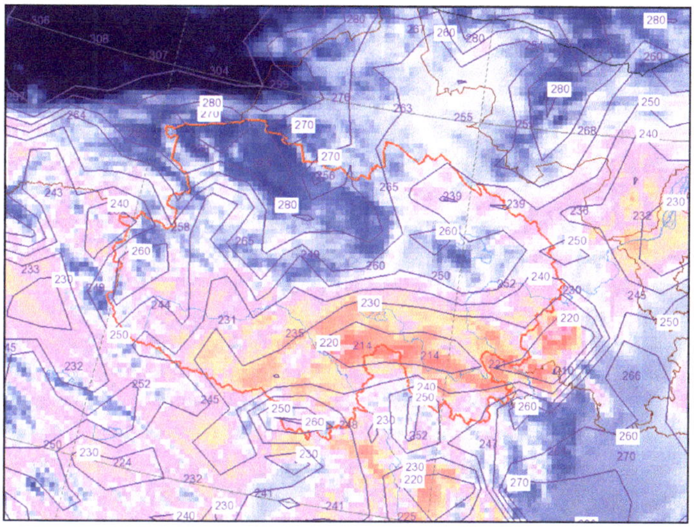

图 1.152　2017 年 3 月 29 日 16 时卫星红外云图 TBB(单位:K)

3　物理量诊断分析

3.1　水汽条件

降水的形成离不开水汽条件，要产生强降水天气，则需要源源不断的水汽输送[1-15]，使大气层湿度变大，大气中的水汽绝大部分集中在对流层中低层。分析 29 日 08 时 500～700 hPa 中低层风场和温度露点差可知，由高原东部从云贵高原—四川盆地—甘肃南—青海省东部一支大尺度的低空急流带，将孟加拉湾的水汽向北输送到高原东北部地区，为降雪提供了主要的水汽输送(图 1.153a)。从高低空急流位置配置看，发生暴雪的区域位于 300 hPa 高空急流入口区右侧，700 hPa 低空急流出口区左侧。500 hPa 高空系统自带水汽充足，露点温度差 $T-T_d \leqslant 2$ ℃，湿层深厚，为暴雪提供有利的水汽条件(图 1.153b)。29 日 20 时西宁探空站中低层的相对湿度明显增大，中层的湿度较低层饱和。空中有明显的偏南暖湿气流的水汽输送，而且高空水汽达到饱和，降雪时湿层均表现为上下贯通，而且湿层基本上要接地[2]。

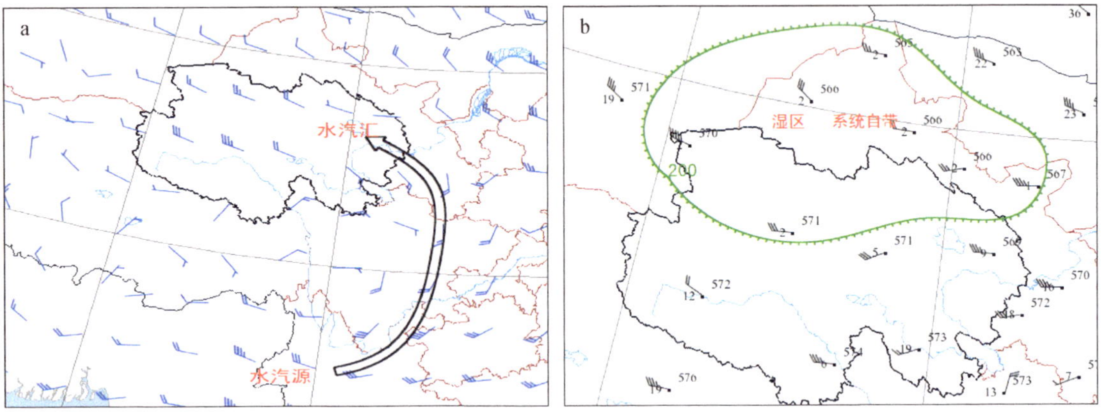

图 1.153　29 日 08 时 700 hPa 低层水汽通道(a)29 日 08 时 500 hPa$T-T_d$(℃)(b)

3.2　热力条件

这次大到暴雪过程发生在 500 hPa 高空槽转竖的过程中，温度槽落后于高度槽，槽后冷平流很强。过程前，26 日 20 时 500 hPa 形势场上，里海以东 60°～70°E 区域内为南北向的冷平流控制，中心强度为-32×10^{-4}℃ · s^{-1}，说明冷空气强盛，而新疆、蒙古、河西走廊至青海省东部一带为暖平流区。27 日 08 时，强冷平流区向东南方向移动并在咸海—巴尔喀什湖东西两侧分裂成两个冷平流中心，至 20 时冷空气前沿在新疆堆积。28—29 日，冷空气主力翻越天山，并与帕米尔高原东来的冷空气合并加强影响青海省。500 hPa 温度平流分布来看(图 1.154a，图 1.154b)强冷空气通过西路和西北路径影响青海省东部地区。29 日 20 时，随着高原槽东移，位于河西走廊西部至青海省西部的冷空气南下，在青海省东部出现的冷平流可以认为是影响东部地区的主要冷空气，强度为-24×10^{-4}℃ · s^{-1}。

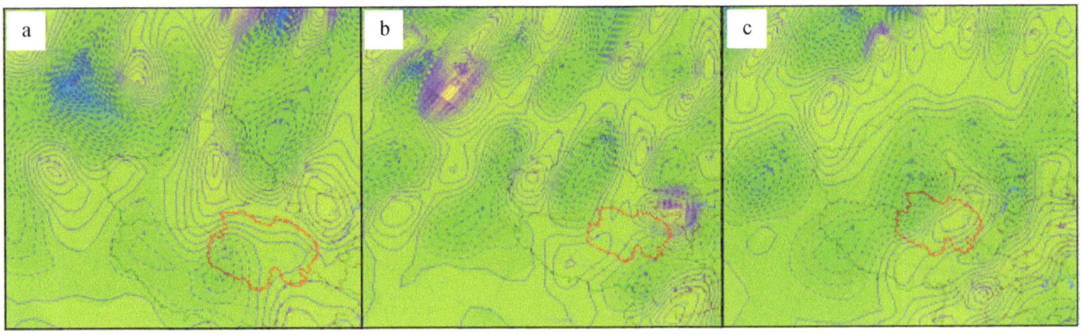

图 1.154　500 hPa 温度平流场(单位：10^{-4}℃ · s^{-1})
(a)26 日 20 时(b)27 日 08 时(c)29 日 08 时

3.3　动力条件

3.3.1　涡度平流

大到暴雪区域位于高原低槽前部正涡度平流区，有利于低槽东移，近地面系统发展。过程前，29 日 08 时 500 hPa 涡度场上，青海省中部有 $24\times10^{-4}s^{-1}$的正涡度区域。

3.3.2　垂直速度和散度

29 日 08 时沿 36°N 作剖面图垂直速度剖面图(图 1.155a)，过程前期 29 日 08 时大到暴雪区域 700～300 hPa 均为上升运动区(ω <－28 Pa·s^{-1})，上升运动强烈。青海省中东部为强的上升运动区(线条区域为都兰站，最大上升速度－40 Pa·s^{-1})。分析大通站 28 日 08 时—30 日 20 时的垂直速度剖面图可知，在 29 日 08—20 时大通站 700～200 hPa 均为上升运动区，20 时，强降水中心基本和 500 hPa 上升运动最大值中心基本吻合，上升速度为－28 Pa·s^{-1}。

采用 300 hPa 和 500 hPa 作为散度场特征场分析(图 1.155b)，由图可知：大到暴雪过程前期，青海省西部 500～300 hPa 为辐合层((－24～－30)×$10^{-5}$$s^{-1}$)，有利于上升运动发展。过程中，辐合区东移，青海省东部 500～300 hPa 为辐合层((－12～－20)×$10^{-5}$$s^{-1}$)。

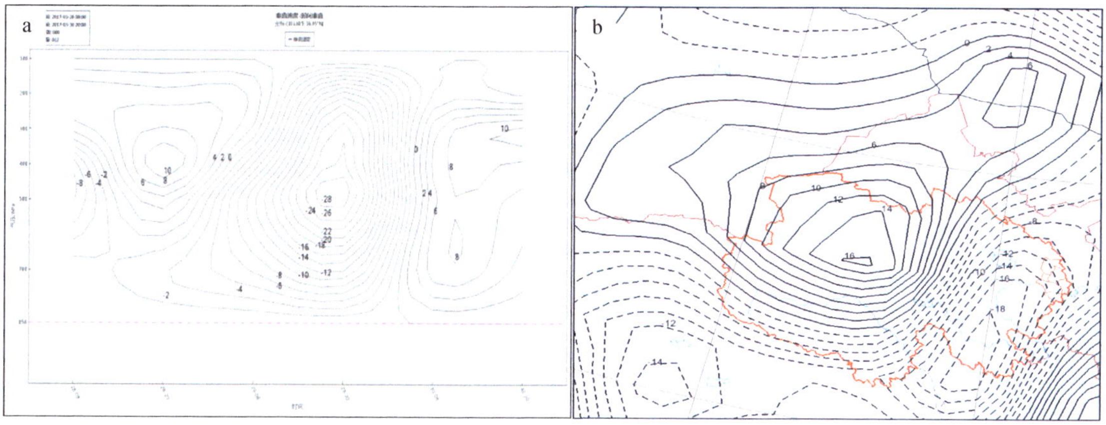

图 1.155　3 月 28 日 08 时—30 日 20 时大通站 ω 场(单位：Pa·s^{-1})剖面图(a)
3 月 29 日 20 时 500 hPa 散度场(单位：10^{-5} s^{-1})(b)

4　预报技术着眼点与难点

关注高空系统的移动和高低层系统的相互作用。这是一次典型的蒙古横槽底部分裂短波槽携带冷空气下滑造成的暴雪类型，预报时需要特别关注系统的移动变化和高低层的相互作用，槽前脊后的涡度平流使得低层低槽、地面冷高压、冷锋东移发展。

要关注 700 hPa 等温线移动引起的降水相态的变化。当 0 至－4 ℃线影响河西走廊到青海省北部地区时，需要注意雨、雨夹雪或雪的相态转化，同时考虑不同地区地形海拔高度等的影响，当地面温度达到 2～3 ℃时推断降水雨雪的转化。

5　结论

1)这次暴雪天气过程属于典型的蒙古横槽底部分裂短波槽携带冷空气下滑造成的暴雪类型，冷锋、地面中尺度辐合线以及 500 hPa 高原短波槽是造成此次大到暴雪的主要影响系统。

2)由高原东部从云贵高原—四川盆地—甘肃南—青海省东部一支大尺度的低空急流带，将孟加拉湾的水汽向北输送到高原东北部地区，为降雪提供了主要的水汽输送。暴雪天气发生在低空急流出口区左侧。

3)此次天气过程前，强冷平流从里海以东 60°～70°E 区域向东南方向移动并在咸海—巴尔喀什湖东西两侧分裂成两个冷平流中心，29 日，冷空气主力翻越天山，并与帕米尔高原的冷空气合并加强影响青海省。500 hPa温度平流分布来看强冷空气通过西路和西北路径影响青海省东部地区。

4)大到暴雪区域位于高原低槽前部正涡度平流区,有利于低槽东移,近地面系统发展。

5)过程前期,青海省东部700～300 hPa均为强烈的上升运动区,满足了低层辐合、高层辐散条件,有利于大到暴雪天气的产生。

参考文献

[1] 朱乾根,林锦瑞,寿绍文,等. 天气学原理和方法(第四版)[M]. 北京:气象出版社,2007:60-560.

[2] 叶更新. 多尺度天气分析理论和应用Ⅰ:基本原理和天气系统的本质[J]. 高原气象,2013,32(4):964-972.

[3] 王江山,李锡福. 青海省天气气候[M]. 北京:气象出版社,2004:225-260.

[4] 姚学祥. 天气预报技术与方法[M]. 北京:气象出版社,2011:80-155.

[5] 谢媛,罗英健. 3.29果洛州中南部大到暴雪天气成因分析[J]. 农家参谋,2017(24):140.

[6] 张青梅,马海超. 青海省高原东部初冬大到暴雪天气过程分析[J]. 现代农业科技,2017(16):175-178.

[7] 魏永亮,韩方听,张玉洁,等. 玉树地区"3.28-3.29"强降雪天气过程成因分析[J]. 青海气象,2017(1):45-48.

[8] 张玉洁,魏永亮,解文璇,等. 孟加拉湾风暴影响下玉树地区一次大暴雪天气过程分析[J]. 现代农业科,2017(2):196-197.

[9] 甄国赟. 海北门源地区两次极端暴雪天气过程对比分析[J]. 青海气象,2018(4):20-25.

[10] 姬菲菲,戴明晶,马宁,等. 2017年2月20—21日宁夏大到暴雪天气过程分析[J]. 现代农业科技,2018(24):214-215.

[11] 张俊兰,杨霞,李建刚. 2015年12月新疆极端暴雪天气过程分析[J]. 沙漠与绿洲气象,2018(5):01-09.

[12] 郑志红,王敏. 2014年4月10—11日泽库县暴雪天气过程分析[J]. 现代农业科技,2018(8):187-190.

[13] 赵占秀,邓永龙,王鹤,等. 2017年3月29—30日海晏地区大到暴雪天气成因分析[J]. 现代农业科技,2018(8):212-213.

[14] 李菲,封振杰. 2017年春季临夏地区暴雪天气过程分析[J]. 现代农业科技,2018(15):214-215.

[15] 姜万涛,洛桑卓玛,拥珠卓嘎. 西藏那曲地区东南部一次暴雪天气过程诊断分析[J]. 科技传播,2018,10(19):183-185.

2017年4月25日青南地区一次暴雪天气过程诊断分析

辛元瑜
（海南州气象台，共和　813000）

摘　要：利用常规气象观测资料、物理量诊断及卫星云图等资料对2017年4月25日青海省南部地区出现的大到暴雪天气过程的成因进行了分析。结果表明：1)降雪主要特征是降雪范围广、强度大，是青海省晚春季节较为罕见的一次大到暴雪过程；2)高原低涡东移配合其前部的暖式切变线是造成此次过程的环流成因；3)西南水汽的输送及辐合区域可能是大降水发生的区域，对于水汽条件、辐合区的分析尤为重要，对于西南暖湿气流控制区域中的暖区降水预报需进一步研究；4)西路径的冷空气偏弱时，重点分析偏东地区冷涡后部下滑的冷空气向西倒灌对青海省东部地区的影响；5)降水相态的复杂性和对应雨雪量级的不确定性需要在预报中多加考虑，0 ℃层高度下降，且低于抬升凝结高度是降水相态发生转换的主要原因，同时云中冰雪层厚度增长是降水相态转为纯雪的重要指标。此次降雪过程水汽、上升运动、气层温度低于0 ℃是预报的主要着眼点。

关键词：暴雪，高原涡，暖式切变，相态

引　言

暴雪是指24 h降雪量超过10 mm的降雪，是高原地区最常见的一种气象灾害天气。研究暴雪形成的机制对防灾减灾有着重要意义，尤其是春季暴雪。廉毅早在1986年就总结了我国大雪预报概况[1]，也有杨晓霞等[2]、赵斌等[3]、朱爱民等[4]、苗爱梅等[5]、张晓玲等[6]等专家对不同的暴雪天气影响系统和物理机制从不同层面进行了分析研究，另外也有保广裕等[7]、田成娟等[8]等对高原地区暴雪做了深入的研究。在以往的暴雪研究中，大多针对冬季暴雪，春季暴雪的分析较少，尤其像本次过程属于晚春暴雪。本文对2017年4月25日出现的暴雪进行动力、热力研究，对以后提高高原春季暴雪天气的预报准确率提供一定的参考。

1　降水实况

2017年4月25日08时—26日08时，青海省共有37个(国家级)站点出现降水，主要集中在青海省中东部地区，较大的降水主要出现在海南南部、黄南南部、果洛中部、玉树北部，10个站点(其中国家站点3个)达到暴雪以上量级，最大黄南州泽库宁秀乡赛日庆村降水量16.2 mm，其次是甘德15.8 mm(积雪深度为11 cm)，河南县的积雪深度也达到了12 cm。具体降水量和积雪深度见表1.3。

表 1.3 2018 年 4 月 25 日 08 时—4 月 26 日 08 时国家站点降雪量和积雪深度

	甘德	兴海	玛沁	河南	清水河
降雪量(mm)	15.8	15.1	12.0	8.9	8.5
积雪深度(cm)	11	8	6	12	4

2 大尺度环流形势

从 500 hPa 高空形势来看,中高纬为两槽一脊的环流形势,25 日 20 时(图 1.156),在蒙古高原西部地区有强大的高压脊。北疆地区有一个深厚的低涡系统维持。由于高压脊的阻挡,上游槽区冷空气堆积在吐鲁番盆地及河西走廊以西地区,东移南下不明显,偶有弱短波槽沿脊底部西风气流东移,影响青海省北部地区,但其影响强度和范围均较小。在高原南侧的 80°～100°E,30°N 地区有南支槽槽线稳定维持,这条南支槽从 25 日夜间一致维持到 26 日早晨。槽前西南气流一直源源不断向高原输送暖湿空气,南北气流在高原东南部交汇,在海南南部、黄南南部和果洛北部形成一个明显的高原低涡切变。在低层 700 hPa 形势上(图略)青藏高原地区有强大的低涡系统,在低涡配合下有明显的偏东南暖湿气流向青海省东南部地区输送,配合北部冷空气从而形成以上 3 个地区明显的暴雪天气,到 26 日 20 时随着青海省南部切变线东移南压,青海省东南部地区的降雪过程减弱并基本结束。总体而言,此次大到暴雪过程,高空主要影响系统为东移北抬的高原低涡切变线及其前部的西南暖湿气流。

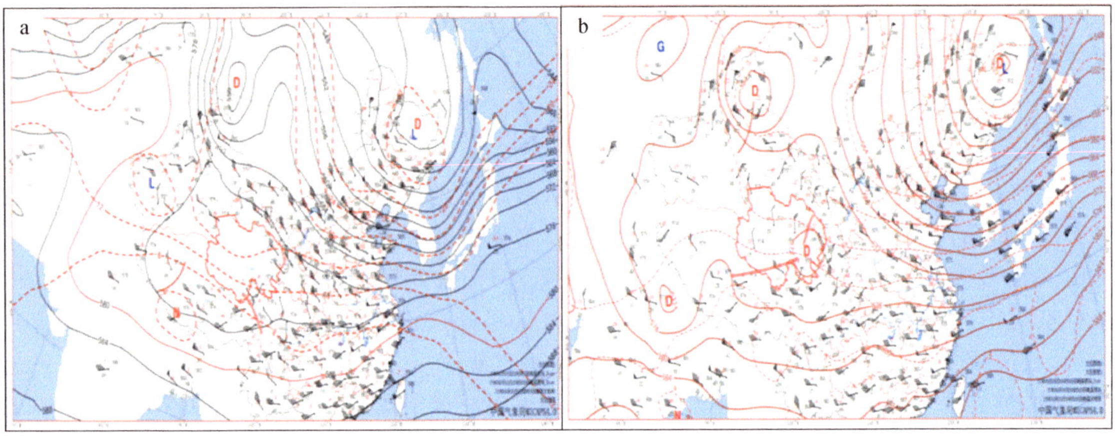

图 1.156 500 hPa 实况形势场演变(单位:dagpm)
(a)25 日 20 时(b)26 日 08 时

3 地面影响系统

从地面形势看,从 25 日夜间开始,青海省东部受东北部强大东北冷涡后部下滑向西扩散的冷空气影响,东部地区有弱冷空气进入。到 26 日白天(图 1.157a)青海省南部地区受西南暖湿气流北抬影响,有一个明显的地面暖中心(−4 ℃),位于果洛北部。在地面暖区以北的冷暖空气交交汇处,形成一个准东西向的冷暖空气辐合带(图 1.157b),而暴雪区(海南南部、黄南南部、果洛北部)正好位于地面辐合带一线附近。所以,此次过程地面主要影响系统为东北冷涡后部下滑并向西推进倒灌进入青海省东部河谷的近地层弱冷空气。

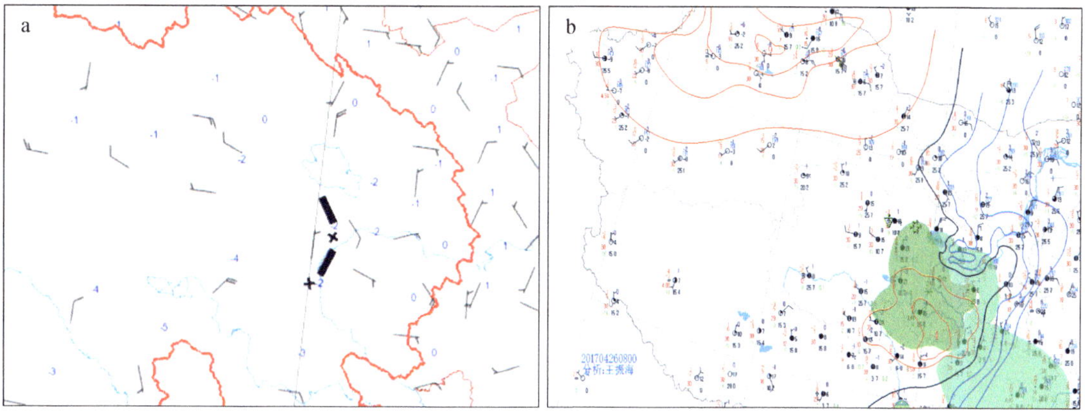

图 1.157　26 日 02 时地面图(a)08 时地面 ΔP_{24} 分析(b)(单位:hPa)

4　物理量诊断

4.1　水汽条件诊断

4.1.1　比湿场分析

降暴雪的基本物理条件有三个:水汽、上升运动、温度<0 ℃[9]的层结有利条件。源源不断的水汽供应,持续的上升运动及存在冷空气(或不稳定)触发机制是形成大(暴)雪的必要条件。有力的高低空急流合理配置,对水汽的输送和辐合有着至关重要的作用。从降水开始到结束,在青海省南部地区至四川盆地大部地区有一个比湿的大值区逐渐伸向青海省东部和南部地区,暴雪落区位于湿区梯度密集区,高原南部切变线南侧的西南气流和低层低涡东侧的偏东南气流将大量暖湿水汽输送到青海省东南部一带,随着冷空气东移,比湿的大值区也向高原东北侧延伸(图 1.158)。

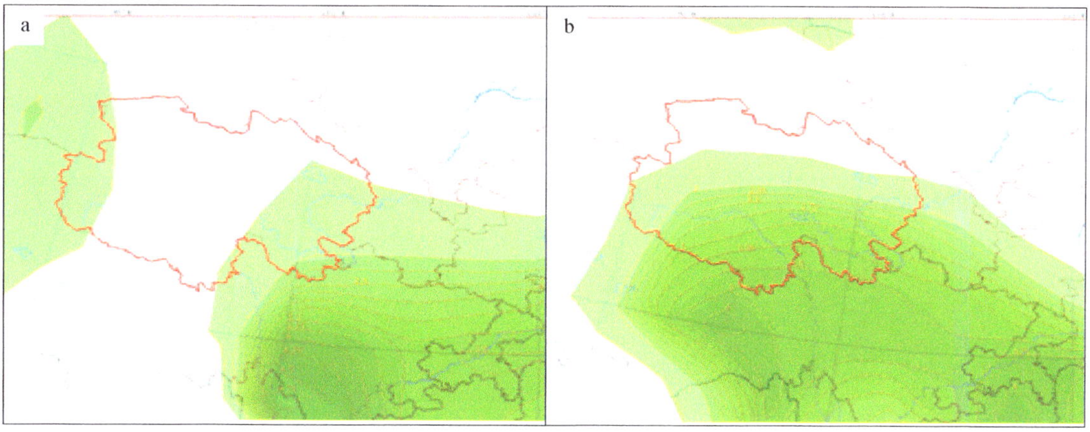

图 1.158　25 日 20 时(a)26 日 08 时(b)500 hPa 比湿场(单位:g · kg^{-1})

4.1.2　水汽通量散度场分析

从水汽通量散度场分析(图 1.159),25 日 20 时青海省水汽辐合不明显,到 26 日 08 时,随着降水落区缓慢东移,水汽通量散度的强辐合中心眼冷暖气流辐合带从四川向青海省东南部延伸,在暴雪落区有一个较强的水汽辐合中心，700 hPa 中心值为-12×10^{-7} g·cm^{-2}·hPa^{-1}·s^{-1}，但是在 500 hPa 上，由于偏南风弱，水汽辐合较 700 hPa 弱，为-4×10^{-7} g·cm^{-2}·hPa^{-1}·s^{-1}。由此可知，对于高原地区，对流层中层风速对水汽辐合有较明显的影响，对于降水中平流水汽的分析更多关注 700～600 hPa 的水汽源汇情况，当然，局地的水汽情况对于降水也有较明显的增幅作用。

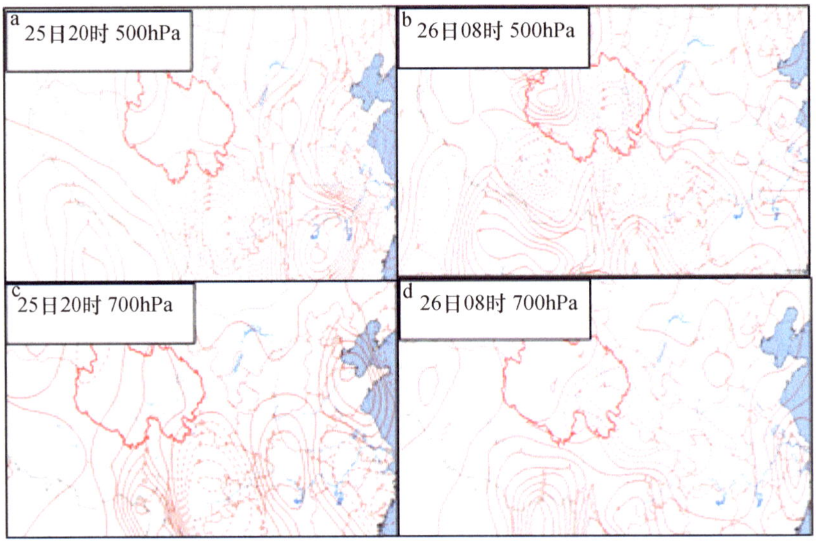

图 1.159　25 日 20 时—26 日 08 时 500 hPa、700 hPa 水汽通量散度场演变(单位：10^{-7} g·cm^{-2}·hPa^{-1}·s^{-1})
25 日 20 时 500 hPa(a)26 日 08 时 500 hPa(b)25 日 20 时 700 hPa(c)26 日 08 时 700 hPa(d)

4.2　动力条件

4.2.1　散度场

从散度场分析来看(图 1.160)，25 日 20 时整个青海省南部地区和青海省偏东地区中低层都存在辐合，500 hPa 最大辐合中心位于果洛南部，为-4×10^{-5} s^{-1}。700 hPa 海西东部、海南大部、果洛大部、黄南大部辐合明显(图略)，高层 200 hPa 配合有强辐散(图略)。到 26 日 08 时，辐合中心向青海省东南部移动，500 hPa 辐合中心在兴海且加强，为-10×10^{-5} s^{-1}，高层仍然有强辐散配合，导致兴海县降雪维持，在 26 日 14 时累计 6 h 降水量 5.6 mm。

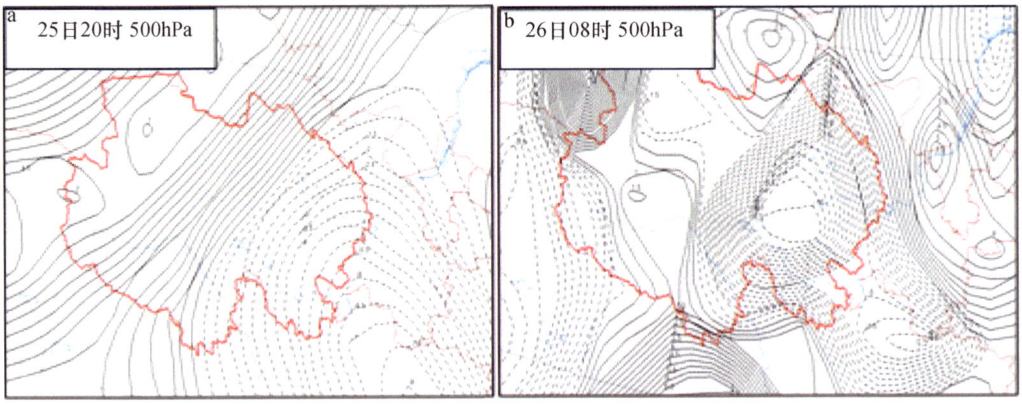

图 1.160　25 日 20 时(a)26 日 08 时(b)500 hPa 散度场(单位：10^{-5} s^{-1})

4.2.2 垂直速度场

从垂直速度场分析看(图略),在暴雪落区上空从低到高层对应了一个较强的垂直上升速度中心,中心值达$-4\ Pa \cdot s^{-1}$,较强的垂直上升运动促使中低层水汽不断被抬升,造成暴雪得以发展和长时间维持。

4.3 大气气层温度分析

选取南部达日站代表降雪区上空整层大气的温度分布状况,分析降雪过程中温度层结的演变情况(图 1.161)。4 月 25 日 20 时 0 ℃层高度与抬升凝结高度(597.3 hPa)接近,从低层到中层(600～400 hPa)风向顺转,有暖平流。冰雪层厚度(云中温度低于－10 ℃到饱和区顶高的部分为冰雪区)较薄。600 hPa 以上温度都低于 0 ℃,降水相态以雪为主。26 日 08 时,对流层中低层西南风增强,水汽通道打开,整个层结湿层深厚,0 ℃层高度下降,接近地面,低于抬升凝结高度(606.2 hPa),整层大气温度均低于 0 ℃,500 hPa 温度低于－10 ℃,湿层厚度增长至接近对流层的 1/4,说明降雪会持续。

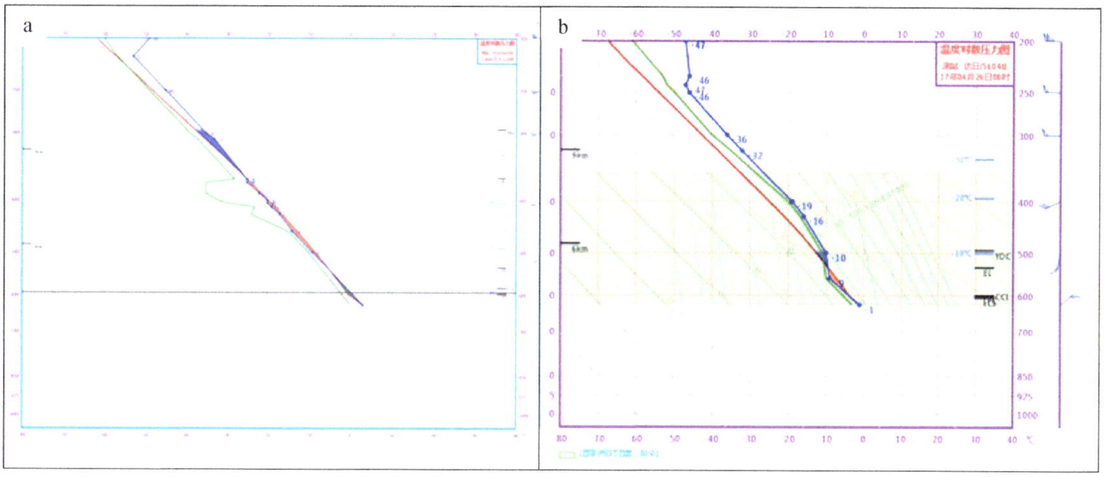

图 1.161 25 日 20 时(a)26 日 08 时(b)达日站(56046)探空曲线

5 卫星云图分析

分析 FY-2C 卫星红外云图上 TBB<－32 ℃及其对应后 6 h 降水量之间自 25 日 20 时—26 日 14 时的对应演变情况,如图 1.162 所示。在 25 日 20 时,红外云图上 TBB<－32 ℃的区域主要位于青南地区,降水主要出现在小唐及果洛中北部地区,较强的降水主要出现果洛北部玛沁地区,基本处于红外云图 TBB<－32 ℃的前侧梯度大值区域;至 26 日 02 时,TBB<－32 ℃的区域明显扩大且东移北抬,降水强度也逐步增大,较大降水也基本出现在 TBB<－32 ℃的前侧梯度大值区域;02—08 时为降水最强时段,海南南部等地降水强度较大,较强降水也同样出现在 TBB<－32 ℃的前侧梯度大值地区。08—14 时降水强度减弱,全省降水趋于停止。总体而言,此次降水过程中 TBB<－32 ℃的前侧(东南侧)梯度大值区域和其后期出现较大降水区域较为对应,需要更多的个例来总结和凝练相关的预报指标。

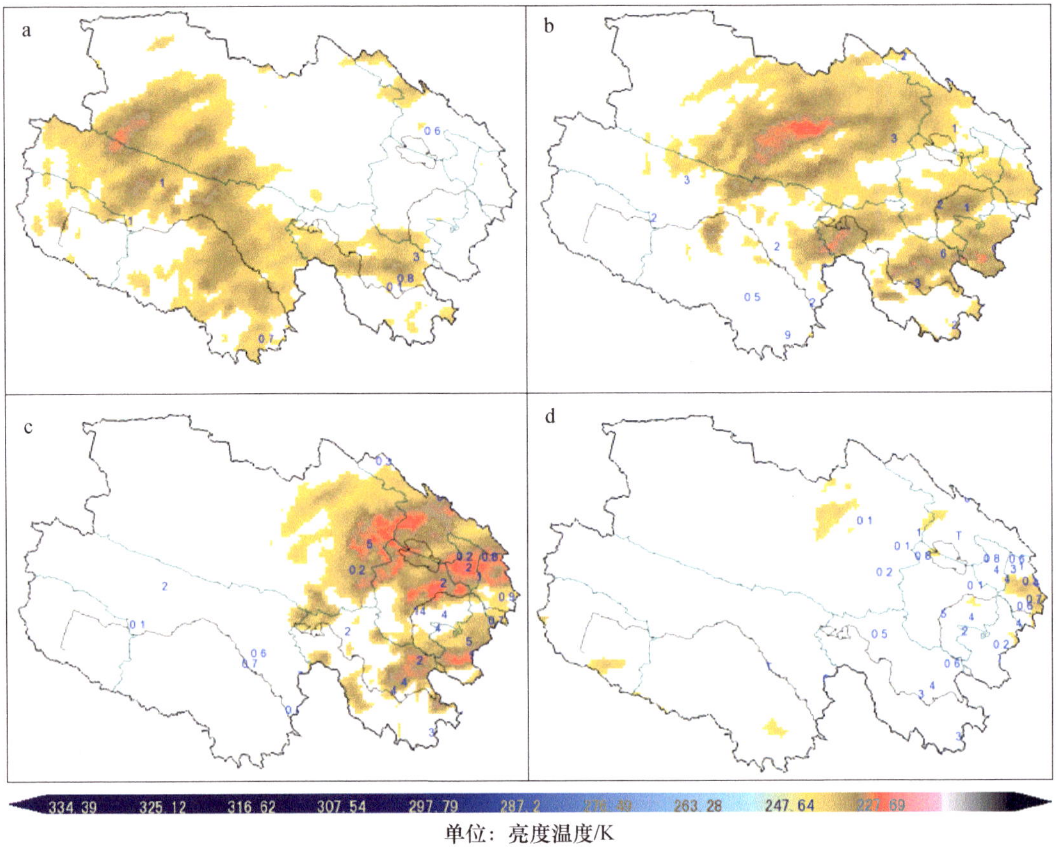

图 1.162　FY-2C 红外云图 TBB＜－32 ℃区域和后 6 h 降水量对应关系分析

(a)25 日 20 时(b)26 日 02 时(c)26 日 08 时(d)26 日 14 时

6　地形影响

造成此次青海省南部地区降水天气过程的原因，除了大气环境场的原因外，也与地形有一定的关系。青藏高原海拔高、地形复杂。南支槽从青南高原移至海南南部，由于高原地区地形高，进入海南南部等地后，海拔降低，根据绝对涡度守恒定律，涡度增强，引起气旋性涡度增大，加强了低涡的发展。同时，大地形山脉的阻挡使得海南南部处于阿尼玛卿山脉背风地带，地形背风波的纵向振荡横向传播可能对于该地处于大范围西南暖湿气流中时降水的增强也有一定增幅作用，但其具体贡献需要进一步模拟和诊断。

7　总结

1)此次降水主要影响系统是高原低涡东移，其前部的暖式切变线造成海南南部、黄南南部、果洛中部的大到暴雪，是一次典型的低涡暖式切变的大降雪过程。

2)春季大到暴雪过程和南部系统的活动情况密切相关，西南水汽的输送及辐合区域可能是大降水发生的区域，对于水汽条件、辐合区的分析尤为重要。

3)季节转换时期，降水相态的复杂性和对应雨雪量级的不确定性需要在预报中多加考虑。

4)西路径的冷空气偏弱时，可以分析考虑看东北冷涡后部下滑的冷空气对青海省的影响。

5)对于西南暖湿气流控制区域中的暖区降水预报需进一步研究。

6)0 ℃层高度下降，且低于抬升凝结高度是降水相态发生转换的主要原因，同时云中冰雪层厚度增长是降水相态转为纯雪的重要指标。

7)此次降雪过程水汽、上升运动、气层温度低于 0 ℃是预报的主要着眼点。

参考文献

[1] 廉毅．我国大雪预报研究概况[J]．气象科技．1986(3):35-37.

[2] 杨晓霞，吴炜，万明波，等．山东两次暴雪天气的对比分析[J]．气象，2012，38(7):868-876.

[3] 赵斌，赵萃萍，闫巨盛，等．河北两次大(暴)雪过程对比分析[J]．气象科技，2010，38(3):281-288.

[4] 朱爱民，寿绍文．一次冬季暴雪过程锋生次级环流的诊断分析[J]．南京气象学院学报，1994，17(2):183-187.

[5] 苗爱梅，贾利东，李智才，等．"091111"山西特大暴雪过程的流型配置及物理量诊断分析[J]．高原气象，2011，30(4):969-981.

[6] 张小玲，程麟生．"96.1"暴雪期中尺度切变线发生、发展的动力诊断 i:涡度和涡度率诊断[J]．高原气象，2001，19(3):285-294.

[7] 保广裕，戴升，马林，等．2002 年高原春秋两次暴雪天气过程分析[J]．青海环境，2004(1):5-7+11.

[8] 田成娟，魏国财．2011 年 4 月 6—7 日青海东部地区大到暴雪天气过程预报[J]．青海气象，2012(3):35-37+41.

[9] 姚学祥．天气预报技术与方法[M]．北京:气象出版社，2011.

第二部分
大到暴雨天气

大到暴雨天气概述

青海省大到暴雨天气过程具有短时、局地、突发、降水强度大、且大多集中在夜间的特点，致灾性强。青海省大到暴雨天气主要发生在黄河谷地、湟水河谷地、环湖地区、黄南、海南、海西东部以及果洛东部地区。发生频率相对较多的台站有湟中、大通、互助、湟源、同仁、久治及河南县。其中，湟中平均每年出现 2.4 次大雨以上天气过程，为全省之最，大通则以 145 mm·$(24\ h)^{-1}$的日降水量保持了全省国家站单日降水量记录。柴达木盆地是大到暴雨天气发生相对较少的区域，但随着高原暖湿化进程的加剧，最近几年也有接近大雨量级降水天气过程发生，屡破历史记录。从大到暴雨出现的时间变化特征看，近 10 年青海省暴雨天气过程平均为每年 1～2 次(国家站)左右。从发生月份来看，主要发生在 5—9 月，其中又以 7—8 月尤为集中，7 月发生频次为全年最多(41.1%)，其次为 8 月份(28.8%)。就发生的时间来说，80%的大到暴雨天气过程发生在夜间，夜雨特征明显。

青海省大到暴雨天气过程的发生主要是副热带气团为代表的暖气团和西风带波动中的冷气团交汇造成的，也有副热带气团之间的动力扰动形成的。主要影响系统有西太平洋副热带高压、伊朗高压、青藏高压、南亚高压、西风带系统、高原系统以及地面中尺度系统，根据各系统之间的配置，基本分为副高东退型、两高切变型、副高稳定型、副高西伸型以及低涡切变型。在青海省大到暴雨天气的环流形势舞台上，除了两高切变型和低涡切变型中西太平洋副热带高压的作用不占主导外，其他 3 种类型基本可以说是西太平洋副热带高压的专场独舞，虽然一般会有西风带小波动或其他类型属性相对偏冷的气团的助演，但总体来说，西太平洋副热带高压一般是舞台的主角，故一般也将副高稳定型、东退及西伸型统称为副高边缘型。相对来说，两高切变型则是西太平洋副热带高压和另一舞伴伊朗高压或青藏高压的双人舞，而低涡切变型西太平洋副热带高压一般则会变成远程遥控、幕后主使一类的角色，但这种类型相对较少。下面就这几种类型做简要概述。

副高东退型一般是较强西风槽东移南压，导致西太平洋副热带高压东退南落，前期副高控制区域内储存的大量近地层能量配合副高西侧暖湿气流的持续输送，在西风槽携带的冷空气抬升下，触发强降水，一般前期以对流性短时强降水为主，后期逐渐转为稳定性降水，降水主要发生在副高东退区域。此类型暴雨预报着眼点有：①前期副高控制时间的长短；②副高东退的具体时间和影响区域；③副高外围环流水汽的输送通量；④西风槽强度及地面冷空气强度。

两高切变型一般是西太平洋副热带高压和东伸的伊朗高压或者本地发展起来的青藏高压在青海省东部地区形成对峙，有时候在 500 hPa 等压面上 588 dagpm 线会连接在一起，但分析环流风场，大部分具有明显的两个反气旋中心存在，一个在高原或以西，一个在高原以东的东部地区。这种类型暴雨的主要原因是西太平洋副热带高压西侧的偏南暖湿气流和伊朗高压(或青藏高压)东北部的偏西北气流在两高压之间形成较强的动力切变，虽然热力对比不是很强，对流性质略弱，但强劲的动力抬升和稳定的天气尺度系统维持使得降水时间较长，在两高之间的切变区域产生较强降水。此类型暴雨预报着眼点有：①两高之间的切变动力强度(偏北风和偏南风的风速大小)；②伊朗高压东北部西北气流中的温度平流大小(决定降水过程中的对流降水比例)；③副高西侧外围环流中的水汽输送通量。

副高稳定型大到暴雨天气发生前，一般西风带槽脊强度较弱，没有较强西风槽的打压，西太平洋副热带高压较为稳定维持或者南北东西小幅振荡，此时若有弱西风带短波槽东移，地面弱冷空气或者外围触发的强对流雷暴出流冷池进一步东移南压锲入副高低层，触发副高控制区域内的高温高湿能量，形成局地的强对流天气，此种强对流一般属于准正压类的强对流天气，降水性质以对流性为主，局地性强，强度大，预报难度较大，一般发生在副高586 dagpm和588 dagpm线之间甚至588 dagpm线内部。此类型暴雨预报着眼点：①副高控制时间的长短，是否储存了较强的能量(地面温度、比湿等)；②是否有弱西风槽东移并伴随地面弱冷空气，或者雷暴出流冷池向副高内部渗透；③副高是否强势维持甚至略加强。

副高西伸型大到暴雨天气环流形势一般是西风带槽脊有一定强度但移动缓慢或者还处于新疆东部地区，此时若西太平洋副热带高压强势西伸，和逐渐东移的西风槽在青海省东部地区迎头相遇，会导致青海省东部地区产生较强暴雨，此类型暴雨一般发生在副高588 dagpm线附近或者偏向西风槽一侧的区域，对流性质和大尺度降水性质均较强，降水时间会与西风槽强度和副高西伸维持时间有关。此类型暴雨预报着眼点：①西风槽的位置和强度及其引导的地面冷空气强度；②西太平洋副热带高压西伸北抬的区域和时间；③副高西侧外围环流中的水汽输送通量；④前期西伸区域是否有一定的能量积累。

相对前面4种和副高有密切关系的大到暴雨天气形势，低涡切变型发生频次较少，影响区域和降水强度等均较弱，但在副高尚未影响到青海省的初夏或者副高被台风等热带系统所阻断的时候，高原系统(主要是高原涡、高原切变线)往往成为青海省大到暴雨天气过程的主角。这类形势预报着眼点：①高原涡或者高原切变线的强度和路径；②北支西风带短波槽的位置和影响区域；③高原系统南部是否有南支系统增强水汽源；④高原东侧是否有低空(700 hPa)偏南气流发展。

2007年8月25日青海省东部一次副高东退型强降水过程分析

赵 娟 谢启玉 余学英
（西宁市气象台，西宁 810001）

摘 要：利用常规气象资料对2007年8月25日青海省东部的大到暴雨过程进行了诊断分析，得出：1）此次过程是由于500 hPa西太平洋副热带高压东退、高空短波槽东移引导冷空气南下，冷暖空气在青海省东部交汇造成的一次对流性强降水天气。2）500 hPa西太平洋副热带高压边缘的西南风、700 hPa偏东风和地面偏东风输送的充沛水汽与西风槽自带水汽在青海省东部汇聚，其中，西南风输送的孟加拉湾水汽是此次过程最主要的水汽来源，为青海省东部供给暖湿水汽和能量。过程中水汽通量辐合主要集中在500～700 hPa。150 hPa南亚高压的分流区位于青海省东部上空，加强了低层辐合上升，强上升运动伸展至400 hPa。低层水汽辐合同时伴有强上升运动，为强降水的发生发展提供了有利的水汽和动力条件。3）地面辐合线和青海省东部河谷地形提供触发机制，强降水出现在辐合线左侧；青海省大降水多出现在东部地区，这与青海省东部河谷地形的抬升和辐合作用以及中小尺度系统活动密切相关。

关键词：西太平洋副热带高压东退，短时强降水，地面辐合线

1 天气实况

2007年8月25日由于西太平洋副热带高压东退在青海省东部出现了一次区域性大到暴雨天气，甘肃和陕西也出现了大雨和大暴雨。强降水主要集中在25日20时—26日02时，地面资料显示8月25日08时—26日08时有3个测站降水量超过50 mm，8个测站降水量达到大雨量级，最大降水量西宁站80 mm。此次降水过程具有以下4个特点：①大到暴雨落区集中在青海省东部地区，雨带沿副高外围呈东北—西南向分布；②过程中多个测站伴有雷电，以对流性强降水为主，西宁站的最大雨强28 mm・h^{-1}（图2.1）；③24 h内在青海省东部有多个中尺度雨团活动，并持续影响约6 h。④青海省地势复杂，西高东低，东部多为海拔较低的河谷地带，地形抬升和辐合作用有助于上升运动的维持发展[1]，对降水增幅作用显著，大降水多出现在中东部地区，与其复杂的下垫面及中小尺度系统活动密切相关。

2 环流背景

此次青海省东部的大到暴雨天气发生在8月下旬西太平洋副热带高压南北摆动时期。8月25日08时500 hPa西太平洋副热带高压呈尖头块状，强度强，达到596 dagpm，其北界位于40°N，西伸脊点位于90°E附近，588 dagpm线到达青海省中部，12 m・s^{-1}的西南风向青海省东部输送孟加拉湾的暖湿气流，西太平洋副热带高压和中东高压形成的切变线在95°E附近。同时，巴尔喀什湖低槽分裂的短波槽东移引导冷空气南下。到20时西太平洋副热带高压由92°E东退至97°E附近，切变线东移至青海湖附近，青海省东部处于副高边缘强盛的西南气

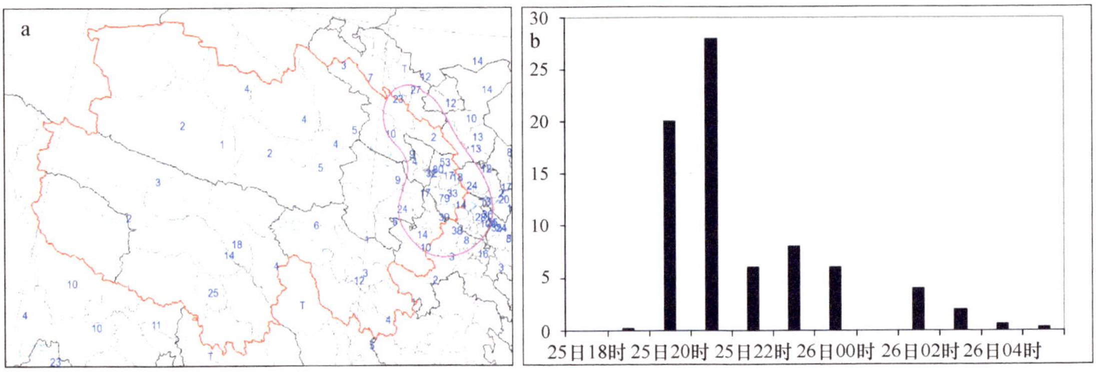

图 2.1　2007 年 8 月 25—26 日青海省 24 h 降水量(mm)(a)和西宁站逐小时降水量(mm)(b)

流中,风场辐合明显(图 2.2a)。巴尔喀什湖冷槽随之东移,冷暖气流在青海省东部交绥,从而导致了此次强降水天气。25 日 08 时 700 hPa 青海省东部由暖区控制,20 时随高空槽东移,偏北气流和东南气流在青海省东部汇合,东南风风速 6～10 $m \cdot s^{-1}$,向青海省东部输送南海的水汽(图略)。从温度场看,700 hPa 和 400 hPa 的温差达 24 ℃。高空 200 hPa 西风急流入口区右侧的辐散区(图 2.2b)位于青海省东部上空,利于中低层低值系统发展和低层辐合上升运动加强维持[2]。

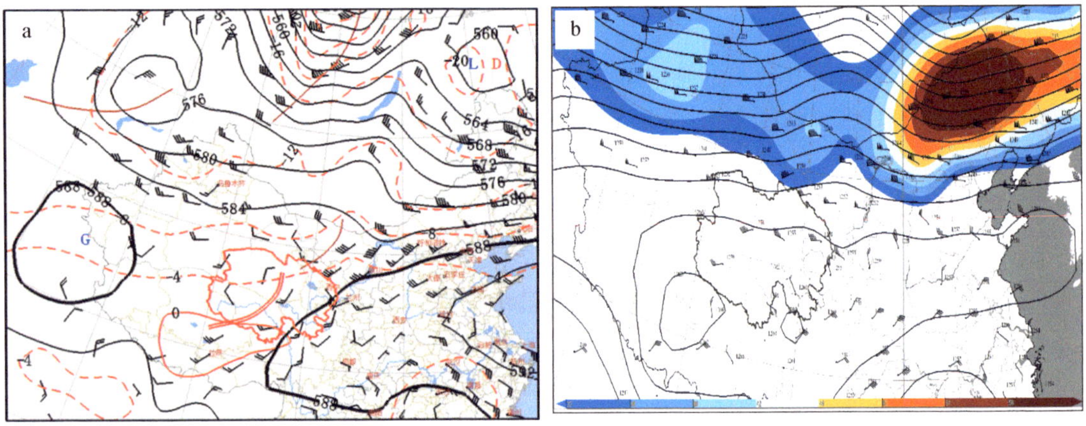

图 2.2　8 月 25 日 20 时 500 hPa 和 200 hPa 高空形势

(a)8 月 25 日 20 时 500 hPa 高空形势(b)25 日 20 时 200 hPa 高度场和风场(阴影区风速≥30 $m \cdot s^{-1}$的高空急流)

3　强降水成因分析

3.1　水汽条件

充沛的水汽供应是强降水发生的首要先决条件,从不同时间水汽通量的空间分布得出(图 2.3),25 日 500 hPa 上在孟加拉湾、东南部洋面、四川盆地至甘肃一线和巴尔喀什湖附近有水汽通量大值中心,而青海省北部西风带系统的水汽通量较弱。700 hPa 在西藏东南部—青海省一线和南海存在水汽通量大值中心,水汽输送明显。结合流场可以看出,此次过程中有 3 支水汽通道,一支是中层(500 hPa)来自孟加拉湾的西南暖湿气流;另一支是中低层(500 hPa 和 700 hPa)在副高东南部的偏南暖湿气流将南海的水汽经四川盆地和甘肃输送到青海省东部;

第三支是中层西风带系统携带的水汽。从图 2.3 还可看出在 500 hPa 和 700 hPa 西藏东部存在水汽通量大值中心，500 hPa 比湿在 5～7 $g \cdot kg^{-1}$，说明高原及附近地区在青海省东部的水汽输送中起着重要作用[3]。

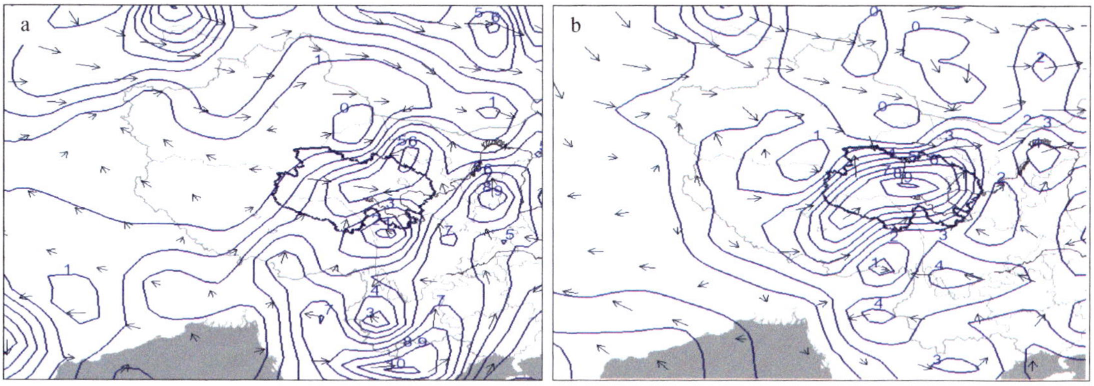

图 2.3 8 月 25 日 08 时 500 hPa(a)20 时 700 hPa(b)水汽通量(单位：10^{-2} $g \cdot cm^{-1} \cdot hPa^{-1} \cdot s^{-1}$)和流场(黑色箭头)

水汽通量散度决定一个地区水汽的辐合与暴雨的发生和维持[1]。从图 2.4 看出，8 月 25 日 20 时在西南和偏南水汽通道上有水汽向大到暴雨区辐合，青海省东部中低层(500 hPa 和 700 hPa)都存在水汽通量强辐合中心，强降水区基本与水汽辐合中心相对应。500 hPa 在孟加拉湾至青海省一线有显著水汽辐合，辐合中心达 -8×10^{-8} $g \cdot cm^{-2} \cdot hPa^{-1} \cdot s^{-1}$。北部有一较弱的 -4×10^{-8} $g \cdot cm^{-2} \cdot hPa^{-1} \cdot s^{-1}$ 水汽辐合中心，这证明了来自偏西路径的水汽输送。700 hPa 从南海经四川盆地到青海省东部存在水汽辐合中心。雨区外围的水汽辐散区为水汽向雨区集中提供了有利环境场。

25 日 500 hPa 副高边缘的西南气流和 700 hPa 的偏南气流为青海省东部提供充沛的水汽。比湿场上 25 日 20 时 500 hPa 青海省东部的比湿在 5～6 $g \cdot kg^{-1}$，700 hPa 在 9～10 $g \cdot kg^{-1}$，西宁的比湿分别为 6 $g \cdot kg^{-1}$ 和 10 $g \cdot kg^{-1}$。

通过上述分析看出，来自孟加拉湾的西南气流是此次强降水过程中最主要的水汽来源；南海水汽次之，突显了低纬地区的活动对中高纬的影响[4]；西风槽携带的水汽最弱。这也说明了大尺度系统的水汽输送和辐合是产生强降水的必要条件[4]。

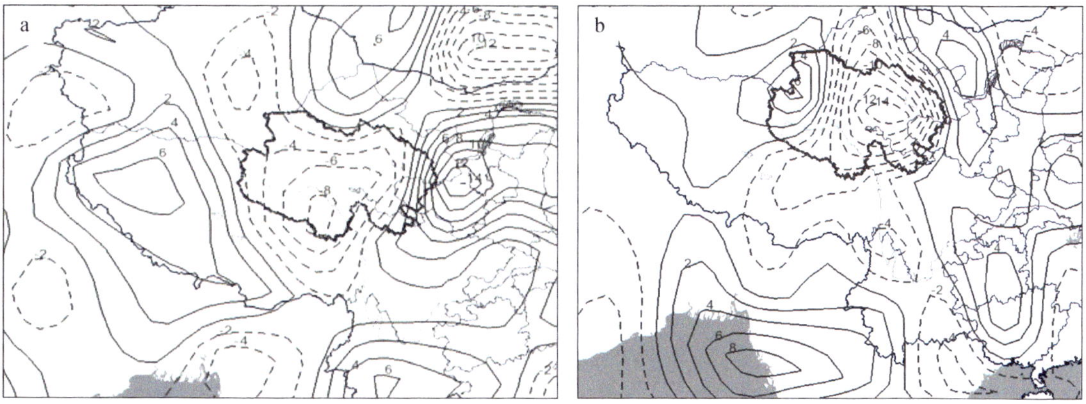

图 2.4 8 月 25 日 20 时 500 hPa(a)700 hPa(b)水汽通量散度场(单位：10^{-8} $g \cdot cm^{-2} \cdot hPa^{-1} \cdot s^{-1}$)

3.2 不稳定条件

图2.5是西宁站25日08时探空(a)和14时订正探空图(b),可以看出此次过程中西宁站探空曲线呈“高瘦型”的典型强降水分布形态,上干下湿,湿层厚度达4 km(700~400 hPa)。08时西宁的不稳定能量CAPE为117 J·kg^{-1},沙氏指数*SI*为0.22 ℃;利用25日14时气温和露点温度订正后,CAPE达到1600 J·kg^{-1},说明午后西宁地区大气层结强不稳定。从风场垂直分布来看,过程中西宁地区中低层为显著暖平流;0~6 km垂直风切变弱,利于对流云维持和降水持续。同时,0 ℃层到LCL高度高,暖云层厚,降水效率高,利于短时强降水发生。

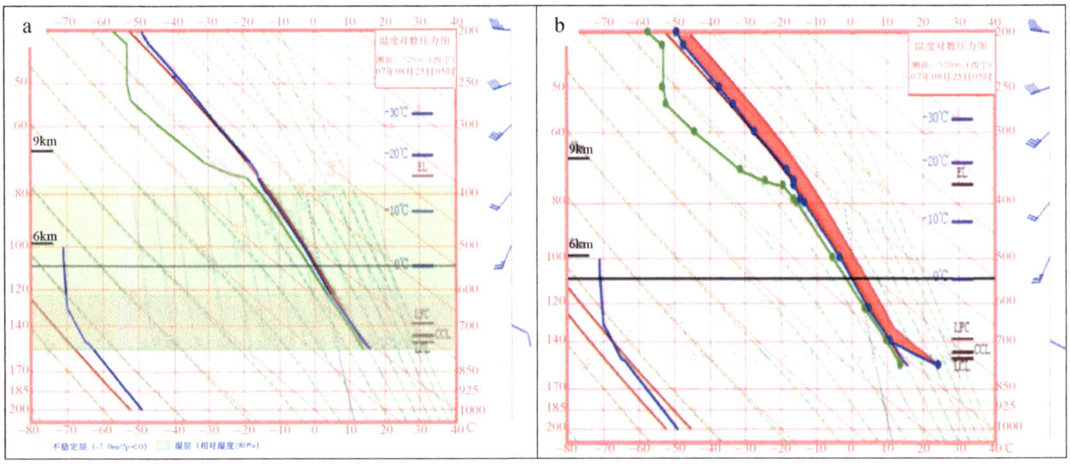

图2.5 西宁站8月25日08时(a)14时(b)T-ln$P$图

图2.6是25日20时500 hPa(a)和700 hPa(b)假相当位温的空间分布。500 hPa青海省东部处于副高边缘,因此,青海省东部有θ_{se}≥74 ℃的高能舌,青海省东南部有θ_{se}=78 ℃的大值中心,西宁地区处于大于74 ℃高能舌中。700 hPa青海省东部受东南气流影响,因此,有大于等于76 ℃的高能舌东南—西北向伸展至青海省东部。从700 hPa和500 hPa θ_{se}的垂直分布看出,过程中西宁地区$\frac{\partial \theta_{se}}{\partial z}<0$,说明大气处于对流不稳定状态,利于强对流天气发生。孙继松[5]等指出暴雨的环流模式和中纬度斜压区有关,暴雨主要产生在斜升大尺度暖湿气流中,这支气流由于位势不稳定存在,在上升过程中不断产生对流活动。加之前期青海省东部由副高控制,地面上也积累了一定的能量。过程中孟加拉湾和南海的暖湿气流为青海省东部供给暖湿水汽和能量,不仅使暴雨区上空湿层增厚,还加强了大气层结不稳定。

3.3 动力条件分析

图2.7给出了西宁涡度(图2.7a)和垂直速度(图2.7b)剖面图。从涡度场可以看到,25日包括西宁在内的青海省东部处于副热带高压边缘,提供了有利的动力抬升条件。500 hPa都兰附近存在1.7×10^{-5}s^{-1}的正涡度中心,200 hPa青海省东部涡度小于−5.4×10^{-5}s^{-1},西宁−5.6×10^{-5}s^{-1},高层负涡度,涡度场的高低层配置利于地面系统发展。垂直速度场上25日08时从低层700 hPa到高层100 hPa都是强上升运动,强中心在500 hPa,青海湖附近上升运动中心达−22 Pa·s^{-1},西宁地区为−14 Pa·s^{-1}。丁一汇等[6]的研究表明强降水时期低层

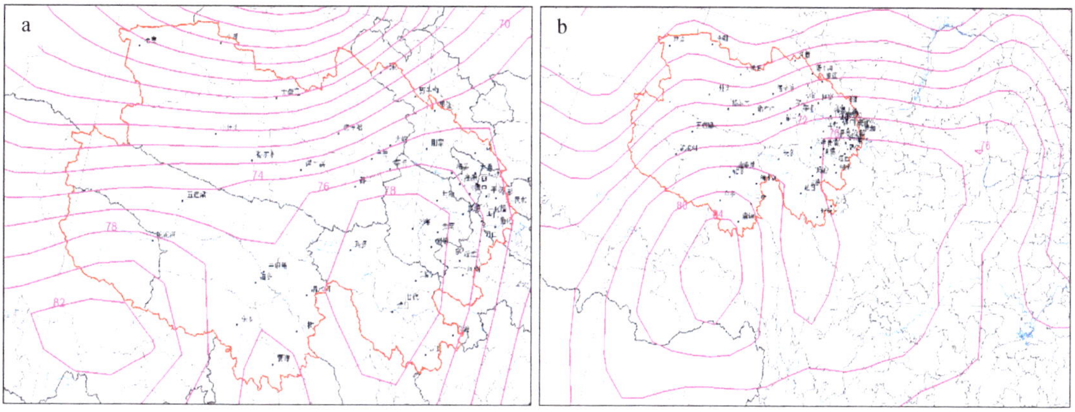

图 2.6　8 月 25 日 08 时 500 hPa(a)700 hPa(b)假相当位温(单位:℃)

强烈的水汽辐合同时伴随强烈的上升运动,为强降水的发生发展提供了有利的水汽和动力条件[4]。

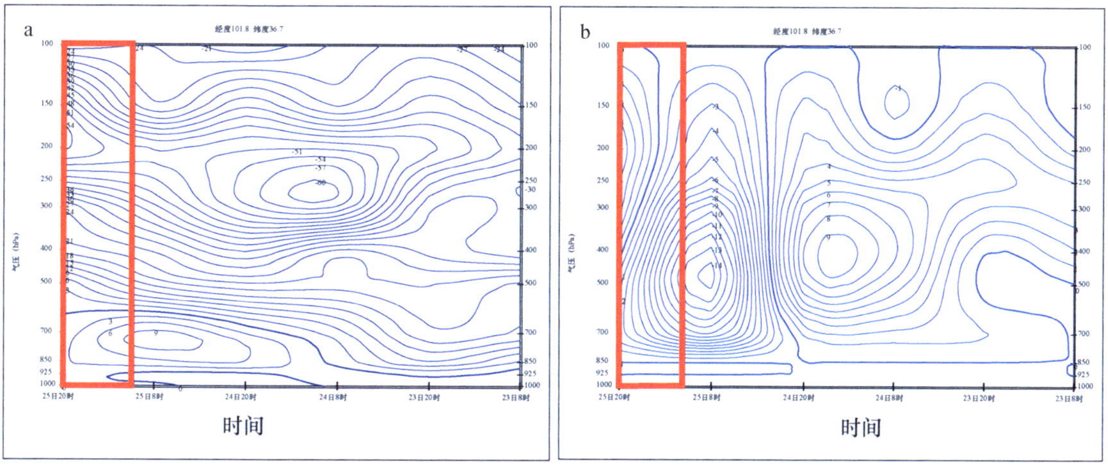

图 2.7　8 月 25 日 20 时西宁涡度(单位:$10^{-5}\ s^{-1}$)(a)垂直速度(单位:$Pa \cdot s^{-1}$)(b)剖面图

3.4　触发机制分析

分析此次降水天气的触发机制,25 日 14 时以后地面上从西宁到互助一线形成东北风与东南风两股气流在青海省东部交汇形成辐合线,并维持约 5 h(图 2.8)。结合青海省东部的地形和降水量,看出强降水出现在辐合线左侧。从图 2.9 可以看出 25 日午后地面上东部的民和、平安等地的温度和露点温度均高于西宁。偏东风将东部较高的热量和水汽输送到西宁地区,增强了地面的温湿能量,降水开始前(17 时)到降水发生(20 时),西宁地区的露点由 12 ℃增加至 15 ℃,强降水出现之后露点温度又减小。青海省大降水多出现在东部地区,这与青海省东部河谷地形的抬升和辐合作用以及中小尺度系统活动密切相关。

综上,地面辐合线和河谷地形辐合的共同作用,触发了此次青海省东部的强降水天气。

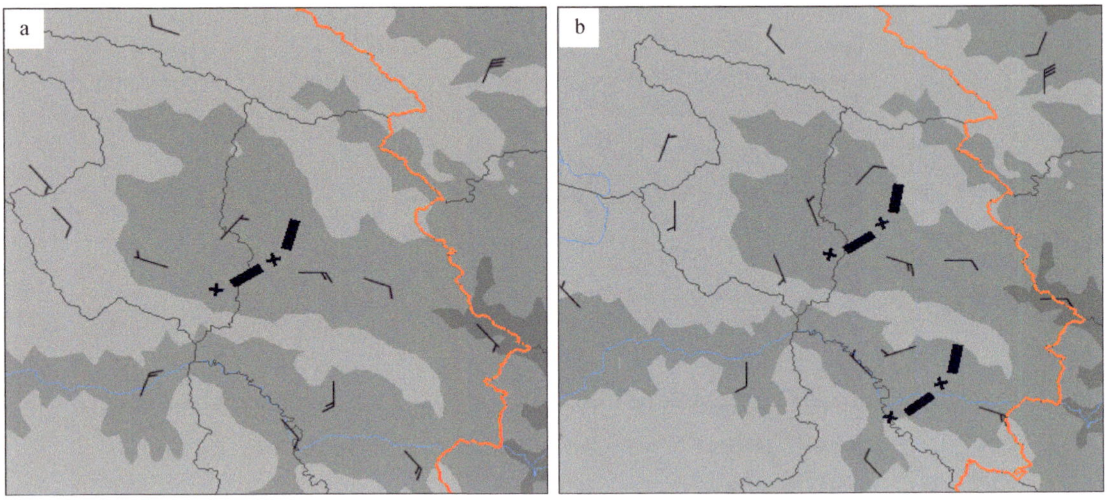

图 2.8　8 月 25 日 17 时(a)20 时(b)青海省东部风场和地形

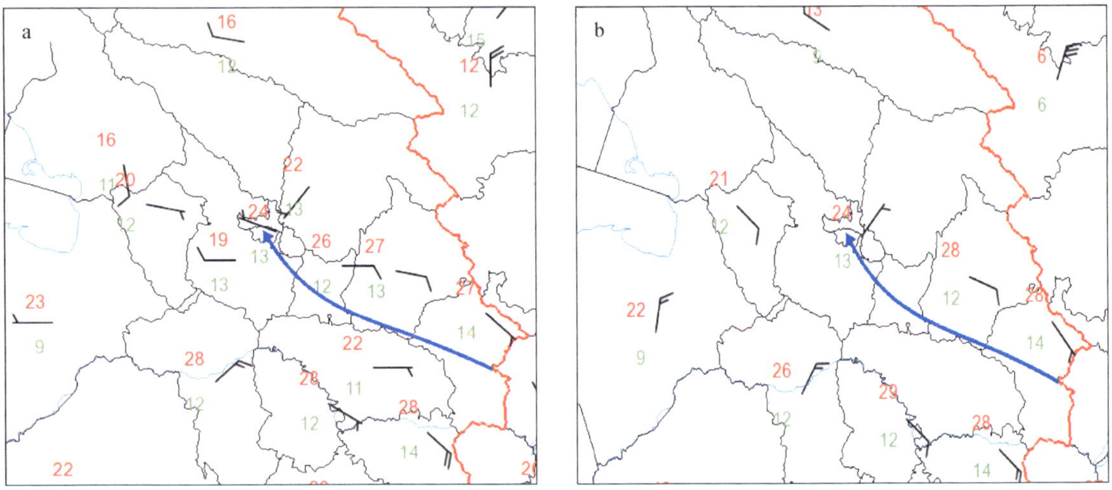

图 2.9　8 月 25 日 17 时(a)20 时(b)青海省东部地面实况图

4　副高东退型强降水天气概念模型

根据上述分析，给出本次由副热带高压东退造成的青海省东部强降水的天气概念模型(图 2.10)：500 hPa 副热带高压从 25 日 08—20 时东退 5 个经距，25 日 20 时青海省东部位于副高边缘的偏南气流中，西南风最大 14 $m \cdot s^{-1}$，西风槽底分裂的短波槽引导的干冷空气南下，与副高边缘的西南暖湿气流在青海省东部交汇；700 hPa 最大东南风 10 $m \cdot s^{-1}$，比湿超过 10 $g \cdot kg^{-1}$。青海省东部冷暖交汇形成强的垂直上升气柱伸展到 700 hPa。200 hPa 高空急流入口区右侧的强辐散区位于青海省东部，西风急流中心最大风速 40 $m \cdot s^{-1}$。地面上从柴达木盆地东移的冷空气在青海省东部汇合形成辐合线。前期处于副高控制积累了较多能量，700 hPa 和 500 hPa 分别有 76 ℃和 72 ℃的高能舌伸展，700 hPa 和 400 hPa 的温差达 24 ℃，地面温度较高，露点温度超过 12 ℃。

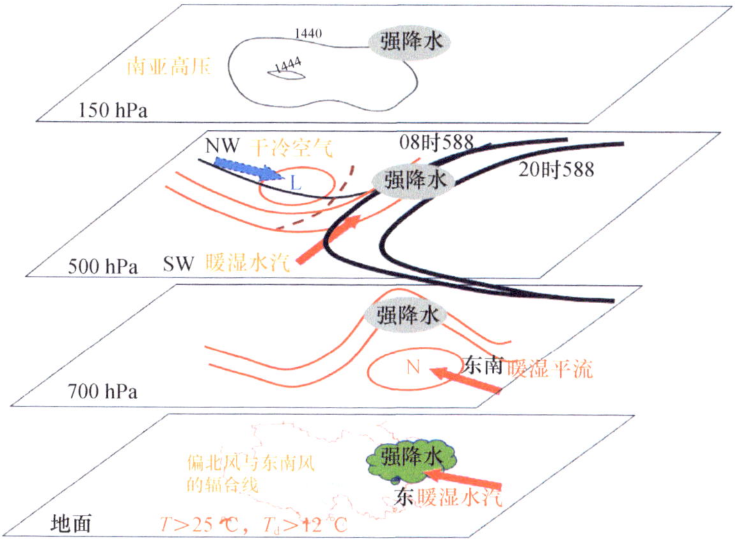

图 2.10　青海省东部副高东退型强降水天气概念模型

5　结论

1)这是一次副热带高压东退(由 92°E 东退到 97°E),高空短波槽东移引导冷空气南下,在副高西北侧诱发的一次对流性强降水天气。500 hPa 副高边缘的西南风、700 hPa 偏东风和地面偏东风输送的充沛水汽与西风槽自带水汽在青海省东部汇集;150 hPa 南亚高压高空辐散区位于青海省东部上空,加强了低层辐合上升,强上升运动伸展到 400 hPa。

2)此次降水过程中西南、偏南和偏西路径的三条水汽通道在青海省东部汇合。对应着来自孟加拉湾、南海以及西风槽自带的水汽。其中孟加拉湾是此次过程最主要的水汽来源,为青海省东部供给暖湿水汽和能量。水汽通量辐合主要集中在 500～700 hPa。强降水时期低层产生强烈的水汽辐合同时伴随强烈的上升运动,为降水的发生发展提供了有利的水汽和动力条件。西宁站探空曲线呈高瘦型,上干下湿,湿层厚约 4 km。探空订正后 CAPE 达 1600 J·kg^{-1},0～6 km 风垂直切变弱。过程中西宁地区$\frac{\partial \theta_{se}}{\partial z}<0$,大气对流不稳定。

3)地面辐合线提供了触发机制,强降水出现在辐合线左侧;青海省大降水多出现在东部地区,这与青海省东部河谷地形的抬升和辐合作用以及中小尺度系统活动密切相关。

参考文献

[1] 朱乾根,林瑞锦,寿绍文,等. 天气学原理和方法[M]. 北京:气象出版社,2007.

[2] 王宁,徐祥德,徐洪雄,等. 一次东北冷涡暴雨的水汽输送特征和位涡分析[J]. 地理科学,2014,34(2):211-219.

[3] 梁宏,刘晶淼,李世奎. 青藏高原及周边地区大气水汽资源分布和季节变化特征分析[J]. 自然资源学报,2006(4):526-534+677.

[4] 王婧羽,崔春光,王晓芳,等. 2012 年 7 月 21 日北京特大暴雨过程的水汽输送特征[J]. 气象,2014,40(2):133-145.

[5] 孙继松,戴建华,何立富,等. 强对流天气预报的基本原理与技术方法[M]. 北京:气象出版社,2014.

[6] 丁一汇,胡国权. 1998 年中国大洪水时期的水汽收支研究[J]. 气象学报,2003(2):129-145.

2007年8月29日一次暴雨天气过程分析

孙文慧　张广伟
(海东市气象局,平安　810600)

摘　要:本文利用高空、地面及卫星云图等常规气象观测资料,对2007年8月29日发生在青海省大部地区的一次中到大雨,局地暴雨天气过程进行分析,结果表明:此次降水过程北强南弱,东多西少,持续时间长,以稳定性降水为主;500 hPa新疆槽中分裂的短波槽不断东移,同时地面东路冷锋南下至青海省东部是造成此次暴雨的主要影响系统;副高边缘西南气流与东伸的中东高压形成两高之间明显的切变影响青海省南部与东部;地面小尺度的地面辐合及弱冷空气和午后副热带高压内部的热力抬升和地形抬升对此次降水的产生也有一定的触发作用;湿层深厚,水汽条件好,具备了强降水发生所需的水汽条件,有利于此次降水天气的产生;低层辐合区与高层辐散的配置,加强了上升运动;降水区存在的较强的垂直速度及层结不稳定为此次降水过程提供了足够的能量条件。

关键词:暴雨,青海省,单站

1　天气实况

2007年8月29日08时—30日08时,青海省大部地区出现了一次中到大雨,局地暴雨天气过程,此次降水北强南弱,东多西少,持续时间长,以稳定性降水为主。按24 h降水标准,全省共出现2站大雨(共和、久治),1站暴雨(互助),降水量达到56 mm,降水从29日08时开始,22时最强,最大小时雨强达10.5 mm·h^{-1}。具体如图2.11所示。

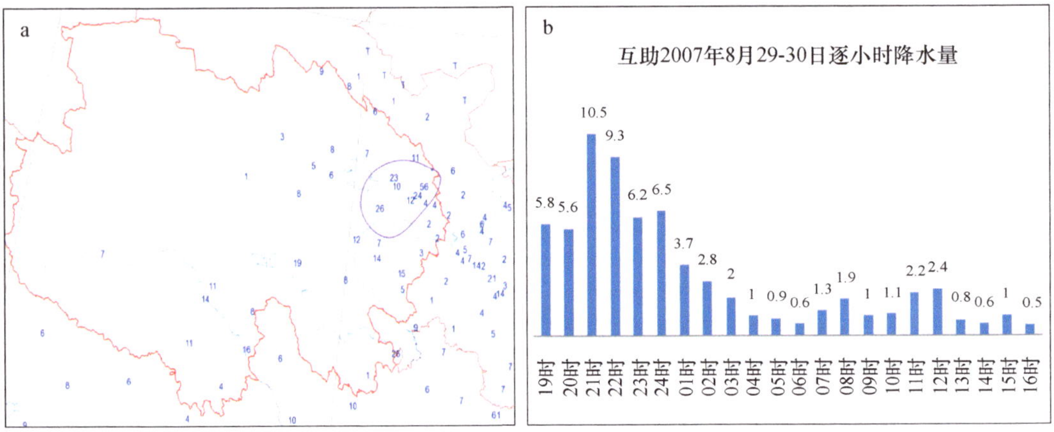

图2.11　2007年8月29日08时—30日08时天气实况

(a)2007年8月29日08时—30日08时降水量(mm)(b)互助2007年8月29—30日逐小时降水量(mm)

2 成因分析

2.1 环流形势和天气系统

由8月29日08时500 hPa环流形式可以看出(图2.12a),中高纬度为两槽一脊的环流形式,两槽分别位于乌拉尔山地区及东北地区,脊区位于贝加尔湖附近,新疆北部受乌拉尔山低槽分裂短波槽影响,且新疆槽不断分裂短波槽并东移影响青海省东部地区。副热带高压加强西伸,控制了整个青藏高原,副高北部边缘西风带多波动,中东高压逐渐东伸,与副热带高压边缘西南暖湿气流形成两高之间明显的切变影响青海省东部及南部地区。700 hPa实况图上(图2.12b),青海省北部地区受两高之间低值系统影响,且南部受热低压控制,热低压中心位置偏南。沿巴尔喀什湖至青海省东部形成四个明显的闭合低压环流单体,从低空到高空,产生强烈的系统上升运动。从风场分析,西宁站为东北风,格尔木站为偏西风,在风向上有明显的辐合,随着系统东移,青海省北部为偏北风,南部为偏南风,气流辐合区域在青海省东北部地区。8月29日08时150 hPa高空图上(图2.12c),南亚高压位于高原上空,青海省东部位于南亚高压中心强辐散区,高层辐散有利于加强低层的辐合上升运动。地面图上(图2.12d),蒙古冷涡东移南下,其底部的冷空气向西扩散,29日20时冷锋沿青海省东部河谷影响青海省东部地区产生降水,西路柴达木盆地的冷锋东移,在后半夜影响到青海湖以东地区,东西两条冷锋先后影响青海省东部地区形成降水,延长了降水时间,使东部地区形成暴雨。

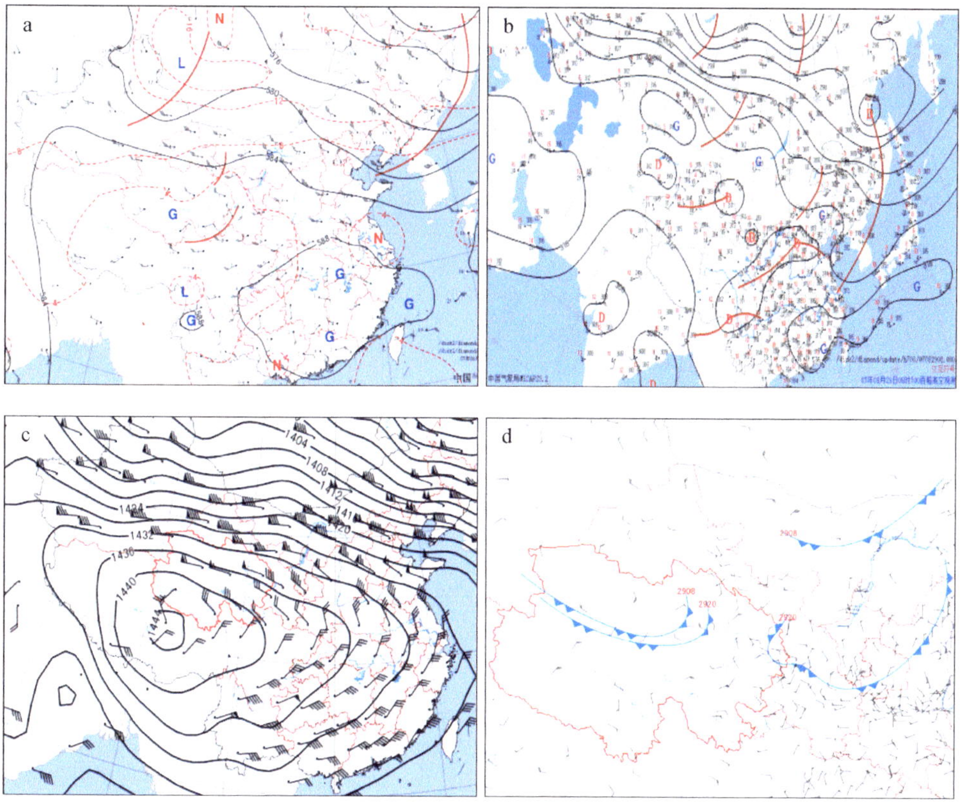

图2.12 2007年8月29日08时500 hPa(a)700 hPa(b)环流形势场150 hPa环流形势场(c)8月29日08—20时锋面动态(d)

2.2 中尺度系统和卫星云图分析

小尺度的地面辐合、弱冷空气和午后副热带高压内部的热力抬升及地形抬升对降水的产生也有一定的触发作用[1-7]。8月29日20时地面填图上(图2.13),青海省东部地区存在明显的辐合线,对此次降水的产生存在明显的触发作用。8月29日下午至夜间湟水谷地偏东风沿坡爬升,互助盆地地形辐合及强迫抬升对降水增幅作用明显。

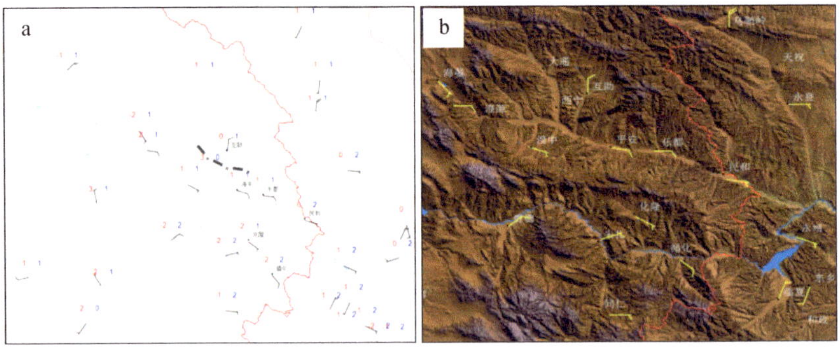

图2.13　2007年8月29日地面图

从2007年8月29—30日卫星云图演变上(图2.14),青海省北部有大片中低云系向东南方向移动,云系均匀,造成东北部稳定性降水,南部有对流云系发展东移,造成了青海省南部的对流性降水。

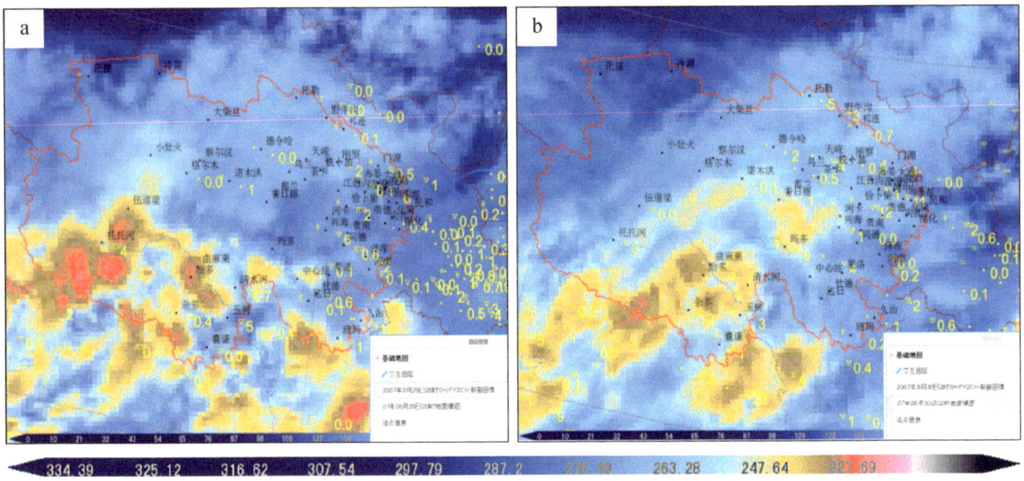

单位：亮度温度/K

图2.14　2007年8月29日20时红外云图(a)30日02时红外云图(b)

3　诊断分析

3.1　水汽条件诊断

充沛的水汽条件是产生暴雨的基本条件之一。2007年8月29日08时比湿场上,青海省东北部500 hPa比湿达到3～5 g·kg^{-1}、700 hPa比湿达到9～11 g·kg^{-1},低层绝对水汽含量较大。水汽通量辐合场上，青海省中、东部为水汽通量强辐合区，30日08时500 hPa水汽通量散度达到-5×10^{-6} g·cm^{-2}·hPa^{-1}·s^{-1}，700 hPa青海省南部水汽通量散度为-10×10^{-6} g·cm^{-2}·hPa^{-1}·s^{-1}。总体来说，湿层深厚，水汽条件好，具备了强降水发生所需的水汽条件，有利于此次降水天气的产生。具体如图2.15所示。

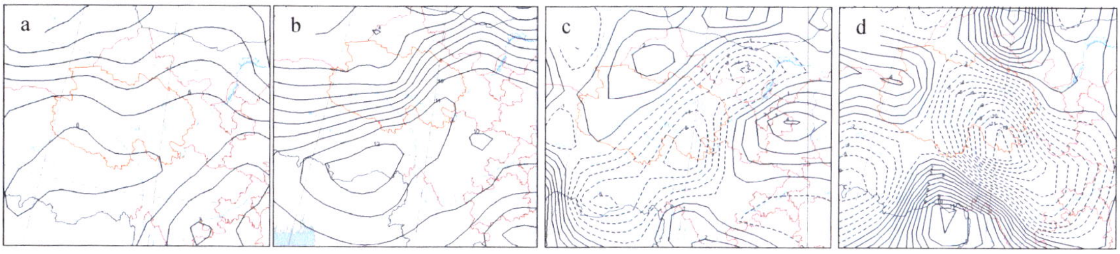

图2.15 2007年8月29日08时500 hPa(a)700 hPa(b)比湿场(单位：g·kg^{-1})
500 hPa(c)700 hPa(d)水汽通量散度(单位：10^{-6} g·cm^{-2}·hPa^{-1}·s^{-1})

3.2 动力条件

3.2.1 涡度场分析

从2007年8月29日08时涡度场垂直剖面图上看(见图2.16a)，青藏高原东部正涡度区在500 hPa以下的中低层，中心值为18×10^{-5} s^{-1}，为辐合上升气流，500 hPa以上为负涡度区，大值区在250 hPa，中心值达到-51×10^{-5} s^{-1}，对流层高层为强烈的辐散区，低层辐合高层辐散形成的抽吸作用使辐合上升运动加强，有利于暴雨天气的产生。

3.2.2 散度场分析

从2007年8月29日08时散度场的垂直剖面图上看(见图2.16b)，青藏高原东部500 hPa以下层都是负散度区域，中心值为-13×10^{-5}s^{-1}，为辐合上升区，700 hPa附近为辐合大值区，700 hPa中心值为-18×10^{-6} s^{-1}，500～300 hPa都是正散度区域，300 hPa附近为辐散大值区，高低层这种散度场的配置为低层辐合高层辐散，埃克曼抽吸，加强了上升运动。

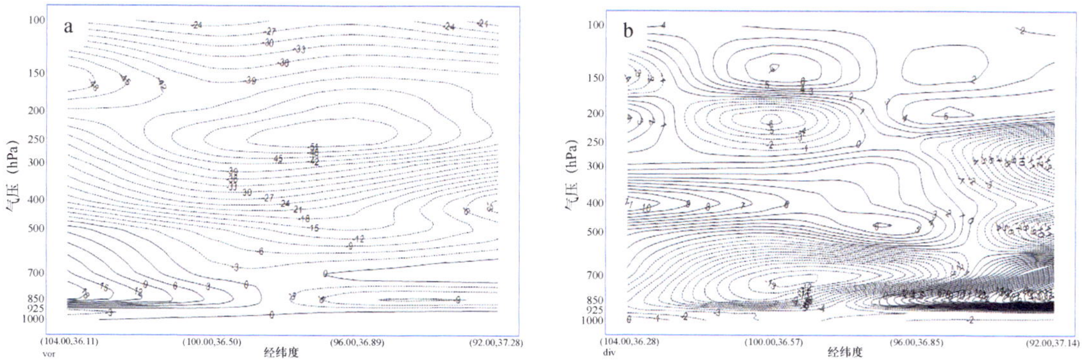

图2.16 2007年8月29日08时涡度场(a)散度场(b)(单位：10^{-5} s^{-1})

3.3 垂直速度场分析

垂直上升运动将水平输送来的水汽向上输送，同时使空气绝热冷却达到饱和，并进而凝结成水滴降落下来,上升速度越大,降水量越大。从 2007 年 8 月 29 日 08 时垂直速度场的垂直剖面图上看(见图 2.17),青海省东北部从低层到高层都有强烈的辐合上升气流,500 hPa 为上升运动的大值区(500 hPa 最大上升速度在 100.00°E,36.21°N,−16 Pa・s^{-1}),有利于强降水产生。

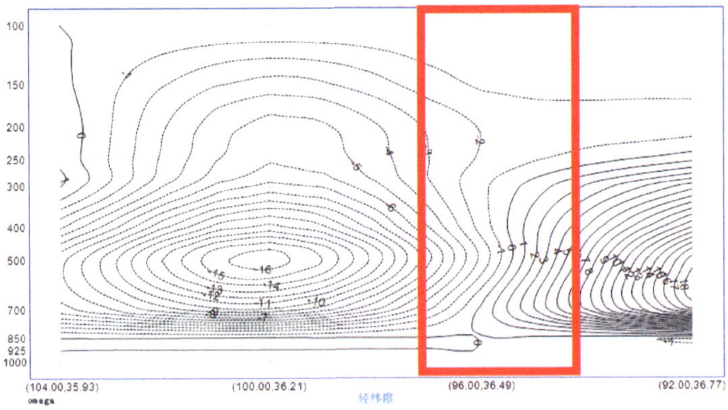

图 2.17　2007 年 8 月 29 日 08 时垂直速度场(单位:Pa・s^{-1})

3.4　不稳定条件

从 2007 年 8 月 29 日 20 时西宁站及达日站的 T-ln$P$ 图可以看出(见图 2.18):暴雨区低层为暖平流,500 hPa 以上为冷平流,随着午后增温,层结不稳定进一步加强;两站上空从 700 hPa 到 400 hPa 均为较厚的湿层,暴雨区存在一定的不稳定能量,两站湿层较厚,垂直风切变均不太强,利于强降水的产生。700～500 hPa 的 θ_{se} 场上,72 ℃的高能舌从西南向东北方向伸展,青海省东部存在高温高湿的能量。

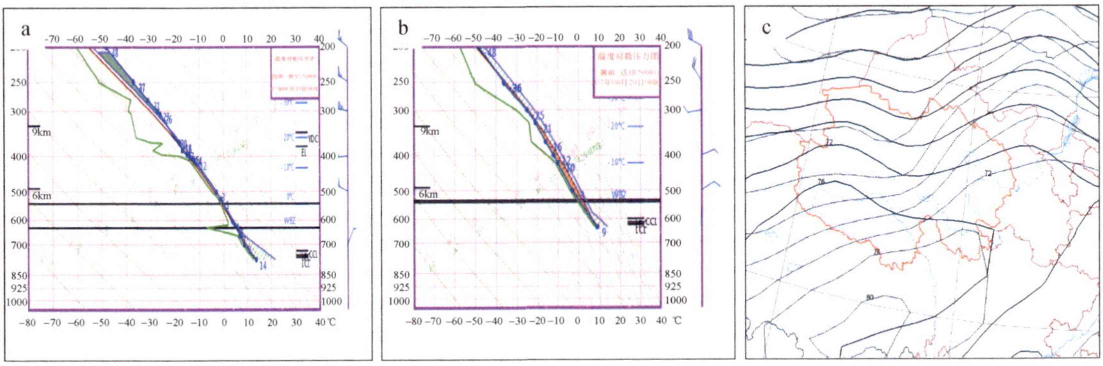

图 2.18　2007 年 8 月 29 日 20 时西宁站(a)达日站(b)T-ln$P$ 图

29 日 08 时 500 hPa(实线)700 hPa(虚线)θ_{se}(c)(单位:℃)

3.5　热力条件

500 hPa 温度平流场上,青海省东部及东南部冷平流较强,达到 -7×10^{-5}℃・s^{-1};700 hPa 温度平流场上,青海省中西部及南部为暖平流控制,东部为冷平流控制,但相对于 500 hPa 有了明显的减弱,为 -1×10^{-5}℃・s^{-1},南部层结比东部更不稳定,这是南部对流较东部强的主要原因(图 2.19)。

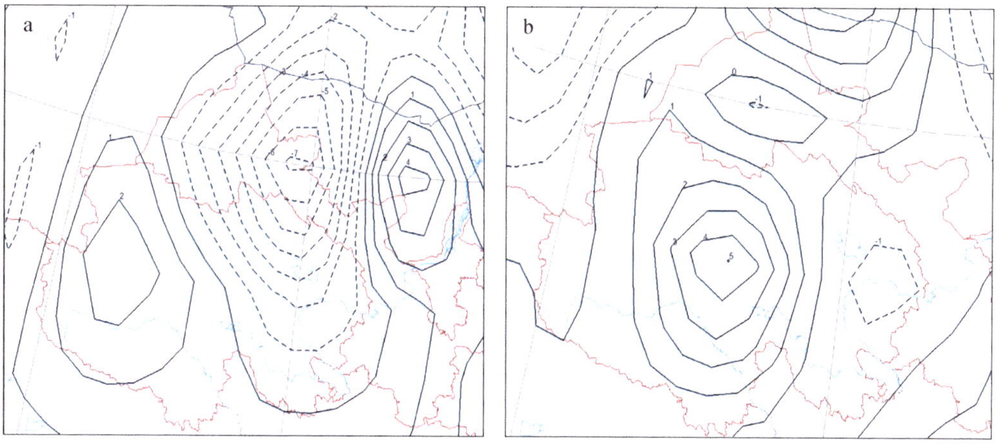

图 2.19 2007 年 8 月 29 日 500 hPa(a)700 hPa(b)温度平流场(单位:10^{-5}℃·s^{-1})

4 预报技术着眼点

本次降水过程中,涡度场、散度场、地面辐合线和垂直速度场对本次降水的落区有较好的参考性,青海省东部地区低层正涡度区,高层为负涡度区,与降水落区相对应;而 29 日 20 时在互助南部有一条地面辐合线,它对此次降水落区有很好的指导意义。与此同时,比湿对降水量级也有较好的指导性(图 2.20)。

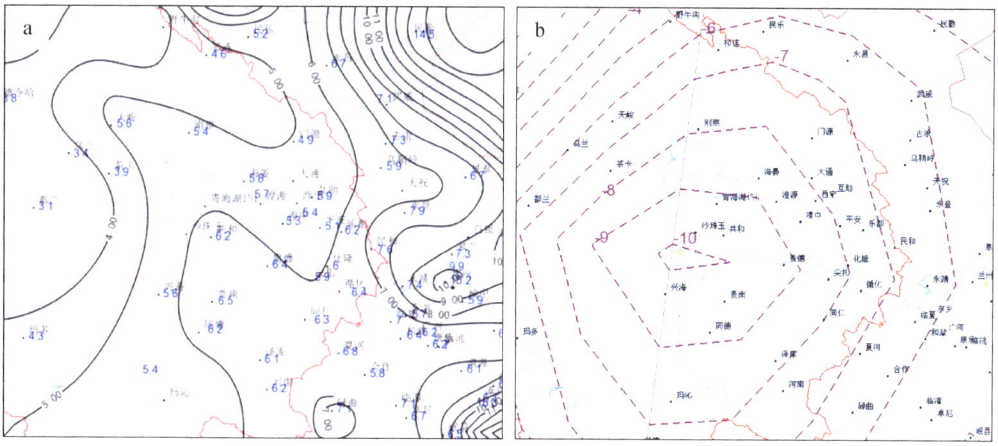

图 2.20 2007 年 8 月 29 日 14 时地面比湿图(单位:g·kg^{-1})(a)
29 日 08 时 700 hPa 垂直速度(单位:Pa·s^{-1})(b)

根据比湿的局地变化方程:

比湿局地变化 $\frac{\partial q}{\partial t} \approx -\mathbf{V} \cdot \nabla q - \omega \frac{\partial q}{\partial z} - C + k \frac{\partial^2 q}{\partial z^2}$ 由比湿平流、比湿的垂直输送、凝结蒸发项、湍流扩散项组成。

① 比湿平流项($-\mathbf{V} \cdot \nabla q$):此次过程中兰州的高比湿随着偏东风经河湟谷地向互助输送,通过粗略计算,比湿平流项约为 10^{-3}。

② 比湿的垂直输送项$\left(-\omega \frac{\partial q}{\partial z}\right)$:通过粗略计算西宁探空站比湿的垂直变化,降水前期

700 hPa 互助上空比湿的垂直输送项约为 10^{-5},比湿的垂直输送项对比湿局地变化的影响小于比湿平流项的贡献。凝结蒸发项和湍流扩散项 $\left(-C+\kappa\dfrac{\partial^2 q}{\partial z^2}\right)$:地面观测实况上 29 日 08 时互助地区还没有出现降水,蒸发凝结项可以忽略;湍流黏滞系数 k 的量级为 10^{-5},$\left(\dfrac{\partial^2 q}{\partial z^2}\right)$ 的量级为 10^{-3},粗略计算湍流扩散项为 10^{-8},量级很小,也可忽略(图 2.21)。

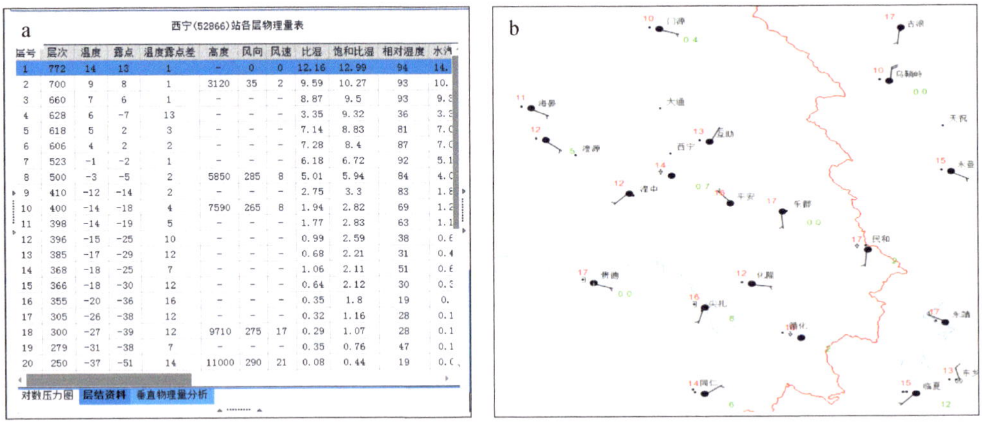
a

西宁(52866)站各层物理量表

层号	层次	温度	露点	温度露点差	高度	风向	风速	比湿	饱和比湿	相对湿度	水汽
1	772	14	13	1	-	0	0	12.16	12.99	94	14.
2	700	9	8	1	3120	35	2	9.59	10.27	93	10.
3	660	7	6	1	-	-	-	8.87	9.5	93	9.3
4	628	6	-7	13	-	-	-	3.35	9.32	36	3.3
5	618	5	2	3	-	-	-	7.14	8.83	81	7.0
6	606	4	2	2	-	-	-	7.28	8.4	87	7.0
7	523	-1	-2	1	-	-	-	6.18	6.72	92	5.1
8	500	-3	-5	2	5850	285	8	5.01	5.94	84	4.0
9	410	-12	-14	2	-	-	-	2.75	3.3	83	1.8
10	400	-14	-18	4	7590	265	8	1.94	2.82	69	1.2
11	398	-14	-19	5	-	-	-	1.77	2.83	63	1.1
12	396	-15	-25	10	-	-	-	0.99	2.59	38	0.6
13	385	-17	-29	12	-	-	-	0.68	2.21	31	0.4
14	368	-18	-25	7	-	-	-	1.06	2.11	51	0.6
15	366	-18	-30	12	-	-	-	0.64	2.12	30	0.3
16	355	-20	-36	16	-	-	-	0.35	1.8	19	0.
17	305	-26	-38	12	-	-	-	0.32	1.16	28	0.1
18	300	-27	-39	12	9710	275	17	0.29	1.07	28	0.1
19	279	-31	-38	7	-	-	-	0.35	0.76	47	0.1
20	250	-37	-51	14	11000	290	21	0.08	0.44	19	0.0

对数压力图　层结资料　垂直物理量分析

b

图 2.21　29 日 08 时西宁探空资料(a)地面实况(b)

因此,此次暴雨过程中雨区水汽的局地变化主要是由低层比湿平流影响,为此次局地暴雨影响比湿变化的主要因子。

此类暴雨性降水的预报难点在于暴雨落区的掌握,在暴雨的形成条件满足的前提下,如何结合地面图和地形因素进行暴雨落区的预报是今后加强的方向。

5　结论

1)此次过程是青海省大部地区一次中到大雨,局地暴雨天气过程,其中共和、久治达到大雨量级、互助达到暴雨量级。此次降水北强南弱,东多西少,持续时间长,强度大,以稳定性降水为主。

2)此次天气过程中,500 hPa 新疆槽中分裂的短波槽不断东移,同时地面东路冷锋南下至青海省东部是造成此次暴雨的主要影响系统;南亚高压逐渐东伸与副高边缘西南气流形成明显的两高之间的切变进一步影响青海省东部及南部地区;青海省东部地区存在明显的辐合线,对此次降水的产生存在明显的触发作用。8 月 29 日下午至夜间湟水谷地偏东风沿坡爬升,互助盆地地形辐合及强迫抬升对降水增幅作用明显。

3)降水区存在较大的比湿及强的水汽通量散度值,湿层深厚,为此次过程提供了充沛的水汽条件;低层辐合区与高层辐散区叠加,加强了上升运动;垂直速度存在明显的大值区,说明从低层到高层都有强烈的辐合上升气流,有利于强降水产生;T-ln$P$ 图上,暴雨区存在一定的不稳定能量,且存在较厚的湿层,垂直风切变均不太强,利于强降水的产生。700～500 hPa 的 θ_{se} 场上,72 ℃的高能舌从西南向东北方向伸展,青海省东部存在高温高湿的能量;地面偏东风在河谷地形狭管作用下加强,再加上山谷风作用,风速增大,地形抬升作用使迎风坡上升运动加强,降水量增大。

4)对影响暴雨区比湿局地变化的因子比湿平流项、比湿的垂直输送、凝结蒸发项、湍流扩散项分析得出，此次暴雨过程中雨区水汽的局地变化主要是由底层比湿平流影响，为此次局地暴雨影响比湿变化的主要因子。

参考文献

[1] 丁一汇，蔡则怡，李吉顺. 1975年8月上旬河南特大暴雨的研究[J]. 大气科学，1978，2(4)：276-289.
[2] 叶更新. 多尺度天气分析理论和应用Ⅰ：基本原理和天气系统的本质[J]. 高原气象，2013，32(4)：964-972.
[3] 王正旺，刘耀文，庞转棠，等. 一次暴雨天气的诊断分析与预警[J]. 自然灾害学报，2009，18(2)：95-100.
[4] 王江山，李锡福. 青海省天气气候[M]. 北京：气象出版社，2004：225-342.
[5] 朱乾根，林锦瑞，寿绍文. 天气学原理和方法[M]. 北京：气象出版社，1992：331-332.
[6] 李生辰，巩远发，王田寿. 青藏高原东北部一次强暴雨过程环流特征分析[J]. 高原气象，2010，29(2)：22-24.
[7] 赵俊荣，莎依然. 暴雨个例分析[J]. 新疆气象，1994，17(6)：9-22.

2009年8月2日大到暴雨过程分析

谭丽娜　雷生国
(海东市气象局,平安　810600)

摘　要:针对2009年8月2日青海省东部出现的区域性大到暴雨天气过程,利用高空、地面自动站、物理量、卫星云图等常规资料分析此次过程的主要成因,结果表明:1)此过程为短时强降水造成的东部区域性大到暴雨天气,呈现东强西弱,西北—东南向带状分布的特点。2)500 hPa短波槽下滑到青海省中部与副热带高压北侧的暖湿气流在青海省东部交汇,200 hPa高空急流出口区右侧、700 hPa西南涡等为主要影响系统。3)贵德与尖扎之间存在明显的地面辐合线,为单点暴雨的出现提供了动力抬升条件和触发条件。4)水汽深厚,兰州附近的暖湿气流顺着东风气流向东部地区输送暖湿条件,供应了充沛的水汽。5)尖扎为迎风坡地形,风向与山脉垂直,地形对降水增幅作用明显。6)单点出现暴雨为此次天气过程预报难点,较难掌握大降水落区,且青海省地形复杂,因此,降水量级及落区预报难以准确把握。

关键词:暴雨,地面辐合线,预报难点,青海省东部

1　天气实况

2009年8月2—3日,青海省东部地区出现了一次区域性大到暴雨天气过程,1站达到暴雨量级,4站达到大雨,其中降水中心出现在尖扎站,按24 h降水标准,尖扎降水量为57 mm,为暴雨,海晏、湟中、西宁、民和达到大雨量级。此次过程降水范围广,呈现东强西弱,西北—东南向带状分布的特点,降水从2日08时开始,强降水主要集中在2日14—20时,3日02时减弱,3日08时降水趋于结束。具体如图2.22所示。

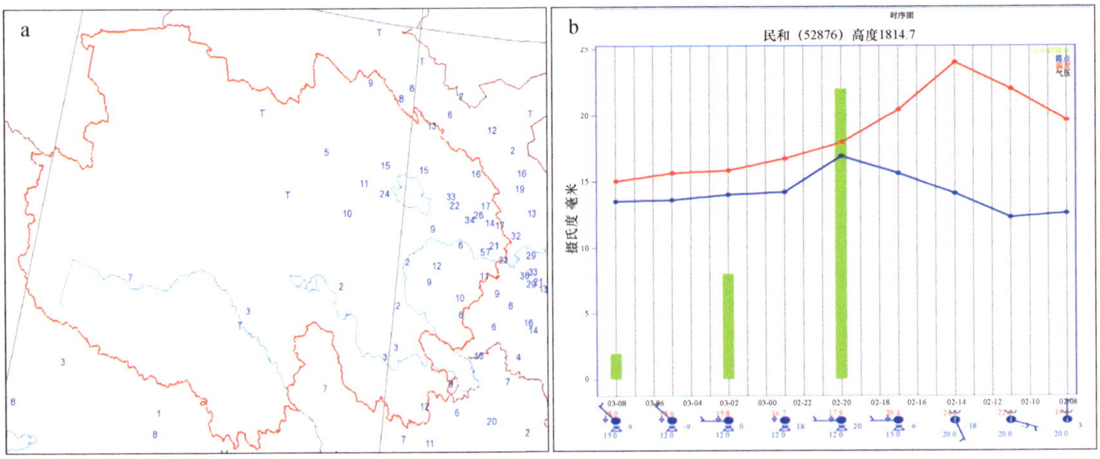

图2.22　8月2日08时—3日08时地面实况(a)及民和县地面三线图(b)

2　成因分析

2.1　天气尺度天气系统及相互作用

此次大到暴雨天气的主要影响系统:北部西风带短波槽下滑到青海省中部与副热带高压北侧的暖湿气流在青海省东部交汇,造成青海省东北部一次大到暴雨过程。过程发生前3天,500 hPa西西伯利亚存在一个强盛的低涡系统,未来几天都是以不断分裂短波槽的形势影响青海省,所以从大降水发生前几天,青海省都是小到中雨的天气。从31日20时,低涡底部中不断分裂短波槽逐渐下滑,至1日20时,已经下滑至青海省西部地区,而副热带高压呈带状形势稳定少动,并略有西伸,青海省在584 dagpm线与588 dagpm线之间,能量逐渐积聚,而暖湿水汽沿着588 dagpm副高外围的西南水汽向青海省东部地区输送,分析8月2日08时500 hPa高空图(图2.23a),北部西风带短波槽携带冷空气下滑至青海省中部与副热带高压北侧的暖湿气流交汇,并在青海省中部形成明显的槽区,2日20时(图2.23b),青海省西部584 dagpm线抬升,导致短波槽向东南方向下滑,从而影响青海省东部,形成了一次东部地区区域性大到暴雨天气。

过程前700 hPa青海省柴达木盆地存在热低压,而西南涡东北侧东南气流向青海省东部输送暖湿水汽($T-T_d \leqslant 2 \sim 4$ ℃),青海省中部地区温度梯度增大,斜压锋区明显加强,2日20时在青海省东部冷暖气流交汇(图2.24a),为大降水提供了抬升作用;200 hPa高空图(图2.24b),青海省东部在高空急流出口区右侧,急流中东部风速辐散明显,为负涡度区域,抽吸作用进一步加强上升运动。

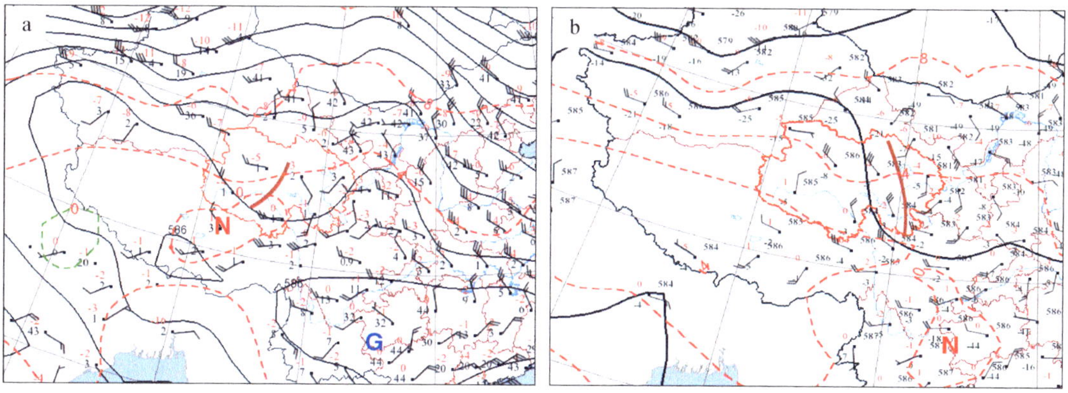

图2.23　8月2日08时500 hPa(a)20时500 hPa(b)高空形势场

2.2　中尺度系统和卫星云图分析

2.2.1　地面辐合线

此次过程中,降水的具体地点、开始结束时间及降水强度,主要决定于中小尺度系统[1-5],能分析出的中尺度系统主要地面冷空气和β中尺度地面辐合线配合东部谷地地形,是东部谷地大降水产生的主要中尺度系统。分析8月2日14时地面场(图略),两股冷空气分别进入青海省海西西部和河西走廊西部,并在8月2日20时在青海省东部地区汇合,冷空气最强增强$\Delta P_{24}=3$ hPa左右;受地面冷空气及地形影响,14时开始青海省东部地区开始出现降水,2日

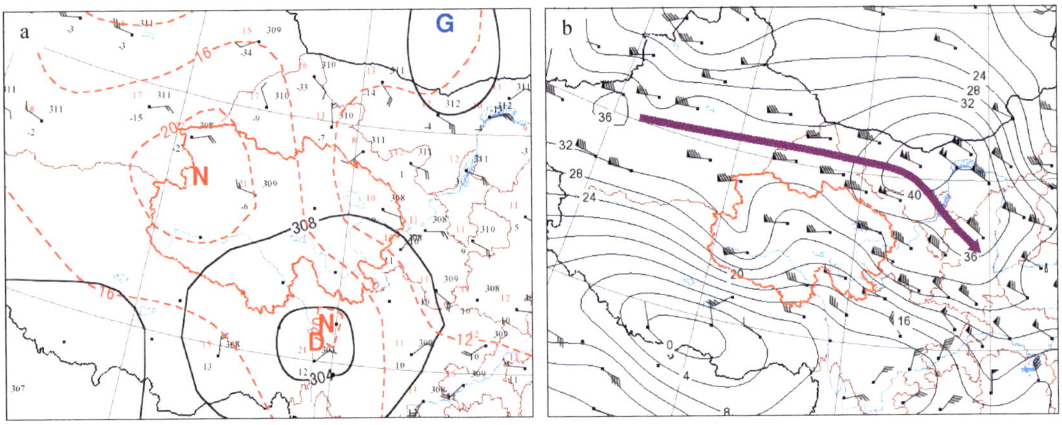

图 2.24　8 月 2 日 20 时 700 hPa 高空形势场(a)2 日 08 时 200 hPa 高空急流(b)

14 时地面场(图 2.25a),青海省东部地区露点温度平均达到 12 ℃,互助、西宁和湟中与平安、乐都之间,贵德与尖扎之间有明显的风向辐合,但风速较小;2 日 20 时(图 2.25b),平安、乐都与民和之间存在风向辐合,露点温度上升到 16 ℃(互助以北露点温度下降到 11 ℃),受强烈的地面辐合抬升触发影响,20 时东部地区开始出现对流性强降水,平安地区出现短时强降水。

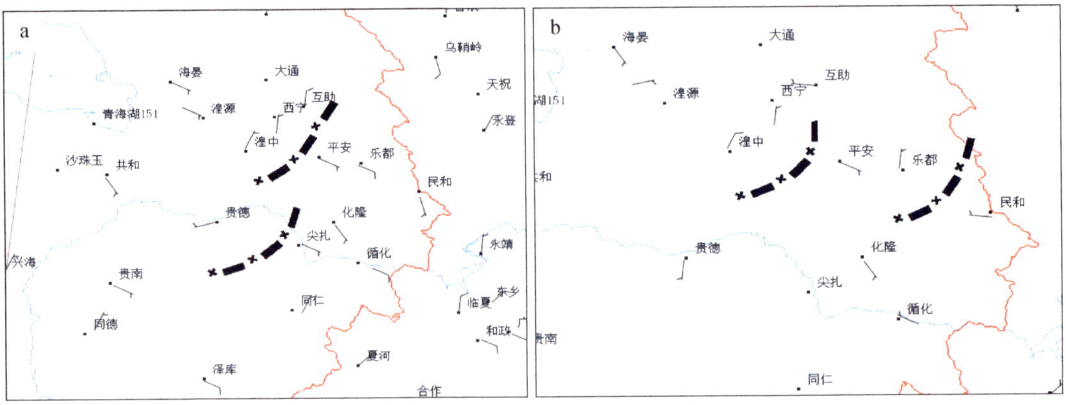

图 2.25　8 月 2 日 14 时 β 中尺度地面辐合线(a)2 日 20 时 β 中尺度地面辐合线(b)

总体而言,中尺度系统加强水汽辐合和上升运动,触发不稳定能量,决定降水开始结束时间、降水强度和具体地点。小尺度系统可能对降水中心的位置有更好的决定权,但需要更细的资料来支撑。

2.2.2　卫星云图

分析云图的演变,对流云团在副高外围生成并扩大,8 月 2 日 08 时在海西东部地区槽区内有对流云团生成,并在副高暖湿气流外侧发展、加强,至都兰站出现 10 mm 的中量降水与对流云团中心对应,对流云团周围有低云,随后云团受高空系统短波槽下滑的影响,14 时云团随着短波槽东移南下,移至青海省东部地区水汽充沛处,此时高空系统移至青海省东部地区,冷热交汇,能量暴发,云团维持时间长,导致累积降水量较大,3 日 02 时,高空槽逐渐移出青海省东部地区,云系强度开始减弱,云团周围有低云维持,降雨量范围缩小,待云系未完全移出时降雨量逐渐停止,如图 2.26 所示。

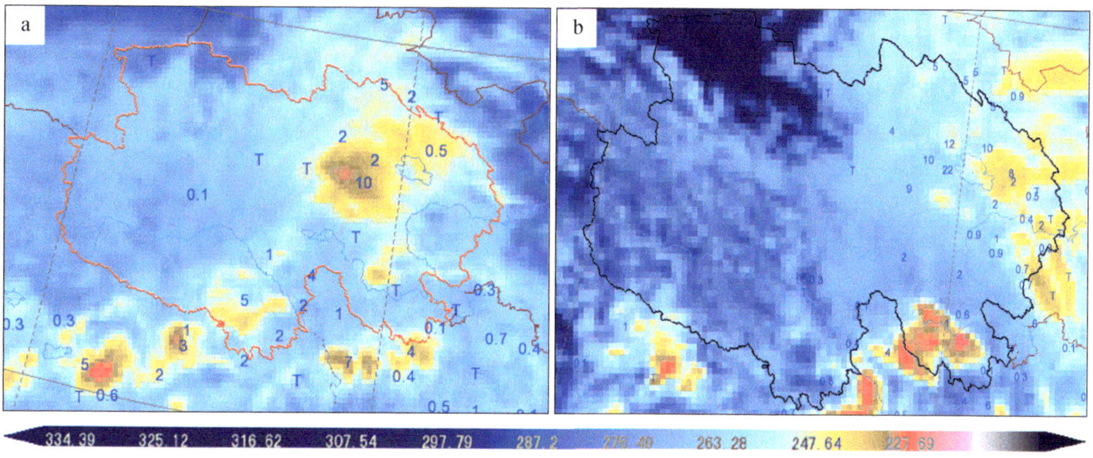

单位：亮度温度/K

图 2.26　8 月 2 日 08 时红外云图(a)14 时红外云图(b)

3　诊断分析

3.1　水汽条件

大降水过程前水汽通量及比湿分析显示，水汽主要分为两路输送，一路为水汽沿着副热带高压外面西南气流输送，另一路为低空从四川经青海省东部进入的水汽，8 月 2 日 20 时 700 hPa 青海省东南部为水汽通量散度辐合中心，中心值 -10×10^{-6} g·cm^{-2}·hPa^{-1}·s^{-1}(图 2.27a)，青海省东部地区属于辐合中心周围，大降水区有较强的水汽输送和水汽辐合。强降水发生前，700 hPa 高度场上，2 日 08 时青海省东部处于 $q\geqslant10\sim12$ g·kg^{-1}的大比湿通道中，湿舌经四川省从青海省东南部伸入东部地区，从地面三线图来看(图略)，尖扎、民和露点温度达到 15～16 ℃，暴雨区湿度有明显的增长过程，为暴雨提供了很好的水汽条件(图 2.27b)。

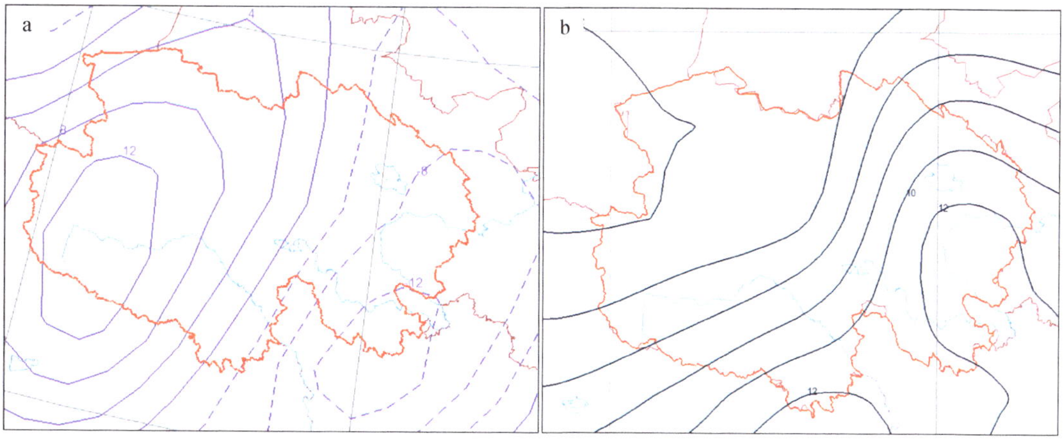

图 2.27　8 月 2 日 20 时 700 hPa 水汽通量散度(单位：10^{-6} g·cm^{-2}·hPa^{-1}·s^{-1})(a)
8 月 2 日 08 时 700 hPa 比湿(单位：g·kg^{-1})(b)

3.2 动力条件

从 2 日降水发生的时段来看，垂直速度场存在强的上升运动区，500 hPa 高度最强，中心值达 $-24\ \mathrm{Pa \cdot s^{-1}}$。垂直方向上从低层 700 hPa 至高层 200 hPa 均处于强烈的上升区。从散度场分析，500 hPa 以下为辐合区，海东部 700 hPa 辐合中心对应 200 hPa 辐散中心，形成低层辐合、高层辐散的不稳定配置，综合分析，动力条件有利于水汽、热量的聚集和暴发(图 2.28)。

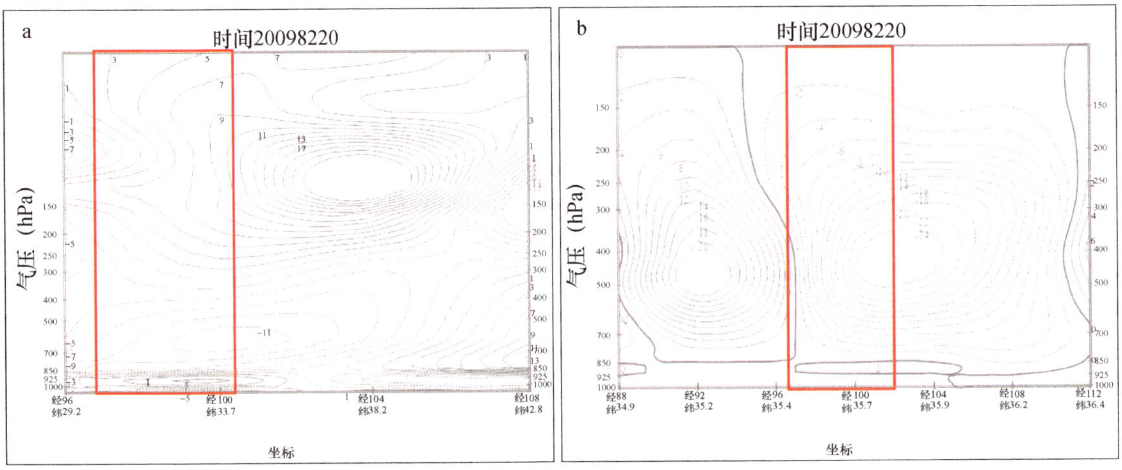

图 2.28　8 月 2 日 20 时散度剖面图(单位：$10^{-5}\ \mathrm{s^{-1}}$)(a)垂直速度剖面图(单位：$\mathrm{Pa \cdot s^{-1}}$)(b)

3.3 不稳定能量

8 月 2 日 08 时，西宁站探空图(图 2.29a)，通过 14 时的温度 18 ℃与露点值 12 ℃订正后，对流有效位能增加到 $76.7\ \mathrm{J \cdot kg^{-1}}$，暴雨区垂直风切变 700 hPa 到 500 hPa 为 $6\ \mathrm{m \cdot s^{-1}}$，中低层暖平流明显，整层湿层深厚。700 hPa 假相当位温≥76 ℃的高能舌从川西高原伸入青海省东部，为对流性降水提供了高湿高能条件(图 2.29b)。

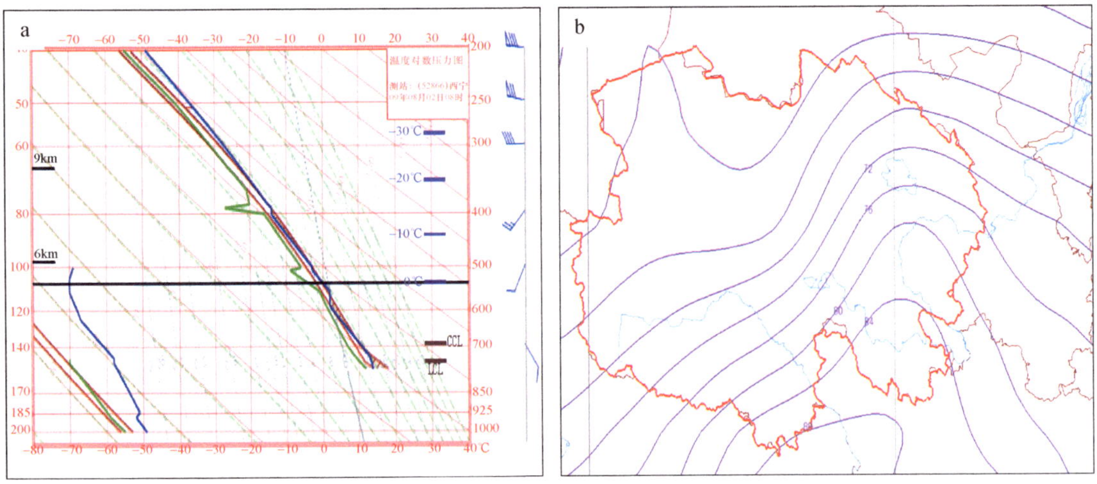

图 2.29　8 月 2 日 14 时探空图(a)2 日 08 时 700 hPa 假相当位温(℃)(b)

4　预报技术着眼点与难点

此次降水暴雨出现在尖扎地区，且为单点，尖扎本站露点温度达到 14 ℃，水汽含量高，同时兰州附近的暖湿气流顺着东风气流向尖扎地区输送暖湿条件，供应了充沛水汽。从 2 日 14 时地面辐合线来看，地面存在两条地面辐合线，从风向的辐合来看，青海省东部地区条件都较好，而贵德与尖扎之间只存在两个风向的地面辐合，配合地形来看，有一股东风气流倒灌入河谷地带，尖扎为迎风坡，从动力和水汽条件来看，提供了动力抬升条件和触发条件，但是从这两方面仍难以预报暴雨落区(图 2.30)。

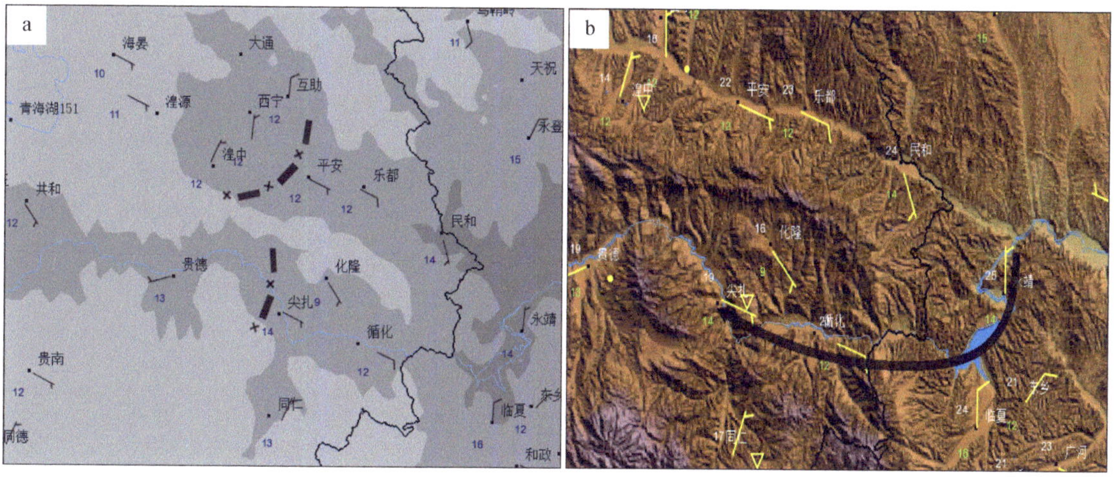

图 2.30　8 月 02 日 14 时地面辐合线(a)地面风场和地形(b)

5　小结

1)空间分布特点：青海省东部区域性大到暴雨，呈现东强西弱，西北—东南向带状分布特点，是由短时强降水造成的局地暴雨。

2)灾害性天气成因：200 hPa 高空急流出口区右侧、500 hPa 高原槽、冷温槽、700 hPa 西南涡东北侧为主要影响系统；500 hPa 水汽饱和、700 hPa 西南涡东北侧气流输送暖湿水汽、地面东风气流为暴雨区提供了持久的水汽供应；中低层暖平流明显、地面风场辐合为此次大到暴雨提供了触发条件；青海省东部处于 $\theta_{se} \geqslant 76$ ℃的高能区，存在明显的层结不稳定条件，有利于造成强烈的上升运动；地形抬升对降水增幅明显(迎风坡)。

3)降水中心出现在尖扎的原因：地面辐合强：贵德与尖扎之间存在明显的地面辐合线，为降水产生提供了动力抬升条件和触发条件；水汽充沛：尖扎水汽含量高，同时兰州附近的暖湿气流顺着东风气流向尖扎地区输送暖湿空气，供应了充沛的水汽。地形对降水增幅作用明显：尖扎为迎风坡地形，风向与山脉垂直，地形抬升作用非常强。

参考文献

[1] 杨昭，秦宁生，王江山．青海省汛期大到暴雨预报专家系统知识库[J]. 青海气象，1984(4)：12-13.

[2] 赵杰，孙旭东．一次暴雨过程的物理量场诊断分析[J]. 贵州气象，2004(28)：43-45.

[3] 朱乾根,林锦瑞,寿绍文,等. 天气学原理和方法[M]. 北京:气象出版社,2000:401-420.
[4] 李生辰,巩远发,王田寿,等. 青藏高原东北部一次强暴雨过程环流特征分析[J]. 高原气象,2010,29(2):278-285.
[5] 王江山,李锡福. 青海省天气气候[M]. 北京:气象出版社,2004.

2010年6月18日大到暴雨过程分析和总结

刘成丰
（格尔木市气象台，格尔木　816000）

摘　要：基于高空、地面和模式资料，对2010年6月18—19日期间发生在青海省东部地区的一次局地暴雨过程的成因以及模式的预报偏差进行了分析，结果表明：1）此次降水过程影响范围广，全省除海西西部未出现降水外，其他大部地区均有小到中雨天气；暴雨降水局地性较强，整个降水过程中全省仅都兰一站出现暴雨天气；降水天气持续时间较短。2）500 hPa层次580 dagpm高压维持，低空切变线存在，引导冷空气入侵；地面冷锋生消迅速，与柴达木盆地午后大陆高压内部热力辐合抬升作用相叠加触发对流性天气；地面至高空充沛的水汽、西北及东南两路水汽输送带源源不断地水汽供应；降水区强烈的上升运动以及强的不稳定能量；都兰地区低层强的垂直风切变是都兰县出现暴雨的重要原因之一；柴达木盆地的地形辐合、地形抬升以及狭管效应也为都兰地区暴雨天气的形成起到了相当重要的作用。3）预报难点是冷锋过境快，降水时间段难以把握。同时冷锋消散以后残余冷空气影响易被忽略。模式预报对暴雨区西部以及南部风向预报把握不准，辐合区、冷空气主力预报位置偏北，与实况差异大，降水落区以及量级均不易把握。

关键词：暴雨，局地，成因，模式偏差

1　天气实况

2010年6月18日20时—19日08时，青海省中东部地区发生了一次大到暴雨天气过程。此次暴雨灾害性天气特点为：1）影响范围广，全省除海西西部未出现降水外，其他大部地区均有小到中雨天气（图2.31）。2）暴雨降水局地性较强，整个降水过程中，按24 h标准（降水量≥50 mm以上），全省仅有一站（都兰县）出现暴雨天气，一站（兴海县）出现大雨天气，24 h累计最大降水量51 mm（都兰县），主要集中在青海省海西州东部边缘地区（图2.31）。3）此次降水天气持续时间较短。降水自18日20时陆续开始，至19日08时基本结束，降水时间较为集中，主要出现在夜间，降水过程仅持续了12 h左右（以都兰县为例，如图2.32所示）。

2　暴雨过程天气过程成因分析

2.1　环流背景

从2010年6月18日20时500 hPa高空图来看（图2.33a）中高纬整体主要为两脊一槽的环流形势，而整个青海省地区正处于其中一脊高压脊的控制当中。在高压脊内部青海省中东部地区（主要降水地区）有一自西向东由柴达木盆地延伸至甘肃省南部的高原切变线。青海省上游地区−8 ℃冷温槽已经南压至茫崖一线开始入侵青海省，而此时整个青海省南部由暖舌控制。从18日20时200 hPa高空图来看（图2.33b），青海省地区仍由高压脊控制，同时有一

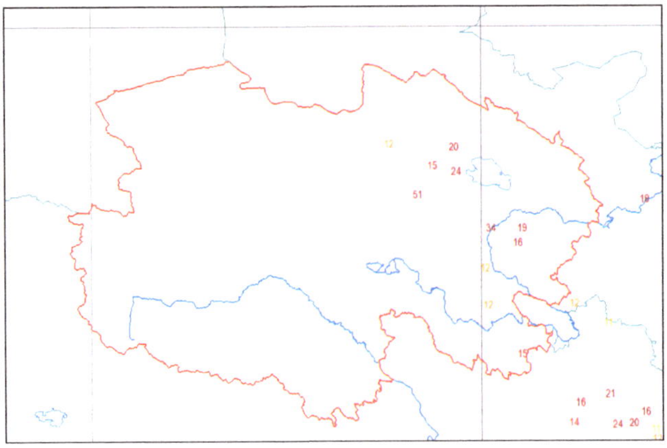

图 2.31　2010 年 6 月 19 日 08 时 24 h 降水量＞10 mm 地面填图

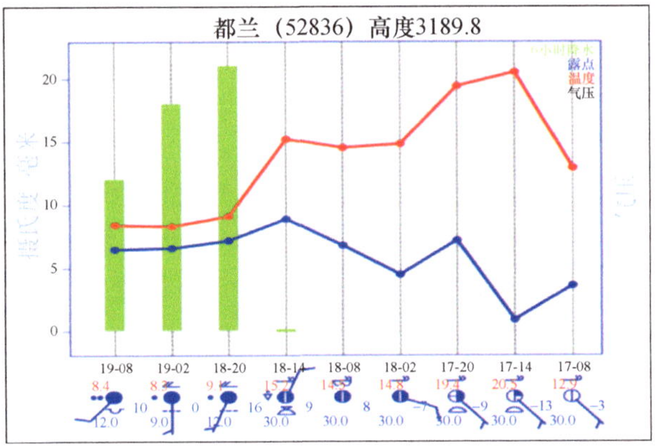

图 2.32　2010 年 6 月 19 日 08 时都兰县地面三线图

明显急流自西向东贯穿整个青海省，加强了高空垂直运动，而主要降水区域正位于急流轴下方。由此可见此次降水过程明显属于夏季高压内部由高原切变线引起的对流性降水。

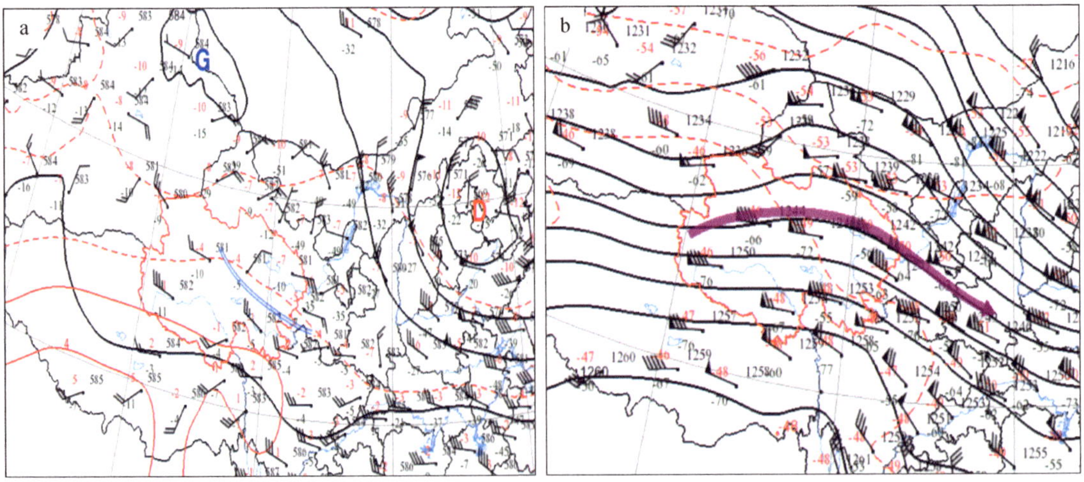

图 2.33　2010 年 6 月 18 日 20 时 500 hPa 高空图(a)200 hPa 高空图(b)

2.2　降水触发条件分析

2.2.1　地面天气尺度的触发条件

地面天气尺度的触发条件主要以冷锋系统性抬升触发为主。从图 2.34a 可以看出，18 日 14 时冷锋移动至柴达木盆地东部，冷空气已经开始全面入侵柴达木盆地。至 17 时，冷锋开始移动至柴达木盆地东部边缘地区，而此过程正发生在午后，柴达木盆地午后大陆高压内部热力辐合抬升作用正强。从图 2.34b 可以看出都兰、兴海一线有明显地面辐合线，而此次降水过程仅都兰县以及兴海县出现了大到暴雨天气过程。由此可见冷空气的入侵配合强的热力抬升作用两两相加对此次暴雨降水过程起到了相当重要的作用。

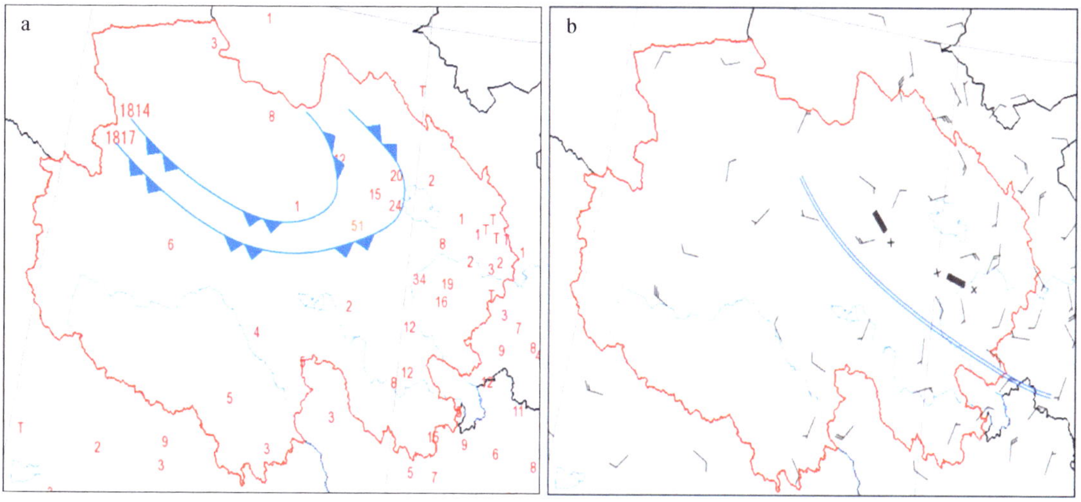

图 2.34　2010 年 6 月 18 日 14—17 时地面冷锋＋24 h 累计降水(mm)(a)18 日 20 时地面风场＋500 hPa 切变线(b)

2.2.2　不稳定能量

此次暴雨降水过程中，按 24 h 标准(降水量≥50 mm 以上)，全省仅有都兰县一站了出现暴雨天气，不稳定条件分析以都兰县为例可见(图 2.35)。此次降水天气过程暴雨区湿层深厚，自地面一直延伸至 400 hPa 层次。同时 700～600 hPa 层次均为不稳定层$\left(\frac{\partial \theta_{se}}{\partial z}<0\right)$。而在 500 hPa 至 400 hPa 层次有明显垂直风切变存在，十分有利于对流天气发展，满足暴雨形成条件。

2.3　水汽条件

在此次降水过程中降水区域的水汽通道通畅(见图 2.36a)首先一股水汽是由大陆高压脊南侧西南风向北输送的孟加拉湾水汽，其次是由冷空气南下所携带的水汽，这两条水汽输送带在整个降水过程中一直存在。而从 18 日 20 时 700 hPa 比湿场(图 2.36b)以及 18 日 20 时地面露点温度图(图 2.36c)来看，700 hPa 比湿为 5～7 $g \cdot kg^{-1}$地面露点温度 T_d>8 ℃表明整个青海省近地面层水汽条件良好，因此由地面冷锋南下时其前部所堆积的低层暖湿空气也是不容忽视的。同时青海省中部地区中低层均存在强的水汽辐合，700 hPa 水汽通量散度达到 $-12\times10^{-8}\ g \cdot cm^{-2} \cdot hPa^{-1} \cdot s^{-1}$(图 2.36d)，而 500 hPa 的水汽通量散度也达到了 $-12\times10^{-8}\ g \cdot cm^{-2} \cdot hPa^{-1} \cdot s^{-1}$(图 2.36a)。这样的强的水汽辐合作用将三股水汽都汇聚于主要

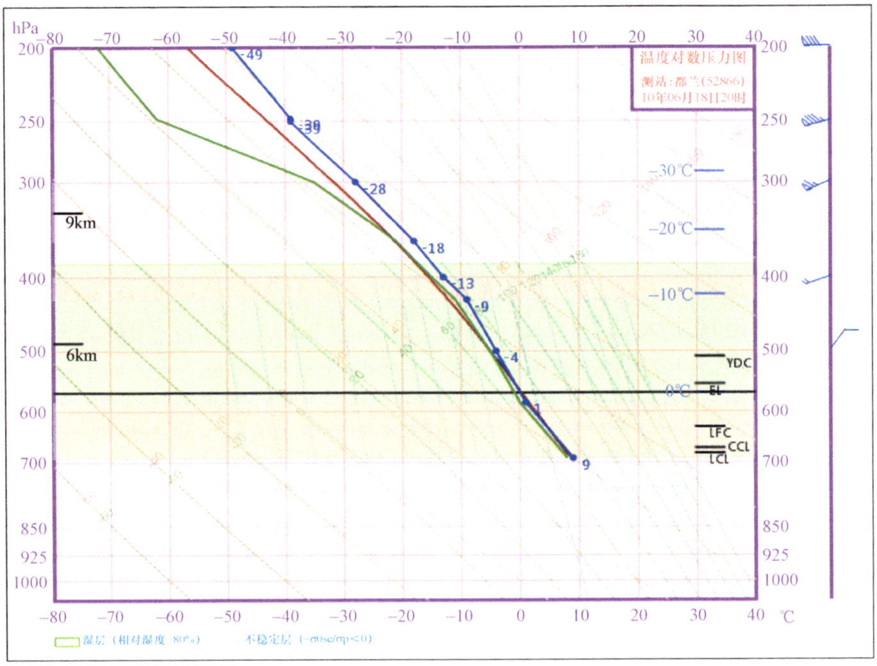

图 2.35　2010 年 6 月 18 日 20 时都兰县温度压力对数图

降水区域，为此次降水过程提供了充足的水汽。从上所述，此次降水过程拥有丰富的水汽分布以及充足且持久的水汽供应，完全满足暴雨的形成条件。

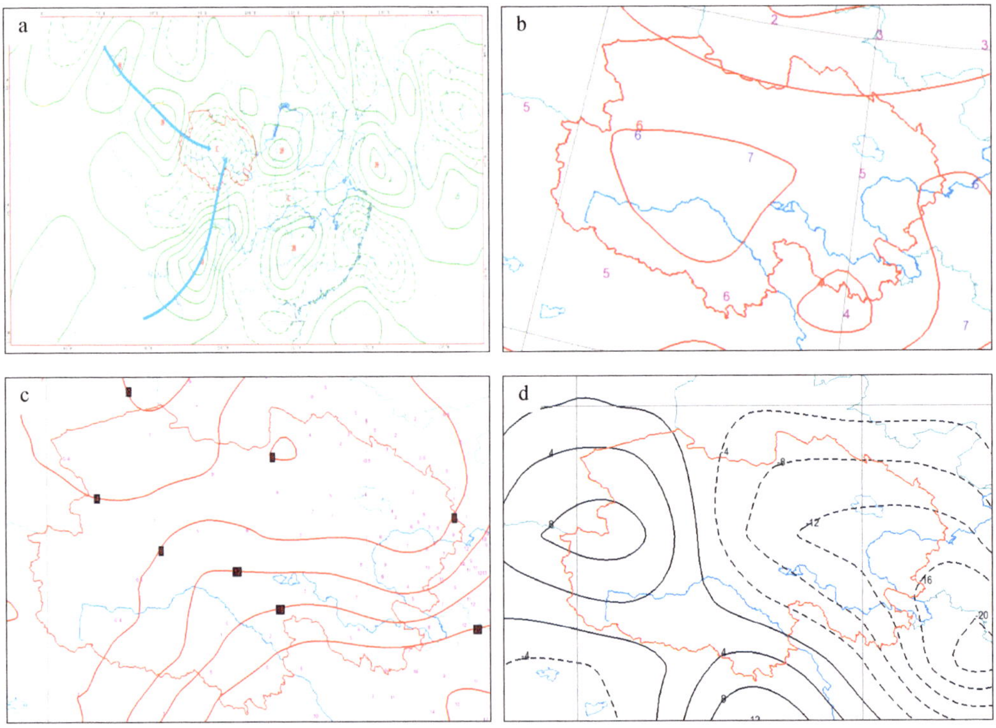

图 2.36　500 hPa 水汽通量散度及水汽源汇示意图(a)18 日 20 时 700 hPa 比湿场(g・kg^{-1})(b) 18 日 20 时地面露点温度(℃)(c)18 日 20 时 700 hPa 水汽通量散度(10^{-8} g・cm^{-2}・hPa^{-1}・s^{-1})(d)

2.4　垂直速度分析

此次降水过程暴雨区的上升气流强且深厚，500 hPa 层次垂直速度在 $-38\ Pa \cdot s^{-1}$ 以上（图 2.37a），而 300 hPa 层次垂直速度也在 $-40\ Pa \cdot s^{-1}$ 以上（图 2.37b）。这样强且深厚的上升气流为此次降水过程提供了充足的动力条件。

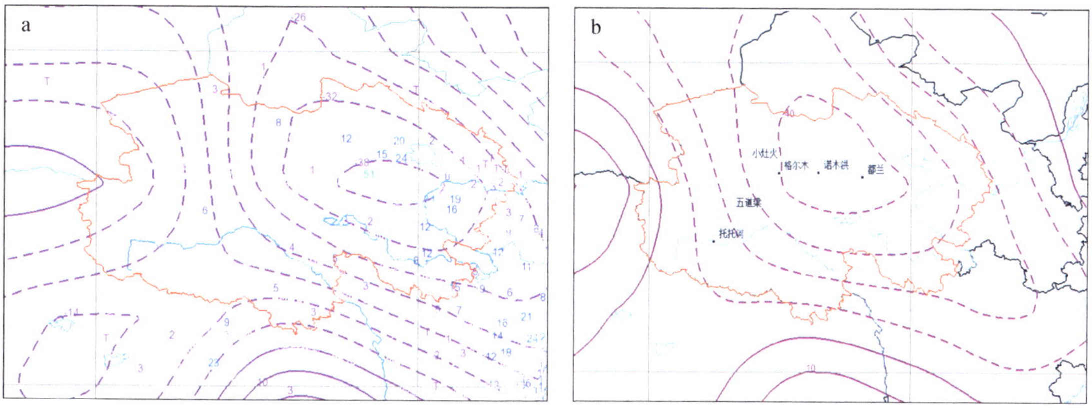

图 2.37　2010 年 6 月 18 日 20 时 500 hPa(a)300 hPa(b)垂直速度（单位：$Pa \cdot s^{-1}$）

2.5　地形作用

柴达木盆地是我国三大内陆盆地之一，属封闭性的巨大山间断陷盆地，它这一特殊的地形也在此次降水过程中起到了一定的作用。由图 2.38 可见柴达木盆地西宽东窄属于典型峡管地带，当西风气流进入时由于狭管效应影响将得到加强。同时由于柴达木盆地的存在使得青海省东部形成一个东高西低的地形，对西风气流起到抬升作用。其次由于柴达木盆地的西北—东南式走向配合西风气流还在盆地东侧的有地形辐合（该地形辐合作用自图中亦可以看出）。三项相加为都兰县的降水有明显增幅作用。

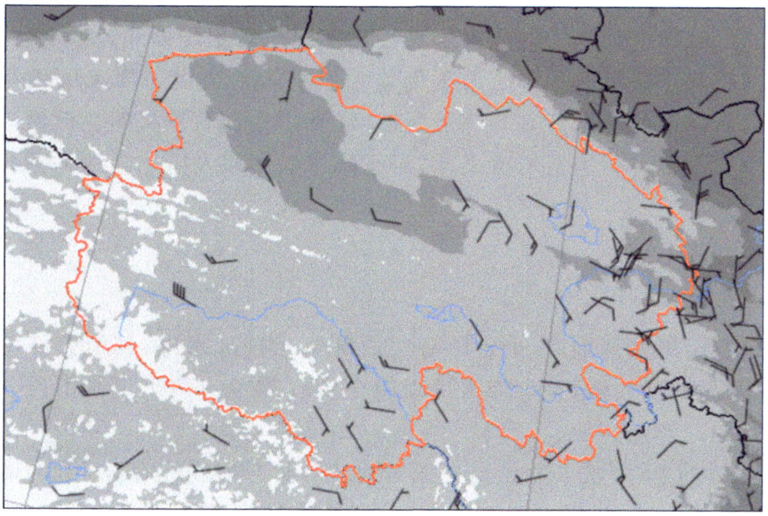

图 2.38　青海省地形图 +18 日 14 时地面风场

3 预报难点

3.1 难点分析

由于此次降水过程中仅西路有一支冷锋过境,而且该支冷锋生消迅速(冷锋于18日14时开始影响柴达木盆地东部,而至20时已减弱至消散)这使得降水时间段难以把握。同时20时冷锋消散以后残余冷空气仍然沿500 hPa切变线走向影响至海南州,导致降水落区向东南方向移动,因此黄南州地区降水容易被忽略。而此次过程中由于地形作用,导致都兰以及兴海两站低层强的抬升运动以及辐合较强,两站降水量级得到明显加强,这在预报中也是容易被忽略的一点(图2.39)。

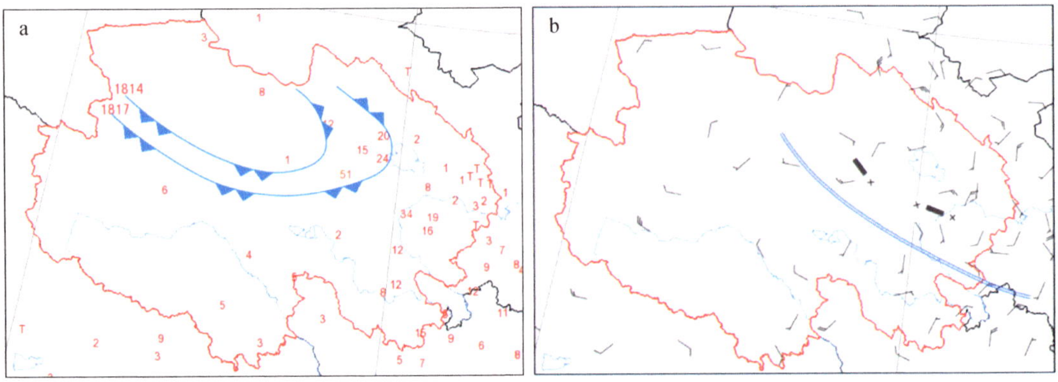

图2.39　2010年18日14—17时地面冷锋+24h累计降水(a)18日20时地面风场+500 hPa切变线(b)

3.2 模式预报效果

此次降水过程中,欧洲中心24 h、48 h、72 h 3个时次的模式预报对暴雨区西部以及南部风向预报与实况相比相差较大,对此次降水过程的落区预报产生了一定误导(图2.40)。同时模式预报对于辐合区、冷空气主力的预报位置相比实况位置更加偏北,再次误导了对降水落区的预报,也使得对于降水量级的预报产生了偏差。但模式预报对于降水区相对湿度的预报与实况相对吻合,具有一定的参考意义。综上所述,欧洲中心模式预报对于此次降水过程的指导意义较差,总体上除湿度有一定指示意义外,对于降水时间以及降水量级的预报都存在一定的误导作用。

4 结论

1)空间分布特征:影响范围广,全省除海西西部未出现降水外,其他大部地区均有小到中雨天气。暴雨降水局地性较强,整个降水过程中全省仅都兰一站出现暴雨天气。此次降水天气持续时间较短。

2)主要成因:500 hPa层次580 dagpm高压维持,低空切变线存在,引导冷空气入侵。地面冷锋生消迅速,与柴达木盆地午后大陆高压内部热力辐合抬升作用相叠加触发对流性天气;地面至高空充沛的水汽、西北及东南两路水汽输送带源源不断地水汽供应;降水区强烈的上升运动以及强的不稳定能量;都兰地区低层强的垂直风切变是都兰县出现暴雨的重要原因之一。

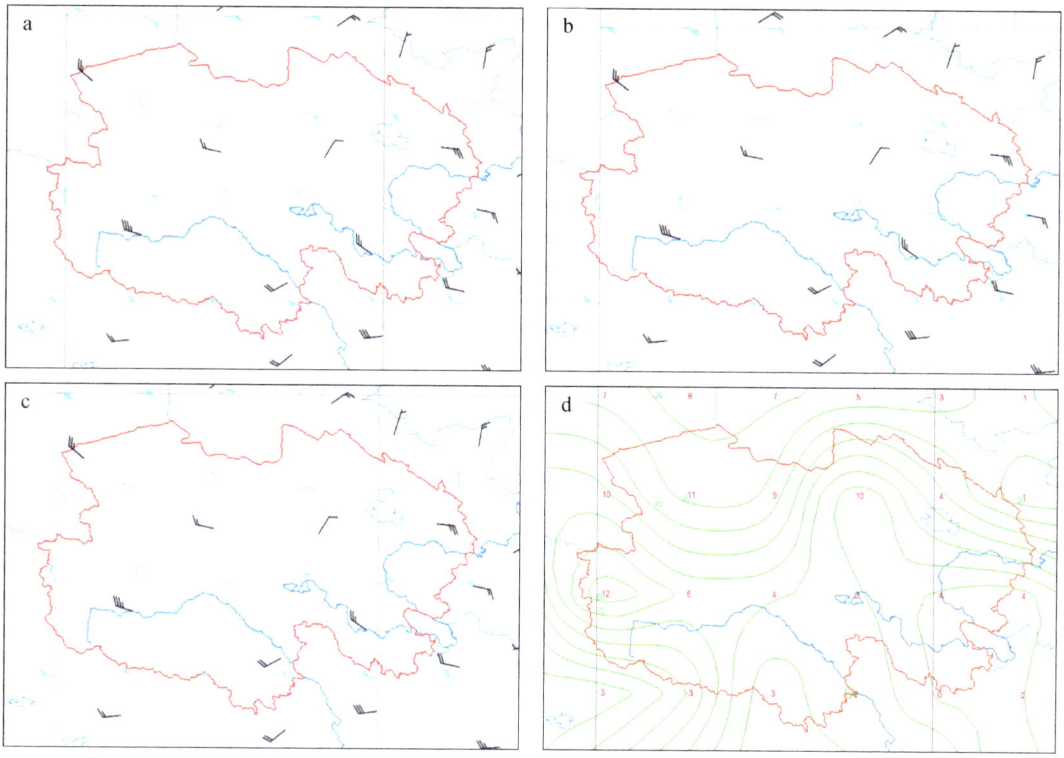

图 2.40 EC 模式 24 h 风场预报(蓝)+实况风场(黑)(a)
EC 模式 48 h 风场预报(蓝)+实况风场(黑)(b)
EC 模式 72 h 风场预报(蓝)+实况风场(黑)(c)
EC 24 h 时效变压+相对湿度(d)

柴达木盆地的地形辐合、地形抬升以及狭管效应也为都兰地区暴雨天气的形成起到了相当重要的作用。

3)预报难点:冷锋过境快,降水时间段难以把握。同时冷锋消散以后残余冷空气影响易被忽略。模式预报对暴雨区西部以及南部风向预报把握不准,辐合区、冷空气主力预报位置偏北,与实况差异大,降水落区以及量级均不易把握。

2010年8月2日短时强降水过程分析

朱玉军
(青海省气象台,西宁 810001)

摘　要:2010年8月2日20时—3日08时刚察、门源、乌兰出现了短时强降水,其中2日20时—3日02时6 h降水刚察20 mm,门源20 mm;3日02时—3日08时6 h降水乌兰33 mm,门源36 mm,造成此次过程的原因主要是副热带高压东退,巴尔喀什湖横槽转竖,引导冷平流下滑影响东北部地区,天气尺度冷暖平流造成层结不稳定增长,充沛的西南暖湿气流提供了有力的水汽条件,低层中尺度辐合线触发对流生成和发展。

关键词:短时强降水,副热带高压东退,低空暖平流,地面辐合

引　言

青海省地处青藏高原东北部,地形地貌复杂,青海湖以东地区有大通河、湟水河、黄河等河流,其两侧的拉脊山、大坂山等山脉近与平行,形成平行山脉直接的东西向的河谷地形[1]。由于西风带系统、副热带系统及高原自身系统的相互作用,加上复杂的地形地貌和复杂而非均一的下垫面地表特征,境内各地的天气差异极大[2-6]。青海省夏季多出现历时短、强度大的局地性降雨,受植被及下垫面土壤沟壑特点的影响,这种降水极易汇集成山洪,甚至促发泥石流及滑坡。

1　资料选取

在本文的研究过程中,选用常规地面观测站逐3 h地面观测数据和逐1 h的地面自动站加密观测数据、每日两次的常规探空观测资料,常规高空观测数据和实况物理量资料进行分析。

2　天气过程实况分析

2010年8月2日20时—3日02时,主要受副热带高压东退,巴尔喀什湖横槽转竖,冷平流下滑共同影响,东北部地区出现了短时强降水,逐6 h降水(图2.41a)刚察站降水量达20 mm,门源站降水量达20 mm,伴有雷暴大风天气,8月3日02—08时逐6 h降水(图2.41b)乌兰站降水量达33 mm,门源站降水量达36 mm;2日20时门源本站出现大风天气,风速18 $m \cdot s^{-1}$。

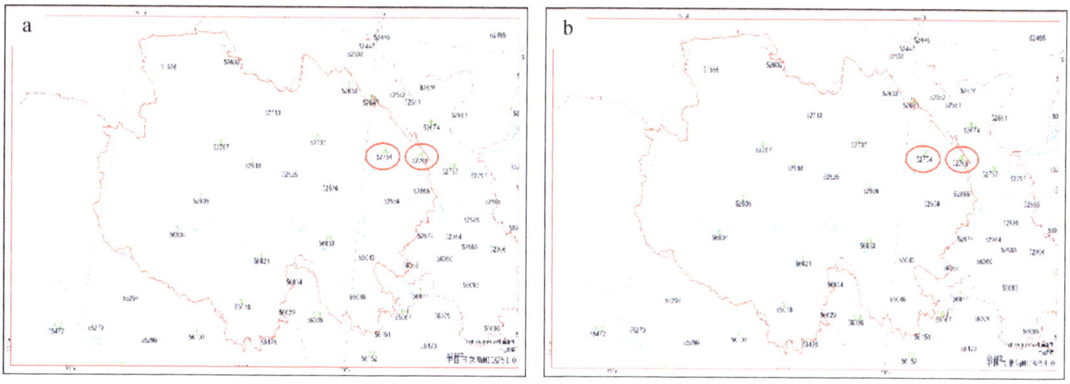

图 2.41　8 月 2 日 20 时—3 日 02 时降水量(a)3 日 02—08 时降水量(mm)(b)

3　短时强降水成因诊断分析

3.1　高空环流形势

8 月 2 日 08 时副热带高压(588 dagpm 线)(图 2.42a)最西端位于西藏北部至青海省海西西部地区，青海省大部处在高压(588 dagpm)控制之下，并配合存在一个 0 ℃的暖中心，新疆以北至巴尔喀什湖附近存在一个横槽，槽底存在高空锋区，其风速为 18～20 m・s^{-1}，8 月 2 日 20 时在副热带高压(588 dagpm)(图 2.42b)最西端位于新疆西部地区，青海省大部仍处在高压(588 dagpm)控制之下，但副热带高压(588 dagpm)有一个明显的西伸过程，副热带高压(588 dagpm)内部偏北风与西南风在祁连山区至海南南部一线形成切变线，河西走廊沿祁连山东部有明显的冷平流，但东北部是暖区控制，8 月 3 日 08 时副热带高压(588 dagpm)明显东退，海西西部、海南北部、海东东部位于副热带高压(588 dagpm)(图 2.42c)边缘，且沿着祁连山区北部有冷平流，东北部仍然是暖区控制，其西侧暖湿气流风速≥8 m・s^{-1}。

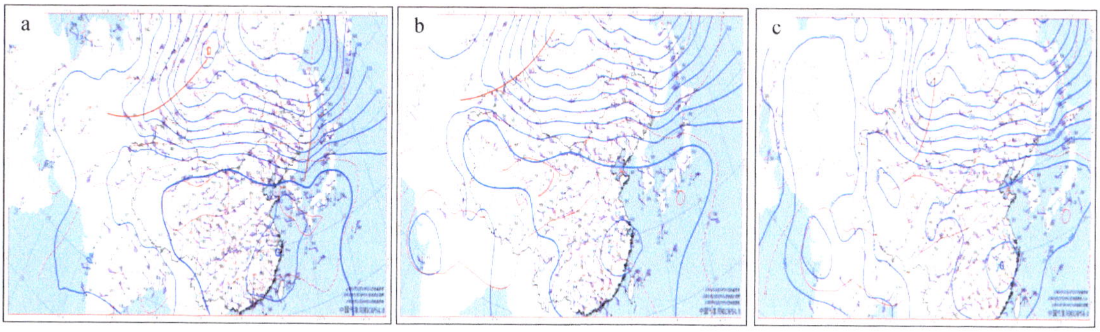

图 2.42　500 hPa 高空图

(a)8 月 2 日 08 时(b)8 月 2 日 20 时(c)8 月 3 日 08 时

3.2　地面辐合线及变压

8 月 2 日 20 时(图 2.43a)刚察、门源地区存在地面辐合切变，地面无冷锋，但存在一个+3 hPa 的变压中心，表明有弱冷空气存在，同时刚察、门源地区均伴有雷暴，8 月 3 日 08 时(图 2.43b)海西东部及祁连山区大部均有降水出现，乌兰、门源地区仍存在地面辐合切变，仍然有一个+3 hPa 的变压中心。

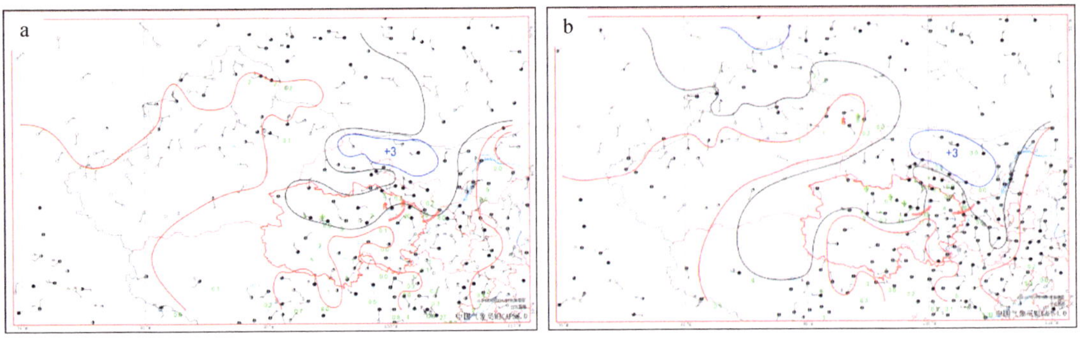

图 2.43　地面图

(a)8月2日20时(b)8月3日08时

3.3　加密自动站资料

8月2日21时(图2.44a)与3日00时(图2.44b),刚察、门源地区存在地面辐合切变,温度露点差≤4 ℃,并且民和至刚察一线风向均为东南风,表明底层有暖空气输送,中尺度的低空辐合线会触发和组织对流发展,在刚察与青海湖之间这种地面辐合线容易形成湖陆风,地形容易触发对流。

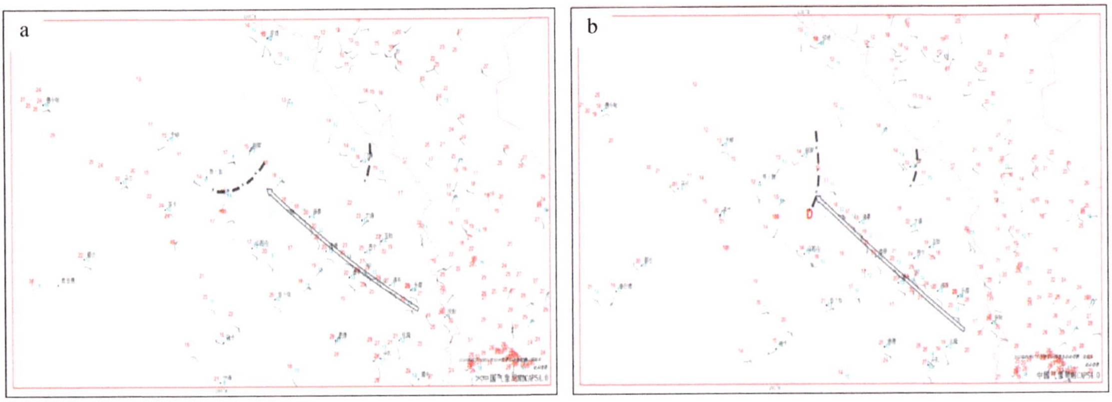

图 2.44　地面中尺度分析

(a)8月2日21时(b)8月3日00时

8月3日03时(图2.45a)与8月3日05时(图2.45b),门源、乌兰地区存在地面辐合切变,乌兰地区湿度增加,中尺度的低空辐合线会触发和组织对流发展,之前向北的风速带风速减小,风向转向,刚察降水逐渐减弱至停止。

3.4　探空资料分析

8月2日20时西宁探空图(图2.46)可以看出层结曲线与状态曲线接近重合,条件不稳定特征明显,垂直风切变较强,500～300 hPa中高层有干空气卷入,600～400 hPa中低层湿度较大,$T-T_d$≤5 ℃,类似"上干冷,下暖湿"特征,低层暖湿平流造成增温增湿,中上层干冷平流造成降温变干,存在弱的对流有效位能,850～500 hPa风向顺转,有暖平流存在,中层500 hPa

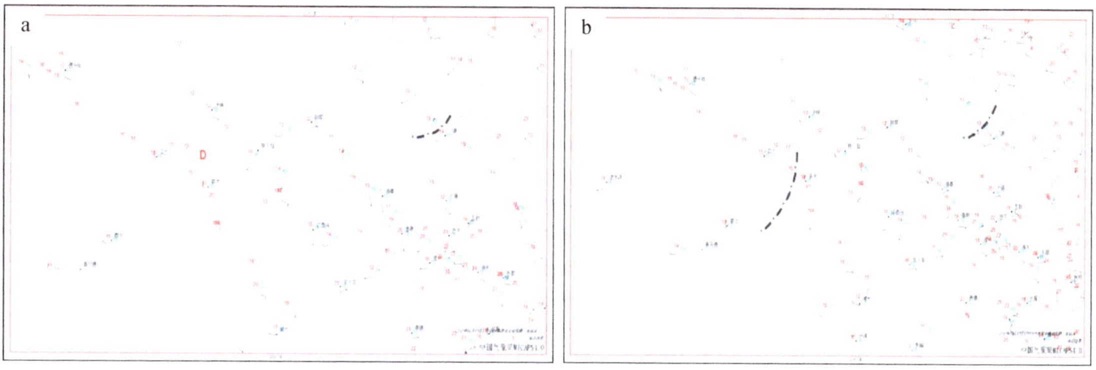

图 2.45　地面中尺度分析

(a)8 月 3 日 03 时(b)8 月 3 日 05 时

到 400 hPa 卷入的干空气会使下沉气流中的降水粒子产生剧烈蒸发或升华，导致下沉气流剧烈降温，密度增大，向下运动加速度增大，接地时会产生辐散性大风。

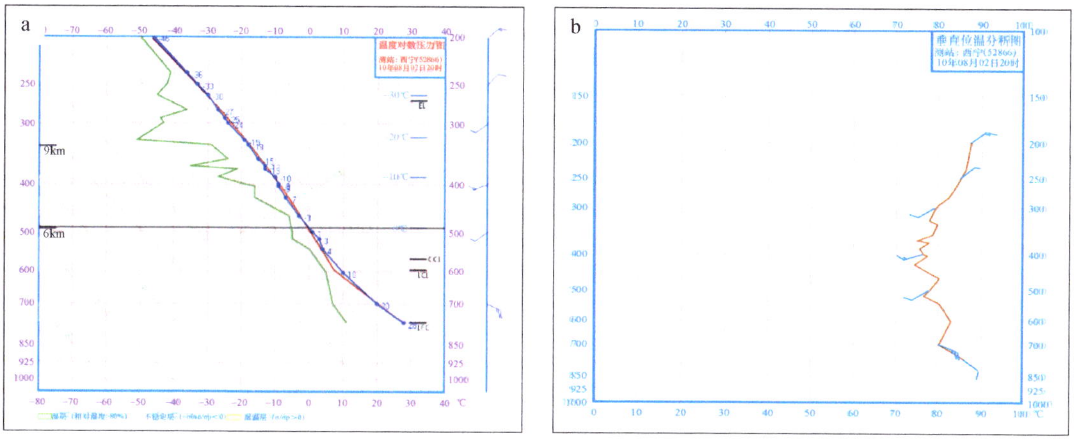

图 2.46　8 月 2 日 20 时西宁探空温度对数压力图(a)垂直位温分析图(℃)(b)

3.5　物理量诊断分析

3.5.1　水汽通量

8 月 2 日 20 时刚察(图 2.47a)和门源(图 2.47b)水汽通量均为正值，刚察 700 hPa 数值为 4×10^{-1} g·cm^{-1}·hPa^{-1}·s^{-1}，500 hPa 为 2×10^{-1} g·cm^{-1}·hPa^{-1}·s^{-1}；门源 700 hPa 数值为 7×10^{-1} g·cm^{-1}·hPa^{-1}·s^{-1}，500 hPa 为 3×10^{-1} g·cm^{-1}·hPa^{-1}·s^{-1}，中低层有较强的水汽输送，且低层输送更为强烈，水汽平流过程明显(图 2.48)。水汽源主要为副热带高压边缘的西南暖湿气流，从低层至中层沿着副热带高压边缘持续输送水汽。

8 月 3 日 08 时乌兰(图 2.49a)和门源(图 2.49b)水汽通量均为正值，乌兰 700 hPa 数值为 3.5×10^{-1} g·cm^{-1}·hPa^{-1}·s^{-1}，500 hPa 为 3×10^{-1} g·cm^{-1}·hPa^{-1}·s^{-1}；门源 700 hPa 数值为 6.5×10^{-1} g·cm^{-1}·hPa^{-1}·s^{-1}，500 hPa 为 4×10^{-1} g·cm^{-1}·hPa^{-1}·s^{-1}，中低层有较强的水汽输送，且低层输送更为强烈，水汽平流过程明显(图 2.50)。水汽源主要为副热带高压边缘的西南暖湿气流，从低层至中层沿着副热带高压边缘持续输送水汽。

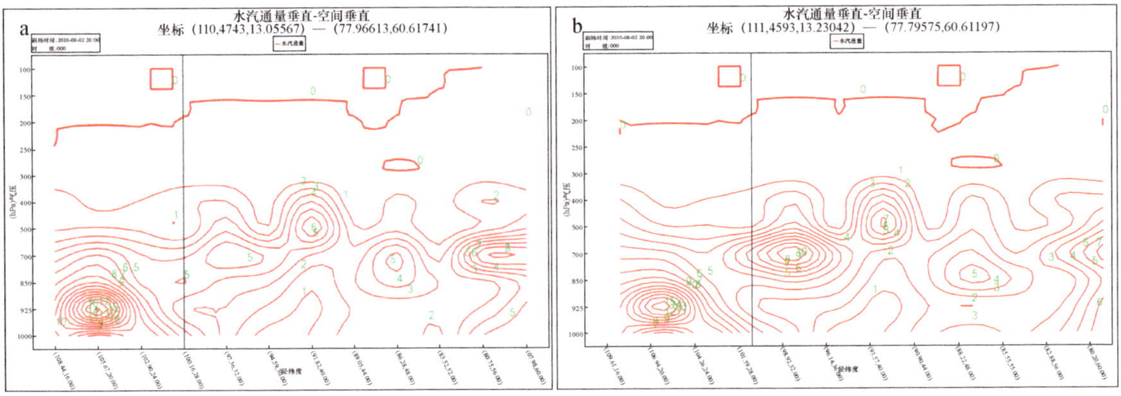

图 2.47　8 月 2 日 20 时刚察(a)门源(b)水汽通量垂直剖面(单位:10^{-1} g・cm^{-1}・hPa^{-1}・s^{-1})

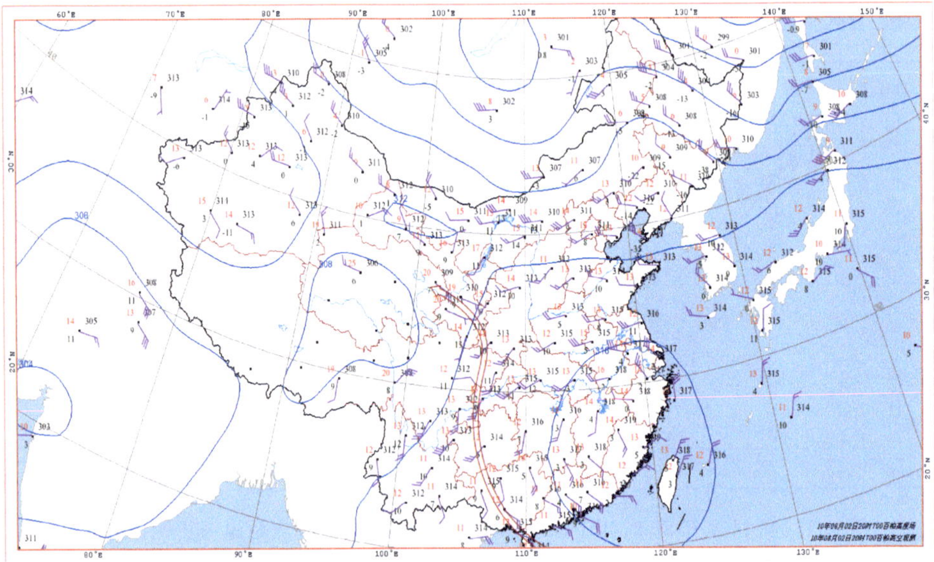

图 2.48　8 月 2 日 20 时 700 hPa 高空图

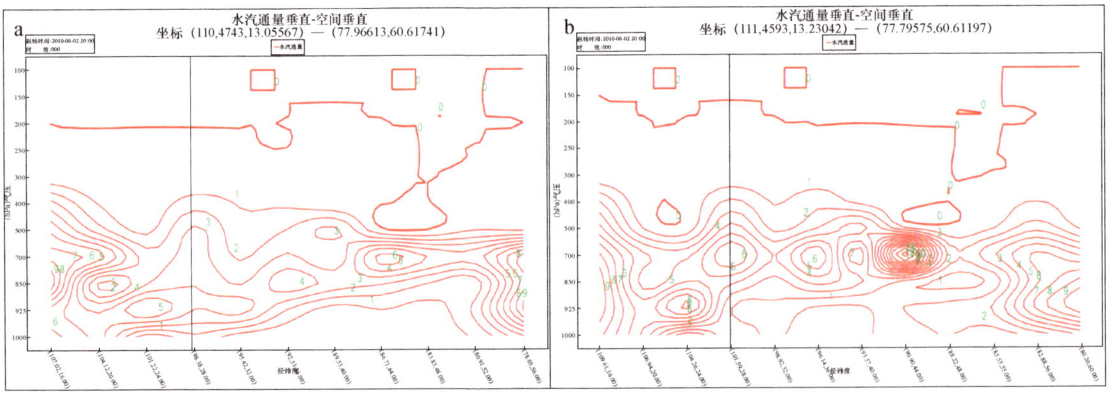

图 2.49　8 月 3 日 08 时乌兰(a)门源(b)水汽通量垂直剖面(单位:10^{-1} g・cm^{-1}・hPa^{-1}・s^{-1})

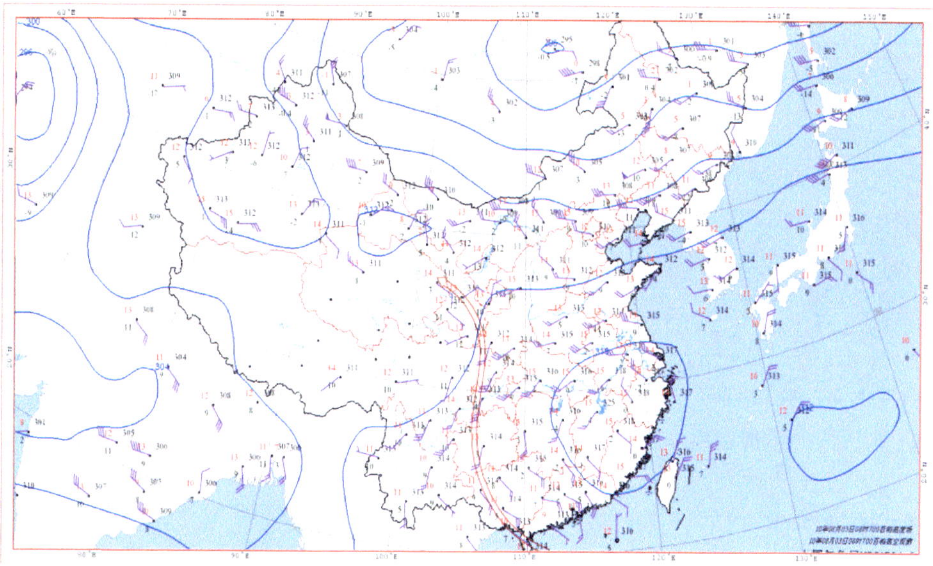

图 2.50　8 月 3 日 08 时 700 hPa 高空图

3.5.2　水汽通量散度

8 月 2 日 20 时刚察(图 2.51a)和门源(图 2.51b)水汽通量散度均为正值,乌兰 700 hPa 数值为 4×10^{-8} g・cm^{-2}・hPa^{-1}・s^{-1},500 hPa 为-1×10^{-8} g・cm^{-2}・hPa^{-1}・s^{-1};门源 700 hPa 数值为 1×10^{-8} g・cm^{-2}・hPa^{-1}・s^{-1},500 hPa 为-1×10^{-8} g・cm^{-2}・hPa^{-1}・s^{-1},刚察及门源 600 hPa 以下为弱水汽辐散,600 hPa 到 400 hPa 为弱的水汽辐合。8 月 3 日 08 时刚察(图 2.52a)和门源(图 2.52b)水汽通量散度均为正值,刚察 700 hPa 数值为 2×10^{-8} g・cm^{-2}・hPa^{-1}・s^{-1},500 hPa 为-1×10^{-8} g・cm^{-2}・hPa^{-1}・s^{-1};门源 700 hPa 数值为 1×10^{-8} g・cm^{-2}・hPa^{-1}・s^{-1},500 hPa 为-1×10^{-8} g・cm^{-2}・hPa^{-1}・s^{-1},刚察及门源 600 hPa 以下为弱水汽辐合,600 hPa 到 400 hPa 为弱的水汽辐散,持续的水汽辐合为短时强降水提供了有力的水汽条件。

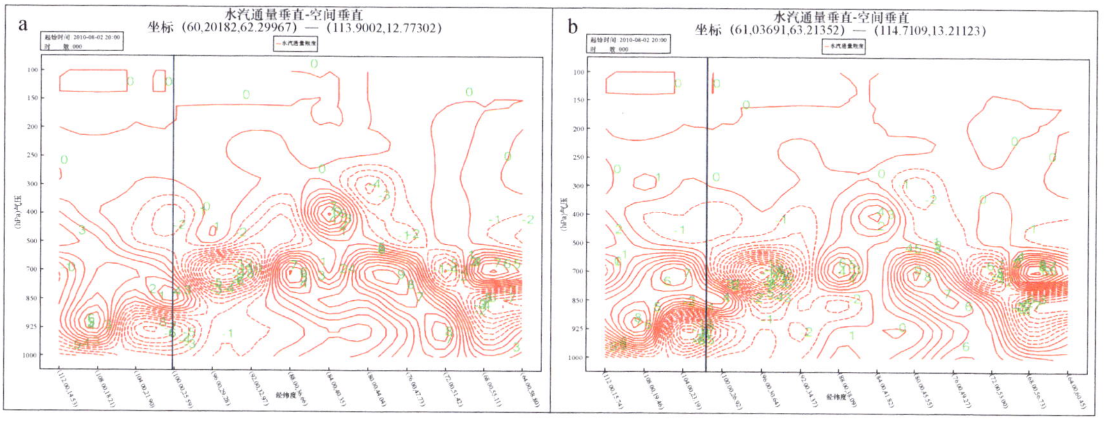

图 2.51　8 月 2 日 20 时刚察(a)门源(b)水汽通量散度垂直剖面(单位:10^{-8} g・cm^{-2}・hPa^{-1}・s^{-1})

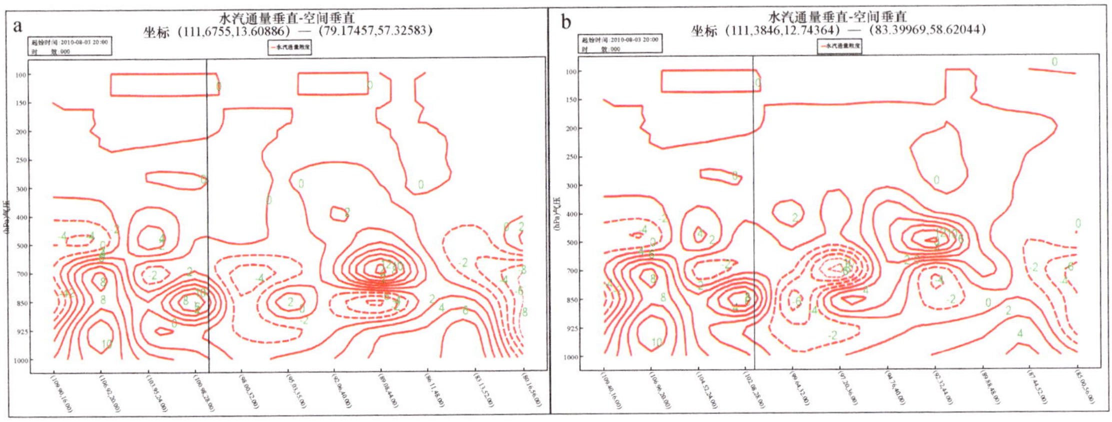

图 2.52 8月3日08时刚察(a)门源(b)水汽通量散度垂直剖面(单位:10^{-8} g·cm^{-2}·hPa^{-1}·s^{-1})

4 结论

1)空间分布特征:青海省地处青藏高原东北部,地形地貌复杂,青海湖以东地区有大通河、湟水河、黄河等河流,其两侧的拉脊山、大坂山等山脉近与平行,形成平行山脉直接的东西向的河谷地形,容易发生局地性的暴雨,伴有雷暴大风等强对流天气,此次降水的空间分布不均匀,只是在个别单点出现了短时强降水,增大了预报难度。

2)降水成因:由于在中高层500 hPa副热带高压先西伸后东退,处于巴尔喀什湖的横槽有一个转竖过程,故引导高空冷平流下滑影响东北部地区,此次强对流触发与深厚暖湿空气北上有关,不仅表现为显著的暖平流,同时伴随有明显的水汽平流过程,湿度层从地面向上可延伸到400 hPa附近,造成LFC高度明显下降,热力不稳定层结的增强与低空增暖增湿有关。0~3 km垂直切变较冷平流强,对流层中下层温度垂直递减率小于冷平流强迫类,低层暖平流占主导作用,天气尺度冷暖平流造成层结不稳定增长,充沛的西南暖湿气流提供了有利的水汽条件,低层中尺度辐合线触发对流生成和发展。

3)水汽源:此次过程水汽源地为副热带高压边缘的西南暖湿气流,从低层至中层有持续的水汽输送,在东北部地区形成水汽辐合。

参考文献

[1] 朱玉军,徐亮,苏永玲,等. 2004—2010年青海省短时强降水分析[J]. 青海科技,2011,18(4):63-69.

[2] 杨莲梅,李建刚,刘晶,等. 西北气流下乌鲁木齐短时强降水中小尺度特征个例分析[J]. 暴雨灾害,2017,36(5):389-396.

[3] 孟丽霞,许东蓓,等. 甘肃省短时强降水的时空特征[J]. 沙漠与绿洲气象,2017,11(6):34-39.

[4] 刘新伟,段海霞,杨晓军,等. 甘肃东部两次短时强降水天气过程的对比分析[J]. 干旱气象,2017,35(5):868-873.

[5] 李文娟,赵放,赵璐,等. 基于单站探空资料的不同强度短时强降水预报指标研究[J]. 暴雨灾害,2017,36(2):132-138.

[6] 杨波,孙继松,毛旭,等. 北京地区短时强降水过程的多尺度环流特征[J]. 气象学报,2016,74(6):919-934.

2010 年 9 月 20 日大到暴雨过程成因及副高影响分析

王振海
（青海省气象台，西宁 810001）

摘　要：基于高空、地面和模式资料，对 2010 年 9 月 20 日发生在青海省东部地区一次秋季大到暴雨过程进行了分析，结果表明：1）相比同期，此次过程降水强度大，大雨站次多，具有极端性；降水落区集中，均在东部河谷地带；降水具有对流性质，降水时段集中，以短强为主的对流性降水，并伴雷暴。2）主要成因是副高增强西伸，高空槽东移并引导北方冷空气南下于副高外围西南暖湿气流（大于 12 $m \cdot s^{-1}$）交汇于青海省东北部地区，斜压锋生明显；水汽充足，地面 T_d＞12 ℃，700 hPa 比湿在 11～12 $g \cdot kg^{-1}$左右，来自副高西侧偏南风和冷空气前部的水汽源在青海省东部辐合汇集明显；探空曲线呈现“瘦高”型强降水类型，低层暖平流，高层冷平流，层结不稳定，暖湿层深厚（地面至 500 hPa），降水效率高；强烈而深厚的上升运动；地形辐合和抬升对降水增幅明显；副高稳定维持，使得中尺度云团在东部地区维持少动，强降水在 TBB 梯度最大区域产生。3）副高对此次暴雨过程的作用主要表现在约束中尺度系统的活动、决定降水落区和持续时间；决定水汽输送通道位置及输送北界且约束台风位置，强化水汽输送；副高强度（外围环流风速大小，主要是西侧偏南风大小）是雨强的重要影响因子；加热大气，贮存温湿能量。
关键词：暴雨，极端，成因，副高

1　天气实况

2010 年秋分节气前，青海省东部地区发生了一次秋季大到暴雨，降水主要集中在东部河谷地带。此次过程降水强度大，大雨站次达到了 8 站，最大出现在同仁站，24 h 降水量达到了 78 mm，而同仁站历年 9 月总降水量才有 65 mm，相比同期降水具有极端性。且此次降水过程具有很强的对流性质，降水时段集中，以短强为主的对流性降水，并伴雷暴，强降水集中于 20 日入夜至前半夜，20 日 23 时—21 日 02 时，同仁 6 h 降水量达到了 60 $mm \cdot (6\ h)^{-1}$。具体如图 2.53 所示。

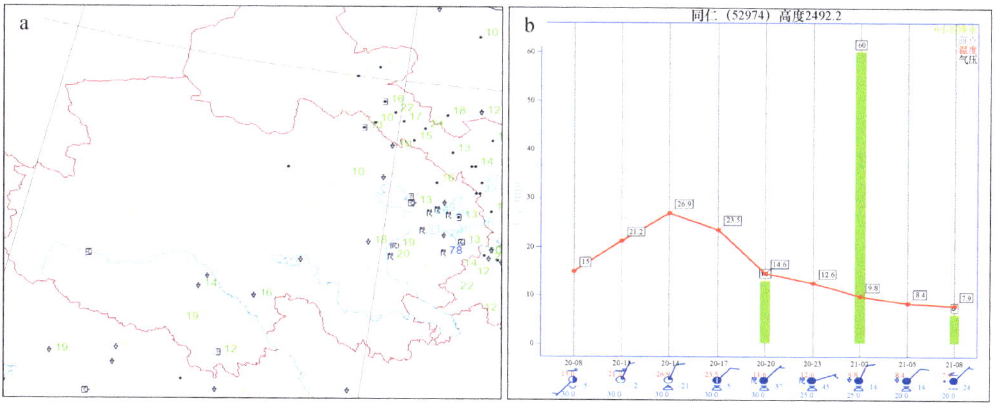

图 2.53　2010 年 9 月 20 日 08 时—21 日 08 时天气实况
(a)2010 年 9 月 20 日 08 时—21 日 08 时降水量(mm)(b)同仁站逐 3 h 三线图

2 东北部大到暴雨降水过程的成因

2.1 环流背景分析

分析9月20日08时500 hPa高空形势图(图2.54a),副热带高压在秋分节气前仍强势盘踞在中国中东部地区及洋面上,中东部大部地区均在其高压环流控制中,青海省东部地区位于副高西侧的偏西南气流中。同时,在青海省地区上游的新疆东部地区有西风带短波槽东移,高原上也有高原槽东移。至20时(图2.54b),上述08时的三个天气系统进一步加强,主要表现在西太副高增强略西伸,592 dagpm线从洋面深入到华东地区,导致588 dagpm线西脊点西伸约5个经度,到达川西地区;西风槽东移抵达青海省东北部地区,槽后温度槽加深,促使高空槽加强,等温线和等高线接近垂直,青海省东部地区斜压锋生明显;高原槽略有东移,槽前偏南风风速加大。副热带系统、西风带系统和高原系统均在青海省东部地区汇聚。另外,此次过程中华南地区登陆的台风对副高外围水汽的加强也有一定作用。因此此次过程是西风带高空槽东移并引导北方冷空气南下于副高外围以及高原槽前西南气流交汇于青海省东北部地区引发的一次大到暴雨过程。

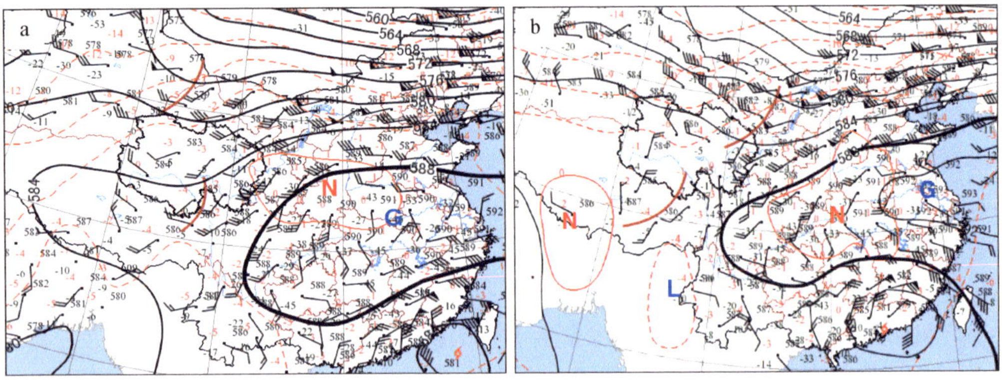

图2.54 9月20日08时500 hPa高空形势场(a)20时500 hPa高空形势场(b)

2.2 水汽条件分析

分析此次过程中的水汽条件,虽然此次过程发生在秋季,但过程发生前,地面露点(图2.55a)在青海省东部地区均达到了10 ℃以上,河谷地区在12 ℃以上,最大在15 ℃,这基本达到了青海省夏季暴雨的地面水汽基本阈值。东部探空站西宁上空700 hPa比湿(图2.55b)为12 $g\cdot kg^{-1}$,相对湿度大于80%的湿区也延伸到了500 hPa,说明湿层深厚且水汽的绝对量级大,这为夜间的大降水天气储备了较好的局地水汽条件。从过程开始时的水汽平流输送(图2.55c)情况来看,此次过程中的水汽源主要来自于孟加拉湾、南海及高原东部低海拔区域,而水汽汇则主要在青海省东部地区。就输送量而言,南部孟湾和南海的水汽较东北部水汽输送量级较大,但就输送强度,东北部水汽则更强劲,这和南北两支水汽的输送系统有关。南部水汽是依靠副高西侧的偏南气流和高原槽前的西南气流输送,输送系统尺度较大且较为稳定,故其输送水汽稳定而持久,但东北部水汽源主要是地面冷空气回流倒灌输送,系统时空尺度较小,故其输送水汽强劲但短暂。

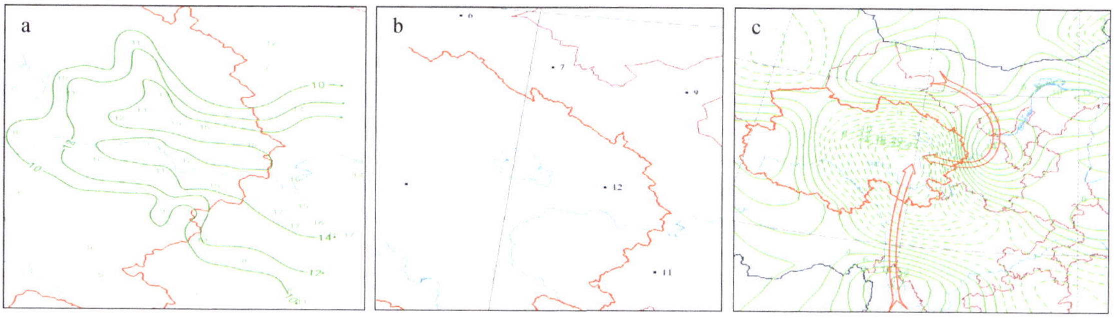

图 2.55　9 月 20 日 14 时地面露点场(℃)(a)08 时 700 hPa 比湿($g \cdot kg^{-1}$)(b)
20 时 700 hPa 水汽通量散度场(单位:$10^{-8}\ g \cdot cm^{-2} \cdot hPa^{-1} \cdot s^{-1}$)(c)

总体而言,无论南部孟加拉湾水汽还是东北部水汽,均为此次过程的发生提供了较好的水汽输送条件,加之较好的局地水汽补充,此次降水过程的水汽条件是比较充沛的。

2.3　层结稳定性分析

用西宁站探空资料来分析此次过程中温湿垂直分布的变化情况(图 2.56),此次过程中的不稳定能量,即对流有效位能 CAPE 基本没有,但探空曲线湿层深厚(地面至 500 hPa)。层结曲线和露点曲线在 08 时只有在 600 hPa 以下接近,但至 20 时,二者差小于 5 ℃的垂直高度延伸至 400 hPa 高度,湿层深厚是此次降水过程的一个层结特点,降水效率高。低层暖平流,高层冷平流,低层层结存在一定的不稳定,温度递减率($0.91\ ℃ \cdot (100\ m)^{-1}$)接近干绝热递减率。700～400 hPa $\frac{\partial \theta_{se}}{\partial z}<0$,有一定的对流不稳定。这次过程中 CAPE 小的原因,一方面可能和 20 时探空资料是降水已经开始,能量有所释放有关,另一方面可能和高空西南风对探空资料的偏移有关。

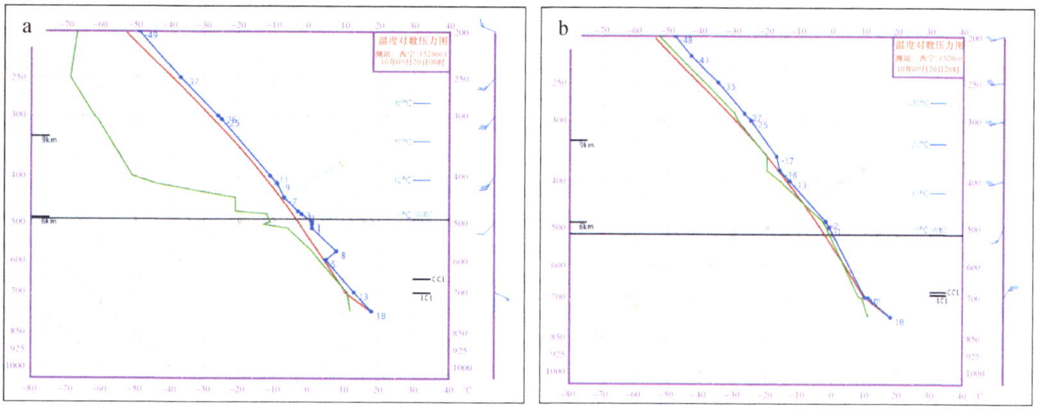

图 2.56　9 月 20 日 08 时(a)20 日 20 时(b)西宁站探空曲线

2.4　触发条件分析

此次降水过程的触发机制主要是地面冷空气倒灌触发(图 2.57a)。20 日 14 时,东路冷空气抵达青海省湟水河谷地东部入口处,开始倒灌并触发强对流天气,降水开始,此时,西路冷锋也抵达柴达木盆地东侧,开始堆积东侵。至 20 时,东、西路冷空气进一步倒灌和东进,二者抬升其间河谷中的暖湿空气,地面也出现比较明显的东西风的地面辐合带,降水强度和范围开始增大,降水落区主要在青海湖锢囚锋偏东地区。但毕竟是一股弱小的冷空气面对势力强大的副高,至02时,冷空气已基本变性减弱,降水也趋于减小。降水主要出现在东部河谷地带主要是地形辐合和地形抬升作用较为明显。以最大降水的同仁站为例,该站位于向北开口的隆务河谷地中,隆务河向北汇入黄河,黄河谷地总体是东部开阔,西部狭窄,而隆务谷地则是开口狭窄,内部开阔,源头又趋于狭窄的一个花瓶状谷地。在东路冷空气卷携着高原东部及黄河谷地暖湿空气向西倒灌时,被迫向南部隆务河谷地侵入,从而触发该地区的强对流天气。

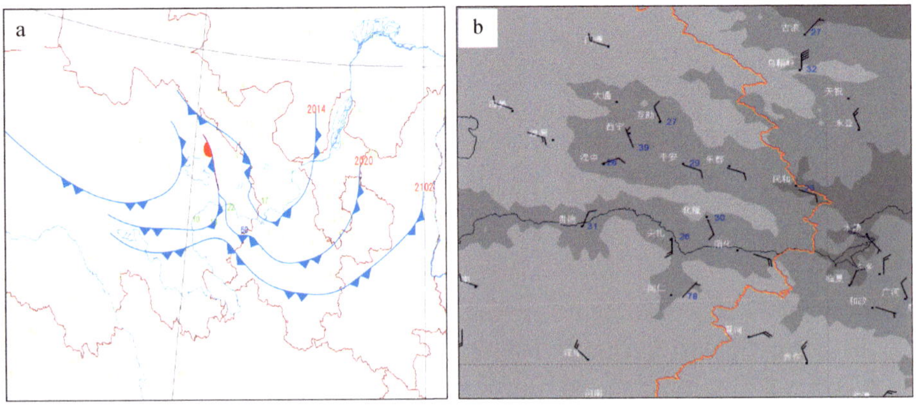

图2.57　青海省东北部地区20日14时—21日02时地面冷锋动态(a)
东北部地形+20时地面风场+大降水落区(b)

2.5　垂直运动分析

青海省东部地区自低层至高层均为 $\omega<0$ 的较强上升运动区域,低层700 hPa ω 在 $-10\sim-16\times10^{-2}$ hPa·s^{-1}之间(1～2 m·s^{-1}),而中高层500～300 hPa的 ω 在 $-30\sim-40\times10^{-2}$ hPa·s^{-1} 之间(3～4 m·s^{-1}),这种差异可能和中高层的对流不稳定较强有关,而强上升中心和降水中心的偏移和高原上稀疏的探空站资料插值有关(图2.58)。

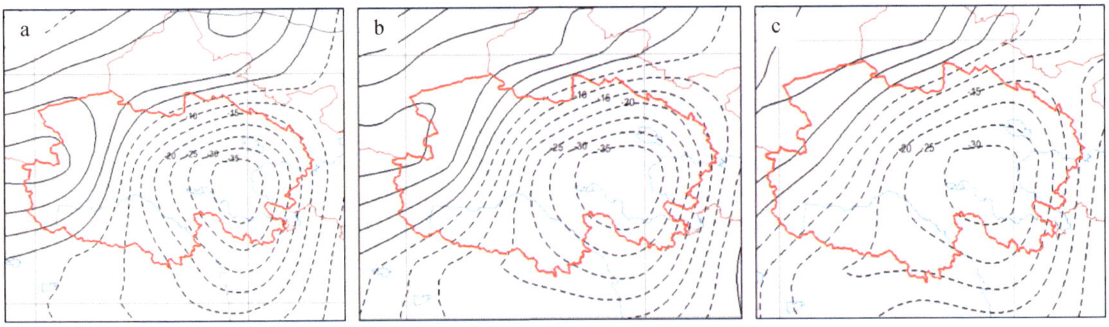

图2.58　9月20日20时各层垂直速度 ω(a)500 hPa(b)400 hPa(c)300 hPa(单位:10^{-2} hPa·s^{-1})

2.6　卫星云图分析

风云卫星的红外云图对此次降水过程的云系发展和维持有较好地监测(图2.59)。由于副高在青海省东北部地区在降水期间的位置基本变化不大,南北系统一直在该地区交汇,使得导致产生降水的中尺度云团在东部地区维持少动，持续约 4 h 左右，强降水出现在云团移动方向前侧的 TBB 梯度最大区域。

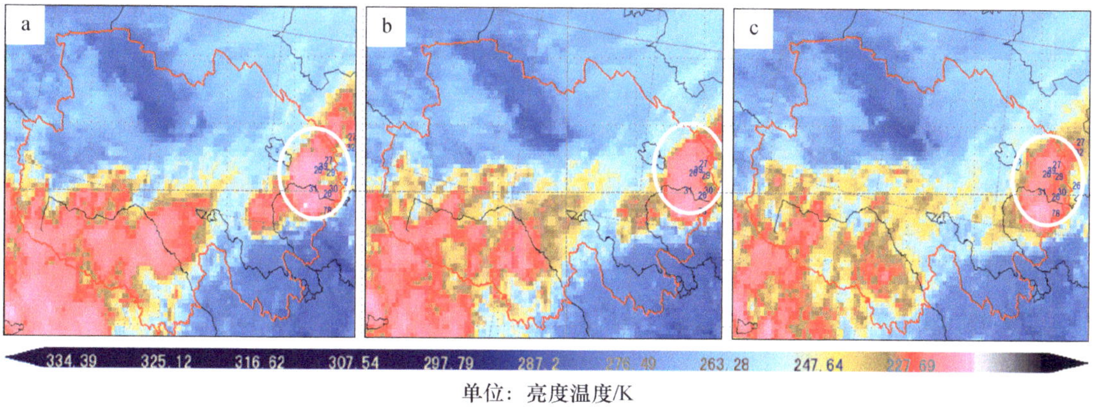

图 2.59　20 日降水期间 FY-2E 卫星红外云图 20 日 20 时(a)20 日 23 时(b)21 日 00 时(c)

3　副热带高压对此次青海省大到暴雨降水过程的作用分析

3.1　约束中尺度系统的活动、决定降水落区和持续时间

西太平洋副热带高压在 20 日 08 时—21 日 08 时期间是强势西伸的过程，其西脊点从川中地区西伸至川西地区，而同时西风槽东移撞击到副高西北侧，虽然副高西伸明显，但在西风槽的影响下，青海省东北部地区的 584 dagpm 线没有明显北抬，所以这一地区斜压锋生明显，冷暖交汇强度大，降水落区基本出现在这一区域。从图 2.60 可以看出，副高在这一地区的稳定维持，基本约束了地面中尺度系统如青海湖锢囚锋、地面辐合线等的发生发展区域，从而决定了降水的落区大致位置及持续时间。

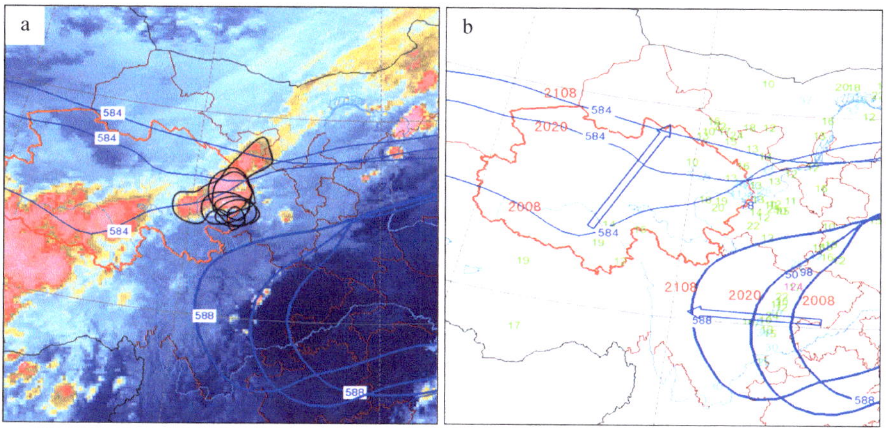

图 2.60　20 日 20 时—21 日 08 时降水形态大致分布(a)
20 日 08 时—21 日 08 时天气形势演变图和地面累积 24 h 降水(b)

3.2　决定水汽输送通道和输送位置

副高的东西位置决定了其西侧偏南风的东西位置，而偏南风的东西位置则又决定了水汽

通道的东西位置,副高的南北位置决定了其西侧偏南风的输送北界,而偏南风的输送北界又是水汽的输送北界,因此副高强度和其外围环流风速的大小,主要是西侧偏南风大小,是雨强的重要影响因子[1-11]。另外副高在大陆的强势维持,约束华南登陆台风的位置,台风的旋转将更多的水汽输送至副高外围的偏东风气流中[12-13],从而强化了水汽的输送,对青海省地区的大降水的水汽支持有一定作用。

3.3 加热大气,贮存温湿能量

青海省东部地区虽然在前期未受到副高588 dagpm线控制,也即没有在副高中心区域中,但作为庞大的副热带反气旋环流,其外围环流还是影响了青海省东部地区,导致这一地区温度较高,较高的温度导致大气可含水量增大,露点温度较高,从而产生和夏季大气一样的地面温湿条件,秋季的比湿可以比肩夏季,所以前期中层副热带高压的外围环流的影响加热了低层大气,贮存了较好的温湿能量,给后面大降水提供了较好的局地水汽源。

4 结论

1)此次秋季大到暴雨过程相比同期(历年9月总降水量65 mm),降水强度大(78 mm·$(24\ h)^{-1}$),大雨站次多(8站大雨,1站暴雨),具有极端性;降水落区集中,均在东部河谷地带;降水具有对流性质,降水时段集中。

2)此次过程的主要原因是副高增强西伸,高空槽东移并引导北方冷空气南下于副高外围西南暖湿气流(大于12 $m \cdot s^{-1}$)交汇于青海省东北部地区,斜压锋生明显;充足的水汽:地面$T_d>12$ ℃,700 hPa比湿在11～12 $g \cdot kg^{-1}$左右,来自副高西侧偏南风和冷空气前部的水汽源在青海省东部辐合汇集明显(水汽通量散度$<-24\times10^{-8}\ g \cdot cm^{-2} \cdot hPa^{-1} \cdot s^{-1}$);探空曲线呈现低层暖平流,高层冷平流,低层有层结不稳定,高层有对流不稳定,湿层深厚(地面至500 hPa),降水效率高;强烈而深厚的上升运动($\omega<-30\sim-40\times10^{-2}\ hPa \cdot s^{-1}$);地形辐合和抬升对降水增幅明显;副高稳定维持,使得中尺度云团在东部地区维持少动,强降水在TBB梯度最大区域产生。

3)此次过程中副高对此次暴雨过程的作用主要表现在:约束中尺度系统的活动、决定降水落区和持续时间;决定水汽输送通道位置及输送北界且约束台风位置,强化水汽输送;副高强度(外围环流风速大小,主要是西侧偏南风大小)是雨强的重要影响因子;加热大气,贮存温湿能量。

参考文献

[1] 陶诗言. 中国之暴雨[M]. 北京:科学出版社,1980.

[2] 丁一汇. 暴雨和中尺度气象学问题[J]. 气象学报,1994(3):274-284.

[3] 丁一汇,蔡则怡,李吉顺. 1975年8月上旬河南特大暴雨的研究[J]. 大气科学,1978,2(4):276-289.

[4] 高守亭,赵思雄,周晓平,等. 次天气尺度及中尺度暴雨系统研究进展[J]. 大气科学,2003,27(4):618-627.

[5] 孙建华,赵思雄. 一次罕见的华南大暴雨过程的诊断与数值模拟研究[J]. 大气科学,2000,24(3):381-392.

[6] 孙建华,赵思雄. 华南"94·6"特大暴雨的中尺度对流系统及其环境场研究 I. 引发暴雨的β中尺度对流系统的数值模拟研究[J]. 大气科学,2002,26(4):541-557.

[7] 朱洪岩,陈联寿,徐祥德. 中低纬度环流系统的相互作用及其暴雨特征的模拟研究[J]. 大气科学,2000,24(5):669-675.
[8] 张小玲,陶诗言,张顺利. 梅雨锋上的三类暴雨[J]. 大气科学,2004,28(2):187-205.
[9] 寿绍文,李耀辉,范可. 暴雨中尺度气旋发展的等熵面位涡分析[J]. 气象学报,2001,59(5):560-568.
[10] 王改利,刘黎平,阮征. 多普勒雷达资料在暴雨临近预报中的应用[J]. 应用气象学报,2007,18(3):388-395+417.
[11] 陶诗言. 暴雨和强对流天气的研究[M]. 北京:科学出版社,1980.
[12] 程正泉,陈联寿,徐祥德,等. 近10年中国台风暴雨研究进展[J]. 气象,2005,31(12):3-9.
[13] 于玉斌,姚秀萍. 对华北一次特大台风暴雨过程的位涡诊断分析[J]. 高原气象,2000,19(1):111-120.

2011年8月14日大到暴雨过程分析和总结

郑志红　王志远
(海东市气象台,平安　810600)

摘　要:利用常规观测资料、卫星云图,对2011年8月14—15日青藏高原东北部区域性暴雨过程的影响系统、水汽输送、对流有效位能、云图演变特征等方面进行分析,结果表明:这次暴雨天气过程属于典型的副高外围偏南气流型暴雨,500 hPa高原冷温槽、柴达木低涡是造成此次暴雨的主要影响系统。大尺度低空偏南气流输送造成了青海省东部和甘肃河西一线狭窄区域内相对湿度明显增大,形成低层湿舌,暴雨天气发生在低空偏南气流输送带出口区左侧。在大暴雨天气出现前,青藏高原东部边缘上空,涡度、散度场的高低空配置,满足了低层辐合、高层辐散条件,有利于上升运动发展。过程前期,连续高温天气积累了足够的能量条件和对流不稳定条件。中尺度对流系统(MCS)的发展与大到暴雨密切相关,对流云团与降水区在移动上存在明显的对应关系。

关键词:暴雨,高空急流,水汽输送,对流有效位能,中尺度对流云团

1　天气实况

2011年8月14—15日,青海省东部地区出现了一次区域性大到暴雨天气过程,这次降水持续时间短、强度大、出现时间相对集中,强降水主要集中在14日夜间,落区主要分布在青海省东北部的海北、西宁、海东及甘肃中部地区(图2.61),其中海东的互助、化隆,西宁地区的大通,海北州的门源等5个站降水量≥25 mm,暴雨中心在门源,降水量为36 mm。

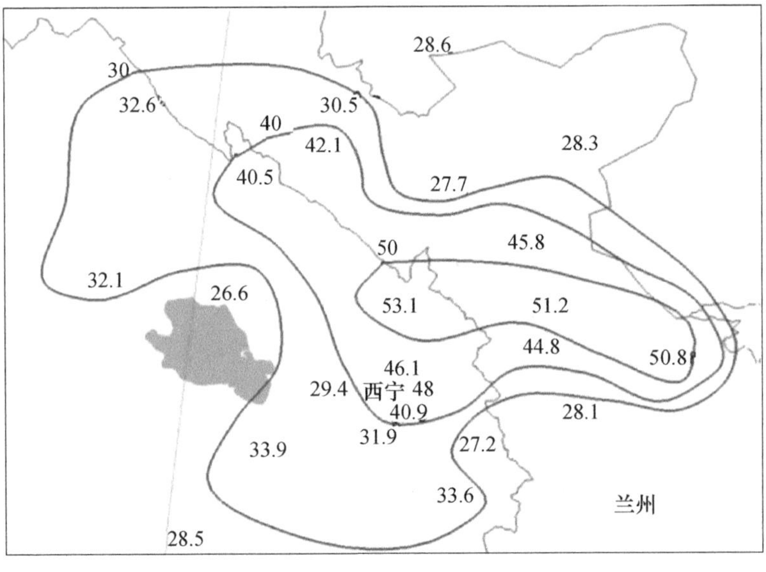

图2.61　青海省东部2011年8月14日08时—15日08时降水量分布(≥25 mm)

2　天气分析

2.1　环流形势和天气系统

此次暴雨天气过程属于典型的副高外围偏南气流型暴雨[1-3]。降水过程出现前，副热带高压位置偏北，脊线到达35°N、100°E附近，欧亚中高纬度维持“一脊一槽”环流形势，西风带乌拉尔山—西西伯利亚为阻塞高压控制，高压前部是宽广的低槽区，冷温槽在巴尔喀什湖至新疆北部地区；随着副热带高压向南收缩和冷温槽分裂冷空气东移，冷暖空气在青藏高原东北部地区交汇，暴雨天气由此产生。2011年8月12—14日，500 hPa分析图上，副热带高压由20°N不断地西伸北抬，沿副热带高压边缘西南气流不断加强，将低纬度地区的暖湿空气从孟加拉湾—西藏中东部向青海省、甘肃河西输送；中高纬度乌山脊前偏北气流引导冷空气南下，在40°N附近形成明显的高空锋区，到14日08时(图2.62a)，高原上甘肃河西—青海省中部—西藏中部短波槽生成，引导槽后偏西北气流，冷空气开始东移入侵到暴雨区。700 hPa天气图上(图2.62b)，降水出现前期，暴雨区上游柴达木东部上空生成低压环流，这有利于青藏高原东北部边缘低层水汽的辐合。500 hPa高原冷温槽、700 hPa柴达木低涡是造成此次暴雨的主要影响系统。

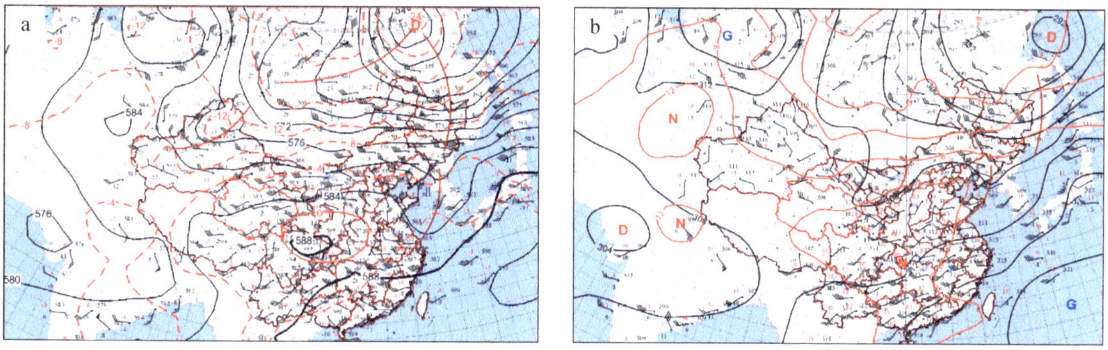

图2.62　2011年8月14日08时500 hPa(a)700 hPa(b)高空图

2.2　中小尺度系统和卫星云图分析

2.2.1　中小尺度系统

高低空系统的相互作用是有组织的中尺度对流系统得以发展的一个重要原因[4]。分析这次过程高低空系统的结构配置(图2.63)，可以看到在青藏高原东北部上空，700 hPa低空偏南气流的南风分量相交于其上层副高外围的500 hPa西南气流输送带上；500 hPa西南气流输送带南风分量又与高空急流轴相交；随着高度的增加，由低层到对流层中上层，形成了风随高度的顺时针旋转，风速不断加大，这将有利于低层向北输送水汽，也有利于高空急流带向下伸展，在对流层中部向东输送干冷空气，这种输送的结果产生对流不稳定和降低自由对流高度，最终造成了降水区上空中尺度对流系统的发展。

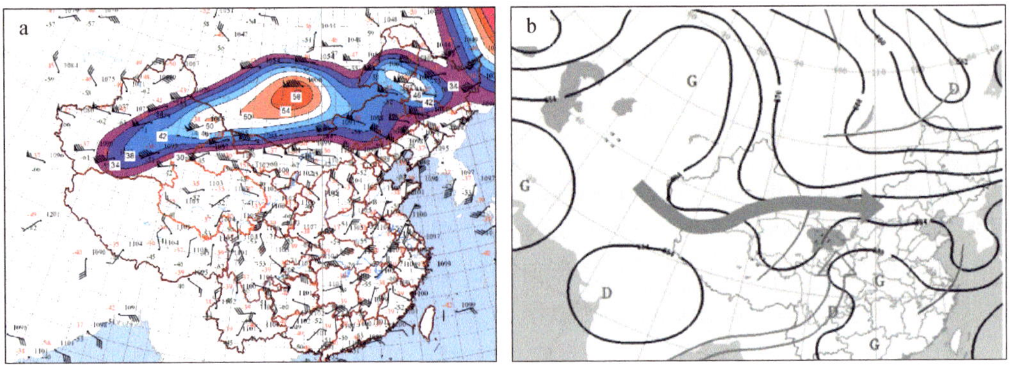

图 2.63　200 hPa 高空急流(a)高低空系统配置(b)
(图中青海省东北部、甘肃中部阴影区域为 14—15 日暴雨区,细实线为 500 hPa 槽线,空箭头线为低空水汽输送带,粗实线为 200 hPa 高空急流轴)

2.2.2　卫星云图分析

在中纬度地区,许多强烈的天气常常是由有组织的强对流系统造成的。这次区域性暴雨过程在卫星云图上可以清楚地看到系统整个的演变过程。首先在副热带高压边缘青海省三江源地区不断有小的对流云团生成,并沿着副热带高压西北侧西南气流北上,后期原青海湖和黄南的两处小对流云团迅速合并、发展,加强为中尺度对流系统(MCS),造成了此次青海省东北部和甘肃中部地区出现区域性的暴雨天气过程。

3　诊断分析

3.1　水汽条件

低空急流(风速最大值在 12～16 $m \cdot s^{-1}$以上)被认为是中纬度暴雨和强风暴提供水汽和动量的最重要机制[4]。中低层源源不断的水汽输送是暴雨天气产生的主要水汽来源,这次暴雨过程前期,从 8 月 13 日开始,随着西太平洋副热带高压的西伸北抬,高原东部低层水汽通道建立,从 700 hPa 相对湿度和风场实况图上(图 2.64a),可以清晰地看到由云贵高原、四川东部、甘肃南部、青海省东部存在一支大尺度的低空气流输送带,将孟加拉湾的水汽向北输送到高原东北部地区,在青海省东部和甘肃河西一线狭窄区域内形成相对湿度≥90%的湿舌。但这支气流风速在 6～10 $m \cdot s^{-1}$,达不到低空急流量级。在 700 hPa 水汽通量散度时间演变图上,青海省东部和甘肃河西也表征存在一条明显的水汽通道,到 14 日 20 时辐合中心值为 $-30\times10^{-7}\ g \cdot cm^{-2} \cdot hPa^{-1} \cdot s^{-1}$。由低空水汽输送带形成的湿舌与西侧和东侧的干区形成明显的湿度对比,暴雨天气就发生在低空水汽输送带出口区左侧(图 2.64b)。

3.2　热力条件

总温度场上,8 月 13 日 20 时—14 日 20 时,有 SW—NE 向的高能舌影响到青海省东北部及甘肃中部地区,300 hPa 青海省东部的总温度>72 ℃,500 hPa 总温度>68 ℃,700 hPa 总温度>76 ℃。研究表明,大到暴雨出现前 24 h,高原上 500～700 hPa 都有高能区,一般将≥68 ℃的区域作为一个大到暴雨的高能区考虑,这表明了过程前期已经积累了足够的能量。θ_{se}是温度、气压、和水汽含量的函数,是表示温压湿综合的物理量,θ_{se}的大小不仅反映了水汽含

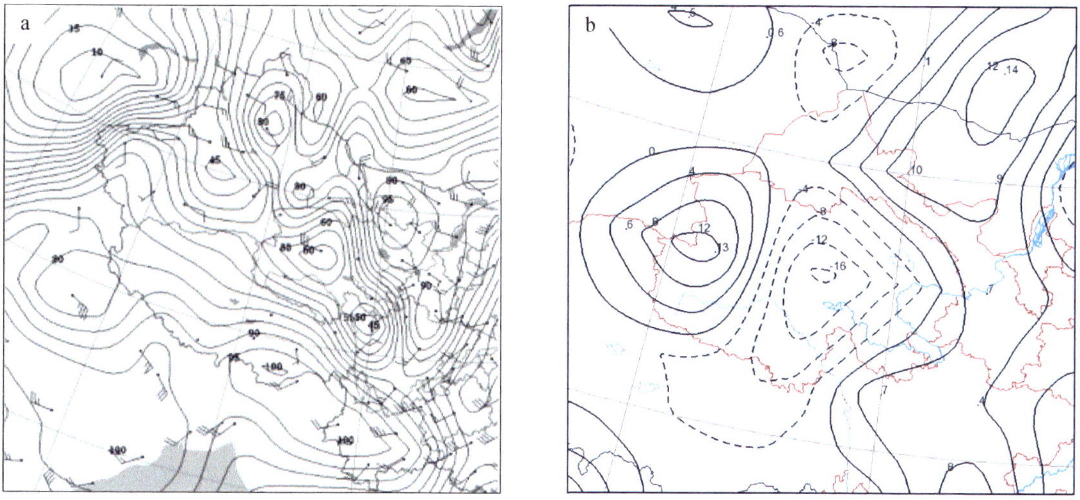

图 2.64 2011 年 8 月 13 日 20 时 700 hPa 相对湿度(%)(a)
14 日 08 时 700 hPa 水汽通量散度(单位:10^{-7} g·cm^{-2}·hPa^{-1}·s^{-1})(b)

量的多少,而且也反映了温度的高低,它更好的揭示出气团的热力特征[5-8],此次大降水与高能量场的配置有更密切的关系。8 月 14 日 08 时 700～300 hPa 上甘肃南部边缘至四川有个 θ_{se}>88 ℃高能舌,整个高能区沿着 SW—NE 向伸到青海省的东北部地区及甘肃中东部地区,此时青海省的海东地区 θ_{se} 在 76～80 ℃之间(图略),到 14 日 20 时,该地区上空 500～300 hPa 上 θ_{se} 在 76～80 ℃之间,700 hPa 上 θ_{se} 在 80～84 ℃之间,这表明在青海省东北部及甘肃中部地区已经积累了产生大到暴雨的能量条件。

3.3 动力条件

3.3.1 涡度

从 8 月 14 日 08 时的涡度场分析,98°～108°E 之间,700 hPa 以上均为负涡度,说明 14 日 08 时青海省东部还处于气流辐散区,到 14 日 20 时,92°～100°E 之间,700～500 hPa 高度层均为正涡度,500 hPa 以上的高度层为负涡度,出现低层辐合上升,高层辐散抽吸的垂直结构。

3.3.2 散度

分析 8 月 14 日 08 时散度场,500 hPa 以下,在 100°E 以东是正散度,94°～100°E 范围内为负散度,是辐合上升区,辐合中心在 97°E 附近,中心值为 -24×10^{-5} s^{-1}。8 月 14 日 20 时,97°E 附近的辐合中心东移到 97°～102°E 之间,中心值加强为 -26×10^{-5} s^{-1}。分析表明,降水出现前期,上游较强的气流辐合中心区东移影响青海省东部地区,这种低层强辐合、高层辐散的流场配置有利于产生强降水。

3.3.3 上升运动

强烈的上升运动条件被认为是强降水天气发生的直接触发机制。分析垂直速度场剖面资料,从 8 月 14 日 08 时垂直速度场看,300～700 hPa 的垂直速度场上,降水前上游 94°～100°E 处为气流上升区,上升运动中心在 97°E 附近,中心值为 -13×10^{-3} hPa·s^{-1},100°～106°E 处为下沉运动;8 月 14 日 20 时,上升运动区东移至 96°～105°E,上升运动中心在 100°E 附近,且上升运动加强,中心值为 -14×10^{-3} hPa·s^{-1};8 月 15 日 08 时,上升运动中心基本移出青海省东部。

自动站降水实况表明青海省东部的降水主要集中在14日20时—15日08时的12 h内，而垂直速度场上，14日20时上升运动大值中心移近降水区，15日08时除了青海省最东部的民和还继续下雨外，青海省东部的其余地方降水接近尾声，而甘肃中部的降水集中在15日白天，由此可见大降水区的出现与强上升运动区有较好的对应关系。以上三种物理量的合理配置是导致这次强降水的动力条件，这种低层辐合、高层辐散的配置，加速了上升气流的发展和强降水的出现。

4 预报技术着眼点与难点

涡度平流使地面系统发展，高空系统移动。分析2011年8月14—15日涡度平流与温度平流场(图2.65)可知，14日08时—15日08时，从300～500 hPa新疆东部到青海省东部存在正涡度平流，槽前正涡度平流产生负的位势倾向，使高空天气系统向东移动。14日08时，300 hPa蒙古—新疆—西藏西部为负温度平流区，500 hPa，负温度平流区位于蒙古一带。

温度平流使高空系统发展，地面系统移动：槽前暖温度平流应使槽加深，但从14日20时实况场分析，新疆东部的低槽并未在原地加深，而是快速东移至青海省中部加深，造成青海省东部至河西走廊一带的区域性暴雨。

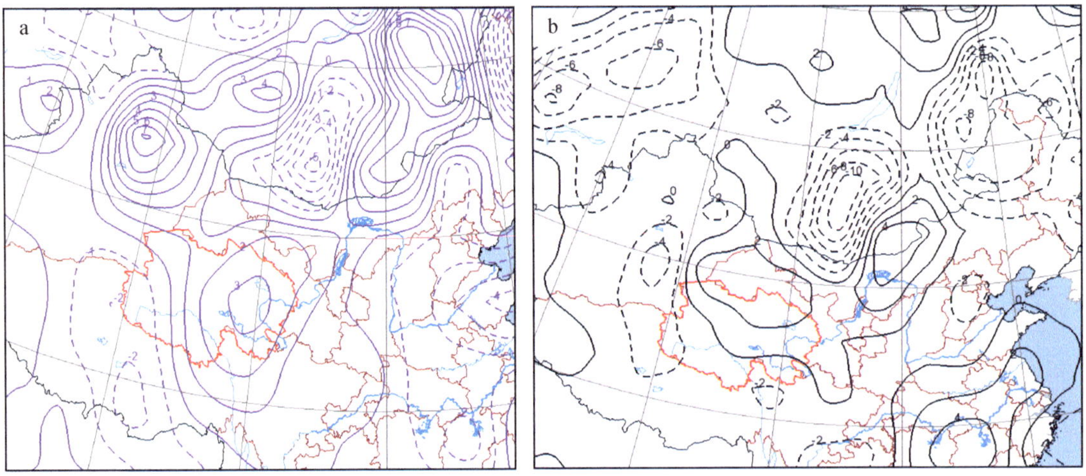

图2.65 2011年8月14—15日涡度平流(单位：$10^{-10}\ s^{-2}$)(a)与温度平流场(单位：10^{-5}℃·s^{-1})(b)

5 结论

1)这次暴雨天气过程属于典型的副高外围偏南气流型暴雨，500 hPa高原冷温槽、柴达木低涡是造成此次暴雨的主要影响系统。

2)大尺度低空偏南气流输送造成了青海省东部和甘肃河西一线狭窄区域内相对湿度明显增大，形成低层湿舌，暴雨天气发生在低空偏南气流输送带出口区左侧。

3)高低空系统的相互作用，不仅有利于低层向北输送水汽，也有利于对流系统的发展；700 hPa柴达木热低压环流的东移对这次暴雨过程有加强作用。

4)这次大到暴雨过程中，中尺度对流云团的发展与暴雨的产生密切相关。

5)这次大到暴雨天气出现前，青藏高原东部边缘上空，涡度、散度场的高低空配置，满足了低层辐合、高层辐散条件，有利于上升运动发展。

6)过程前期，连续高温天气积累了足够的能量条件和对流不稳定条件，总温度在 300 hPa 到 700 hPa 上≥68 ℃，θ_{se}场上有≥84 ℃的高能舌伸到青藏高原东部边缘，K>32 ℃满足了产生大降水的层结不稳定条件，是产生局地性强降水的一个重要原因。

7)中尺度对流系统(MCS)的发展与大到暴雨密切相关，这次大到暴雨过程中，对流云团与降水区在移动上存在明显的对应关系。

参考文献

[1] 中国气象局科教司．省地气象台短期预报岗位培训教材[M]．北京：气象出版社，1998.

[2] 朱乾根，林锦瑞，寿绍文．天气学原理和方法[M]．北京：气象出版社，1992.

[3] 王江山，李锡福．青海省天气气候[M]．北京：气象出版社，2004.

[4] 李生辰，巩远发，王田寿．青藏高原东北部一次强暴雨过程环流特征分析[J]．高原气象，2010，29(2)：278-285.

[5] 王志远，张春秀．2009 年 8 月 18 日青海东北部区域性大到暴雨成因分析[J]．青海气象，2010(1)：22-26.

[6] 海显莲．青海省东部农业区一次区域性大到暴雨成因分析[J]．青海气象，2011(2)：12-17.

[7] 王正旺，刘耀文，庞转棠，等．一次暴雨天气的诊断分析与预警[J]．自然灾害学报，2009(4)：95-100.

[8] 赵俊荣，莎依然．暴雨个例分析[J]．新疆气象，1994，17(6)：9-22.

2012年7月29日青海省东部强降水成因分析

张青梅
(青海省气象台,西宁 810001)

摘　要:基于高空、地面和模式再分析资料,对2012年7月29日青海省东部的大到暴雨过程进行了诊断分析,得出:1)此次过程是由于500 hPa副热带高压东退、高空短波槽东移引导冷空气南下,冷暖空气在青海省东部交汇造成的一次强降水天气。2)强降水的大致落区在500 hPa高能舌与700 hPa假相当位温密集带的重叠区域;水汽通量的高值区与水汽通量散度的辐合区与大降水落区密切相关,可作为表征水汽条件的重要因子。3)发生暴雨时暴雨区基本处在319 K高位涡中心附近,强度大于0.8 PVU,而高位涡中心的强度及位置变化与造成暴雨的天气系统的位置及强度、西南急流的位置均有密切的关系。4)潜在不稳定层结在最大垂直上升运动的激发下形成的大到暴雨天气。

关键词:强降水,副热带高压,成因

1　天气实况

2012年7月29日夜间青海省东部地区出现大范围强降水天气,降水主要集中在西宁、海东、海北、黄南和海南的部分地区,2012年7月29日20时至7月30日08时,有36个台站出现25 mm以上降水,降水中心在民和县官亭镇,过程总降水量达88.4 mm。其次是民和县古鄯,降水量达74.6 mm,大通、平安、民和和循化,降水量分别为48.0、46.5、42.9和42.6 mm。1 h最大降水出现在化隆县阿什努乡,小时雨量达到32.1 mm,12 h降水量出现15～30 mm的测站有12个,13个测站出现30～50 mm降水,4站出现了50～80 mm的强降水(图2.66)。

由于此次降水时段集中,局地雨量大,暴雨洪涝灾害频发,据气象部门从灾害发生地政府、民政、防汛等部门了解到,强降水造成民和、平安、化隆、湟源、兴海、共和同仁、尖扎等地发生暴雨洪涝灾害,造成不同程度的经济损失,部分地区损失严重。

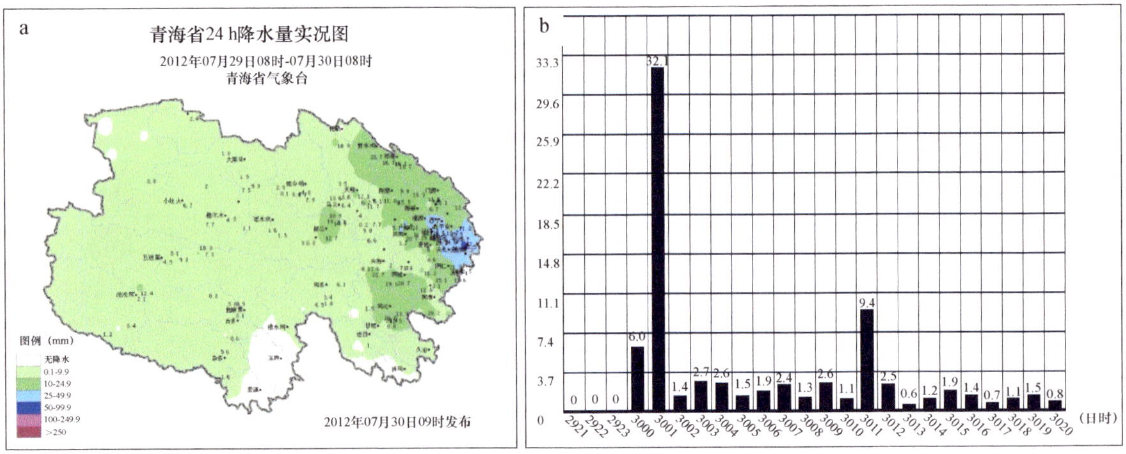

图2.66　7月29日08时—30日08时全省降水量分布图(a)及化隆县阿什努乡逐小时降水量(b)(单位:mm)

2　环流形势演变及影响系统分析

2012 年 7 月下旬前期副高脊线位置偏北，西太平洋副热带高压西侧形成水汽通道，不断引导西南暖湿气流影响青海省东部。下旬后期 500 hPa 上中高纬(45°N 以北)经向环流明显，45°N 以南为纬向多波动气流，有利于从西亚分裂的冷空气下滑，副热带高压强盛，引导西南暖湿气流北上，冷暖空气交绥造成青海省东部的区域性大到暴雨。

从 2012 年 7 月 27 日 08 时 500 hPa 图(图 2.67a)上看出，亚洲地区由两槽一型脊环流形势控制，乌拉尔山至巴尔喀什湖为深厚的低槽，贝加尔湖地区也是低槽区，巴尔喀什湖至贝加尔湖间为脊区，580 dagpm 线在青海省北部上空形成多波动形势。柴达木盆地有 584 dagpm 的高压环流存在，大降水区处在两高之间的切变中，28 日 08 时 500 hPa 图上副高加强，青海省处在 584 dagpm 控制的反气旋环流中，西藏、青海省、甘肃东部、四川北部 200 hPa 高空为辐散气流。到 28 日 20 时副高进一步加强，西伸至青海省东部，西亚槽底分裂小槽到新疆东部。29 日 08 时 700 hPa 上孟加拉湾北部有热低压生成，中低层西南气流加强，有利于暖湿气流向北输送，2012 年 7 月 29 日 08 时 500 hPa 高空图上，巴尔喀什湖低槽分裂的短波槽东移至海西西部。副高 588 dagpm 线西脊点西伸至 95°E 附近，纬向轴线在 33°N 附近。20 时副高略有南落，新疆为暖脊，其前部 100°E 有短波槽，四川一青海省东南大部受 588 dagpm 副高控制，青海省东部配合有 0 ℃暖中心，短波槽东移至青海省东部，槽后的冷空气与副高边缘西南暖湿气流在青海省东部汇合，槽前的正涡度平流引起的辐散对下层的抽吸作用触发造成此次大到暴雨天气过程。

700 hPa 实况图上，29 日 08 时海西西部有一低槽东移，并在 20 时东移至海东上空。青海湖附近有切变，非常利于对流天气发生和维持。

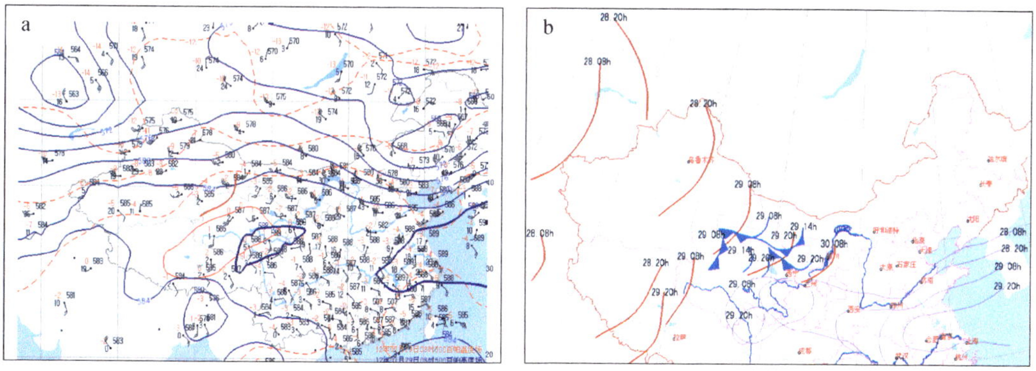

图 2.67　2012 年 7 月 29 日 08 时(a)500 hPa 高空形势场(b)地面冷锋动态图

地面图(图 2.67b)上冷锋前沿已过甘肃玉门，另有一股冷空气进入青海省西北部，青海省西北部开始出现降水，祁连山以北的冷空气沿河西走廊下滑，14 时达到张掖，冷锋后配合有成片降水，酒泉 6 h 降水量达 21 mm，进入青海省西部的冷空气也东移到了都兰，锋后配合的降水量级较小。到 29 日 20 时小槽东移到了甘肃中部至青海湖，与 588 dagpm 西侧的暖湿气流相遇，西路冷空气前锋到达天峻—都兰一线，而祁连山以北冷空气前锋也东移至拐子湖—民勤—古浪一线，冷空气所经之地造成强降温及降水天气，柴达木盆地最大 $\Delta T_{24}=-13$ ℃(格尔木)，河西走廊最大 $\Delta T_{24}=-12$ ℃(民勤)，青海省东部处于冷锋前负变压区中，海晏降压 4 hPa，西宁降压5 hPa，气温处于正变温之中，锋面两侧形成较强的温度、气压梯度，冷锋附近及后部出现阵性降水,29 日 22 时后西宁、海东、黄南相继出现强对流引发强降水。

通过对 500 hPa 高空分析发现,在此次过程中,副高外围的西南气流不断将水汽输送到高原东部,在西风带短波槽以及弱冷空气的共同影响下,触发中尺度系统,造成了此次大到暴雨天气的发生。

3 物理量分析

3.1 水汽条件

29 日 08—20 时 500 hPa 图上自西藏中部到河西走廊中部维持一条西南风≥8 $m \cdot s^{-1}$的水汽输送带,青海省中部 700 hPa 相对湿度>90%,大气中有较高的水汽含量,青海省大部比湿大于 6 $g \cdot kg^{-1}$,符合青海省预报区域性大雨天气的指标,从 7 月 29 日 20 时 700 hPa 水汽通量的分布,可以看到近于南北向的带状水汽通量高值区位于青海省中部,并形成 12×10^{-1} $g \cdot cm^{-1} \cdot hPa^{-1} \cdot s^{-1}$ 的水汽通量高值中心,说明在青海省西南部区域存在随西南气流向北的水汽输送。水汽通量散度是一个与垂直运动密切相关的物理量[1-5],水汽通量辐合区与垂直上升运动区往往是一致的。08 时强降水区没有明显的水汽辐合区,20 时强降水区维持一个高值中心区,水汽通量辐合区范围远较暴雨区大,这有利于水汽源源不断向暴雨区输送(图 2.68)。

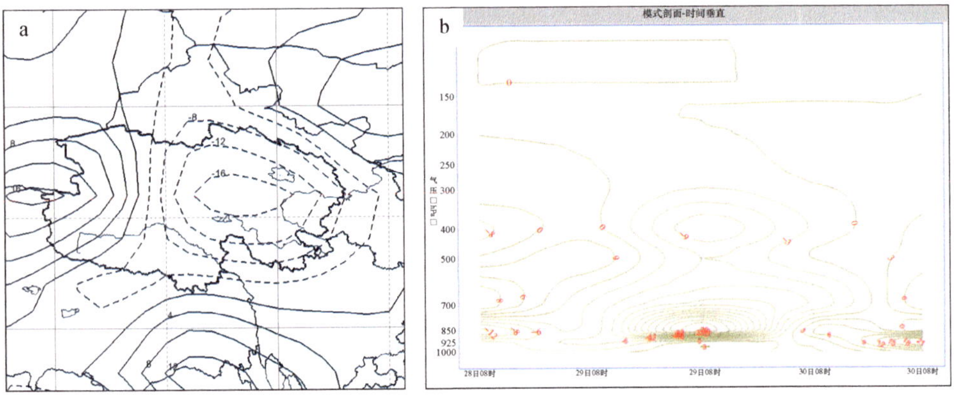

图 2.68　7 月 29 日 20 时 700 hPa 水汽通量散度(a)
水汽通量散度垂直剖面图(单位:10^{-8} $g \cdot cm^{-2} \cdot hPa^{-1} \cdot s^{-1}$)(b)

3.2 动力特征

从西宁 7 月 28 日 20 时—30 日 20 时水汽通量散度和垂直速度时间剖面图(图略)分析,29 日 08 时前从 700 hPa 到 200 hPa 均为水汽辐散区,08 时后底层开始出现水汽辐合,到 20 时 300 hPa 以下均有明显的水汽辐合,强中心达-36×10^{-8} $g \cdot cm^{-2} \cdot hPa^{-1} \cdot s^{-1}$,辐合系统深厚,对青海省东部地区大到暴雨提供了有利的环境场。在垂直速度场上,29 日 08 时前为整层下沉区,08 时后开始出现上升气流,20 时上升气流发展到最强,中心值达到了-52×10^{-3} $hPa \cdot s^{-1}$(图略),上升运动的高值中心位于对流层中低层,大到暴雨处于深厚的上升运动区域内。

3.3　能量场特征

热力条件是强降水形成、发生的必要条件[6-14]。29 日 08 时 700 hPa θ_{se}图上，青海省东部$\theta_{se}\geqslant 80$ ℃，在西藏东部存在一个θ_{se}为 82 ℃的高能中心，到 20 时θ_{se}高能中心加强为 94 ℃，能量锋区在青海省东部；从 29 日 20 时 500 hPa θ_{se}分布图（图 2.69）可以看到，强降水期从高原西南部一直到青海省为一明显的向东北方面伸展的高能舌，高能轴线与西南急流位置基本一致。在青海省中部为一近乎闭合的高能中心。等值线向西南方向开口，这有利于能量向暴雨区输送和积聚，暴雨就产生在高能轴附近。为了进一步判断大气是否对流不稳定，计算西宁单站：$\Delta\theta_{se(300-700)}=-3.82$ ℃<0 ℃，说明对流层中低层大气不稳定，为暴雨的形成提供了不稳定的能量条件。

29 日 20 时 500 hPa 总温度图上（图略），由西南向东北有高能舌存在，此次降水过程前期存在显著的增温，能量积累十分明显。沿 100.8°E 作温度平流剖面图（图略），可以看到冷空气自北向南移动，温度梯度大，锋区强。由于前期低层积累了大量不稳定能量及层结不稳定，强锋面有利于触发强对流天气。

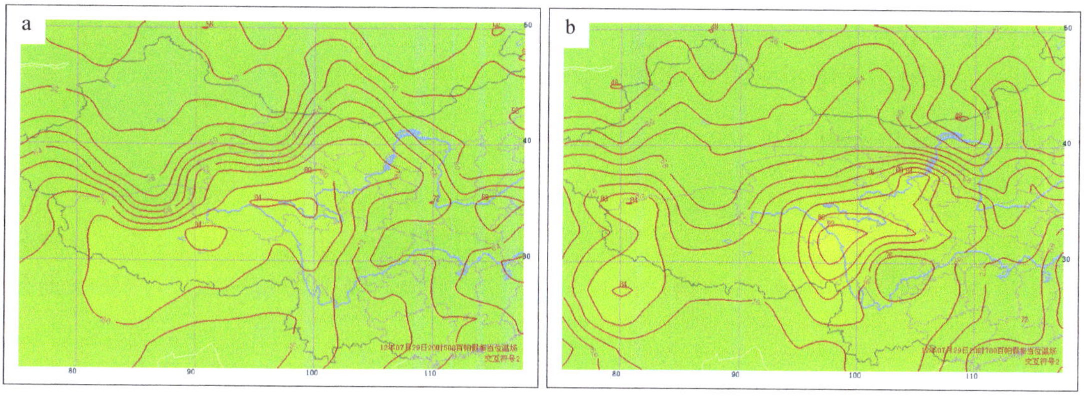

图 2.69　7 月 29 日 20 时 500 hPa(a)700 hPa(b)假相当位温(单位：℃)

从以上物理量诊断分析表明，水汽的聚集、能量的积累、较强的锋区以及在锋区上较强的上升运动与比湿，均有利于大到暴雨的产生。

4　等熵位涡分析

4.1　等熵位涡的定义与计算

暴雨的发生除了需要有丰富的水汽供应，有利的天气背景外，大气还必须具备有利于强降水产生的动力、热力不稳定条件和其他特征[15]。作为一个将动力和热力作用结合在一起的物理量，位涡能更全面有效地描述暴雨发生发展的过程。

1942 年，Ertel 提出了等熵位涡 IPV(Isentropic potential vorticity)的概念，并指出在绝热无摩擦过程中，等熵位涡是一个守恒量。20 世纪 80 年代中期，Hoskins 等采用位涡动力学框架，对切断低压、阻塞高压的结构、起源及维持等基本问题给出了清晰的物理图像，提出了等熵位涡 IPV 分析的方法和意义。这种位涡理论因易于和大尺度动力学理论相结合，既能描述气块轨迹，又能有效地显示出大尺度运动的动力学行止，从而被广泛应用在实际天气分析预报中。寿绍文等利用湿位涡和等熵位涡理论对暴雨、大暴雨天气过程进行了分析,结果表明:大值位涡带与降水区有较好的对应关系,正位涡异常中心的出现对于降水的发生具有指示意义。

等熵位涡的表达式由 Ertel 位涡形式通过取静力近似,并由等压坐标转换成等熵坐标而来[8],其表达式如下所示:

$$PV=\frac{1}{\rho}\zeta_a\cdot\nabla_3\theta\approx-g\left[\frac{\partial\theta}{\partial p}\right][f+\zeta_\theta]$$

其中 ζ_a 为旋转流体绝对涡度矢量,ρ 为气体密度,θ 为位温,ζ_θ 是等熵面上的相涡度的垂直分量。

IPV 有两个基本性质:

在绝热无摩擦运动中,气块的 IPV 具有 Langrangian 守恒性。当平流过程相对于摩擦和非绝热过程起支配作用时,气块的位涡和位温近似不变。这个性质常用来分析气流的轨迹,追溯气流的源地,判断气团的性质。

在一定条件下,IPV 与运动场和质量场的相互关系具有可逆性。这与在正压模式情况下由涡度分布推算风场的情况有些相似。该性质是位涡概念与现代大尺度动力理论结合的重要表现,是利用 IPV 分布讨论大尺度动力过程的性质和时间演变特征的基础。

此外,IPV 分布也对应着一定的气流结构,高 IPV 对应气旋性环流,低 IPV 对应着反气旋环流,其分布一般是高纬大于低纬,高空大于地面。

4.2 等熵位涡特征

本文所分析的等熵位涡数据,是通过 FNL 资料,计算范围在(20°～50°N,90°～120°E),IPV 的单位取 $10^{-6}m^2\cdot s^{-1}\cdot kg^{-1}\cdot K$(以下简称 PVU)。IPV 计算方法如下:首先计算各格点各等压面上的位温和涡度,线性内插出各等熵面上的风场、高度场和气压值,然后根据公式计算等熵位涡。

等熵面一般取 290～330 K,在夏季取较高值,而在冬季取较低值。由于本文分析的天气个例发生在青藏高原东部,若取较低值(小于 305 K),则等熵面与地形交割,故分析中取 315 K(约 700 hPa)～350 K(约 300 hPa)等熵面。

图 2.70 分别给出了 2012 年 7 月 29 日 18 时(图 2.70a)和 30 日 00 时(图 2.70b)在 319 K 等熵面上位涡的分布。

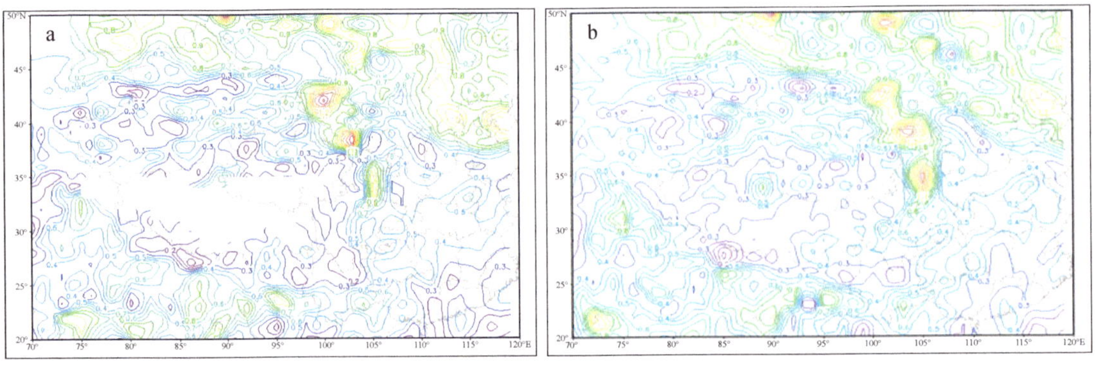

图 2.70 2012 年 7 月 29—30 日 319K 等熵面位涡(位涡等值线间隔 0.1)

29 日 18 时(a)30 日 00 时(b)(单位:PVU)

通过对此次过程中 319 K 等熵面上位涡的变化发现，在 7 月 29 日 00 时(图略)，在柴达木盆地至河西走廊西部有一中心值大于 1.2 PVU 的南北向位涡带，在高原东南侧也有一中心值大于 1.1 PVU 的位涡高值区。通过与 500 hPa 形势场对比分析发现，位于柴达木盆地至河西走廊西侧的高位涡带与北部西风急流区、位于柴达木盆地的西风带短波槽位置相对应。而位于高原东侧的高位涡带的位置与副高外围的西南急流位置基本重叠。到 7 月 29 日 12 时(图 2.70a)，随着北部短波槽的东移，之前位于柴达木盆地附近的高位涡带也随之东移至河西走廊东部，而在此时高原东侧依旧处在副高外围西南气流中，所以高原东侧的位涡高值区依旧维持，并且随着西南气流的增强，其中心值也增大到 1.3 PVU。东部暴雨区位于该高位涡区西侧。到 18 时(图 2.70b)，随着北部短波系统的进一步东移发展，原本位于北部的高位涡中心也东移南压，与高原东部的高位涡带合并，成为一个南北向的高位涡带，而青海省东部的暴雨区也出现了一个中心强度为 0.8 PVU 的次高位涡中心，而此时东部暴雨强度达到最大。到 30 日 00 时(图略)，随着南北向高位涡带进一步东移至河套地区，青海省东部的降水也趋于停止。

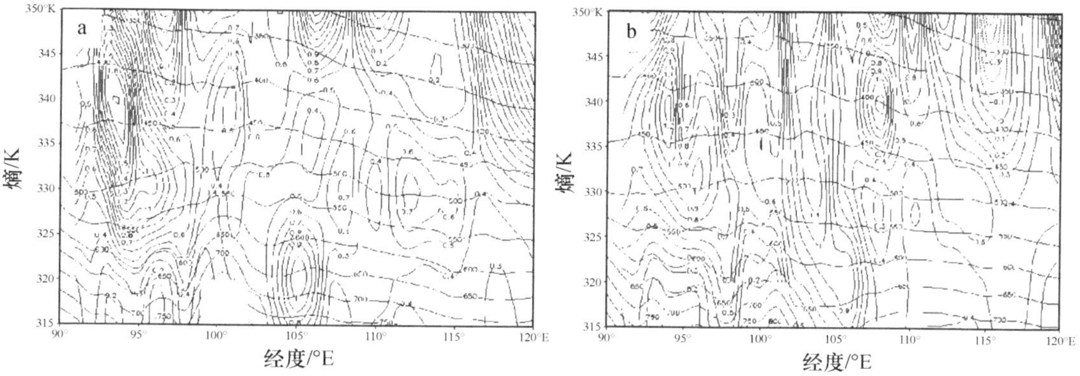

图 2.71　7 月 29—30 日沿 36°N 位涡、等压线的纬向等熵剖面图

29 日 18 时(a)30 日 00 时(b)(单位：PVU)

为了进一步分析位涡强度与降水的关系，图 2.71 给出了 29 日 18 时(图 2.71a)和 30 日 00 时(图 2.71b)沿 36°N 的位涡在等熵面的剖面。从 29 日 12 时(图略)等熵面位涡剖面发现，在暴雨区(约 103°E)西侧 95°E 高空约 500 hPa 处有一强度为 0.9PVU 的高位涡中心，暴雨区处在其东侧的正 IPV 平流中。另外在 90°E 高空 450 hPa 处也有一强度为 1.5 PVU 的高位涡中心。至当日 18 时(图 2.71a)，当暴雨强度达到最大时，之前处在暴雨区西侧附近的两个高位涡中心合并，位置处于 95°E 约 450 hPa 高空处，IPV 中心值强度达到 1.7 PVU，暴雨区从低空到高空都处在上游正 IPV 平流中。到 30 日 00 时(图 2.71b)，暴雨区西侧高位涡中心强度减小，位置东移，低空有负的 IPV 平流，此时降水趋于结束。可见在暴雨发生时，暴雨区整层都处在正 IPV 平流中，而当负的 IPV 平流影响暴雨区时，降水结束。

5　垂直环流

5.1　纬向风(u)和经向风(v)的垂直结构

通过对暴雨中心附近上空高低空纬向风 u 和经向风 v 的垂直结构的分析发现，暴雨发生时 29 日 12 时(图 2.72a)，高原北部暴雨区上空 400～700 hPa 之间产生了明显的垂直风切变。

700 hPa 层以下是 5 m·s^{-1}左右的偏西风，而 400～700 hPa 之间有>9 m·s^{-1}的偏东风。到 29 日 18 时(图 2.72b)，东部降水过程趋于减弱，此时暴雨区高低空纬向风 u 垂直切变也随之减弱。在经向风 v 图上，暴雨发生时 12 时(图 2.72c)，高原北侧 700 hPa 至近地面为近 10 m·s^{-1} 左右的偏北风控制，其上空 400～700 hPa 为偏南风，600～500 hPa 之间的强南风中心达到 9 m·s^{-1}，暴雨上空存在有强烈的垂直风速、风向切变。到 18 时(图 2.72d)暴雨趋于减弱时，低空的强南风中心北抬减弱，近地面依旧为偏北风控制，暴雨区上空风垂直切变随之减弱。

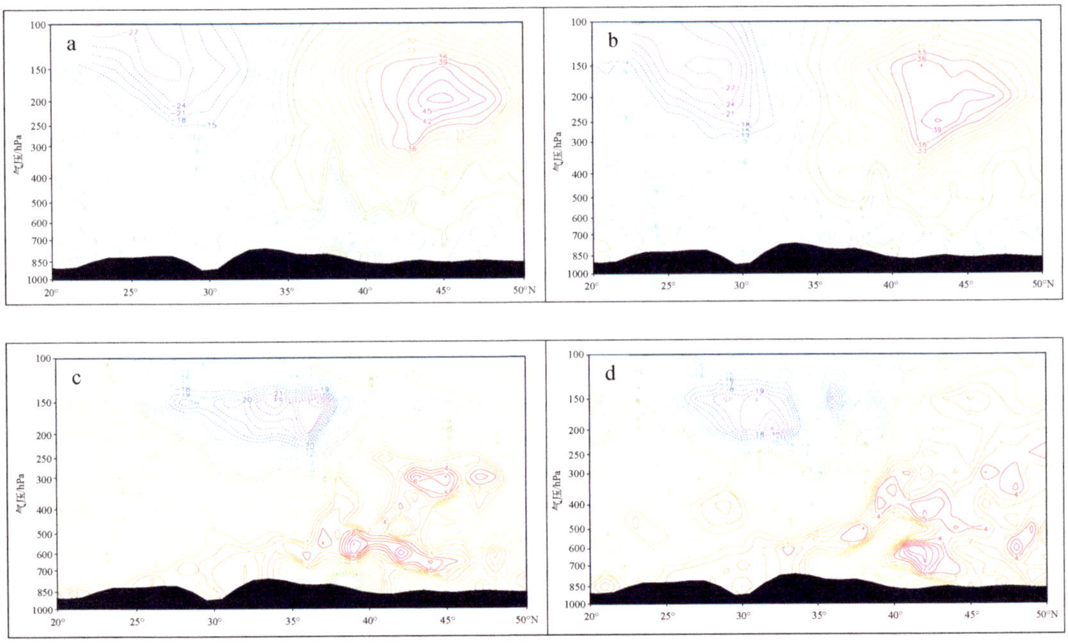

图 2.72　2012 年 7 月 29 日 103°E 纬向风 u 和经向风 v 的纬度—高度剖面(单位：m·s^{-1})

(a)29 日 12 时纬向风 u(b)29 日 18 时纬向风 u(c)29 日 12 时经向风 v(d)29 日 18 时经向风 v

分析得出，在此次过程中，由于东部地区地形影响，北部冷空气沿河西走廊东部倒灌到青海省东部河谷及低海拔地区，使近地面有强的北风插入西南暖湿气流底部，造成大气层结不稳定，并在高低空产生了强烈的风速、风向的切变，是此次过程中有利的环流条件。

5.2　经向和纬向垂直环流

为了进一步分析暴雨区中心附近经向垂直环流变化，图 2.73 给出了沿 102.5°E 垂直经向环流。可以看到在暴雨发生前 06 时(图 2.73a)，高原上并无强烈的上升气流，但是可以看到，在 30°～40°N、近地面至 300 hPa 高度之间，有一个弱的逆时针闭合环流，上升支位于 40°N 附近，下沉支在 30°N 附近之间。到 12 时(图 2.73b)暴雨发生时，闭合环流在高原北侧的上升支强烈发展，其发展高度达到了 200 hPa 层以上。这支上升气流的强烈发展与冷空气自河西走廊南下，倒灌至青海省东部河谷及低海拔地区相关。

另外，在暴雨发生前后纬向垂直环流也发生了明显的变化。在暴雨发生前 06 时(图 2.74a)，仅在 100°E 以西有一上升气流存在，上升高度在 200 hPa 左右。而在暴雨区 100～105°E 之间，中低层为弱的下沉气流。到 29 日 12 时(图 2.74b)，98°～103°E 之间的高原东部上空是大范围的上升运动，最强上升运动位于暴雨区 102°E 附近，且上升运动强度较 06 时（图 2.74a）有明显的增强。

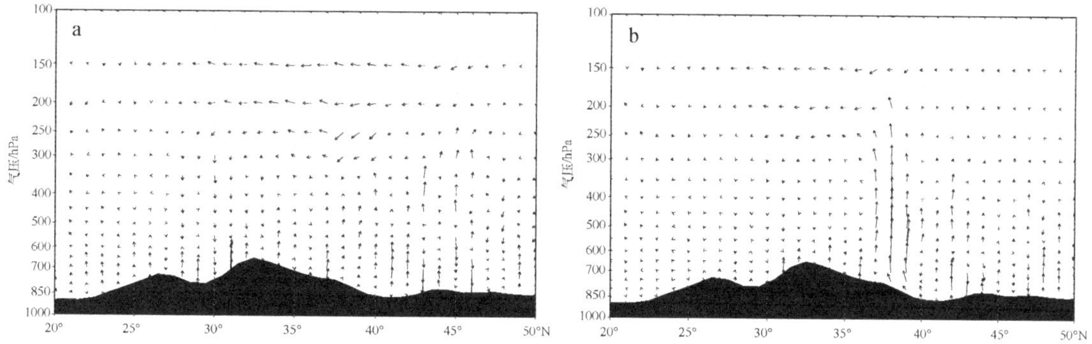

图 2.73　29 日沿 102.5°E 经向风速与垂直速度合成矢量的纬度—高度垂直剖面（单位：m·s^{-1}）
（a）29 日 00 时（b）29 日 12 时

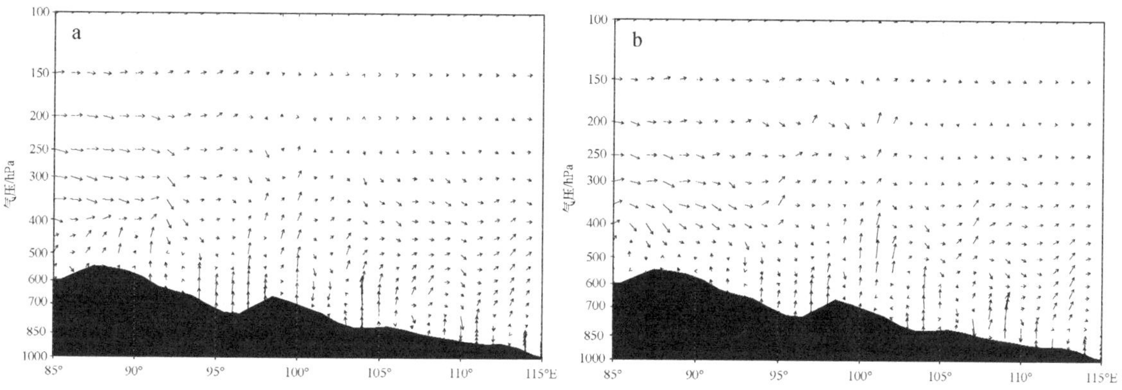

图 2.74　29 日沿 36°N 纬向风速与垂直速度合成矢量的经度—高度垂直剖面（单位：m·s^{-1}）
（a）29 日 06 时（b）29 日 12 时

6　稳定度条件

图 2.75 是通过暴雨中心区 102.5°E 的等 θ_{se} 和垂直速度剖面图。在暴雨发生当日 06 时（图 2.75a），高原主体近地面有弱的上升运动，700 hPa 层以上均为下沉运动。30°～40°N 之间 500 hPa 以上均是 $-\frac{\partial \theta_{se}}{\partial p} \geqslant 0$，大气层结处于中性和稳定状态；29 日 12 时（图 2.75b），35°～40°N 之间垂直速度明显增大，强度达到 2.6×10^{-1} hPa·s^{-1}，600～300 hPa 之间 $-\frac{\partial \theta_{se}}{\partial p} < 0$，表明中层存在潜在不稳定条件，暴雨区中心 36°N 附近上空 400 hPa 与 700 hPa 之间 θ_{se} 之差达到 12 K，大气层结异常不稳定，此时东部地区降水天气开始；29 日 18 时（图 2.75c），35°～40°N 之间中低层垂直速度明显减小，中心强度为 0.8×10^{-1} hPa·s^{-1}，中层潜在不稳定区域范围有所扩大，暴雨区中心 36°N 附近上空 400 hPa 与 700 hPa 之间 θ_{se} 之差虽有所减小，但也维持在 8 K 左右，大气层结依旧不稳定，此时降水强度趋于减弱。

因此，这次降水过程是在是潜在的不稳定层结在最大垂直上升运动的激发下形成的。

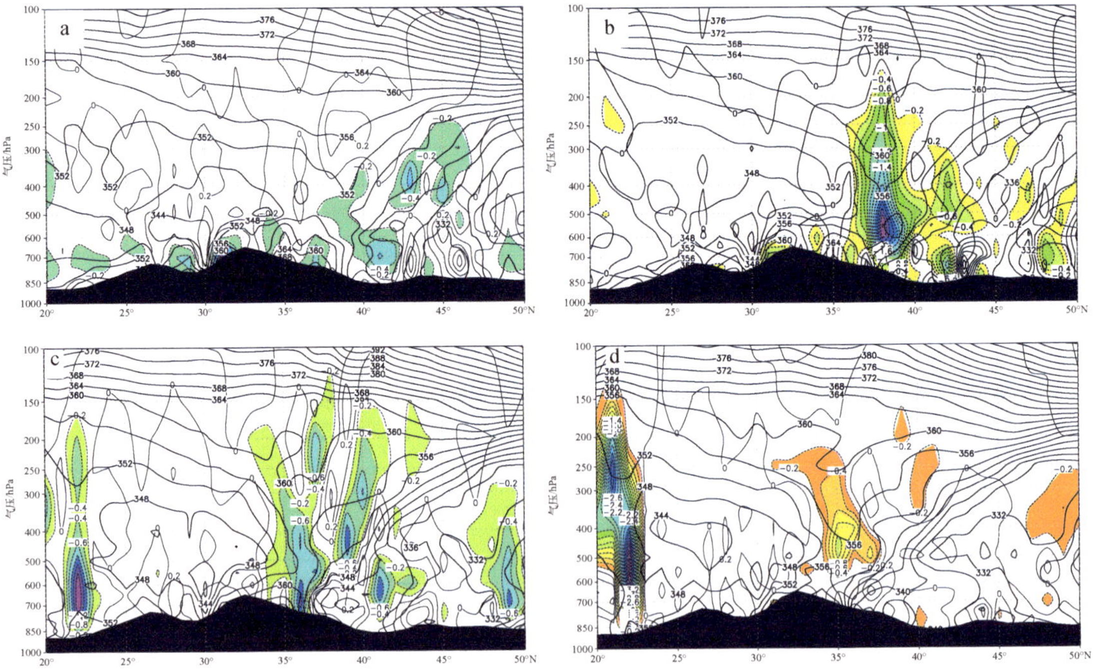

图 2.75　102.5°E 处 θ_{se}(单位:K)和垂直速度(单位:10^{-1} hPa · s^{-1})的纬度—高度垂直剖面

(a)29 日 06 时(b)29 日 12 时(c)29 日 18 时(d)30 日 18 时

7　水汽输送特征

通过分析 500 hPa 高度场发现,这次降水过程前期,青海省一直处在副高外围的西南气流中。西南暖湿气流沿副热带高压西南侧的东南气流向高原输送(图 2.76)。29 日 12 时(图 2.76b),在高原上形成两个明显的水汽通量大值区,其一是位于高原中部,配合 500 hPa 高空场上在该位置上维持的高原低涡系统,另一水汽通量大值区位于青海省东部地区,至此,降水天气开始;29 日 18 时(图 2.76c),高原中部的水汽通量大值区持续维持,但强度较 12 时(图 2.76b)有所减弱,而位于青海省东部的水汽通量大值区由于副高的东退,也随之向河套地区移动,且强度也有所减弱,此时降水天气趋于减弱。

由此可见,副高位置的稳定维持为此次降水过程所需的水汽条件提供了大的环流背景,而副高的快速东退也导致水汽通道的崩溃,从而使降水停止。

8　卫星云图特征分析

分析 29 日 08 时—30 日 08 时的卫星云图发现(图 2.77),造成青海省东部强对流天气的云系,是由锋面云系向东南方向移动过程中与 588 dagpm 线西北侧的小对流单体合并加强形成的强对流云团。14 时到达酒泉和德令哈的冷锋云系加强,而青海湖附近有小对流单体生成,其后冷锋云系东移的过程中逐渐加强,青海湖附近有小对流单体迅速发展,17 时开始合并,到 20 时由于中低层冷空气的入侵,青海湖上空形成中尺度对流云团,云团北部发展较强,中心云顶温度达−63 ℃,30 日 00 时已经完全演变成独立的椭圆形,云团发展到最旺盛期,中心云顶温度−73 ℃的区域位于化隆上空,随着中尺度对流云团东移南压,在其西北侧 TBB 梯

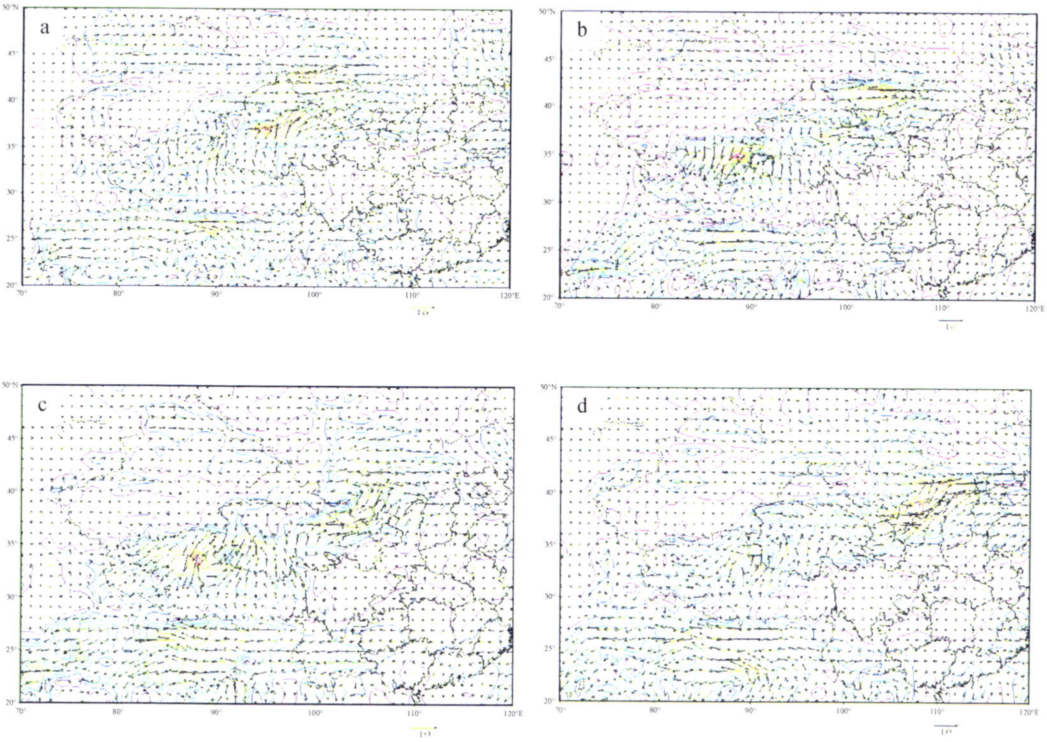

图 2.76　7 月 29 日 06 时(a)12 时(b)18 时(c)24 时(d)500 hPa 水汽通量
(单位:10^{-2} g・cm^{-1}・hPa^{-1}・s^{-1})

度最大的区域接连出现短时暴雨,这与范俊红等的研究结论比较一致,30 日 02 时后对流云团逐渐减弱东移出青海省。对应青海省东部地区的强降水也主要集中在 29 日 23 时—30 日 02 时。

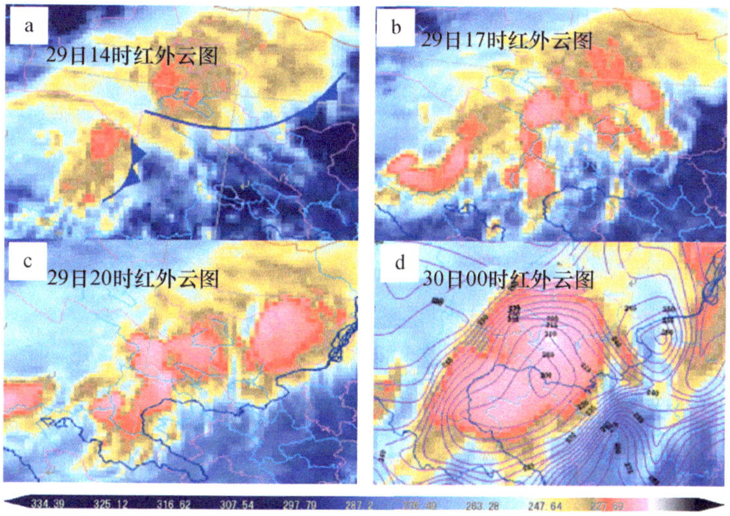

图 2.77　7 月 29 日 14 时—30 日 00 时的红外云图
(a)29 日 14 时(b)29 日 17 时(c)29 日 20 时(d)30 日 00 时(500 hPa 等高线,单位:dagpm)

9 结论

1)强降水的大致落区在500 hPa正涡度区、负散度区、相对湿度≥80%的高湿区、垂直速度的负值区的重叠区域。

2)强降水的大致落区在500 hPa高能舌(θ_{se})与700 hPa θ_{se}的密集带的重叠区域。

3)水汽通量的高值区与水汽通量散度的辐合区与大降水落区密切相关,可作为表征水汽条件的重要因子。

4)过程前期低层700 hPa至500 hPa存在明显的辐合上升气流,高层300～400 hPa存在强的辐散下沉气流;这种高层辐散,低层辐合的配置是产生剧烈天气的动力触发机制。

5)通过对等熵位涡的分析发现,发生暴雨时暴雨区基本处在319 K高位涡中心附近,强度大于0.8 PVU,而高位涡中心的强度及位置变化与造成暴雨的天气系统的位置及强度、西南急流的位置均有密切的关系,而且高位涡中心在暴雨发生前期(6～8 h)的异常出现对于暴雨的落区有较好的指示意义;而对暴雨区的位涡剖面分析发现,在暴雨区上游或高层有正IPV平流向东、向底层输送时,暴雨发生;当暴雨区处在高位涡后部、其上游或高层有负IPV平流时,暴雨趋于减弱结束。

6)通过对纬向风的剖面分析发现,在雨区及以北地区上空200 hPa处均有西风急流中心存在,而近地面基本为弱的偏东风;通过对经向风剖面分析发现,近地面均为大于4 $m \cdot s^{-1}$的偏北风,最大可达8 $m \cdot s^{-1}$,并且在暴雨区上空500 hPa以下有自北向南插入到南风气流下的偏北风存在,垂直方向上有明显的风速和风向上的切变。

7)通过等θ_{se}和垂直速度剖面图分析得出:潜在不稳定层结在最大垂直上升运动的激发下形成的大到暴雨天气。

8)通过对水汽通量的分析发现,有两个水汽输送通道,一个是副高外围的西南暖湿气流,另外就一个是北部新疆低值系统底部的偏西气流,在副高外围西南风及稳定维持在青海省外围的风场上的反气旋性闭合环流的共同作用下,两支水汽输送带在青海省东部地区汇合,为此次过程提供了丰富的水汽条件。

参考文献

[1] 毕宝贵,鲍媛媛,李泽椿."02.6"陕南大暴雨的结构及成因分析[J].高原气象,2006,25(1):34-44.
[2] 李晓霞,寿绍文,张铁军,等."8.19"西北东部大到暴雨诊断分析和数值模拟[J].气象,2006,32(2):81-88.
[3] 杜继稳,李明娟,张宏,等.青藏高原东北侧突发性暴雨地面能量场特征分析[J].高原气象,2004,23(4):453-457.
[4] 井喜,李栋梁,李明娟,等.青藏高原东北侧一次突发性大暴雨环境场综合分析[J].高原气象,2008,27(1):46-57.
[5] 李生辰,李栋梁,赵平,等.青藏高原三江源地区雨季水汽输送特征[J].气象学报,2009,67(4):591-598.
[6] 郁淑华.一次华西秋季大暴雨的水汽分析[J].高原气象,2004,23(5):690-696.
[7] 赵思雄,傅慎明.2004年9月川渝大暴雨期间西南低涡结构及其环境场的分析[J].大气科学.2007,31(6):1059-1075.
[8] 顾清源,康岚,徐琳娜.川北两次特大暴雨天气过程成因的对比分析[J].气象科技,2004,32(1):29-33.
[9] 陈静,李川,谌贵旬.低空急流在四川"9.18"大暴雨中的触发作用[J].气象,2002,28(8):24-29.
[10] 何华,孙绩华.高低空急流在云南大范围暴雨过程中的作用及共同特征[J].高原气象,2004,23(5):

629-634.

[11] 李生辰,巩远发,王田寿. 青藏高原东北部一次强暴雨过程环流特征分析[J]. 高原气象,2010,29(2):278-285.

[12] 夏丽花,冯晋勤,黄美金,等. 一次强对流天气过程的成因分析[J]. 气象,2006,32(7):110-114.

[13] 文逸玮. 江西安福县一次局地强对流天气过程成因浅析[J]. 气象与减灾研究,2007,30(2):65-67.

[14] 邢风娟,关志宇,王超颖. 2008年闪电定位资料在松原市强对流天气中的特征分析[J]. 吉林气象,2009(3):16-18+36.

[15] 陶诗言. 中国之暴雨[M]. 北京:科学出版社,1980:1-10.

2012年8月15日暴雨过程分析和总结

钟元龙
(海南州气象台,共和 813000)

摘　要:2012年8月15日青海省海南州同德县城出现了暴雨天气过程,利用自动站气象要素、MICAPS、葵花卫星云图等资料进行分析,总结造成此次暴雨天气的主要成因。结果表明,弱冷空气、地面辐合线配合副热带高压边缘的暖湿气流是此次暴雨天气的主要影响系统。西太平洋副热带高压外围强盛的西南暖湿气流为此次暴雨天气提供了充沛的水汽来源。中小尺度系统激发了暴雨区不稳定能量的释放,地面辐合线是此次暴雨天气中小尺度触发机制。

关键词:暴雨,天气,分析

引　言

2012年8月15日下午,海南州同德县城遭遇了一次强对流暴雨的袭击,此次暴雨范围小,雨强强,持续时间短,伴有冰雹雷暴天气,具有明显的强对流天气特征。该类天气是在有利的大尺度环流背景下产生的中小尺度天气系统的产物。其特征为时空尺度小、发展迅速、持续时间短、小时雨强强、容易成灾等特点,虽然海南州境内出现区域性大到暴雨天气的次数不多,但近几年来海南州连续每年都出现极端降水,甚至日最大降水量超过有气象记录以来的历史极值,加之由于境内地形复杂、山大沟壑、植被覆盖率低,人大多居住在相对低洼地带,由于夏季多出现历时短、强度大的局地性降雨,受植被及下垫面土壤沟壑特点的影响,这种降雨极易汇集成山洪,甚至促发泥石流及滑坡。所以,加强对海南州夏季典型大到暴雨天气过程个例的分析和技术总结,有助于我们在预报中识别类似个例的再现,积累预报经验,提高大到暴雨预报准确率。本文用常规气象观测资料及卫星云图等从天气影响系统及其降雨过程动力、水汽和能量条件进行了分析,以加深对此类暴雨天气的认识。总结此类突发性强对流暴雨,成为防灾减灾的一个重要内容。

1　天气实况

2012年8月15日下午,海南州兴海、同德出现了雷阵雨,降水中心在同德县城,过程降水量达55.5 mm,达到暴雨量级标准。同德县城18时降水量35.6 mm,19时降水量19.9 mm,兴海县城降水量为0.5 mm。该时段海南州其他自动站及周边气象站未出现降水(图2.78)。

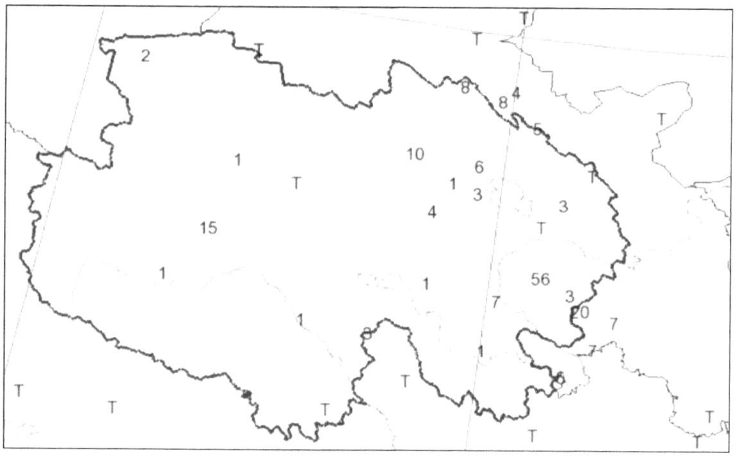

图 2.78 2012 年 8 月 15 日 08 时—16 日 08 时 24 h 降水量图(单位:mm)

2 环流形势分析

2.1 高空环流形势

8 月 15 日 08 时 500 hPa 高空图(图 2.79)上,青海省受高压环流控制,海南州南部处于副高控制下,等高线、风向和等温线接近平行(红色阴影部分)。到了 20 时,受巴尔喀什湖以东低槽南压影响,控制海南州南部的副高有所减弱,但西南气流较强($8\ m \cdot s^{-1}$),20 时温度零线明显的东移北抬,北部有弱的冷温槽,冷暖空气在海南南部交汇。同时,高度线和等温线出现了夹角(红色阴影部分),有冷空气向南侵入,但由于风速小,而且 588 dagpm 线没有明显南退,冷空气强度较弱。

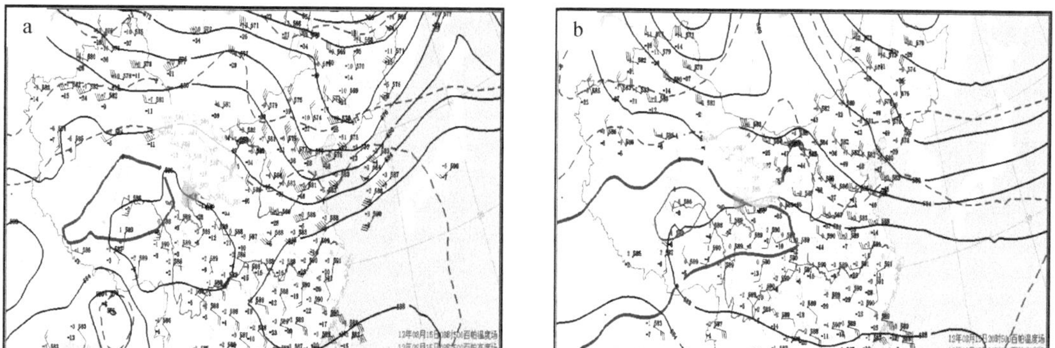

图 2.79 2012 年 8 月 15 日 08 时 500 hPa 高空图(a)20 时 500 hPa 高空图(b)

2.2 地面形势

2012 年 8 月 15 日 14 时地面图上,玛多(56033)吹西南方风,同德(52957)吹东北风,在海南南部造成弱辐合,到 17 时,兴海开始出现雷阵雨,到 20 时同德的降水量为 55.5 mm,且同德 3 h 变压由 14 时的-1.8 hPa 变为+1.9 hPa,气压快速增大。分析同德站逐小时的气压、气温、湿度资料得出,在18时,气温骤降、气压涌升,湿度猛增,有飑线特点,但是风场上表现不明显。15日14时地面图上,海南南部地区有弱的辐合,触发了不稳定能量的释放。

3 中尺度

此次过程中受副高和500 hPa 0 ℃等温线控制,提供了热力条件,200 hPa高空急流出口区右侧分流区位于青海省东部上空,有利于低层辐合,提供了动力条件,500 hPa和700 hPa受西南气流控制,有利于水汽输送,空气湿度较大接近饱和。海南南部位于$\theta_{se}\geqslant 74$ ℃的区域,提供了不稳定条件(图2.80)。

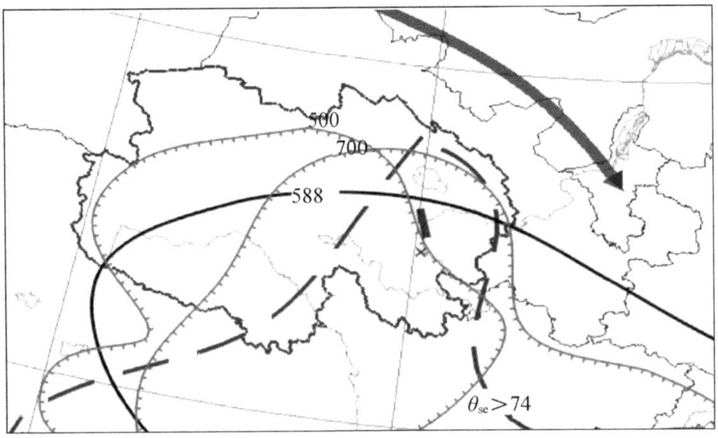

图2.80 2012年8月15日14时中尺度分析图

4 环境条件

畅通的水汽通道为暴雨区提供了充沛的水汽条件[1-4]。700 hPa为湿层,比湿为12 g·kg^{-1}。从同德站水汽通量散度场可以看出,在15日20时,低层为水汽的辐合区,最大值为-12×10^{-8} g·cm^{-2}·hPa^{-1}·s^{-1}(图2.81)。

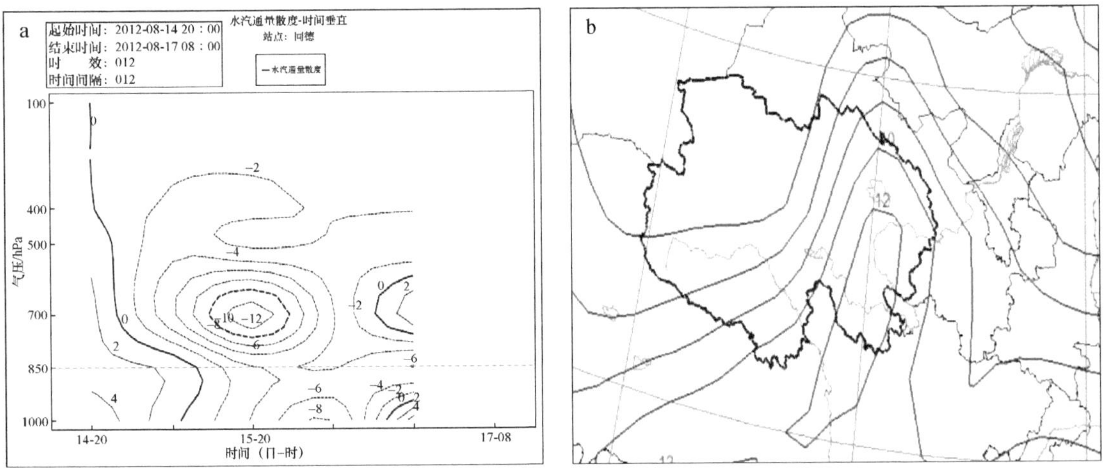

图2.81 2012年8月14—16日同德水汽通量散度时间垂直剖面图(a)(单位:10^{-8} g·cm^{-2}·hPa^{-1}·s^{-1})2012年8月15日08时同德700 hPa比湿场(b)(单位:g·kg^{-1})

5　动力条件

从同德站的散度场剖面图可以看出，在 15 日 20 时，低层为辐合区，高层弱辐散，从垂直速度场的剖面图可以看出，整层都表现为上升运动(-22×10^{-2} hPa·s^{-1})，上升运动强烈，与散度场配置相一致(图 2.82)。

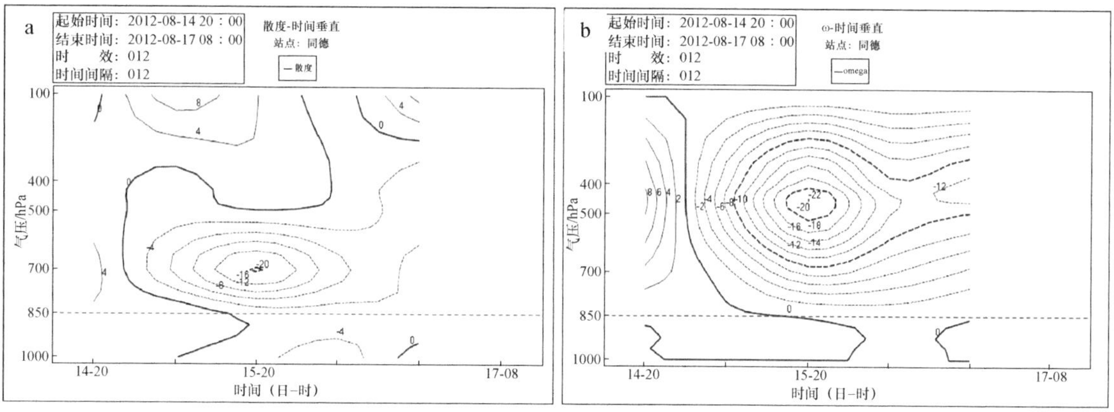

图 2.82　2012 年 8 月 14—16 日同德散度时间垂直剖面图(a)(单位：10^{-5} s^{-1})垂直速度垂直剖面图(b)(单位：10^{-2} hPa·s^{-1})

6　能量条件

从同德站假相当位温剖面图可以看出，20 时假相当位温达到最大值为 82 ℃，为高能高湿区，且 700 hPa 到 500 hPa 假相当位温随高度递减，存在不稳定能量条件。08 时 K 指数海南南部达到 24～28 ℃，不稳定条件较好(图 2.83)。

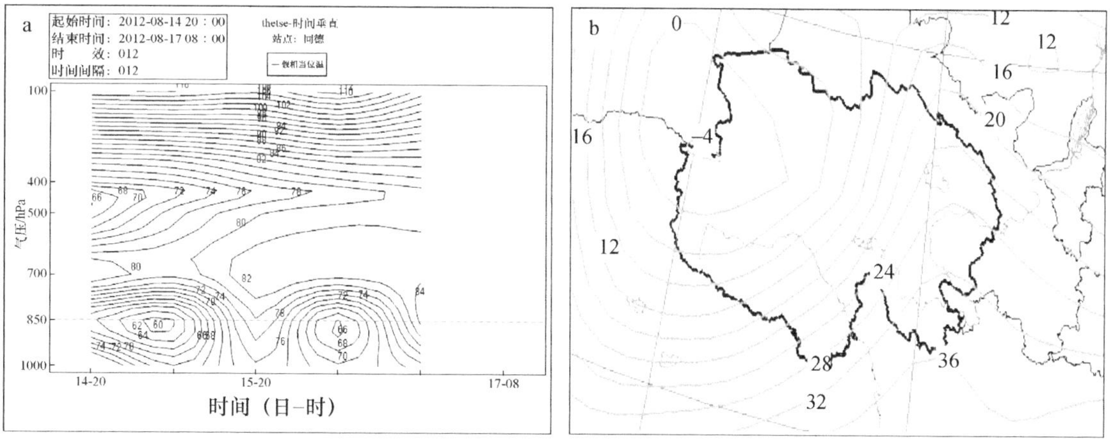

图 2.83　2012 年 8 月 14—16 日同德站假相当位温剖面图(a)2012 年 8 月 15 日 08 时 K 指数场(b)(单位：℃)

7　卫星云图

MCS 发展较快，持续时间短。观测显示，这是一次多个强弱不同的对流云团先后发展合并的过程。强弱不同和强度相当的对流云合并后的新对流云系短时间内强度是增强的。对比15时水汽云图和高空500 hPa温度露点差分析，东部地区水汽较弱，在对流云团发展东移的过程中，对流云团东面有明显的干侵入(图2.84)。

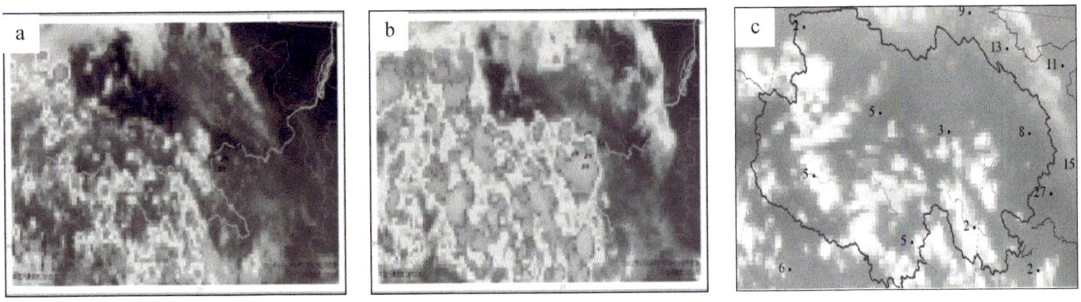

图2.84　8月15日14时红外云图(a)18时红外云图(b)15时水汽图像和高空露点(℃)(c)

8　此次降水过程的预报难点

8.1　欧洲数值预报与实况差异较大

从欧洲预报可以看出，预报场中副高588 dagpm线偏南偏东，而实况场中，青海省南部位于副高588 dagpm线中，海南南部处于副高边缘(图2.85)。

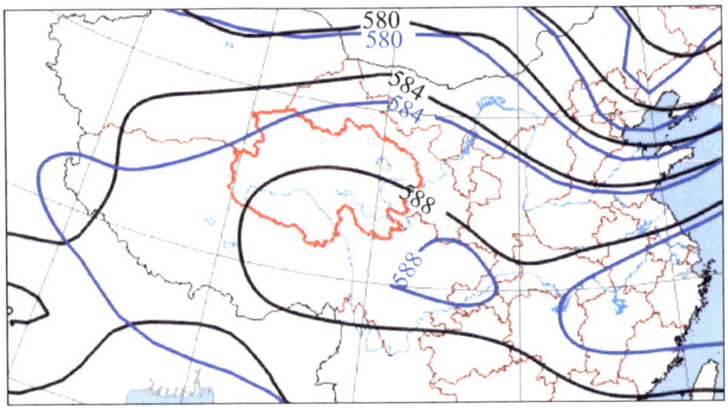

图2.85　2012年8月15日08时欧洲预报场(蓝色)和实况场(黑色)对比图

8.2　地形影响

同德站位于谷地，其北侧和南侧都有高山阻挡，易受地形抬升的影响，夜间盛行山风(偏南风)，白天盛行谷风(偏北风)，有利于局地热量交换。同时，同德地区由于早晨天况晴好，午后局地加热不均匀，产生热对流，南部山脉对气流具有抬升作用，加强了局地垂直运动。

8.3　地面雷暴高压

20时地面图上，同德站3 h变压由14时的－1.8 hPa变为＋1.9 hPa，气压快速增大，较周围地区偏大，同时云状为积雨云，存在雷暴高压的可能性较大(图2.86)。

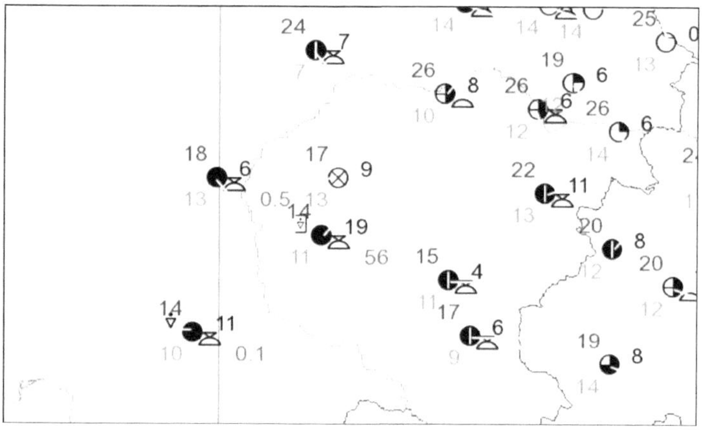

图 2.86　2012 年 8 月 15 日 20 时地面填图

9　小结

1)此次降水天气过程时空分布特点为局地单点暴雨,暴雨周边区域降水量级小,降水性质为对流性天气,并伴有冰雹和雷暴。

2)前期副高控制,高温高湿为强对流天气提供了充沛的水汽和热力条件。从动力条件可以看出,同德地区上空整层都表现为强烈的上升运动,且处于高能区中,为大降水提供了能量条件。强弱不同和强度相当的对流云合并后的新对流云系短时间内强度是增强的,从水汽云图上分析,云系东侧受到干侵入影响。

3)地面雷暴高压是此次单点暴雨形成的重要影响系统。

4)此类降水天气的预报难点主要有,同德地区受地形影响较大,降水强度及量级较难把握,数值预报对此类局地性暴雨的预报性差。

参考文献

[1] 陈丽芳,高坤. 梅雨锋结构特征及与锋上涡旋扰动关系的诊断分析[J]. 大气科学,2007,31(5):863-875.
[2] 崔讲学,柯怡明,王仁乔,等. 湖北省天气预报手册[M]. 北京:气象出版社,2011:212.
[3] 朱乾根,林锦瑞,寿绍文,等. 天气学原理和方法(第四版)[M]. 北京:气象出版社,2007:146-319.
[4] 王江山,李锡福. 青海省天气气候[M]. 北京:气象出版社,2004:3-9,115-117,553-555,596-598.

2013年6月18日海西乌兰暴雨过程分析和总结

成秀萍
(海西州气象台,格尔木 816000)

摘 要:基于高空、地面资料,对2013年6月18日发生在青海省海西乌兰地区的一次局地暴雨过程进行了分析,结果表明:1)这是一次单站短时强暴雨过程,海西州乌兰县茶卡镇出现暴雨伴有雷暴、闪电。降水强度大,均超历史极值。2)此次暴雨过程环流背景是500 hPa巴尔喀什湖大槽不断分裂小槽东移,引导西北方冷空气南下与高压外围西南暖湿气流交汇于青海省海西乌兰地区,35°N以南的暖式横切变线转为竖切变线。3)低空热低压及切变线,冷空气入侵触发;地面至400 hPa高度水汽充沛,上升运动强且深厚,有强的不稳定能量。垂直风切变弱,中尺度对流云团发展强盛,移动慢,持续时间长,喇叭口地形。4)500 hPa贝加尔湖以西闭合高压及蒙古高压脊稳定少动,副高边缘西南暖湿气流与巴尔喀什湖大槽不断分裂小槽在乌兰地区持续交馁,导致乌兰地区水汽和冷暖空气辐合强烈。

关键词:暴雨,海西乌兰,抬升触发,物理量场

1 天气实况及灾情

1.1 天气实况

2013年6月18日20时—19月08时,海西州大部地区出现降水天气,全州共有22个测站出现降水,其中有7个测站降水量≥10 mm。降水中心在海西州乌兰县莫河畜牧场,降水量达100.6 mm,其次是茶卡,降水量为71.5 mm,其中莫河畜牧场1 h降水量最高达到83 mm,茶卡为65 mm,强降水集中于19日00—02时(图2.88a、b)。此次强降水天气过程在海西州来说是一次非常罕见的大暴雨过程,小时降水量均超过海西各站有记录以来的历史极值。具体如图2.87所示。

1.2 灾情

短时强降水导致莫河畜牧场一支渠(渡槽排架)严重受损,钢管断裂变形,三个支渠1450 m渠道遭洪水侵袭,渠基及垫层被洪水冲走,渠道塌陷,严重受损,冲毁过水涵洞3处,涝池防洪护坡1处被毁,场部河道防洪坡3处被毁,共计1200 m,场部通往大队道路路基2处被冲断,导致职工及周边牧民出行受阻;刚出苗的100亩甜菜和玉米苗遭泥沙和洪水浸泡几近绝收,枸杞遭泥沙和洪水浸泡1500亩,死亡33只羊;莫河2个病险水库除险加固工程受损,直接经济损失20万元;三元牛养殖基地建设项目工程受损,经济损失10万元。茶卡镇受灾情况:镇区积水洪水侵入住户3户,9人受灾,5间房屋倒塌,直接经济损失15万元,无人员伤亡,巴音水库除险加固工程受损,引水枢纽右岸防洪堤20 m被毁,渠道30 m被冲毁,直接经济损失达10万元,铜普镇上尕巴村受灾26亩,水渠100 m。

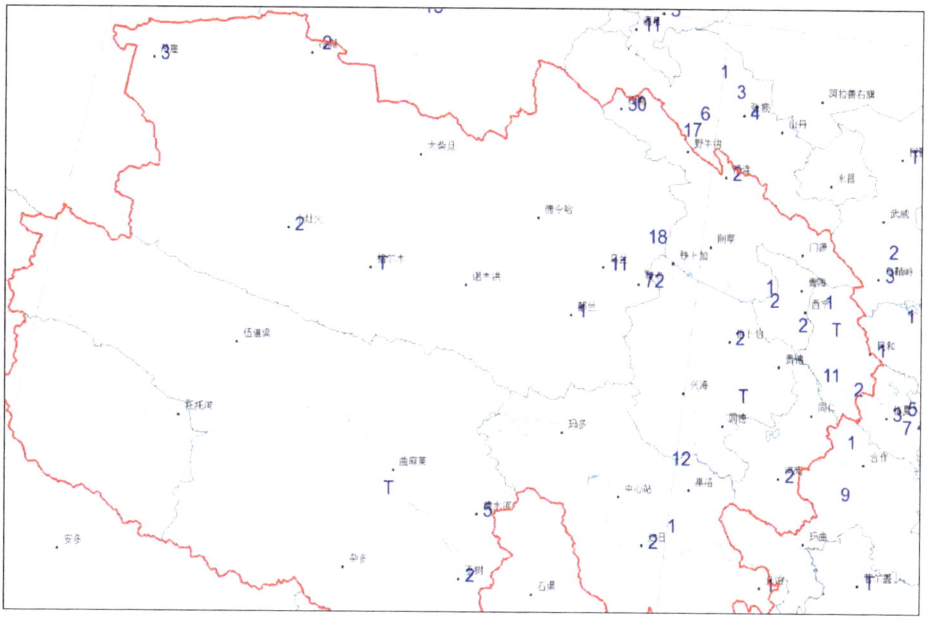

图 2.87　2013 年 6 月 18 日 20 时—19 日 08 时降水量(mm)

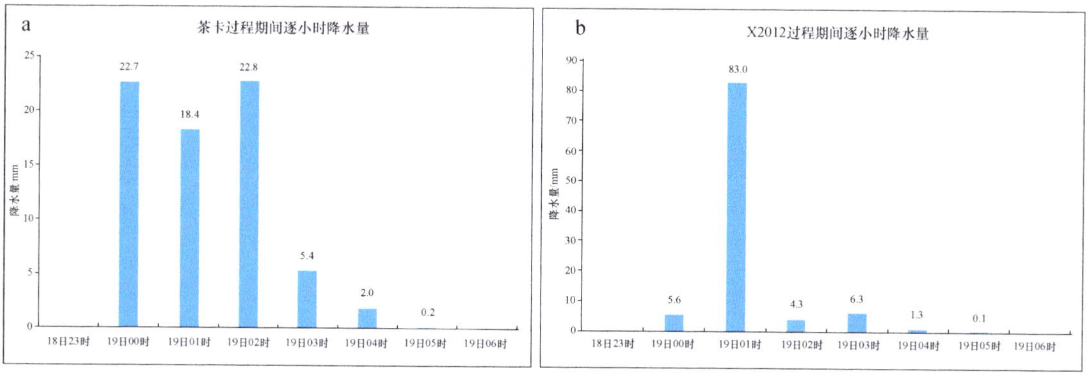

图 2.88　乌兰茶卡(a)乌兰漠河畜牧场(b)过程期间逐小时降水量(mm)

2　高空环流形势

分析 6 月 15—16 日 500 hPa 高空形势(图略),可以看出 6 月 15—16 日西太平洋副热带高压(以下简称副高)西伸,到 16 日 20 时副高 588 dagpm 线前沿位于四川一带,584 dagpm 线已上高原,位于高原中部,高原上偏南风不断加强。17 日开始副高东退,随其东退,巴尔喀什湖大槽不断分裂小槽东移,引导西北方冷空气南下与高压外围西南暖湿气流交汇于青海省海西乌兰地区,到 18 日 20 时(图 2.89a),青海省柴达木盆地南部边缘至青海省南部有一暖式切变形成,19 日 08 时暖式横切变转为竖切变(图 2.89b)。

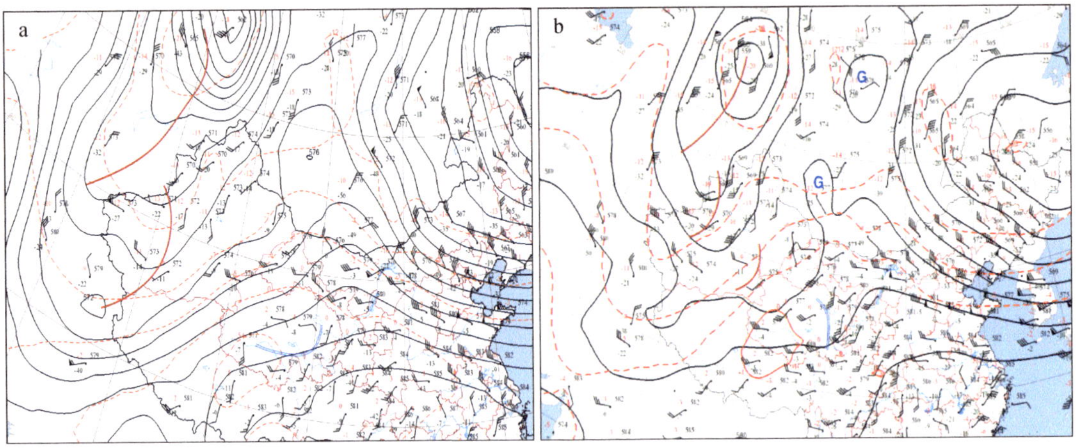

图 2.89　2013 年 6 月 18 日 20 时(a)6 月 19 日 08 时(b)500 hPa 高空场

3　抬升触发

700 hPa 高空图上，18 日 20 时(图 2.90)高原上有热低压存在，所以前期为此次暴雨天气过程积累了非常好的能量，而前期高原上西南气流连续通畅为大暴雨的发生发展提供了很好的暖湿条件。午后 700 hPa 低层柴达木热低压强烈发展导致热力抬升，海西东部都兰与乌兰、茶卡之间有一西风与东南风的辐合线也起到了主要触发作用。18 日 08—20 时地面 ΔP_{24} 逐渐增大，由负转为正，20 时 ΔP_3 由之前负变压转为正变压，冷空气入侵对对流触发也有一定作用。18 日 20 时青海省各测站的地面 ΔP_{24} 一直为负值，巴尔喀什湖槽分裂的小股冷空气沿河西走廊东移南下。进一步分析 18 日 08 时、14 时和 20 时海西州各测站地面 24 h 变压，08 时为 −1～−4 hPa，14 时为−1～−3 hPa，20 时为 0～−2 hPa，到 19 日 02 时为 1～−1 hPa，而河西走廊 20 时为正的 24 h 变压，在 0～2 hPa 之间，可以看出 18 日 08 时—19 日 02 时海西地区各测站地面 24 h 变压在增大，即由负转为正，这主要是因为随着副高的东退，在 700～500 hPa 的温度场上，高原上的温度高值区的中心南移，进而有弱冷空气沿北路从河西走廊进入柴达木盆地。

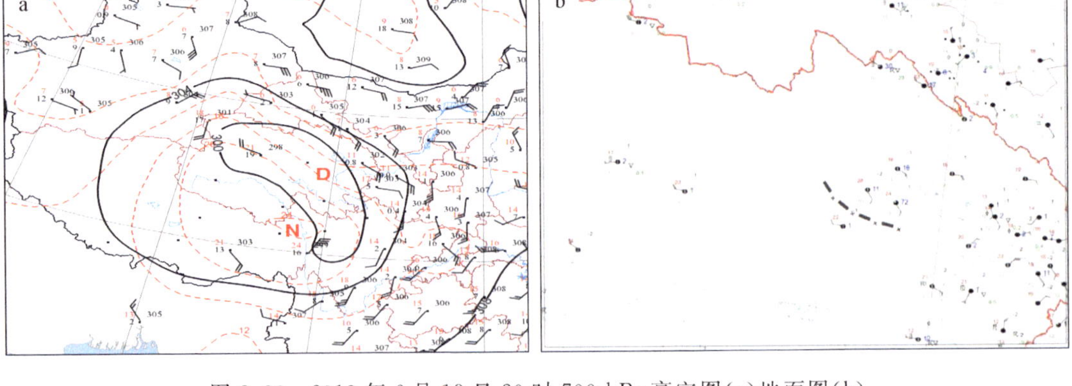

图 2.90　2013 年 6 月 18 日 20 时 700 hPa 高空图(a)地面图(b)

4　物理量场特征分析

形成暴雨的物理条件有三条：(1)充沛的水汽条件和源源不断的水汽供应；(2)强烈的上升

运动和造成上升运动的环流条件；(3)较长的降水持续时间。[1-3]

4.1　水汽条件

对于青海省暴雨形成的水汽条件，一般都是沿着副高 584 dagpm 线外围的西南气流所输送，这是青海省海西州暴雨发生所需水汽的主要来源。在大雨之前或降水正在进行时，低层 700 hPa 水汽含量最大，在同样的风速下，低层水汽通量也大。从 18 日 20 时水汽通量散度(图 2.91b)、比湿时间垂直剖面图(图 2.91a)可以看出，高原东北部处于水汽通量散度的辐合区，海西中东部基本位于辐合区中心，而此时间段与暴雨强降水的发生有较好的对应关系，同时比湿分布图上，700 hPa 高度上海西东部比湿在 10～13 $g \cdot kg^{-1}$，500 hPa 高度上海西东部比湿在 4～6 $g \cdot kg^{-1}$，可以看出海西东部位于比湿的大值区，同时低层水汽多于高层，也有利于形成不稳定层结。暴雨区水汽通道畅通，水汽条件好，地面至 400 hPa 均为湿层，700 hPa 比湿 10～13 $g \cdot kg^{-1}$，湿层厚度在 3 km 以上(图 2.91a)；水汽通量辐合强(-20×10^{-8} $g \cdot cm^{-2} \cdot hPa^{-1} \cdot s^{-1}$)(图 2.91b)。

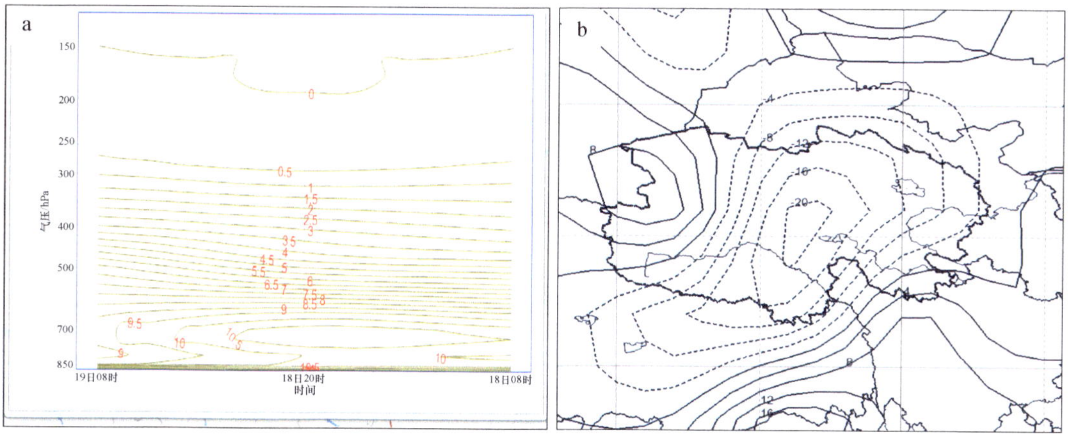

图 2.91　2013 年 6 月 18 日 20 时比湿($g \cdot kg^{-1}$)时间垂直剖面图(a)
700 hPa 水汽通量散度(单位：10^{-8} $g \cdot cm^{-2} \cdot hPa^{-1} \cdot s^{-1}$)(b)

4.2　动力条件

对暴雨区上空的散度、涡度和垂直速度的分析表明，大到暴雨区的对流层下半部有大尺度水平辐合，对流层上部为辐散，其间有一个无辐散层，无辐散层在 400 hPa，相应在该层垂直速度也最大。辐合集中在 400 hPa 以下，最大辐合出现在距地面 0～1 km 的行星边界层。涡度最大值在 500 hPa。

上升运动是暴雨形成的重要原因之一，垂直上升运动将水平输送来的水汽向上输送，同时是空气绝热冷却达到饱和，凝结成水滴降落下来。上升速度越大，降水量越大。暴雨区地面至 150 hPa 均为强上升区，在 500～300 hPa 上升速度最强，300 hPa 上升速度为 -26 $Pa \cdot s^{-1}$，上升运动强烈且深厚(图 2.92)。

暴雨区地面至 500 hPa 为正涡度负散度，以上为负涡度正散度，形成低空辐合高空辐散的动力抬升上升运动。700 hPa 负散度最强，最强为 $-23 \times 10^{-5} s^{-1}$。200 hPa 负涡度最强，最强为 $-94 \times 10^{-5} s^{-1}$(图 2.93)。

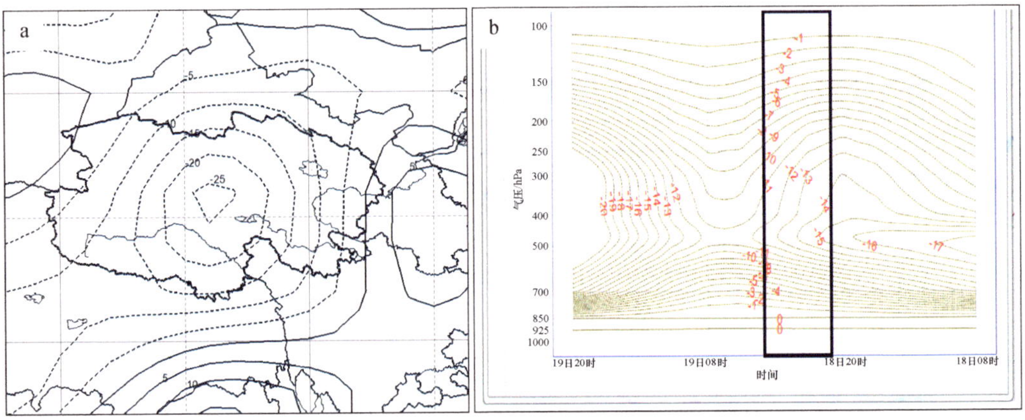

图 2.92　2013 年 6 月 18 日 20 时 300 hPa 垂直速度场(a)
6 月 18 日 20 时垂直速度场时间垂直剖面图(b)(单位:$Pa \cdot s^{-1}$)

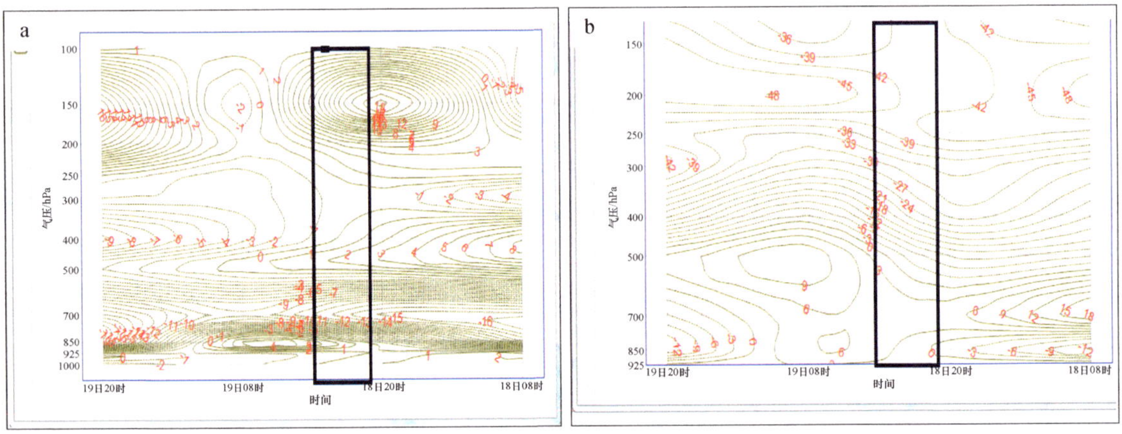

图 2.93　6 月 18 日 08 时—19 日 20 时散度(a)涡度(b)时间垂直剖面图(单位:$10^{-5}\ s^{-1}$)

散度场的正负中心及其分布形势与大降水的分布有密切关系。低层的辐合易产生上升运动,还必须在高层有一个辐散流场,其“抽吸”作用使强的上升运动得以维持,从而有利于强降水的产生和持续。高层 150 hPa 上强的南亚高压(图 2.94a)、700 hPa 低压辐合(图 2.94b),高空急流出口辐散区,进一步加强了上升运动。

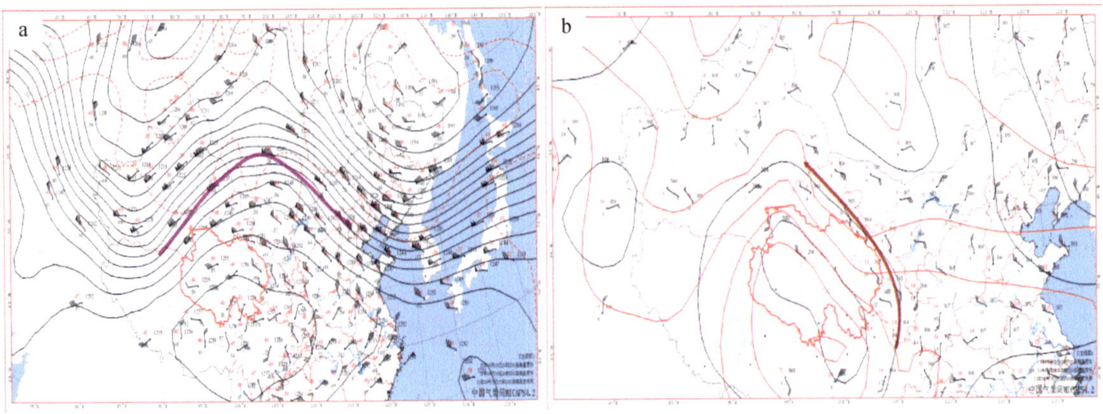

图 2.94　2013 年 6 月 18 日 20 时 150 hPa(a)700 hPa(b)高度场

4.3　热力特征

暴雨天气都出现在高温高湿区域，且要求湿层很厚，θ_{se}是个同时表征温度和湿度的参数，等$\theta_{se500}-\theta_{se700}$线表示层结的位势不稳定，如果$\theta_{se500}-\theta_{se700}$负值区与$\theta_{se700}$、$\theta_{se500}$、$\theta_{se400}$高值区重合，这就是高温高湿位势不稳定的区域，这个区域对大雨的生成很有利。18 日 20 时青海省大部均被 72 ℃的高能舌控制。假相当位温（图 2.95）的高值区，对应着副高边缘暖湿西南气流区。青海省中部 700 hPa、500 hPa θ_{se}的高能区中心最大值分别为 72 ℃、82 ℃。高能区的强度和位置的变化，以及高能舌伸展的区域，与后期降水的范围和降水强度相对应。

K 指数表征大气热力稳定度，大气层结的不稳定是产生大到暴雨的重要条件，一般情况下，强降水产生在 30 ℃$<K<$40 ℃之间的区域。暴雨区不稳定指数较强，18 日 20 时 K 指数场（图 2.96）在青海省东部呈 Ω 形，乌兰地区 K 指数在 24～30 ℃之间。

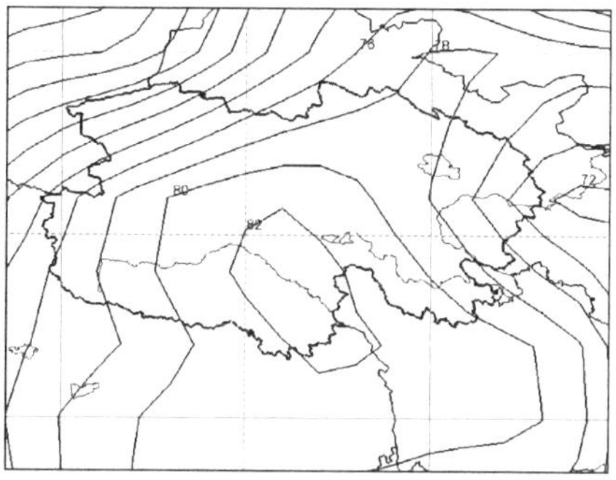

图 2.95　2013 年 6 月 18 日 20 时 500 hPa 假相当位温场（℃）

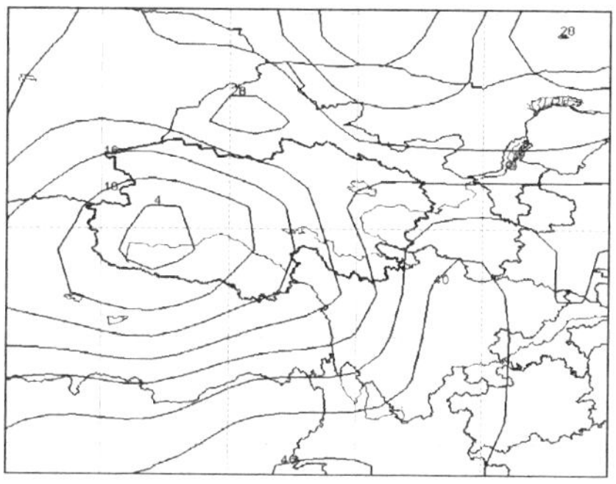

图 2.96　2013 年 6 月 18 日 20 时 K 指数场（℃）

4.4　降水持续时间及雨强

降水持续时间的长短及雨强的大小，影响着降水量的大小。此次海西州乌兰地区降水过程出现在 18 日 20 时—19 日 08 时，茶卡和莫河畜牧场的大暴雨的降水时段为 18 日 23 时—19 日 05 时，小时最大降水量分别为 65 mm、83 mm，10 min 最大雨强分别是 22.8 mm 和 28.3 mm，所以此次强降水过程的特点是雨强大、持续时间较长、范围小。

5　卫星云图

垂直风切变弱，中尺度对流云团发展强盛，移动较慢，持续时间长，对流云团从 18 日 14 时开始在青南地区开始发展，云系比较深厚，沿着西南气流发展，发展过程中向东北方移动并增强，18 日 22 时—19 日 05 时影响海西乌兰茶卡地区（图 2.97）。

6　地形

造成乌兰茶卡这次局地短时暴雨天气，除了大气环境场的作用外，同时也与地形有一定的关系，青海省高原海拔高，山峦、谷地、纵横交错，地形复杂，大量暖湿气流进入青海省高原时，受到山体阻挡产生上升运动，使空气不稳定加强。而处于柴达木盆地东部的乌兰茶卡，更是处

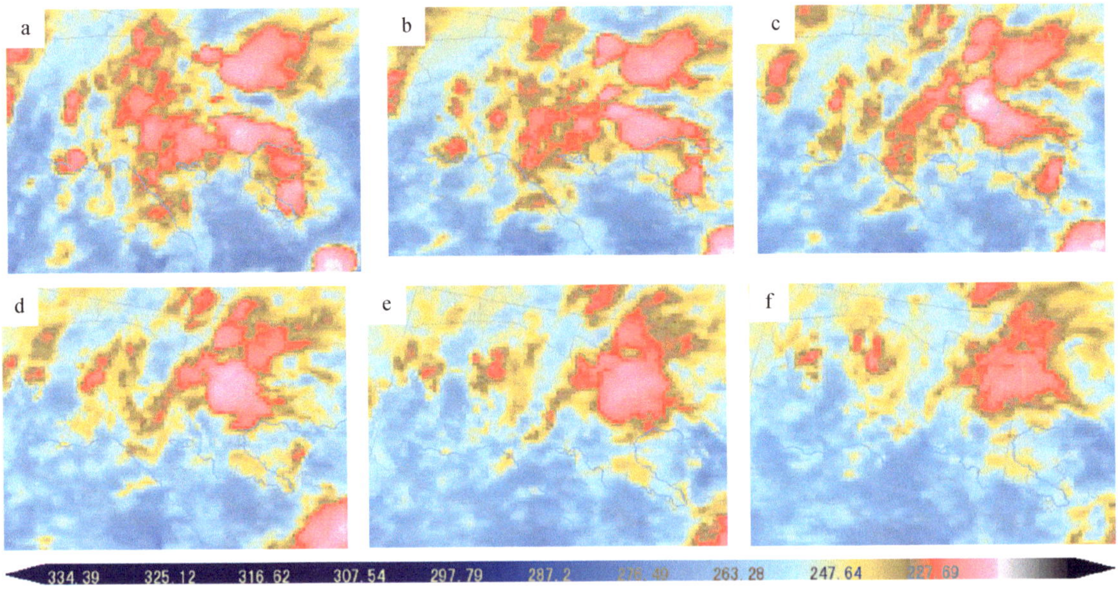

单位：亮度温度/K

图 2.97　2013 年 6 月 18 日 23 时—19 日 04 时红外云图演变图

(a)2013 年 6 月 18 日 23 时(b)2013 年 6 月 18 日 24 时(c)2013 年 6 月 19 日 01 时
(d)2013 年 6 月 19 日 02 时(e)2013 年 6 月 19 日 03 时(f)2013 年 6 月 19 日 04 时

于一个三面环山，东南面开口的喇叭口地形中，直接导致辐合上升运动的加强和降水量的加大，其特殊的地形是导致乌兰茶卡在大范围降水天气过程中经常成为降水中心的一个不可忽视的因素(图 2.98)。

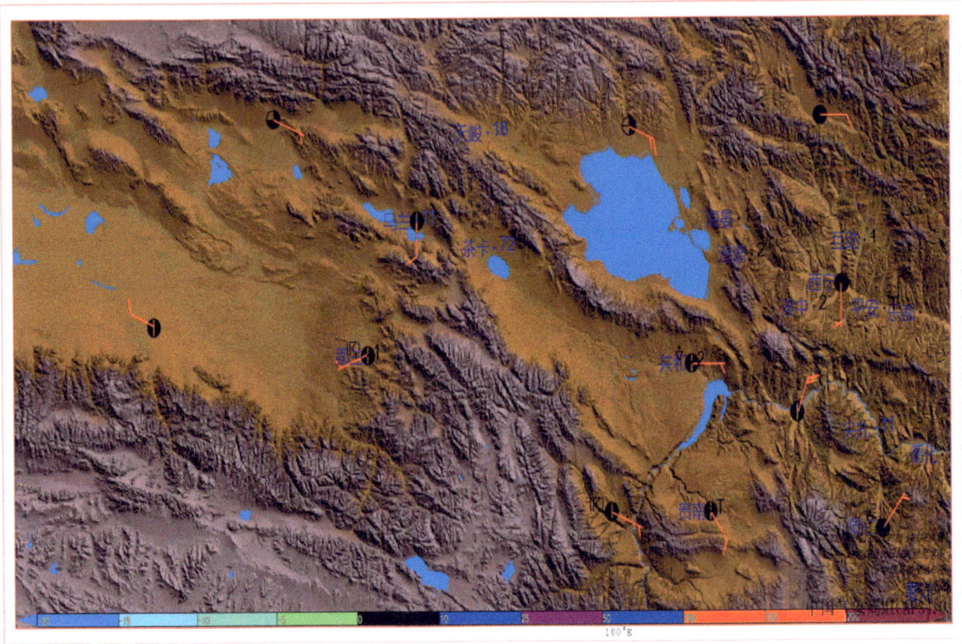

图 2.98　2013 年 6 月 18 日 23 时地面风场与地形叠加图

7　槽脊移动变化对暴雨的影响

6 月 18 日 20 时—19 日 08 时 500 hPa 位于贝加尔湖以西闭合高压及蒙古的高压脊稳定少动，且暖平流强烈，为系统发展提供了动力作用，巴尔喀什湖大槽不断分裂小槽东移南压、温度槽落后于高度槽，冷平流强，提供了热力因子，导致茶卡出现暴雨(图 2.99)。

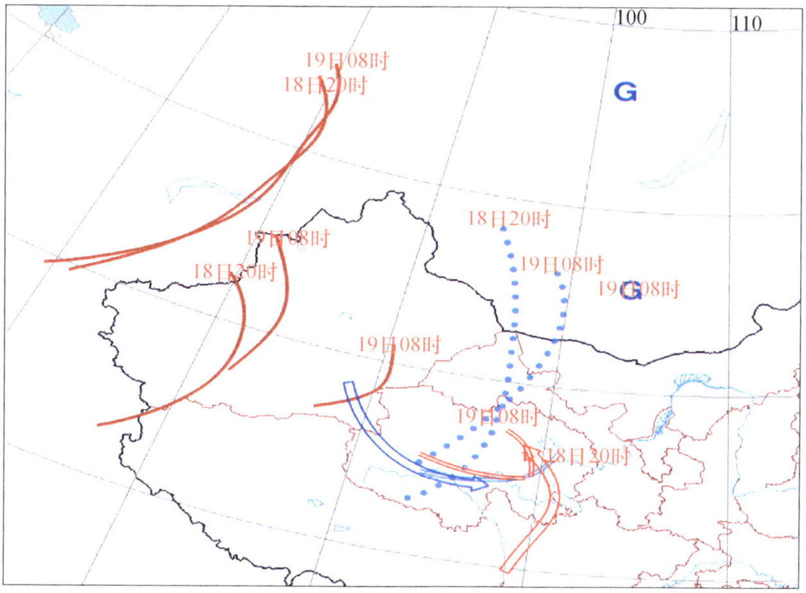

图 2.99　2013 年 6 月 18 日 20 时—19 日 08 时 500 hPa 槽脊变化图

8　小结

1)这是一次单站短时强暴雨过程，海西州乌兰县茶卡镇出现暴雨伴有雷暴、闪电。降水强度大，茶卡(71.5 mm·$(5\ h)^{-1}$)、莫河畜牧场(100.6 mm·$(5\ h)^{-1}$、83 mm·$(1\ h)^{-1}$)，均超历史极值。强降水集中于 19 日 00—02 时。

2)此次暴雨过程环流背景是 500 hPa 巴尔喀什湖大槽不断分裂小槽东移，引导西北方冷空气南下与高压外围西南暖湿气流交汇于青海省海西乌兰地区，35°N 以南的暖式横切变转为竖切变。

3)低空热低压及切变线，冷空气入侵触发；地面至 400 hPa 高度水汽充沛，上升运动强且深厚，有强的不稳定能量。垂直风切变弱，中尺度对流云团发展强盛，移动慢，持续时间长，喇叭口地形。

4)500 hPa 贝加尔湖以西闭合高压及蒙古高压脊稳定少动，副高边缘西南暖湿气流与巴尔喀什湖大槽不断分裂小槽在乌兰地区持续交绥，导致乌兰地区水汽和冷暖空气辐合强烈。

参考文献

[1] 朱乾根，林锦瑞，寿绍文，等．天气学原理和方法(第四版)[M]．北京：气象出版社，2007：320-385.
[2] 王江山，李锡福．青海省天气气候[M]．北京：气象出版社，2004：107-112，225-242.
[3] 姚学祥．天气预报技术与方法[M]，北京：气象出版社，2011：80-113.

2013年8月21日局地大暴雨过程成因及预报着眼点分析

李京梅　辛秋玲　赵　娟　李昌玉
(西宁市气象台,西宁　810001)

摘　要:利用常规气象观测资料、高密度自动站资料等多种气象资料,结合FY-2E系列卫星产品,对2013年8月21日局地大暴雨过程进行诊断分析,结果表明:1)这是一次出现在青海省东北部地区的强对流天气过程,此次过程伴有暴雨、雷暴等灾害性天气。青海省东北部4个国家站中雨,1站大暴雨。此次过程强降水时段集中,夜雨明显,小时雨强大。2)前期青海省东部受副高控制,天气晴好,辐射增温,不稳定能量累积。过程发生时500 hPa副高东退,贝加尔湖低涡后部西北气流中的短波槽携带冷空气东南移,冷暖空气在青海省东北部交汇,触发强对流天气。高空短波槽、地面辐合线为此次强降水提供了很好的动力辐合抬升条件。3)探空曲线呈"瘦高型"的垂直分布形态,大气处于对流不稳定状态,500～600 hPa为湿层,0～6 km垂直风切变较弱,是典型的强降水型T-ln$P$图。低层辐合高层辐散的配置,利于低层系统发展,强上升运动的长时间维持利于水汽向上输送。天气发生时低层有一定的水汽辐合,对于局地大暴雨的发展和维持是有利的。但是本次过程水汽辐合的强度却不足以产生如此强的降水,这说明大尺度水汽辐合条件对于中小尺度天气的指示意义不足。4)雷暴高压出流区的西北风与青海省东部的偏东风形成的辐合线,为此次大暴雨天气提供了地面辐合抬升条件。大通县特殊的地形使得暖湿空气在地面偏东风的作用下遇到山脉被迫抬升,对降水增幅明显。

关键词:大暴雨,地面辐合线,雷暴高压

引　言

青海省出现系统性暴雨的频次较少,多表现为局地暴雨特征,每年6月到9月都是局地暴雨的易发期。暴雨分布具有明显的突发性以及时空分布极不均匀的特点,而该地区地质环境脆弱,一旦出现突发性暴雨,极易引发山洪、泥石流、山体滑坡等地质灾害,对国民经济造成严重的损失,因此总结预报经验,寻找预报指标,是一个很迫切的需要。关于青海省区域性暴雨研究较多,王志远[1]利用多种资料对青海省一次大到暴雨过程进行了天气动力学分析,李海红[2]利用卫星云图、地面能量等对青海省东部一次大暴雨过程进行分析,马秀梅[3]对副热带高压影响下青海省东部的两次暴雨过程进行了对比分析。本文利用常规观测资料、高密度自动站资料、FY-2E卫星红外云图等资料,从天气背景条件、中尺度系统、物理量场、红外云图等多方面,对2013年8月21日青海省东北部一次单点大暴雨过程进行综合分析,为此类局地暴雨的预报提供参考。

1　天气实况

2013年8月21日傍晚到夜间,青海省东北部地区出现一次强对流天气过程,此次过程伴有

暴雨、雷暴等灾害性天气。青海省东北部 4 个国家站中雨，1 站大暴雨(大通 145 mm·$(24\ h)^{-1}$)，其中大通县除本站达到大暴雨外，同时有 8 个自动雨量站达到中雨，3 个达到暴雨，其中斜沟乡降水量为 80.8 mm。此次过程强降水时段集中(21 日 19 时—22 日 04 时)，夜雨明显，小时雨强大，最大雨强出现在大通本站达 29.9 mm·h^{-1}(图 2.100)。

此次强降水天气在西宁市大通县造成严重的灾害，其中桥头镇、塔尔镇、良教乡 3 个乡镇 27 个村 10 个社区的 734 户 2714 人遭受洪涝灾害，死亡 1 人，临时转移群众 344 户 1545 人；房屋倒塌 52 间，受损 726 间；粮食作物受灾 303.67 hm^2，成灾面积 303.67 hm^2，冲毁树木苗棚 1 个，蔬菜大棚 11 个，冲毁乡村公路 3200 m，乡村公路受损 38340 m，涵洞 5 座；以上造成直接经济损失共计 1286.9 万元，其中农业直接经济损失 236 万元。

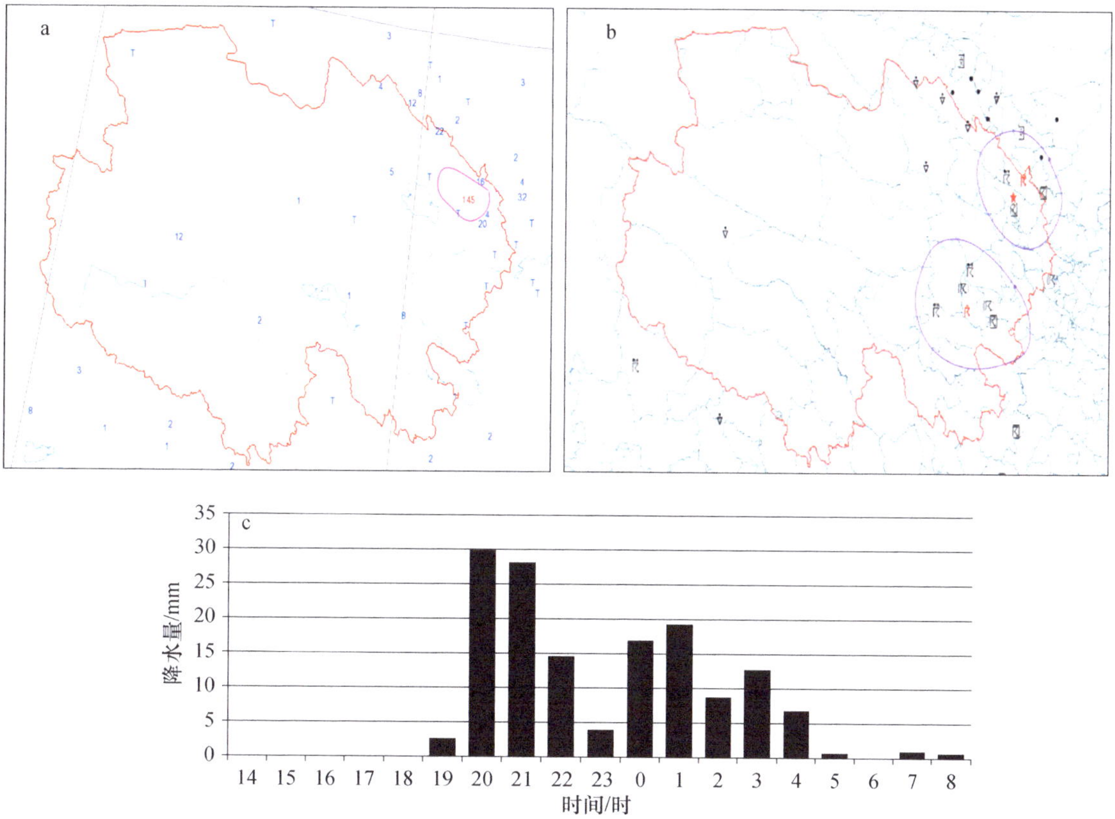

图 2.100　2013 年 8 月 21 日 08 时—22 日 08 时天气实况

(a)2013 年 8 月 21 日 14 时—22 日 08 时降水量(mm)(b)8 月 21 日 20 时地面观测天气现象

(c)2013 年 8 月 21 日 14 时—22 日 08 时大通站逐小时雨量(mm)

2　成因分析

2.1　天气尺度天气系统

局地强降水的形成和出现是一个复杂的大气过程。虽然是中小尺度系统发挥主要作用，但是其发生、发展必须在有利的大尺度天气背景下。

过程前两天 500 hPa，副热带高压(以下简称副高)明显加强西伸，高原中东部在副高

588 dagpm 线闭合环流控制内,受其影响,地面加热升温明显。8月21日08时(图2.101a)亚洲中高纬地区为两槽两脊型,贝加尔湖以西及库页岛上空各受一低压槽控制,且在贝加尔湖以西有闭合的低涡存在,巴尔喀什湖上空和贝加尔湖以东分别为一高压脊。副高588 dagpm线西伸至青海省中部,副高西伸脊点到达34°N,97°E,副高稳定维持。影响我国的北方的主槽位于巴尔喀什湖以西至内蒙古西部一线,主槽底部分裂的短波槽影响青海省东北部地区,低涡后部的西北气流中多短波槽活动。位于贝加尔湖西侧的温度槽与高度槽基本平行且略超前,这种温度槽超前于高度槽的配置使得高空槽线随高度升高向前倾斜,形成前倾槽。前倾槽槽后冷空气将置于低层槽前暖空气之上,导致低槽很快消失,且产生不稳定天气。21日20时(图2.101b),副高势力减弱,西伸脊点东退至104°E附近,其外围的西南暖湿气流源源不断的输送到青藏高原东部。贝加尔湖地区的低涡携带低槽迅速东移至我国东北地区,低涡后部西北气流中携带的短波槽南下影响青海省东北部地区,温度槽移动缓慢,且在内蒙古西部至青海省东北部一段略有加深,−2 ℃线压至西宁一线。冷暖空气在青海省东北部交汇,为此次大暴雨的形成提供了有利的环流背景。

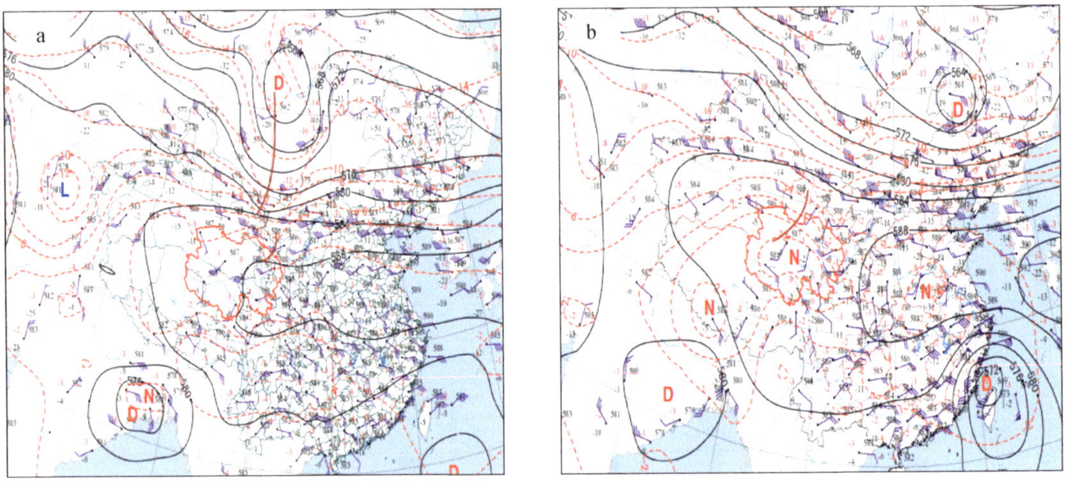

图2.101　2013年8月21日500 hPa高空图

(a)08时(b)20时

2.2　中尺度系统

从前面的环流背景场分析可以看出,此次过程虽然对产生对流性降水是较为有利的,但是对大暴雨的产生条件仍是不足的,预报局地中雨或大雨的量级是比较合适的。对此次青海省东北部出现的局地大暴雨天气,我们有必要在中尺度特征上寻找线索。

从2013年8月21日的中尺度分析图(图2.102)看出,前期青海省东部受副高控制,天气晴好,有利于辐射增温,不稳定能量累积,500 hPa、700 hPa上均有 $T-T_d \leqslant 5$ ℃的湿舌分别自西南和东南伸向青海省东北部地区,大暴雨出现的西宁市大通县处于高低空湿舌叠加的区域,中低层空气含水量充沛。随着副高东退,不断有短波槽影响青海省北部及东北部地区,在21日20时的地面图上强降水区的东侧互助、平安、贵德一线可以分析出一偏北风、偏东风的中尺度辐合线。高空短波槽、地面辐合线为此次强降水提供了很好的动力辐合抬升条件。

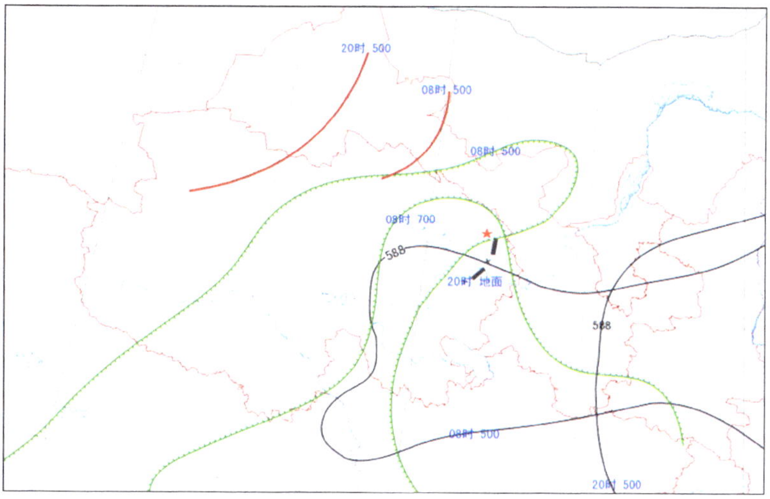

图 2.102 2013 年 8 月 21 日中尺度分析

3 对流性条件分析

形成对流性天气的基本条件有三个,即:水汽条件,不稳定层结和抬升动力。以下分别针对水汽、层结曲线、垂直速度等方面进行了诊断分析,以期研究这次强对流天气引发的单点大暴雨过程的形成原因。

3.1 水汽条件

本次过程的降水强度很大,日降水量更是达到了大通县的历史极值,要达到如此大的降水量必须有相当好水汽条件。从大通站比湿垂直剖面图(图 2.103)可知,8 月 21 日 20 时大通上空有湿舌自下向上伸展,700 hPa、500 hPa 比湿分别达 10.5 $g \cdot kg^{-1}$ 和 6.0 $g \cdot kg^{-1}$,空气湿度较大。

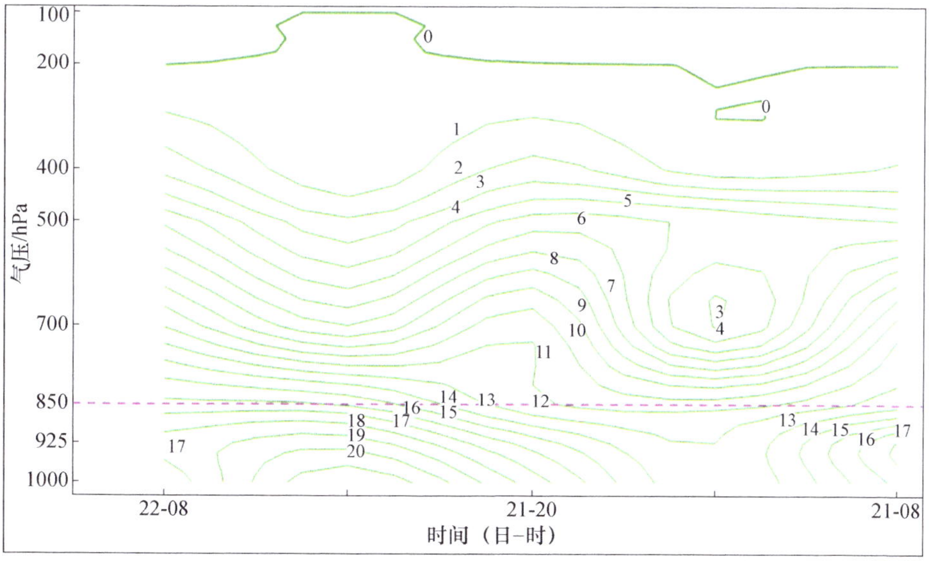

图 2.103 8 月 21 日 20 时大通站比湿垂直剖面图(单位:$g \cdot kg^{-1}$)

分析8月21日20时水汽通量散度分布图(图2.104),可以看出,21日20时700 hPa偏东风向青海省东部输送充沛的水汽,青海省中部有-15×10^{-8} g·cm^{-2}·hPa^{-1}·s^{-1}水汽辐合中心,大通处于水汽辐合区,但不是中心位置。500 hPa大通位于水汽辐合、辐散的临界值附近。这说明天气发生时低层有一定的水汽辐合,对于降水的发展和维持是有利的。但是本次过程水汽辐合的强度却不足以产生如此强的降水,这说明大尺度水汽辐合条件对于中小尺度天气的指示意义不足。

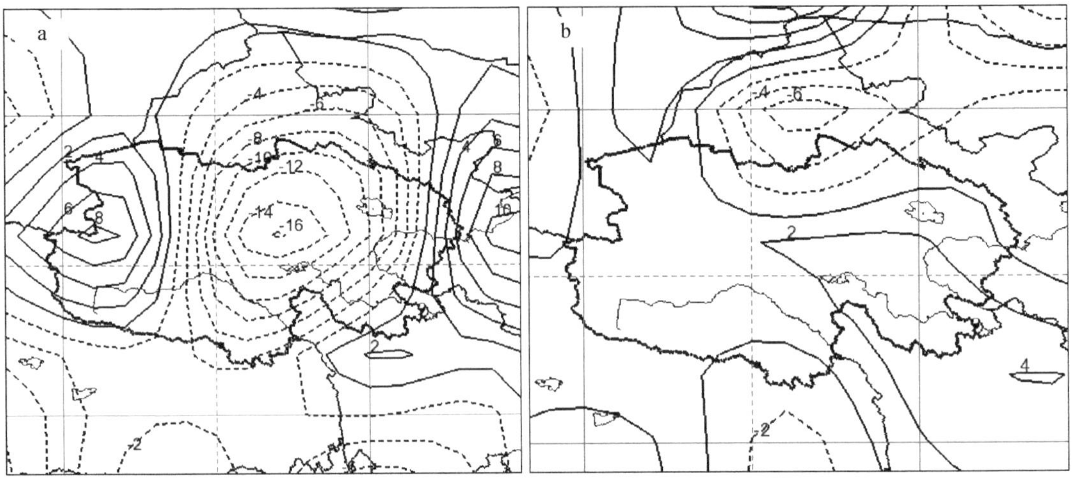

图2.104　8月21日20时水汽通量散度分布图(单位:10^{-8} g·cm^{-2}·hPa^{-1}·s^{-1})

(a)700 hPa(b)500 hPa

3.2　不稳定条件

由于探空站空间分辨率较低,选取最近的西宁站进行分析(图2.105)。分析发现21日20时西宁站CAPE值为924.6 J·kg^{-1},SI为-0.9 ℃,不稳定能量较强,探空曲线呈“瘦高型”的垂直分布形态,500～600 hPa为湿层,0～6 km垂直风切变较弱,是典型的强降水型T-ln$P$图。分析大通站假相当位温随空间的分布(图略)可知,21日20时700 hPa大通有$\theta_{se}=80$ ℃的高能中心,500 hPa $\theta_{se}=76$ ℃,$\frac{\partial\theta_{se}}{\partial p}>0$,大气处于对流不稳定状态。

3.3　动力条件

21日20时下午到夜间大通地区地面到500 hPa为正涡度区,在700 hPa有12×10^{-5} s^{-1}的正涡度中心,500 hPa以上为负涡度区,低层辐合高层辐散的配置,利于低层系统发展。垂直速度场上强降水发生时段(21日夜间)大通地面至300 hPa为上升运动区,500 hPa有上升运动的中心,中心强度-8×10^{-2} hPa·s^{-1},强上升运动的长时间维持有利于低层暖湿空气的辐合抬升,从而产生长时间的强降水(图2.106)。

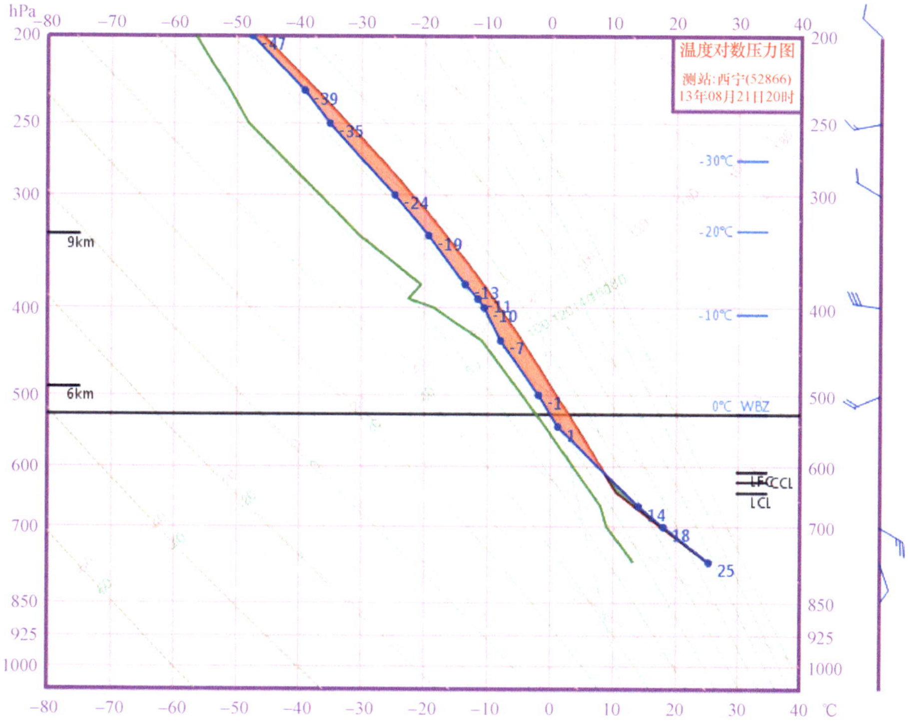

图 2.105　2013 年 8 月 21 日 20 时西宁站 T-ln$P$ 图

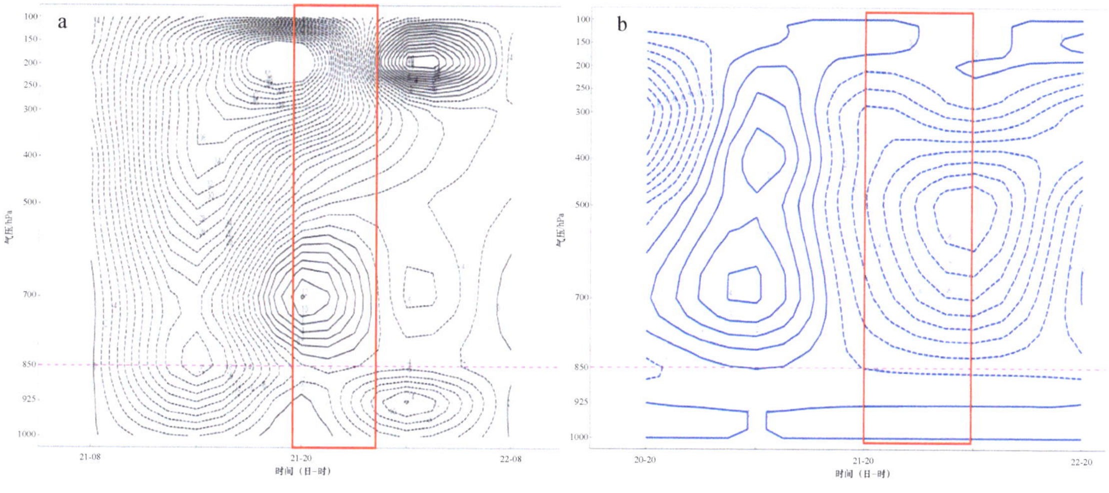

图 2.106　8 月 21 日 08 时—22 日 08 时大通涡度(10^{-5} s^{-1})(a)垂直速度(10^{-2} hPa · s^{-1})(b)时间剖面

4　预报着眼点

在大尺度环流背景有利的条件下，强降水的落区、开始结束时间及降水强度，主要决定于中小尺度系统。分析此次单点大暴雨出现在大通的原因，起决定性作用的中小尺度系统是地面辐合线。

21 日 14 时地面图上河湟谷地为一致的偏东风，午后东风将甘肃南部较高的热量和水汽输送至河湟谷地，有利于不稳定能量的积聚。21 日 20 时在祁连山区有对流云团发展。图中各地气压受日变化影响,3 h变压均为正值。祁连山两侧受降水和中层冷空气影响,地面有大于+2 hPa的变压中心,有雷暴高压产生。大通位于雷暴高压的出流区,受河谷地形限制,出流在河湟谷地表现为西北风,青海省东部大部分地区吹偏东风、东南风,从而在互助到西宁一线形成一东北—西南走向的辐合线,有利于地面辐合抬升。21日23时祁连山南侧不断新生发展的对流云团向东南方向移动,继续影响大通。祁连山北侧雷暴高压消散,南侧雷暴高压向东南方向发展,地面辐合线东南压至循化到贵德一线,大通地区转为偏东风。由于大通地处祁连山南麓,其北部为西北—东南走向的大坂山,西侧娘娘山,环绕县城西南部,大通县位于一个地势西北高东南低的峡谷中。特殊的地形使得水汽在地面偏东风的作用下遇到山脉被迫抬升,因此在地面辐合线南压远离大通后,大通的强降水仍维持了几个小时,从而导致了此次大暴雨过程(图2.107)。

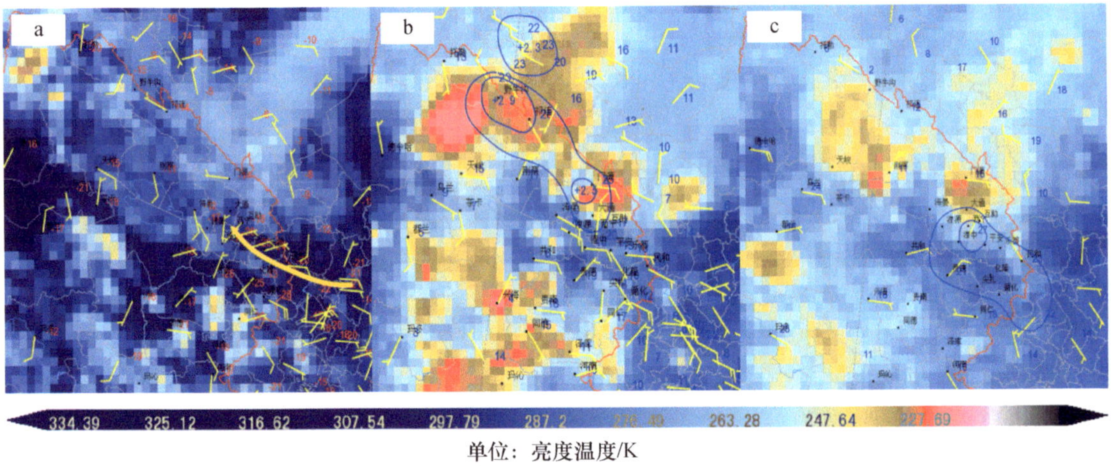

图2.107 21日卫星云图叠加风场、3 h变压场(hPa)

(a)14时(b)20时(c)23时

5 小结

1)这是一次出现在青海省东北部地区的强对流天气过程,此次过程伴有暴雨、雷暴等灾害性天气。青海省东北部4个国家站中雨,1站大暴雨(大通145 mm·(24 h)$^{-1}$)。此次过程强降水时段集中,夜雨明显,小时雨强大,最大雨强出现在大通本站达29.9 mm·h^{-1}。

2)前期青海省东部受副高控制,天气晴好,辐射增温,不稳定能量累积。过程发生时500 hPa副高东退,贝加尔湖低涡后部西北气流中的短波槽携带冷空气东南移,冷暖空气在青海省东北部交汇,触发强对流天气。高空短波槽、地面辐合线为此次强降水提供了很好的动力辐合抬升条件。

3)探空曲线呈"瘦高型"的垂直分布形态,大气处于条件性不稳定状态,500~600 hPa为湿层,0~6 km垂直风切变较弱,是典型的强降水型T-ln$P$图。低层辐合高层辐散的配置,利于低层系统发展,强上升运动的长时间维持利于水汽向上输送。天气发生时低层有一定的水汽辐合,对于局地大暴雨的发展和维持是有利的。但是本次过程水汽辐合的强度却不足以产生如此强的降水,这说明大尺度水汽辐合条件对于中小尺度天气的指示意义不足。

4)雷暴高压出流区的西北风与青海省东部的偏东风形成的辐合线,为此次大暴雨天气提供了地面辐合抬升条件。大通县特殊的地形使得暖湿空气在地面偏东风的作用下遇到山脉被迫抬升，对降水增幅明显。

参考文献

[1] 王志远，曹晓敏．2010年6月6—7日青海省区域性大—暴雨分析[J]．青海科技，2010(4)：31-36.

[2] 李海红，王晓健．利用卫星云图、地面能量分析青海高原“97.8”大暴雨天气[J]．青海省环境，1998，8(1)：15-18.

[3] 马秀梅，刘晓燕，代青措，等．副热带高压影响下青海省东部两次暴雨对比分析[J]．青海科技，2017(3)：72-77.

2015年6月29日大到暴雨过程分析和总结

乜国妍　夏雨虹
(海南州气象局,共和　813000)

摘　要:利用常规气象观测资料、卫星云图对2015年6月29日发生在海南州区域性大到暴雨天气过程天气系统、物理量场、卫星云图进行了分析。结果表明:副高外围西南暖湿气流与新疆槽中不断分裂冷空气在海南州交汇是导致此次区域性大到暴雨的主要原因,散度、垂直速度的高低空合理配置和高能、高湿是此次强降雨出现的动力、热力和水汽条件,中尺度对流云团和TBB<－53 ℃区域与大到暴雨具有较好对应关系。

关键词:区域性,大到暴雨,成因,中尺度对流云团

引　言

暴雨预报是天气预报中的难点之一,目前发达国家的暴雨预报准确率也不高。暴雨预报历来是气象工作者的重点研究对象。一般认为,暴雨产生于一定的大尺度天气背景下,由中尺度系统直接触发[1]。为了研究和揭示暴雨过程中的中尺度系统活动规律和机理,目前应用了多种气象手段和方法[2-6]。虽然海南州境内出现区域性大到暴雨天气的次数不多,但近几年来海南州连续每年都出现极端降水,甚至日最大降水量超过有气象记录以来的历史极值,加之由于境内地形复杂、山大沟壑、植被覆盖率低,人大多居住在相对低洼地带,由于夏季多出现历时短、强度大的局地性降雨,受植被及下垫面土壤沟壑特点的影响,这种降雨极易汇集成山洪,甚至促发泥石流及滑坡,造成冲毁村庄、淹没农田、人员伤亡等严重灾害。所以,加强对海南州夏季典型大到暴雨天气过程个例的分析和技术总结,有助于我们在预报中识别类似个例的再现,积累预报经验,提高大到暴雨预报准确率。本文用常规气象观测资料及卫星云图等从天气影响系统及其降雨过程动力、水汽和能量条件进行了分析,重点剖析海南州区域性大到暴雨天气成因,以加深对此类大到暴雨的认识。

1　天气实况

2015年6月29—30日,海南州出现了2015年入汛以来范围最广、强度最大的一次区域性大到暴雨天气过程(图2.108),其最大降水中心在贵南地区的塔秀村,降雨量62.1 mm,贵南县站和区域自动塔秀村站降雨量≥50 mm,共和县站和同德县站及6个区域自动站降雨量≥25 mm,此次降雨天气过程具有持续时间长、强度大、突发性强等特点。降水时段主要集中在14—19时(图2.109),贵南县站1 h最大降水量21.6 mm,塔秀村1 h最大降水量为14 mm,共和县站1 h最大降水量10 mm,沙珠玉1 h最大降水量为28.3 mm,委曲沟1 h最大降水量8.4 mm。

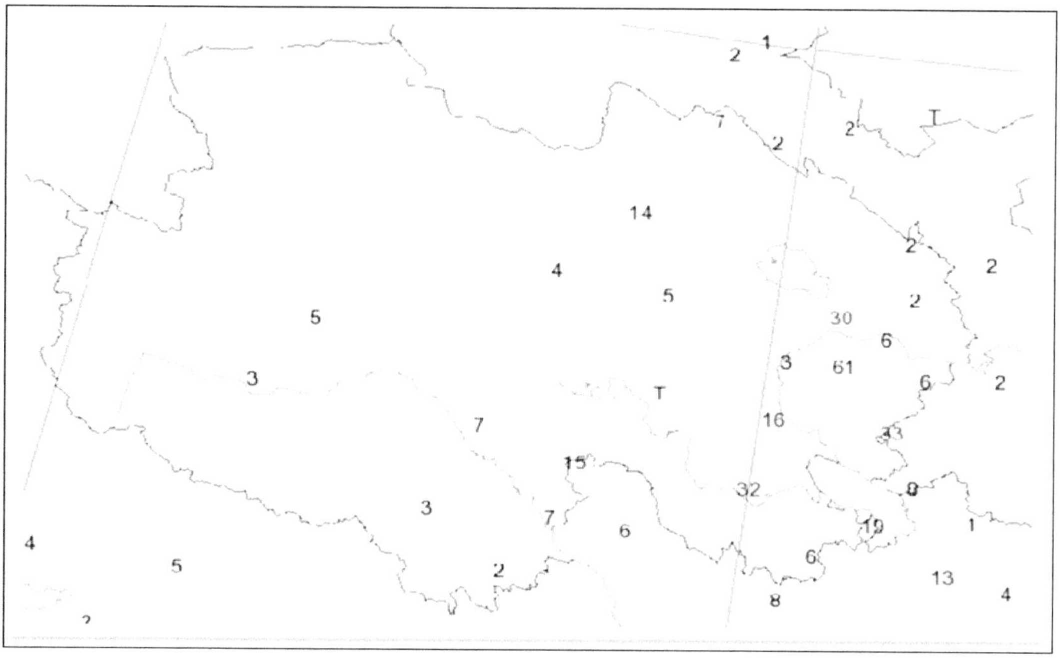

图 2.108　2015 年 6 月 30 日 08 时 24 h 全省降水量分布图(mm)

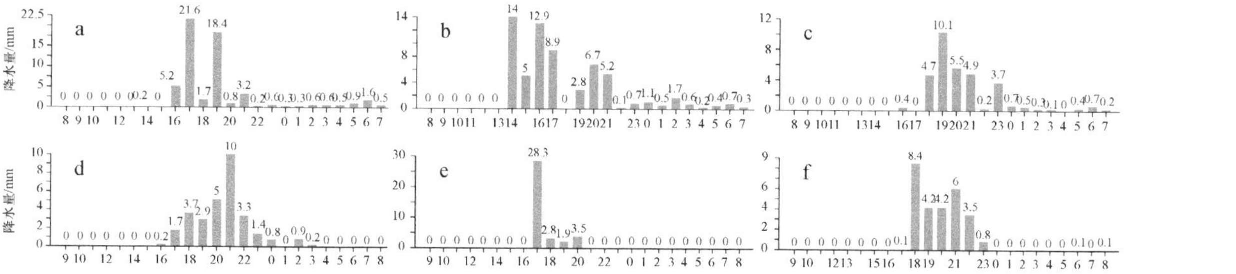

图 2.109　29 日 08 时—30 日 08 时各站逐小时降水量(mm)

(a)贵南县站(b)塔秀村(c)旺什科村(d)共和县站(e)沙珠玉(f)委曲沟

6 月 29 日，贵南县茫拉乡、塔秀乡、茫曲乡等突降暴雨，致使 11.4 hm^2 农作物受灾，群众住房损坏，楼房管道等塌陷，便民桥等被冲毁共造成经济损失 233.92 万元。共和县塘格木、倒淌河、恰卜恰、沙珠玉、廿地等乡镇突降暴雨夹杂冰雹，致使 72.4 hm^2 农作物受灾，房屋、道路等损毁，698 hm^2 草场被淹没冲毁，共造成经济损失 493.79 万元。

2　成因分析

2.1　高空形势

分析 29 日 08 时 500 hPa 高空图(图 2.110)，中高纬度为两槽一脊型，两槽分别在黑海至里海、新疆至贝加尔湖一带(以下简称东槽)，长波脊在乌拉尔山地区，东槽较为宽阔，在新疆有一个 576 dagpm 低涡，温度槽明显落后高度槽，且不断分裂冷空气影响柴达木盆地，副高外围的 584 dagpm 线西伸到青海省中部地区，且在青海省东南部有 0 ℃暖中心配合，700 hPa 层上,格尔木和西宁站呈西北和东南风辐合,全省大部处在西南气流中;新疆低槽不断分裂短波槽东移,其携带的冷空气东移与副高西侧的西南暖湿气流在海南州交汇,是产生此次大到暴雨的主要原因。

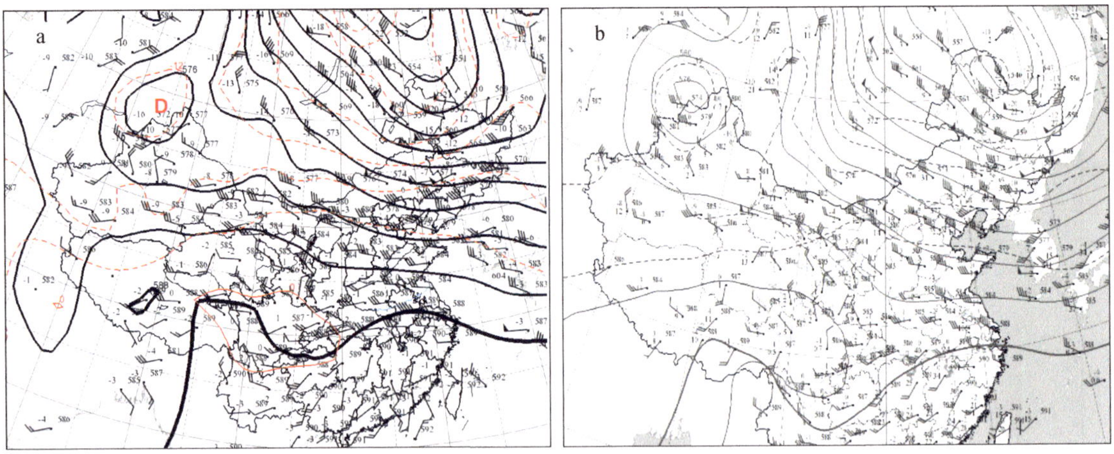

图 2.110　2015 年 06 月 29 日 500 hPa 高空图(a)08 时(b)20 时

2.2　地面形势

分析地面图上(图 2.111a),29 日 08 时,整个柴达木盆地有冷空气活动,14 时开始,伴随着冷空气东移南压,海南州降雨开始出现,直到 22 时降雨才开始逐渐减弱。29 日 14 时地面图上有触发条件(图 2.111b):海南地区和黄南地区有地面辐合线。

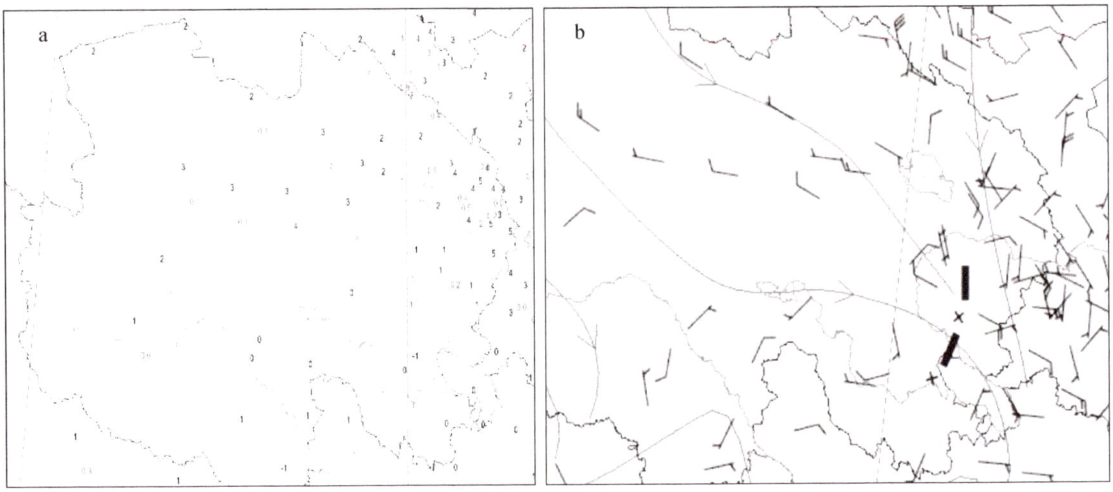

图 2.111　2015 年 06 月 29 日 14 时 24 h 变压图(hPa)(a)2015 年 06 月 29 日 14 时地面风场图(b)

3　物理量场的诊断分析

3.1　动力条件

沿着 35°N(强降雨区)做 29 日 08 时和 20 时散度(图略)和垂直速度的垂直剖面图,以便更好地研究此次暴雨天气的动力特征。分析 29 日 08 时散度垂直剖面图，从 700～500 hPa 海南州以辐合为主，500 辐合以上以辐散为主。20 时，500 hPa 层上为弱辐合，400～200 hPa 层上为辐散区，中心值为 $1.8\times10^{-6}\ s^{-1}$，500 hPa 层以下在 99°E，37.4°N 有一中心值为 $-3.2\times10^{-6}\ s^{-1}$ 强辐合区，即海南州处于底层辐合，高层辐散，有利于降水发展的典型配置。29 日 08 时至 20 时垂直速度场(图 2.112)上，96°～102°E 之间，海南州整层大气都处在上升运动区中，中心在 100°E 附近，上升气流深厚，贵南站从低层 700 hPa 到高层 100 hPa 均为上升区，最大上升速度为 $-18\ Pa\cdot s^{-1}$，30 日 08 时，上升气流中心移出本地区，降雨结束。由此可见，强降雨出现时整层大气都具有强烈的上升运动，不仅有利于大到暴雨天气的产生，同时也促进了暴雨区附近中尺度对流系统的发展和维持，为大到暴雨天气提供有利动力机制。

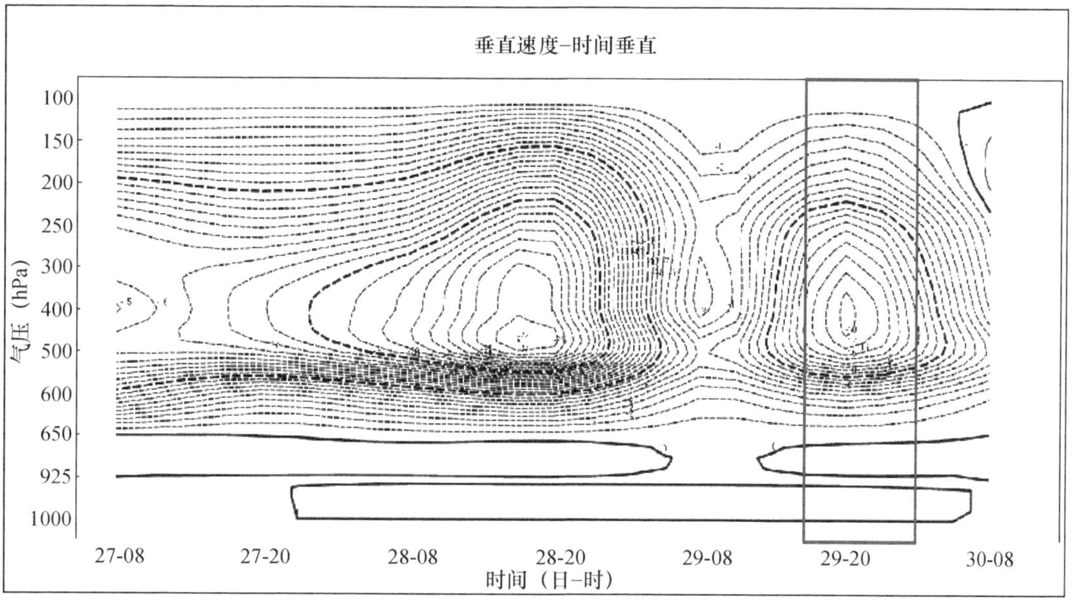

图 2.112 2015 年 6 月 29 日贵南站垂直速度-时间垂直剖面图(单位：$Pa\cdot s^{-1}$)

3.2 水汽条件

3.2.1 水汽通量散度

水汽通量散度表示了水汽汇集程度，来自各个方向的水汽能否在某地高度汇集是产生暴雨的必要条件[7]。沿 35 °N(强降雨区)做其垂直剖面，29 日 08 时(图 2.113)，700 hPa 层中在 100°～103°E 区域内为水汽强辐合区，最大中心值为 $-38\times10^{-8}\ g\cdot cm^{-2}\cdot hPa^{-1}\cdot s^{-1}$，海南州区域内中心值达到 $-8\times10^{-8}\ g\cdot cm^{-2}\cdot hPa^{-1}\cdot s^{-1}$，即海南州南部水汽比较充沛，贵南地区先出现暴雨天气，29 日 20 时西南暖湿气流的不断输送海南州区域内中心值达到 $-12\times10^{-8}\ g\cdot cm^{-2}\cdot hPa^{-1}\cdot s^{-1}$，共和地区相继出现暴雨。即低层较强的水汽辐合与暴雨的发生、发展有密切的关系，强中心与此次大到暴雨落区有一定的对应关系。

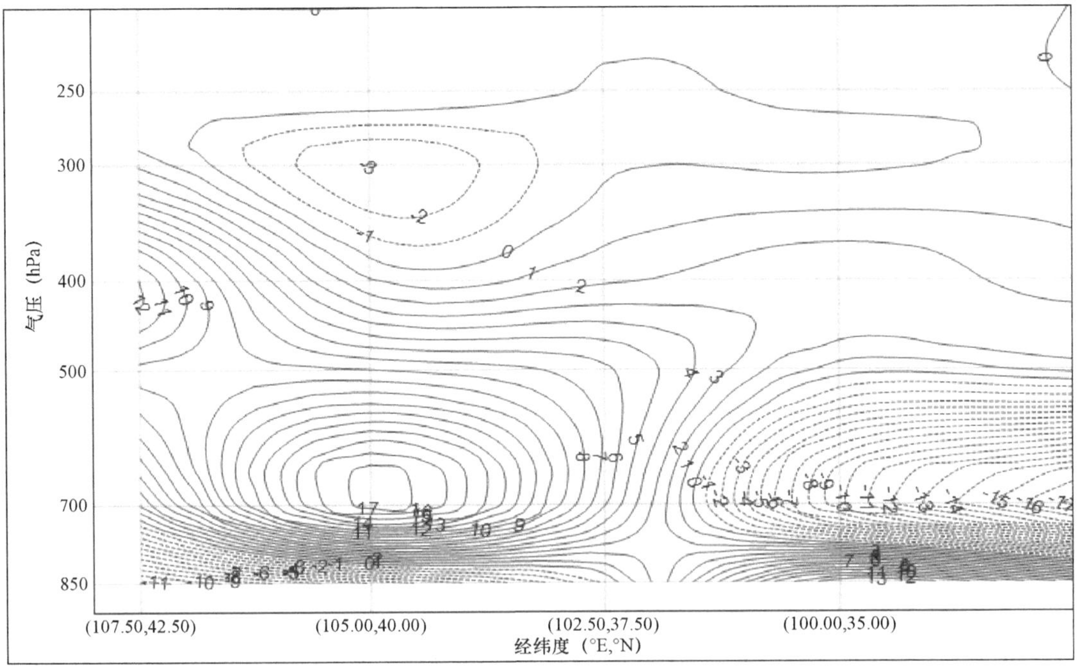

图 2.113　2015 年 6 月 29 日 08 时水汽通量散度空间剖面(单位:10^{-8} g·cm^{-2}·hPa^{-1}·s^{-1})

3.2.2　比湿

2015 年 6 月 29 日 08 时贵南地区低层的比湿在 10 g·kg^{-1}左右(图 2.114),贵南地区的湿度条件充沛。

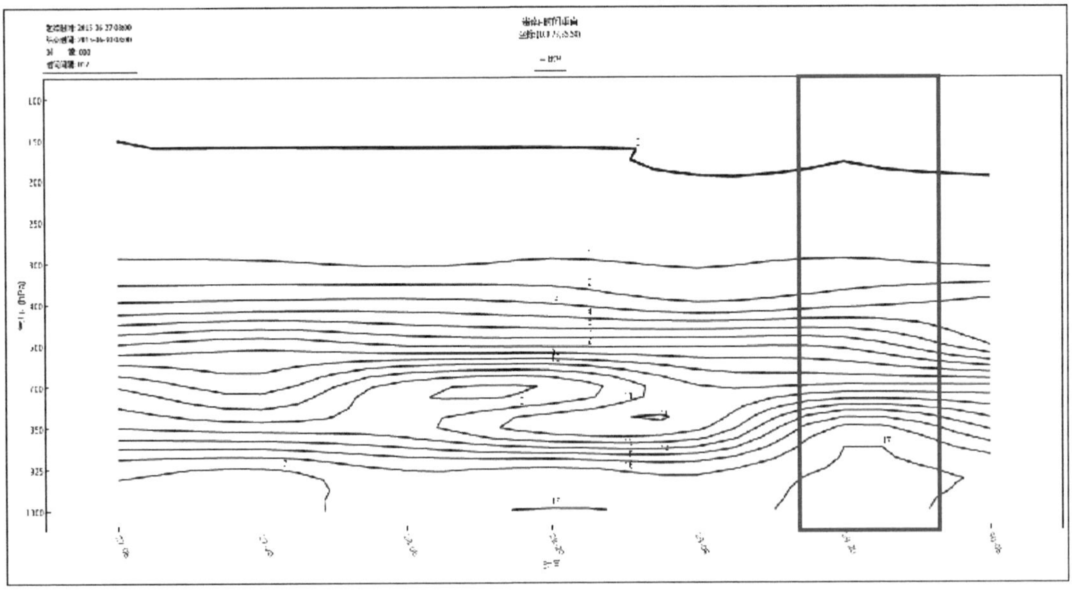

图 2.114　2015 年 6 月 29 日 08 时贵南站比湿剖面图

3.2.3　地面露点

2015 年 6 月 29 日 14 时地面图上(图 2.115),贵南地区 T_d 为 13 ℃,比周围大,表示空气中的水分含量越多，空气较湿润。

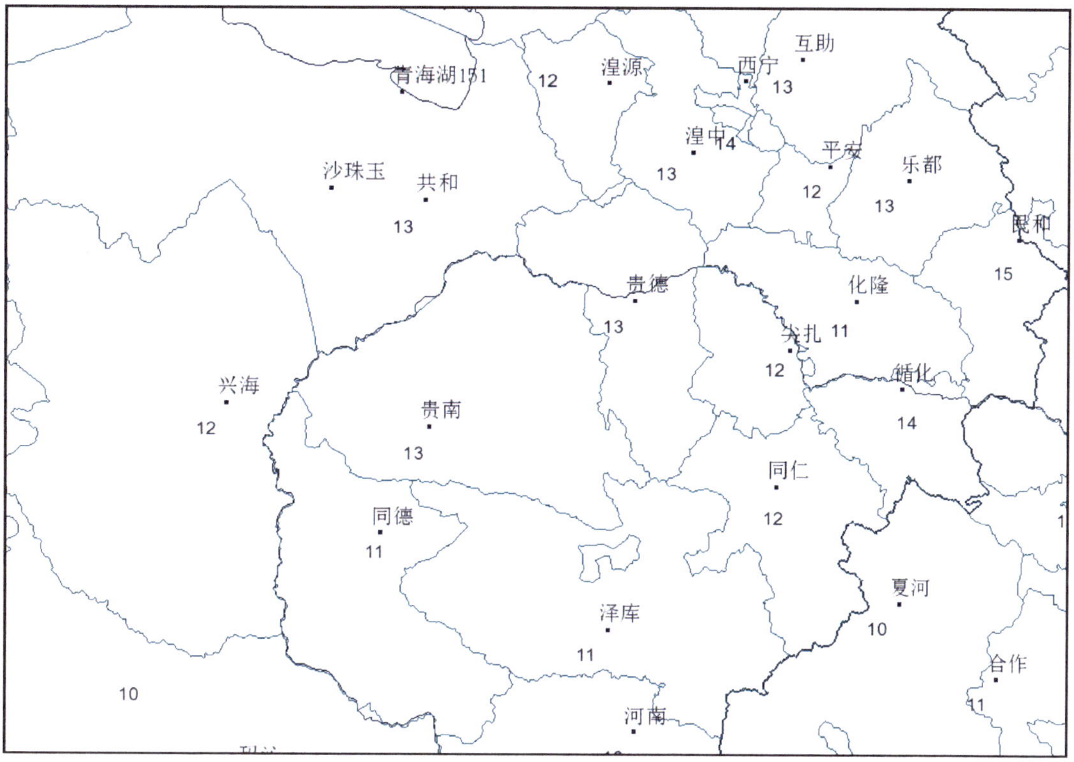

图 2.115　2015 年 6 月 29 日 14 时地面图上 T_d 的分布(℃)

3.3　能量条件

θ_{se}是反映大气温度、压力、湿度的综合特征量，θ_{se}分布反映了大气中能量的分布，θ_{se}的高值区为高能区，等值线的密集带反映了能量锋的位置，暴雨一般出现在θ_{se}等值线最陡峭且密集的区域内，陡峭密集区有利于气旋性涡度发展[7]。到 29 日 08 时(图 2.116)，青海省大部有一个西南—东北向的θ_{se}>76 ℃的高能区中，能量锋区呈西南—东北向分布在青海省中部，并且随着时间的推移，逐渐向东南方向发展，29 日 20 时，500 hPa 层上随着西南急流加强，高能舌进一步向东北方向扩展，青海省东部θ_{se}在 80～84 ℃之间，700 hPa 上，能量锋从青南部到海南州沿西南—东北向扩展，θ_{se}等值线更加密集，此时，在海南州降雨量明显增大，500 hPa 和 700 hPa 能量锋交界区域正处于海南州，这表明中低层θ_{se}能量锋交界区域对强降雨的区域预报具有指示意义。

4　卫星云图

29 日 16 时(图 2.117)海南州南部对流云团不断发展，与其对应的 TBB(相当黑体亮温)在−32 ℃左右，到 17 时，在地面辐合线附近合并加强为一中尺度对流云团，结构紧密、呈椭圆形，具有暴雨云团的特征，至 19 时，此对流云团仍然不断发展，此时，共和县 1 h 雨量为 10 mm，共和县委曲沟 1 h 雨量为 6 mm，到 20 时，由于地面冷空气不断侵入，西南暖湿气流沿副高西侧不断输送，冷暖气流的交汇，加剧了对流的发展海南州南部的暴雨云团得到进一步发

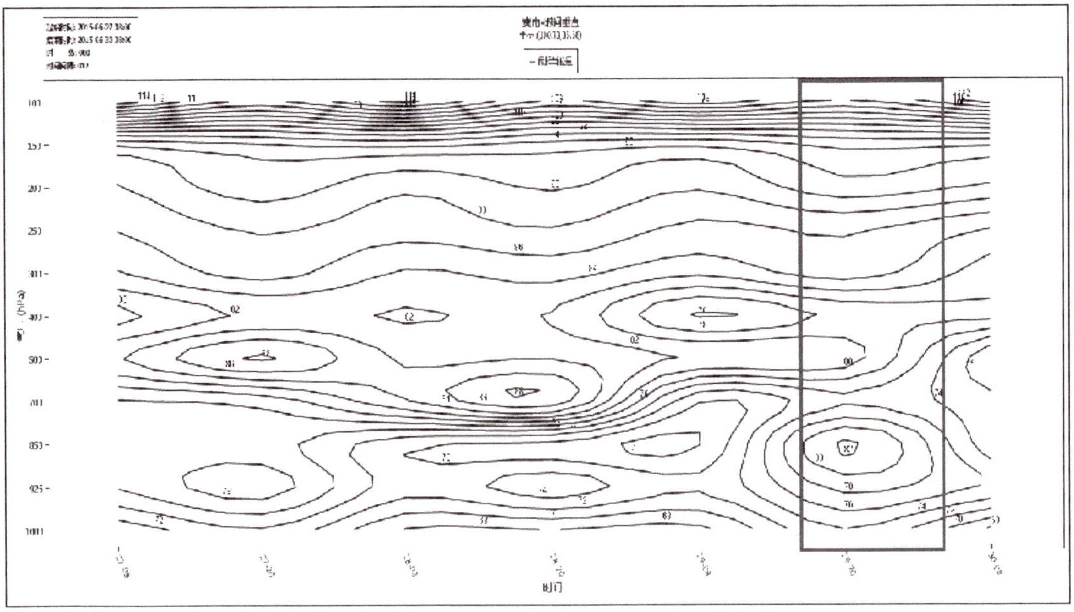

图 2.116　2015 年 6 月 29 日贵南站假相当位温剖面图(单位:℃)

展,强度有所加强,在海南州境内出现 TBB<－53 ℃的区域,此时,塔秀村 1 h 雨量 14 mm,贵南县站 1 h 雨量 21.6 mm,共和县沙珠玉乡 1 h 雨量 28.3 mm,一直持续到 23 时,直到逐渐移出海南境内,降雨才趋于结束。此次暴雨出现的区域与中尺度对流云团的发展密切相关,其中TBB<－53 ℃区域与大到暴雨的分布有很好的对应关系,对暴雨的预报有一定的指示意义,云团结构紧密呈近圆形,具有明显的暴雨和局地短时强对流云团特征。

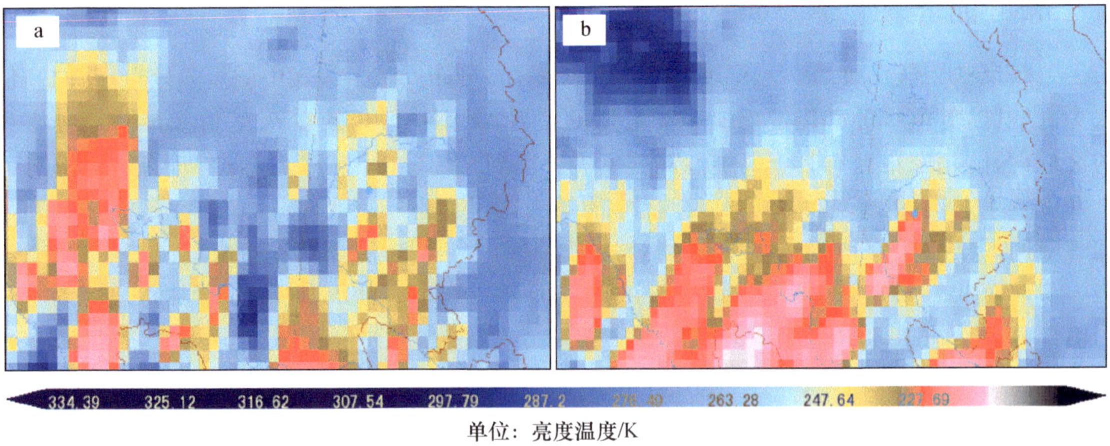

图 2.117　2015 年 6 月 29 日 FY-4 卫星红外卫星云图(a)16 时(b)19 时

5　此次暴雨天气的预报难点

5.1　预报难点

玉树、果洛有低涡切变,青海湖以西有一短波槽,海南州处在反气旋环流中,此次大降水出现在反气旋环流中。同时，此次暴雨局地性很强，单从粗网格数值预报、实况天气形势分析（图2.118），单站暴雨的预报难度比较大。

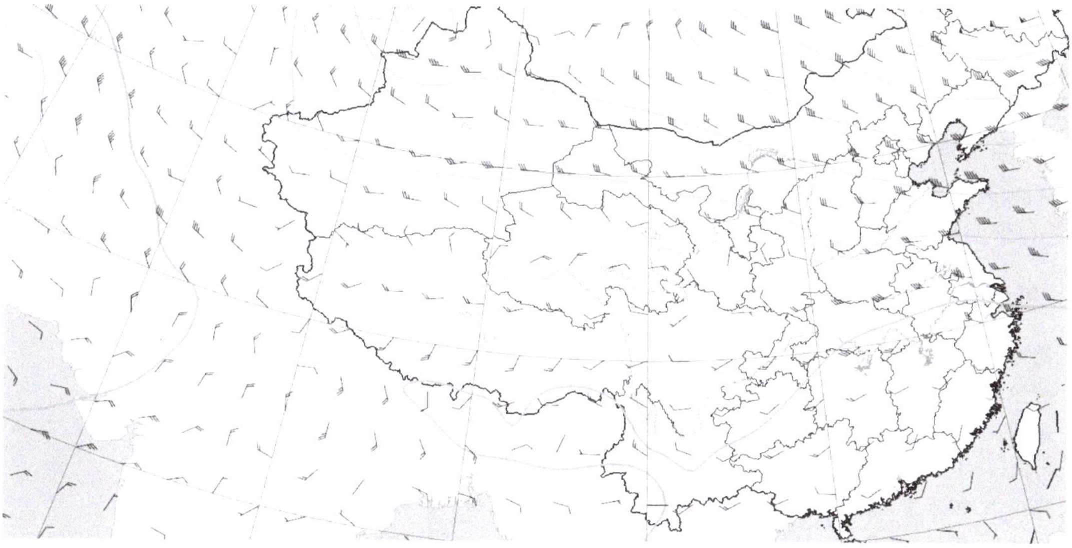

图 2.118　2015 年 6 月 28 日 20 时 ECWMF 500 hPa 高度 29 日 20 时预报图

5.2　地形影响

贵南站南部有山脉，背部盆地，受沿河黄谷地的偏东气流分支和绕流形成地形辐合（图2.119），造成暖湿气流向贵南站不断补充，局地湿度增大，对流不稳定加强，产生暴雨。

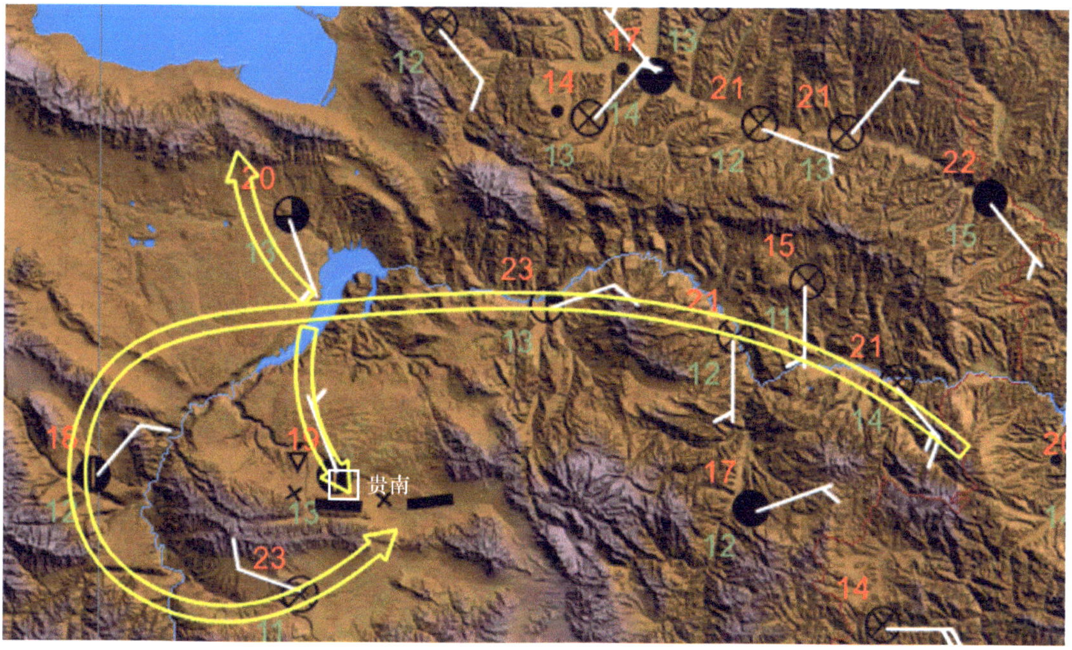

图 2.119　2015 年 6 月 29 日 14 时地面填图和地形

6 结论

1)单站暴雨,属于短时强降水。

2)本次暴雨的主要影响系统是500 hPa上巴尔喀什湖槽分裂短波槽东移南下,青海省东部受西北气流影响,地面有辐合线,触发贵南地区短时强降水天气。

3)本次贵南暴雨过程主要由副高西侧西南气流输送孟加拉湾的水汽和北部系统自带水汽,保证了降雨区充足的水汽。

4)贵南地区处于高能高湿,层结不稳定,有强的上升运动,从而造成贵南县的这次暴雨。

参考文献

[1] 陶诗言.中国之暴雨[M].北京:科学出版社,1980.

[2] 薛纪善.和预报员谈数值预报[J].气象,2007,33(8):3-11.

[3] 谌云,李强,李泽椿.青藏高原东北部强降水量天气过程的气候特征分析[J].应用气象学报,2006,17(z1):98-103.

[4] 周雨华,黄小玉,黎祖贤,等.副高边缘暴雨的多普勒雷达回波特征[J].气象,2006,32(1):12-17.

[5] 刘黎平,阮征,覃丹宇.长江流域梅雨锋暴雨过程的中尺度结构图个例分析[J].中国科学D辑,2004,34(12):1193-1201.

[6] 俞小鼎.新一代天气雷达业务应用论文集[M].北京:气象出版社,2008.

[7] 马月枝,钟兴华,宋培玲,等.2010年7月19日新乡大暴雨天气分析[J].气象与环境科学,2011,34(1):49-54.

2015年7月3日海西东部大到暴雨天气成因

杨　静

（海西州气象台，格尔木　816000）

摘　要：针对2015年7月3日海西州东部地区出现的一次大到暴雨过程，本文通过分析高空环流形势、地面形势、物理量场诊断、卫星云图四个方面的资料，可知：此次过程是北支西风槽（冷）东移分裂南下进入柴达木盆地后与高压脊底部的偏东北气流（暖）在盆地东部交汇、冷锋的维持以及前期700 hPa低层柴达木热低压发展共同触发了此次降水；造成此次海西东部地区的大降水天气过程，除了大气环境场的作用外，同时也与该区域地形山体的阻挡有一定的关系；高低空系统的长时间维持，充沛的水汽条件，较弱的动力条件导致此次降水过程稳定且持续时间长。

关键词：海西东部，大到暴雨，成因，分析

1　降水实况

2015年7月3—4日，在青海省海西州东部地区出现了大到暴雨的天气过程，其余大部地区以小雨量级为主（图2.120），降水时段主要集中在4日00—08时。其中最大降水出现在海西乌兰，降水量为39.0 mm·(24 h)$^{-1}$（小时最大雨强为5.1 mm），达大到暴雨量级，其次为天峻，降水量为32.6 mm·(24 h)$^{-1}$，达大雨量级，与此同时天峻和乌兰的多个区域站也出现大雨（图1.121）。此次降水过程持续时间长、范围广、降水量大，此次降水天气过程于5日白天结束。

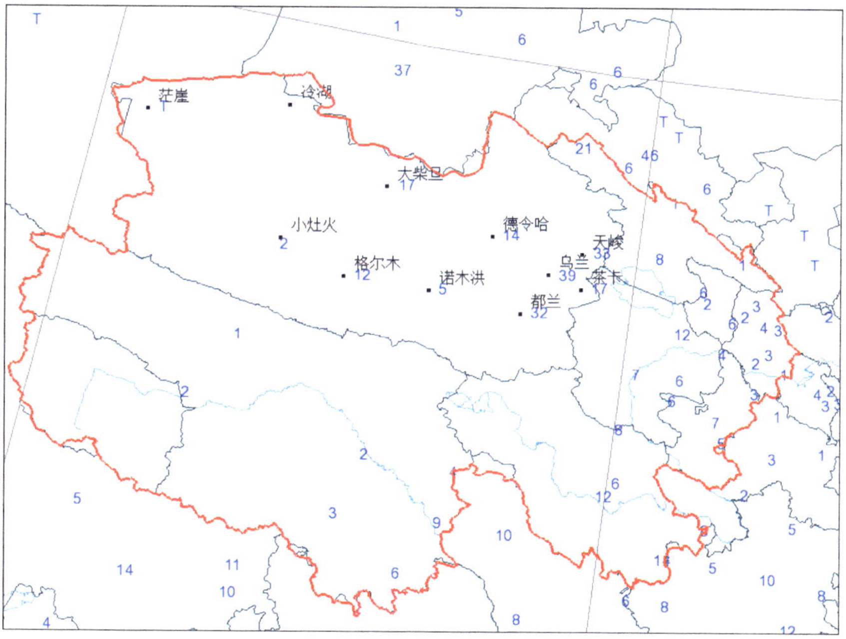

图2.120　2015年7月3日08时—4日08时 降水量(mm)

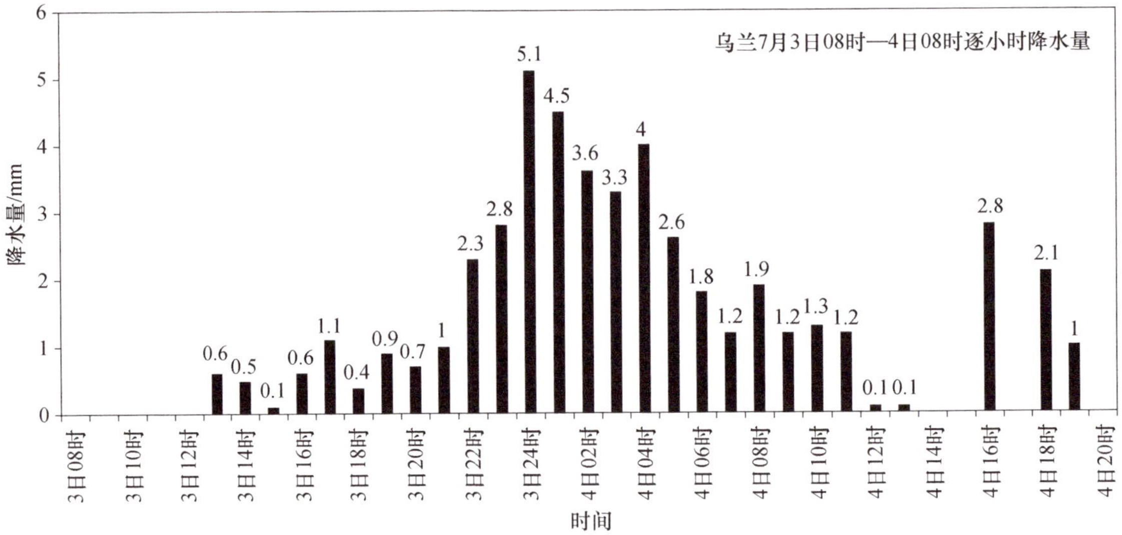

图 2.121 乌兰 7 月 3 日 08 时—4 日 08 时逐小时降水量(mm)

2 高空环流形势特征

500 hPa 高空图上，亚洲高纬地区为两槽一脊的形势，西伯利亚地区以及亚洲东部地区为低槽，贝加尔湖附近为高压脊，从 2015 年 7 月 3 日 08—4 日 08 时高空形势演变图及 3 日 20 时高空填图上(图 2.122)，3 日 08 时西亚槽分裂的短波槽，海西西部地区已受短波槽活动影响，3 日 20 时短波槽东移进入柴达木盆地后与青海省东部至内蒙古一带发展的高压环流底部的偏东气流(暖)在盆地东部交汇，引发了海西东部地区的大雨天气过程。4 日 08 时新疆槽东移至环湖地区，海西州大部受脊前西北气流影响海西东部出现阵雨，到 20 时降水过程结束[1]。过程前期 700 hPa 低层柴达木盆地热低压发展，低层辐合有利于上升运动发展。

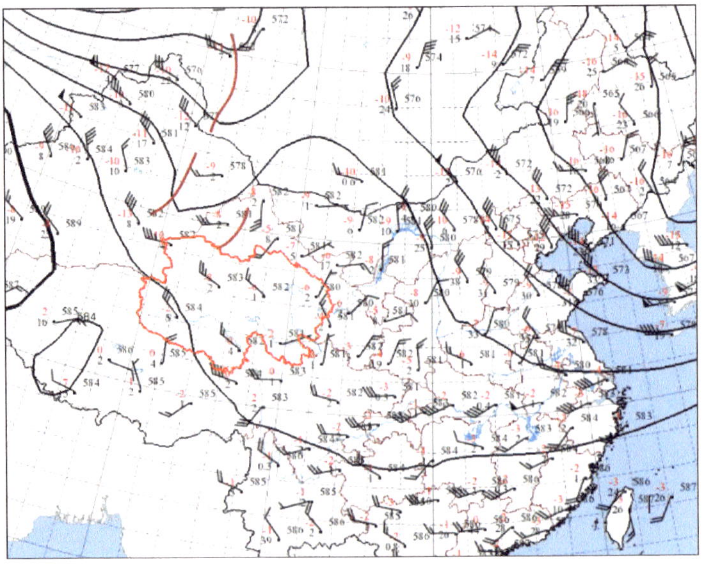

图 2.122 2015 年 7 月 3 日 20 时 500 hPa 高空分析图

3 地面形势

3.1 地面冷高压

2 日 20 时地面冷高压位于南疆地区，冷高压略呈东北—西南向，有一个高压中心，中心值为 1010 hPa。青海省东部地区受低压控制，中心值为 1007.5 hPa，与 700 hPa 热低压相配合，至 3 日 08 时，地面冷高压东移并加强，中心值为 1012.5 hPa，东部地区低压东移南压，冷空气进入海西西部地区，3 日 20 时—4 日 08 时，地面冷高压继续东移至海西东部地区且维持，4 日 08 时地面 24 h 变压在 3～5 hPa 之间，冷空气已控制了青海省北部地区，冷空气的入侵在近地面引起了强烈的辐合抬升运动，使大降水得以维持和发展(图 1.123)。

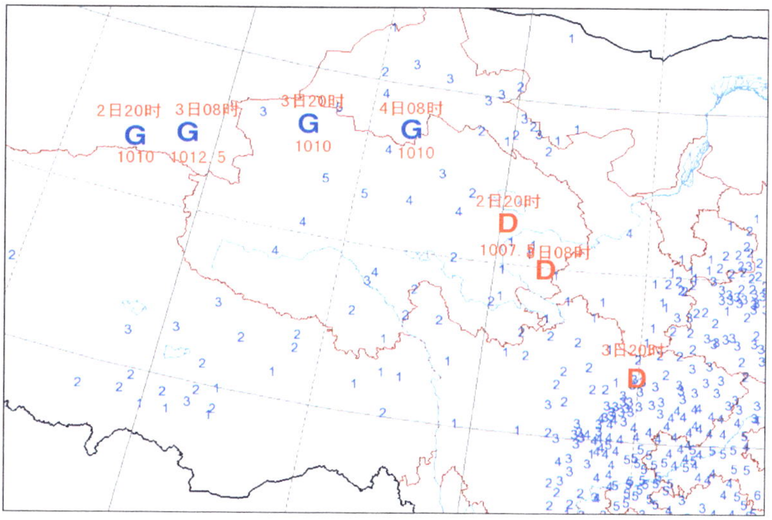

图 2.123 2015 年 7 月 2—4 日地面冷高压变化图(hPa)

3.2 地面形势分析

2015 年 7 月 3 日 08 时—4 日 08 时地面冷锋动态图上(图 2.124)，3 日 08 时冷锋主力位于海西西部地区，至 3 日 14 时—4 日 08 时冷锋影响海西东部地区，在该地区维持少动，前期冷空气强度偏弱，后期加强；700 hPa 环流显示海西中东部地区有热低压活动，结合乌兰站平均气压和温度的演变情况(图 2.125)可知，2 日、3 日乌兰地区有热低压出现，而在降水过程期间，乌兰站气压迅速上升，表明冷空气主力达到乌兰地区，引发此次降水。

3.3 地形影响及地面中尺度辐合线

造成此次海西东部地区的大降水天气过程，除了大气环境场的作用外，同时也与该区域地形有一定的关系。海西东部地区处柴达木盆地的东北部，地势北高南低，北部山区山峦绵延起伏，处于西南暖湿气流的前沿。西南急流发展，大量暖湿气流流出柴达木盆地时，受到山体阻挡产生上升运动，使该区域不稳定加强。同时，由于过程前期，高温、高湿，水汽和热量条件非常充足，冷空气侵入时，引起了强烈的辐合上升运动，造成大降水，其特殊的地形是形成海西东部大范围降水天气不可忽视的因素[2]。

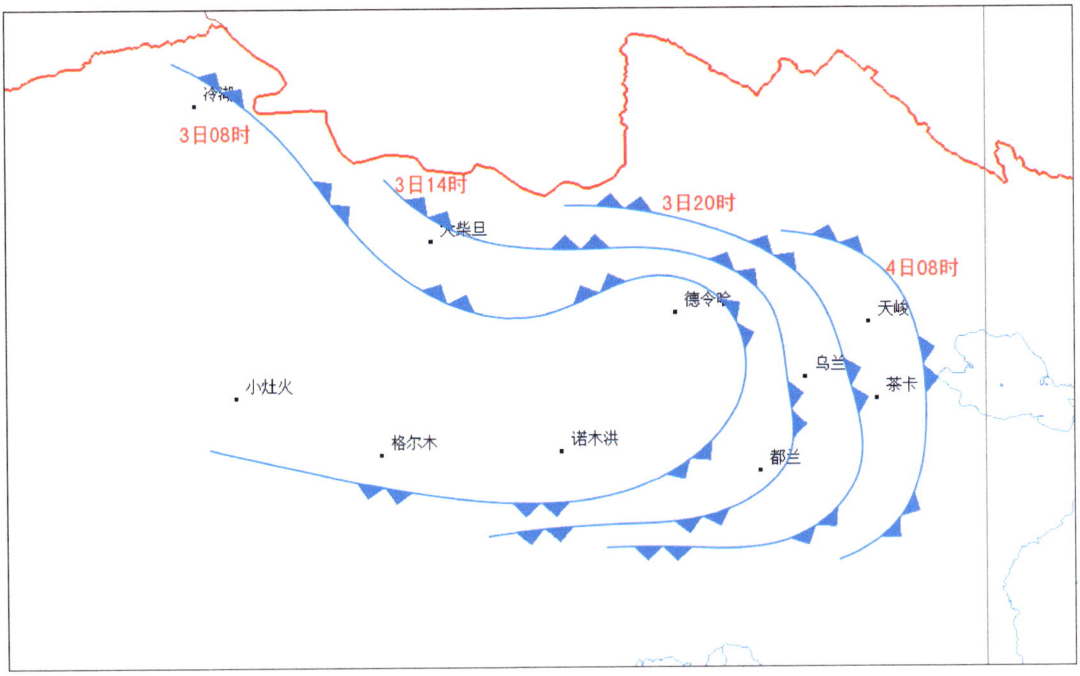

图 2.124　7 月 3 日 08 时—4 日 08 时地面冷锋动态图

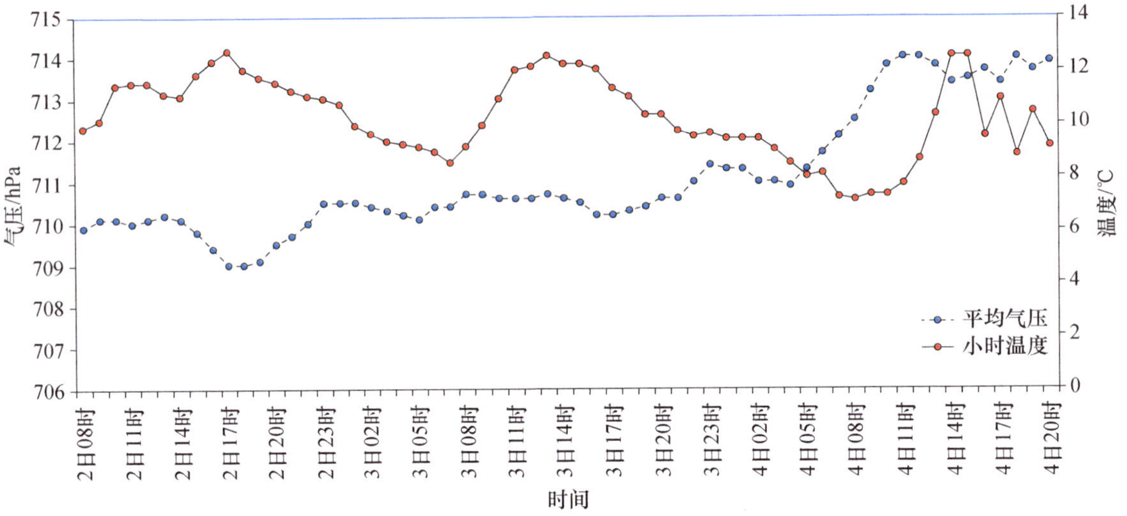

图 2.125　2015 年 7 月 2—4 日乌兰地区气压、温度逐小时变化图

海西东部地区受高空冷槽的影响，容易出现扰动，从而在地面形成中尺度辐合线，同时东部地区常年吹东北风，当有冷空气入侵时，与西北风容易形成地面中尺度辐合线。从 7 月 3 日 20 时—4 日 05 时地面风场上看，海西东部地区大部分台站风向显示为气旋式旋转，德令哈与乌兰之间为一偏西风和偏东风的气旋式切变，辐合中心在乌兰一带，地面气旋式切变导致低层辐合和上升运动，对降水量级的加大有一定作用[3]。

4　物理量场

4.1　水汽条件

4.1.1　比湿

此次过程的主要是孟加拉湾和印度槽前西南气流以及经四川甘肃到海西州东部的东南气流不断向海西东部地区输送水汽。沿乌兰比湿时间垂直剖面图上(图 2.126)降水过程期间比湿条件良好，地面至 400 hPa 均为湿层，700 hPa 比湿 8～9.5 g・kg^{-1}，过程前期湿层厚度有增加趋势(3 日 20 时—4 日 08 时)08 时后厚度减小，表明水汽有汇集和释放的过程；从 7 月 3 日 08 时—4 日 20 时海西东部站点(天峻、乌兰)地面温度、露点折线图上(图 2.127a、2.127b)3 日夜间 $T-T_d<4$ ℃，接近饱和，表明低层水汽充沛，08 时后水汽条件变差。

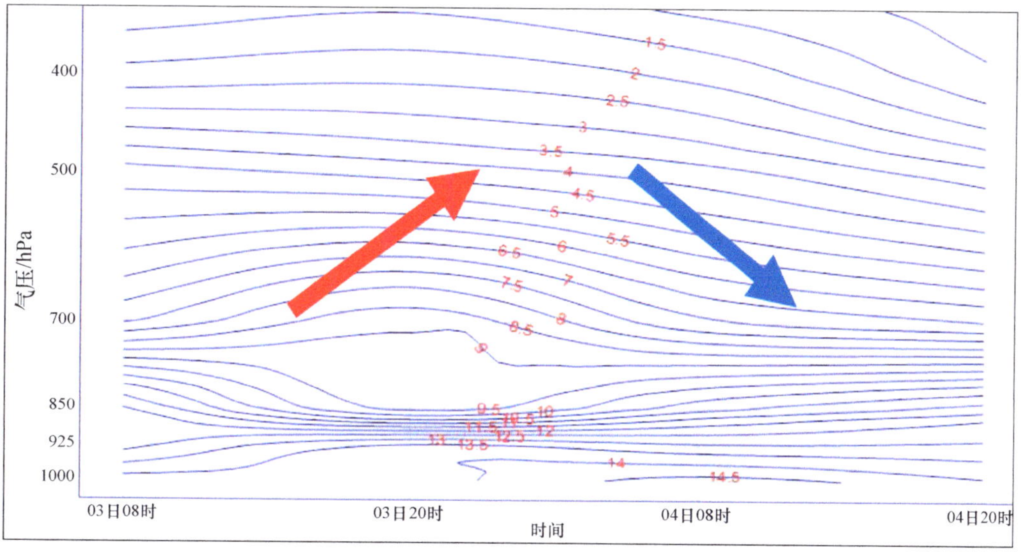

图 2.126　7 月 3 日 08 时—4 日 20 时沿乌兰站比湿时间垂直剖面图(单位：g・kg^{-1})

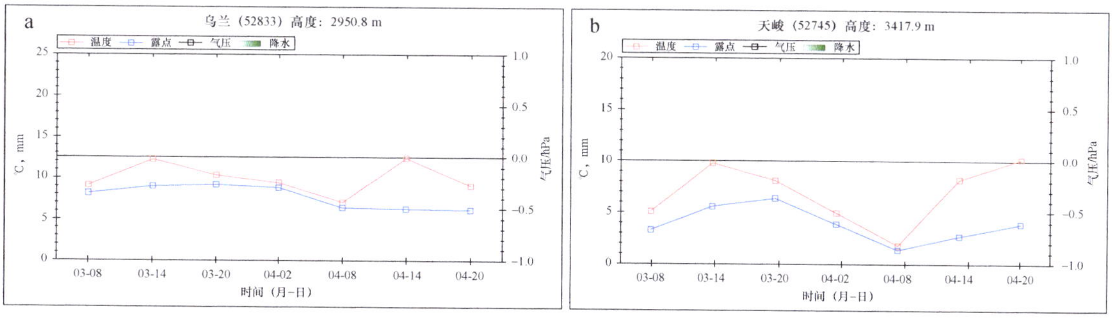

图 2.127　(a)7 月 3 日 08 时—4 日 20 时乌兰地面温度、露点折线
(b)7 月 3 日 08 时—4 日 20 时天峻地面温度、露点折线(单位：℃)

4.1.2 水汽通量散度

水汽通量散度决定着一地区水汽的辐合量与大雨的发生和维持。低层水汽通量散度>0，水汽辐散，不利于大雨发生；低层水汽通量散度<0，水汽辐合，有利于大雨发生。从700 hPa水通量散度分布可知，过程期间水汽集中辐合在青海省中部地区，3日20时海西东部处于辐合中心西侧(-16×10^{-8} g·cm^{-2}·hPa^{-1}·s^{-1})。从$T-T_d\leqslant4$ ℃范围变化可知，在过程期间高空500 hPa水汽条件充足，水汽随时间推移集中在青海省中东部地区，海西东部地区水汽条件处于长时间充沛状态。

4.2 动力和热力条件

4.2.1 散度场和涡度场

散度场的正负中心及其分布形势与大降水的分布有密切关系。低层的辐合易产生上升运动，必须在高层有一个辐散流场，其"抽吸"作用使强的上升运动得以维持，从而有利于强降水的产生和持续。海西东部地区大到暴雨有78%的个例暴雨区对流层下半部700～400 hPa有大尺度水平辐合700 hPa辐合最强，散度最强可达到-4.2×10^{-5} s^{-1}；对流层中低层700～400 hPa为正涡度柱，500 hPa正涡度最强，最强可达到4.6×10^{-5} s^{-1}。250 hPa以上为负涡度，200 hPa和150 hPa负涡度最强，200 hPa涡度最强可达到-68×10^{-5} s^{-1}、150 hPa涡度最强可达到-71×10^{-5} s^{-1}。

散度时间垂直剖面图上(图2.128)海西东部地区地面至400 hPa为辐合层，700 hPa辐合最强(-1.8×10^{-5} s^{-1})，400 hPa以上为辐散，有利于上升运动发展。涡度时间垂直剖面图上(图2.129)700 hPa以上为正涡度柱，过程期间涡度较小。

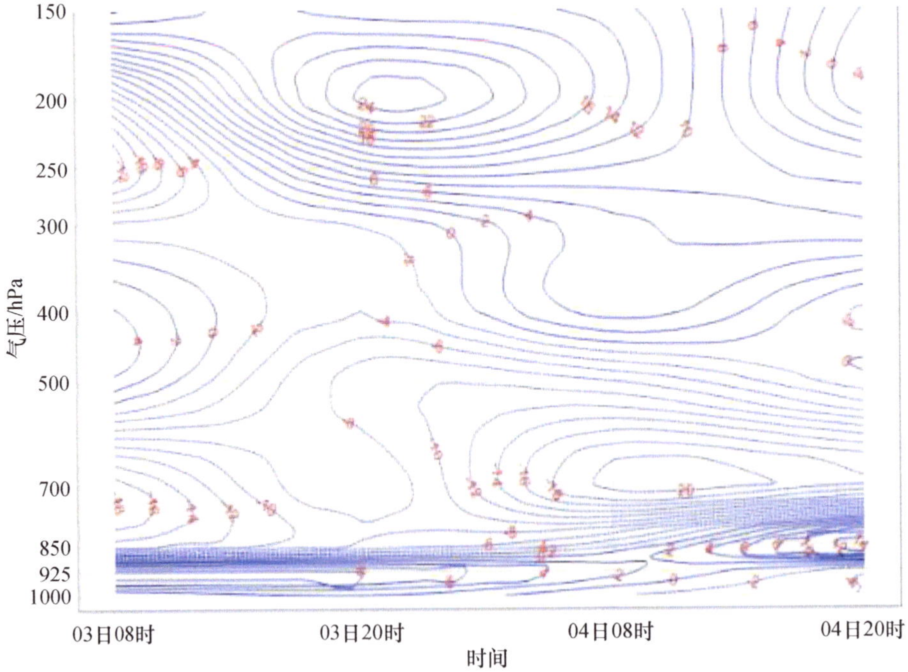

图2.128 7月3日08时—4日20时散度垂直剖面图(单位：10^{-5} s^{-1})

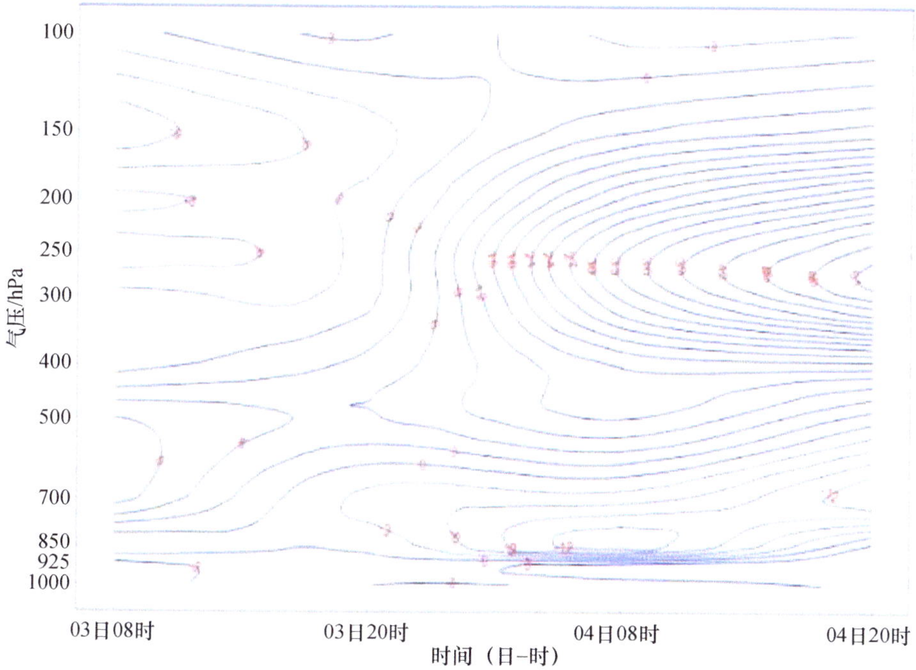

图 2.129　7 月 3 日 08 时—4 日 20 时 涡度垂直剖面图(单位:10^{-5} s^{-1})

4.2.2　垂直运动

垂直运动可使大气中的不稳定能量释放,同时大气中的水汽凝结(降雪)与上升运动直接联系,即垂直运动可引起水汽、热量、动量及涡度等的垂直输送,对降雪天气系统的发生发展产生影响。上升速度越大,降水量越大。此次大雨降水过程上升强烈且深厚,强的上升运动主要集中在 500～400 hPa 之间,且持续时间长(图 2.130 蓝色箭头),最大上升速度为－3.0 Pa・s^{-1}。故大雨产生于高层辐散、低层辐合相配置的形势下,且大雨区处于深厚的上升运动区域内、极大能量的对流不稳定区中。

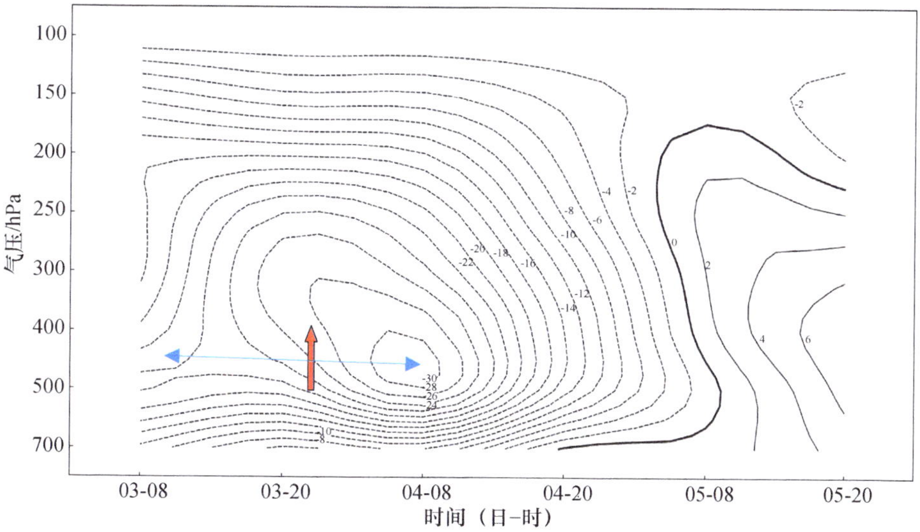

图 2.130　沿乌兰(98.48°E,36.93°N)垂直速度的时间垂直剖面图(单位:Pa・s^{-1})

4.3 热力学特征与稳定度

3日20时K指数场上，青海省大部地区$K>32$ ℃，大值中心位于海西中东部地区，中心值为39 ℃。从700 hPa θ_{se}场上，西藏大部、青海省南部及东北部均被高能舌控制，高能中心位于西藏西南部边缘，中心值88 ℃。高能舌伸展的区域，与后期降水的落区和强降水相对应。

5 卫星云图特征

卫星云图(图2.131)上无明显的对流云系发展，海西东部地区为中、低云组成的混合云系，云顶亮温在−28～−18 ℃之间，云系维持时间长达24 h，其伴随的降水强度不大，每小时平均降水量为3 mm左右。

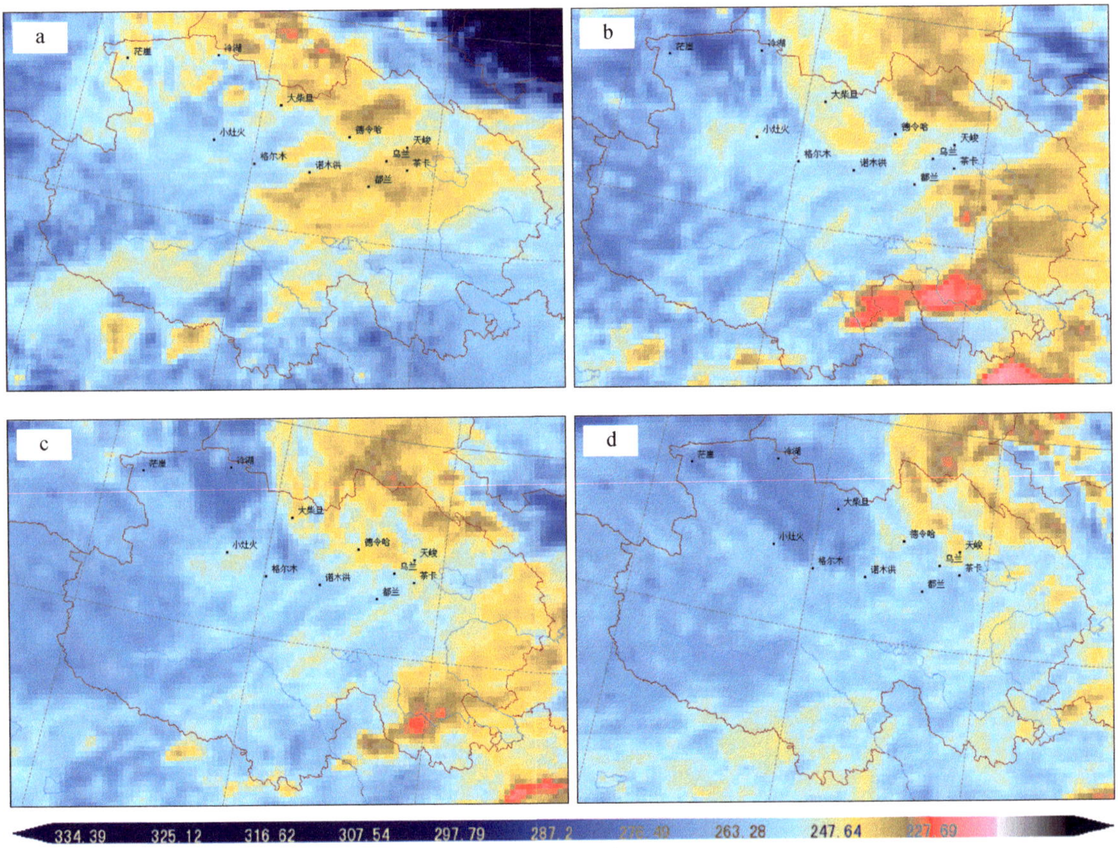

单位：亮度温度/K

图2.131 (a)7月3日12时红外云图(b)7月3日20时红外云图(c)7月3日23时红外云图(d)7月4日05时红外云图

6 结论

1)此次大到暴雨天气过程具有持续时间长、范围广、累计降水量大等特点。降水中心出现在海西州乌兰地区，降水主要集中在4日00—08时，小时最大雨强达5.1 mm。

2)此次过程的主要是孟加拉湾和印度槽前西南气流以及经四川甘肃到海西州东部的东南

气流不断向海西东部地区输送水汽，水汽辐合较好，海西东部地区处于高能、高湿区中。

3)此次过程是北支西风槽(冷)东移分裂南下进入柴达木盆地后与高压脊底部的偏东北气流(暖)在盆地东部交汇，前期 700 hPa 低层柴达木热低压形成有利于上升运动发展。

4)海西东部地区地面中尺度辐合线的长时间维持也是造成此次大降水的原因之一。

参考文献

[1] 朱乾根，林锦瑞，寿绍文，等．天气学原理和方法(第四版)[M]. 北京：气象出版社，2007：122-145.

[2] 祁艳，郑俊芬．2008 年海西东部地区一次中到大雪天气综合分析[J]. 青海气象 2009(3)：24-26.

[3] 章国材，矫梅燕，李延香，等．现代天气预报技术和方法[M]. 北京：气象出版社，2007：164-181.

2016 年 8 月 23 日暴雨天气过程分析

乜国妍　夏雨虹
(海南州气象局,共和　813000)

摘　要:利用常规气象观测资料、卫星云图对 2016 年 8 月 23 日发生在海南州南部、黄南南部的区域性大到暴雨天气过程天气系统、物理量场、卫星云图进行了分析。此次降水过程属于区域性暴雨,降水强度南强北弱,主要为短时强降水。巴尔喀什湖槽东移分裂小槽南下,与副高西侧暖湿气流在青海省南部汇合,引起南部的暴雨。降水过程期间,海南南部及黄南南部都处于不稳定能量场的高能区中。大气中高层湿层深厚,低层比湿场上,青海省中东部地区位于 12 g·kg^{-1}的大值区中。水汽的辐合中心与降水的大值区有较好的对应。散度场上,表现为低层辐合,高层辐散;垂直速度图上,均表现为一致的上升气流,上升气流层深厚。副热带高压的稳定维持,保证了暴雨区充足的能量供应,副热带高压西侧的偏南风和东南风,源源不断地输送来自南海的水汽,保证了暴雨区充足的水汽供应。

关键词:环流形势,水汽条件,动力条件,副热带高压

1　天气实况

2016 年 8 月 23 日,青海省大部地区出现降水天气过程(图 2.132a),较大降水集中出现在海南南部和黄南南部地区,同德和河南出现了区域性暴雨,降水强度大,分别为:同德 58.9 mm·(24 h)$^{-1}$、同德唐谷 60.9 mm·(24 h)$^{-1}$、河南 50.2 mm·(24 h)$^{-1}$,同期同德站和河南站历年 8 月总降水量分别为 70.2 mm,90.3 mm。此次大降水落区集中,以短时强降水为主,降水主要集中时段(图 2.132b):同德站 21 时降水量为 12.7 mm·h^{-1},22 时降水量为 34.5 mm·h^{-1};河南站 23 时降水量为 24.6 mm·h^{-1},0 时为 17.3 mm·h^{-1}。小时最大降水量分别为:同德唐谷 45.4 mm·h^{-1},同德站 34.5 mm·h^{-1},河南站 24.6 mm·h^{-1}。

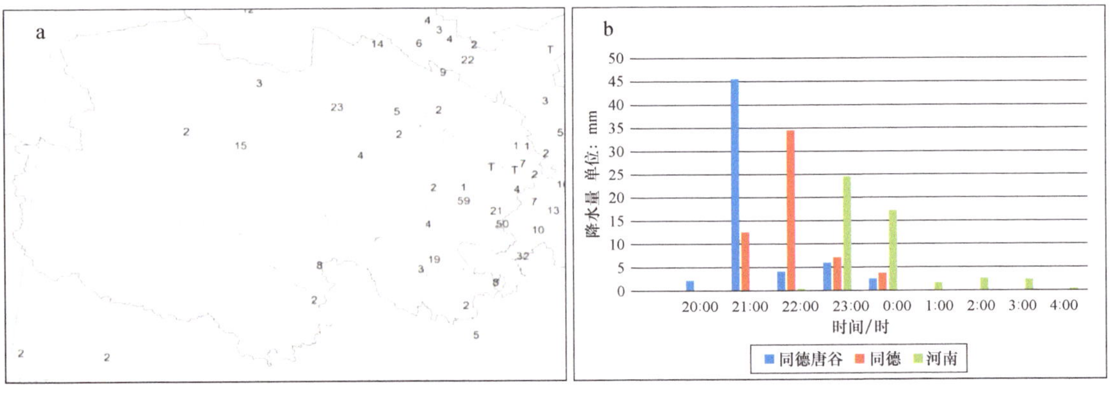

图 2.132　2016 年 8 月 23 日 08 时—24 日 08 时降水量(mm)(a)
2016 年 8 月 23 日逐小时降水量(mm)图(b)

2　成因分析

2.1　高空环流

8 月 23 日 08 时 500 hPa 图上(图 2.133a)，中高纬度有一槽，槽位于巴尔喀什湖以东至新疆地区，中低纬有副热带高压稳定维持，青海省处于副高西侧偏南风(最大风速 6 m·s^{-1})和东南风气流中。8 月 23 日 20 时 500 hPa 图上，巴尔喀什湖槽东移分裂小槽南下，与副高西侧暖湿气流在青海省南部汇合，由于副高稳定，水汽通道畅通，水汽从孟加拉湾源源不断向青海省输送，青海省中东部、河西走廊 $T-T_d \leqslant 5$ ℃，引起海南南部、黄南南部的暴雨。

2.2　地面形势

从 23 日 14 时地面图上来看(图 2.133b)，青海省东部地区盛行东风，从祁连山下滑的一股弱冷空气已进入海南州、黄南州，说明西北路径下滑的冷空气倒灌先进入青海省东部地区；而西路冷空气在南疆堆积。果洛—海南南部、黄南南部之间有一地面辐合线，是这次短时强降水的触发条件。

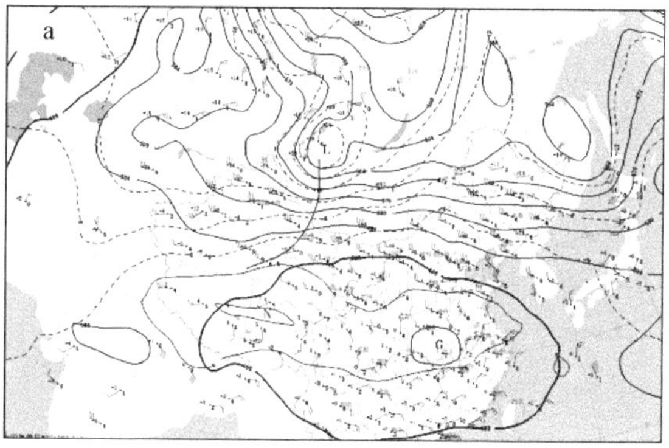

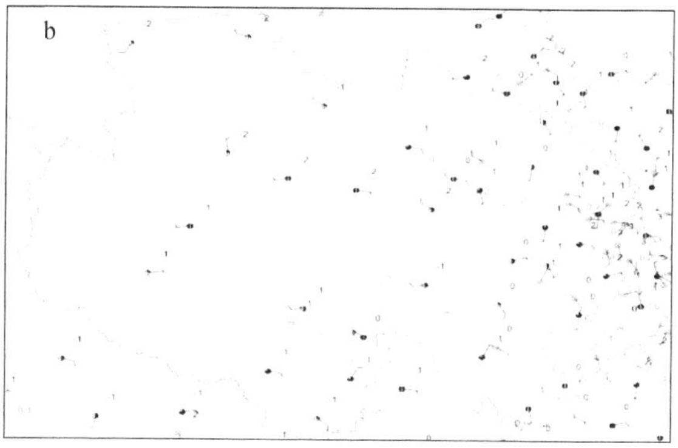

图 2.133　2016 年 8 月 23 日 20 时 500 hPa 高度场(a)14 时地面图(b)

3　中尺度天气分析

从中尺度分析图上来看(图 2.134)，发现海南州和黄南州在 700 hPa 和 500 hPa 上都处于高湿区中，且 $\theta_{se}>84$ ℃的高能舌正好位于海南及黄南地区。说明海南州和黄南州处于高能高湿区中。

4　能量和稳定度分析

4.1　假相当位温

热力(能量)条件是暴雨形成、发生的一个必要条件[1]。假相当位温 θ_{se} 是大气中温、压、湿综合特征的反映，其垂直分布反映了大气层结稳定状态。对同德地区(100.6°E，35.25°N)θ_{se} 做时间垂直分析发现(图 2.135)，2016 年 8 月 23 日 08 时—24 日 08 时从低层至 500 hPa 同德

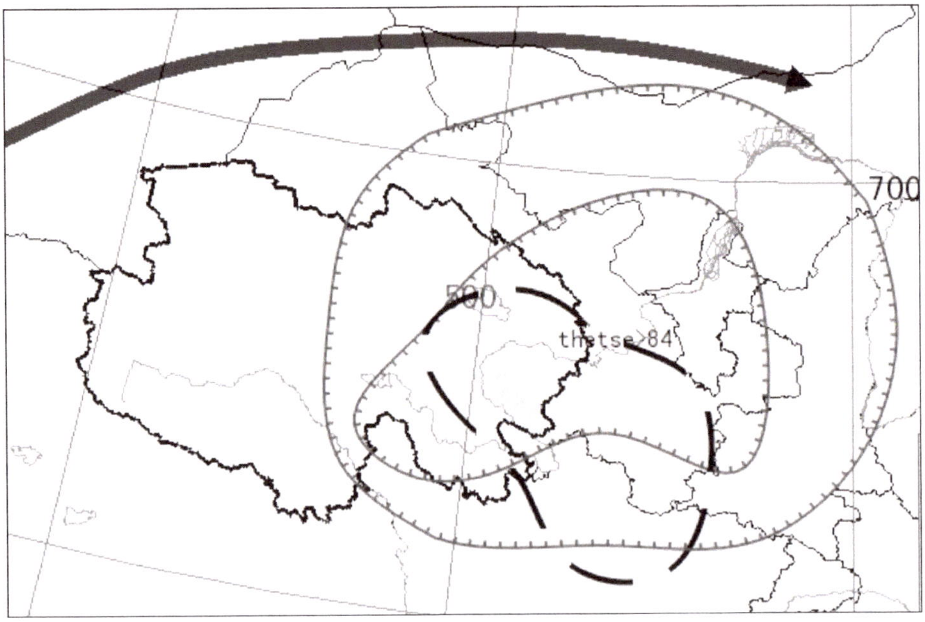

图 2.134　2016 年 8 月 23 日 08 时中尺度天气分析

处于 $\theta_{se}\geqslant 80$ ℃，23 日 20 时—24 日 02 时 500 hPa 同德地区 θ_{se} 达到 86 ℃高能区中，说明不稳定能量在同德大量积聚，且高能区高能时段与强降水对应。

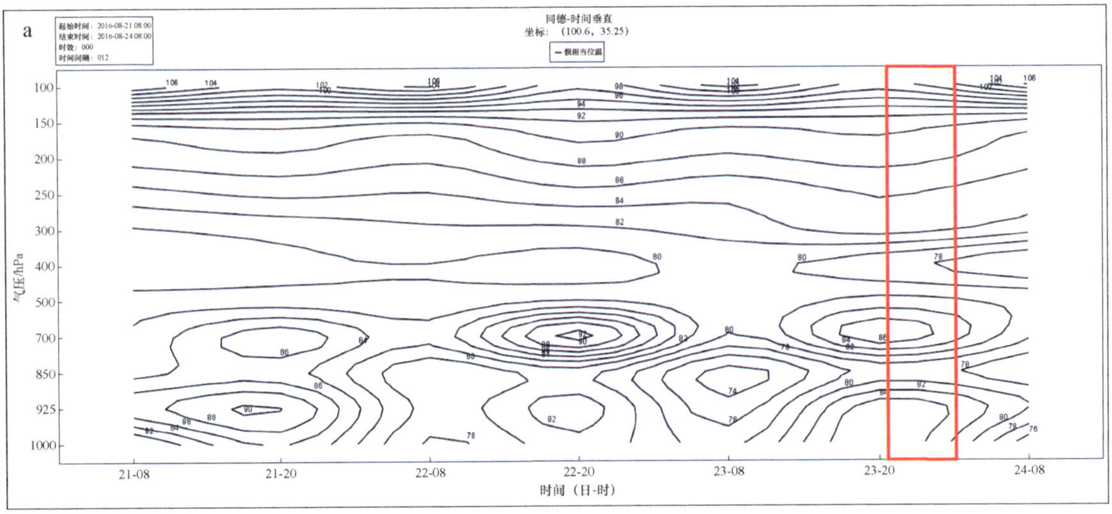

图 2.135　2016 年 8 月 21 日 08 时—24 日 08 时同德站假相当位温剖面(单位:℃)

4.2　K 指数

K 指数是表征大气的稳定层结，K 指数越大，层结越不稳定，在青海省 $K>28$ ℃时，大气层结处于不稳定状态。8 月 23 日 K 指数场上(图 2.136)，青海省中东部地区都位于 $K>28$ ℃的层结不稳定区，其中同德县 K 指数为 35 ℃，河南县为 37 ℃，说明同德县、河南县处于层结极不稳定区中。

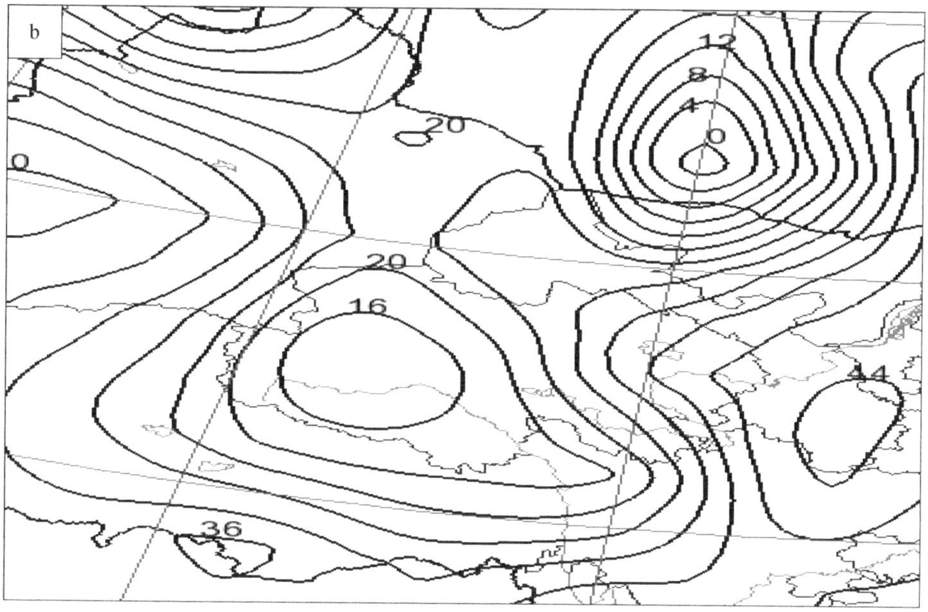

图 2.136 2016 年 8 月 23 日 20 时 K 指数场

5 水汽条件分析

形成暴雨的必要条件之一,是要有足够的水分,单靠当地已有的水分,是不可能形成暴雨的。因此,必须要有水汽源源不断地输入当地,才有利于暴雨形成。在作暴雨分析和预报时,一定要考虑水汽输送的问题[2]。

5.1 温度露点差

温度露点差是日常天气预报业务中经常用以表示空气干湿程度的物理量,在各层等压面上分析等 $T-T_d$ 线,用以表示空气中水汽的饱和程度,温度露点差越小,表示湿度越大,当温度露点近于 0 ℃时,表示空气中的水汽达到近似饱和状态。2016 年 8 月 23 日 20 时 500 hPa $T-T_d$ 图看(图 2.137),南疆 $T-T_d \leqslant 6$ ℃,青海省中北部、河西走廊 $T-T_d \leqslant 5$ ℃,400 hPa 上西藏中部至青海省大部 $T-T_d \leqslant 4$ ℃。说明青海省大部分地区处于高湿区,水汽充足。

5.2 比湿

比湿是空气中的水的质量与湿空气的质量之间的比[2]。

700 hPa 比湿场上(图 2.138a),青海省中东部地区位于 12 $g \cdot kg^{-1}$ 的比湿大值区中,同德、河南地区的比湿为 13 $g \cdot kg^{-1}$。

5.3 水汽通量散度

水汽通量散度的意义是在单位时间内,单位体积内汇合进来或辐散出去的水汽[2]。

从 8 月 23 日的水汽通量散度来看(图 2.138b),在暴雨落区有一个较强的水汽辐合中心,中心值为 -8×10^{-7} $g \cdot cm^{-2} \cdot hPa^{-1} \cdot s^{-1}$,水汽通量的辐合跟不稳定能量的大值区配合较好,稳定的南支水汽输送非常有利于暴雨的水汽供应和大降水的维持。

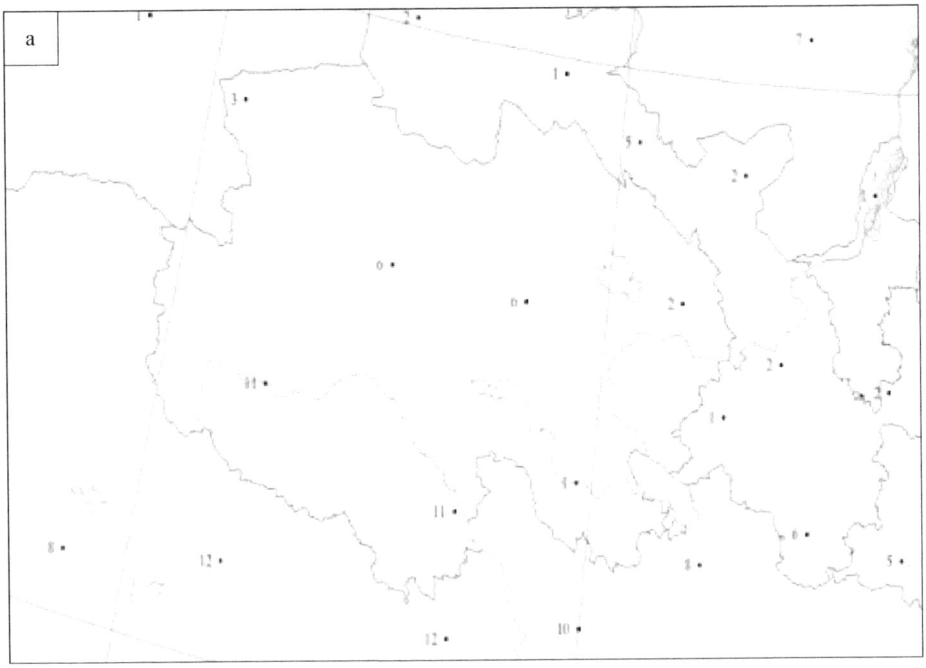

图 2.137　2016 年 8 月 23 日 20 时 500 hPa $T-T_d$ 分布图

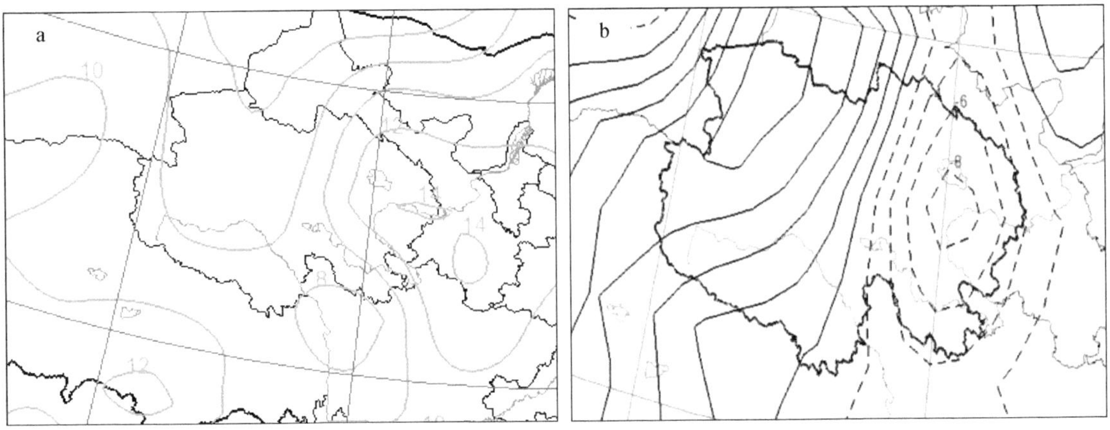

图 2.138　2016 年 8 月 23 日 20 时 700 hPa 比湿场($g\cdot kg^{-1}$)(a)
23 日 08 时 500 hPa 水汽通量散度场($10^{-7}\ g\cdot cm^{-2}\cdot hPa^{-1}\cdot s^{-1}$)(b)

6　动力条件分析

对同德站作散度的垂直剖面图(图 2.139),表现为低层辐合,高层辐散,低层辐合中心数值为$-8\times10^{-5}\ s^{-1}$,这样的配置有利于高空抽吸作用。

降水是发生在空气的上升运动区,地面或低层的空气只有通过抬升才能达到饱和,从而产生凝结,降落下来成为降水。同德站的垂直速度垂直剖面图上,均表现为一致的上升气流,上升气流层深厚,与散度场配合一致。

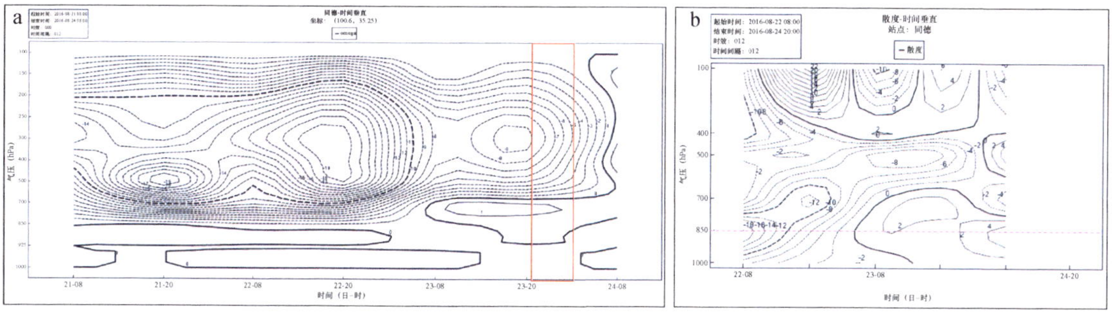

图 2.139 2016 年 8 月 22 日 08 时—24 日 20 时同德站垂直速度（Pa・s^{-1}）(a) 散度（10^{-5} s^{-1}）(b) 剖面图

7 卫星云图分析

在 23 日 15 时的卫星红外卫星云图上（图 2.140），有多个对流云团在玉树、果洛发展（A、B、C、D、E），在东移北上过程中，对流云团在海南和黄南南部合并加强（A、B）云团，造成同德、河南地区（21 时—00 时）的暴雨天气。

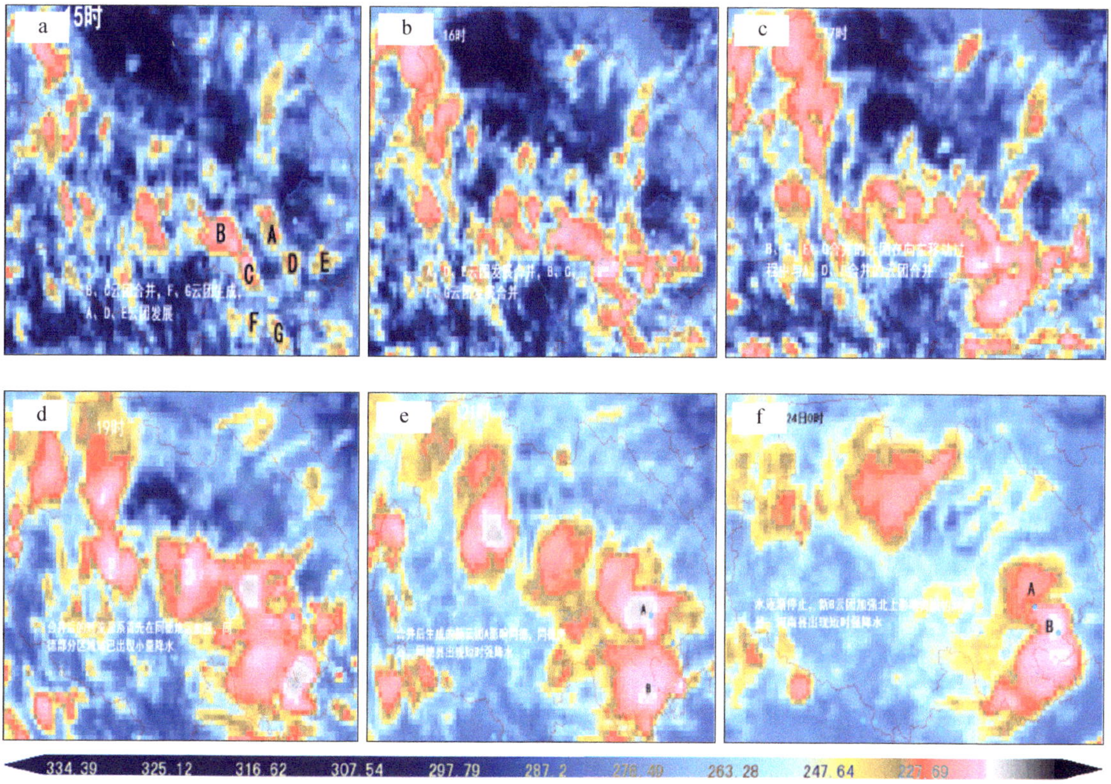

单位：亮度温度/K

图 2.140 2016 年 8 月 23 日 15—24 时红外云图

(a)15 时 (b)16 时 (c)17 时 (d)19 时 (e)21 时 (f)24 时

8 副热带高压对此次暴雨过程的作用

8.1 保证充足的能量

副热带高压稳定维持，从23日08时开始(图2.141)，海南州、黄南州一直处于$\theta_{se}>80$ ℃的高能区中，保证了暴雨区供应和降水的持续。

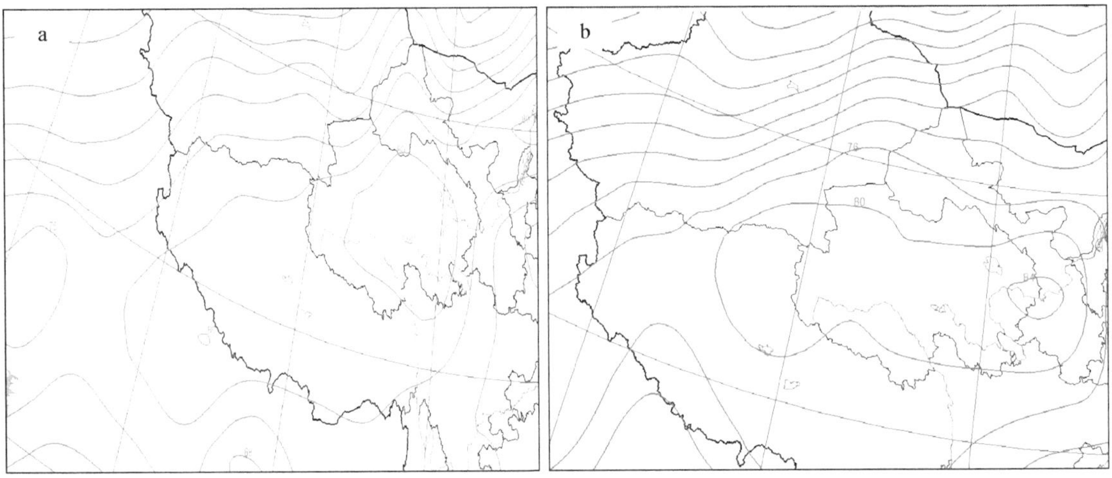

图2.141 2016年8月23日08时(a)20时(b)假相当位温(单位:℃)

8.2 保证充足的水汽供应

为了使暴雨得以发生、发展和维持，必须有丰富的水汽供应。副热带高压西侧的偏南风(最大风速6 m·s^{-1})和东南风(图2.142)，源源不断地输送来自南海的水汽，保证了暴雨区充足的水汽供应。

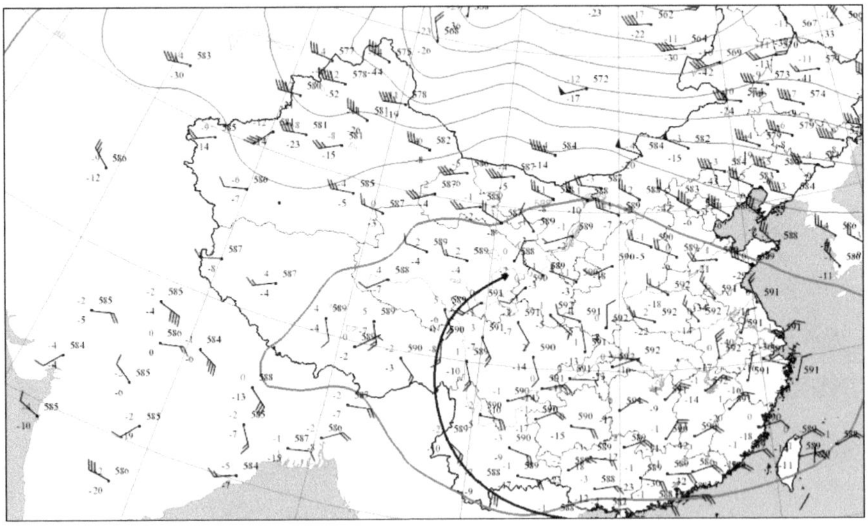

图2.142 2016年8月23日20时副高位置及水汽输送示意图

8.3 副高维持较长时间

产生暴雨的条件之一是维持较长时间。8 月 23—24 日副热带高压稳定少动，有利于降水的持续较长(图 2.143)。

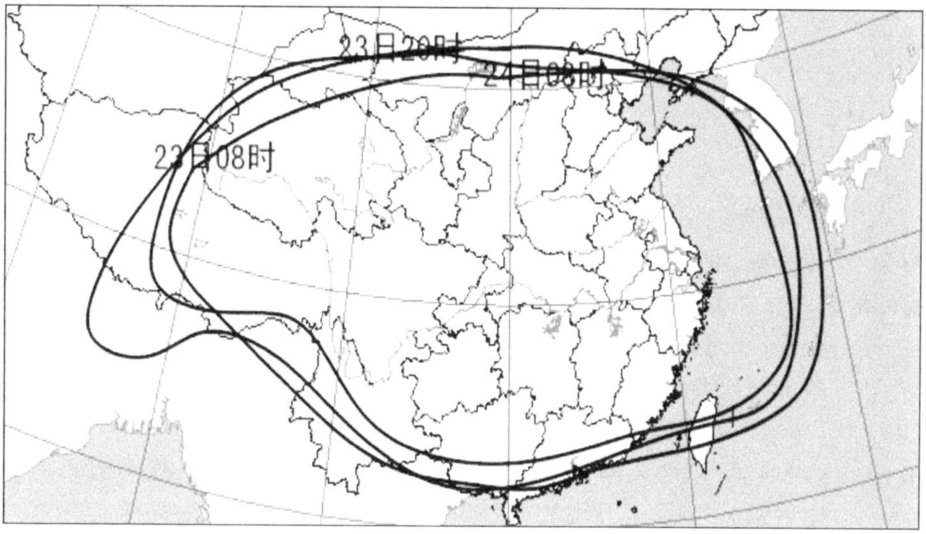

图 2.143 2016 年 8 月 23—24 日西太平洋副热带高压位置

9 小结

1)此次降水过程属于区域性暴雨，降水大值区呈纬向带状分布，降水强度南强北弱，主要为短时强降水，无冰雹、雷暴大风等天气出现。

2)本次暴雨天气主要是受巴尔喀什湖槽东移分裂小槽南下，与副高西侧暖湿气流在青海省南部汇合引起，造成了海南南部、黄南南部的暴雨。

3)从假相当位温和 K 指数场来看，海南南部及黄南南部都处于不稳定能量场的高能区中。

4)降水过程期间，大气中高层湿层深厚，青海省中东部大部地区 $T-T_d \leqslant 5$ ℃。低层比湿场上，青海省中东部地区位于 12 $g \cdot kg^{-1}$ 的大值区中。水汽的辐合中心与降水的大值区有较好的对应。

5)同德站的散度垂直剖面图上，表现为低层辐合，高层辐散，这样的配置有利于高空抽吸作用；垂直速度图上，均表现为一致的上升气流，上升气流层深厚，与散度场配合一致。

6)从红外卫星云图来看，过程前期有多个对流云团在玉树、果洛发展，在东移北上的过程中，对流云团在海南和黄南南部合并加强，造成同德、河南地区的暴雨天气。

7)副热带高压的稳定维持，保证了暴雨区充足的能量供应和降水的持续。副热带高压西侧的偏南风和东南风，源源不断地输送来自南海的水汽，保证了暴雨区充足的水汽供应。

参考文献

[1] 中国气象局．地面气象观测规范[M]. 北京：气象出版社，2003：23-24.

[2] 朱乾根，林锦瑞，寿绍文，等．天气学原理和方法[M]. 北京：气象出版社，2007：328-329.

2016年8月24日大到暴雨过程成因及水汽源汇分析

王振海
(青海省气象台,西宁　810001)

摘　要:基于高空、地面和模式资料,对2016年8月24日发生在西北地区东部的一次夏季暴雨过程进行了分析,结果表明:1)此次区域性暴雨,单点大暴雨,雨带呈纬向带状分布,南强北弱,东多西少,伴有冰雹、雷暴大风。2)500 hPa高空槽东移,引导地面冷高压(1032 hPa)东移南压,其前部的地面冷锋侵入大陆高压,在高压北侧低层切变线附近触发的一次短时强降水为主的对流性暴雨天气;地面天气尺度东移南下的冷锋系统性抬升触发为主,午后大陆高压内部的热力抬升和东西走向地形的抬升也有一定触发作用;暴雨区水汽通道畅通,水汽条件好,地面至450 hPa均为湿层,地面露点15~20 ℃,700 hPa比湿10~12 g·kg^{-1},湿层厚度3 km以上,LCL至0 ℃高度深厚,暖云厚,降水效率高,垂直风切弱,有利于降水云团维持;暴雨区地面至300 hPa均为强上升区,上升气流强且深厚,且降水区位于南亚高压、高空急流出口辐散区,有利于上升运动加强;垂直风切弱,MCS移动较慢,持续时间长,对流有准正压性;另外,此次过程中地形辐合、地形强迫抬升对降水增幅明显。3)此次过程中的水汽源主要有两支,一支为大陆高压西侧偏南风向北输送的孟加拉湾水汽,另一支是来自南海的水汽。过程前期以孟加拉湾的水汽为主,后期南海的水汽为主;还有一支是冷空气南下携带的水汽,地面冷锋南下其前部堆积的低层暖湿空气(整个过程均存在)。水汽汇:主要集中在西北地区东部至华北地区南部一线(大陆高压北侧)。

关键词:暴雨,极端,成因,副高

1　天气实况

2016年夏末青海省东部地区发生了一次大到暴雨天气过程,降水主要集中在东部大部地区。此次过程降水强度大,大雨站次达到了11站,最大出现在河南站,24 h降水量达到了68 mm。且此次降水过程具有较强的对流性质,降水时段集中,以短强为主的对流性降水,并伴雷暴和局地冰雹,强降水集中于24日入夜至前半夜,24日23时—25日02时,河南6 h降水量达到了64 mm·(6 h)$^{-1}$。具体如图2.144所示。

2　东北部大到暴雨降水过程的成因

2.1　环流背景分析

分析8月24日08时500 hPa高空形势(图2.145a),副热带高压非常强大,控制中国大部分地区,北至华北南部,西到高原中部地区,青海东部地区位于副高西侧的偏西南气流中。同时,在青海地区上游的新疆东部地区有西风带短波槽频繁东移。至20时(图2.145b),西太平洋副高进一步增强略西伸,592 dagpm线从川东地区进入四川盆地,588 dagpm线西脊点西伸

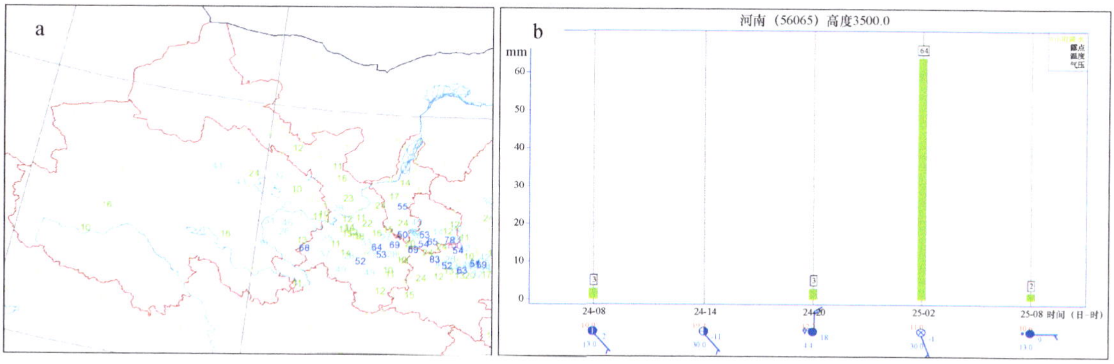

图 2.144　2016 年 8 月 24 日 08 时—25 日 08 时西北地区东部实况

(a)8 月 24 日 08 时—25 日 08 时降水量(mm)(b)河南站逐 3 h 三线图

更为明显，西伸约 10 个经度，到达帕米尔高原西侧地区；北部西风槽仍不断从副高北侧掠过，引导地面弱冷空气侵袭副高北部地区。因此此次过程是西风带高空槽东移并引导北方冷空气南下于副高北侧外围气流交汇于青海东部地区引发的一次大到暴雨过程。

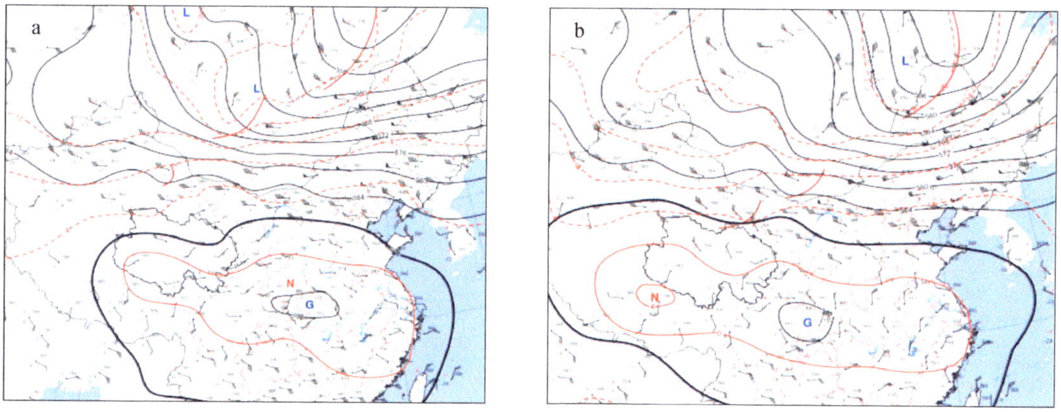

图 2.145　8 月 24 日 08 时 500 hPa 高空形势场(a)24 日 20 时 500 hPa 高空形势场(b)

2.2　水汽条件分析

分析此次过程中的水汽条件，过程发生前，地面露点(图 2.146a)在青海省东部地区均达到了 14 ℃以上，河谷地区在 15 ℃以上，最大在 16 ℃，这基本达到了青海省夏季暴雨的地面水汽基本阈值。东部探空站西宁上空 700 hPa 比湿(图 2.146b)为 12 g·kg^{-1}，相对湿度大于 80%的湿区也延伸到了 500 hPa，说明湿层深厚且水汽的绝对量级大，这为夜间的大降水天气储备了较好的局地水汽条件。水汽的平流条件见后述。

2.3　层结稳定性分析

用西宁站探空资料来分析此次过程中温湿垂直分布的变化情况(图 2.147)，此次过程中的不稳定能量，即对流有效位能 CAPE 基本没有，但探空曲线湿层深厚(地面至 500 hPa)。层结曲线和露点曲线在 08 时只有在 600 hPa 以下接近，但至 20 时，二者差小于 5 ℃的垂直高度

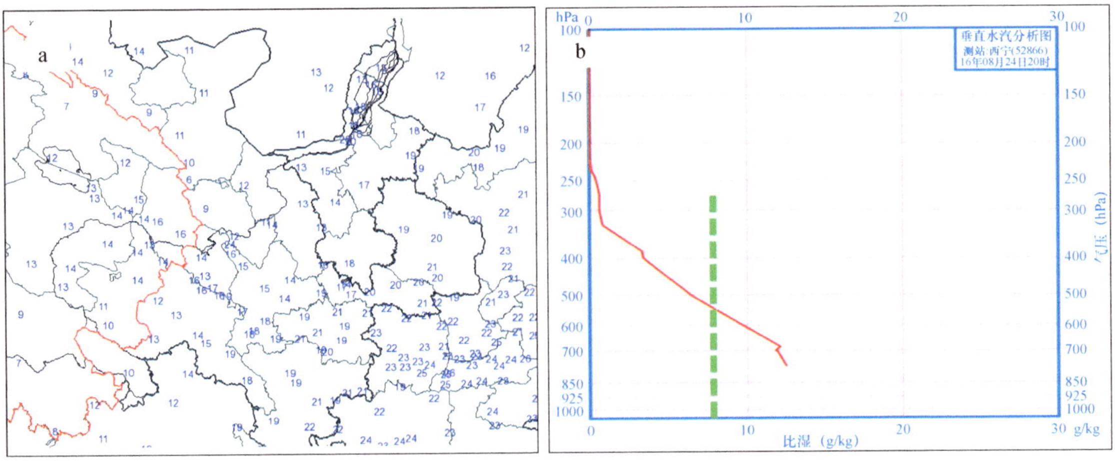

图 2.146　8 月 24 日 20 时西北地区东部地面露点场(℃)(a)8 月 24 日 20 时西宁站比湿廓线(g·kg^{-1})(b)

延伸至 400 hPa 高度,湿层深厚是此次降水过程的一个层结特点,降水效率高。低层暖平流,高层冷平流,低层层结存在一定的不稳定,温度递减率(0.91 ℃·(100 m)$^{-1}$)接近于绝热递减率。700 hPa 至 400 hPa $\partial\theta_{se}/\partial z<0$,有一定的对流不稳定。这次过程中 CAPE 小的原因,一方面可能和 20 时探空资料是降水已经开始,能量有所释放有关,另一方面可能和高空西南风对探空资料的偏移有关。

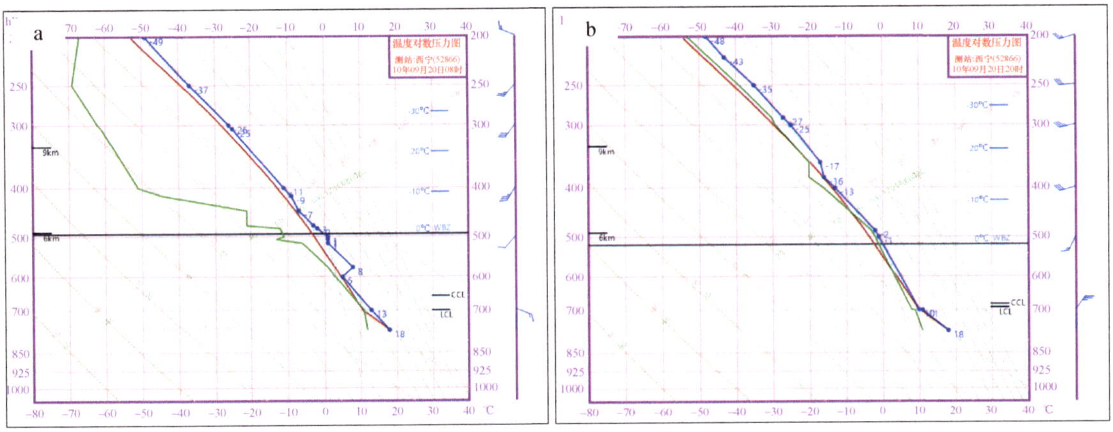

图 2.147　8 月 24 日 08 时(a)24 日 20 时(b)西宁站探空曲线

2.4　触发条件分析

此次降水过程的触发机制主要是地面冷空气倒灌触发(图 2.148)。24 日 14 时,东路冷空气抵达青海省湟水河谷地东部入口处,开始倒灌并触发强对流天气,降水开始,此时,西路冷锋也抵达柴达木盆地东侧,开始堆积东侵。至 20 时,东、西路冷空气进一步倒灌和东进,二者抬升其间河谷中的暖湿空气,地面也出现比较明显的东西风的地面辐合带,降水强度和范围开始增大,降水落区主要在青海湖锢囚锋偏东地区。但毕竟是一股弱小的冷空气面对势力强大的副高,至 02 时,冷空气已基本变性减弱,降水也趋于减小。降水主要出现在东部河谷地带主要是地形辐合和地形抬升作用较为明显。以最大降水的同仁站为例,该站位于向北开口的隆务河谷地中，隆务河向北汇入黄河，黄河谷地总体是东部开阔，西部狭窄，而隆务谷地则是开口狭窄，内部开阔，源头又趋于狭窄的一个花瓶状谷地。在东路冷空气卷携着高原东部及黄河谷地暖湿空气向西倒灌时，被迫向南部隆务河谷地侵入，从而触发该地区的强对流天气。

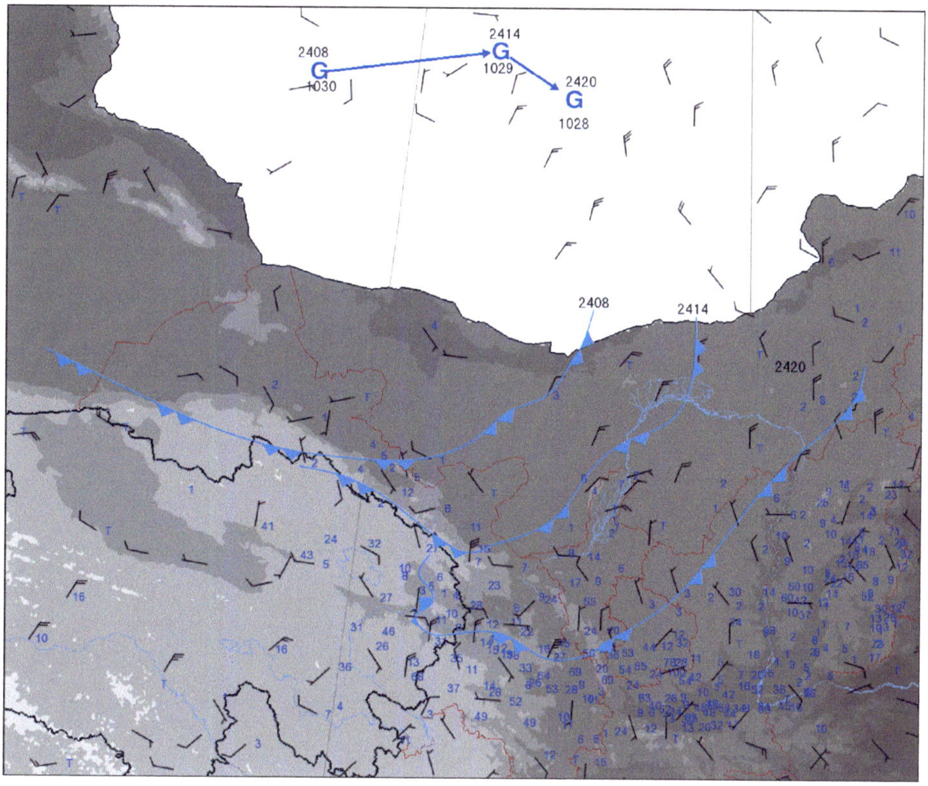

图 2.148 青海省东北部地区 24 日 14 时—25 日 02 时地面冷锋动态及东北部地形、20 时地面风场和大降水落区

2.5 垂直运动分析

青海省东部地区自低层至高层均为 $\omega<0$ 的较强上升运动区域，低层 700 hPa ω 在 $-10\sim16\times10^{-2}$ hPa・s^{-1} 之间（$1\sim2$ m・s^{-1}），而中高层 500～300 hPa 的 ω 在 $-30\sim40\times10^{-2}$ hPa・s^{-1} 之间（$3\sim4$ m・s^{-1}），这种差异可能和中高层的对流不稳定较强有关，而强上升中心和降水中心的偏移和高原上稀疏的探空站资料插值有关（图 2.149）。

2.6 卫星云图分析

风云卫星的红外云图对此次降水过程的云系发展和维持有较好地监测（图 2.150）。由于副高在青海省东北部地区在降水期间的位置基本变化不大且有西伸，地面浅薄的冷空气在进入副高外围后激发对流天气，对流云团随着中层的副高北侧环流自西向东缓慢移动和传播，使得导致产生降水的中尺度云团在青海省东部至陕晋地区不断的传播生消。从发生降水的区域和云顶 TBB 分析可以看出，较强的降水区域一般出现在云团移动方向前侧的 TBB 梯度最大区域，对于移动缓慢的云团，降水强度较小并出现在云团四周 TBB 梯度较大地区。

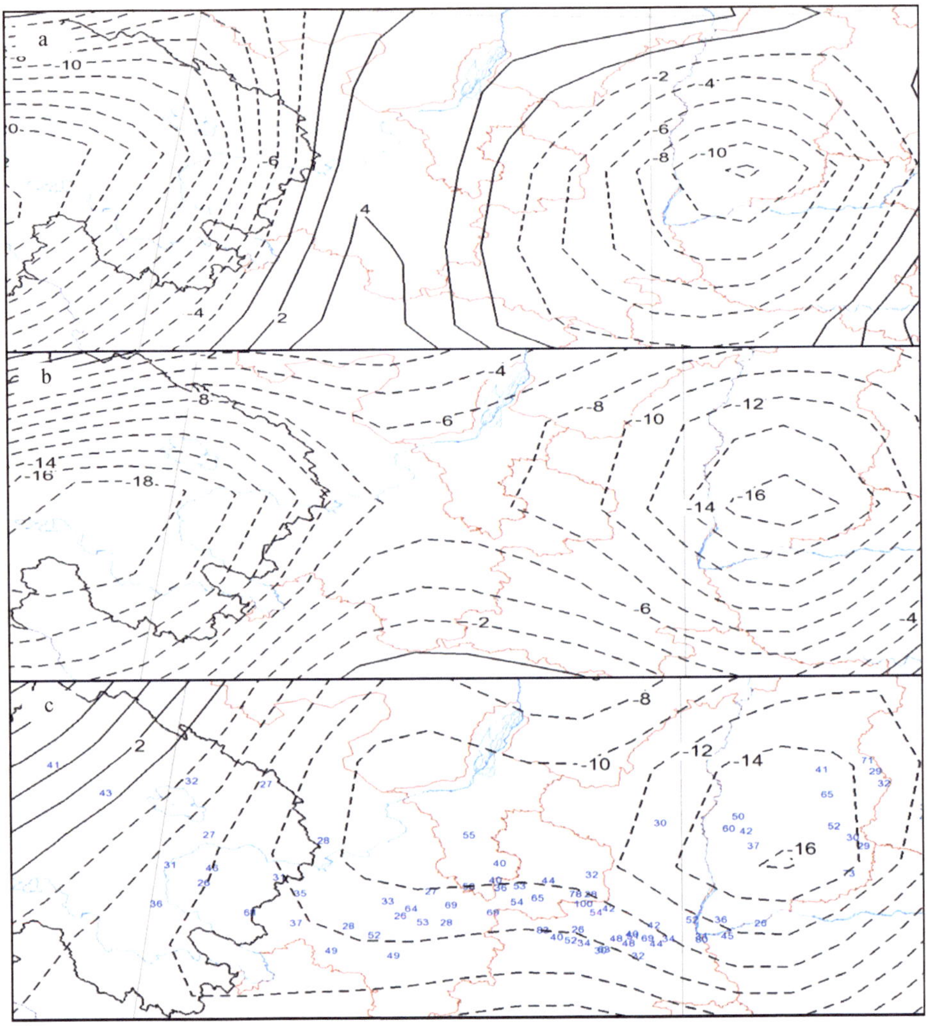

图 2.149　8 月 24 日各层垂直速度 ω(单位:10^{-2} hPa·s^{-1})

(a)500 hPa(b)400 hPa(c)300 hPa

2.7　南压高压控制区域湿热不稳定较强

青海省地区夏季后期至秋季初期的降水过程一般和对流层上部行星尺度的南亚高压有关。此次过程中,从 150 hPa 等压面上的等高线分析可以看出,南亚高压中心区域位于青海省中东部至陕晋地区的南北约 8 个纬距的区域,其中心区域有较强的对流云团与之对应,而大降水也正出现在南亚高压中心区域,这主要和南亚高压控制区域的湿热不稳定及高空辐散对地面系统的加强有关(图 2.151)。

3　此次暴雨过程中的水汽源汇分析

此次暴雨除了前述的局地水汽条件较好外,水汽的平流输送也较强。从过程开始时的水汽平流输送(图 2.152)情况来看,此次过程中的水汽源主要来自于孟加拉湾、南海及高原东部低海拔区域,而水汽汇则主要在青海省东部至陕晋地区。就输送量而言,南部孟加拉湾和南海

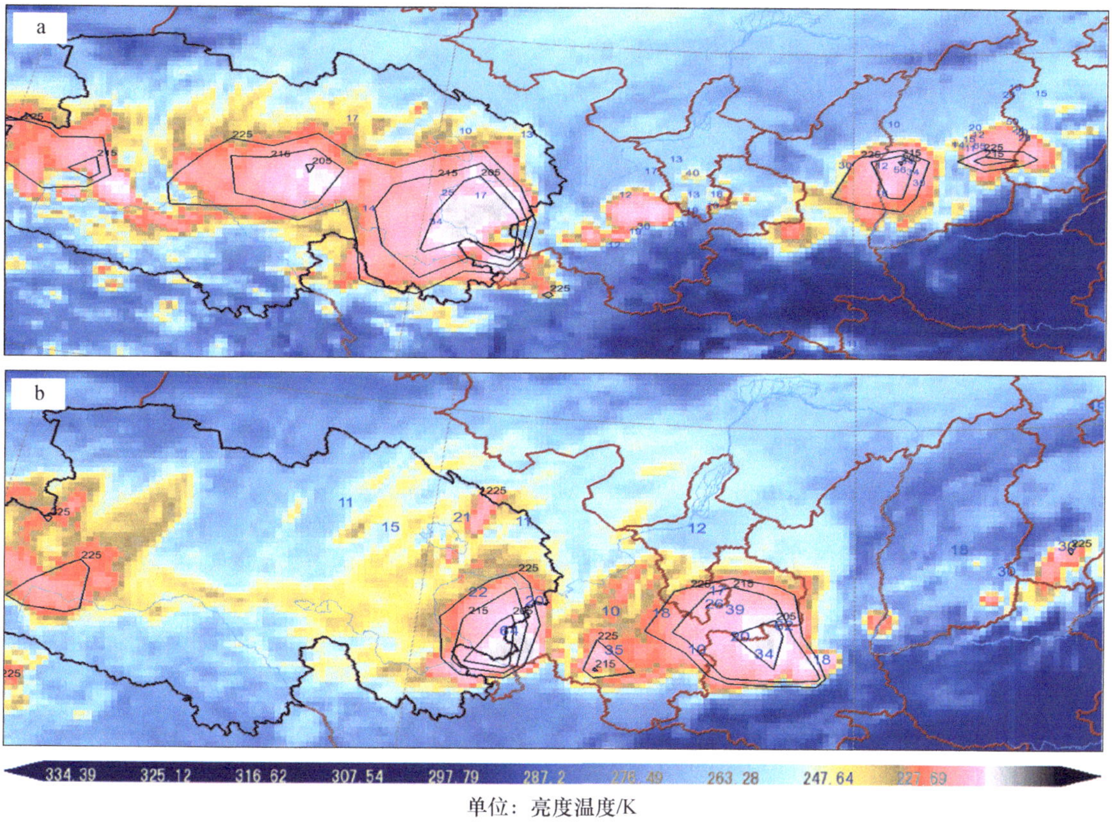

图 2.150 8 月 24 日 FY-2 卫星红外云图、TBB(等值线，K)和地面 6 h 降水量(填值，mm)对比分析

(a)24 日 20 时(b)25 日 02 时

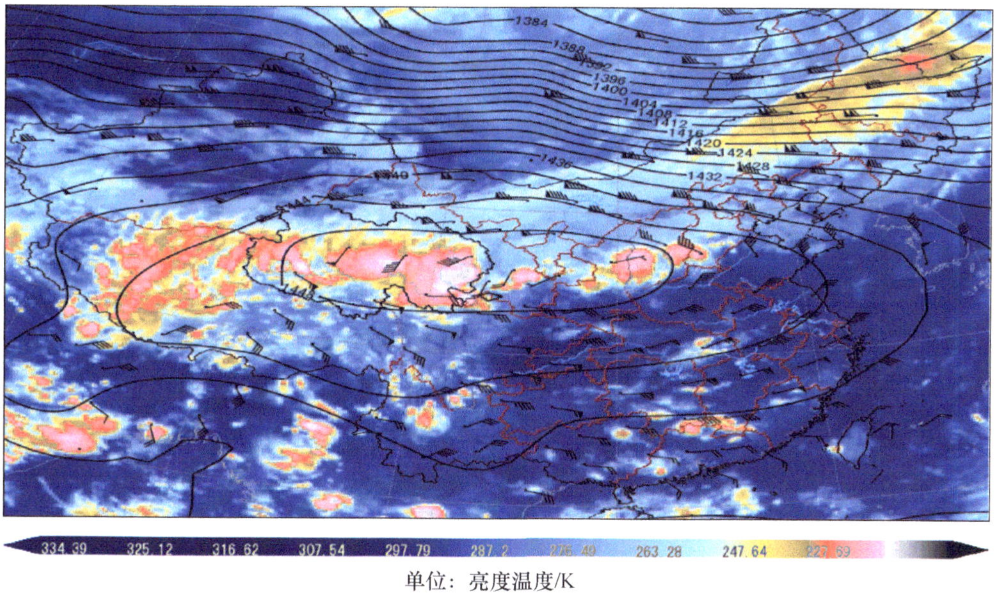

图 2.151 24 日 20 时卫星红外云图和 150 hPa 等高线及风场

的水汽较东北部水汽输送量级大，但就输送强度，东北部水汽则更强劲，这和南北两支水汽的输送系统有关。南部水汽是依靠副高西侧的偏南气流和高原槽前的西南气流输送，输送系统尺度较大且较为稳定，故其输送水汽稳定而持久，但东北部水汽源主要是地面冷空气回流推动前部暖湿空气倒灌输送，系统时空尺度较小，故其输送水汽强劲但短暂。

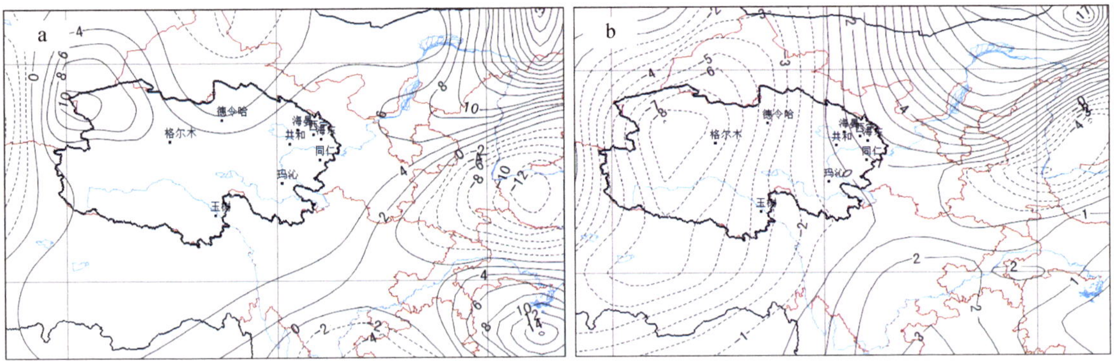

图 2.152　24 日 20 时 700 hPa 水汽通量散度(a)500 hPa 水汽通量散度(b)
(单位：10^{-8} g·cm^{-2}·hPa^{-1}·s^{-1})

4　结论

1)此次暴雨过程为区域性暴雨，雨带呈纬向带状分布，南强北弱，东多西少，伴有冰雹、雷暴大风。

2)此次暴雨过程成因主要是 500 hPa 高空槽东移，引导地面冷高压(1032 hPa)东移南压，其前部的地面冷锋侵入大陆高压，在高压北侧低层切变线附近触发的一次短时强降水为主的对流性暴雨天气；地面天气尺度东移南下的冷锋系统性抬升触发为主，午后大陆高压内部的热力抬升和东西走向地形的抬升也有一定触发作用；暴雨区水汽通道畅通，水汽条件好，地面至 450 hPa 均为湿层，地面露点 15～20 ℃，700 hPa 比湿 10～12 g·kg^{-1}。湿层厚度 3 km 以上，LCL 至 0 ℃层高度深厚，暖云厚，降水效率高，垂直风切弱，有利于降水云团维持；暴雨区地面至 300 hPa 均为强上升区，上升气流强且深厚，且降水区位于南亚高压、高空急流出口辐散区，有利于上升运动加强；垂直风切弱，MCS 移动较慢，持续时间长，对流有准正压性；另外，此次过程中地形辐合、地形强迫抬升对降水增幅明显。

3)从过程开始时的水汽平流输送情况来看，此次过程中的水汽源主要来自于孟加拉湾、南海及高原东部海拔区域，而水汽汇则主要在青海省东部至陕晋地区。就输送量而言，南部孟加拉湾和南海的水汽较东北部水汽输送量级大，但就输送强度，东北部水汽则更强劲。

2017年5月21日青海省东部区域性大雨过程成因分析

马秀梅

（青海省气象台，西宁 810001）

摘　要：利用常规、加密观测自动站、卫星云图等资料，对2017年5月21日青海省东部一次大雨天气过程进行了成因分析，结果表明：1）青海省东部春季区域性大雨天气过程，大雨出现时间早，范围广，降水时间集中在21日夜间，降水强度大。500 hPa南支槽与高原低槽东移合并加强，槽前正涡度平流有利于地面低压发展，使辐合上升加强，200 hPa高空急流分区，形成高空强辐散，低空辐合高空辐散的配置有利于上升运动的发展和维持。槽前暖湿气流输送充沛的水汽，青海省东部高能舌控制，处于高温高湿区。东西冷空气相遇在青海湖附近形成锢囚，锢囚锋发展形成的时间与此次大雨集中时间相对应。

关键词：大雨，成因分析，锢囚锋

引　言

青海省地处青藏高原的东北部，属干旱、半干旱高原大陆性气候。境内地形复杂各种气象自然灾害频发，强度较大的暴雨、大雨等引起山洪暴发，河水泛滥，造成农田积水，使旱田作物受到损害，毁坏房屋和设施，对国民经济的发展造成极大的损失、对人类社会生活和人类生存的环境等都造成极大破坏。青藏高原东部地区由于受地理位、海拔高度、水汽输送等因素的影响，属于干旱半干旱高原大陆性气候，虽然青海省地区每年出现暴雨天气的次数不多，但是由于境内地形复杂、山大沟壑、植被覆盖率低，强降水极易汇集成山洪，甚至发生泥石流及滑坡等地质灾害，造成房屋倒塌、农田淹没，公路和水利设施冲毁等，给当地的农业生产和人民生命安全带来严重损失。寿绍文、杜继稳、王劲松[1-3]等从气候特征、大尺度环流分类、物理量诊断和数值模拟等方面对青藏高原边缘地区发生的暴雨做了大量的工作研究，为提高暴雨的预报水平打下了坚实的基础。本文对从天气影响系统及强降水过程动力、热力、水汽等条件进行了研究分析，总结青海省东部受副热带高压影响下形成的局地暴雨的预报思路。本文资料取自常规气象观测资料、卫星云图资料。

1　降水实况与大尺度环流背景

1.1　降水过程概况

2017年5月21日，青海省东部出现了一次春季区域性大雨天气过程，降水时间集中在21日夜间，降水强度大，局地出现短时强降水：达日小时降水量达9.2 mm。从降水空间分布来看，雨带东强西弱，呈东北—西南走向分布。互助、湟中、贵德、同德、达日5个县级站出现大于25 mm的降水（图2.153，图2.154）。大雨出现时间偏早，范围大。

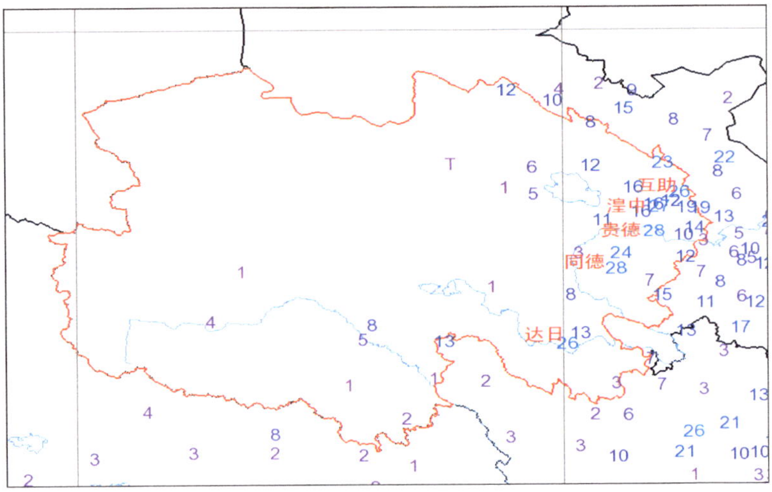

图 2.153　21 日 08 时—22 日 08 时降水量(mm)分布图

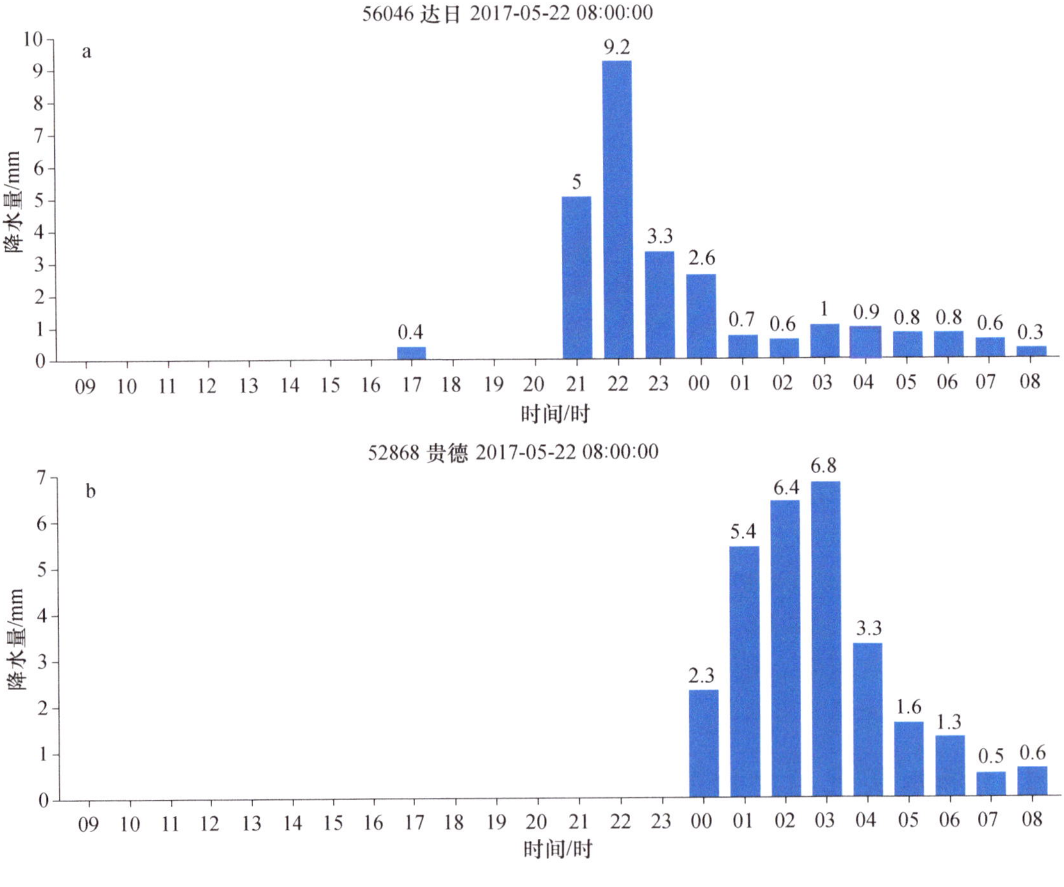

图 2.154　果洛州达日县(a)海南州贵德县(b)小时降水分布图

1.2　大尺度环流背景和影响系统

从天气尺度背景场(图 2.155)可以看出,过程前期 20 日 08 时副热带高压呈带状分布,稳定控制着高原东部地区,蒙古地区有低涡存在,并且有一个−16 ℃的冷中心与之配合,冷涡底部等温线密集，由于受副热带高压的影响，使冷涡底部的冷空气积聚在内蒙古至河西走廊地区。500 hPa 高原低槽东移合并加强。21 日 08 时 500 hPa 高空图上，青海省北部受新疆槽分裂的短波槽影响，西藏上空有一高原低槽发展东移，21 日 20 时南支槽在东移的过程中与北部短波槽合并，配合槽后冷平流，低槽在东移过程中加强，大雨区处于槽前强烈的上升运动区中。200 hPa 高空急流分区，强辐散。21 日 08 时 200 hPa 高空青海省东部有明显的高空分流区，到 21 日 20 时高空分流区急流风速加大，辐散进一步加强，高空强辐散有利于上升运动的发展和维持。

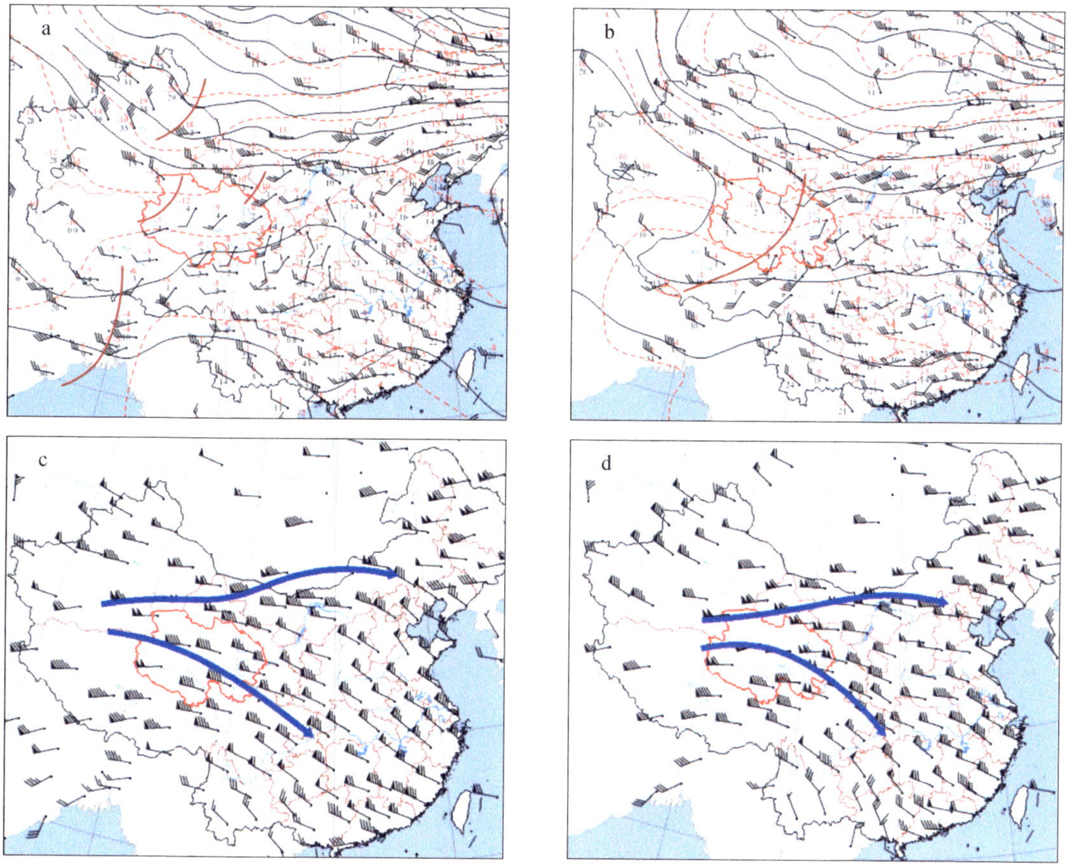

图 2.155　21 日 500 hPa 高空实况图及 200 hPa 高空急流分布图

(a)21 日 08 时 500 hPa 高空实况图(b)21 日 20 时 500 hPa 高空实况图

(c)21 日 08 时 200 hPa 高空急流分布图(d)21 日 20 时 200 hPa 高空急流分布图

1.3 地面影响系统

从地面资料分析此次降水受锋面抬升触发。21 日 20 时西路冷空气已经进入柴达木盆地东部，东路冷空气已经开始沿着河湟谷地倒灌，到了 22 日 02 时随着西路冷空气的逐渐东移在青海省东部与东路冷空气迎面相遇形成锢囚(图 2.156)。

青海湖锢囚锋是青海省东部春末夏初降水的主要影响系统之一，此次降水受西路和东路回流两股冷空气影响，在青海省东部形成锢囚，造成强降水。从冷锋动态图分析，21 日夜间两股冷空气在青海省东部相遇，形成锢囚锋，锢囚锋发展形成的时间与此次大雨集中时间相对应。

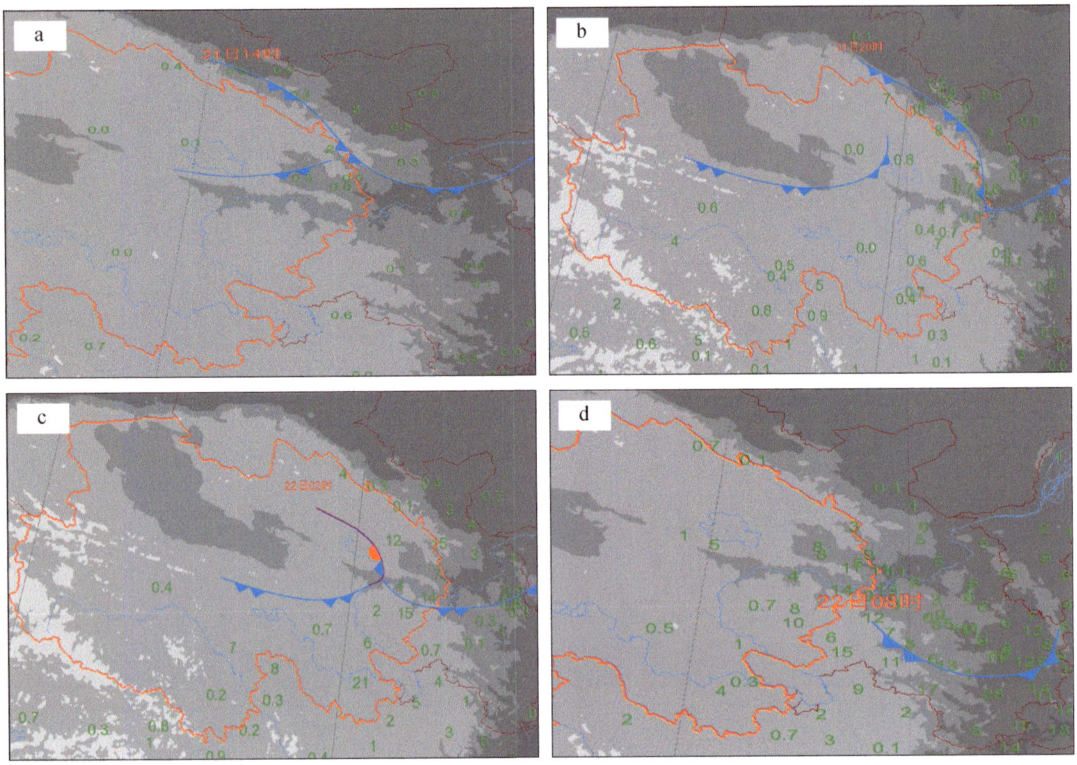

图 2.156　21日14时—22日08时地面锢囚锋6 h演变图
(a)21日14时(b)21日20时(c)22日02时(d)22日08时

2　动力及热力条件诊断

2.1　动力条件

从散度场及涡度场垂直剖面(图2.157)分析,21日20时700～500 hPa强辐合,400 hPa为无辐散区,300～150 hPa强辐散,低层辐合高层辐散,形成强烈的上升运动。从垂直速度场剖面图分析,青海省东部为强烈的上升区,中心强度达−25 $Pa \cdot s^{-1}$。

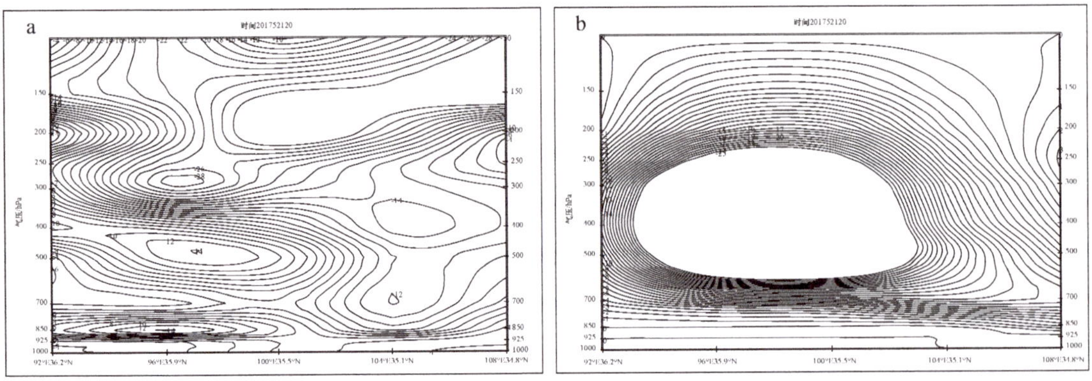

图 2.157　21日20时涡度场、垂直速度场剖面图
(a)21日20时涡度场(10^{-5} s^{-1})剖面图(b)21日20时垂直速度场($Pa \cdot s^{-1}$)剖面图

2.2　热力条件

从假相当位温场分析，西藏东部有一个−76 ℃的高能中心，由高能中心向东北方向伸展出一个高能舌，青海省东部受此高能舌影响，处于高温高湿区，这种能量分布持续到大雨天气开始。

3　水汽条件分析

3.1　充沛的水汽输送

700 hPa 水汽通量散度场上，处于南支槽前的西藏东部地区有一个 20×10^{-8} g·cm^{-2}·hPa^{-1}·s^{-1} 的水汽强辐散中心，青海省东部有一个 -20×10^{-8} g·cm^{-2}·hPa^{-1}·s^{-1} 的水汽强辐合中心，沿着南支槽前西南气流形成一个由西南向东北的水汽输送带，在青海省东部形成强烈的水汽辐合（图 2.158）。

3.2　强烈的水汽辐合

从水汽通量散度分析，此次大雨过程水汽辐合主要集中在 700～500 hPa，中心辐合强度达 -12×10^{-8} g·cm^{-2}·hPa^{-1}·s^{-1}，低层强烈的水汽辐合是造成大雨的必要条件之一。

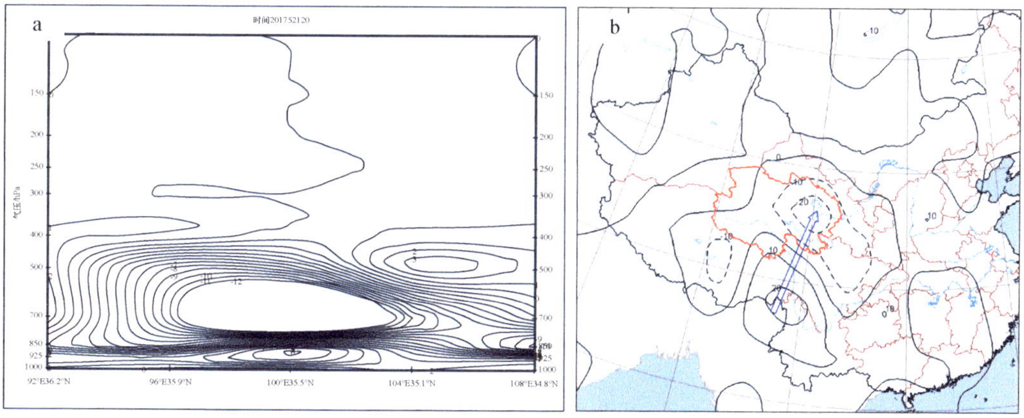

图 2.158　21 日 20 时水汽通量散度垂直分布图及 700 hPa 水汽通量散度场分析
(a)21 日 20 时水汽通量散度场垂直剖面图
(b)21 日 20 时 700 hPa 水汽通量散度（单位：10^{-8} g·cm^{-2}·hPa^{-1}·s^{-1}）

4　地形的辐合及抬升作用

地形辐合系统常对青海省东部的大到暴雨产生重要的影响[4-9]，此次强降水天气过程中地形辐合、地形强迫抬升对降水增幅明显。互助、湟中、贵德位于河谷地带的迎风坡，同德受特殊地形影响造成地形辐合，达日处于巴彦卡拉山脉的迎风坡（图 2.159）。

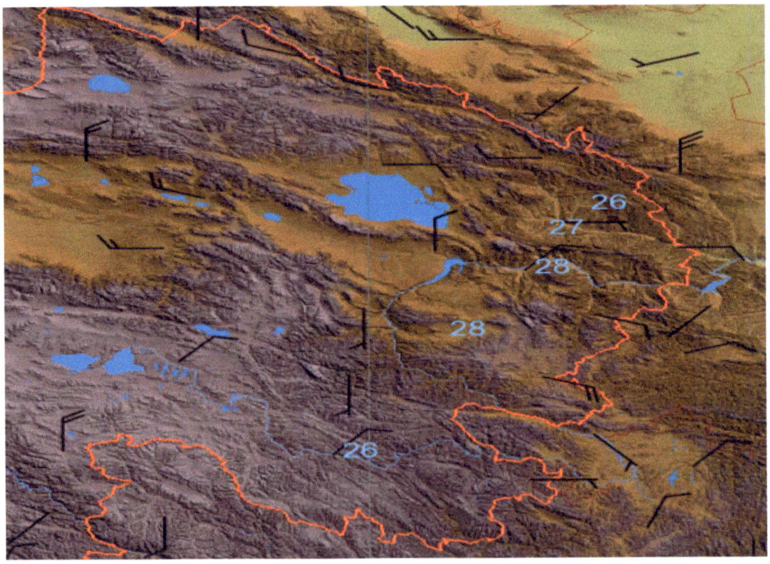

图 2.159 青海省东部地形及21日20时地面风场叠加图

5 小结

1)青海省东部春季区域性大雨天气过程,大雨出现时间早,范围广,降水时间集中在21日夜间,降水强度大。

2)500 hPa南支槽与高原低槽东移合并加强,槽前正涡度平流有利于地面低压发展,使辐合上升加强,200 hPa高空急流分区,形成高空强辐散,低空辐合高空辐散的配置有利于上升运动的发展和维持。

3)槽前暖湿气流输送充沛的水汽,青海省东部高能舌控制,处于高温高湿区。

4)青海湖锢囚锋是青海省东部春末夏初降水的主要影响系统之一。此次降水受西路和东路回流两股冷空气影响,在青海省东部形成锢囚,锢囚锋发展形成的时间与此次大雨集中时间相对应。

参考文献

[1] 寿绍文,杜秉玉,肖稳安,等. 中尺度对流系统及其预报[M]. 北京:气象出版社,1993.

[2] 杜继稳,李明娟,张弘,等. 青藏高原东北侧突发性暴雨地面能量场特征分析[J]. 高原气象,2004,23(4):453-457.

[3] 王劲松,李耀辉,康风琴,等. 西北区东部一次暴雨的数值模拟试验[J]. 高原气象,2002,21(3):258-266.

[4] 孙庆伟. 一次青海湖锢囚锋过程的分析[J]. 气象,1978,4(1):3-5.

[5] 谌芸. 青藏高原东北部地区大到暴雨天气过程的研究[D]. 南京:南京气象学院,2004.

[6] 王丛梅,杨永胜,许新路. 一次罕见春季暴雪天气过程诊断分析[C]. 第26届中国气象学会年会. 2009.

[7] 宿秋兰,梁海霞. 一次极端春季暴雪过程风场结构特征的演变分析[J]. 安徽农业科学,2015,43(2):212-214.

[8] 宋丽丽. 连续两年丹东地区春季暴雪过程对比分析[J]. 安徽农业科学,2014,42(10):3021-3023.

[9] 王萍,李秀芬,李廷全,等. 黑龙江冬春季暴雪变化特征及其对设施农业生产的影响[J]. 自然灾害学报,2016,25(6):184-192.

2017 年 7 月 7 日玉树地区一次大到暴雨天气过程分析

魏永亮　韩方昕　解文璇　桓姝琦
（玉树州气象台，玉树　815000）

摘　要：基于高空、地面和模式资料，对 2017 年 7 月 7 日发生在青海省南部地区的一次大到暴雨过程进行了分析，结果表明：1）这是发生在夏季的一次全省大范围降水，南强北弱，最大降水中心在曲麻莱县，24 h 降水量达 26 mm，局地伴有大风。降水时间集中，6 h 降水量达17 mm。2）此次过程中，500 hPa 高空形势为西高东低型，此次大到暴雨天气过程是由西北气流和高原槽前的西南气流，配合地面冷空气造成的。玉树地区受低涡切变影响，且玉树北部地区存在东南风的风速辐合，西南水汽输送明显；200 hPa 南亚高压，玉树地区降水区域位于南亚高压控制下，高空急流入口区右侧的辐散区，玉树东部地区有分流区，有利于上升运动；地面冷空气、中尺度辐合线触发，午后易受局地热力抬升的影响；存在层结不稳定，抬升凝结高度低，降水效率高；充沛的水汽、明显的水汽辐合、强烈的上升运动，有利于降水；地形辐合、地形抬升对降水增幅明显。3）此次过程中降水南强北弱原因：南部切变稳定少动，北部短波槽快速东移，南部水汽输送明显，同时动力条件优于北部。

关键词：大到暴雨，低涡切变，南强北弱，南亚高压

1　天气实况

2017 年 7 月 7 日 08 时—8 日 08 时，青海省大部地区发生了一次降水过程，大降水集中在青南地区，其中玉树州出现了明显的降雨天气，多以阵性天气为主，其中囊谦县出现大风，风速为 18 m·s^{-1}，此次过程降水时段集中在午后至凌晨，其中降水中心位于曲麻莱县，降水量为 26.4 mm，曲麻莱 7 日 14—20 时 6 h 降水量达 17 mm，具有明显的对流性质（图 2.160）。

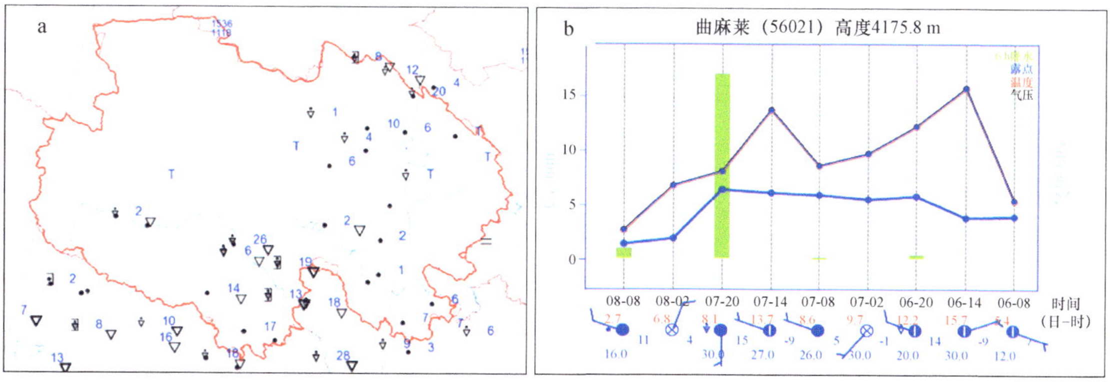

图 2.160　2017 年 7 月 7 日 08 时—8 日 08 时天气实况
（a）07 日 08 时—08 日 08 时地面天气现象＋降水量＋07 日 20 时特殊天气
（b）曲麻莱县 06 日 08 时—08 日 08 时地面三线图

2 成因分析

2.1 环流形势和天气系统

2017年7月7日500 hPa高空图上，中高纬地区环流形势为西高东低型，从7日08时图(图2.161a)上，青海省北部地区受脊前西北气流控制，东北部地区受弱冷平流影响，出现了阵性降水天气，青海省南部地区受高原槽前西南气流和北部西北气流洄流形成的高原切变线影响，且玉树北部地区存在东南风的风速辐合，玉树本站(56029)露点温度差为1 ℃，说明玉树地区的相对湿度条件好。至7日20时(图略)，青南地区仍存在明显切变，同时西北部短波槽东移南压，南北系统叠加的地区位于玉树北部地区，南部的昌都站西南风由4 $m \cdot s^{-1}$加强为8 $m \cdot s^{-1}$，西南水汽输送进一步加强。在整个过程期间，北部多冷平流影响，南部多低涡切变活动，切变稳定少动，副高西伸北抬，西南风加强，西南水汽输送较好，因此南部多连续性降水天气。

2017年7月7日20时200 hPa(图2.161b)上玉树地区受南亚高压影响，有强的上升运动，降水区域位于南亚高压控制下，其正次级环流促使低层锋生，玉树东部地区有分流区，高空急流入口区右侧有利于加强上升运动，造成了大降水天气。

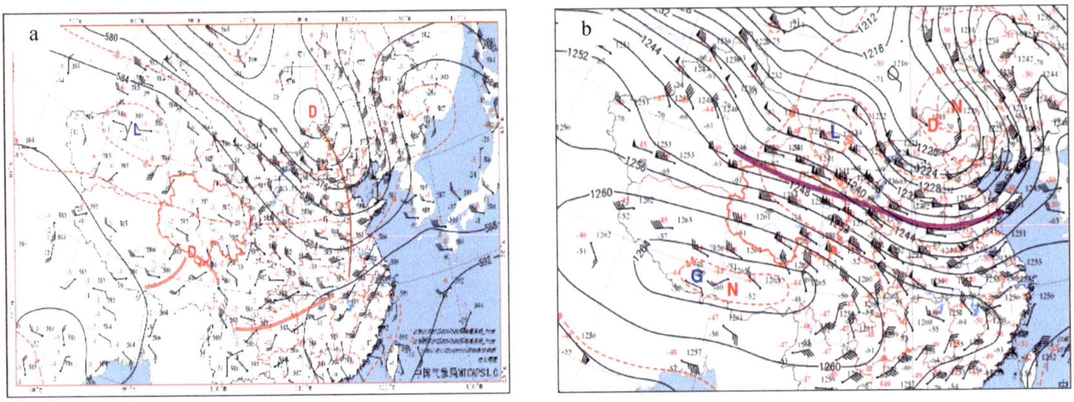

图2.161 2017年7月7日08时500 hPa高空图(a)20时200 hPa高空图(b)

2.2 中小尺度系统卫星云图分析

2.2.1 中小尺度天气

从6日夜间开始，青海省大部地区都有冷空气活动，在玉树上游即西藏高原北部有强冷空气活动，至7日白天，西藏高原北部的冷空气主力东移并经过玉树，在玉树南部地区地面有偏北风和偏西南风的辐合。玉树地区7日14时地面区域站资料上看，曲麻莱地区存在地面辐合线，有利于降水天气的触发；同时白天地面升温快，午后易受局地热力抬升的影响。配合玉树地区特殊的地形条件，玉树地区气流自东南向西北抬升，处在迎风坡，且在曲麻莱地区有辐合存在，因此玉树地区出现了强降水天气(图2.162a)。

2.2.2 水汽云图

从水汽云图(图2.162b,c)上分析得到，7日14时开始唐古拉山地区有对流云生成并东移发展，垂直风切变弱，对流云系在南部地区持续时间长，存在明显的列车效应。在水汽云图上可以看到，强降水发生在水汽含量较大区域，持续了 6 h 以上。

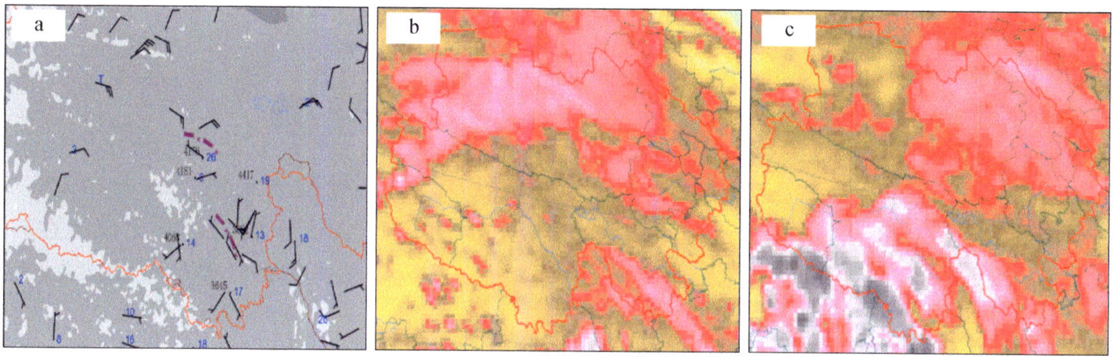

图 2.162　地面图以及水汽云图

(a)7 日 14 时地面风场＋地形＋8 日 08 时 24 h 降水量(mm)

(b)7 日 14 时水汽图像(c)7 日 22 时水汽图像

2.3　诊断分析

2.3.1　动力条件

从 500 hPa 散度场(图 2.163a)图中可以分析出，青海省北部地区处在散度辐散区，其余均处在辐合区，在玉树南部有一个辐合中心，中心值为$-26\times10^{-5}\,s^{-1}$。400 hPa 青海省除了海西西部和果洛部分地区之外其余地区均处在辐合地区，玉树地区处在散度辐合的大值区，中心值为$-20\times10^{-5}\,s^{-1}$。300 hPa 上，青海省除了中部地区之外其余均处在辐散区，其中玉树大部地区仍处在辐合区，辐合中心在称多县和玛多县的交界处，中心值为$-22\times10^{-5}\,s^{-1}$。200 hPa(图 2.163b)上，青海省北部地区处在辐合区，南部地区处在辐散区，其中玉树大部地区处在辐散区。由此得出，高低空散度场配置为低层辐合、高层辐散，有利于强降水的产生。

综上所述，高低空散度场配置为低层辐合、高层辐散，则有利于降水的产生。

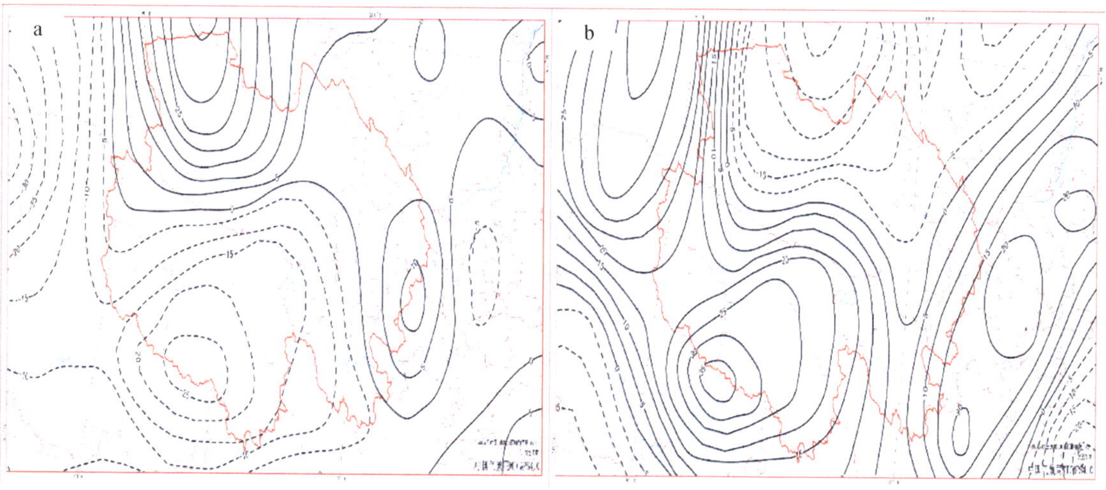

图 2.163　2017 年 7 月 7 日 20 时 500 hPa 散度场(a)200 hPa 散度场(b)(单位：$10^{-5}\ s^{-1}$)

分析7月7日20时500 hPa(图略)垂直速度场得到，青海省南部地区处在垂直运动上升区，在唐古拉山区有一上升运动的大值区。400～300 hPa上青海省南部地区仍在垂直运动上升区，有两个上升运动的大值区，分别为杂多县和西藏交界处以及果洛地区和四川的交界处，中心值分别超过了$-40\ Pa \cdot s^{-1}$和$-30\ Pa \cdot s^{-1}$。由此说明，强烈的上升运动将低层的水汽输送到高层，有利于强降水天气的出现。

2.3.2 水汽条件

7日夜间受副高外围的强盛西暖湿气流影响，青海省大部地区位于比湿高值，其中玉树南部在近地层(700 hPa)比湿达到$6\ g \cdot kg^{-1}$，对流层中上部(500 hPa)(图2.164a)比湿也在5～$7\ g \cdot kg^{-1}$之间，玉树南部上空为深厚的暖湿气流。综上，充沛的水汽条件是造成此次强降水过程的必要条件。

分析20时水汽通量散度场，500 hPa(图2.164b)玉树地区处在值为$(-8 \sim -16) \times 10^{-8}\ g \cdot cm^{-2} \cdot hPa^{-1} \cdot s^{-1}$水汽辐合区；青海省西部和东部地区处在水汽辐散区。400 hPa上，玉树地区依然有辐合中心存在，较之低层偏弱，中心值为$-10 \times 10^{-8}\ g \cdot cm^{-2} \cdot hPa^{-1} \cdot s^{-1}$；至高层250 hPa，玉树地区为弱水汽辐散区。表明20时玉树地区水汽高层弱辐散，低层强辐合，水汽条件较好，跟比湿场配合也较好。因此，玉树地区水汽低层辐合，高层辐散，有利于水汽的上升运动，为此次强降水过程提供了有利条件。

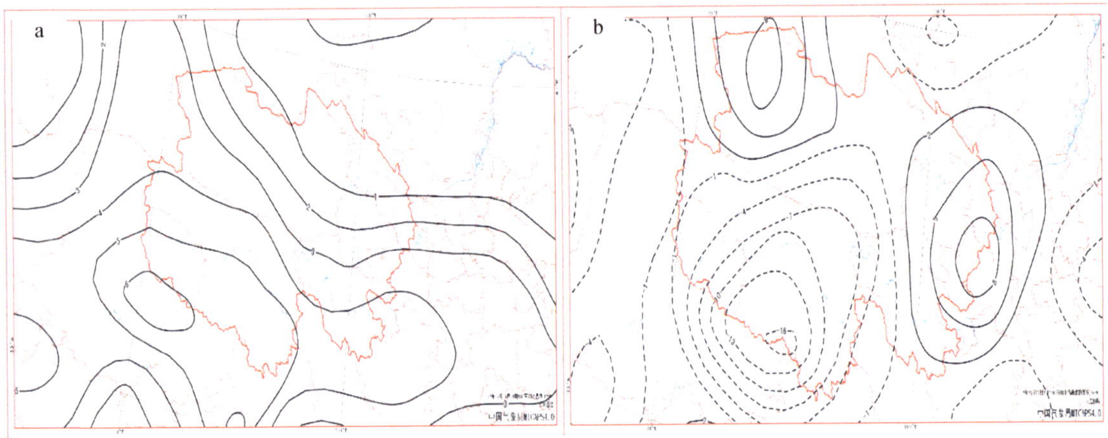

图2.164 2017年7月7日20时500 hPa比湿场($g \cdot kg^{-1}$)(a)
500 hPa水汽通量散度场($10^{-8}\ g \cdot cm^{-2} \cdot hPa^{-1} \cdot s^{-1}$)(b)

2.3.3 热力条件

分析20时假相当位温，青海省大部地区处于假相当位温密集区，其中玉树地区更是在68～80 ℃高值区；玉树存在高能舌，青海省北部地区有高空锋区存在，玉树地区的大气处于层结不稳定状态。

根据玉树(图2.165a)20时的探空曲线T-ln$P$图得到，玉树(56029)整层$T-T_d<3$ ℃，湿度条件较好，湿层深厚，从玉树站的垂直水汽分布图(图1.165b)可以看到，玉树地区低层比湿超过了$10\ g \cdot kg^{-1}$，说明水汽条件较好，且具有一定CAPE值，CAPE达$40\ J \cdot kg^{-1}$，不稳定能量较强；抬升凝结高度低，降水效率高。

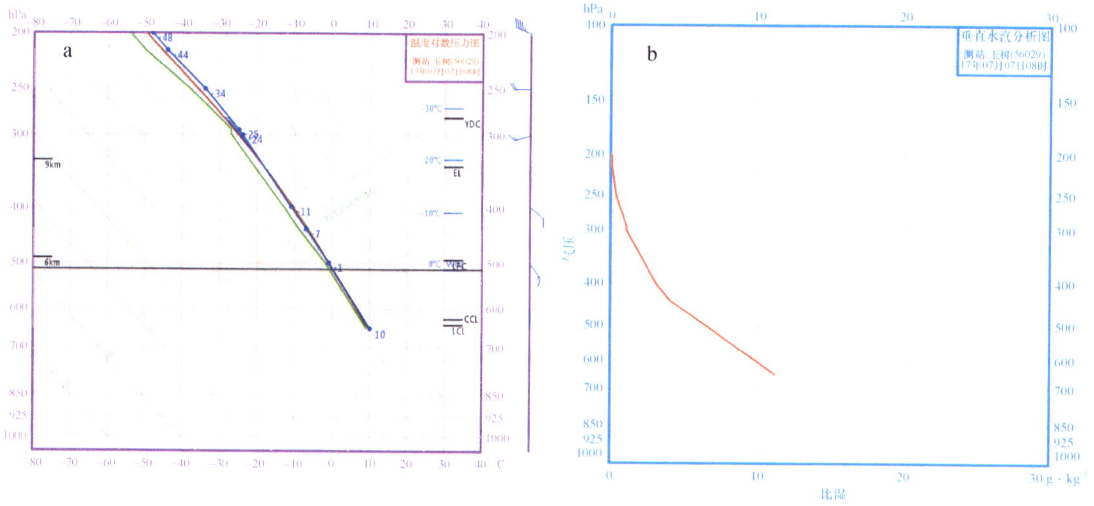

图 2.165　2017 年 7 月 7 日 20 时玉树探空曲线 T-ln$P$ 图(a)和垂直水汽分布图(g・kg^{-1})(b)

3　降水南强北弱的原因分析

3.1　天气系统对比

从 2017 年 7 月 7 日 20 时 500 hPa 高空天气图上分析得到，青海省南部地区的切变线稳定少动，持续时间长，为南部地区的强降水提供了必要的动力条件，且西南水汽通道一直维持，为南部此次强降水提供了充沛的水汽条件。而青海省北部地区前期受西北气流影响，后期受快速东移的短波槽影响，水汽条件差，没有西南水汽的输送，因此南部的降水较强，北部的降水较弱。

3.2　水汽条件对比

从 2017 年 7 月 7 日 11 时地面露点温度图(图 2.166)可以得到，青海省南部(玉树地区)地区的 T_d 较大，维持在 6～10 ℃之间，青海省北部地区的 T_d 较小，维持在 2～5 ℃之间，总结得到，南部的 T_d 值明显大于北部，南部的水汽含量优于北部，因此南部的水汽条件优于北部地区。

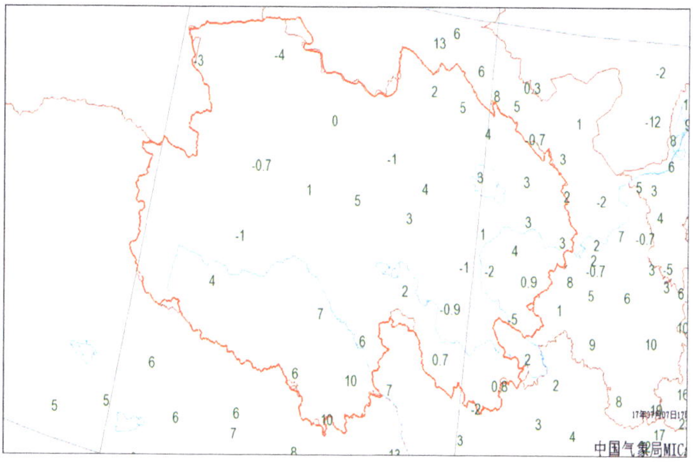

图 2.166　2017 年 7 月 7 日 11 时地面露点温度(℃)

3.3 动力条件对比

从2017年7月7日08时500 hPa散度场得到,500 hPa玉树西部地区有较强的辐合存在,青海省北部地区的辐合较弱,环青海湖地区存在辐散;7月7日200 hPa散度场上可以看到,青海省的大部地区为强辐散区,青海省玉树地区的辐散强,北部地区的辐散较弱,青海省东部地区为辐合区。从2017年7月7日08时500 hPa涡度场上可以看到,青海省除了玉树部分地区为负涡度区之外,其余地区均为正涡度区,7月7日08时300 hPa涡度场上,青海省北部地区为正涡度区,南部地区为为负涡度区;总体来说南部动力条件优于北部(图2.167)。

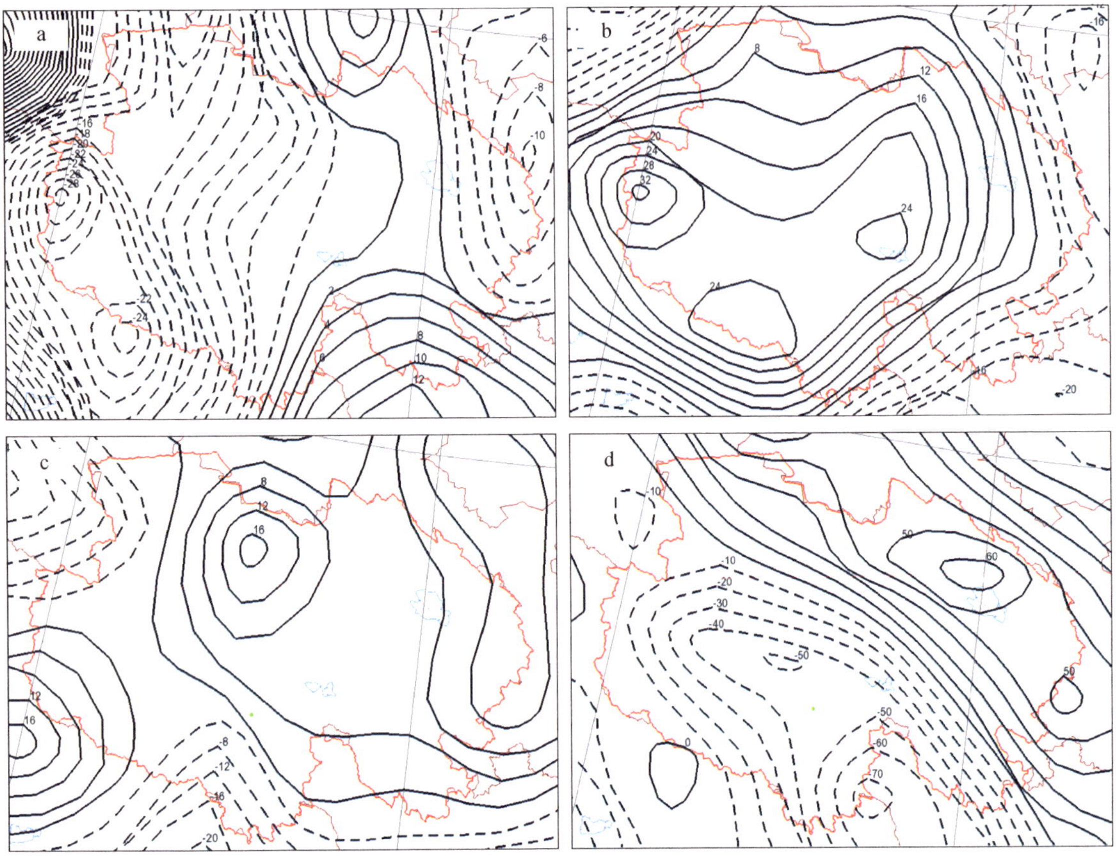

图2.167 7月7日08时散度场和涡度场(单位:10^{-5} s^{-1})
(a)07日08时500 hPa散度场(b)07日08时200 hPa散度场
(c)07日08时500 hPa涡度场(d)07日08时300 hPa涡度场

4 结论

1)降水特点:夏季,全省大范围降水,南强北弱,最大降水中心在曲麻莱县,24 h降水量达26 mm,局地伴有大风。降水时间集中,6 h降水量达17 mm。

2)降水成因:500 hPa高空形势为西高东低型,此次大到暴雨天气过程是由西北气流和高原槽前的西南气流,配合地面冷空气造成的。玉树地区受低涡切变影响,且玉树北部地区存在东南风的风速辐合,西南水汽输送明显;200 hPa南亚高压,玉树地区降水区域位于南亚高压控制下，高空急流入口区右侧辐散区，玉树东部地区有分流区，有利于上升运动；地面冷空气、中尺度辐合线触发，午后易受局地热力抬升的影响；存在层结不稳定，抬升凝结高度低，降水效率高；充沛的水汽、明显的水汽辐合、强烈的上升运动，有利于降水；地形辐合、地形抬升对降水增幅明显。

3)降水南强北弱原因：南部切变稳定少动，北部短波槽快速东移，南部水汽输送明显，同时动力条件优于北部。

2017 年 7 月 23—24 日大到暴雨过程成因分析及预报难点探讨

祁彩虹　石成珍
(青海省气象台,西宁　810001)

摘　要:利用常规天气资料和模式资料,对 2017 年 7 月 23—24 日发生在青海省环湖地区一次大到暴雨天气成因进行分析,结果表明:1)此次过程降水为区域性大到暴雨天气,并伴有大风天气;2)影响此次过程的主要系统是西太平洋副高西侧的偏东南气流和北部小槽两个系统。西太平洋副高外围高温高湿的暖湿气流和北部小槽中的弱冷空气结合,在二者主要交汇区域(海南南部—环湖地区—门源地区)产生了较大的降水过程。可以说,副热带系统是此次降水的水汽和能量的提供者,而西风带系统则是此次降水的引发者和能量的引爆者。3)次天气尺度系统决定降水的落区和维持的时间。西风带短波槽和冷锋提供动力条件和对流触发条件,西太平洋副高西侧的偏东南气流输送水汽,其前部的地面冷锋侵入副热带高压,在高压北侧低层切变线附近触发的一次短时强降水为主的对流性暴雨天气。4)中尺度天气系统决定降水开始结束时间、降水强度和具体地点:α 中尺度冷锋和 β 中的地面中尺度辐合线,配合环湖地区的地形,是环青海湖地区大降水产生的主要中尺度系统。中尺度系统加强水汽辐合和上升运动,触发不稳定能量。5)此次天气过程中预报难点为降水的对流性质较强,单点暴雨、大雨多发,模式预报偏小,副高西侧环流的东西摆动和弱冷空气东移南压,均给具体的降水预报量级及大降水落区预报带来了较大的不确定性,对于此类强降水天气,需要更多的总结和凝练相关预报指标,更多着眼于中小尺度系统的发生、发展及局地地形、小气候的影响。

关键词:区域性,大到暴雨,多尺度,高温高湿,预报难点

1　天气实况

2017 年 7 月 23 日 20 时至 24 日 20 时,受副高西侧暖湿气流和北部西风带小槽共同影响,青海省环湖地区、海北地区出现大到暴雨天气过程并伴有大风天气,期间国家站出现 4 站次(刚察、海晏、门源、贵南)大雨,5 站次中雨;区域站出现 6 站次暴雨,48 站次大雨,降水中心出现在环湖地区的共和县青海湖 151 站,24 h 累积降水量达 74 mm,门源达坂山附近降水也在 70 mm 以上,其余较大的降水出现在刚察、门源、泽库西部等地,具体如图 2.168 所示。

2　多尺度天气系统及其作用分析

2.1　天气尺度天气系统及其作用

分析 7 月 23 日 08 时 500 hPa 高空形势(图 2.169a),青海省东部处于西太平洋副高西侧外围偏南风环流中,西部处于新疆大陆高压东侧偏西北环流中,北侧处于两个高压之间低值小

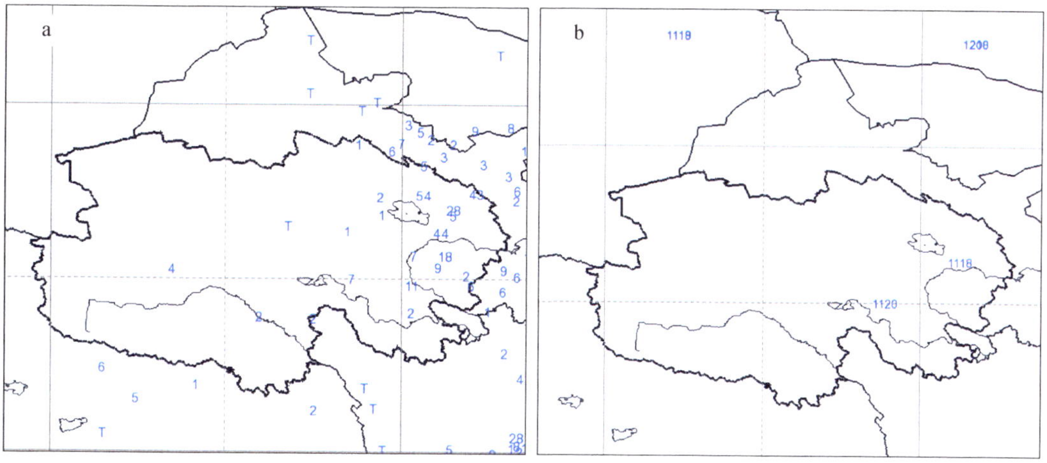

图 2.168　2017 年 7 月 23 日 08 时—24 日 08 时天气实况

(a)7 月 23 日 08 时—24 日 08 时降水量(mm)(b)7 月 23 日 14 时特殊天气现象

槽区偏西气流中，南部则位于高原低涡北部的偏东气流中。影响此次大降水过程的主要和以上四个天气尺度系统有关，而关键的则是西太平洋副高西侧的偏东南气流和北部小槽两个系统。西太平洋副高外围高温高湿的暖湿气流和北部小槽中的弱冷空气结合，在二者主要交汇区域(海南南部—环湖地区—门源地区)产生了较大的降水过程。可以说，副热带系统是此次降水的水汽和能量的提供者，而西风带系统则是此次降水的引发者和能量的引爆者。西部新疆大陆高压的影响主要表现在高压东侧偏西北气流对西风带系统的东输南压加强，而南部高原涡的影响则主要是对西太平洋副热带高压西侧东南暖湿气流的引导。分析同时刻的 200 hPa 高空急流(图 2.169b)，降水区域位于高空急流入口右侧，这一区域的急流轴上由于有正的加速度(向偏东方向)，导致在急流入口区出现由右向左的地转偏差，形成急流入口右侧的高空辐散区域，因为连续方程，相应的地面出现地面辐合，因此这一区域有上升运动。总体而言，此次降水区域主要出现在东高西低形势的二者交汇区域以及高空急流入口右侧，因此天气尺度天气系统决定了降水落区大致发生的区域。

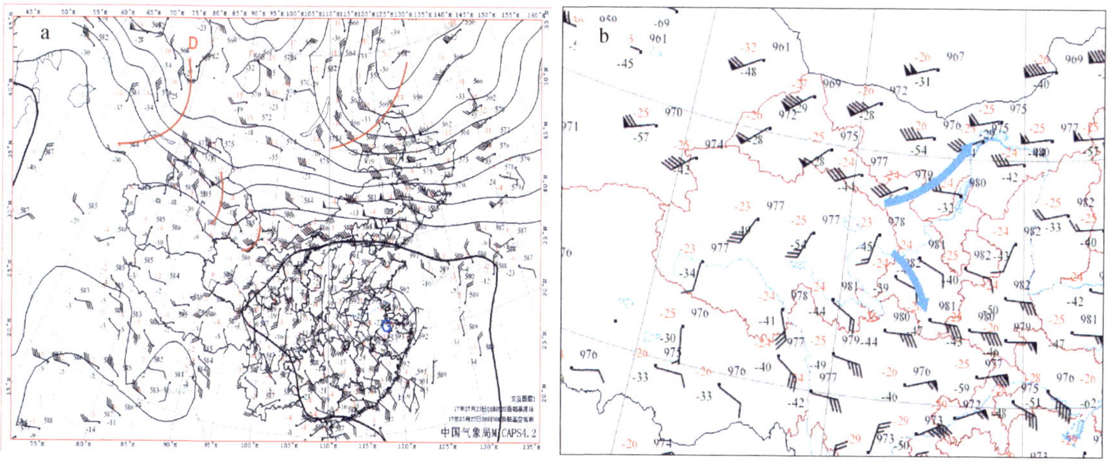

图 2.169　7 月 23 日 08 时 500 hPa 高空形势场(a)及 300 hPa 高空急流(b)

2.2 次天气尺度天气系统及其作用分析

2.2.1 触发条件

分析影响此次过程中的次天气尺度系统,主要是冷锋以及 500 hPa 高原短波槽。过程前期,青海省大部受大陆高压和西太平洋副热带高压的持续控制,天气晴热,北部多次出现高温天气或同期最高温度,地面水汽热力条件积累充足。21 日开始大陆高压东移并入东部副高环流圈,23 日 08 时(图 2.170a),在新疆大陆高压和东部副高环流控制区域内均为较明显的负变压控制,说明整层大气增暖明显,而二者之间的高空小槽底部的地面区域,有弱的正变压区域,说明在两高之间的低值区域有北部小槽携带的弱冷空气侵入。从 23 日 20 时加密区域站的地面温度场分析(图 2.170b)也可以证实这一点,在青海湖西侧至北部祁连山区一带有明显的温度梯度大值区域,存在明显的地面锋生区域,该锋生区域除了和当地的地形海拔导致相对东西两侧温度较低以外,越祁连山的高层弱冷平流可能也是导致锋生的一个重要因素。分析 500 hPa 形势场,西风带短波槽东移,引导地面弱冷空气东移,副热带高压前侧西南暖湿气流不断输送水汽,为此次降水提供高温高湿条件。其前部的地面冷锋侵入副热带高压,在高压北侧低层切变线附近触发的一次短时强降水为主的对流性暴雨天气。

因此,总体而言,冷锋提供了动力条件,而副热带高压提供了水汽和热能条件,各类天气尺度系统的位置和维持时间基本决定降水的落区和维持的时间。

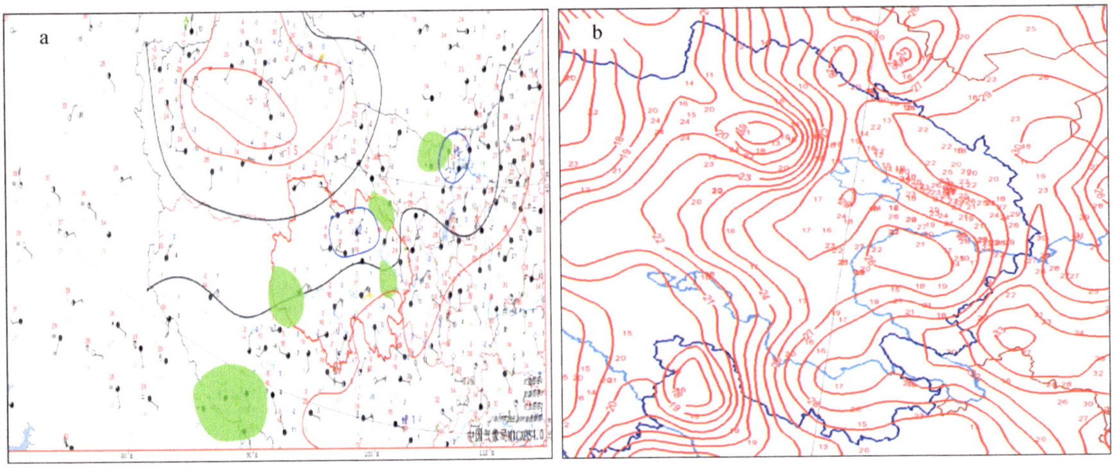

图 2.170 7 月 23 日 08 时地面变压(hPa)(a)及 23 日 20 时区域站温度场分析(℃)(b)

2.2.2 水汽条件

从天气学观点看,无论是什么大尺度背景或者系统影响的暴雨天气,水汽、动力和热力条件是暴雨形成的必要条件[1-3],大气中具有充沛的湿空气由强烈的上升气流抬升凝结高度才能形成强降水,总降水量与降水效率和降水时间有关[4-6],同一地点的降水强度正比于上升速度 ω 和上升空气的比湿 q,若有较长的降水时间配合,则形成暴雨或者大暴雨。

分析 23 日 08 时 500 hPa 高空图(图 2.171),暴雨区水汽,500 hPa 副高边缘西南暖湿气流发展旺盛,最大风速达 10 m·s^{-1},$T-T_d\leqslant 4$ ℃;700 hPa(红)高原东侧东南气流有水汽补充,最大风速6 m·s^{-1};700 hPa 比湿场中最大中心值 10～12 g·kg^{-1}。分析 14—17 时地面露点温度为逐渐增加并且最大值为 13 ℃,分析 700 hPa 水汽通量辐合,暴雨区辐合较强,最大值为$-16\times10^{-8}\ g\cdot cm^{-2}\cdot hPa^{-1}\cdot s^{-1}$。即从底层到高层水汽比较充沛并且维持时间较长，非常有利于大降水的形成。

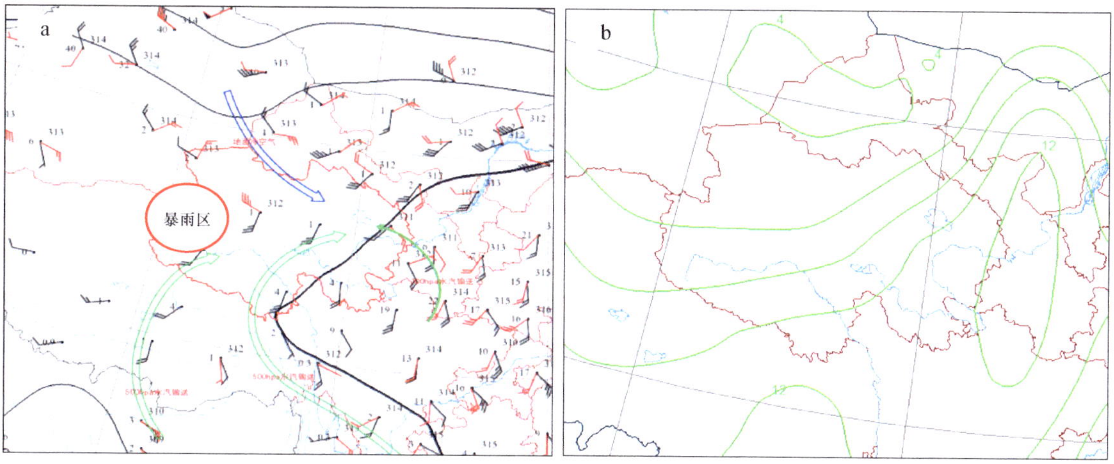

图 2.171　23 日 08 时 500 hPa 700 hPa 综合图(a)23 日 08 时地面比湿场($g\cdot kg^{-1}$)(b)

分析 23 日 20 时东部地区水汽条件(图 2.172a)，从高原地面至对流层低层 700 hPa(大约低云云高位置)，均有有个较明显由东向西伸出的湿舌存在，不管是地面露点或 700 hPa 比湿，均有较明显大致区域存在。而中层 500 hPa 却有由西向东的湿区向东伸展，对比后期降水实况，降水出现区域就是各层湿区重叠的区域，即海南北部至环湖至祁连山区一带。说明高低层湿区的重叠区域对于大雨落区有较明显的指示。结合风场，分析水汽的源汇情况(图 2.172b)。由图可见，此次降水水汽主要源来自西太平洋副高西南侧偏东南气流，而汇主要在海南至环湖至门源地区，和大雨落区具有非常好的配合，水汽通量散度均在$-50\times10^{-6}\ g\cdot cm^{-2}\cdot hPa^{-1}\cdot s^{-1}$以下，说明水汽在该区域有明显的汇集。

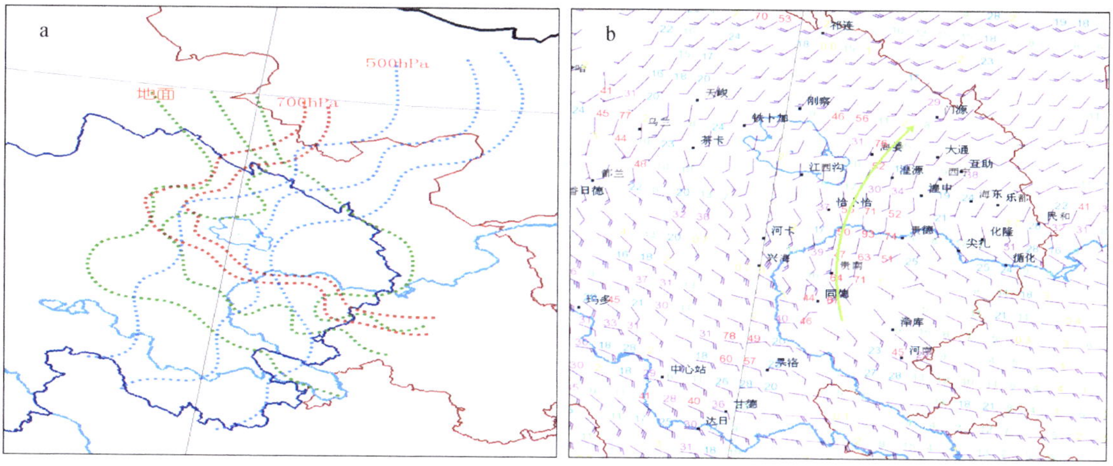

图 2.172　7 月 23 日 20 时青海省东部地区地面至 500 hPa 湿区分析(a)
水汽通量散度辐合区域及 500 hPa 风场(b)

2.2.3　能量条件

假相当位温是综合反映大气温度、湿度和压力的特征物理量，表征了大气的温湿特征和垂直运动,也反映了大气中不稳定能量的分布,是强降水预报和诊断的强有力工具。分析过程期间热力条件,尤其是假相当位温和 CAPE 值(图 2.173a),暴雨区不稳定能量逐渐增大(从 08 时 CAPE=0,20 时增加到 CAPE=372.2 J・kg^{-1}),暖湿层深厚(地面至 500 hPa 约 3 km),垂直风切变弱,有利于降水云团维持。分析 23 日 20 时 500 hPa 假相当位温(图 2.173b)可分析出:环湖地区有西南—东北向暖舌,延伸至东部农业区,并且最大暖中心值为 80 ℃,分析假相当位温垂直梯度,地面至 300 hPa 均为负值,厚度较厚(6 km),强降水发生在 θ_{se} 线密集且陡立的区域内,假相当位温线逐渐倾斜密集,促进了气旋性涡度的增长,使上升运动快速增强,有利于强对流发生发展。

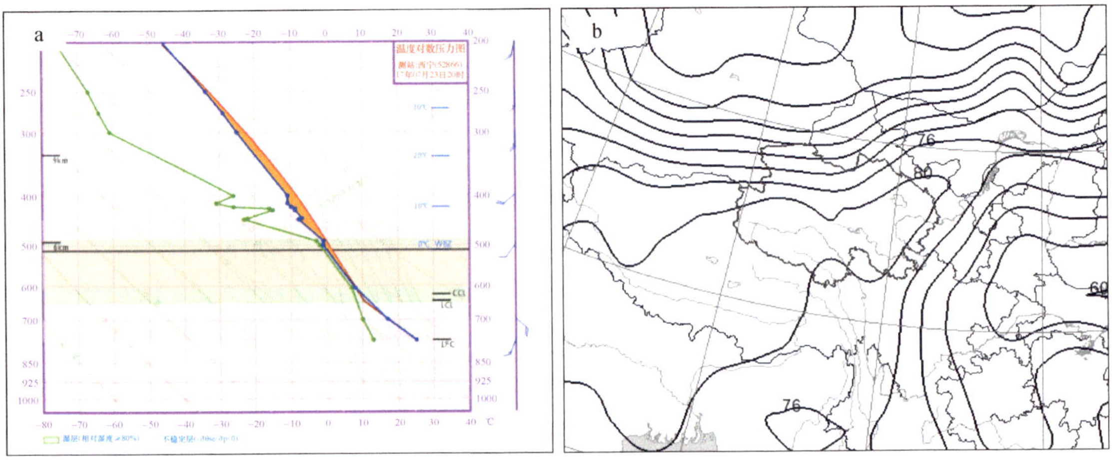

图 2.173　7 月 23 日 20 时西宁 T-ln$P$ 图(a)500 hPa 风场 θ_{se} 图(℃)(b)

2.2.4　动力条件

分析过程期间动力条件,从 500～300 hPa 垂直速度场分析出大降水区从低层到高层为一直的上升运动,并且从 08—20 时一直为负值,这种强上升运动的负中心越大、维持时间越长对该地区的强降水越有利(图 2.174)。

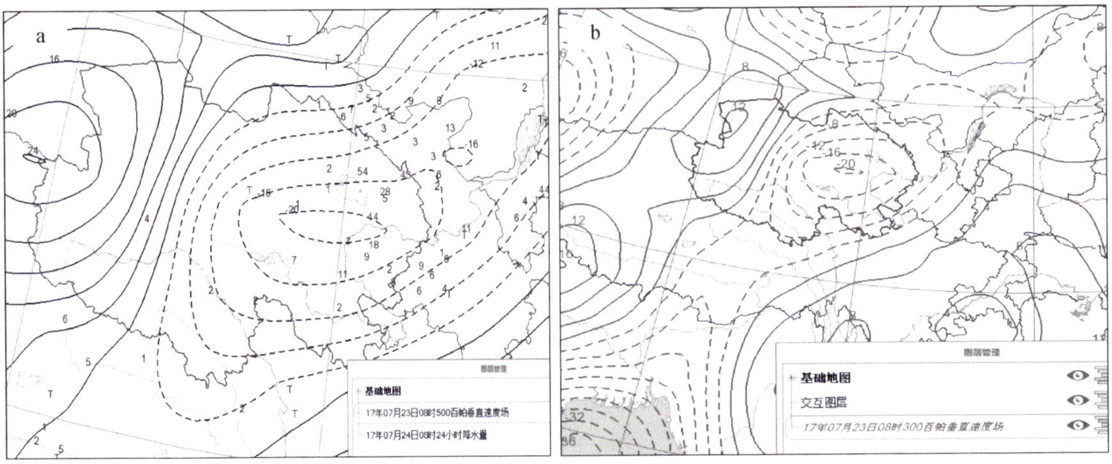

图 2.174　7 月 23 日 08 时 500 hPa 垂直速度场(a)300 hPa 垂直速度场(b)(单位:Pa・s^{-1})

2.3　中尺度天气系统及其作用

此次过程中，降水的具体地点、开始结束时间及降水强度，主要决定于中小尺度系统，鉴于资料限制，能分析出的中尺度系统主要有α中尺度的冷锋和β中尺度的地面中尺度辐合线。在7月23日08时(图2.175a)，在高空西风槽的引导下，地面冷空气向南暴发，冷空气前沿地面冷锋已东移至青海省海西中部，并且与东部地区倒灌冷空气在环湖地区形成了辐合(图2.175b)，辐合区降水较为明显，因此，随着冷锋和冷空气南下，提供了此次过程的动力条件和对流触发条件。总体而言，中尺度系统加强水汽辐合和上升运动，触发不稳定能量，决定降水开始结束时间、降水强度和具体地点。小尺度系统可能对降水中心的位置有更好的决定权，但需要更细的资料来支撑。

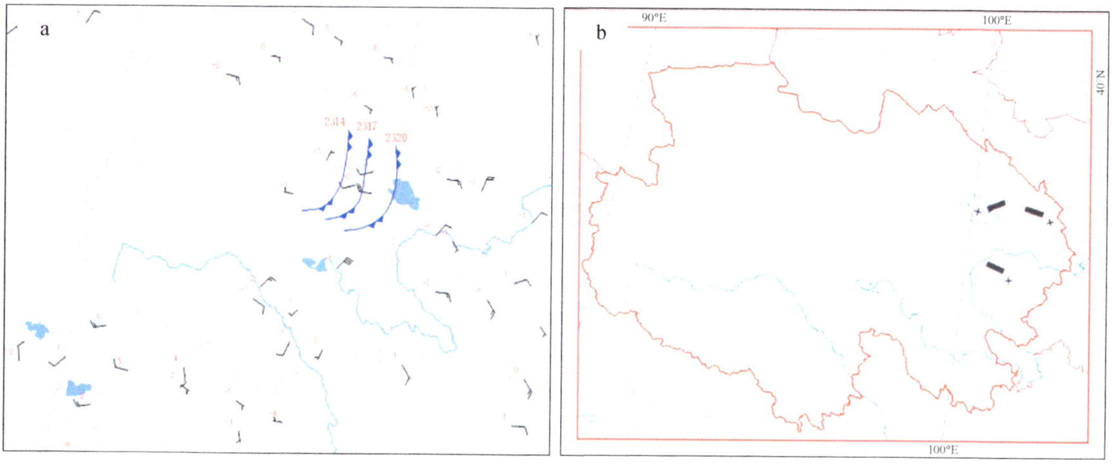

图2.175　7月23日14—20时锋面动态图(a)和14时地面辐合线(b)

3　大降水集中于环青海湖地区的原因

3.1　中尺度分析

7月23日08时中尺度分析(图2.176a)：500 hPa青海省东部受副热带高压588 dagpm线控制，副高外围西南暖湿气流不断输送水汽到高原腹地；700 hPa青海湖有低空切变线存在，高原东侧有东南气流对降水区有水汽输送的补充，低层有干冷空气东移，降水区上游有明显的干舌；地面青海湖附近有辐合线存在。这种高低空的配置有利于大降水的出现。

3.2　水汽辐合区域(图2.172a、b)

① 从高原地面至对流层低层700 hPa(大约低云云高位置)，均有个较明显由东向西伸出的湿舌存在，不管是地面露点或700 hPa比湿，均有较明显大值区域存在。

② 中层500 hPa由西向东的湿区向东伸展，结合降水实况，降水出现区域就是各层湿区重叠的区域，即海南北部至环湖至祁连山区一带。说明高低层湿区的重叠区域对于大雨落区有较明显的指示。

故这次降水水汽主要源来自西太平洋副高西南侧偏东南气流，而汇主要在海南至环湖至门源地区。

3.3 地形和青海湖影响

① 单点的大雨和暴雨都出现在山脉迎风坡或和风向正交角度较大地区，如在海南南部和果洛交界的阿尼玛卿山脉北侧等，非山脉区域的降水基本均在小雨量级，说明高大山脉对于降水的增幅效应较明显的；

② 背风坡的降水可能与其较好的水汽热力条件有关，如在刚察附近的降水，由于大通山北部为山脉地形，水汽热力条件较差，较大的降水只出现在该山脉南侧迎风坡，但在青海湖南侧的青海省南山附近的降水，除了常规南侧迎风坡(共和)出现较强降水外，在其北侧也出现了强降水(青海省151站)，这可能和青海湖附近充沛的水汽条件及湖陆风有关。

③ 环青海湖地区的降水也较大，在降水期间，该地区地面存在多条地面辐合线，除青海湖对水汽的局地输送外，还有一个可能就是这种大水体和周围陆地之间的湖陆风导致的中尺度地面辐合线对降水的加强有关。在20时左右，正值青海湖附近周边陆地上湖风较为强劲时，由湖面吹向四周山区的风速较强(西侧鸟岛附近湖风达到10 $m \cdot s^{-1}$)，青海湖151站附近虽然没有风观测数据，但估计湖风(北风)也较强，而南侧青海省南山南侧的谷风(南风)也达到了3 $m \cdot s^{-1}$，因此沿青海省南山附近有地面辐合线存在，尤其北侧湖风对于水汽的输送、气流的抬升有明显的增幅，因而导致该地区出现暴雨天气(图2.176)。

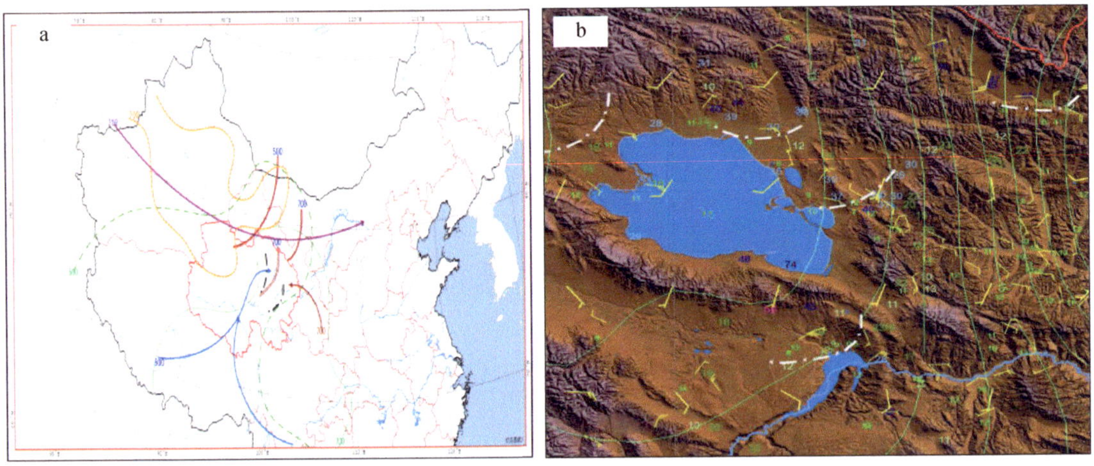

图2.176　7月23日08时中尺度分析(a)和青海湖附近区域站地面露点分析及地面风场(b)

4 结论

1)此次过程在副高西侧暖湿气流和北部西风带小槽共同影响，青海湖地区、海北地区出现大到暴雨天气过程，并伴有大风天气。

2)地面至中高层湿区的叠加区域及水汽通量散度的辐合区域可能对大雨落区有较好的指示；需要关注地形及较大水体附近的山谷风、湖陆风等中尺度系统对天气尺度降水落区的影响和反馈效应。尤其是山脉迎风坡和背风坡的降水需要更进一步的研究和分析。

3)此次降水过程发生在西太平洋副高西侧外围环流和北部西风小槽交汇区域，降水的对流性质较强，单点暴雨、大雨多发，模式预报偏小，副高西侧环流的东西摆动和弱冷空气东移南压的位置，均给具体的大雨落区预报带来了较大的不确定性，对于此类强降水天气，需要更多的总结和凝练相关预报指标，更多着眼于中小尺度系统的发生、发展及局地地形、小气候的影响。

参考文献

[1] 孔期，林建．2015年5月19—20日华南地区不同性质暴雨成因和预报分析[J]．气象，2017，43(7)：792-803.

[2] 周慧，蔡荣辉，尹冬德，等．2016年7月湖南一次极端持续性暴雨成因分析[J]．干旱气象，2018，36(1)：56-63.

[3] 周长艳，唐信英，李跃清．青藏高原及周边地区水汽、水汽输送相关研究综述[J]．高原山地气象研究，2012，32(3)：76-83.

[4] 黄玉霞，王宝鉴，王鹏祥．青海省高原夏季降水异常及其水汽输送特征分析[J]．气象，2006，32(1)：8-23.

[5] 王芝兰，陈录元，尚可政，等．青海强对流天气时空特征及其对气候变暖的响应[J]．干旱气象，2011，29(4)：439-445.

[6] 吴照宪．皖南山区一次特大暴雨过程的多尺度天气分析[J]．安徽农业科学，2008，36(9)：3789-3791.

2017年7月26日大到暴雨过程成因分析

石成珍　祁彩虹
(青海省气象台,西宁　810001)

摘　要:利用常规天气资料和模式资料,对2017年7月26日发生在青海省东部地区一次大到暴雨天气成因进行分析,结果表明:1)此次过程降水为区域性大到暴雨天气,并伴有雷暴大风天气。2)影响此次过程的主要受西太平洋副高边缘西南西南暖湿气流、高原东侧低层偏东南气流和西风带短波槽东移影响造成。西太平洋副高外围高温高湿的西南暖湿气流和东移西风带短波槽携带的冷空气在青海省东部地区结合,在二者主要交汇区域产生了较大的降水过程。副热带系统为此次降水过程提供了充沛的水汽和能量,而西风带短波槽则是此次降水过程的触发者。3)次天气尺度系统决定降水的落区和维持的时间。西风带短波槽和冷锋提供动力条件和对流触发条件,西太平洋副热带高压西侧的偏东南气流将输送水汽,其前部的地面冷锋侵入副热带高压,在高压北侧低层切变线附近触发的一次短时强降水为主的对流性暴雨天气。4)中尺度天气系统决定降水开始结束时间、降水强度和具体地点:环湖及东部河谷地区明显的地面辐合线是触发这次大降水的中尺度系统。5)此次天气过程中预报难点为降水的对流性质较强,单点暴雨、区域性大雨,模式预报偏小,副高西侧环流的东西摆动和弱冷空气东移南压,均给具体的降水预报量级及大降水落区预报带来了较大的不确定性,对于此类强降水天气,需要更多的总结和凝练相关预报指标,更多着眼于中小尺度系统的发生、发展及局地地形影响。
关键词:区域性,大到暴雨,多尺度,高温高湿,预报难点

1　天气实况

2017年7月26日08时—27日08时,受副高西侧暖湿气流和北部西风带小槽共同影响,青海省环湖地区、海南、湟水河谷地区大到暴雨天气过程并伴有雷暴大风天气,期间国家站出现1站次(贵南)大到暴雨,4站次(兴海、海晏、民和、河南县)大雨;降水中心出现在贵南地区,24 h累积降水量达46 mm,东部地区降水均在中雨以上。具体如图2.177所示。

2　成因分析

2.1　环流背景及天气系统

分析7月26日08时高空形势(图2.178a),青海省东部处于西太平洋副高西侧西南气流,西部处于新疆大陆高压东侧偏西北环流中,河西走廊西部有闭合的584 dagpm线低涡中心,副高588 dagpm线稳定维持在高原东侧;26日20时中东高压加强东伸,促使副高北侧低涡东移变形为短波槽影响青海省东部地区,副高西侧的西南暖湿气流和北部西风带在此交汇产生了较大的降水过程。可以说,副热带系统是此次降水的水汽和能量的提供者,而西风带系统则是此次降水的触发者。中东高压加强东伸,副高相对稳定维持促使西风带系统东移南下和副

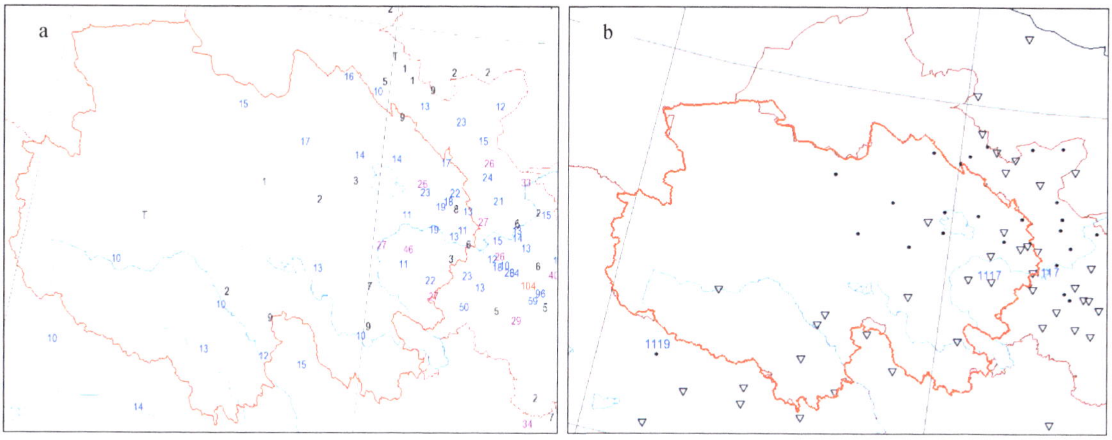

图 2.177　2017 年 7 月 26 日 08 时—27 日 08 时是天气实况
(a)2017 年 7 月 26 日 08 时—27 日 08 时降水量(mm)(b)2017 年 7 月 26 日 14 时特殊天气现象

高外围西南暖湿气流交汇产生降水。分析同时刻的 200 hPa 高空急流(图 2.178b),降水区域位于高空急流入口右侧,这一区域的急流轴上由于有正的加速度(向偏东方向)的加速度,导致在急流入口区出现由右向左的地转偏差,形成急流入口右侧的高空辐散区域,因为连续方程,相应的地面出现地面辐合,因此这一区域有上升运动。总体而言,此次降水区域主要出现在东高西低形势的二者交汇区域以及高空急流入口右侧,因此天气尺度天气系统决定了降水落区大致发生的区域。

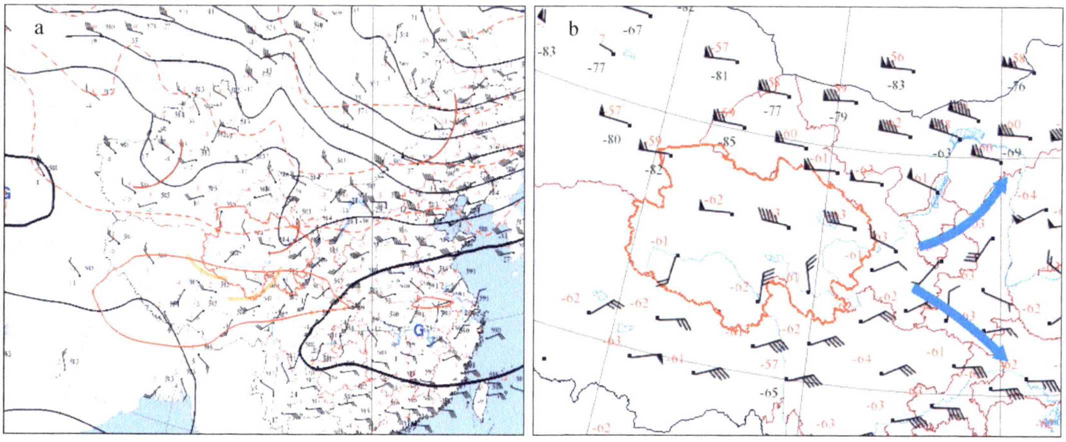

图 2.178　7 月 26 日 08 时 500 hPa 高空形势场(a)及 300 hPa 高空急流(b)

2.2　次天气尺度天气系统及其作用分析

分析此次过程中的影响次天气尺度系统,主要是 700 hPa 河西走廊西部切变线(图 2.179a),以及地面冷锋(图 2.179b)。7 月 26 日 08 时,河西走廊西部有明显的低涡切变发展,同时柴达木盆地西风明显加大,格尔木站风速达 12 $m \cdot s^{-1}$,而西宁站东南风风速为 8 $m \cdot s^{-1}$,两站之间形成明显的风向切变,高原东侧切变线右侧偏东南气流向青海省东部输送水汽,为暴雨区补充一定的水汽。西北路径冷空气在高空槽后西北气流引导下南下,一路沿河西走廊东移南下,一路翻越阿尔金山经柴达木盆地东移,两路冷空气在青海省东部相遇,形成锢囚锋,为大降水的出现提供了动力抬升条件和触发作用。

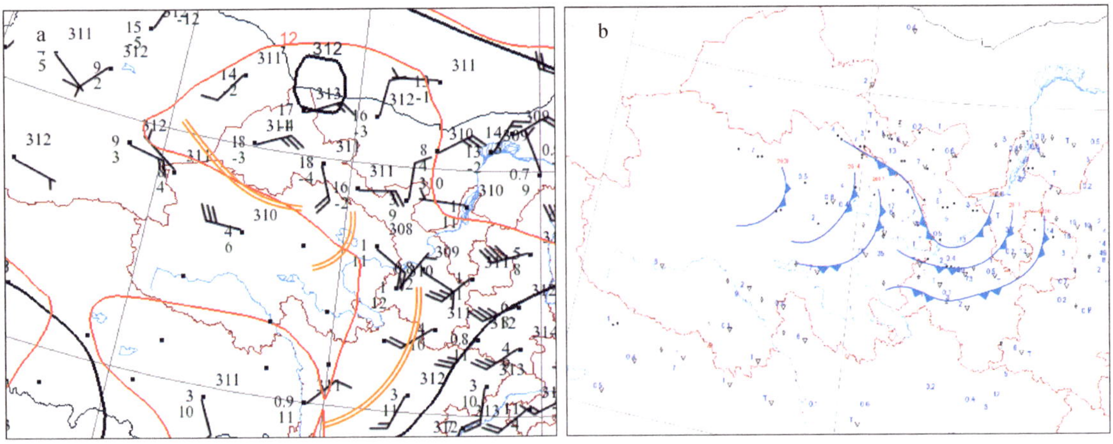

图 2.179　7 月 26 日 08 时 700 hPa 切变线(a)地面冷锋(b)

2.3　中尺度天气系统及其作用

从 26 日 08 时探空中尺度分析看出(图 2.180a),前期由于受副高影响,大气整层湿度条件比较好,从 500 hPa 到 700 hPa 都有明显的水汽输送急流,不断向高原输送水汽,从 17 时地面图分析可以看出(图 2.180b)在大到暴雨出现的区域有明显的地面辐合线,这种中小尺度的天气系统决定着降水的具体地点、开始结束时间及降水强度。总体而言,中尺度系统加强水汽辐合和上升运动,触发不稳定能量,决定降水开始结束时间、降水强度和具体地点。

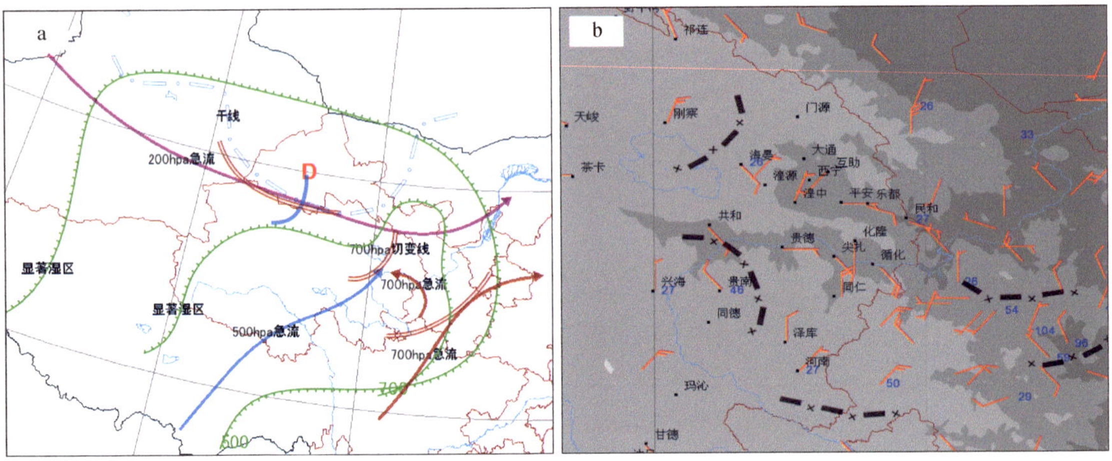

图 2.180　26 日 20 时各层急流切变线、湿区、干线(a)26 日 20 时地面中尺度辐合线(b)

3　物理量分析

3.1　水汽条件

从天气学观点看,无论是什么大尺度背景或者系统影响的暴雨天气,水汽、动力和热力条件是暴雨形成的必要条件,大气中具有充沛的湿空气由强烈的上升气流抬升凝结高度才能形成强降水，总降水量与降水效率和降水时间有关，同一地点的降水强度正比于上升速度 ω 和上升空气的比湿 q[1]，若有较长的降水时间配合，则形成暴雨或者大暴雨。

充分的水汽供应是形成暴雨的一个重要条件，分析此过程中的水汽条件，500 hPa 实况中暴雨区西南风比较旺盛。并且风速在 8～14 $m \cdot s^{-1}$，全省 $T-T_d \leqslant 2$ ℃，对应(700 hPa)低层比湿场最大值为 12 $g \cdot kg^{-1}$(图 2.181a)，地面露点 15～20 ℃(图 2.181b)，分析此过程中西宁探空图，水汽条件较好，地面至 400 hPa 均为湿层，湿层深厚，厚度约 7 km，即暴雨区水汽通道畅通，高空水汽条件达到饱和。文宝安[1]指出通过水汽通量可以了解降水过程中的水汽来源和水汽输送强度，而水汽通量散度则与暴雨落区出现关系更为密切。此过程中(图 2.181a)青海省中部有一西南—东北向的强水汽辐合带，并且最大中心值为 -28×10^{-8} $g \cdot cm^{-2} \cdot hPa^{-1} \cdot s^{-1}$，该水汽带东移北抬过程中为暴雨区提供充沛的水汽条件，强降水主要发生在水汽辐合区内。结合降水实况，此次强降水过程主要在海南南部、黄南南部、海北西部的刚察地区，即水汽通量大值区偏北侧的等值线密集带内，这与较强降水易出现在水汽通量大值区下风方向等值线密集地带的研究结论[2]一致。

综上所述，水汽通量和水汽通量散度对强降水中心有比较好的指示意义，强降水中心多出现在水汽通量大值区下风方向的等值线密集地带，并且该地带配合有强的水汽通量辐合。水汽通量及水汽通量散度强度和范围减小，预示着降水趋于减弱和结束。

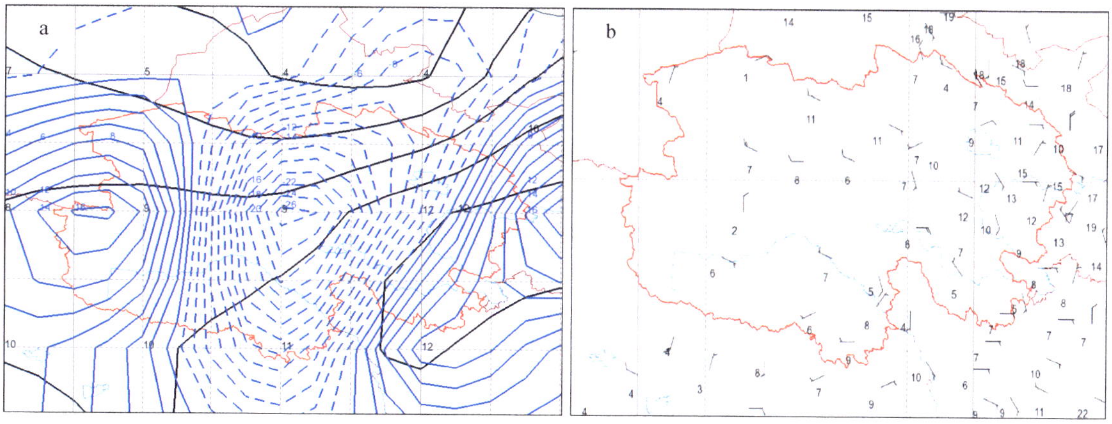

图 2.181　2017 年 7 月 26 日 08 时 700 hPa 比湿场($g \cdot kg^{-1}$)(黑色实线)
水汽通量散度(10^{-8} $g \cdot cm^{-2} \cdot hPa^{-1} \cdot s^{-1}$)(蓝色虚线)(a)地面露点(℃)(b)

3.2　不稳定条件

不稳定层结为对流发展提供了位能转化为动能的基本条件，是暴雨、强对流天气发生的重要因素之一[2-3]。而假相当位温是综合反映大气温度、湿度和压力的特征物理量，表征了大气的温湿特征和垂直运动，也反映了大气中不稳定能量的分布，是大降水预报和诊断的强有力工具。结合强降水落区的位置，青海省处于西南—东北向的暖舌控制中(图 2.182a)，尤其是在强降水落区处于 80 ℃高值区中，并且等位温线分布比较密集，从假相当位温垂直梯度计算出，地面至 400 hPa 为负值，厚度约为 4 km 左右。经对青海省大到暴雨天气能量值的统计，大到暴雨过程前，青海省近地面到 500 hPa 能量明显增高，700 hPa、500 hPa、300 hPa 的高能中心最大值分别为 75 ℃、77 ℃、80 ℃[4]。而此次过程中大降水落区的高能中心最大值分别为 80 ℃、78 ℃、80 ℃，均超出青海省大到暴雨高能区预报指标。以西宁探空站(图 2.182b)为代表进行分析，暴雨区不稳定能量较强，但能量分布不均匀，T-ln$P$ 图中 CAPE 值为 296.9 J·kg^{-1} 且呈“高瘦型”强降水的垂直分布形态，即表征大气已经处于不稳定状态。

暴雨的发生已经具备了充沛的水汽和一定的对流不稳定潜势，是否能够激发强降水的发生，触发抬升机制是非常重要的条件。

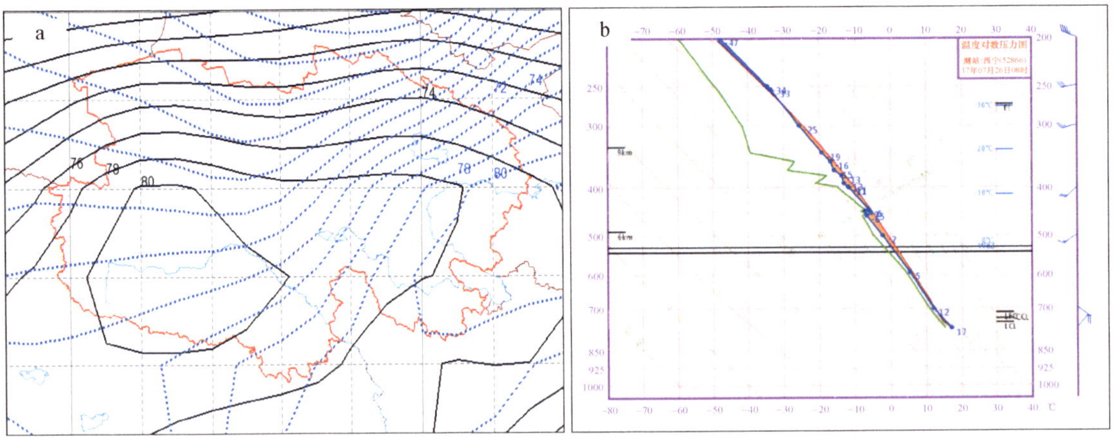

图 2.182　2017 年 7 月 26 日 08 时假相当位温(℃)
(蓝色虚线 700 hPa，黑线 500 hPa)(a)西宁探空图(b)

3.3　对流抬升机制

分析大到暴雨区散度场，暴雨前散度场(图 2.183a,b)上 26 日 08 时 700 hPa 青海省中部为西南—东北向的负值区，并且最大负值中心值为 -24×10^{-5} s^{-1}，辐散中心位于 500 hPa，从而形成了低层辐合高层辐散典型的强降水配置。并且分析强降水过程期间垂直速度场(图 2.183c,d)，从 700 hPa 以上均为强上升区，且最大中心值位于 500 hPa，最大值为 -16 Pa·s^{-1}，上升气流强且深厚，并且维持时间较长，这种强上升的负中心越大、维持时间越长对该地区的强降水越有利。由此可见，散度场中低层辐合与高层辐散结构，对应上升气流强弱，在同一时次达最强，与最大降水落区中心基本对应，最强降水时段出现在低层辐合高层辐散及垂直速度逐渐增强的过程中。同时也说明了此次强降水过程的对流发展系统十分旺盛，降水落区附近的强垂直上升运动激发了不稳定能量的释放，为强降水的出现提供了动力机制并且这种配置情况有利于水汽的上升运动，为暴雨的产生提供了充沛的水汽。

4　结论

1)空间分布特点：区域性大到暴雨，呈东北—西南向分布，南强北弱，东多西少，伴雷暴大风。

2)地面至中高层湿区的叠加区域及水汽通量散度的辐合区域可能对大雨落区有较好的指示；需要关注地形及较大水体附近的山谷风、湖陆风等中尺度系统对天气尺度降水落区的影响和反馈效应。尤其是山脉迎风坡和背风坡的降水需要更进一步的研究和分析。

3)此次降水过程发生在西太平洋副高西侧外围环流和北部西风小槽交汇区域，降水的对流性质较强，单点暴雨、大雨多发，模式预报偏小，副高西侧环流的东西摆动和弱冷空气东移南压的位置，均给具体的大雨落区预报带来了较大的不确定性，对于此类强降水天气，需要更多的总结和凝练相关预报指标。

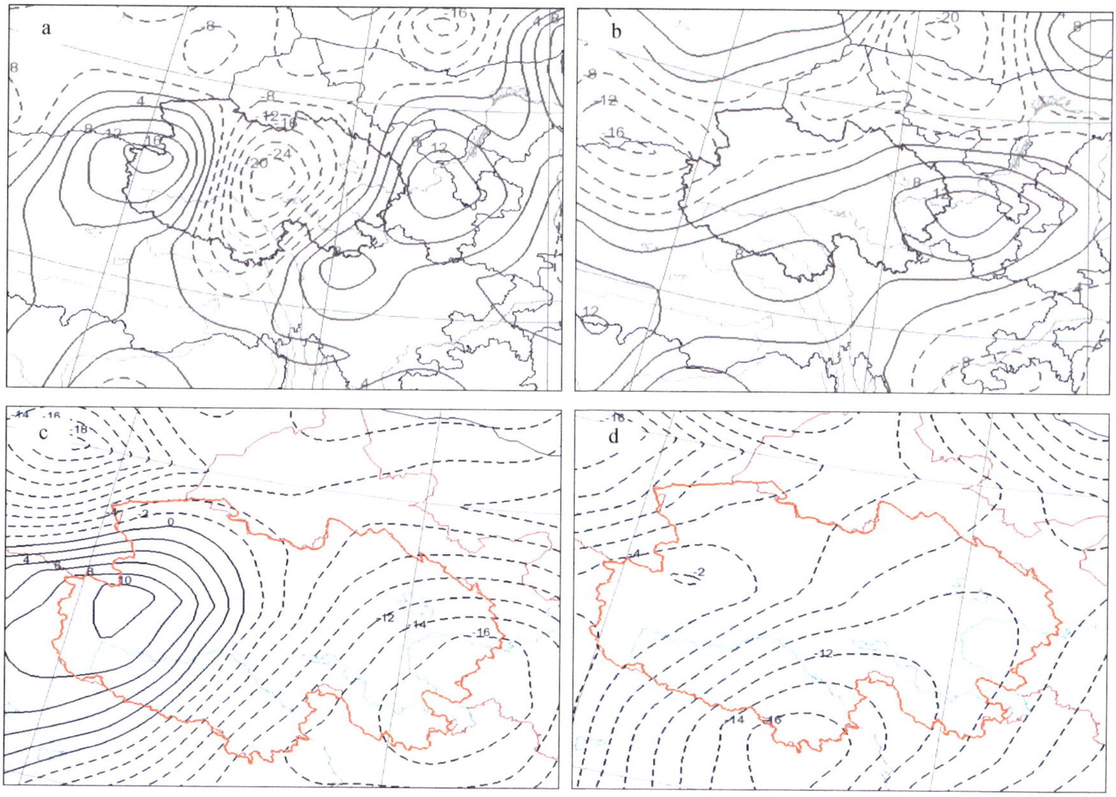

图 2.183 2017 年 7 月 26 日 08 时散度场 700 hPa(a)400 hPa(b)(单位:10^{-5} s^{-1})
垂直速度 500 hPa(c)300 hPa(d)(单位:10^{-3} hPa·s^{-1})

4)地面辐合线等中小尺度系统的发生、发展及局地地形决定着降水的具体地点、开始结束时间及降水强度。

参考文献

[1] 文宝安. 物理量计算及其在暴雨分析预报中的应用——水汽通量与水汽通量散度[J]. 气象,1980(6):34-36.

[2] 殷雪莲,郭建华,董安祥,等. 沿祁连山两次典型强降水天气个例对比分析[J]. 高原气象,2008,27(1):184-192.

[3] 李燕,薄兆海,何玉科. 大连大暴雨天气过程个例分析[J]. 气象科技,2007,35(2):222-226.

[4] 王江山,李锡福. 青海省天气气候[M]. 北京:气象出版社,2004:234-235.

2017年8月5日黄南大到暴雨分析

彭英超　陈　晶　王　敏　任　强　徐开宇　严继云
(黄南州气象台,同仁　811399)

摘　要:2017年8月5日青海省黄南州南部地区出现了暴雨天气过程,利用自动站气象要素、MICAPS、葵花卫星云图等资料进行分析,总结造成此次暴雨天气的主要成因[1]。结果表明,南支切变配合副热带高压边缘的暖湿气流是此次暴雨天气的主要影响系统。西太平洋副热带高压外围强盛的西南暖湿气流为此次暴雨天气提供了充沛的水汽来源。中小尺度系统中高空急流激发了暴雨区不稳定能量的释放,地面辐合线是此次暴雨天气中小尺度触发机制。−78 ℃云顶亮温(TBB)、55 dBZ强回波带造成短时强降水。

关键词:暴雨,天气,分析

引　言

青海省黄南藏族自治州(以下简称黄南州)位于青藏高原东南部,平均海拨在4000 m以上,属于干旱、半干旱高原大陆性气候[2],雨热同季。黄南州的降水主要集中出现在5—9月,该时段多发局地暴雨和短时强降水,易汇集成山洪,甚至触发泥石流及滑坡,造成冲毁道路、民宅、农牧设施、人员伤亡等严重灾害。因此,及时总结、分析暴雨天气过程个例的强度、特征、成因等,为今后在预报服务工作中提高暴雨预报、预警和短时临近预报服务的提前量和准确度提供一定的参考。

1　天气实况

2017年8月5日16时至夜间,黄南州境内出现一次大范围降水过程,其中南部地区出现大到暴雨天气(图2.184a)。5日08时—6日08时全州共有6站点达到大雨以上量级,有2个站点达到暴雨量级,泽库县城58.2 mm,黄南机场2号站28.9 mm,河南县城34.9 mm,河南赛尔龙乡44.3 mm,河南柯生尖克村34.9 mm,多松乡85.4 mm。降水集中出现在16—18时,最强小时降水量多松乡15—16时达55.4 mm,泽库县城16—17时达39.3 mm,赛尔龙乡17—18时达26.5 mm,河南县城17—18时达22.5 mm(图2.184b)。各测站的短时强降水分别持续了1 h,局地伴有雷暴大风,此次降水天气具有“局地性强,短时降水强度强”的特点。

2　环流演变特征及影响系统

2.1　高空环流形势分析

2017年8月5日08时500 hPa高空图上(图2.185a),亚洲大陆中高纬度为两槽一脊型,青海省处于新疆至蒙古间的宽广高压脊下,北部地区受贝加尔湖槽底部不断分裂的短波槽下滑影响,南部地区(玉树东部、果洛南部)受588 dagpm副热带高压外围的西南气流影响。由

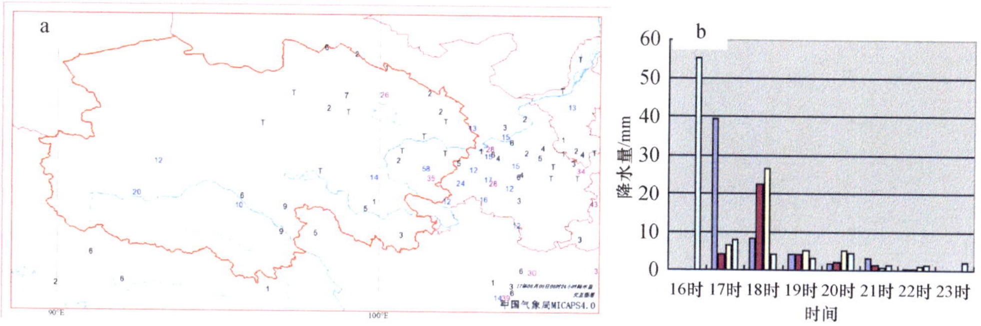

图 2.184　2017 年 8 月 5 日 08 时—6 日 08 时降水量(mm)(a)
2017 年 8 月 5 日 16—23 时逐小时降水量(mm)(b)

于受西南气流影响，孟加拉湾的水汽源源不断输送到黄南州南部地区，使该地水汽充沛，温度露点差在 2 ℃左右。至 20 时(图 2.185b)，控制青南地区的副热带高压进一步加强西伸，黄南在西风脊前南下的偏东北气流与副高外围西南气流形成的高原竖切变线当中。总体而言，高原南支切变配合副热带高压边缘的暖湿气流是此次局地暴雨天气的主要影响系统。

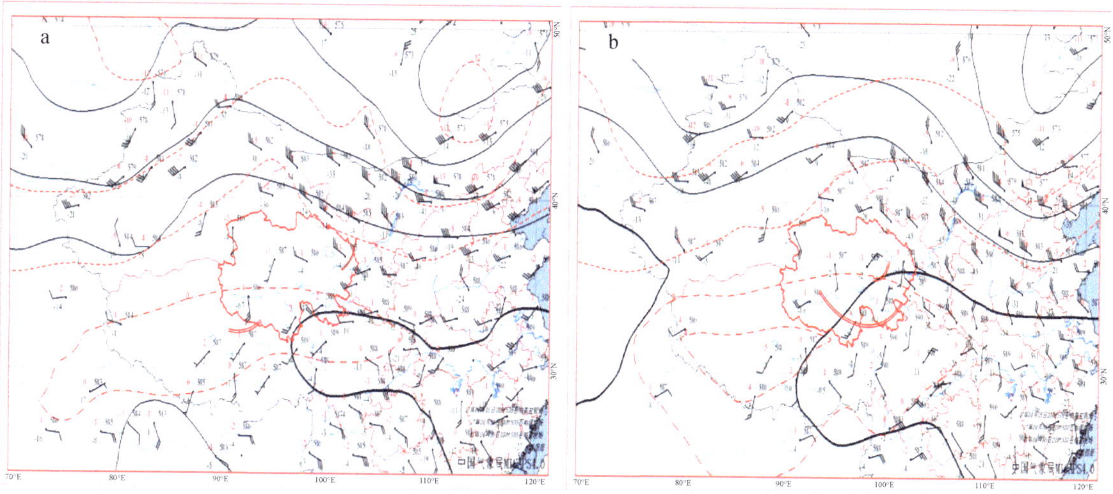

图 2.185　2017 年 8 月 5 日 08 时(a)20 时(b)500 hPa 环流形势

2.2　地面形势分析

5 日 14 时地面图上(图 2.186)，黄南州河南南部地区已有切变辐合形成，并有弱冷空气堆积，至 17 时，风场的切变加深北抬至黄南州泽库—果洛州玛多—玉树曲麻莱一线。与降水实况和时段进行对比分析，降水基本与切变位置相对应，表明地面中尺度辐合线在此次降水中起到了重要作用。

3　中尺度分析

此次暴雨天气中有短时强降水的产生，所以研究形成暴雨的中尺度系统很有必要[3]。从图 2.187 可分析出，高空 200 hPa 上在甘肃西部一带有风速大于 40 $m \cdot s^{-1}$ 的高空急流；500 hPa 上位于河套的高空槽影响青海省东北部地区，在西藏那曲至青海省果洛北部一带有

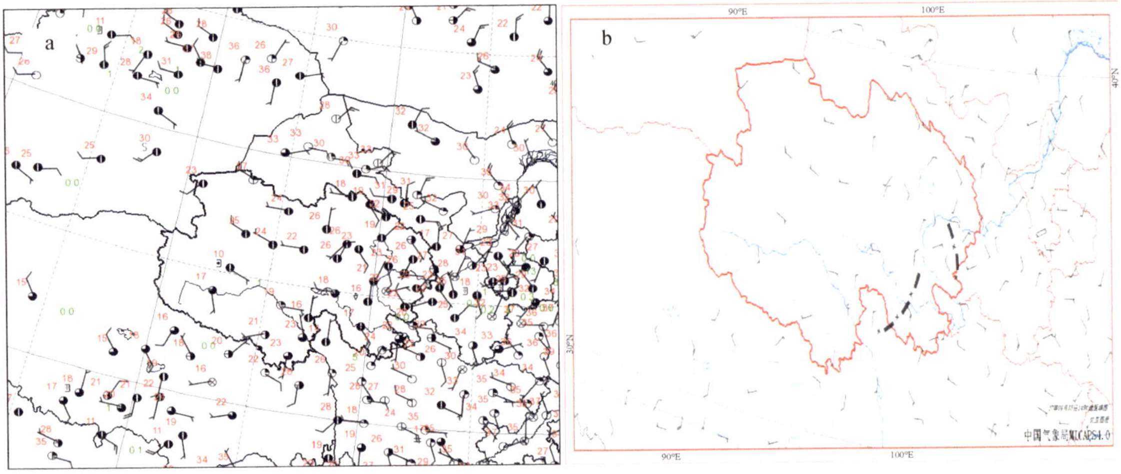

图 2.186　2017 年 8 月 5 日 14 时地面分析图(a)8 月 5 日 17 时地面分析图(b)

南支切变存在，影响整个青南地区，切变前有 $T-T_d<4$ ℃的湿区，对应 700 hPa 上也有显著湿区($T-T_d<4$ ℃)在青海省东部地区(黄南)。地面上黄南州南部地区及果洛中部均有辐合线存在，辐合线右侧露点 $T_d\geqslant10$ ℃的湿区，辐合线左侧青海湖以北至果洛北部为露点差值≥5 ℃的干线。综上所述，高空急流右前方有辐散气流的抽吸作用，在暴雨区产生强的上升运动，加强了不稳定层结，切变线及中尺度辐合线触发了暴雨天气的产生，西南暖湿气流的输送使暴雨区存在深厚湿层，为此次局地暴雨天气的发生提供了重要水汽条件。

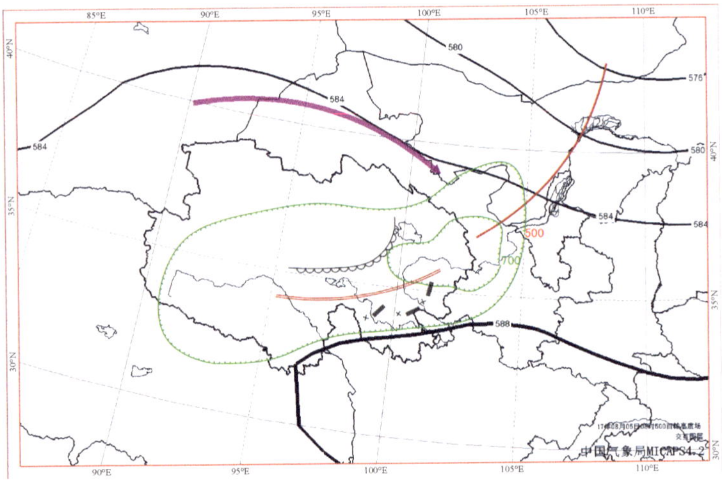

图 2.187　2017 年 8 月 5 日中尺度分析图

4　物理场分析

4.1　水汽条件

形成大降水需要充沛的水汽条件，同样对流性暴雨也需要丰富的水汽和水汽供应。分析 8 月 5 日 08 时比湿场，可以看出 500 hPa 场上整个青南地区都是比值大值区，其中玉树、黄南南部为两个比湿中心，值分别为 7.5 $g\cdot kg^{-1}$，6.5 $g\cdot kg^{-1}$(图略)，700 hPa 场上黄南地区为整个青海省的比湿中心，值为 13 g・kg^{-1}，中低层的高湿条件加上高原下垫面受热不均匀，午后极易产生强对流天气(图 2.188a)。5 日 08 时(降水开始前)500 hPa 水汽通量散度场上分析(图 2.188b)，青海省周边两个散度中心，分别是新疆北部、河西走廊东部，青海省海西以及黄南水汽通量散度值分别为-10×10^{-6} g・cm^{-2}・hPa^{-1}・s^{-1}，-8×10^{-6} g・cm^{-2}・hPa^{-1}・s^{-1}为青海省的水汽辐合中心，且随着副高边缘孟加拉湾的水汽源源不断向此地输送，降水大值区正好与此对应。

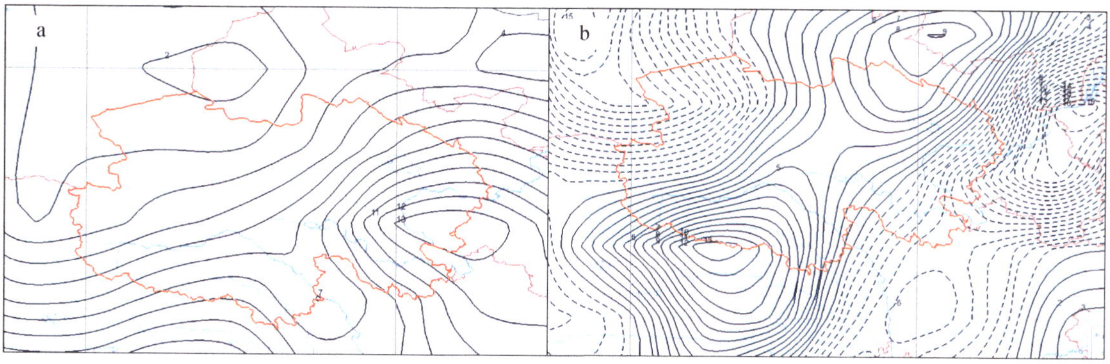

图 2.188　(a)8 月 5 日 08 时 700 hPa 比湿场(g・kg^{-1})
(b)8 月 5 日 08 时 500 hPa 水汽通量散度场(10^{-6} g・cm^{-2}・hPa^{-1}・s^{-1})

4.2　假相当位温

热力条件是强降水形成、发生的必要条件。假相当位温 θ_{se} 代表大气热力和能量状况，等 θ_{se} 线密集区即为位势不稳定能量和斜压不稳定集中区。分析 5 日 08 时的假相当位温(图略)，黄南地区为等 θ_{se} 线密集区，其中黄南南部为大值区，从低层到高层 $\theta_{se}>75$ ℃，具有强的不稳定，说明黄南南部地区有利于强对流天气发生的热力条件。

4.3　动力条件

分析黄南地区的涡度场(图 2.189a)，可以看出 5 日 08 时黄南地区 500 hPa 以下为正涡度，并且为 10×10^{-5} s^{-1} 的正涡度中心，对应 500 hPa 以上为负涡度，其中心值达到-50×10^{-5} s^{-1}。分析 08 时散度场(图 2.189b)，600～500 hPa 为辐合中心，400～250 hPa 为散度正值区。综合分析，这种 500 hPa 以下为正涡度负散度，500 hPa 以上为负涡度正散度，形成低空辐合高空辐散的强烈的上升运动，因此此次强降水处于深厚的上升运动区中。

5　卫星云图分析

分析葵花红外卫星云图演变过程，5 日 15 时，青南地区的切变云系不断东移加强，已发展至黄南州南部地区(图 2.190a)，在河南县多松乡上空发展为对流云团并逐渐加强扩大，首先开始降水；至 16 时，整个对流云团不断发展加强至泽库县境内，在河南县多松乡上空发展最为旺盛(图 2.190bA 点)，云顶亮温 TBB 为-78 ℃，对应 15—16 时段河南县多松乡产生了 55.4 mm 的暴雨，泽库县也开始降水并逐渐加强；到(图 2.190c)17:40，黄南州南部地区整个被对流云系覆盖，河南上空的对流云团结构密实，发展最为旺盛，对应 17—18 时河南县站也出现了短时强降水；20 时后(图 2.190d)，整个对流云团在作东移南下的移动过程中开始逐渐减弱，对应降水也减小并转为稳定型的降水。

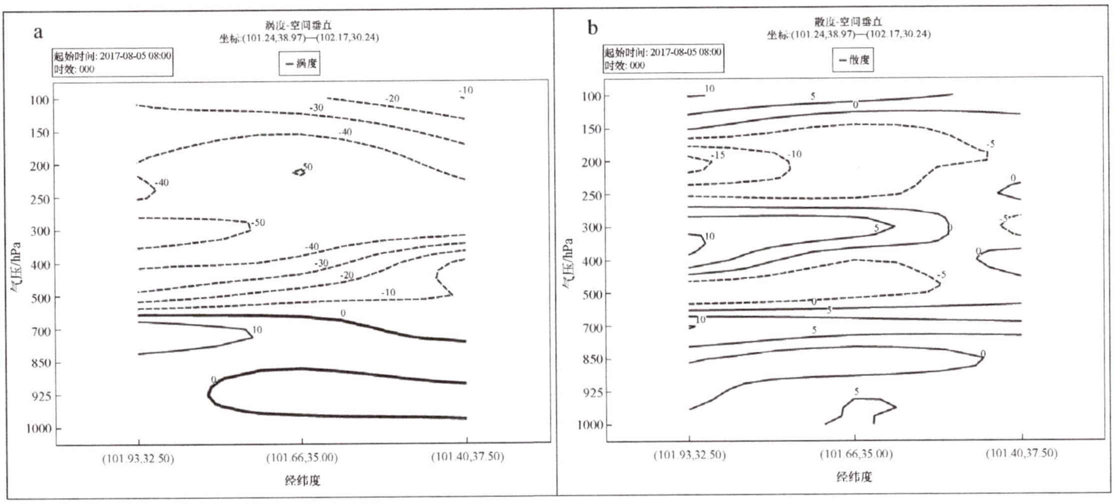

图 2.189 (a)8 月 5 日 08 时涡度剖面图(b)8 月 5 日 08 时散度剖面图(单位:$10^{-5}\ s^{-1}$)

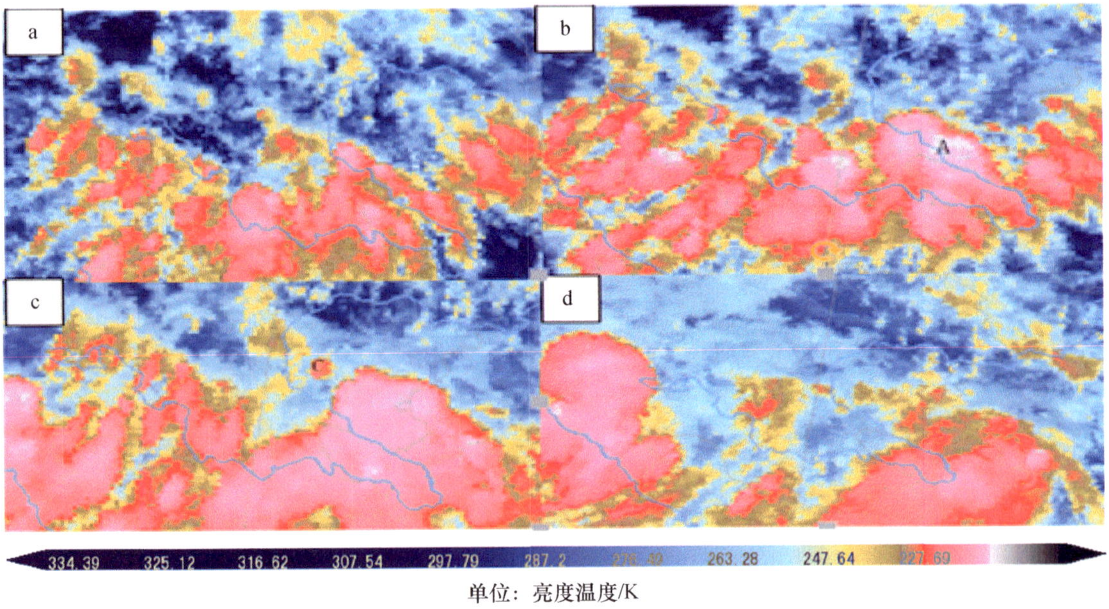

图 2.190 2017 年 8 月 5 日 15 时(a)16 时(b)17:40(c)20 时(d)葵花卫星红外云图

6 讨论

6.1 副高对此次过程的影响

副高 5 日 08 时控制玉树东部至果洛以北,至 20 时向西北方向西伸北抬控制西至玉树中部东至海东、海南、黄南一带。副高在此西伸的过程中北部西风脊前南下的偏东北气流和副高外围西南气流在青海省东南部形成切变,配合中小尺度系统,造成暴雨天气(图 2.191)。

6.2 自动气象站气象要素分析

针对此次暴雨天气,选取泽库县站(小时雨强 39.3 mm)为代表站,于降水开始前每小时

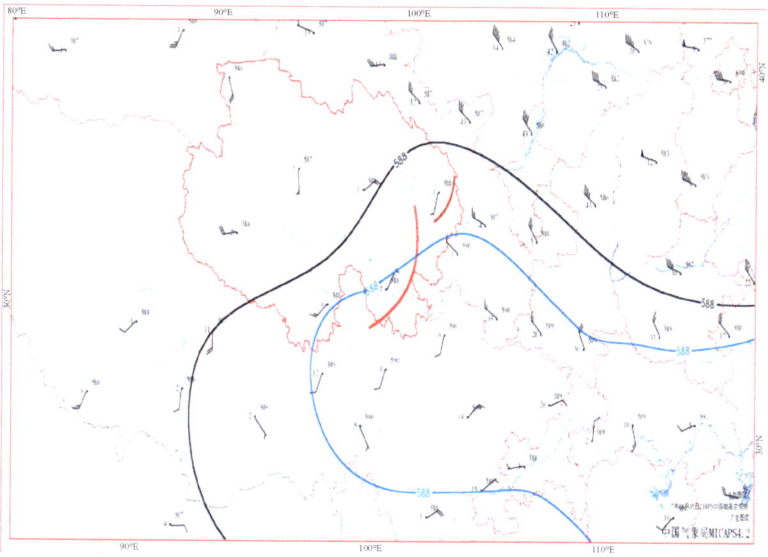

图 2.191　8 月 5 日 500 hPa 高空形势图(蓝线为 08 时,黑线为 20 时)

自动气象要素资料进行分析(图 2.192)。得出泽库代表站在 5 日强降雨发生前 12—16 时的压、温、湿变化趋势为:气温逐时增加,到 15 时达最高值 19.6 ℃,15 时以后气温骤降;14 时前水汽压和露点逐时下降约 2 ℃(hPa);气压也逐时下降,到 15 时由 12 时的 655.4 hPa 降至 653.9 hPa,平均每小时降 0.4 hPa。在短时强降水发生前 1 h,也就是 16 时,所有气象要素均有明显变化,气温 1 h 内迅速下降 3.4 ℃,水汽压上升 2.1 hPa,露点上升 2.4 ℃,气压上升了 0.3 hPa(769.6 hPa),到 17—18 时短时强降水发生时,气温剧降 3.2 ℃,气压猛升1.2 hPa,水汽压和露点不变。由此单站要素反映,冷空气是 16 时左右开始入侵,而强降水就是在冷暖空气交汇时段 17—18 时发生。在此次短时强降水发生前 1 h 气象要素反映为气温明显下降,气压上升,这些气象要素变化预示着强对流天气的发生[4]。

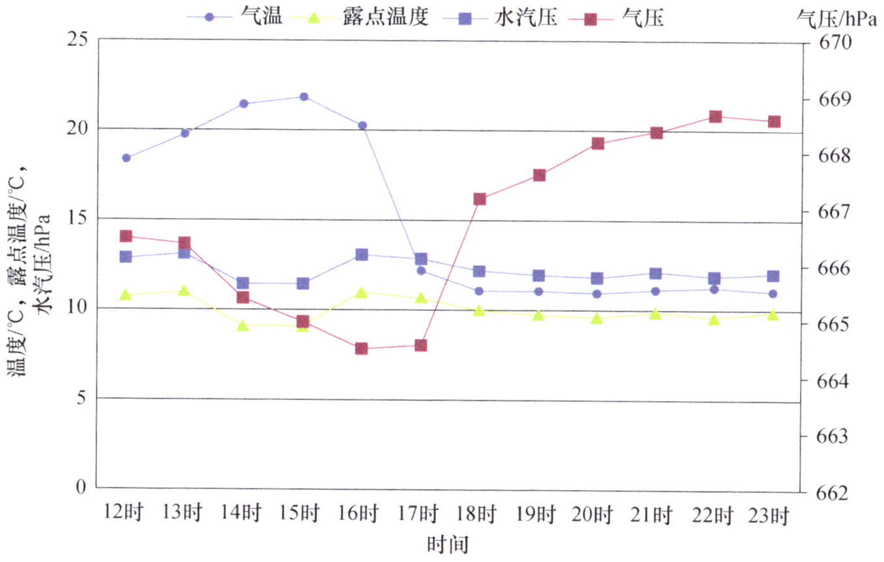

图 2.192　泽库站 2017 年 8 月 5 日 12—23 时自动站小时气象要素图

7 小结

1)北部西风脊前南下的偏东北气流和副高外围西南气流形成的中尺度高原竖切变线配合副热带高压边缘的暖湿气流是此次暴雨天气的主要影响系统。

2)切变线及中尺度辐合线触发了不稳定能量的释放产生暴雨天气。

3)西太平洋副热带高压外围强盛的西南暖湿气流为此次暴雨天气提供了充沛的水汽来源;大降水一般出现在假相当位温的高值区,对应黄南南部为大值区,从低层到高层 $\theta_{se}>$ 75 ℃,具有强的不稳定,说明该地区有利于强对流天气发生的热力条件;高低空的配置,高层辐散,低层辐合,高层抽吸作用使整层大气发生了强烈的上升运动,低层的切变辐合为强降水发生发展提供了动力条件。

4)对流云团的发展合并,云顶亮温 TBB 最大值达－78 ℃,55 dBZ 以上强回波带,说明对流旺盛、雷达强回波带过境的地方会造成强降水天气。

5)暴雨发生前 1 h 气象要素反映为气温明显下降,气压上升,这些气象要素变化预示着强对流天气的发生。

参考文献

[1] 朱乾根,林锦瑞,寿绍文,等. 天气学原理和方法(第四版)[M]. 北京:气象出版社,2007:146-319.

[2] 王江山,李锡福. 青海省天气气候[M]. 北京:气象出版社,2004:3-9,115-117,553-555,596-598.

[3] 陆汉城,杨国祥. 中尺度天气原理和预报[M]. 北京:气象出版社,2004:251-288.

[4] 王志远. 青藏高原东北部一次区域性暴雨天气形成机理分析[J]. 青海气象,2012(4):2-6.

2017 年 8 月 19 日青海省东北部大到暴雨天气过程预报难点分析

辛秋玲　赵　娟
（西宁市气象台，西宁　810001）

摘　要：应用常规天气图资料、西宁站探空层结资料、卫星红外云图等资料，对 2017 年 8 月 19 日青海省东北部发生的大到暴雨天气过程进行综合分析，结果表明：1）西亚大槽不断分裂短波槽南下，引导冷空气影响青海省东北部；青海省偏南部有切变，配合南部的暖中心，以及副高外围的西南风将暖湿气流不断向青海省东北部输送。如此，北部冷空气与南部的暖湿气流在青海省东北部汇合，造成本次的降水天气。2）地面辐合线位于西宁东南部、及海东偏南位置的湟河谷地一带，为暴雨提供了触发机制。3）充足的水汽条件；低层辐合、高层辐散的散度场和强的垂直上升运动；表现出大气层结具有明显的强对流潜势的不稳定因子，都对出现大到暴雨的降水提供了很好的指示作用。

关键词：冷暖交汇，地面辐合线，强对流潜势

1　降水实况

2017 年 8 月 19 日 08 时—20 日 08 时青海省东北部出现了一次区域性大到暴雨过程。此次降水过程具有以下几个特征：一是降水时段以夜间为主，降水于 19 日 16 时开始，20 时之后加强，随后到 20 日凌晨逐渐结束；二是降水区域集中，虽然降水在东部和南部都出现了，但东强西弱的特点很明显，且降水主要集中在青海湖附近（图 2.193）。本次降水过程主要以大雨（12 站）为主，局地出现暴雨（1 站）。最大降水量为青海湖 151 站为 67.6 mm·(24 h)$^{-1}$。

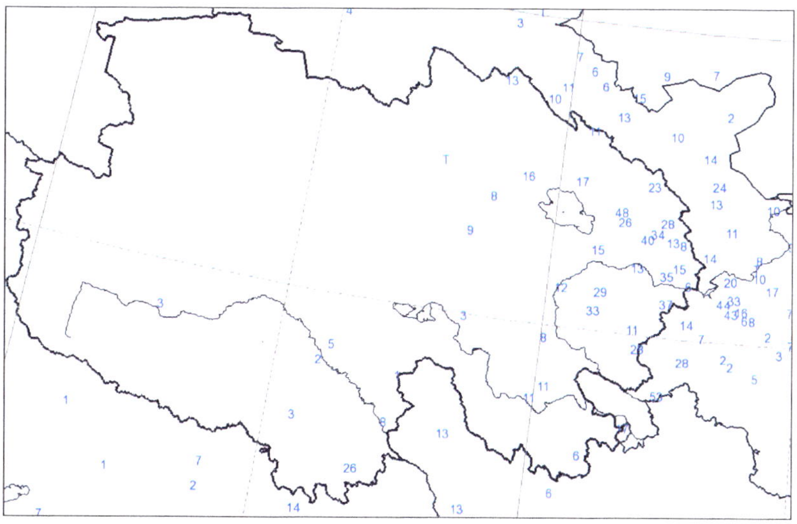

图 2.193　2017 年 8 月 19 日 08 时—20 日 08 时降水量(mm)分布图

2 成因分析

2.1 环流背景

2017 年 8 月 19 日 20 时的 500 hPa 高空形势分析(图 2.194a),西亚大槽不断分裂短波槽南下,引导冷空气影响青海省东北部地区;青海省偏南部有切变,配合南部的暖中心,为青海省东部输送西南气流;副高位于青海省南部边界位置,外围的西南风也将暖湿气流不断向青海省东北部输送。如此,北部冷空气与南部的暖湿气流在青海省东北部汇合,造成本次的降水天气。

同时,从地面风场的加密资料分析可见(图 2.194b),19 日 20 时河湟谷地有东南风和西北风的辐合线,分别位于互助、平安、湟中一线,化隆、循化一线,以及地形抬升作用,触发了本次暴雨天气。

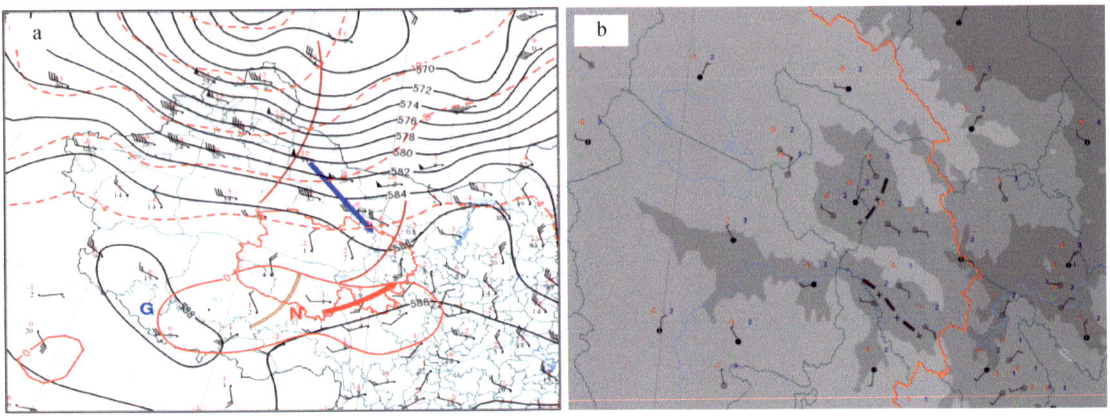

图 2.194　2017 年 8 月 19 日 20 时 500 hPa 高空形势分析图(a)
19 日 20 时地面辐合线+青海省东部河谷地形图(b)

2.2 水汽条件

水汽供应越充分,则云底高度越低,上升运动越强,则云顶高度越高,因而云层越厚,云滴增长越快,降水量越大。而形成暴雨的首要条件就是要有充分的水汽供应[1]。本文分析此次大到暴雨的水汽条件主要从地面比湿、700 hPa 比湿和 700 hPa 水汽通量散度三个因子来展开。

从地面加密资料来看,19 日东部地区的地面比湿(图 2.195a)在 20 时达到最大,为 7～8 $g \cdot kg^{-1}$,这为 20 时之后降水开始加强提供了充足的水汽条件;从 700 hPa 比湿(图 2.195b)可见,比湿中心位于甘肃与四川交界处,比湿中心达 14 $g \cdot kg^{-1}$,由此向青海省东部延伸的湿舌,使得东部地区的比湿值为 10～12 $g \cdot kg^{-1}$的高湿区,为强降水的产生提供了有利的水汽环境场;再从 700 hPa 水汽通量散度(图 2.195c)分析,水汽辐合中心位于青海湖南侧,中心值为 $-25 \times 10^{-8}\ g \cdot cm^{-2} \cdot hPa^{-1} \cdot s^{-1}$,且青海省北部至东南部为宽广的强水汽辐合区,表明东北部地区不仅有大量水汽输送而且还有水汽的强烈辐合,为该地区的降水产生和维持提供了充足的水汽供应,并在该区域内出现了本次的最大降水。

由以上分析得出,本次降水的水汽条件十分充沛。

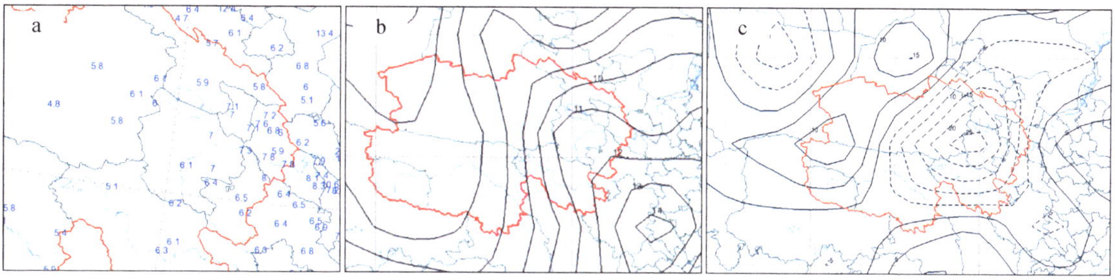

图 2.195　2017 年 8 月 19 日 20 时地面比湿(a)700 hPa 比湿($g \cdot kg^{-1}$)(b)
700 hPa 水汽通量散度($10^{-8}\ g \cdot cm^{-2} \cdot hPa^{-1} \cdot s^{-1}$)(c)

2.3　动力条件

散度是衡量速度场辐散、辐合强度的物理量。从 19 日 20 时散度场分析,700 hPa 散度场(图 2.196a)青海省东北至东南一线为宽广水平辐合区,散度中心位于青海湖南部,中心强度达$-30\times10^{-5}\ s^{-1}$;而到 500 hPa 高度辐合减弱,辐合中心已移至省外;到了高层 300 hPa 时,青海省东北部为正的散度值。故从整层分析来看,300 hPa 以下为辐合区,300 hPa 以上为辐散区。这种低层辐合、高层辐散的散度分布,增大了大气的“抽吸作用”[2],有利于深对流的发展[3],为降水的增强提供了很好的动力条件。

垂直速度是天气分析和预报中经常使用的物理量,大气中的凝结和降水过程与上升运动有密切的关系,垂直运动会引起水汽、热量、动量、涡度等的垂直输送,对天气系统的发生发展影响很大[4]。因此,对 19 日 20 时青海省东部沿降水一线(西宁—青海湖—海南中部)做垂直速度场空间垂直剖面(图 2.196b),整层都为负值,上升运动明显;最强上升速度在 500～400 hPa 高度之间,中心位于青海湖附近,强度达$-44\ Pa \cdot s^{-1}$。强降水发生前有强烈的上升运动,强的上升运动将低层的水汽、能量抬升到高空,触发不稳定能量的释放。

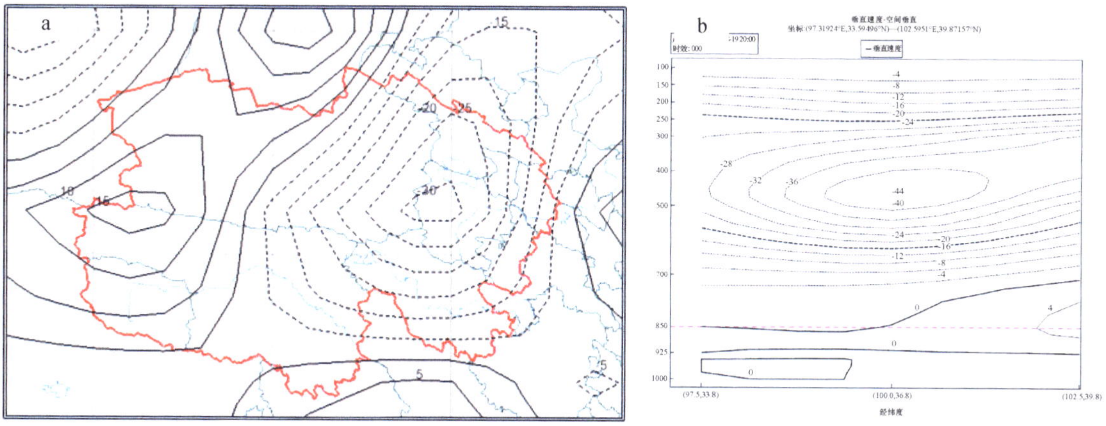

图 2.196　2017 年 8 月 19 日 20 时 700 hPa 散度($10^{-5}\ s^{-1}$)(a)
19 日 20 时垂直速度场($Pa \cdot s^{-1}$)空间垂直剖面图(b)

2.4 不稳定条件

利用探空资料及 K 指数对本次过程的大气稳定度进行判断。降水发生在午后16时至凌晨,故选用20时的探空资料(图2.197a)。700 hPa为东南风,近地面层有冷空气抬升,有利于降水系统的发展;低层(700 hPa)到中层(500 hPa),再到高层(300 hPa),风向由东南风经西南风转为西北风,风向随高度顺转180°,风速也随之增大,中低层存在明显的暖平流;400 hPa为12 $m \cdot s^{-1}$的西南风,引导暖湿气流的输送,为降水提供了水汽来源;300 hPa及以上为大于16 $m \cdot s^{-1}$高空风速带,高层辐散有利于低层辐合上升。同时,探空曲线呈"高瘦型"强降水形态特征,湿层深厚,对流有效位能(CAPE)为330.9 $J \cdot kg^{-1}$,SI指数为0.13 ℃,700 hPa到400 hPa存在弱的垂直风切变说明大气层结存在发生强对流的潜势力,对本次出现大到暴雨的降水具有很好的指示作用。

K 指数(图2.197b)是对流性天气强弱的一个热力指标,表征大气的潜在能量,值愈大,大气层结愈不稳定。20时的 K 指数中心位于西宁偏北地区,中心值为33 ℃,且出现降水的青海省东部地区的 K 指数为31~33 ℃的大值区,说明大气层结为较强热力不稳定。

综上,说明19日20时西宁处于明显的层结不稳定,因此导致降水在20时之后加强。

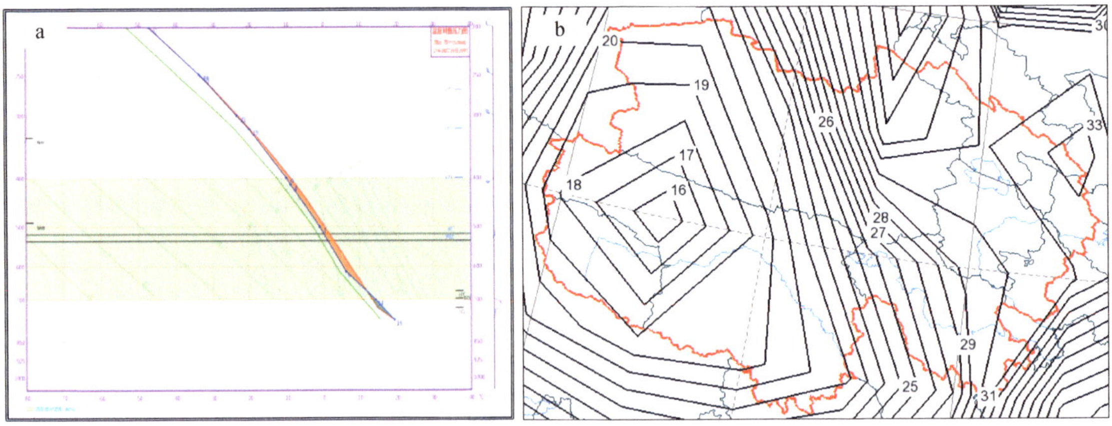

图2.197 2017年8月19日20时 T-ln$P$(a)K 指数图(b)

2.5 卫星红外云图

分析红外云图(图2.198)的演变发现,此次暴雨过程中,伴随着500 hPa短波槽、切变线的东移发展,卫星云图上由中小尺度对流云团发展,加强,造成了本次降水。在高空系统的引导下,影响云系主要是由西向东方向移动。降水开始于16时之后,16时青海省东北部对流云系发展至西宁北部,前沿海晏已出现短时强降水13 $mm \cdot h^{-1}$,青海省南部对流云团已由南部发展至海南中部;随后17时海晏强降水继续,南北云系逐渐合并;18时南北云系汇合为一个较大的中尺度云团,海南东部云系与南部另一云团交汇处同德县出现强降水18 $mm \cdot h^{-1}$。

合并后的云团移速较慢,导致降水时间较长。同时,TBB反映出强降水出现在TBB梯度最大值附近(在青海湖南侧)。随着该云团逐渐东移,TBB梯度大值区也东移,降水范围也从东北部转至东部地区,至次日凌晨移出青海省,降水逐渐结束。

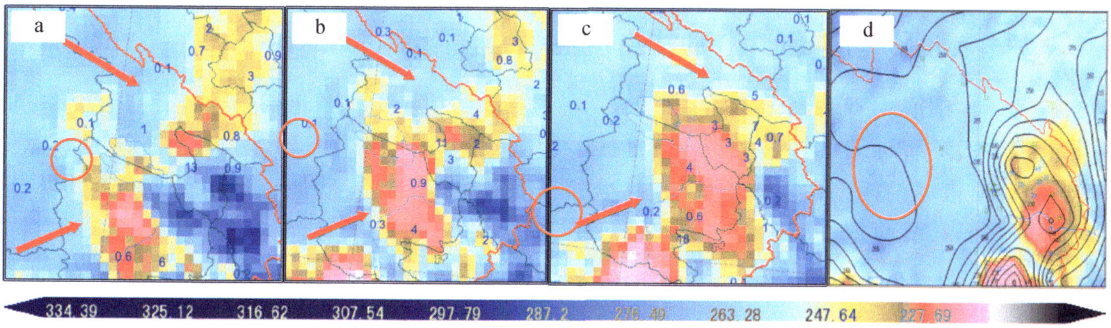

单位：亮度温度/K

图 2.198　2017 年 8 月 19 日降水时段红外云图

(a)16:00(b)17:00(c)18:00(d)20:00

3　预报难点

为了能够更好地做出青海省该类型的天气预报，针对本次暴雨天气过程的预报难点，通过与 EC 预报场的对比，做出如下分析。

3.1　EC 预报与实况检验，预报落区差异大

从 EC 场的 18 日 20 时起报 24 h 预报场与实况场进行对比（图 2.199），可以看出以下几点：

1）从 500 hPa 高度场的对比来看，预报场（虚线）对副高位置预报比实况更偏北，这会影响对降水强度的预报。

2）500 hPa 风场对比中，（实况场为黑色，预报场为蓝色）高空槽和切变线的预报与实况差异较大，北部短波槽位置预报场比实况更偏西；南部实况切变在玉树偏西偏南位置，而预报场两个切变分别位于玉树、果洛南部。这会影响到降水发生时段的判断。

3）降水落区上游的海西东部站点的风向预报偏差大，实况（黑色）为偏北风，预报（蓝色）为偏南风，这便会直接影响到降水落区的预报。

综上，实况与预报的形势场差异较大，是影响降水落区预报的原因。

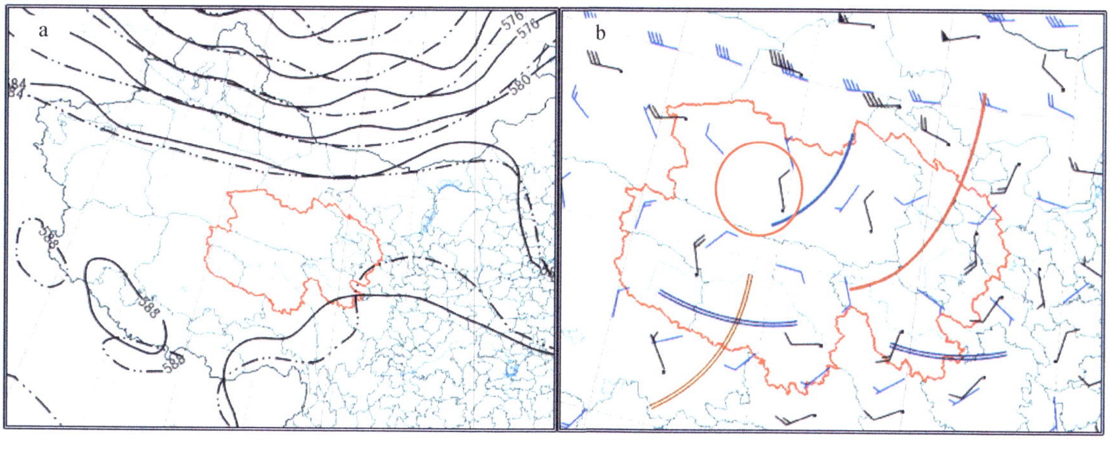

图 2.199　2017 年 8 月 19 日 20 时高度场实况＋预报(a)风场实况＋预报图(b)

3.2 降水强度预报难,个别站点出现极端性降水

本次降水中心为青海湖151站67.6 mm·(24 h)$^{-1}$,降水量接近历史极值,而降水强度的预报也是本次灾害性天气预报的难点。从EC预报场与实况的500 hPa风场(图2.200)对比检验来看:预报场的西南风4~6 m·s^{-1},比实况偏弱,这会影响孟加拉湾由南向北的水汽输送条件的强弱并且决定了对青海省东部降水强度的预报判断。

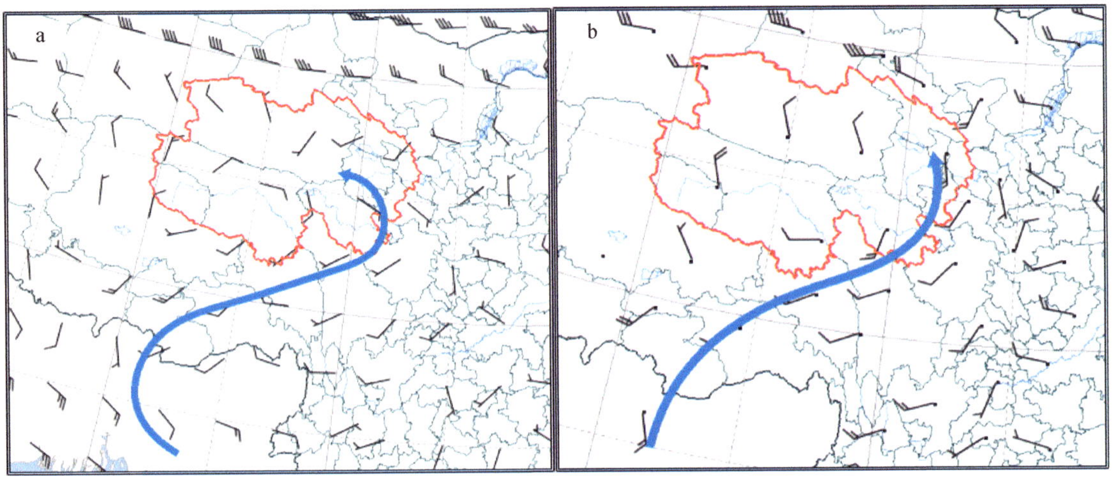

图2.200　2017年8月19日20时风场EC-24 h预报(a)实况图(b)

3.3 水汽条件检验

预报场700 hPa降水区域的比湿为10~11 g·kg^{-1},比湿中心为11 g·kg^{-1}。实况场700 hPa降水区域的比湿为11~12 g·kg^{-1},且比湿中心值为14 g·kg^{-1}。可以看出,预报场对水汽条件的预报比实况偏弱,也影响降水强度的预报。

3.4 本次预报难点

预报员在预报过程中,过多参考EC预报场,从而影响对本次大到暴雨天气的预报判断。从以上分析来看,本次降水的实况与EC预报场的差异较大,因此对降水预报的范围、强度、时间都有影响。随着新资料的不断应用和降水资料的积累,预报员因全方位的参考多种资料,在实际预报业务中不断应用和检验,同时,也可利用更多的历史个例进行研究,以取得更有代表性的预报指标,逐步修正此类预报的方法。

4 小结

1)本次灾害性天气的分布特点:2017年主汛期青海省东北部一次大到暴雨过程。降水雨带自西南—东北走向在全省范围展开,而降水呈现东强西弱的形式,降水时段主要集中在午后至夜间,最大降水量为67.6 mm·(24 h)$^{-1}$。

2)本次灾害性天气的成因:西亚大槽不断分裂短波槽南下,引导冷空气影响青海省东北部;青海省偏南部有切变,配合南部的暖中心,以及副高外围的西南风将暖湿气流不断向青海省东北部输送。如此,造成北部冷空气与南部的暖湿气流在青海省东北部汇合,造成本次的降

水天气；地面辐合线位于西宁东南部、及海东偏南位置的湟河谷地一带，为本次暴雨提供了触发机制；充足的水汽条件，低层辐合、高层辐散的散度场配置和强的垂直上升运动，以及表现出大气层结具有明显的强对流潜势的不稳定因子，都对出现大到暴雨的降水提供了很好的指示作用。

3)本次灾害性天气的预报难点：实况与预报场形势场差异较大，影响降水落区的预报。从风场及水汽条件对比，预报场的水汽及输送条件比实况弱，影响降水强度的预报，特别是对个别降水极值的预报有难度。

参考文献

[1] 朱乾根，林锦瑞，寿绍文，等．天气学原理和方法(第四版)[M]. 北京：气象出版社，2007.
[2] 周祖刚，张高英，姜勇强，等．一次梅雨暴雨过程的数值模拟[J]. 气象与环境科学，2011，34(4)：1-6.
[3] 牛乐田，刘帆，李春娥，等．陕西中西部一次区域性暴雨天气诊断分析[J]. 陕西气象，2015(5)：33-37.
[4] 郑媛媛，姚晨，郝莹，等．不同类型大尺度环流背景下强对流天气的短时临近预报预警研究[J]. 气象，2011，37(7)：795-801.

第三部分
大风和沙尘暴天气

大风和沙尘暴天气概述

大风是指瞬时风速达到或超过 17.0 m·s^{-1}(或目测估计风力达到或超过 8 级)的风。沙尘暴是由于强风将地面大量尘沙吹起,使空气相当混浊、天色昏黄的现象,其水平能见度低于 1 km。特强沙尘暴(瞬时风速大于 25 m·s^{-1},风力 10 级以上)可使地面水平能见度低于 50 m。

据青海省 50 个地面气象站 1961—2015 年大风日数统计资料分析,青海省大风日数的年代际、年际变化表现为单峰式变化,20 世纪 60 和 80 年代相近,20 世纪 70 年代为高峰,自 20 世纪 80 年代表现为下降趋势。大风日数的季节变化表现为春季＞冬季＞夏季＞秋季,大风日数的月变化表现为:3 月大风日数达到峰值,大风日数达 6 天;其次是 4 月、2 月、5 月,9 月大风日数发生站次达到谷点,大风日数将近 2 天。大风天气分布有着明显的地域特征。由于地势、地形的关系,青海省除河湟谷地外以偏西大风为主。大风天气以沱沱河为中心,年平均达 132～147 天;果洛南部、玉树南部、黄南南部、盆地外围和青海湖部分地区达 35～51 天;柴达木盆地内陆、海北东部达 19～35 天;而西宁、海东等地最少为 2～18 天。

青海省气象科学研究所的李璠、徐维新等人对青海省 50 个地面气象站 1961—2015 年沙尘暴、扬沙、浮尘日数统计分析得出,青海省沙尘天气的年代际、年际变化呈波动下降态势,整体上先增加后减少,20 世纪 70 年代为沙尘最多的年代,最少在 2011—2015 年。沙尘日数的季节变化从春季到冬季呈“V”字形变化,春季＞冬季＞夏季＞秋季。沙尘暴日数的月变化特征与季节相一致,3 月沙尘暴日数达到峰值,其次是 4 月、2 月、5 月、1 月,9 月沙尘暴日数发生站次达到谷点。沙尘暴空间分布有两个中心,即以青南高原的唐古拉及可可西里地区和以刚察为中心的环青海湖地区。青南高原以沱沱河、五道梁、格尔木、茫崖为中心向东向北呈梯形递减[1],青海省南部和东部边缘地区是沙尘的低发区。

青海省上空的急流随季节有明显变化,夏季高空急流区约在 40°N 附近,而冬季约在 30°N 以南,在青藏高原 10 月和 5 月是过渡季节,夏季急流较弱,位置偏北,到 10 月以后急流开始南移,500 hPa 高空图上甚至会形成两支急流,一支在 37°N 附近,另一支在 27°N 附近,青海省正处在这两支急流之间的区域中。正常情况下,500 hPa 时间剖面图中,95°E 剖面上,25°N 与 45°N 地区的位势高度在 11 月到次年 4 月,差值均在 21 dagpm 以上,而 6 月、7 月高度差还不到 10 dagpm。青海省地处青藏高原东北部,海拔较高,地形复杂,每年 2—6 月,气温回升,日变化明显,由于地表不一,受热不均,加之 500 hPa 北支锋区急流在青海省上空摆动,容易造成动量下传大风。青海省地形复杂、地势高、湖泊众多,尤其是青海湖湖体大,海陆风的影响值得考虑。当有天气系统过境时,加上海陆风的影响,常使风力加大,如江西沟气象站。地形的狭管效应,也容易引起大风天气,如茫崖、茶卡。

通过对青海省 2007—2018 年 28 个区域性大风沙尘个例分析,青海省大风天气主要由地面冷空气、高空急流、高空冷暖平流活动、低空升温降压以及地形地貌等因素造成,初步建立 3 种概念模型,即混合型大风、动量下传型大风和中尺度型大风。沙尘暴的发生一般需要有两个条件[1]:①足够强劲持久的风力;②丰富的沙源,是形成沙尘暴的物质条件。通过对 28 个大风沙尘暴个例分析,依据发生沙尘暴天气的天气系统尺度,主要划分为天气、次天气尺度和中小尺度天气系统影响下造成的沙尘暴天气。

混合型大风天气特点:大风时段分布没有明显的日变化特征,全天均有分布,其中在上午时段较多;大风持续时间长度一般在 3～6 h 和 7～12 h 居多;主导风向为西北风,偶有北风或西风,量级通常是 5～6 级及以上。大风过程出现沙尘天气的概率较大,如果系统自带水汽较好或配合有南支水汽输送出现降水的概率较大。此型大风的典型环流配置是:对应的 500 hPa 主要影响系统有 29～36 区巴尔喀什湖强槽东移分裂西风槽,主要表现为500 hPa 高空图上为竖槽或横槽转竖影响,槽后偏北风常伴随较强冷平流,带动地面冷高压从西北方向影响青海省,冷空气强度通常较强,导致大风量级较大,较易带来沙尘天气。地面气压场上北疆、南疆、祁连山为冷高压控制,蒙古中部、陇南、四川盆地为热低压控制,河西至青海省中东部处于冷暖结合区的强气压梯度区。

青海省以动量下传为主因的大风天气表现为西部多于东部,南部多于北部,高海拔地区多于低海拔地区的空间分布。青南高海拔地区和祁连山区是大风高发区域,沱沱河地区是全省极值中心。动量下传为主因的大风天气冬春季频发,而夏秋季则相对较少。大风天气主要出现在 2—5 月,其中又以 3 月最多。午后 14—20 时时段是每日中发生频次最多的时段,而凌晨 02—08 时则是每日大风发生最少的时候。青海省 2009—2018 年间大风记录的平均风速为 18.7 $m \cdot s^{-1}$,动量下传类大风的平均风速为 19.1 $m \cdot s^{-1}$,四分之三的大风发生时风速在 20 $m \cdot s^{-1}$以下,其中以 18 $m \cdot s^{-1}$的大风观测频次为最多。最大达到 12 级。动力因子而言,高层风速若小于地面风速时(这种极端情况较少),动量则无所谓下传。高空动量愈强愈有利于动量的传递,但并不一定高空风速非要达到挂旗的急流标准,而是具备相对于地面强的动量条件下同时具备风垂直切变随高度的变化较大,即垂直风切变在垂直方向上有波动,才有动量下传的基础条件。热力因子而言,存在逆温的条件下动量基本无法下传,近地层层结需要一定的不稳定,层结曲线需要达到干绝热或超绝热状态,这样湍流活动才能发展,进而才能通过湍涡的垂直震荡将高层较强的动量运输下来。高空强动量带及垂直风切的垂直波动是该类大风发生的基本条件,而近地层不稳定层结导致的湍流运动能否发展起来是该类大风发生的关键因素,而能综合表征动力和热力条件的里查森数 $Ri \leqslant 2$ 可能是动量下传类大风发生的必要条件。青海高原动量下传类大风的主要预报着眼点有平直西风气流的天气形势、高空相对地面较大的动量带、风垂直切变的垂直波动、逆温层和午后层结稳定性以及里查森数。

中尺度型大风天气特点:此类个例分析主要是研究中尺度系统造成的沙尘暴天气,主要发生区域在柴达木盆地西部,多发于冷湖、茫崖、小灶火、格尔木等站。由于柴达木盆地年降水量少、植被稀疏、地表多以戈壁沙漠为主,当夏季高空有弱短波槽或冷温槽过境时,在盆地午后热低压的共同作用下,层结不稳定易出现对流或弱湿对流天气,雷暴高压前部出流边界(阵风锋)往往激发起中尺度的沙尘天气。这种类型沙尘天气时间短(在 12 h 之内)、尺度小(β 中尺度为主),有时个别站伴有阵雨天气,但量级很小,就发生频次而言相对较少,短期和短时可预报性较差,主要依赖于实况监测和临近预警。

参考文献

[1] 王江山,李锡福. 青海天气气候[M]. 北京:气象出版社,2004.

2007 年 1 月 25 日大风沙尘天气过程分析

赵占秀

(海北州气象台,海晏　812200)

摘　要:本文对 2007 年 1 月 25 日青海省大风沙尘天气从环流形势、影响天气系统、物理量场等方面进行了分析。结果表明:1)此次大风沙尘天气过程时空演变特征为 25 日 14 时开始,20 时发展增强,26 日 02 时最强,08 时开始减弱,26 日 14—20 时发展达到最强,夜间 27 日 02 时结束;而空间演变则是沙尘暴过程自西向东发展,南强北弱;25 日大风自西向东发展,北强南弱;26 日大风自西北向东南发展。此次大风沙尘天气,风向以西风、西北风为主,具有范围广、持续时间长、天气现象复杂的特点。2)区域性大风天气的成因包括以下几方面,新地岛的冷空气不断向冷温槽补充,使其加深,分裂的短波槽东移发展,受发展的东北低涡的阻挡,导致冷空气堆积,随着新疆脊的减弱,环流经向度加大,冷空气快速下滑,有利于地面大风出现;贝加尔湖西侧的冷高压不断分裂小高压,致使冷锋后的冷空气加强,地面冷锋是大风发生的主要原因;500 hPa 急流的存在配合上冷下暖的层结不稳定,产生动量下传,使其风速增大。3)沙尘暴天气发生的成因:区域性大风为沙尘暴天气提供了动力条件;层结不稳定为沙尘暴天气提供了热力条件;前期降水少及丰富的沙源为沙尘暴天气提供了物理条件。

关键词:大风,沙尘暴,成因,冷平流

1　天气实况

2007 年 1 月 25 日青海省冬季一次大风沙尘暴天气过程,局地伴有弱降雪。此次过程的时间演变特征是自 25 日 14 时从青海省西部开始;20 时发展增强(托勒极大风速达到 22 m·s^{-1},小灶火出现沙尘暴天气,最小能见度为 0.5 km);25 日 23 时祁连、门源出现了小雪天气;26 日 02 时风速达到最强(野牛沟极大风速达到 23 m·s^{-1});26 日 08 时风速减小;到了 26 日 14 时大风发展增强,北部地区风力达 9 级;26 日 20 时大风减小。此次大风天气以西风、西北风为主,具有范围广、持续时间长的特点。空间演变特征为:25 日大风自西向东发展,北强南弱(北部地区极大风速普遍在 9 级风左右,南部地区极大风速在 8 级风左右);26 日大风自西北向东南发展;沙尘暴天气北弱南强(海西有 3 站出现沙尘暴,海北只有 1 站出现沙尘暴)。本文主要对 25 日的大风沙尘暴天气进行分析,从 11 日 08 时—25 日 08 时河西走廊和青海省大部地区未出现降水天气,气候干燥,气温偏高。针对具体天气实况如图 3.1 所示。

2　大风天气成因分析

2.1　环流背景

从欧亚 500 hPa 中高纬形势分析,过程前 24 日 20 时高空图(图略),中高纬为“西北气流型”,这是青海省大风沙尘暴天气的典型形势之一,在这种天气形势下,一般新疆东部到

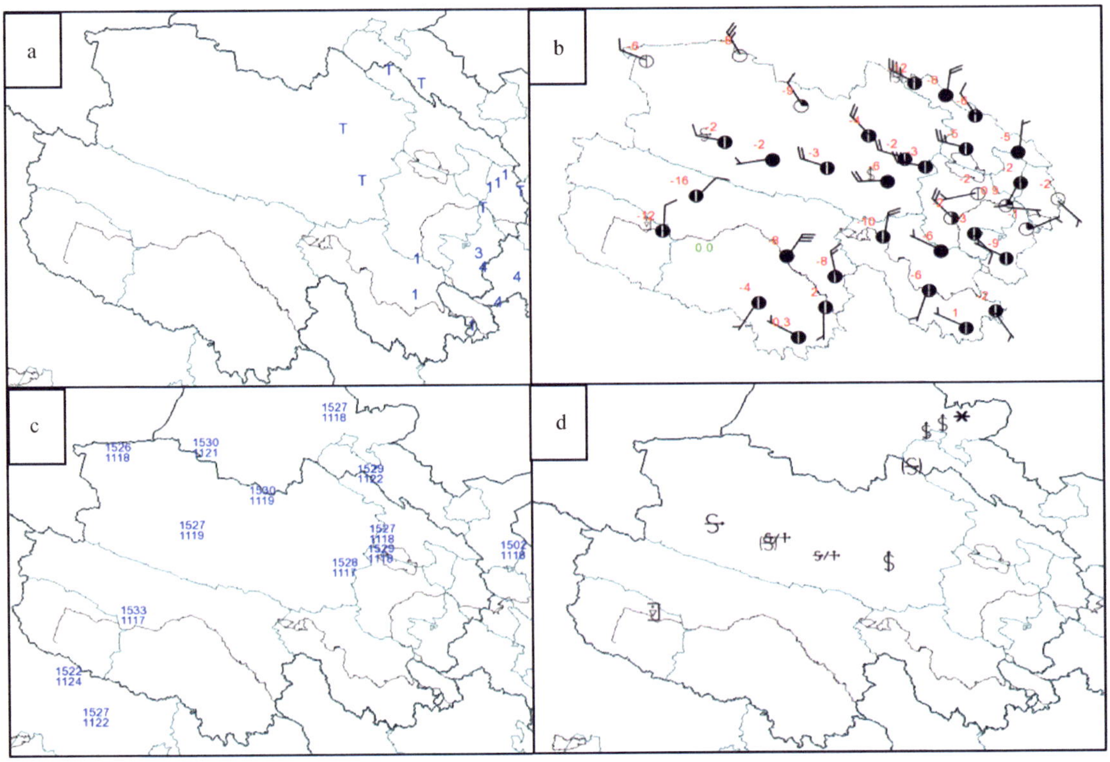

图 3.1 青海省天气实况

(a)11 日 08 时—25 日 08 时累计降水量(mm)(b)25 日 23 时地面天气现象分布图

(c)25 日 20 时地面大风分布图(d)地面沙尘暴分布图

青海省为脊前西北气流控制。从高空 500 hPa 形势场演变可见:巴尔喀什湖以北地区槽底部由于温度槽超前,在移动的过程中逐渐断裂,断裂的短波槽东移,发展加深;随着乌拉尔山高压脊的发展,新地岛的冷空气在脊前西北气流的引导下,输送到原先位于巴尔喀什湖的冷温槽中,使其不断加深;新疆至蒙古的高压脊也在不断向北伸展,同时向东北方向倾斜,整个青海省地区都受脊前的西北气流影响。此次过程除了东亚地区的弱脊影响外,东北低涡也逐渐加深,当东北低涡强度达到最强时,对其西部的系统有一个阻挡作用,冷空气不断堆积,在短波槽的引导下,青海省上空存在一条和风向几乎垂直的强锋区,急流南压,风速增大(图 3.2a)。

从地面影响系统演变分析(图 3.2b):此次大风沙尘天气过程主要是地面冷锋过境后影响造成的。冷高压中心位于贝加尔湖西侧,冷高压受其东侧发展的低压阻挡影响,在原地维持少动,强度逐渐增强,25 日 08 时的 1055 hPa,26 日 02 时的 1057.5 hPa,到 26 日 05 时为 1060 hPa。其不断分裂小高压,冷空气主要沿西北路径不断入侵青海省,致使冷锋后的冷空气加强,20 时青海省中北部地区有两个高压中心存在,气压梯度增大,冷锋到达青海省中东部,此时小灶火、格尔木、出现沙尘暴天气。20 时河西走廊的冷锋移动到甘肃中东部地区,祁连山南沿峡谷的托勒地区有冷空气入侵,从地面实况来看托勒的 3 h 变压在全省范围内达到最大,为 3.5 hPa,后出现了沙尘暴天气。虽然冷锋的进入是此次沙尘暴天气暴发的主要原因,但贝加尔湖西侧的冷高压不断分裂小高压,致使冷锋后的冷空气加强,从而更有利于大风沙尘暴天气的出现。

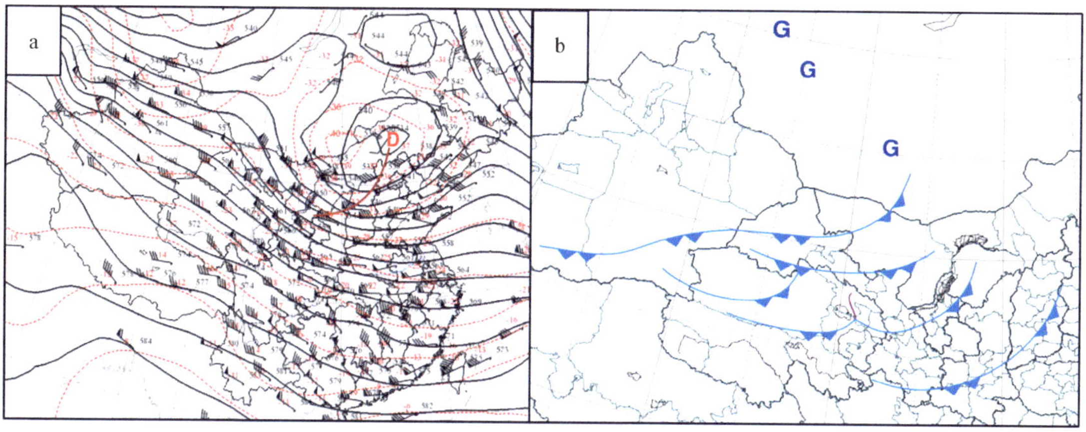

图 3.2　25 日 08 时 500 hPa 高空形势(a)25 日 08 时—26 日 02 时地面冷锋演变(b)

2.2　位势梯度和高空急流

根据风压公式可知，风速与气压梯度有关系，气压梯度越大，则风速越大[1-5]。大范围系统性大风的形成与较强的气压梯度或位势梯度有关。分析此次高原大风过程，大风出现前的高空环流形势(图 3.3a)可以看出：青海省上空有 4 根等高线，位势梯度大，这种形势下易出现大风天气；相比较而言，海北州至甘肃地区的等高线更密集，风速会更大，实况是托勒地区风速达到最大，为 22 $m \cdot s^{-1}$；温度脊超前于高度脊，在移动的过程中，脊减弱。故在 25 日 20 时环流经向度进一步加大，加深后的冷温槽到达青海省西部地区，等温线密集，高空风速变大，出现急流，海西地区的风速达到 32 $m \cdot s^{-1}$(图 3.3a)。500 hPa 急流的存在有以下作用：一是高空动量向下传输的必要条件；二是高空急流入口区动力锋生，导致不同密度的冷暖气团在此交汇，使得气压梯度增大，从而影响风速大小；三是高空急流入口区的正次级环流，会加大低层气压梯度，从而有利于地面大风的发生。20 时 500 hPa 上急流建立，海北州处在急流的出口右侧区，虽然属于锋消过程，此时锋面已经移过托勒的北部地区，地面上为冷空气控制；同时海北位于间接环流的上升区，风速增大，同时上升运动容易将地面的沙尘扬起，出现大风沙尘暴天气。

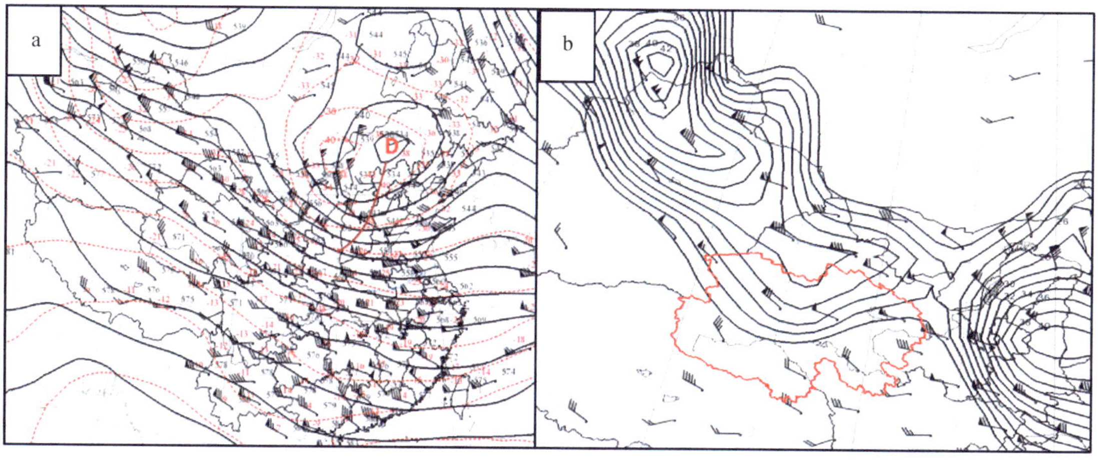

图 3.3　25 日 20 时 500 hPa 高空实况图(a)25 日 20 时 500 hPa 等风速图(b)

2.3 动量下传及沙尘暴成因

青海省高原地区冬春季发生的大风沙尘暴天气通常与较强的高空动量下传有关。而动量下传必须有两个必要条件:一个是高空急流的存在,这是高空动量下传的前提;另一个是层结不稳定导致的较强湍流活动,这则是动量能否下传的关键因素。此次过程中,高空急流如前述所述,强度大,但其存在并不能导致动量一定下传,还必须存在较强的层结不稳定。青海省冬春季节不稳定层结的建立一般和地面午后增温及高空冷平流有关。海西地区在 11 时地面气受热不均匀,形成了一个热低压(图 3.4a)。热低压不仅有利于湍流运动,如果高低空配置合适容易形成层结不稳定。如前所述,高空存在强冷平流,上冷下暖,进一步加剧湍流运动。高原空气稀薄,地面温度日较差大,午后地面增温明显,到 20 时地面温度已然下降(图 3.4b),但地面至 500 hPa 温度廓线近乎于干绝热,因此大气层结在白天趋于不稳定,湍流活动加强,动量下传。青海省大部地区海拔高度普遍大于 3000 m,下传更有优势。西风槽强迫上升气流发展,配合地面的湍流运动,将地面沙尘扬起。就如前面所分析,在青海省境内出现了持续时间较长的区域性大风天气。强风是沙尘暴天气出现的动力条件,沙源是沙尘暴天气的物理条件,层结不稳定是沙尘暴天气的热力条件,从而有利于沙尘天气的出现。

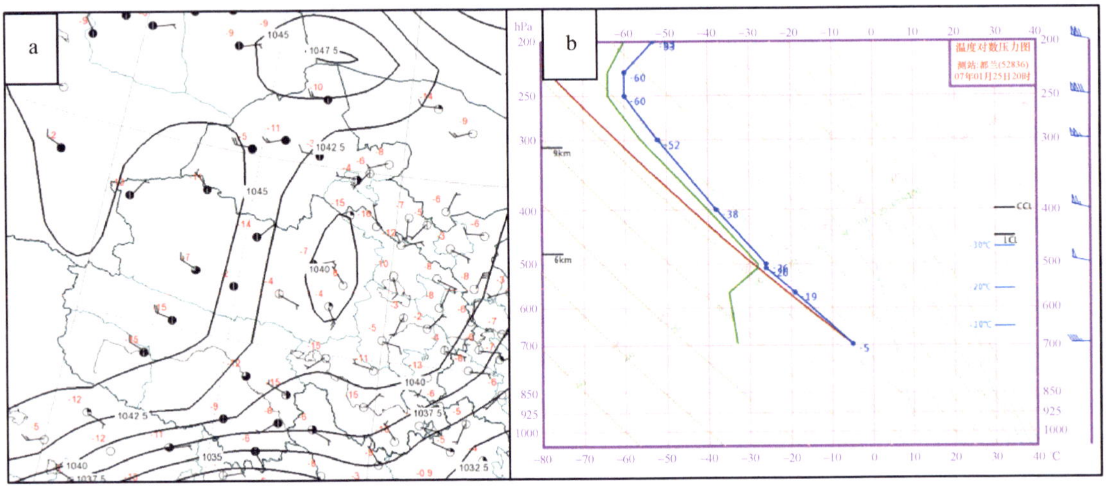

图 3.4 25 日 11 时地面气压场(a)25 日 20 时都兰探空图(b)

3 结论

1)此次大风沙尘天气过程时空演变特征为 25 日 14 时开始,20 时发展增强,26 日 02 时最强,08 时开始减弱,26 日 14—20 时发展达到最强,夜间 27 日 02 时结束;而空间演变则是沙尘暴过程自西向东发展,南强北弱;25 日大风自西向东发展,北强南弱;26 日大风自西北向东南发展。此次大风沙尘天气,以西风、西北风为主,具有范围广、持续时间长、天气现象复杂的特点。

2)区域性大风天气的成因包括以下几方面,新地岛的冷空气不断向冷温槽补充,使其加深,分裂的短波槽东移发展,受发展的东北低涡的阻挡,导致冷空气堆积,随着新疆脊的减弱,环流经向度加大,冷空气快速下滑,有利于地面大风出现;贝加尔湖西侧的冷高压不断分裂小高压,致使冷锋后的冷空气加强,地面冷锋是大风发生的主要原因;500 hPa 急流的存在配合上冷下暖的层结不稳定,产生动量下传,使其风速增大。

3)沙尘暴天气发生的成因:区域性大风为沙尘暴天气提供了动力条件;层结不稳定为沙尘暴天气提供了热力条件;丰富的沙源为沙尘暴天气的发生提供了物质基础。

4 预报着眼点及难点

着眼点:相较于大风天气预报而言,沙尘暴天气预报更难,进行大风沙尘暴天气预报时,首先要分析高空环流形势,影响系统,还有沙尘暴天气发生的三个必要条件。此次天气过程的着眼点是冷温槽发展加深,东部系统对其阻挡,随着新疆脊的减弱,冷空气快速下滑,是此次过程的预报着眼点。

难点:沙尘天气依据能见度可分类三类,即浮尘、扬沙、沙尘暴。对上述天气现象的预报模式很难反映,基本靠预报员积累,以主观判断为主。本身沙尘暴天气对公众的生产生活影响大,在进行沙尘暴的预报时特别谨慎,更强调于服务。分析原因是对这种天气现象的研究目前大多还处于个例分析阶段,同时沙尘天气出现的几率低,很难找到共同点。

参考文献

[1] 张存杰,宁惠芳. 甘肃省近30年沙尘暴、扬沙、浮尘天气空间分布特征[J]. 气象,2002,28(3):28-32.
[2] 李茜,董安祥. 白银市春季沙尘暴的初步研究[J]. 甘肃科学学报,2002,14(4):19-23.
[3] 郭铌,张杰,韩涛,等. 西北特殊地形与沙尘暴发生的关系探讨[J]. 中国沙漠,2004,24(5):576-581.
[4] 郭萍萍,殷雪莲,刘秀兰,等. 河西走廊中部一次特强沙尘暴天气特征及预报方法研究[J]. 干旱气象,2011,29(1):110-115.
[5] 孙军,李泽椿. 西北地区沙尘暴预报方法的初步研究[J]. 气象,2001,27(1):19-24.

2007 年 4 月 16 日大风沙尘暴天气过程及其日变化分析

王振海

(青海省气象台,西宁　810001)

摘　要:基于高空、地面和模式资料,对 2007 年 4 月 16 日发生在青海省的一次春季沙尘暴过程进行了分析,结果表明:1)此次春季大风沙尘暴天气过程影响范围广,持续时间长,强度大,且大风和沙尘暴均为昼强夜弱,日变化明显,同时伴随天气复杂。2)大风沙尘暴的成因主要是高空大的位势梯度及强急流,急流入口区动力锋生、正次级环流加大低层气压梯度,利于出现地面大风;层结不稳定导致高空动量容易下传,风向与等温线夹角大,温度梯度大、风速强,导致高空冷平流强,同时午后地面增温明显,层结白天趋于不稳定,湍流活动加强,高空动量容易下传;地面冷锋,变压风及锋面次级环流加强了地面风速;另外盆地西侧山口下坡风,东侧狭管效应,东部河谷地形辐合区域等地形也加大了地面风速;在强风的动力条件下,高空冷平流叠置在柴达木地面热低压之上,增强了层结不稳定,起沙条件好;且盆地沙源条件好,前期无降水,春季干燥的下垫面,均提供了较好的沙尘暴发生条件。3)沙尘暴昼强夜弱原因主要是沙尘暴自反馈,导致沙尘暴白天强,夜间弱;下垫面气温的日变化导致层结稳定度的日变化,进而导致动量下传昼强夜弱的日变化特征;高空急流白天强夜间东移等。

关键词:大风,沙尘暴,日变化,自反馈

1　天气实况

2007 年 4 月 16 日,青海省境内发生了一次春季大风、沙尘暴天气过程。此次过程中大风影响范围广,西起茫崖、东达民和、南至囊谦、北到祁连的全省境内均出现大风天气;大风强度大,普遍 9 级以上大风,10 级以上站点达到了 6 站,其中 3 站最大瞬时风速达到了 26 $m \cdot s^{-1}$;大风天气持续时间较长,自 16 日 11 时至夜间 02 时,自西向东、自北向南先后发生大风天气。伴随大风天气,全省出现了较大范围的沙尘暴天气,主要出现在柴达木盆地南部、海西东部和海南北部,共有 10 站出现沙尘暴,且沙尘暴强度大,都兰站、贵南站的整点最低能见度达到了 0.6 km。大风和沙尘暴天气均表现出昼强夜弱的特点,日变化明显。另外此次过程中,伴随天气复杂,沙尘区伴弱降水、东部小雨(雪),茫崖还出现了 4 mm 的冰雹天气,东部河谷和海西西部出现雷暴,过程中降温明显,其中冷湖、大柴旦、格尔木达到了寒潮标准。具体如图 3.5 所示。

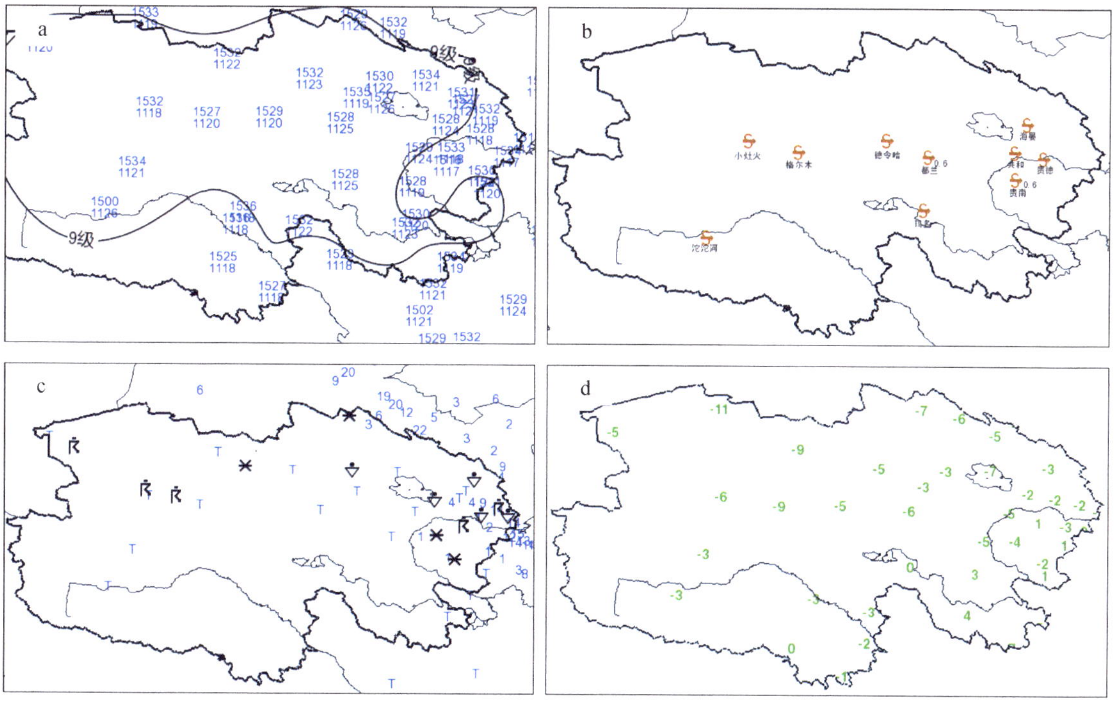

图 3.5 2007 年 4 月 16 日 08 时—17 日 08 时青海省天气实况

(a)4 月 16 日 20 时地面大风天气分布图(b)沙尘暴发生站点(c)降水及天气现象分布图(d)最低气温(℃)降幅

2 大风沙尘暴天气成因分析

2.1 大风成因分析

2.1.1 位势梯度和高空急流

大范围系统性大风的形成和较强的气压梯度或位势梯度有关，分析此次高原大风过程中 500 hPa 等高线(图 3.6a)，可以看出，青海省东北部地区上空 4 根等高线，位势梯度大，在 500 km的水平尺度上，$\Delta\phi>1200\ \mathrm{J\cdot kg^{-1}}$，理论地转风达到 $30\ \mathrm{m\cdot s^{-1}}$，高空风接近于地转风。这种高空大的等压面坡度导致 500 hPa 高空急流强劲(图 3.6b)，急流核中心风速最大达到了 $32\ \mathrm{m\cdot s^{-1}}$。急流的存在一方面提供了高空动量向下传输的一个必要条件，另一方面高空急流入口区动力锋生，导致不同密度的冷暖气团在此交汇，使得气压梯度增大，从而影响风速大小，还有一点，是高空急流入口区的正次级环流，会加大低层气压梯度，从而有利于地面大风的发生。

2.1.2 层结不稳定配合高空急流导致高空动量容易下传

青海省高原地区冬春季发生的大风天气通常和较强的高空动量下传有关，而动量下传有两个必要条件，一个是高空急流的存在，这是高空动量下传的前提，另一个是层结不稳定导致的较强湍流活动，这是动量能否下传的关键因素[1-9]。此次过程中，高空急流如前述所述，强度大，但它的存在并不能导致动量一定下传，还必须存在较强的不稳定层结导致的湍流活动与其配合。青海省冬春季节不稳定层结的建立一般和地面午后增温及高空冷平流有关，此次过程

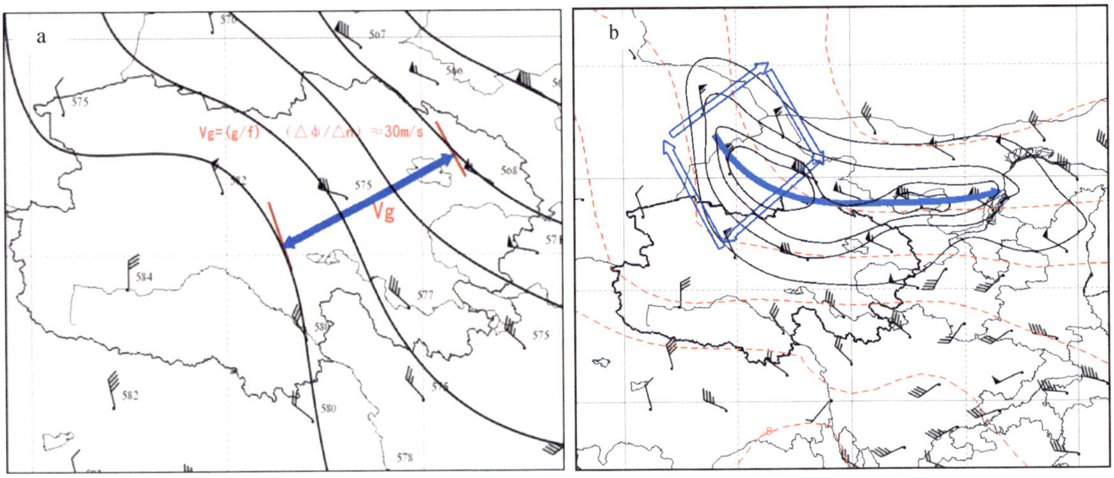

图 3.6　16 日 20 时 500 hPa 位势梯度及理论地转风(a)
16 日 20 时 500 hPa 高空急流及入口动力锋生及正次级环流示意图(b)

中,青海省全省境内 500 hPa 高空风向与该层等温线夹角大,风速强,同时等温线的温度梯度大,导致高空冷平流强,同时高原空气稀薄,地面温度日较差大,午后地面增温明显,20 时虽然地面温度已然下降,但地面至 500 hPa 仍接近于干绝热($\gamma \approx 0.86$ ℃·(100 m)$^{-1}$),因此大气层结在白天趋于不稳定,湍流活动加强,从而导致高空动量容易下传(图 3.7)。

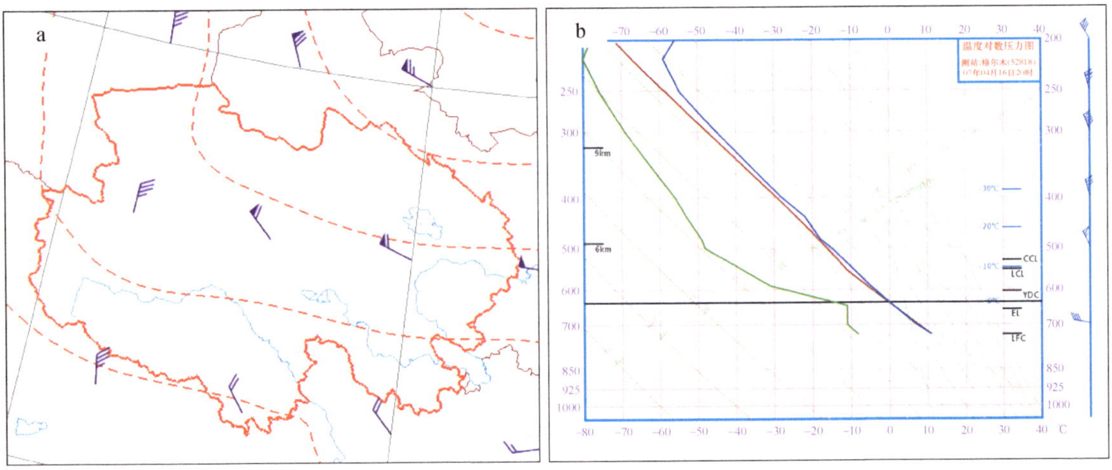

图 3.7　16 日 20 时 500 hPa 风+等温线(℃)(a)16 日 20 时格尔木探空曲线(b)

2.1.3　地面冷锋、变压风及锋面次级环流加强了地面风速

16 日 08—20 时,受东移新疆冷空气影响,一股较强地面冷锋分东、西两路影响青海省北部地区,其中西路冷锋途径之地,大风和沙尘暴天气随之发生(图 3.8a)。这主要是由于锋面一方面加大气压梯度,导致地转风速增大,另一方面锋面前后冷暖气团中的变压不同,冷锋前后较强的变压梯度导致非地转的变压风 $\boldsymbol{D}_1 = -\frac{1}{f^2\rho}\nabla_h\left(\frac{\partial p}{\partial t}\right)$ 增大明显(图 3.8b),粗略估算格尔木和都兰两站之间的变压风对地面风速增大量能达到 1～2 m·s^{-1}。

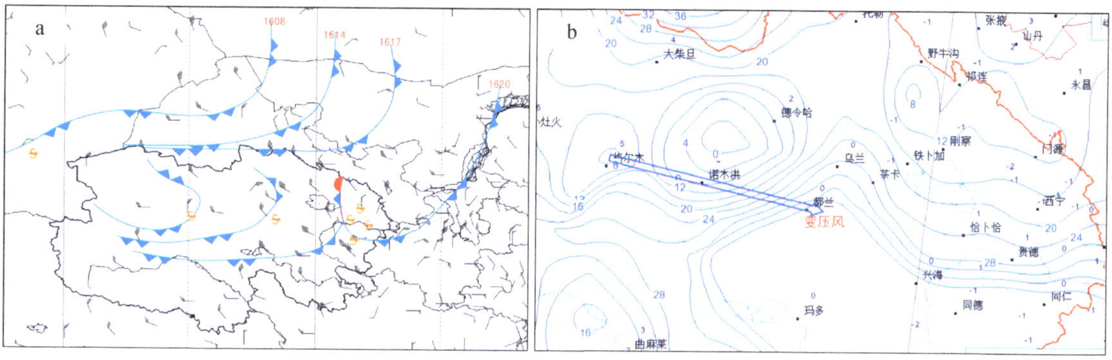

图 3.8　16 日白天地面冷锋过境时间和沙尘暴发生时间一致(a)16 日 20 时变压风(b)

2.2　沙尘暴成因分析

2.2.1　动力条件

沙尘暴的发生首先需要较好的动力条件,即较大的风速[10-12]。大风如前述的原因,如大的位势坡度或气压梯度,高空急流和能使高空动量下传至低层的湍流活动以及非地转风的加强等,因此,沙尘暴形成的动力条件已经具备。

2.2.2　热力条件

此次过程中高空冷平流较强,尤其在西路冷空气上空无论风向和等温线夹角还是风速均较大,因此冷平流强度较大。而青海省西部下垫面多为戈壁和沙漠,近地层水汽条件差,水汽对温度的调节作用有限,加之高原地区空气密度小,柴达木盆地海拔相对青海省其他地区较低,温度日较差较大,午后经常有水平尺度为 α 中尺度且厚度维持在 700 hPa 以下的弱地面热低压存在,其日变化较为明显,一般在上午至午后生成,傍晚最强,夜间减弱。此次过程中受冷锋前暖低压的叠加影响,16 日上午 10 时(图 3.9a)柴达木热低压已开始形成。这样,高空较强的冷平流叠加在低层柴达木热低压之上,导致层结不稳定加强,导致低层湍流活动加强,而湍流活动首先在边界层尤其是贴地层发展较强,促使地面干燥的地表颗粒物离开地表,有利于起沙。

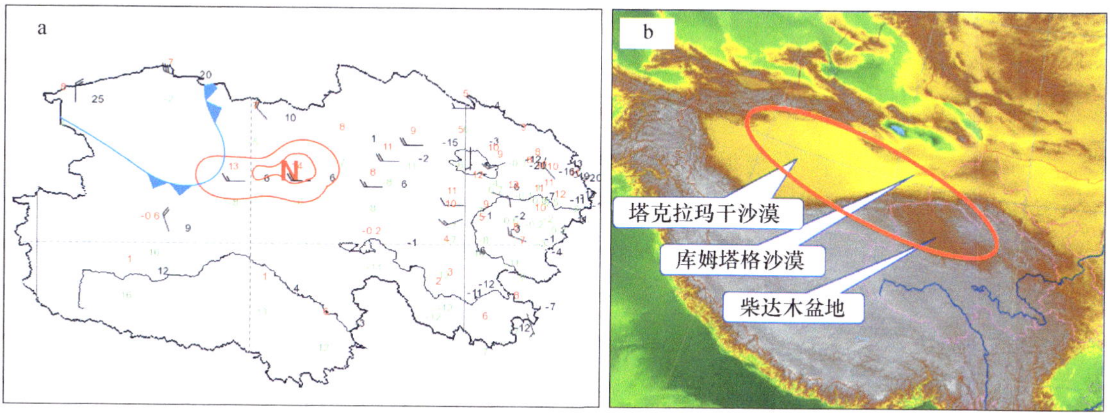

图 3.9　16 日 10 时柴达木盆地地面热低压(a)青海省西部沙尘暴天气发生的沙源条件(b)

2.2.3　沙源条件及区域气候背景

沙尘暴的发生除了上述的动力和热力条件外,还需要较为广阔而平坦的沙源条件[13-15]。柴达木盆地及其下游发生的沙尘暴天气的沙源主要为本地的内源和上游的外源。内源主要就是柴达木盆地中西部的广阔戈壁,尤其西部年降水量不足50 mm,多为戈壁和荒漠,是该地区发生沙尘暴天气的主要省内源地。外源则是西风带或者该地区冷锋路径的上游地区的沙漠,主要是南疆广袤的塔克拉玛干沙漠及其东北部的库姆塔格沙漠(图3.9b)。另外,春季柴达木盆地下垫面植被覆盖较差,加之冬季冻土地表部分解冻,土质疏松,地表是一年中最为干燥和易起沙的季节,此次沙尘暴过程之前期约10天该地区无降水,气温回升明显,加剧地面干燥度,也有利于沙尘暴天气的发生。

3　沙尘暴天气昼强夜弱的原因分析

此次沙尘暴天气表现出明显的昼夜差异,上午出现,下午最强,入夜减弱,午夜停止,这种昼强夜弱的特点主要和以下三个原因有关。

3.1　沙尘暴天气自反馈机制

沙尘暴天气的昼强夜弱特征和沙尘暴天气发生时的热力和动力自反馈有关(图3.10)。白天沙尘区内沙尘气溶胶较多,而沙尘区前方天气一般较好,导致沙尘区前后对太阳辐射的散射和吸收不同,最终导致近地层接收到的太阳辐射不同,沙尘区温度偏低,而沙尘区前方则温度较高,这样就导致沙尘区前后的近地面水平温度梯度加强,而水平温度梯度的增大导致热成风不平衡,高层风速增大,低层风速减小,沿沙尘前进垂直方向的次级环流加速(因沙尘暴一般和冷锋相伴随,故常和锋面次级环流一致),最终导致近低层风速增大,从而使得沙尘暴增强,而沙尘暴的增强因为上述原因导致温度水平梯度进一步增大,沙尘暴进一步增强。因此,白天沙尘暴天气在移动过程中存在热力导致的动力正反馈机制。而在夜间,由于沙尘区仍存在较多的沙尘气溶胶,地面长波辐射难以穿过,导致降温缓慢,而沙尘区前天气较好,辐射降温明显,温度下降明显,这样导致白天较大的温度梯度减小,垂直次级环流减弱,地面风速减小,使得沙尘暴减弱,而沙尘暴天气的减弱会使温度梯度进一步减小,沙尘暴进一步减弱。因此,沙尘暴天气的昼强夜弱和沙尘暴天气在移动过程中在白天和夜间存在的热力导致动力正负反馈机制有关。

3.2　动量下传白天强,夜间弱

高原地区空气密度小,面辐射日较差较大,加之气候干燥,水汽条件差,非绝热因子对温度的约束性较小,因此气温的日较差较大,下午至傍晚时段,地面温度较高时段,层结接近干绝热,湍流活动强,动量下传强,最终地面风速较大,沙尘暴天气也较强;反之,入夜后地面迅速降温,近地层有逆温层形成,层结趋于稳定,湍流活动弱,高空动量下传弱,地面风速减小,沙尘暴天气也减弱。

3.3　高空急流轴及冷锋等天气系统夜间东移出青海省

另外,此次过程中影响青海省地区的高空急流主体在16日白天位于青海省东北部地区上空,入夜后东移,主体移出青海省。因此,就500 hPa风速而言,白天强,夜间弱,这也是间接影

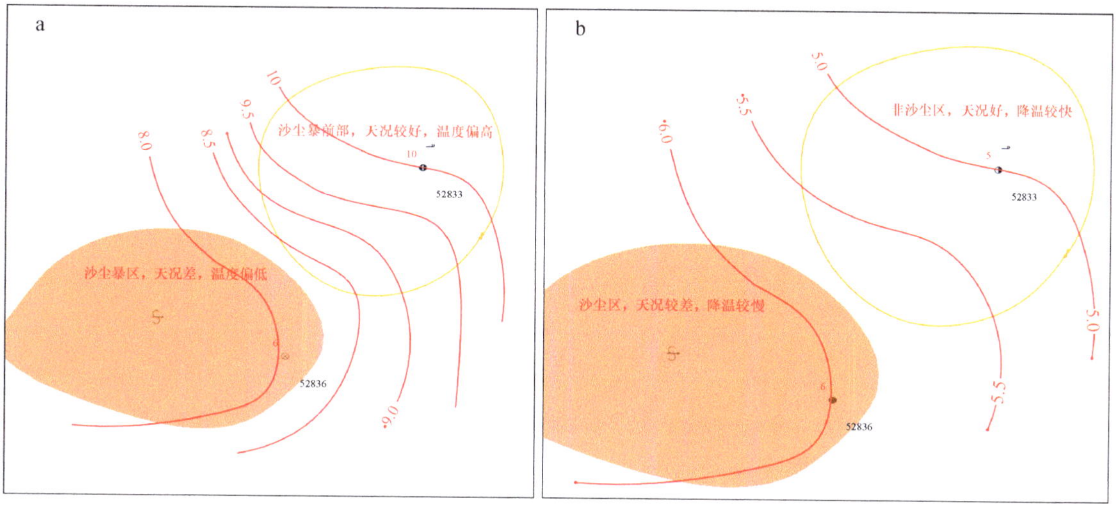

图 3.10　白天沙尘暴正反馈机制(以 16 日 17 时都兰和乌兰站为例)(a)
夜间沙尘暴负反馈机制(以 16 日 23 时都兰和乌兰站为例)(b)

响了地面风速的大小和沙尘暴强度。与高空系统相对应的，地面冷锋在 16 日夜间也东移出青海省，使非地转的变压风及锋面次级环流等减弱，也使地面风速减小。

4　结论

1)此次春季大风沙尘暴天气过程影响范围广，持续时间长，强度大，且大风和沙尘暴均为昼强夜弱，日变化明显，同时伴随天气复杂。

2)大风沙尘暴的成因主要是高空大的位势梯度及强急流，急流入口区动力锋生、正次级环流加大低层气压梯度，利于出现地面大风；层结不稳定导致高空动量容易下传，风向与等温线夹角大，温度梯度大、风速强，导致高空冷平流强，同时午后地面增温明显，层结白天趋于不稳定，湍流活动加强，高空动量容易下传；地面冷锋，变压风及锋面次级环流加强了地面风速；另外盆地西侧山口下坡风，东侧狭管效应，东部河谷地形辐合区域等地形也加大了地面风速；在强风的动力条件下，高空冷平流叠置在柴达木地面热低压之上，增强了层结不稳定，起沙条件好；且盆地沙源条件好，前期无降水，春季干燥的下垫面，均提供了较好的沙尘暴发生条件。

3)沙尘暴昼强夜弱原因主要是沙尘暴自反馈，导致沙尘暴白天强，夜间弱；下垫面气温的日变化导致层结稳定度的日变化，进而导致动量下传昼强夜弱的日变化特征；高空急流和冷锋等天气系统白天强，夜间东移出青海省。

参考文献

[1] 石广玉，赵思雄．沙尘暴研究中的若干科学问题[J]．大气科学，2003，27(4)：591-606.

[2] 周秀骥，徐祥德，颜鹏，等．2000 年春季沙尘暴动力学特征[J]．中国科学(D 辑：地球科学)，2002，32(4)：327-334.

[3] 史培军，严平，高尚玉，等．我国沙尘暴灾害及其研究进展与展望[J]．自然灾害学报，2000，9(3)：71-77.

[4] 周自江，王锡稳，牛若芸．近 47 年中国沙尘暴气候特征研究[J]．应用气象学报，2002，13(2)：193-200.

[5] 邱新法，曾燕，缪启龙．我国沙尘暴的时空分布规律及其源地和移动路径[J]．地理学报，2001，56(3)：316-322.

[6] 周自江,章国材．中国北方的典型强沙尘暴事件(1954—2002年)[J]．科学通报,2003,48(11):1224-1228.

[7] 钱正安,宋敏红,李万元．近50年来中国北方沙尘暴的分布及变化趋势分析[J]．中国沙漠,2002,22(2):106-111.

[8] 庄国顺,郭敬华,袁蕙,等．2000年我国沙尘暴的组成、来源、粒径分布及其对全球环境的影响[J]．科学通报,2001,46(3):191-197.

[9] 方宗义,朱福康,江吉喜,等．中国沙尘暴研究[M]．北京:气象出版社,1997.

[10] 高庆先,李令军,张运刚,等．我国春季沙尘暴研究[J]．中国环境科学,2000,20(6):495-500.

[11] 胡隐樵,光田宁．强沙尘暴微气象特征和局地触发机制[J]．大气科学,1997,21(5):581-589.

[12] 张仁健,韩志伟,王明星,等．中国沙尘暴天气的新特征及成因分析[J]．第四纪研究,2002,22(4):374-380.

[13] 张仁健,王明星,浦一芬,等．2000年春季北京特大沙尘暴物理化学特性的分析[J]．气候与环境研究,2000,5(3):259-266.

[14] 牛生杰,章澄昌．贺兰山地区沙尘暴沙尘起动和垂直输送物理因子的综合研究[J]．气象学报,2002,60(2):194-204.

[15] 魏文寿,高卫东,史玉光,等．新疆地区气候与环境变化对沙尘暴的影响研究[J]．干旱区地理,2004,27(2):137-141.

2008年5月初青海省北部大风、特强沙尘暴天气过程分析

伊俊兰

（海西州气象局，德令哈　817000）

摘　要：应用常规资料对2008年5月初发生在青海省北部的一次区域性大风特强沙尘暴天气过程从环流形势、天气系统及探空图等方面进行详细分析，结果表明此次过程发生是由300 hPa上的强西风急流以及强冷空气南下共同影响下产生的。通过对高空环流形势和探空图的分析，发现沙尘暴发生前，高空锋区南压导致了对流层中低层锋区的加强，为沙尘暴的发生提供了有利的大尺度环流背景，近地面层形成的超绝热层、逆温层贮积能量均对此次过程的形成了有利条件；地面图上强的气压梯度区、锋面次级环流加强了地面风速，层结不稳定，加之前期无降水，气温回升，加剧地面干燥度，有利于起沙，地形影响下，盆地西侧山口下坡风，位能转为动能；盆地东侧狭管效应和地形辐合，造成了大风天气。

关键词：春季，特强沙尘暴，地面冷锋，高空急流

前　言

沙尘天气的发生需要三个必要条件：一是足够强的风力；二是热力不稳定低层处于垂直不稳定状态；三是大风经过的区域内下垫面植被稀疏土质干燥疏松，存在着丰富的沙尘源[1-5]。青海省地处西北地区西部，属于典型的内陆型气候，冬季，海西地区降水少，尤其是冷湖、茫崖两地，年降水量在50 mm以下，地处戈壁带，茫崖是全省平均风速最大的地方；春季气温回暖，日变化明显，由于地表不一，受热不均，加之周边沙源充足，易发生大风、沙尘暴天气。例如2008年5月初，青海省35°N以北的地区出现了一次范围广、强度大的区域性大风、特强沙尘暴过程。过程期间1站次瞬时风力达11级、2站次瞬时风力达10级、5站出现特强沙尘暴，此外，局地伴有扬沙、浮尘、寒潮、冰雹和降水等天气现象，为一次极端天气事件。

1　实况分析

2008年5月1日起，海西地区自西向东出现大风天气，冷湖瞬时速度达10级，最大瞬时速度25.2 m·s^{-1}，茫崖、大柴旦及祁连山区瞬时速度达9级，其余测站瞬时风速在6～7级之间。强劲持久的大风是沙尘暴出现的重要条件之一，大风天气维持下，午后，海西西部出现特强沙尘暴，冷湖最小能见度50 m，持续时间长达5 h之久；茫崖最小能见度100 m，持续时间近30 min，夜间逐渐减弱。

2日10时左右，海西地区再次出现大风天气，冷湖瞬时速度达11级，最大瞬时速度28.8 m·s^{-1}，茫崖瞬时速度达10级，最大瞬时速度27.1 m·s^{-1}，都兰瞬时速度达9级，最大瞬时速度23.2 m·s^{-1}，其余测站瞬时速度在8级以下(图3.11a)。12:38茫崖出现沙尘暴，持

续时间 6 h，最小能见度 5 m，14:07 冷湖出现沙尘暴，持续时间 6 h，最小能见度 1 m。夜间 21:47，都兰出现沙尘暴，持续时间 4 h，最小能见度 400 m，3 站均达特强沙尘暴，夜间减弱（图 3.11b）。伴随天气复杂：沙尘区伴弱降水，5 月 2 日青海湖以东地区有小雨（雪）；玉树、曲麻莱出现冰雹天气；伍道梁、沱沱河出现雾，最小能见度 900 m；冷湖、民和出现寒潮天气，最低气温降幅分别为 8 ℃、9 ℃。

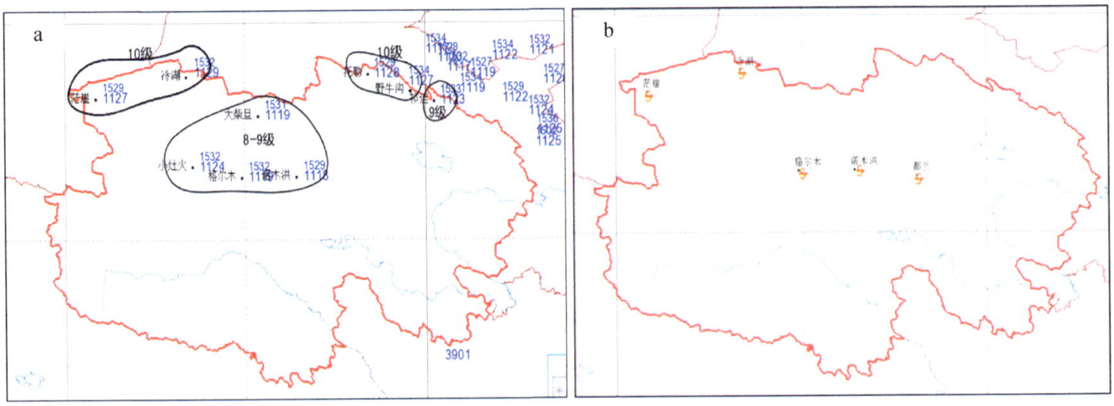

图 3.11　2 日 20 时地面大风天气分布图(a)2 日 12—21 时沙尘暴发生站点(b)

2　高空形势及探空图分析

2.1　高空形势

4 月下旬后期，500 hPa 高空中高纬度为一槽一脊型环流，低涡中心位于西西伯利亚，中心强度 515 dagpm，并有 −37 ℃冷中心配合，咸海以北的地区至贝加尔湖为宽广的低压槽区，我国东北地区为弱脊控制，青海省处于低槽底部的西北气流中。新地岛以东洋面上的冷空气不断注入到冷涡中，西伯利亚冷涡连续数日东移缓慢，巴尔喀什湖至河西走廊有西风急流，风速 $\geq 30\ m \cdot s^{-1}$，新地岛以西洋面上的冷空气随着偏北气流南下，在咸海和巴尔喀什湖之间堆积，并于 30 日 20 时形成冷温槽。

5 月 1 日 08 时，300 hPa 高空急流风速（$\geq 40\ m \cdot s^{-1}$）位于新疆北部，配合有 −53 ℃冷平流，因此，高空为强辐合区，天气区位于高空急流轴右侧（图 3.12a）；500 hPa 随着东北弱脊逐渐东移，西伯利亚低涡也开始分裂东移，中纬度的环流主要表现为多波动的纬向型。低压槽区所对应的高空锋区南压，咸海冷温槽东移至新疆，槽底部分裂小股冷空气进入青海省西部，拉开了此次大风、特强沙尘暴过程的序幕。2 日 08 时，随着新疆槽的进一步东移南压，高空锋区逐渐进入青海省北部，继续造成青海省西部的大风、沙尘天气。

2 日 20 时，随着低压槽主体进入青海省，海西西部在 500 hPa 出现了一支 $\geq 16\ m \cdot s^{-1}$ 的西风强风速带，中心风速达 $30\ m \cdot s^{-1}$，风速大，配合有 −26 ℃冷平流，风向与等温线夹角大，冷平流强，利于形成大风（图 3.12b）。对应在 300 hPa 也有一支 $\geq 28\ m \cdot s^{-1}$ 的西风强风速带，中心风速达 $34\ m \cdot s^{-1}$，这支强风带在对流中高层均有明显反映，显示了此次大风、特强沙尘暴过程中青海省北部地区西风的动量下传作用。

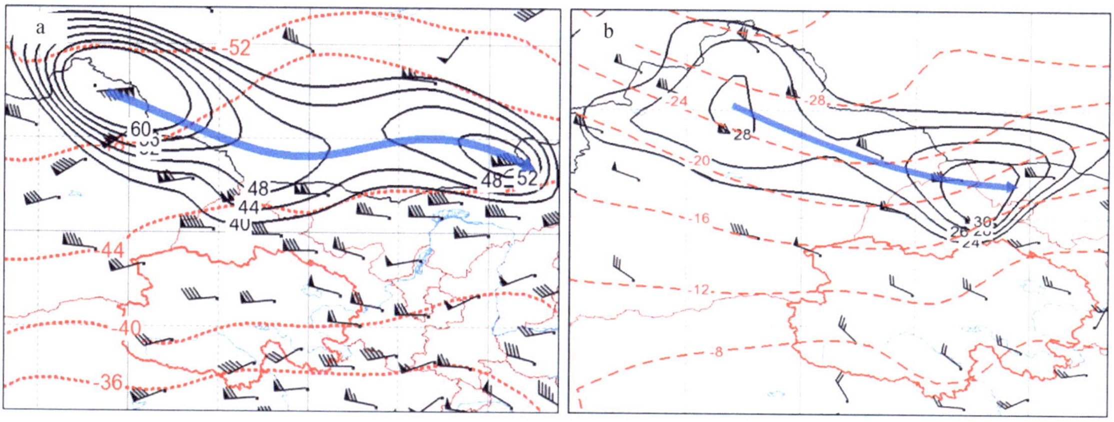

图 3.12 5 月 2 日 08 时 300 hPa 风场(a)20 时 500 hPa 风场(b)

2.2 探空图分析

干旱、半干旱区地面热力属性差，大气层结不稳定对沙尘暴形成有重要影响。相关研究[1-11]指出：热力不稳定层结，即在近地面层形成超绝热层，是沙尘暴发生的有利层结。茫崖 *T*-ln*P* 图分析，1 日 08 时茫崖低层大气存在一个明显的逆温层(图略)，这种类似不稳定的层结结构在大气低层内部贮积能量，当受到中高空冷平流的强迫，不稳定能量释放，产生深厚的对流，由于干旱、半干旱地区的大气相对湿度小，没有水汽输送，因此只有干对流产生，干对流的天气现象就是沙尘暴天气。

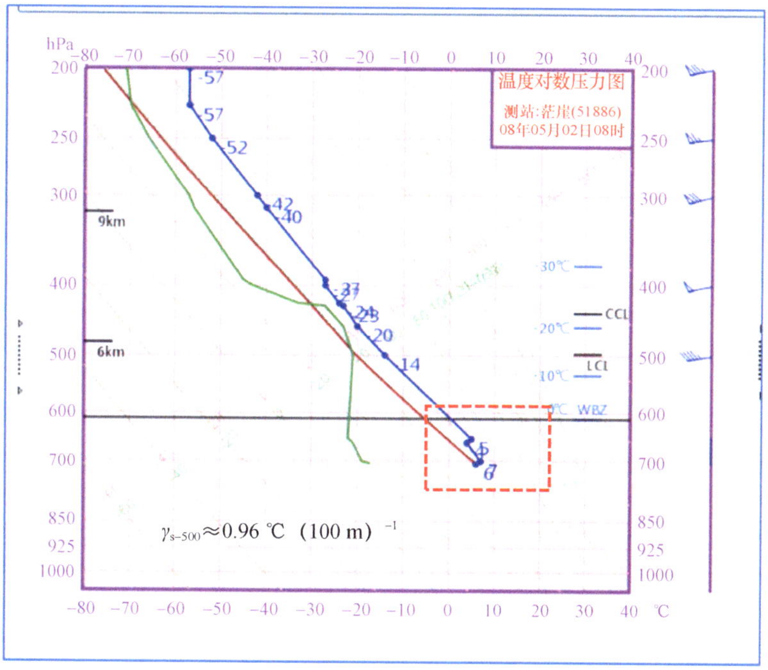

图 3.13 5 月 2 日 08 时茫崖探空曲线

层结不稳定导致高空动量容易下传：500 hPa 风向与等温线夹角大，温度梯度大、风速强，导致高空冷平流强，同时午后地面增温明显，地面至 500 hPa 接近干绝热($\gamma_{s-500}\approx 0.96$ ℃ · $(100\ \mathrm{m})^{-1}$)

(图3.13),层结白天趋于不稳定,湍流活动加强,高空动量容易下传。午后至下午时段γ变大,随着地面温度逐渐升高,近地层由接近干绝热变为超绝热,层结极不稳定,湍流活动强,动量下传强,地面出现较长时间的大风天气。08时之前γ较小,空气层结稳定,不易动量下传,故风速小,至傍晚时段,气温逐渐降低,低层空气从超绝热逐渐干绝热变化,湍流活动逐渐减弱,大风风速相应逐渐减小,入夜后地面迅速降温,层结趋于稳定,湍流活动弱,高空动量下传弱,大风消失。

3 地面形势分析

5月1日,南疆盆地有热低压形成,热低压的存在阻挡了地面冷高压的移动,在青海省北部形成了强的气压梯度区,造成了大风特强沙尘暴过程。5月1日14时地面冷高位于贝加尔湖,中心强度1010 hPa,热低压位于南疆盆地,中心强度为997.5 hPa,地面强气压梯度区位于青海省北部,上午在青海省西部已出现大风,12:46茫崖先暴发沙尘暴,3 h后,15:47冷湖也出现沙尘暴。

5月2日08时热低压消失,疆北冷空气全面暴发,南疆盆地出现大面积沙尘天气。冷空气在南疆堆积,3 h变压中心为5.9 hPa,青海省境内为负变压变压风沿着变压梯度方向吹,由高值变压吹向低值变压区,变压梯度越大,风速也越大。20时随着冷空气入侵,锋面次级环流加强了地面风速,加之地形影响,盆地西侧山口下坡风,位能转为动能;盆地东侧狭管效应和地形辐合,造成了大风天气(图3.14)。

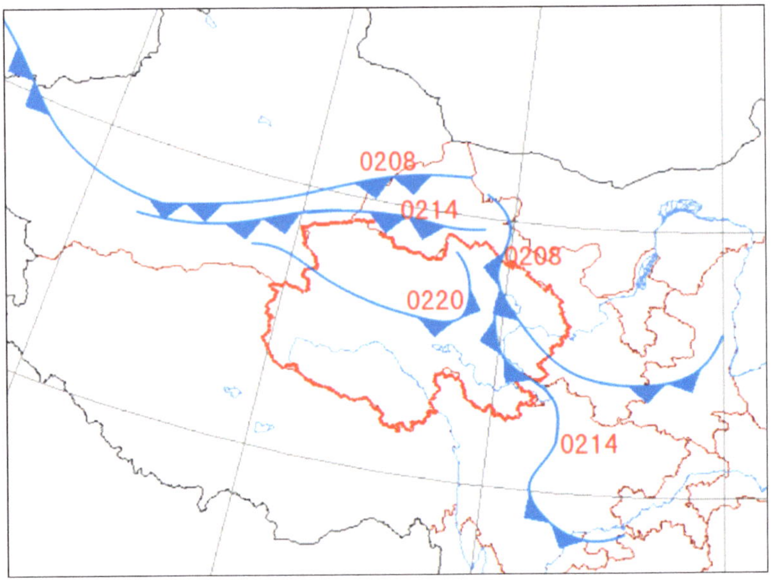

图3.14 5月2日冷锋移动动态

4 沙尘暴天气分析

沙尘天气的产生以及沙尘天气的强弱往往和沙源地区的地面温度有着直接的关系。从地面温度场特征来看,2日锋前后的温度差异大:锋后沙源区降温幅度均超过过12 ℃,而锋前的青海省有柴达木热低压存在,中心气温达20 ℃,高空冷平流叠加在低层柴达木热低压和锋前暖低压之上，导致层结不稳定，近地层的湍流活动强，加之春季下垫面干燥、植被少；前期无降水，气温回升，加剧地面干燥度，有利于起沙。4 月 26 日—5 月 2 日，茫崖地区无降水出现，气温逐日升高，这种天气条件下有利于风沙天的形成。

沙尘暴自反馈，白天正反馈，夜间负反馈，导致沙尘暴白天强，夜间弱（图 3.15）。白天——正反馈：沙尘区前后接收太阳辐射条件不同，温度梯度加强，沙尘暴增强，导致温度梯度进一步增大，沙尘暴进一步增强；夜间——负反馈：沙尘区前后天况不同，降温幅度不同，温度梯度减小，沙尘暴减弱，温度梯度进一步减小，沙尘暴进一步减弱。2 月 11 时，茫崖已出现沙尘暴，气温为 14 ℃左右，沙尘暴前区最高气温 18 ℃，沙尘暴增强，23 时沙尘暴前区天况较好，降温快，沙尘暴减弱。

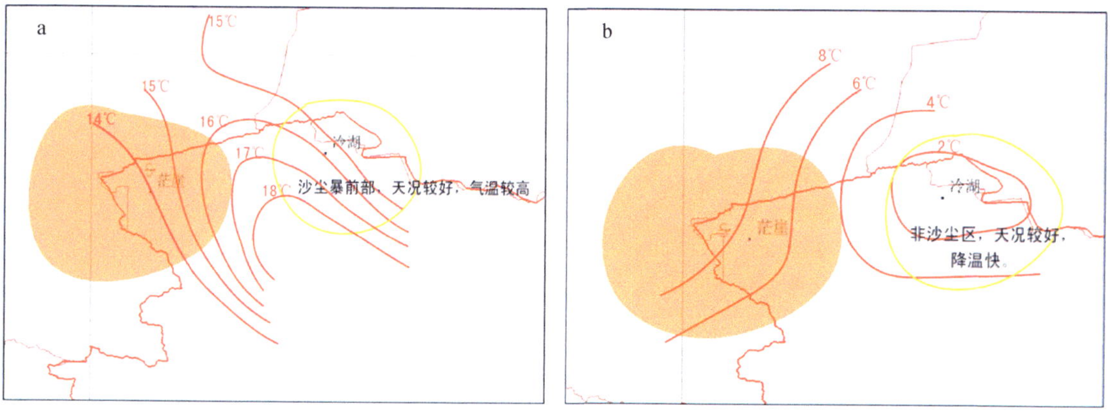

图 3.15　白天沙尘暴正反馈机制(a)（以 2 日 14 时茫崖和冷湖站为例）
夜间沙尘暴负反馈机制(b)（以 2 日 23 时茫崖和冷湖站为例）

5　小结

1）此次天气过程是一次极端天气事件，有范围广、强度大的区域性大风、特强沙尘暴过程，伴局地扬沙、浮尘、寒潮、冰雹和降水天气。海西及祁连山区出现大风、特强沙尘暴；影响范围广，强度大，普遍 9 级以上大风，最大 28.8 $m \cdot s^{-1}$，持续时间长；盆地西部、南部，5 站出现沙尘暴，最低能见度 1 m。

2）高空大的位势梯度及强急流：300 hPa 高空急流风速≥40 $m \cdot s^{-1}$，天气区位于高空急流轴右侧，高空为强辐合区；500 hPa 西风急流 30 $m \cdot s^{-1}$，风速大，利于形成大风。

3）层结不稳定导致高空动量容易下传：风向与等温线夹角大，温度梯度大、风速强，导致高空冷平流强，同时午后地面增温明显，地面至 500 hPa 接近干绝热（$\gamma \approx 0.96$ ℃·$(100\ m)^{-1}$），层结白天趋于不稳定，湍流活动加强，高空动量容易下传。

4）地面冷锋，变压风与锋面次级环流加强了地面风速。地形影响，盆地西侧山口下坡风。

5）大风和沙尘暴均为昼强夜弱，日变化明显。

6）高空冷平流叠置在柴达木地面热低压之上，增强了层结不稳定，起沙条件好；盆地主要沙源地，前期无降水，春季干燥的下垫面，沙源条件好。

7）此次过程中层结稳定度的变化及其对大风天气的影响，早上 γ 较小，空气层结呈现条件不稳定，午后至下午时段，地面温度较高，层结超绝热，湍流活动强，动量下传强，地面风速最大；至傍晚时段，气温逐渐降低，低层空气接近干绝热，入夜后地面迅速降温，层结趋于稳定，湍流活动弱,高空动量下传弱,地面风速减小。

参考文献

[1] 任楠,赵晨烨,张铁栓."4.23"北方地区一次强沙尘暴成因分析[J]. 学术论坛,2012,27:241-242.

[2] 宋桂英,李章俊,王德民,等. 内蒙古一次特强沙尘暴大风成因分析[J]. 干旱区资源与环境,2012,26(6):47-51.

[3] 陈晓娟,陈楠.2010年春季宁夏两次沙尘暴过程的动、热力结构分析[J]. 天气预报方法与技术,1990,16(7):299-303.

[4] 史培军,严平,高尚玉,等. 我国沙尘暴灾害及其研究进展与展望[J]. 自然灾害学报,2000,9(3):71-77.

[5] 周自江,王锡稳,牛若芸. 近47年中国沙尘暴气候特征研究[J]. 应用气象学报,2002,13(2).

[6] 王江山,李锡福. 青海省天气气候[M]. 北京:气象出版社,2004,228-230.

[7] 程鹏,李光林,刘抗,等. 河西走廊一次区域性大风强沙尘暴天气诊断[J]. 干旱气象,2009,27(3):245-249.

[8] 刘彩红,王黎俊. 一次区域性强沙尘暴天气过程成因分析[J]. 内蒙古环境保护,2006,18(4):63-68.

[9] 夏雨虹,马生玉,乜国妍. 格尔木地区两次大风沙尘暴天气过程对比分析[J]. 青海气象,2017,3:55-57.

[10] 陈晓娟,陈楠.2010年春季宁夏两次沙尘暴过程的动、热力结构分析[C]//国家气象中心. 天气预报技术文集. 北京:气象出版社,2011:299-303.

[11] 许东蓓,任余龙,李文莉,等."4.29"中国西北强沙尘暴数值模拟及螺旋度分析[J]. 高原气象,2011,30(01):115-124.

2009年3月12日青海高原一次大风沙尘天气过程分析

郭晓宁　马　琼　马秀梅
（青海省气象台，西宁　810001）

摘　要：本文对2009年3月出现在青海省高原大部一次大风沙尘天气过程进行了分析。分析表明，青海省高原大风及沙尘天气具有显著日变化，上午发展，下午至傍晚最强，入夜减弱。春季青海省西部植被覆盖率低，且青海省地区有柴达木盆地，上游有塔克拉玛干沙漠，沙源条件充足。此外盆地前期干燥，地面温度较高（前期 $T-T_d$ 均在10 ℃左右。9日地面温度为7.6 ℃，10日为4.5 ℃），有利于土壤水分蒸发，这样的气候背景提供了沙尘暴天气发生的物质条件。500 hPa处于脊前较强偏北气流（30 m·s^{-1}），气压梯度大，高层有偏北急流及西南急流，在不稳定层结条件下有利于动量下传，使地面风速加大。地面有冷锋过境，锋后正变压达到+10 hPa，3 h变压达到+3.8 hPa。提供了沙尘暴天气发生的有利的动力条件。此外柴达木盆地特殊地形对大风也由一定的增幅作用，前期青海省大部处于暖脊，10日20时 $T_{700}-T_{500}$ 达到23 ℃，层结不稳定，有利于动量下传，产生地面大风。另外，沙尘暴的自反馈作用也有一定的影响。

关键词：青海省，大风，沙尘暴

引　言

沙尘暴天气是指强风将地面大量沙尘吹起或被高空气流带到下游地区而导致空气混浊，水平能见度小于1 km的天气现象。能见度介于1～10 km则称之为扬沙天气。在沙尘暴研究方面，国内外学者做了大量研究[1-7]，其中尤以河西走廊地区研究成果较多[8-13]，揭示出一些沙尘天气在我国不同地域的特征及成因。青海省高原作为青藏高原的重要组成部分，沙尘天气也是主要的气象灾害之一。苟日多杰[14]利用40年沙尘暴观测资料和20年沙尘暴天气个例，对青海省柴达木盆地沙尘暴从天气学方面进行了研究总结，得出了春季沙尘暴天气的预报方法。李永盛等[15]对格尔木地区沙尘暴天气的预报方法进行了研究。

2009年3月12日14:52—20:15，青海省西部冷湖地区出现强沙尘暴天气，最大瞬时风速达到26.9 m·s^{-1}，最小能见度仅50 m。致使冷湖气象局房屋损坏2间，经济损失万余元。

1　天气实况

2009年3月青海省北部地区出现一次区域性大风沙尘天气。对该地区造成一定的影响。3月12日14时首先在海西西部、青海省南部地区及环湖地区出现大风天气，最大风速达到24 m·s^{-1}，17时沱沱河、都兰、茫崖出现扬沙，冷湖、小灶火站点视区内出现沙尘暴，20时大风天气范围增加，最大风速出现在冷湖，为 27 m·s^{-1}，此外冷湖还伴有强沙尘暴，且有加强趋势，能见度仅为 400 m，到 02 时大风范围减小。如图 3.16 所示。所以这是一次出现在春季的大风伴有沙尘暴的天气过程，此次天气过程大风强度强，最大风速出现在冷湖，达到 27 m·s^{-1}，达到十级。且伴有强沙尘暴，大风范围广，是一次全省性大风过程。此外大风沙尘天气具有明显的日变化，即大风沙尘天气午后强，入夜减弱。

如图 3.17 所示，12 日 08 时出现一站大风，14 时大风范围有所增大，20 时范围达到最大，全省 25 个站出现大风天气，02 时范围减小。

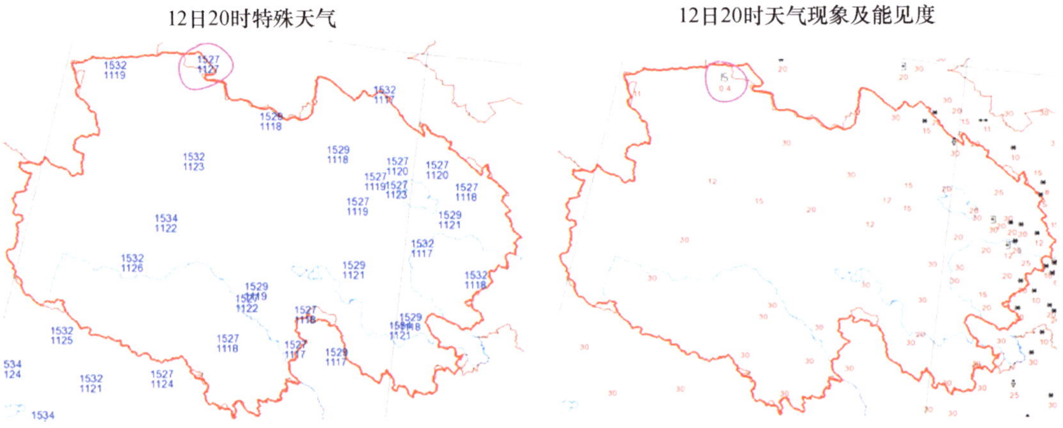

图 3.16　3 月 12 日地面天气实况

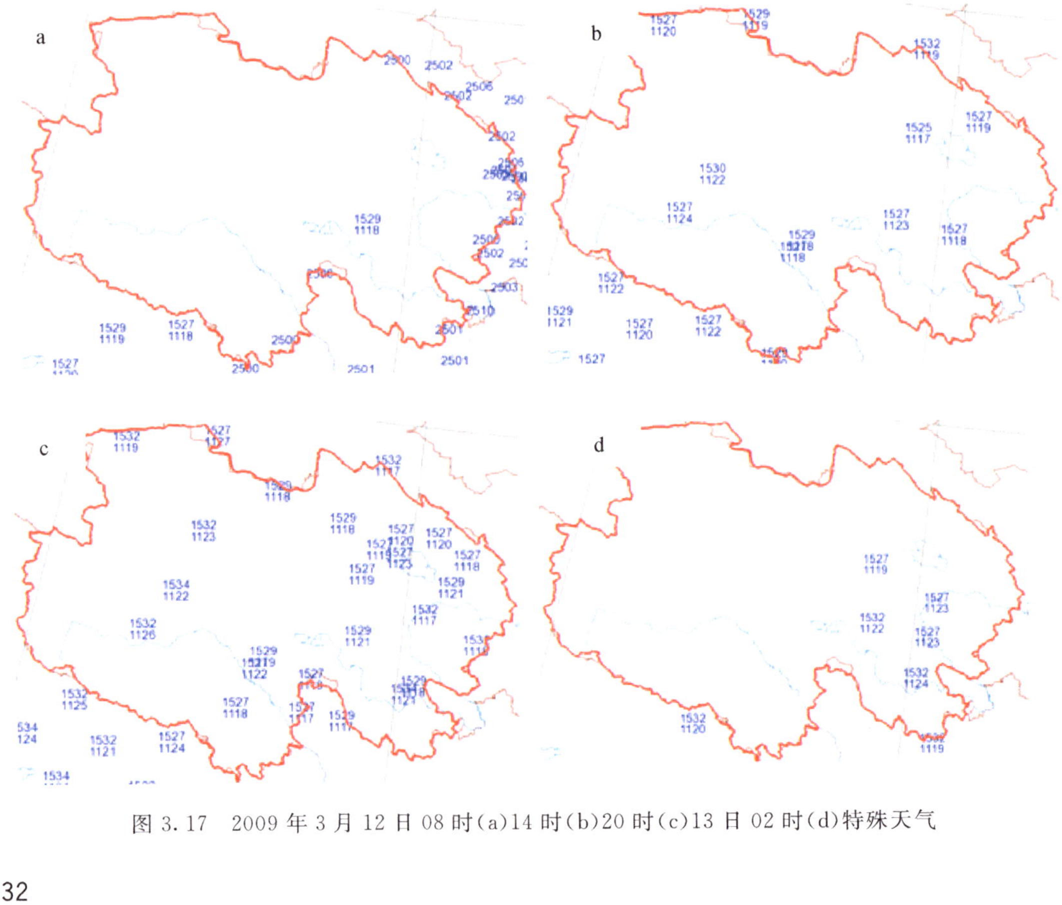

图 3.17　2009 年 3 月 12 日 08 时(a)14 时(b)20 时(c)13 日 02 时(d)特殊天气

2 成因分析

由强冷空气形成的地面大风是青海省春季主要灾害性天气之一，由于春季冷暖空气交汇频繁，多锋面系统活动，垂直运动明显，引起高低层动量交换，将高层动量大的空气带到地面，易出现地面大风天气。而春季由于降水少使得植被覆盖率低，且青海省西北地区有柴达木盆地，为沙尘暴多发区，上游有亚洲最大沙漠——塔克拉玛干沙漠，沙源条件充足，若配合较好的天气条件容易产生沙尘暴天气。

2.1 环流特征

3 月 11 日 08 时 500 hPa 欧亚中高纬度为两槽两脊，巴尔喀什湖西部至亚马尔半岛为一深厚的高压脊，中西伯利亚高原为一冷涡，配合的冷槽向南伸展至新疆东部，其下游我国东部为高压脊控制，鄂霍次克海至日本岛为冷性低压槽控制。欧亚中高纬度地区环流经向度大，有利于引导冷空气南下。随后新疆东部冷槽逐渐东移，配合有 −40 ℃的冷中心，且高空槽区狭窄深厚。至 12 日 20 时，冷槽移至甘肃—四川一带，青海省大部受新疆脊前强偏北气流控制，500 hPa 风速超过 30 $m \cdot s^{-1}$，且等压线密集，气压梯度大。形成的气压梯度风也大。青海省上空锋区明显。700 hPa 上 12 日 20 时也为一致的西北气流，格尔木风速达到 16 $m \cdot s^{-1}$，且锋区也较明显(图 3.18)。所以此次大风过程是由于深厚的冷槽过境，强西北气流诱导冷空气南下，高低层出现较强的锋区，提供了有利于出现大风的环流背景。而大风是出现沙尘暴的重要的动力条件。

200 hPa 存在一条偏北急流影响青海省西部地区，一条西南急流影响青海省东部地区，如图 3.19 所示，由于青海省平均海拔较高，高层动量下传易使中低层和地面风速加大。

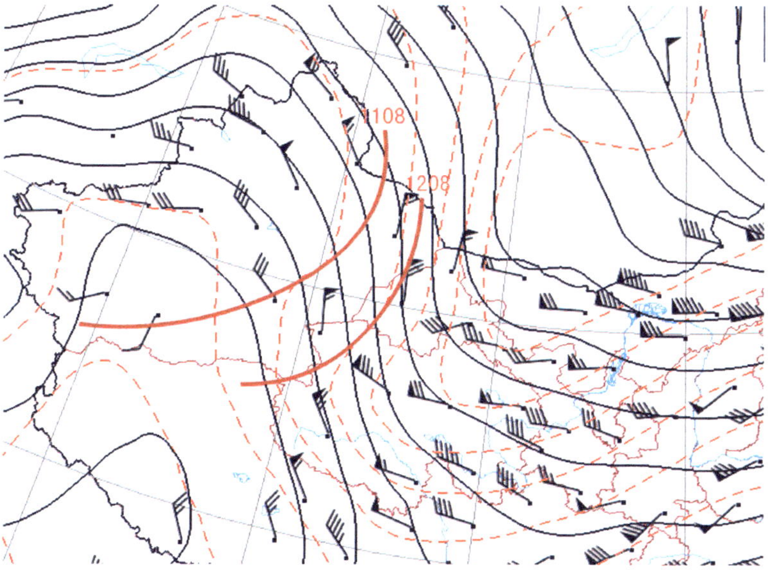

图 3.18 11 日 08 时—12 日 08 时低槽演变及 12 日 20 时 500 hPa 形势

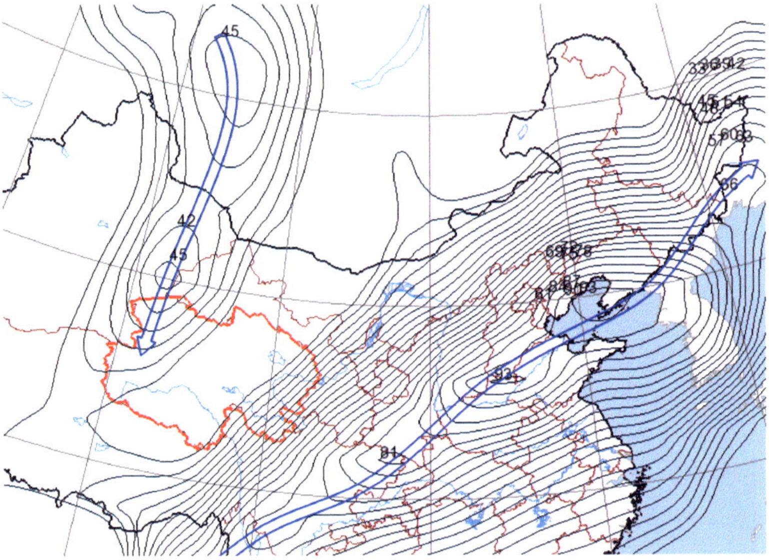

图 3.19　3 月 12 日 20 时 200 hPa 流场(风速＞30 m·s⁻¹)

2.2　地面冷空气活动

分析地面冷空气，11 日 17 时贝加尔湖西北部有一中心强度为 1050 hPa 的冷高压，随后冷高压逐渐南移且强度有所加强，至 12 日 02 时冷高压中心加强到 1060 hPa 并继续向东南方向移动，至 12 日 20 时到达蒙古西部地区，中心强度为 1055 hPa，冷高压前沿到达青海省南部地区。虽然高原地区地面气压场数据没有实际意义，但其分布形势可以参考来分析冷空气强度，看出 20 时青海省地区等压线密集，气压梯度大，产生较强的风。分析 11 日 05 时至 12 日 02 时地面冷锋移动路径，11 日 05 时冷锋在柴达木盆地南缘，14 时已到达青海湖东部并与东路冷空气相遇形成锢囚锋，12 日 20 时冷锋后 3 h 变压达到＋10 hPa，3 h 变压达到＋3.8 hPa，说明变压风也大(图 3.20)。

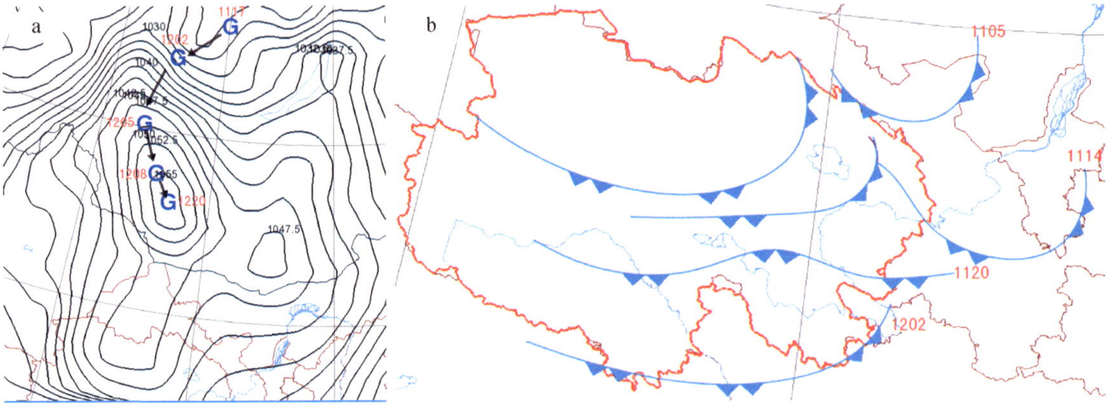

图 3.20　3 月 11 日 17 时—12 日 20 时冷高压移动路径(a)11 日 05 时—12 日 02 时冷锋移动路径(b)

2.3　不稳定条件分析

过程前期从 9 日 20 时—11 日 20 时，西藏东部存在一个暖中心，青海省处于暖脊之中，10 日 20 时 $T_{700}-T_{500}$ 达到 23 ℃，说明下暖上冷，层结处于不稳定状态，有利局地热力条件，有助于发生动量下传，使地面风速加大，进一步产生沙尘暴天气(图 3.21)。

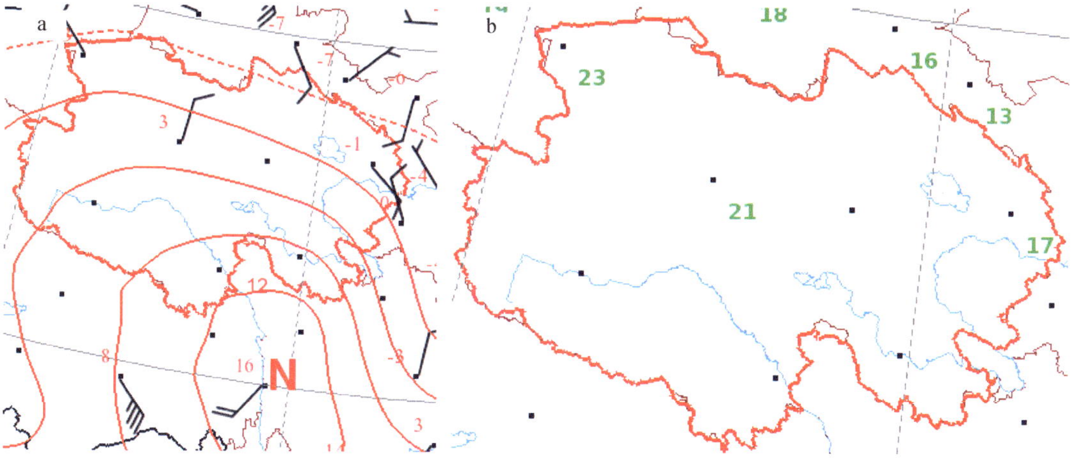

图 3.21　10 日 20 时 700 hPa 温度场及风场($m \cdot s^{-1}$)(a)10 日 20 时 $T_{700}-T_{500}$(b)

2.4　前期气候背景及地形影响

柴达木盆地前期较干燥，以冷湖站为例，前期地面 $T-T_d$ 均在 10 ℃左右，空气处于极不饱和状态，未产生降水。9 日地面温度为 7.6 ℃，10 日为 4.5 ℃，地面温度处于较高状态，使得土壤水分耗散较快，为沙尘暴的发生提供了有利的条件(图 3.22)。

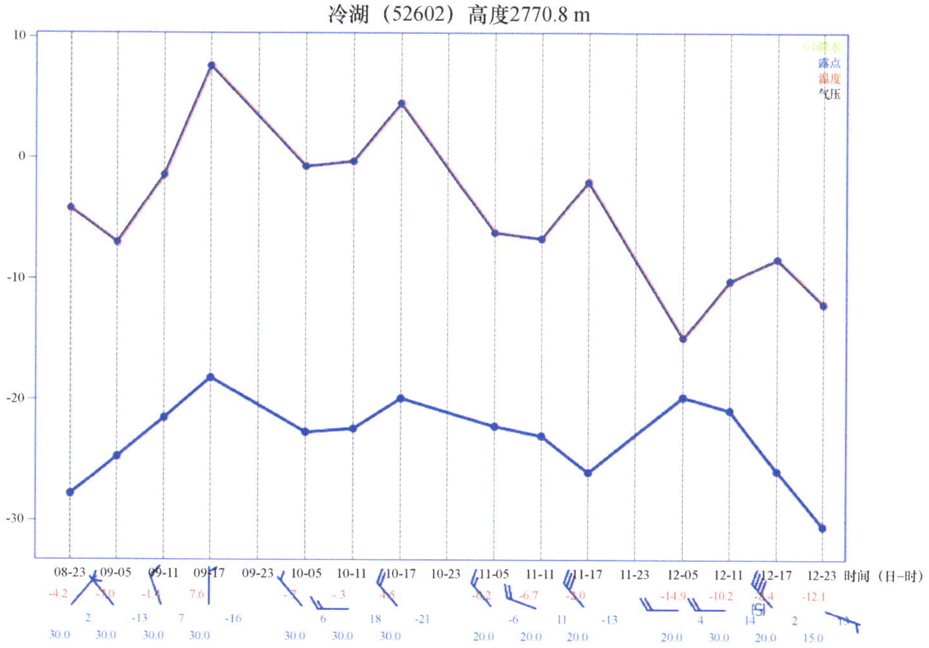

图 3.22　8 日 23 时—12 日 23 时冷湖站三线图

此外，柴达木盆地海拔在3000 m左右，地势从西北向东南倾斜，其东部又为开阔地，这种特殊的地形，不但对风有狭管加速效应，并且还有使空气下滑势能转变为动能的作用，使得盆地内更容易出现大风(图3.23)。

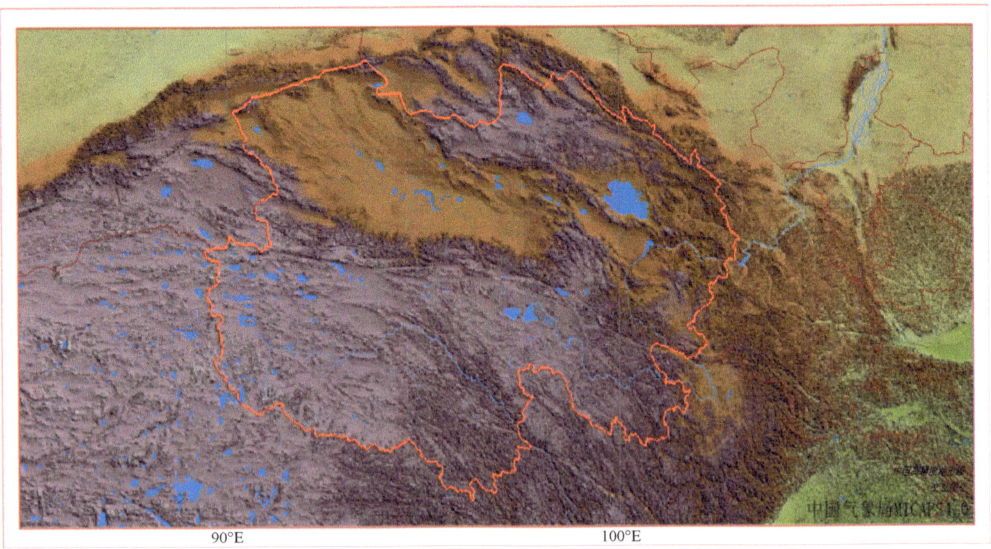

图3.23 青海省高精度地形

3 其他特征——沙尘及大风天气入夜减弱

首先，白天地面温度高，有利于不稳定层结的建立，从而使得动量下传形成大风，入夜以后地面温度下降，层结趋于稳定，其次，从环流条件来看青海省西部地区12日20时之后500 hPa风速有所减小，再加上沙尘天气自身负反馈作用，由于沙尘暴产生于锋后，夜间，锋前暖区辐射降温强烈，但锋后由于沙尘暴和云的保温作用使气温变化不明显(图3.24)。因此，沙尘和云的覆盖促使锋面前后气温梯度较小，沙尘暴天气的强度也明显减弱。所以夜间沙尘暴减弱。

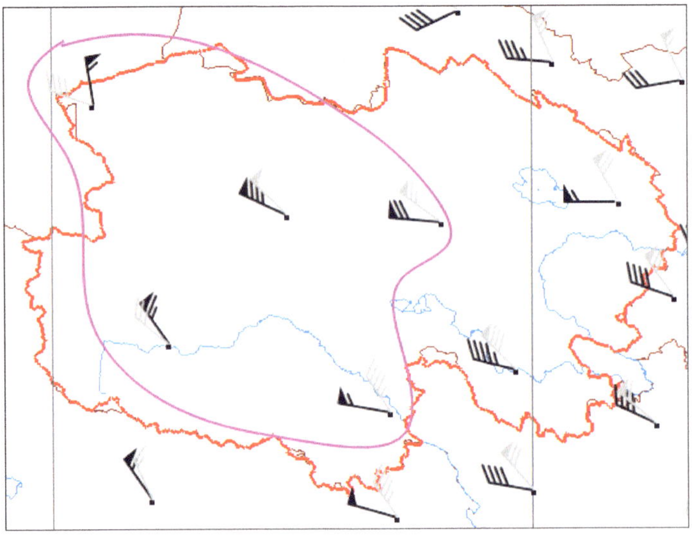

图3.24 12日20时500 hPa风场(黑)及13日08时500 hPa风场(灰)

4 结论

1)此次过程是一次春季区域性大风伴沙尘暴过程,大风强度强,最强风速出现在冷湖,为 27 $m \cdot s^{-1}$,强沙尘暴也出现在冷湖,能见度达到 400m。此次过程影响范围广,全省范围出现大风天气,此外,大风及沙尘天气具有显著日变化,上午发展,下午至傍晚最强,入夜减弱。

2)春季青海省西部植被覆盖率低,且青海省地区有柴达木盆地,上游有塔克拉玛干沙漠,沙源条件充足。此外盆地前期干燥,地面温度高(前期 $T-T_d$ 均在 10 ℃左右。9 日地面温度为 7.6 ℃,10 日为 4.5 ℃),有利于土壤水分蒸发,这样的气候背景提供了沙尘暴天气发生的物质条件。

3)大风条件分析:500 hPa 处于脊前较强偏北气流(30 $m \cdot s^{-1}$),气压梯度大,高层有偏北急流及西南急流,在不稳定层结条件下有利于动量下传,使地面风速较大。地面有冷锋过境,锋后正变压达到+10 hPa,3 h 变压达到+3.8 hPa。提供了沙尘暴天气发生的有利的物质条件。此外柴达木盆地特殊地形对大风也由一定的增幅作用,盆地地势从西北向东南倾斜,且东部为开阔地。故不但对风有狭管加速效应,并且可使空气下滑势能转变为动能。

4)不稳定条件分析:前期青海省大部处于暖脊,10 日 20 时 $T_{700}-T_{500}$ 达到 23 ℃,层结不稳定,有利于动量下传,产生地面大风。

5)探讨沙尘暴及大风天气昼强夜弱原因,首先白天地面温度高,层结不稳定,易因动量下传形成大风,入夜以后地面温度下降,层结趋于稳定,其次西部地区 12 日 20 时之后 500 hPa 风速有所减小,最后沙尘暴的自反馈作用也有一定影响,因为沙尘暴产生于锋后,夜间锋前降温明显,锋后由于沙尘暴和云的共同作用使气温变化不明显,故锋面前后气温梯度变小,沙尘暴天气的强度减弱,所以夜间沙尘暴减弱。

参考文献

[1] 丁瑞强,王式功,尚可政,等. 近 45a 我国沙尘暴和扬沙天气变化趋势和突变分析[J]. 中国沙漠,2003,23(3):306-310.

[2] 蒋雨荷,王式功,靳双龙,等. 中国北方一次强沙尘暴天气过程的大气污染效应[J]. 干旱区研究,2018,35(6):1344-1351.

[3] 刘莹,韩永翔,杨文清,等. 沙尘天气、尘卷风对沙漠地区起沙量的贡献[J]. 中国沙漠,2018,38(6):1175-1179.

[4] 陈锦,李东庆,喻光明,等. 近 40 年来西北地区沙尘暴日数时空分布及变化趋势[J]. 华中师范大学学报(自然科学版),2008,42(4):659-664.

[5] 冯永忠,刘强,李永平,等. 近 55 年来中国西北地区沙尘暴发生时空特征分析[J]. 西北农林科技大学学报(自然科学版),2010,38(5):188-192.

[6] 蒋盈沙,高艳红,潘永洁,等. 青藏高原及其周边区域沙尘天气的时空分布特征[J/OL]. 中国沙漠,2019,39(04):83-91.

[7] 姜萍,徐洁,陈鹏翔,等. 南疆近 57 年沙尘暴变化特征分析[J]. 干旱区资源与环境,2019,33(02):103-109.

[8] 高振荣,李红英,瞿汶,等. 近 55 年来河西地区沙尘暴时空演变特征[J]. 干旱区资源与环境,2014,28(12):76-81.

[9] 魏倩,隆霄,田畅,等. 民勤一次沙尘暴天气过程的近地层气象要素多尺度特征[J]. 干旱区研究,2018,35(6):1352-1362.

[10] 赵明瑞,杨晓玲,滕水昌. 甘肃民勤地区沙尘暴变化趋势及影响因素[J]. 干旱气象,2012,30(3):421-425.
[11] 张存杰,宁惠芳. 甘肃省近30年沙尘暴、扬沙、浮尘天气空间分布特征[J]. 气象,2002,28(3):28-32.
[12] 罗晓玲,李岩瑛,李耀辉,等. 河西走廊东部沙尘天气与武威市大气污染的关系研究[J]. 中国沙漠,2004,24(5):642-646.
[13] 刘萱,张文煜,贾东于,等. 河西走廊沙尘暴50a频率突变检测分析[J]. 中国沙漠,2011,31(6):1579-1584.
[14] 苟日多杰. 柴达木盆地沙尘暴气候特征及其预报[J]. 气象科技,2003,31(2):84-87.
[15] 李永盛,达成荣,傅生武. 格尔木地区沙尘暴的气候特征,成因及预报[J]. 青海气象,2004(4):8-21.

2010 年 9 月 5 日格尔木强沙尘暴中尺度分析

马学莲
（青海省气象台，西宁 810001）

摘 要：利用高空、地面、FY-2C 卫星云图、自动站常规和加密资料，对 2010 年 9 月 5 日格尔木强沙尘暴天气过程进行了初步分析。分析表明：500 hPa 高空冷平流下滑叠加到 700 hPa 暖平流之上触发对流，地面冷锋进入地面热低压控制的柴达木盆地，不但加剧了不稳定，而且为中尺度系统上升运动提供了动力条件，飑线对流云系及雷暴高压是造成格尔木强沙尘暴的中尺度系统。

关键词：沙尘暴，对流云，中尺度，雷暴高压

1 天气实况

2010 年 9 月 5 日青海省大部地区出现阵性天气过程，过程范围较广、降水强度不强，过程雨量以小到中雨为主，最大 1 h 雨量 8 mm，24 h 最大降水量 14 mm，降水中心在河南县。过程期间 5 日午后到傍晚伴有雷暴、瞬时大风、沙尘暴等灾害性天气的发生。雷暴主要出现在海西西部、海北、西宁、海东、黄南；柴达木盆地的大柴旦、格尔木、诺木洪出现沙尘暴，其中格尔木 16—17 时出现强沙尘暴，最小能见度仅为 100 m。

2 成因分析

2.1 环流背景

从 9 月 5 日 08 时 500 hPa 高空来看(图 3.25)，新疆低涡位于天山东部，青海省上空受低涡底部偏西气流控制，低涡中心配合有 −24 ℃的冷中心，冷平流下滑影响南疆盆地、河西西部、青海省大部，青海省柴达木盆地中东部受弱的暖平流影响。从 500 hPa 全省 8 个探空站 $T-T_d$ 值来看，格尔木 $T-T_d=13$ ℃、湿度不高，其余 7 站 $T-T_d<4$ ℃、湿度较高。

从 5 日 08 时 700 hPa 来看(图 3.26)，河西走廊西部有小槽，茫崖到格尔木有风切变，青海省低层受暖平流控制，高空下滑冷平流与低层暖平流相叠加，触发对流天气的发生，在湿度小、沙源丰富的柴达木盆地，主要表现为雷暴、雨强弱的阵雨、瞬时大风、沙尘暴等灾害性天气。

2.2 地面分析

分析冷锋动态(图 3.27)，4 日 20 时冷锋中心在天山一线，其前沿已到祁连山区，对应地面图上冷暖空气交界的南疆盆地出现沙尘、雷暴天气，河西西部、祁连山区的部分站点出现了雷暴或雷阵雨天气。5 日 08 时冷空气缓慢东移，前部已到河套中部，5 日 14 时东路冷空气，前沿已达乌鞘岭，且锋前永登、皋兰出现雷暴或雷阵雨，西路冷空气进入柴达木盆地西部，茫崖 12 时出现雷暴，盆地减压明显，14 时地面图上小灶火 $\Delta P_3=-2.4$ hPa，14—17 时冷锋缓慢东移，

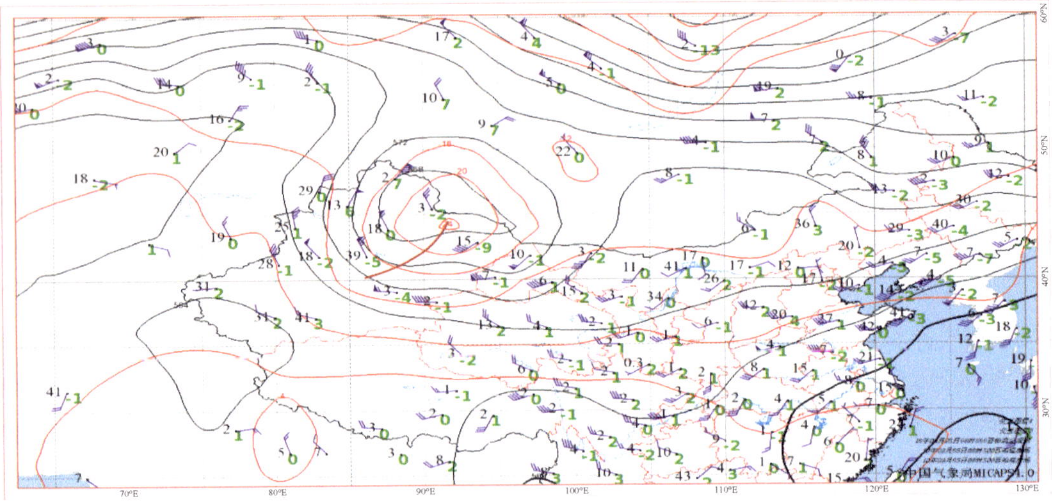

图 3.25　2010 年 9 月 5 日 08 时 500 hPa 高度场＋温度场＋填图＋ΔT_{24}

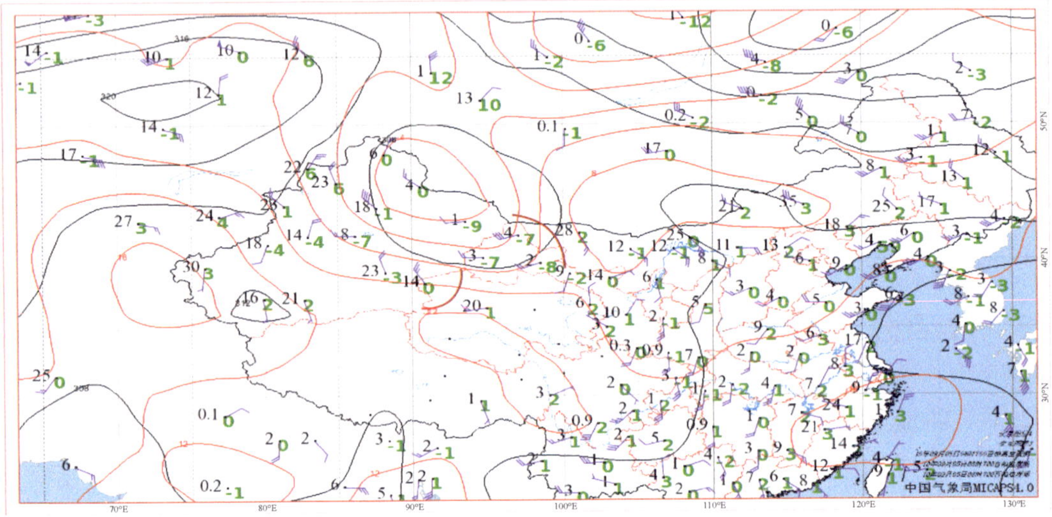

图 3.26　2010 年 9 月 5 日 08 时 700 hPa 高度场＋温度场＋填图＋ΔT_{24}

锋前盆地继续减压，17 时地面图上诺木洪 $\Delta P_3=-2.0$ hPa，锋前暖区大柴旦、小灶火、格尔木出现了沙尘暴、阵雨天气，冷锋东移过程中不但加强了大气层结的不稳定，而且抬升前方暖空气，加强了锋前垂直运动，从而造成沙尘暴天气。

2.3　中尺度分析

2.3.1　卫星云图

从 5 日 FY-2C 卫星红外云图来看(图 3.28a、b)，造成此次青海省对流天气的大尺度系统有 2 个：在 40°～45°N，90°～100°E 区域内有较强低涡云系，其底部南疆盆地、河西西部、青海湖地区有零散的对流云生成，柴达木盆地和青海省东部晴空为主；另外，在青海省和西藏相连的高原上有一条自孟加拉湾向东北方向伸展的暖湿弧状云系。从 5 日 08—20 时 FY-2C 卫星红外云图动画来看(图略)，低涡云系东移南压的过程中，其底部及尾部不断有对流云生成发

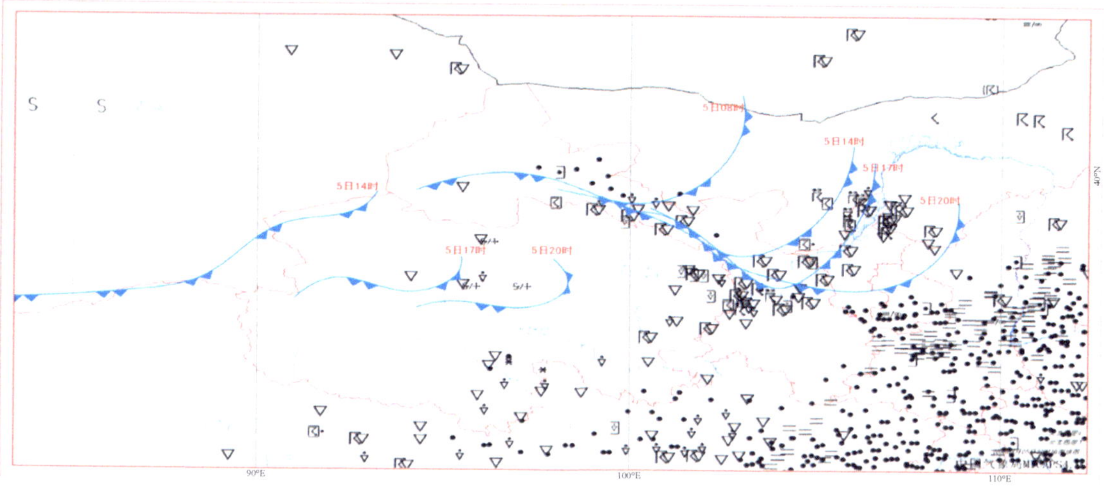

图 3.27　2010 年 9 月 5 日 08—20 时冷锋动态图+5 日 17 时地面天气

展，从而影响青海省北部柴达木地区、祁连山区、东部农业区，产生阵雨、雷暴、沙尘暴、瞬时大风等灾害性天气。高原南部的暖湿弧状云系在东移的过程中对青南地区造成雷暴、阵雨天气。

分析相当黑体亮温 TBB 的变化[1]（图 3.28c、d），追踪造成盆地沙尘暴天气对流云团的生成演变，5 日 08 时柴达木盆地晴空区内的最高亮温仅为 7.0 ～ −3.0 ℃，但升温较快，1 h 最大增温 7.0 ℃。14 时晴空区最高亮温已达 38.0 ℃。如此大的晴空地面增温，使大气处于绝对不稳定状态。另外，晴空区和其西北部云覆盖区（茫崖至冷湖一带）的地面温度有很大差异，二者之间形成较大的温度梯度，构成了一个东北—西南向的中尺度斜压带。在上述不稳定区内，风的垂直切变较大。低空为暖区均压带，风速很小，风向偏西。而高空为强西风区。例如，5 日 08 时茫崖地面风向为 300°、风速为 2 $m \cdot s^{-1}$，700 hPa 高度上风向为 300°、风速为 12 $m \cdot s^{-1}$，500 hPa 以上均为偏西风，400 hPa 高度上风向为 270°、风速为 26 $m \cdot s^{-1}$。如此大的垂直风切变，有利于对流持续发展。5 日 11:30，在中尺度斜压带上（37°～ 42°N，90°～100°E）生成 4 个间断的对流云团，中部和尾部的对流云对应地面图上分别在敦煌、茫崖出现雷阵雨天气。在生成阶段，10 时—13 时云带东移的过程其头部不断减弱，中部不断合并，尾部又产生新的对流云团（图略）。对流云的云顶亮温为 −29～ −35 ℃，在其东侧边界上已有较强亮温梯度（图 3.28c、d），相邻两象元间的最大亮温差为 29 ℃。对流云团于 12 时影响茫崖，茫崖 1 h 降温达 5 ℃ 、气压上升 5 hPa、露点上升 3.9 ℃，10 min 平均风速 10 $m \cdot s^{-1}$，出现阵雨天气伴有雷暴。对流云团的生成方式为“断线型”。在发展阶段，14—17 时对流云带东移每小时向东偏南方向移动约 100 km。它的主要特征是尺度在 1 个纬距以下，生命史为 2～3 h（图 3.28b）；云顶最低亮温仅为 −34～ −40 ℃，在云系的前缘也有较大的亮温梯度，相邻两象元间的最大亮温差为 34～45 ℃。这种中尺度对流云团属于锋前晴空区干飑线类型。对流云所经的茫崖、大柴旦、小灶火、格尔木、诺木洪出现雷暴、阵雨，均无短时强降水。盆地中部小灶火、格尔木、诺木洪出现沙尘暴，其中格尔木出现能见度仅为 100 m 的强沙尘暴。

2.3.2　地面加密自动站

此次过程中对流云团主要带来雷暴、沙尘暴灾害性天气。分析 5 日 11—20 时加密自动站地面 1 h 资料，追踪雷暴高压的生成、发展、消亡（图 3.29）。5 日 08—11 时茫崖站气温由 9 ℃上升到 13 ℃，表现为正常日变化特征；露点温度由 −1.0 ℃上升到 0.1 ℃再下降到 −3.0 ℃，

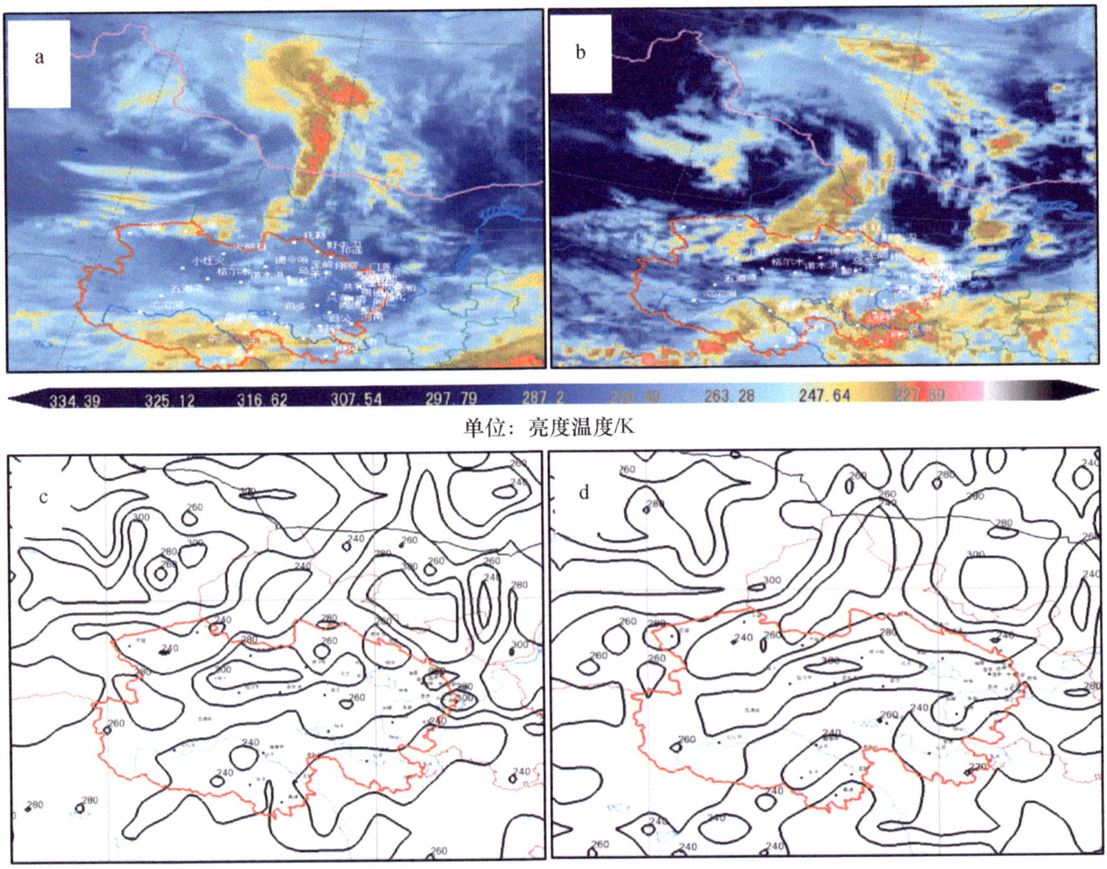

图 3.28 2010 年 9 月 5 日 FY-2C 红外云图，相当黑体亮温 TBB(单位：K)
(a)5 日 08 时红外云图(b)5 日 16 时红外云图
(c)5 日 14 时相当黑体亮温 TBB(d)5 日 16 时相当黑体亮温 TBB

气压变化不明显，由 1005 hPa 上升到 1006 hPa 再下降到 1005 hPa，风速表现为 08 时 2 $m \cdot s^{-1}$的 NW 风转为 4 $m \cdot s^{-1}$的 SW 风，11 时增大为 10 $m \cdot s^{-1}$的偏 W 风，且 11 时地面出现0.1 mm 的阵雨，气压、露点、风向风速、天气现象的变化说明茫崖地面大气极不稳定，12 时茫崖加密自动站资料显示，1 h 内气温下降达 5 ℃，气压上升 5 hPa、露点上升3.9 ℃，风速仍较大，10 min 平均风速达 10 $m \cdot s^{-1}$，至此雷暴高压生成，13—16 时雷暴高压东移南压至小灶火地区，所经区域加密自动站均表现出气压及露点上升、气温下降、风速增大的特征；其中 13 时茫崖站出现雷暴、阵雨，其余加密自动站发生何种灾害性天气无观测不可知。14—15 时受冷空气入侵影响茫崖地区最大风速加大为 16 $m \cdot s^{-1}$。16 时雷暴高压影响小灶火，小灶火 1 h 内气温下降达 3 ℃，气压上升 3 hPa、露点上升 4 ℃，风速 2 $m \cdot s^{-1}$增大为 4 $m \cdot s^{-1}$，17 时雷暴高压影响格尔木，本站 1 h 内气温下降达 5 ℃，气压上升 6 hPa、露点上升 2.6 ℃，风速 2 $m \cdot s^{-1}$ 增大为 6 $m \cdot s^{-1}$的西北风，格尔木东北向距其 40 km 的加密站气象要素变化更为剧烈，1 h 内气温下降达 7 ℃，气压上升 8 hPa、露点上升 10 ℃，风速由 4 $m \cdot s^{-1}$增大为 22 $m \cdot s^{-1}$的偏 N 风，格尔木偏西向距其 30 km 的加密站气象要素变化剧烈，1 h 内气温下降达 7 ℃，气压上升 9 hPa、露点上升 4 ℃，风速由 4 $m \cdot s^{-1}$增大为 12 $m \cdot s^{-1}$偏南风。从三站风向变化来看，以格尔木站为中心的 50 km 半径范围内形成明显的高压。格尔木天气现象为过去 1 h 发生的沙尘暴在加强，能见度为 100 m，其余 2 个加密站天气现象无观测不可知。18—20 时雷暴高压东移影响诺木洪地区，造成沙尘、阵雨天气，5 日 21 时—6 日 02 时随着气温下降、下垫面变得稳定，雷暴高压东移减弱消亡。

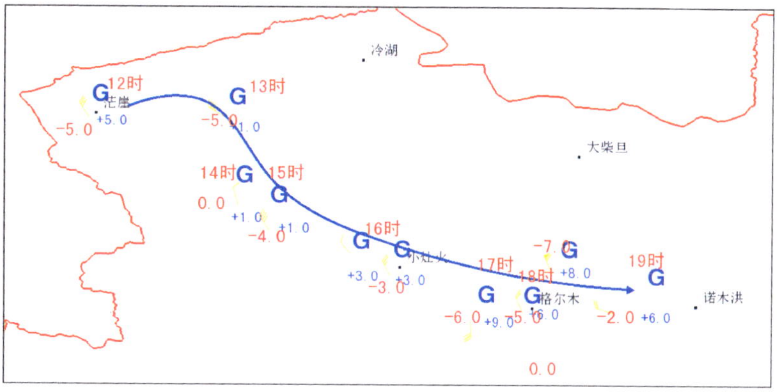

图 3.29　2010 年 9 月 5 日 12—19 时雷暴高压移动路径

（图中红色数字：站点 1 h 变温；蓝色数字：站点 1 h 变压）

2.3.3　格尔木自动站

分析格尔木站沙尘暴过境前后地面要素变化特征（见图 3.30），5 日 12—16 时地面热低压发展减压，17 时受雷暴高压影响升压，18—20 时冷空气影响持续升压；气温 08—16 时持续上升，并在 16 时沙尘暴暴发前达最高 21.4℃；相对湿度与温度相反，自 09 时快速下降，向着有利于沙尘暴发生的暖干状态发展，风速自 08—16 时持续 2 m·s^{-1}，5 日 17 时受雷暴高压影响，气压上升，气温急剧下降，1 h 气温降幅达 5.9℃，相对湿度从 23%增至 39%，18 时受冷锋影响，气压上升，气温仍下降，相对湿度略有上升，风速由 6 m·s^{-1}增大为 8 m·s^{-1}。分析表明在沙尘暴来临前，地面升温、明显，热低压发展，随着锋面东移推进冷空气增强，16—17 时出现沙尘暴，气压涌升、气温剧降、风速增大，具有明显的中尺度系统影响特征[2]。

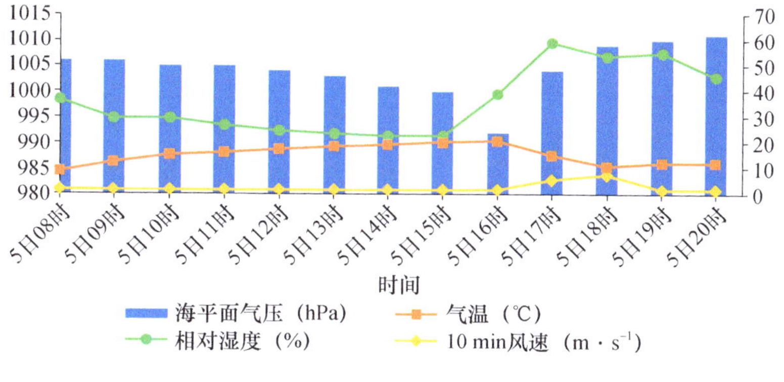

图 3.30　2010 年 9 月 5 日 08—20 时格尔木自动站气象要素分析

2.4　格尔木探空

5 日 08 时格尔木探空廓线显示[3]（图 3.31a），高层 350 hPa 以上为喇叭口型干层，350 hPa 附近浅薄的湿层，中层 350～400 hPa 为次喇叭口干层，400～420 hPa 是相对浅薄的湿层，420～550 hPa 仍为喇叭口向上的次干层，550 hPa 附近浅薄的湿层，550 hPa 到地面是喇叭口向下的干层，露点温度和温度层结曲线呈“×”型，这种高层干、中层相对湿的层结，易积聚不稳定能量和产生雷暴天气,而低层的干层加快了下沉气流中蒸发冷却作用,负浮力加大,利于下沉强气流的形成,从而有利于沙尘暴产生。20时格尔木(图3.31b),雷阵雨、沙尘暴过后,整层湿度增大,不利于沙尘的扬起和输送,能见度转好为25 km。$T_{700}-T_{500}=22$ ℃,温度直减率大,上冷下暖,400 hPa到500 hPa风向逆转有冷平流下滑,大气层结不稳定,预计午后14时气温升至20°C,拖动订正层结曲线,不稳定能量(黄色阴影区)明显增加(图3.31a),说明格尔木上空大气处于极不稳定状态,利于对流的发生。

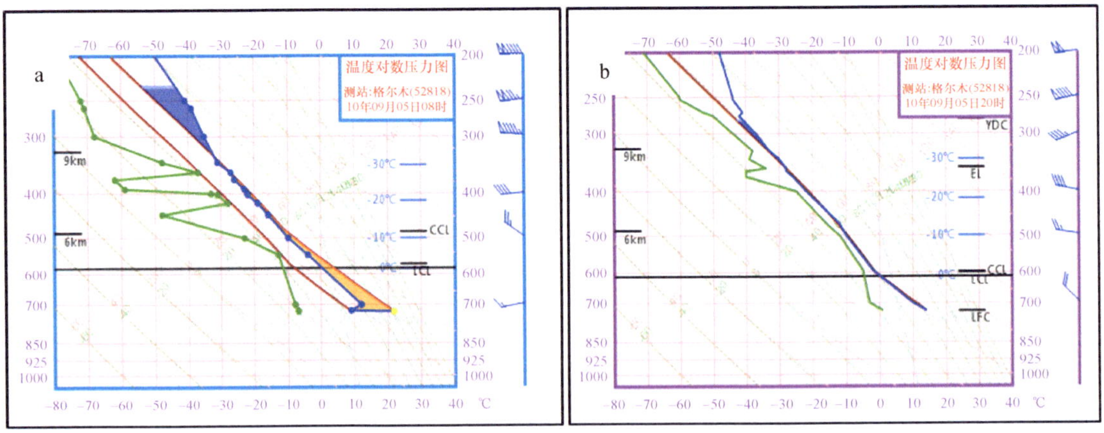

图3.31　2010年9月5日08时(a)20时(b)格尔木(52818)探空图

3　预报技术着眼点与难点

1)柴达木盆地植被稀疏、自然荒漠沙化严重。过程前期自8月18日至9月4日柴达木盆地无有效降水出现,干燥松散的地表,为有利的天气形势下发生沙尘暴提供了丰富的沙源。

2)500 hPa高空低涡下滑冷平流与700 hPa暖平流叠加,不稳定大气触发对流;地面冷锋进入地面热低压控制的柴达木盆地,不但加剧了不稳定,而且为中尺度系统上升运动提供了动力条件。

3)地面热低压的加强,冷锋前后的温度和气压梯度,为沙尘暴暴发提供了必要的热力不稳定条件,沙尘暴发生在冷锋前的热对流中。

4)对流云团生成在不稳定大气环境中,是发生这次强沙尘暴的中尺度对流系统。

5)雷暴高压在东移经过测站时引起气压上升、气温下降、相对湿度上升等气象要素明显的变化。雷暴高压的持续时间、发展强弱预示着对流的强弱,追踪它的移速和方向,可预报未来灾害性天气的落区。

6)探空廓线显示高层干、中层相对湿的层结,易积聚不稳定能量和产生雷暴天气。

7)预报难点,无法精确预报沙尘暴发生的时间及沙尘暴的最小能见度。

参考文献

[1] 项续康,江吉喜. 西北地区强沙尘暴成因的中尺度分析[J]. 高原气象,1996,15(4),448-454.

[2] 胡文栋,纪晓玲,李艳春,等."20010408"宁夏强沙尘暴天气中尺度系统分析[C]. 第六届全国青年气象科技工作者学术研讨会论文集,2007,630-638.

[3] 王伏村,付双喜,张德玉,等. 一次雷暴大风引发的强沙尘暴天气的中尺度系统分析[J]. 干旱气象,2014,32(6):954-961.

2011年3月13—14日大风天气过程分析和总结

马玉花
（果洛州气象台，玛沁　814000）

摘　要：本文利用高空、地面、物理量常规资料，对2011年3月13—14日发生在青海省大部地区的一次大风天气过程进行了分析，结果表明：1）此次过程是冬春季节发生在青海省的一次全省性冷锋过境引起的大风天气，并伴随沙尘、降雪、强降温等复杂天气出现。2）大风天气的成因主要为：短波槽携带强冷空气下滑；高空偏西气流较强；有较大的层结不稳定存在；地面强冷高压缓慢东移；南部高海拔地区动量下传明显；地形影响。3）综合以上因素，加上前期全省范围内明显的升温，产生了一次全省范围内自西北向东南的大风强降温天气过程。

关键词：大风，寒潮，冷锋，急流

1　天气实况

2011年3月13—14日青海省大部地区出现大风天气过程，期间伴随沙尘、降雪及强降温等复杂天气的出现。此次风沙天气过程发生在春季，影响范围广，强度较强，持续时间较长（维持了2天）。全省共计26站点出现大风，西强东弱，大风中心出现在五道梁，风速达29 $m \cdot s^{-1}$，大风日变化明显。大风天气自13日凌晨4时茫崖开始，逐步扩大范围，13日午后15时风速最强，大风范围最广，13日夜间大风范围减小，风力逐步减弱，14日午后果洛高海拔和环青海湖地区出现大风，20时以后风速明显减小，呈现出明显的昼强夜弱的特征。过程期间五道梁、沱沱河、茫崖、格尔木、德令哈、乌兰、都兰、共和、贵南出现沙尘天气，其中茫崖13日16时出现沙尘暴，最小能见度为800 m；13—15日出现了自西北至东南的强降温天气，连续两天最大降温出现在民和站，日最高降温幅度达20 ℃。具体天气实况如图3.32所示。

2　大风天气成因分析

2.1　500 hPa环流形势

分析3月13日08时500 hPa环流形势（图3.33a），欧亚中高纬为西高东低型，乌拉尔山以东为强大的东北—西南向高压脊，新疆北部受脊前偏东北气流控制，东亚槽位于东西伯利亚，新疆天山有一横槽，且配合−36 ℃强冷中心，青海省上空受横槽底部偏西气流控制，等温线密集（30°～40°N有4根等温线），温度槽落后于高度槽，青海省东部等温线与等压线近似于垂直，斜压性强，利于横槽东移加深。13日20时横槽东移南压到哈密一线（图3.33b），−36 ℃强冷中心仍维持，青海省上空锋区加强，等温线由4根增加为5根，风速最大值增加至26 $m \cdot s^{-1}$，偏北风引导槽后冷平流，使得冷空气堆积，强冷下沉气流动量下传出现地面大风。

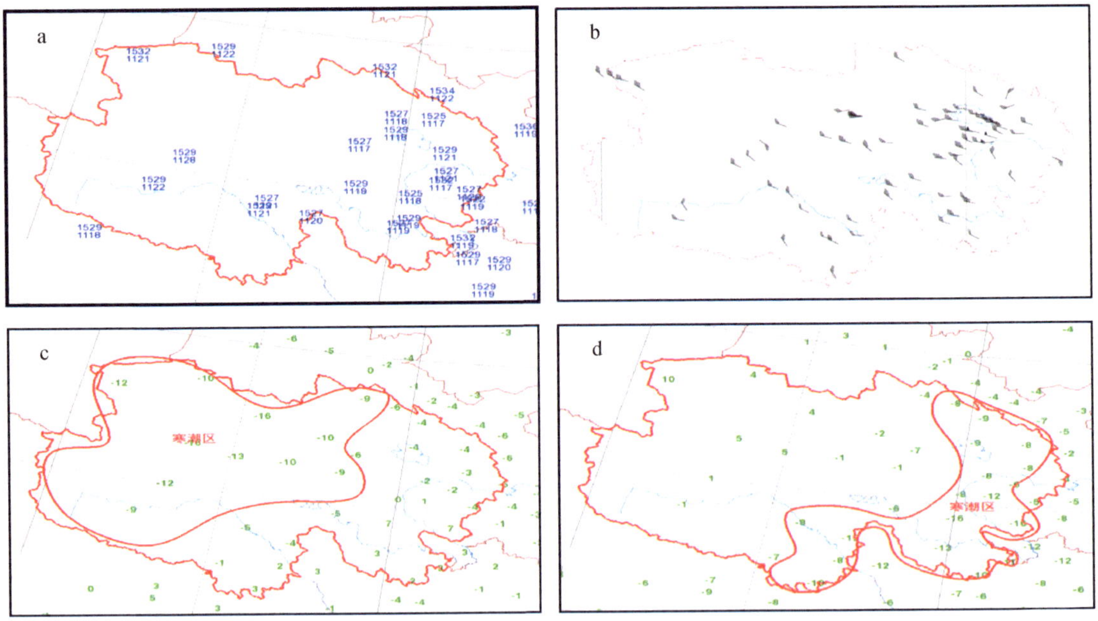

图 3.32　2011年3月13—15日青海天气实况

(a)13日14时特殊天气分布图(b)14日15时加密自动站观测大风分布图(c)14日寒潮区分布图(d)15日寒潮区分布图

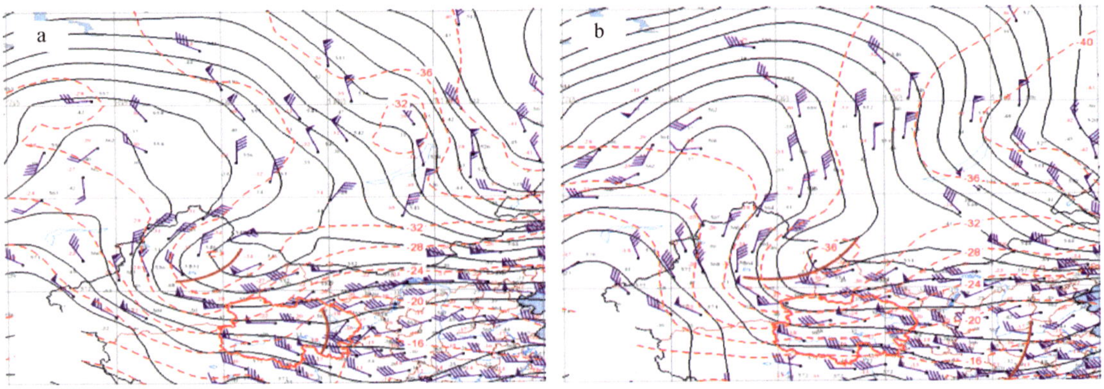

图 3.33　13日08时(a)20时(b)500 hPa高空图

2.2　高空急流

3月13日08时300 hPa风场显示(图3.34a),急流带在30°N一线,南疆地区至青海省北部有高空副大风带,中心风速最大达48 m·s^{-1},且配合有明显冷温槽,14日08时青海省中东部到河套地区有副大风带(图3.34b),青海省西北部有−48 ℃的冷中心,强冷空气下沉利于高空大风动量下传。13日08时500 hPa风场显示(图3.34c),南疆地区至青海省西部地区有风速大于20 m·s^{-1}副大风带,中心风速最大达32 m·s^{-1},且配合有−36 ℃的强冷中心,14日08时高空强锋区带压在青海省上空(图3.34d),强冷空气下滑不但加深天气系统,而且使高空大风动量下传形成地面大风。

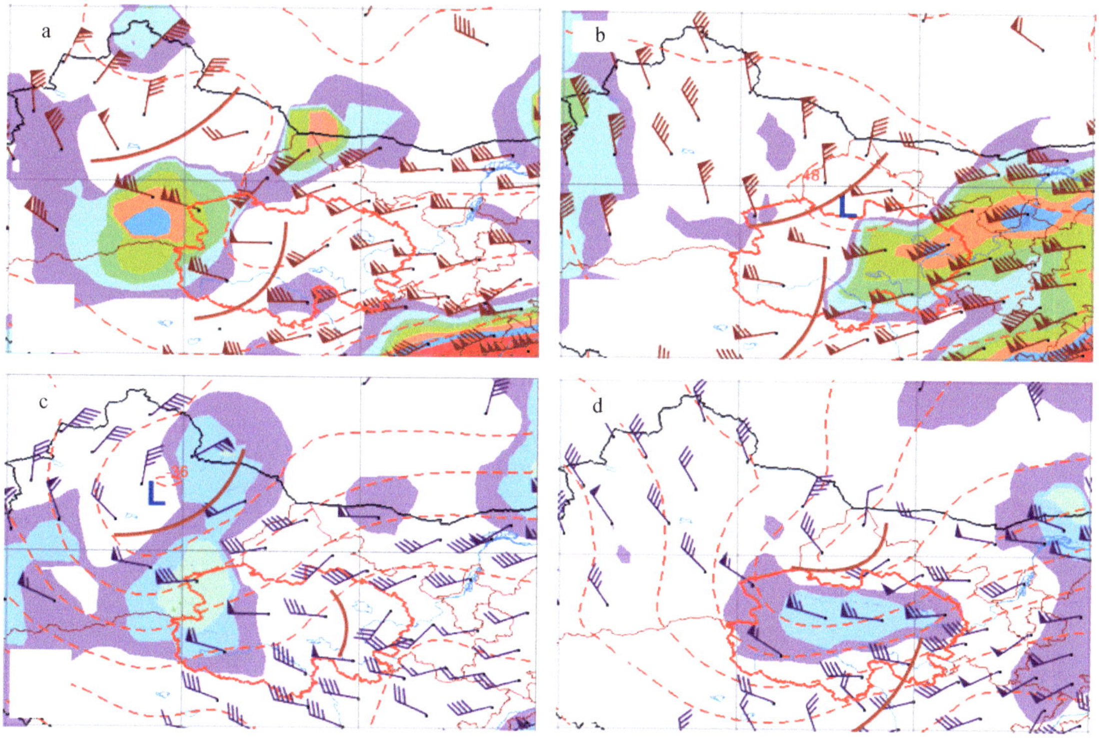

图 3.34　13—14 日 300 hPa、500 hPa 风场＋温度场
(a)13 日 08 时 300 hPa(b)14 日 08 时 300 hPa(c)13 日 08 时 500 hPa(d)14 日 08 时 500 hPa

2.3　物理量诊断

从达日站散度场时间垂直剖面图(图 3.35a)来看,13 日 08—20 时 100～500 hPa 处于辐散区中,400 hPa 处于辐散中心,中心值为 $7\times10^{-5}\ s^{-1}$,强辐散气流利于高空动量下传。14 日 20 时 100～400 hPa 处于辐合区中,100 hPa 处于辐合中心,中心值为 $-9\times10^{-5}\ s^{-1}$,400～500 hPa 处在辐散区中,500 hPa 辐散中心,中心值为 $5\times10^{-5}\ s^{-1}$,高层辐合、低层辐散仍利于高空动量下传。从达日站垂直速度剖面图(图 3.35b)来看,13 日 20 时 100～400 hPa 下沉区;500 hPa 有上升运动,中心值为 $-5\ Pa\cdot s^{-1}$,上升运动产生湍流,进而增强高空的动量下传,使地面风速加大。

2.4　层结不稳定

此次大风天气过程的形成基本与高空急流的动量下传及冷暖空气的活动有关,高空急流是高空动量下传的前提,除此外还应考虑热力性因素,即层结不稳定导致的较强湍流活动。从 12 日 20 时茫崖站(51886)探空图(图 3.36a)可以看到,700～500 hPa 高度层为偏西风,400～300 hPa 高度层转为西南风,风向随高度增加做逆时针旋转,温度平流为冷平流,空气有下沉运动。从 13 日 08 时茫崖站(51886)探空图可以看到 700～300 hPa 整层风速相比较 12 日 20 时增加 8～12 $m\cdot s^{-1}$(图 3.36b),配合高空冷平流高空风动量下传明显,13 日白天温度递减率接近于干绝热线,$\gamma=1.4\ ℃\cdot(100\ m)^{-1}$,不稳定能量较强,有利于湍流活动的发生。

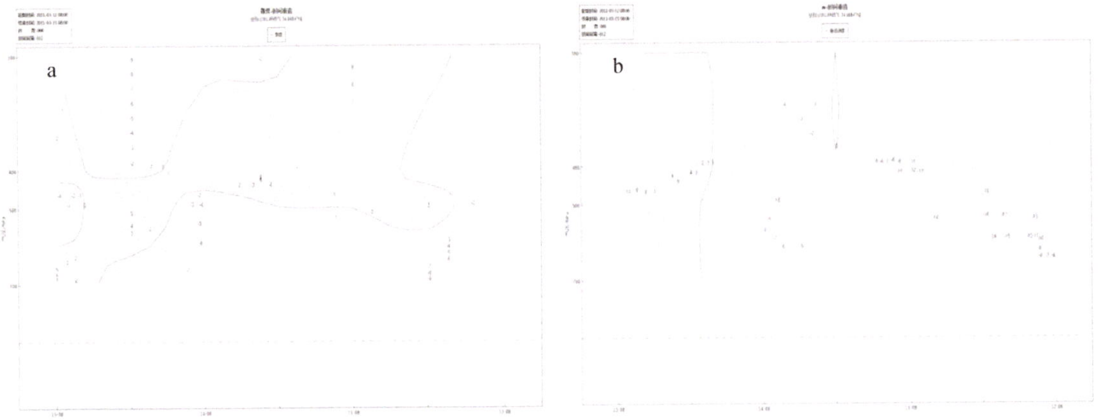

图 3.35　达日站 12 日 08 时—15 日 08 时散度(10^{-5} s^{-1})(a)垂直速度($Pa \cdot s^{-1}$)(b)剖面图

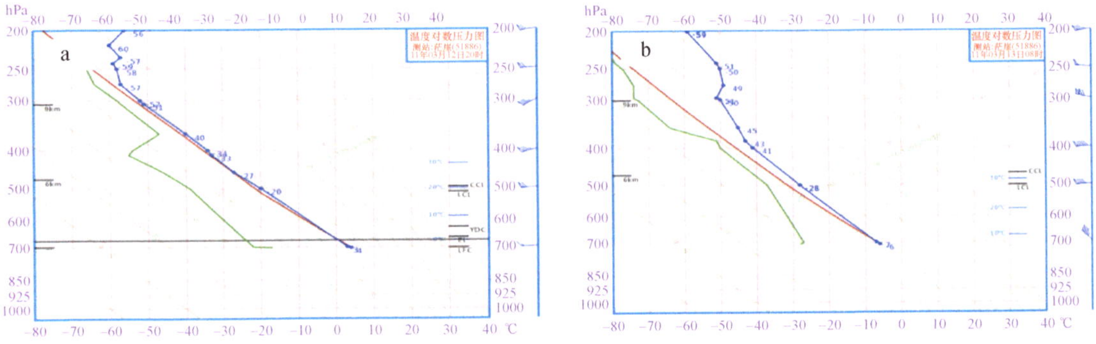

图 3.36　12 日 20 时(a)13 日 08 时(b)茫崖站 T-ln$P$ 图

2.5　地形影响

青海省地势复杂,南高北低,西高东低。由于南部地区海拔高,高空的动量传到地面的距离比北部短,高空风的动量下传比北部明显。柴达木盆地、共和盆地受地形狭管效应(图 3.37)影响,小灶火、茫崖等站受下坡风加强影响(位能转换为动能),极易出现大风天气。本次过程茫崖最早出现大风,且持续时间最长。东部河湟谷地受地形影响,13—14 日出现偏东大风。

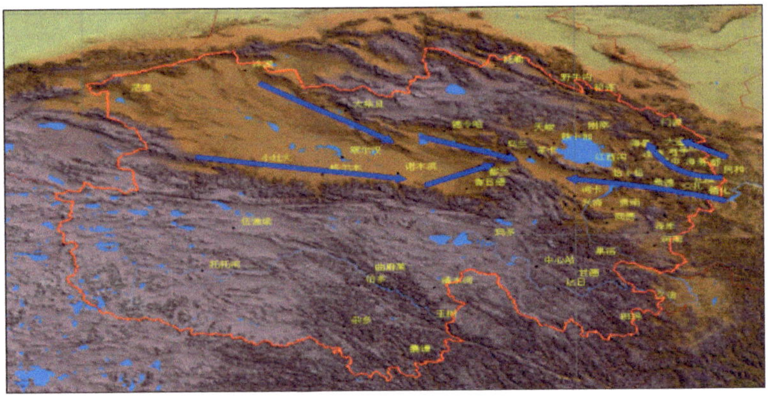

图 3.37　青海省地形及地形作用示意图

3　强降温天气的形成原因

3.1　环流形势动态分析

12 日 08 时—14 日 20 时的高空 500 hPa 形势动态图(图 3.38a)表明，12 日 08 时东亚大槽在中高纬地区表现为西高东低型，至 12 日 20 时东亚大槽分为南北两段，南段在北疆地区形成低压槽，13—14 日缓慢东移南压移动，其携带的强冷空气南下影响青海省。

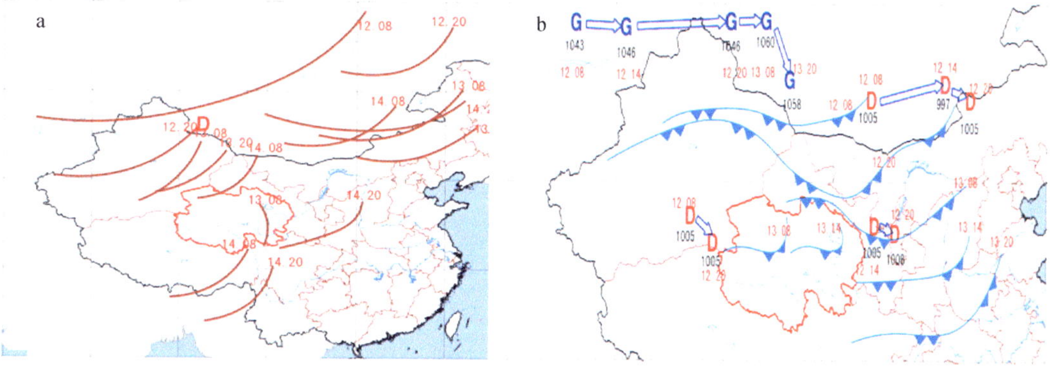

图 3.38　3 月 12—14 日 500 hPa 高空槽(a)地面冷锋、冷高压、热低压(b)动态

3.2　冷锋、冷高压、热低压动态分析

从图 3.38b 冷锋、冷高压动态图来看，12 日 08—20 时巴尔喀什湖地区有强度为 1048 hPa 的地面冷高压维持，其分裂冷空气南下，08 时冷锋前沿已达天山一线，20 时冷锋已达河套西部，13 日 08 时新疆北部冷高压增强为 1060 hPa，强冷空气东移分裂，东路冷空气已移至河套东部至祁连山区，西路冷空气沿着阿尔金山山口进入青海省柴达木盆地，20 时冷高压明显南落，分裂冷高压南下，携带强冷空气影响青海省。13 日夜间至 14 日白天冷空气扩散影响青海省大部地区。过程前期蒙古地区、河西走廊东部、南疆盆地的热低压发展旺盛(图 3.38b)，从 12 日 08—20 时热低压动态来看，热低压范围较广，从蒙古到河套以西到青海省至南疆盆地，午后 14 时蒙古地区热低压强中心为 997 hPa，受热低压影响，12 日白天上述地区升温明显，给后期的降温天气过程提供有力的条件。

3.3　高空温度平流分析

13 日 08 时高空 500 hPa 温度场显示(图 3.39a)，在北疆地区有一个－36 ℃的冷中心存在，其变温中心库尔勒站 $\Delta T_{24}=-11$ ℃，14 日 08 时冷平流加强下滑东移，变温中心酒泉站 $\Delta T_{24}=-15$ ℃(图 3.39b)。13 日 08 时 700 hPa 温度场上锋区在 40 °N 附近(图 3.39c)，强变温中心马鬃山站 $\Delta T_{24}=-17$ ℃，14 日 08 时 700 hPa 温度场上锋区南压至 35 °N 附近(图 3.39d)，冷平流加强东移，变温中心民勤站 $\Delta T_{24}=-19$ ℃。高空强冷平流的下滑，不但利于高空风动量下传至地面，产生地面大风天气，而且利于地面气温降低，为强降温天气的发生做出了贡献。

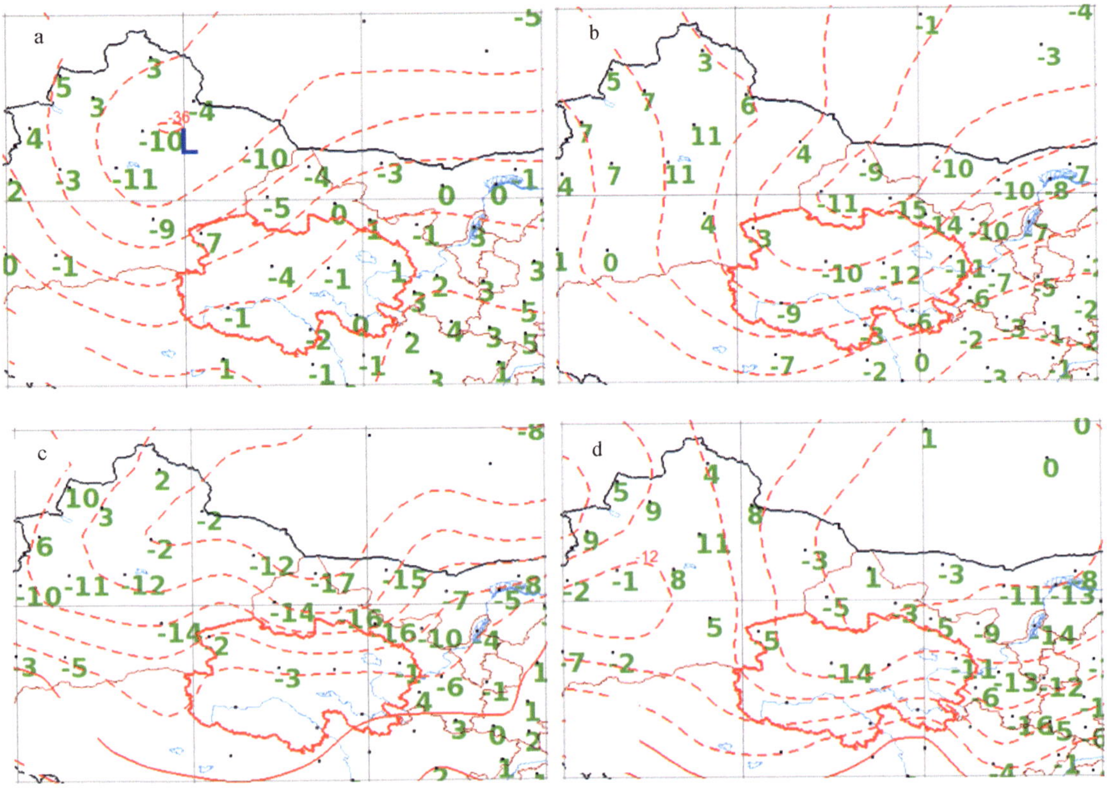

图 3.39　13—14 日高空风场叠加 24 h 变温分布

(a)13 日 08 时 500 hPa(b)14 日 08 时 500 hPa(c)13 日 08 时 700 hPa(d)14 日 08 时 700 hPa

3.4　日最高气温变化分析

选取茫崖、五道梁、西宁、玛沁站代表不同气候区，分析 10—14 日上述四站的日最高气温变化情况(见表 3.1，红色表示升温，蓝色表示降温)。从表 3.1 可知，10—11 日青海省北部地区升温明显，尤其东部的西宁站升温幅度达 6 ℃ · d^{-1}，11—12 日西部茫崖已出现降温，其余地区气温继续上升，13 日受冷空气影响，全省出现降温，且青海省北部降温幅度达 −7 ℃ · d^{-1}，东部的西宁降温幅度达 −8 ℃ · d^{-1}，14 日西部气温回升，东部和南部继续下降，东部的西宁和南部的玛沁降温幅度达 −5 ℃ · d^{-1}，连续两日青海省北部降温达 −8～−13 ℃，青海省南部降温达 −7～−8 ℃，达到春季强降温的标准。

表 3.1　茫崖、五道梁、西宁、玛沁 10—14 日日最高气温变化 ΔT_{24}

	10 日 T_{max}(℃)	11 日 T_{max}(℃)	ΔT_{24}(℃)	11 日 T_{max}(℃)	12 日 T_{max}(℃)	ΔT_{24}(℃)	12 日 T_{max}(℃)	13 日 T_{max}(℃)	ΔT_{24}(℃)	13 日 T_{max}(℃)	14 日 T_{max}(℃)	ΔT_{24}(℃)
茫崖	4	8	4	8	6	−2	6	−1	−7	−1	1	2
五道梁	−4	−4	0	−4	−2	2	−2	−6	−4	−6	−9	−3
西宁	5	11	6	11	15	4	15	7	−8	7	2	−5
玛沁	3	3	0	3	5	2	5	2	−3	2	−3	−5

4　预报难点

1)此次天气过程主要表现出的天气现象为大风，在预报过程中容易忽略其他伴随的沙尘、降雪、强降温等灾害性天气。

2)对大风、沙尘、降雪、强降温灾害性天气出现的时间、落点、持续时间及强度把握不准。

5　结论

1)此次过程是冬春季节发生在青海省的一次全省性冷锋过境引起的大风天气，影响范围广、强度大、日变化明显、持续时间较长，并伴随沙尘、降雪、强降温等复杂天气。

2)大风成因：高空西北急流强，500 hPa 高度场南疆地区至青海省西部地区上空风速大于 20 $m \cdot s^{-1}$，中心风速最大达 30 $m \cdot s^{-1}$；300 hPa 高度场南疆地区至青海省北部一线有明显的高空大风带，中心风速最大达 50 $m \cdot s^{-1}$；有较大的层结不稳定存在；高空存在强冷平流动量下传；南部高海拔地区动量下传更易发生；地形影响。

3)强降温成因：由于东亚大槽分裂短波槽缓慢东移，500 hPa 强冷中心 −36 ℃，高空强冷平流明显(500 hPa 高空温度平流中心最大值为 -25×10^{-3} ℃ $\cdot s^{-1}$)，地面 1060 hPa 冷高压堆积暴发，且多次分裂冷高压扩散南下，前期 11—12 日青海省北部地区有明显的升温(升温幅度最大为 7 ℃ $\cdot d^{-1}$)，产生了一次全省性的、自西北向东南的寒潮天气过程。

2011年3月17日大风沙尘暴天气过程分析

马生玉　刘成丰
(格尔木市气象局,格尔木　816000)

摘　要:利用常规地面和高空观测资料,对2011年3月17日发生在青海省柴达木盆地和东北部地区一次春季大风、沙尘暴天气过程进行了分析,结果表明:此次过程大风强度大、持续时间长,伴随天气复杂、沙尘区伴弱降水。大风沙尘暴的触发系统主要是冷锋过境,诺木洪地区的热低压系统则起到了激发和加强作用,前期气温较高,为沙尘暴的暴发积蓄了能量;柴达木盆地下垫面多以沙漠、戈壁为主,为沙尘暴的发生发展提供了有利的沙源条件;沙尘暴的自反馈放大作用使得沙尘暴强度在午后进一步加强,夜间减弱。柴达木盆地的地形影响产生的狭管加速效应,加强了地面风速。

关键词:大风沙尘暴,天气过程分析,成因分析

1　天气实况

2011年3月17日02—08时,青海省柴达木盆地、五道梁及东北部发生了一次春季大风、沙尘暴天气过程,并伴有局地弱降水天气。柴达木盆地、五道梁及托勒共计8站出现7～10级大风(风速26 $m \cdot s^{-1}$),强度大、持续时间长(02—08时);柴达木盆地4站出现沙尘暴天气,其中格尔木站出现强沙尘暴天气,最小能见度为100 m。

2　成因分析

2.1　环流背景特征

此次过程主要是500 hPa高空巴尔喀什湖低槽东移加强,引导地面冷高压东移南压,配合冷高压前部地面冷锋、500 hPa高空锋区和高空急流在青海省柴达木盆大部地区形成的一次春季大风、沙尘天气过程。3月16日08时,乌拉尔山到里海咸海为高压脊区,巴尔喀什湖附近为深厚的槽区,新地岛到23区附近有−42 ℃的冷中心配合,从新地岛附近不断有冷空气沿脊前西北气流补充到巴尔喀什湖槽中,新疆西北部地区处在其槽底前的西南气流中风速较大,一般达到24～38 $m \cdot s^{-1}$。巴尔喀什湖槽较深,300 hPa均有所体现;低层700 hPa巴尔喀什湖槽也较深,若羌地区有短波槽配合,南疆地区有4 ℃的暖中心配合。20时高空图上,巴尔喀什湖槽东移到达新疆中部地区,其后有强冷温槽配合,移速快,强度大,影响青海省柴达木盆地大部地区。与之对应的地面系统是地面冷高压及其前部冷锋。

2.2　高空大的位势梯度

3月16日20时500 hPa高空图环流形势特征为(巴尔喀什湖低槽型):巴尔喀什湖低槽快速移到新疆中部地区同时有较强的冷温度槽与之配合,槽后是西北气流较强,并有西北风急流

配合；乌拉尔山东部到巴尔喀什湖为一稳定的高压脊区，蒙古国—甘肃—格尔木为暖高压脊控制，新疆地区 6 根等高线、4 根等温线，锋区很强。位势梯度大加强地面风速。

2.3　层结不稳定导致高空动量容易下传

分析 16 日 20 时 700 hPa 高空图得知，关键区内，槽区有 5 根等温线，风向与等温线夹角大，温度梯度大、冷平流强。同时地面至 500 hPa 有较强垂直风切变容易加强地面风速(图 3.40)。

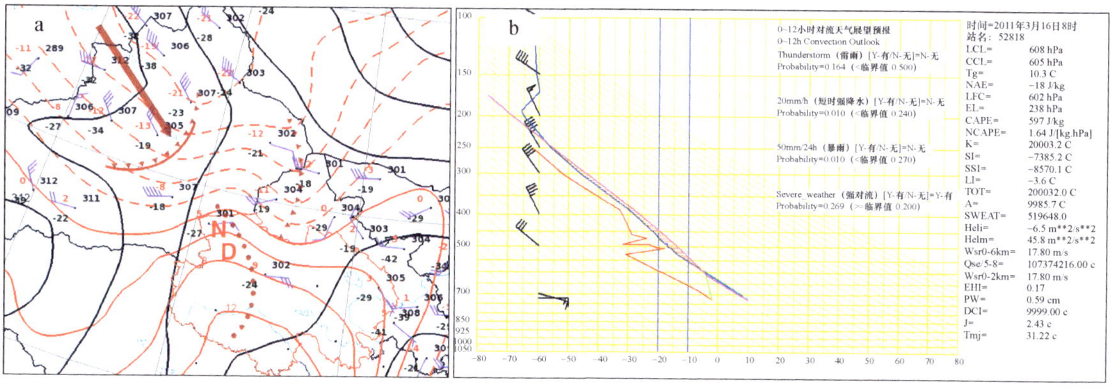

图 3.40　(a)3 月 16 日 20 时 700 hPa 形势场(b)3 月 16 日 14 时格尔木探空订正曲线

2.4　地面冷锋分析

本次大风沙尘暴天气的地面影响系统为地面冷锋，分析 16 日 08 时—17 日 08 时地面图冷锋动态得知，16 日 08 时、20 时地面冷锋位于新疆天山附近，到了 17 日 02 时该冷锋开始入侵柴达木盆地，同时在进入盆地后冷锋坡度幅度减小(冷锋前后变压差小)移速加快(02 时进入柴达木盆地 08 时移出)。冷锋前的次级环流加强，相应加强了地面风速(图 3.41)。

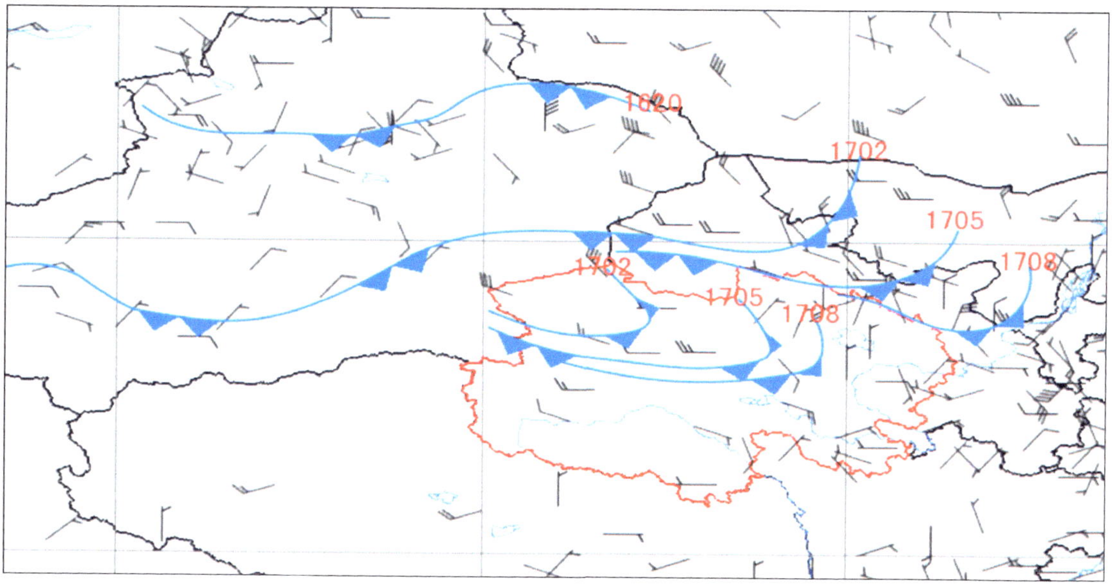

图 3.41　3 月 17 日 05 时地面填图风速＋冷锋移动路径动态图

2.5 能见度监测

16日08—23时能见度监测得知,新疆南部大部地区能见度为3～9 km,以浮尘天气为主,柴达木盆地能见度为30 km。17日02时随着冷空气主力由新疆地区东移进入柴达木盆地,能见度下降,大风沙尘暴天气自西北向东南方向移动;因此,关注冷空气主力何时进入柴达木盆地和能见度状况,是预报大风沙尘暴天气的预报着眼点。

2.6 变压风分析

16日20时分析变压风得知:柴达木盆地西部3 h变压为正值区,大值中心为5 hPa;柴达木盆地东部为3 h变压负值区,负值中心为2.2 hPa,变压差为7.2 hPa。变压风加强了地面风速(图3.42)。

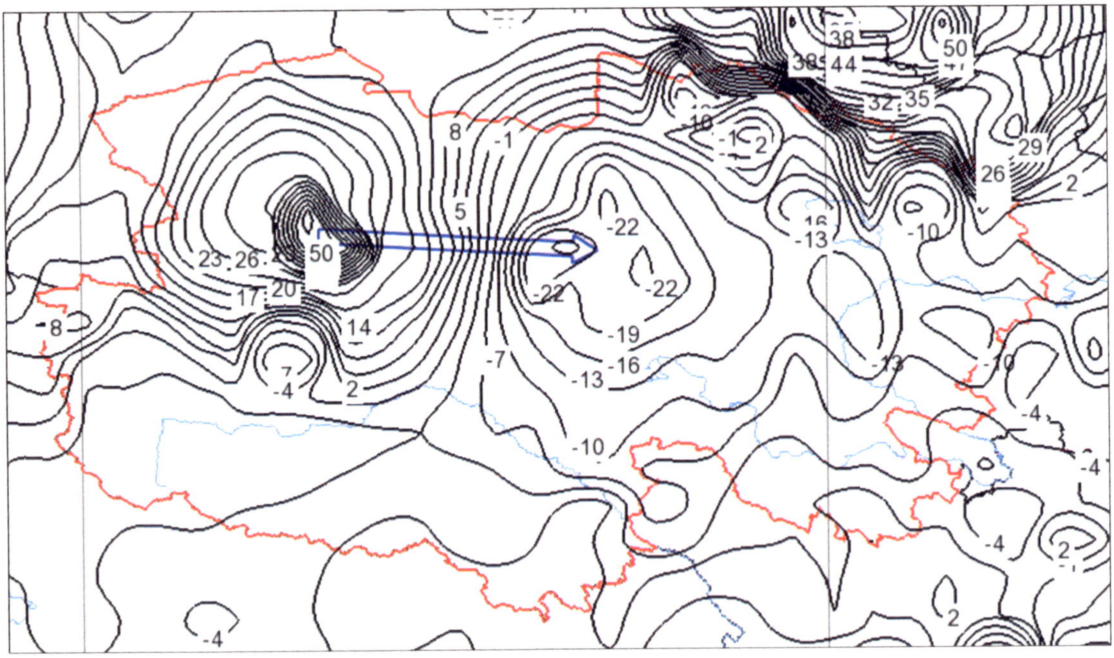

图3.42 2011年3月16日20时变压风分布图

2.7 地形影响

柴达木盆地地处青海省西北部,属高原性大陆气候,是青海省大风沙尘暴的多发区。柴达木盆地海拔2600～3400 m,地势从西北向东南倾斜并收缩。这种特殊的地形不但对风有狭管加速效应,而且风沿地形下滑过程中势能转变为动能,使地面风速进一步加大。柴达木盆地下垫面多以沙漠、戈壁为主,为沙尘暴的发生发展提供了有利的沙源条件。

3 沙尘暴成因

3.1 动力条件

分析17日02时地面图得知,茫崖、冷湖、小灶火及格尔木为8～14 $m \cdot s^{-1}$的西北风配合；地面持续强劲的大风有利于沙尘暴产生和发展(图 3.43)。

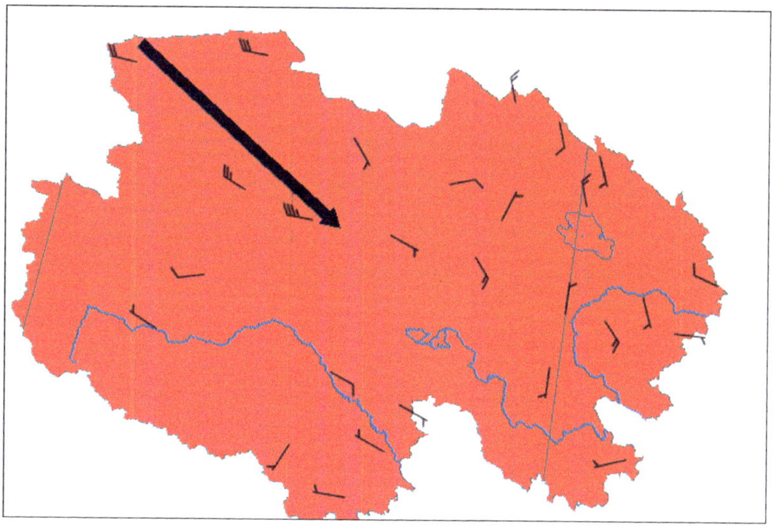

图 3.43　17 日 02 时地面大风区域和大风轴线位置图

3.2　沙源条件

柴达木盆地地处青海省西北部，盆地下垫面多以沙漠、戈壁为主，其中沙漠面积为 3.49 万 km^2，为沙尘暴的发生发展提供了有利的沙源条件。

3.3　起沙条件

高空冷平流(前述)叠加在低层 700 hPa 的柴达木热低压和地面锋前暖低压之上，导致层结不稳定，使近地层的湍流活动加强，利于起沙。

3.4　前期气候背景

春季，下垫面干燥、植被少；加之前期无降水，气温回升，加剧地面干燥度，这为沙尘暴的发生发展提供了较为有利的前期气候条件，利于起沙(图 3.44)。

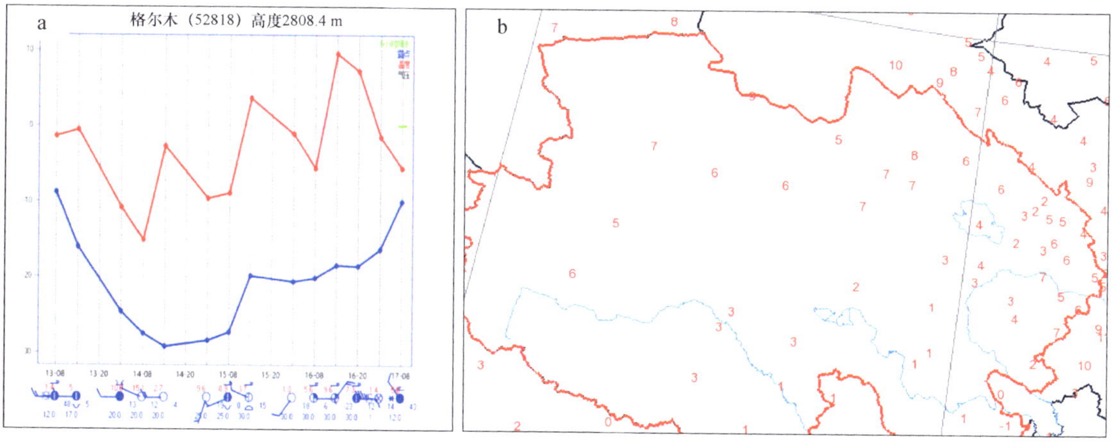

图 3.44　(a)3 月 13—17 日格尔木气温曲线及降水量(mm)(b)3 月 16 日 05 时地面 24 h 变温(℃)

4 局地热低压对诺木洪沙尘暴天气的影响

4.1 持续影响

分析17日02时、05时及08时地面热低压得知，17日02时热低压位于都兰地区，05时在冷锋以及柴达木盆地东部地形影响下热低压向西移动至德令哈地区一带。而08时冷锋过境后由于东部冷空气加强热低压又被回推至诺木洪地区。而该过程中诺木洪地区始终位于热低压影响范围内，使诺木洪地区始终处于层结不稳定状态。

4.2 系统叠加

诺木洪西部有明显辐合式环流，配合冷锋系统以及热低压系统。这种天气系统与中尺度系统叠加影响的情况能够加强层结不稳定，利于起沙。同时使湍流活动更加活跃加强高空动量下传，进而加强诺木洪地面风速。

5 物理场分析

5.1 相对湿度

相对湿度反映了大气中水汽含量的多少及水汽的积累程度。16日08—20时500 hPa和700 hPa相对湿度场演变动态分析得知，柴达木盆地相对湿度为10%～20%，水汽条件不好，比较干燥。有利于沙尘天气的产生，17日08时相对湿度增大，沙尘天气逐渐减弱。

5.2 总温度场

分析16日20时700 hPa总温度场得知，茫崖—小灶火—格尔木—五道梁一线为高能舌控制，近地面温度高，有利于起沙。

5.3 散度场

散度的诊断在沙尘暴天气预报中有重要的作用，这是由于低空辐合高空辐散是构成强上升运动的充分和必要条件。分析16日20时散度场得知，低层700 hPa从新疆东南部若羌—茫崖—小灶火—格尔木为为辐合区，辐合中心在若羌附近为$-30\times10^{-5}\ s^{-1}$，500 hPa至150 hPa为辐散区。17日08时散度场上辐合辐散区发生了较大变化，700 hPa辐合中心东移到格尔木至诺木洪地区，中心最大值为$-20\times10^{-5}\ s^{-1}$。400 hPa以上转为辐散区，格尔木及诺木洪地区有辐散中心，中心值为$20\times10^{-5}\ s^{-1}$，这样在格尔木至诺木洪上空形成了低空辐合高空辐散的配置场，它对近地面层的能量具有向上输送的作用，有利于干对流的发展。

6 数值预报风场预报分析

分析16日08时欧洲500 hPa至17日08时风场动态预报得知，17日08时从若羌—茫崖—冷湖一线为20 $m\cdot s^{-1}$的西北风急流，这为大风沙尘暴的发生发展提供了有利的动力条件；因此，日常业务值班工作中，关注数值预报500 hPa新疆东南部到柴达木盆地的西北风急流是预报大风沙尘暴的预报着眼点。

7 卫星云图分析

该环流形势下,它的天气系统特征是:乌拉尔山高压脊发展东移,脊前西北气流中下滑冷空气向东南方向移动。16 日 08 时冷锋云系呈东北—西南向带状分布,位于新疆西北部至西南部地区,此时云带较狭窄,结构松散,主体部分的云顶亮温最低约为−50 ℃。23 时东移南压至柴达木盆地茫崖,17 日 02 时开始影响柴达木盆地,08 时以后云系减弱。

8 小结

1)这是一次春季大风、沙尘暴天气过程,伴局地弱降水天气。柴达木盆地、五道梁、托勒共计 8 站出现大风;强度大,普遍 7 级至 10 级大风,最大 26 $m \cdot s^{-1}$(格尔木);持续时间长(夜间 02—08 时)。柴达木盆地冷湖、格尔木、诺木洪、都兰 4 站出现沙尘暴;强度大,整点最低能见度 100 m(格尔木)。大风和沙尘暴均为夜间强。伴随天气复杂:沙尘区伴弱降水(大柴旦、格尔木)。

2)高空大的位势梯度及强急流:等温线密集,锋区很强。位势梯度大,锋前正次级环流加大低层气压梯度,利于出现地面大风。层结不稳定导致高空动量容易下传:天气区上游等温线密集,风向与等温线夹角大,温度梯度大、槽后为西北风急流,风速强,导致高空冷平流强。地面冷锋,变压风加强了地面风速。地形影响,盆地西侧山口下坡风,东侧狭管效应,东部河谷地形辐合区域。

3)沙尘暴:强风,动力条件好;高空冷平流叠置在柴达木地面热低压之上,增强了层结不稳定,起沙条件好;盆地主要沙源地,前期无降水,春季干燥的下垫面,沙源条件好。

4)系统叠加:诺木洪附近地面辐合,配合冷锋系统以及持续时间较长的热低压系统。能够加强层结不稳定,利于起沙。同时使湍流活动更加活跃加强高空动量下传,进而加强地面风速。

2012 年 11 月 2 日大风天气过程及其高空地转偏差分析

王振海
(青海省气象台,西宁 810001)

摘 要:基于高空、地面和模式资料,对 2012 年 11 月 2 日发生在青海省地区秋季大风沙尘暴过程进行了分析。结果表明:1)此次过程时空演变特征为:2 日 11 时开始,14 时发展增强,17—20 时最强,20 时开始减弱,夜间 02 时结束;沙尘暴过程自西向东发展,西强东弱;大风自西北向东南发展,北强南弱。2)大风天气的成因主要有以下几点,高空急流强,位势梯度大,有利于地面大风出现;500 hPa 高空急流南压明显,急流核位于青海省中部,最大风速达到 34 $m \cdot s^{-1}$,其出入口次级环流均有利于地面位势梯度或气压梯度增大,导致地面风速增大;08 时青海省境内位势梯度为 3.12 $J \cdot kg^{-1} \cdot m^{-1}$,有利地面风速增大;层结不稳定导致高空动量容易下传,高空冷平流叠置于午后发展较强的中尺度柴达木热低压之上,层结趋于不稳定,近低层超绝热,湍流活动剧烈,高空动量容易下传;变压风和锋面次级环流等非地转因素加强了地面风速;另外,系统移动及地形等的影响,对大风的出现也有一定作用。3)西宁站 2 日 20 时高空(500 hPa)地转偏差约 −9 $m \cdot s^{-1}$,方向指向地转风左后方,主要由 D_1,D_{2n} 和 D_{2s} 确定,即由于变高梯度引起的偏向于地转风左侧地转偏差、由于等高线辐散引起的风速减小产生偏向地转风右侧的横向地转偏差以及由于等高线气旋性弯曲导致的指向地转风反方向的纵向地转偏差。

关键词:大风,成因,纵向地转偏差,横向地转偏差

引 言

大风是指瞬时风速达到或超过 8 级(17 $m \cdot s^{-1}$)或平均风速达到 6 级(10.8～13.8 $m \cdot s^{-1}$)的风。青海高原的大风日数较多,根据近 10 年(2009—2018 年)全省观测的逐 6 h 大风频次统计,平均发生频次为每年 19.9 次,最多在青南地区和祁连山区,基本在 30 次/a 以上,而东部河谷发生虽然较少,但也在 10 次/a 左右。高频次的大风天气给农牧业生产和经济建设造成了一定影响,从实际的服务需求出发,需要加强对大风天气的形成机理研究。对于大风天气的研究,目前主要集中在夏季对流性大风方面[1-3],对于高原大风的研究较少[4],尤其对于青海高原东北部人口、经济集中地区、风灾易损高风险性地区的研究尤为鲜见。

地转偏差无论在摩擦层还是在高空自由大气中,总是扮演着非常重要的角色。摩擦层中的地转偏差常导致气流的辐合辐散,从而产生上升或下沉运动,引起风云变化。高空的地转偏差则常导致非地转运动的产生,常引起热力因子和动力因子的变化,如冷暖平流、热成风涡度平流的增强或减弱以及绝对涡度地转风平流的变化,而这些往往是天气系统发生发展的关键因子,因此有必要对其进行深入研究和分析。对于这方面的研究,集中在高低空急流附近地转偏差分析[5-6]及一些理论方面[7-9],也有结合实际预报业务分析地转偏差作用的[10-12],但和大风天气结合研究的分析较少。此次大风过程中,在高空急流出口处由于地转偏差的原因,出现了相悖与平直西风急流出口区的正次级垂直环流,而次级环流的正负性往往影响地面系统的发

生发展，因此有必要对此次过程中高空急流出口区的地转偏差进行分析。

鉴于以上原因，本文拟从此次高原大风天气过程原因分析入手，研究过程中高空的地转偏差，对其进行分解再合成，分析高原大风天气过程中导致高空地转偏差具体因素的贡献，从而提高对高原大风天气的形成机制及其高空地转偏差的理解和认知，为提高高原大风天气预报能力做有益的探索。

1　天气实况

2012 年 11 月 2 日，秋季大风沙尘暴过程，伴局地寒潮，弱降水。此次过程的时间演变特征是自 2 日 11 时开始，14 时发展增强（冷湖在 14 时沙尘暴导致的最小能见度 0.1 km）17—20 时最强（托勒极大风速达到 29 m·s^{-1}），20 时开始减弱，夜间 02 时结束。而空间演变特征则为沙尘暴过程自西向东发展，西强东弱（青海湖以西 6 站沙尘暴，以东只有 1 站出现沙尘暴）；大风自西北向东南发展，北强南弱（北部地区极大风速普遍在 9～11 级风左右，南部地区极大风速在 8～9 级风左右）。具体天气实况如图 3.45 所示。

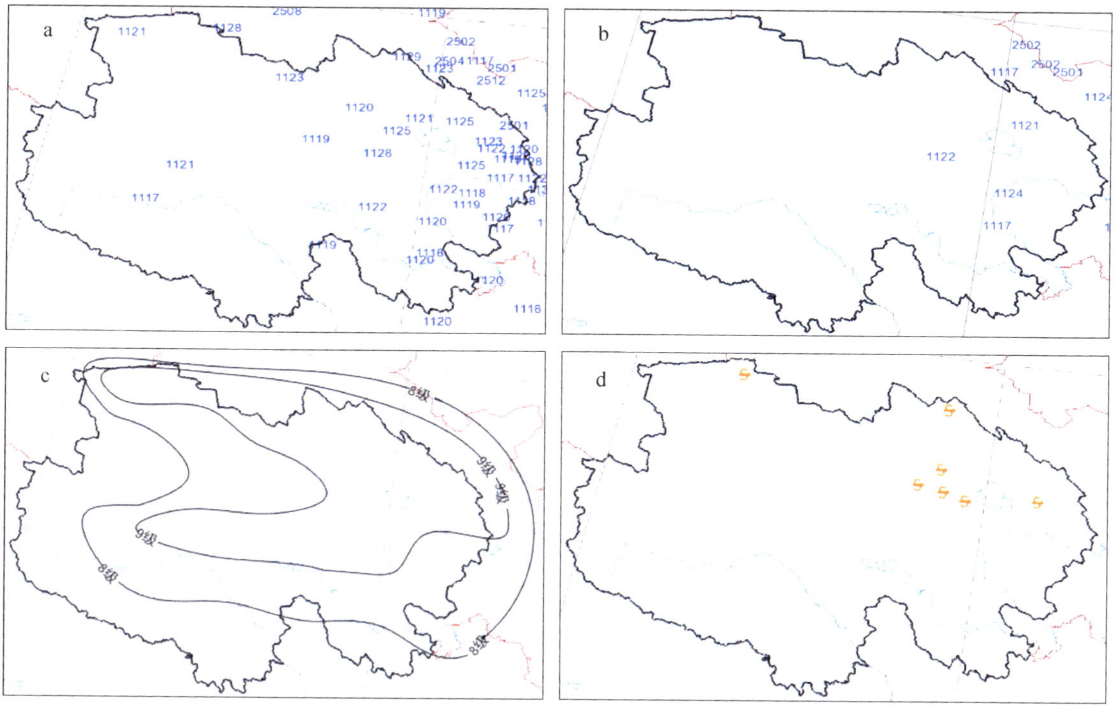

图 3.45　2012 年 11 月 2 日 08 时—3 日 08 时青海省天气实况

(a)2 日 20 时地面大风天气分布图(b)3 日 02 时地面大风天气分布图

(c)2 日 20 时地面大风天气空间分布图(d)2 日 14—20 时地面沙尘暴空间分布图

2　大风天气成因分析

2.1　环流背景

此次过程主要是 500 hPa 高空西风槽东移加强，引导地面冷高压东移南压，配合冷高压前部地面冷锋、500 hPa 高空锋区和高空急流在青海省大部地区形成的一次秋季大风、沙尘天气过程。2 日 08 时，贝加尔湖槽位于贝加尔湖至青海省西北部地区(图 3.46a)，经向度较大，且其后也有强冷温槽配合，故在 20 时左右，该槽加深加强东移，移速快，强度大，影响青海省北部大部地区。而与之对应的地面系统，地面冷高压及其前部冷锋，也在 2 日 08—20 时快速东移影响青海省北部地区(图 3.46b)，冷高压中心气压达到了 1050 hPa，700 hPa 冷中心为－37 ℃。

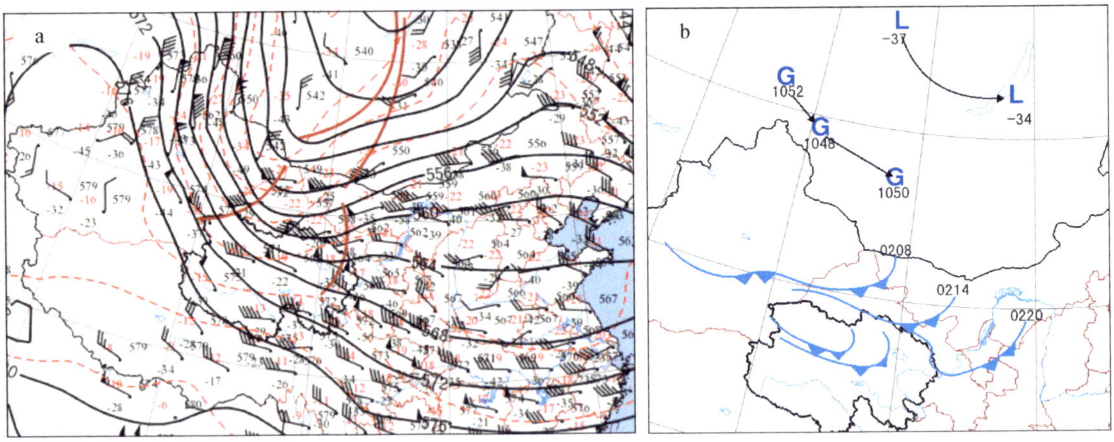

图 3.46　2 日 08 时 500 hPa 高空形势及 08—20 时高空槽动态(a)
2 日 08—20 时地面冷锋、冷高压及高空冷中心演变(b)

2.2　位势梯度和高空急流

大范围系统性大风的形成和较强的气压梯度或位势梯度有关，分析此次高原大风过程中 500 hPa 等高线(图 3.47a)，可以看出，青海省东北部地区上空 5 根等高线，位势梯度大，在约 600 km 的水平尺度上，$\Delta\phi$ 由 08 时的 1000 $J \cdot kg^{-1}$ 增大至 2300 $J \cdot kg^{-1}$ 左右，理论地转风由 17 $m \cdot s^{-1}$ 增大至 37 $m \cdot s^{-1}$，高空风接近于地转风，地转偏差约为 3 $m \cdot s^{-1}$。这种高空大的等压面坡度导致 500 hPa 高空急流强劲(图 3.47b)，急流核中心风速一度最大达到了 34 $m \cdot s^{-1}$。急流的存在一方面提供了高空动量向下传输的一个必要条件，另一方面高空急流入口区动力锋生，导致不同密度的冷暖气团在此交汇，使得气压梯度增大，从而影响风速大小。还有一点，是高空急流入口区的正次级环流，会加大低层气压梯度，从而有利于地面大风的发生。

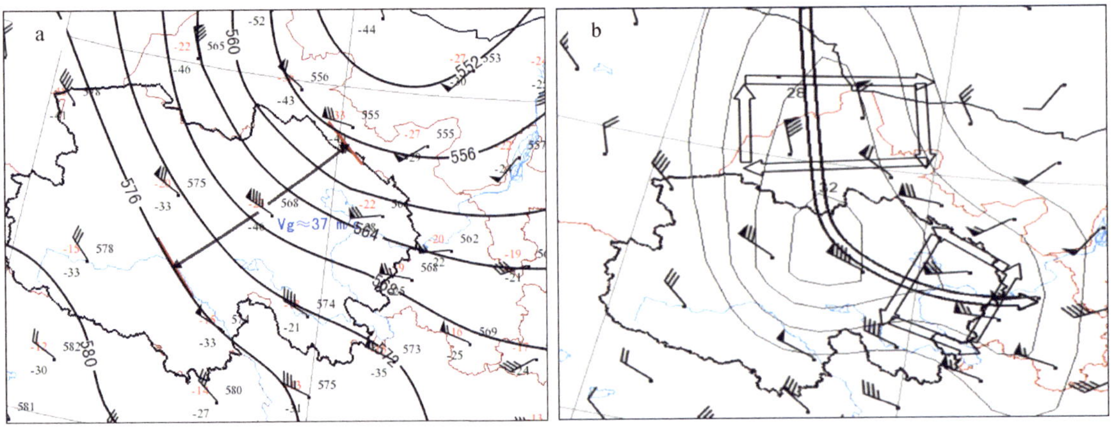

图 3.47　2 日 20 时 500 hPa 风速及 20 时理论地转风(a)
2 日 20 时 500 hPa 高空急流及次级环流示意图(b)

2.3 层结不稳定配合高空急流导致高空动量容易下传

青海省高原地区冬春季发生的大风天气通常和较强的高空动量下传有关，而动量下传必须有两个必要条件，一个是高空急流的存在，这是高空动量下传的前提，另一个是层结不稳定导致的较强湍流活动，这则是动量能否下传的关键因素。此次过程中，高空急流如前述所述，强度大，但其的存在并不能导致动量一定下传，还必须存在较强的不稳定层结导致的湍流活动与其配合。青海省冬春季节不稳定层结的建立一般和地面午后增温及高空冷平流有关，此次过程中，青海省全省境内 500 hPa 高空风向与该层等温线夹角大，风速强，同时等温线的温度梯度大，导致高空冷平流强。同时高原空气稀薄，地面温度日较差大，午后地面增温明显，20 时虽然地面温度已然下降，但地面至 500 hPa 仍接近干绝热，尤其近地面约 800 m 的高度内，垂直温度递减率达到了超绝热($\gamma \approx 1.05$ ℃ · $(100\ \mathrm{m})^{-1}$)，因此大气层结在白天趋于绝对不稳定，湍流活动加强，从而导致高空动量容易下传(图 3.48)。

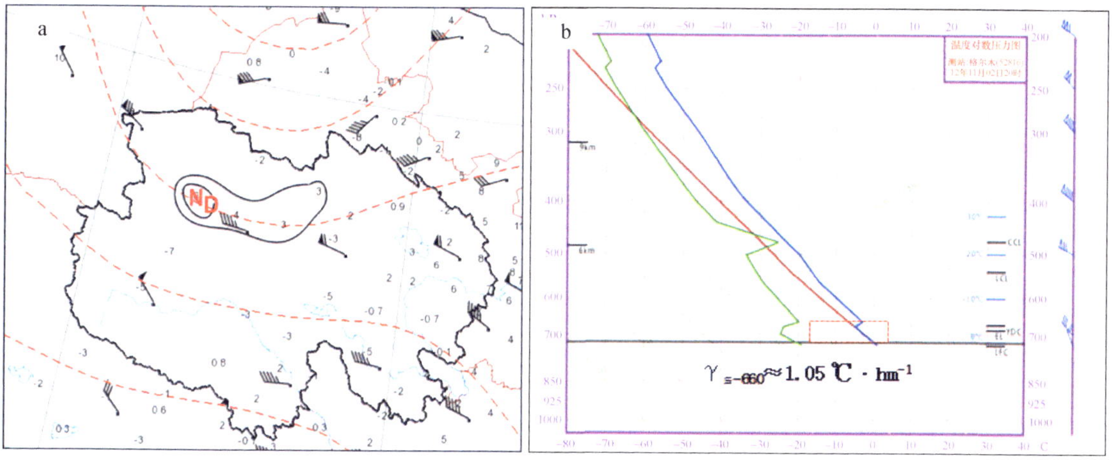

图 3.48 2 日 11 时地面温度及 08 时 500 hPa 高空风+等温线(℃)(a)2 日 20 时格尔木探空曲线(b)

2.4 变压风及锋面次级环流加强了地面风速

2 日 08—20 时，受东移新疆冷空气影响，一股较强地面冷锋分东、西两路影响青海省北部地区，其中西路冷锋途径之地，大风和沙尘暴天气随之发生。这主要是由于锋面一方面加大气压梯度，导致地转风速增大，另一方面锋面前后冷暖气团中的变压不同，冷锋前后较强的变压梯度导致非地转的变压风 $\boldsymbol{D}_1 = -\frac{1}{f^2\rho}\nabla_h\left(\frac{\partial p}{\partial t}\right)$ 增大明显(图 3.49)，粗略估算格尔木和都兰两站之间的变压风对地面风速增大量能达到 1～2 m · s^{-1}。

3 高空 500 hPa 地转偏差及其出现原因

3.1 高空 500 hPa 地转偏差分析

以 2 日 20 时西宁站为例，500 hPa 实况风速为 28 m · s^{-1}，风向约为 WSW，即 V=28 m · s^{-1}，假设西宁站所在的 5640 gpm 和 5600 gpm 之间的区域所受气压梯度力均匀，按地转风公式

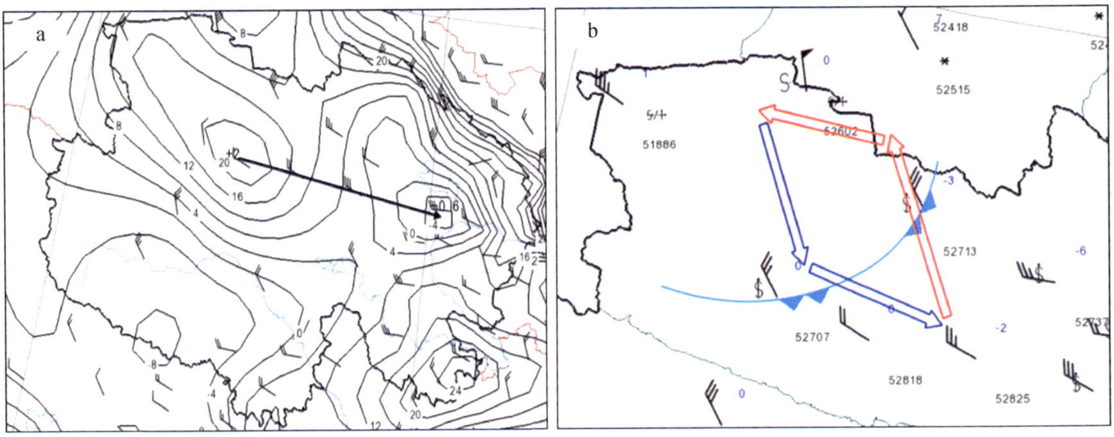

图 3.49　2 日 17 时 3 h 变压及地面风速(a)2 日 14 时锋面次级环流示意图(b)

$V_g=\frac{g}{f}\frac{\Delta\Phi}{\Delta n}$带入位势梯度值、距离及地转参数 $f=2\Omega\sin\varphi$，求得 $V_g\approx32\ \mathrm{m\cdot s^{-1}}$，方向平行于等高线。由计算结果可以的看出，西宁站 500 hPa 风场存在地转偏差，实际风速较理论地转风速小，且风向偏向于地转风左侧。

计算其具体量值，因为 $\boldsymbol{D}=\boldsymbol{V}-\boldsymbol{V}_g$，按照余弦定理，$D^2=|V|^2+|V_g|^2-2\ |V|\ |V_g|\cos\theta$，求得 $D\approx-9\ \mathrm{m\cdot s^{-1}}$，方向如图 3.50 所示。

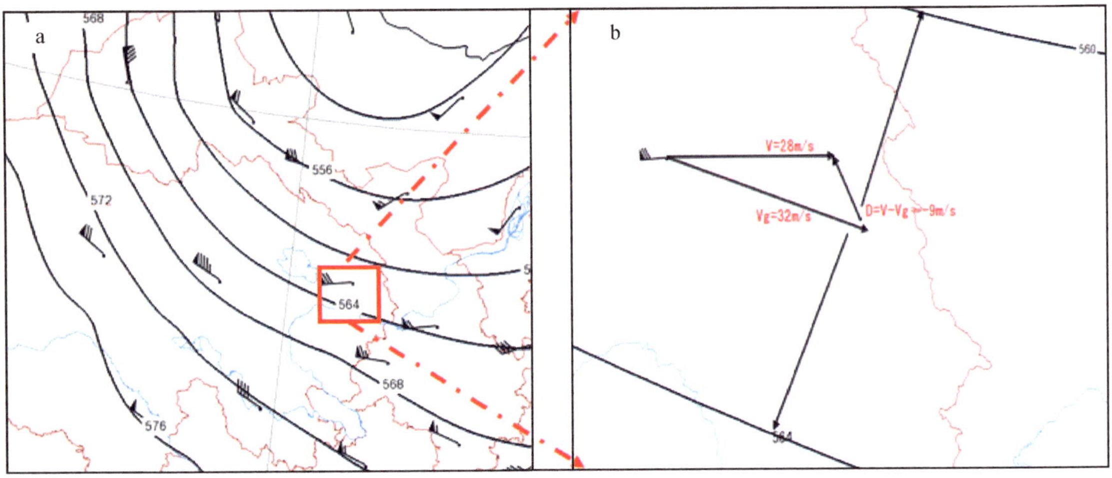

图 3.50　2 日 20 时西宁站 500 hPa 风场及等高线(a)放大区域的地转偏差示意图(b)

3.2　地转偏差原因分析

如果 500 hPa 按自由大气处理，不考虑摩擦力作用，则这层次的地转偏差位于加速度方向的左侧，公式如下：

$$\boldsymbol{D}=\frac{1}{f}\boldsymbol{k}\times\frac{\mathrm{d}\boldsymbol{V}}{\mathrm{d}t}$$

地转偏差 $\boldsymbol{D}$ 一般可以分解为 $\boldsymbol{D}_1$，$\boldsymbol{D}_2$ 及 $\boldsymbol{D}_3$，分别是由于变压梯度或者变高梯度而引起的地转偏差，等高线辐合辐散或者弯曲造成的地转偏差以及对流运动引起的地转偏差，此次过程中对流运动弱，风垂直切变弱，因此对流加速度造成的地转偏差暂不分析，即对 $\boldsymbol{D}_3$ 不做分析，仅

分析 $\boldsymbol{D}_1$ 和 $\boldsymbol{D}_2$。

3.2.1　地转偏差 $\boldsymbol{D}_1$

由于变压梯度或变高梯度而引起的地转偏差一般称为变压风，常用下公式表示

$$\boldsymbol{D}_1 = -\frac{1}{f^2\rho}\nabla_h\left(\frac{\partial p}{\partial t}\right) \text{或} \ \boldsymbol{D}_1 = -\frac{g}{f^2}\nabla_p\left(\frac{\partial H}{\partial t}\right)$$

分析 2 日 20 时西宁站周边探空站 12 h 变高，其和民勤站变高梯度最大，达到了 −40 gpm，以这两站相关数据带入变压风公式，得 $D_1 \approx -4.2\ \text{m}\cdot\text{s}^{-1}$，方向指向地转风方向左后方，如图 3.51 所示。

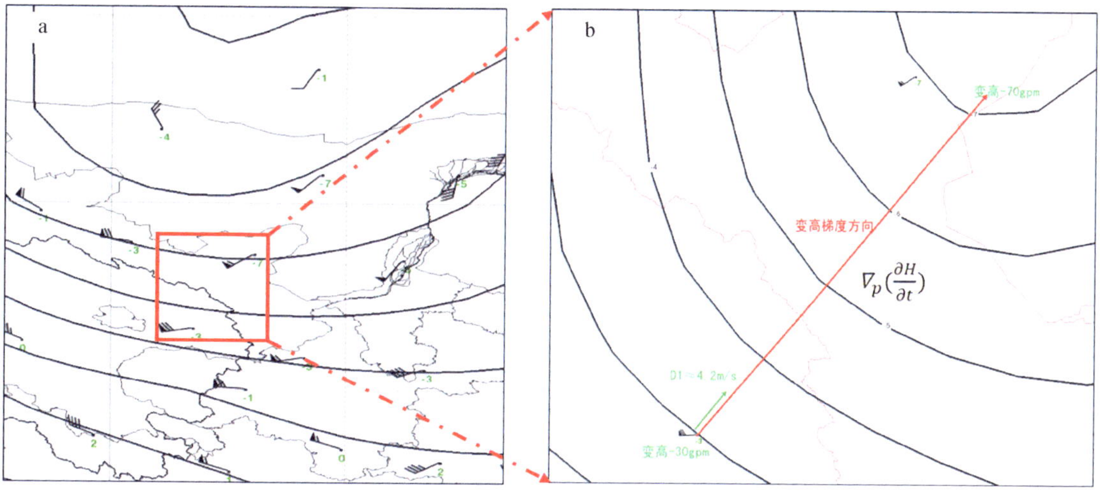

图 3.51　2 日 20 时西宁站 500 hPa 风场＋等高线(a)等变高梯度线及其引起的地转偏差示意图(b)

3.2.2　横向地转偏差 $\boldsymbol{D}_{2n}$

$\boldsymbol{D}_2$ 可以分解为由于切向方向上的平流加速度所引起的法向上的横向地转偏差 $\boldsymbol{D}_{2n}$ 和由于法向加速度所对应在切向方向上的纵向地转偏差 $\boldsymbol{D}_{2s}$。其中横向地转偏差 $\boldsymbol{D}_{2n}$ 一般用等高线的辐合辐散来定性表达，在辐合区域有指向低压的地转偏差，而辐散区域则有指向高压的地转偏差。定量可以用下式表达：

$$\boldsymbol{D}_{2n} = \frac{1}{f}V\frac{\partial V}{\partial S}\boldsymbol{n}$$

2 日 20 时西宁站 500 hPa 沿流线方向等高线是辐散的，风速是减小的，即 $\frac{\partial V}{\partial S}$ 为负值，带入相关数值，得出 $\boldsymbol{D}_{2n} \approx -7.8\ \text{m}\cdot\text{s}^{-1}$，方向位于加速度方向左侧，地转风方向右侧(图 3.52)。

3.2.3　纵向地转偏差 $\boldsymbol{D}_{2s}$

$\boldsymbol{D}_{2s}$ 是法向加速度所对应在切向方向上的地转偏差，一般用等高线的弯曲程度来定性分析，在气旋性弯曲中，有指向地转风方向后部的地转偏差，而在反气旋性弯曲中，有指向其前部的地转偏差。其定量分析表达式如下：

$$\boldsymbol{D}_{2s} = -\frac{1}{f}\frac{V^2}{R}\boldsymbol{s}$$

2 日 20 时西宁站 500 hPa 等高线是气旋性弯曲的，即 R 为正值，带入相关数值，得出 $D_{2s} \approx -11.8\ \text{m}\cdot\text{s}^{-1}$，方向位于加速度方向左侧，地转风方向后部(图 3.53)。

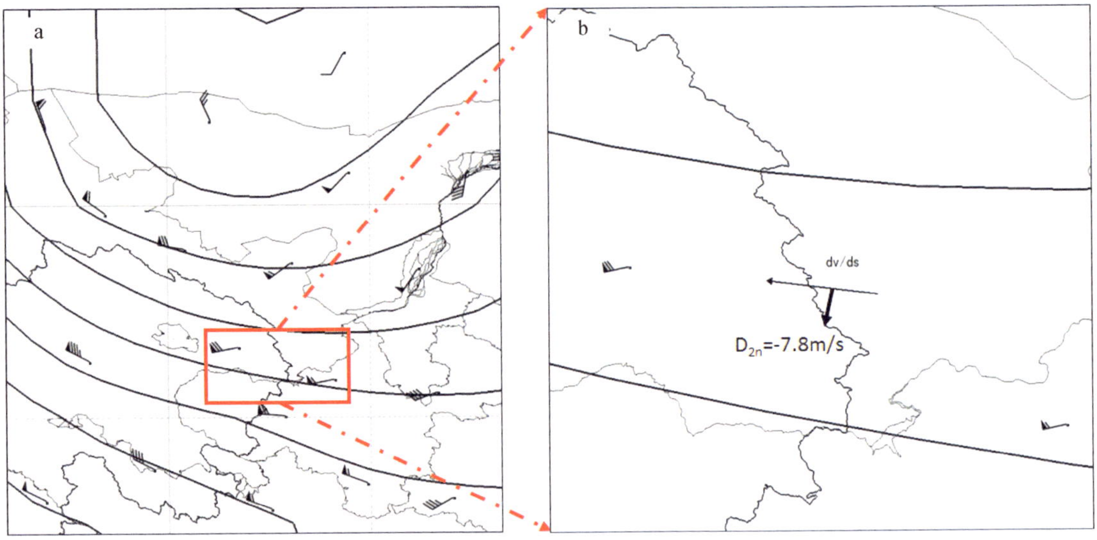

图 3.52　20 时西宁站 500 hPa 风场及等高线(a)横向地转偏差示意图(b)

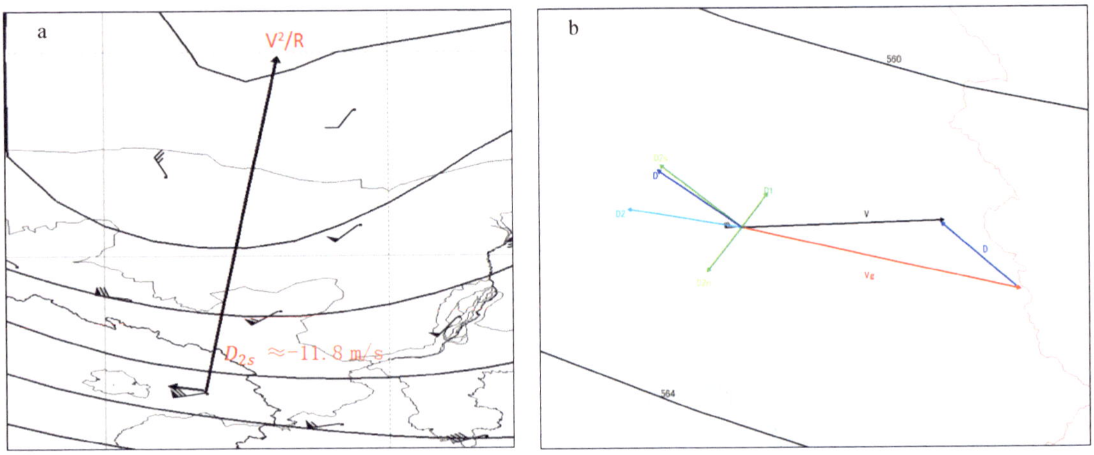

图 3.53　20 时西宁站 500 hPa 风场+等高线和纵向地转偏差示意图(a)地转偏差矢量合成示意图(b)

根据上述分析，合成三项 $\boldsymbol{D}_1$，$\boldsymbol{D}_{2n}$ 和 $\boldsymbol{D}_{2s}$ 地转偏差，如图 3.53b 所示，根据三个矢量合成可以看出，其合成矢量和前述计算的地转偏差矢量的大小和方向基本一致，故 2 日 20 时西宁站 500 hPa 地转偏差主要由 $\boldsymbol{D}_1$，$\boldsymbol{D}_{2n}$ 和 $\boldsymbol{D}_{2s}$ 确定，即由于变高梯度引起的偏向于地转风左侧地转偏差、由于等高线辐散引起的风速减小产生偏向地转风右侧的横向地转偏差以及由于等高线气旋性弯曲导致的指向地转风反方向的纵向地转偏差。

4　结论

通过以上分析，得出以下结论

1)此次大风天气的成因有以下几点：高空急流强，位势梯度大，有利于地面大风出现；500 hPa 高空急流南压明显，急流核位于青海中部，最大风速达到 34 m·s^{-1}，其出入口正次级环流均有利于地面位势梯度或气压梯度增大，导致地面风速增大；08 时青海境内位势梯度大，有利地面风速增大；层结不稳定导致高空动量容易下传，高空冷平流叠置于午后发展较强的中尺度柴达木热低压之上，层结趋于不稳定，近低层超绝热，湍流活动剧烈，高空动量容易下传；变压风和锋面次级环流等非地转因素加强了地面风速；地形的影响对大风的出现也有一定作用。

2）西宁站 2 日 20 时高空（500 hPa）地转偏差约－9 m·s^{-1}，方向指向地转风左后方，产生的主要原因是$\boldsymbol{D}_1$，$\boldsymbol{D}_{2n}$和$\boldsymbol{D}_{2s}$三项地转偏差的作用，即由于变高梯度引起的偏向于地转风左侧地转偏差、由于等高线辐散引起的风速减小产生偏向地转风右侧的横向地转偏差以及由于等高线气旋性弯曲导致的指向地转风反方向的纵向地转偏差，且此次过程中纵向地转偏差最大，横向地转偏差次之，而由变高梯度引起的地转偏差最小。

3）在不同曲率的槽前后若槽底气流和急流轴相对应，其出入口区的次级环流的正负性需要综合考量，尤其是在曲率和变高梯度较大时，其合力往往会导致与平直西风急流相反的次级环流产生。

参考文献

[1] 于波，荆浩，孙继松，等．北京夏季一次罕见偏南大风天气的成因分析[J]．高原气象，2017，36(06)：1674-1681.

[2] 朱平，俞小鼎．青藏高原东北部一次罕见强对流天气的中小尺度系统特征分析[J]．高原气象，2019，38(1)：1-13.

[3] 杨晓霞，胡顺起，姜鹏，等．雷暴大风落区的天气学模型和物理量参数研究[J]．高原气象，2014，33(4)：1057-1068.

[4] 杨澄，付志嘉，赵晓红．青藏高原东南侧复杂地形下冬季大风诊断分析[J]．高原气象，2014，33(02)：346-354.

[5] 胡伯威．准平衡次天气尺度低空急流附近的地转偏差[J]．大气科学，1988，12(1)：49-56.

[6] 杨文民．副高西侧低空急流地转偏差场和湿度场的个例分析[J]．山东海洋学院学报，1984(1)：44-53.

[7] 赵瑞星．正压大气中地转偏差引起的非线性 Rossby 波[J]．气象学报，1992，50(3)：360-364.

[8] 胡伯威．次天气尺度扰动场中的地转偏差[C]．中国气象学会热带和副热带大气动力学和数值预报会议，1985.

[9] 倪允琪．旋转正压大气运动的数值模拟[J]．气象科学，1982(z1)：42-57.

[10] 关德新，朱廷曜，邢云鹏，等．辽北平原防护林体系区域性防风效应的地转偏差分析[J]．应用生态学报，2001(1)：23-26.

[11] 段中和，许爱华．利用地转偏差风原理制作强对流天气预报[J]．气象，1990，16(7)：42-44.

[12] 于杰，张铭．动能水平梯度的本质及其诊断[C]．中国气象学会年会会议论文集．2012：1166-1174.

2012年12月4—6日大风天气过程诊断分析

王志远　郑志红
(海东市气象台,平安　810600)

摘　要:选取2012年12月4—6日青海省出现的区域性大风天气过程,利用MICAPS常规观测资料以及地面加密观测资料,对这次大风天气的环流形势、影响系统以及物理量场特征进行了分析。结果表明,强冷平流,形成中低层强的温度梯度,有利于地面大风形成,大风天气受地面冷锋过境和变压梯度风的共同影响;大风区出现在500 hPa冷平流最强区域所对应的位置;地面形成大风区与高层的动量下传密切相关;大风天气出现时散度场特征为高层辐合,低层辐散。

关键词:冷平流,冷锋,垂直速度,散度,特征

引　言

大风是指瞬间风速达到17 m·s^{-1}。在冬、春季节,大风天气会使空气湿度变小,火灾隐患增大,给人们的生产、生活带来很大的危害[1]。吴海英等[2]认为温度平流可以导致地面变压场和变压梯度增强,进而成为促进地面大风出现的重要原因;陈淑琴等[3]、尹尽勇等[4]、黄彬等[5]发现动量下传在许多强风天气过程中起重要作用;段中夏[6]认为散度分布作用下产生的次级环流有利于大风的形成和维持。

本文利用常规气象观测资料,从大尺度环流形势、地面影响系统及物理量诊断分析等几个方面对这次大风天气过程进行了初步分析,认为青海省产生大风的关键因素主要是冷空气的强度,产生区域性大风必须要使地面冷锋能够从东、西两路同时上高原。通过此次个例分析,希望对今后此类大风灾害性天气预报有所帮助。

1　天气实况分析

2012年12月初,青海省东部地区出现了一次区域性的大风天气过程,此次过程影响范围广,持续时间长(4日14时至6日20时),强度大,全省超过10级风力的站次有6个,最大风力达11级(五道梁站29.5 m·s^{-1});伴随的主要天气现象是茫崖站出现了沙尘暴。此次大风过程青海省45个国家站中,4日有24站出现大风,9站风力超过8级;5日有16站出现大风天气,有一站风力达11级;6日24站出现大风,14站风力超过8级(表3.2)。

表3.2　青海省2012年12月4—6日风力10级以上站点统计(单位 m·s^{-1})

站名	极大风速	站名	极大风速	站名	极大风速
五道梁	29.5(5日)	循化	28.5(4日) 27.9(6日)	同仁	25.8(5日)
河南	24.7(4日)	泽库	24.7(4日)		

2 环流背景及影响系统分析

2.1 高空环流背景

过程前期，3 日 20 时 500 hPa 高空图上（图 3.54），欧亚中高纬度，乌拉尔山附近有暖脊发展，中西伯利亚至我国东北地区为宽广的低值区，500 hPa 和 700 hPa 贝加尔湖北侧为－44 ℃和－32 ℃冷中心，我国西北地区为高空冷涡后部的偏西北气流控制，随着冷空气不断加强，乌拉尔山脊前的西北急流推动低涡东移南下，新疆东部—甘肃河西走廊—青海省范围内等温线密集，出现了明显的高空锋区。

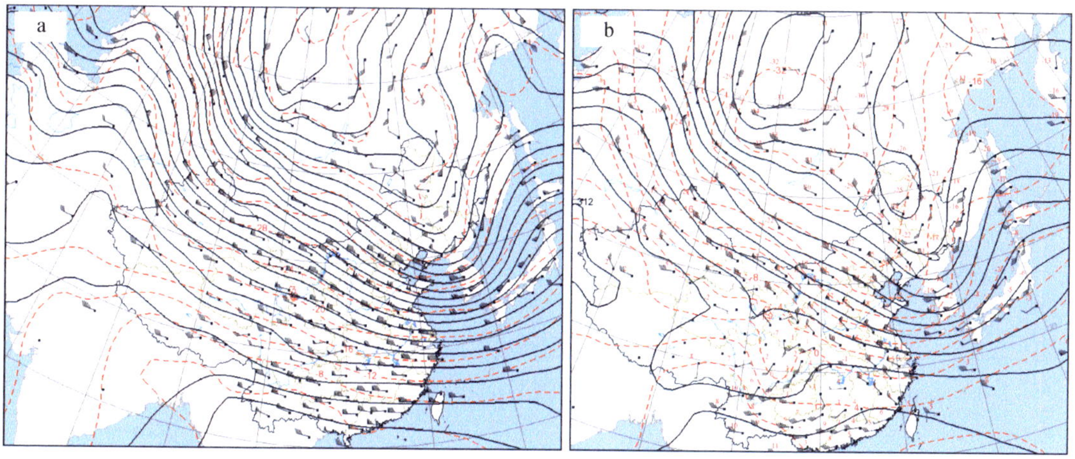

图 3.54　12 月 4 日 500 hPa 高空分析图

(a)4 日 08 时(b)4 日 20 时

4 日 08 时—6 日 08 时，700 hPa 和 500 hPa 形势场（图 3.55）基本一致，高层冷涡略落后于低层，为后倾槽，有较强的斜压性。在高空冷涡西侧，较强的偏西北气流将极地的冷空气不断向南输送，在贝加尔湖及以东地区上空堆积，同时温度槽落后于高度槽，且等高线与等温线有一定交角，较大的偏北风带来的强冷平流，造成河西走廊到青海省一线，30°～40°N 范围内等温线和等高线变得密集，气压梯度增大，有利于了地面大风形成。

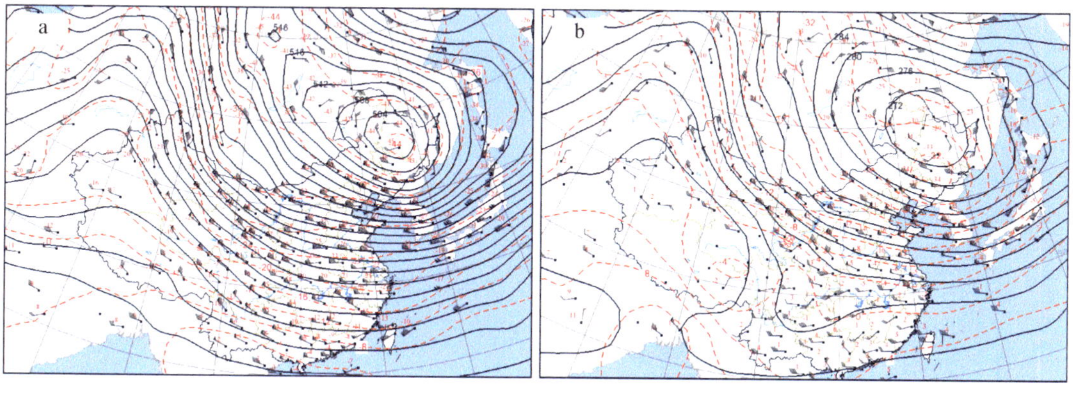

图 3.55　12 月 6 日 500 hPa 高空分析图

(a)6 日 08 时(b)6 日 20 时

2.2 地面影响系统

4日08时,在新疆至蒙古高原为冷高压控制,中心气压值1050.2 hPa,地面冷锋分为东、西两股分别进入河西走廊和柴达木盆地,东路冷锋后正变压中心值达+3.6 hPa,河西部分地方出现了小雪天气。随着冷高压东移南压,11时河西地区3 h变压迅速增大,最大值+4.2 hPa。从08—11时在河西走廊一青海省东北部形成较强的气压梯度;同时,冷锋后部上空的冷平流使锋后近地面层出现较大的正变压中心,变压风也加速了地面风速;4日14时,受地面冷锋过境和变压梯度风的共同影响,青海省大部出现了区域性大风天气(图3.56)。

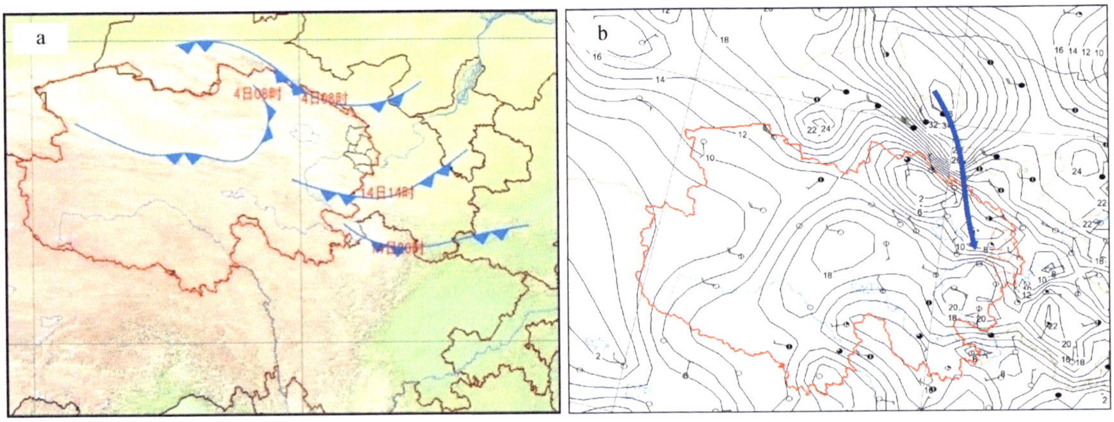

图3.56 12月4日地面冷锋动态(a)4日08时3 h变压的变压梯度方向(b)

6日08时,受500 hPa新疆东部−36 ℃冷空气补充下滑影响,新疆至蒙古高原为冷高压再次分裂冷空气南下,高压中心值1045.6 hPa,地面冷锋仍为东、西两股分别进入河西走廊和柴达木盆地,11时东路冷锋后正变压中心值达+3.0 hPa,随着冷高压东移南压,11—14时在河西走廊、青海省东部出现了区域性大风天气(图3.57)。

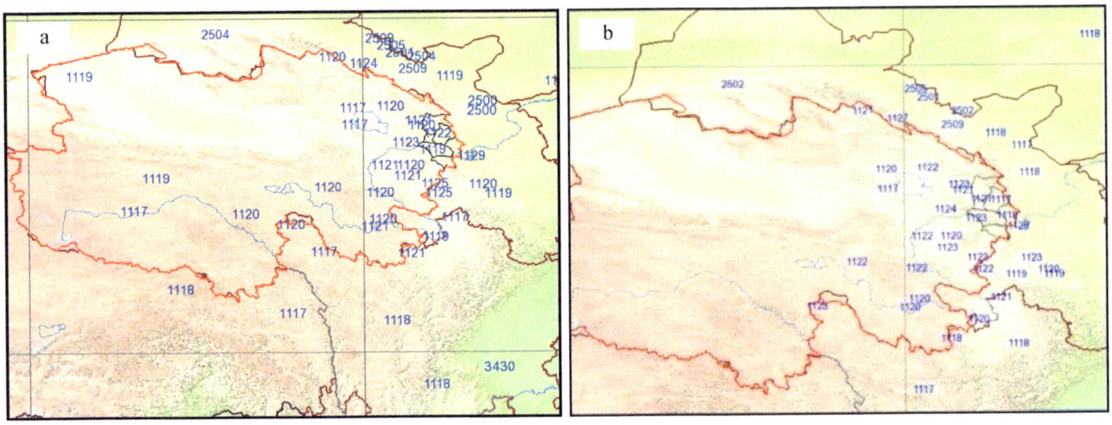

图3.57 12月4日20时(a)6日20时(b)青海省大风分布图

2.3 高空急流的作用

高空急流的作用,在300 hPa高空图上,从河西走廊到青海省西部有一支明显的西北风急流。4日08时风速≥50 m·s^{-1}的高空西风急流位于河西走廊中部,最大风速带位于新疆北部，中心风速达到 54 m·s⁻¹。到 4 日 20 时河西走廊的急流核南压到甘南至陕西一带，青海省的风速达到 45 m·s⁻¹以上，地面上青海省大部地区开始出现大风天气。到 5 日 08 时，贝加尔湖低涡不断的分裂下滑冷空气影响到河套至河西走廊一线，此时 60 m·s⁻¹的急流核位于贝加尔湖至河套以北一带，青海省的风速达 36 m·s⁻¹，较 4 日风速明显减小。6 日 08 时，风速≥45 m·s⁻¹的高空急流位于河西走廊到青海省西北部。到 20 时急流轴南压至河西走廊中东部到宁夏一线，青海省的风速达到 45 m·s⁻¹以上，地面上青海省大部地区开始出现大风天气。高空急流影响青海省的时间和位置与地面出现大风的时间和位置完全对应，说明此次大风天气过程中除了强位势梯度形成的地转风作用外，高空动量下传是青海省出现大风的重要原因(图 3.58)。

青海省东北部地区位于急流轴出口区右侧。高空急流对大风天气的出现主要有以下几个方面的作用：

(1)为低层大气的加速运动提供动量。高空急流是一支高速风带，蕴含着巨大的能量，并且能量主要集中在急流轴附近。当存在下传机制时，高空急流的动量就会传递到低层，使低层风速明显加大。

(2)使低层锋区加强。高空急流使冷空气的堆积加快，从而使锋区不断加强，一旦条件具备，蓄势待发的冷空气就会向东南方向奔泻而下，造成大风降温天气。

(3)导致大气层结不稳定。在大风出现前，地面冷锋前是暖区，暖区的厚度达到 700 hPa，而高空急 流使高层冷平流加强，这就会逐渐导致大气层结不稳定，在锋前暖区产生上升运动，在锋后冷区产生下沉运动，使锋面的斜压性增强。另外，由于急流轴左侧风速具有气旋性切变，右侧风速具有反气旋性切变，所以当急流轴与高空槽配合时，槽前有明显的正涡度平流，使地面气旋发展加深；而槽后有明显的负涡度平流，使地面反气旋发展。这无疑会加大地面气压场的气压梯度，有利于大风的产生。

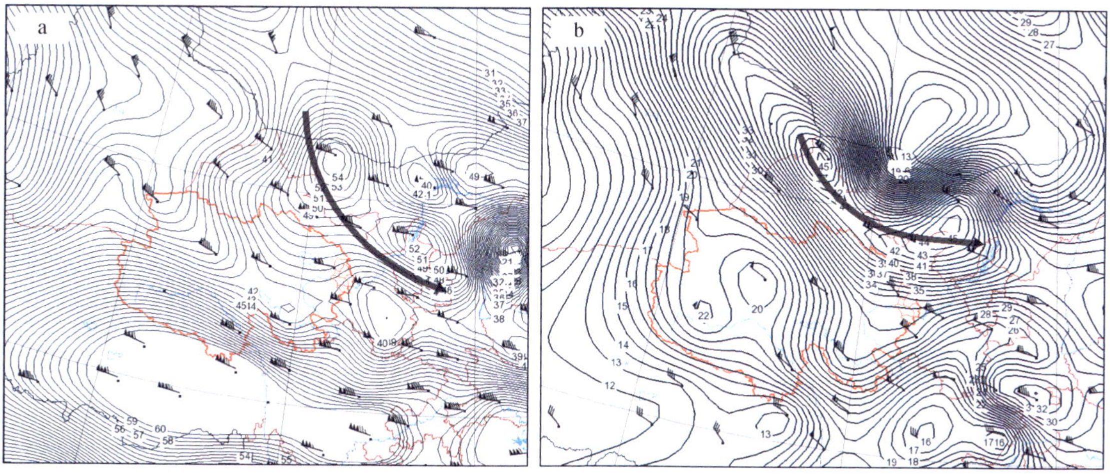

图 3.58　12 月 4 日 20 时(a)6 日 08 时(b)高空急流

2.4　次级环流与动量下传

本次大风天气发生时，对流层中、上部存在一支较强的高空急流，底层则是暖性低压系统，大气层结表现出明显的不稳定状态。高空温压场形势使得高空槽前出现明显的暖平流、槽后出现明显的冷平流，使暖区的上升运动和冷区的下沉运动得到发展，形成明显的对流运动。这样，就由冷区的下沉运动、低层由冷区指向暖区的水平运动和暖区的上升运动构成了一个垂直方向上次级环流，且次级环流的下沉支处于高空急流轴入口区的左侧下方，所以次级环流的主要作用是把高空急流的动量传递到地面。因此，次级环流是大风天气中动量下传的重要机制。由于次级环流在低层的水平运动是由冷区指向暖区的，所以会进一步加大地面风速，有利于本次大风天气的发生和维持。

3 物理量诊断分析

3.1 温度平流

一般情况下，与冷锋相配合的高空槽愈深、槽后的冷平流愈强，就愈有利于冷锋后出现偏北大风。高空冷平流作用可使地面气压梯度加大，大风区出现在冷平流最强区域所对应的位置。在4日08时高空图上呈现出高层300 hPa以上为暖平流(300 hPa青海省东部暖平流中心值为14×10^{-5}℃·s^{-1})、中低层为冷平流所控制的垂直分布特征，大风区上空400～500 hPa冷平流值达-20×10^{-5}℃·s^{-1}；到4日20时300 hPa冷平流仍维持，而500 hPa由强冷平流中心突变为最弱冷平流中心，700 hPa甚至出现暖平流(图3.59)。

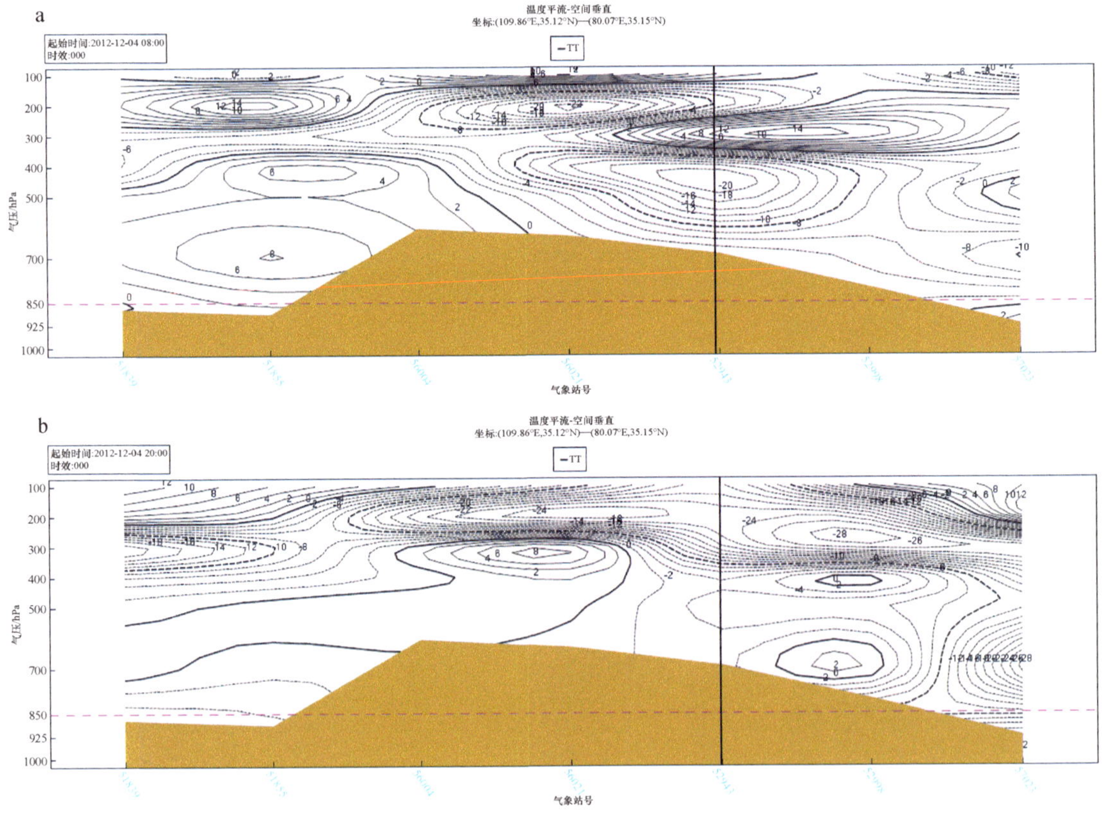

图3.59 4日08时(a)20时(b)温度平流剖面图(单位：10^{-5}℃·s^{-1})

6日08时高空图上，青海省大部整层为冷平流控制，300 hPa冷平流中心值为-28×10^{-5}℃·s^{-1}，大风区500 hPa冷平流值达-14×10^{-5}℃·s^{-1}。到20时300～500 hPa转变为最弱冷平流，700 hPa出现弱的暖平流。

3.2　垂直速度场与散度场特征

青海省上空大风天气出现前垂直速度剖面图显示，为负值区中，有上升运动，大风天气出现时为一致的正垂直速度区中，有下沉运动，配合地面冷锋移动，说明出现地面大风时下沉气流是冷槽发展中垂直结构所致，有动力强迫的下沉气流，将高层的动量下传到低层，在地面形成大风区。

在散度场上具有相似的特征，青海省上空大风天气出现前散度剖面图显示 700 hPa 到近地面层为辐合，500 hPa 为辐散层，大风天气出现时正好相反高层辐合，低层辐散(图 3.60)。

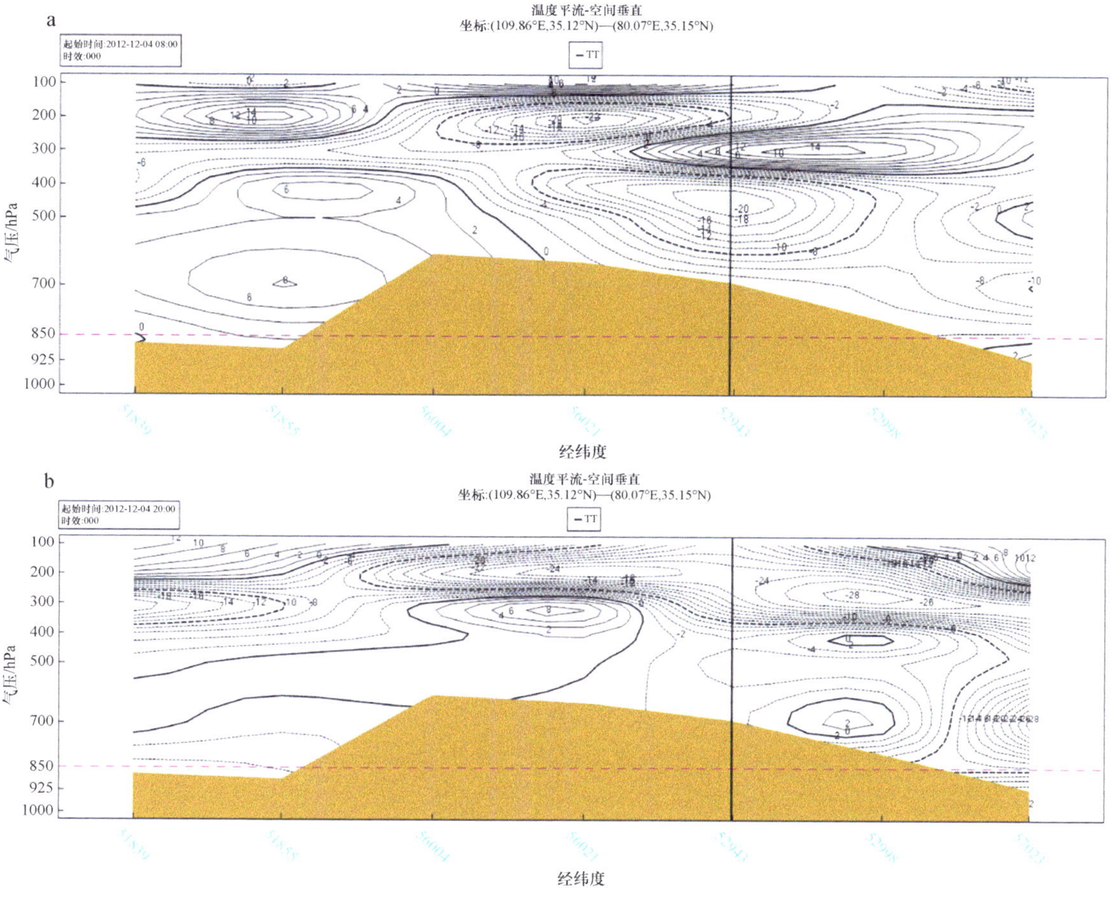

图 3.60　4 日 08 时(a)20 时(b)散度场剖面图(单位:$10^{-5}\ s^{-1}$)

3.3　涡度场特征

依据位势倾向方程，高空正涡度平流使地面气旋加深，负涡度平流使地面高压发展。从 12 月 4 日 08 时沿着 35°N 空间剖面图来看，青海省高层都正涡度平流，低层为负涡度平流，青海省西侧南疆盆地高层为负涡度平流，低层为正涡度平流。高空涡度平流场的这种分布状况对地面高、低压系统的发展加强是十分有利的，高压对降温和大风起到重要作用(图 3.61)。并且高层正涡度平流，低层负涡度平流的配置，使得青海境内东西方向上构成了西部高空辐合，地面辐数，东部高空辐散，地面辐合的锋面次级环流，增强了锋后下沉运动的发展。加快了下沉运动的发展,高层冷空气迅速下沉,推动地面冷锋东移加深,在冷锋后部形成大风天气。

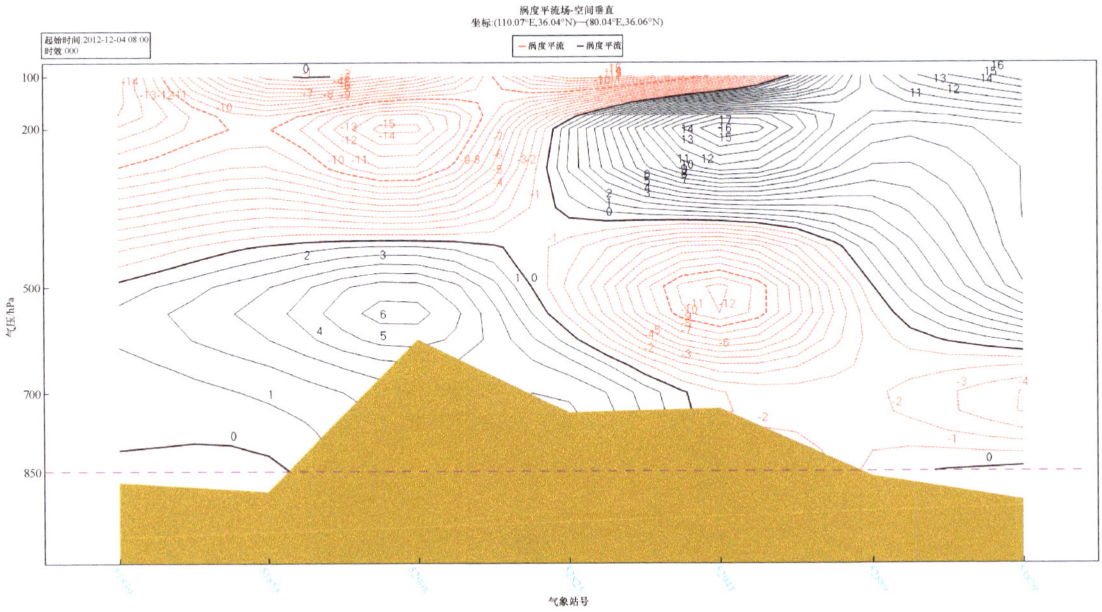

图 3.61　12 月 4 日 08 时涡度平流剖面图

4　结论

1)此次青海省区域性的大风天气属于冬季冷锋后部的偏北大风,乌拉尔山脊前西北气流引导极地冷空气南下,在 30°～40°N 范围内形成了比较大的位势梯度和温度梯度,导致地面加压,促成了地面大风形成。

2)地面大风与锋后强冷空气的强度密切相关,地面冷锋分为东、西两路分别进入河西走廊和柴达木盆地,锋后变压梯度风加大了地面风速。

3)高空急流影响青海省的时间和位置与地面出现大风的时间完全对应,说明此次大风天气过程中除了强位势梯度形成的地转风作用外,高空动量下传是青海省出现大风的重要原因。由于青海省位于高空急流轴出口区右侧。高空急流的动量就会传递到低层,使低层风速明显加大。另外,高空急流使低层锋区加强,冷空气的堆积加快,从而使锋区不断加强,一旦条件具备冷空气就会向东南方向奔泻而下,造成大风降温天气。

4)从物理量诊断结果看,大风区出现在 500 hPa 冷平流最强区域所对应的位置;大风天气出现前垂直速度场特征为青海省上空为上升运动区,大风天气出现时为一致的下沉运动区,将高层的动量下传到低层,在地面形成大风区。

5)大风天气出现前 700 hPa 到近地面层为辐合,500 hPa 为辐散层,大风天气出现时正好相反高层辐合,低层辐散。

6)大气垂直方向上构成高层辐合、低层辐散的结构,加快了下沉运动的发展,高层冷空气迅速下沉,推动地面冷锋东移加深,在冷锋后部形成大风天气。

参考文献

[1] 姚学祥．天气预报技术与方法[M]．北京：气象出版社，2011：67-71.

[2] 吴海英，孙燕，曾明剑，等．冷空气引发江苏近海强风形成和发展的物理过程探讨[J]．热带气象学报，2007，23(4)：388-394.

[3] 陈淑琴，黄辉．舟山群岛一次低压大风过程的诊断分析[J]．气象，2006，32(1)：68-73.

[4] 尹尽勇，曹越男，赵伟．2010 年 4 月 27 日莱州湾大风过程诊断分析[J]．气象，2011，37(7)：897-905.

[5] 黄彬，钱传海，聂高臻，等．干侵入在黄河气旋暴发性发展中的作用[J]．气象，2011，37(12)：1534-1543.

[6] 段中夏．一次豫北春季持续性大风天气的分析[J]．气象科技进展，2018，8(3)：84-87.

2014年5月8日柴达木盆地西部沙尘暴过程成因分析

裴尕桑
(海西州气象台,德令哈 817000)

摘 要:基于高空、地面气象观测资料,对2014年5月8日发生在柴达木盆地西部的强沙尘暴天气进行了分析。结果表明:此次强沙尘暴天气过程是典型的高空急流动量下传和大气层结不稳定共同作用所引起的;高空急流在柴达木盆地西部上空持续维持是大风天气出现、强沙尘暴天气发生和持续的主要原因,地面冷空气入侵使过程逆温层被破坏、发生强沙尘暴天气的最主要触发机制。茫崖低空存在逆温层,受逆温层及地面辐射加热影响,近地层大气积累能量偏多,后期随着冷空气入侵,逆温层被破坏导致大气能量突然被释放是茫崖沙尘暴发生时强度偏强的重要因素;逆温层被破坏时高空冷平流迅速侵入低层大气,低层暖区被破坏,大气从高空到低层均处于冷平流控制,大气混合层厚度明显降低,这应该是沙尘暴主要发生在茫崖以及不向下游地区传播的主要原因;500 hPa急流调整至茫崖也是沙尘暴天气局地性强的原因;茫崖前期干旱少雨雪,且气温偏高,为沙尘暴天气形成提供了良好的气候背景。另外受盆地地形影响,茫崖地形条件也利于出现大风。

关键词:强沙尘暴,高空急流,动量下传,逆温层

1 天气概况

受气候干燥及地形条件影响,茫崖、冷湖地区为柴达木盆地沙尘暴易发区,沙尘暴天气主要集中在每年3—5月[1]。2014年5月8—9日,茫崖、冷湖地区出现了一次沙尘暴天气过程,并伴有大风(图3.62)。此次沙尘暴天气表现出局地性强、强度强、持续时间长等特点:过程期间茫崖最小能见度200 m,极大风速达26.3 m·s^{-1},沙尘暴天气从8日14:50持续至18:03。相较于茫崖,冷湖地区沙尘暴天气仅持续6 min。9日茫崖地区再次出现沙尘暴,但较与前日,此次沙尘暴天气强度偏弱(能见度300 m,18:24—19:05)。茫崖、冷湖为海西州沙尘暴易发地区,但此次过程主要集中在茫崖,两地沙尘暴的强度、持续时间完全不同。因此探究是何种因素导致此次沙尘暴天气局地性强,这值得我们深入分析。

2 沙尘暴天气成因分析

2.1 环流背景

研究[2]表明,青海省大风沙尘的形成基本与高空急流的动量下传和冷暖空气的活动有关。分析8日20时300 hPa高空环流形势可知(图3.63a),高空急流较08时有明显南压趋势,茫崖、河西走廊上空风速>40 m·s^{-1},冷平流明显,茫崖地区位于高空急流南侧,表明茫崖地区300 hPa高空为强辐散区。8日08时,500 hPa新疆槽较茫崖地区位置偏北(图3.63b),温度槽落后于高度槽,后期新疆槽发展东移,至20时高度槽与温度槽夹角变大,预示槽后冷平流

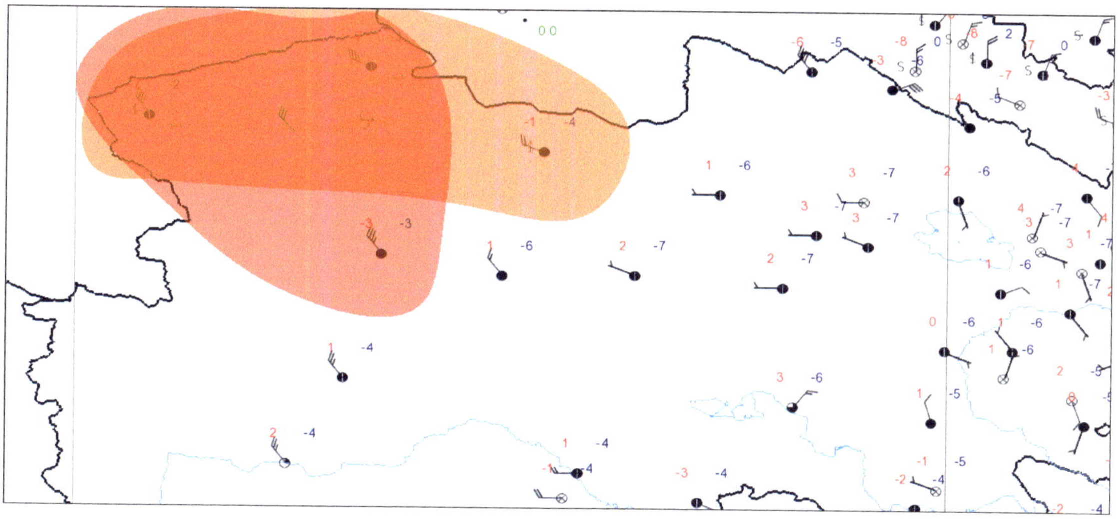

图 3.62　2014 年 5 月 8 日 20 时地面形势图(阴影区为沙尘天气)

发展强盛,高空锋区明显,大气斜压性增强,且 500 hPa 风速大值区(24 m · s^{-1} 以上)较 08 时有一定调整,大值区范围缩小至茫崖地区,茫崖、冷湖地区受此影响在午后出现大风、沙尘暴天气,而 500 hPa 风速大值区的调整可能是沙尘暴局地性强的原因之一。

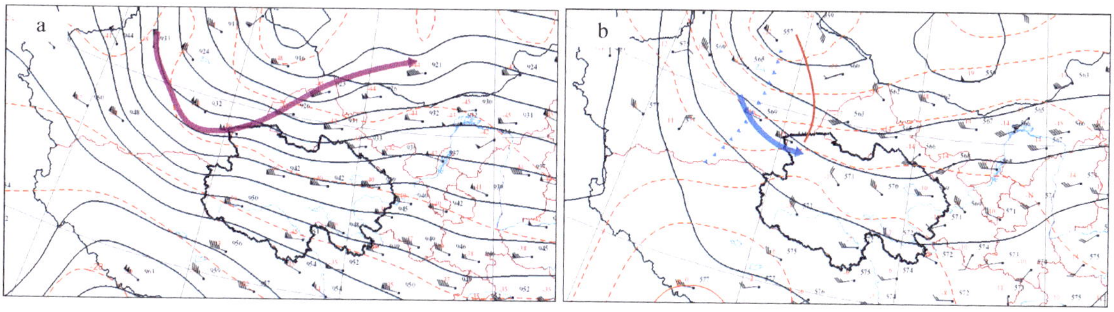

图 3.63　2014 年 5 月 8 日 20 时 300 hPa(a)500 hPa(b)高空环流形势

2.2　地面冷空气

沙尘暴以风作为搬运的动力,因此较强的吹风天气是沙尘暴形成的必要条件之一[3-7]。我国西部地区出现大风主要由强冷空气活动引起的,而 3 h 变压数值的大小是预报大风的良好指标。分析 8 日白天各时段 3 h 变压可得知,冷空气在 8 日 14—17 时(图 3.64a)期间进入茫崖地区,伴随冷空气的入侵茫崖地区开始出现大风沙尘天气,且随着时间推移,3 h 变压强度逐渐增强,最大 3 h 变压强度为 2.1 hPa(图 3.64b)。此次冷空气入侵速度较快,且在茫崖地区活动时间较短,3 h 变压显示 9 日 02 时(图略)茫崖地区已转为负变压控制,2 min 风速也在 02 时有明显的减弱。因此可以初步判断此次冷空气入侵是引发茫崖地区出现大风沙尘的直接原因。另外受冷空气影响,下游地区小灶火以及偏北的冷湖、大柴旦出现了大风或扬沙天气。

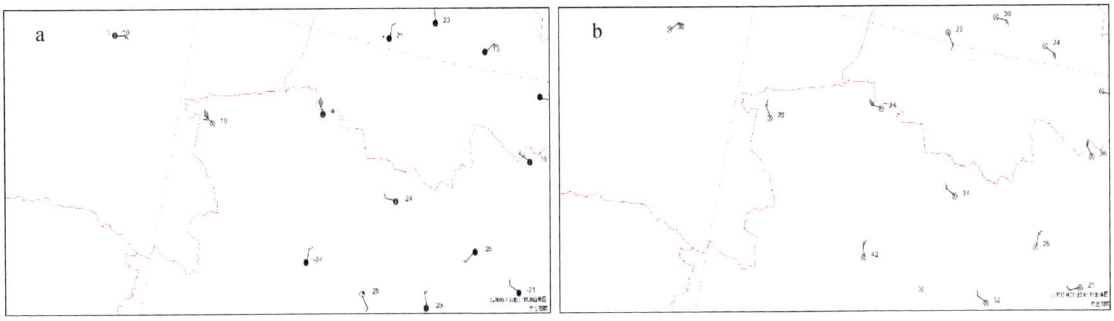

图 3.64　2014 年 5 月 8 日 17 时(a)23 时(b)地面填图

2.3　层结不稳定

研究[6]表明，大风沙尘天气通常和高空急流的高空动量下传有关，而产生动量下传必须满足两个必要条件：一是存在高空急流，二是大气处于不稳定层结状态，即意味着大气有较强的湍流运动。高空环流形势分析表明茫崖、冷湖上空有高空急流活动，且高空冷平流强度偏强。08 时茫崖探空曲线可知(图 3.65)，茫崖地区在 700～685 hPa 之间存在明显的逆温层，抑制着对流的发展。计算该区间(3030～3230 m 之间)大气温度垂直递减率(700 hPa：4.4 ℃、685 hPa：6.6 ℃)，可知大气温度垂直递减率 γ 达到了 1.1 ℃ · (100 m)$^{-1}$，大于大气干绝热递减率 γ_d = 0.98 ℃ · (100 m)$^{-1}$，此时 γ 可称为超绝热递减率，表明近地层大气处于一种不稳定状态。考虑具有稳定层结的逆温层既有抑制对流的作用，又有对大气低层不稳定能量储存和积累作用，对流未发生之前逆温层，即“干暖盖”会阻止上下能量的交换。因此在白天近地层随着地面辐射加热而变得更暖，而逆温层上层受高空冷平流作用变得更冷，如果该过程持续时间较长，则可以建立很强的位势不稳定而不被释放，在后期受某种机制使逆温层破坏时，大气将会处于一种暴发性的对流活动状态中，高空动量容易下传。20 时探空图(图略)清晰表明高空产生了动量下传，各高度层风速较 08 时均有了明显增大，其中 700 hPa 风速较 08 时 4 m · s^{-1}增大到 16 m · s^{-1}，且此时层结曲线和状态曲线高度重合，亦表明 20 时左右茫崖地区上层大气处于绝对不稳定状态。

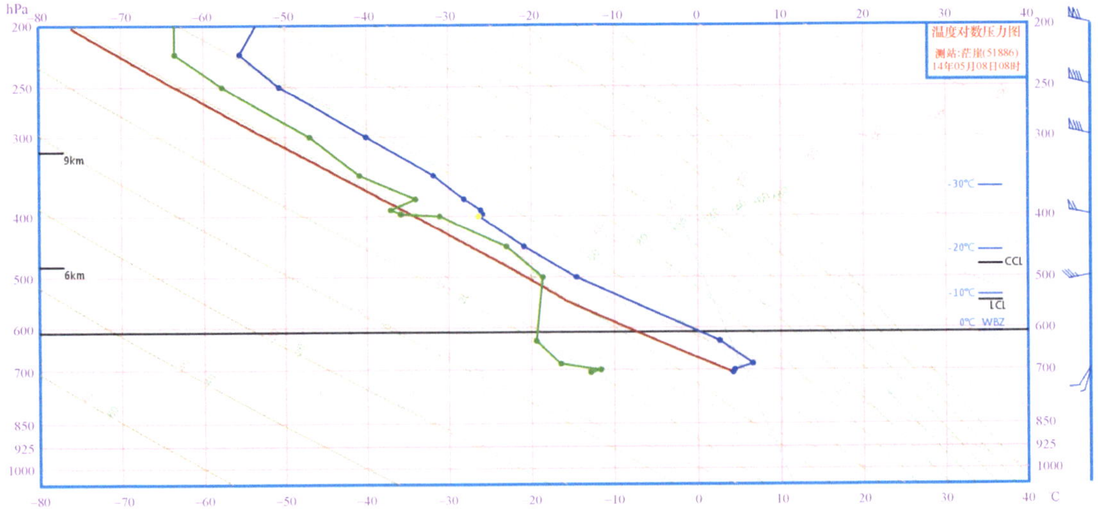

图 3.65　2014 年 5 月 8 日 08 时茫崖探空曲线

2.4　前期气候背景

沙尘暴多发区大部地区地表干旱，植被稀少，荒漠化严重，春季少雨，冷空气活动频繁，诸多因素均为加剧沙尘暴天气的发生。而柴达木盆地西侧多为戈壁、荒漠，上游南疆地区及自身均有丰富的沙源，常年降水十分偏少，且降水主要集中于夏季，其余季节常年无有效降水。统计数据表明茫崖地区 2014 年 1—4 月累计降水量仅为 0.2 mm，较历史同期 4.2 mm 偏少 95%，而同时茫崖地区 1—4 月平均气温为 −2.5 ℃，较历史同期偏高 0.9 ℃。因此茫崖地区在 2014 年前期处于干旱少雨(雪)，且气温较常年偏高的状态，这为后期春季茫崖地区出现沙尘暴天气提供了良好的气候条件。

综合以上分析可知，此次强沙尘暴天气过程是发生在前期少雨、气温偏高的气候背景下，属于青海省地区比较典型的高空急流动量下传和大气层结不稳定共同作用所引起的沙尘暴天气过程。

3　主要难点分析

3.1　持续时间偏长原因

相对扬沙、浮尘天气，沙尘暴天气持续时间明显偏短。柴达木盆地扬沙、浮尘天气往往受上游地区沙尘暴天气影响，再加上本地大气处于静稳状态，因此持续时间偏长，而沙尘暴天气多伴随大风天气，其强度变化较为剧烈。此次茫崖地区沙尘暴天气从 8 日 14:50 持续至 18:03，维持时间长达 3 h。结合 08 时和 20 时高空环流形势，可以发现 300 hPa、500 hPa 高空急流（$>40\ m\cdot s^{-1}$、$>20\ m\cdot s^{-1}$）显著，高空存在明显垂直切变，加之大气处于不稳定层结状态，易导致高空动量下传，有利于茫崖地区出现大风天气，后期 20 时 500 hPa 高空急流位置有所调整，主要影响范围为茫崖地区，因此更有利于茫崖地区大风天气持续。此外茫崖处于盆地西部山口，地形条件也利于出现大风天气。

3.2　局地性强原因

茫崖、冷湖为海西州沙尘暴易发地区，但此次过程主要集中在茫崖，两地沙尘暴的强度、持续时间完全不同，因此属于较为罕见的局地性沙尘暴天气。

谭志强等[6]在研究宁夏沙尘天气时指出大风在不同阶段对沙尘天气起不同作用：初期有利于沙尘传输，后期则对沙尘传输起抑制作用。因此基于此思路，我们进一步分析茫崖地区探空曲线图可知，08 时茫崖地区低层有暖平流活动，而 400 hPa 以上有强的冷平流活动，因此茫崖地区高低空呈现下暖上冷的不稳定状态，而受低层逆温层存在影响更加剧了潜在不稳定能量的累积。随着地面辐射加热，近地层大气累积能量越来越强，随着 14—17 时茫崖地区冷空气的入侵，逆温层被破坏，低层能量开始暴发，茫崖地区风速加强，这也侧面说明高空动量开始下传，在动量下传期间冷平流也迅速向低层侵入，在这期间茫崖地区开始出现大风及持续时间较长的强沙尘暴天气，冷湖地区也出现了沙尘暴天气（持续时间较短）。因此可以初步判断该时段当大气能量剧烈释放时，伴随着高空冷平流迅速侵入低层大气，低层暖区被破坏，大气从高空到低层均处于冷平流活动状态，导致大气混合层厚度明显降低，这应该是沙尘暴主要发生在茫崖地区以及不向下游地区传播的主要原因，因此地面冷空气入侵是此次过程逆温层被破坏、发生强沙尘暴天气的最主要触发机制。另外 500 hPa 急流调整至茫崖地区也是沙尘暴天气局地性强的原因。

从地面气象要素分析可知(图3.66),在出现沙尘暴之前茫崖地区有热低压出现,变压风在一定程度上加强了地面风速,但出现沙尘暴天气之后,地面温度、风速迅速减小(茫崖气温6—8日处于偏高状态,其中7日最高气温为18 ℃,8日14时左右气温达到最大值;2 min风速在8日午后逐渐增大,与热低压形成时间基本对应,沙尘暴出现时2 min风速>12 m·s^{-1}),气压上升(地面气压持续走低,在8日14时左右达到最低),14时后随着冷空气的入侵,茫崖地区开始出现强沙尘暴天气,地面气压也逐步上升。

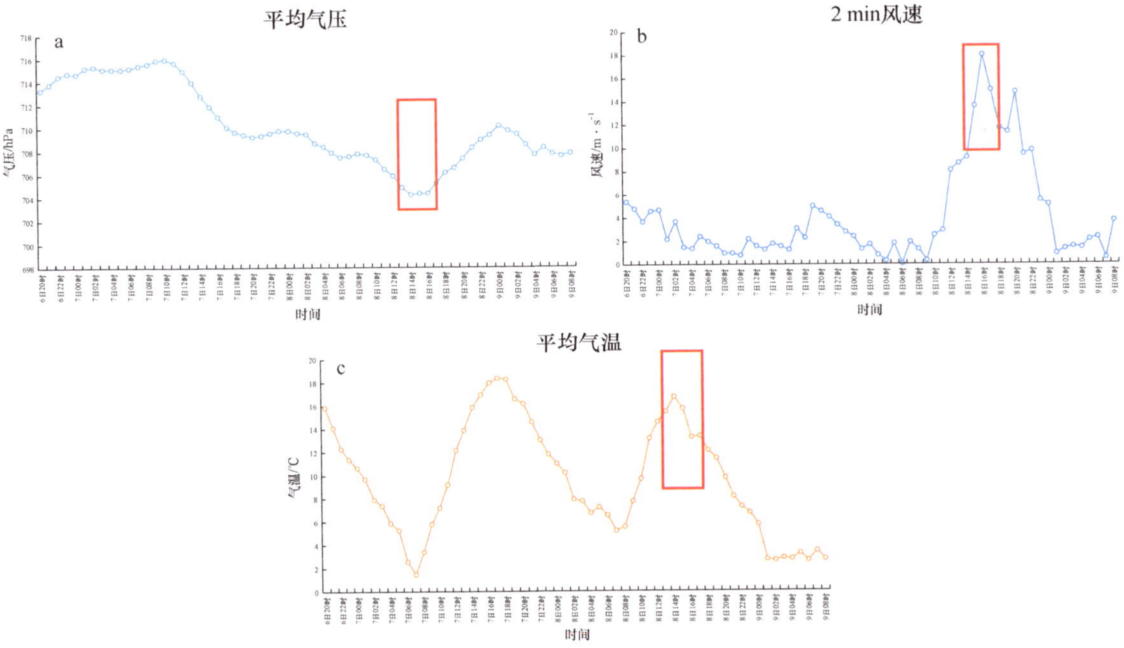

图3.66 茫崖站2014年5月8日沙尘暴过程期间平均气压(a)风速(b)平均气温(c)逐小时变化曲线

4 结论

1)此次过程是发生在柴达木盆地西部地区春季的一次强沙尘暴天气过程:沙尘暴呈现强度强、持续时间长、局地性强等特点。

2)此次强沙尘暴天气过程是发生在前期少雨、气温偏高的气候背景下,属于青海省地区比较典型的高空急流动量下传和大气层结不稳定共同作用所引起的沙尘暴天气过程类型,而地面冷空气入侵是此次过程逆温层被破坏、发生强沙尘暴天气的最主要触发机制。

3)高空急流在柴达木盆地西部上空持续维持是大风天气出现、强沙尘暴天气持续的主要原因;08时茫崖地区低空存在逆温层,受逆温层及地面辐射加热影响,近地层大气积累能量偏多,后期随着冷空气入侵,逆温层被破坏导致大气能量突然被释放是茫崖地区沙尘暴发生时强度偏强的重要因素。

4)逆温层被破坏时高空冷平流迅速侵入低层大气,低层暖区被破坏,大气从高空到低层均处于冷平流活动状态,导致大气混合层厚度明显降低,这应该是沙尘暴主要发生在茫崖地区以及不向下游地区传播的主要原因。500 hPa急流调整至茫崖地区也是沙尘暴天气局地性强的原因。

5)茫崖地区前期干旱少雨雪，且气温偏高，为沙尘暴天气形成提供了良好的气候背景。另外茫崖地形条件也利于出现大风。

参考文献

[1] 王江山，李锡福．青海省天气气候[M]．北京：气象出版社，2004：228-230.

[2] 李潘，徐维新，祁栋林，等．1961—2015年青海省沙尘天气时空变化特征[J]．干旱区研究，2018，35(2)：412-417.

[3] 陈豫英，陈楠，谭志强，等．“2013.3.9”宁夏强沙尘暴天气的热力动力条件分析[J]．干旱区地理，2016，39(2)：285-293.

[4] 陈豫英，陈楠，谭志强．宁夏不同强度沙尘天气动力机制[J]．中国沙漠，2015，35(2)：438-447.

[5] 陈豫英，陈楠，谭志强，等．热力作用对宁夏不同强度沙尘天气的影响[J]．高原气象，2015，34(6)：1668-1676.

[6] 谭志强，桑建人，纪晓玲，等．宁夏一次大风扬沙天气过程机制分析[J]．干旱区地理，2017，40(6)：1134-1142.

[7] 姜学恭，李夏子，王德军．一次典型蒙古气旋沙尘暴的对流层顶演变及沙尘垂直输送特征[J]．干旱气象，2018，36(1)：1-10.

2015 年 3 月 15 日大风天气过程分析和总结

魏永亮　解文璇　樊雨鑫

(玉树州气象台,玉树　815000)

摘　要:基于高空、地面和物理量资料,对 2015 年 3 月 15 日发生在青海省大部地区一次春季大风天气过程进行了分析,结果表明:1)这是发生在春季的全省性大风,过程影响范围大,强度强,持续时间长,存在明显的日变化,白天强,午后发展到最强,到夜间后减弱,最大风速出现在五道梁地区(23 m·s^{-1})。2)根据青海省沙尘天气影响系统分型,此次沙尘天气过程为西亚横槽型,横槽位于萨彦岭至咸海一带,新疆至青藏高原地区受较为平直的偏西北气流影响,亚洲中高纬度地区为宽广的低槽区,高空锋区主要位于北疆至蒙古一带,青海省上空有弱的冷温槽,冷平流弱,随着高空锋区南压,青海省至蒙古一带高空锋区增强,气压梯度和温度梯度增大,急流带风速明显增大。青南地区有高空急流(≥20 m·s^{-1}),河西走廊的高空急流较强(≥32 m·s^{-1});相应在 300 hPa 也有高空急流存在并维持时间较长,随着北支急流南压至河西走廊,风速明显增大。高空位势梯度大,有利于急流发展;午后地面增温明显,地面减压,热低压发展,导致层结不稳定,湍流活动加强,高空动量下传明显,有利于出现地面大风。盆地东部的狭管效应和地形辐合,另外青南地区海拔高,平均海拔 4000 m 以上,气温日变化明显,大气层薄,使动量下传更为明显。3)日变化特征明显的原因:地面气温日变化明显,导致近地层层结稳定度日变化明显;风垂直日变化不明显;通过计算表征湍流强度大小的里查森数 Ri 的大小,该数值白天小,夜间大,因此湍流活动昼强夜弱;在不考虑分子摩擦导致的动量下传时,由湍流摩擦导致的动量下传起主导作用,白天湍流强,夜间湍流弱。

关键词:大风,高空急流,动量下传,日变化

1　天气实况

2015 年 3 月 15 日 14—20 时,青海省大部地区出现大风天气过程。大风从上午 11 时开始,之后逐渐发展增强,14—17 时风力达到最强,至 20 时逐渐减弱。大风日变化明显,白天强,午后发展到最强,到夜间后减弱。此次过程影响范围大,强度大,持续时间长,其中最大风速出现在五道梁地区,风力达 23 m·s^{-1},白天强夜间弱。具体如图 3.67 所示。

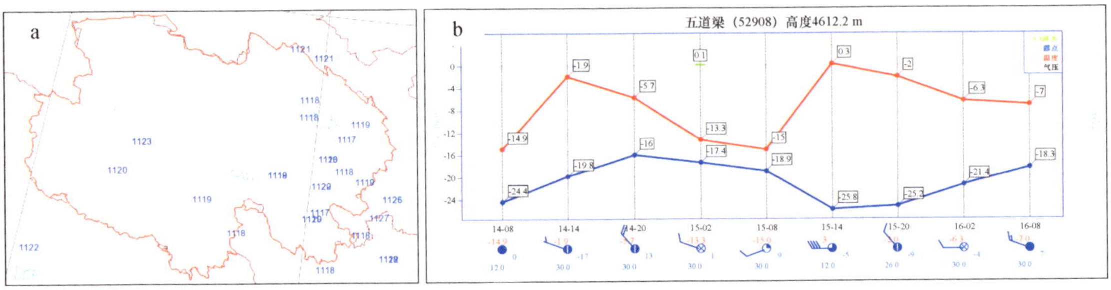

图 3.67　15 日 14 时和 20 时特殊天气(a)五道梁地面三线图(b)

2　大风天气成因

2.1　环流背景

根据青海省沙尘天气影响系统分型，这次沙尘天气过程为西亚横槽型，分析 15 日 08 时 500 hPa 高空图（图 3.68a），横槽位于萨彦岭至咸海一带，新疆至青藏高原地区受较为平直的偏西北气流影响，亚洲中高纬度地区为宽广的低槽区，高空锋区主要位于北疆至蒙古一带，青海省上空有弱的冷温槽，冷平流弱。随着极地冷空气南下补充到低槽区中，至 20 时，位于巴尔喀什湖附近的横槽有明显转竖的趋势，呈西南—东北走向，高空锋区南压至河西走廊一线，对青海省的影响显著增强。而青海省南部地区受副热带高压发展影响，有温度脊在发展，在南北系统共同影响下，青海省至蒙古一带高空锋区显著增强，表现为气压梯度和温度梯度明显增大，急流带风速也有明显增大。

2.2　高空急流

分析 15 日 08 时 500 hPa 风场及高空急流（图 3.68b），青海省北侧河西走廊一带的高空急流较强（最大风速达 32 m・s^{-1}），青海省上空高空风较强，玉树上游沱沱河风速达 20 m・s^{-1}，青南地区也有大于 20 m・s^{-1}的高空急流存在，为青海省地区高空动量下传导致大风天气提供良好的前提条件；至 20 时，受南北系统共同影响，南北两支急流并为一支，急流带风速明显增强，急流轴最大风速由原来的 32 m・s^{-1}增为 34 m・s^{-1}。相应在 300 hPa 08 时也有南北两支急流，青海省上空最大风速达 40 m・s^{-1}；至 20 时急流带风速明显增大，尤其是北支急流南压至河西走廊，风速增大更是明显。

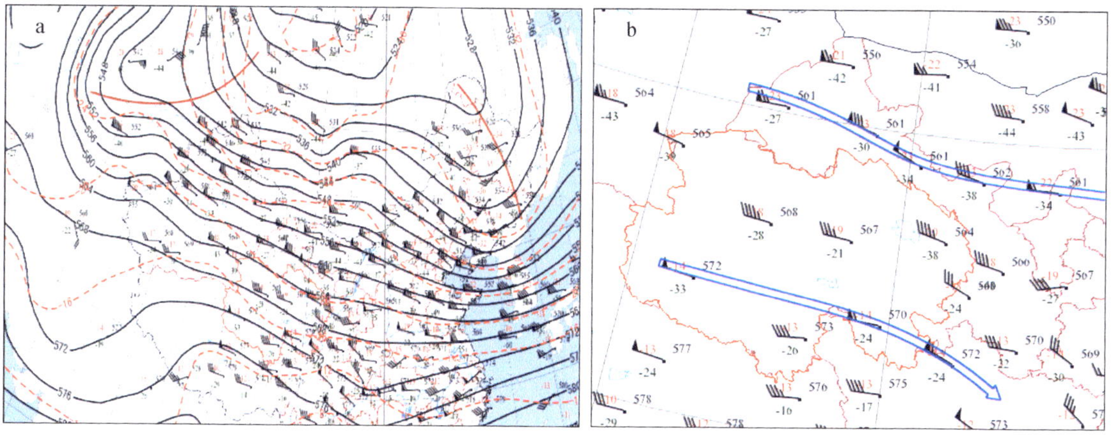

图 3.68　15 日 08 时 500 hPa 高空图(a)15 日 08 时 500 hPa 风场＋高空急流(b)

2.3　高空位势梯度

大范围系统性大风的形成和较强的气压梯度或位势梯度有关，位势梯度大有利于急流发展。分析此次高原大风过程中 500 hPa 等高线（图 3.69），可以看出，青海省上空 3 根等高线，南北位势梯度差为 1300 J・kg^{-1}。

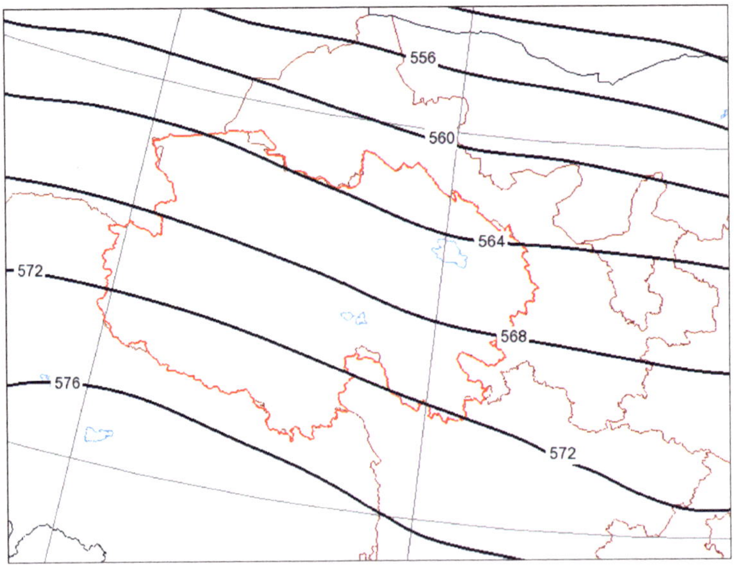

图 3.69　3 月 15 日 08 时 500 hPa 等高线

2.4　层结不稳定

青海省高原地区冬春季发生的大风天气通常和较强的高空动量下传有关，而动量下传必须有两个重要条件，一个是高空急流的存在，这是高空动量下传的前提，另一个是层结不稳定有利于较强湍流活动发展，这也是动量能否下传的必要条件。从沱沱河站 3 月 15 日 08 时至 23 时气压、温度、露点温度(图 3.70a)可以得到，气压从 15 日 12 时开始呈现一个减压趋势，由 12 时的 587.5 hPa 一直减小，至 18 时减至最小，为 581.4 hPa，18 时之后又呈现升压趋势。08 时的气温为 −15.1 ℃，然后气温一直不断升高，到 16 时气温升至最高，为 4.8 ℃，变温为 20.9 ℃。由此可以得到，午后增温明显，有明显的减压，热低压发展，层结不稳定，湍流活动较强。从 15 日 08 时玉树探空曲线上可以看出，玉树站近地面层存在明显的逆温层，低层层结较为稳定，至 20 时玉树站地面至 500 hPa 接近于干绝热($\gamma \approx 0.89$ ℃·$(100\ \text{m})^{-1}$)，趋于层结不稳定(图 3.70b)，湍流活动加强，高空动量下传明显，有利于出现地面大风。

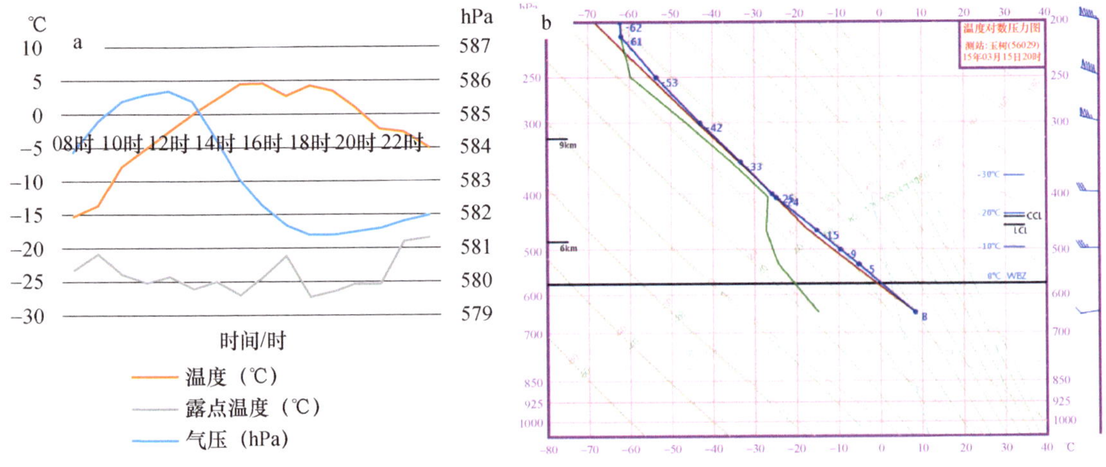

图 3.70　沱沱河 15 日 08—23 时地面三线图(a)15 日 20 时玉树探空曲线(b)

2.5　地形影响

青海省地形(图 3.71)，青海省海西柴达木盆地的东部明显受狭管效应和地形辐合的影响，青南地区海拔高度高，平均海拔 4000 m 以上，使动量下传更为明显。

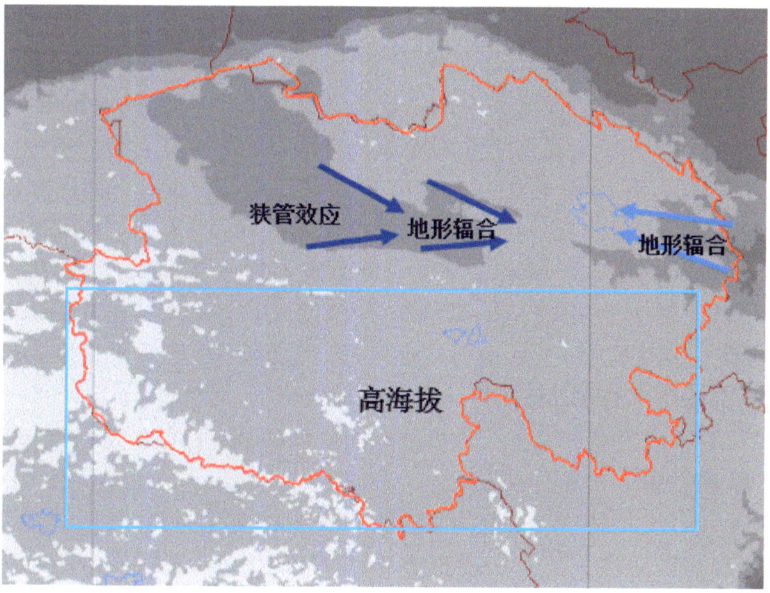

图 3.71　青海省地形

3　大风天气日变化特征明显的原因

3.1　地面气温日变化明显，导致近地层层结稳定度日变化明显

08 时沱沱河探空图近地层逆温层明显，温度递增率较大(2 ℃·$(100\ m)^{-1}$)，湍流活动被抑制，高空动量无法下传达到地面，地面风速小。白天地面辐射迅速升温，逆温层被破坏，500 hPa 以下温度递减率接近于干绝热递减率$\left(\gamma=\frac{\partial t}{\partial z}=0.94\ ℃\cdot(100\ m)^{-1}\approx\gamma_d\right)$，从而使层结不稳定增强，湍流活动加强，引起明显的动量下传，导致地面风速加大。

3.2　风垂直日变化不明显，即$\frac{\partial u}{\partial z}$不明显

3.3　里查森数

通过计算表征湍流强度大小的里查森数 $Ri=g\left(\frac{\partial \ln\theta}{\partial z}\right)\Big/\left(\frac{\partial u}{\partial z}\right)^2$ 的大小，该数值白天小(6×10^{-1})，夜间大(8×10^{0})，因此湍流活动昼强夜弱。

在不考虑分子摩擦导致的动量下传(10^{-11})时，由湍流摩擦导致的动量下传起主导作用(10^{-5})，白天湍流强，夜间湍流弱。

4 结论

1)这是发生在春季的全省性大风,此次过程影响范围大,强度大,持续时间长,存在明显的日变化,白天强,午后发展到最强,到夜间后减弱。其中最大风速出现在五道梁地区,风速达23 $m \cdot s^{-1}$,其次是玛沁,风速达到了22 $m \cdot s^{-1}$。

2)500 hPa上根据青海省沙尘天气影响系统分型,此次沙尘天气过程为西亚横槽型,横槽位于萨彦岭至咸海一带,新疆至青藏高原地区受较为平直的偏西北气流影响,亚洲中高纬度地区为宽广的低槽区,高空锋区主要位于北疆至蒙古一带,青海省上空有弱的冷温槽,冷平流弱,随着高空锋区逐渐南压,青海省至蒙古一带高空锋区显著增强,气压梯度和温度梯度明显增大,急流带风速也有明显增大。青南地区有高空急流(≥20 $m \cdot s^{-1}$),且河西走廊的高空急流较强(≥32 $m \cdot s^{-1}$);相应在300 hPa也有高空急流轴存在并维持时间较长,尤其是北支急流南压至河西走廊,风速增大更是明显。高空位势梯度大,等高线较密集,南北位势梯度差为1300 $J \cdot kg^{-1}$,有利于急流发展;午后地面增温明显,地面减压,热低压发展,导致层结不稳定,湍流活动加强,高空动量下传明显,有利于出现地面大风。

盆地东部的狭管效应和地形辐合,另外青南地区海拔高,平均海拔4000 m以上,气温日变化明显,大气层薄,使动量下传更为明显。

3)此次大风天气日变化特征明显的原因:地面气温日变化明显,导致近地层层结稳定度日变化明显;通过计算表征湍流强度大小的里查森数 Ri 的大小,该数值白天小(6×10^{-1}),夜间大(8×10^{0}),因此湍流活动昼强夜弱;在不考虑分子摩擦导致的动量下传时,由湍流摩擦导致的动量下传起主导作用,白天湍流强,夜间湍流弱。

2015 年 4 月 2 日大风沙尘暴天气过程分析

石秀云　刘成丰
（格尔木市气象局，格尔木　816000）

摘　要：利用常规地面和高空观测资料，研究了 2015 年 4 月 2 日发生在青海省的一次大风、沙尘暴天气过程。结果表明：此次过程影响范围广，柴达木盆地和唐古拉山区均出现 8 级以上大风，其中五道梁大风持续时间长，极大风速达到 21.1 $m \cdot s^{-1}$（9 级）；区域性强，柴达木盆地 3 站出现沙尘暴天气；大风日变化明显，大风在下午至傍晚最强，范围最广，入夜后范围减小，并逐步减弱停止，凌晨最弱，次日午后再次增强。造成此次过程的原因是：新疆槽底高空锋区东移中南压影响到青海省北部，过程期间新疆槽底分裂冷槽进入柴达木盆地上空，冷槽后部西北气流进一步引导高空锋区冷空气入侵柴达木盆地，这种环流形式往往会形成柴达木盆地大风沙尘暴天气过程；地面至 500 hPa 接近干绝热，层结白天趋于不稳定，湍流活动加强，利于起沙；地面冷锋，辐合线，变压风加强了地面风速；同时地形影响，盆地西侧冷空气下坡风，位能转为动能。

关键词：大风沙尘暴，高空锋区，冷槽，冷锋，地形

1　天气过程特点

2015 年 4 月 2 日，柴达木盆地及唐古拉山区出现大风、沙尘暴天气，局地伴有降水天气。此次过程影响范围广，柴达木盆地和唐古拉山区均出现 8 级以上大风，其中五道梁大风持续时间长，从 15:02 开始一直持续至 19:03，极大风速达到 21.1 $m \cdot s^{-1}$（9 级）；区域性强，柴达木盆地 3 站出现沙尘暴天气（图 3.72a），小灶火 14:24—19:22 出现扬沙天气，其中 16:30—16:46 出现沙尘暴，最小能见度为 700 m，期间极大风速为 17.9 $m \cdot s^{-1}$，格尔木 16:30 至 20 时出现扬沙天气，其中 17:15—18:08 出现沙尘暴，最小能见度为 200 m，期间极大风速为 17.5 $m \cdot s^{-1}$，诺木洪 18:55 至 20 时出现扬沙天气，其中 19:05—19:20 出现沙尘暴，最小能见度为 160 m，期间极大风速为 17.3 $m \cdot s^{-1}$，大风日变化明显，大风在下午至傍晚最强，范围最广，入夜后范围减小，并逐步减弱停止，凌晨最弱，次日午后再次增强。

2　灾害性天气形成的原因

2.1　大风成因

2.1.1　高空环流形势

2015 年 4 月 2 日 08 时 500 hPa 高空图上（图 3.72b），乌拉尔山到里海咸海为高压脊区，萨彦岭到巴尔喀什湖为低压槽区，萨彦岭有 −36 ℃的冷中心配合，新疆上空高空锋区非常强，至 2 日 20 时，高空锋区东移南压影响到青海省北部，过程期间新疆槽底分裂冷槽进入柴达木盆地上空，冷槽后部西北气流进一步引导高空锋区冷空气入侵柴达木盆地，这种环流形式往往

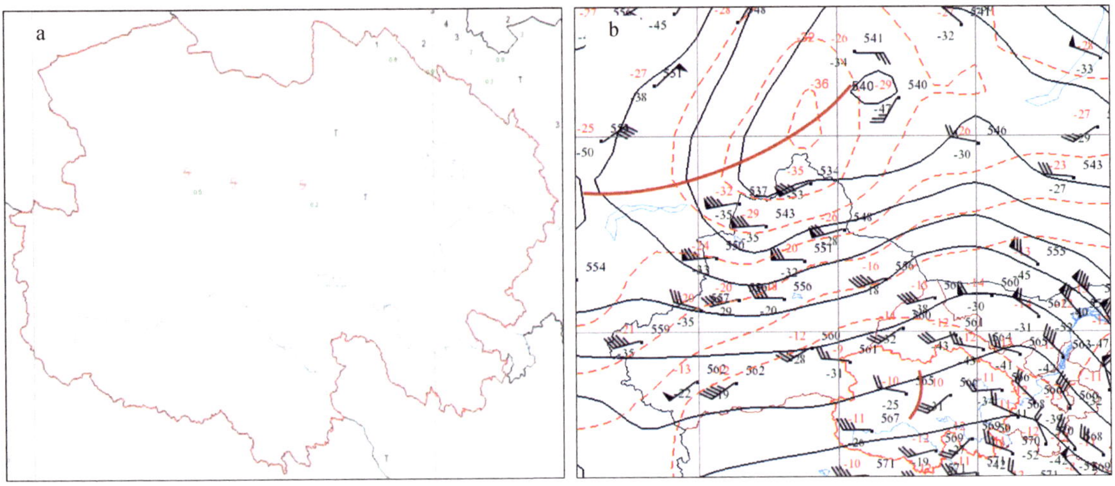

图 3.72　4 月 2 日 08 时—3 日 08 时沙尘暴发生站点及降水量(mm)(a)2 日 08 时 500 hPa 高度场(b)

会形成强冷空气持续的入侵过程，带来大风沙尘暴、降水和强降温天气，这也是形成格柴达木盆地大风沙尘暴等灾害性天气过程主要原因之一。

2.1.2　层结不稳定

2 日 20 时格尔木探空图上(图 3.73a)，可以算出地面至 500 hPa 接近干绝热($\gamma \approx 0.80$ ℃·$(100\ \text{m})^{-1}$)，层结不稳定，近地层的湍流活动强，利于起沙。干绝热递减率是指空气块绝热上升时，会因周围气压的减少而体积膨胀，用内能反抗外力，因此，它的温度就下降；空气块下降时，外压力增大，对其作压缩功，转化为内能，使其温度上升。这种空气块的运动，会使大气形成不同的温度层结。γ 越小，大气越稳定，如果 γ 很小，甚至等于零，或为负值($\gamma < 0$)时，大气会非常稳定，这种情况对空气垂直对流运动的发展是巨大的障碍，如同一个盖子，起阻挡作用。

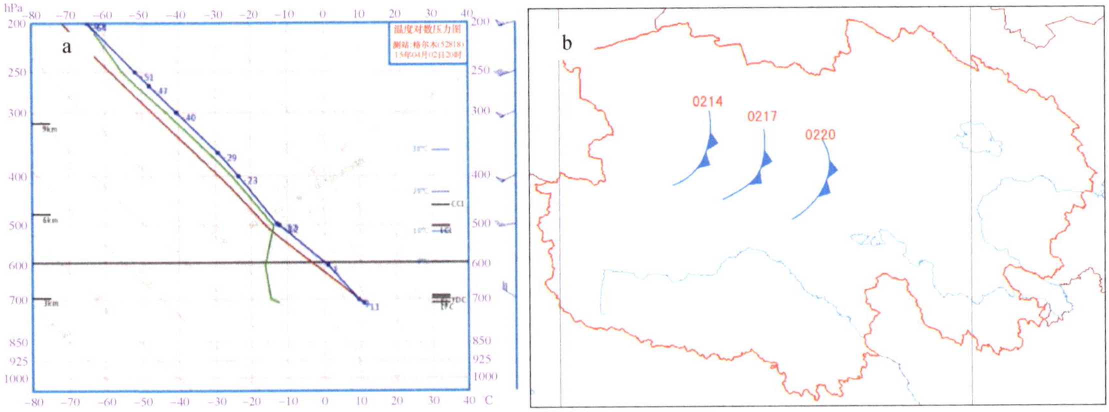

图 3.73　2 日 20 时格尔木探空曲线(a)2 日地面冷锋动态图(b)

2.1.3　地面冷锋及变压风

2015 年 4 月 2 日 14 时海平面气压场上，新疆南部为高压区，中心值为 1002.5 hPa，它的前部青海省东部有一个低压区，低压中心值为 992 hPa。2 日逐 3 h 地面冷空气动态图中(图

3.73b)，由于地面冷锋前后变压差大(高空环流形势为多波动型，大尺度系统表现不明显，此处以 ΔP_3 为准分析冷锋)加强锋前次级环流，从地面 3 h 变压和变温图上可以看出，2 日 14 时冷锋开始影响小灶火地区，至 17 时冷锋到达格尔木，小灶火 3 h 温度下降 5 ℃，16 时至 17 时出现沙尘暴天气；20 时冷锋移至诺木洪以东，受冷锋影响，格尔木 3 h 温度下降6 ℃，诺木洪 3 h 温度下降 9 ℃，两站出现沙尘暴天气。变压风加强了地面风速，在地面天气图上负变压中心区，变压风辐合会引起上升运动，在正变压中心区，变压风辐散会引起下沉运动，2 日 20 时变压风(图 3.74a)分析：柴达木盆地西部 3 h 变压为正变压大值区，大值中心为 4.7 hPa；柴达木盆地东部为 3 h 变压负值区，负值中心为－0.7 hPa，变压差为5.4 hPa。变压风$\left(D=-\frac{1}{f^2\rho}\cdot\nabla(\partial p/\partial t)=17.06\ \mathrm{m\cdot s^{-1}}\right)$强，条件叠加加强了地面风速。

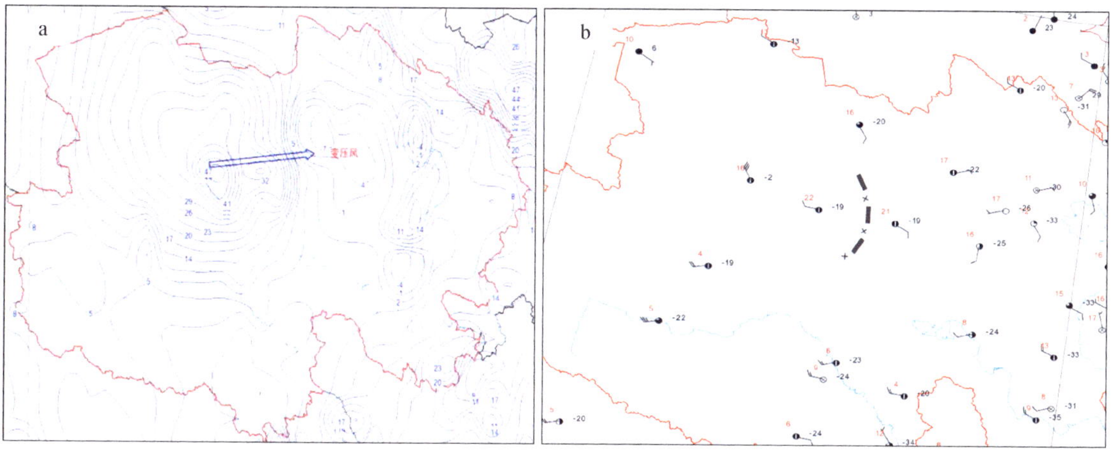

图 3.74 2 日 20 时变压风(a)2 日 14 时地面填图(b)

2.2 沙尘暴成因

2.2.1 动力条件

持续时间较长的区域性强风(大部分地区瞬间风速达到或超过 17.0 m·s^{-1}以上，少数地区瞬间风速在 12～17.0 m·s^{-1}之间)是形成沙尘暴必不可少的动力条件[1-3]。出现大风时不一定有沙尘暴天气出现，同样某些地区一些沙尘暴出现时并没有 8 级以上的大风，有时 6 级左右的风就会导致沙尘暴的出现。此次过程沙尘暴前，柴达木盆地西部地面风速在 5～6 级左右，持续时间较长，为沙尘暴的出现提供了明显的动力条件。

2 日 14 时地面填图中(图 3.74b)，格尔木和诺木洪之间有辐合线存在，辐合线加强上升运动，触发不稳定能量，有利于盆地小灶火、格尔木、诺木洪 3 个站出现沙尘暴天气。

2.2.2 沙源条件及地形作用

柴达木盆地地处青海省西北部，盆地下垫面多以沙漠、戈壁为主，其中沙漠面积为 3.49 万平方千米，为沙尘暴的发生发展提供了较为有力的沙源条件[4-8]。柴达木盆地(内源)，塔克拉玛干沙漠、库姆塔格沙漠(外源)。柴达木盆地海拔在 3000 m 左右，地势从西北向东南倾斜，其东部又为开阔地。这种特殊的地形(图 3.75a)，不但对风有狭管加速效应，并且还有使空气下滑势能转变为动能的作用。

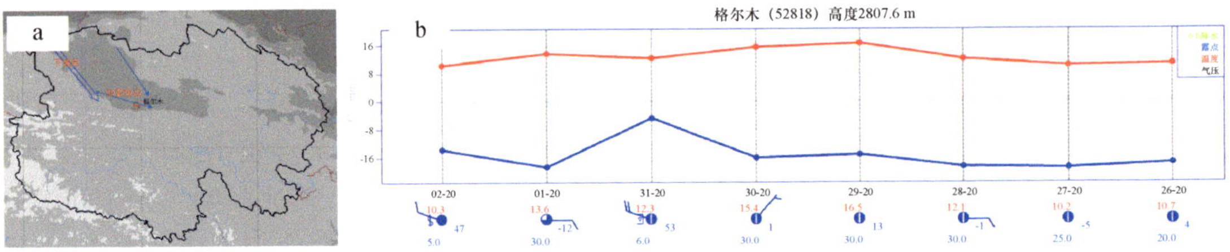

图 3.75　柴达木盆地地形图(a)3 月 26 日—4 月 2 日格尔木气温(℃)曲线及降水量(mm)(b)

2.2.3　起沙条件

过程前期 1 日地面图上，柴达木盆地西北部有热低压存在，高空冷平流叠加在低层柴达木热低压和锋前暖低压之上，导致层结不稳定，近地层的湍流活动强，利于起沙。

2.2.4　气候背景

此次过程正处于春季，下垫面干燥、植被少；前期从 3 月 26 日—4 月 2 日(图 3.75b)，气温从 26 日开始至 29 日处于缓慢回升当中，29 日平均温度为 16.5 ℃，14 时温度达 23 ℃，31 日受弱冷空气影响，柴达木盆地小灶火和格尔木出现沙尘暴天气，格尔木有微量降水，1—2 日温度又回升，1 日 14 时温度为 20 ℃，2 日 14 时温度达到 22 ℃，温度的攀升加剧地面干燥度，有利起沙。从 2 日 05 时地面变温场来看，整个柴达木盆地为 24 h 正变温，说明 2 日较前一日温度处于升温当中，也有利于午后沙尘暴的产生。

3　沙尘天气局地性较强的原因

1)500 hPa 环流形势为多波动型，大尺度天气系统不明显。

2)过程前期强的地面暖高压维持在柴达木盆地，增强层结不稳定度，配合冷平流利于起沙。同时近地面辐合加强，进而加强地面风速。

3)柴达木盆地 3 h 变压梯度大，变压风强(前述)进一步加强地面风速。

综上所述，此次天气过程主要影响系统多为中尺度天气系统，因此此次天气活动表现为局地性强。

4　小结

1)此次天气过程特点：大风影响范围广，柴达木盆地和唐古拉山区均出现 8 级以上大风，其中五道梁大风持续时间长，从 15:02 开始一直持续至 19:03，极大风速达到21.1 $m \cdot s^{-1}$(9 级)；区域性强，柴达木盆地 3 站出现沙尘暴天气，小灶火 14:24—19:22 出现扬沙天气，其中 16:30—16:46 出现沙尘暴，最小能见度为 700 m，期间极大风速为 17.9 $m \cdot s^{-1}$，格尔木 16:30 至 20 时出现扬沙天气，其中 17:15—18:08 出现沙尘暴，最小能见度为 200 m，期间极大风速为 17.5 $m \cdot s^{-1}$，诺木洪 18:55 至 20 时出现扬沙天气，其中 19:05—19:20 出现沙尘暴，最小能见度为 160 m，期间极大风速为 17.3 $m \cdot s^{-1}$，大风日变化明显，大风在下午至傍晚最强，范围最广，入夜后范围减小，并逐步减弱停止，凌晨最弱，次日午后再次增强。

2)大风沙尘暴的成因：新疆槽底高空锋区东移中南压影响到青海省北部，过程期间新疆槽底分裂冷槽进入柴达木盆地上空，冷槽后部西北气流进一步引导高空锋区冷空气入侵柴达木盆地，这种环流形势往往会形成柴达木盆地大风沙尘暴天气；地面冷锋、辐合线、变压风加强了地面风速；地形影响，盆地西侧冷空气下坡风，位能转为动能。

沙尘暴：强风，动力条件好；高空冷平流叠置在柴达木地面热低压之上，增强了层结不稳定，起沙条件好；地面至 500 hPa 接近干绝热（$\gamma \approx 0.80$ ℃·$(100\ m)^{-1}$），层结白天趋于不稳定，湍流活动加强，利于起沙；盆地主要沙源地，前期无降水，春季干燥的下垫面，沙源条件好。

3）局地性较强的原因：此次天气过程主要影响系统多为中尺度天气系统（前期暖高压维持，增强层结不稳定度，配合冷平流利于起沙。同时使近地面辐合加强，配合强的变压风进一步加强地面风速），因此此次天气活动表现为局地性强。

参考文献

[1] 王江山，李锡福．青海省天气气候[M]．北京：气象出版社，2004：225-342.

[2] 姚学祥．天气预报技术与方法[M]．北京：气象出版社，2001：96-97.

[3] 苟日多杰．柴达木盆地沙尘暴气候特征及其预报[J]．气象科技，2003，31(2)：84-87.

[4] 郭晓宁．柴达木盆地（格尔木）沙尘天气新探究——气象专家德力格尔亲历格尔木沙尘天气的新研究[J]．青海气象，2015(3)：52-53.

[5] 马学莲，张吉农，马海超，等．“20150331”格尔木强沙尘暴天气中尺度分析[J]．青海科技，2017，24(4)：50-53.

[6] 于海跃，李红英，张玉香．“4.23”特强沙尘暴天气成因分析[J]．中国农学通报，2016，32(19)：136-141.

[7] 薛福民，杨兴华，刘新春，等．2006 年夏季塔中一次沙尘暴发生期间近地层气象特征个例分析[J]．沙漠与绿洲气象，2010，4(4)：40-44.

[8] 马学莲，党永秀．2010 年 3 月 19 日青海省大风、沙尘暴天气过程诊断分析[J]．青海科技，2011，18(1)：20-23.

2016年2月16—19日大风天气过程及其日变化原因分析

王振海
(青海省气象台,西宁 810001)

摘　要:基于高空、地面和模式资料,对2016年2月16—19日发生在青海省地区的一次大风天气过程进行了分析,结果表明:1)此次大风过程影响范围广;持续时间长;大风日变化明显,昼强夜弱。2)大风天气形成的原因主要是高空西风急流强提供动量下传型地面大风产生的高空动力条件;午后层结不稳定,风垂直切变大,导致近地层湍流剧烈,提供动量下传型地面大风产生的地面热力条件;急流入口区动力锋生,青南地区锋生明显,高空锋区强,导致位势梯度增大,有利于地面出现大风;高空急流入口区正次级环流加大低层位势梯度和地面气压梯度,利于近地面风速增大;地形对风速增幅明显;18日有冷锋过境,变压风和锋区次级环流叠加使地面风速加大,叠加动量下传大风,导致18日大风最强。3)大风天气日变化特征明显的原因主要是地面气温日变化明显,导致位温垂直梯度日变化明显,湍流活动日变化明显,里查森数白天较夜间小一个量级,湍流活动昼强夜弱;在不考虑分子黏滞力导致的动量下传作用,湍流导致的动量下传在过程中起到了主要作用,动量下传因为湍流活动的昼强夜弱表现为白天强,夜间弱,从而导致了此类大风日变化明显的特征。

关键词:大风,成因,层结稳定度,里查森数

1　天气实况

2016年2月16—19日,青海省境内发生了一次冬季大风天气过程。此次过程中大风影响范围广,西起茫崖、东达民和、南至囊谦、北到祁连的全省大部分地区均出现大风天气;大风强度大,54%的大风发生站点风力达到了9级以上,其中3站最大瞬时风速达到了11级以上,17日沱沱河站测到了30 $m \cdot s^{-1}$的过程极大瞬时风速;大风天气持续时间长,自16日11时至19日夜间23时,每日均有大风天气发生(表3.3)。但大风表现出了明显的昼强夜弱日变化特点,如图3.76所示的五道梁站为例,此次过程期间大风均出现在白天至前半夜,每日中午出现,下午加强,入夜减弱,凌晨停止,夜间风力基本都在3级以下,发生大风期间,风向基本在250°~300°之间,且以270°发生频次最多,即以偏西风为主,另外,此次大风过程期间伴沙尘天气,其中5站次出现沙尘暴(沱沱河,最小能见度500 m)、局地寒潮(冷湖和托勒)。

表3.3　2016年2月16—19日青海省境内出现大风站次及极值统计

日期	8级以上大风出现站次	9级以上大风出现站次	全省大风站出现比例(%)	极值及站点
16日	10	6	20	25 $m \cdot s^{-1}$,五道梁
17日	25	12	50	30 $m \cdot s^{-1}$,沱沱河
18日	35	26	70	29 $m \cdot s^{-1}$,五道梁等
19日	31	20	62	29 $m \cdot s^{-1}$,野牛沟
合计	37	27	74	

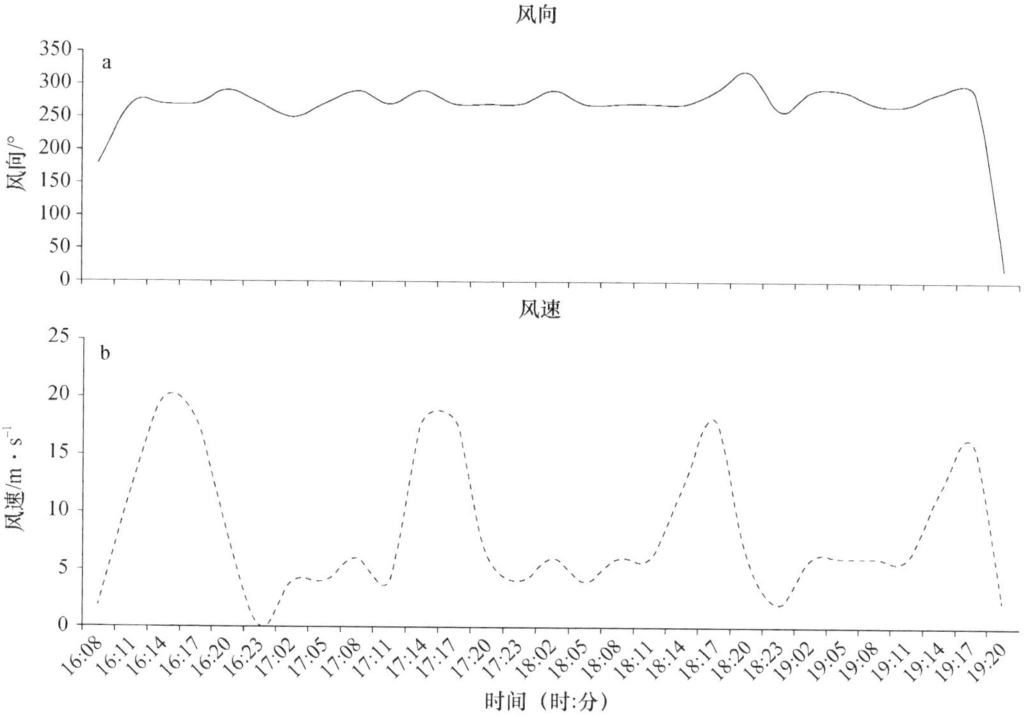

图 3.76　2 月 16 日 08 时—19 日 20 时五道梁地区风向(°)(a)2 min 平均风速(m·s^{-1})(b)逐 3 h 演变时序图

2　大风天气成因分析

2.1　高空急流及其作用

2.1.1　陡峭的位势梯度造成的强高空急流提供了大风的必要动力条件

大范围系统性大风的形成和较强的地面气压梯度或高空位势梯度有关[1-5]，因高原地区无海平面气压观测，故分析此次高原大风过程中 500 hPa 等高线(图 3.77a)，可以看出，青海省东北部地区上空 6 根等高线，位势梯度大，在 850 km 的水平尺度上，$\Delta\phi>2000$ J·kg^{-1}，该区域内平均理论地转风达到 28 m·s^{-1}，高空风接近于地转风，没有明显的地转偏差风。这种高空大的等压面坡度导致 500 hPa 强劲的高空急流(图 3.77b)，过程期间急流核中心风速最大均达到了 30 m·s^{-1}以上，且存在明显的南北两支急流，在过程期间较为稳定的维持在青海省北部—河西走廊一线和青藏交界区域一线。急流的存在提供了高空动量向下传输的一个必要高空动力条件。

2.1.2　高空急流入口动力锋生和附近次级环流加大了地面风速

另一方面，高空急流入口区动力锋生(图 3.78a)，青南地区锋生明显($F>50\times10^{-5}$℃·s^{-1})，高空锋区强(青海省境内南北水平温度梯度大于 20 ℃)，大气斜压性强，导致等压面坡度增大，高空风速增大，急流加强，而急流的加强又会对动力锋生起到正反馈作用。此外，高空急流入口区由于非地转偏差风的存在，正次级环流导致地面气压梯度增大，从而增大地面地转风速，如急流入口区左侧，由于等高线辐合造成具有较明显的指向低压的地转偏差风，而地面则会出现指向南侧的偏差风，导致地面气压梯度增大，地转风速增大(图 3.78b)。

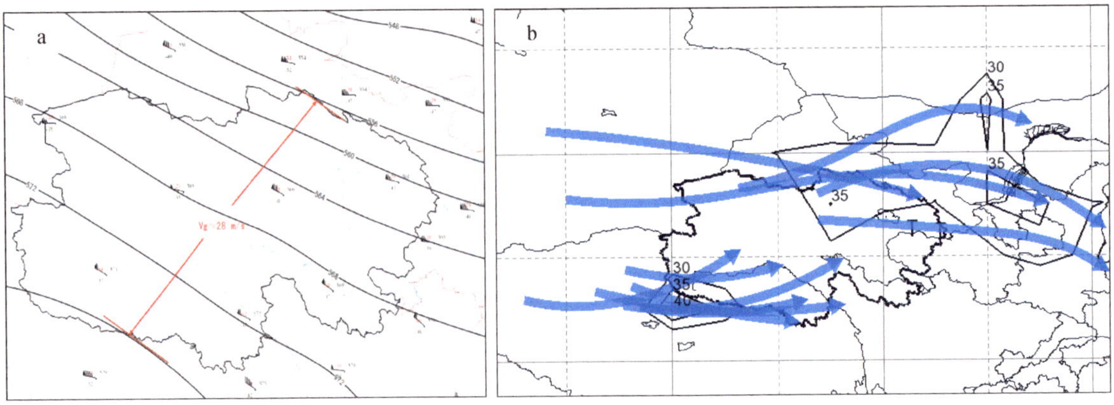

图 3.77　18 日 20 时青海省地区 500 hPa 等高线、高空观测及理论地转风(a)
16 日 08 时—19 日 20 时 500 hPa 急流轴位置及 18 日 20 时大于 30 m·s^{-1}等风速线(b)

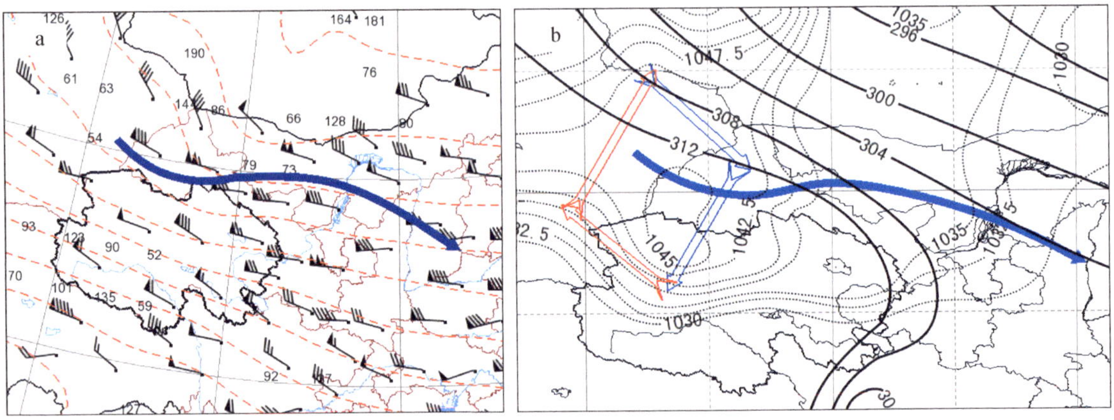

图 3.78　2 月 18 日 20 时 500 hPa 温度场、风场和锋生函数(F>0 填值)(a)
18 日 20 时 500 hPa 急流轴及其入口次级环流示意图和 700 hPa 等高线(实线)、地面等压线(虚线)(b)

2.2　强的湍流提供了高空动量下传的热力条件

青海省高原地区冬春季发生的大风天气通常和较强的高空动量下传有关,而动量下传必须有两个必要条件,一个是高空急流的存在,这是高空动量下传的前提,另一个是层结不稳定导致的较强湍流活动,这则是动量能否下传的关键因素[1-8]。此次过程中,高空急流如前述所述,强度大,但它的存在并不能导致动量一定下传,还必须存在较强的不稳定层结导致的湍流活动与其配合。青海省冬春季节不稳定层结的建立一般和地面午后增温及高空冷平流有关,此次过程中,由于高原空气稀薄,地面温度日较差大,午后地面增温明显,20 时虽然地面温度已然下降,但地面至 500 hPa 仍接近于干绝热($\gamma \approx 0.91$ ℃·(100 m)$^{-1}$),因此大气层结在白天趋于不稳定,湍流活动加强,从而导致高空动量容易下传,这种动量下传在高海拔地区尤其显著(图 3.79)。

2.3　地面冷锋、变压风及锋面次级环流加强了地面风速

16 日 08—20 时,受东移新疆冷空气影响,一股较强地面冷锋分东、西两路影响青海省北

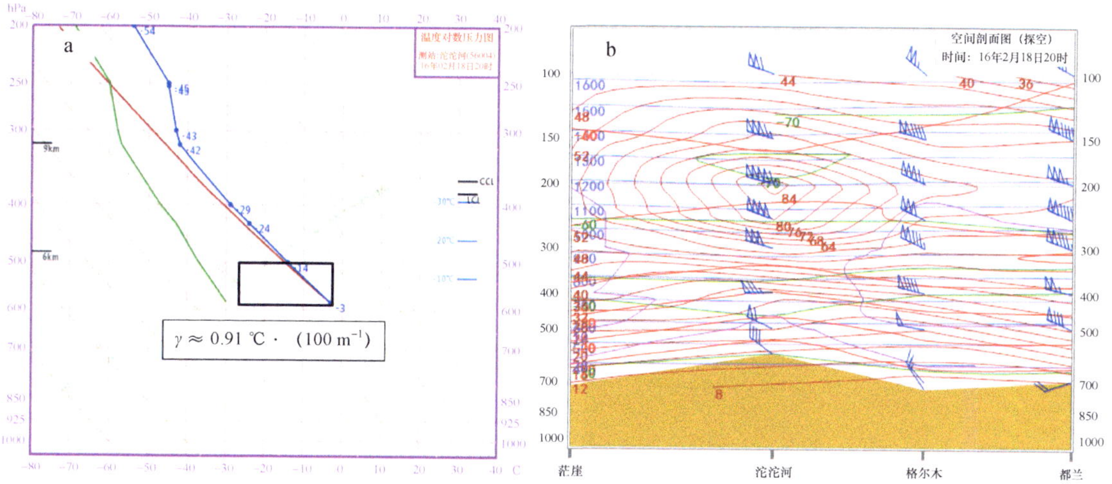

图 3.79　2 月 18 日 20 时沱沱河站探空(a)茫崖至都兰探空资料剖面(b)

部地区，其中西路冷锋途径之地，大风和沙尘暴天气随之发生(图 3.80a)。这主要是由于锋面一方面加大气压梯度，导致地转风速增大，另一方面锋面前后冷暖气团中的变压不同，冷锋前后较强的变压梯度导致非地转的变压风$\boldsymbol{D}_1=-\frac{1}{f^2\rho}\boldsymbol{V}_h\left(\frac{\partial p}{\partial t}\right)$增大明显(图 3.80b)。另外，由于锋面的移动导致温度水平梯度增大，热成风增大，高低层风速发生改变，产生和加速度方向正交的非地转偏差风，高空产生向锋面后部的偏差风，低层则相反，产生相对于锋面东西向垂直剖面的横向非地转次级环流，其低层次级环流和锋面移动向一致，从而加速沿锋面移动方向的风速。如图 3.80b 所示，在 18 日 20 时地面锋面所经地区，风速较锋面前后地区均较大，这种风速增量中有非地转变压风的贡献，也有锋面次级环流的贡献。

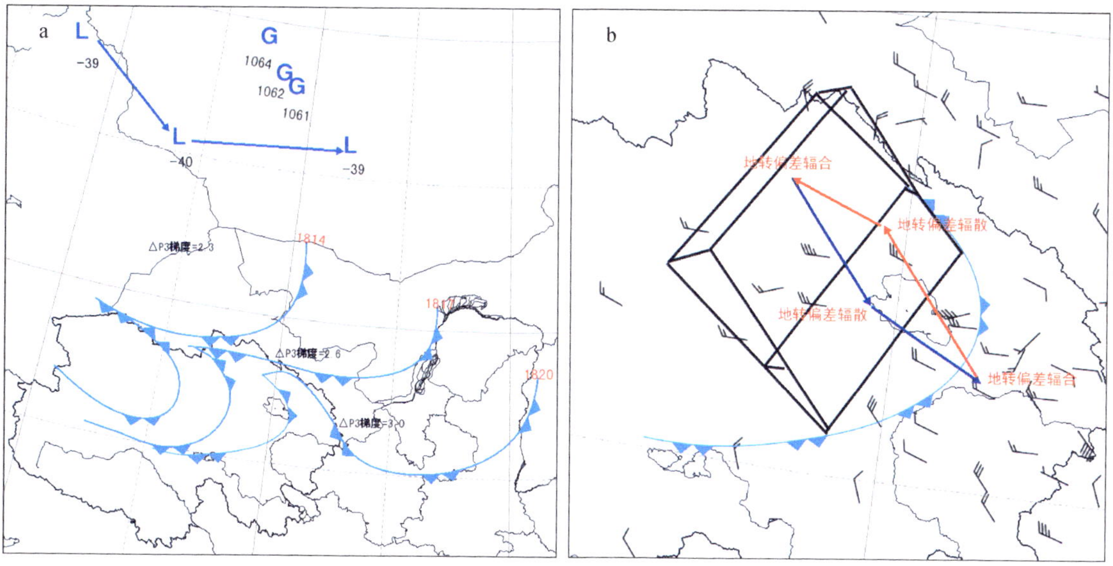

图 3.80　2 月 18 日 14—20 时地面冷锋相关要素变化图(a)
地面冷锋附近横向非地转环流(次级环流)示意图(18 日 20 时西路冷锋为例)(b)

3 大风天气昼强夜弱的原因分析

此次大风天气表现出明显的昼夜差异，上午出现，下午最强，入夜减弱，午夜停止，除了18日有地面冷锋过境外，其他时间均没有明显的除高空急流之外的天气系统影响青海省，高空以平直西风为主，因此此次大风过程是一次明显的高空动量下传类的大风过程。这种大风昼强夜弱的特点主要和湍流活动的强弱有关。均质流体中湍流与平均速度的垂直切变有关，湍流运动的动能来自平均运动动能，但在层结大气中，温度层结对湍流的发展也具有重要影响。因此，一般用位温形式的里查森数 Ri 来表征湍流活动的大小，而里查森数 Ri 的表达式为：

$$Ri=g\frac{\frac{\partial \ln\theta}{\partial z}}{\left(\frac{\partial u}{\partial z}\right)^2}$$

故 Ri 主要和位温的垂直梯度及风垂直切变有关，层结愈不稳定，风垂直切边愈强，则湍流活动愈强，即 Ri 越小越有利于湍流发展。下面主要分析这两项及 Ri 的日变化特征。

3.1 $\frac{\partial \ln\theta}{\partial z}$的日变化特征

高原地区由于空气密度小，水汽含量低，地面温度日变化大。夜间地面强烈辐射降温，导致边界层内清晨出现强逆温层，沱沱河站16—19日08时平均逆温层厚度约227 m，平均温度递减率达到了-2.9 ℃·(100 m)$^{-1}$，而白天接收太阳辐射，地面迅速增温，逆温层在接近中午时便被破坏，边界层内温度递减率接近干绝热甚至达到超绝热状态，沱沱河站16—19日20时平均 $\gamma \approx 0.86$ ℃·(100 m)$^{-1}$)，而这已是温度下降的阶段时的温度递减率，若用14时或17时的地面温度计算，近地层基本处于超绝热状态，因此，白天高原边界层层结非常不稳定。通过计算$\frac{\partial \ln\theta}{\partial z}$，以沱沱河站为例，16日至19日，08时$\frac{\partial \ln\theta}{\partial z}$值在$10^{-2}\sim10^{-1}$之间，而20时则在$10^{-3}\sim10^{-2}$之间，白天比夜间小约1个量级。

3.2 $\frac{\partial u}{\partial z}$的日变化特征

还是以沱沱河站18日08时和20时探空数据为例，计算各项数据，如表3.4所示，可以看出，地面至500 hPa及0～5 km之间的风垂直切变量$\frac{\partial u}{\partial z}$均变化不大，虽然总体是白天要弱一些，但还是基本在一个数量级内，日变化特征相比位温的日变化特征不是很明显。

表3.4 2月18日20日08—20时沱沱河站垂直风切变

层次(hPa)	08时				20时			
	高度(m)	风向(°)	风速(m·s^{-1})	$\frac{\partial u}{\partial z}$(s^{-1})	高度(m)	风向(°)	风速(m·s^{-1})	$\frac{\partial u}{\partial z}$(s^{-1})
584	4533	290	7	/	4533	305	15	
500	5710	270	19	0.010195	5730	295	24	0.007519
400	7340	270	33	0.008589	7380	270	29	0.00303
300	9340	285	61	0.014	9370	285	59	0.015075

3.3 *Ri* 的日变化特征

综合分析上述位温和垂直切变垂直梯度的变化特征，可以看出，里查森数 Ri 表现为白天小，夜间大，结合 Ri 越小越有利于湍流发展理论依据，湍流活动白天强，夜间弱，最终导致高空动量下传白天强，夜间弱。在不考虑分子黏滞力导致的动量下传作用时（其量级约为 10^{-10}），湍流活动是这种动量下传大风的主要形成原因，其量级为 10^{-5}。而这种动量下传大风的日变化特征主要和位温的日变化特征有关，即在存在高空急流的前提条件下，动量能否被下传关键预报因子应该是温度的日变化导致的位温垂直梯度的大小。

4 结论

1)2016 年冬季发生在青海省的一次全省性大风过程，并伴有沙尘天气。其特点是影响范围广，全省共 35 站出现大风；强度大，大部 9 级以上（最大 30 $m \cdot s^{-1}$，11 级 4 站次）；其中 5 站次出现沙尘暴（沱沱河，最小能见度 500 m）、局地寒潮（冷湖和托勒），无降水（2 站微量）。

2)大风天气形成的原因主要是高空西风急流强，提供动量下传型地面大风产生的高空动力条件；午后层结不稳定，风垂直切变大，导致近地层湍流剧烈，提供动量下传型地面大风产生的地面热力条件；急流入口区动力锋生，青南地区锋生明显，高空锋区强，导致位势梯度增大，有利于地面出现大风；高空急流入口区正次级环流加大低层位势梯度和地面气压梯度，利于近地面风速增大；地形对风速增幅明显；18 日有冷锋过境，变压风和锋区次级环流叠加使地面风速加大，叠加动量下传大风，导致 18 日大风最强。

3)大风天气日变化特征明显的原因主要和动量下传日变化有关，而动量下传主要和湍流活动有关，湍流活动和位温垂直梯度及风垂直切变有关，二者的综合指数里查森数白天较夜间小一个量级，湍流活动也表现为昼强夜弱；在不考虑分子黏滞力导致的动量下传作用（量级约 10^{-10}），湍流导致的动量下传（量级约 10^{-5}）在此次过程中起到了主要作用，因此动量下传因为湍流活动的昼强夜弱表现为白天强，夜间弱，从而导致了此类大风日变化明显的特征。而这种动量下传大风的日变化特征主要和位温的日变化特征有关，即在存在高空急流的前提条件下，动量能否被下传关键预报因子应该是温度的日变化导致的位温垂直梯度的大小。

参考文献

[1] 孙建明，陈卫锋．一次动量下传大风过程分析及预报着眼点[J]. 浙江气象科技，2001，22(4)：1-4.
[2] 郃仲勋，王式功，尚可政，等．冷空气大风过程中动量下传特征[J]. 中国沙漠，2016，36(2)：467-473.
[3] 王谥柏，袁勇，郭骞，等．一次强沙尘暴过程的动量下传诊断分析[J]. 气象科技，2012，40(5)：820-826.
[4] 许丽人，李鲲，张美根，等．一次动量下传大风过程边界层结构的数值模拟分析[C]. 中国气象学会年会天气预报准确率与公共气象服务分会场，2008.
[5] 吴登成，代青措，郑志红．一次高空动量下传型大风天气过程个例分析[J]. 青海气象，2012(4)：29-31.
[6] 蔡旭晖，陈家宜．非均匀对流边界层的地转强迫流动和动量输送[J]. 大气科学，2003，27(3)：381-388.
[7] 张莹，丘文先，赵燕华，等．一次弱气压梯度下大风天气过程分析[C]. 长三角气象科技论坛，2013.
[8] 王旭，王健，马禹．新疆大风天气过程的特点[J]. 新疆气象，2002，25(2)：4-6.

2016 年 3 月 4 日大风、沙尘天气过程分析

雷生国　谭丽娜

(海东市气象台，平安　810600)

摘　要：本文利用高空地面观测、自动站、物理量等资料，对 2016 年 3 月 3—5 日出现在青海省大范围的大风、沙尘天气过程进行分析。结果表明：1)此次大风、沙尘天气特点：春季大风、影响范围广、局部伴有沙尘暴，日变化明显，昼强夜弱，持续时间长。2)大的位势梯度，强的地转风，以及强高空急流带来的动量下传是形成此次大风天气的主要原因；同时高空强冷平流和地面增温形成的不稳定层结导致近地层湍流剧烈，导致地面风速加大；变压风+锋面次级环流也加强了地面风速。3)青海省内外丰富的沙源地、干燥的下垫面和高空冷平流叠加在低层柴达木热低压和锋前暖低压之上形成的不稳定层结，为沙尘天气提供了有利的起沙条件。4)高空急流位置偏东，变压梯度、变压风、冷锋、温度梯度东强西弱是此次大风天气东强西弱的原因。

关键词：春季大风，沙尘，动量下传

1　天气实况

2016 年 3 月 3—5 日，青海省自西向东出现了大范围的大风、沙尘天气，其中茫崖和河南县出现沙尘暴，最大风力出现在茶卡，最大风速达到 25.6 $m \cdot s^{-1}$，青海省大部地区风力普遍达到 9 级以上，此次过程是 2016 年春季首次出现的一次大范围灾害性天气，其影响范围广、日变化明显、持续时间长，并伴有局地沙尘暴，具体如图 3.81 所示。

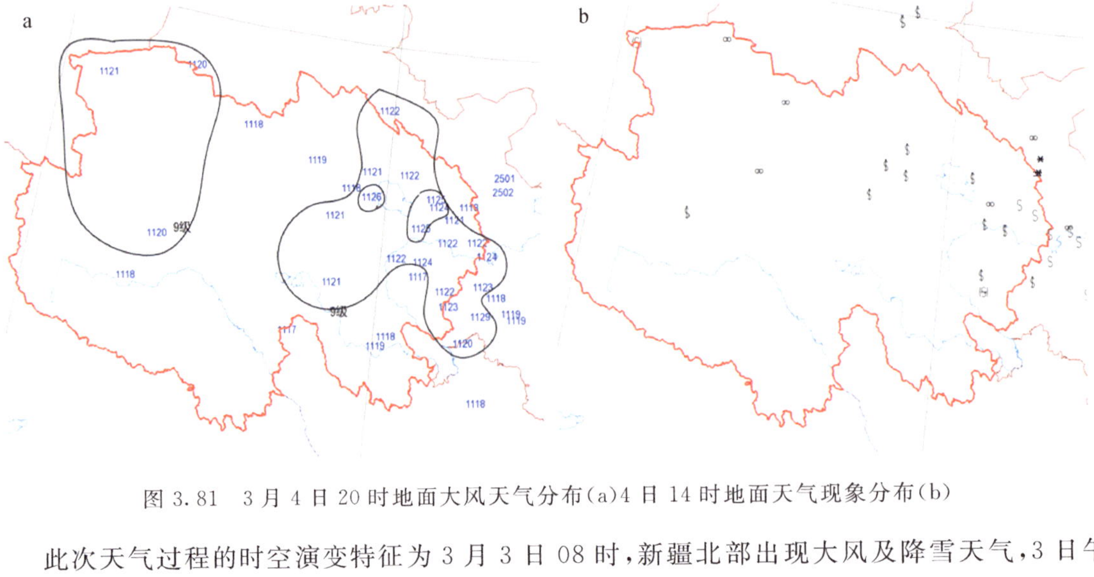

图 3.81　3 月 4 日 20 时地面大风天气分布(a)4 日 14 时地面天气现象分布(b)

此次天气过程的时空演变特征为 3 月 3 日 08 时，新疆北部出现大风及降雪天气，3 日午后到夜间，柴达木盆地西部、五道梁、沱沱河出现大风、沙尘天气，其中茫崖 13 时、16 时出现沙尘暴，最小能见度为 500 m，3 日夜间大风天气减弱，沙尘天气向东扩散，盆地中西部出现大范

围的浮尘或霾,4 日 14 时,青海省大范围出现偏西大风天气,柴达木盆地东部、海晏、共和盆地、泽库、河南县均出现沙尘天气,河湟谷地出现偏东大风及浮尘天气,4 日 20 时达到最强,4 日夜间再次减弱,5 日白天青海省东部地区再次出现大风。此次过程表现出日变化明显、昼强夜弱、持续时间长等特点。

2 成因分析

2.1 环流背景

3 日 08 时,500 hPa 中高纬度欧亚地区呈“两槽一脊”环流形势,高压脊分别位于乌拉尔山、贝加尔湖地区,新疆北部至萨彦岭以北受低槽影响,配合-40 ℃的冷中心,乌拉尔山脊前西北气流强盛,在新疆北部形成 40 $m \cdot s^{-1}$大风急流核,且新疆北部高空锋区密集。3 日 20 时,脊前西北气流中下滑的短波槽在强冷平流作用下加深发展并南压到哈密至河西走廊西部,青海省柴达木盆地上空有冷温槽,4 日 08 时,低槽东移,其南端已移至蒙古到河套西部一带,青海省上空受槽底偏西气流控制,且冷温槽南压明显,-20 ℃等温线从青海省西北部南压至青海省南部,温度槽落后于高度槽,在贝加尔湖地区等温线近乎垂直于等高线,高空槽后冷平流加强,槽继续加深发展。4 日 20 时,新疆北部到河西走廊再到青海省上空受一致的西北气流控制,配合此西北气流有一条 32 $m \cdot s^{-1}$的大风急流带,冷空气开始向南暴发,气压梯度增大,大风及沙尘天气出现。高空强冷空气沿着西北气流下滑为此次青海省大部大风、沙尘天气过程的天气尺度影响系统(图 3.82a)。

2.2 高空急流影响

从 300 hPa 高空急流轴变化(图 3.82b)中可见,3 日 08 时风速$\geqslant$30 $m \cdot s^{-1}$的高空西风急流位于新疆东北部-河西走廊西部—内蒙古中部,最大风速带位于乌拉尔山到新疆北部,中心风速达到 52 $m \cdot s^{-1}$。3 日 20 时新疆北部的急流核南压到河西走廊西部,青海省北部风速增大到 30 $m \cdot s^{-1}$以上,地面上青海省西部地区开始出现大风天气。4 日 08—20 时 52 $m \cdot s^{-1}$急流核东移到内蒙古中部地区,青海省上空的风速$\geqslant$36 $m \cdot s^{-1}$,对应地面上青海省大部地区出现大风、沙尘天气。5 日 08 时,48 $m \cdot s^{-1}$的大风急流核移动到青海省东北部,并继续影响青海省东北部,6 日 20 时随着急流核进一步东移,青海省东北部的风速也降低到 30 $m \cdot s^{-1}$以下,高空急流对青海省的影响趋于结束。高空急流影响青海省的时间和位置与地面出现大风的时间完全对应,说明此次大风天气过程中除了强位势梯度形成的地转风作用外,高空动量下传是青海省出现大风的重要原因。

2.3 冷平流影响

3 日 08 时,500 hPa 高空图上(图 3.83a),-40 ℃的冷中心位于新疆北部,对应 700 hPa 上也有-24 ℃的冷中心,从 700～500 hPa 新疆境内的等温线达到 5 根,温度梯度大,同时温度槽落后于高度槽,有利于低层系统发展和高空系统移动。等温线和等高线之间夹角均大于 30°,冷平流明显,500 hPa 温度平流场上新疆东北部存在-40×10^{-5}℃ $\cdot s^{-1}$的中心。3 日 20 时,冷温槽东移南下到河西走廊西部,500 hPa 温度平流中心减弱为-30×10^{-5} $K \cdot s^{-1}$,青海省大部受冷平流影响,青海省中部形成-10×10^{-5}℃ $\cdot s^{-1}$的冷平流中心。4 日 08 时,青海省

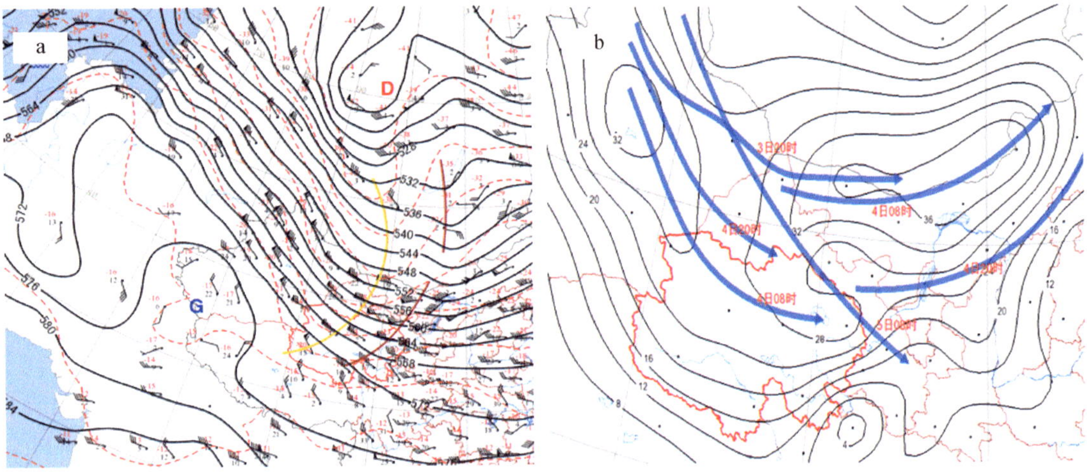

图 3.82　4 日 08 时 500 hPa 高空形势场(a)3 日 20 时—5 日 08 时 300 hPa 急流轴位置(b)

大部处于温度槽区,等温线和等高线之间夹角加大,冷平流中心加强为-20×10^{-5}℃·s^{-1}(图 3.83b)。在强冷平流作用下,气压梯度加大,地转风加强,加大了地面风速。

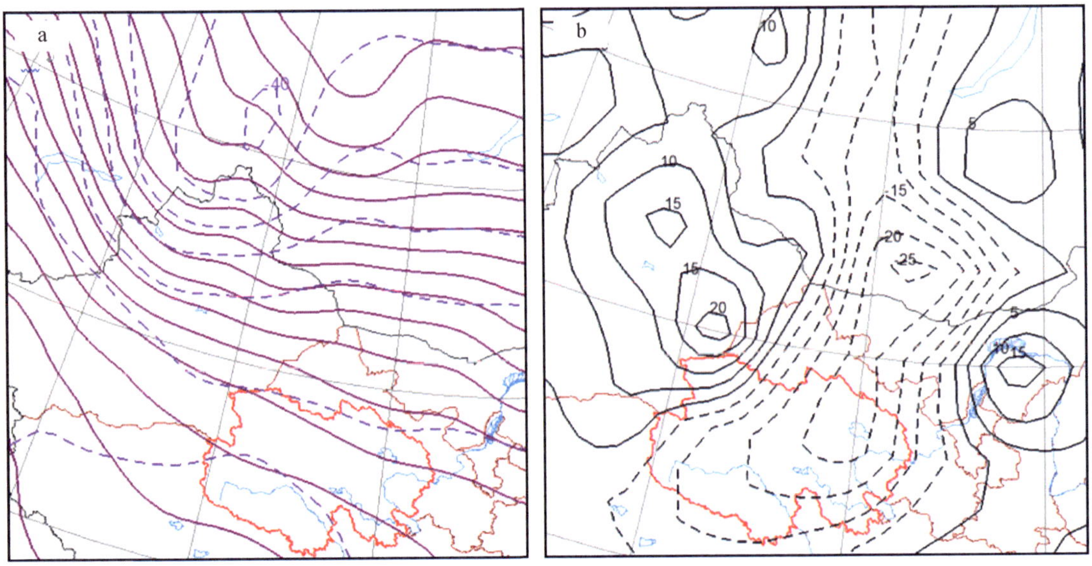

图 3.83　3 日 08 时 300 hPa 高空形势场(a)4 日 08 时 500 hPa 温度平流场(10^{-5}℃·s^{-1})(b)

2.4　地面冷锋

分析 3 日 08 时地面图,北疆由地面强冷锋控制,锋后 ΔP_{24} 强度达$+14$ hPa,伴随冷锋过境出现大风和小雪天气,3 日 14 时冷空气东移扩散,对应地面锋前南疆盆地和河西走廊西部、茫崖出现沙尘天气,3 日 20 时冷空气分东西两路,东路冷空气前沿已达河西走廊中部,西路冷空气已进入柴达木盆地,在冷暖空气的过渡带出现沙尘天气。4 日 08 时(图 3.84a),主力冷锋进入河西走廊,东路冷空气强,沿着河西走廊东移南压影响青海省东部,4 日 14 时受回流冷空气影响,河湟谷地出现大风、浮尘天气;西路冷空气 4 日 14 时冷锋已达到青海湖地区,环湖地区风速增大,伴随出现沙尘天气;4 日 20 时整个青海省处于正变压控制。

分析 4 日 08 时的 3 h 变压(图 3.84b),发现新疆东南部的变压为+20 hPa,而青海省东北部有−2 hPa 负变压中心,形成西北—东南向的变压梯度,从而产生变压风。地面冷锋、变压风和锋面次级环流的叠加有利于地面风速的加大。

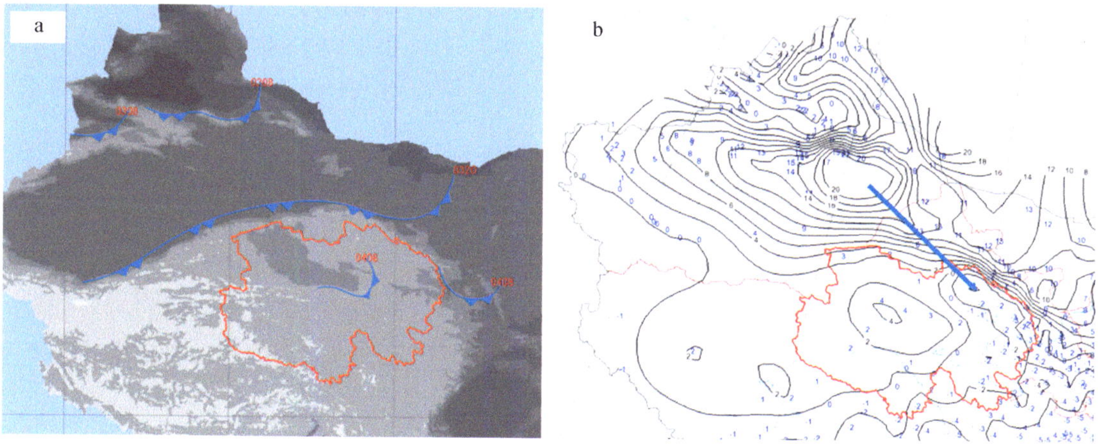

图 3.84　3—4 日地面冷锋动态与地形图(a)4 日 08 时 24 h 变压场(hPa)(b)

3　物理量场诊断分析

3.1　垂直速度场特征

从 3 日至 5 日青海省东部垂直速度空间剖面图上看出,前期青海省东部从低层到高层均为上升运动区,到 4 日 08 时随着地面冷锋东移和高空冷平流南压,青海省东部逐渐转为下沉运动,4 日 14 时东部大风和扬沙天气逐渐加强,锋后的下沉运动也发展到最强,垂直速度中心达到 4 $Pa \cdot s^{-1}$(图 3.85a)。说明冷锋过境,锋后冷高压开始影响青海省东部地区,地面气压升高,气压梯度加强,整层下沉运动有利于高空动量向低层下传,加大了地面风速(图 3.85b)。

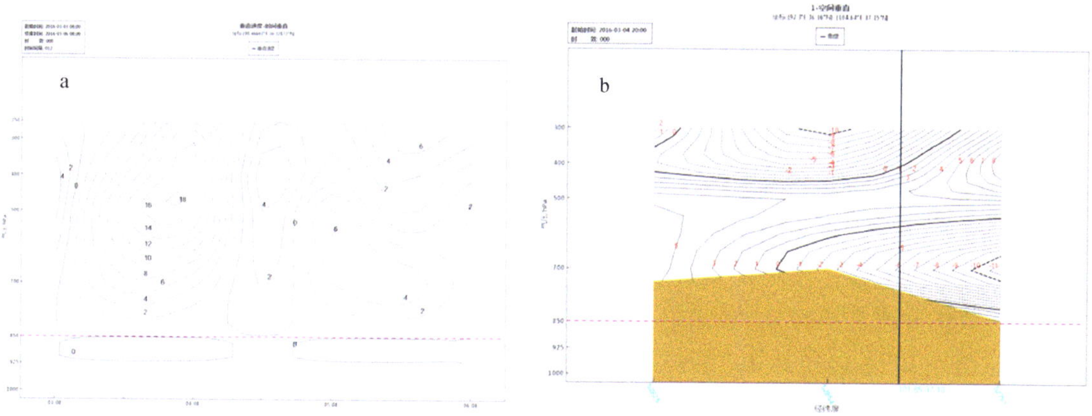

图 3.85　2016 年 3 月 3—5 日垂直速度(单位:$Pa \cdot s^{-1}$)剖面图(a)
2016 年 3 月 3—5 日散度(单位:$10^{-5}\ s^{-1}$)剖面图(b)

3.2 散度场特征

4日08时,青海省东部地区为低层为负散度区,500 hPa以上为正散度区,这种低层辐合高层辐散的配置与垂直速度场上的上升运动区对应,表明冷锋前为青海省东部为辐合上升区。到4日20时,青海湖以西500 hPa以上转为负散度区,500 hPa以下转为正散度区,形成高层辐合低层辐散的配置,加快了下沉运动的发展,使得高层冷空气迅速下沉,推动地面冷锋东移加深,在冷锋后部形成大风天气。

4 不稳定能量

层结不稳定导致高空动量容易下传:风向与等温线夹角大,温度梯度大、风速强,导致高空冷平流强。同时,高空冷平流叠加在低层柴达木热低压和锋前暖低压之上,导致层结不稳定。另外,午后地面增温明显,层结不稳定,风垂直切变大,导致近地面湍流剧烈,提供动量下传型地面大风产生的地面热力条件(图3.86)。

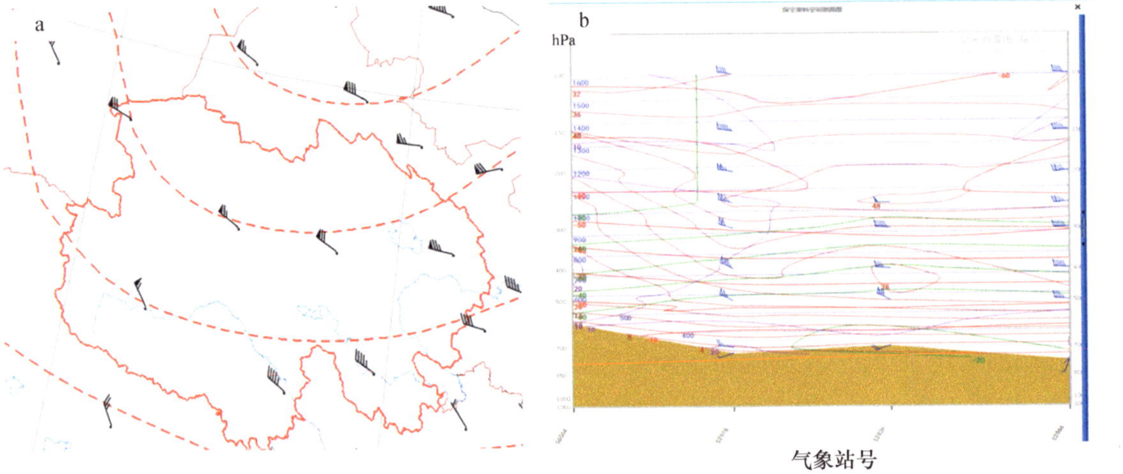

图3.86 4日08时500 hPa温度场和风场(a)4日08时探空资料剖面图(b)

5 沙源及气候背景条件

青海省西部柴达木盆地植被稀少、荒漠化地区较多,为盆地沙尘天气的发生提供了丰富的沙源。另外,前期上游及青海省地区没有降水,气温回升,加剧了地面干燥度,有利于起沙。同时,高空冷平流叠加在低层柴达木热低压和锋前暖低压之上,导致层结不稳定,近地层的湍流活动强,利于起沙。沙尘天气的驱动因子是大风和不稳定大气,它们决定了沙尘粒向高层的扩散、沙尘天气的强度和路径,而沙源则为沙尘天气提供了不可缺少的物质基础。在此次天气过程中,上述两个条件充分具备,在持续的大风作用下,青海省大部地区出现沙尘天气(图3.87)。

6 大风天气东强西弱的原因

由于高空锋区从新疆北部经河西走廊西部影响青海省地区,其主力对青海省东北部地区

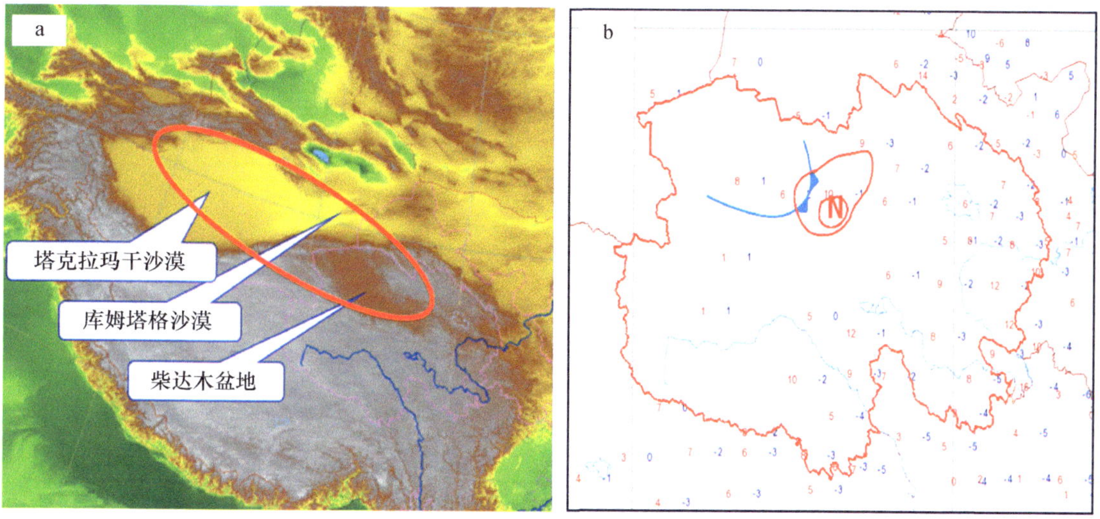

图 3.87　沙源条件(a)4 日 02 时柴达木盆地热低压、冷锋、24 h 变压(b)

的影响较强，同时，300 hPa 高空急流位置偏东，急流核主要影响河西走廊西部和内蒙古地区，青海省东部处于高空急流轴入口区左侧的下沉运动区，有利于高空动量下传，导致东部更有利于出现大风。另外，青海省东部的变压梯度大于西部，河西走廊至青海省东部变压梯度达到 16 hPa，变压风东强西弱；冷空气分东西两路影响青海省，西路冷空气从柴达木盆地东移影响青海省大部地区，西路冷空气从河西走廊东移南下，主要影响青海省东部地区。从 4 日 14 时冷锋后的 24 h 变压和变温值可以清楚地看到，西路冷空气造成的正变压在 1～4 hPa 之间、负变温在－1～－5 ℃之间，而东路冷空气在甘肃境内黄河以北造成的正变压在 1～14 hPa 之间、负变温在－2～－19 ℃之间，可见东路冷锋明显强于西路冷锋。从温度梯度对比上可以看出，东部的温度梯度比西部大，地面热力条件更有利于大风天气东部强于西部。

7　小结

1)天气过程特点：春季大风、沙尘天气，局部沙尘暴、霾、寒潮天气；影响范围广、东强西弱、日变化明显、持续时间长；天气现象复杂。

2)大风形成的原因：青海省境内等高线密集(4 根)，位势梯度大，地转风强，有利于形成大风；高空西风急流强，提供动量下传型地面大风产生的高空动力条件；风向与等温线夹角大，温度梯度大、风速强，导致高空冷平流强，同时午后地面增温明显，层结不稳定，风垂直切变大，导致近地层湍流剧烈，提供动量下传型地面大风产生的地面热力条件；地面冷锋，变压风及锋面次级环流的叠加有利于地面风速的加大。

3)沙尘成因 ：动力条件为地面持续强劲的大风；沙源条件为柴达木盆地(内源)，塔克拉玛干沙漠、库姆塔格沙漠(外源)；起沙条件为高空冷平流叠加在低层柴达木热低压和锋前暖低压之上，导致层结不稳定，近地层的湍流活动强，利于起沙。

4)大风天气东强西弱的原因：高空急流位置偏东，青海省东部处于高空急流轴入口区左侧，有利于动量下传；青海省东部的变压梯度大于西部，河西走廊至青海省东部变压梯度达到 16 hPa，变压风东强西弱；冷空气主要从河西走廊东移南压影响青海省东部，并且地面冷锋东路强，西路弱；东部的温度梯度比西部大，东部的地面热力条件更有利。

2016年3月3—6日大风天气过程成因分析

陈　晶　彭英超　王　敏　严继云
(黄南州气象局,同仁　811300)

摘　要:本文利用常规观测资料和高空、地面等资料,对2016年3月3—6日青海省春季大风天气过程进行分析。结果表明:1)此次大风过程3日开始,昼强夜弱,4日最强,6日减弱(只有极个别高海拔地区出现),过程伴有局地寒潮、扬沙、沙尘暴等天气现象;大风自西向东发展,东强西弱。2)大风天气的成因主要有以下几点,蒙古冷槽过境是主要高空影响系统;地面东、西路冷空气影响是地面主要影响系统;高空急流强,位势梯度大,有利于地面大风出现;高空急流出入口次级环流均有利于地面位势梯度或气压梯度增大,导致地面风速增大;层结不稳定导致高空动量容易下传;变压风和锋面次级环流等因素加强了地面风速;地形的狭管效应和地形辐合对大风天气的形成也有一定的作用。

关键词:大风,高空急流,蒙古冷槽,动量下传

引　言

一般将平均风速达到6级(10.8—13.8 m·s^{-1})或瞬时风速达到或超过17.0 m·s^{-1}的风,称为大风[1]。沙尘天气是大风、垂直对流和沙尘源共同作用下的产物,是一种突发性气象灾害,也是严重的生态环境问题。按照沙尘天气发生时的风力、地面能见度及天空状况,将沙尘天气依次划分为沙尘暴、扬沙、浮尘3种[2-4]。我国的大风以春季大风最多,夏季较少。从地区分布来看,北方多于南方。青藏高原上发生大风天气的频次远远高于我国同纬度其他地区。青海省的大风、沙尘天气以春季最多,冬季次之,频发中心位于柴达木盆地。青海省大部分地区大风、沙尘暴天气出现的时间段主要集中在每年的2—6月,较强沙尘暴一般都出现在春季的4月下旬至5月上旬,大风沙尘天气会对农牧业生活和生态环境造成一定的损失,所以春季是青海省大风沙尘天气预报的关键期[5]。大风天气的特征分析是影响区域内天气预报准确度以及了解地理特征的重要指标类型[6]。本文对2016年3月一次青海省出现的全省性春季大风、沙尘天气过程进行诊断分析。

1　资料来源与分析方法

大风天气过程的常规观测资料,自动站资料,FY-2E静止卫星资料,采用天气学、卫星气象学和能量学等方法,通过MICAPS气象信息综合分析处理系统,研究大风天气发生的特征和成因。

2　大风天气实况

2016年3月3—6日,青海省大部地区均出现大风天气,大风强度以东强西弱为主(图3.88a)。此次大风天气为春季大风,其影响范围广、持续时间长、强度大,主要影响青海省中东

部地区。大风从 3 月 3 日开始，影响范围逐步扩大，强度加强，4—5 日主要出现在青海省东部，其中，4 日影响范围最广，全省共有 24 个站点出现大风天气，以中东部为主，6 日大风减弱，只有个别高海拔站点出现。此次大风天气共维持 4 天，风力普遍在 9 级以上，风速最强达 26 m·s^{-1}，出现在茶卡站。大风天气日变化明显，昼强夜弱，大风在午后至傍晚最强，入夜后范围减小，并逐步减弱停止，凌晨最弱。此次大风过程还伴有浮尘、扬沙、霾和沙尘暴（图 3.88b），其中沙尘暴 3 日出现在茫崖站，4 日出现在河南站，两站整点最低能见度为 0.5 km，5—6 日玉树、海南部分站点还出现了寒潮。

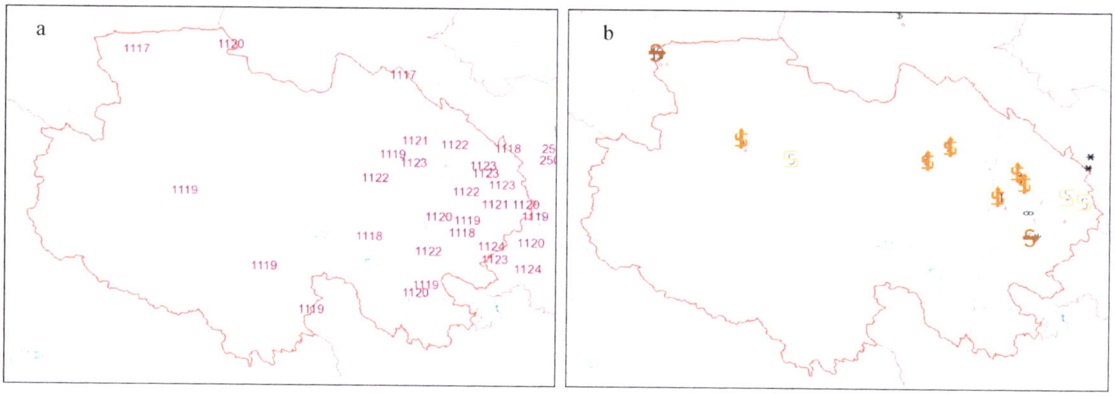

图 3.88　2016 年 3 月 4 日 14 时地面大风天气分布图（a）3—5 日地面天气现象叠加图（b）

3　大风天气成因分析

3.1　环流形势特征

3 月 4 日 08 时 500 hPa 高空形势场上，亚欧大陆中高纬度为两槽一脊型，暖高脊位于贝加尔湖以北，两个大槽分别位于贝加尔湖西北面和东北面，形成较强的经向环流（图 3.89a）。3 月 4 日 08 时至 3 月 5 日 08 时，蒙古大槽配合强冷温槽在蒙古西部快速加深东移，槽后强劲的西北风引导强烈的冷平流南下，影响青海省大部地区。地面影响系统上看（图 3.89b），从 3 日开始冷空气在北疆堆积暴发并东移南下，分两路影响青海省，其中东路冷锋沿河西走廊南下，不断加强，到 4 日 08 时，冷锋前沿已到达青海省东部边界，14 时冷空气倒灌进入青海省东部地区，冷空气强度较强，影响青海省东部一带，其中西路冷锋在 4 日凌晨在柴达木盆地堆积，造成了青海湖以西地区的大风天气，4 日之后全省均受冷空气影响。系统性的锋面大风是造成大风天气的直接原因，而冷锋前后的变压风和锋区次级环流叠加使地面风速加大。

3.2　高空急流和位势梯度

青海省春季大风的形成基本与高空急流的动量下传及冷暖空气的活动有关[7]。此次过程蒙古冷槽过境，冷槽南部形成高空急流，使得青海省完全处于西北急流带控制之下，高空风速强，急流中心最大风速为 40 m·s^{-1}，500 hPa、200 hPa 急流轴位置对应也较好（图 3.90），提供了动量下传型大风产生的高空动力条件。在西北气流的引导下，高空有强的冷平流，对应锋区也强，两站的温度梯度达 5 ℃（$T_{玉树}-T_{格尔木}=5$ ℃，$T_{达日}-T_{都兰}=5$ ℃），配合冷温槽（图略），当北方冷空气南下时，都会引起气压梯度的变化，利于动量下传，导致地面风速的增大。4 日

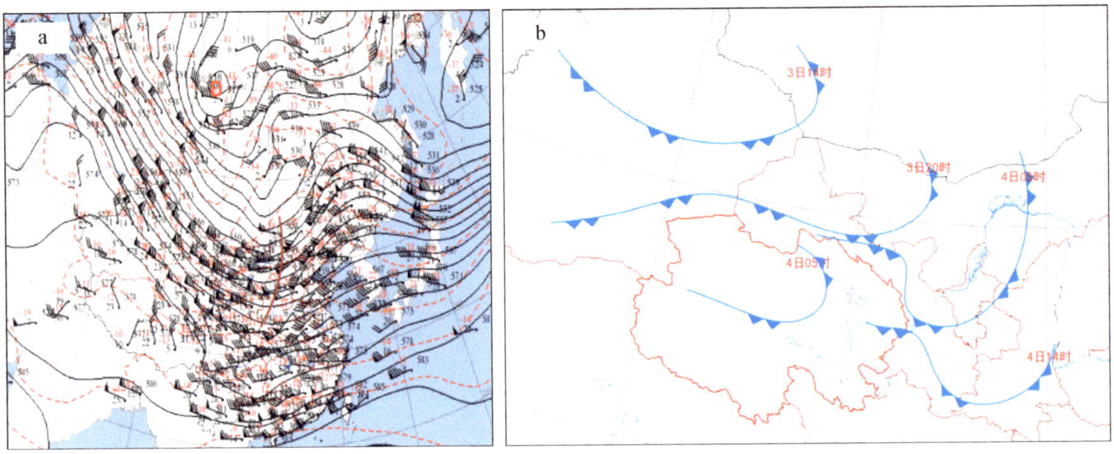

图 3.89　2016 年 3 月 4 日 08 时 500 hPa 高空形势(a)3 日 08 时—4 日 20 时地面冷锋演变(b)

20 时 500 hPa 形势高度场上青海省内有 4 根等高线过境(图略)，一般青海省境内等高线大于等于 4 根时易出现大风天气，造成位势梯度大，$\Delta\phi>1200\ \mathrm{J\cdot kg^{-1}}$，高空急流入口区的动力锋生和正次级环流加大了低层气压梯度，高空位势梯度大，位势梯度越大，越利于大风的出现。

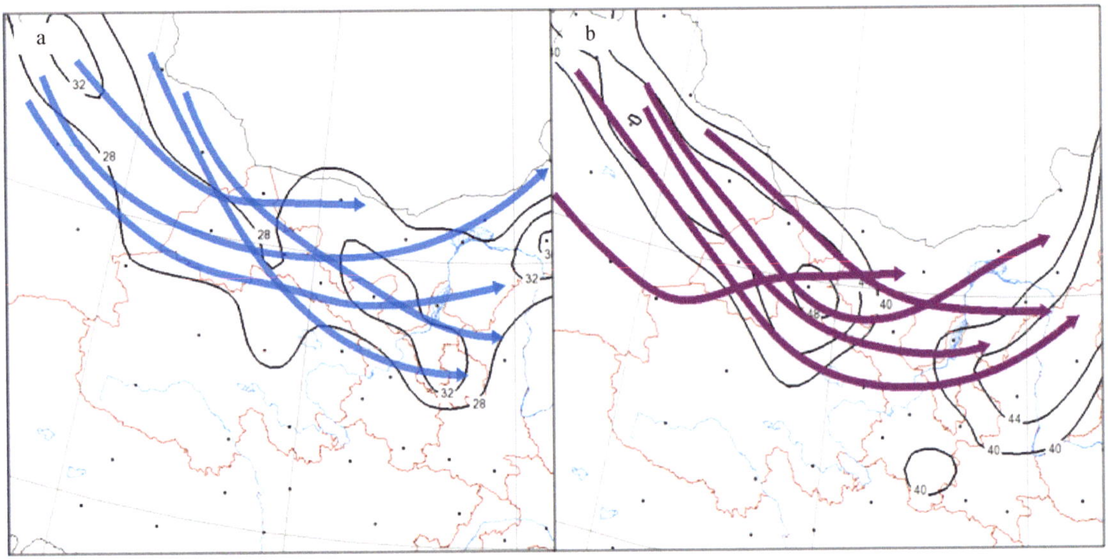

图 3.90　2016 年 3 月 3—5 日 500 hPa 急流轴(a)200 hPa 急流轴(b)

3.3　层结不稳定

青海省大风发生的动力原因一般与高空动量下传有关，而发生动量下传有两个必要条件，高空急流的存在和层结不稳定导致的较强湍流活动，这也是动量能否下传的关键因素。此次大风过程中，高空急流强，但要有较强的不稳定层结导致的湍流活动与之配合，才能发生高空的动量下传。此次过程中，青海省境内 500 hPa 高空风向与等温线夹角大，温度梯度大、风速强，导致高空冷平流强，同时午后地面增温明显，地面至 500 hPa 接近干绝热($\gamma\approx0.92\ ℃\cdot(100\ \mathrm{m})^{-1}$)，大气层结在白天趋于绝对不稳定，湍流活动加强，导致高空动量容易下传，而高空动量下传是造成此次大风的主要动力条件(图 3.91)。

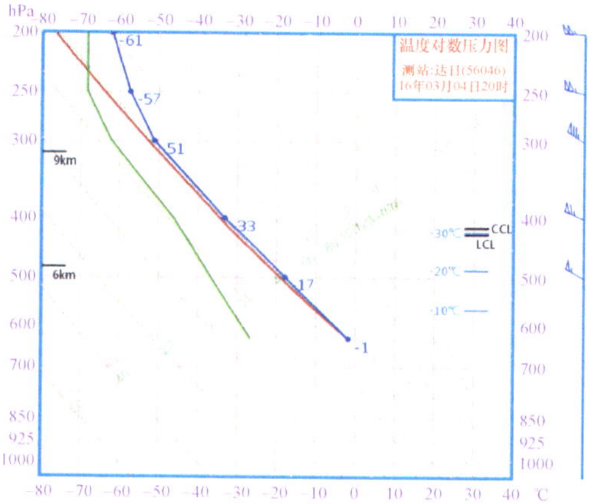

图 3.91 2016 年 3 月 4 日 20 时达日站探空图

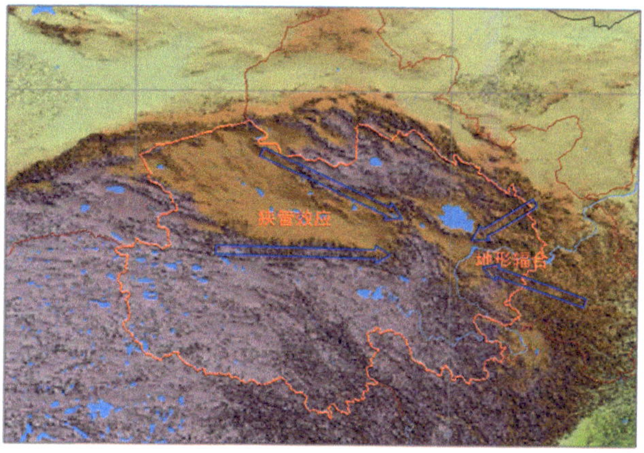

图 3.92 青海省地形图

3.4 涡度、散度场分布特征

分析大风天气发生时段各个高度层次的涡度场(图略),发现在发生大风区域高层 200～300 hPa 为正涡度区,有强辐合,最强辐合中心在青海省东部,中心值达 $-40\times10^{-5}\ s^{-1}$,与大风分布相对应。500～700 hPa 中低层为负涡度区,有强辐散。散度场上(图略),大风发生时段与区域内也对应有高层辐合,低层辐散的形势。根据这种高层强辐合对应低层强辐散的形势,可见在大风区高低空整层大气之间有强烈的下沉气流,这支下沉气流是系统动力结构所决定的,为大风沙尘的出现也提供了动力条件。

3.5 地形影响

如图 3.92 所示,青海省的地形复杂、海拔地势高、湖泊多,尤其是青海湖湖体大,有湖陆风的影响。当有天气系统过境时,加上湖陆风的影响,常使得风力加大。而柴达木盆地的狭管效应,东部河湟谷地的地形辐合,也容易引起大风天气。此次大风过程中的最大风力出现在受地形辐合影响的茶卡站,风速达 26 $m\cdot s^{-1}$,其余较大风力也对应出现在环湖一带如刚察、恰卜恰等地,风速均达 25 $m\cdot s^{-1}$。可看出地形的辐合对大风的形成也有一定的影响。

4 大风天气东强西弱原因

此次大风天气过程青海省大部均出现 17 $m\cdot s^{-1}$ 以上的大风,但强度以东强西弱为主。大风发生在地面冷锋锋区后部 3 h 变压大的地区,另外,冷锋后上空的冷平流使锋后近地面层出现较大的正变压中心,变压风亦加强了地面风速。分析 3 月 4 日 14 时地面 24 h 变压填图可知,冷锋影响青海省时,从河西走廊东移倒灌的冷锋强度较强,锋后最大变压值为 +7 hPa,柴达木盆地东移进入的冷锋后最大变压值为 +4 hPa,青海省东部倒灌的冷空气变压值明显大于西部地区,这就是东部地区大风天气出现站次多且风力强的主要原因(图略)。其次从卫星红外云图上分析 3 日 16 时(图 3.93a)冷锋底部云系在海西偏北地区,此时云带结构松散,到了 4 日 14 时(图 3.93b)冷锋云系随着西北气流在东移过程中南压,其尾部影响青海省东部地区,在冷锋云系不断东移的过程中,云系不断加强,后边缘变得明显整齐,云系的主体也变得更加密实,此时对应青海省东部地区出现大风天气。最后加上地形的影响,地形上青海省东部地区为河湟河谷地带,存在地形的辐合,使风速加大。综上所述,青海省东部倒灌的冷空气强度强于西路冷空气,其 24 h 变压值大于西部地区变压值,配合冷锋云系的影响和青海省东部地区地形的辐合是造成此次大风天气东部地区强于西部地区的主要原因。

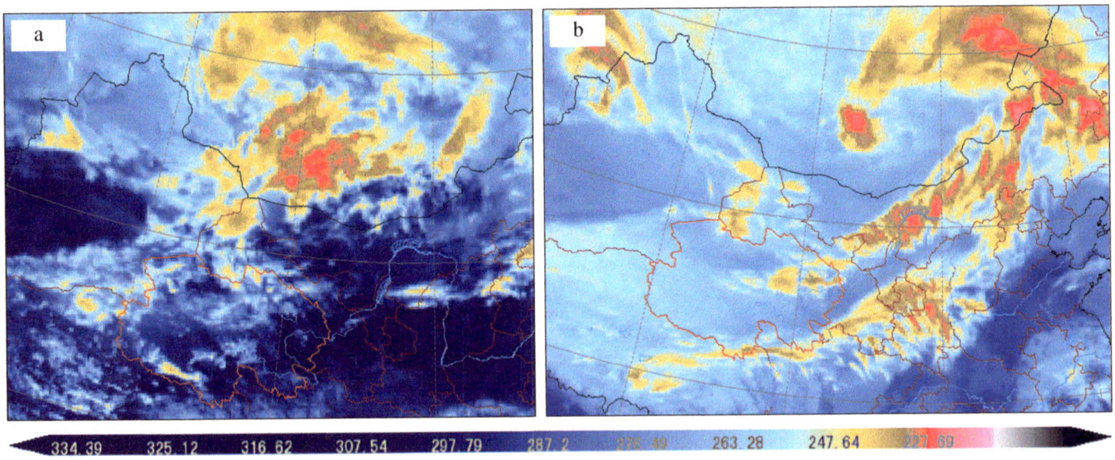

图 3.93　3 日 16 时红外云图(a)4 日 14 时红外云图(b)

5　小结

1)此次大风过程 3 日开始,6 日结束,维持 4 天,其中 4 日风力最强,普遍出现 9 级以上大风,最大 26 m・s^{-1}(茶卡),局地伴有寒潮(5—6 日玉树、海南部分站点出现)、沙尘暴(3 日茫崖、4 日河南)、扬沙、浮尘天气。大风昼强夜弱,日变化明显,大风自西向东发展,东强西弱。

2)蒙古冷槽过境是造成此次大风、沙尘天气的高空影响系统;强冷空气自北疆堆积暴发东移,分东西两路影响青海省,冷锋后部强冷空气是造成此次大风、沙尘天气的主要地面影响系统;强的冷平流配合高空急流,急流入口区动力锋生、正次级环流加大低层气压梯度,利于出现此次地面大风。层结不稳定导致高空动量容易下传。变压风和锋区次级环流叠加使地面风速加大。高层强辐合对应低层强辐散的形势使大气之间有强烈的下沉气流,为大风沙尘的出现提供了动力条件。柴达木盆地的狭管效应,青海省东部河谷地形辐合,也易于大风的产生。

3)青海省东部倒灌的冷空气强度强于西路冷空气,其 24 h 变压值大于西部地区,配合有冷锋云系的影响和青海省东部地区地形的辐合是造成此次大风天气东东强西弱的主要原因。

参考文献

[1] 朱乾根,林锦瑞,寿绍文,等. 天气学原理和方法(第四版)[M]. 北京:气象出现社,2007:146-319.

[2] 王涛,陈广庭,钱正安,等. 中国北方沙尘暴现状及对策[J]. 中国沙漠,2001,21(4):322-327.

[3] 叶笃正,丑纪范,刘纪远,等. 关于我国华北地区沙尘天气的成因与治理对策[J]. 地理学报,2000,55(5):513-521.

[4] 高庆先,任阵海,张志刚,等. 沙尘天气对大气环境影响[M]. 北京:科学出版社,2010.

[5] 马学莲,党永秀. 2010 年 3 月 19 日青海省大风、沙尘暴天气过程诊断分析[J]. 青海科技,2011(1):20-23.

[6] 安东. 大风天气特征分析及预报指标[J]. 吉林农业,2018(20):112.

[7] 王江山,李锡福. 青海省天气气候[M]. 北京:气象出版社,2004:3-9,115-117,553-555,596-598.

2016年3月12日大风天气过程分析和总结

买永瑞
（海南州气象台，共和　813000）

摘　要：通过高空、地面、探空及物理量场等资料，对2016年3月12日发生在青海省大部地区的大风天气过程进行分析。研究表明：此次过程为春季发生在青海省的以动量下传为主的大风天气，过程特点为范围广、强度大、持续时间长，且伴有局地寒潮及扬沙天气；高空急流强盛、高空存在强冷平流、位势梯度大、层结不稳定、湍流作用强，均有利于高空动量下传，是造成此次过程的主要原因。过程中柴达木盆地未出现大风天气的主要原因是柴达木盆地海拔较低，大气层结稳定，故动量下传不明显；加之青海省西北部地区3 h变压线稀疏，变压梯度小，不利于地面大风的产生。

关键词：大风，动量下传，层结不稳定

1　天气实况

2016年3月12日，青海省大部地区出现7级（13.9～14.1 m·s^{-1}）以上大风天气（图3.94a），其中野牛沟地面最大风速达到24 m·s^{-1}，共和、贵南、泽库达到23 m·s^{-1}，风力均达到9级（20.8～24.4 m·s^{-1}）。其余大部地区（除柴达木盆地及东部个别站点外），均出现大于17 m·s^{-1}的大风天气。此次过程范围广，强度大，且持续时间较长，过程从9日开始，持续至12日白天。从12日地面填图（图略）来看，此次过程中海晏出现沙尘暴天气，最小能见度为600 m；并且过程伴随着局地寒潮，兴海最低气温下降10 ℃。

此次过程有明显的日变化特征：以共和站为例，从图3.94b可以看出9—12日风力白天强夜间弱。在下午至傍晚最强，夜间风力减弱，至凌晨最弱。

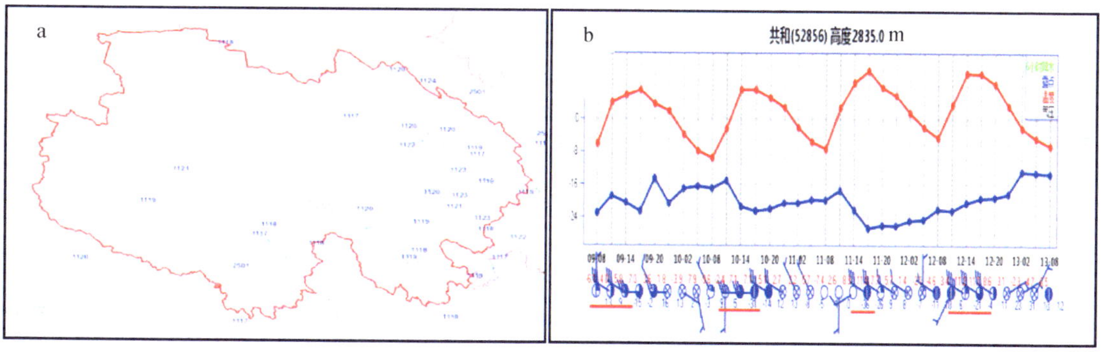

图3.94　3月12日20时特殊天气(a)3月9—12日共和站(52856)地面三线图(b)

2 大风形成的原因

2.1 环流背景

3月9日08时500 hPa高空图上(图3.95a),中高纬为两槽一脊型,两槽分别位于乌拉尔山以西及东亚沿岸,贝加尔湖至巴尔喀什湖地区为高压脊控制,蒙古有一横槽,青海省位于槽底偏西气流中,温度场落后于高度场,脊前偏北气流引导冷空气南下。10—12日环流形势调整(图3.95b),极涡发展加强南压,高压脊东移减弱,新疆到青海省上空受偏西气流控制,且极涡冷空气不断补充南下,高空锋区加强,青海省上空有4~5根等温线自9日起一直维持到12日,且配合锋区有一条风速≥20 m·s^{-1}的大风带自新疆北部维持河西走廊及青海省上空,13日随着环流形势调整,高原脊的挺起,锋区和大风带东移出青海省。

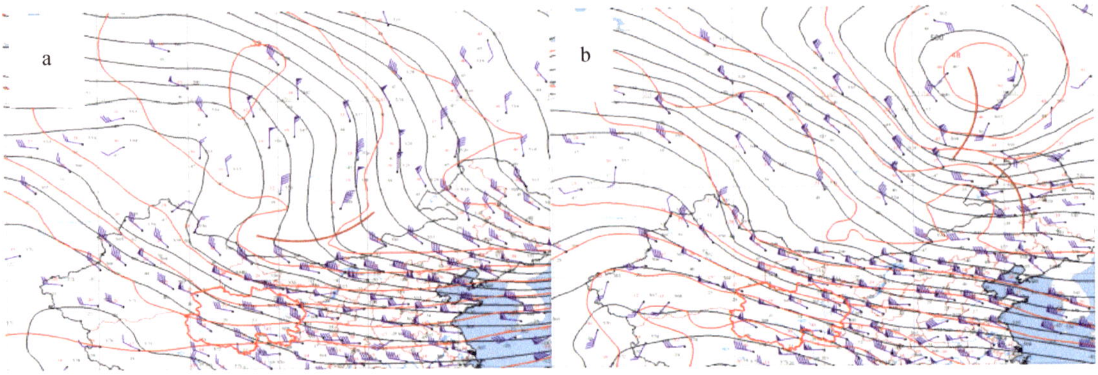

图3.95　3月9日08时(a)12日08时(b)500 hPa高空图

2.2 高空急流和强冷平流

9—10日500 hPa高空填图(图3.96a)来看,青海省地区处于强盛的西北气流中,全省上空均为大于20 m·s^{-1}的西北风,最大达到24 m·s^{-1},温度场上等温线密集,高空锋区较强,说明高空有冷平流输送,下沉运动增强,风力相应增大;300 hPa风速大于40 m·s^{-1},最大达到52 m·s^{-1}。11日至12日伴随极涡下滑冷空气明显南压,高空急流带南压进入青海省东北部后(图3.96b),全省各站风速增大。急流的存在及高空冷平流的输送都为高空动量下传提供了有力条件。

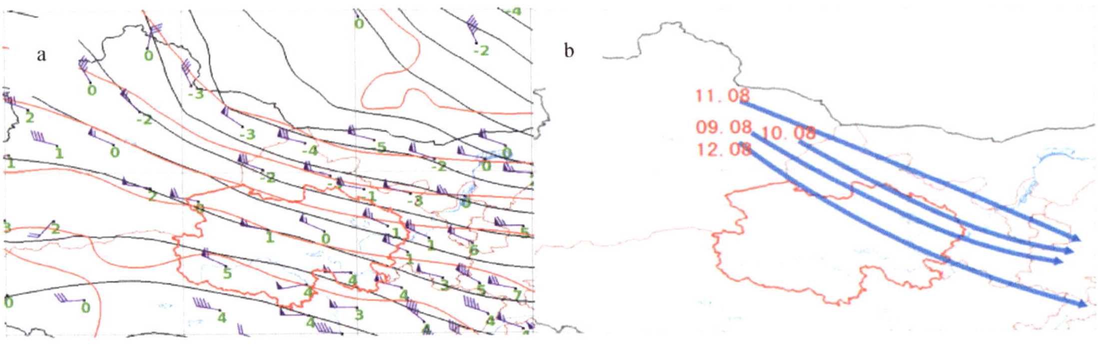

图3.96　3月12日08时500 hPa高空图(绿字是ΔT_{24})(a)3月9—12日08时500 hPa急流轴(b)

2.3　位势梯度大

分析此次高原大风过程中 500 hPa 等高线(图 3.97),可以看出,青海省内上空有 4 根等高线,位势梯度大。

地转风是在假定水平地转偏向力与气压梯度力相平衡时的空气水平等速直线运动。在中纬度自由大气中,地转风近似地等于实测风。在 500 hPa 等高面上,以式 1 计算青海省境内理论地转风

$$V_g = -\frac{1}{f\rho}\frac{\Delta p}{\Delta n} \tag{1}$$

若等高面上等压线之间的气压差 Δp 以百帕为单位,等压线之间的截距 Δn 以纬距为单位,空气密度取 1 kg·m^{-3},则式(1)可改写为:

$$V_g = 8.9979\times10^{-4}\frac{1}{f}\frac{\Delta p}{\Delta n} \tag{2}$$

以式(2)计算得出:500 hPa 等高面上青海省境内理论地转风$V_{青海省}\approx 25.59$ m·s^{-1},地转风接近实际风,理论误差约为 3 m·s^{-1}。

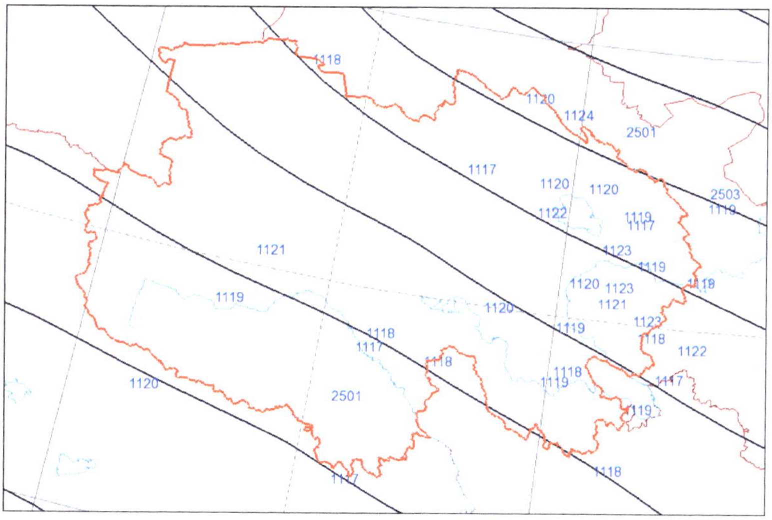

图 3.97　3 月 12 日 08 时 500 hPa 等高线及地面大风分布

2.4　近地层层结不稳定

以玉树为例,从 3 月 12 日探空图(图 3.98)及 11—12 日地面填图(图略)来看,由于 11 日夜间青海省大部地区以晴天或少云天气为主,有微风,近地面空气比较干,有利于辐射降温在清晨形成辐射逆温,08 时探空图上逆温层厚度约为 500 m,边界层内层结稳定,日出后,随着地面温度逐渐升高,逆温层逐渐消失,边界层内层结稳定被破坏,从 20 时探空来看,γ=0.987 ℃·(100 m)$^{-1}$,白天温度递减率接近干绝热递减率,层结不稳定较强。因白天近地面接近超绝热结构,发生强的上下混合作用,动量下传,加之青南高原海拔高,高空动量下传至地面距离短,地面易产生大风。

青南高原昼夜温差大,入夜后辐射降温,导致边界层出现逆温,边界层内层结稳定,到日出后温度上升破坏边界层内层结稳定的配置,也是导致此次过程白天强,夜晚弱的主要原因。

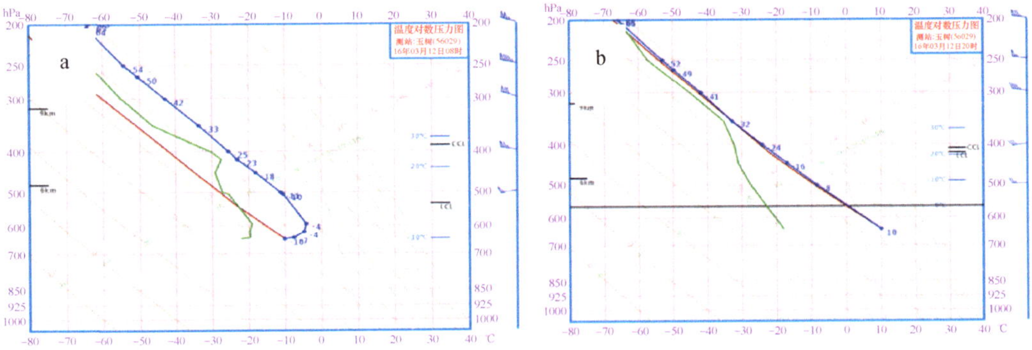

图 3.98　3 月 12 日 08 时(a)20 时(b)玉树(56029)T-ln$P$

2.5　湍流作用

从 500 hPa 散度场来看,过程前期青海省大部地区都处于辐合区,12 日 20 时 500 hPa 散度场上(图 3.99a),青海省上空转为辐散运动,辐散中心位于海南上空,中心值为 12×10^{-5} s^{-1}。200 hPa 上除青海省西北部外,其余地区为辐合运动,这种高层辐合低层辐散的配置,有利于下沉运动的维持。

3 月 12 日 20 时 500 hPa 垂直速度场上,有一垂直速度中心位于敦煌至冷湖附近,中心值为 20×10^{-3} hPa·s^{-1},青海省全省均处于正速度区,与之对应 400 hPa 垂直速度中心仍位于甘肃西部与青海省西北部接壤地区,说明过程发生时青海省上空均存在明显的下沉运动,动量由高层向低层传输明显。而从 11—13 日垂直速度时间垂直剖面(图 3.99b)来看,过程前期则为明显的上升运动,上升运动产生湍流,进而增强高空的动量下传,使地面风速加大。

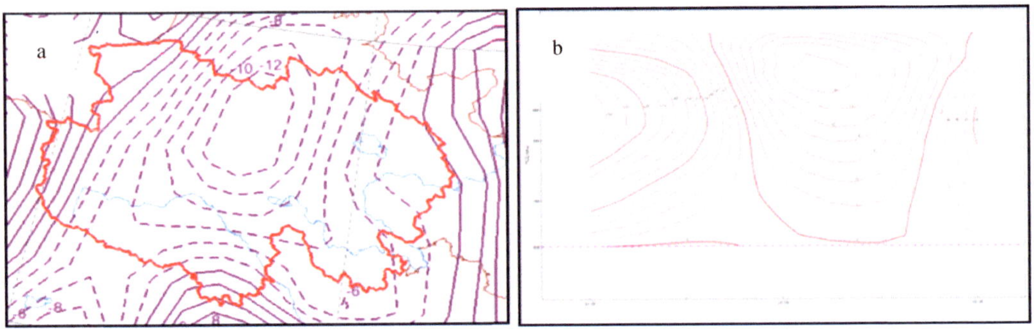

图 3.99　3 月 12 日 08 时 500 hPa 散度(10^{-5} s^{-1})(a)
3 月 11—13 日垂直速度(10^{-3} hPa·s^{-1})时间垂直剖面(52856)(b)

2.6　地形作用

由于海南地区北依青海省南山,南接青南高原,西面与柴达木盆地接壤,东临青海省东部地区,境内还有较大的共和盆地和龙羊峡库区。共和盆地处于柴达木盆地下游,上游地形宽广,共和地形狭长,形成"喇叭口",气流经过上游地区时不能大量堆积,加速流过共和地区,产生"狭管效应",导致共和地区风速增大;青海省东部多为河谷地形,地形辐合也有利于地面风速的加大;同时由于青海省大部分地区海拔高,高空动量传到地面的距离短,高空动量下传强,也有利于地面风速的加大(图 3.100)。

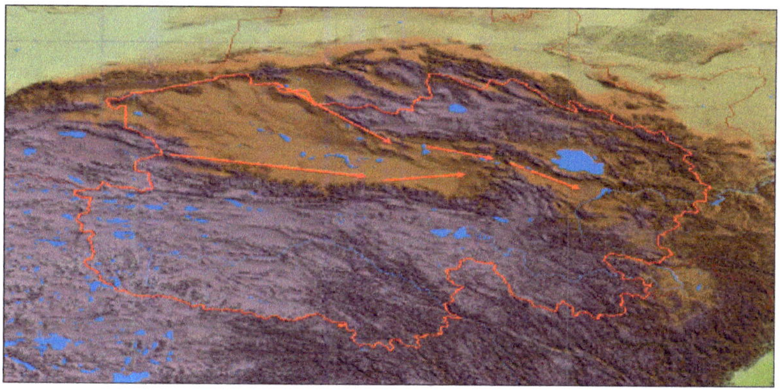

图 3.100　青海省高精度地形图

3　柴达木盆地没有出现大风的原因

3.1　地形影响

由于柴达木盆地海拔较低，高空动量下传的作用相比高海拔地区较弱，且从图 3.95a 可以看出与青海省东部地区相比，西北部地区等压线较稀疏，且风向与等温线相平行，没有明显的冷平流输送，不利于高空动量下传。

3.2　层结稳定度

从 11 日 20 时—12 日 20 时地面填图来看（以德令哈为例）（图 3.101），11 日夜间海西大部地区为多云天气，地面降温慢，白天也以阴天为主，近地面层结稳定。

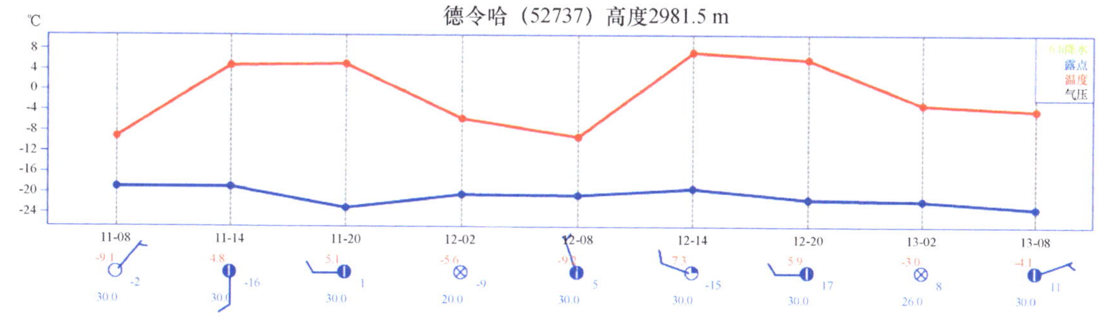

图 3.101　德令哈(52737)地面填图三线图

从 20 时格尔木站的探空图分析（图 3.102a），格尔木站（52818）低层（地面至 500 hPa）温度垂直递减率$\gamma_{格尔木}=0.854$ ℃ · (100 m)$^{-1}$，层结相对稳定，湍流作用弱，不利于动量下传。

3.3　3 h 变压梯度

从 12 日 08 时 3 h 变压来看（图 3.102b），3 h 正变压中心位于海南地区和环湖北部，整个东部地区正变压梯度大于海西柴达木盆地，而大风区出现在正变压中心附近变压梯度最大的地方。柴达木盆地 3 h 变压线稀疏，变压梯度小，不利于大风天气的产生。

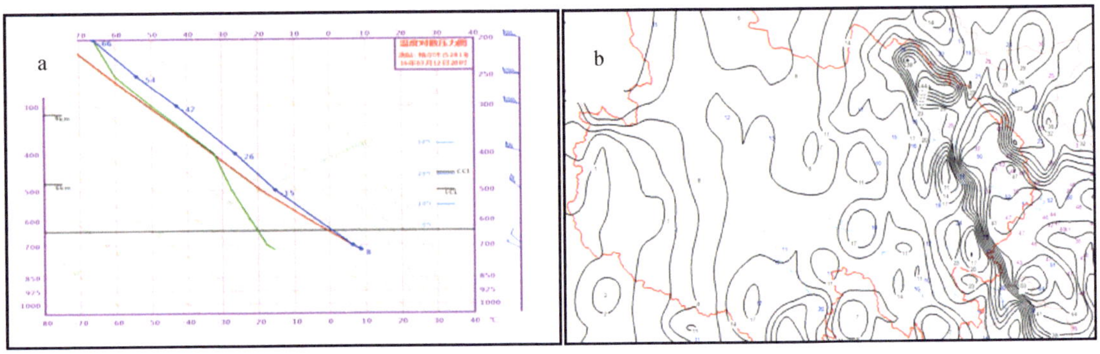

图 3.102　3月12日20时格尔木(52818)T-ln$P$(a)12日08时3 h变压图(b)

4　小结

4.1　大风天气过程的特点

1)此次过程影响范围广,除柴达木盆地,全省大部均出现大风天气。

2)大风强度大,大部分地区最大风速均在7级以上,共和、贵南、野牛沟、泽库达到9级(最大风速出现在野牛沟,风速达到24 m·s^{-1},共和、贵南、泽库最大风速达到23 m·s^{-1})。

3)持续时间长,9日开始,维持到12日夜间结束,12日17—20时最强。

4)整个过程日变化强,均为白天强,夜间弱,并伴有局地寒潮及扬沙天气。

4.2　分析此次大风天气过程形成的原因

1)高空西北急流强盛,从高层到低层均为一致的西北风,且高空风速大,500 hPa风速均大于20 m·s^{-1},300 hPa风速大于40 m·s^{-1}。

2)等高线位势梯度大,500 hPa青海省内有4根以上等高线,青海省境内理论地转风风速达25.59 m·s^{-1}。

3)过程前期青海省大部处于辐合区中,上升运动产生湍流,进而增强高空的动量下传,使地面风速加大。

4)由于边界层内层结不稳定,湍流作用强。因近地面接近超绝热结构,且风速垂直切变大,加大低层风速。

5)地形影响,海南地区有存在明显的"狭管效应",青海省东部河谷地区有地形辐合,且青海省地区海拔高,高空动量传到地面的距离短,高空动量下传强,以上均有利于地面风速的加大。

4.3　此次过程柴达木盆地未出现大风的原因

1)盆地海拔较低,动量下传弱。

2)500 hPa高空等压线稀疏,且没有明显的冷平流输送。

3)大气层结相对较为稳定,湍流作用弱,不利于高空动量下传。

4)青海省西北部3 h变压线稀疏,变压梯度小,而大风区出现在正变压中心附近变压梯度最大的地方。

2016年4月16日一次大风、沙尘天气过程分析

雷 彦
（海东市气象台，平安 810600）

摘 要：文章利用常规气象资料对2016年4月16日青海省大部一次大风天气过程的成因做了综合分析。结果表明：新疆东部横槽转竖，并且有强的冷温槽与之配合，高空强冷平流下滑，为本次大风天气的发生发展提供了有利的环流背景；冷锋触发了本次大风天气过程；高空急流动量下传，低层锋区加强是大风天气发生维持的重要机制。
关键词：春季大风，动量下传，冷锋

1 天气实况

2016年4月16日青海省自西向东出现一次大风、沙尘、弱降水、降温的复杂天气过程（图3.103）。16日11时，冷湖最早出现大风、扬沙，风速达19 m·s^{-1}，持续到17日05时结束，全省共有29站次出现大风，其中共和、茶卡最大风速达24 m·s^{-1}（9级），冷湖、乌兰、都兰出现扬沙天气，其中都兰最小能见度为0.9 km，沙尘区伴弱降水、东北部小雨（雪）；茫崖出现冰雹（冰雹直径4 mm）。冷湖、诺木洪、乌兰、茶卡、托勒、野牛沟、祁连、门源、乐都日最低气温24 h内降幅大于等于8 ℃，达到寒潮标准。此次春季大风、扬沙、雨（雪）、降温天气过程，影响范围广、强度强、伴随天气复杂。

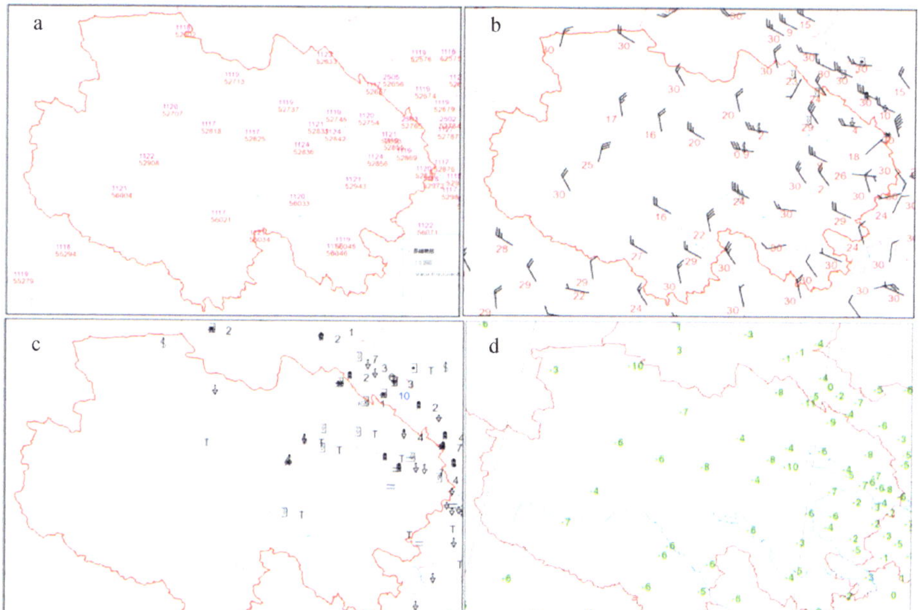

图3.103 2016年4月16日08时—17日08时天气实况
(a)4月16日20时大风天气发生站点(b)4月16日17时地面大风天气分布图
(c)4月16日08时—17日08时降水及天气现象(d)4月16日08时—17日08时最低气温降幅

2 成因分析

2.1 500 hPa 环流形势

从4月16日08时500 hPa环流形势分析(图3.104),欧亚中高纬为西高东低型,乌拉尔山以东为高压脊,贝加尔湖附近受低槽控制,槽分裂成南北两段,其南段为一横槽,影响新疆东部至西北地区东部一带,温度槽落后于高度槽,南疆盆地到西藏西北部一带等温线与等压线近似于垂直,斜压性强,利于横槽东移加深。脊前偏北气流明显,风速最大值增加至28 m·s^{-1},偏北风引导槽后冷平流,使得冷空气堆积,扰动气流发展,20时环流经向度加大,横槽转竖快速经青海省上空东移南压,动量下传出现地面大风。

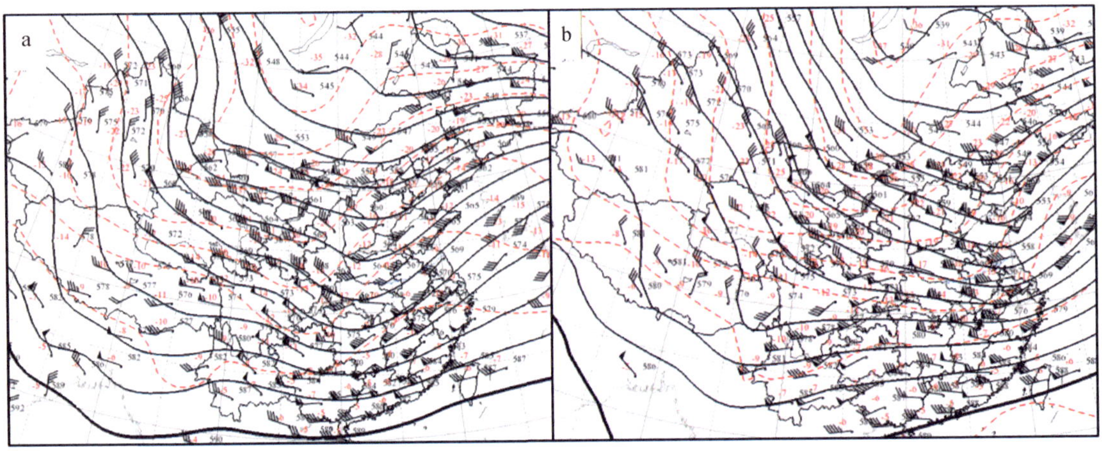

图3.104 4月16日08时(a)20时(b)500 hPa高空图

2.2 700 hPa 环流形势和天气系统

16日08时(图3.105a)新疆有一闭合高压,河西走廊西部有切变,河西走廊到南疆盆地等温线垂直于等高线,大气斜压性强,新疆东部偏北气流引导冷平流南下,20时(图3.105b)兰州一带形成闭合低压,新疆西部仍为高压脊,高空锋区南压,青海省大部等温线较密集,东部地区等温线垂直于等高线,锋区较强,此时冷空气已完全进入青海省境内,河西走廊到青海省东部700 hPa风速相比08时明显增大,最大风速达20 m·s^{-1}。

2.3 高空急流分析

高空急流是大风天气发生的动力条件[1-5],高空急流越强,通过动量下传作用造成的地面大风风力就越大;在高空急流入口处有一个左侧下沉、右侧上升的横向次级环流,16日20时200 hPa高空图上,青海省东部位于高空急流入口区的左侧,下沉运动使高层的能量下传,造成青海省大部地区出现了大风天气。20时相比08时急流轴入口区北抬,此时急流中心强度增大至68 m·s^{-1},由于急流轴左侧风场具有气旋性切变,右侧风场具有反气旋性切变,所以当急流轴与高空槽配合时,槽前有明显的正涡度平流,使地面气旋加深发展,而槽后有明显的负涡度平流,使地面反气旋发展,这无疑加大地面气压场的气压梯度,利于地面形成大风(图3.106)。

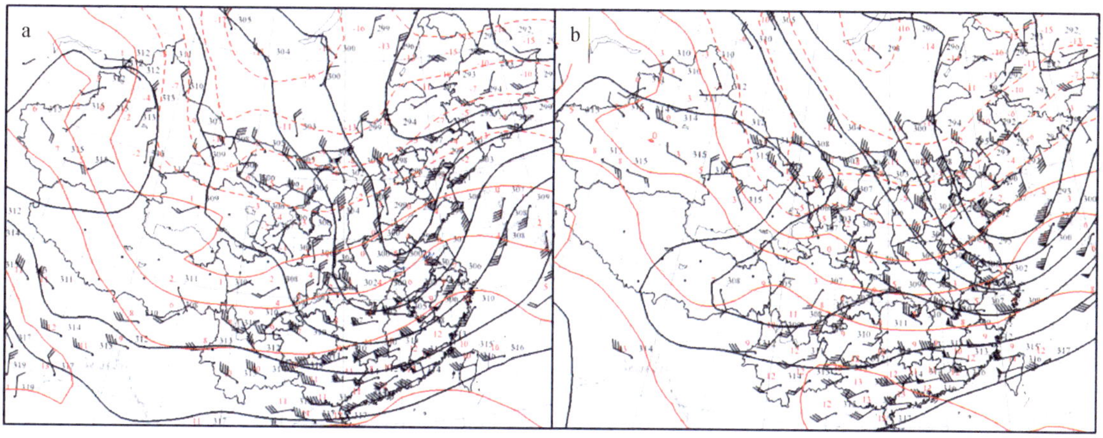

图 3.105　4 月 16 日 08 时(a)20 时(b)700 hPa 高空图

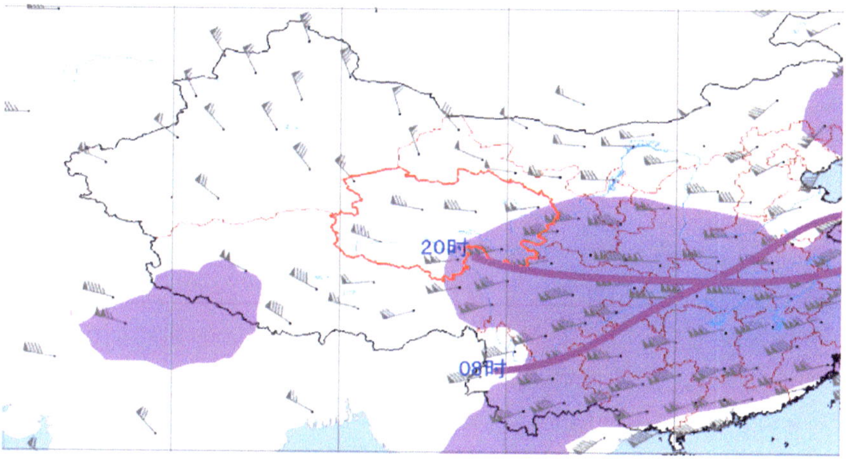

图 3.106　4 月 16 日 20 时 200 hPa 高空填图

2.4　地面冷锋分析和地形影响

16 日 08 时，东路冷空气位于河西走廊西部，锋前为多云或阵雨天气，锋后出现小雨(雪)天气，西路冷空气在阿尔金山山口，锋前冷湖站出现 16 $m \cdot s^{-1}$ 大风，09—11 时盆地自西向东风速增大，极大风速在 12～19 $m \cdot s^{-1}$ 之间，其中 09—10 时冷湖极大风速 19.2 $m \cdot s^{-1}$，大风携带出现扬沙，最小能见度为 6 km。16 日 11 时冷空气已进入柴达木盆地西部，中心强度已发展到 1030 hPa，盆地东部气压梯度加大，风速增大。16 日 14 时冷锋东移至格尔木，锋后出现大范围大风，锋前在盆地东部出现阵雨天气，其中都兰出现扬沙，最小能见度为 4 km。青海省东部和南部处于等压线密集带中，气压梯度大，环青海湖、青南高海拔地区出现大风天气，都兰、乌兰出现大风沙尘，其中都兰最小能见度为 900 m，最大风速达 21 $m \cdot s^{-1}$。20 时冷空气东移扩散影响青海省东部地区，西宁地区出现偏西大风，河湟谷地东部出现东路冷空气回流偏东大风。17 日 08 时随着地面冷锋移出青海省，冷空气的影响基本结束。在冷锋影响的过程中，锋前暖区受不稳定能量影响出现阵雨、强阵风和扬沙天气，冷锋附近产生较大的气压梯度和变压梯度，导致冷锋后部出现了地面大风(图 3.107)。

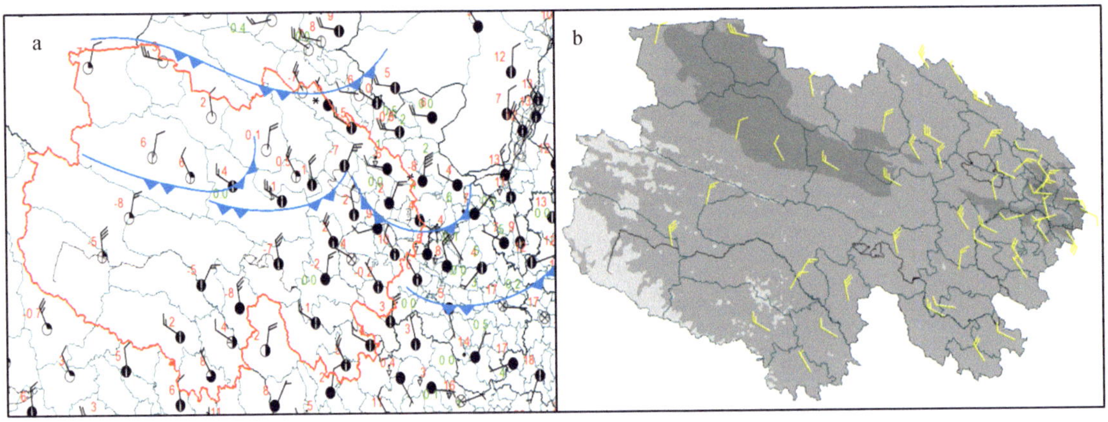

图 3.107　4月16日地面冷锋移动路径及20时地面填图(a)地形与风场图(b)

地形影响：柴达木盆地西侧冷空气下坡风，位能转为动能；柴达木盆地东侧、河湟谷地存在狭管效应；青海省东部河谷地形辐合区域；青南地区地势高、青海湖地区的湖陆风等影响；以上各类情况都会对增大风速有贡献。

2.5　物理量场分析

2.5.1　散度场

选取乌兰和都兰之间的点(36.47°N，99.25°E)做剖面(图3.108a)，从散度场的时间垂直剖面图看出，16日08时，700 hPa及以下有辐合，最大辐合中心值为$-6\times10^{-5}\ s^{-1}$，400 hPa为辐散，辐散中心强度为$8\times10^{-5}\ s^{-1}$，这种低层辐合、高层辐散的强烈抽吸作用，使得地面减压强烈，气压梯度明显增大，从而导致地面风速进一步加大。14时700～400 hPa为辐散，400～200 hPa为辐合，20时700 hPa以下为辐散，500 hPa有辐合中心，强度为$-9\times10^{-5}\ s^{-1}$，高层辐合低层辐散的下沉气流利于动量下传。

2.5.2　垂直速度

沿着37.45°N做垂直速度的空间垂直剖面(图3.108b)，通过对垂直速度的分析可以清楚地看到，垂直速度正、负值中心区的这种分布状态，也显示出在该区域中、低层存在一个纬向的垂直环流，即次级环流。这个次级环流的上升支在东侧(104°E附近)，气流从700 hPa上升至200 hPa；下沉支在西侧(92°E附近)，气流从100 hPa下沉到700 hPa。正是这支次级环流将高空急流的动量下传至低层，使低层风速加大，同时，这一逆时针的次级环流也使地面风速进一步加强，是动量下传的重要机制。如可以看到在37°N，100°E以西为大范围下沉运动区，其中心ω值为31 $Pa\cdot s^{-1}$(图略)；107°E以东为大范围上升运动区，其中心ω值为$-28\ Pa\cdot s^{-1}$，下沉运动大值区则与冷高压控制区相对应，这与冷锋前部为上升运动、冷锋后部为下沉运动的天气学特征是一致的。垂直速度大值区的存在说明该区域存在明显的对流运动，表明了大气层结的不稳定性，具有形成沙尘天气的条件。

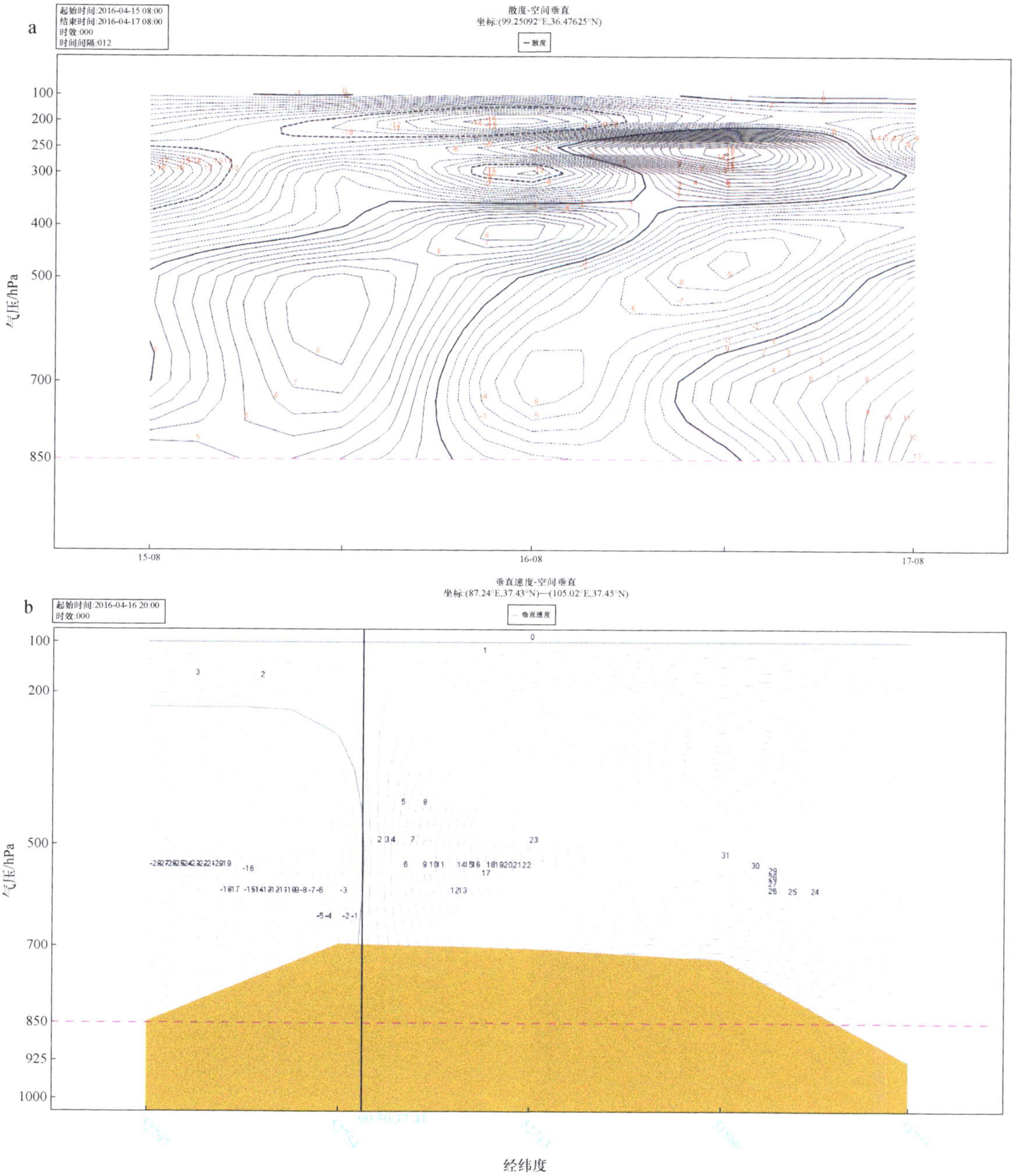

图 3.108　16 日 08 时散度场(99.25°E,36.47°N)(10^{-5} s^{-1})时间垂直剖面(a)
垂直速度场(37.45°N)(Pa·s^{-1})空间垂直剖面(b)

3　温度平流和涡度平流对大风天气的影响

3.1　温度平流

分析 16 日 08 时(700～500 hPa)的温度平流场(见图 3.109),从低层到高层都存在较强的冷平流,这说明冷平流比较深厚,并且青海省西部冷平流较强。08 时 500 hPa 温度场,对流层中高层有深厚的冷槽发展,引导槽后部的冷空气东移南下,高层冷空气迅速下沉,推动地面冷锋东移加深,在冷锋后部形成大风天气。对比20时各层(700~500 hPa)的温度平流场,冷平流区的西边界处于海西境内,强冷平流中心位于青海省东部,强度为-30×10^{-4}℃·s^{-1}。于14时开始影响海西、海北地区,并造成了大风降温天气。到了17日08时,强冷平流区移出了海东地区,海西东部、海南北部上空深厚的强冷平流使大风天气持续了9 h,由此看出,冷平流最强处,地面降温幅度大,风力也最强,说明冷锋是大风、沙尘天气的触发机制。

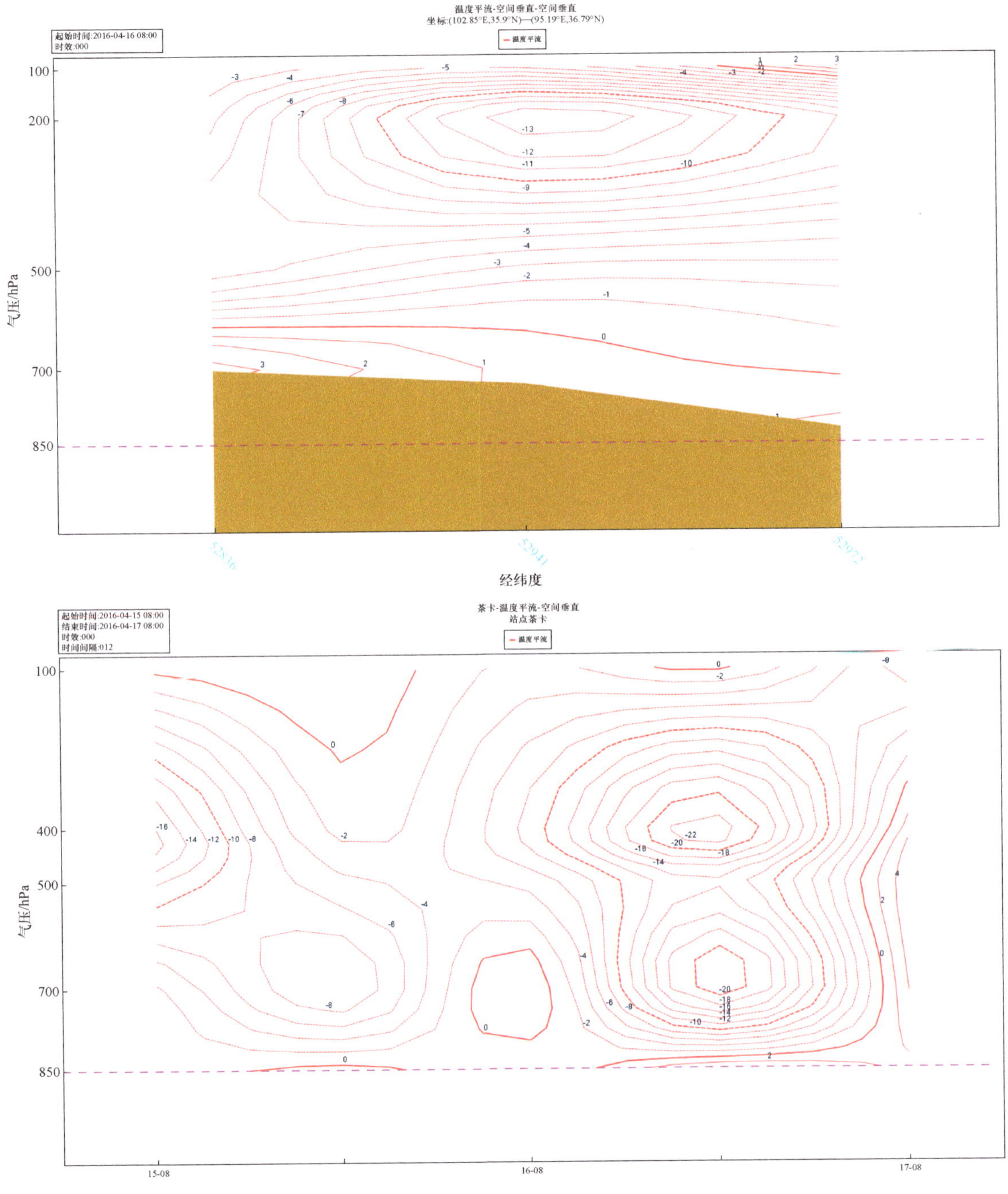

图3.109 温度平流(10^{-4}℃·s^{-1})空间垂直剖面图(a)茶卡单站时间垂直剖面图(b)

3.2 涡度平流

依据位势倾向方程[6]，高空正涡度平流使地面气旋加深，负涡度平流使地面高压发展。08 时剖面图来看(见图 3.110)，整个北部上空从低层到高层都为正涡度平流，20 时(见图 3.110)青海省西部上空为负涡度平流，低层为正涡度平流，青海省东部低层为负涡度平流，高层为正涡度平流。因此，高空涡度平流的这种分布状况对地面高、低压系统的发展加强是十分有利的，高压对降温和大风起到重要作用。并且高层正涡度平流，低层负涡度平流的配置，使得青海境内东西方向上构成了西部高空辐合，地面辐散，东部高空辐散，地面辐合的锋面次级环流结构，增强了锋后下沉运动的发展，推动地面冷锋东移加深，在冷锋后部形成大风天气。

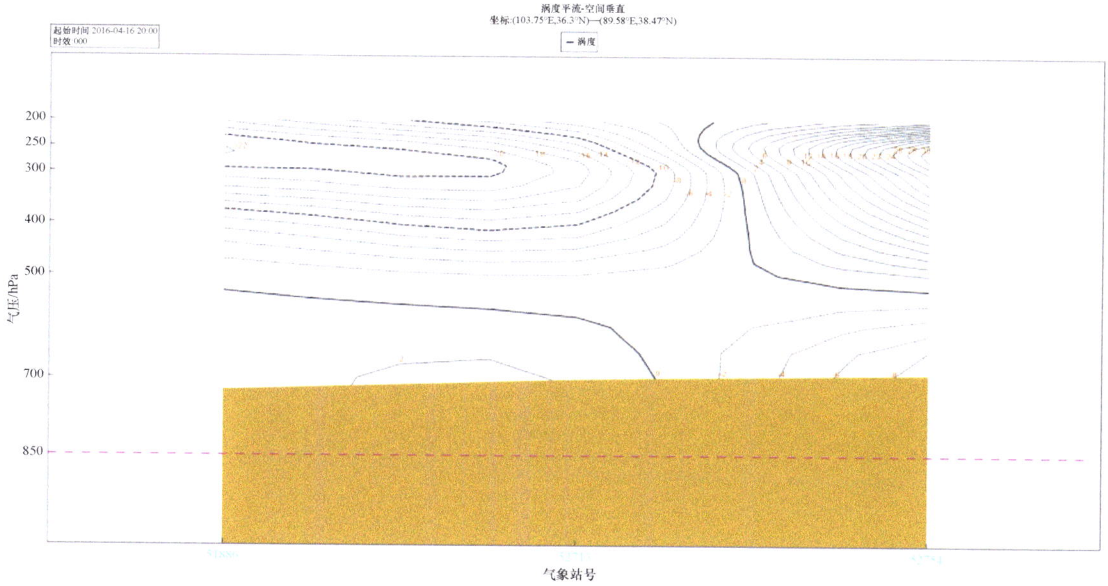

图 3.110　16 日 20 时青海省北部上空涡度平流空间垂直剖面图(单位:10^{-10} s^{-2})

4 小结

1)500 hPa 高空环流形势，蒙古冷槽底部横槽有较强的冷温槽配合，横槽转竖，环流经向度加大，新疆脊前偏北气流引导冷平流下滑，扰动气流发展，有利于动量下传，地面出现大风。700 hPa 青海省上空等温线密集，锋区较强，青海省东部等温线垂直于等高线，大气斜压性强，说明 08—20 时横槽东移南压是发展加强的过程。

2)锋面次级环流加强了地面风速，产生锋前暖区的阵雨、强阵风、扬沙天气。柴达木盆地西侧冷空气下坡风，位能转为动能，风速增大；盆地东侧地势高较高、青海湖地区受湖陆风的影响使大风增强，河湟谷地狭管效应也使得风速增大；青南高海拔地区动量下传易产生大风。

3)08 时低层辐合、高层辐散的强烈抽吸作用，使得地面减压强烈，气压梯度明显增大，从而导致地面风速进一步加大，20 时前后转为低层辐散高层辐合的配置，下沉气流加强，有利于动量下传。垂直速度正、负值中心区的分布状态，显示出在该区域中、低层存在一个纬向的垂直环流，即次级环流。次级环流将高空急流的动量下传至低层，使低层风速加大，同时，这一逆时针的次级环流也使地面风速进一步加强,是动量下传的重要机制。

4)温度平流对大风天气的贡献是,冷平流最强处,地面降温幅度大,风力也最强,说明冷锋是大风、沙尘天气的触发机制。500 hPa 温度场,对流层中高层存在深厚的冷槽发展,引导槽后部的冷空气东移南下,高层冷空气迅速下沉,推动地面冷锋东移加深,在冷锋后部形成大风天气。高层正涡度平流,低层负涡度平流的配置,使得大气垂直方向上构成高层辐合、低层辐散的结构,加快了下沉运动的发展,高层冷空气迅速下沉,推动地面冷锋东移加深,在冷锋后部形成大风天气。

参考文献

[1] 许庆娥,杜丽娅.2013年初春的一次寒潮大风天气分析[J].新乡学院学报,2015,32(9):72-76.

[2] 韩仙桃,苏利军,赵梦玉.2014年春季一次大风、沙尘、降温、降水的复杂天气分析[J].内蒙古林业科技,2015,41(4):55-57.

[3] 晨阳,殷宁潞,黄丽娜.2016年春季锡林郭勒盟一次沙尘暴过程原因分析[J].内蒙古科技与经济,2017(2):54-55.

[4] 薛建军,刘月巍,牛若云,等.2002年3月18～22日强沙尘暴过程分析[J].气象,2004(9):39-44.

[5] 马月枝,王新红,叶东,等.一次春季冷锋过境引起的大风天气分析[J].气象与环境科学,2010,33(3):41-47.

[6] 朱乾根,林锦瑞,寿绍文.天气学原理和方法[M].北京:气象出版社,2000.

2016 年 10 月 3 日海西沙尘暴天气过程分析与总结

谈昌蓉

（青海省气象台，西宁　810001）

摘　要：2016 年 10 月 3 日海西大部出现浮尘和沙尘暴天气，对此次天气过程进行分析，结果表明：1）此次过程范围较广，伴有局地寒潮和降水天气；格尔木、小灶火早间出现沙尘暴；大风和沙尘暴均为昼强夜弱，日变化明显。2）冷锋过境前，格尔木，小灶火地面风场呈现气旋式切变，且变压风非常明显。3）高空西风风速较大，风向与等温线夹角大，冷平流较强；海西西部急流入口区动力锋生，冷锋后正变压明显，沙尘天气发生。盆地东侧存在狭管效应，特殊地形作用产生辐合；盆地西侧冷空气向东移动产生下坡风，位能转为动能。4）沙尘暴天气日变化明显。主要原因：夜间地面向外辐射降温，导致早晨在边界层内出现逆温，层结稳定，白天下垫面接收太阳辐射，迅速增温，逆温层被破坏，边界层内温度递减率逐渐接近或者超过干绝热递减率，层结不稳定。沙尘区前后接收太阳辐射条件不同，温度梯度加强，沙尘暴增强，导致温度梯度进一步增大，沙尘暴进一步增强；高空冷温槽先南压后东移。

关键词：沙尘暴，锋生，变压风，日变化

1　天气实况

2016 年 10 月 3 日 08:55—18:55，位于柴达木盆地的茫崖，小灶火，格尔木，冷湖，茫崖及盆地东部的都兰先后出现大风、沙尘暴天气，其中茫崖、格尔木出现强沙尘暴天气，茫崖最低能见度为 0.1 km，最大风速在 16 m·s^{-1}以上。

此次沙尘天气过程范围较广，局地出现寒潮和降水天气（图 3.111）。大风和沙尘暴出现时段均为白天强夜间弱，日变化明显。此外，格尔木、小灶火早间出现沙尘暴，比较罕见。

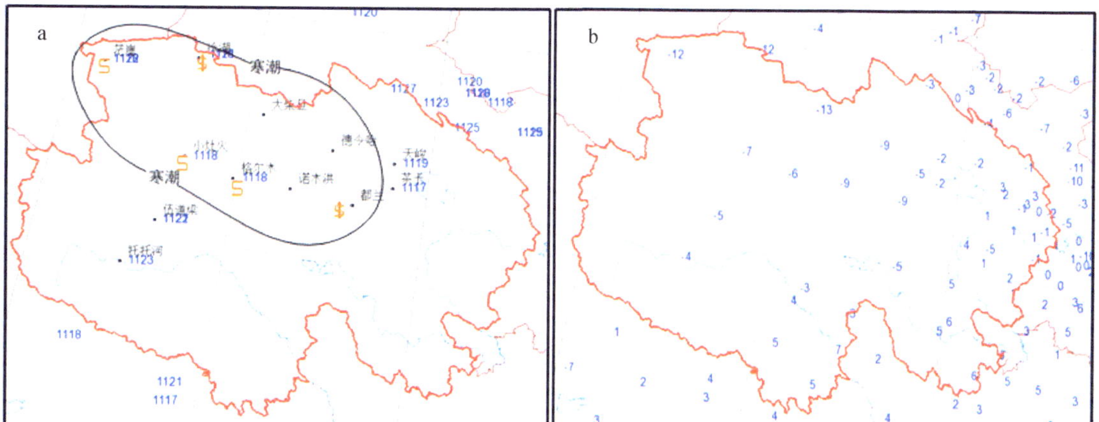

图 3.111　2016 年 10 月 03 日 08—20 时天气实况

（a）2016 年 10 月 3 日 08—20 时天气现象（b）2016 年 10 月 03 日 08 时 24 h 变温（℃）分布图

2 出现大风沙尘暴的原因

2.1 小灶火、格尔木早晨出现短时沙尘暴原因

小灶火、格尔木早晨出现短时沙尘暴，从发生到减弱消失仅持续 0.5 h。分析 500 hPa 高空环流演变，10 月 2 日 08 时东北—西南向长波槽经过乌拉尔山分为南北两支大槽，北支槽不断东移，并在巴尔喀什湖附近分裂成多个短波槽，多股冷空气东移，冷中心温度为 -32 ℃，位于西西伯利亚附近，10 月 03 日 08 时几股冷空气已位于新疆及西藏西部高空(图 3.112a)。温度场落后于高度场，且槽前等高线较为密集。08 时，柴达木盆地中部受西南气流控制，700 hPa 暖中心位于海西中部小灶火、格尔木等地区(图 3.112b)，低压中心明显。该地区地面风场呈现气旋式切变，小灶火地面 3 h 变压达到 4.5 hPa，变压梯度明显，09 时风力达到12 $m \cdot s^{-1}$，能见度从 30 km 降低到 3 km 以下；10 时，格尔木风速超过 10 $m \cdot s^{-1}$；11 时，格尔木地面 3 h 变压达到 4.5 hPa，能见度也降低到 3 km，小灶火正变压减弱至 1.6 hPa，诺木洪增大至 2.2 hPa，说明变压梯度方向指向东(图 3.113)，短时间内地面风迅速增大(表 3.5)，加之 9 月下旬至 10 月初累计降水量非常少，下垫面较干，很容易起沙。所以 08:55 开始，小灶火、格尔木先后出现沙尘天气。

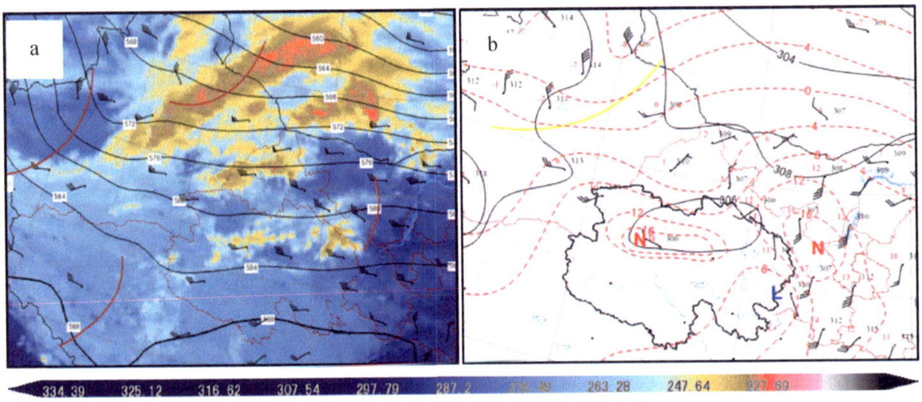

单位：亮度温度/K

图 3.112 2016 年 10 月 03 日 08 时高空环流

(a)08 时 500 hPa 高度场、风场、红外云图(b)08 时 700 hPa 等高线、风场、等温线

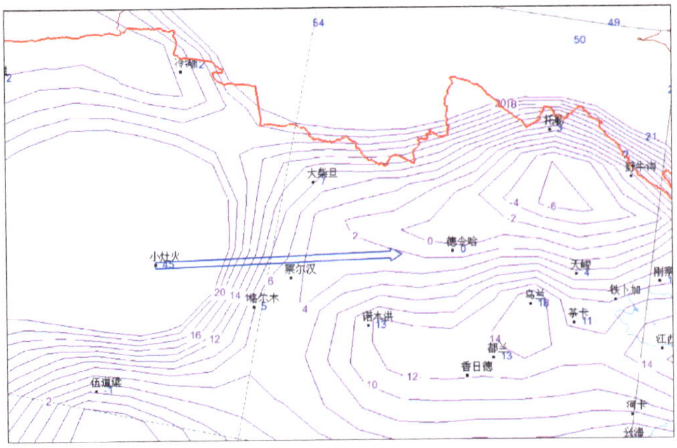

图 3.113 2016 年 10 月 03 日 08 时地面变压风

表 3.5　10 月 03 日 08 时—04 日 02 时 5 个站地面风速（$m \cdot s^{-1}$）变化及 9 月下旬累计降水量统计

	茫崖	冷湖	小灶火	格尔木	都兰
08:00 风速	4.9	7.9	11.3	0.4	3.7
11:00 风速	11.6	8.3	10.0（扬沙）	8.9（浮尘）	1.0
14:00 风速	9.8	14.2	7.8	6.2	9.5
17:00 风速	13.5（沙尘暴）	16.9（扬沙）	5.2	4.1	7.3
20:00 风速	12.8（扬沙）	13.9	7.7（扬沙）	2.7	5.8
23:00 风速	7.0	13.1	6.9	6.8（浮尘）	3.1
02:00 风速（4 日）	3.8	11.2	4.2	3.9	9.0（扬沙）
9 月下旬累计降水量（mm）	0.2	0.6	0.1	0.1	0.6

2.2　午后茫崖至都兰自西向东的沙尘天气

500 hPa 新疆上空西风最大风速中心为 26 $m \cdot s^{-1}$，风速较大，风向与等温线夹角大。冷平流较强；急流入口区动力锋生（图 3.114a），逐渐进入青海省。3 日上午冷锋进入海西西部，14 时，温度短时间内下降，24 h 变温在海西大部均为负值，冷湖、大柴旦变温为 −8 ℃，小灶火、格尔木、诺木洪变温在 −7～−6 ℃；茫崖、小灶火、格尔木 24 h 正变压明显，说明冷空气已完全入境，冷湖、茫崖附近锋生（$F \approx 7.41 \times 10^{-5}$ ℃ · s^{-1}），西北风风速不断增大，能见度逐渐降低到 10 km 以下（图 3.115），锋面自西向东逐渐移动（图 3.114b）。正次级环流加大低层气压梯度；叠加动量下传大风，导致地面大风最强（图 3.114c）。盆地东侧存在狭管效应和地形辐合（图 3.114d），在这种特殊地形影响下，盆地西侧的冷空气东移下坡，产生下坡风，使位能转为动能。17 时，茫崖、冷湖、小灶火、格尔木正变压达到 4 hPa 左右，冷锋过境后的茫崖、冷湖持续大风天气，沙尘暴加强，能见度降低到 0.1 km 以下，冷湖出现扬沙，能见度降低到 5 km 以下。20 时，冷锋东移，都兰、诺木洪、大柴旦等地区正变压均在 3 hPa 以上，变压中心位于小灶火地区并达到 9 hPa，冷平流自西向东输送，风向依旧为西北风，小灶火再次出现扬沙天气，能见度降低到 3 km 以下，此时茫崖沙尘暴已逐渐减弱。23 时，格尔木、诺木洪先后出现沙尘天气，此时诺木洪能见度已降低到 3 km 以下。到 4 日 02 时，都兰出现扬沙天气，能见度降低到 3 km 以下，海西大部地区正变压达到 9 hPa，说明冷锋已完全经过海西。

锋生时海西大部 3 h 正变压也十分明显，11 时格尔木地区为 +4.5 hPa 变压中心（图 3.116a），锋面附近出现大风，大风强度随正变压数值而变大。地面冷高压较强，变压风和锋区次级环流叠加使地面风速加大，主要影响海西西部地区。随后变压中心逐渐东移，17 时变压中心已移至都兰附近（图 3.116b）。

3　沙尘暴天气日变化特征明显的原因

3.1　辐射逆温对沙尘暴日变化的影响

夜间地面向外辐射降温，导致早晨在边界层内出现逆温（图 3.117a）。茫崖站 10 月 1 日至 4 日 08 时近地面逆温层平均厚度为 142 m，平均温度递减率为 −1.33 ℃ · $(100\ m)^{-1}$，层结稳定，白天接收太阳辐射，地面迅速增温，随着逆温层被破坏，边界层内温度递减率逐渐接近或者超过干绝热递减率，20 时平均温度递减率为 0.96 ℃ · $(100\ m)^{-1}$，层结不稳定。3 日 08 时温度递减率约为 −0.42 ℃ · $(100\ m)^{-1}$，20 时约为 1.45 ℃ · $(100\ m)^{-1}$（图 3.117b）。

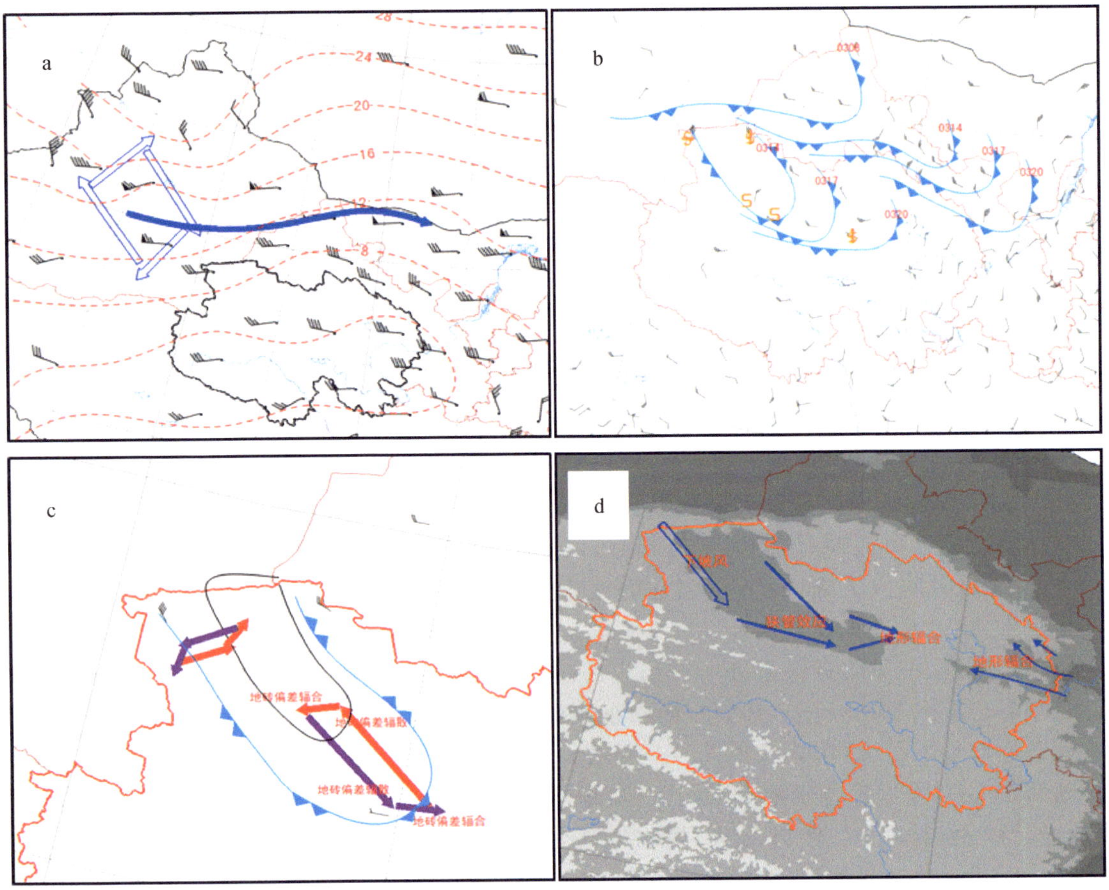

图 3.114 (a)2016 年 10 月 3 日 08 时 500 hPa 温度场、风场和急流轴
(b)3 日 08—20 时地面冷锋相关要素变化
(c)3 日 14 时地面冷锋附近非地转环流(次级环流)示意图
(d)青海省北部地形及对风速的影响示意图

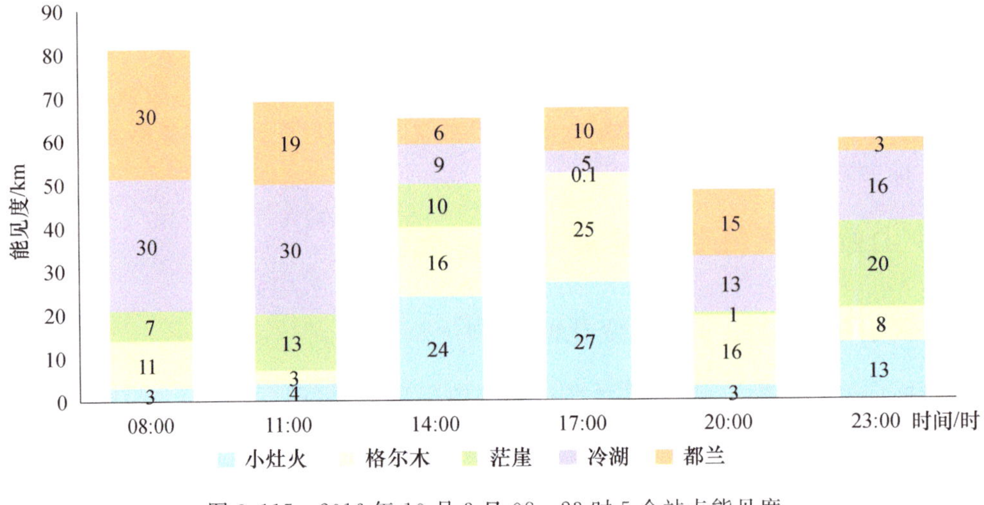

图 3.115 2016 年 10 月 3 日 08—23 时 5 个站点能见度

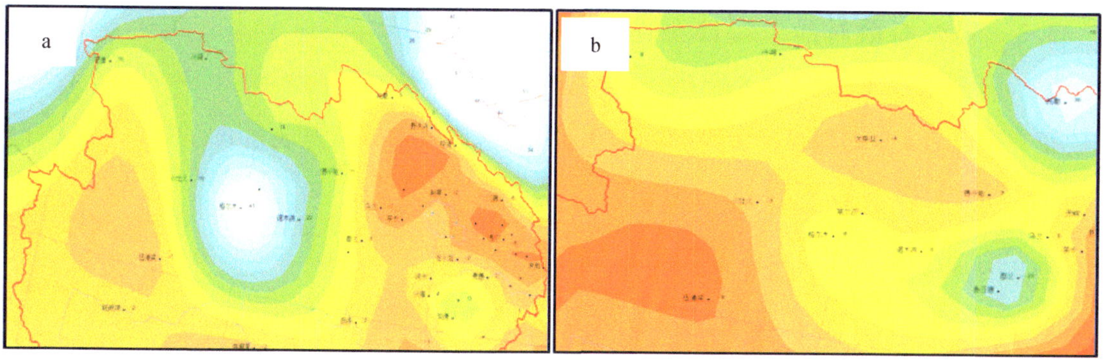

图 3.116　(a)2016 年 10 月 3 日 11 时地面 3 h 变压分布图
(b)3 日 17 时地面 3 h 变压分布图(单位:hPa)

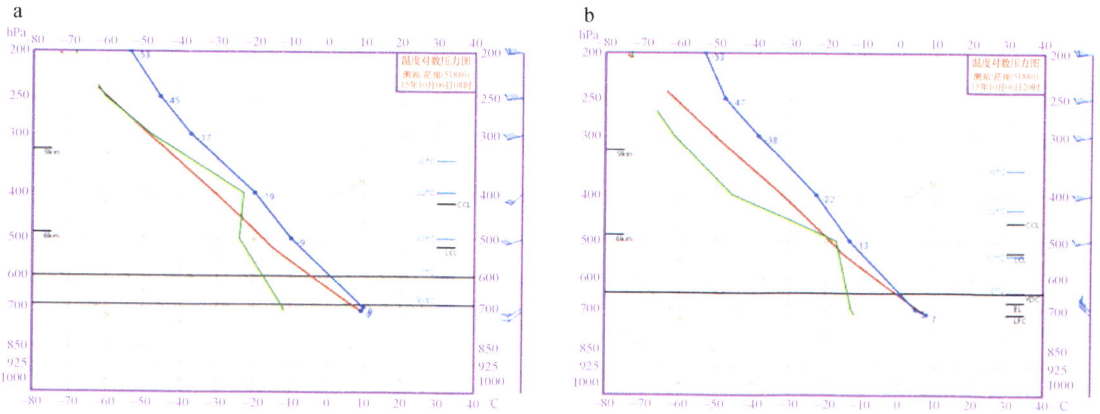

图 3.117　(a)2016 年 10 月 3 日 08 时茫崖站层结曲线(b)3 日 20 时茫崖站层结曲线

3.2　风垂直切变对沙尘暴日变化的影响

表 3.6 所示,各层风垂直切变 $\frac{\partial u}{\partial z}$ 白天稍高于夜间。

表 3.6　2019 年 10 月 03 日 08—20 时茫崖站垂直风切变

08 时						20 时					
层次(hPa)	高度(m)	位温(℃)	风向(°)	风速(m·s^{-1})	$\frac{\partial u}{\partial z}$(s^{-1})	层次(hPa)	高度(m)	位温(℃)	风向(°)	风速(m·s^{-1})	$\frac{\partial u}{\partial z}$(s^{-1})
713	2947	37.88	230	5	—	717	2947	35.85	315	18	—
700	3090	40.19	235	10	0.0350	700	3140	34.87	315	20	0.0104
500	5790	47.82	250	11	0.0004	500	5790	43.43	260	21	0.0004
400	7480	56.24	225	24	0.0077	400	7450	52.34	255	29	0.0048
300	9540	59.93	255	33	0.0044	300	9500	57.68	360	28	0.0005

3.3 里查森数对沙尘暴日变化的影响

里查森数为表征湍流强度大小的物理参数，根据里查森数位温表达式：$Ri=\dfrac{\dfrac{g}{\theta}\dfrac{\partial\bar{\theta}}{\partial z}}{\left(\dfrac{\partial\bar{u}}{\partial z}\right)^2}$ 计算分析，该数值白天小(量级 10^1)，夜间大(量级 10^2)，因此湍流活动白天较强，夜间较弱。湍流导致动量下传，白天强，夜间弱，大风日变化明显。

3.4 反馈机制对沙尘暴日变化的影响

白天为正反馈，沙尘区前后接收太阳辐射条件不同，导致温度梯度加强(图 3.118a)，沙尘暴增强，温度梯度进一步增大，沙尘暴进一步增强。

夜间为负反馈，沙尘区前后天况不同，降温幅度不同，温度梯度减小(图 3.118b)，沙尘暴减弱，温度梯度进一步减小，沙尘暴进一步减弱。

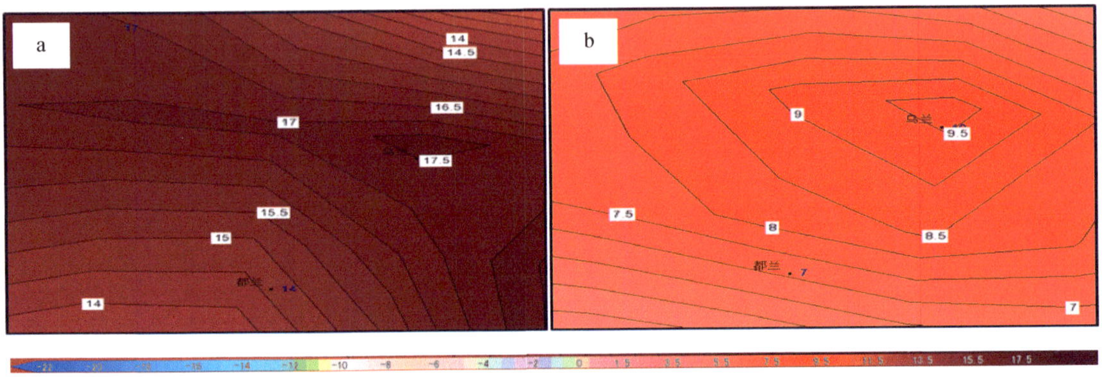

图 3.118 (a)2016 年 10 月 03 日 17 时都兰乌兰站温度梯度
(b)2016 年 10 月 04 日 02 时都兰乌兰站温度梯度(单位：10^{-5}℃・s^{-1})

3.5 高空急流对沙尘暴日变化的影响

10 月 3 日 08 时至 20 时，高空急流风速带(>20 m・s^{-1})往南沿伸影响海西上空，冷温槽明显南压，冷平流促进动量下传，海西西部出现大风天气，500 hPa、400 hPa 以及 300 hPa 较为明显(图 3.119)；10 月 3 日 20 时—4 日 08 时，高空急流风速带东移，冷温槽同样向东移动影响海西中东部上空，海西西部风速减小，茫崖等地区沙尘暴减弱。

4 结论

1)此次沙尘暴过程影响范围较广，局地伴有寒潮和降水天气。小灶火、格尔木早晨出现罕见的沙尘暴天气。

2)500 hPa 上，位于巴尔喀什湖以西的东北—西南向的大槽分裂成多股冷空气并东移，温度场落后于高度场，槽前等高线较为密集。冷锋过境前，柴达木盆地中部受西南气流控制。700 hPa 暖中心位于小灶火、格尔木等地区，低压中心明显。地面风场呈现气旋式切变，且变压风非常明显，在短时间内地面风迅速增大。9 月下旬至 10 月初该地区累计降水量非常少，

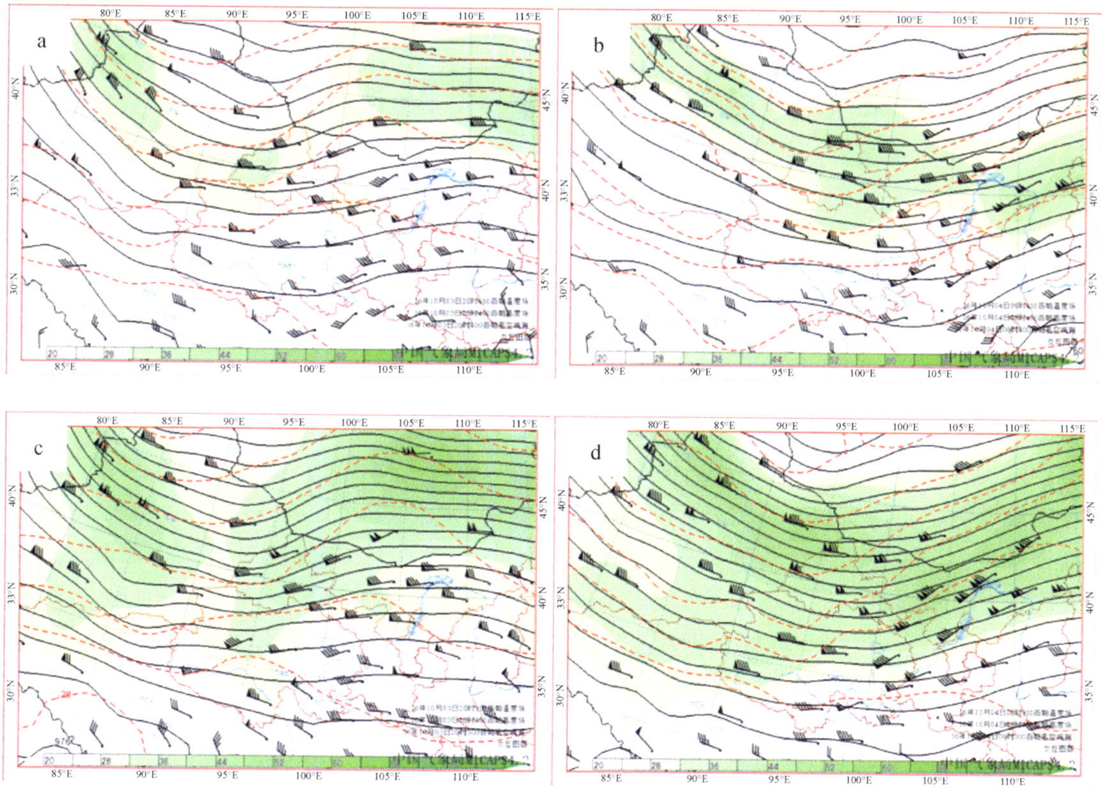

图 3.119 (a)2016 年 10 月 3 日 20 时 400 hPa 急流与高度场
(b)2016 年 10 月 4 日 08 时 400 hPa 急流与高度场
(c)2016 年 10 月 3 日 20 时 300 hPa 急流与高度场
(d)2016 年 10 月 4 日 08 时 300 hPa 急流与高度场

地表干,易起沙。

3)500 hPa 新疆上空西风风速较大,风向与等温线夹角大,冷平流强;急流入口区动力锋生,逐渐进入青海省。盆地西侧冷空气下坡风,位能转为动能;盆地东侧存在狭管效应和地形辐合,在这种特殊地形影响下,盆地西侧的冷空气东移下坡,产生下坡风,使位能转为动能。冷锋过境后正变压明显,茫崖、冷湖持续大风,沙尘天气加强并东移先后影响小灶火、格尔木以及都兰等地区。

4)此次沙尘暴过程日变化特征明显,主要原因:夜间地面向外辐射降温,导致早晨在边界层内出现逆温。白天接收太阳辐射,地面迅速增温,随着逆温层被破坏,边界层内温度递减率逐渐接近或者超过干绝热递减率。各层风垂直切变白天稍高于夜间。里查森数数值白天小(量级 10^1),夜间大(量级 10^2),因此湍流活动白天较强,夜间较弱。湍流导致动量下传,白天强,夜间弱,大风日变化明显。白天正反馈:沙尘区前后接收太阳辐射条件不同,温度梯度加强,沙尘暴增强,导致温度梯度进一步增大,沙尘暴进一步增强。夜间负反馈:沙尘区前后天况不同,降温幅度不同,温度梯度减小,沙尘暴减弱,温度梯度进一步减小,沙尘暴进一步减弱。高空急流轴夜间东移,导致风速减小,沙尘暴减弱。高空冷温槽先南压后东移,也是造成沙尘天气日变化明显的主要原因。

2017年2月25日青海省大风天气过程总结

马文婧
(海北州气象台,海晏 812200)

摘 要:基于高空、地面和模式资料,对2017年2月25日发生在青海省地区冬季大风过程进行了分析。结果表明:此次过程全省大部地区出现大风天气,共12站出现大风,大风中心出现在玛多站风速达19 m·s^{-1}。此次大风过程的特征是范围广、持续时间长,多种灾害性天气并存。大风天气的成因主要为:低槽前的北风带变强向南边延伸促使北方冷空气持续南下,新疆弱脊不断变弱。青海省处于东北冷涡后部,高空槽引导冷空气南下,强烈的气压梯度以及变压梯度推动冷空气迅速运动,温度槽落后于高度槽,形成斜压不稳定,使冷空气下沉,暖空气上升,高空动量下传,使地面大风加强,风速不断变大造成的一次全省性大风天气;且高空西风急流强,有冷温槽,冷平流强,地面热低压发展,湍流运动增强,触发了大风天气。冷空气在南压过程中,同时向下传播,由于大气层结不稳定,有利于铅直交换,此次过程中上层有动量下传,也有利于形成大风天气。大风天气过程日变化特征明显的原因为:层结不稳定;湍流活动强;动量下传,日较差较大;辐射降温;有逆温层。

关键词:大风,成因,冷空气,动量下传

1 天气实况

2017年2月25日以前,青海省大部地区气温明显偏高,前期温度的持续升高,有利于能量的积累,为大风天气提供了充足的能量。高温低压的状况,若有冷空气活动,极易产生大风天气。2月25日青海省出现全省性大风天气,共有12站出现大风,平均风速均超过7级,其中玛多瞬时风速最大为19 m·s^{-1}。大风天气过程期间多种灾害性天气现象并存,出现分散性阵雪,贵德出现扬沙天气、格尔木出现霾及浮尘(图3.120)。本次大风天气过程具备持续时间长、影响范围广、风力强的特征。

2 成因分析

2.1 环流特征及影响系统

从欧亚中高纬环流形势分析,北欧始终有显著的高压脊存在,脊前有较强烈的北风带促使极地冷空气南下至西西伯利亚地区。亚欧地区主要呈经向环流,欧洲脊很强,新疆主要受弱脊影响,欧洲脊前存在很强的北风带,等高线比较密集,低槽区主要分布在乌拉尔山附近。2月25日08时,低槽后的北风带变强向南边延伸促使北方冷空气持续南下,新疆弱脊不断变弱。此次大风天气过程主要是500 hPa高空西风槽东移加强,且青海省处在东北冷涡后部,横槽不断东移转竖引导冷空气南压,温度槽落后于高度槽,形成斜压不稳定,使冷空气下沉,暖空气上升,高空动量下传,使地面大风加强。此次大风天气过程中,500 hPa有负变温,冷平流明显,

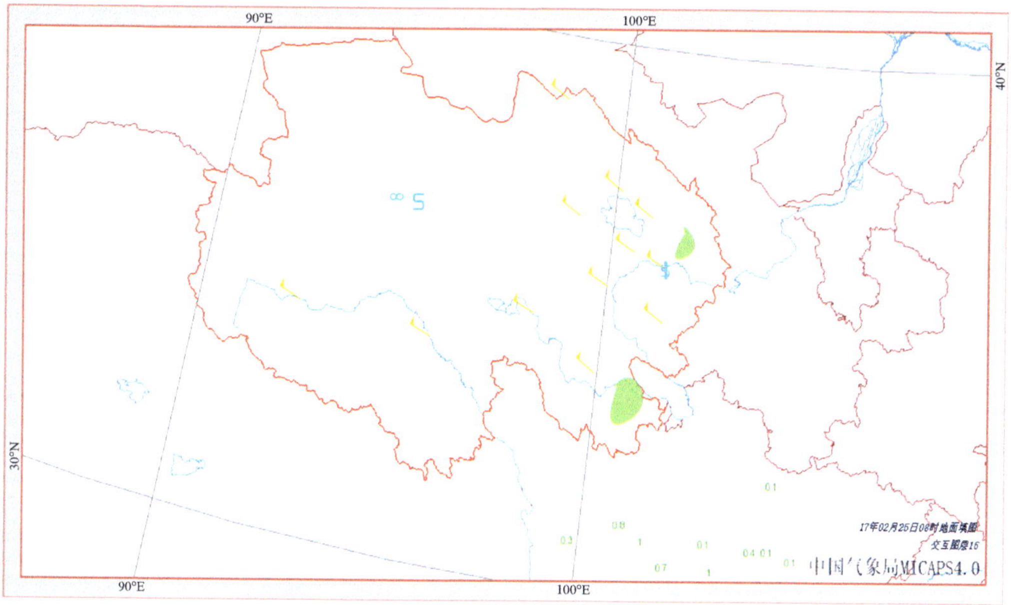

图 3.120　2017 年 2 月 25 日灾害性天气实况

冷平流使地面加压，有利于地面冷高压的加强，空中冷平流易使大气层结不稳定，再由于地面热低压发展，湍流运动加强，有利于动量下传，导致此次大风天气过程(图 3.121)。

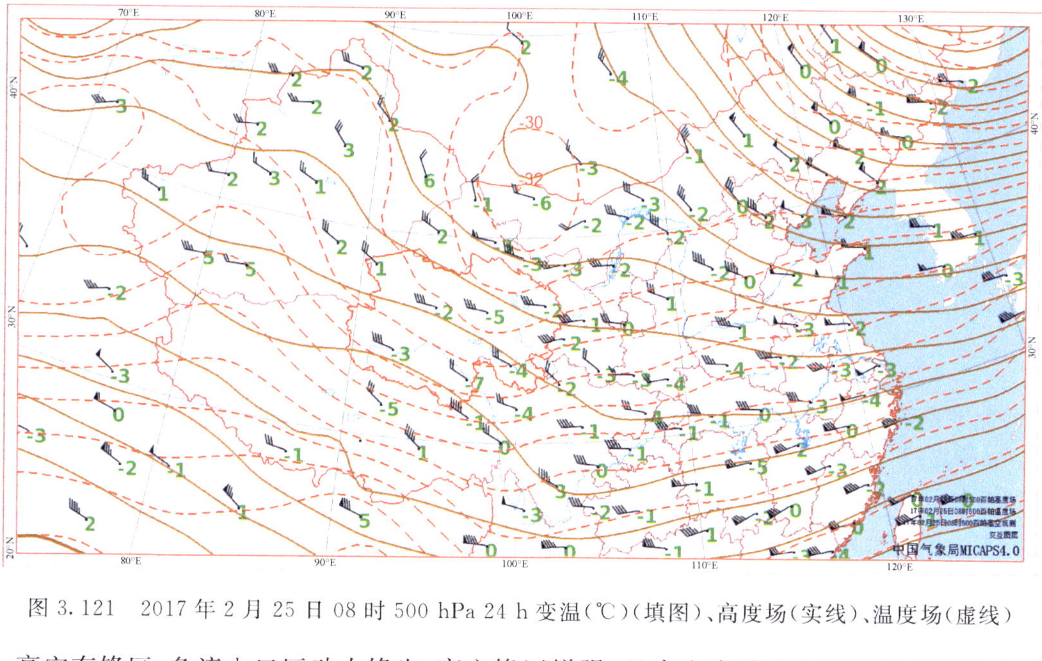

图 3.121　2017 年 2 月 25 日 08 时 500 hPa 24 h 变温(℃)(填图)、高度场(实线)、温度场(虚线)

高空有锋区，急流入口区动力锋生，高空锋区增强，且高空急流入口区正次级环流加大低层气压梯度，有利于风速增大，从图 3.122 可以看出高空西风急流较强(08 时 200 hPa 高度场风速大于 32 $m \cdot s^{-1}$，20 时 200 hPa 高度场风速大于 40 $m \cdot s^{-1}$)。高空急流带聚积强大的能量，对高低空天气系统的发生发展起关键作用。

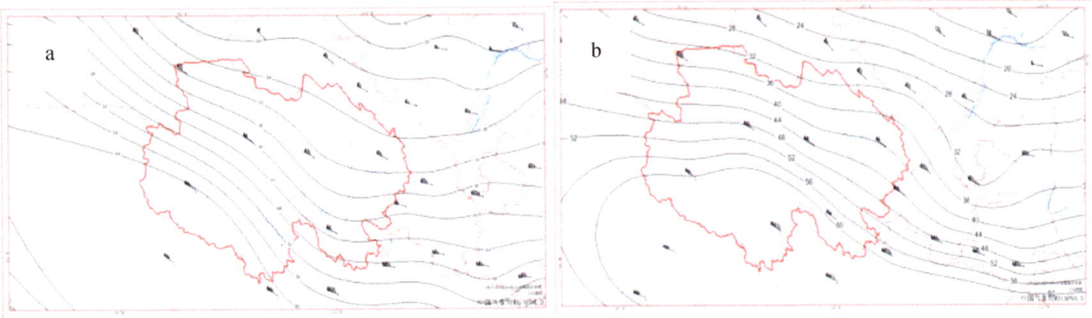

图 3.122　25 日 08 时(a)20 时(b)200 hPa 等风速线

高空有冷温槽,等温线密集,等温线与等高线的夹角大,冷平流强,由于气压分布不均匀造成变压梯度,破坏了气压梯度力与地转偏向力之间的平衡,产生一个附加的变压风,气压梯度越大,变压风也越大,使实际地面风速加大(图 3.123)。

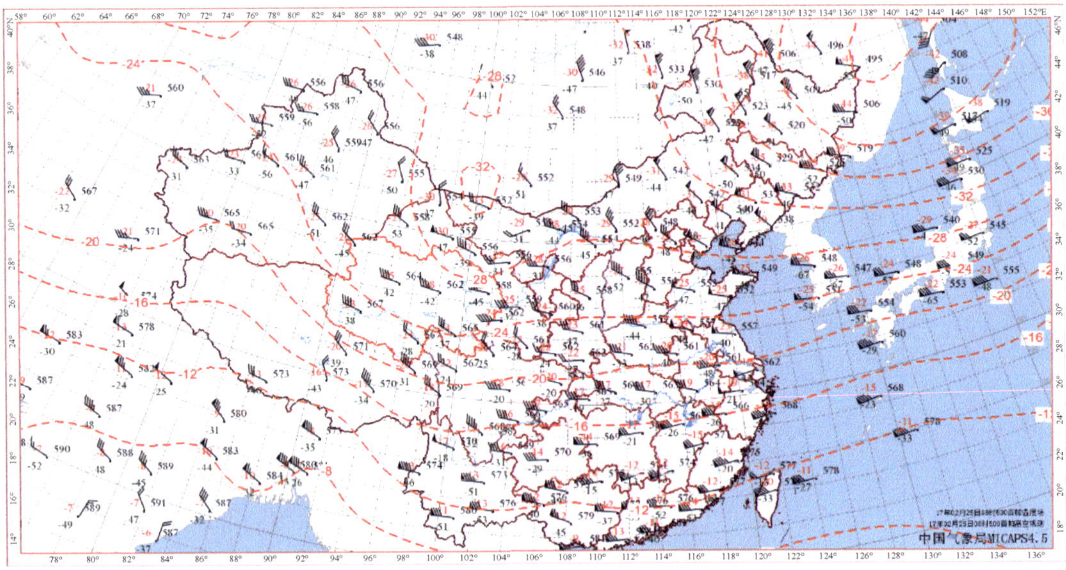

图 3.123　2017 年 2 月 25 日 08 时 500 hPa 高空填图、温度(℃)场(虚线)

大范围系统性大风的形成和较强的气压梯度或位势梯度有关,分析此次高原大风过程中 500 hPa 等高线(图 3.124),可以看出,青海省东北部地区上空 3 根等高线,位势梯度大,高空急流入口区动力锋生,高空锋区强,且高空急流入口区正次级环流加大低层气压梯度,有利于风速增大。海西地区近地面层空气受热不均匀形成热低压。午后发展旺盛,当其快速移动时,产生大风。地面热低压发展,湍流运动增强,易出现大风天气。

大风天气过程中冷高压中心位于贝加尔湖西侧,中心强度为 1050 hPa,其不断分裂小高压,致使冷空气加强,气压梯度变大,有利于大风的出现。大气斜压性加强,在低层水平方向上加速度的方向由冷气团指向暖气团,这就使得偏北风加大,强冷平流也是导致此次大风天气的主要原因之一。

2 月 25 日 08 时 200 hPa 散度场(图 3.125)上可以看出全省大部有明显的辐散下沉运动,有利于动量下传,一般来说,大风风区的宽窄、风力的强弱及持续时间的长短取决于冷空气的强度,冷平流越强,动量下传越剧烈,则风力越大,大风区越宽,持续时间也越长(图 3.126a)。

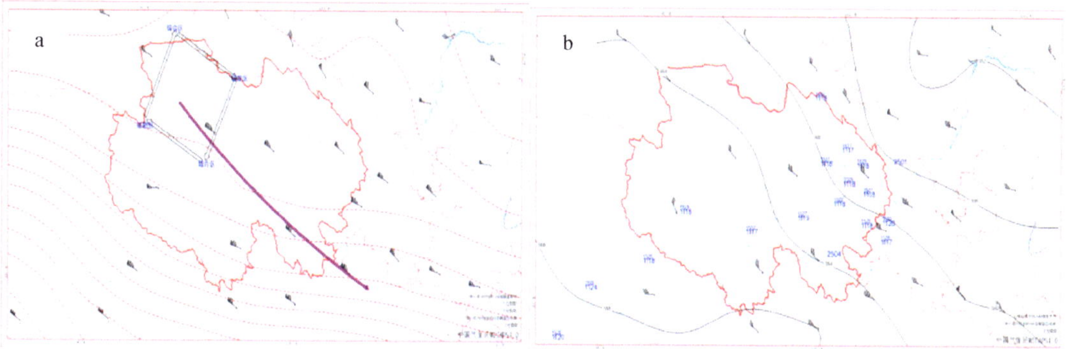

图 3.124　2 月 25 日 08 时 300 hPa 高空实况(a)20 时 500 hPa 等高线及地面大风分布(b)

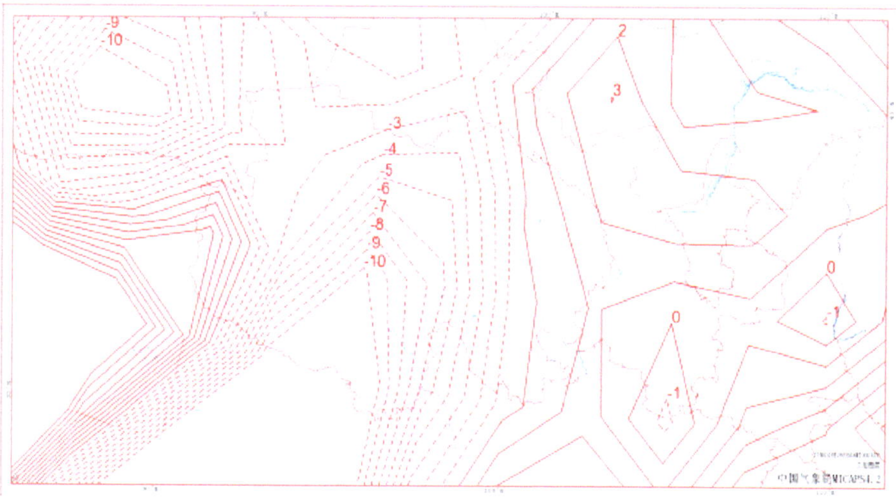

图 3.125　2017 年 2 月 25 日 08 时 200 hPa 散度场(单位:10^{-5} s^{-1})

2.2　大风天气日变化特征明显的原因

贵德邻近的西宁探空站显示风速垂直切变强，湍流运动加强，近地层层结不稳定(超绝热)，动量下传，风速增大。由西宁站的探空资料 T-ln$P$ 图(图 3.126b)可见，西宁站在 25 日 10 时从 700 hPa 东南风 4 m・s^{-1}到 500 hPa 西风 14 m・s^{-1}，风向随着高度顺转为暖平流，在风力上有 10 m・s^{-1}的切变，这说明在风力上西宁站有明显的风切变，有利于不稳定能量的加强。10 时 500 hPa 以下空气较干燥，可见随着冬春季节的转换，再加上贵德前期降水少，温度较高，空气逐渐变得干燥，这也有利于沙尘的卷起。

大风天气的日变化主要是由层结稳定度和湍流活动的日变化引起的[1-7]。高原地区由于空气稀薄，地面气温日较差较大(图 3.127)。夜间地面强烈辐射降温，导致边界层内清晨出现逆温层，从格尔木邻近的都兰的探空资料(图 3.128)可以看出，清晨近地层逆温层厚度约为 300 m，温度递减率 −1.7 ℃・(100 m)$^{-1}$，湍流活动被严重抑制，高空动量无法到达地面，地面风速小。白天地面辐射迅速增温，逆温层被破坏，边界层内温度递减率接近干绝热递减率，层结不稳定增强，湍流活动强，底层有冷平流，地面风速加大。由于柴达木盆地西侧冷空气下坡风，位能转为动能；盆地东侧狭管效应和地形辐合，再加之格尔木地区有沙源，这些地形作用对大风沙尘天气的的影响也尤为明显。

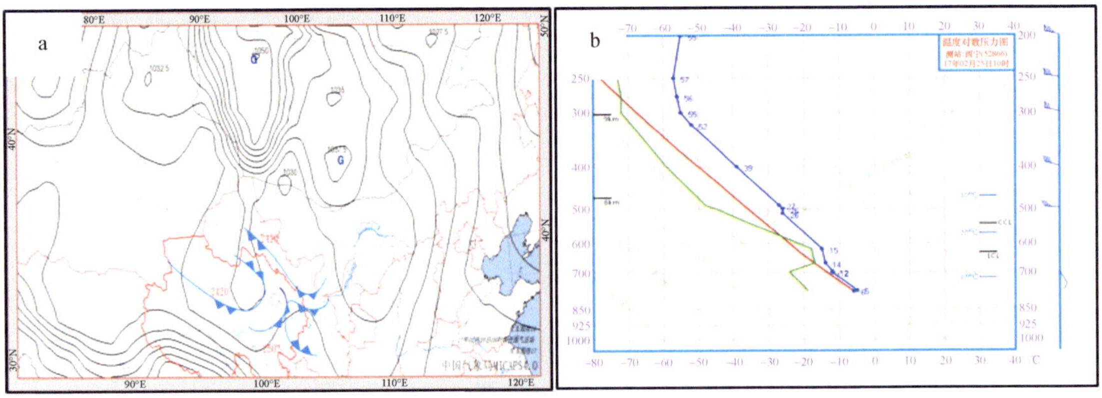

图 3.126　2 月 25 日 08 时地面气压场叠加冷锋演变(a)10 时西宁站探空资料(b)

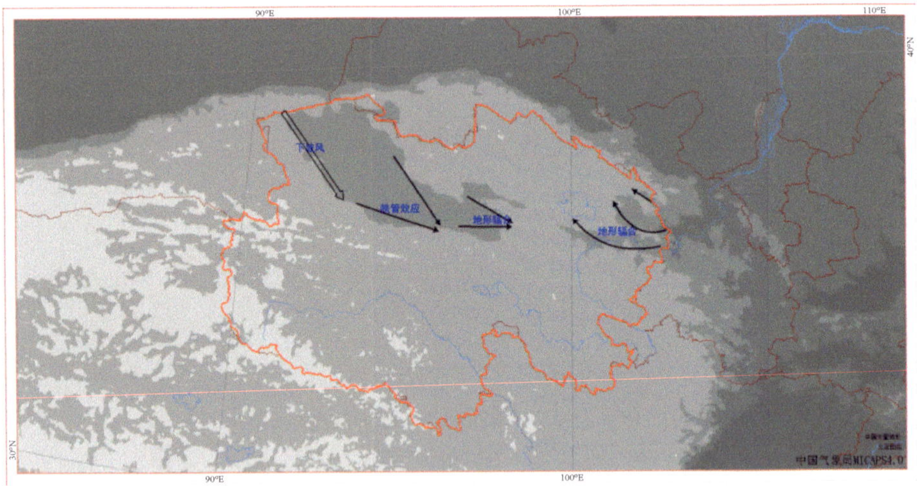

图 3.127　柴达木盆地及其东部地形

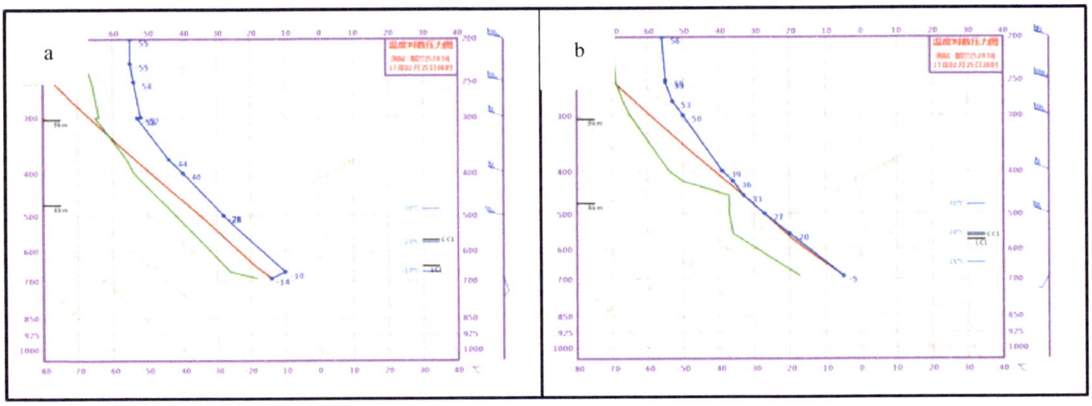

图 3.128　2 月 25 日 08 时(a)20 时(b)都兰站探空图

3 小结

1)此次大风天气过程时空分布特点:全省共12站出现大风,大风中心出现在玛多站,最大风速19 m·s^{-1}。此次大风过程特征是范围广、持续时间长。多种灾害性天气并存(出现分散性阵雪天气、贵德扬沙天气、格尔木霾、浮尘天气)。

2)大风天气成因:低槽前的北风带变强向南边延伸促使北方冷空气持续南下,新疆弱脊不断变弱。青海省处于东北冷涡后部,高空槽引导冷空气配合地面冷锋,强烈的气压梯度以及变压梯度推动冷空气迅速运动,温度槽落后于高度槽,形成斜压不稳定,风速不断变大造成的一次全省性大风天气;高空西风急流强,有冷温槽,高空锋区冷平流强;地面热低压发展,湍流运动增强,引发了大风天气。冷空气在南压过程中,同时向下传播,由于大气层结不稳定,有利于铅直交换,此次大风天气过程中高层有很好的动量下传作用,高空有冷平流,有利于形成大风天气。

3)大风天气过程日变化特征明显的原因:大气层结不稳定;湍流活动较强;动量下传;日较差较大;辐射降温;有逆温层。

4)大风预报着眼点为:冷平流及动量下传是此次大风天气过程的主要预报着眼点,西风急流为此次大风提供了动力来源,强的风速带和气压梯度对大风有明显的指示意义和可预报价值。高原大风天气的出现范围和高原地形的联系也十分密切。

参考文献

[1] 朱乾根,林锦瑞,寿绍文. 天气学原理和方法[M]. 北京:气象出版社,2000.
[2] 郭萍萍,殷雪莲,刘秀兰,等. 河西走廊中部一次特强沙尘暴天气特征及预报方法研究[J]. 干旱气象,2011,29(1):110-115.
[3] 张智,郑广芬,林莉,等. 宁夏大风日数气候变化及其对沙尘天气的影响[J]. 干旱区资源与环境,2006,20(4):30-34.
[4] 周秀骥,徐祥德,颜鹏,等. 2000年春季沙尘暴动力学特征[J]. 中国科学(D辑:地球科学),2002,32(4):327-334.
[5] 申建华,李丽平,张国勇,等. 山西一次罕见大风天气成因分析[J]. 安徽农业科学,2011,39(34):21287-21289.
[6] 杨丽敏,文胜军,黄佩宇. 2012年2月8—9日西藏大风天气成因分析[J]. 西藏科技,2013(11):56-58.
[7] 杨国祥. 中小尺度天气学[M]. 北京:气象出版社,1983.

2017年3月23日大风天气过程分析总结

郭春晔　梁　宁　孙　瑛
(海南州气象台,共和　813000)

摘　要:利用高空、地面资料,对2017年3月23日发生在青海省地区春季的一次大风过程进行了分析。分析表明:1)此次大风过程的大风强度呈现午后加强,夜间减弱的特点,青海省境内大部分站点瞬时风速达到8级以上。2)大风天气的成因主要有以下几点:蒙古地区有高空槽东移南压,青海省处于槽底偏西气流中,青海省北部有高空急流,西风急流强;温度槽落后于高度槽,冷平流明显;地面冷锋作用明显;冷锋快速东移,锋后冷空气活动明显;风速的垂直切变大,加大了低层的风速;地形作用的影响。3)锋面次级环流下沉支造成地面产生地转偏差辐散,同时带动高层的冷空气下传,进而造成冷锋后地面风速加强。锋面次级环流下沉支使得锋后地面24 h正变压增大明显,造成变压风加大,对加大地面风速具有正贡献。

关键词:大风,成因,锋面次级环流

1　天气实况

文中使用了2017年3月21日至3月23日青海省高空24 h实况资料、地面风速、气温、气压等逐小时地面观测资料。2017年3月23日,青海省春季发生的一次大风天气过程,大风主要出现在青海省东北部及南部,同时柴达木东部和青海省东部伴有降水。此次过程中,青海省境内大部分站点瞬时风速达到8级以上,其中,位于海南州境内的瓦里关地区瞬时风速达到33.6 m·s^{-1}(12级)。大风最早于3月23日11时在海南北部地区陆续出现,持续到23日20时大风减弱,入夜后结束。大风强度呈现午后加强,夜间减弱的特点(以海南境内共和52856站为例),具体天气实况如图3.129所示。

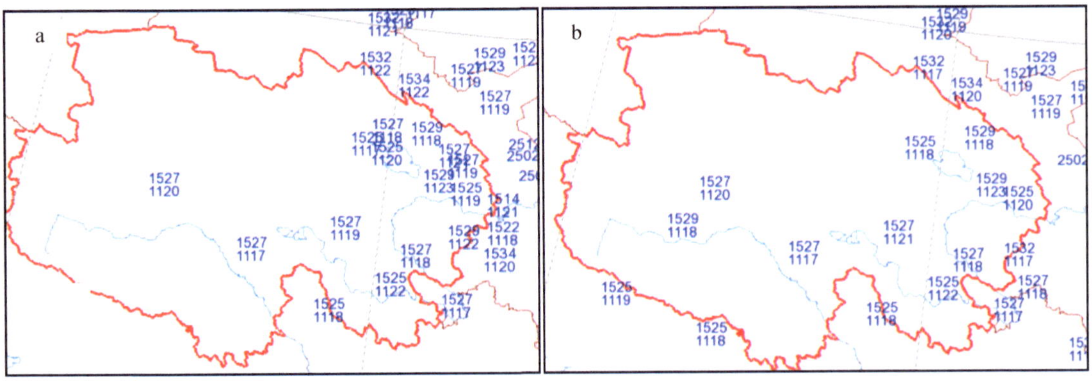

图3.129　2017年3月23日14时(a)17时(b)青海地面大风天气分布

2　大风天气成因分析

2.1　环流背景

从 23 日 08 时的 500 hPa 高空图上分析，从蒙古地区有一高空槽东移南压，青海省大部分地区处于槽底的偏西气流之中，位于青海省北部地区存在高空急流，西风急流较强，使得地面最大风速达到 30 $m \cdot s^{-1}$。分析高空图发现，温度槽落后于高度槽，青海省上空冷平流活动明显(图 3.130a)。在贝加尔湖西侧有 −35 ℃的冷中心存在，青海省内温度梯度大，有 4 根等温线位于青海省境内，高空风速大，有冷平流输送(图 3.130b)。根据冷空气变化情况分析，大风天气发生前期冷空气在南疆和甘肃北部有所堆积，23 日 08 时开始 24 h 最大变压在南疆地区达到 17 hPa，在甘肃北部达到 21 hPa。根据 23 日地面冷锋移动趋势发现，地面冷锋快速东移，锋后冷空气活动明显，于 23 日 08 时，冷锋已移出青海省境内(图 3.130c)。

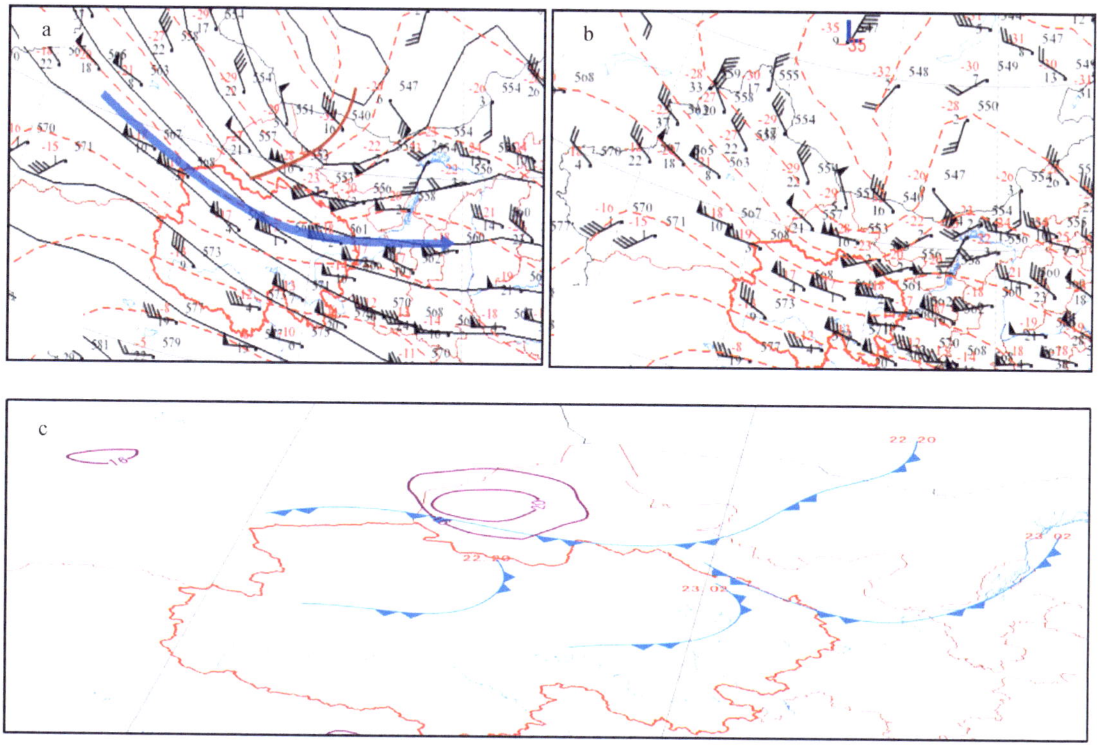

图 3.130　23 日 08 时 500 hPa 高空形势(a)08 时 500 hPa 高空形势＋温度场(b)
23 日地面冷锋移动趋势及 23 日 08 时 24 h 变压线(c)

2.2　位势梯度和高空急流

蒙古地区高空槽东移南压作用形成的强气压梯度和高空急流是此次大风天气过程的重要成因，大范围系统性大风的形成和较强的气压梯度或位势梯度有关，分析高原大风过程中 500 hPa 等高线(图 3.131)，可以看出，500 hPa 青海省内有 4 根以上等高线，高空位势梯度大，有利于风速增大。在高层 200 hPa(图 3.131b)，新疆天山山脉至西北地区东北部存在一条大风速带，最大风速达 48 $m \cdot s^{-1}$，与 500 hPa 高空急流(图 3.130a)的位置相对应，中高层一致的西风急流,有利于高空动量下传造成地面出现大风天气。在400 hPa(图3.131c)高度上,贝加尔湖底部至青海省中部存在冷温槽,冷平流输送明显,冷空气下沉有利于地面大风的出现。

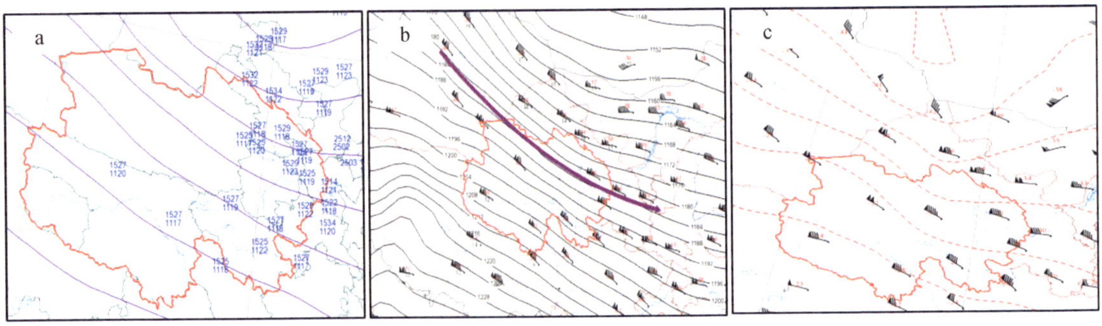

图3.131 3月23日08时500 hPa等高线+地面大风分布(a)200 hPa高空形势(b)400 hPa形势场(c)

2.3 风速垂直切变及地形的影响

高空槽后的动量下传是此次大风强度较强的关键因素,青海省高原地区冬春季发生的大风天气通常和较强的高空动量下传有关,而动量下传必须有两个必要条件,一个是高空急流的存在,这是高空动量下传的前提,另一个是层结不稳定导致的较强湍流活动,这则是动量能否下传的关键因素。此次过程中,高空急流如前述所述,强度大,但它的存在并不能导致动量一定下传,还必须存在较强的不稳定层结导致的湍流活动与其配合。青海省冬春季节不稳定层结的建立一般和地面午后增温及高空冷平流有关,此次过程中,青海省全省境内500 hPa高空风向与该层等温线夹角大,风速强,同时等温线的温度梯度大,导致高空冷平流强。同时高原空气稀薄,地面温度日较差大,午后地面增温明显,20时虽然地面温度已然下降,但地面至500 hPa仍接近干绝热,因此大气层结在白天趋于不稳定状态,湍流活动加强,从而导致高空动量容易下传。分析西宁单站的探空图得到,青海省界内的风速垂直切变大,700 hPa和500 hPa的风速差达到26 $m \cdot s^{-1}$,从而使得高空风速带动低层风速不断增大,有利于近地层湍流发展,高空动量下传(图3.132a)。其次,从地形作用分析来看:大风发生区域位于狭管效应作用的地域内,受到地形辐合影响,使得青海省大部地区出现大风天气,尤其是青海省的东北部以及南部高海拔地区,其中,受地形作用影响最大的是海南地区,以位于海南境内的瓦里关山地区出现极大风速表现显著(图3.132b)。

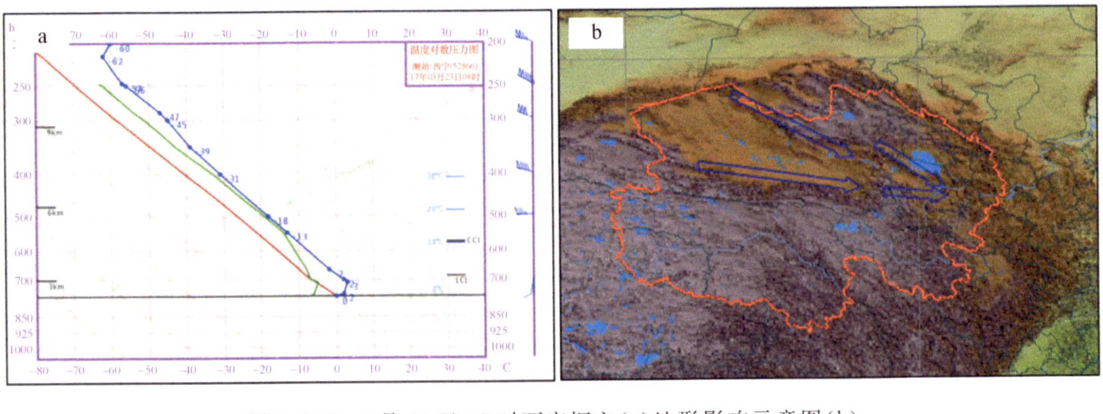

图3.132 3月23日08时西宁探空(a)地形影响示意图(b)

3　锋面次级环流对大风的作用

锋面次级环流主要的作用是加强地面风速，主要是以下两方面的作用所产生的加强效果：首先是锋面次级环流下沉的一支气流带动高层的冷空气下传，其底部的环流造成冷锋后部地面风速加强(图 3.133)；其次是锋面次级环流下沉的一支使得锋后地面 3 h 正变压增大明显，而锋前上升气流造成地面 3 h 变压减压明显，为负变压，变压梯度增大，造成变压风增大，有利于加大地面风速(图 3.134)。因此，高空急流的入流区的辐合下沉运动与冷锋前的上升运动叠加形成的次级环流是此次大风天气出现的增强条件。

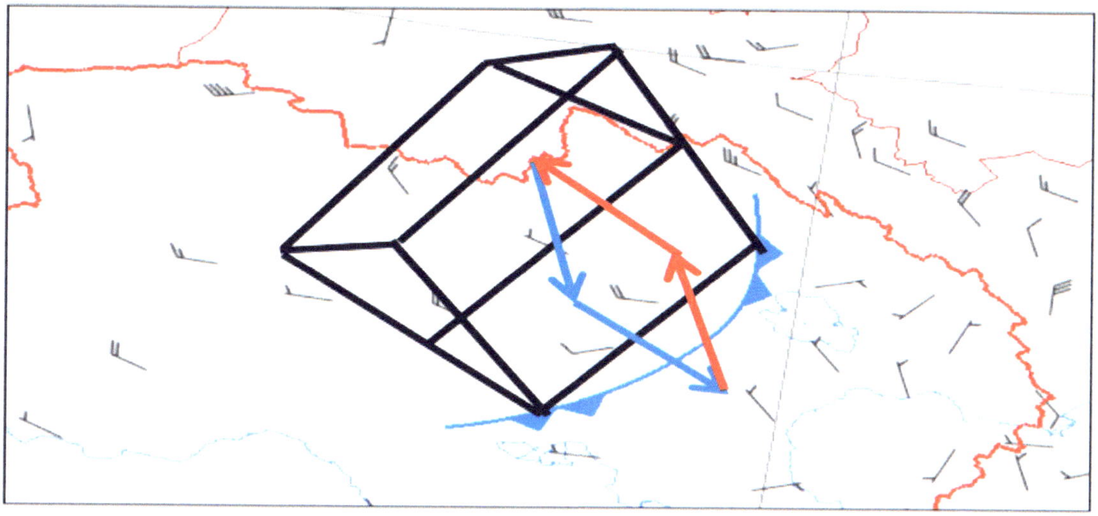

图 3.133　23 日 05 时锋面次级环流示意图

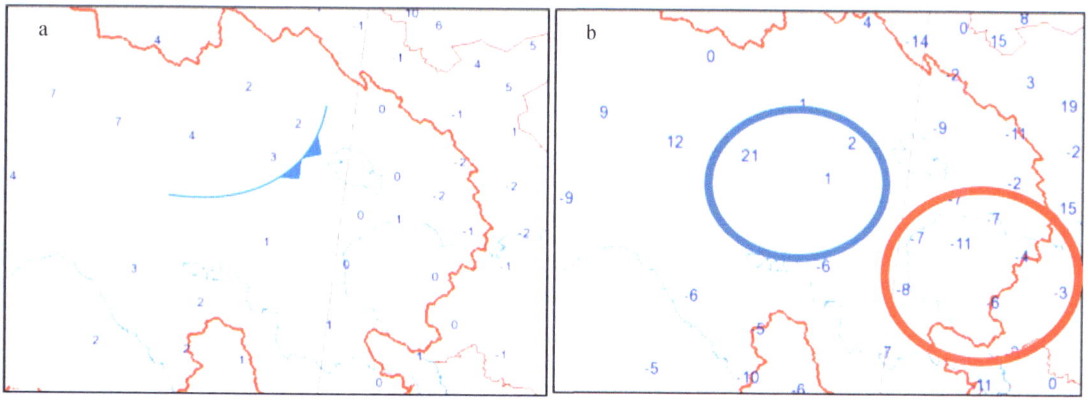

图 3.134　23 日 02 时锋面和 3 h 变压(a)05 时 3 h 变压(b)(单位：hPa)

4　结论

总体研究得到：蒙古地区低压槽东移影响形成的强气压梯度是此次大风天气过程的重要成因；高空槽槽后动量下传是此次区域性大风强度较强的关键因素；高空西风急流入流区的辐合下沉运动与冷锋前的上升运动叠加形成的次级环流是此次大风天气出现的增强条件。具体如下：

(1)此次大风天气过程的特点：春季发生的一次大风天气，同时柴达木东部和青海省东部伴有降水。青海省境内大部分站点瞬时风速达到8级以上，瓦里关地区瞬时风速达到33.6 $m \cdot s^{-1}$。大风强度呈现午后加强，夜间减弱的特点。

(2)此次大风天气过程形成的原因：高空影响：蒙古地区有高空槽东移南压，青海省处于槽底偏西气流中，青海省北部有高空急流，西风急流强，最大风速达到30 $m \cdot s^{-1}$。温度槽落后于高度槽，冷平流明显。贝加尔湖西侧有−35 ℃的冷中心，青海省内有4根等温线，风速大，高空有冷平流输送。高空动量下传致使地面风速加强。地面冷锋作用：前期冷空气在南疆和甘肃北部有堆积，24 h最大变压在南疆达到17 hPa，在甘肃北部达到21 hPa。冷锋快速东移，锋后冷空气活动明显，23日08时冷锋移出青海省。风速的垂直切变对大风的影响：从西宁单站的探空图看出，风速的垂直切变大，加大了大气低层的风速；地形影响：特殊地形所形成的狭管效应和地形辐合共同作用，使得局地出现风速的极大值。

(3)锋面次级环流对大风的作用：锋面次级环流下沉的一支造成地面产生地转偏差辐散，同时带动高层的冷空气下传，进而造成冷锋后地面风速加强。锋面次级环流下沉的一支使得锋后地面24 h正变压增大明显，造成变压风加大，对加大地面风速具有正贡献。

2017 年 4 月 8 日大风天气过程分析和总结

魏永亮　解文璇
（玉树州气象台，玉树　815000）

摘　要：基于高空、地面和物理量资料，对 2017 年 4 月 8 日发生在青海省南部地区一次春季大风过程进行了分析，结果表明：1）这是一次发生在春季的青海省南部的大风天气，影响范围大，强度强；大风日变化明显，昼强夜弱，下午至傍晚发展增强，夜间减弱；祁连山区出现了降雪天气，青海省东部和玉树地区出现了小量级降水天气，降水相态较为复杂。2）500 hPa 青海省北部地区受巴尔喀什湖低值系统分裂的短波槽影响，南部高原槽影响，西藏西部有明显的冷温槽。高空急流不明显；位势梯度随时间减弱；高空冷平流东移期间明显减弱；午后地面增温明显，减压显著，热低压发展明显，地面至 500 hPa 接近于干绝热（$\gamma \approx 1$ ℃·(100 m)$^{-1}$），层结不稳定，湍流活动加强，引起高空动量下传。新疆北部地面冷高压强（1040 hPa），冷高压东移过程减弱，青海省上空冷空气弱，冷锋维持时间短，青南地区没有明显的冷空气蔓延上高原，青海省中部地区的变压风＋锋面次级环流增大地面风速；高海拔地区大气层薄，气温日变化剧烈，易出现动量下传。

关键词：大风，寒潮，冷锋，动量下传

1　天气实况

2017 年 4 月 8 日 08 时—9 日 08 时，青海省南部地区发生了一次大风、弱降水天气过程，此次大风主要集中在青海省南部地区，强度大，大部 8 级以上，最大风速 24 m·s^{-1}（沱沱河），白天强夜间弱。14 时开始，17 时发展增强，20 时达到最强，23 时减弱。大风日变化明显（沱沱河为例），昼强夜弱，下午至傍晚发展增强，夜间减弱。多地出现扬沙（小灶火和五道梁）、浮尘（茫崖、都兰能见度 5 km）天气；祁连山区出现了降雪天气，青海省东部和玉树地区出现了小量级降水天气，降水相态较为复杂（雨、雨夹雪、雪）。具体如图 3.135 所示。

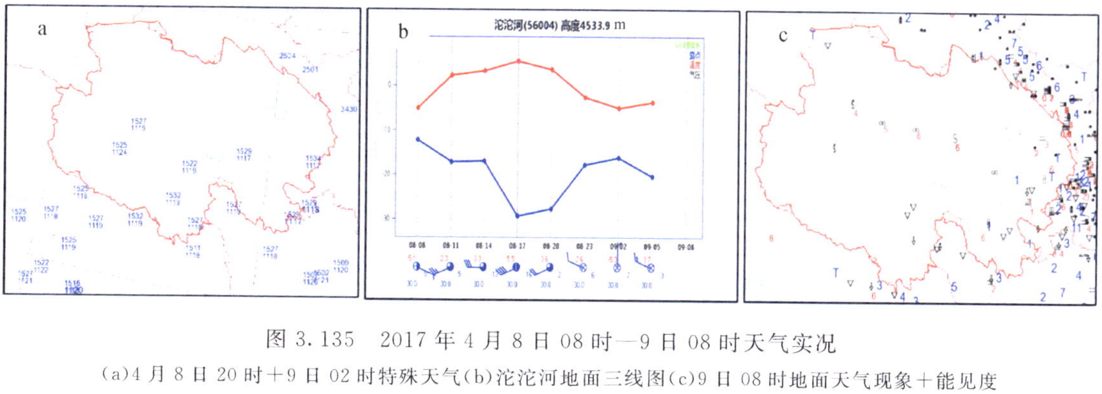

图 3.135　2017 年 4 月 8 日 08 时—9 日 08 时天气实况

（a）4 月 8 日 20 时＋9 日 02 时特殊天气（b）沱沱河地面三线图（c）9 日 08 时地面天气现象＋能见度

2 大风天气过程形成机制

2.1 环流形势和天气系统

4月8日08时500 hPa中高纬环流形势呈多波动型，这是一次东亚大槽后部强冷空气南下配合巴尔喀什湖低值系统分裂的短波槽东移造成的青海省大范围的寒潮天气过程(图3.136)。青海省北部地区受巴尔喀什湖大槽底部分裂的短波槽影响，南部高原短波槽影响，西藏西部有明显的冷温槽东移。高空急流不明显，青海省范围内最大风速出现在沱沱河(16 $m \cdot s^{-1}$)。分析4月8日08—20时400 hPa高空图，400 hPa上中高纬环流形势呈多波动型，青海省范围内受偏西气流影响，在西藏北部至青海省西部有一条风速≥20 $m \cdot s^{-1}$的高空西风急流，其中沱沱河站为24 $m \cdot s^{-1}$，高空风速较大。300 hPa高空图上，西藏中部地区至青海省南部地区存在明显的高空西风急流，青海省南部地区的风速≥30 $m \cdot s^{-1}$，其中沱沱河站为34 $m \cdot s^{-1}$，玉树站为西风34 $m \cdot s^{-1}$；250 hPa高空图上，青海省南部地区有一条风速≥40 $m \cdot s^{-1}$的西风急流带，最大风速出现在玉树站和达日站，风速达到了54 $m \cdot s^{-1}$；200 hPa高空图上，青海省南部地区仍有一条风速≥40 $m \cdot s^{-1}$的西风急流带。由此可以看出，青海省南部地区从低层到高层西风急流更加明显。

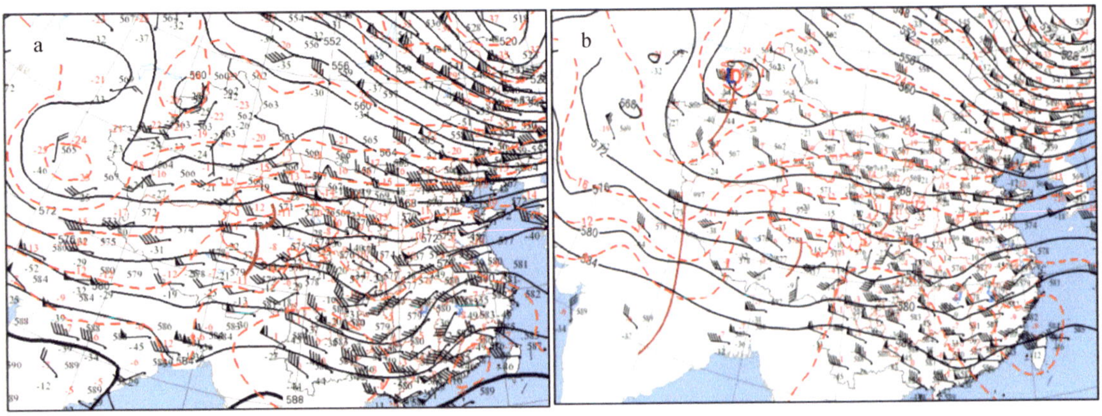

图3.136 4月8日08时(a)20时(b)500 hPa高空图

2.2 位势梯度和高空冷平流

大范围系统性大风的形成和较强的气压梯度或位势梯度有关[1-3]，分析此次高原大风过程中500 hPa等高线(图3.137a、b)，可以看出，青海省东北部地区上空3根等高线，位势梯度较小，在约600 km的水平尺度上，$\Delta\phi$由08时的1000 $J \cdot kg^{-1}$减小至900 $J \cdot kg^{-1}$左右。8日08时500 hPa青海省西部受冷平流影响，随着时间的变化冷平流东移北抬，期间冷平流明显减弱。但是分析8日08时400 hPa温度平流图可以看到，青海省西部地区受冷平流影响，东部地区受暖平流影响，到了8日20时，青海省除了西北部地区之外，其余地区均受冷平流影响；分析8日08时500 hPa温度平流图可以看到，青海省偏东地区受冷平流影响，其余地区受暖平流影响，到了8日20时，青海省偏东地区受暖平流影响，其余地区均受冷平流影响(图3.137c、d)。此外，还可以从500 hPa高空图的24 h变温图上可以看到，青海省范围内除了西宁本站的 24 h 变温为正变温之外，其余的探空站 24 h 变温均为−2～−3 ℃，说明青海省还是有冷平流影响。综上所述，青海省南部地区中高层冷平流明显，低层冷平流较弱。

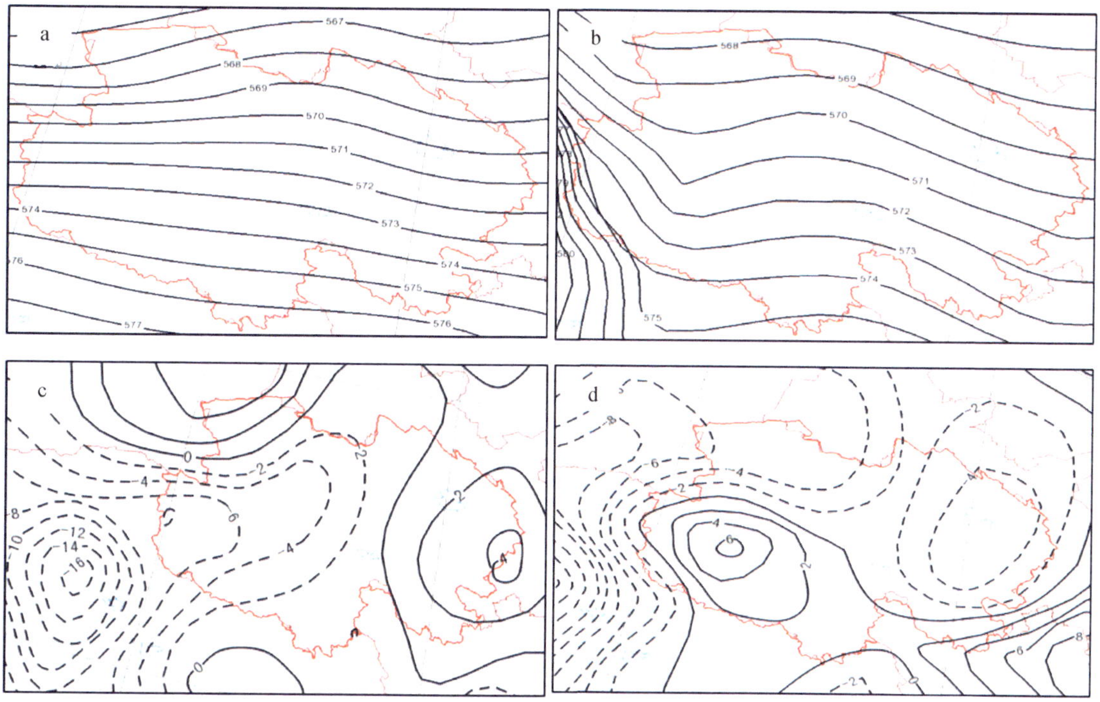

图 3.137　8 日 08 时 500 hPa 高度场(a)20 时 500 hPa 高度场(b)
08 时 500 hPa 温度平流(c)20 时 500 hPa 温度平流(d)(单位：10^{-5} ℃ · s^{-1})

2.3　层结不稳定配合高空急流导致高空动量容易下传

青海省高原地区冬春季发生的大风天气通常和较强的高空动量下传有关，而动量下传必须有两个重要条件，一个是高空急流的存在，这是高空动量下传的前提，另一个是层结不稳定导致的较强湍流活动，这则是动量能否下传的主要因素[4-10]。此次过程中，高空急流如前述所述，强度大，但其的存在并不能导致动量一定下传，还必须存在较强的不稳定层结导致的湍流活动与其配合。青海省冬春季节不稳定层结的建立一般和地面午后增温及高空冷平流有关，风速较强，风向与等温线夹角较小，温度的水平梯度小，导致高空冷平流不强，同时午后增温明显，在 8 日 20 时沱沱河探空曲线可以计算得到(图 3.138a)，地面至 500 hPa 超过干绝热($\gamma \approx 1$ ℃ · $(100\ m)^{-1}$)，层结不稳定，湍流活动加强，引起高空动量下传，但高空风小于地面风，可能和高低空观测资料以及时次有关。从沱沱河站 4 月 8 日 08 时—9 日 00 时气压、温度、露点温度、极大风速(图 3.138b)可以得到，气压从 8 日 09 时开始呈现一个减压趋势，由 09 时的 583.6 hPa 一直减小，至 17 时减至最小，为 580.9 hPa，17 时之后又呈现升压趋势。08 时的气温为−5.1 ℃，然后气温一直不断升高，到 18 时气温升至最高，为 6 ℃，变温为 11.1 ℃。08 时的露点温度为−12.3 ℃，随后露点温度不断减小，到 17 时减至最小，为−29.3 ℃。从极大风速可以分析得到，从 08 时开始风速不断增大，到 18 时达到最大，为 23.6 m · s^{-1}。由此可以得到，午后增温明显，有明显的减压，热低压发展明显，层结不稳定，湍流活动较强。

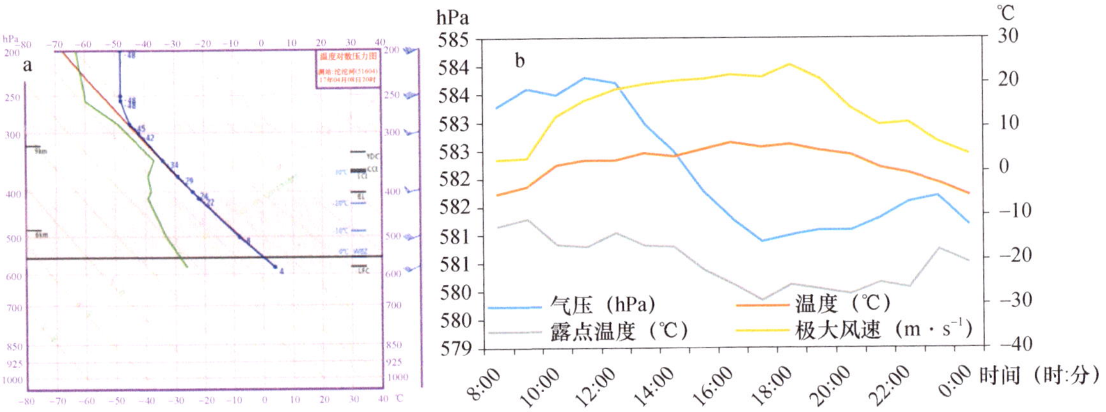

图 3.138　8日20时沱沱河探空曲线(a)
沱沱河站4月8日08时—9日00时气压、温度、露点温度、极大风速(b)

2.4　变压风及锋面次级环流加强了地面风速

8日08—20时,受东移新疆冷空气影响,一股较强地面冷锋分东、西两路影响青海省北部地区,其中西路冷锋途径之地,浮尘和扬沙天气随之发生。这主要是由于锋面一方面加大气压梯度,导致地转风速增大,另一方面锋面前后冷暖气团中的变压不同,冷锋前后较强的变压梯度导致非地转的变压风 $\boldsymbol{D}_1=-\frac{g}{f^2}\nabla_h\left(\frac{\partial p}{\partial t}\right)$ 增大明显(图3.139),粗略估算格尔木和都兰两站之间的变压风对地面风速的增大量能达到1~2 m·s^{-1}。

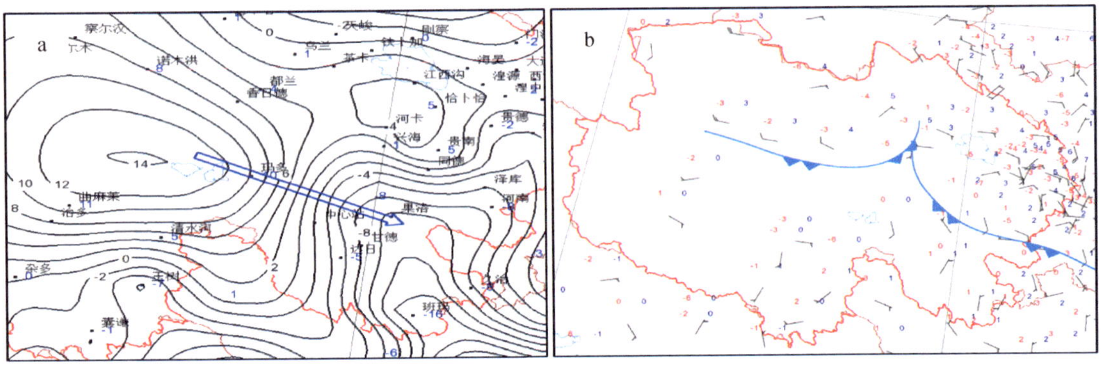

图 3.139　8日11时3 h变压(a)08时冷锋+24 h变压、变温+风场(b)

3　预报难点

此次青南地区的大风各个指标有所反映(如500 hPa高空急流明显,沱沱河站风速≥20 m·s^{-1},青海省范围内等高线4条,冷平流明显,地面增温、地面气压减压、热低压发展,层结不稳定,高空动量下传等),但表现不明显,甚至在有些指标有减弱现象下,仍出现了大风天气,主要成因难以分析,资料有限,预报难度较高,具体诱因以后进一步研究分析。

4 结论

1)特点:春季,青海省南部大风,影响范围大,强度强,最大风速 24 $m \cdot s^{-1}$(沱沱河);大风日变化明显,昼强夜弱,下午至傍晚发展增强,夜间减弱;祁连山区出现了降雪天气,青海省东部和玉树地区出现了小量级降水天气,降水相态较为复杂(雨、雨夹雪、雪)。

2)原因:500 hPa 青海省北部地区受巴尔喀什湖低值系统分裂的短波槽影响,南部高原槽影响,西藏西部有明显的冷温槽。高空急流不明显,青海省范围内最大风速出现在沱沱河(16 $m \cdot s^{-1}$);位势梯度随时间减弱;高空冷平流东移期间明显减弱;午后地面增温明显,减压显著,热低压发展明显,地面至 500 hPa 接近于干绝热($\gamma \approx 1$ ℃ · $(100\ m)^{-1}$),层结不稳定,湍流活动加强,引起高空动量下传。新疆北部地面冷高压强(1040 hPa),冷高压东移过程减弱,青海省上空冷空气弱,冷锋维持时间短,青南地区没有明显的冷空气蔓延上高原,青海省中部地区的变压风+锋面次级环流增大地面风速;高海拔地区大气层薄,气温日变化剧烈,易出现动量下传。

参考文献

[1] 石广玉,赵思雄. 沙尘暴研究中的若干科学问题[J]. 大气科学,2003,27(4):591-606.
[2] 周秀骥,徐祥德,颜鹏,等. 2000 年春季沙尘暴动力学特征[J]. 中国科学(D 辑:地球科学),2002,32(4):327-334.
[3] 史培军,严平,高尚玉,等. 我国沙尘暴灾害及其研究进展与展望[J]. 自然灾害学报,2000,9(3):71-77.
[4] 周自江,王锡稳,牛若芸. 近 47 年中国沙尘暴气候特征研究[J]. 应用气象学报,2002,13(2):193-200.
[5] 邱新法,曾燕,缪启龙. 我国沙尘暴的时空分布规律及其源地和移动路径[J]. 地理学报,2001,56(3):316-322.
[6] 周自江,章国材. 中国北方的典型强沙尘暴事件(1954—2002 年)[J]. 科学通报,2003,48(11):1124-1228.
[7] 钱正安,宋敏红,李万元. 近 50 年来中国北方沙尘暴的分布及变化趋势分析[J]. 中国沙漠,2002,22(2):106-111.
[8] 庄国顺,郭敬华,袁蕙,等. 2000 年我国沙尘暴的组成、来源、粒径分布及其对全球环境的影响[J]. 科学通报,2001,46(3):191-197.
[9] 方宗义,朱福康,江吉喜,等. 中国沙尘暴研究[M]. 北京:气象出版社,1997.
[10] 高庆先,李令军,张运刚,等. 我国春季沙尘暴研究[J]. 中国环境科学,2000,20(6):495-500.

2017年6月18日大风沙尘暴天气过程分析

韩廷芳　刘成丰　石秀云
(格尔木市气象台,格尔木　816000)

摘　要:基于高空、地面和模式资料,对2017年6月18日发生在青海省地区夏季一次大风-强沙尘暴天气过程进行了分析。结果表明:1)此次过程是一次初夏大风—强沙尘暴—扬沙天气过程,伴小阵雨。大风局地性强,强度小;强沙尘暴出现在格尔木,局地性强,持续时间短,强度大(最小能见度300 m);2)大风成因:层结不稳定导致高空动量容易下传;整个青海省层结不稳定趋强($LI<0$ ℃),湍流活动强;垂直风切变较强利于高空动量下传;变压风及锋面次级环流加强了地面风速;柴达木盆地西侧冷空气下坡风,位能转为动能,地面风速增强。3)沙尘暴成因的动力条件:高空冷平流强,层结不稳定,高空动量容易下传;地面有中尺度辐合线,触发不稳定能量;地面风向转变,风速增大,利于起沙。热力条件:前期无降水,气温回升较快,下垫面干燥、有利于起沙;18日格尔木白天增温非常显著;层结不稳定,格尔木由于地面增温明显,20时地面至500 hPa温度递减率等于干绝热递减率($\gamma\approx0.98$ ℃·$(100\ m)^{-1}$),层结白天趋于不稳定,湍流活动加强,从而导致高空动量容易下传。沙源条件及地形作用,柴达木盆地(内源),塔克拉玛干沙漠、库姆塔格沙漠(外源)。柴达木盆地特殊的地形,不但对风有狭管加速效应,并且还有使空气下滑势能转变为动能的作用。4)此次大风沙尘暴过程的预报难点主要为非大风沙尘暴季节(春季)的大风沙尘暴过程,而且局地性很强,预报思路难以准确把握。另外,此次过程中模式风速小于实况风速,模式参考性较差。而且造成局地特强沙尘暴的中尺度系统难以捕捉和预报。

关键词:大风,沙尘暴,天气过程,格尔木

1　天气实况

2017年6月18日,青海省大风—沙尘暴—扬沙天气过程,伴小阵雨。此次沙尘暴灾害性天气特点是:初夏局地大风、强沙尘暴及扬沙天气过程,全省有3个站出现了大风,五道梁7级(17.0 m·s^{-1},NW 19:00),冷湖和托勒8级(18.5 m·s^{-1},NNE 16:48;17.8 m·s^{-1},ENE 14:24),格尔木风较大(16.9 m·s^{-1})但未达到大风标准;格尔木站在19:39—19:44出现了强沙尘暴,持续时间短(5 min),强度大(最小能见度300 m);沙尘暴过后出现了扬沙天气,局地性强,持续时间较短(16 min)并伴有小阵雨;18日08时—19日08时全省大部地区出现了阵雨,量级(24 h降水量≤10 mm)。具体天气实况如图3.140所示。

2　大风沙尘暴成因

2.1　大风天气成因

2.1.1　层结不稳定导致高空动量容易下传

18日20时500 hPa高空风向与该层等温线夹角大,风速较强,同时等温线的梯度大,导致

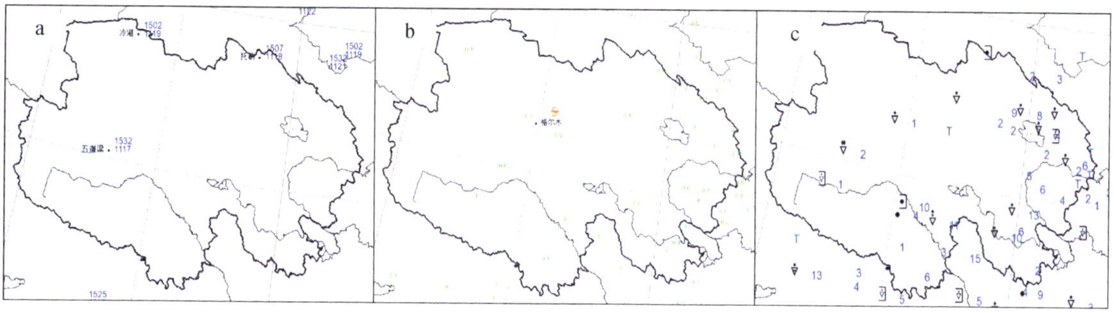

图 3.140　2017 年 6 月 18 日 08 时—19 日 08 时青海省天气实况

(a)18 日 20 时地面大风天气分布图(b)18 日 08 时—19 日 08 时期间沙尘暴

(c)18 日 08 时—19 日 08 时降水量(mm)及天气现象分布图

高空冷平流强(图 3.141a)。整个青海省层结不稳定趋强($LI<0$ ℃,图 3.141b),湍流活动强。从茫崖至都兰探空资料剖面图分析(图 3.141c),垂直风切变较强利于高空动量下传。

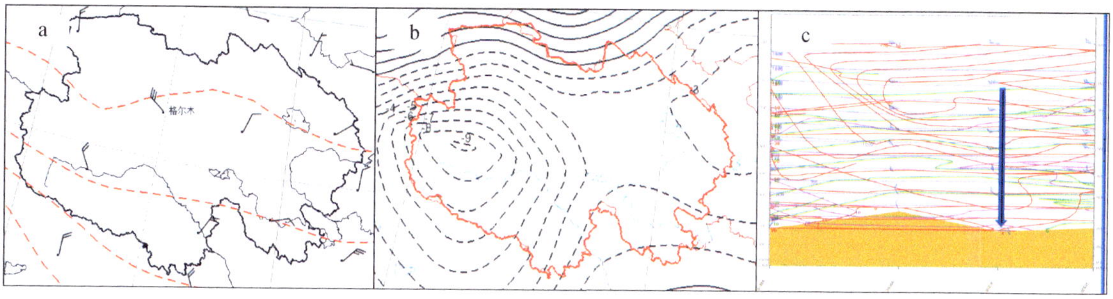

图 3.141　18 日 20 时 500 hPa 等温线及剖面图

(a)18 日 20 时 500 hPa 风+等温线(b)18 日 20 时抬升指数(c)18 日 20 时茫崖至都兰探空资料剖面图

2.1.2　变压风及锋面次级环流加强了地面风速

由(图 3.142a)18 日 14—20 时地面冷锋移动路径来看,过程中西路冷锋强且移速快、加强锋面次级环流使得地面风速增强。同时变压风对加强地面风速也起到一定作用(图 3.142b)。柴达木盆地西侧冷空气下坡风,位能转为动能,地面风速增强。

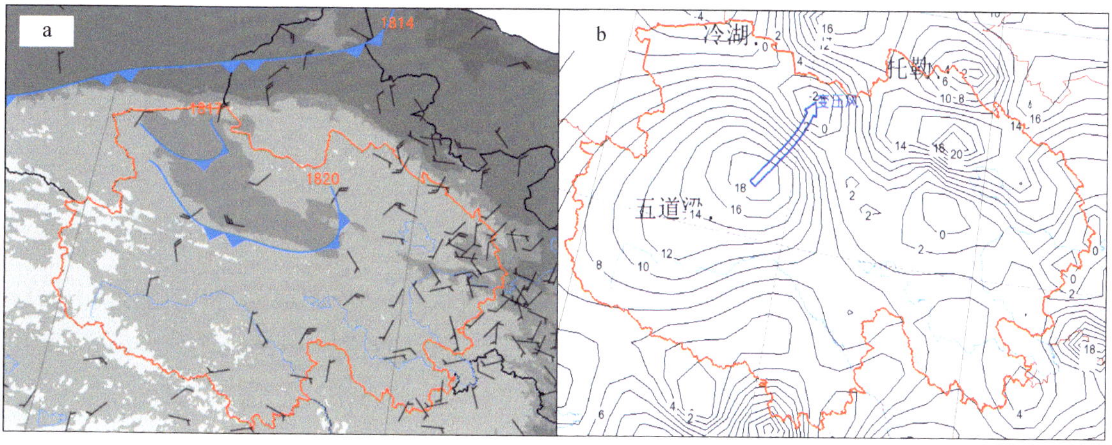

图 3.142　18 日 14—20 时地面冷锋路径(a)18 日 17 时 3 h 变压(hPa)(b)

2.2 沙尘暴成因

2.2.1 动力条件

此次过程中，如前所述高空冷平流强，层结不稳定，高空动量容易下传。由地面加密区域自动站资料分析，格尔木站附近从18日19:00—19:30有地面中尺度辐合线存在(图3.143a,b)。中尺度辐合线加强上升运动，触发不稳定能量，格尔木站19:39—19:44出现沙尘暴天气，其后变为扬沙天气。

由图3.143c,d可见，格尔木站地面风向转变，风速增大。(风向由17时偏东风转为20时偏西风，风速从2 m·s^{-1}增大至10 m·s^{-1})，瞬时极大风速达16.9 m·s^{-1}。地面风速增加显著，利于起沙。

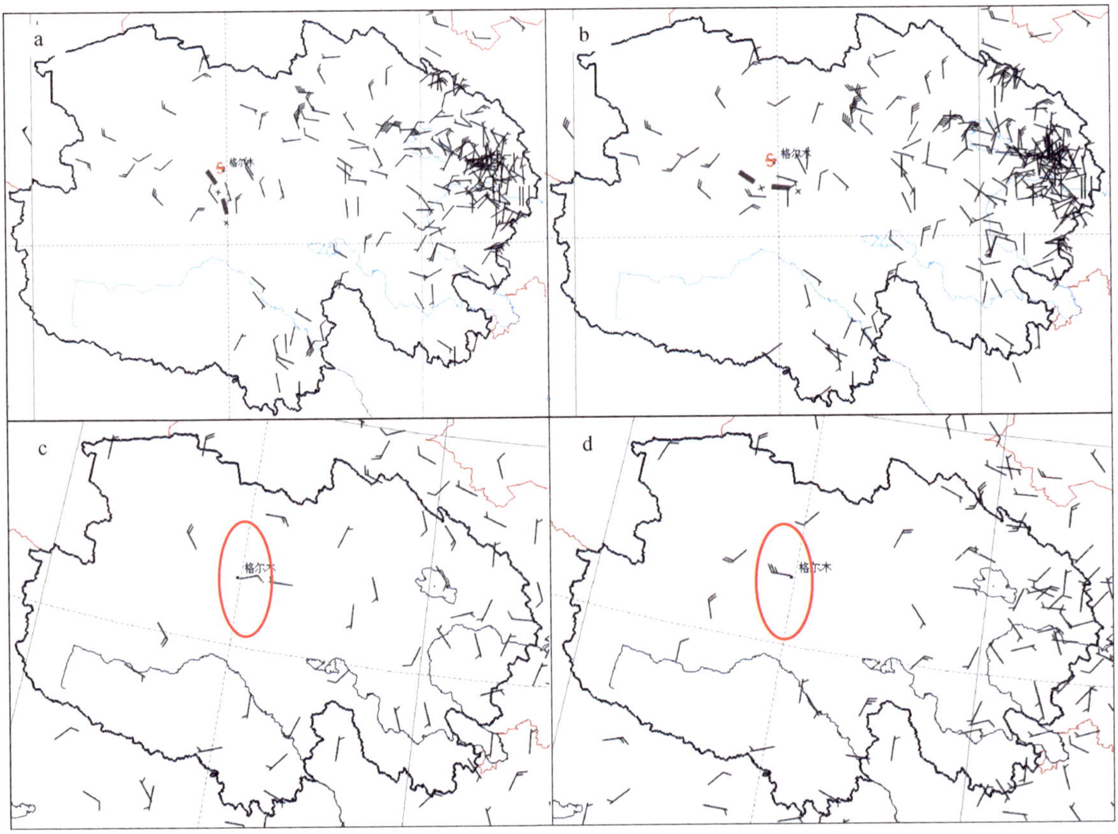

图3.143 18日格尔木附近地面中尺度辐合线和地面2 min平均风向风速

(a)19:20地面辐合线(b)19:30地面辐合线(c)17:02风向风速(d)20:02风向风速

2.2.2 热力条件

由图3.144a,b可见，夏季前期无降水，气温回升较快，下垫面干燥、有利于起沙。18日格尔木白天增温非常显著，从08—17时增温达10.5 ℃，其中11—14时增温4.2 ℃，14—17时增温2.5 ℃(图3.144c)。

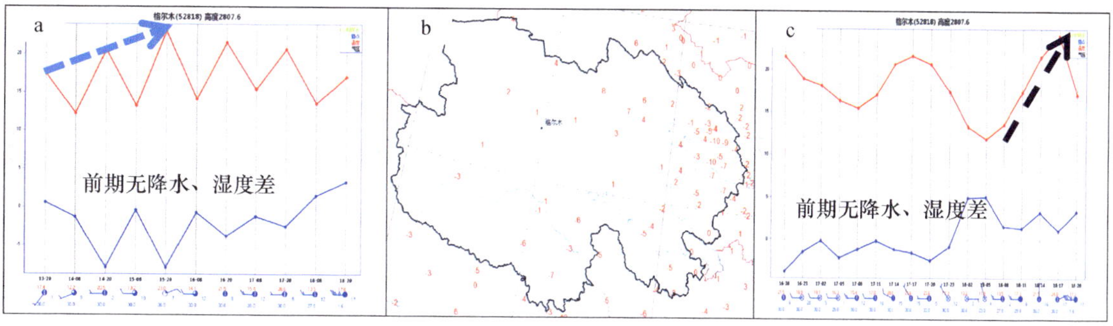

图 3.144　格尔木气温及降水量

(a)13—18 日格尔木气温曲线及降水量(b)18 日 14 时地面 24 h 变温(c)16—18 日格尔木气温曲线及降水量(mm)

2.2.3　层结不稳定

格尔木由于午后地面增温明显，地面至 500 hPa 温度递减率等于干绝热递减率($\gamma \approx 0.98$ ℃ · $(100\ m)^{-1}$)，层结白天趋于不稳定，湍流活动加强。从而导致高空动量容易下传(图 3.145)。

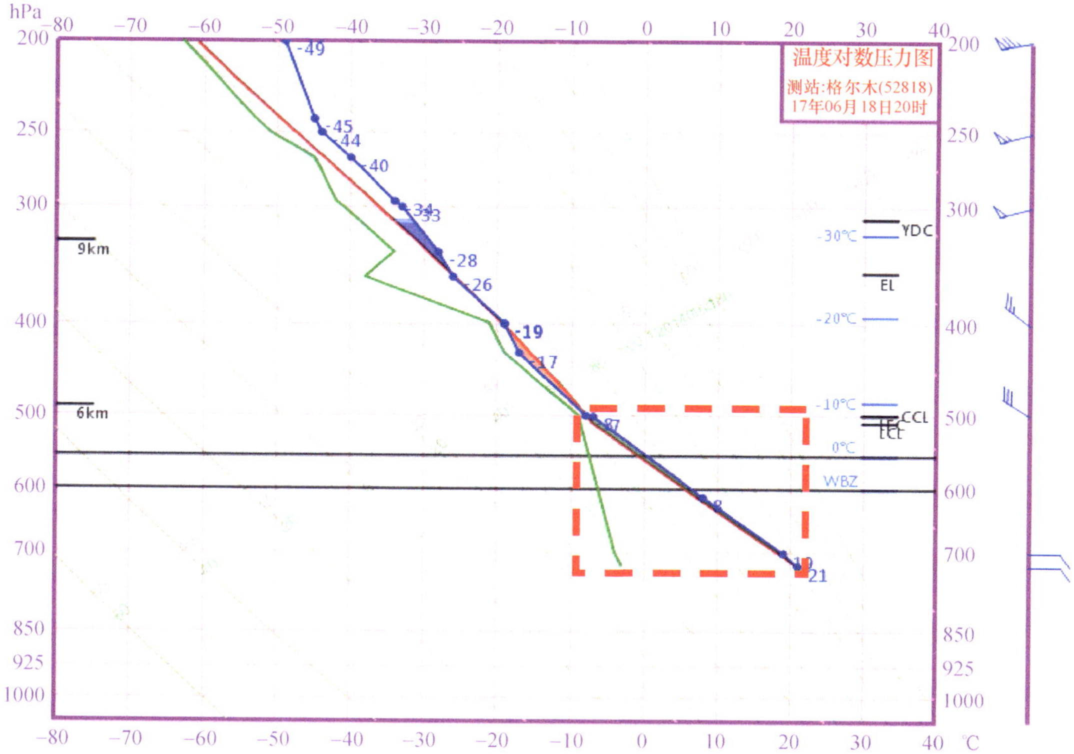

图 3.145　18 日 20 时格尔木探空曲线

2.2.4　沙源条件及地形作用

由图 3.146a 可见，柴达木盆地(内源)，塔克拉玛干沙漠、库姆塔格沙漠(外源)。柴达木盆地海拔在 3000 m 左右，地势从西北向东南倾斜，其东部又为开阔地。这种特殊的地形，不但对风有狭管加速效应，并且还有使空气下滑势能转变为动能的作用(图 3.146b)。

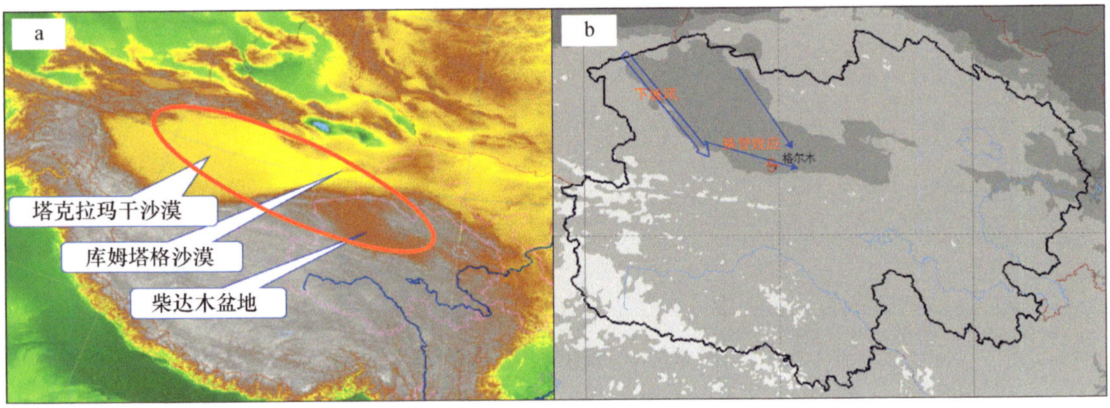

图3.146 沙源条件(a)和柴达木盆地(格尔木)地形及对风速沙尘暴的影响示意图(b)

3 预报难点分析

此次大风沙尘暴过程的预报难点主要为非春季大风沙尘暴季节的大风沙尘暴过程，而且局地性很强，预报思路难以准确把握。另外，过程中模式风速小于实况风速(格尔木站小于2～4 $m \cdot s^{-1}$)，模式参考性较差，且相比格尔木春季的沙尘过程，夏季局地性的短时间的大风沙尘暴预报难度更大。而且造成特强沙尘暴的中尺度系统难以捕捉和预报(图3.147)。

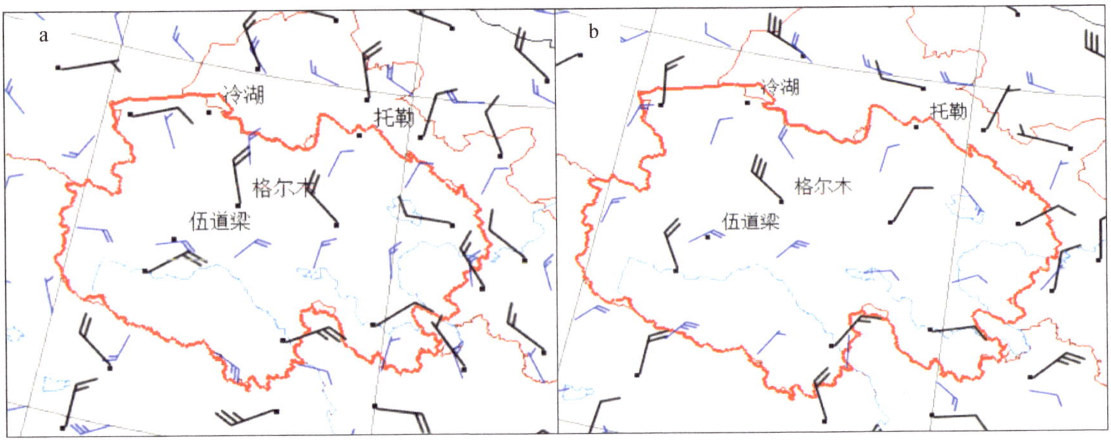

图3.147 2017年6月18日08时(a)20时(b)500 hPa风(黑色：实况；蓝色：预报场)

4 结论

1)此次过程是一次初夏大风—强沙尘暴—扬沙天气过程，伴小阵雨。全省有3个站出现了大风；强沙尘暴出现在格尔木，局地性强，持续时间短，强度大(最小能见度300 m)；沙尘暴过后出现了扬沙天气，持续时间较短并伴有小阵雨；18日08时—19日08时全省大部出现了阵雨，量级较小(24 h降水量≤10 mm)。

2)大风成因：层结不稳定导致高空动量容易下传，500 hPa高空风向与该层等温线夹角大，温度梯度大、风速较强，导致高空冷平流强；整个青海省层结不稳定趋强($LI<0$ ℃)，湍流活动强；从茫崖至都兰探空资料剖面图分析，垂直风切变较强利于高空动量下传；变压风及锋

面次级环流加强了地面风速;柴达木盆地西侧冷空气下坡风,位能转为动能,地面风速增强。

3)沙尘暴成因动力条件:高空冷平流强,层结不稳定,高空动量容易下传。地面有中尺度辐合线,中尺度辐合线加强上升运动,触发不稳定能量。地面风向转变,风速增大,利于起沙;热力条件,前期无降水,气温回升较快,下垫面干燥、有利于起沙。18 日格尔木白天增温非常显著;层结不稳定,格尔木由于地面增温明显,地面至 500 hPa 温度递减率等于干绝热递减率($\gamma \approx 0.98$ ℃ · $(100\ m)^{-1}$),层结白天趋于不稳定,湍流活动加强。从而导致高空动量容易下传;沙源条件及地形作用,柴达木盆地(内源),塔克拉玛干沙漠、库姆塔格沙漠(外源)。柴达木盆地特殊的地形,不但对风有狭管加速效应,并且还有使空气下滑势能转变为动能的作用。

4)此次大风沙尘暴过程的预报难点主要为非大风沙尘暴季节(春季)的大风沙尘暴过程,而且局地性很强,预报思路难以准确把握。另外,过程中模式风速小于实况风速,模式参考性较差,且相比格尔木春季的沙尘过程,夏季局地性的短时间的大风沙尘暴预报难度更大。而且造成局地特强沙尘暴的中尺度系统难以捕捉和预报。

第四部分
寒潮天气

寒潮天气概述

统计2008—2017年共10年寒潮过程发现，青海省寒潮天气过程多发生在春季、秋季及冬季。就各季节寒潮年均发生站次而言，春季为70站次，秋季为39站次，冬季为210站次。而就寒潮发生的具体月份而言，12月和3月发生均为48站次，都是一年中发生最多的月份。12月发生寒潮过程少，但影响站次多；3月发生寒潮过程多，但相比12月，影响站次少。最少月份为10月和5月，近10年几乎没有过程性寒潮出现。从空间分布来看，全省几乎都有寒潮出现，出现次数最多的站是玉树州清水河站，年均出现8次，门源年均6次，甘德排列第三，为4次。其他地区都是寒潮天气出现较多的站点，年均都在2.2次以上。玉树南部、果洛南部在0.3次以下。

青海省寒潮天气过程的发生在中期时段就有反映，统计10年中青海省80%寒潮暴发的中期环流特征为倒“Ω”型。判断中期环流特征是否为倒“Ω”型，第一判断乌拉尔山和鄂霍次克海两个地区是否有高压脊向极地发展(有时打通)，与极涡形成大倒“Ω”流型；第二判断大倒“Ω”流型是否向亚洲收缩，形成东亚地区倒“Ω”流型时，极涡底部有一支强锋区，锋区上有槽发展或横槽东移南压，酝酿强冷空气；第三判断是否有低槽发展或横槽转竖引导强冷空气侵入高原影响青海省。青海省寒潮天气过程在短期时段的主要影响天气系统有北支槽、高原槽、蒙古冷高压、地面冷锋、青海湖锢囚锋等。根据各个天气系统的配合和影响，青海省寒潮天气过程的天气形势主要可以分为蒙古冷槽和高原冷温槽叠加型、蒙古冷涡型、横槽转竖型、小槽发展型、高原冷温槽加深型。在本次普查的17个典型寒潮个例中，蒙古冷槽和高原冷温槽叠加型4次、蒙古冷涡型3次、横槽转竖型5次、小槽发展型4次、高原冷温槽加深型1次。

蒙古冷槽和高原冷温槽叠加型寒潮天气过程影响青海省全省、影响时间持续24～48 h，降温幅度大，大多伴随降水，南北均可出现降水，降水量级小到中雪为主，非隆冬季节局地大到暴雪，隆冬季节局地大雪。其典型的天气形势是500 hPa乌拉尔山到里海咸海为高压脊区，蒙古到南疆盆地为低槽，并有冷中心配合；脊前西北气流加强，促使冷空气从新地岛加速南下与低槽中的冷空气合并南压影响青海省，关键区内500 hPa存在锋区；同时高原西部的无人区有冷温槽东移，地面对应在巴尔喀什湖附近有强的冷高压，地面图上有两股冷空气分别位于柴达木盆地和河西走廊，ΔP_{24}正负变压差强。这种类型寒潮天气的预报着眼点：①前期全省大部升温显著，升温幅度达4～7 ℃；②巴尔喀什湖附近高压脊前西北风大于等于16 $m \cdot s^{-1}$；③500 hPa冷中心温度≤−28 ℃，锋区强度达到16 ℃/10纬距，巴尔喀什湖附近的地面冷高压强度达到1040 hPa，ΔP_{24}变压差≥16 hPa；④强的冷平流中心(-2×10^{-4} ℃ $\cdot s^{-1}$)对应降温中心；⑤晴空及湿度趋于减小加剧辐射降温。

蒙古冷涡型寒潮天气过程多发生在冬季，影响范围可达全省，强度大，特别是东北部较强，一般北强南弱，影响时间持续可达24～48 h。此类寒潮天气大多伴随大风、降水天气，降水主要发生在局地湿度较好的东北部及青南，降水量级以小雪为主。其典型的天气形势是500 hPa高空图上乌拉尔山南部到巴尔喀什湖为高压脊区，蒙古至贝加尔湖为冷性低涡，低涡伴随强的冷中心。当脊前西北气流加强时，冷中心伴随高空冷涡南压，受槽底或槽后偏西气流引导冷空气南下影响青海省。对应地面图上冷空气位于河西走廊和柴达木盆地。这种类型寒潮天气的预报着眼点:①前期全省大部升温显著,升温幅度达7～15 ℃;②巴尔喀什湖脊前偏北气流大于24 m·s^{-1};③500 hPa冷中心温度≤－40 ℃,500 hPa锋区强度大于20 ℃/10纬距,新疆东北部的地面冷高压强度达到1060 hPa,ΔP_{24}变压差大于15 hPa;④强的冷平流中心(－8×10^{-4}℃·s^{-1})对应降温中心;⑤晴空加剧辐射降温。

横槽转竖型寒潮天气过程大部影响青海省全省、影响时间持续可达24～48 h,降温幅度大。大多伴随大风、沙尘天气,降水一般不明显,但产生降水时,降水主要发生在局地水汽较好的东北部河湟谷地以及青南牧区,降水量级以小雪为主。其典型的天气形势是500 hPa高空图上乌拉尔山地区为一NE—SW走向高压脊,新疆到蒙古为一横槽区。横槽以北为东北气流,横槽以南为偏西风气流。当横槽后部的东北风加大(输送冷平流)和正的涡度进入横槽后部的阻塞高压,阻高崩溃,横槽将转竖;当横槽西段的冷平流大于东段、24 h正变高正变温中心侵入横槽西段、暖平流和负涡度输送进横槽,冷中心冷槽压到横槽南部、槽后东北风转为西北风等均可使横槽转竖引导冷空气爆发南下。500 hPa温度≤－32 ℃的冷中心,700 hPa冷中心温度≤－20 ℃,青海省上空槽后的偏北风≥24 m·s^{-1};中高层风速大,风向与等温线夹角≥45 ℃,500 hPa温度梯度大于16 ℃/10纬度,700 hPa温度梯度大于13 ℃/6纬度,等温线密集,锋区强,说明上游有强冷平流持续输送到青海省。横槽趋于转竖,其南部的环流由纬向转为经向,经向环流发展将引导横槽后部强冷空气大举南下引发青海省寒潮天气。此类寒潮天气的预报着眼点需要重点关注促使横槽转竖的条件:① 冷中心、负变高区东移到槽前,横槽后转为暖平流并有明显正变高;② 横槽后部东北风转为北风或西北风,风速≥24 m·s^{-1};③阻塞高压崩溃或不连续后退;④长波调整至关重要。

小槽发展型寒潮天气过程大部影响青海省全省,影响时间持续24～48 h,降温幅度大,伴随降水及大风天气,降水发生在局地水汽较好的地区,最大降雪量可达大雪。此类寒潮典型的天气形势是500 hPa高空图上欧亚中高纬度为两槽一脊型,巴尔喀什湖到新疆北部以西有一西风带短波槽,并有冷中心与之相配合,西风槽两侧是暖性高压脊,蒙古西北部地面有冷高压。当西风槽东侧的脊线上有暖平流和负涡度平流加强时,有利于此脊向北加强,同时使得脊前偏北风加强,引导冷空气向冷槽输送,槽线上正涡度平流加强,小槽发展引导冷空气南下暴发影响青海省。此类寒潮天气的预报着眼点需要重点关注促使西风槽发展的条件:①西风槽东侧的脊线上有暖平流和负涡度平流,负涡度平流≥1×10^{-10} s^{-2},脊前偏北风≥20 m·s^{-1};②500 hPa冷中心温度≤－36 ℃;③蒙古西北部地面冷高压中心气压≥1048 hPa;④等温线比较密集,位于附近35°N,大于等于16 ℃/10纬度;⑤冷高压以西北路径上高原影响青海省,冷锋后最强24 h变压≥10 hPa,冷锋后负变温小于等于－10 ℃;⑥寒潮前增温及晴空辐射降温。

相比于前面4种类型的寒潮天气过程类型影响青海省大部地区,而高原冷温槽加深型寒潮天气过程大多影响青海省中南部地区,影响时间可达24～48 h,强度上东北地区比青南强,范围上南部比北部范围广,伴随降水,一般量级小到中雪,有南支槽配合时降水可达大雪。此类寒潮典型的天气形势是:高空500 hPa欧洲移来的长波槽上高原分成南北两段,北段快速东移,南段停留在高原西侧;当上游有高压脊发展时,脊前北风发展加强,引导冷空气南下,南部冷温槽加深;同时高空200 hPa有一个明显的高空急流南压,使得从地面高压母体分裂至高原西部的地面冷高压加强,高压从西路路径进入高原后影响青海省中南部寒潮天气。此类寒潮天气的预报着眼点需要重点关注促使冷温槽加深的条件:①500 hPa冷中心温度≤－38 ℃,温度场落后于高度场,风场与温度场夹角较大,接近于90°;②上游高压脊向北发展,脊前偏北气流风速≥20 $m \cdot s^{-1}$；③200 hPa 的高空急流轴位于青南地区；④新疆北部地面冷高压强度达到 1055 hPa，且高原西部地面冷高压强度达到 1040 hPa，⑤等温线比较密集，位于附近 35°N，强度达到 16 ℃/10 纬度；⑥冷空气以西路上高原影响青海省，冷锋后最强 24 h 变压≥10 hPa，冷锋后负变温≤−10 ℃。

总而言之，青海省寒潮过程多发于春秋季及冬季，各类型寒潮不可能单一出现。因此，寒潮过程和其他灾害性天气一样，从中期、短期预报场及实况场上分析动力、热力、水汽等条件，从高空到地面分析预报场和实况场上天气系统发生发展过程中的误差，着重分析乌拉尔山脊发展及崩溃、脊前西北气流、高空冷中心、高空锋区、地面冷高压强度、地面冷锋、24 h 变压差以及 24 h 正变压中心移动路径误差和强度误差，不断挖掘和凝练前期数值预报中对后期寒潮过程有预报指示意义的预报指标，皆在提高青海省寒潮天气的精准预报及落区预报，增强气象防灾减灾能力。

2008年1月12日寒潮天气过程总结分析

桓姝琦　魏永亮
(玉树州气象台,玉树　815000)

摘　要:基于高空、地面和模式等资料,对2008年1月12日发生在青海省南部和西部地区的寒潮天气进行了总结分析,结果表明:1)此次寒潮天气过程范围广,全省降温明显;强度大,青南大部最低气温24 h内下降10 ℃以上,最大降温出现在玉树站13 ℃;青海省最大降温出现在大柴旦16 ℃;青南地区出现了大风,玉树和果洛大部的寒潮区伴有大风(共计7站);最大风速出现在沱沱河、玛多达22 m·s^{-1};果洛大部、黄南南部、柴达木盆地西北部的寒潮区伴有降雪,最大降雪出现在德令哈,24 h降雪量4 mm,积雪深度6 cm。2)此次寒潮天气过程整体上是一次巴尔喀什湖低值系统底部分裂下滑的短波槽引导地面强冷空气南下,配合地面冷高压、冷锋造成的。青南地区由于地形阻挡受北部地面冷空气影响弱,青南地区寒潮天气主要是由于强冷平流和辐射降温共同作用引起的。3)寒潮天气过程中由于动力条件不足、水汽输送及局地水汽条件差,所以降水不明显。

关键词:寒潮,强冷平流,辐射降温,降水不明显

1　天气实况

2008年1月12日08时—13日08时,青海省南部和西部地区出现寒潮天气,并伴随大风、降雪天气。如图4.1所示,此次寒潮天气过程影响范围广,玉树、果洛大部、海南南部、黄南南部、柴达木盆地西北部、祁连均达到寒潮标准(全省共计14站);降温幅度大,青南地区大部最低气温24 h内下降10 ℃以上,最大降温出现在玉树站最低气温降低13 ℃,青海省最大降温出现在大柴旦降低16 ℃;玉树和果洛大部的寒潮区伴有大风(共计7站),最大风速出现在沱沱河、玛多达到22 m·s^{-1};果洛大部、黄南南部、柴达木盆地西北部的寒潮区伴有降雪,其中最大降雪出现在德令哈,24 h降雪量4 mm,积雪深度6 cm。

2　大尺度环流背景分析

1月12日20时高空天气图如图4.2a所示,整体环流形势为两槽一脊型,巴尔喀什湖低值系统底部分裂下滑的短波槽引导强冷空气南下,不断影响青海省地区。12日20时巴尔喀什湖北部地区有明显冷中心,强度达−39 ℃,且青海省上空冷平流明显,高空锋区强,青南地区有高空急流,最大风速达20 m·s^{-1},如图4.2b所示。回顾11日08时500 hPa高空天气图,可以发现500 hPa上11日08时在里海北部有−37 ℃的冷中心存在,11日20时冷中心强度增大至−40 ℃并向东南移动,12日20日冷中心东移南压至巴尔喀什湖北部地区,说明有强冷空气在此地堆积(图4.2c)。高空形势有利于强降温的形成。

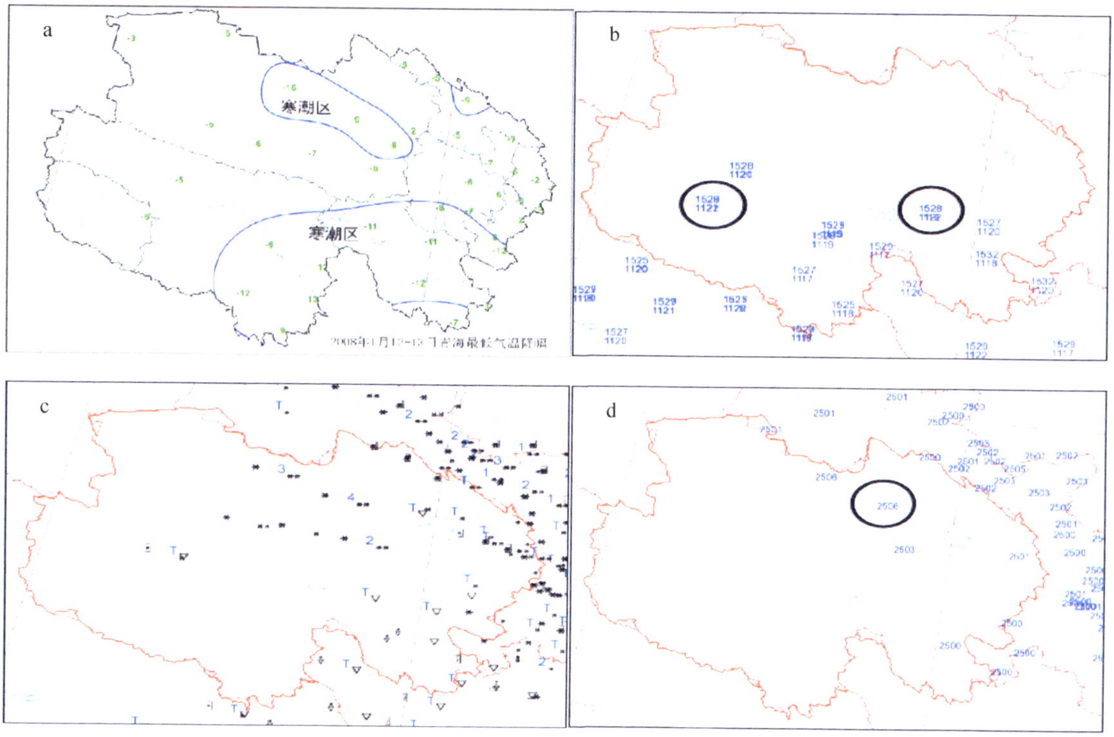

图 4.1　2008 年 1 月 12 日 08 时—13 日 08 时天气实况

(a)1 月 12—13 日青海省最低气温降幅(b)1 月 12 日 14 时、20 时特殊天气

(c)1 月 13 日 08 时 24 h 降水量(mm)+天气现象(d)1 月 13 日 08 时特殊天气

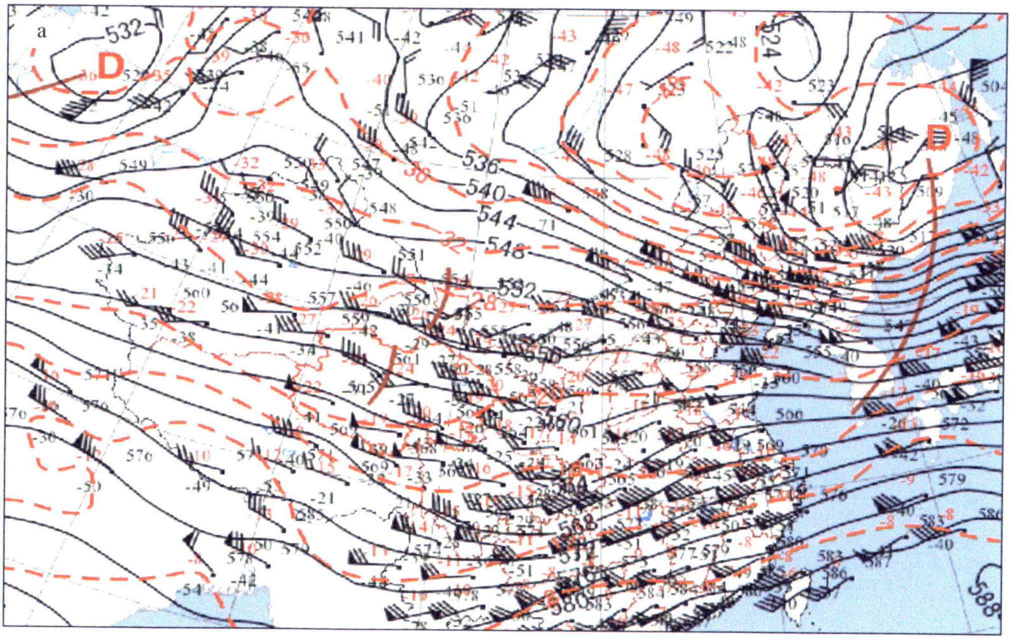

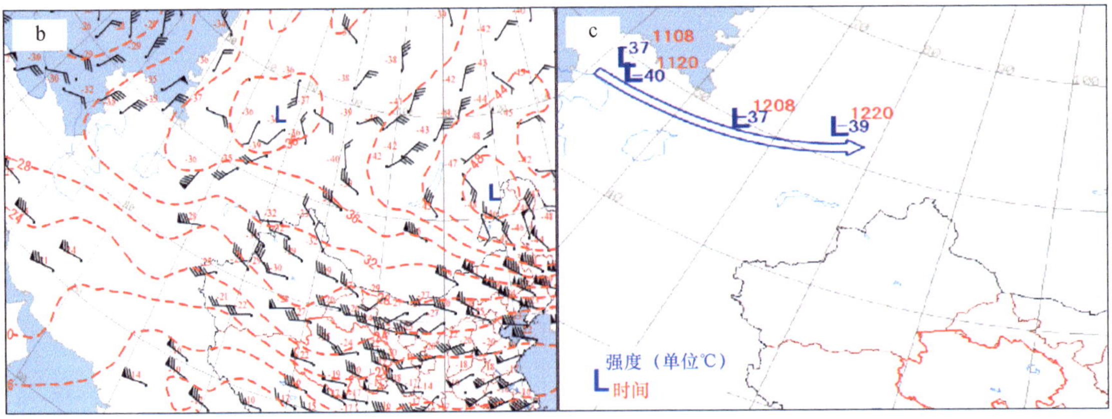

图 4.2　2008 年 1 月 12 日 20 时 500 hPa 高空天气图分析
(a)1 月 12 日 20 时 500 hPa 高空天气图(b)1 月 12 日 20 时 500 hPa 高空温度场＋风场
(c)1 月 11 日 08 时—12 日 20 时 500 hPa 高空冷中心移动路径

3　地面影响系统分析

此次寒潮天气的降温幅度、影响范围与地面冷高压和冷锋的强度、移动路径有着密切的联系[1-8]。如图 4.3a 所示，从 2008 年 1 月 11 日起地面冷高压中心始终维持在蒙古地区，12 日 02 时冷高压中心值为 1067.5 hPa，说明从北方来的冷空气在寒潮关键区有堆积。同时，地面冷高压以补充南下的形式，不断分裂较小冷高压南下，影响下游地区；地面冷锋情况看，冷锋主体始终维持在冷高压前部蒙古地区，12 日 05 时天山北部有弱冷锋，12 日 17 时弱冷锋移到柴达木盆地，说明地面有弱冷空气南下。但整体来说，地面冷空气较弱，到达柴达木盆地的弱冷空气，受巴彦喀拉山山脉阻挡，无法影响青南地区(图 4.3b)。

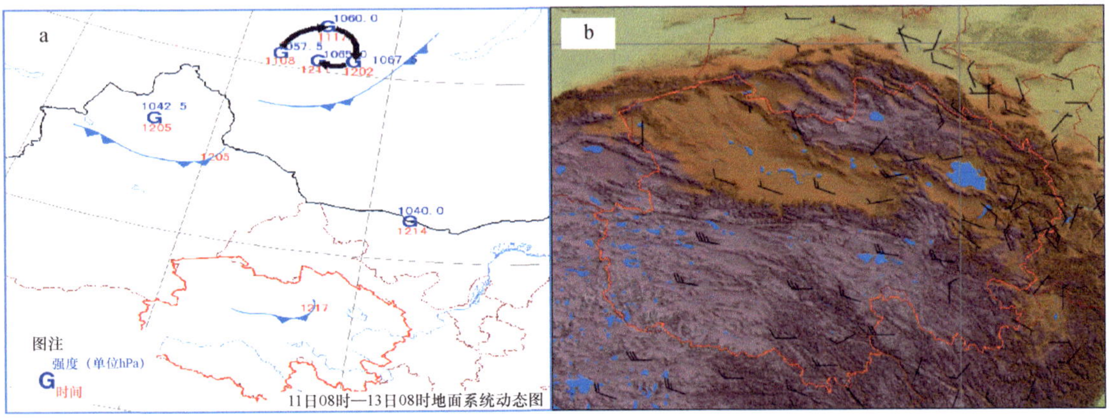

图 4.3　(a)2008 年 1 月 11 日 08 时—13 日 08 时地面系统动态图
(b)2008 年 1 月 12 日 17 时地面风场＋地形

4 寒潮成因分析

4.1 降温空间足

分析地面实况场上1月11日02时、12日02时达到寒潮标准的区域过程前期有明显的升温，降温空间充足，如图4.4所示。

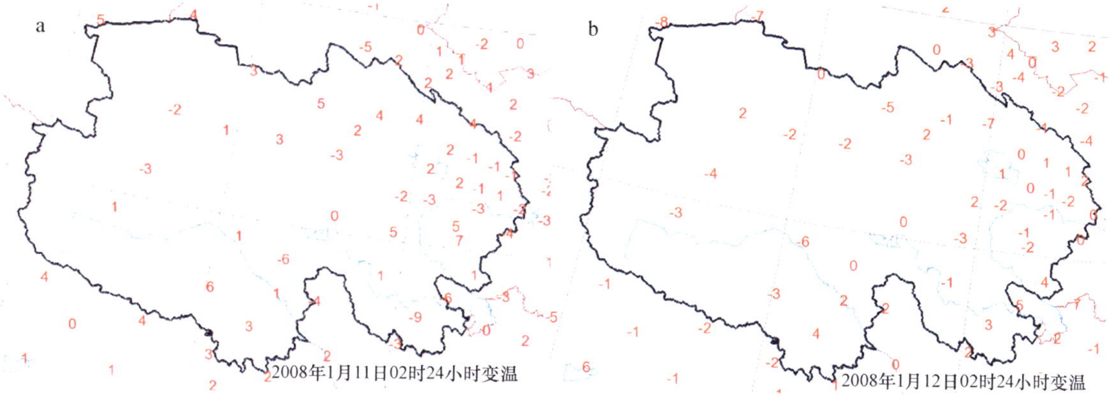

图4.4 (a)1月11日02时地面气温24 h变温(b)1月12日02时地面气温24 h变温(℃)

4.2 高空有强冷平流

如图4.5所示，1月12日20时500 hPa高空图显示青南地区温度梯度大，沱沱河和玉树站高空风速达到20 m·s^{-1}，两站温差达−3 ℃，有冷平流；且青南地区等温线密集，有利于锋生；12日20时玉树站T-ln$P$图显示整层温度呈干绝热递减，达到超绝热，导致近地层湍流活动强烈，加之海拔高，高空动量下传强，有利于强降温的形成。

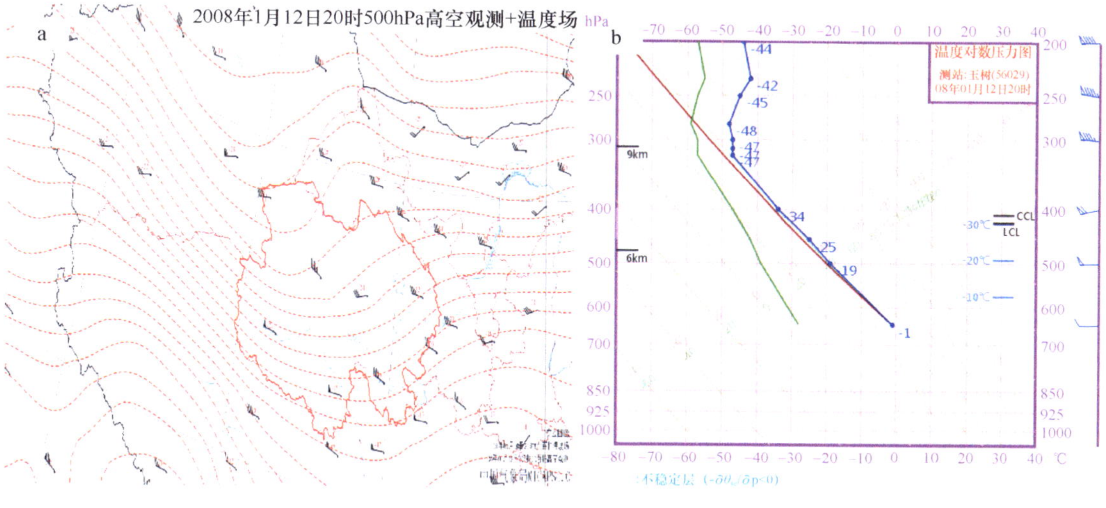

图4.5 (a)2008年1月12日20时500 hPa高空观测+温度场
(b)2008年1月12日20时玉树站温度对数压力图

在锋生场中，温度平流对局地温度的变化有很大影响。如图4.6所示，12日08时至20时500 hPa青海省大部有冷平流，其中心强度由-5×10^{-5}℃·s^{-1}变为-8×10^{-5}℃·s^{-1}，高空冷平流明显增强。

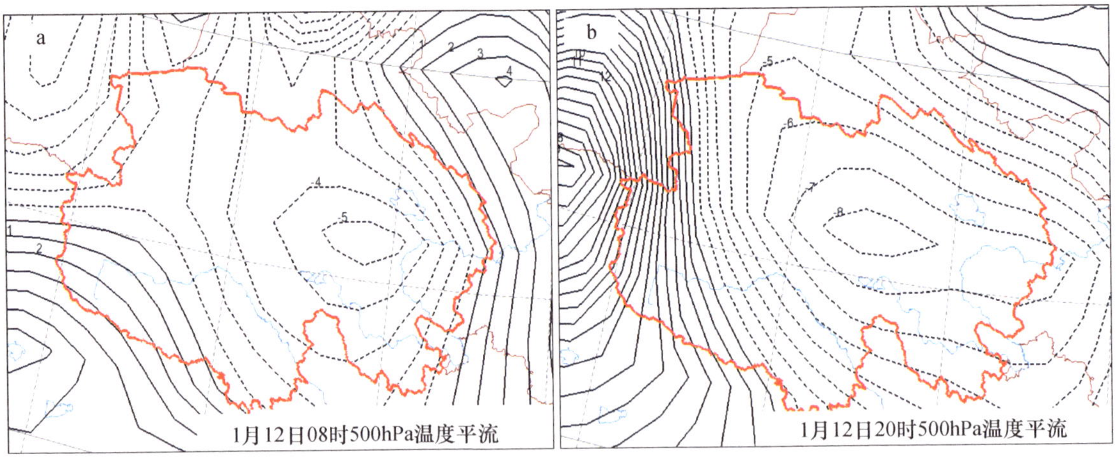

图4.6 (a)2008年1月12日08时500 hPa温度平流场
(b)1月12日20时500 hPa温度平流场(单位：10^{-5}℃·s^{-1})

4.3 辐射降温明显

如图4.7a FY-2C卫星红外云图与地面观测云量叠加图所示，1月12日凌晨全省有大范围云系覆盖，13日凌晨青南及海西无明显云系，有利于辐射降温。以玉树站地面单站三线图为例，如图4.7b所示，前期各时次云量达9到10成气温变化幅度小，至12日20时测站上空无云气温开始明显降低。说明此次寒潮天气过程辐射降温强。

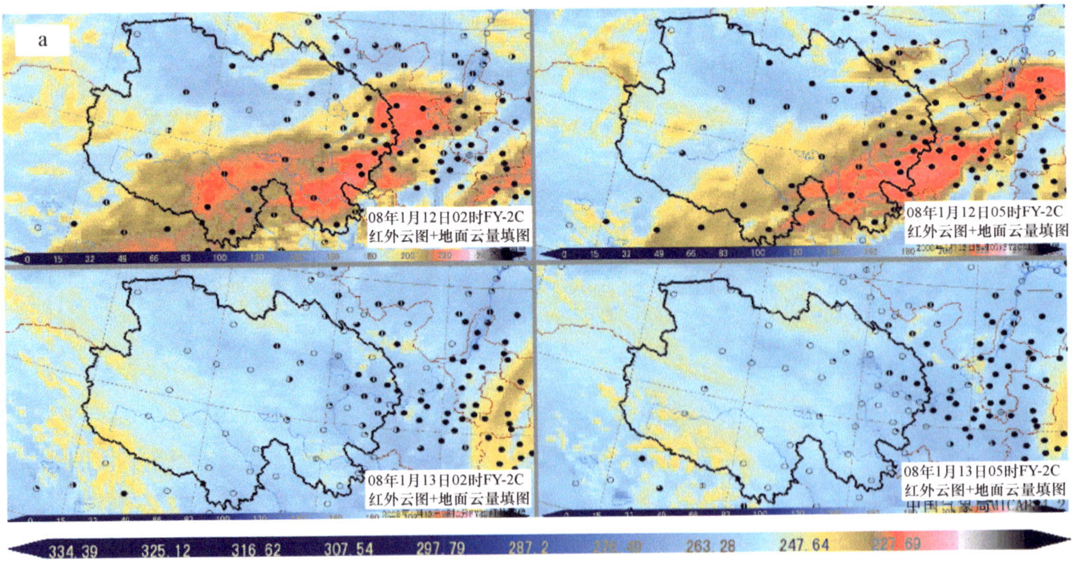

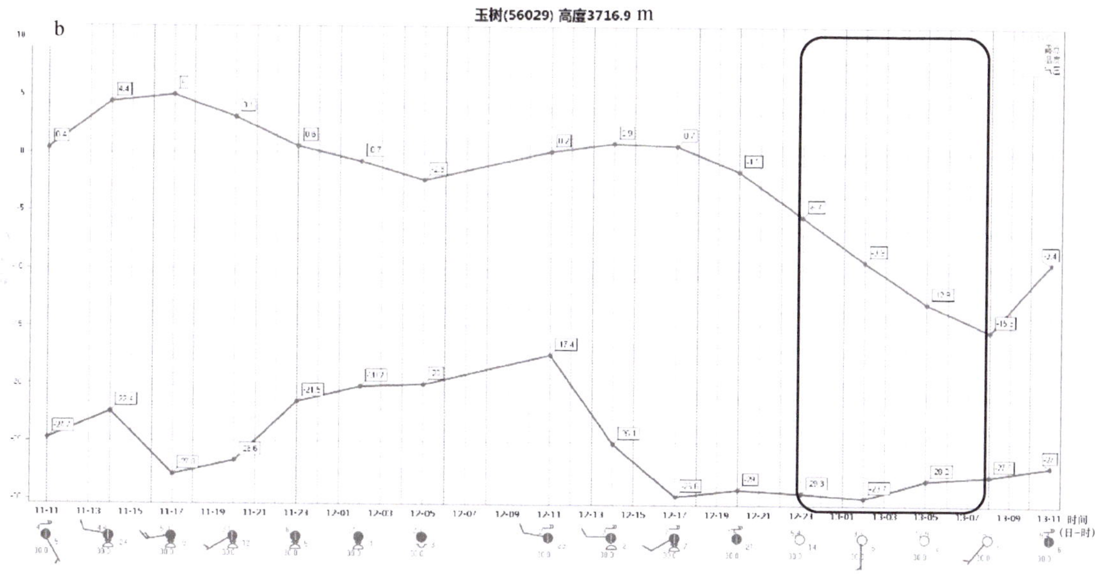

图 4.7 (a)2008 年 1 月 12 日 02 时、12 日 05 时、13 日 02 时、13 日 05 时 FY-2C 红外云图+地面云量填图
(b)2008 年 1 月 11 日 11 时—13 日 11 时玉树站地面三线图

5 过程降水不明显原因分析

1)动力条件不足:在 1 月 12 日 20 时 500 hPa 高空图上可以看到,见图 4.2a,500 hPa 上中高纬度上呈西风气流型,青海省大部地区受偏西北气流影响,有弱的短波槽影响柴达木地区,有明显的冷平流,但南支槽位置偏南,没有西南水汽的输送,降水缺乏动力条件。而南支槽偏南,使南支槽前西南水汽无法输送至青海省。

2)水汽条件不足:如图 4.8a 水汽通量散度场所示,在 500 hPa 上没有明显的水汽辐合,700 hPa 上只有青海省东南部地区有弱的水汽的辐合(图略);图 4.8b 是 12 日 20 时都兰站温度对数压力图,可以看到 700 hPa 有湿层,但湿层浅薄,玉树站温度对数压力图见图 4.5b,可以看到从低到高整层玉树站湿度条件差。整体来说,此次寒潮天气过程降水不明显的原因是动力条件不足,且水汽输送和局地水汽条件均差。

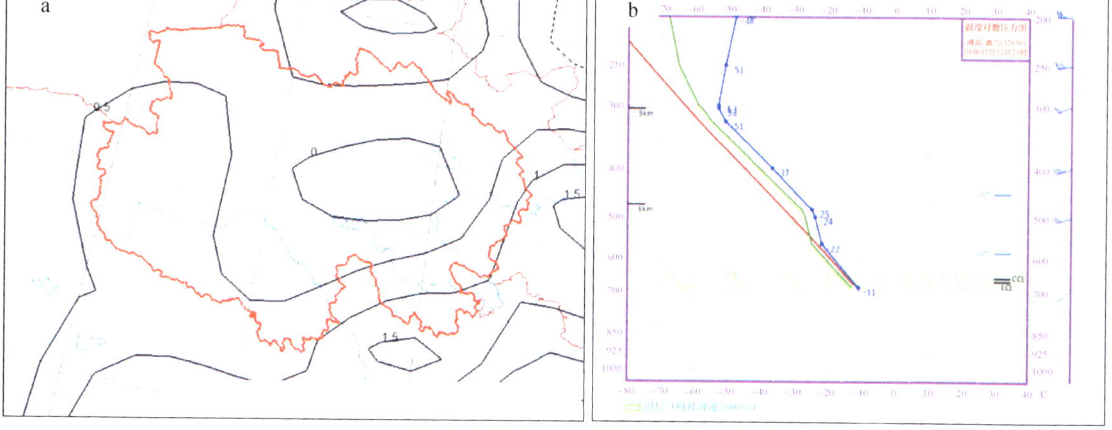

图 4.8 (a)1 月 12 日 20 时 500 hPa 水汽通量散度场(10^{-8} g·cm^{2}·hPa^{-1}·s^{-1})(b)都兰站温度对数压力图

6 结论

1)此次寒潮天气过程范围广,全省降温明显,共计14站达到寒潮标准;强度大,青南大部最低气温24 h内下降10 ℃以上,青海省最大降温出现在大柴旦降低16 ℃;青南出现大风、青海省大部伴有弱降雪。

2)整体来说,这是一次低值系统底部分裂下滑的短波槽引导地面强冷空气南下,配合地面冷高压、冷锋造成的一次寒潮天气过程。青海省不断受巴尔喀什湖低值系统底部分裂下滑的短波槽东移影响;冷空气在寒潮关键区堆积,地面冷高压不断分裂南下影响青海省;但青南地区由于地形阻挡受青海省北部地面冷空气影响弱,青南地区寒潮天气主要是由于强冷平流和辐射降温共同作用引起的。青南地区等温线密集,有利于锋生,高空冷平流强;玉树站 T-ln$P$ 图整层温度呈干绝热递减,达到超绝热,导致近地层湍流活动强烈,海拔高,高空动量下传强。过程前期增温明显,降温空间足;后期天况转晴,有利于辐射降温。

3)此次寒潮天气过程降水不明显原因:①动力条件不足,青海省大部地区受偏西北气流影响,有弱的短波槽影响海西地区,有明显的冷平流,南支槽位置偏南,没有西南水汽的输送;②水汽条件差,南支槽偏南,南支槽前西南水汽无法输送至青海省且局地水汽条件差。

参考文献

[1] 陶诗言. 阻塞形势破坏时期的东亚一次寒潮过程[J]. 气象学报,1957,28(1):63-74.
[2] 李根娥. 一次春季罕见寒潮暴雨(雪)天气过程诊断分析[D]. 兰州:兰州大学,2007.
[3] 唐孟琪,曾刚. 近30多年中国东北地区春季寒潮的年代际变化及其可能原因[J]. 气候与环境研究,2017,22(4):473-486.
[4] 张山清,田惠平. 一次全国性寒潮暴雪天气过程分析[J]. 新疆气象,2005,28(4):7-8.
[5] 赵玉广,何丽华,张南,等. 河北省寒潮天气形势分析及预报[J]. 干旱气象,2012,30(1):94-99.
[6] 闫小利,余锦华,刘谦,等. 河南省一次强寒潮天气诊断分析[J]. 气象与环境科学,2008,31(1):61-65.
[7] 张林梅,庄晓翠,胡磊. 新疆阿勒泰地区一次强寒潮天气过程分析[J]. 干旱气象,2010,28(1):71-75.
[8] 莫爱嫄. 2011年4月2日卢氏县寒潮天气成因分析[J]. 气象与环境科学,2012,35(2):78-82.

2008年12月3日寒潮天气过程分析和总结

谢天蓉
（青海省气象台，西宁　810001）

摘　要：基于高空和地面资料，对2008年12月3—4日发生在青海省大部地区的一次初冬寒潮天气进行了分析，结果表明：1）此次过程是横槽转竖型寒潮，伴随大风、沙尘、弱降水；其特点是影响范围广，持续时间长，降温幅度大，伴随天气复杂，但降水不明显。2）此次寒潮过程中冷空气源地来自新地岛以东洋面，是出现在欧洲脊强烈发展并缓慢东移、北半球中高纬环流形势由纬向型向经向型转换过程中。乌拉尔山脊前强偏北风带南移、横槽涡度西部大于东部、横槽前东南方的负变高和横槽后部的暖平流正变高等促使横槽转竖；南掉极涡与转竖低槽合并后，低槽明显向南加深，冷空气势力显著加强并开始向南暴发；自两脊西北部入侵小槽压迫高脊向东南方向移动并逐渐崩溃，脊前偏北气流逆转为西北气流，引导冷空气大举向南暴发，造成此次寒潮天气过程。3）此次过程以大风、降温为主，降水不明显。冷平流侵入、高空动量下传及地面锋面三者之间的配合是此次大风形成的主要原因；强盛的冷平流是造成降温的主要原因；主要水汽通道不畅和局地水汽条件差是降水不明显的主要原因。

关键词：寒潮，冷空气源地，寒潮酝酿，寒潮暴发

引　言

寒潮是我国冬春季严重的灾害性天气之一，是一种大规模的强冷空气活动过程。寒潮天气的主要特点是剧烈降温和大风，有时还伴有雨、雪、雨凇和霜冻等，会对农业、交通和经济活动造成巨大损失[1]。早在20世纪50年代，我国学者已进行寒潮类型的研究，近年来也有不少学者对我国错综复杂的寒潮天气过程进行了天气动力学诊断和数值模拟研究，取得不少有益的成果[2-7]。白肇烨等对西北地区寒潮天气的成因类型、影响系统、环流形势进行了系统研究，得到了一系列利于寒潮天气预报的结论[8-9]。西北地区寒潮的发生时段主要集中在3—4月，其次是10—11月，冬季12月至翌年2月是寒潮的少发时段[8-9]。这次寒潮天气过程发生在2008年12月3—5日，属于1次罕见的冬季寒潮，研究价值较高。

1　天气实况

2008年12月3—4日，青海省北部和东部地区发生了一次初冬横槽转竖型寒潮天气过程，伴随大风、沙尘、弱降水。此次寒潮影响范围广、持续时间长，3日北部地区共计21站次达到寒潮标准，4日东南部地区共计6站次达到寒潮标准；24 h气温下降幅度大，普遍降幅在8 ℃以上，最大降幅出现在互助、门源为15 ℃；寒潮期间伴随大风、沙尘、弱降水，共计有22站次出现大风，最大风速23 m·s^{-1}，但降水不明显，青海省站点24 h降水量除互助站为2 mm外，其余均为微量。具体如图4.9所示。

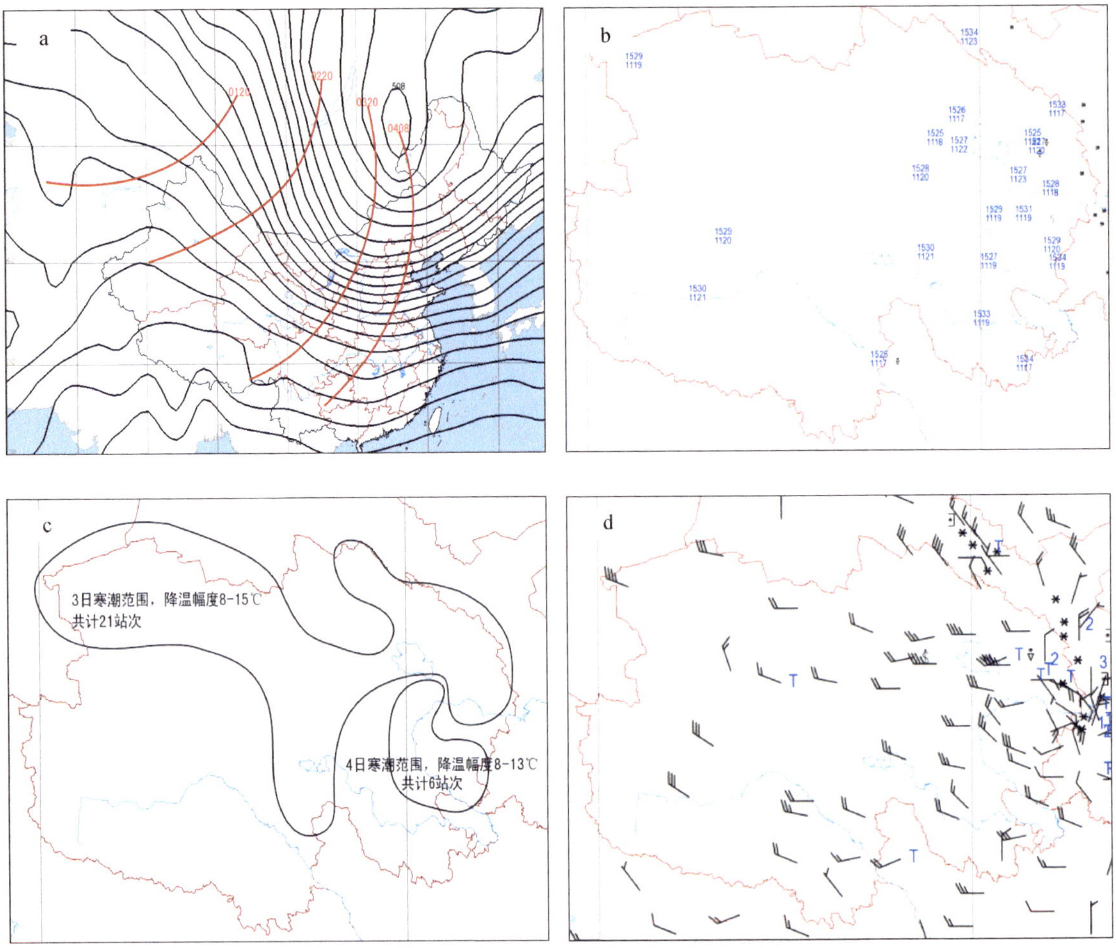

图 4.9　2008 年 12 月 3 日寒潮天气实况

(a)12 月 1 日 20 时—4 日 08 时 500 hPa 高空槽移动路径(b)12 月 3 日 20 时特殊天气及地面天气填图

(c)12 月 3—4 日寒潮发生区域(d)12 月 3 日 08 时—5 日 08 时降水量及期间地面天气现象

2　寒潮天气成因

2.1　冷空气源地和寒潮酝酿

12 月 1 日 08 时，北半球中高纬 500 hPa 环流形势为两脊一槽的倒 Ω 流型，乌拉尔山以东为高压脊，脊前偏北气流强，并配合有 38 $m \cdot s^{-1}$ 的急流带；鄂霍次克海至白令海为高脊区，起到阻挡冷空气东移、促使冷空气堆积加强的作用；两脊间的西伯利亚内陆为深厚低槽区。自泰梅尔半岛旋转南下的极涡有－44 ℃冷中心与之配合，来自新地岛以东洋面的冷空气沿乌拉尔山脊前偏北气流下滑的横槽移至萨彦岭至巴尔喀什湖北侧；高空锋区位于 50°N 附近、呈 WNW—ESE 走向，等温线密集(图 4.10)。地面等压面图上(图略)，蒙古国西部至新疆北部有冷锋活动，锋后冷高气压中心强度达 1045 hPa。这些迹象表明冷空气堆积已初步形成，具备了寒潮暴发的首要条件。

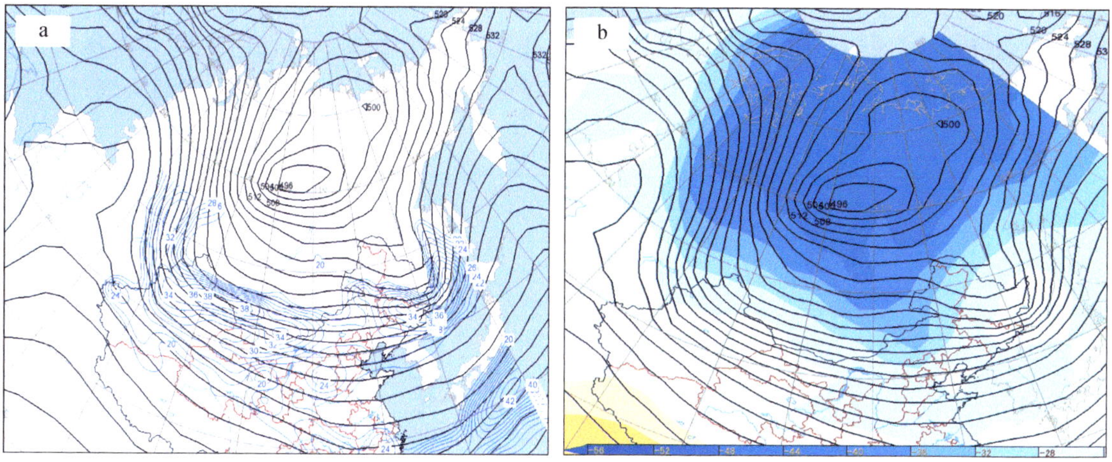

图 4.10　12 月 1 日 08 时 500 hPa 高度场＋急流(a)高度场＋温度场(℃)(b)

2.2　寒潮暴发

2.2.1　横槽转竖

12 月 1 日 20 时，乌拉尔山脊略有东移，脊前横槽后的偏北急流风带也随之东移并出现南压，急流核位于 55°N、70°E 附近，这为横槽转竖提供了有利的动力条件。横槽西段涡度明显大于东段，说明横槽西段加深得比东段快，有利于横槽转竖；槽前正涡度平流使横槽前东南方产生负变高，横槽后部是暖平流正变高，变高梯度由 NW 指向 SE，预示着横槽即将转竖(图 4.11)。2 日 08 时，横槽转竖，位于贝加尔湖以西至北疆一线，此时地面锋面开始进入并影响新疆偏北地区。

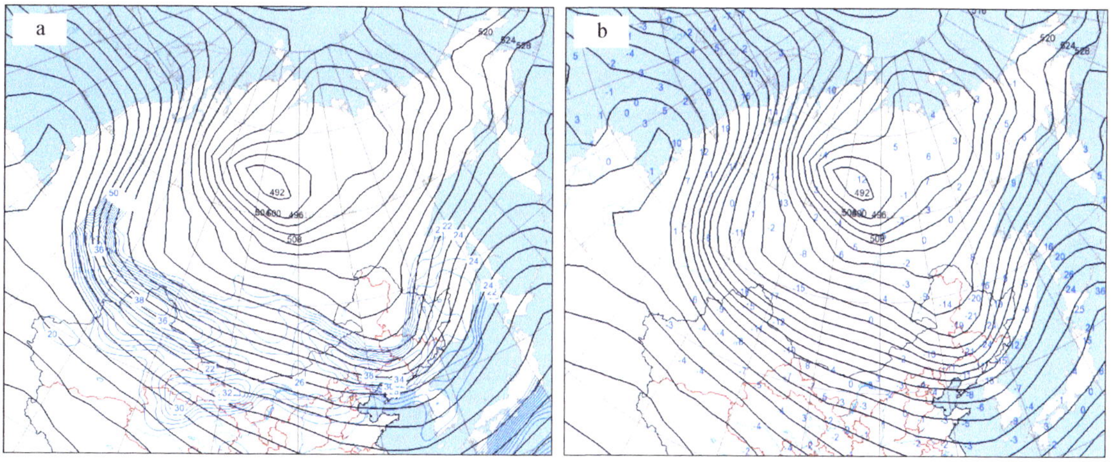

图 4.11　12 月 1 日 20 时 500 hPa 高度场＋急流(a)高度场＋24 h 变高(b)

2.2.2　寒潮暴发

2 日 20 时，极涡及与之相连的低槽已沿乌拉尔山脊前偏北气流旋转南下至贝加尔湖西北侧，极涡中心位于 60°N、110°E 附近，冷中心加强至－48 ℃；冷高压(1055 hPa)位于新疆以北，地面锋面位于内蒙古西部至天山以南。3 日 11 时，冷高压位于祁连山区并维持至 5 日 17 时，同时冷锋已经开始影响青海省。3 日 20 时,南掉极涡与转竖低槽合并后,低槽明显向南加深,冷空气势力显著加强并开始向南暴发;自两脊西北部入侵小槽压迫高脊向东南方向移动并逐渐崩溃,脊前偏北气流逆转为西北气流,引导冷空气大举向南暴发,造成此次寒潮天气过程(图 4.12)。

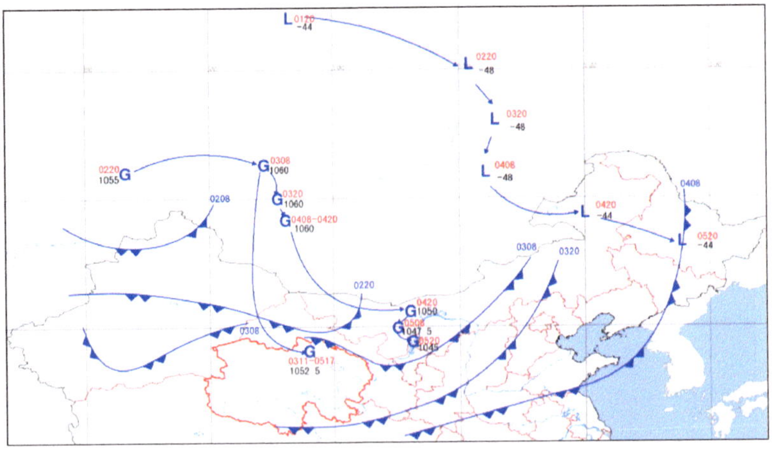

图 4.12　12 月 1 日 20 时—5 日 20 时 500 hPa 冷中心移动路径+地面锋面移动路径+地面冷高压移动路径

3　过程降水不明显原因

3.1　过程以大风、降温为主

在此次寒潮天气过程中,来自北方的冷平流势力强盛,强冷平流不仅会造成气温骤降,还会使地面正变压场加强,地面变压梯度和气压梯度增大,促使地面风场发展;冷平流愈强,出现的风力也就越大,本次寒潮天气过程也是如此。

2 日 08 时,2 根温度线穿过青海省,−20 ℃ 温度线位于青海省北部;至 3 日 20 时,4 根温度线穿过青海省,−20 ℃ 温度线位于青海省南部,−20 ℃线南压约 3 个纬距,强盛的冷平流是造成此次寒潮降温的主要原因(图 4.13a)。3 日 08 时,除玉树外全省均处在急流区中,其中西宁站 500 hPa 高空风速达 36 $m \cdot s^{-1}$,高空动量下传,并配合强盛的冷平流与地面锋面,导致地面大风明显(图 4.13b)。

3.2　降水弱

冬季青海省降水天气的主要水汽输送系统为南支槽,槽前暖湿西南气流能够为降水天气提供充足的动力和水汽条件。而在此次寒潮天气过程中,南支槽活动区域偏南,位于西藏中东部,无西南气流输送水汽至青海省,南支系统对降水无贡献。

过程期间,青海省受高空槽后西北气流影响,全省为干(全省 $T-T_d>9$ ℃)冷($T<-20$ ℃)气团控制,地面水汽条件差($Q<1$ ℃),局地水汽对降水贡献小(图 4.14)。因此青海省站点 24 h 降水量除互助站为 2 mm 外,其余地区均为微量。

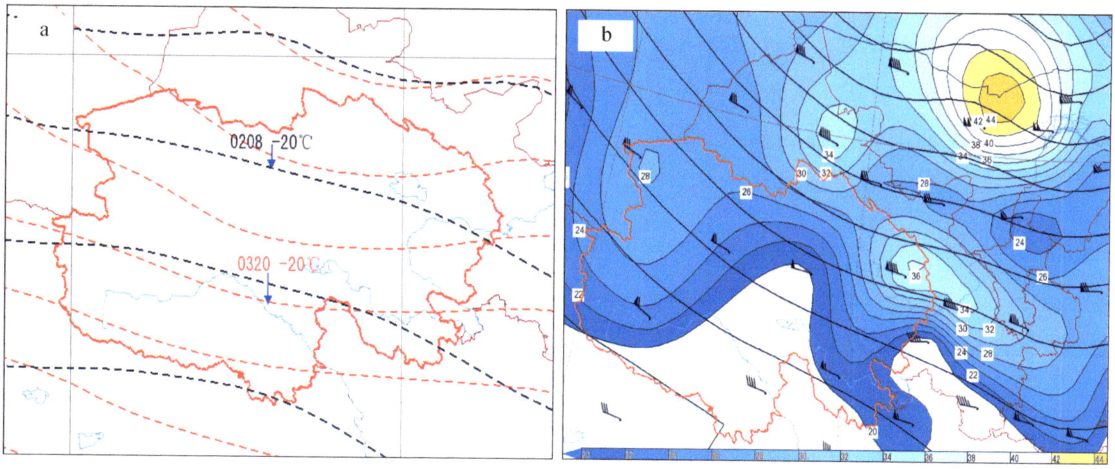

图 4.13　2 日 08 时(黑)+3 日 20 时(红)500 hPa 温度场(a)3 日 08 时 500 hPa H+wind+急流(b)

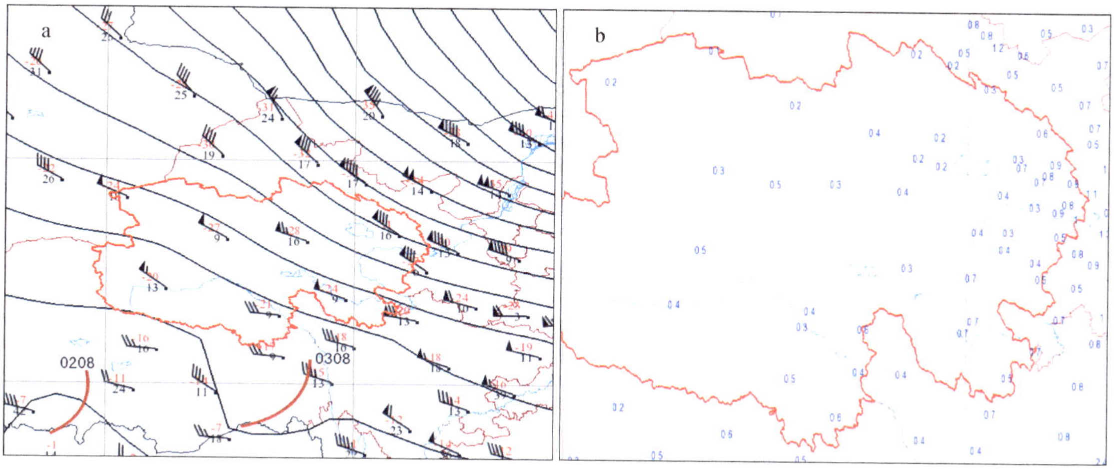

图 4.14　4 日 08 时 500 hPa H+wind+T+T_d及 2 日 08 时—4 时 08 时南支槽动态(a)
3 日 20 时地面 Q(b)

4　结论

1)此次过程是一次初冬横槽转竖型寒潮天气过程,伴随大风、沙尘、弱降水。其特点是影响范围广(北部+东部),持续时间长(3 d 北部,4 d 东南部),降温幅度大(24 h 气温普遍下降 8 ℃以上,最大降幅出现在互助、门源为 15 ℃),伴随天气复杂(大风:22 站次,最大风速 23 m·s^{-1}、沙尘等),但降水不明显(青海省站点除互助 2 mm 外,其余均为微量)。

2)此次寒潮天气过程冷空气源地为新地岛以东洋面,是出现在欧洲脊强烈发展并缓慢东移、北半球中高纬环流形势由纬向型向经向型转换过程中(横槽转竖型)。乌拉尔山脊前强偏北风带南移、横槽涡度西部大于东部、横槽前东南方的负变高和横槽后部的暖平流正变高等促使横槽转竖;南掉极涡与转竖低槽合并后,低槽明显向南加深,冷空气势力显著加强并开始向南暴发;自两脊西北部入侵小槽压迫高脊向东南方向移动并逐渐崩溃,脊前偏北气流逆转为西北气流,引导冷空气大举向南暴发,造成此次寒潮天气过程。

3)过程以大风、降温为主,降水不明显。冷平流侵入、高空动量下传及地面锋面三者之间的配合是此次大风形成的主要原因。强盛的冷平流是造成降温的主要原因。主要水汽通道不畅和局地水汽条件差是降水不明显的主要原因:冬季青海省降水天气的主要水汽输送系统南支槽不活跃,无西南气流输送水汽;高空槽后西北气流影响全省,全省为干冷气团控制,地面水汽条件差,局地水汽对降水贡献小。

参考文献

[1] 朱乾根,林锦瑞,寿绍文. 天气学原理和方法[M]. 北京:气象出版社,2000:10.

[2] 王遵娅,丁一汇. 近53年中国寒潮的变化特征及其可能原因[J]. 大气科学,2006,30(6):1068-1076.

[3] 朱义青. 2008年12月一次寒潮天气过程诊断分析[J]. 安徽农业科学,2012,40(34):16676-16677+16701.

[4] 陈瑞敏,王荣英,李翠玉,等. 2008年冬季3次寒潮天气过程对比分析[C]. 第26届中国气象学会年会论文集,2009:706-713.

[5] 王忠东,曹楚,程瀛,等. 2008年12月4日~6日温州地区寒潮天气过程分析[C]. 第27届中国气象学会年会论文集,2010:1-10.

[6] 陈豫英,陈楠,邵建,等. 2008年12月两次寒潮天气对比分析[J]. 气象,2009,35(11):29-38.

[7] 牛若芸,乔林,陈涛,等. 2008年12月2—6日寒潮天气过程分析[J]. 气象,2009,35(12):74-82.

[8] 白肇烨,徐国昌. 中国西北天气[M]. 北京:气象出版社,1988:376-384.

[9] 田秀霞,寿绍文. 2008年12月两次强寒潮过程的等熵位涡分析[J]. 气象科学,2013,33(1):102-108.

2009年11月16日寒潮过程分析和总结

赵国蓉

（海北州气象台，海晏 812200）

摘 要：利用MICAPS常规实况图，应用天气学分析和诊断分析方法对2009年11月16—17日寒潮天气过程进行分析。分析表明：乌拉尔山地区高压脊发展北挺，脊前的西北气流加强，鄂霍次克海至贝加尔湖附近的高空槽东移南压至新疆中部，槽后为东北风，风速最大为28 m·s^{-1}，伴随的冷中心加强，500 hPa冷中心数值为−40 ℃，强冷空气在贝加尔湖及其附近堆积及南下，中低层的冷中心与地面冷高压的相互配合，造成了此次寒潮天气过程。造成此次寒潮天气过程降温的主要原因是强冷平流，其次是非绝热因子通过天气现象、辐射等造成的不同程度的降温。

关键词：寒潮，锋面，强冷空气，冷平流，非绝热因子

引 言

寒潮是我国春秋季严重的灾害性天气之一，是一种大规模的强冷空气活动过程，其主要特点是剧烈降温和大风，往往会给工农业生产、交通电力和人民生活等造成不利的影响[1]。因此，做好寒潮天气预报服务，采取积极防范措施有一定的现实意义。寒潮标准依据青海省地方标准《气象灾害分级指标》(DB63/T372—2011)中的相关规定，即24小时内日最低气温下降幅度≥8 ℃，或48小时下降度≥12 ℃，或72小时下降幅度≥12 ℃。现就此次寒潮过程的成因，大尺度环流特征、冷空气的聚积和暴发、地面冷高压及冷锋的移动进行分析，为寒潮预报业务提供参考依据。

1 天气实况

2009年11月16—17日受北方冷空气东移下滑影响，青海省出现了一次全省性降温、大风天气过程，大部地区最低气温下降至−15 ℃以下，尤其东部农业区大部平均气温下降幅度在10 ℃以上，依据青海省地方标准《气象灾害分级指标》(DB63/T372—2011)，青海省海北、海南西部、黄南西部、果洛北部、海西东部共13站次达到寒潮标准。此次寒潮天气持续时间长，16日在柴达木盆地西部出现，17日在青海省东部地区大范围出现，降温幅度大，门源最低温下降17 ℃。玛多最低温下降13 ℃。11月16日全省共有12站次出现大风，降水不明显。11月17日门源最低气温达到−27 ℃，托勒站最低气温达到−27 ℃，野牛沟站最低气温达到−30 ℃，此次寒潮呈东强西弱，海北为寒潮极值区(图4.15，图4.16)。

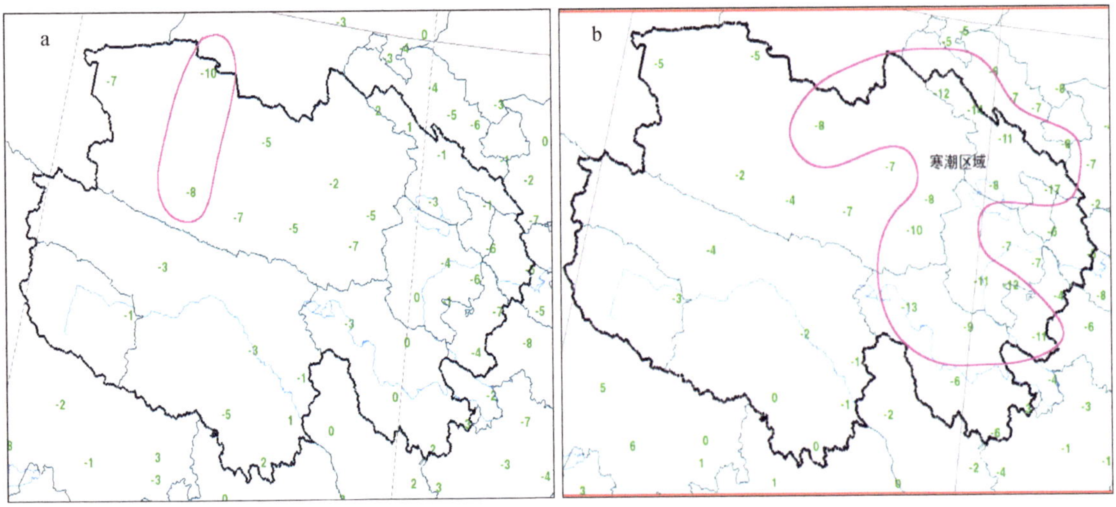

图 4.15　11 月 16 日最低气温全省降幅(a)11 月 17 日最低气温全省降幅(b)(单位:℃)

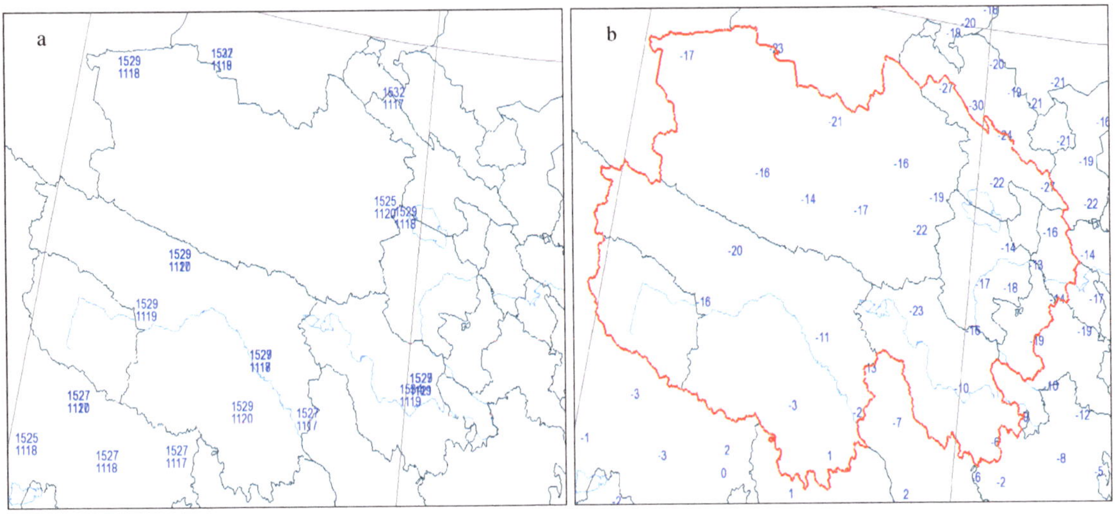

图 4.16　11 月 16 日全省特殊天气(a)11 月 16—17 日全省最低气温(b)(单位:℃)

2　寒潮成因分析

2.1　环流背景

11 月 14 日 20 时 500 hPa 高空图(图 4.17)上中高纬度环流形势为一槽一脊,脊位于巴伦支海至北海附近,槽位于鄂霍次克海至贝加尔湖一带,贝加尔湖至新疆北部有一冷中心,中心值最大为−36 ℃。15 日 08 时,乌拉尔山地区高压脊发展北挺,脊前的西北气流加强,鄂霍次克海至贝加尔湖附近的高空槽东移南压至新疆中部,槽后为东北风,风速最大为 28 $m\cdot s^{-1}$,伴随的冷中心加强,强度达到−40 ℃。15 日 20 时,中亚地区为一宽广的低值系统,延伸出的横槽一直从蒙古贯穿至新疆南部,来自西伯利亚的冷空气在此处堆积;16 日 08 时,高空槽东移南压至青海省柴达木盆地,槽后风向转为偏北风,风速最大为 26 $m\cdot s^{-1}$,冷中心东移至祁连山区，500 hPa 冷中心数值为－40 ℃，位于蒙古地区；青海省等温线密集，达 5 根，高空锋区显现，风向与等温线夹角≥30°，冷平流明显；700 hPa 冷中心数值为－24 ℃，等温线开始在青海省东南部密集。到 20 时，高空槽快速移出青海省，但－30 ℃的冷中心位于青海省中东部，高空西北风风速达24 m·s^{-1}，高空锋区较强。17 日 08 时，高空槽及冷中心东移至河套地区，整个青海省受槽后的西北气流控制(图 4.18)。

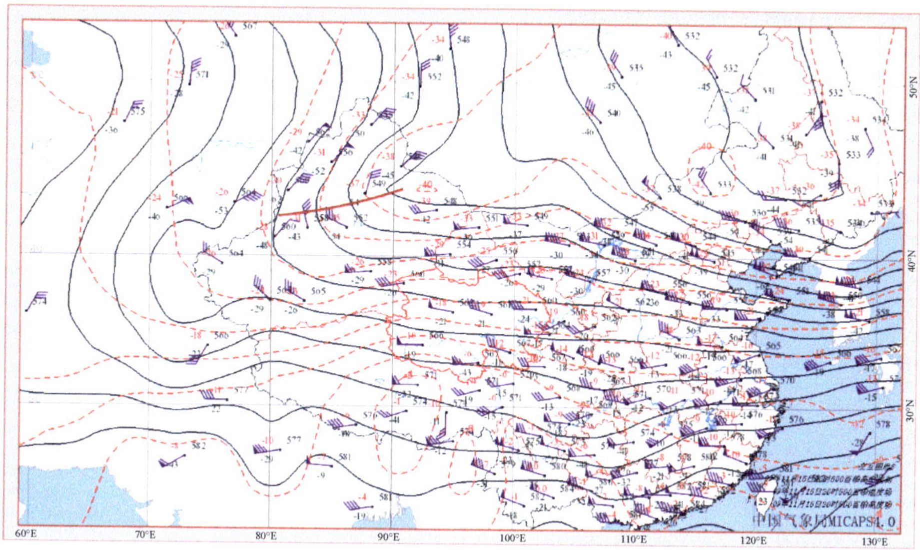

图 4.17　11 月 15 日 20 时 500 hPa 高空实况

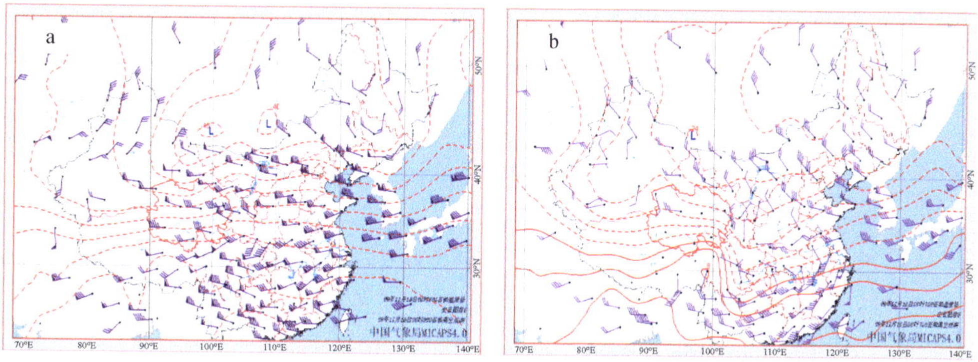

图 4.18　11 月 16 日 08 时 500 hPa(a)700 hPa(b)高空实况

2.2　地面冷锋

寒潮过程中，在地面天气图上，冷空气暴发往往表现为一个强大的冷高压在大陆上产生、盘旋加强和移动的过程[2]。冷高压活动中心均与山脉相对应，说明冷高压加强与地形作用密切相关。冷高压的移动代表着冷锋的移动，即代表着冷空气的入侵。寒潮过程前期(12—14日)，地面低压在巴尔喀什湖到新疆一带向北向东伸展，加上高空暖平流的影响，青海省以晴天为主，气温回升明显。前期的回暖为寒潮提供了有利的热力条件。15 日 17 时，地面图上，中国大部分地区受弱的气压场控制，而在叶尼塞河至贝加尔湖中西部形成了中心强度为 1047.5 hPa的冷高压，冷暖空气的汇合在新疆北部形成了强烈的锋区，当冷空气进入我国新疆后，使位于天山以北的冷空气聚积,冷锋加强、冷高压缓慢向东南方向移动发展;15 日 08 时冷锋位于河西走廊地区,随着冷高压分裂南下,到 16 日 08 时,因青海省北部山脉地形对南移冷空气的阻挡和分流作用导致东、西两股冷空气在青海湖附近区域迎面相遇而形成锢囚锋,且东路冷空气强于西路冷空气,并且西路风速大于东路,形成向东移动的暖式锢囚锋,锋区所经地区有冷空气影响,温度降低,加之副热带高压的阻挡,冷空气维持时间长,气温剧烈下降。到 17 日 08 时锋区已移出青海省(图 4.19)。

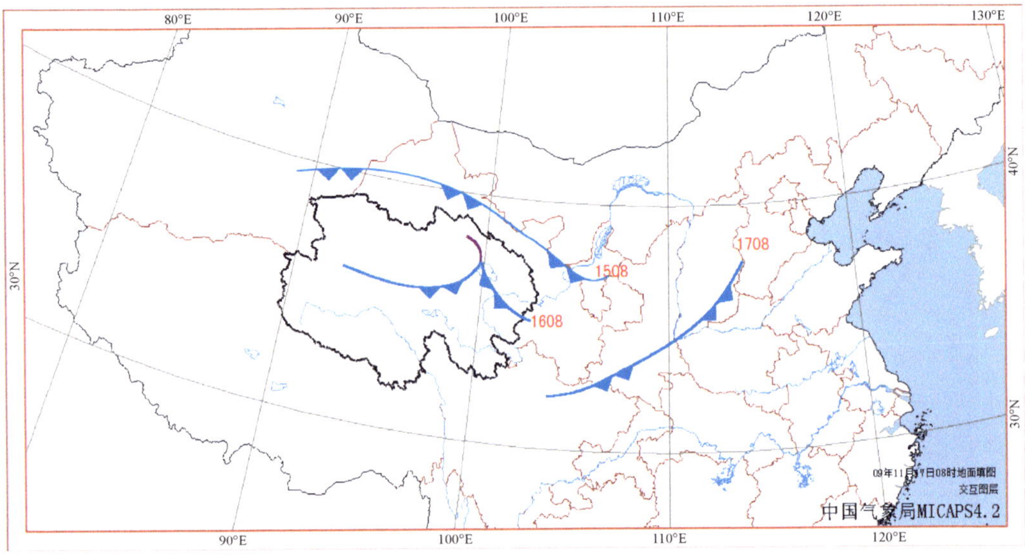

图 4.19　地面冷锋移动路径

2.3　地面冷高压和 850 hPa 冷中心

寒潮地面冷高压于 16 日 14 时从海西西部进入青海省,中心强度达 1052.5 hPa,东移并维持;到 17 日 02 时至青海湖东部减弱为 1050 hPa,之后继续减弱至 1047.5 hPa 并东移出青海省(图 4.20)。在此次寒潮过程暴发日前两日,80°～100°E,40°～50°N 区域内 500 hPa 上冷中心温度为－40 ℃,700h Pa 上冷中心温度为－24 ℃,在 12 月份、1 月份和 2 月份冷中心平均温度都在－35 ℃;而过渡季节要高得多,青海省海拔高度平均在 3500 m 以上,500 hPa 和 700 hPa 高度上的中心温度有很好的指示意义。将 500 hPa 上 80°～100°E,40°～50°N 区域内最低温度与青海省东部地区温度的差值定义为该层的温度差,此差值反映低层冷暖空气的相对强度,梯度越大,说明低层冷空气的势力越强。此次寒潮温度梯度为－34 ℃。冷中心温度低则温度梯度也大,两者相关系数高[3]。

2.4　前期回暖

15 日 20 时,700 hPa 近地面全省处于热低压控制之内。最低温度普遍回升,最高达到 0 ℃,使寒潮前期基础温度较高,24 h 变温较大(图 4.21)。

2.5　横槽转竖型

此次寒潮过程为横槽转竖型,温压场方面,亚洲东部为一横槽,冷中心超前于横槽,槽后转为暖平流,变高梯度指向东南。风场方面,横槽后部开始转为西北风,并且风速较大,有利于横

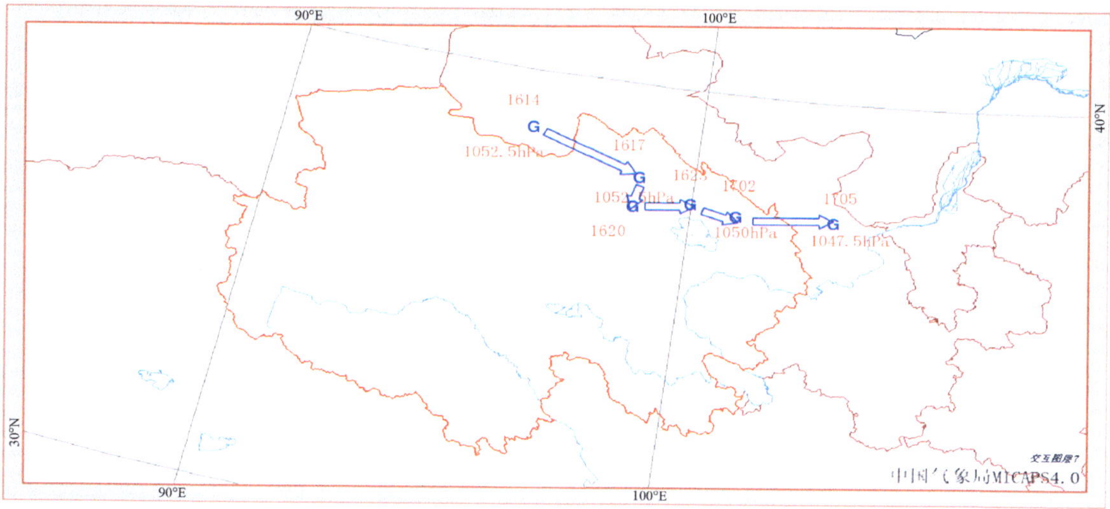

图 4.20　地面冷高压移动路径

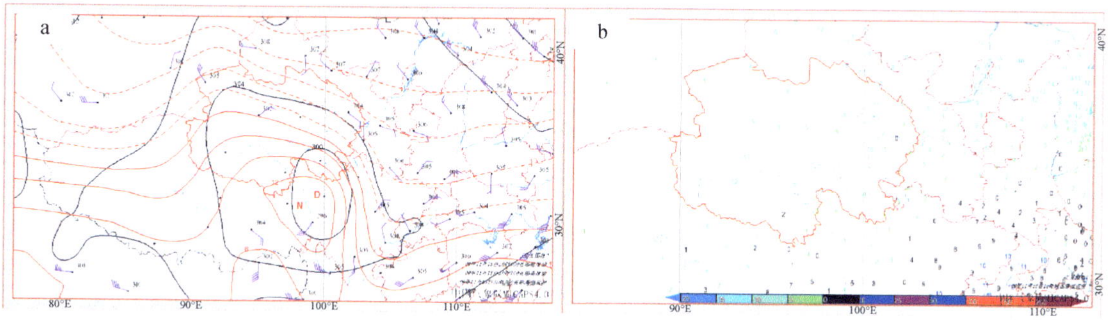

图 4.21　11 月 15 日 20 时 700 hPa 高空实况(a)11 月 15 日 14 时地面最低温度(℃)(b)

槽转竖。阻塞高压的崩溃预示着横槽即将转竖。

3　过程强降温的原因

某地的气温变化可用热流量方程表示：$\frac{\partial T}{\partial t}=-V\cdot\nabla T-(r_d-\gamma)\cdot w+\frac{r_d}{\rho_g}\left(\frac{\partial P}{\partial t}+V\cdot\nabla P\right)+\frac{1}{c_p}\frac{\mathrm{d}Q}{\mathrm{d}t}$

式中，对于近地层 W 可近似为 0 变压和气压平流引起的温度局地变化也很小。因此，某地温度的变化主要决定于温度平流和非绝热因子的作用[4]。温度平流主要考虑平流冷暖性质和强度，非绝热因子考虑辐射、水汽凝结、蒸发和下垫面性质对气温的影响。

3.1　温度平流对气温局部地面变化的影响

在此次寒潮天气过程中，强的冷平流是气温骤降的主要原因。15 日 20 时 500 hPa 温度平流图上，在青海省东北部有一股冷平流，其中心值为 -10×10^{-4} ℃ · s^{-1}，在青海省的西南部有一股强的冷平流，其中心值为 -20×10^{-4} ℃ · s^{-1}，随着冷空气的东移南压，16 日 08 时500 hPa 青海省大部地区受冷平流控制，中心值为 -10×10^{-4} ℃ · s^{-1}，影响了整个青海省地区，使柴达木盆地降温达到寒潮级别，而到16日20时，冷平流随着冷锋继续东移南压青海省东部地区的冷平流加强，中心值达到-30×10^{-4}℃·s^{-1}，使得17日08时青海省东部地区24 h变温−10 ℃左右，门源最低气温达到−27 ℃，托勒站最低气温达到−27 ℃，野牛沟站最低气温达到−30 ℃，表明这次冷空气势力较强(图4.22)。

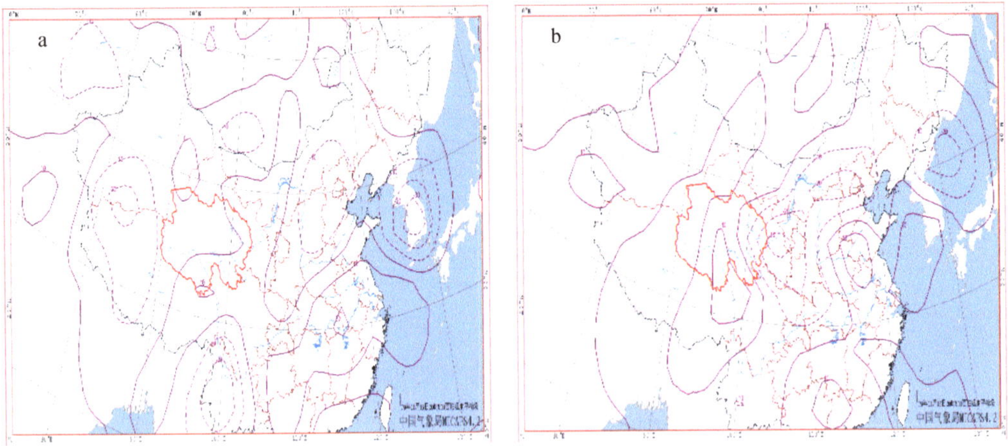

图4.22　11月15日20时(a)16日20时(b)500 hPa温度平流场(单位：10^{-4}℃·s^{-1})

3.2　非绝热因子对气温变化的影响

气温的非绝热变化是空气与外界热量交换的结果。在低层大气中，非绝热因子对局地气温作用非常明显。因为热量的交换是通过太阳辐射、水汽相变而释放潜热、乱流传导来进行的[5]。所以，天空的状况、有无降水产生和风的大小对气温变化均有影响。16日白天东部降雪，降雪减弱了地面吸收的太阳辐射，使东部地区白天最高温度低；17日凌晨雪后东部初晴，地面辐射降温较强，青海省东部地区最低气温低，而西南部有云，辐射降温较弱；东部地区天空放晴，风速减小，正好达到了形成夜间强烈降温的非绝热条件，同时，对于祁连山区及青南地区，本身海拔较高，大气厚度不及河谷及盆地地区，辐射降温更为明显，导致祁连山区、东部地区及高海拔地区温度降幅明显(图4.23)。

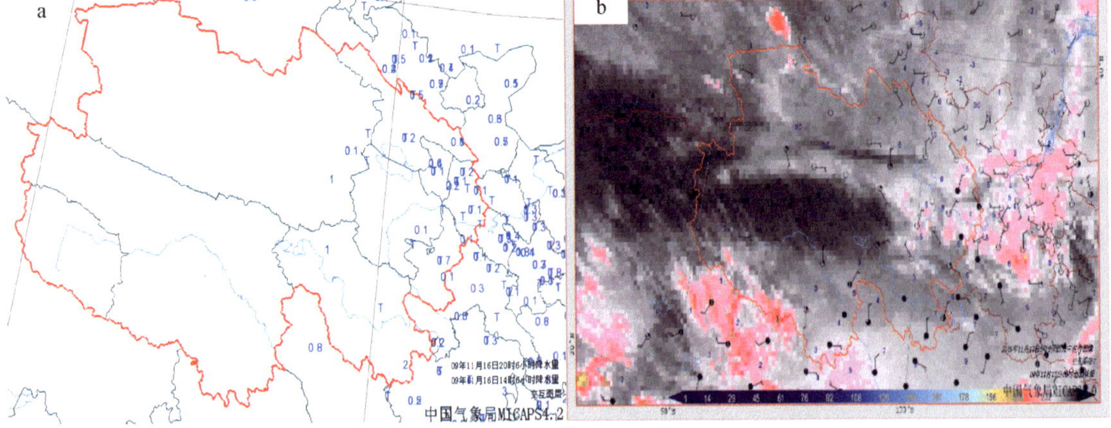

图4.23　16日14时和20时6 h降水量分布(mm)(a)17日05时红外图像＋地面填图(b)

4　预报着眼点

此次寒潮天气过程，为横槽转竖型，范围广，持续时间长，多地出现大风，降水不明显；野牛沟站最低气温达到−30 ℃。因此，根据这次过程的预报经验，在今后秋季寒潮预报中应主要着眼于以下4个方面：

1）寒潮前期基础气温的高低是判断青海省寒潮天气的一个重要指标。过程前期地面气温回升明显，加之此次冷空气中心的强度达到1052.5 hPa，使得青海省出现罕见的强降温天气过程。结果表明前期基础气温偏高，并有强的冷空气入侵，降温幅度大易达到寒潮标准。

2）强冷空气在贝加尔湖及其附近堆积及南下是青海省寒潮暴发的必要条件，中低层的冷中心与地面冷高压的配合可以判断冷空气的堆积程度。

3）地面冷高压、冷锋的位置以及移动路径、是否经由寒潮关键区进入青海省是能否达到寒潮的关键。此次过程中，冷空气强度达到了寒潮预报指标，但是由于冷空气在南压过程中的移动方向主体位于青海省偏北偏东地区，因而造成了青海省东部地区大范围寒潮天气。

4）过程影响时间是由高空形势场决定的，此次寒潮的预报关键是横槽是否转竖以及横槽是否在过境过程中转竖。

参考文献

[1] 朱乾根，林锦瑞，寿绍文，等．天气学原理和方法[M]．北京：气象出版社，2007：377-418.
[2]王桂春，宋若宁．大连地区2009年12月29—30日寒潮天气过程分析[J]．安徽农业科学，2010，38(18)：9620-9622.
[3]谭丽娜，赵亮．青海省一次秋季寒潮天气成因分析[J]．青海气象，2018(2)：22-25
[4]张艳梅，张普宇，顾欣，等．贵州高原寒潮灾害的气候特征分析[J]．中国农业气象，2010，31(1)：151-154.
[5]姚学祥．天气预报技术与方法．北京：气象出版社，2011：57-59.

2010年3月31日—4月1日寒潮天气过程分析和总结

孙 瑛 梁 宁
(海南州气象局,共和 813000)

摘 要:利用高空、地面常规天气资料,应用天气分析和诊断分析方法,并结合青海省寒潮天气过程的预报经验,对2010年3月31日—4月1日寒潮天气过程进行分析和总结。结果表明:1)此次寒潮过程特点是春季寒潮,降温幅度较大,持续时间长,青海省南部伴随少量降水天气出现。2)造成寒潮的高空影响系统为高原冷温槽加深型,青海省北部和东部受蒙古冷槽影响,青海省南部90°~100°E、37°~47°N受冷温槽影响。3)地面冷高压从蒙古北部分裂一股南压,以偏西北路径进入蒙古地区,受其底部扩散冷空气的影响,青海省北部及中东部出现明显降温,部分站出现寒潮。4)高空冷平流较强是造成气温骤降的主要原因,青海省北部地区温度平流项对此次寒潮过程的影响大于南部地区;而南部地区温度对流项即辐射降温对此次寒潮过程的影响大于北部地区,同时由于南部地区海拔高,地面强烈辐射降温,造成寒潮过程中青海省南部强于青海省东部地区。5)青海省南部由于局地水汽较好而产生了少量降水。6)此次寒潮天气的预报中容易被忽视的问题:高空环流形势场上短波槽位于蒙古地区,短波槽位置偏北,容易被忽视;地面冷高压强度不强,其底部扩散冷空气影响青海省北部及中东部,这种冷高压影响形式在预报中容易被认为是强降温,而达不到寒潮,由于前期青海省寒潮出现区域均出现不同程度升温,南部比北部升温明显,给后期降温提供了空间,在预报过程中应综合考虑。

关键词:寒潮,环流形势,强冷平流,成因分析

1 天气实况

2010年3月31日—4月1日,受西伯利亚东移南下冷空气影响,青海省东部和南部出现寒潮天气过程。此次寒潮过程的特点是出现在春季,出现在青海省南部和东部共13站,最低气温普遍降温8 ℃以上(图4.24a),玛多站最大降温13 ℃;南部从31日14时就出现降温并伴随少量降水(1 mm以下)(图4.24b),北部主要降温时段出现4月1日5—8时。总体而言,此次寒潮天气影响范围较广,青海省东部和南部共13站达到了寒潮标准,降温幅度较大,持续时间长。

2 环流形势分析

2.1 高空环流形势

过程前期29日08时500 hPa高空图上中高纬度欧亚大陆上为倒Ω型,乌拉尔山以东和贝加尔湖以东为阻塞高压,乌拉尔山高压以东脊前强的偏北气流(52 m·s^{-1})引导北冰洋的冷空气南下,受贝加尔湖以东暖高脊的阻挡,冷空气在西伯利亚堆积,使西伯利亚地区出现宽广的冷性低涡,冷中心−40 ℃,低涡南部70°~90°E、43°~65°N内等高线密集,由此说明高空锋区较强,同时南支槽在西藏至孟加拉湾发展,青海省高原西侧有冷温槽存在,31日08时

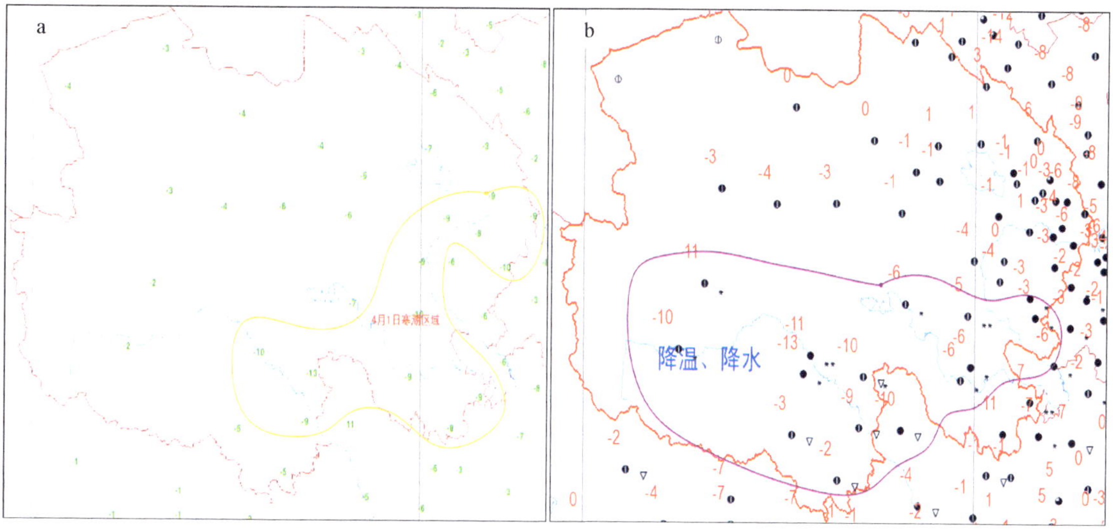

图 4.24　4 月 1 日 14 时寒潮发生区域及最低气温(℃)降幅(a)31 日 14 时降温(℃)、降水(mm)区域(b)

500 hPa 高空图上(图 4.25)，随着低涡不断发展东移，冷中心加强为－45 ℃，贝加尔湖以东暖性高压脊受东移低涡影响有所减弱，同时低涡底部分裂小槽南压进入蒙古地区，此时在高原西侧有冷温槽，进入青海省南部 90°～100°E、37°～47°N 内，高原槽位于青海省西南地区，由此可知此次寒潮天气过程中乌拉尔山高压脊前强的偏北气流引导北冰洋的冷空气南下的过程中受贝加尔湖以东暖性高压脊的阻挡，冷空气在西伯利亚堆积，使得西伯利亚地区形成宽广的冷性低涡，强的偏北气流引导冷空气大举向南暴发的过程中，青海省东部和南部出现寒潮天气，因此造成此次青海省东部和南部寒潮的高空影响系统为蒙古冷槽和高原冷温槽加深型。

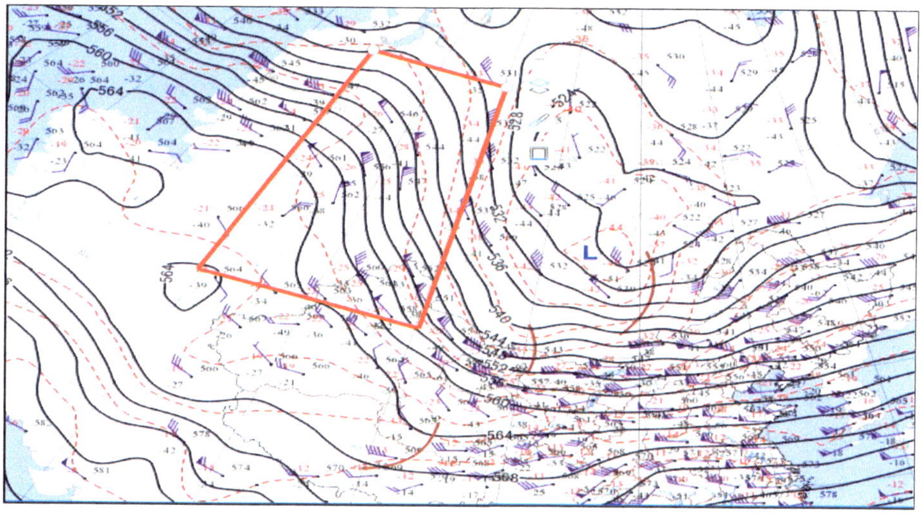

图 4.25　31 日 08 时 500 hPa 高空图

2.2　高空冷平流强

从 31 日 08 时 500 hPa 高空图和 500 hPa 总温度平流场上(图 4.26)可看出青海省中部由北至南冷温槽明显，有 3 条等温线，槽后高空西北气流强(西北风最大 36 m·s^{-1})，高空风和等温线夹角大,表明温度平流强,在 500 hPa 总温度平流场上青海省中东部为 -20×10^{-5}℃·s^{-1},由此可见,这次青海省东部和南部寒潮天气过程中有较强高空冷平流。

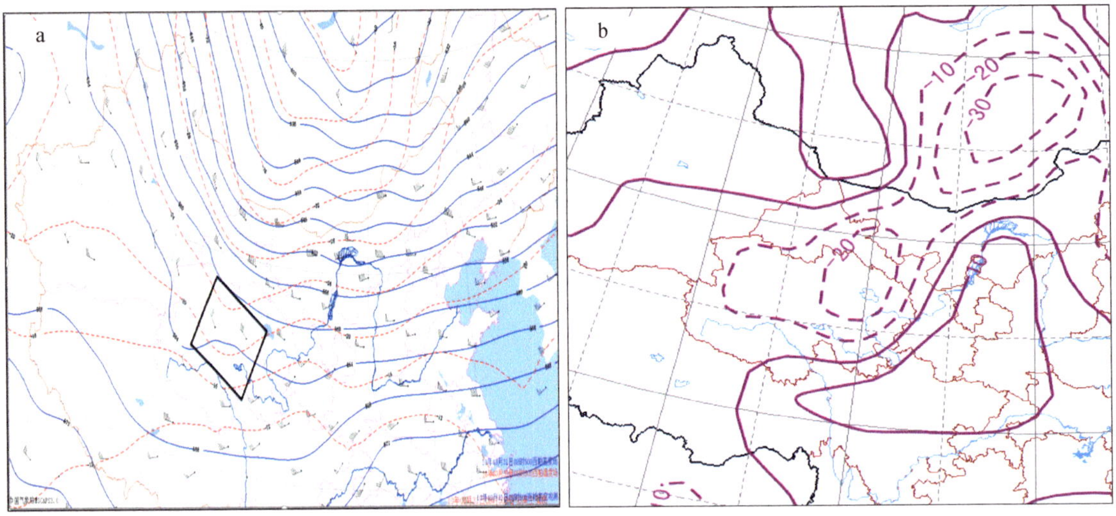

图 4.26　31 日 08 时 500 hPa 高空图(a)31 日 08 时 500 hPa 总温度平流场(b)(单位:10^{-5}℃·s^{-1})

2.3　地面冷高压

此次寒潮过程中,从地面冷高压移动路径图上(图 4.27)可看出,30 日 20 时地面冷高压中心强度为 1037.5 hPa,随后冷高压主体加强为 1045.0 hPa,表明其北部有强冷空气不断给该冷高压主体补充使其加强,31 日 14 时冷高压主体自西北向东南分裂南压,其分裂一股冷空气从蒙古北部明显东移南压,至 4 月 1 日 08 时以偏西北路径进入蒙古地区,受其底部扩散冷空气影响青海省北部及中东部地区,出现明显降温,部分站出现寒潮。寒潮天气过程中的地面冷锋的移动首先与地面冷高压的移动路径有关,因此,地面冷高压其前部寒潮地面冷锋也呈西北—东南向移动。

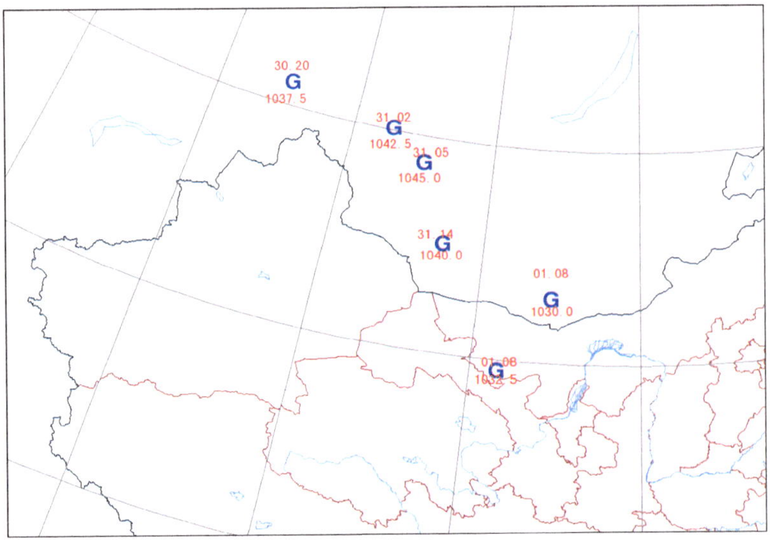

图 4.27　地面冷高压移动路径

3　过程期间南部和东部地区温度局地变化的差异

此次寒潮天气过程中降温较清楚，根据高空图上的风场温度场的配置，可以用温度的局地变化来分析：

根据温度方程：$\frac{\partial T}{\partial t}=\frac{\mathrm{d}T}{\mathrm{d}t}-V\cdot\frac{\partial T}{\partial s}-\omega\frac{\partial T}{\partial p}-\frac{Lv}{c_p}\frac{\mathrm{d}Q}{\mathrm{d}t}$，温度的局地变化主要决定于个别变化、平流变化、对流变化和非绝热变化 4 项决定。下面分别讨论。

3.1　温度平流变化项

$-\boldsymbol{V}\cdot\boldsymbol{\nabla}T=-|v||\boldsymbol{\nabla}T|\cos\varphi$ 温度平流取决 3 个因素即风速大小、温度水平梯度大小、风向与等温线夹角的大小(见图 4.28)。从图中可看出，青海省南部地区(以达日为例)$-\boldsymbol{V}\cdot\boldsymbol{\nabla}T=-|v||\boldsymbol{\nabla}T|\cos\varphi=-12\ \mathrm{m}\cdot\mathrm{s}^{-1}\times4\ ℃/180000\mathrm{m}\times\sin70°\approx-2.5\times10^{-4}℃\cdot\mathrm{s}^{-1}$；北部地区(以都兰为例)：$-\boldsymbol{V}\cdot\boldsymbol{\nabla}T=-|v||\boldsymbol{\nabla}T|\cos\varphi=-10\ \mathrm{m}\cdot\mathrm{s}^{-1}\times3\ ℃/164000\mathrm{m}\times\sin60°\approx-1.5\times10^{-4}℃\cdot\mathrm{s}^{-1}$。通过以上计算对比可看出，此次寒潮过程中温度平流变化项对青海省南部地区的影响大于青海省北部地区。

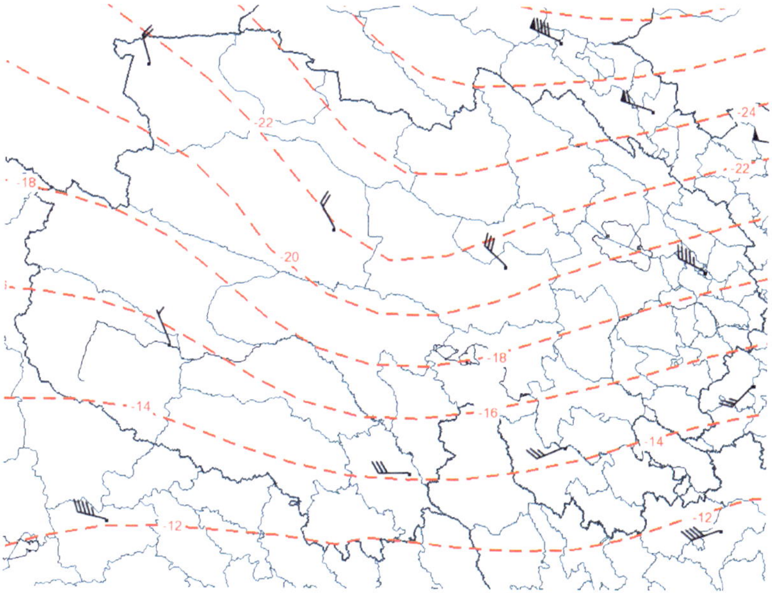

图 4.28　31 日 08 时 500 hPa 高空填图和温度场(℃)

3.2　温度对流变化项

$-\omega\frac{\partial T}{\partial p}$项，从 4 月 1 日 08 时 500 hPa 垂直速度场图上(图 4.29)，可看出青海省南部地区的垂直速度比青海省北部地区大，通过对比，青海省南部地区温度对流项即辐射降温对此次寒潮过程的影响大于北部地区。即 4 月 1 日凌晨雪后转晴，同时由于南部地区海拔高，大气层薄，对温度保护低，地面强烈辐射降温。由此可知，此次寒潮过程中青海省南部降温主要受温度对流的影响。

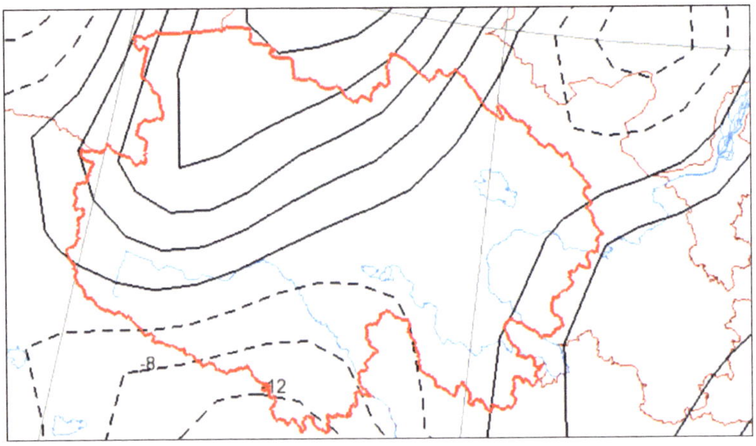

图 4.29　4月1日08时500 hPa垂直速度场(单位:Pa·s^{-1})

3.3　个别变化项和非绝热加热项

影响青海省的冷气团东移南下过程中变性不明显,因此个别变化项总体而言,较平流项和对流项要小一个量级(10^{-5})。非绝热变化项($-\frac{Lv}{c_p}\frac{dQ}{dt}$)而言,因为水汽凝结,潜热释放,对空气是加热升温效应。该项也比平流项和对流项要小一个量级,但明显要比个别变化的值要大。从31日08时和14时卫星云图(图4.30)上可看到,青海省南部地区受西南气流和较强云系的影响,31日14时出现少量降水,凝结释放潜热,夜间辐射降温,造成南部降温明显比北部明显。

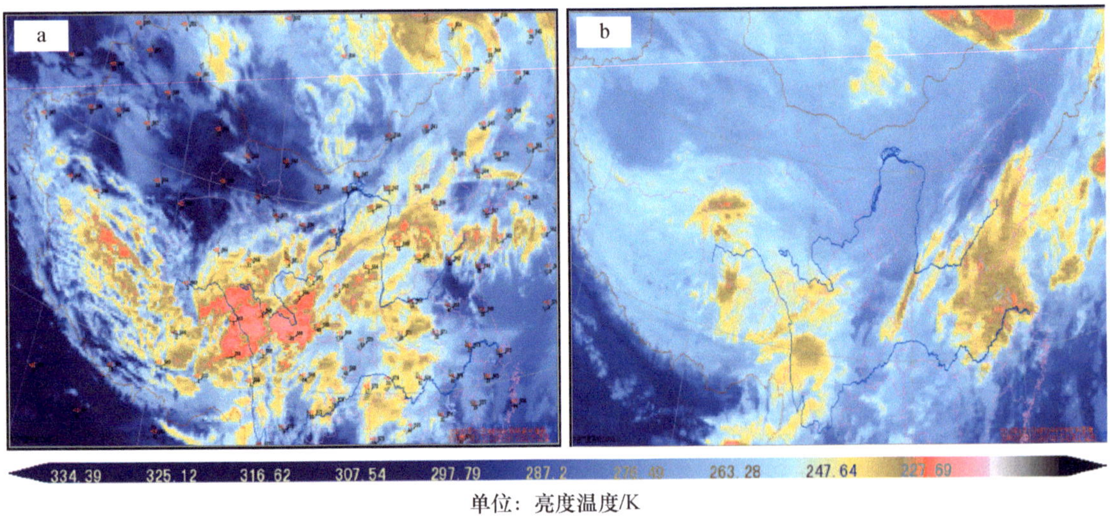

图 4.30　31日08时(a)14时(b)红外云图

通过以上粗略估计计算,此次过程中影响局地温度变化的主要因子是平流项和对流项,二者的量级约为10^{-4},而个别变化和非绝热因子对温度影响相对较小,其量级约为10^{-5}。

3.4　前期增温

31日08时24 h变温场上(图4.31),寒潮出现区域均出现不同程度的升温,但青海省南部升温大部为 5 ℃，最大为 7 ℃，比青海省东部明显，东部升温大部为 4 ℃，最大为 6 ℃，为后期降温提供空间。

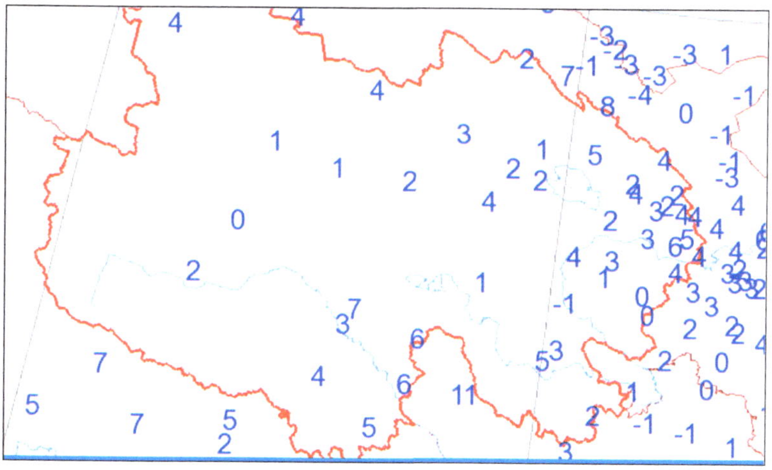

图 4.31 31 日 08 时 24 h 变温(℃)

4 青海省南部出现弱降水原因分析

发生的寒潮过程中，青海省南部地区出现微量降水，分析 31 日 08 时 500 hPa 高空图(图 4.25)，可以看出，在青海省高原西南侧有高原槽存在，强度较弱，但槽前局地水汽较好，$T-T_d<6$ ℃，而青海省北部及东部大部地区处于蒙古低槽底部的偏西北气流控制中，局地水汽差，$T-T_d<20$ ℃，为干冷气团控制。另外，从过程中的水汽通量散度分析，整个青海省没有明显的水汽辐合区域，基本为水汽辐散地区，水汽平流输送弱，水汽通量散度基本为正。因此青海省南部出现弱降水，其原因是由于局地水汽较好而产生了少量降水。

5 寒潮天气的预报中容易被忽视的问题

通过上述的分析，可以发现此次春季的寒潮天气并不很强，因此预报员在预报此类寒潮天气中往往会认为是强降温明显但达不到寒潮，从而出现漏报。分析其预报中容易被忽视的主要有以下几点：

1)高空环流形势场上前期在西伯利亚地区形成宽广的冷性低涡，在东移的过程中南压不明显，其底部下滑的短波槽位于蒙古地区(见图 4.25)，相对青海省而言，短波槽位置偏北，容易造成忽视。

2)地面冷高压强度不强，但冷高压中心在东移的过程中加强，表明有较强冷空气不断给冷高压主体补充使其加强为 1045.0 hPa，但随后在东移的过程中分裂一股冷空气以偏西北路径进入蒙古地区，受其底部扩散冷空气影响青海省北部及中东部出现明显降温，部分站出现寒潮，这种冷高压影响形式在预报中容易被认为是强降温，而达不到寒潮。但由于前期青海省均出现不同程度的升温，给后期降温提供了空间，在预报过程中应综合考虑。

6 小结

1)此次寒潮过程是出现在青海省南部和东部的春季寒潮，其特点是降温幅度较大(普遍降

8 ℃以上，最大降 13 ℃)，持续时间长，北部主要降温时段出现 4 月 1 日 5—8 时，南部持续时间较长，从 31 日 14 时就出现降温并伴随少量降水天气。

2)造成此次寒潮的高空影响系统为蒙古冷槽和高原冷温槽加深型，青海省北部及东部受蒙古冷槽东移影响，青海省南部 90°～100°E、37°～47°N 受高原冷温槽影响。

3)这次青海省东部和南部寒潮天气过程中有较强高空冷平流，31 日 08 时 500 hPa 高空图上在关键区 70°～90°E、43°～65°N 内等高线密集且冷温槽明显，表明高空锋区较强，冷中心为−45 ℃，槽后西北气流强(西北风最大 36 $m \cdot s^{-1}$)，温度平流强。

4)地面冷高压(1047.5 hPa)以偏西北路径进入蒙古地区，其底部扩散冷空气，然后翻越祁连山影响青海省北部，影响青海省的冷高压中心 1032.5 hPa，4 月 1 日 08 时青海省北部及中东部出明显降温，部分站出现寒潮。因此，地面冷高压前部的寒潮地面冷锋也呈西北—东南向移动。

5)此次寒潮过程中青海省北部地区温度平流项对此次寒潮过程的影响大于南部地区，但南部地区温度对流项即辐射降温对此次寒潮过程的影响大于北部地区，同时青海省由于南部受西南气流和较强云系影响，31 日 14 时出现少量降水，凝结释放潜热，1 日凌晨雪后转晴，南部地区海拔高，大气层薄，对温度保护低，夜间地面强烈辐射降温，造成南部降温明显，而青海省北部和东部相对弱；31 日 08 时 24 h 变温场上，寒潮出现区域均出现升温，南部比北部升温明显(最大为 7 ℃)，为后期降温提供空间。

6)此次发生的寒潮过程中，整个青海省没有明显的水汽辐合区域，基本为水汽辐散地区，水汽平流输送弱，水汽通量散度基本为正。青海省南部出现弱降水，其原因是由于局地水汽较好($T-T_d<6$ ℃)而产生了少量降水。

7)此次寒潮天气的容易被忽视的问题：高空环流形势场上短波槽位于蒙古地区，相对青海省而言，短波槽位置偏北，容易造成忽视；地面冷高压强度不强，其底部扩散冷空气影响青海省北部及中东部出现明显降温，部分站出现寒潮，这种冷高压影响形式在预报中容易被认为是强降温，而达不到寒潮。但由于前期青海省均出现不同程度的升温，给后期降温提供了空间，在预报过程中应综合考虑。

2011年3月14日寒潮天气过程及局地温度影响因素分析

王振海

（青海省气象台，西宁　810001）

摘　要：基于高空、地面和模式资料，对2011年3月14日发生在青海省地区秋季大风—沙尘暴过程进行了分析。结果表明：1）此次寒潮过程是一次横槽转竖型全省寒潮过程，其特点是影响范围广，持续时间长，降温幅度大，伴随天气复杂，但降水不明显。2）过程降水不明显的主要原因是春季青海省降水天气的主要水汽输送系统南支槽偏南，南支槽前西南水汽无法输送至青海省；局地水汽条件差：全省为干冷气团控制，地面水汽条件差。3）过程中寒潮冷锋移动路径主要和地面冷高压、高空引导气流、及锋前的气压系统和西北地区的地形有关。4）通过此次过程温度变化的定量分析，发现过程中温度的局地变化主要由个别变化、平流变化、对流变化和非绝热变化4项决定。但冷气团东移南下过程中变性不明显，个别变化小；地面比湿小，且降水不明显，潜热导致的非绝热因子对温度的约束效应有限；过程中垂直输送项对局地温度的降低有一定贡献，即高空冷空气下沉对地面降温有影响；过程中冷平流较强，各时次量级均大于2×10^{-4} K·s^{-1}，约为垂直输送项的一倍以上，故此次过程中温度局地变化的主要因素是平流变化项。

关键词：寒潮，成因，冷锋路径，降温定量分析

1　天气实况

2011年3月13—15日，青海省自西向东发生了一次初春的寒潮天气过程，并伴随大风和沙尘天气。此次寒潮过程是一次典型的横槽转竖型寒潮（图4.32a），影响青海省的高空横槽13日20时位于新疆东部至蒙古中部地区，14日08时槽底迅速下摆，引导地面冷空气东移，自西向东影响青海省大部地区，至14日20时高空槽移出青海省，西部地区在14日凌晨降温明显，东部地区降温则主要出现在14日夜间至15日凌晨。总体而言，此次寒潮天气影响范围广，全省大部站点均达到了寒潮标准；持续时间长，13日主要影响青海省西部地区，14日影响青海省东部地区（图4.32b）；降温幅度大，最低气温普遍降温在8℃以上，4站达到了16℃。另外此次过程伴随沙尘和大风天气，降水不明显，只有个别站点出现微量降水。具体天气实况如图4.32b所示。

2　降水不明显原因

一般来说，青海省冬季寒潮伴随降水较为稀少，但春季寒潮一般有雨雪天气。但此次初春时发生的寒潮过程中，降水只出现在东部河谷，且降水量以微量为主，初步分析，降水较小的主要原因是水汽条件较差，无论是水汽的平流输送还是局地水汽均不能支撑较强降水的出现，以下做简要分析。

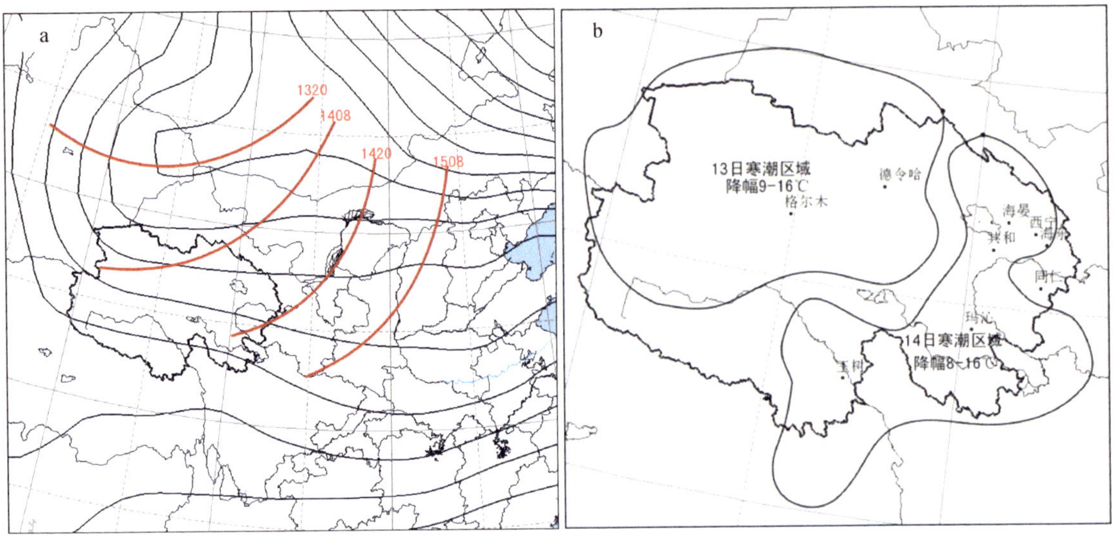

图 4.32　2011 年 3 月 14 日 08 时—15 日 08 时 500 hPa 高空槽移动路径(a)
3 月 13—14 日寒潮发生区域及最低气温(℃)降幅(b)

2.1　南支槽偏南,水汽条件差

分析此次过程开始时 500 hPa 形势场(图 4.33a),可以看出,在高原南侧是存在较强南支槽系统的,但其位置明显偏南,其前部偏南风只到达了西藏昌都地区,青海省大部地区为北支横槽前部偏西气流控制中。另外,从过程中的水汽通量散度(图 4.33b)分析,整个青海省没有明显的水汽辐合区域,基本为水汽辐散地区,而水汽的辐合区域主要在中国中东部和西南地区东部地区。因此,作为春秋季降水主要水汽输送系统的南支槽位置偏南,其前部西南水汽无法输送至青海省,水汽通量散度基本为正,导致水汽平流输送弱,不能支撑有效降水的出现。

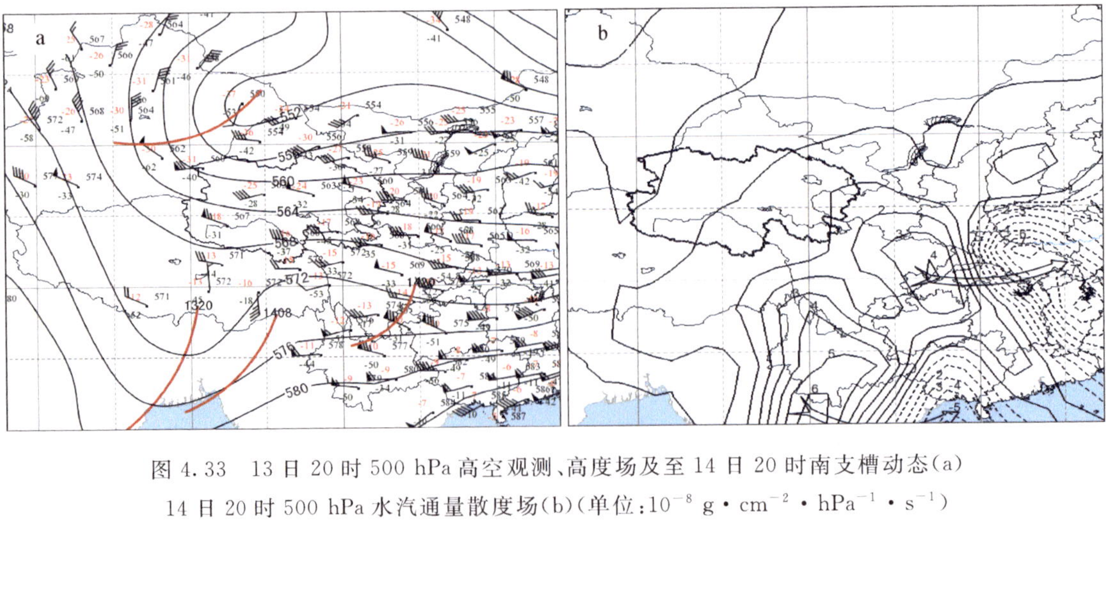

图 4.33　13 日 20 时 500 hPa 高空观测、高度场及至 14 日 20 时南支槽动态(a)
14 日 20 时 500 hPa 水汽通量散度场(b)(单位:10^{-8} g·cm^{-2}·hPa^{-1}·s^{-1})

2.2 局地水汽条件差

水汽平流条件差,那么水汽的局地条件又如何呢?分析过程中 14 日 20 时高空形势(图 4.34a),可以看出,青海省地区受西风槽后西北气流影响,甚至青海省最南部的玉树地区也均为西北风控制,全省为干气团控制,500 hPa 全省境内 $T-T_d<20$ ℃,温度均小于-20 ℃,所以全省大部基本为同一性质的干冷气团控制。高空水汽条件差,地面水汽条件也差,分析 14 日 14 时地面温度露点差,全省大部地区 $T-T_d>10$ ℃,只有东部河谷地区有个别站点小于10 ℃(这也是这一地区出现微量降水的水汽条件)。总体而言,过程中局地水汽差,也不能支撑有效降水的发生。

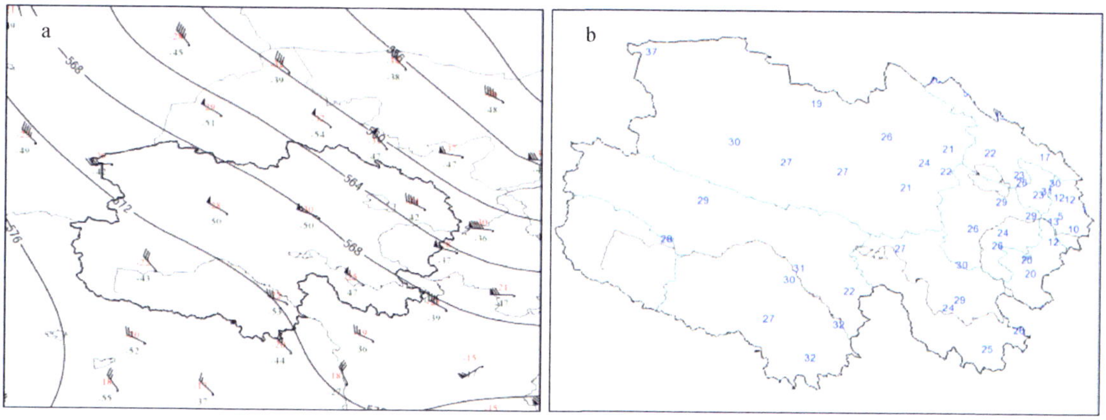

图 4.34 14 日 20 时 500 hPa 高度场、风场、温度及露点(℃)(a)14 日 14 时地面温度露点差(℃)(b)

3 寒潮地面冷锋移动路径影响因素

寒潮地面冷锋是寒潮过程中的重要地面系统[1-3],此次过程中寒潮地面冷锋的移动受那些因素影响呢?一般来说,寒潮地面冷锋的移动路径一般和寒潮地面冷高压的路径[1-3]、高空引导气流的方向[4-9]、锋前气压系统及地形[10-12]有关,下面逐一简要分析。

3.1 地面冷高压和高空引导气流

寒潮地面冷锋的移动首先与地面冷高压的移动路径有关,此次过程汇中,地面冷高压在 13 日 08 时至 14 日 20 时,自西北向东南向分裂南下(图 4.35a),冷高压中心由 1060 hPa 逐步变性减弱为 1045 hPa,随着其东移南下,其前部寒潮冷锋、副冷锋也自西北向东南移动。同时,寒潮冷锋后垂直于锋的高空气流有关,14 日 20 时青海省地区高空为西北风(图 4.35b)。因此,寒潮地面冷锋也呈西北—东南向移动,移动速度和高空风速大小及其风向和地面冷锋移动方向夹角有关,过程期间寒潮地面冷锋移速约为高空风速的 0.6 倍左右。

3.2 锋前气压系统和地形

寒潮地面冷锋的移动路径还和锋前的气压系统有关,一般来说,地面冷锋沿着锋前气压梯度大值区域前沿移动[12-14],此次过程也不例外,在寒潮冷锋移动过程中,锋前气压梯度大值区域基本是东北—西南向,寒潮冷锋基本沿着正交与这一气压梯度大值区域,自西北向东南移动。另外,寒潮地面冷锋与锋前地形有关,西北地区冷锋东移南下中一般首先在新疆地区受到天山山脉阻挡,在冷空气灌满北疆后,迅速东移,受前部祁连山脉及阿尔金山的阻挡和分流,一

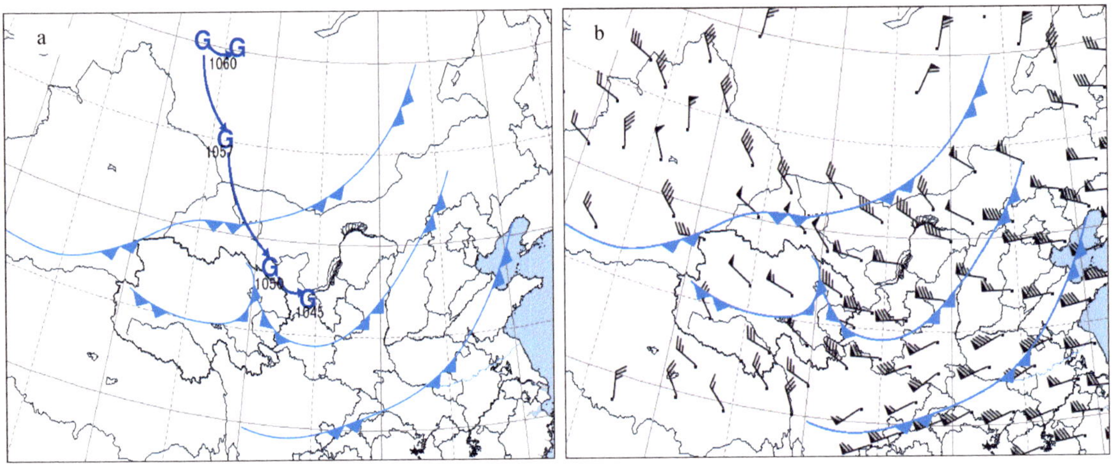

图 4.35　13 日 08 时—14 日 20 时地面冷锋和冷高压移动路径(a)14 日 20 时高空风场(b)

股沿河西走廊快速东移，另一股则向南疆盆地灌入并在青海省西北部阿尔金山当金山口进入青海省西部的柴达木盆地，受青南高原的阻挡，一般沿着盆地快速东移，青海省天气预报员一般称二者为东路和西路冷空气。东路冷空气一般在东移南下过程中会在东部河谷地区形成倒灌，这股冷空气和柴达木盆地的西路冷空气在青海湖附近锢囚，形成青海湖锢囚锋。而继续东移南下的冷空气会进一步受到秦岭的阻挡和分流。故真正的地面冷锋远比天气尺度或中尺度图示的要更细微和复杂，这主要是地形的影响导致(图 4.36a、b)。

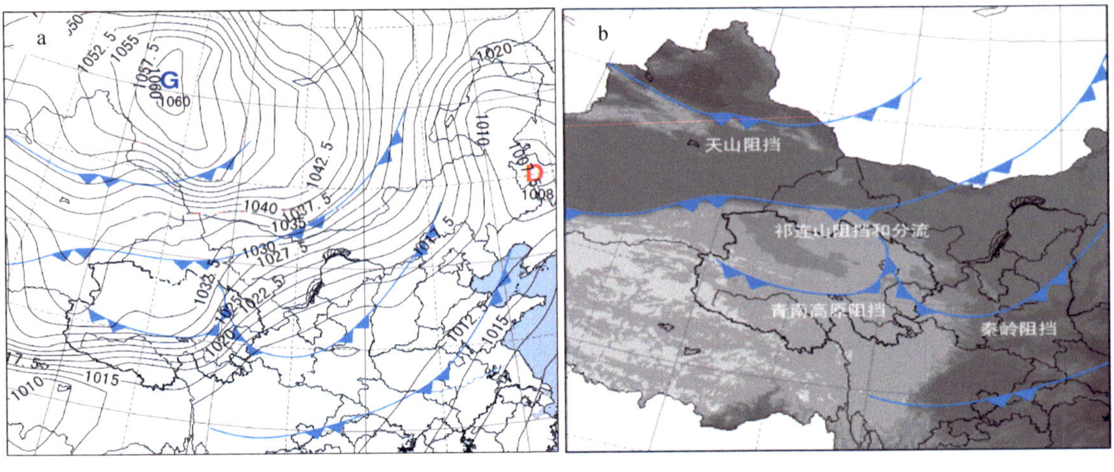

图 4.36　地面冷锋路径和锋前气压系统(a)西北地区地形对地面冷锋移动路径的影响(b)

4　温度局地变化的主要影响因素

此次寒潮过程降水不明显，降温则较清楚，那么此次过程中影响温度局地变化的主要因素有哪些呢？根据温度方程：

$$\frac{\partial T}{\partial t}=\frac{\mathrm{d}T}{\mathrm{d}t}-V\cdot\frac{\partial T}{\partial s}-\omega\frac{\partial T}{\partial p}-\frac{Lv}{c_p}\frac{\mathrm{d}Q}{\mathrm{d}t}$$

温度的局地变化主要决定于个别变化、平流变化、对流变化和非绝热变化 4 项决定。现分别讨论之。

4.1 平流输送项$\left(-V\cdot\frac{\partial T}{\partial s}\right)$

分析此次过程中温度平流，13 日 20 时(图 4.37a)，青海省海西东部以西的地区均为明显的冷平流，说明西路冷空气影响这一地区，冷平流中心值约为-2.7×10^{-4} K·s^{-1}，而此时东部地区则为暖平流区域，主要是由于锋前暖低压的影响。至 14 日 20 时(图 4.37b)，西部地区有暖平流，而东部地区则有自东向西的冷平流，说明此时东路冷空气的倒灌影响东部河谷地区。总体而言，此次过程中冷平流各时次量级均小于-2×10^{-4} K·s^{-1}，且13 日西部地区主要是西路冷空气引起的平流降温为主，而 14 日东部地区则以东路冷空气引起的平流降温为主。

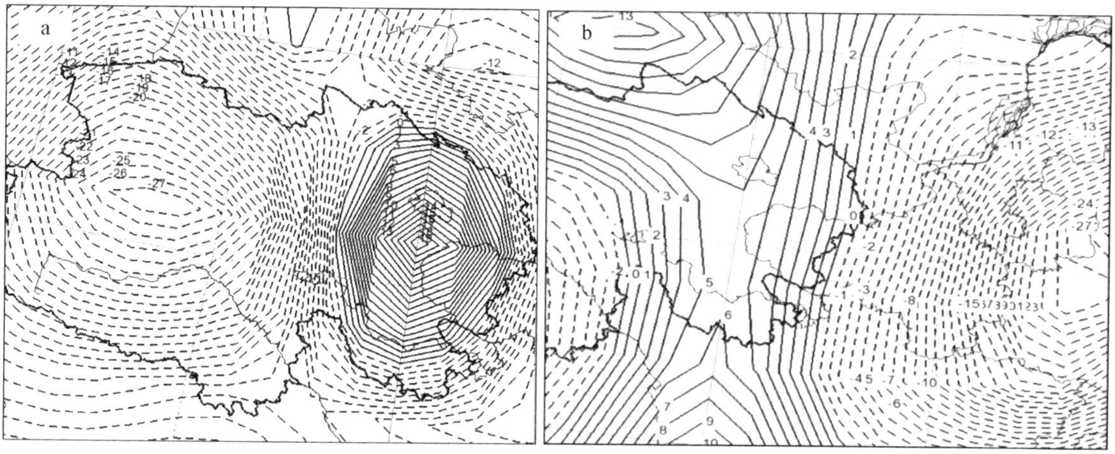

图 4.37 13 日 20 时 700 hPa 温度平流场(a)14 日 20 时 700 hPa 温度平流场(b)(单位:10^{-4} K·s^{-1})

4.2 垂直输送项$\left(-\omega\frac{\partial T}{\partial p}\right)$

因$\partial T/\partial p>0$，$\omega>0$，故$-\omega\partial T/\partial p<0$，所以此次过程中垂直输送项对局地温度的的降低有一定贡献，即高空冷空气下沉对地面降温有影响。但由于$\omega\approx1$ Pa·s^{-1}，$\partial T/\partial p\approx1\times10^{-3}$ K·Pa^{-1}，故该项值约为-1×10^{-4} K·s^{-1}。需要注意的是，这只是 14 日 20 时这个时刻点的一个瞬时值，要计算 14 日夜间该项的总体贡献，需要较细时间步长的时间积分。此处只做粗略的定性估计(图 4.38)。

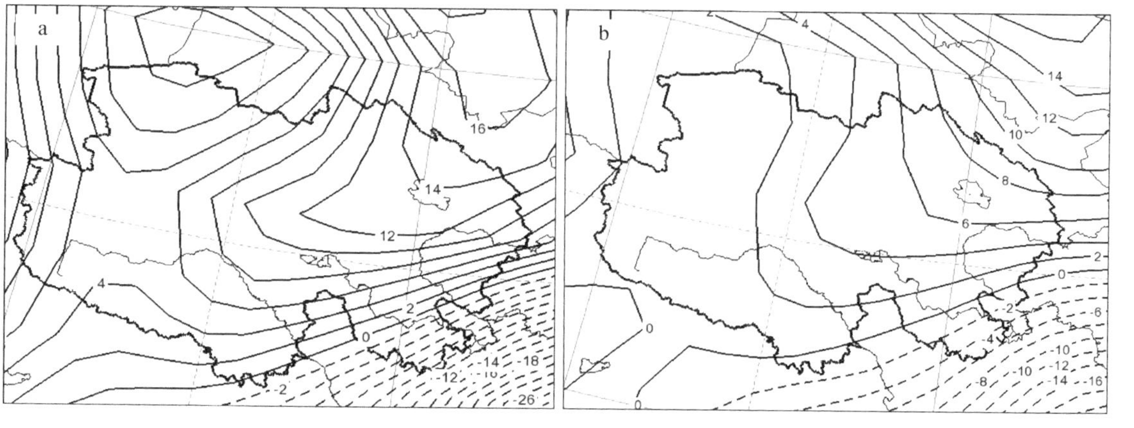

图 4.38 14 日 20 时 500 hPa ω 场(a)14 日 20 时 700 hPa ω 场(b)(单位:Pa·s^{-1})

4.3 个别变化项和非绝热因子

冷气团东移南下过程中变性不明显(图4.39),在影响青海省的时间段内高空冷中心一直维持在 -36 ℃左右,14日08时略有下降,但其值粗略估计约为 -2.31×10^{-5} K·s^{-1},总体而言,较平流项和对流项要小一个量级。非绝热变化项 $\left(-\frac{Lv}{c_p}\frac{dQ}{dt}\right)$ 而言,dQ 约为 -1 g·kg^{-1},则:$dQ/dt\approx2.31\times10^{-8}$ s^{-1},将蒸发凝结热 $Lv=2500\times10^3$ J·kg^{-1} 及定压比热 $c_p=1008$ J·kg^{-1}·K^{-1} 带入公式,计算得非绝热贡献值约为 5.75×10^{-5} ℃·s^{-1}。因为水汽凝结,潜热释放,对空气是加热升温效应。该项也比平流项和对流项要小一个量级,但明显要比个别变化的值要大。

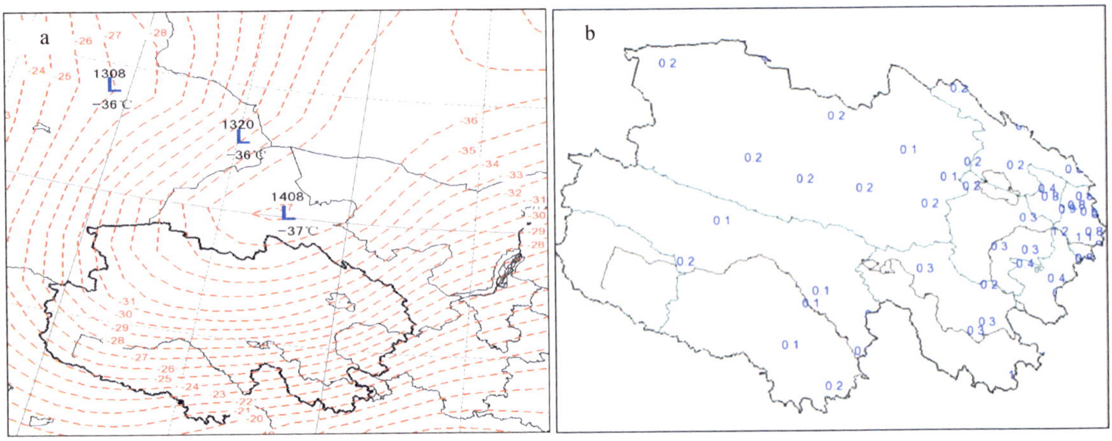

图4.39 13日08时—14日08时高空冷中心移动路径及14日08时500 hPa温度场(℃)加密分析(a) 14日08时地面比湿(g·kg^{-1})(b)

通过以上粗略估计计算,此次过程中影响局地温度变化的主要因子是平流项和对流项,二者的量级约为 10^{-4},而个别变化和非绝热因子对温度影响相对较小,其量级约为 10^{-5}。以时刻值粗略对14日夜间降温积分估算,平流降温约8 ℃,对流引起的降温约4 ℃,个别变化引起的降温约1 ℃,而非绝热因子增温约2.5 ℃,综合四个因素,14日夜间东部地区降温约10 ℃左右,这和实况降温幅度也基本接近。

5 结论

1)此次过程是一次横槽转竖型全省寒潮过程,伴随大风、沙尘天气。其特点是影响范围广(全省),持续时间长(13日—14日),降温幅度大(最大16 ℃),伴随天气复杂(大风、沙尘等),但降水不明显(青海省站点均在1 mm以下)。

2)此次过程降水不明显的主要原因是春季青海省降水天气的主要水汽输送系统南支槽偏南,南支槽前西南水汽无法输送至青海省;局地水汽条件差:西风槽后西北气流影响全省,全省为干冷气团控制,地面水汽条件差。

3)此次寒潮过程中地面寒潮冷锋的移动主要和以下系统有关:地面冷高压,冷高压西北—东南向分裂南下,导致寒潮冷锋、副冷锋也自西北向东南移动;高空引导气流,高空为西北风,寒潮地面冷锋也呈西北—东南向移动,移动速度约为高空风速0.6倍;锋前的气压系统和地形,地面冷锋沿着锋前气压大梯度区域前沿移动;冷锋南下过程中受天山、祁连山、青南高原以及秦岭的阻挡和分流。

4)此次过程中影响局地温度变化的主要因子是平流项和对流项，二者的量级约为 10^{-4}，而个别变化和非绝热因子对温度影响相对较小，其量级约为 10^{-5}。以时刻值粗略对 14 日夜间降温积分估算，平流降温约 8 ℃，对流引起的降温约 4 ℃，个别变化引起的降温约 1 ℃，而非绝热因子增温约 2.5 ℃，综合四个因素，14 日夜间东部地区降温约 10 ℃左右，这和实况降温幅度也基本接近。

参考文献

[1] 张备，尹东屏，孙燕，等．一次寒潮过程的多种相态降水机理分析[J]．高原气象，2014，33(1)：190-198.

[2] 赵其庚．一次东亚寒潮过程的等熵位涡分析[J]．应用气象学报，1990，1(4)：392-399.

[3] 李向红，廖幕科，熊英明，等．影响广西的三次寒潮过程对比研究[J]．气象科学，2011，31(2)：228-235.

[4] 惠小英，罗四维．地形对两次寒潮过程影响的数值模拟研究[J]．高原气象，1993，12(3)：283-293.

[5] 陶诗言．阻塞形势破坏时期的东亚一次寒潮过程[J]．气象学报，1957(1)：63-74.

[6] 马素艳，韩经纬，宋桂英，等．2014 年春季内蒙古 2 次大风降雪寒潮过程分析[J]．中国农学通报，2015，31(20)：224-232.

[7] 毛炜峄，陈颖．1951—2015 年乌鲁木齐市寒潮过程频数及强度气候特征[J]．干旱气象，2016，34(3)：403-411.

[8] 张鹏，韦莹莹，曹乃和，等．江苏寒潮过程的天气特征及预报指标[C]．第 28 届中国气象学会年会——S3 天气预报灾害天气研究与预报．2011.

[9] 赵铭，樊清华，詹立刚，等．秦皇岛寒潮过程的时空特征及成因分析[J]．安徽农业科学，2011，39(19)：11771-11774.

[10] 冯晓玲．"2004.12.23"桂北寒潮过程分析[J]．广西气象，2006，27(S1)：5-6.

[11] 郭玉臣，王庆业，高炜，等．2009 年 1 月一次寒潮过程对东海区影响分析[J]．海洋预报，2010，27(5)：44-47.

[12] 程鹏，吉惠敏，刘琴，等．西北地区 1 次罕见的冬季寒潮天气分析[J]．安徽农业科学，2009，37(36)：18033-18036.

[13] 李文莉，宋琳琳，伏晶．2009 年 1 月 21～23 日西北区寒潮天气过程分析[J]．安徽农业科学，2013，41(10)：4502-4505.

[14] 刘坤训．横槽与张掖全区性寒潮预报[J]．干旱气象，1992(4)：3-4.

2012年2月9日寒潮天气过程分析和总结

杨佳星
(玉树州气象台,玉树 815000)

摘 要:基于高空、地面和模式资料,对2012年2月9日发生在青海省大部地区的一次寒潮天气过程进行了分析,结果表明:1)这是发生在冬季的一次全省性的强寒潮天气过程,南强北弱;青海省大部出现了降雪,降雪中心同德6 mm、积雪深度4 cm;南部的班玛和达日地区出现了大风天气。2)这是一次高空冷涡后部强冷空气南下配合巴尔喀什湖低值系统分裂的短波槽东移造成的青海省大范围的寒潮天气过程。高空冷中心强,达−43 ℃;地面冷高压强达1070 hPa、冷锋强;24 h变压达9 hPa,冷平流强;寒潮区前期升温显著,降温空间充足,辐射降温明显。3)此次过程中多种天气现象共存,由于降水过程中潜热释放以及云系对温度的影响导致降温幅度难以把握,同时降水强度也难以把握,比湿场上青海省东部比湿较小,水汽条件差,但降水量较大,导致出现漏报的问题。

关键词:寒潮,冷涡,青海省大部

1 天气实况

2012年2月9—10日,青海省大部地区自西向东出现了寒潮和强降温天气,局部地方有降水和大风,但影响范围分布不均,主要影响玉树地区、海西、海北以及海南部分地区,过程期间24 h最低温度降温幅度均在8 ℃以上,其中玉树地区大部站点24 h降温幅度在10 ℃以上,沱沱河降温幅度达14 ℃,均达到寒潮标准。总体上,此次寒潮天气过程中冷空气强度大且呈南强北弱的空间分布。伴随冷空气过程,青海省大部地区出现降雪天气过程并存在积雪,其中,玉树东部普降小到中雪,同德县降大雪,降水量达最大,青海省大部分地方出现1~7 cm积雪,青海省境内均未出现暴雪天气;青海省南部局地出现了9级左右大风,出现在班玛和达日;海西大部、海北局地出现了6~7级大风。由于低温封冻及积雪,青海省境内均没有出现沙尘天气。

2 成因分析

2.1 环流形势和天气系统

通过分析2012年2月9日08时的500 hPa平均高度图(图4.40a),可以看出青海省大部地区受高空冷涡后部强冷平流影响,巴尔喀什湖低值系统分裂的短波槽在新疆南部偏东地区,槽后西北气流较强,平均风速超过20 $m \cdot s^{-1}$;在35°N附近有切变线影响,青南地区受南支槽前西南气流影响,来自孟加拉湾的水汽沿槽前西南风输送至青海省。到9日20时(图4.40b),青海省北部地区仍受高空冷涡后部强冷平流影响,巴尔喀什湖低值系统分裂的短波槽东移影响至青海省西部地区,高原槽影响玉树地区,南支槽前的西南气流源源不断地输送水汽，使大气层结不稳定性增强。到 9 日 08 时(图 4.40c)，500 hPa 温度场上，北欧地区存在一冷中心，其强度为 −41 ℃，随着西北气流的不断加强，促使强冷空气南下；9 日 20 时(图 4.40d)，冷中心强度增强至 −43 ℃，冷空气不断堆积。青海省西北部风向与等温线交角较大，冷平流强、等温线密集，青海省范围内温度线由 3 根增加到 4 根，温度梯度增大，高空锋区开始显现。此次寒潮过程是一次高空冷涡后部强冷空气南下配合巴尔喀什湖低值系统分裂的短波槽东移造成的青海省大范围的寒潮天气过程。

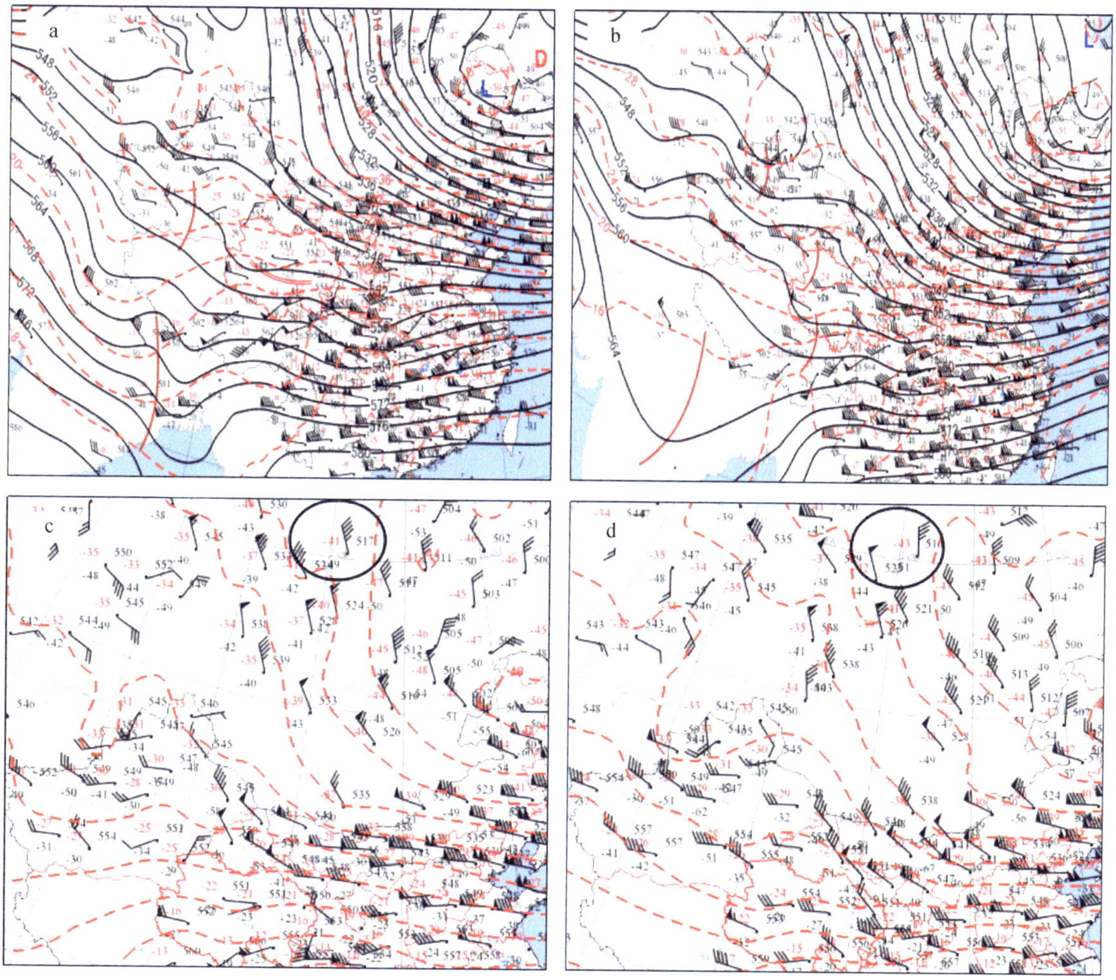

图 4.40　2 月 9 日 08 时 500 hPa 高空图(a)20 时 500 hPa 高空图(b)
08 时 500 hPa 温度场及高空填图(c)08 时 500 hPa 温度场及高空填图(d)

2.2 地面系统分析

此次寒潮天气的降温幅度、影响范围与寒潮冷锋(图 4.41a)和寒潮冷高压的强度、移动路径(图 4.41b)有着密切的联系。过程开始前，新疆的北侧有一个强大的冷高压发展，中心气压达到 1082 hPa，在新疆地区的天山以北地区已有强冷空气堆积，并且在地面冷高压前沿能清楚的分析出一条寒潮冷锋，9 日 08 时堆积后的强冷空气南下，冷中心强度达 1072 hPa，到 9 日 20 时，寒潮冷锋已经影响青海省大部，冷空气一部分进入河西走廊，一部分进入柴达木盆地，此时受到冷空气影响的柴达木盆地和河西走廊地区白天温度较前一日出现大幅下降。10 日

08时,冷空气主体移出青海省,在夜间转为西北风,天况转好,辐射降温与冷高压的共同影响下造成了10日早间青海省大部地区最低气温骤降。

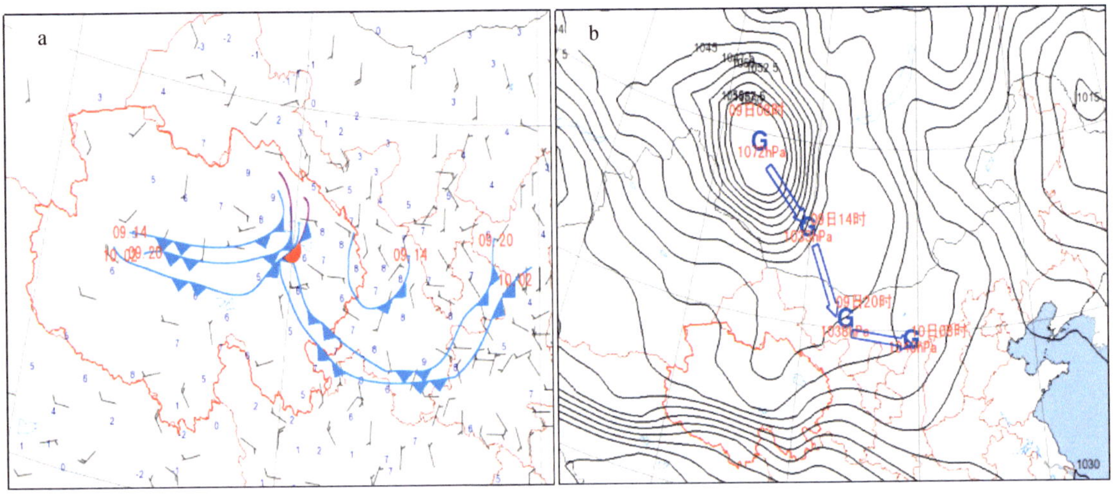

图4.41 9日08时—10日08时地面冷锋动态图(a)9日14时—10日02时寒潮冷高压动态图(b)

3 寒潮成因分析

3.1 前期异常偏暖

此次寒潮过程前期,青海省北部地区由于受暖脊控制,温度场的环流背景有利于前期聚集能量。从9日08时地面温度24 h变幅可以看出,寒潮出现区域大部均有升温,其中囊谦升温幅度最大,达到了10 ℃。由于前期升温显著,故使降温空间非常充足。

3.2 高空冷平流

从热流量方程可知,温度的局地变化取决于垂直运动对局地气温变化的影响、变压和气压平流引起的温度局地变化、温度平流和非绝热项。由于变压和气压平流引起的温度局地变化影响很小,故可以忽略;因此温度的局地变化主要取决于温度平流项和非绝热项。非绝热项主要考虑辐射、水汽凝结、蒸发和地面感热对气温的影响。

分析温度平流,9日08时(图4.42a)500 hPa青海省西北部受冷平流影响,冷平流强,中心值达-22×10^{-5}℃·s^{-1},9日20时(图4.42b)500 hPa青海省除玉树和海西部分地区之外均受平流影响,冷平流强,有两个中心值,中心值分别达-20×10^{-5}℃·s^{-1}和-22×10^{-5}℃·s^{-1}。

3.3 辐射降温显著

2月9日全省有大范围云系覆盖,10日08时海西西部无明显云系,随着时间的变化,海西和玉树部分地区云系减少,有利于辐射降温。以沱沱河站为例,白天各时次云量达9到10成,气温变化幅度小,至10日02时测站上空云系开始减少,气温开始明显降低。云系东移,天空放晴,辐射降温明显。

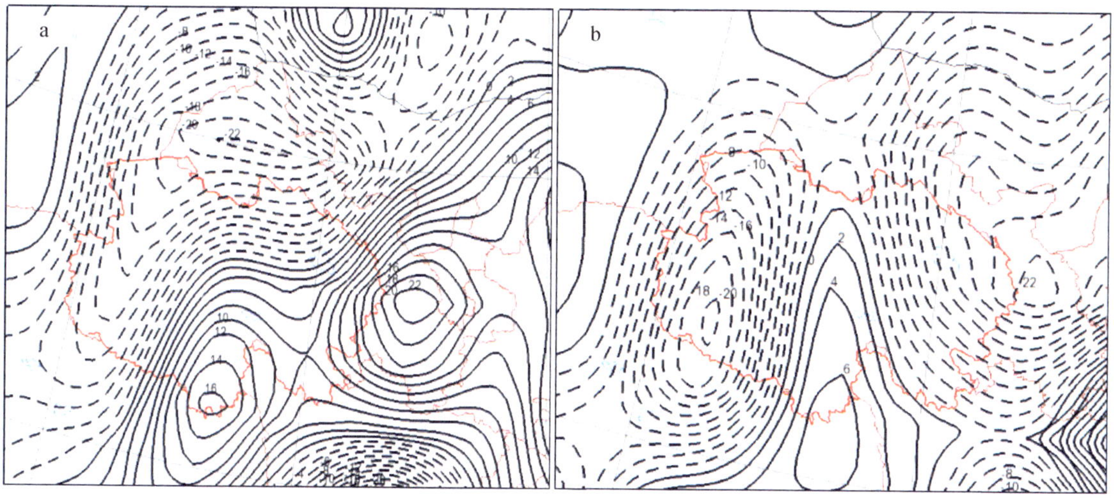

图 4.42　9 日 08 时 500 hPa 温度平流(a)20 时 500 hPa 温度平流(b)(单位:10^{-5}℃·s^{-1})

4　主要预报难点分析

4.1　多种天气现象共存

此次寒潮天气过程中天气现象复杂,多种天气现象共存,有寒潮天气过程,青海省大部地区随之出现中雪及小雪降水天气过程并且出现大风等天气,由于多种天气过程同时出现,使得预报员在此次过程预报期间容易造成漏报。

4.2　降温影响因素复杂

由于环流场、地形及海拔高度的影响,使得此次寒潮天气过程中的降温幅度难以预报,既要考虑降水过程中的潜热释放,又要考虑温度平流以及云系对局地温度的影响,两者均对温度的研判产生一定的影响。

4.3　降水强度研判困难

此次天气过程中降水强度难以把握。从 9 日 20 时 500 hPa 比湿场上可以看到,500 hPa 比湿场上青海省东部比湿较小,数值小于 1 g·kg^{-1},水汽条件差,分析西宁 9 日 20 时 T-ln$P$ 图得到,西宁 T-ln$P$ 上整层湿度差,但降水量较大,降水强度难以预报。

5　结论

1)冬季,青海省大部地区寒潮天气过程,范围分布不均,强度大,南强北弱,沱沱河降温幅度达 15 ℃,玉树大部站点 24 h 降温幅度大于 10 ℃;青海省大部出现了降雪,降雪中心同德 6 mm、积雪深度 4 cm;南部班玛和达日出现了大风天气。

2)这是一次高空冷涡后部强冷空气南下配合巴尔喀什湖低值系统分裂的短波槽东移造成的青海省大范围的寒潮天气过程。青海省大部地区受高空冷涡后部强冷平流影响,巴尔喀什湖低值系统分裂的短波槽在新疆南部偏东地区,35°N 附近有切变线影响,青南地区受南支槽前西南气流影响，孟加拉湾水汽沿槽前西南风输送至青海省；高空冷中心强，达−43 ℃，地面冷高压强1070 hPa、冷锋强，24 h变压达9 hPa，冷平流强，冷中心强度达-22×10^{-5}℃·s^{-1}；寒潮区前期升温显著，降温空间充足，辐射降温明显。

3)天气复杂，多种天气现象共存，有寒潮、中雪、小雪、大风，预报员预报时容易造成漏报；降温幅度难以把握，降水过程中潜热释放对温度的影响难以把握；降水强度难以把握，比湿场上青海省东部比湿较小，水汽条件差，但降水量较大，降水强度难以预报。

2012年12月28—29日寒潮天气过程分析

石秀云
（格尔木市气象局，格尔木 816000）

摘 要：基于高空、地面和模式资料，对2012年12月28—29日期间发生在青海省一次寒潮天气过程就冷空气堆积、寒潮暴发预报、寒潮强度、路径预报着眼点及寒潮天气预报方面进行了分析，结果表明：1）寒潮范围广，共29站达到寒潮标准；强度大，北强南弱，特别是东北部较强。2）寒潮预报着眼点：冷高压中心（1060 hPa）位于新疆东北部，500 hPa高空对应−40 ℃冷中心，说明北方冷空气在此地堆积；根据EC预报，未来24 h巴尔喀什湖附近高压脊发展，脊前偏北气流加强，有利于引导冷空气东移南下；地面冷高压强度强；根据预报地面冷高压路径和地面冷锋移动路径，分析寒潮可能影响区域。3）祁连山区降温幅度最强原因：前期最低温度的升幅不同，由于南部27日还处于降温，08时升温比较明显，但29日受降雪和云系的影响，降温没有祁连山区明显；29日08时北部大部天气放晴，总云量只有1～2成，而南部以多云为主，玉树南部还有降雪，这种南雪北晴，辐射降温的影响程度北大南小，而且前期海西东部和北部降雪，前期降雪减弱了地面吸收的太阳辐射，29日凌晨雪后初晴，地面强烈辐射降温；地面冷高压紧贴祁连山脉自西向东移动，对祁连山区持续进行影响。
关键词：寒潮强度，冷空气堆积，寒潮路径预报，数值模式

1 天气过程特点

2012年12月28—29日（隆冬季节），全省大部出现一次明显的寒潮天气过程，此次寒潮天气范围广，主要出现在青海省的北部和东部地区，共29站达到寒潮标准（最低气温降幅大于8 ℃）（图4.43a），降温幅度超过10 ℃的有15个测站；强度大，北强南弱，特别是东北部最强，其中门源29日的最低温度为−25 ℃，较28日最低温度下降15 ℃、海晏29日最低温度为−28 ℃，降温幅度为14 ℃、大柴旦最低温度−26 ℃，降温14 ℃、乌兰最低温度−25 ℃，降温13 ℃、德令哈最低温度−25 ℃，降温13 ℃、祁连29日最低温度为−28 ℃，降温幅度为12 ℃。伴随此次寒潮出现的天气现象有青海省南部及东部降水：两测站出现中雪，都兰4 mm，清水河3 mm，三个测站出现小雪，门源、乌兰、曲麻莱均为2 mm。至28日17时，都兰和乌兰积雪深度为2 cm。东部及南部共有13个站出现大风天气（图4.43b）。

2 寒潮的预报着眼点

2.1 冷空气堆积预报

12月28日14时地面气压场上（图4.44a），新疆北部有一高压存在，中心强度为1060 hPa，此高压在东移南压过程中不断分裂冷空气南下，在青海省西北部形成1050 hPa的冷高压中心，高压中心强度大，说明冷空气在阿尔金山堆积，并在28日14时已经进入柴达木盆地西北部。

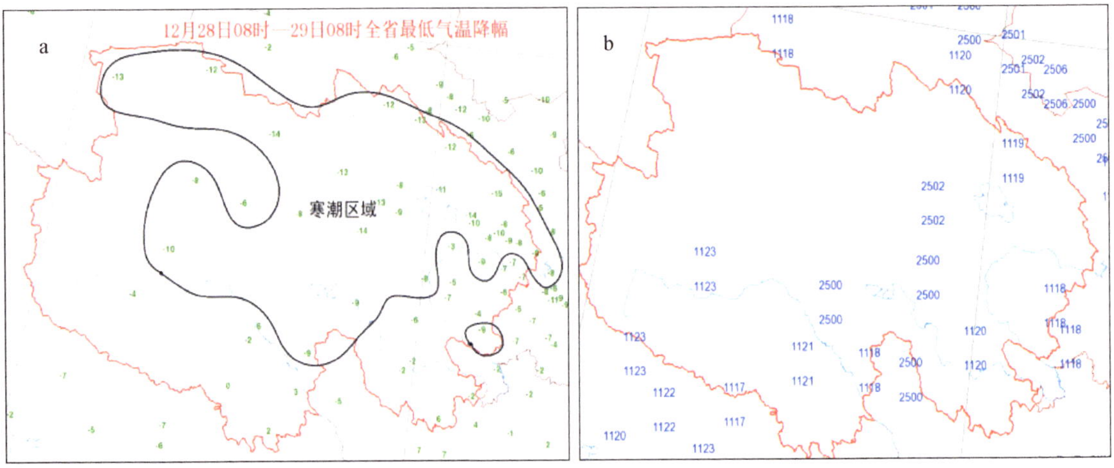

图 4.43　2012 年 12 月 29 日最低气温(℃)降幅图(a)28 日 17 时积雪深度(cm)及出现大风($m \cdot s^{-1}$)站次(25 开头为积雪,后 2 位数字是积雪深度,单位:cm)(b)

12 月 28 日 08 时高空 500 hPa 温度场上,蒙古地区有一－40 ℃的冷中心(图 4.44b),在关键区 85°～100°E、30°～45°N 内有 7 条等温线,说明高空锋区特别强暨从北方来的冷空气强度也很强。

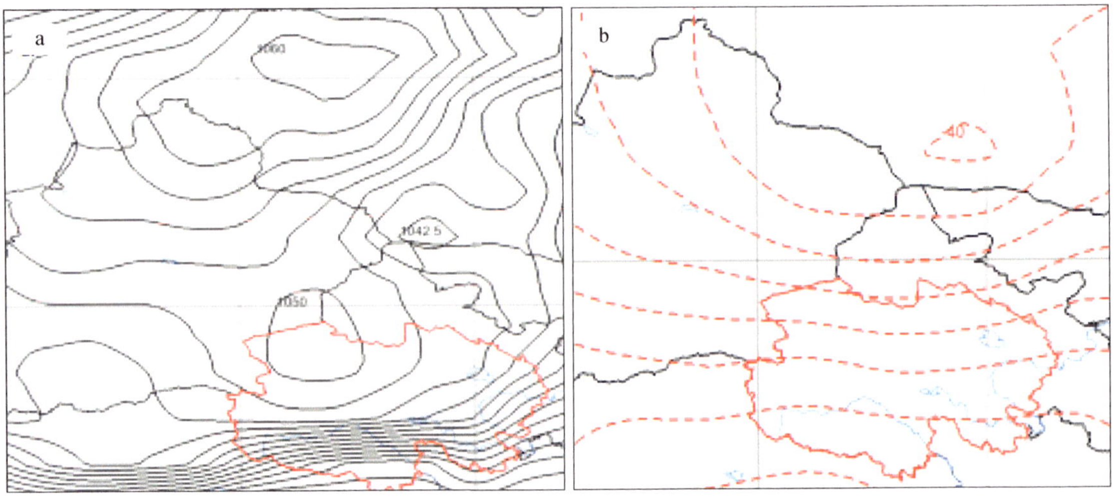

图 4.44　28 日 14 时地面气压场(hPa)(a)28 日 08 时 500 hPa 温度场(℃)(b)

2.2　寒潮暴发预报

过程前一日 28 日 08 时 500 hPa 图上(图 4.45a)欧亚中高纬度为两槽一脊型,贝加尔湖附近为冷涡,贝加尔湖到蒙古一带为低槽区,低压槽分裂小槽在新疆东南部,西伯利亚到新疆为高压脊控制,青海省北部地区处在新疆脊前的西北气流中,贝加尔湖槽加深,蒙古至新疆的小槽东移南压,与贝加尔湖槽合并成一深厚的大槽,新疆至青海省北部为脊前槽后的西北气流当中,温度槽也加强,青海省就有 5 条等温线通过。29 日 08 时 500 hPa 图上(图 4.45b),贝加尔湖大槽移出青海省,青海省处于脊前西北气流,冷温槽底正好南压至青海省东北部一线,青海省有 5 条等温线通过,说明高空锋区也很强。

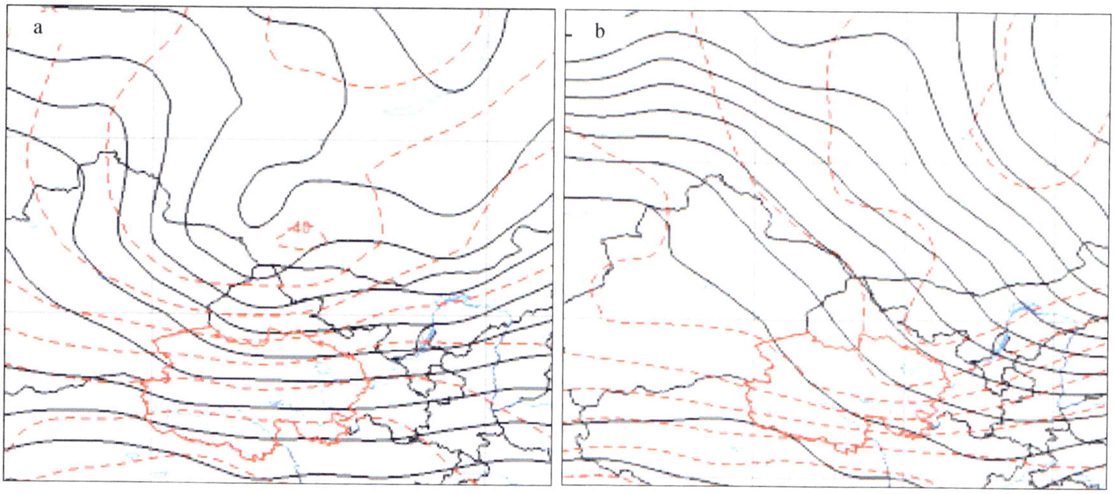

图 4.45　28 日 08 时 500 hPa 高空图(a)29 日 08 时 500 hPa 高空图(b)

在预报长波造成的寒潮、强降温时，把着眼点放在其后的暖脊上。一般而言，暖脊到达咸海上空时，便是高原寒潮、强降温暴发之日。从 28 日 08 时 500 hPa EC 实况图(图 4.46a)来看，萨彦岭到巴尔喀什湖为暖高压脊，贝加尔湖至蒙古为低压槽，整个青海省处于槽底部的偏西北气流当中，槽后脊前西北气流不断输送冷空气南下，这种环流形势易造成青海省寒潮天气过程。从 29 日 08 时 500 hPa EC 预报场(图 4.46b)来看，前期暖高压脊移至贝加尔湖一带，低压槽已经移至我国东北，脊前西北气流不断将北方的冷空气向南输送，造成 29 日青海省大范围的寒潮天气。

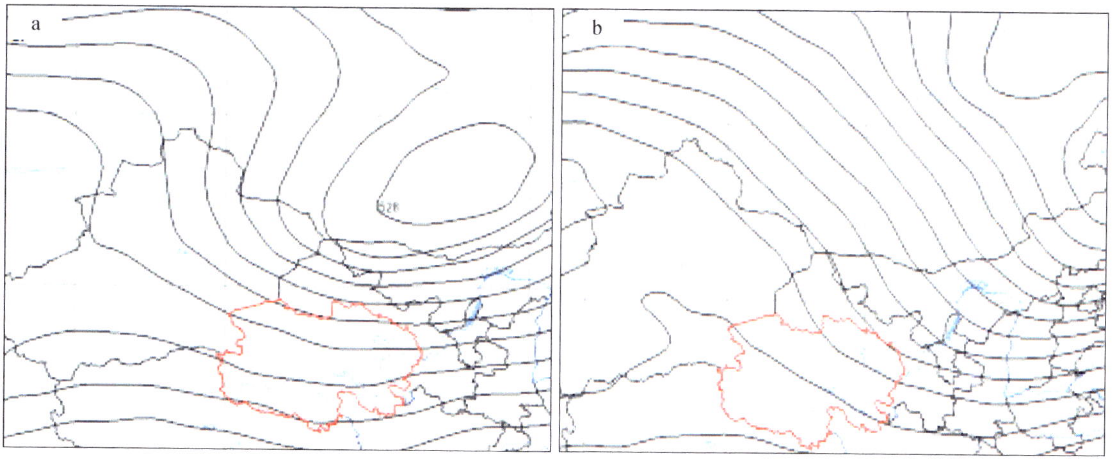

图 4.46　EC 28 日 08 时 500 hPa 高空图(a)EC 29 日 08 时 500 hPa 高空预报图(b)

2.3　寒潮强度预报着眼点

寒潮暴发前的能量聚集阶段：寒潮、强降温暴发前期，单站必须有个相对增温过程，它能对后期降温形成对比，有利加大降温幅度。从 28 日 05 时 24 h 实况地面变温场上(图 4.47a)来看，前期全省大部升温显著，东部和南部升温达 7～15 ℃，说明第二天降温空间充足。

从预报场分析：EC 28 日 20 时地面 24 h 变压预报场上(图 4.47b)，全省处于 24 h 正变压控制当中，正变压明显，尤其北部地区，24 h 变压达到＋22 hPa，南部达＋16 hPa，说明冷空气很强；EC29 日 08 时 850 hPa 24 h 变温场上(图 4.47c)来看，河西走廊一带 24 h 降温幅度最大为－18.3 ℃，青海省北部 24 h 降温幅度在－7 ℃左右，特别是北部降温明显。

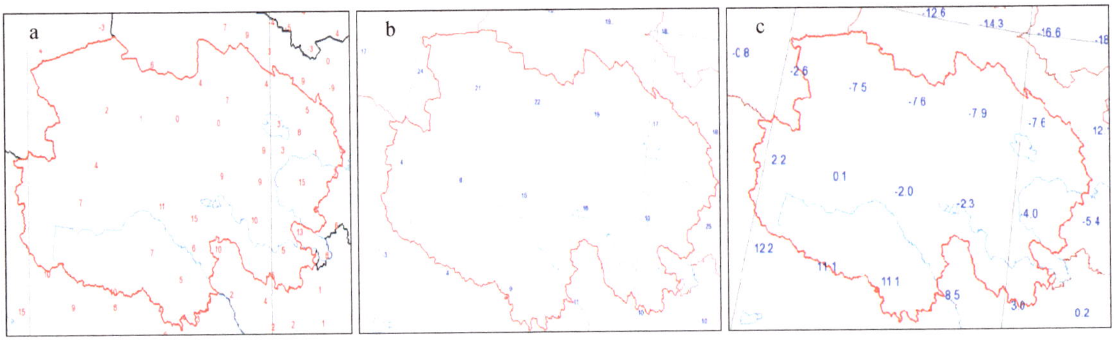

图 4.47　28 日 05 时 24 h 实况地面变温场(a)EC 预报 28 日 20 时地面 ΔP_{24}图(b) EC 预报 29 日 08 时 850 hPa ΔT_{24}图(c)

2.4　寒潮路径预报着眼点

利用西北区地面小图上＋ΔP_{24}变压中心的动态图来表示寒潮冷空气的移动方向、速度和强度的变化分析，影响这次寒潮的路径为西北方路径，一股沿河西走廊东南下，在阿尔金山至祁连山以北堆积，而后从祁连山东西两边灌入，另一股由南疆进入柴达木盆地并加强。从冷锋动态演变图来看(图 4.48a)，EC 27 日 20 时预报场上，冷锋位置位于阿尔金山及河西走廊一带，28 日 08 时实况场上，阿尔金山冷锋已经进入柴达木盆地，河西走廊冷锋位置东移南压，EC 28 日 20 时预报场上，两条冷锋继续南压影响青海省大部。

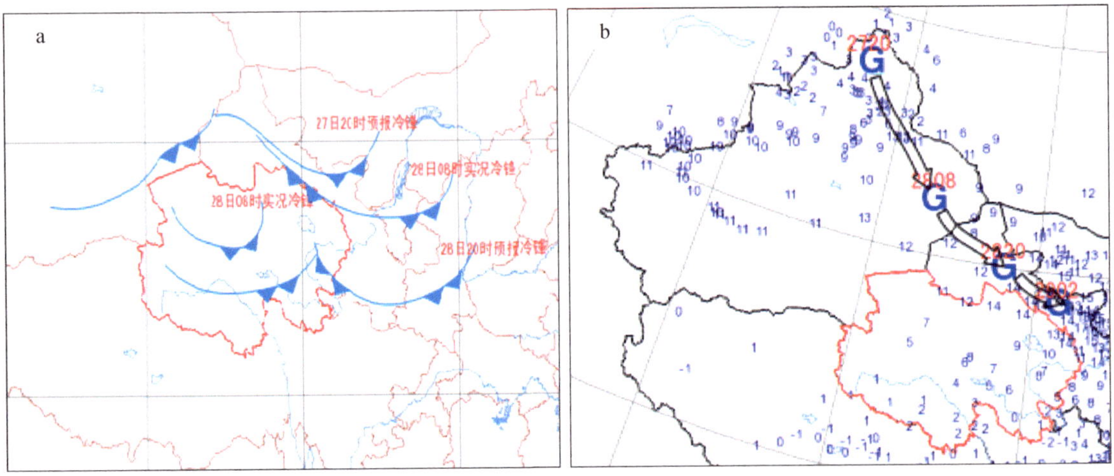

图 4.48　EC 预报地面冷锋及实况路径图(a)EC 预报地面冷高压移动路径及 29 日 08 时 ΔP_{24}填值(b)

从地面冷高压移动路径来看(图 4.48b)，EC 27 日 20 时预报场上，冷高压位置在萨彦岭一带，28 日 08 时实况场上，冷高压从新疆东部一直南下，EC 28 日 20 时实况场上，冷高压继续南压至河西走廊西部，29 日 08 时实况场上，冷高压压至青海省东北部。从 29 日 08 时 ΔP_{24}实况场上，青海省大部为 24 h 正变压控制，中心达到 14 hPa。根据 EC 预报冷锋和地面冷高压移动路径，此次寒潮过程将影响青海省大部。

2.5　寒潮天气预报

从 EC 29 日 08 时 500 hPa 风场预报图(图 4.49a)可以看出，29 日 08 时青海省处于脊前西北气流当中，而且从新疆东部至蒙古有高空急流带存在，高空风速达到 20 m·s^{-1}。从 EC 28 日 08 时 700 hPa 相对湿度预报图(图 4.49b)上看，河西走廊至青海省东北部相对湿度在 60%以上，至 20 时青海省中部水汽慢慢增大，玉树南部有小槽存在，西南风较明显，辐合较为清楚，相对湿度较好，有利于降水产生。

根据以上分析，预计 28 日 08 时—29 日 08 时，青海省大部将出现一次较为明显的寒潮天气，北部伴有大风，降温天气，中部和东北部又降雪天气。

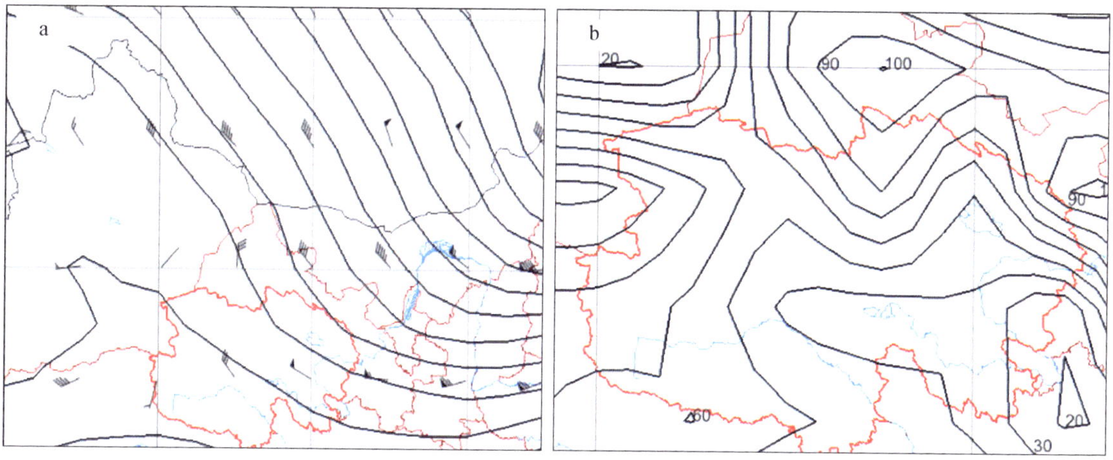

图 4.49　EC 29 日 08 时 500 hPa 风场预报图(a)EC 28 日 08 时 700 hPa 相对湿度预报图(b)

3　祁连山区降温幅度最强的原因分析

3.1　前期最低温度的升幅不同

27 日 08 时青海省西部有小幅度升温，中东部还是降温，至 28 日 08 时西北部已经降温，而东部全为升温区。由于南部 27 日还处于降温，08 时升温比较明显，但 29 日受降雪和云系的影响，降温没有祁连山区明显。

3.2　辐射降温

29 日 08 时地面填图总云量场和卫星云图上(图 4.50a)，北部大部天气放晴，总云量只有 1～2 成，而南部以多云为主，玉树南部还有降雪，这种南雪北晴，辐射降温的影响程度北大南小，而且前期海西东部和北部降雪，前期降雪减弱了地面吸收的太阳辐射，29 日凌晨雪后初晴，地面强烈辐射降温。

3.3　冷高压移动路径

根据冷高压移动路径图(图 4.50b)，地面冷高在 28 日 20 时至 29 日 08 时紧贴祁连山脉自西向东移动，对祁连山区持续影响。

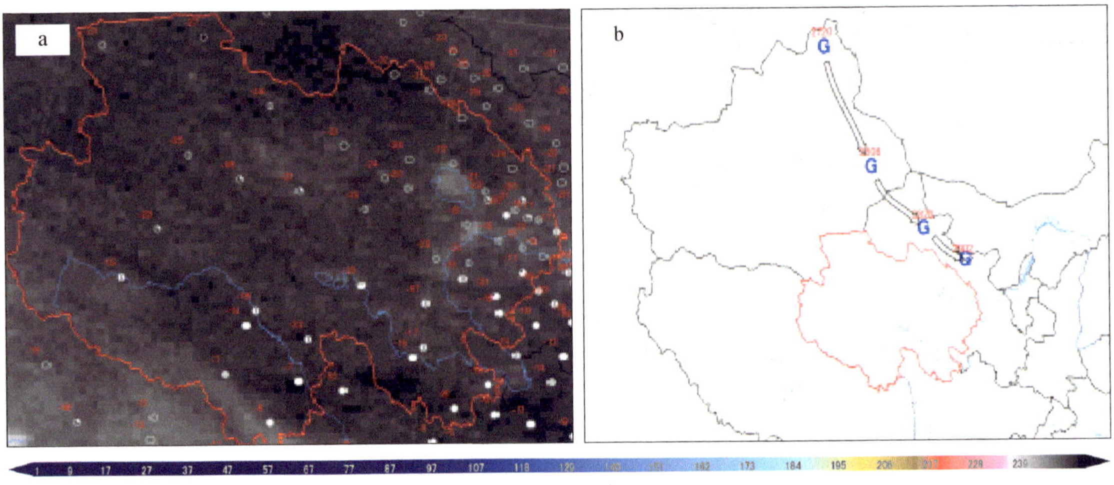

图 4.50　29 日 08 时中红外云图及地面填图总云量和气温(℃)(a)EC 预报地面冷高压移动路径图(b)

4　小结

1)天气过程特点:寒潮天气范围广;强度大,北强南弱;伴随此次寒潮出现的天气还有降水;东部及南部共有 13 个站出现大风天气。

2)寒潮预报着眼点:冷高压中心(1060 hPa)位于新疆东北部,500 hPa 高空对应−40 ℃冷中心,说明北方冷空气在此地堆积;根据 EC 预报,未来 24 h 巴尔喀什湖附近高压脊发展,脊前偏北气流加强,有利于引导冷空气东移南下;地面冷高压强度和地面 24 h 正变压数值;根据预报地面冷高压路径和地面冷锋移动路径,分析寒潮可能影响区域。

3)祁连山区降温幅度最强原因:前期最低温度的升幅不同,由于南部 27 日还处于降温,08 时升温比较明显,但 29 日受降雪和云系的影响,降温没有祁连山区明显;29 日 08 时北部大部天气放晴,总云量只有 1～2 成,而南部以多云为主,玉树南部还有降雪,这种南雪北晴,辐射降温的影响程度北大南小,而且前期海西东部和北部降雪,前期降雪减弱了地面吸收的太阳辐射,29 日凌晨雪后初晴,地面强烈辐射降温;地面冷高压紧贴祁连山脉自西向东移动,对祁连山区持续进行影响。

4)过程预报难点:根据以往思路,只依靠 EC 数值模式,据前面的分析,会考虑南北部的大风天气,北部的寒潮天气,海西东部的降雪,南部的降温可能容易忽略,而西北部的大风会空报。

2013年1月8日寒潮天气成因分析

汪生珍 张宝元
（果洛州气象台，玛沁 814000）

摘 要：基于高空、地面和模式资料，对2013年1月8日发生在青海省南部一次寒潮过程进行了分析，结果表明：1）南部地区有降雪天气，加上南部地区海拔较高，受辐射降温影响也比北部地区大。天气过程中南部地区有降雪，前期降低地面吸收的太阳辐射，9日凌晨雪后初晴，地面形成了强烈辐射降温。伴随较为明显的降雪天气，7日夜间起，南部地区开始出现降雪，玉树、甘德、班玛、久治地区达到中雪量级。2）此次寒潮天气过程主要是由于东亚大槽携带的冷空气下滑导致。7日08时，新疆北部地面有1060 hPa的冷高压，高空对应－40 ℃以上的冷中心，说明从北方来的冷空气在北疆地区有堆积。高空槽在未来将引导地面冷高压东移南下，冷空气向南暴发。3）从24 h变温来看，南部地区前期升温比较明显。从前期能量积累来看，南部地区后期降温空间更大。南部地区有降雪天气，加上南部地区海拔较高，受辐射降温影响也比北部地区大。

关键词：寒潮，大范围，降雪

引 言

寒潮是我国冬春季严重的灾害性天气之一，是一种大规模的强冷空气活动的过程。寒潮天气的主要特点是剧烈降温和大风，有时还伴有雨、雪、雨凇和霜冻等，会给工农业生产、交通运输、人类健康等造成不利影响[1]。学者们对于寒潮过程的冷空气源地和路径、寒潮关键区、寒潮中短期环流演变形势特征及影响系统等已得出诸多有益结论[1-14]，研究成果在寒潮实际预警业务中发挥了积极作用。每年秋冬季节，由于气温突降，易造成暴雪天气。近年来不少学者对我国错综复杂的寒潮天气过程进行了天气动力学诊断和数值模拟研究，但因我国幅员辽阔，气候条件差异很大，寒潮过程也不尽相同，故深入分析寒潮天气个例，提高预报准确率及做好决策服务具有现实意义。青海省地处青藏高原东北部，海拔较高，由于其特殊的地理位置，所形成的寒潮天气比较特殊，所以掌握青海省寒潮天气的气候特征是非常重要的，对于应对这种灾害性天气，采取积极措施预防其灾害也有相当重要的意义。

1 天气实况

中国气象局对寒潮作了如下规定：在24 h内日平均气温≥10 ℃，最低气温≤5 ℃的强冷空气过程称为寒潮。从青藏高原气候特征出发，青海省质量技术监督局发布的气象灾害地方标准规定：冬春季节日平均气温24 h内下降8 ℃以上且最低气温低于5 ℃；或72 h内日平均气温连续下降8 ℃以上且最低气温低于5 ℃。

本文中将寒潮标准定义为24 h最低温度下降8 ℃及以上且最低气温小于4 ℃。

2013年1月8—9日受东亚大槽东移影响青海省南部地区的玉树、果洛、黄南南部及海南州的兴海县出现一次寒潮天气，24 h 最大变温幅度在 8～18 ℃，尤其是果洛州甘德地区过程降温 19 ℃，而最低气温均小于 4 ℃，尤其是甘德最低气温－32 ℃。相伴随南部地区出现了降雪天气过程，玉树、甘德、班玛和久治地区达中雪量级。此次天气过程特点是降温幅度大，范围比较集中且在青海省南部地区，属于典型的南部寒潮，伴随较为明显的降雪天气。(图 4.51)。

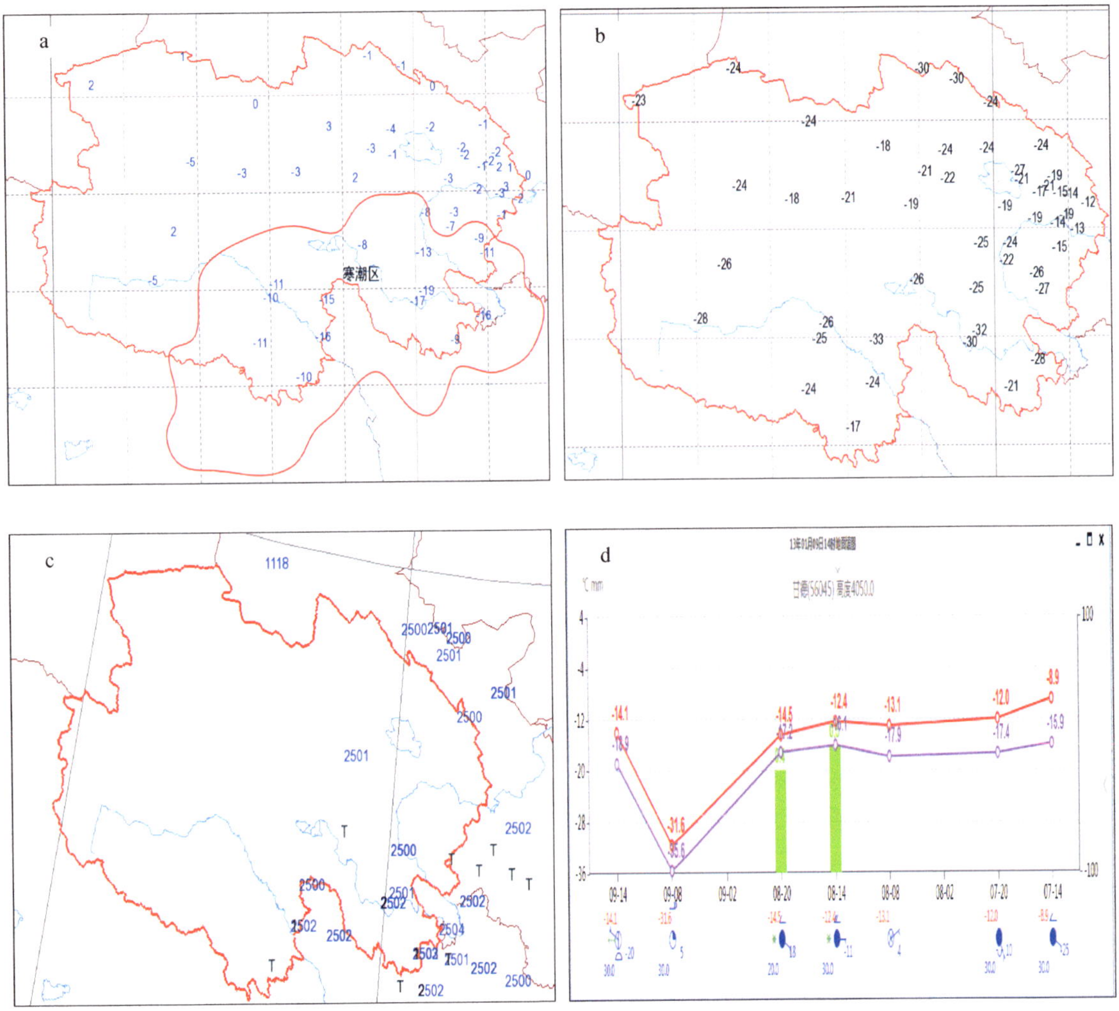

图 4.51　2013 年 1 月 9 日 24 h 过程变温(a)最低气温(℃)(b)
2013 年 1 月 8—9 日特殊天气及 8 日 08—9 日 08 时 24 h 降水量(mm)(c)甘德三线图(d)

2　天气过程分析

2.1　高空系统

此次寒潮天气过程中主要的影响系统是东亚大槽，东亚大槽槽底的冷空气不断下滑至青海省，在槽底不断分裂下滑短波槽。从 6 日 20 时至 8 日 08 时的高空环流形势演变图可分析出，过程期间，500 hPa 中高纬高空环流形势为西高东低型，东亚大槽不断地东移南压，中高纬度高空风速较大，青海省上空不断有弱波动划过，东亚大槽槽后不断下滑的冷空气和西南暖湿气流的交汇导致了此次天气过程中青海省南部地区产生了较大范围的降雪降温天气（图4.52a）而后伴随着影响系统东移，青海省受高空西北气流控制，高空锋区较强，等高线和等温线比较密集，10个纬距内4条等高线和等温线，并且高空风速较大，最大风速达24 $m \cdot s^{-1}$。且从近2天温度场可分析出，温度槽逐渐加深，从200 hPa中高空急流风速加大，青海省南部地区处于高空急流入口区的左侧。

2.2 地面系统

过程期间在地面上（图4.52b），贝加尔湖以西新疆以北有强冷高压一直维持，8日05时强度最强，达1060 hPa，地面冷高压在过程期间不断分裂小冷高压南下，这个过程向南输送了大量冷空气。而西藏中部地区存在1012.5 hPa的低压中心，阻挡冷空气无法南下，使其在青海省南部地区维持。

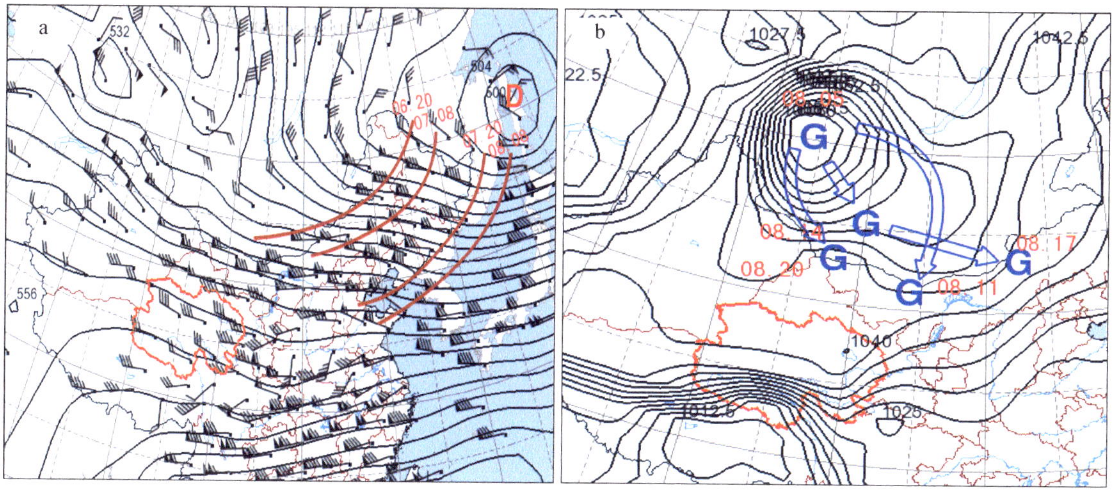

图4.52 2013年1月6日20时—8日08时高空形势动态图(a)1月8日地面冷高压中心移动路径(b)

2.3 强冷空气堆积

强冷空气在西伯利亚、蒙古堆积是寒潮暴发的必要条件。如果冷空气不够，南下的冷空气也不易达到寒潮的强度。此次天气过程中，在新疆以北地区500 hPa上有−40 ℃以上的冷中心，700 hPa上相应位置对应有−24 ℃的冷中心，地面上有1060 hPa的强冷高压与之相配合，说明前期有明显的冷空气堆积，为此次寒潮天气提供了较好的条件（图4.53）。

2.4 寒潮降温分析

2.4.1 前期温度积累

在寒潮天气过程中，温度的降幅还和前期升温幅度有关，前期升温幅度越高，能量积累越明显，后期受冷空气影响产生的降温幅度越大。从地面24 h变温可以看出，前期在7日至8日青海省大部地区均有较为明显的升温，最高24 h升温达到8 ℃（图4.54）。

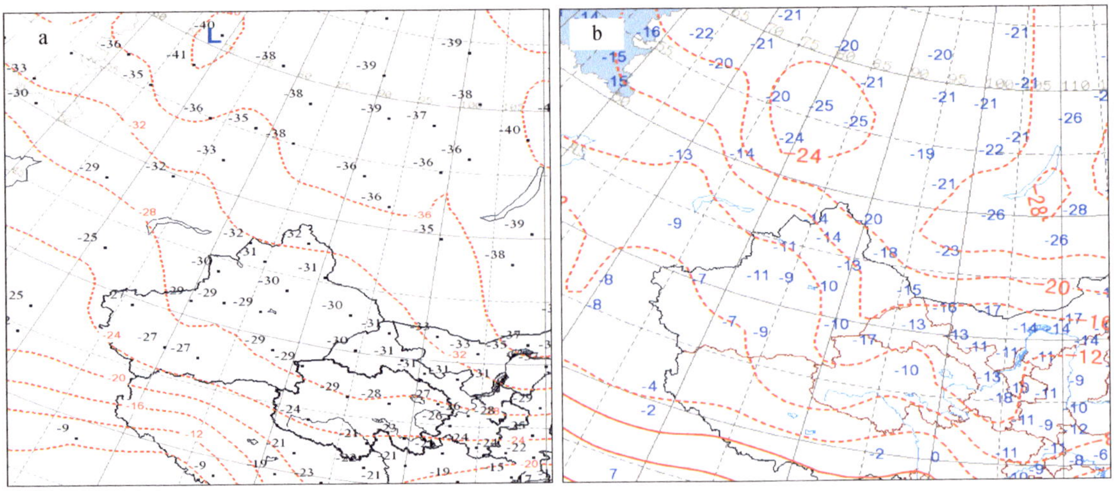

图 4.53　2013 年 1 月 8 日 500 hPa(a)700 hPa(b)冷中心

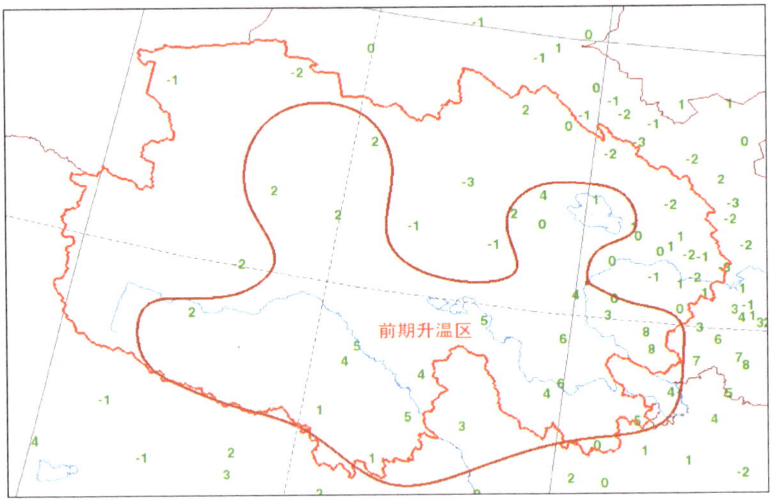

图 4.54　2013 年 1 月 7—8 日最低 24 h 变温(℃)

2.4.2　温度平流的作用

在水平气流方向上温度分布不均匀时，空气水平运动将引起气温的局地变化，暖平流使局地气温上升，冷平流使局地气温下沉，因而气温的变化程度决定于温度平流的强度。从 7—8 日温度平流上看，青海省大部地区冷平流较为明显，强中心在 7—8 日明显东移，中心最大值达 -8×10^{-5}℃ · s^{-1}(图 4.55)。

2.4.3　非绝热因子的作用

不同的天空状况对气温变化有不同的影响，当天空中有云时，白天能减弱地面所获得的太阳辐射，使地面受热减少，而夜间云能使地面散热减少，此次天气过程中南部地区有降雪，前期云系影响，降低了地面对太阳辐射的吸收，8 日凌晨南部地区存在大范围云系，9 日凌晨雪后初晴，由于地面积雪反射太阳辐射，使地面吸收热量减少，加之雪融化消耗热量，使得 9 日白天地面形成了强烈辐射降温(图 4.56)。

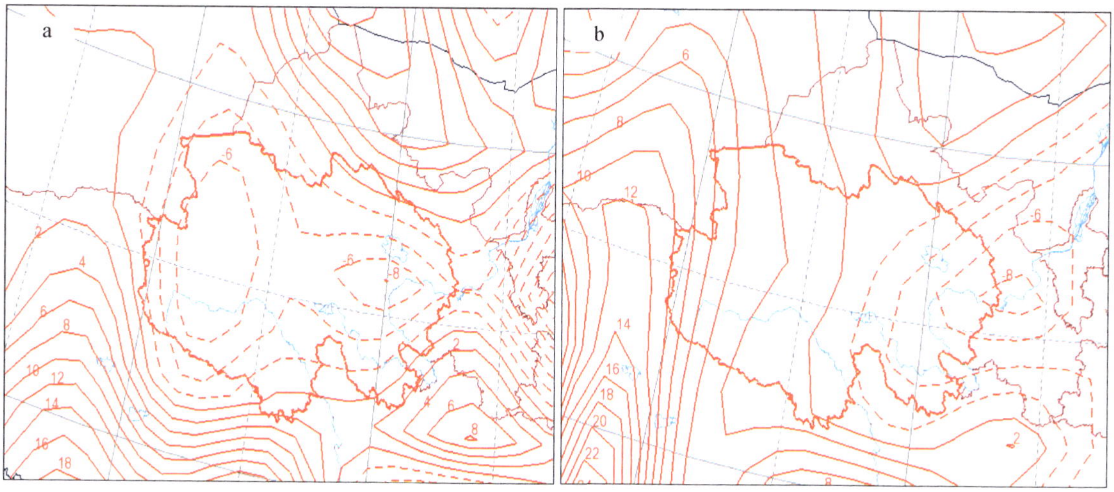

图 4.55　2013 年 1 月 8 日 08 时(a)20 时(b)温度平流(单位:10^{-5} ℃ · s^{-1})

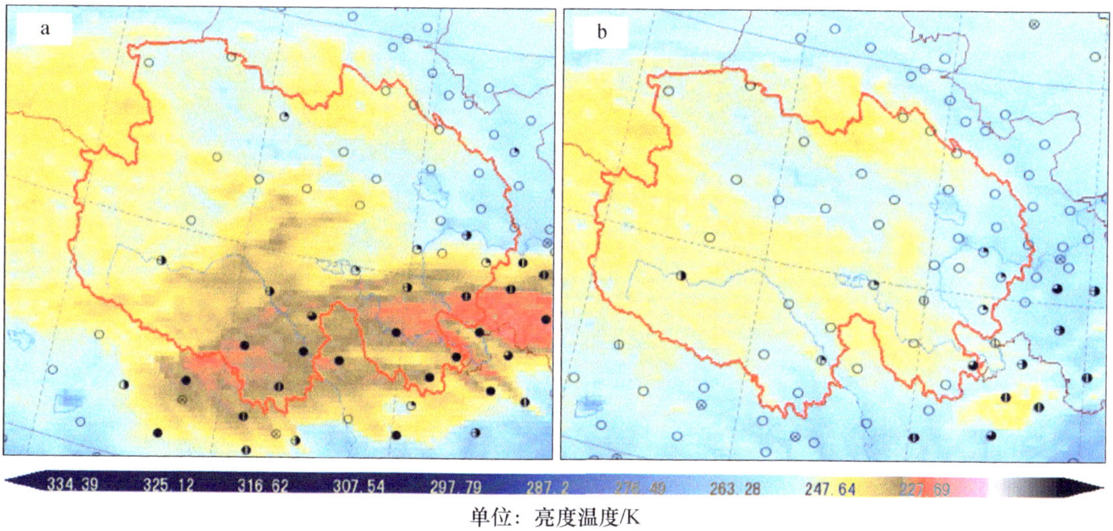

图 4.56　2013 年 1 月 8 日 02 时(a)9 日 02 时(b)卫星红外云图

3　寒潮过程南强北弱的原因分析

3.1　温度梯度

南部地区存在较大的温度梯度(图 4.57),在 8 日 08 时,南部地区温度梯度达－4 ℃,且位于温度槽前,至 20 时,受西南(西藏以南)地区暖中心影响,南部地区温度梯度增至－6 ℃,而北部地区温度梯度反而减小。

3.2　降水天气的影响

8 日凌晨南部地区存在大范围云系,产生了降雪天气,至 9 日凌晨雪后初晴,由于地面积雪反射太阳辐射,使地面吸收热量减少,加之雪融化消耗热量,使得 9 日白天地面形成了强烈辐射降温，加上南部地区海拔较高(图 4.58)，受辐射降温影响也比北部地区大。

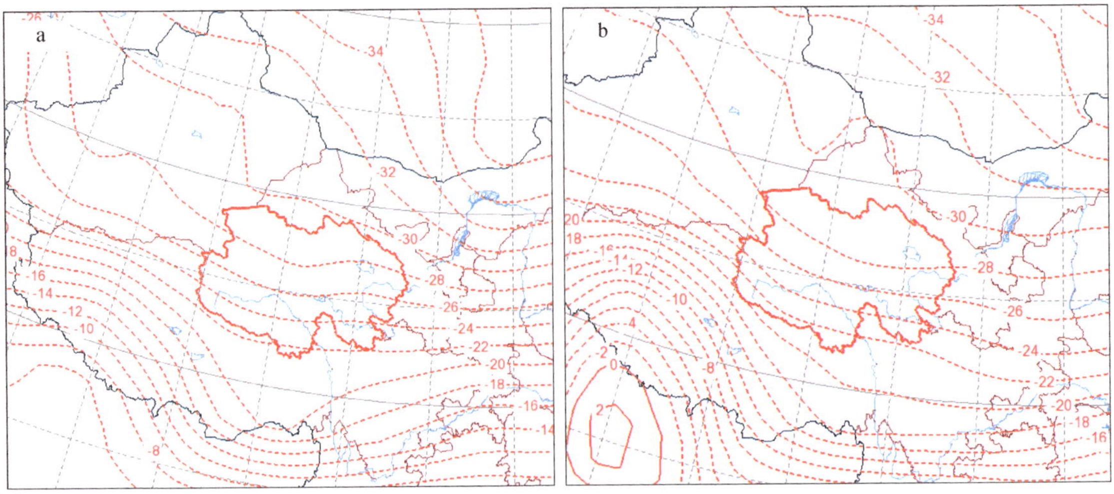

图 4.57　2013 年 1 月 8 日 08 时(a)20 时(b)500 hPa 温度场(℃)

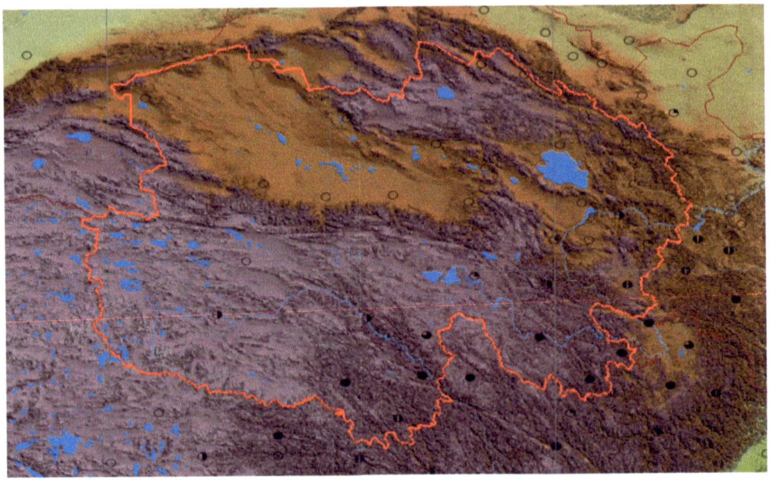

图 4.58　青海省南部地区地形图叠加 2013 年 1 月 8 日 05 时云量

3.3　前期温度积累情况

从 24 h 变温来看，南部地区前期升温比较明显：6—8 日青南地区持续上升，累计升温 10～15 ℃左右，而北部只有 8 日升温较为明显，累计升温只有 5～6 ℃左右。从前期能量积累来看，南部地区后期降温空间更大(图 4.54)。

4　小结

1)此次天气过程的特点：南部地区有降雪天气，加上南部地区海拔较高，受辐射降温影响也比北部地区大。此次天气过程中南部地区有降雪，前期降低地面吸收的太阳辐射，9 日凌晨雪后初晴，地面形成了强烈辐射降温。伴随较为明显的降雪天气，7 日夜间起，南部地区开始出现降雪，玉树，甘德，班玛，久治地区达到中雪量级。

2)此次寒潮天气过程主要是由于东亚大槽携带的冷空气下滑导致。7 日 08 时，在新疆北部地面有 1060 hPa 的冷高压，高空对应−40 ℃以上的冷中心，说明从北方来的冷空气在北疆地区有堆积。高空槽在未来将引导地面冷高压东移南下，冷空气向南暴发。

3)此次降温过程的南强北弱的成因分析：从 24 h 变温来看，南部地区前期升温比较明显：6—8 日青南地区持续上升，累计升温 10～15 ℃左右，而北部只有 8 日升温较为明显，累计升温只有 5～6 ℃左右。因此，从前期能量积累来看，南部地区后期降温空间更大。南部地区有降雪天气，加上南部地区海拔较高，受辐射降温影响也比北部地区大。此次天气过程中南部地区有降雪，前期降低地面吸收的太阳辐射，9 日凌晨雪后初晴，地面形成了强烈辐射降温。

参考文献

[1] 李生辰，王江山，王希娟．青海南部地区寒潮天气[J]．青海气象，1997(2)：19-23.

[2] 孙瑛．青海海南地区两次寒潮天气过程对比分析[J]．青海科技，2011，18(6)：68-72.

[3] 保广裕，戴升，张吉农，等．青海省寒潮天气的气候特征、分型及其预报[J]．青海气象，2002，9(2)：2-5.

[4] 何彩青，张青梅，党永秀，等．青海春季全省性寒潮天气的预报及指标探讨——以 2008 年 4 月 20 日过程为例[J]．青海科技，2008，15(6)：32-36.

[5] 徐亮，马秀梅，管琴．2014 年秋季青海北部地区一次寒潮暴雪过程的多种相态降水机理分析[J]．青海科技，2017，24(1)：104-109.

[6] 何卓玛，马学莲，王志远，等．海东地区一次寒潮天气的分析[J]．青海气象，2008(2)：20-22.

[7] 樊晓春，董彦雄，王若升．5 月初的寒潮(强降温)、强霜冻天气分析与预报模型[J]．青海气象，2007(1)：20-22.

[8] 李兵，王青川，王发科，等．“2010.1.19”格尔木地区寒潮天气过程分析[J]．青海气象，2012(2)：14-18.

[9] 吴登成，杨延华．黄南北部“4·9”寒潮天气过程分析[J]．青海气象，2002(2)：9-11.

[10] 海显莲，靳世强，曹释安．寒潮天气过程及其对农作物的影响[J]．现代农业科技，2016(8)：227-228.

[11] 罗显发．柴达木盆地两次春季寒潮天气对比分析[J]．青海科技，2009，16(6)：65-67.

[12] 吴登成，边秀珊，谢天蓉．一次横槽转竖型寒潮天气过程个例分析[J]．北京农业，2014(18)：205-206.

[13] 王敏．黄南州一次寒潮大风天气成因分析[J]．农业与技术，2014，34(2)：201.

[14] 戴升，刘彩红，王振宇．2008 年青海省气候特征及主要天气气候事件[J]．青海气象，2009(1)：41-43.

2013年2月18日青海省一次暴雪过后的寒潮天气成因分析

王　敏　彭英超
(黄南州气象台,同仁　811300)

摘　要:利用高空、地面和卫星云图资料,对2013年2月18日发生在青海省南部的寒潮天气过程进行分析,结果表明:1)蒙西横槽东移转竖,引导地面冷锋东移南下,造成青南寒潮暴发。2)此过程中冷空气分东路和西路,两股冷空气于18日08时合并南压影响青海省南部,24 h变压最强达+8 hPa～+11 hPa。3)青海省中东部上空有4根等温线且风向与等温线夹角达45°以上,有强的冷平流控制。4)降温空间足,寒潮区前期的升温给后期的降温奠定了基础;辐射降温、强冷平流共同作用下降温幅度增大。寒潮区前日出现的暴雪主要是存在小尺度气旋性环流,中尺度辐合线触发造成,水汽自南向北输送并辐合抬升,暴雪区为全省比湿大值中心,值为1.8 $g \cdot kg^{-1}$,因此前日的降雪在夜间晴空天气下加强了辐射降温的力度,从而在同样天气背景中降雪区达到寒潮标准。

关键词:寒潮,环流背景,成因分析

引　言

灾害性天气是造成气象灾害的直接原因,研究灾害性天气的形成机理和变化规律,是进行气象灾害天气预报、防灾减灾的基础。青海省地处高原,气象灾害种类多、危害重,其中寒潮天气就是一种大规模的强冷空气活动过程,会造成大范围的剧烈降温、伴有大风和雨雪天气,对农牧业、工业、交通、电力以及人们健康带来巨大影响。根据青海省《气象灾害分级指标DB63》,寒潮定义标准为24 h内最低气温下降≥8 ℃,且最低气温≤4 ℃。对于寒潮不少气象学者[1-8]从环境场特征以及数值模拟等方面研究出其特征,参考借鉴他们研究成果,本文利用MICAPS、自动站等常规资料和卫星云图资料,对2013年2月18日至19日的寒潮、暴雪天气过程的环流形势及物理量进行了分析,以期进一步提高对寒潮的科学认识,对做好天气预报预警服务,提升气象防灾减灾能力,降低寒潮天气过程对自然和社会的影响具有重要意义。

1　天气过程概况

2月18日08时—19日08时(图4.59)受强冷空气影响,青海省境内的玉树、果洛、海南、黄南南部地区出现寒潮天气,19日最低气温降幅8～18 ℃,降幅最大地区是清水河和河南县,均达18 ℃,日最低气温也在两地,清水河达－33 ℃(历史极值－38.3 ℃),河南－30 ℃(历史极值－33.4 ℃),未超出历史极值。寒潮天气前一日(17日08时—18日08时),95°E以东青海省境内出现降雪,降雪主要出现在17日夜间至18日早晨,其中青海省东南部出现暴雪,都兰、玉树、果洛等局地出现大雪。18日白天到夜间无降雪,19日08时上述地区积雪深度在2～9 cm。

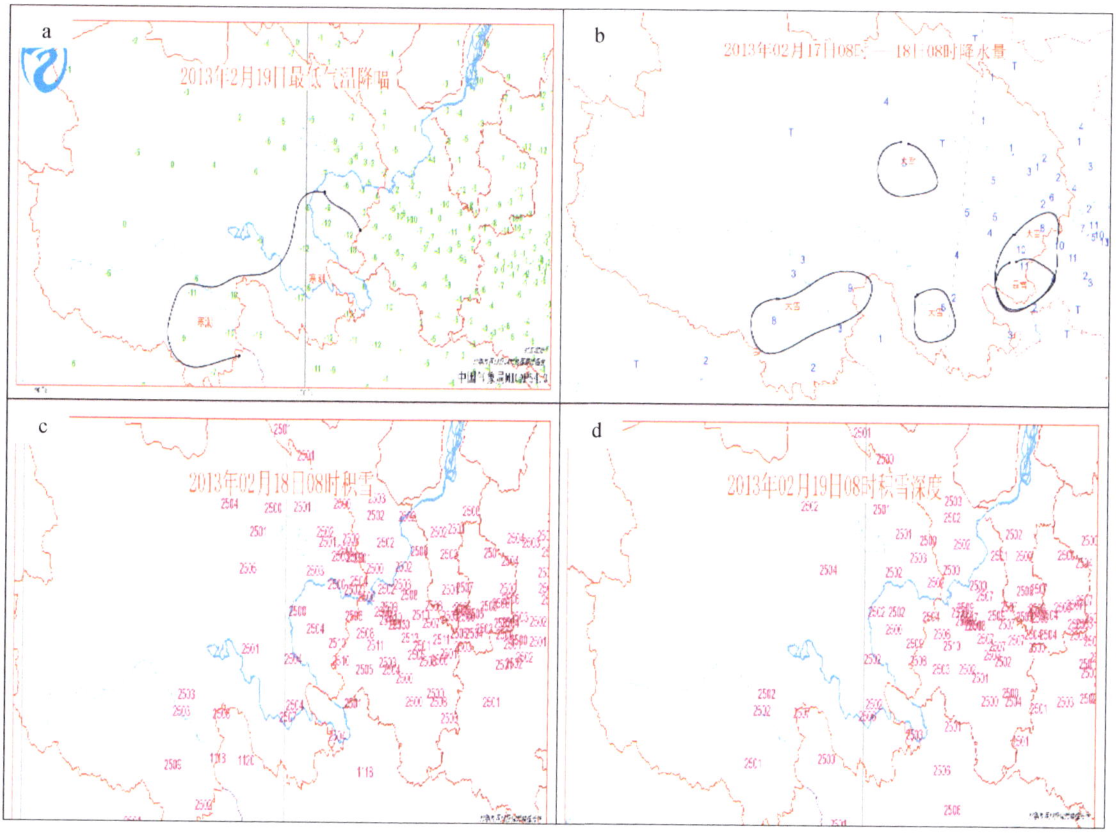

图 4.59 2013 年 2 月 18—19 日天气实况

(a)2013 年 2 月 19 日最低气温(℃)降幅(b)17 日 08—18 时降水量(mm)(c)18 日 08 时积雪深度(cm)(25 开头为积雪,后 2 位数字是积雪深度,单位:cm)(d)19 日 08 时积雪深度(cm)

2 高空环流形势特征

过程前期中高纬度是一脊一槽(西高东低)的环流形势,2 月 16 日 08 时 500 hPa 高空图上,贝加尔湖附近及以北存在一个大范围的低值区,中心数值达 496 dagpm,横槽位于 47°~57°N,70°~110°E 范围,并有−47 ℃的冷中心配合,对应 700 hPa 为−33 ℃,其后部乌拉尔山至西西伯利亚一带为脊,青海省处于槽底宽广的冷平流中。17 日 08 时贝加尔湖以北低涡主体稳定不动,横槽后部西北风速增大转为偏北风,脊前的偏北气流不断引导来自新地岛以东洋面上的冷空气汇聚到槽后贝加尔湖附近,此时乌拉尔山温度脊落后于高度脊,脊将继续加强,而横槽后部的冷平流也比较明显,横槽将加深南压,槽区−47 ℃的冷中心配合,槽底为强的急流锋区。18 日 08 时高空图上乌拉尔山温度脊重合于高压脊并有超前的趋势,横槽逐渐转竖东移南压,槽后形成−48 ℃闭合冷中心(对应 700 hPa 为−37 ℃闭合中心),至 20 时,横槽已迅速转竖到达河套以东,青海省处于槽后较强的西北气流冷平流控制,关键区 90°~105°E、30°~45°N 的范围内有 4 条等温线,降温明显。到 19 日 08 时转竖的横槽已取代了减弱东移的旧东亚大槽,东亚大槽经历了一次新陈代谢(图 4.60)。

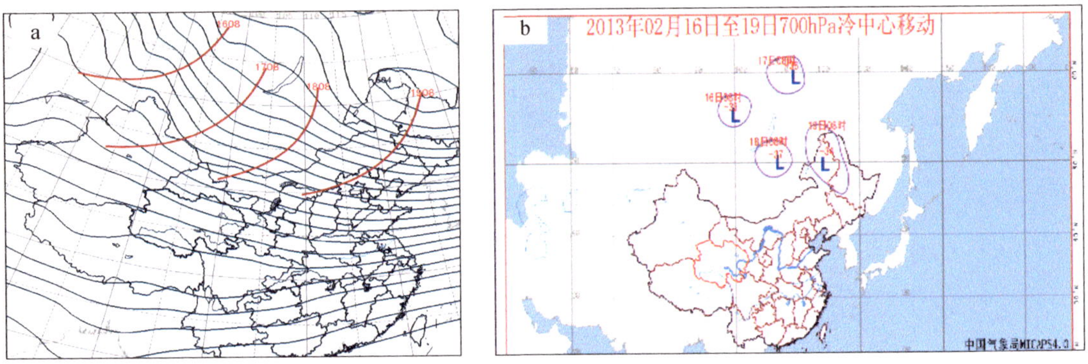

图 4.60　2013 年 2 月 16—19 日高空槽动态图(a)冷中心移动图(b)

3　地面形势分析

3.1　海平面气压场

通过分析地面气压场，得到冷高压变化动态图(图 4.61a)，冷空气堆积于新疆以东 47°～51°N，90°～100°E 附近，17 日 08 时高压中心为 1052.5 hPa，至 23 时达最强为 1055 hPa，到 18 日 08 时冷高压中心为 1050 hPa，冷中心略有南压，至 18 日 11 时冷空气分裂南下，在青海湖附近形成 1032.5 hPa 冷中心，青海省南部处于冷高压底部的气压梯度密集带内。此次寒潮天气的地面冷空气是从 18 日 08 时后开始分裂扩散南下影响青海省，到 19 日冷空气过境，18 日夜间到 19 日早晨冷高压在南下东移的过程中在青南出现大幅度降温天气。影响系统是巴尔喀什湖以东的冷高压，其分裂冷空气受脊前偏北气流引导下滑影响青海省。

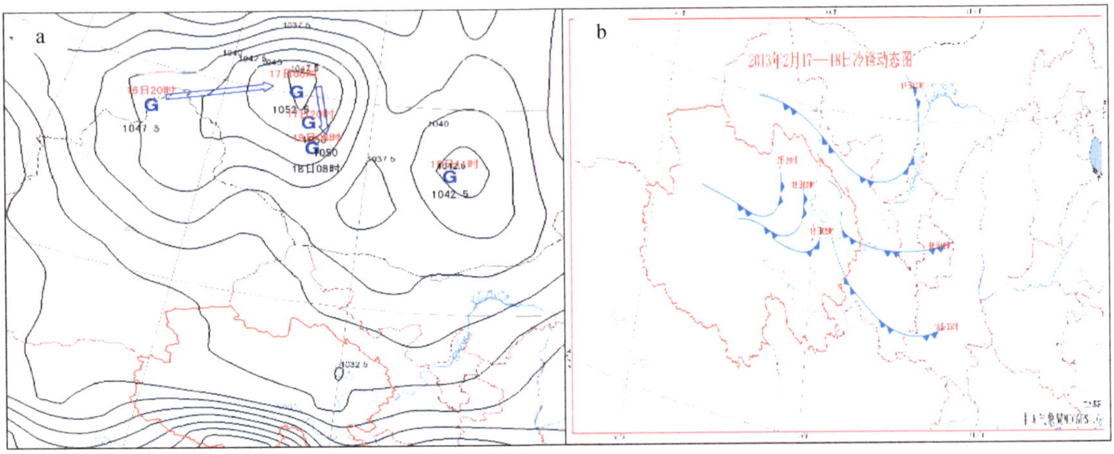

图 4.61　2013 年 2 月 16—18 日地面冷高压动态图(a)2 月 17—18 日冷锋移动地面图(b)

3.2　冷空气移动路径

影响青海省的冷空气分两路(图 4.61b)，一路是自新疆翻越阿尔金山于 17 日傍晚进入柴达木盆地东移南下，为西路路径；另一路自蒙古南下冷空气倒灌侵入，为东路路径，两股冷空气于 18 日 08 时起合并南压影响全省，19 日 02 时寒潮区 24 h 变压增达 +8 hPa～+11 hPa。

南疆强冷空气补充东移翻越阿尔金山进入柴达木盆地影响青海省，另外，河西走廊冷空气在青海省东北部倒灌，两路冷空气在南下的过程中合并，使冷空气势力加强，造成青海省南部的寒潮天气。

4　降温特征分析

4.1　总温度场

2 月 16—17 日，500 hPa 贝加尔湖附近存在 4 ℃中心值的温度槽，青海省中南部处在大于 40 ℃自南向北伸的暖舌控制下，18 日 08 时 500 hPa 总温度场上（图 4.62），北方冷舌东移南压，南部暖舌南退，蒙古、甘肃西部和青海省中西部均被 −36 ℃以下的低能舌控制，低能舌中心东移至贝加尔湖以东。低能舌从蒙古中部经内蒙向西南方延伸，到 20 时低能舌东移南压，影响到青海省东南部，至 19 日 08 时后，冷舌基本移出青海省至河套附近。

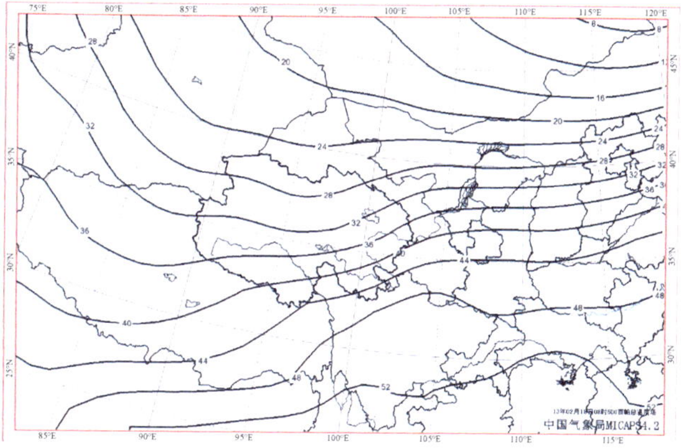

图 4.62　2013 年 2 月 18 日 08 时 500 hPa 总温度场（单位：℃）

4.2　温度平流

18 日 08 时 500 hPa 高空图上（图 4.63），青海省中东部上空有 4 根等温线（−16～−28 ℃），且风向与等温线夹角达 45°以上，南部偏西风转为西北风，且风速大于 20 $m \cdot s^{-1}$；温度平流场上青海省为负的温度场，有强的冷平流控制，海西西部和海南为两个负中心，值分别为 -14×10^{-5} $K \cdot s^{-1}$ 和 -22×10^{-5} $K \cdot s^{-1}$。

4.3　降温空间特征

17 日夜间到 18 日早晨（图 4.64），青南出现降雪，使气温降低不明显，相对于无降水区较高，18 日 08 时前青南以正变温为主，其余地区负变温，增温幅度在 2～14 ℃。降雪过后以晴天为主，18 日 08 时后气温开始下降，14 时寒潮区降温幅度最大，达 10～19 ℃，18 日夜间晴空少云，辐射降温的影响程度加大，加之积雪减弱了地面吸收的太阳辐射，地面风力小，辐射降温剧烈，同时在强冷平流共同作用下造成寒潮天气。

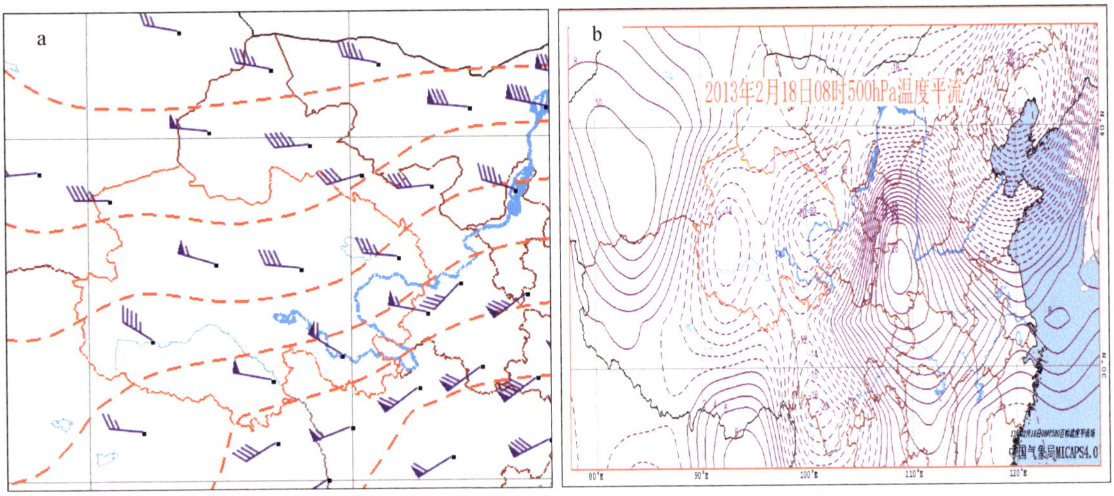

图 4.63　18 日 08 时 500 hPa 高空风场＋温度场(a)温度平流场(10^{-5} K・s^{-1})(b)

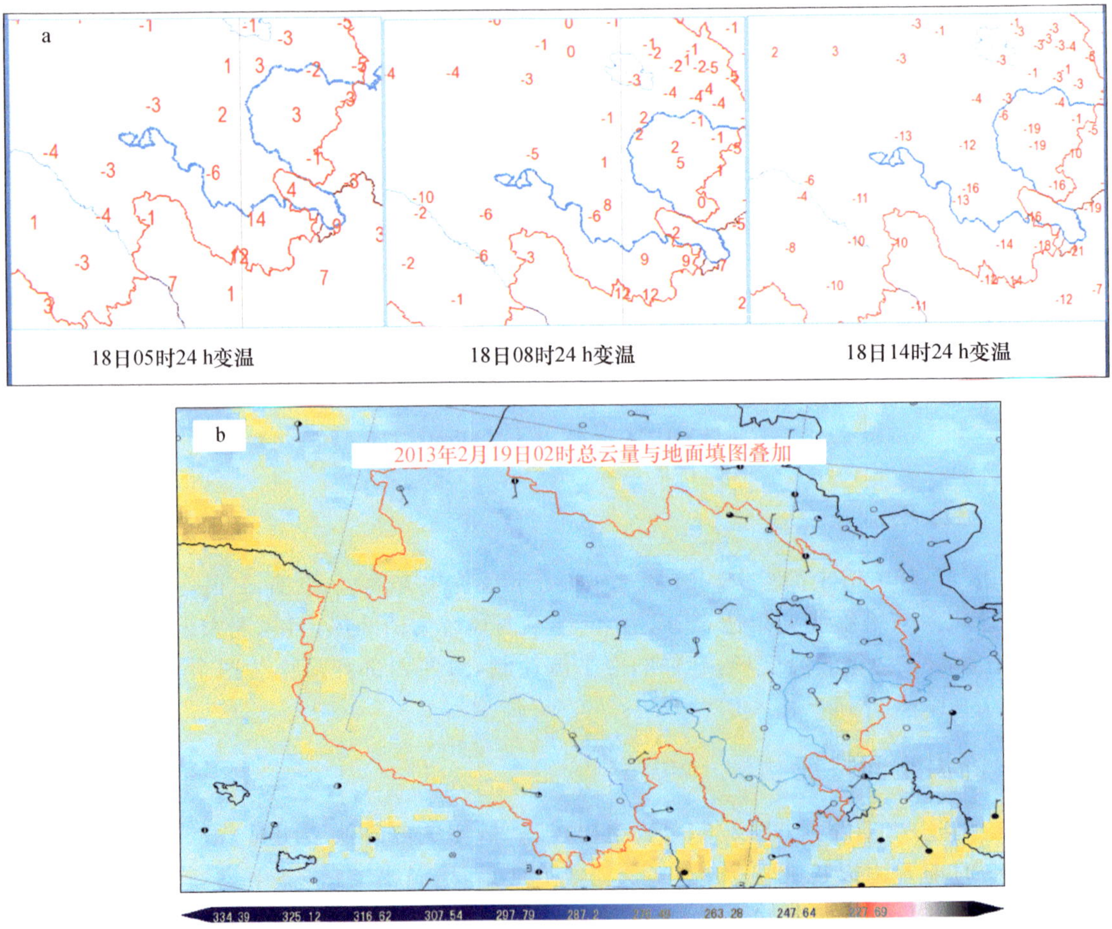

图 4.64　18 日地面变温(a)19 日 02 时地面要素和红外云图叠加(b)

5　寒潮前暴雪成因

2013 年 2 月 17 日夜间到 18 日早晨 95°E 以东青海省境内出现降雪，其中黄南南部出现暴雪，都兰、玉树、果洛等局地出现大雪，产生暴雪的主要原因如下。

17 日青海省中北部处于横槽底部偏西气流下，并有 4 根等温线强锋区配合，南部南支槽发展，槽前西南气流输送水汽达青海省东至南部，在冷空气和西南气流的共同作用下产生降雪。而黄南南部地区在暴雪发生前和发生中存在中尺度低压，风向上反映有中尺度地面辐合线，流场上反映偏西、西北北气流与西南气流辐合于黄南南部，在有利于降雪的大尺度环流背景下，触发了该地暴雪的产生(图 4.65)。另外，从比湿场分析，青海省东南部为全省大值中心，值为 1.8 $g \cdot kg^{-1}$，水汽通量散度场分析大量水汽自南向北输送，并在青南辐合，青南地区为负散度场，值小于 $-2\times10^{-8}\ g \cdot cm^{-2} \cdot hPa^{-1} \cdot s^{-1}$，水汽充沛。

此次发生在冬季的降雪，由于气温低积雪融化慢，19 日寒潮区积雪在 2～9 cm，对该地的降温奠定了基础。

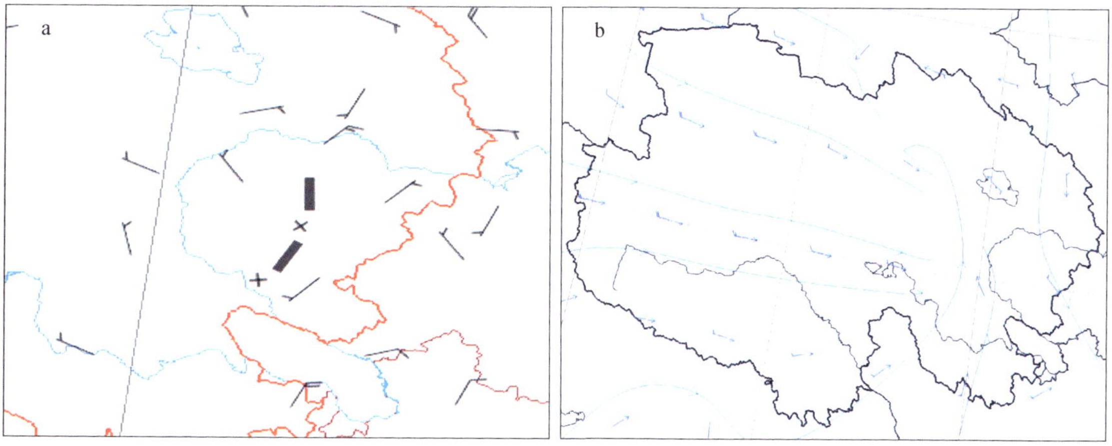

图 4.65　2013 年 2 月 17 日 23 时地面风场(a)18 日 02 时地面流场图(b)

6　总结

1)乌拉尔山高压脊前西北气流加强，引导新地岛以东洋面的冷空气沿脊前东北气流向贝加尔湖附近堆集，推动蒙古横槽南压。高压脊的减弱，使横槽转竖，冷空气向南暴发，是造成这次寒潮天气的高空主要影响系统。

2)冷空气堆积于新疆以东 47°～51°N，90°～100°E 附近，最强达 1055 hPa，是青海省冷空气的源地，从 18 日 08 时后开始分裂扩散南下影响青海省。影响青海省的冷空气分两路，西路和东路，两股冷空气于 18 日 08 时起合并南压影响全省，寒潮区 24 h 变压增达＋8 hPa～＋11 hPa。

3)寒潮区前期受暖舌控制，暴发时受－36 ℃以下的低能舌控制，锋区强，且风向与等温线夹角达 45°以上，有强的冷平流。

4)降温空间足，前期的升温给后期的降温奠定了基础，前期寒潮区以正变温为主，其余地区负变温，增温幅度在 2～14 ℃，降雪过后以晴天为主，寒潮区降温幅度最大，达 10～19 ℃，夜间晴空少云,辐射降温的影响程度加大,加之积雪减弱了地面吸收的太阳辐射,地面风力小,辐射降温剧烈,同时在强冷平流共同作用下造成寒潮天气。

5)在有利于降雪的大尺度环流背景下,中小尺度气旋性环流以及流场辐合触发造成暴雪;暴雪区为比湿场大值中心,水汽自南向北输送,小于 -2×10^{-8} g·cm^{-2}·hPa^{-1}·s^{-1}水汽辐合,水汽条件充沛。

参考文献

[1] 余文梅,马国涛,等.2017年10月固原一次大到暴雪型寒潮天气过程分析[J].现代农业,2018(6):106-108.

[2] 刘兰,洪程之,许浩翊,等.石河子地区一次暴雪型寒潮天气过程分析[J].新疆农垦科技,2017,40(1):61-64.

[3] 蔡晓芳,卢昊.太原地区一次寒潮天气成因分析[J].山西科技,2017,32(1):41-44.

[4] 胡萍,冉仙果,陈军,等.铜仁市2次寒潮天气过程对比分析[J].现代农业科技,2018(13):215-216.

[5] 张俊岚,刘勇达,杨柳,等.2008年初南疆持续性降雪天气过程水汽条件分析〔J〕.气象,2009,35(11):55-63.

[6] 王秀琴,李四清.石河子垦区2010年12月4日寒潮暴雪天气过程分析[J].新疆农垦科技,2011,34(3):65-66.

[7] 李文莉,宋琳琳,伏晶.2009年1月21—23日西北区寒潮天气过程分析[J].安徽农业科学,2013,41(10):4502−4505+4518.

[8] 李海燕,杨霞,张超.新疆一次超极地寒潮天气分析[J].沙漠与绿洲气象,2012,6(5):12-19.

2013年11月23日寒潮天气过程分析和总结

董文静　辛秋玲

（西宁市气象台，西宁　810001）

摘　要：受高空低槽、地面冷高压和地面冷锋的共同影响，2013年11月23日青海省东部和南部出现一次区域性寒潮天气，并伴随有大风和降雪天气。利用MICAPS常规资料分析，结果表明：1）寒潮天气过程影响青海省东部及南部地区，共26站达到寒潮标准，降温最大达到18 ℃降幅。本次寒潮还伴有大风和降雪天气。2）寒潮天气的成因：前期冷空气在巴尔喀什湖附近堆积，伴随着高空低槽发展东移，引导冷空气东南移动。高空冷中心接近青海省东部，且冷平流很强；同时，地面冷高压东南向移动，推动地面冷锋沿该路线影响青海省地区。此外，由于前期地面有明显升温，配合辐射降温，导致寒潮过后降温空间加大。3）影响此次寒潮天气过程的温度变化因子：影响较小的因子：23—24日地面比湿小，降雪天气均以小雪为主，潜热释放能量小，对温度变化影响不大。影响明显的因子：平流输送项与垂直输送项对本次寒潮降温的贡献较一致，都是引起温度变化的主要因子。

关键词：寒潮，冷锋，温度平流，垂直运动

1　天气实况

受高空低槽、地面冷高压和地面冷锋的共同影响，2013年11月23日青海省东部和南部出现一次区域性寒潮天气，并伴随有大风和降雪天气。过程期间有12个站出现了大风天气（$\geqslant$17 m·s^{-1}），大风出现范围与寒潮区域基本一致，最大风出现在共和站24 m·s^{-1}；18个站出现小到中雪天气，降雪天气主要集中在东部地区；全省共26个站平均气温下降8～18 ℃，其中降温最大甘德站，最低气温下降18 ℃；曲麻莱24日最低气温−27 ℃，接近该站11月历史极端最低气温−28.4 ℃（图4.66）。

2　寒潮天气成因分析

2.1　环流背景

过程前期，欧亚大陆基本气流为纬向气流，在纬向的基本气流中槽、脊自西向东移动，当低槽东移到乌拉尔山以东巴尔喀什湖以西一带时，从黑海到里海有明显的暖平流，在暖平流作用下里海附近高压脊向北发展，脊前西北气流加强，促使新鲜冷空气从新地岛加速南下与原低压槽中的冷空气合并。合并后冷平流明显加强，地面冷高压也加强。

2013年11月20日20时，500 hPa巴尔喀什湖附近低槽发展。21日，低槽移入新疆，造成北疆降雪降温吹风天气；22日，低槽东移南下进一步影响到新疆南部，造成浮尘和扬沙天气，此时冷空气在新疆持续堆积；到23日08时（图4.67a），低槽移至青海省西部，槽后西北风16 m·s^{-1}左右，槽后最冷中心达−32 ℃，青海省东部处在槽前西南偏西气流，风速达12 m·s^{-1}；23日

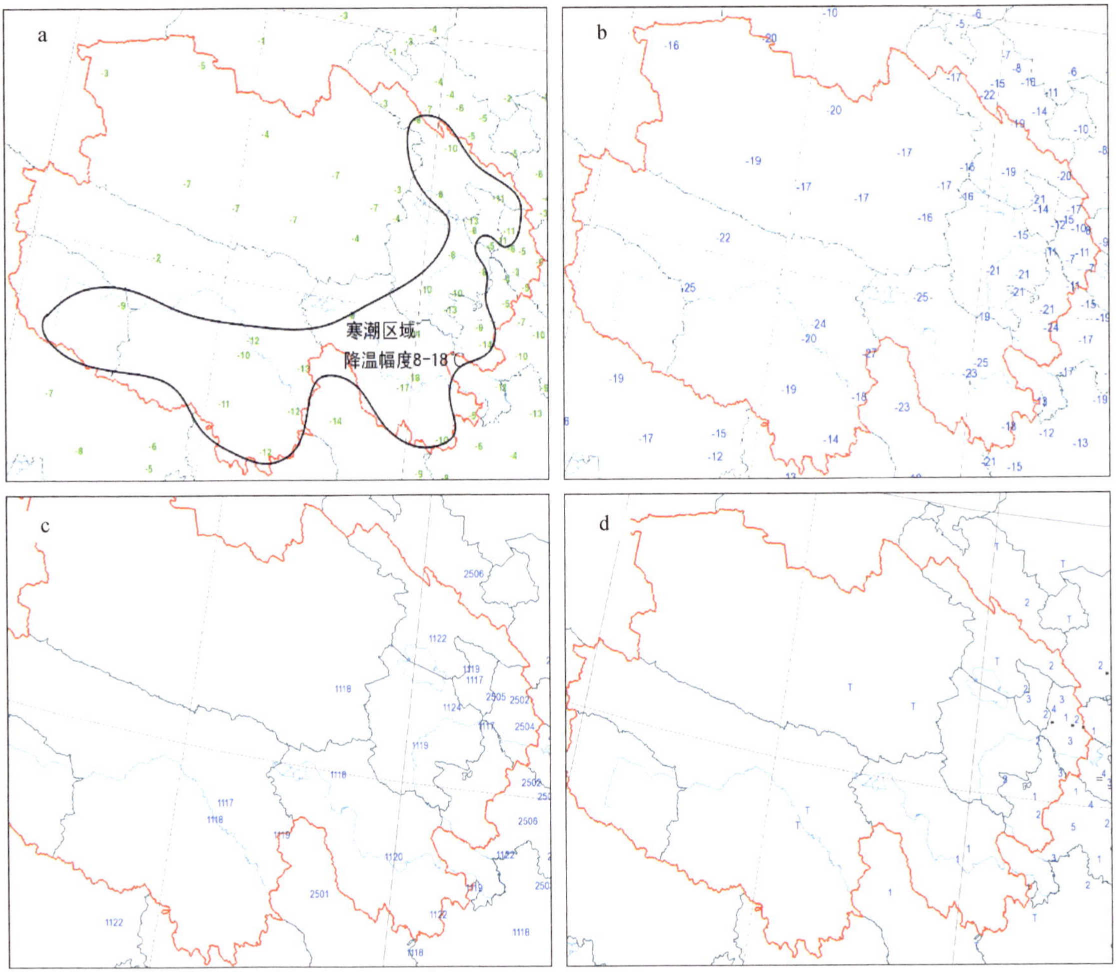

图 4.66　2013 年 11 月 23 日 08 时—24 日 08 时天气实况

(a)24 日 08 时 24 h 变温(b)24 日 08 时最低气温(℃)(c)23 日 20 时特殊天气(d)23 日 08 时—24 日 08 时降水量(mm)

20 时(图 4.67b),低槽基本移出青海省,槽后西北气流进一步增强,风速达 20 $m \cdot s^{-1}$左右,槽前西南气流也增强了,这种槽后风速大、气温低,槽前方暖湿气流强的环流形势,既有利于天气系统的快速移动,又有利于槽前槽后形成足够的温差。槽过后天气转晴,利于气温快速下降,为达到寒潮创造更好的条件。另外,急流除了为对流发展提供动能外,还起着抽气和通风的作用,有利于高低层热量的交流,使地面热量的扩散和高层热量的维持,地面冷空气得以维持一定强度南下。

低槽东移时,槽后西北气流在高压脊向北发展过程中,脊前槽后西北气流不断加强,促使冷平流加强,配合地面冷锋,造成本次寒潮天气(图 4.67)。

2.2　高空冷平流

2013 年 11 月 22 日 08 时冷中心由巴尔喀什湖进入新疆境内,位于南疆盆地,青海省大部处于温度脊区,500 hPa 冷中心强度−34 ℃,对应 700 hPa 冷中心为−18 ℃;随着高空低槽东移南下,23 日 08 时 500 hPa 冷中心移至柴达木盆地附近,强度增强为−35 ℃,此时青海省境内温度线密集,移动速度较快,平均风速均大于 12 $m \cdot s^{-1}$,个别风向近乎垂直于温度场,说明

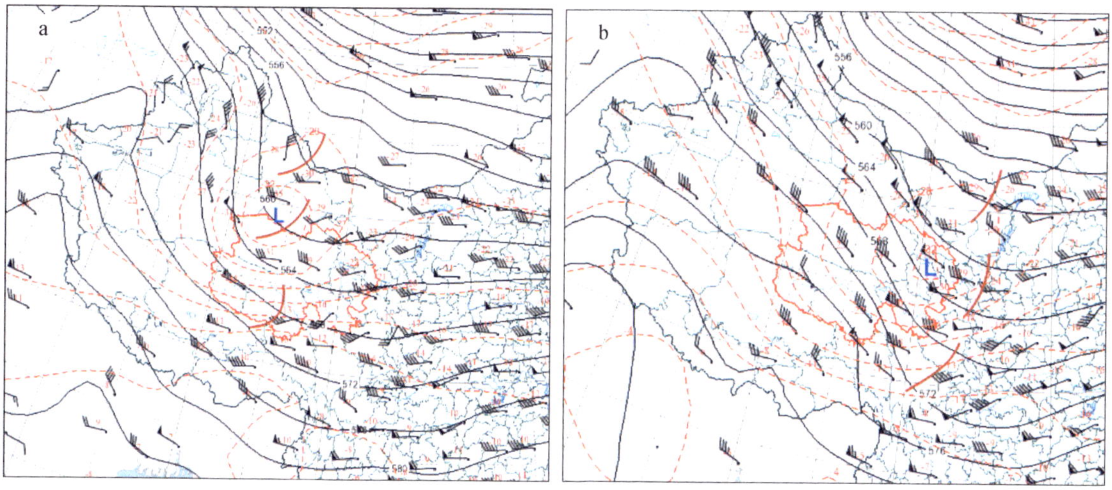

图 4.67 (a)23 日 08 时 500 hPa 高度场(b)23 日 20 时 500 hPa 高度场

500 hPa 高空冷平流很强；到 23 日 20 时冷中心已经移至西宁上空，强度减弱为−32 ℃，之后继续减弱南下移出青海省。

2.3 地面冷高压和冷锋移动路径

地面冷锋的移动路径与冷高压有关，冷高压在巴尔喀什湖堆积后分裂为两路，一路向东进入蒙古地区；一路向南影响南疆盆地，随后东南向移动，进入青海省，因此，地面冷锋沿该路线移动。

2013 年 11 月 21 日地面冷高压前部已经进入新疆，强度达 1047.5 hPa；到 22 日冷空气自西向东移动影响到新疆北部地区，在天山以北堆积以后扩散南下，侵入南疆盆地。至此冷空气分为两路移动(图 4.68a)，一路向东移至蒙古一带，此路冷空气地面冷高压中心达1040 hPa；一路向南进入南疆，此路冷空气地面冷高压中心达 1046 hPa。南路冷空气主体沿河西走廊东南下，在阿尔金山至祁连山以北堆积，而后从祁连山东西两边灌入，南压扩展影响青海省东部和南部。

2.4 地面温度变化

过程前期，2013 年 11 月 22—23 日地面最低温度持续上升，累计升温 4～7 ℃左右，且南部升温幅度比北部大。23—24 日寒潮过境时，由于前期地面有明显升温，导致寒潮过后降温空间加大。

2.5 绝热因子

2013 年 11 月 22 日 20 时青海省东北部个别站点出现降雪天气，到 23 日 08 时青海省东部大部和南部部分站点均出现降雪。降雪天气持续到 23 日 20 时，之后青海省东部及南部降雪陆续结束，云系减弱，到 24 日 08 时青海省大部已为晴空区，东部与南部的地面辐射降温明显(图 4.68b)。

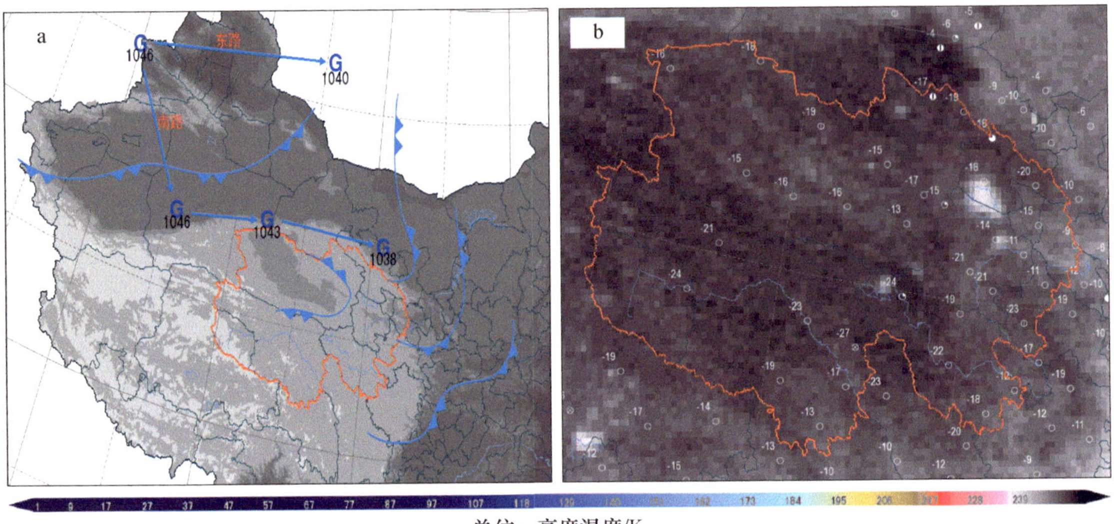

图 4.68　22 日 08 时—23 日 20 时地面冷高压和冷锋移动路径(a)
24 日 08 时中波红外云图及地面填图总云量和气温(℃)(b)

3　影响温度变化的主要因子分析

某一地方的温度变化可以用热流量方程表示 $\frac{\partial T}{\partial t}=-V\cdot\nabla T-w(\gamma_d-\gamma)+\frac{\gamma_d}{\rho g}\left(\frac{\partial P}{\partial t}+V\cdot\nabla P\right)+\frac{1}{c_p}\frac{d\bar{Q}}{dt}$，其中第三项，因温度个别变化项引起的温度局地变化很小，在实际预报中可以不必考虑，因此本文简单分析其他三项对温度局地变化的影响。

3.1　温度平流 $-V\cdot\nabla T$ 对气温局地变化的影响

在水平气流方向上气温分布不均匀时，空气水平运动将引起气温局地变化，暖平流使局地气温上升，冷平流使局地气温下降，因而气温变化的程度决定于温度平流的强度。

过程前期 22 日 08 时青海省大部处于温度脊区，冷中心位于南疆；23 日 08 时冷中心东移到青海省偏西部，中心值略有加大，温度线密集，移动速度较快，平均风速均大于 12 $m\cdot s^{-1}$，个别风向近乎垂直于温度场，说明此时 500 hPa 高空冷平流很强。分析各时次的温度平流大小可得(图 4.69)，整层温度平流量级约为 -2×10^{-4} $K\cdot s^{-1}$，而冷空气自西向东影响青海省，因此，温度平流引起温度自西向东下降。

3.2　垂直运动 $w(\gamma_d-\gamma)$ 对局地气温变化的影响

垂直运动对局地气温变化的影响，主要是通过垂直运动的方向、强度和大气的稳定度来实现的。当大气层结稳定即 $\gamma_d-\gamma$(未饱和空气)或 $\gamma_s>\gamma$(饱和空气)时，如有上升运动($w>0$)，当地气温就将下降；而有下沉运动($w<0$)就会引起局地气温上升。

2013 年 11 月 23 日 08 时寒潮爆发，整层为上升气流，即 $\omega<0$；23 日 20 时，垂直运动由上升气流转为下沉气流，$\omega\approx2\times10^{-3}$ $hPa\cdot s^{-1}$，即 $\omega>0$，因 $\frac{\partial T}{\partial p}>0$，故 $-\omega\frac{\partial T}{\partial p}<0$。

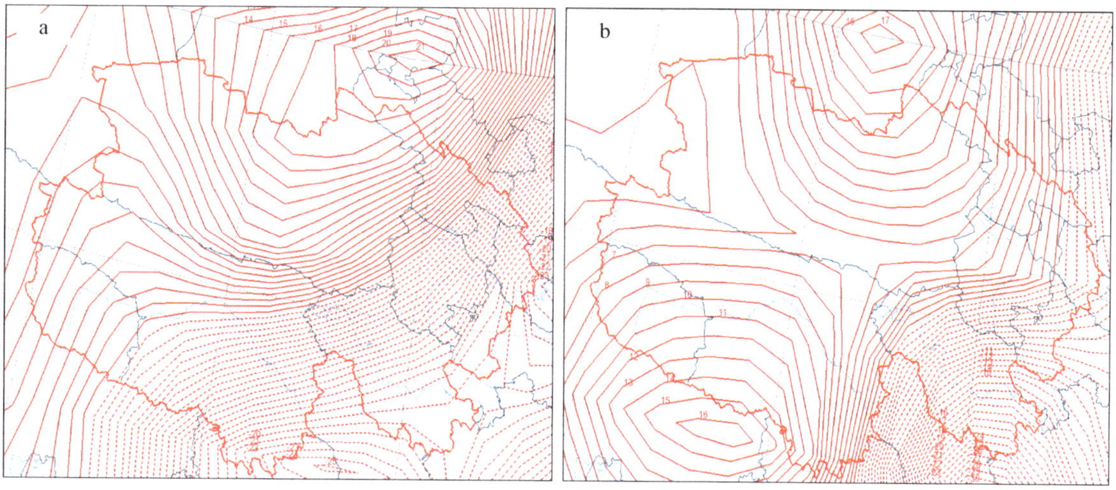

图 4.69 23 日 20 时 500 hPa 温度平流场(a)700 hPa 温度平流场(b)(单位:10^{-4} K·s^{-1})

因此,垂直输送对本次寒潮降温影响较明显,即高空冷空气下沉对地面降温有影响。垂直输送项约为-2×10^{-4}K·s^{-1},这与平流输送项大小一样,故引起本次寒潮降温的主要因素为垂直输送和温度平流因子。

3.3 非绝热$\frac{1}{c_p}\frac{d\bar{Q}}{dt}$因子对局地气温变化的影响

气温的非绝热变化是空气与外界热量交换的结果(主要有辐射、水汽相变而释放潜热、乱流传导等),在低层大气中表现比较明显[1-7]。

对于某一固定地点来说,太阳辐射和地表辐射都具有明显的日变化,因而气温也相应地有明显的日变化。运动着的气团由于受到不同下垫面的影响,并通过辐射、乱流以及蒸发凝结作用使其温度发生变化。因此气温的非绝热变化主要表现为气温的日变化和气团的变性。

预报气温变化时,对非绝热因子的作用可以从天气现象(或天空状况)和下垫面性质对气温变化的影响两方面来考虑。

不同的天空状况对气温变化有不同的影响,当天空中有云时,白天云能减弱地面获得的太阳辐射,使地面受热减少,而夜间云却能使地面不致散失更多热量。云的这种作用,使得白天地面气温不易升得很高,夜间不易降得很低。在有降水的情况下,雨滴在降水中不断地蒸发,并大量地吸收周围空气的热量,可使地面气温降低。在降雪的情况下,气温一般并不降低。雪后天晴时,由于地面积雪反射太阳辐射,使地面吸收热量减少,加之雪融化消耗热量,可使气温降低。风对气温日变化也有着重要影响,风速大时,乱流交换强,有利于空气的热量上下交换。白天可使地面气温增温减慢,夜间则降温减慢。

下垫面性质不同,热容量不同。热容量大的地表面,增温和冷却都比较慢,受其影响的地面气温的日变化相应的也比较小;反之,就大。当气团流经不同性质的下垫面时,通过乱流交换,蒸发凝结等过程的作用,气团的温度将会发生改变。

2013 年 11 月 23 日寒潮天气过程中青海省东部和南部均伴有降雪天气,此时白天地面获得太阳辐射虽然减少,但是由于降雪天气影响,白天地面气温降低幅度也不是很大,23 日 14 时 24 h 变温显示青海省东部和南部降温幅度在 5~8 ℃。而寒潮过后,雪后天晴时,地面积雪应该反射太阳辐射,减少地面所吸收热量,但是从地面比湿分析来看,23 日 08 时地面比湿<1.7 g·kg^{-1},24日08时地面比湿<0.6 g·kg^{-1},两日的地面比湿都很小,降雪天气均以小量为主,南部只有个别站出现降雪。故本次降雪的潜热释放能量小,对温度变化影响也不大。由分析可见,此次寒潮天气近地层非绝热因子对温度影响不大。

各类因子在不同情况下作用是不同的。一般来说,在近地面层中以非绝热变温和平流变温为主,而在自由大气中以平流和垂直运动所引起的变温为主。而本次寒潮天气过程,近地层中非绝热因子对温度变化影响不大,降温主要由垂直输送和温度平流影响造成。

4 小结

1)寒潮天气过程特点:2013年11月青海省一次寒潮天气过程,影响青海省东部及南部地区,共26站达到寒潮标准,降温最大达到18 ℃降幅;24日最低气温最大值为曲麻莱−27 ℃,接近该站11月历史极端最低气温−28.4 ℃。本次寒潮还伴有大风和降雪天气。

2)寒潮天气的成因:前期冷空气在巴尔喀什湖附近堆积,伴随着高空低槽发展东移,引导冷空气东南移动。高空冷中心接近青海省东部,且冷平流很强;同时,地面冷高压东南向移动,推动地面冷锋沿该路线影响青海省地区。此外,由于前期地面有明显升温,配合23日20时之后降雪停止,天空晴好,辐射降温,导致寒潮过后降温空间加大。

3)影响此次寒潮天气过程的温度变化因子:影响较小的因子:23—24日地面比湿小,降雪天气均以小量为主,潜热释放能量小,对温度变化影响不大。影响明显的因子:平流输送项与垂直输送项对本次寒潮降温的贡献较一致,都是引起温度变化的主要因子,两项值的大小均约为2×10^{-4} K·s^{-1}。

参考文献

[1] 朱乾根,林锦瑞,寿绍文,等. 天气学原理和方法(第四版)[M]. 北京:气象出版社,2007:308-309.
[2] 陈中一,高传智,谢倩,等. 天气学分析[M]. 北京:气象出版社,2010:129-132.
[3] 郭翠英,闫小利. 2006年春季河南一次强寒潮天气诊断分析[J]. 气象与环境科学,2011,34(4):40-45.
[4] 牛若芸,乔林,陈涛,等. 2008年12月2—6日寒潮天气过程分析[J]. 气象,2009,35(12):74-82.
[5] 向华,陈卫锋. 2006年初春浙北寒潮天气过程分析[J]. 沙漠与绿洲气象,2009,3(2):15-17.
[6] 姚琳塔,郑东旗. 一次低槽东移型寒潮过程分析与预报[J]. 农业与技术,2014,34(5):195-197.
[7] 马秀梅,李金海,马丽,等. 2018年春季青海一次强寒潮天气成因分析[J]. 青海科技,2018,25(4):46-51.

2013 年 12 月 14—15 日寒潮天气过程成因分析

祁彩虹

（青海省气象台，西宁　810001）

摘　要：2013 年 12 月 14—15 日，青海省东部及南部出现了一次寒潮天气过程。此次寒潮范围广，共 18 个站次达到寒潮标准；寒潮强度强，海晏 15 日最低气温达到 −28 ℃，降幅达16 ℃；天气状况复杂，伴随着弱降水。本文利用常规气象资料结合卫星云图对此次寒潮天气过程成因进行了分析。结果表明：1）首先前期受温度脊影响，配合较强的暖平流与降水使得回暖明显，导致 14 日最低温度明显上升，使后期有较大降温空间。次日由于晴空辐射降温与受冷空气共同影响，15 日气温下降显著，出现寒潮。2）从环流形势分析，此次寒潮主要是西亚大槽东移分裂冷空气影响整个青海省，属于高原冷温槽加深型。冷高压中心强度达到 1057.5 hPa，并不断分裂高压中心南下，冷空气以偏北路径影响青海省，冷锋强度强。3）寒潮天气南部强于北部的主要原因是冷温槽加深和高空急流的南压，并且平流降温程度不同，南部冷平流维持了 48 h，且冷平流中心存在时间长，东部地区冷平流影响了 36 h，冷平流中心停留时间短，故平流降温对南部的影响比北部大，此外还受非绝热作用影响，积雪反射太阳辐射，使地面吸收热量减少，而且雪融化消耗热量，使气温降低。加之南部海拔高，北部海拔低，辐射降温存在南强北弱的固有差异。

关键词：寒潮，最低气温，平流降温，非绝热作用

引　言

寒潮是冬半年主要的灾害性天气之一，与之相伴的往往是大风、强降温、降水、沙尘暴等。对于寒潮天气过程，气象工作中从不同角度进行了相关研究[1-6]。青海省地处青藏高原东北部，海拔较高，由于其特殊的地理位置，所形成的寒潮、强降温天气与我国其他地区相比有其特殊之处。国内不少学者在大量中国典型寒潮过程分析的基础上，总结出影响中国大陆的冷空气源地、路径和环流形势，并得到一些预报指标[4-12]。青海省气象工作者对青海省寒潮天气也进行了大量研究，总结出了青海省寒潮冷空气的移动方向、速度和强度的变化，以及影响青海省东部寒潮天气的预报指标，并且青海省南部地区寒潮天气成因比北部复杂，除平流降温外，还有辐射造成的降温，有时是这两种因素共同作用造成的，有时是一种因素起主导作用，这些研究主要是针对春秋季，而对隆冬季节的研究很少。因此，在全球气候大背景发生变化的情况下，有必要对冬季出现的典型寒潮天气成因进行分析，进一步揭示青海省寒潮天气的成因和形成机制，有助于提高青海省寒潮天气的预报能力。

1　天气实况

根据青海省寒潮标准 24 h 最低温度下降 8 ℃及以上且最低气温小于 4 ℃的规定，2013 年 12 月 14 日至 15 日受西亚大槽东移和冷温槽共同影响，青海省东北部及南部出现了一次强寒

潮天气，共18个站达到寒潮标准，其中海晏气温降幅达到16 ℃，最低气温为－28 ℃，玛多、甘德气温降幅达到14 ℃，最低气温为－32 ℃，此外伴随寒潮天气出现了降雪天气，降雪最大量级为中量，最大积雪深度为4 cm(图4.70)。这次寒潮属全省性寒潮，从强度可分析出东北地区寒潮比青南强，从范围看南部比北部范围广。

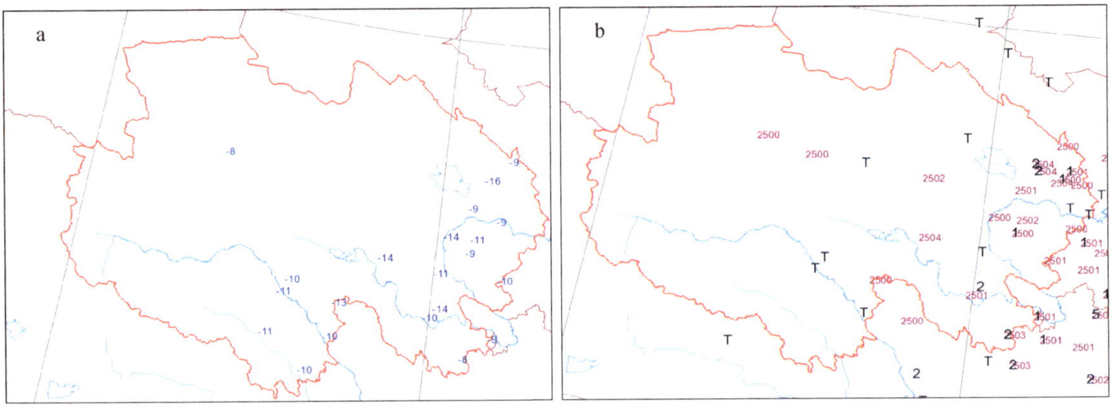

图4.70　15日08时地面24 h变温(℃)(a)14日08时—15日08时24 h降水量(mm)及积雪深度(cm)(b)

2　成因分析

2.1　环流形势特征

根据寒潮范围及强度将此次寒潮划分为南部寒潮天气，从14—15日500 hPa高空形势分析出，高原西侧有明显的冷温槽，冷温槽大多数是欧洲移来的长波槽上高原分成南北两段，北段快速东移，南段停留在高原西侧，停留的这种冷槽上高原减弱，当上游有高压脊发展时，冷温槽加深，此次寒潮天气属于高原冷温槽加深型。14日08时青海省中东部及南部至西藏东部存在南北两支槽，巴尔喀什湖有高压脊存在，温度场落后于高度场，槽脊得以发展。14日20时巴尔喀什湖脊加深并东移至新疆，且经向度加大，使得脊前偏北气流加强，冷温槽中心强度可达到－38 ℃，等温线比较密集，10个纬距内有6条等温线，北支小槽与南部槽同位相叠加位于甘肃南部，青海省为强劲西北气流控制，冷空气大举南下，锋区较强，在关键区内等高线也较密集，10个纬距内有4条等高线，温度场落后于高度场，风场与温度场夹角较大，接近于90°，即冷平流强。地面冷高压中心位于萨彦岭附近，中心强度达到1057.5 hPa，之后冷高压不断分裂一个个高压中心南下，冷空气以偏北路径影响青海省，冷锋强度强，锋后最强24 h变压达到11 hPa，负变温达到－14 ℃。

2.2　前期回暖

13日青海省南部有较强暖平流存在，且500 hPa上从08时至20时自西向东受到暖温度脊的控制(图4.71)，导致14日最低温度出现明显上升，使得后期有较大的降温空间。玛多站14日凌晨由于受到西南暖湿气流影响出现降水，最低温度未下降，较前一天上升13 ℃。东部海晏站上升10 ℃(图4.72)。20时全省受西北气流控制，天空放晴，且受到冷空气影响，15日08时地面气温显著下降，形成寒潮。

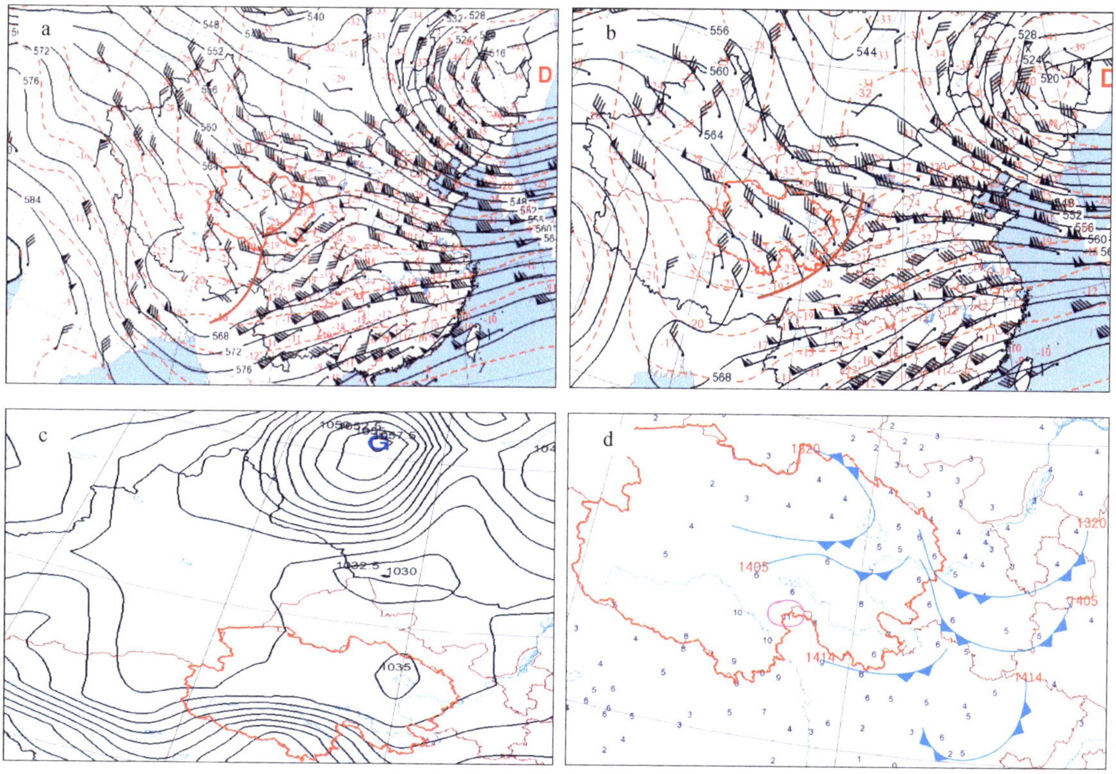

图 4.71　14 日 08 时(a)20 时(b)500 hPa 高空形势
14 日 11 时海平面气压场(c)15 日 02 时 24 h 变压和冷锋动态(d)

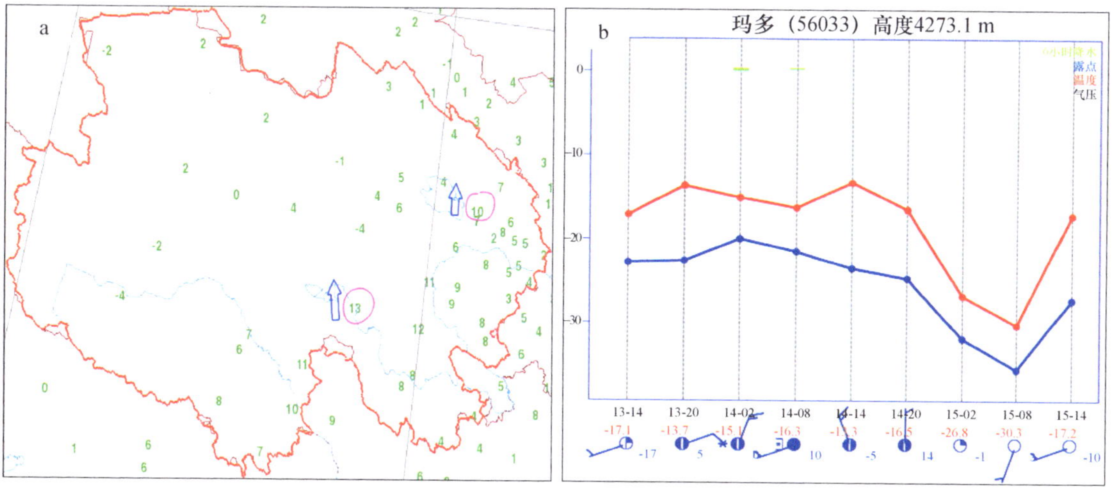

图 4.72　14 日最低气温 24 h 变温(a)玛多站三线图(b)

2.3　温度平流和非绝热因子对温度的影响

某地温度的变化可以用热流量方程来表示：$\frac{\partial T}{\partial t} = -V \cdot \nabla T - (\gamma_d - \gamma) \cdot w + \frac{\gamma_d}{\rho g}\left(\frac{\partial P}{\partial t} + V \cdot \nabla P\right) + \frac{1}{c_p}\frac{dQ}{dt}$式中，对于近地层的 w 可以近似为 0，因变压和气压平流引起的温度局

地变化也很小,实际中可以不用考虑。因此,某地的温度变化主要取决于温度平流和非绝热因子的作用。温度平流主要考虑平流冷暖性质和强度,非绝热因子考虑辐射、水汽凝结、蒸发和地面感热对气温的影响,在近地面层中以非绝热变温和平流变温为主,而在自由大气中以平流和垂直运动所引起的变温为主。在此次寒潮天气过程中,温度平流和非绝热因子(主要是辐射降温)对温度下降的影响都很大,下面进行具体分析。

13 日 20 时 500 hPa 除了东部偏东及果洛地区外,全省大部均受冷平流影响,冷平流中心位于柴达木盆地南缘,中心强度达到 -15×10^{-5}℃·s^{-1}。14 日 08 时冷平流区继续向东扩展,冷平流中心位于西南部。14 日 20 时在青海湖南部及玉树南部分别有一个冷平流中心。15 日 08 时冷空气移到东南地区并缓慢南压,16 日 08 时全省受暖平流控制。故此次过程中冷平流产生的降温是气温降低,寒潮天气产生的一个重要原因(图 4.73)。

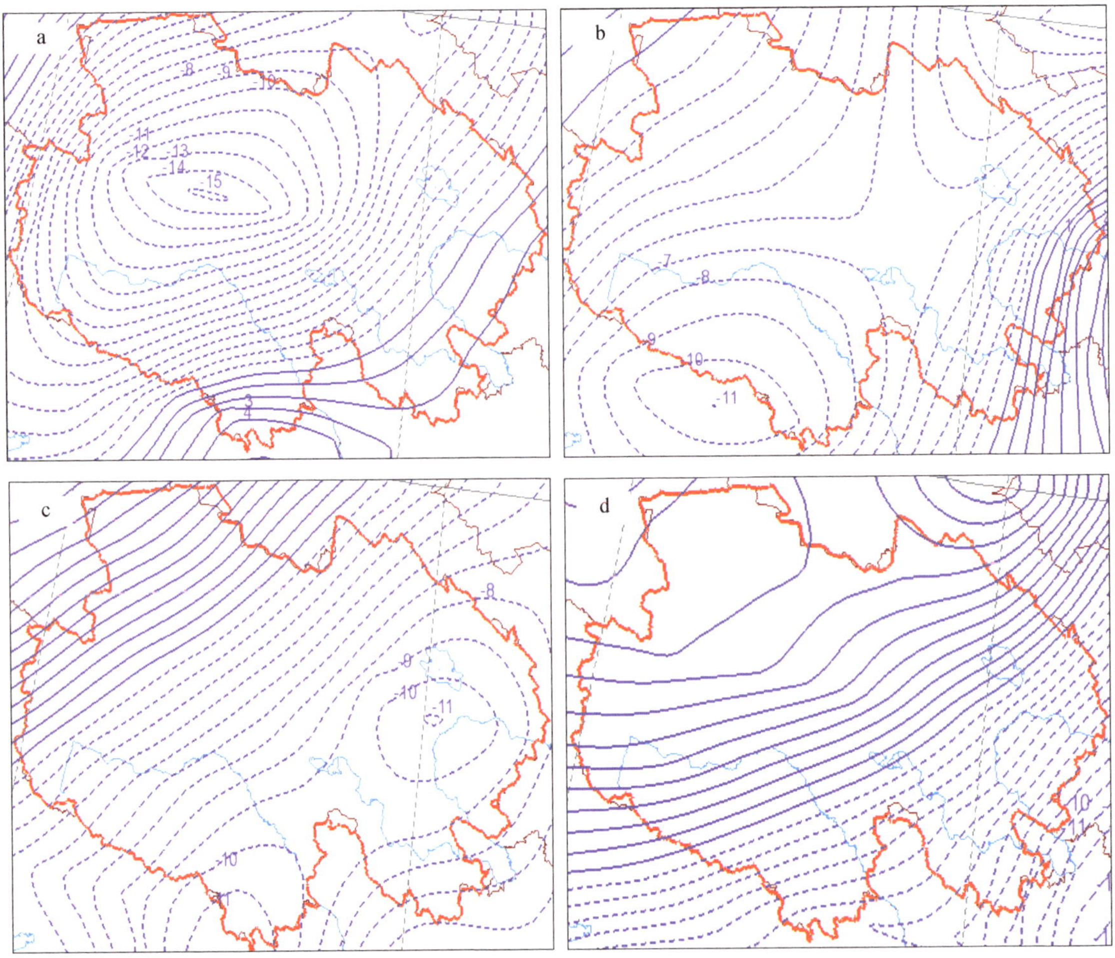

图 4.73　13 日 20 时(a)14 日 08 时(b)14 日 20 时(c)15 日 08 时(d)500 hPa 温度平流(单位:10^{-5}℃·s^{-1})

对于气温有影响的非绝热因子首先考虑天气状况的影响,云对于气温的变化是至关重要的,14 日 08 时东北部及南部有云系覆盖,同时伴有降水,故低温未降下来,15 日 08 时转为西北气流控制,天空放晴,云系较少,且出现寒潮地区为高海拔地区,更有利于辐射降温的形成(图 4.74)。故青南高原晴空辐射降温也是不可忽略的又一原因,这是青藏高原高海拔地区主要天气气候特征之一。

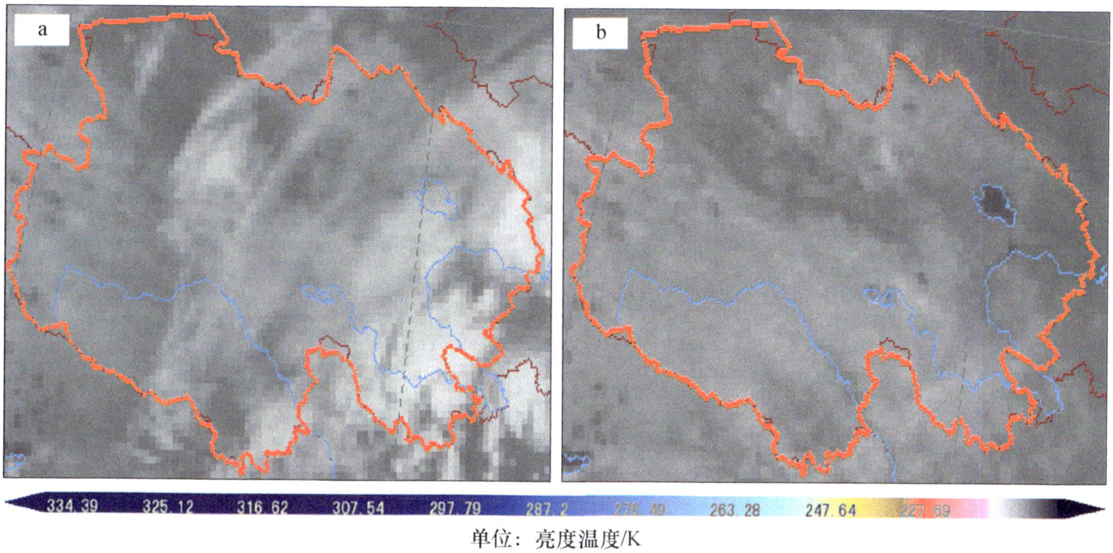

图 4.74　14 日 08 时(a)15 日 08 时(b)红外云图

在降雪的情况下，雪后天晴时，降雪产生的积雪一方面反射太阳辐射，使地面吸收热量减少。另一方面雪融化消耗热量，使气温降低。从 15 日 08 时积雪深度可看出青海省东部及南部均有积雪的产生，东部海晏站和南部玛多站均有 4 cm 的积雪。

3　寒潮主要影响南部地区原因

1)青海省南部地区地处青藏高原主体的东部，海拔平均在 4000 m 以上，地理位置比较特殊，所形成的天气有其独特之处，寒潮、强降温天气也不例外。青南高原的剧烈降温，有时是由于高原西部侵入的高空冷空气所造成的，反映在地面上有明显的气温下降、气压升高的现象，这种剧烈降温的预报是比较困难的。冬季高空急流的南压是造成南部地区降冬季节寒潮和强降温次数多的一个原因，13 日至 15 日 200 hPa 高空图中可分析出一个明显的高空急流南压，这也是造成这次南部寒潮的主要原因之一。

2)前期最低气温上升幅度不同：最低气温上升 8 ℃及以上的北部只有两个站点，南部由于受到西南暖湿气流影响大多数站点升温 8 ℃以上。故使得南部有更大的降温空间。

3)平流降温程度不同：从第二部分对温度平流的分析得知，南部地区冷平流维持了 48 h，且西南部冷平流中心在 14 日 08 时和 20 时均存在，而东部地区冷平流影响了 36 h，冷平流中心停留了一个时次。故平流降温对南部的影响比北部大。

4)青南地区由于受南支槽影响出现降雪天气，次日降雪停止天空突然放晴，从而使得南部高原晴空辐射降温也是不可忽略的原因，这也是青藏高原主体高海拔地区主要天气气候特征之一。

5)南北海拔高度不同：南部海拔平均在 4000 m 以上，北部海拔平均在 3000 m 左右，南部大气厚度较北部小，空气稀薄，大气保温性差，故辐射降温更明显，所以辐射降温存在南强北弱的固有差异(图 4.75)。

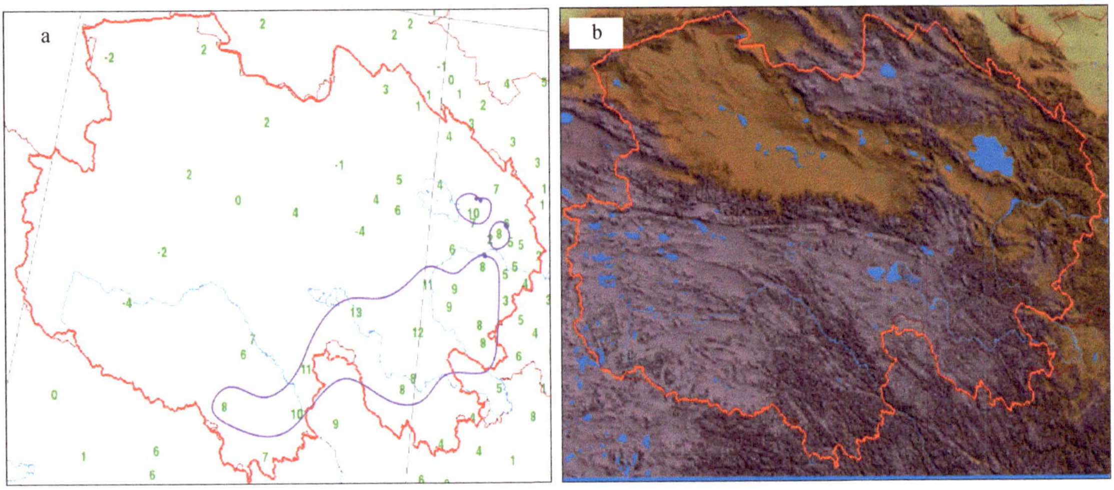

图4.75　14日最低气温24 h变温(℃)(a)青海省地形(b)

4　结论

1)这是一次出现在隆冬季节的南部寒潮过程,范围广,青海省东北部及南部共18个站次达到寒潮标准;寒潮强度强,海晏最低气温为−28 ℃,降幅达到16 ℃,伴有弱降水。

2)此次寒潮天气的主要影响系统是西亚大槽,配合下滑的冷温槽并在东移过程中不断加深,并且此次过程中等高线、等温线比较密集,10个纬距有4～5根等高线和等温线,并且高空风速比较大,关键区冷中心强度−38 ℃。地面冷高压中心强度达到1057.5 hPa,并不断分裂高压中心南下,冷空气以偏北路径影响青海省,冷锋强,最强24 h变压达到11 hPa,锋后负变温达−14 ℃。

3)寒潮天气过程中,温度平流和非绝热因子对温度下降均有较大影响,等温线在青海省南部密集,温度梯度大,造成温度平流较大,因此影响此次寒潮过程的温度平流较为明显。

4)出现南部寒潮的主要原因是高空急流南压,冷温槽影响南部的时段比北部长,而晴空辐射及青南地区的高海拔空气稀薄也是造成次日清晨最低温度下降幅度大的原因之一,另外南部地区前期升温幅度大,能量积累越明显,后期受冷空气影响产生的降温幅度越大。

参考文献

[1] 王遵娅,丁一汇. 近53年中国寒潮的变化特征及其可能原因[J]. 大气科学,2006(6):1068-1076.
[2] 张培忠,陈光明. 影响中国寒潮冷高压的统计研究[J]. 气象学报,1999(4):493-501.
[3] 康志明,金荣花,鲍媛媛. 1951—2006年期间我国寒潮活动特征分析[J]. 高原气象,2010,29(2):420-428.
[4] 王丽,韦惠红,金琪,等. 湖北省一次罕见寒潮天气过程气温陡降分析[J]. 气象,2006(9):71-76.
[5] 许爱华,乔林,詹丰兴,等. 2005年3月一次寒潮天气过程的诊断分析[J]. 气象,2006(3):49-55.
[6] 牛若芸,乔林,陈涛,等. 2008年12月2—6日寒潮天气过程分析[J]. 气象,2009,35(12):74-82.
[7] 张林梅,庄晓翠,胡磊. 新疆阿勒泰地区一次强寒潮天气过程分析[J]. 干旱气象,2010,28(1):71-75.
[8] 陈豫英,陈楠,邵建,等. 2008年12月两次寒潮天气对比分析[J]. 气象,2009,35(11):29-38.
[9] 高振荣,刘晓云,田庆明,等. 甘肃河西地区一次强寒潮天气个例诊断分析[J]. 干旱气象,2009,27(1):

34-39.
[10] 卢鋈．中国之寒潮[J]. 气象杂志,1936(12):651-679.
[11] 刘传凤．我国寒潮气候评价[J]. 气象,1990(12):40-43.
[12] 张林梅,庄晓翠,胡磊．新疆阿勒泰地区一次强寒潮天气过程分析[J]. 干旱气象,2010,28(1):71-75.

2014年1月19日寒潮过程的预报复盘及南北降温差异分析

王振海
(青海省气象台,西宁　810001)

摘　要:基于高空、地面和模式资料,对2014年1月19日发生在青海省地区隆冬季节的一次寒潮天气过程进行了分析。结果表明:1)此次过程为一次全省性寒潮天气,其特点是影响范围广共23站达到寒潮标准;降温强度大,最高降幅达23 ℃,降温幅度南强北弱。2)冷空气的堆积预报着眼点是关键区冷高压强度,分析上游冷空气的实况强度,判断是否有从北方来的冷空气在该地区有堆积;寒潮暴发预报着眼点是分析未来高空环流是否有调整,是否利于引导冷空气南下;寒潮强度预报着眼点是前期升温幅度、地面冷高压强度、地面正变压数值,高空冷中心、冷平流强度等;寒潮冷锋路径和天气预报着眼点是根据预报冷锋及地面冷高压路径,分析寒潮可能的路径及影响区域。寒潮伴随降水天气冬季重点分析水汽条件,配合天气系统的动力分析等。3)青海省内寒潮南强北弱的原因主要是前期最低温度的升幅不同,降温空间南大北小;南雪北晴,辐射降温的影响程度南大北小,南部降雪,前期降雪减弱了地面吸收的太阳辐射,20日凌晨雪后初晴,地面强烈辐射降温;另外,南北海拔高度不同,辐射降温存在南强北弱的固有差异。

关键词:寒潮,预报复盘,着眼点,降温差异

1　天气实况

2014年1月19—20日,青海省自西北向东南发生了一次隆冬季节的寒潮天气过程,并伴随降雪天气。此次寒潮过程是一次典型的低槽东移型寒潮(图4.76a),影响青海的高空槽自18日20时至20日08时逐渐东移南压并引导其后部冷空气影响青海大部地区,20日凌晨,全省除海西西部外,大部站点均达到了寒潮标准,最大降温幅度达到23 ℃(清水河站),最低气温普遍降温幅度在10 ℃以上,3站达到了16 ℃以上。另外,此次过程中,青南地区出现了较明显的小到中雪天气(图4.76b),最大降水量5 mm(杂多),积雪深度4 cm。

2　基于预报复盘的寒潮的预报着眼点

基于预报复盘思路,即将预报时间重置至19日05时这个预报时刻,基于这个时刻点之前的实况和数值模式预报数据,进行一次常规的灾害性天气预报,从而分析和凝练此次寒潮天气的预报着眼点,即冷空气的堆积、暴发、路径和强度以及所伴随的天气等方面的在实况资料和数值模式预报资料中的预报着眼点。

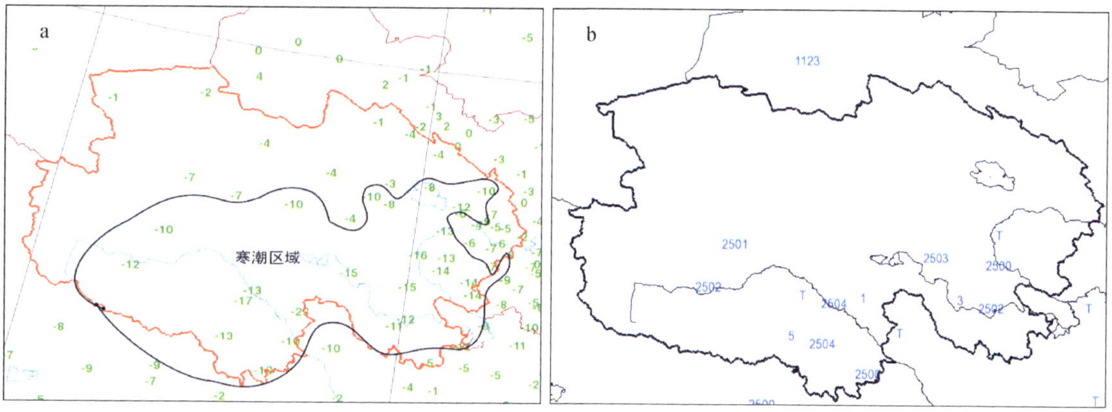

图 4.76　1 月 19 日 08 时—20 日 08 时全省最低气温(℃)降幅(a)
1 月 20 日 08 时积雪深度(cm)及过去 24 h 降水量(mm)(b)

2.1　冷空气堆积预报着眼点

首先分析前期冷空气的堆积情况，这需要从短期 48 h 甚至更长时效进行分析，因为进入 24 h 时效冷空气已经开始暴发。分析 18 日 08 时地面天气图(图 4.77a)，可以看出，在新疆北部地区有较强地面冷高压维持，中心气压达到了 1060 hPa(在大寒节气，这种冷高压强度是中等偏强的)，说明有南下的冷空气在该地区堆积，且其地面冷锋也已扩散东移至新疆东部地区。配合同时刻高空 500 hPa 冷中心分析(图 4.77b)，与地面冷高压配合的高空－41 ℃冷中心也在上述地区。从地面冷高压及高空冷中心强度分析，新疆北部地区有冷空气堆积。

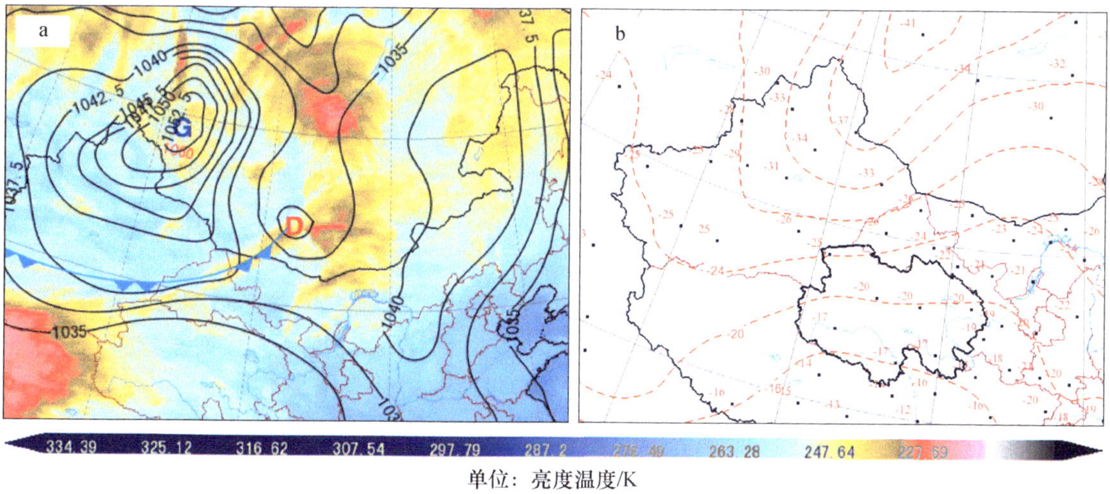

图 4.77　18 日 08 时地面天气图分析＋FY-2 卫星红外云图(a)500 hPa 温度场(℃)(b)

2.2　寒潮的暴发预报

从地面冷高压及高空冷中心强度分析，新疆北部地区有冷空气堆积明显，那么这股冷空气会不会向南暴发呢？即需要关注寒潮的暴发预报，此处的关键着眼点应该是未来高空环流是否有调整是否利于引导冷空气南下。分析 18 日 20 时的高空实况(图 4.78b)，有高空槽东移，且温度场明显落后于高度槽,槽后冷平流强使高度槽加深发展,与之配合的地面冷空气在19日05时地面冷锋已经东移至河套至西北地区东部(图4.78a),地面冷高压中心相比18日08时也略有东移,影响青海省的西路冷锋已经到达海西东部,东路冷锋也开始倒灌,初步外推,这两股地面冷锋将在19日影响东部地区。根据EC预报(图4.78c),高空槽在未来24 h内快速东移,在19日08时高空槽过境青海省北部地区,将引导地面冷高压东移南下,冷空气向南暴发可能性极大。

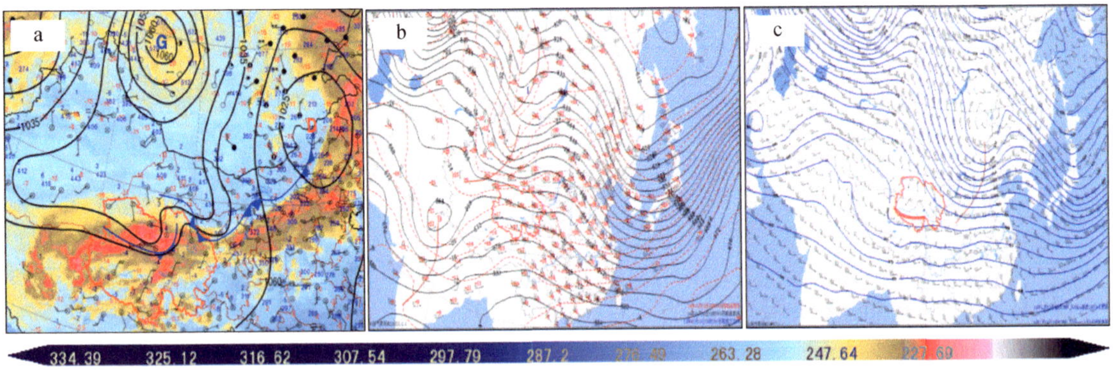

图4.78 19日05时地面天气图分析+FY-2红外云图(a)18日20时高空实况分析(b)EC模式18日20时起报的19日08时高空形势场(c)

2.3 寒潮的强度预报

冷空气向南暴发的问题确定后,需要关注的是此次冷空气活动是什么强度?能否达到寒潮标准呢?即寒潮的强度预报。寒潮的强度预报着眼点应该是在前期的温度实况和后期的变温预报。首先分析前期的温度实况,重点分析前期预报区域内是否升温明显(或相比同期持续偏高)。分析此次过程中19日05时的地面变温实况(图4.79a),在冷空气影响之前,全省大部地区相比前一日均为正变温区域,如果向前追溯,过去两日均为明显的持续升温;另外从温度实况看,19日05时,青海省东北部温度在−10 ℃以内,南部高海拔地区温度在−10～−15 ℃之间,相比大寒节气常年同期温度,青海省大部地区尤其南部地区温度明显偏高。因此,偏高的温度和持续的升温给后期降温预留了充分的降温空间,且就单站而言,前期气温偏高幅度越大的站或者1～2天内升温越明显的站,后期可能降温幅度越大。而根据18日20时起报的EC模式预报场分析,此次冷空气强,正变压明显,尤其青南北部地区,达到+21 hPa;降温幅度大,850 hPa ΔT_{24}达到−5～−7 ℃,鉴于经验,EC模式对于寒潮过程中高原地区降温幅度预报偏小,且上游新疆冷空气过境地区降温幅度在8 ℃以上。因此,结合前期温度实况和后期模式变温预报,预计此次冷空气造成的降温达到寒潮标准的可能非常大(图4.79b、c)。

2.4 寒潮路径预报着眼点

确定了寒潮强度后,需要进一步分析寒潮能否影响青海省地区,即寒潮路径和地面冷锋路径的预报。分析实况冷锋位置,18日20时,地面冷锋已经东移至河西走廊西部和柴达木盆地西部地区,冷空气已经进入青海省境内,至预报时刻,即19日05时,实况冷锋进一步东移,西路冷锋抵达盆地东部,东路冷锋也开始回流倒灌,开始影响青海省东部地区,结合EC模式的

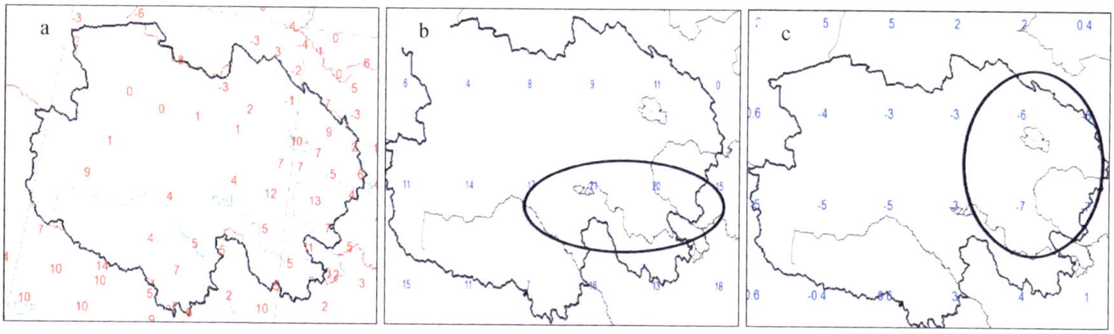

图 4.79　19 日 05 时 24 h 实况变温(a)EC 预报 19 日 20 时地面 ΔP_{24}(b)
EC 预报 19 日 08 时 850 hPa ΔT_{24}(c)

冷锋预报,未来 24 h 冷空气将进一步东移,其后部冷高压将完全控制青海省大部地区。从 EC 模式的 ΔP_{24} 的未来 24 h 预报,至 20 日 08 时,青海省大部地区全部为正变压,其中正变压中心在玉树北部地区,冷高压自西北向东南方向也移动较为明显。故根据实况冷锋移动路径及 EC 预报冷锋和地面冷高压移动路径,可初步预计此次寒潮过程将影响青海省大部地区(图 4.80)。

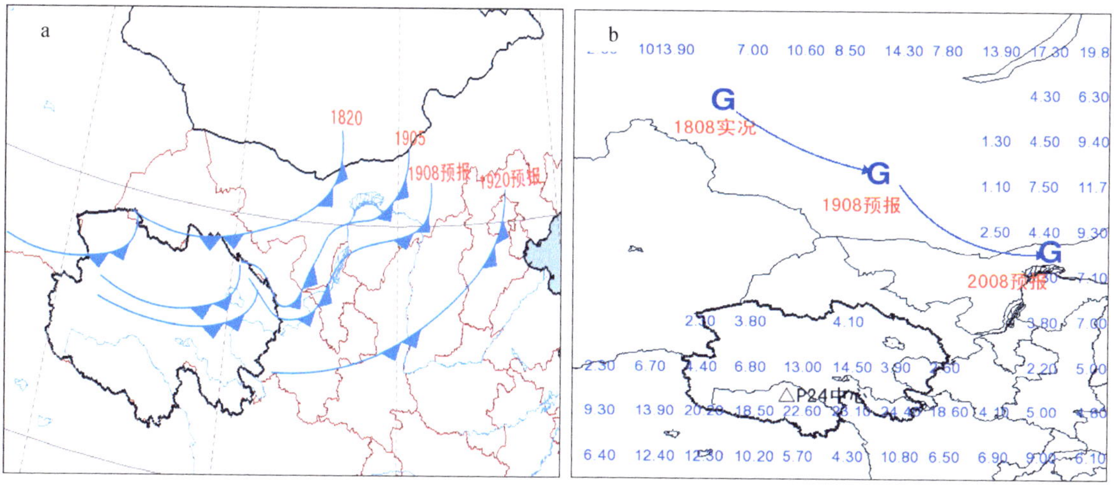

图 4.80　冷锋路径及后期预报路径(a)
EC 预报地面冷高压移动路径及 20 日 08 时 ΔP_{24} 填值(b)

2.5　寒潮天气预报着眼点

在以上分析得出将有一次较强冷空气影响青海省并导致寒潮天气发生的结论后,最后需要分析具体的寒潮伴随天气。冬春季节,青海省寒潮天气一般伴随大风和弱降水天气。根据欧洲中心数值预报的 19 日 08 时和 20 时预报场分析,北部相对湿度较差,均为偏西北气流控制,祁连山北部高空急流明显;南部切变线在 19 日 08—20 时维持,辐合较为清楚,相对湿度明显好于北部地区,且切变系统维持较长地区时玉树北部至果洛西部地区。综合高空急流、相对湿度及天气系统位置分析,此次过程南部可能出现降雪天气,但北部以阴或多云天气为主,祁连山区可能出现吹风天气(图 4.81)。

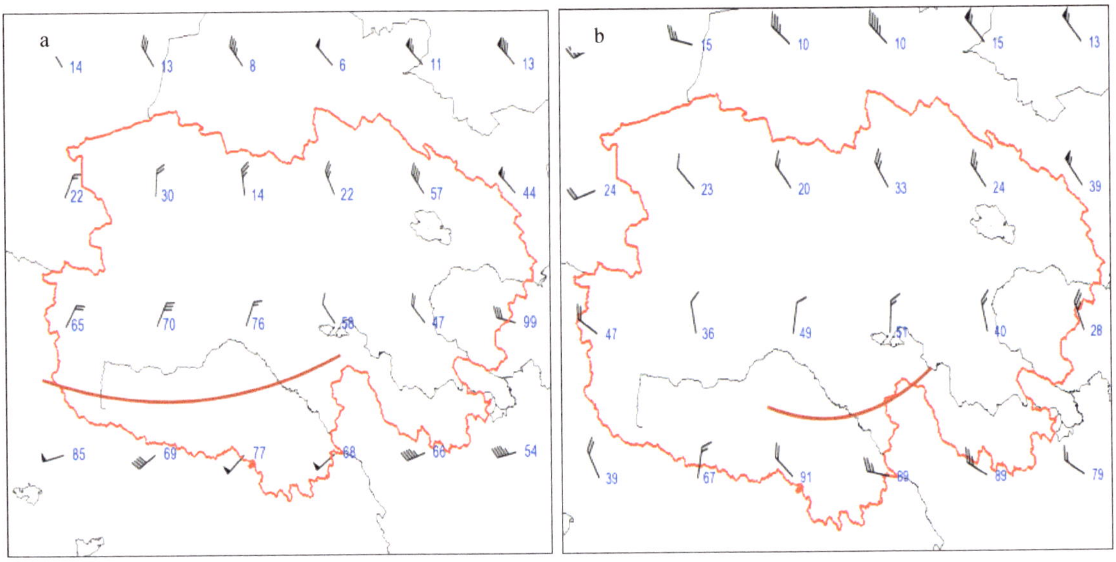

图 4.81　EC 预报 19 日 08 时(a)20 时(b)500 hPa 风场＋高原切变线＋700 hPa 相对湿度(%)填值

综合以上各项分析，如果预报复盘至 19 日 05 时，可以预计在未来 24 h 内，青海省大部地区将出现一次较为明显的降温过程，局部地区降温幅度达到寒潮标准(主要考虑前期升温或者温度偏高幅度较大的地区)，南部伴随降雪天气。

3　寒潮降温幅度南强北弱的原因

此次寒潮过程中，若以 35°N 线为界，青南地区除了班玛站降温幅度(－5 ℃)未达到寒潮外，其余 18 站全部达到寒潮标准，且降温幅度均在 10 ℃以上，其中清水河站最低温度由 19 日的－15 ℃降到了－38 ℃，降幅达到 23 ℃，远超寒潮标准。而相比南部的剧烈降温，北部 31 站中只有 8 个站达到了寒潮标准，且降温幅度均多为 8～10 ℃，最大出现在共和，降幅 13 ℃。由此可见，此次过程中青海省南北两个地区降温幅度明显不同，呈现南强北弱，这种不同主要是以下几个原因所致。

3.1　前期最低温度的升幅不同，降温空间南大北小

就温度升幅而言，自 17 日至 19 日，青南高原地区升温明显。18—19 日青南地区最低气温持续上升，2 天累计升温 10～15 ℃左右，而北部 18 日基本没有明显升温，只有 19 日升温较为明显，累计升温只有 10 ℃左右，导致降温空间南部更大。和气候同期相比，19 日凌晨全省大部地区温度偏高，但就偏高幅度而言，北部地区偏高约 5 ℃左右，但南部偏高在 10 ℃以上。因此，无论前期升温还是同期相比，南部地区的降温空间要比北部地区大(图 4.82)。

3.2　南雪北晴，辐射降温的影响程度南大北小

此次寒潮过程中，由于南部高原切变线的存在，配合其南部南支槽前西南水汽，青南降雪较为明显。南部地区降雪天气的水汽潜热释放和大量低云的存在，一方面使 19 日凌晨最低温度升幅明显，同时使该日白天地面吸收的太阳辐射大为减小，出现非常规的气温日变化情况。至 20 日凌晨雪后初晴(图 4.83a)，青南高海拔地面强烈辐射降温，温度降幅剧烈(图 4.83b)。

而北部地区此次过程中均无明显降水出现，不存在上述情况，因此降温幅度较小。

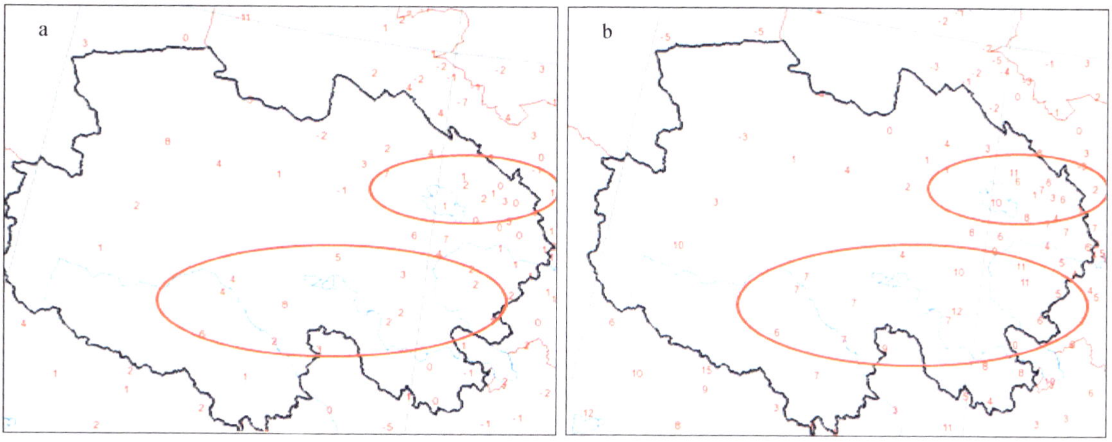

图 4.82 18 日 08 时 24 h 变温(a)19 日 08 时 24 h 变温(b)(单位:℃)

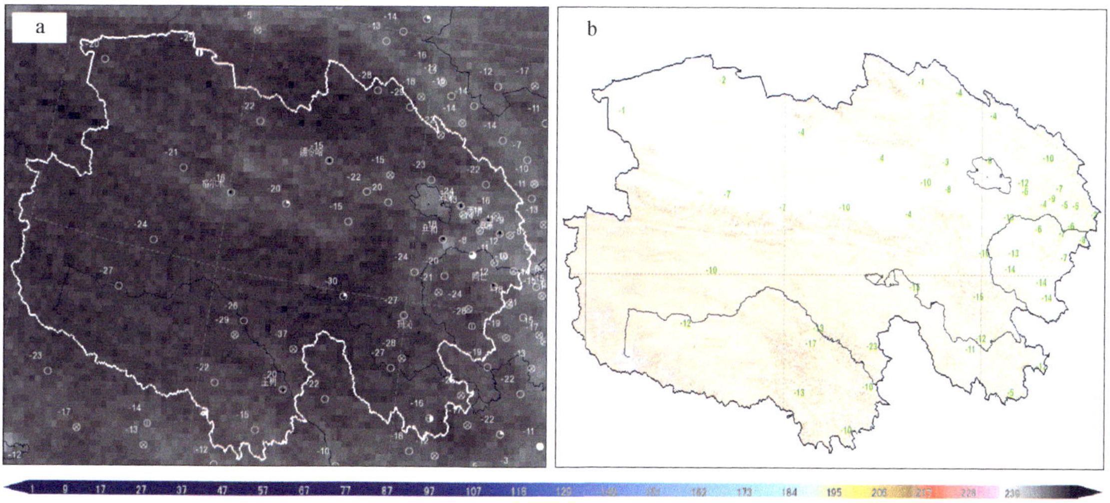

图 4.83 20 日 08 时中波红外云图及地面填图总云量和气温(℃)(a)
青海省地形图及此次寒潮最低温度(℃)降幅(b)

3.3 南北海拔高度不同

另外，南部地区海拔平均 4000 m 以上，北部海拔平均 3000 m 左右，这种海拔高度的差异导致近地层大气密度、水汽含量及气压等气象要素的不同，南部密度和水汽含量低、大气厚度薄导致温度保守性差，气温日较差大，辐射降温存在南强北弱的固有差异，在日常预报时就需要考虑站点海拔影响，因此，此次寒潮过程的发生是多尺度系统、多个因素导致的共同结果。

4 结论

1)此次过程是隆冬季节(大寒节气前)发生的一次全省性寒潮天气，青南地区伴随小到中雪过程。特点是影响范围广(东部和南部)，共 23 站达到寒潮标准；降温强度大(清水河

—38 ℃，降幅23 ℃)，南强北弱；青海省南部降水较大，两站中雪(最大杂多5 mm，4 cm)，南部降水较同期偏强(南部1月气候平均月降水量小于10 mm)。

2)通过预报复盘此次过程，分析了此次寒潮的预报着眼点。冷空气的堆积预报着眼点是关键区冷高压强度，分析上游冷空气的实况强度(地面冷高压强度和高空冷中心数值)，判断是否有从北方来的冷空气在该地区有堆积；寒潮暴发预报着眼点是分析未来高空环流是否有调整，是否利于引导冷空气南下；寒潮强度预报着眼点是前期升温幅度、地面冷高压强度、地面正变压数值，高空冷中心、冷平流强度等；寒潮冷锋路径和天气预报着眼点是根据预报冷锋及地面冷高压路径，分析寒潮可能的路径及影响区域。寒潮伴随降水天气冬季重点分析水汽条件，配合天气系统的动力分析等。

3)过程中青海省内寒潮南强北弱的原因主要是前期最低温度的升幅不同，降温空间南大北小；南雪北晴，辐射降温的影响程度南大北小，南部降雪，前期降雪减弱了地面吸收的太阳辐射，20日凌晨雪后初晴，地面强烈辐射降温；另外，南北海拔高度不同，辐射降温存在南强北弱的固有差异。

2015年1月17日寒潮天气过程成因分析

马海超
（青海省气象台，西宁 810001）

摘 要：2015年1月17日，青海省全省范围内出现寒潮天气，并伴随有局地弱降雪、大风天气。本文通过对常规观测资料进行分析后认为，此次寒潮天气过程是由于低槽在东移过程中加深发展，引导北部冷空气在蒙古西北部不断堆积，同时将分裂的冷高压引导南下，导致寒潮冷锋也自西北向东南移动；过程前期全省有不同幅度的增温，为过程期间降温提供了基础；前期降雪导致南部积雪较厚、过程后期天气状况转好，加剧辐射降温，同时受海拔高度影响，山区及高原地区辐射降温更为明显；东北部地区温度梯度较大，且温度槽落后于高度槽，等温线与等高线之间的夹角接近90°，槽线附近有强冷平流，使大气斜压性增强，在造成强降温的同时使东部地区出现大风；由于高空急流引起动量下传，结合与强冷平流造成的共同影响，使得东部地区出现持续的大风天气。

关键词：寒潮，环流形势，强冷平流，成因分析

1 天气实况

2015年1月17日，青海省发生一次低槽东移型全省寒潮天气过程，同时北部地区出现小到中雪天气，东部地区出现大风天气。

此次寒潮天气过程特点具有：①影响范围广、降温幅度强的特点，北至祁连山区，南至玉树、果洛，全省共有25站次达到寒潮标准（图4.84）；②最低气温降温幅度大，南部清水河（56034）站、北部野牛沟（52645）站18日08时地面24 h变温分别达到−21 ℃、−17 ℃，18日14时地面24 h最低温度分别达到−41 ℃、−31 ℃，同时南部有多个观测站点日最低气温下降到−30 ℃以下；③高海拔地区降温幅度大于低海拔地区，由图4.84可知，降温幅度最大的地区明显集中在高海拔地区，包括祁连山区、环湖以及青南高原，东部河谷地区与柴达木盆地地区是降温幅度相对较小的区域。④此次寒潮天气过程不仅造成全省范围内的强降温，同时给北部地区带来明显的降水（图4.84），最大降水中心是格尔木（52818）站，降雪量为4.0 mm；⑤同时从17日11—23时（图4.85）期间，东部地区出现持续性大风天气，最大风速达到28 m·s^{-1}。

2 寒潮成因

2.1 环流背景及影响系统

2015年1月15日08时500 hPa高空图上（图4.86），在巴尔喀什湖以西有一西风带短波槽，并有−32 ℃的冷中心与之相配合，在该小槽两侧是暖性高压脊。槽线上有正涡度平流，有利于小槽发展，同时小槽两侧的脊线上有暖平流和负涡度平流，也有利于脊的发展，使得槽后

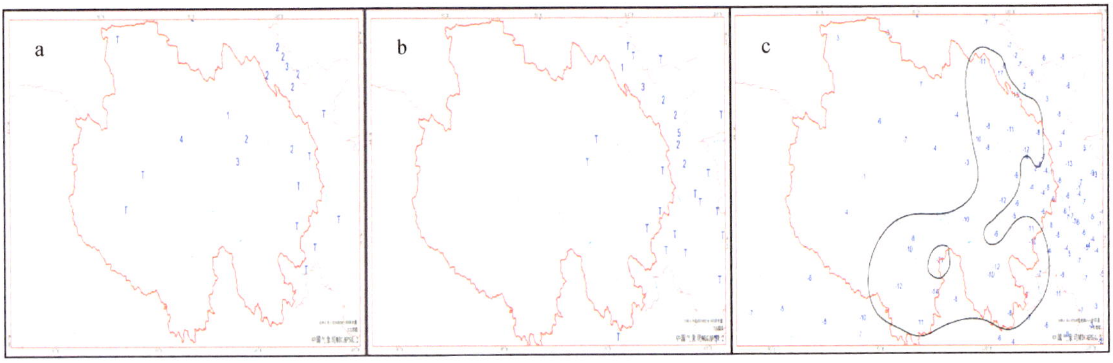

图 4.84　1 月 17 日 08 时降水量(mm)(a)1 月 18 日 08 时降水量(mm)(b)
1 月 18 日地面 24 h 变温(℃)(c)

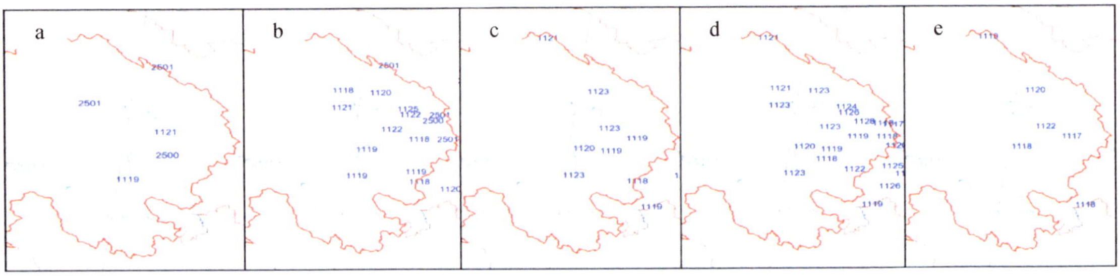

图 4.85　1 月 17 日大风天气分布(11 开头为大风,后 2 位数字为风速,单位:$m \cdot s^{-1}$)
(a)11 时(b)14 时(c)17 时(d)20 时(e)23 时

偏北风增大,进一步增强冷平流,从而促进小槽发展。500 hPa 层−36 ℃冷中心在 16 日 08 时位于巴尔喀什湖东北部地区,其后不断东移南压,到 17 日白天,−36 ℃冷中心已经南压至河西走廊北部地区,降温开始,到 18 日 20 时,小槽已发展东移至我国东部地区,形成新的东亚大槽,寒潮过程结束。

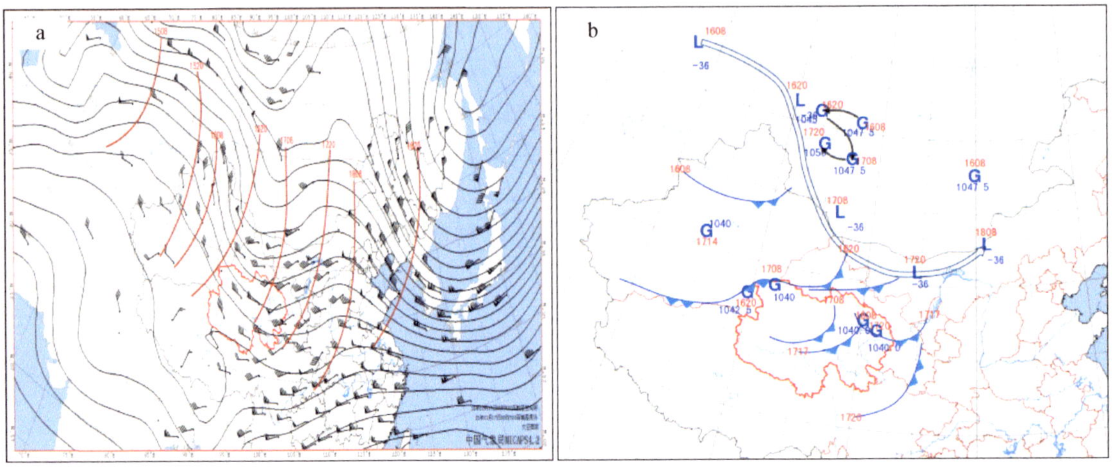

图 4.86　2015 年 1 月 15 日 08 时 500 hPa 高空图(a)16 日 08 时—17 日 20 时冷锋移动路径动态(b)
(L 为 500 hPa−36 ℃冷中心、G 为地面冷高压)

16日至18日，蒙古西北部地面有1055 hPa的冷高压稳定维持，说明北方冷空气在该地区稳定堆积；同时，地面冷高压以补充南下的的形式，不断分裂冷高压中心向南部侵袭，影响下游地区。对地面冷锋移动路径分析可知，16日08时冷锋位于天山以北地区，随着冷高压分裂南下，到16日20时，冷空气已经沿东路和西路两个路径影响到河西走廊和南疆盆地，且西路冷空气先于东路冷空气经柴达木盆地影响海西地区。到17日17时东、西两路冷空气在青海湖附近形成锢囚锋。到17日20时，冷锋已经移出青海省范围，进一步影响我国南方地区。

2.2　前期增温分析

15—16日期间，南部增温较北部明显（图4.87a），特别是玉树南部、果洛南部地区，增温普遍在5～8 ℃之间，但东北部地区以弱降温为主；在16—17日期间（图4.87b），南部依旧有1～5 ℃增温，值得注意的是清水河站，24小时变温达到11 ℃，但北部地区的增温相较南部更为显著，祁连山地区增温达到9～14 ℃，同时河谷地区的增温也在2～8 ℃之间，南北地区前期明显的升温为过程期间的降温提供了较大的空间。

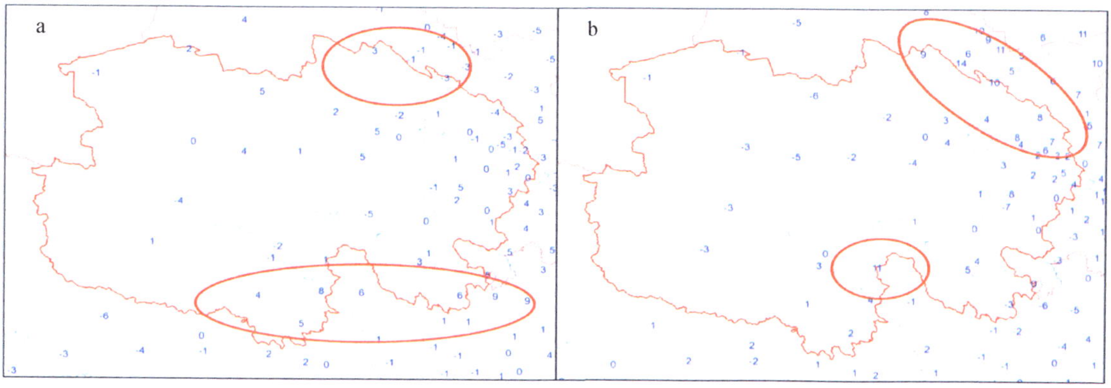

图4.87　(a)16日08时(b)17日08时24 h变温(单位：℃)

2.3　平流、辐射降温分析

某地温度的变化可以用热流量方程[1]来表示：$\frac{\partial T}{\partial t}=-V\cdot\nabla T-(\gamma_d-\gamma)\cdot w+\frac{\gamma_d}{\rho g}\left(\frac{\partial P}{\partial t}+V\cdot\nabla P\right)+\frac{1}{c_p}\frac{dQ}{dt}$。式中，对于近地层的$w$可以近似为0，变压和气压平流引起的温度局地变化也很小，可以忽略不计。因此，某地的温度变化主要取决于温度平流和非绝热因子的作用。温度平流主要考虑平流冷暖性质和强度，非绝热因子考虑辐射、水汽凝结、蒸发和地面感热对气温的影响。在此次寒潮天气过程中，温度平流和非绝热因子（主要是辐射降温）对温度下降的影响都很大，下面进行具体分析。

分析500 hPa温度平流演变（图4.88）：在1月16日20时（图4.88a），冷平流进入河西走廊北部，冷平流中心值为-20×10^{-5}℃·s^{-1}，表明有很强的冷空气自北向南侵袭。到17日08时（图略），冷空气已经影响青海省，冷平流中心位于青海省东北部，强度维持在-20×10^{-5}℃·s^{-1}，全省大部基本处在冷平流影响区域，说明在此次寒潮天气过程中，强盛的冷平流是造成温度骤降的主要原因。

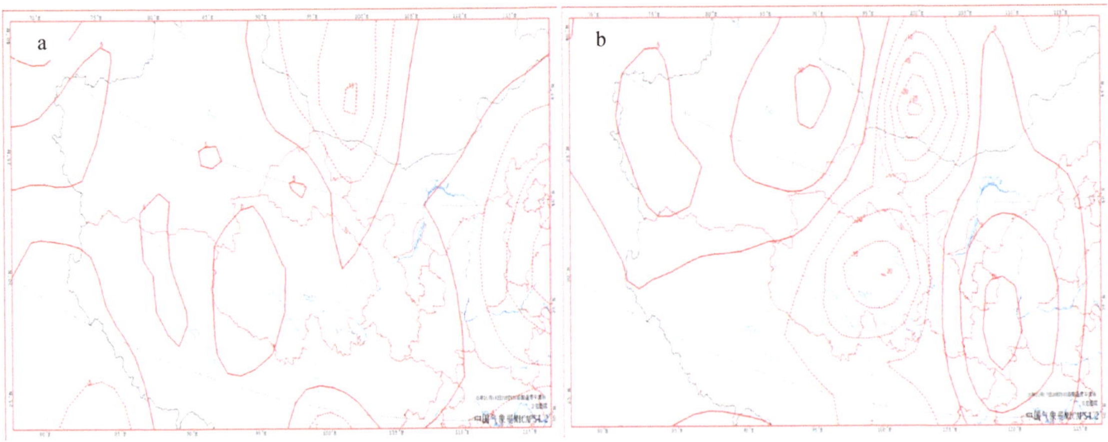

图 4.88　1 月 16 日 20 时(a)17 日 08 时(b)500 hPa 温度平流(单位:10^{-5}℃·s^{-1})

17 日夜间到 17 日白天,北部地区受降雪影响,云系较厚,减弱了地面吸收的太阳辐射,18 日夜间(图 4.89a),从 FY-2E 中红外云图可见,青海省没有明显的云系,基本处于晴空区,受强烈辐射降温影响,地面温度急剧下降;同时,祁连山区及青南地区海拔较高,大气厚度不及河谷及盆地地区,辐射降温更为明显,导致祁连山区及青海省南部高海拔地区温度降幅明显。

在 18 日 08 时(图 4.89b),青海省南部地区以及祁连山区普遍有积雪,特别是青南地区积雪达到 2～5 cm,玉树北部甚至达到 7 cm。积雪反射太阳辐射,使地面吸收太阳辐射减少,加之冰雪融化消耗热量,使温度进一步降低。

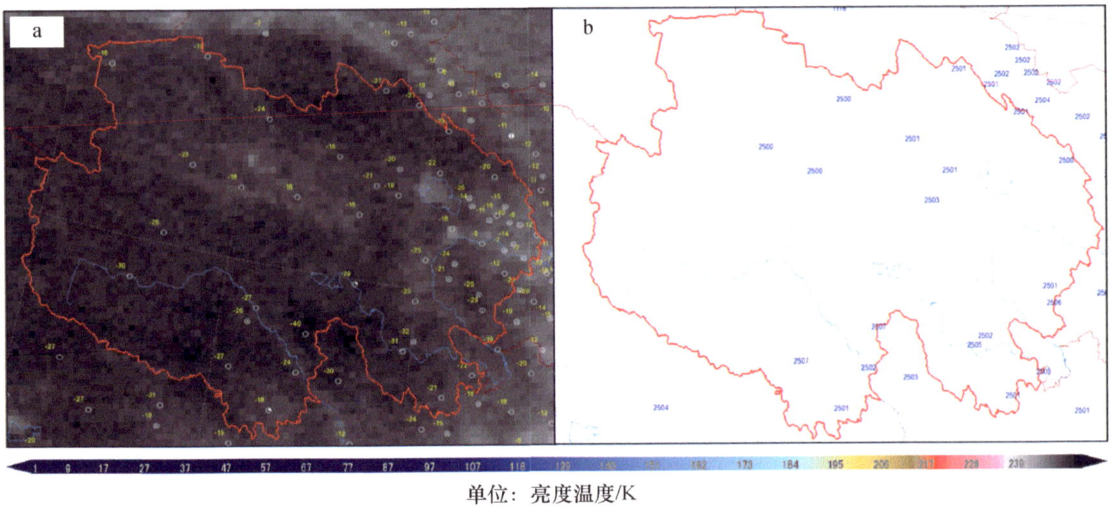

图 4.89　1 月 18 日 08 时 FY-2E 中红外云图与地面天气图(a)1 月 18 日 08 时特殊天气(b)

2.4　寒潮大风成因

由于实际大气是斜压大气,其等压面、等密度面和等温面是彼此相交的,而且,等压面上的等温线越密集(温度梯度越大),斜压性越强,反之,斜压性越弱。斜压性越强,所产生的天气就越剧烈。下面就此次天气过程中大气的斜压性变化做分析。

在 17 日 08—20 时,500 hPa 层上北部低槽东移,青海省南北范围内有密集的等高线,说明有较强的气压梯度存在，同时有与之相配合的温度槽并且落后于高度槽，温度梯度较大，且等温线与等高线之间的夹角几乎达到90°，在槽线附近出现强烈的冷平流，大气斜压性增强，强烈的温度梯度和气压梯度造成剧烈的降温的同时引起的东部地区的大风天气。温度平流与地面风场之间是通过变压场相互关联和促进的。强冷平流不仅会造成气温骤降，还会使得地面正变压场加强、地面变压梯度和气压梯度的增大，促使地面风场的发展；冷平流越强，出现的风力也就越大，在本次过程中也是如此。在1月17日，强盛的冷平流使北部大部分地区的变压梯度较前一日有明显的增大，达到3～8 hPa/10个经纬距，与之相应出现了6级以上的偏北风。

可见在此次寒潮过程中，造成东部地区出现大风的原因不仅是由于高空强烈的冷平流入侵，同时还有高空急流引起的动量下传。

2.5　寒潮降水成因

16日20时500 hPa新疆低槽东移至海西西部一带，西藏北部有高原槽生成发展，高原槽前西南气流发展，为青海省中部地区的降水形成建立了较好的水汽通道，700 hPa上青海省东部比湿达到5～7 $g \cdot kg^{-1}$（图略）；16日夜间两槽东移至青海省中部叠加形成辐合上升运动，青海省中东部部出现降水。17日08时新疆低槽继续东移，高原槽北上减弱，槽前西南气流减弱，降水减弱，东部出现分散性小量降水。

3　小结

1)此次寒潮天气过程是由于低槽在东移过程中加深发展，引导北部冷空气在蒙古西北部不断堆积，同时将分裂的冷高压引导南下，导致寒潮冷锋也自西北向东南移动，造成了此次寒潮天气过程。

2)过程前期全省有不同幅度的增温，为过程期间降温提供了基础；过程期间强冷平流是造成温度骤降的主要原因；另外前期降雪导致南部积雪较厚、过程后期天气状况转好，加剧辐射降温，同时受海拔高度影响，山区及高原地区辐射降温更为明显；东北部地区温度梯度较大，且温度槽落后于高度槽，等温线与等高线之间的夹角接近90°，槽线附近有强冷平流，使大气斜压性增强，在造成强降温的同时使东部地区出现大风。

3)持续的强风除了与冷平流入侵有关外，还与高空动量下传有关。

参考文献

[1] 朱乾根，林锦瑞，寿绍文．天气学原理和方法[M]. 北京：气象出版社，2000：10.

2015年4月1日青海省东部区域性寒潮天气成因分析

何卓玛　孙文慧　张广伟
(海东市气象台,平安　810600)

摘　要:利用常规气象资料及数值预报资料,从天气学角度对2015年4月1日青海省东部区域性寒潮天气过程的环流背景,影响系统进行了分析,并对寒潮强降温、大风和降雪的主要成因进行了分析。结果表明:此次寒潮天气过程主要是由乌拉尔山阻塞高压强烈发展,脊前低压槽加深南压至巴尔喀什湖附近,建立起寒潮天气的主要环流背景。乌拉尔山阻塞高压前部偏北气流引导极地冷空气南下在乌拉尔山东南部一带堆积,形成强大的冷高压;巴尔喀什湖低涡分裂小槽东移南压,在青海省东部与南支槽叠加,引导冷空气南下,促成了此次寒潮天气;乌拉尔山东南部地面冷高压分裂南下,其前部的冷空气扩散南下,北路冷空气经河西走廊进入青海省东部河谷地区,与西路冷空气在青海省东部地区锢囚,利于冷空气在青海省东部维持;中低层强冷平流也是产生寒潮天气的触发机制;夜间辐射冷却加剧青海省东部地面降温;南支槽前西南气流与北部冷空气共同影响,导致青海省东部出现降水天气;新疆北部至河西走廊西部的中高层高空急流强盛,青海省东部位于急流出口区右侧,利于高空动量下传,导致地面风速加大,另外地面冷锋后部气流下沉加压,也是导致地面出现大风的原因之一。

关键词:寒潮,寒潮标准,天气学分析,青海省东部

1　引言

寒潮是冬半年严重的灾害性天气之一,其突出特点是剧烈降温,有时伴有吹风、降雪和沙尘天气,常给工农业和运输业等带来严重影响[1-6]。2015年4月1日受强冷空气活动影响,青海省东北部、东部、东南部地区(为简便期间,上述地区在下文统称为青海省东部)出现了区域性寒潮天气。本文利用实况资料,从天气学角度对此次寒潮天气过程进行分析,为今后进一步提高青海省东部寒潮天气预报、预警能力积累一些经验。

2　寒潮天气过程概况

受冷空气东移影响,2015年4月1日青海省东部出现了大范围的寒潮天气过程(图4.90)。此次寒潮天气的特点是:(1)4月1日凌晨青海省东部以雨雪为主,云量较厚,辐射降温不明显,最低气温升幅明显,为2日的最低气温降温提供了足够的降幅空间;(2)1日白天冷平流东移至青海省东部,出现大风、低温天气,夜间青海省东部天空放晴,辐射降温较强加之残余冷平流、锢囚锋影响,青海省东部出现寒潮天气,2日早晨青海省东部共有18站24 h降温≥8 ℃,5站24 h降温≥12 ℃(同德、玛沁、甘德、久治、西宁);(3)过程期间青海省东部出现吹风、弱降水天气,吹风主要集中在青海省东北部,共8个站出现大风,托勒风速最大(22 $m \cdot s^{-1}$)。

预报难点:巴尔喀什湖小槽与高原槽共同影响,没有造成明显的降水,而是造成寒潮大风;同时东南部高原海拔高、大气层薄、热量的高低层交换比平原地区更加剧烈、温差过大及地形

高度差异大，应该比东北部降温幅度大，东南部实况降温幅度和北部降温幅度基本一致，因而对寒潮天气降水的大小及东南部寒潮天气降温幅度较难以把握。

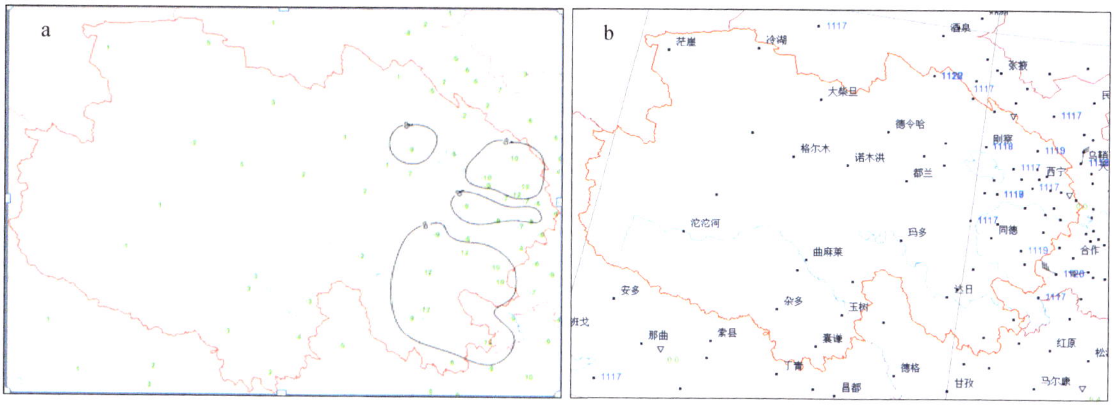

图 4.90　2015 年 4 月 1—2 日青海省东部寒潮区域(a)4 月 1 日 08—20 时青海省东部大风(b)

3　大尺度环流背景场及主要影响系统

分析 2015 年 3 月 28 日 500 hPa 高空图上，乌拉尔山地区受强盛的高压脊控制，脊前的西伯利亚地区低槽不断有冷空气补充，在缓慢东移过程中加深，槽后有 −44 ℃冷中心，配合地面图上，乌拉尔山地区东南部有 1047 hPa 的高压中心，说明冷空气在这一带聚集。30 日乌拉尔山高压脊加强形成阻塞高压，其前部低槽在中亚形成深厚的切断低涡，与之配合的冷中心为 −33 ℃，低涡底部锋区强烈，印度半岛至高原南部受低压槽控制，此槽和巴尔喀什湖低涡底部的分裂东移的小槽形成阶梯形势。地面图上冷高压主体在原地维持，其东南部分裂冷高压东移南压至巴尔喀什湖及贝加尔湖一带。

3.1　500 hPa 主要影响系统

造成此次寒潮天气的主要影响系统形势为巴尔喀什湖槽底分裂小槽东移南下与南支槽叠加型：31 日 20 时巴尔喀什湖低涡分裂小槽东移南压过程中因槽后不断有冷空气补充而加深，同时青海省东部至河套地区弱脊向西北方向加强，受两者共同影响，在青海省东北部此槽加深为西北—东南向的低涡切变，加之南支槽逐步上高原，槽前的西南气流较为强盛，两者东移至青海省东部时叠加。受此影响 31 日夜间至 1 日白天青海省东部出现大风及弱降水。1 日夜间，高度场上低值系统东移出省，全省受高压脊控制，但冷温槽仍在青海省东部。夜间天气主要以多云或晴为主，受平流降温及辐射降温的共同影响，2 日早晨青海省东部最低气温降幅达到寒潮强度，白天气温回升，寒潮天气结束。

3.2　地面气压场演变特征

31 日 08 时乌拉尔山地区东南部地面冷高压分裂南下，在巴尔喀什湖及蒙古东部地区各形 1030 hPa、1035 hPa 的冷高压，其前部的冷空气扩散南下，冷锋位于新疆天山、祁连山北部、河套南部、华北中部、东北南部。31 日 20 时新疆至西藏西部为正变压区，此正变压区自西逐步向东扩展。1 日 08 时巴尔喀什湖冷高压略有东移南压，青海省西部及甘肃西部受 24 h 正变压控制，大值中心在海西一带西部，中心值达 8 hPa，24 h 变温中心达 −9 ℃，青海省北部甘肃河西西部一带有一冷锋东移,青海省西部天峻、茶卡、都兰一带也有一冷锋东移,青海省东部受24 h负变压,正变温控制,17时青海省东部24 h变压转为正值,说明冷空气已影响青海省东部,20时北部冷空气经河西走廊进入青海省东部河谷,与西路冷空气在青海省海东一带锢囚,青海省东部一带冷空气影响明显。夜间青海省西部转为负变压、正变温控制,青海省东部受锢囚锋影响,为正变压,负变温控制(图4.91)。

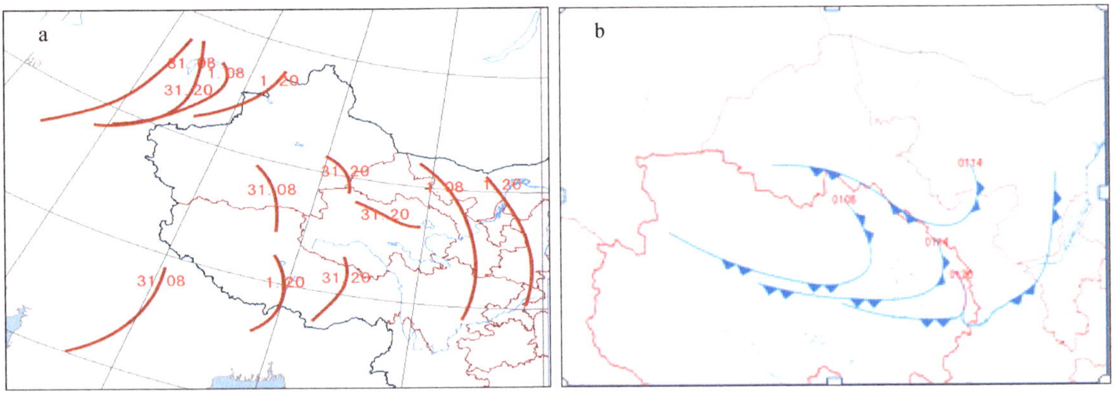

图4.91 3月31日—4月1日500 hPa高空槽移动路径(a)4月1日08—20时500 hPa冷锋动态图(b)

3.3 物理量场分析

31日08时500 hPa温度平流场上可以看出(图略),新疆东部至青海省西部、西南部有南北向冷平流区控制,冷平流区呈南—北向,中心强度为15×10^{-4}℃·s^{-1},青海省东部为弱暖平流控制。4月1日08时新疆东部、河西西部至青海省东部为南—北向的负温度平流区,大值中心在新疆东部偏东地区与甘肃河西的交界处,平流中心达-18×10^{-4}℃·s^{-1},青海省东部温度平流中心达-3×10^{-4}℃·s^{-1}(见图4.92a),其底层700 hPa上(图略),青海省中东部为南北向冷平流区控制,中心强度为-5×10^{-4}℃·s^{-1}。1日白天受冷平流影响,青海省海东气温较低,1日20时青海省东部处于冷平流的尾部,夜间残余冷平流影响也是导致青海省东部最低气温达到寒潮标准的主要因素之一。

4 成因分析

4.1 强降温成因

一地温度的变化主要取决于温度平流和非绝热因子的作用,而温度平流主要考虑平流冷暖性质和强度,非绝热因子考虑辐射、水汽凝结、蒸发和地面感热对气温的影响,气温的非绝热变化主要表现为气温的日变化和气团变性。在本次寒潮过程中,4月1日白天由于有大范围的锋面云系,所以太阳辐射和地表辐射引起的气温日变化较小,降水过程中水汽的凝结和蒸发会使温度有所下降,但气温骤降主要是强冷平流所引起的。

1日08时青海省东部地区对流层中低层受冷平流控制,冷平流势力较强,受此影响白天青海省东部地区气温较低。1日20时青海省东部处在冷平流区的后部,凌晨冷平流影响逐渐减弱,辐射降温逐渐起主导作用。

由此可见,中低层冷平流的发展及移动也是造成此次寒潮天气的触发机制之一。在过程中冷空气移到青海省东部地区形成锢囚锋，导致青海省东部寒潮天气形成；夜间天气状况放晴，辐射降温也是此次寒潮天气的主要触发机制；另外受降水云系影响，1 日早晨最低气温相对较高，为 2 日的最低气温提供了足够的降幅空间，利于青海省东部最低气温降幅达到了寒潮标准(图 4.92)。

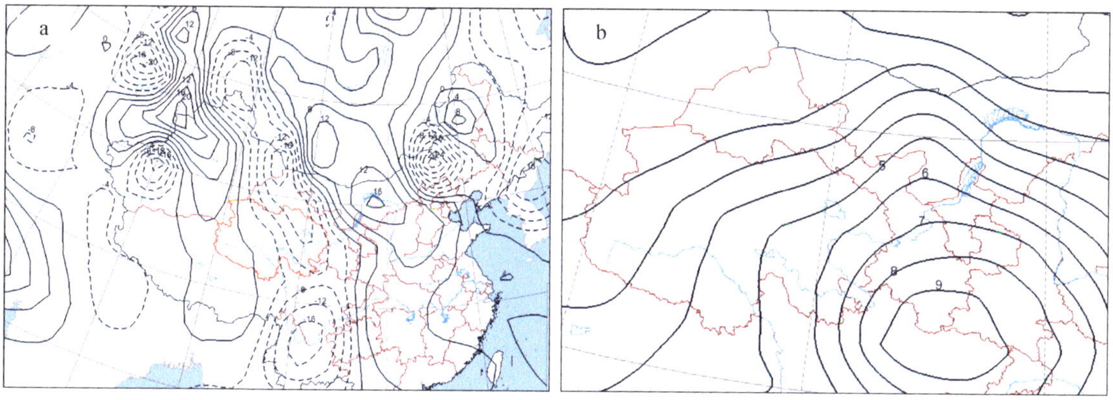

图 4.92　2015 年 4 月 1 日 08 时 500 hPa 温度平流场(10^{-5}℃·s^{-1})(a)
3 月 31 日 20 时 700 比湿场(g·kg^{-1})(b)

4.2　大风成因

3 月 31 日新疆天山经河套到我国东北有一强冷锋，冷锋前新疆天山以南、青海、甘肃、华北中部以南我国大部分地区受低压控制，锋后的巴尔克什湖至贝加尔湖的大范围高压形成与锋前低压值形成北高南低的形势。冷空气使地面冷高压前等压线不断加密，气压梯度不断加大，地面气压场在青海省境内有 5 根等高线，位势梯度大，地转风强，非常利于大风的形成。高空急流从新疆北部延伸至河西走廊西部，300 hPa 新疆西北部大风区中心最大风速达到 60 m·s^{-1}，500 hPa 最大风力达到 44 m·s^{-1}，大风区向东南方向东移扩展，由于高空风大，动量下传，31 日青海省西部出现大风、沙尘天气，茫崖地面风速达 22 m·s^{-1}，西南部也出现大风区，大风区自西向东蔓延，至 4 月 1 日白天影响青海省东部地区，20 时高空大风区东移出青海省，地面大风影响相应结束。

4.3　降水成因

31 日 20 时 500 hPa 上巴尔克什湖低槽底分裂的小槽东移南压至新疆东部至青海湖西部一带，同时南支槽上高原，南支槽前西南气流发展强盛，为青海省东部地区的降水形成建立了较好的水汽通道，700 hPa 上青海省东部比湿达到 5～7 g·kg^{-1}(见图 4.92b)。700 hPa 高空图上，青海省东部受低涡控制，利于降水的形成。31 日夜间两槽东移至青海省东部叠加加强，700 hPa 上青海省东部低涡进一步加深，受高低空系统影响，青海省东部出现降水。1 日 08 时降水系统逐渐过境，整个青海省受高空脊控制，降水结束。

5　寒潮预报着眼点

预报此类寒潮过程应主要着眼于以下 4 个方面：(1)强冷空气在西伯利亚附近堆积及南下是青海省寒潮暴发的必要条件，中低层的冷中心与地面冷高压的配合可以判断冷空气的堆积程度。(2)过程影响时间是高空形势场决定的,造成寒潮天气的主要影响系统形势为巴尔喀什湖低槽底分裂南下与南支槽叠加型的关键是预报高空槽何时何处叠加、何时过境;过程降温幅度则主要依据高空槽后冷空气强度(500 hPa冷平流中心强度-5×10^{-4}℃·s^{-1})及夜间晴空辐射降温来确定。(3)寒潮前期基础气温的高低是判断降温能否达到寒潮天气的一个重要指标:前日前期气温高,为寒潮降温提供了足够的降幅空间,反之,如果前期基础气温偏低,即使有强的冷空气入侵,气温降幅也不易达到寒潮标准。(4)过程前期冷高压强度达到了寒潮预报指标(1040 hPa及以上),但是由于地面冷高压主体原地维持,其前分裂的冷高压到达巴尔喀什湖及贝加尔湖地区后,以缓慢南压为主,并沿偏东路径南下,青海省地区始终受低压控制,因此,只在东部地区达到寒潮标准,没能造成青海省大范围寒潮天气。

6 结论

1)此次区域性寒潮天气主要由500 hPa巴尔喀什湖低涡分裂小槽东移南压过程中与南支槽在青海省东部时叠加,受此影响,青海省东部出现降温、大风及弱降水。

2)地面冷高压(冷空气)在西伯利亚积聚增强,接着在缓慢南压,在巴尔喀什湖及蒙古东部地区各形成1030 hPa、1035 hPa的冷高压中心,其前部的冷空气扩散南下,经河西走廊进入青海省东部河谷,与西路冷空气在海东锢囚,利于冷空气在青海省东部维持。

3)中低层存在强盛的冷平流,也是产生寒潮天气的触发机制,冷平流移动路径以及强度可作为预报寒潮强度的参考因子。

4)1日白天青海省东部有降水出现,潜热释放抵消平流降温影响,导致地面降温减弱。夜间天空放晴,辐射冷却加剧青海省东部地面降温,出现寒潮天气。

5)巴尔喀什湖低涡分裂小槽东移南压与南支槽在青海省东部叠加,槽前西南气流与北部冷空气共同影响,导致青海省东部出现降水天气。

6)300 hPa上高空急流从新疆北部延伸至河西走廊西部,中心最大风速达到60 m·s^{-1};500 hPa上急流位于内蒙古西部到河西走廊东部,中心最大风速达到28 m·s^{-1},青海省东部位于急流出口区右侧,次级环流导致的下沉气流有利于高空动量下传,导致地面风速加大,另外地面冷锋后部,冷高压前部的冷平流使气压梯度加大,锋面上横向垂直环流也促使锋后气流下沉加压,导致地面出现大风。

参考文献

[1] 青海省质量技术监督局. 气象灾害分级指标:DB63/T372—2018[S].

[2] 保广裕,戴升,张吉农,等. 青海省寒潮天气的气候特征、分型及其预报[J]. 青海科技,2002,9(2):32-35.

[3] 朱乾根,林锦瑞,寿绍文,等. 天气学原理和方法[M]. 北京:气象出版社,2007:377-418.

[4] 王江山,李锡福. 青海省天气气候[M]. 北京:气象出版社,2007:303-340.

[5] 陈豫英,陈楠,聂金鑫,等. 2011年3月宁夏一次寒潮天气过程诊断[J]. 干旱气象,2012,30(1):88-93.

[6] 姚永明,姚雷,邓伟涛. 长江中下游地区类寒潮发生频次的变化特征分析[J]. 气象,2011,37(3):339-344.

2016年1月22—23日寒潮天气过程成因分析

孙　瑛　梁　宁
（海南州气象局，共和　813000）

摘　要：利用常规天气资料和数值预报产品，对2016年1月22—23日青海省中东部地区出现的寒潮天气过程进行分析和总结。结果表明：此次寒潮天气过程出现在乌拉尔山高压脊强烈发展引导北冰洋的冷空气南下，在贝加尔湖地区冷空气堆积加强，引导冷空气势力显著加强并开始向南暴发，造成了寒潮天气过程。强盛的冷平流与锋后晴朗天气是造成气温骤降的主要原因。

关键词：寒潮，环流形势，冷平流，冷高压

1　引言

寒潮天气过程是青海省海南地区主要灾害性天气之一。它是一种大规模的强冷空气活动过程，寒潮天气的主要特点是剧烈降温和大风，有时伴有雨、雪、霜冻等天气，对农业、工业、交通等影响较大[1-4]。受西伯利亚东移南下冷空气影响，青海省大部地区出现不同程度冷空气入侵过程，依据青海省地方标准《气象灾害分级指标》（DB63/T372—2011），2016年1月22—23日，海西中东部、西宁、海东、海北、海南、黄南、玉树北部、果洛中北部出现了大范围的寒潮天气。

2　天气实况

2016年1月22—23日青海省海西中东部、西宁、海东、海北、海南、黄南、玉树北部、果洛中北部出现了大范围的寒潮天气，共33站。北部出现了弱降水，南部地区无降水（图4.93a），24 h降温幅度达到8～17 ℃，达到寒潮标准，24 h降温幅度最大地区为河南站（降幅17 ℃）。另外青海省中东部地区从22日上午开始，出现8级以上的偏北大风，共和地区风力甚至达到10级以上，达到25 $m \cdot s^{-1}$（图4.93b、c）。该过程对青海省中东部及青南地区交通运输及青南牧区有一定的影响，没有造成灾情。

该过程特点为：①寒潮过程降温幅度大，影响范围大，青海省中东部大部地区及青南地区均出现了寒潮天气；②22日北部最高气温下降幅度大，22日最高温度相对于21日最高气温降温8～12 ℃，降幅最大的是西宁站，由21日的最高温度3 ℃降至22日的最高气温−9 ℃，降幅达12 ℃；③23日海南、玉树北部、果洛中北部、黄南南部最低气温下降明显，23日最低温度相对于22日最低气温青南降温8～17 ℃，降幅最大的是河南站，由22日的最低温度−16 ℃降至23日的最低气温−33 ℃，降幅达17 ℃，北部最低气温降幅1～7 ℃；④22日上午到前半夜青海省中东部大部地区无降水出现，而是出现了7～10级偏北大风。

预报难点：此次寒潮先是影响青海省北部，造成青海省北部最高气温下降幅度大，后影响青南地区，南部最低气温下降幅度大，从预报失误分析，对青海省北部降温幅度容易把握，因为

青海省青南高原海拔高、大气层薄、热量的高低层交换比平原地区更加剧烈、温差过大及地形高度差异大，所以对青海省南部寒潮天气降温幅度较难以把握。

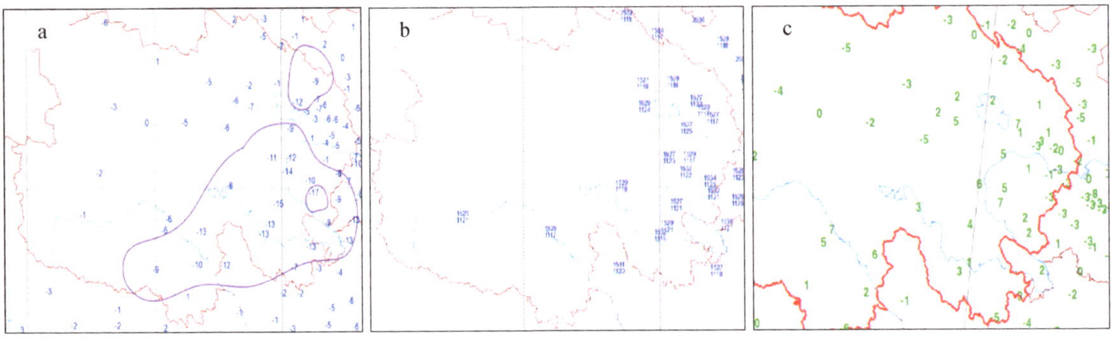

图 4.93 1月22日08时—23日08时地面气温变温(℃)(a)(紫线区域)
22日20时大风分布图(b)22日14时24 h变温(℃)(c)

3 寒潮天气成因分析

3.1 500 hPa 环流背景及演变特征

2016年1月21日08时500 hPa高空图上(图4.94a)，过程前期中高纬度欧亚大陆上两槽一脊型，经向型环流，乌拉尔山地区为高压脊控制，贝加尔湖以东为宽广的冷性低涡，乌拉尔山高压以东脊前强的偏东北气流(40 m·s^{-1})引导北冰洋的冷空气南下，在贝加尔湖地区冷空气堆积加强，低涡中心伴随着−49 ℃的冷中心出现，2016年1月23日，贝加尔湖地区冷涡明显南压，高空冷中心(−49 ℃)伴随着高空低涡而南压，在南压过程中冷中心范围扩大，强度减弱为−44 ℃，受横槽后部偏西气流中冷空气南下影响，造成青海省此次寒潮天气过程，因此造成此次寒潮的高空影响系统为横槽转向型。

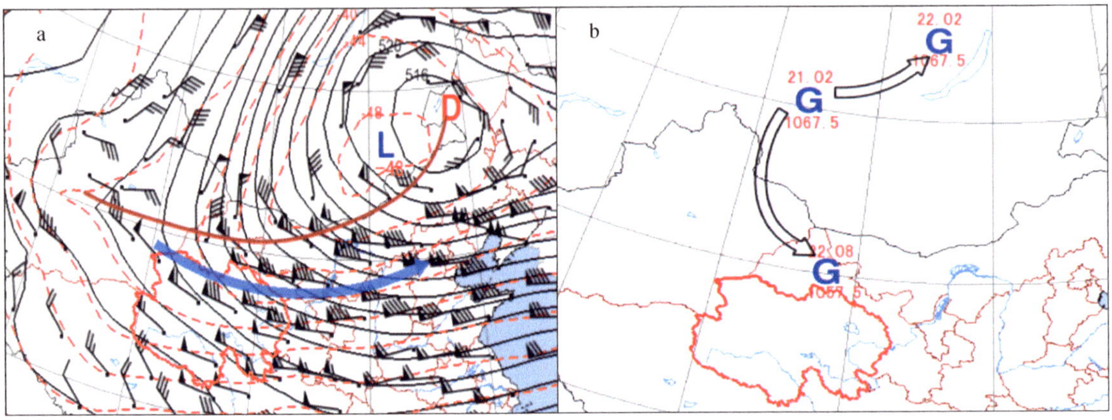

图 4.94 1月21日08时500 hPa高度场、温度场(a)21日02时—22日08时地面冷高压移动路径(b)
(黑实线：等高线；红虚线：等温线)

分析地面冷高压移动路径(见图4.94b)，前期冷高压一直维持在蒙古地区，冷高压中心随时间而增强，1月21日，从巴尔喀什湖至贝加尔湖地区主要受冷高压控制，冷空气南下时不断堆积加强，到1月22日08时地面强冷高压中心位于蒙古国西部。中心强度增强至1080 hPa，主力逐渐东移，同时分裂一支冷空气南下，到22日08时地面冷高压分裂一股强冷空气从蒙古南压进入青海省以北地区，冷高压中心强度为1057.5 hPa，并开始影响青海省北部地区。在该冷高压的影响下，风力开始加大，气温也开始持续下降。由此可见：分析地面冷高压是沿北方路径，主体分裂冷空气进入青海省，造成寒潮天气。从1月21日08时—22日02时锋面动态图上看(图4.95a)，在地面高压前部有一条冷锋自南疆经河西走廊及祁连山至河套北部，到22日02时，一条冷锋从南疆翻越阿尔金山进入青海省西部的格尔木地区，冷锋后正变压最大为 +11 hPa(站号：52818)。另一条冷锋从蒙古共和国南部进入甘肃，22日02时，从祁连山东侧倒灌进入青海省东部地区并与从西部东移进入的冷锋在青海湖附近相遇，西路和东路两支冷锋在青海湖地区形成锢囚锋。由此，地面冷锋的移动路径与地面冷高压的移动路径一致。

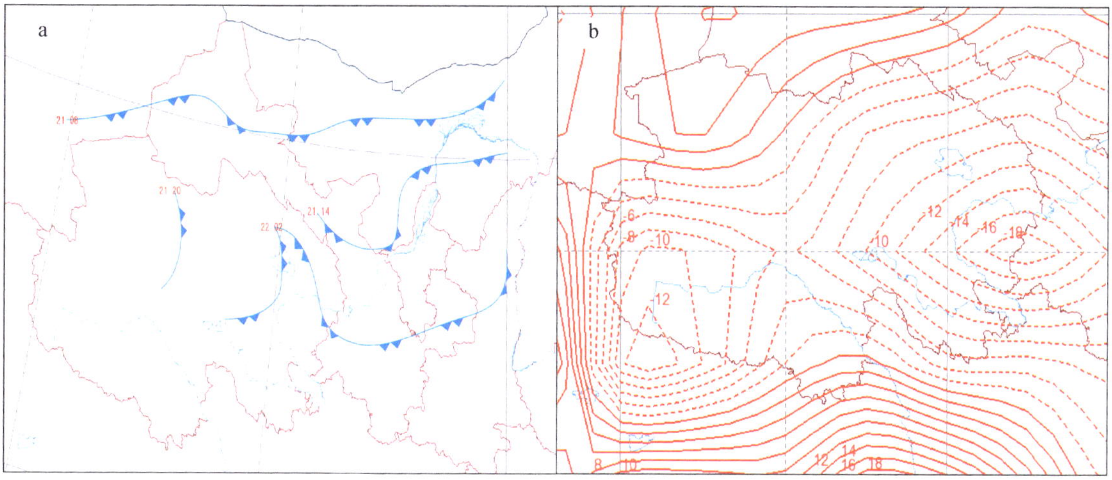

图4.95　1月21日08时—22日02时冷锋动态图(a)23日08时500 hPa温度平流(10^{-5}℃·s^{-1})(b)

3.2　动力热力诊断分析

3.2.1　温度平流

温度平流的大小由风速的大小、温度的梯度以及风向和等温线的夹角三项决定。22日白天青海省东部受冷平流控制(图略)，平流中心强度为-8×10^{-4}℃·s^{-1}，青海省北部最高气温下降。由图4.95b 23日08时500hP温度平流场可以看出，除青海省西北部外，青海省其余地区均由冷平流控制，大值中心在青海省东南部，平流中心达-18×10^{-4}℃·s^{-1}，其次，青海省西南部有第二大值中心，温度平流中心达-12×10^{-4}℃·s^{-1}，青海省南部最低气温下降，尤其是冷平流强度中心附近的河南站最低气温下降明显，位于冷平流北侧东北部地区平流中心强度弱，最低气温下降幅度较小。

3.2.2　锋后辐射降温

此次寒潮过程主要出现在高海拔地区(3000 m以上)的测站，从23日08时天况及23日07时中波红外云图上(见图4.96)可看出，23日早晨天况转晴，辐射降温明显，同时由于高海拔地区大气层薄，对地面温度的保护较低，热量的高低层交换更加剧烈，辐射降温比低海拔地区明显，造成高海拔测站出现寒潮。

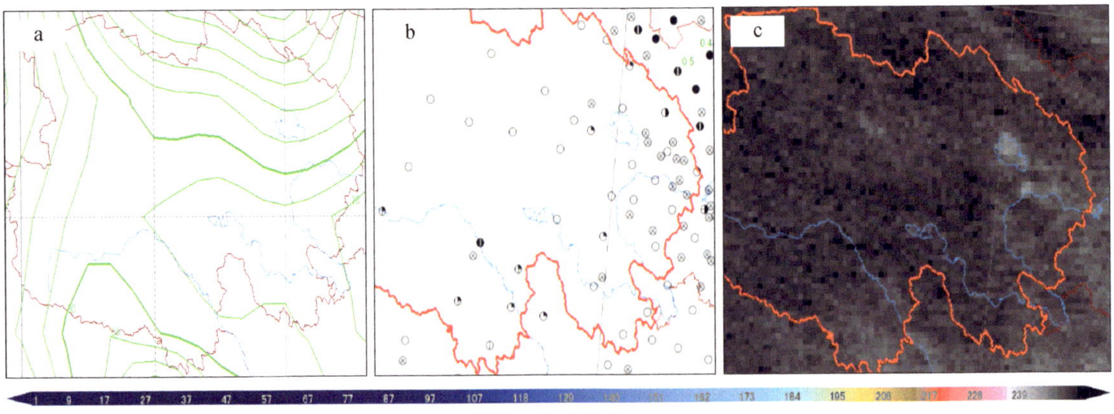

图4.96　1月23日08时500 hPa相对湿度(%)(加粗线值30%)(a)
23日08时地面填图(b)23日07时中波红外云图(c)

分析22日08时500 hPa相对湿度场，在最低温度下降前青南地区相对湿度在30%～80%，同时云图+地面填图上显示，青南地区北部有云，有5～10成云量。22日11时青海省中东部地区出现西北大风，湿度开始减小，云量也明显减少，大风持续到22日20时，至23日08时的相对湿度减少为10%～25%，云量较小为1成左右，天空放晴。22日午后北部及青南大部分站出现了西北大风。22日时冷锋过后，青南开始升压，但14日升压趋势中，

由此可见，22日白天青南地区出现了锋面过境后西北风、无降水的锋后天气，高空相对湿度减小到20%以下、云量减少到1成左右，23日锋后干晴空辐射天气使得最低温度下降了5～13 ℃。综上所述，由于锋后下沉冷中心和冷平流中心偏北，低空相对湿度小，晴空辐射及高海拔地区大气层薄，也是23日清晨最低温度下降幅度的主要原因。

3.3　寒潮大风成因分析(气压梯度力)

气压梯度力是形成大风的根本动力，使风速加大或减少，如冷锋后偏北大风除了气压梯度大以外，变压梯度造成的变压风也起作用；在气压梯度很弱时，风经常沿变压梯度方向吹。22日08时在新疆地区有西北风带建立，中心最大风速40 $m \cdot s^{-1}$，随着高空低值系统的东移南压，西北风带转为北风带并东移南压，青南地区上空的风速也有21日的8 $m \cdot s^{-1}$增强到22日08时32 $m \cdot s^{-1}$，高空强风速带向下传输的动量增强，促使地面风速加强。

4　EC数值预报对青南地区寒潮可预报性的讨论

数值预报已成为现阶段制作天气预报的重要工具，了解数值预报性能、提高数值预报应用能力对于准确制作天气预报有着极其重要的意义。因此，本文就ECMWF在天气预报业务中广泛使用的数值模式性能进行了检验。

通过对ECMWF 500 hPa形势场和实况场的对比，08时和20时初始场对24 h、48 h、72 h的预报场与实况场基本一致，显示了较强力的预报能力，通过对ECMWF不同预报时效(24～72 h)海平面气压场的分析，预报场中冷高压中心的强度为1060 hPa，而实况场中冷高压中心的强度1080 hPa，预报场中地面冷高压影响形式与实况场中的影响形式一致为主体东移，其底部分裂冷空气南下，因此在海平面气压场的预报上，预报冷高压中心的强度弱于实况场，但

变化趋势基本能预报出，仍有较高的参考价值。

5　小结

1)此次寒潮过程特点是冬季寒潮，出现在青海省海西中东部、西宁、海东、海北、海南、黄南、玉树北部、果洛中北部，共 33 站，降温幅度大(普遍降温 8 ℃以上，河南最大降 17 ℃)，持续时间短，主要降温时段出现 1 月 23 日 5—8 时，并伴随大风天气。

2)东北冷涡东移南压，槽前偏西气流造成青海省此次寒潮天气过程，低涡中心伴随着 −48 ℃ 的冷中心，青海省地区等高线密集有 5 根，等温线在青海省南部和东部密集，温度梯度大，槽前偏西气流较强(最大风速 32 $m \cdot s^{-1}$)，有明显的高空急流存在。

3)冷高压一直维持在蒙古地区，冷高压中心随时间而增大，分裂一支冷空气南下，至 22 日 08 时冷空气进入祁连山北部，冷高压中心为 1057.5 hPa。21 日 08 时冷锋位于祁连山和南疆地区，到 22 日 02 时，西路和东路两支冷锋在青海湖地区形成锢囚锋。

4)22 日 14 时 24 h 变温场上，寒潮出现区域均出现明显的升温，南部比北部升温明显，最大为 7 ℃，为后期降温提供空间。

5)等温线在青海省密集，温度梯度大，风速较大，造成温度平流较大，因此，影响此次寒潮过程的温度平流较为明显。

6)受地形影响，此次寒潮过程主要出现在高海拔地区(3000 m 以上)的测站，由于高海拔地区大气层薄，对温度的保护较低，23 日天空转晴，热量的高低层交换更加剧烈，辐射降温明显，易出现寒潮。

参考文献

[1] 朱乾根，林锦瑞，寿绍文，等．天气学原理和方法[M]．北京：气象出版社，2007：266-319.
[2] 陈豫英，陈楠，邵建，等．2008 年 12 月两次寒潮天气对比分析[J]．气象，2009，35(11)：29-38.
[3] 牛若芸，乔林，陈涛，等．2008 年 12 月 2—6 日寒潮天气分析过程[J]．气象，2009，35(12)：74-82.
[4] 王遵娅，丁一汇．近 53 年中国寒潮的变化特征及其可能原因[J]．大气科学，2006，30(6)：1068-1076.

2016年2月14—15日青南地区寒潮天气过程成因分析

韦淑侠　马　辉

(青海省气象台,西宁　810001;果洛州气象台,玛沁　814000)

摘　要:利用常规气象资料及数值预报产品等资料,从天气角度对2016年2月14—15日青海省南部地区无降水寒潮天气过程成因进行分析,结果表明:此次寒潮天气过程出现在乌拉尔山高压脊强烈发展,西亚槽东移,槽后西北气流引导北冰洋的冷空气南下,强盛的冷平流与锋后干辐射是造成气温骤降的主要原因。

关键词:青南寒潮,锋后干辐射

1　引言

青海省地处青藏高原东北部,由于地理位置特殊,寒潮天气比较特殊,青海省寒潮[1]分为全省性寒潮、北部寒潮、南部寒潮,天气主要类型:全省性寒潮主要为蒙古冷槽和高原冷温槽叠加型;北部寒潮主要为蒙古冷槽型、西北气流小槽发展型、横槽转竖型和西北气流型;南部寒潮主要有高原冷温槽加深型、横槽转向型脊新疆槽东移南压型。冷空气强度条件为:关键区;500 hPa冷中心−40 ℃;地面冷高压中心强度在1060 hPa附近。寒潮天气以降温为特征,大多带有降水,一部分会有大风、沙尘天气。

在对青海省寒潮的研究中,保广裕等[1]提出地面ΔP_{24}正变压中心的动态来表示青海省寒潮冷空气的移动方向、速度和强度的变化。孙瑛[2]提出影响青海省海南的地面冷高压强度达1060 hPa、以及500 hPa冷涡强度低于−44 ℃等观点。何彩青等[3]提出冷高压强度1041 hPa、正ΔP_{24}中心至负ΔP_{24}中心≥17 hPa达到寒潮的个例;吴登成等[4]提出横槽转竖影响青海省东部寒潮主要是持续的冷空气倒灌;以及500 hPa和44 $m \cdot s^{-1}$西风急流、地面冷高压强度1045 hPa等个例指标。李生辰等[5]认为青海省南部地区寒潮成因比北部复杂,除平流降温外,还有辐射造成的降温,有时是这两种因素共同作用造成的,有时是一种因素起主导作用。高振荣等[6]分析寒潮个例时认为,高空急流南下与寒潮暴发有关,低空水汽通量散度最大值区预示为无降水沙尘天气。

寒潮的主要影响是地面最低温度对作物的冻害以及过程产生的降水、大风或伴随沙尘天气等对设施农业、交通运输、人员出行等带来的危害。因此在实际预报中,预报员更关注最低温度、风速及降水等最终数值或量级。为此,从技术角度较全面分析了2016年2月14—15日出现在青海省青南地区一次无降水寒潮大风天气过程的成因,皆在为提高预报准确率提供参考。

2　天气实况

2016年2月14—15日青海省南部地区出现一次无降水寒潮天气(图4.97a),玉树、果洛大部、黄南南部及沱沱河站 24 h 降温幅度达到 5～13 ℃，达到寒潮标准，24 h 降温幅度最大地区为称多清水河站（降幅 13 ℃）。另外青南西部的唐古拉山区、玉树地区及果洛的甘德站 13—14 日出现西北大风，沱沱河站、称多清水河站极大风速达到 22 m·s^{-1}。该过程对青南地区牧业和交通运输有一定的影响，没有造成灾情（图 4.97b、c）。

该过程特点为：①前期最低气温增温明显：降温前 14 日最低温度升温明显，08 时最低温度相对于 13 日最低气温青南北部升温 4～8 ℃，青南南部升温 1 ℃左右；②15 日最低温度下降明显：15 日最低温度相对于 14 日最低气温青南降温 5～13 ℃，降幅最大的是称多清水河站，由 14 日的最低温度－14 ℃降至 15 日的最低温度－27 ℃；③14—15 日最高温度幅度变化较小；④14—15 日 24 h 日平均气温和 15 日最低气温的降幅在青南北部为最强，青南南部 24 h 降温幅度均弱于青南北部；⑤13、14 日青南地区均无降水出现，而是出现了西北大风，寒潮降幅最大的清水河站出现了 22 m·s^{-1}的大风。

预报难点：对西北气流冷平流型，造成青南地区降温，由于青海省青南高原海拔高、大气层薄、热量的高低层交换比平原地区更加剧烈、温差过大及地形高度差异大，因而对青海省南部日降温幅度还是最低降温幅度较难以把握。

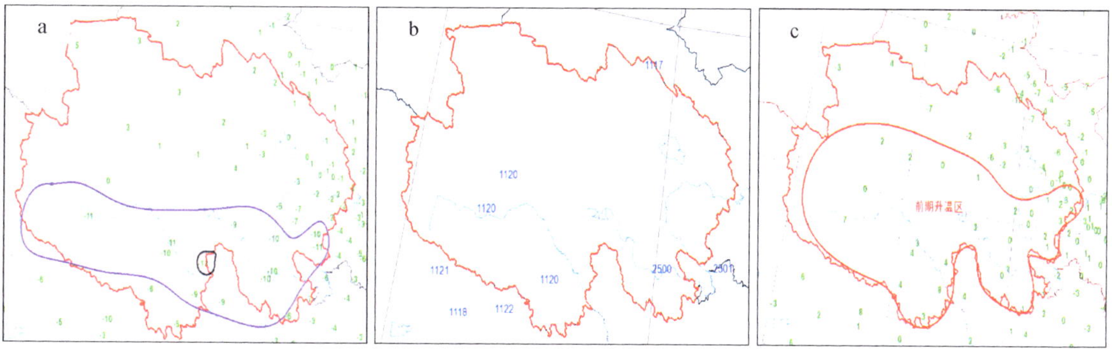

图 4.97 2 月 14 日 08 时—15 日 08 时地面最低气温变温（℃）(a)（紫线区域）
14 日 17 时大风分布图(b)14 日 08 时 24 h 变温（℃）(c)（红线区域是升温区）

3 寒潮天气成因分析

3.1 天气形势

2 月 13—14 日 500 hPa 高空图上欧亚上空大的环流形势为一槽一脊型（图 4.98a），咸海里海为高压脊区，脊前有明显的西北气流，西风槽东移至贝加尔湖地区，槽后有温度槽，配合有－44 ℃冷中心，其底部－20 ℃压至青南高原北部，高空锋区较强，关键区 30°～37°N，70°～90°E 有 4 条等温线。ΔP_{24} 变压图上显示，冷空气由帕米尔高原侵入西藏北部及北部西北气流下滑冷空气共同影响青南地区的寒潮。在 500 hPa 高空温度场显示，从 14 日 08 时至 20 时，青南地区温度梯度增大，且上游地区风向和温度线有明显的夹角，有利于冷空气的输送。

分析 14—15 日地面冷高压移动路径可见（见图 4.98b），前期冷高压一直维持在蒙古西部地区。2 月 14 日 20 时地面强冷高压中心位于蒙古国西部。中心强度增强至 1060 hPa，冷高压沿西北方向移动，同时分裂一支冷空气南下，到 15 日 08 时地面冷高压分裂一股强冷空气从蒙古南压进入进入青海省以北地区，冷高压中心强度为 1040 hPa，并开始影响青海省东北部地区。在该冷高压的影响下,青南地区处于冷高压底部的西北气流中,风力开始加大,气温开始持续下降。由此可看出地面冷高压是沿北方路径,主体分裂冷空气进入青海省,造成寒潮天气。

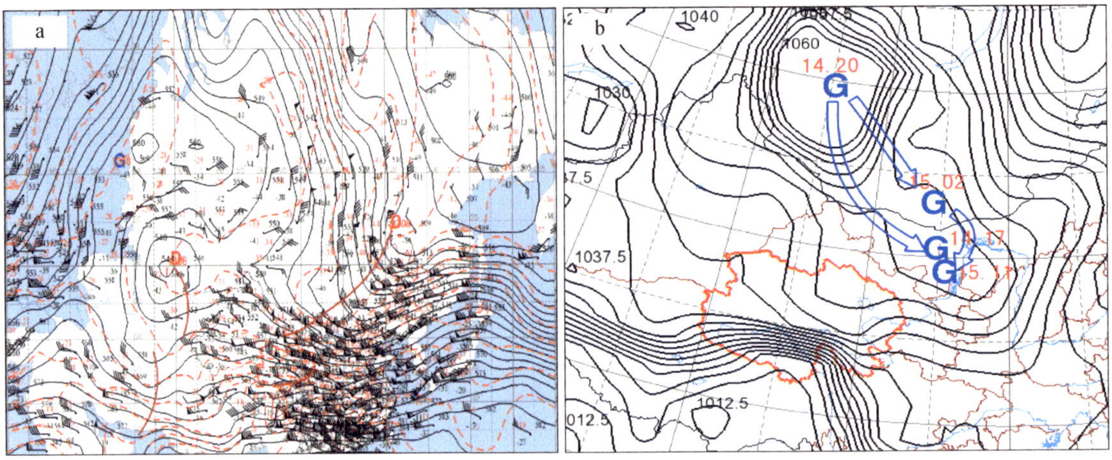

图 4.98　2 月 13 日 20 时 500 hPa 高空图(a)14—15 日地面冷高压移动路径(b)(实线:等高线;虚线:等温线)

3.2　动力热力诊断分析

3.2.1　垂直速度

分析 14 日 08 时垂直速度,冷锋前后为整层的上升下沉气流,大尺度上升中心在冷锋前北方 5 个经距处,下沉中心在锋后北方 15 个经距处,上升、下沉速度均达到 -40×10^{-3} hPa·s^{-1} 以上,锋后下沉区携带了大量冷空气到达地面,加大了地面的降温幅度。但青南在倾斜冷锋后,距离下沉中心远,低中空 500 hPa 为上升气流,高空 300 hPa 以上为下沉区,从而导致青南地区在 14 日白天无很强的高空冷空气下沉影响,所以最高气温下降幅度不大,15 日 08 时,青南地区高空 300 hPa 以下为下沉区,导致最低气温的明显下降。

3.2.2　温度平流

由图 4.99a 14 日 08 时 500 hPa 温度平流场可以看出,除青海省西北部外,青海省其余地区均由冷平流控制,大值中心在青海省东南部及西南部,平流中心达 -10×10^{-4}℃·s^{-1},冷平流强度中心附近的最低气温下降幅度大。

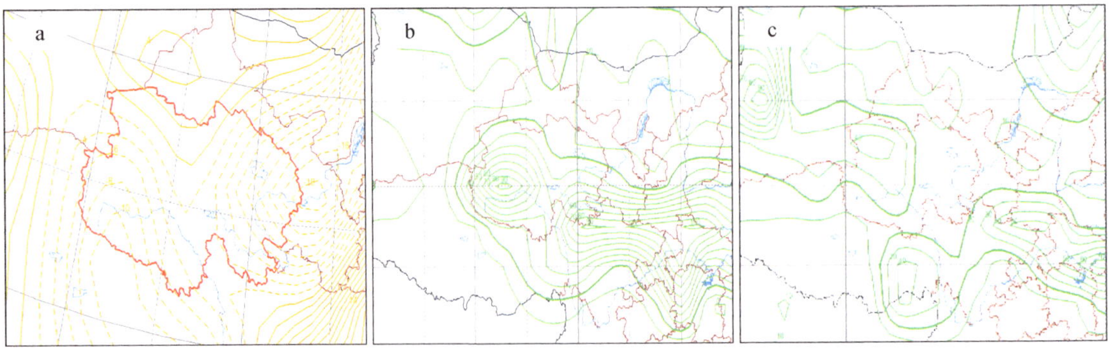

图 4.99　2 月 14 日 08 时 500 hPa 温度平流(10^{-5}℃·s^{-1})(a)2 月 14 日 08 时 500 hPa 相对湿度(%)(b)
2 月 15 日 08 时 500 hPa 相对湿度(%)(c)(加粗线值 20%)

3.3 锋后干辐射

从 14 日 08 时 500 hPa 相对湿度分析(图 4.99b),在最低温度下降前青南地区前相对湿度在 40%～90%,同时云图＋地面填图图上显示(图 4.100a),青南地区北部有云,有 5～10 成云量。14 日午后青南地区出现西北大风,湿度开始减小,云量也明显减少,至 15 日 08 时的相对湿度减少为 10%,云量较小为 1 成左右,天空为晴空天气(图 4.99c)(图 4.100b)。14 日白天温度相对于 13 日气温变化不大,没有冷空气入侵去抵消温度的日变化。13 日、14 日午后青南大部分站出现了西北大风。13 日 11 时冷锋过后,青南开始升压,但 14 日升压趋势中,午后 14—17 时青南出现 4 h 的减压天气,气压变幅 2～3 hPa。

由此可见,14 日白天青南地区出现了锋面过境后西北风、无降水的锋后减压天气,高空相对湿度减小到 10%左右、云量减少到 1 成左右,在 14 日最低温度升幅达到 1～8 ℃,15 日锋后干晴空辐射天气使得最低温度下降了 5～13 ℃。综上所述,由于锋后下沉冷中心和冷平流中心偏北,低空相对湿度小,晴空辐射及高海拔地区大气层薄,也是 15 日清晨最低温度下降幅度大的主要原因。

3.4 寒潮大风成因分析

气压梯度力是形成大风的根本动力,使风速加大或减少,如冷锋后偏北大风除了气压梯度大以外,变压梯度造成的变压风也起作用;在气压梯度很弱时,风经常沿变压梯度方向吹。在逐日的 500 hPa 实况流场图上,14 日 08 时在新疆地区有西北风带建立,中心最大风速 40 $m \cdot s^{-1}$,随着高空低值系统的东移南压,西北风带转为北风带并东移南压,青南地区上空的风速也从 12 日的 8 $m \cdot s^{-1}$ 增强到 22 $m \cdot s^{-1}$,高空强风速带向下传输的动量增强,促使地面风速加强。

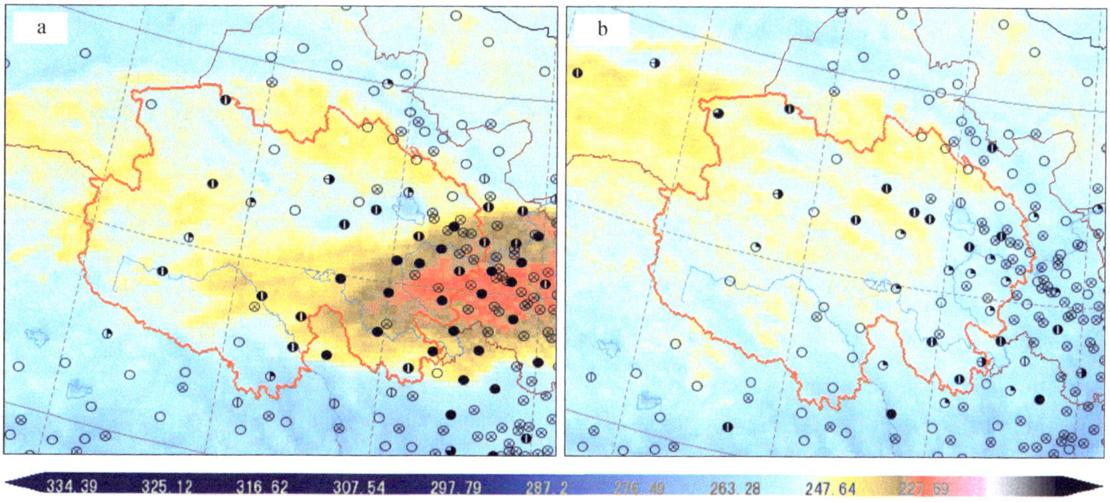

单位:亮度温度/K

图 4.100 2 月 14 日 08 时云图＋地面填图(a)15 日 08 时红外云图＋地面填图(b)

4 讨论

4.1 EC数值预报对青南地区寒潮可预报性讨论

通过对EC 500 hPa预报场和实况场的对比,12、13、14日500 hPa贝加尔湖槽线位置完全一致;巴尔喀什湖槽线位置一致;地面强气压梯度锋区位置预报准确;500 hPa预报12、13日青南地区出现≥20 m·s^{-1}大风区,与实况有差异,预报偏弱;10 m风速预报青南地区出现≥20 m·s^{-1}大风区,与实况有差异,预报偏弱;850 hPa温度及2 m温度数值预报14时08时青南地区预报均比实况偏高3~9 ℃,13日14时预报比实况偏高2~6 ℃,其中08时温度没有预报出海拔高低不同站的温度差异,但基本上预报青南地区比实际偏高2~5 ℃,13日20时、14日08时相对湿度预报与实际相差20%~30%。

由此可见,在该次天气过程中,EC数值预报天气形势和地面锋区位置准确,但850 hPa温度及2 m温度、相对湿度及风速各有误差。在数值预报产品已成为天气分析基础信息的前提下,全面分析预报的稳定性和误差特征,并处理和规避各家数值预报中存在的一些要素误差,已成为预报员必须面对的问题。

4.2 短期预报的着眼点讨论

目前通过数值预报可以提前预报未来形势及要素的变化,从此次青南地区寒潮数值检验来看,形势预报基本完全一致,要素相对来说要差一些,24 h、48 h和72 h的850 hPa、2 m的温度变化,温度降幅近似用于地面气温的降幅,但是不能照搬,因为影响地面气温的因素很多,如下垫面性质、云量、降水、风向、基础温度等,根据当地的经验综合考虑来估算最低气温的降幅。根据此次青南地区寒潮出现的特征,最低气温降温幅度在24 h达到5~13 ℃,从数值预报中去探索降温幅度的预报经验和预报指标,高空冷中心−45 ℃、−18 ℃压至青南北部、冷高压中心强度为1045 hPa、锋面过境后西北风、无降水的锋后减压天气、高空相对湿度20%以下及云量1成左右是否就对应降温5~15 ℃,应统计更多的数值预报产品得到更准确的降温幅度指标。

5 结论

1)寒潮主要出现在玉树、果洛大部、黄南南部及沱沱河站,降温幅度普遍为5~13 ℃,称多清水河站最大降温13 ℃,持续时间短,主要降温时段出现14日20时—15日08时,并伴随大风天气。

2)冷高压一直维持在蒙古地区,冷高压中心随时间而增大,分裂一支冷空气南下,至15日08时冷空气进入祁连山北部,冷高压中心为1040 hPa。

3)等温线在青海省密集,温度梯度大,造成温度平流较大,因此,影响此次寒潮过程的温度平流较为明显;同时锋后下沉冷中心和冷平流中心偏北,低空相对湿度小,晴空辐射及高海拔地区大气层薄,也是15日清晨最低温度下降幅度大的主要原因。

4)青海省处于槽后的西北气流中,这种配置是对降水产生为不利的环流形势,配合青南地区湿度变小及500 hPa风速达22 m·s^{-1},可以预报青南地区大风。

5)EC数值预报天气形势和地面锋区位置准确,但850 hPa温度及2 m温度、相对湿度及风速各有误差。预报员可以通过总结此类寒潮个例,从中探索降温幅度的预报经验和预报指标。

6)此次青南地区寒潮短期预报的着眼点。此次青南地区寒潮主要是锋后温度平流及辐射平流引起的温度变化;冷中心偏北和锋后下沉冷中心,低空相对湿度小和晴空辐射是15日清晨最低温度下降幅度大的主要原因。

参考文献

[1] 保广裕,戴升,张吉农,等. 青海省寒潮天气的气候特征、分型及其预报[J]. 青海科技,2002,9(2):32-35.
[2] 孙瑛. 青海海南地区两次寒潮天气过程对比分析[J]. 青海科技,2011,18(6):68-72.
[3] 何彩青,张青梅,党永秀,等. 青海春季全省性寒潮天气的预报及指标探讨——以2008年4月20日过程为例[J]. 青海科技,2008,15(6):32-36.
[4] 吴登成,边秀珊,谢天蓉. 一次横槽转竖型寒潮天气过程个例分析[J]. 北京农业,2014(18):205-206.
[5] 李生辰,王江山,王希娟,等. 青海南部地区寒潮天气[J]. 青海气象,1997(2):19-23.
[6] 高振荣,刘晓云,田庆明,等. 甘肃河西地区一次强寒潮天气个例诊断分析[J]. 干旱气象,2009,27(1):34-39.

2017年10月9日秋季寒潮过程分析和总结

马秀梅
(青海省气象台,西宁 810001)

摘 要:利用常规、加密观测自动站、卫星云图等资料,对2017年10月9日青海省东北部一次秋季寒潮天气过程进行了成因分析,结果表明:1)此次秋季寒潮天气过程伴有明显降水和吹风天气。2)冷空气在蒙古至新疆一带堆积,横槽转竖是造成此次寒潮天气过程的主要原因。3)地面冷高压向南扩散影响青海省东北部地区。4)地面冷空气在东移过程中受到了祁连山脉高山阻挡,沿着河湟谷地倒灌进入青海省。5)前期温度持续回暖及后期辐射降温是形成剧烈降温的重要条件。

关键词:秋季寒潮,成因分析,冷空气倒灌

引 言

寒潮天气过程是一种在特定的环流形势下发生的大范围的强冷空气活动过程[1]。青海省此类灾害性天气过程一般出现在春、秋两季。寒潮暴发时,冷空气所经之处会相继出现降温、大风沙尘、雨雪等天气,受影响范围较广。强降温对农作物、处于开花期的果树等的冻害最为严重,降雪后出现的道路结冰及大风沙尘所造成的能见度降低均对交通不利[2-3]。寒潮天气对农业生产、交通和百姓的日常生活影响都很大,是一种灾害性天气。

青海省的寒潮天气过程比较多见,且伴随的天气较为复杂。对寒潮天气过程的研究不仅可以提高寒潮及大风沙尘天气的预报水平,提高气象预报服务于社会的能力,并且能够对防灾减灾具有一定的积极作用。对于寒潮天气的研究,国内外已有不少研究成果,许多学者[4-13]对我国寒潮天气典型个例做了深入的研究分析,认为西欧上空500 hPa强暖平流致使在西伯利亚地区形成阻塞高压,建立横槽,横槽北侧的东北气流引导超级低冷空气和西路冷空气合并加强,形成了异常强的冷高压、锋区、冷温度中心和冷温度平流。青藏高原由于受气候变暖和其本身地理环境的影响,对于开展寒潮天气形成机制的研究工作进展较为缓慢,因此对于青藏高原寒潮天气的研究仍然较为重要。2017年10月青海省东北部地区出现了一次寒潮天气过程,应用常规资料、自动站资料等对此次寒潮过程进行了详尽的分析,主要从冷空气路径、强降温成因及影响系统的演变等方面进行诊断分析,总结了此次寒潮天气的成因和物理量特征。

1 天气实况及时空分布特征

此次过程为青海省东北部一次秋季寒潮天气过程。2017年10月8—9日,受强冷空气影响,青海省东北部地区出现明显降水天气,青南出现大风天气。受冷空气和降水影响,青海省东北部地区日平均气温普遍下降8～10 ℃,其中海东市民和县降温幅度最大,达11.6 ℃(图4.101)。

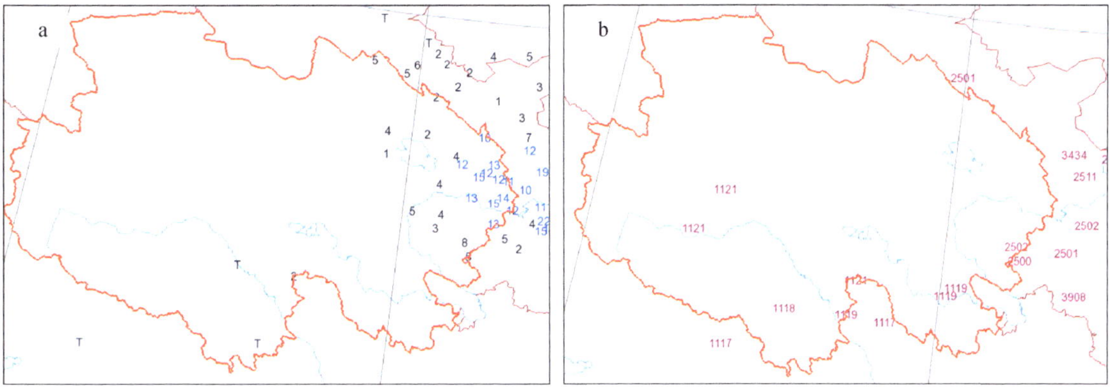

图 4.101　2017 年 10 月 8 日 08 时—9 日 08 时降水量(mm)(a)2017 年 10 月 9 日 20 时特殊天气(b)

2　成因分析

2.1　环流背景

从 8 日 08 时 500 hPa 高空图(图 4.102)分析，受乌拉尔山脊加强影响，新疆北部至蒙古地区有一个乌拉尔山脊前东北风与西风带偏西风形成的横槽。乌拉尔山脊前东北气流使贝加尔湖的冷空气在蒙古至新疆一带堆积，形成−36 ℃冷中心，等温度线密集，高空锋区较强。横槽前部的西风带中有个小槽正在发展，8 日 20 时小槽东移南压，其后部的西北气流引导冷空气南下，并与高原槽前的西南气流在青海省东北部交汇，形成明显的降温和降水天气。

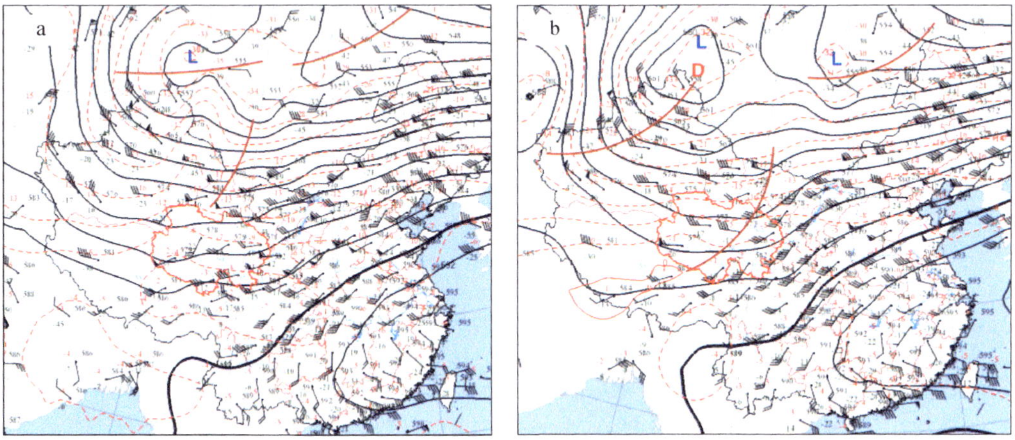

图 4.102　2017 年 10 月 8 日 08 时 500 hPa 高空实况图(a)2017 年 10 月 8 日 20 时 500 hPa 高空实况图(b)

2.2　前期温度持续回暖

冷空气影响前三天，受 700 hPa 高原热低压的影响，暖中心强度达 20 ℃，暖脊向东北部地区伸展，青海省东北部温度持续回升。以西宁站为例，3 日最高气温在 10 ℃左右，到了 6 日白天最高气温超过 20 ℃，温度增幅较明显(图 4.103)。前期天气的持续偏暖，给 8 日开始的寒潮天气积累了很好的降温空间。

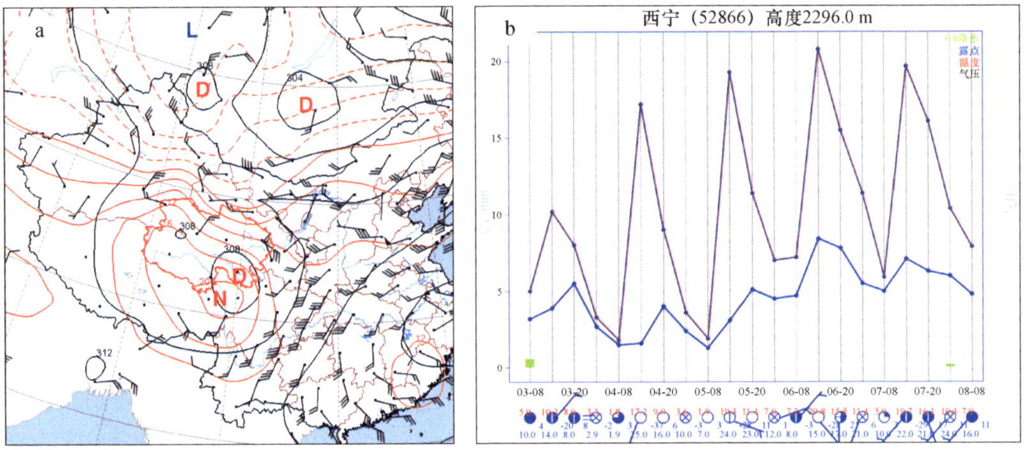

图 4.103　2017 年 10 月 7 日 20 时 700 hPa 实况图(a)西宁站(52866)地面三线图(b)

2.3　地面冷高压及寒潮冷锋的影响

此次寒潮天气过程从地面图上分析主要受贝加尔湖附近堆积的强冷高压前形成的寒潮冷锋南下而暴发，冷高压中心主体偏北，其强度变化为 1047.5 hPa→1050 hPa→1052.5 hPa，青海省北部处于冷高压底部，强度达 1032.5 hPa，对于青海省秋季为冷空气偏强，气温下降幅度大，可达到寒潮天气(图 4.104)。

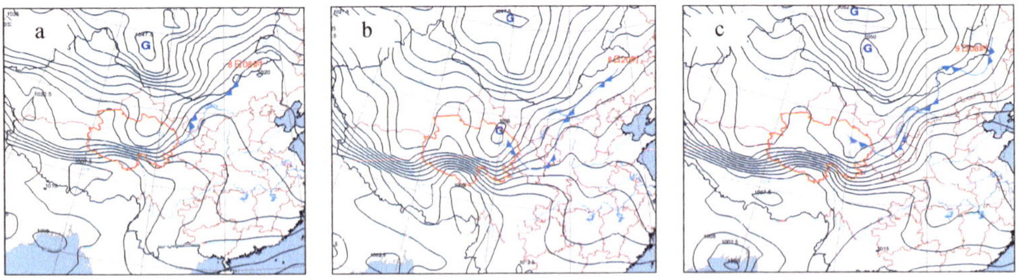

图 4.104　2017 年 10 月 8 日 08 时—9 日 08 时锋面分析图

(a)8 日 08 时(b)8 日 20 时(c)9 日 08 时

2.4　高空冷平流的影响

从 8 日 20 时 500 hPa 总温度平流场可以看出，青海省北部有一个中心温度为-40×10^{-5} K·s^{-1}的负温度平流中心，中心位置偏北，9 日 08 时冷平流中心已经到达青海省北部地区(图 4.105)。

2.5　非绝热因子

根据热流量方程，某地温度变化主要取决于温度平流和非绝热因子。从 9 日 07 时的红外云图可以看出，东北部上空由前期较厚的降水云系转为晴空，辐射降温也是此次寒潮天气形成的重要原因之一(图 4.106)。

2.6　地形作用

此次寒潮降温过程较为特别，青海省东北部特殊地形河湟谷地的影响，冷空气由蒙古经过

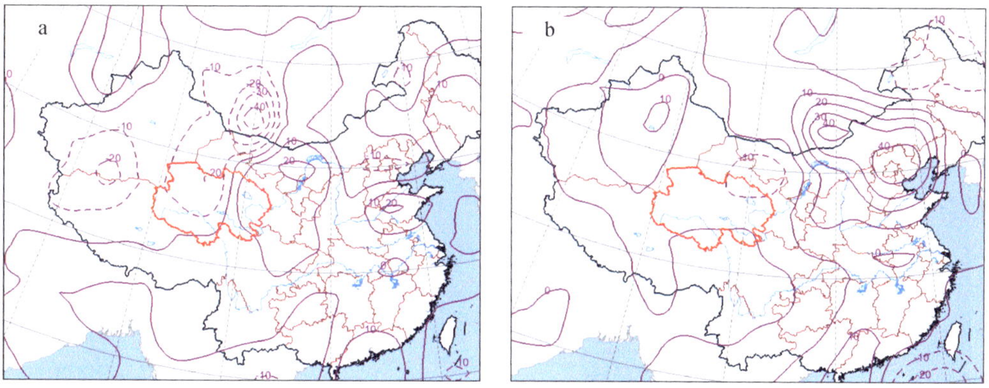

图 4.105　2017 年 10 月 8 日 20 时 500 hPa 总温度平流场(a)
9 日 08 时 500 hPa 总温度平流场(b)(单位:10^{-5} K·s^{-1})

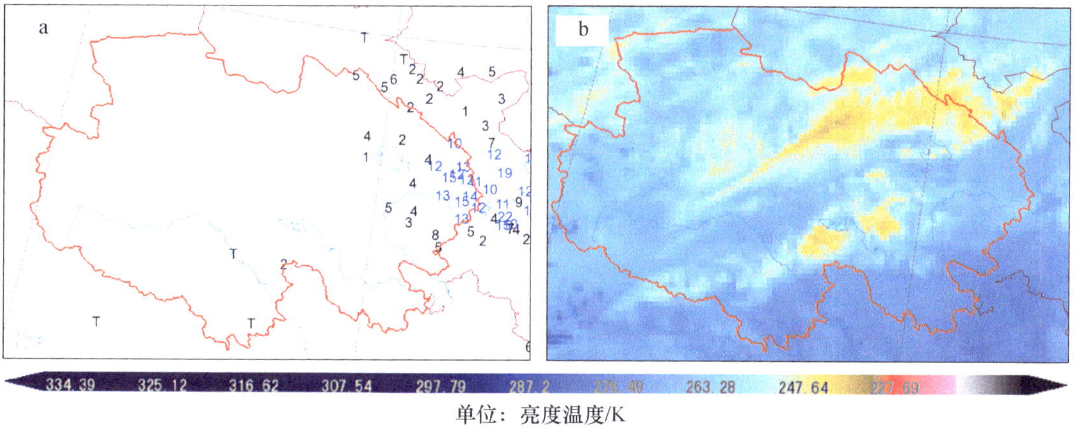

图 4.106　2017 年 10 月 8 日 08 时—9 日 08 时降水量(mm)分布图(a)2017 年 10 月 9 日 07 时红外云图(b)

甘肃随着河湟谷地的地形倒灌进入青海省东部地区,降温从东向西北扩展,使寒潮天气主要集中在青海省东北部地区(图 4.107)。

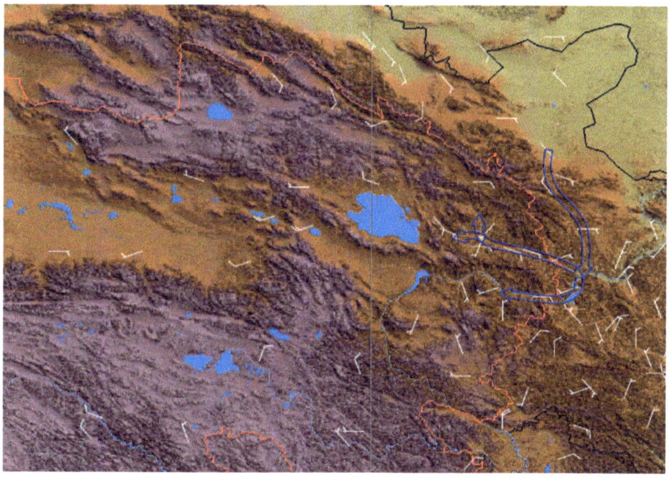

图 4.107　地形

3 寒潮过程中冷空气的源地及路径

3.1 冷高压移动路径

从地面冷高压动态图(图 4.108a)可以看出,冷空气路径较为复杂,贝加尔湖的冷空气沿着乌拉尔山高压脊前东北风向蒙古至新疆一带输送,8 日 08 时在蒙古西部形成中心强度达 1047.5 hPa 的冷高压,由于冷空气的不断输入,新疆槽加强成为低涡,低涡旋转的时候一部分冷空气随着低涡前侧的偏南风向北移动,一部分冷空气沿着冷涡底部西风带中的高空锋区向南扩散,影响青海省东北部地区。8 日 20 时,向南扩散的冷空气在青海省北部形成一个中心强度达 1035 hPa 的冷高压,因其位置偏东偏北,因此冷空气主要使青海省东北部地区造成剧烈降温。

3.2 冷锋移动路径

从蒙古西部到达河西走廊的冷空气由于受到了祁连山脉高山阻挡,使得冷空气沿着河西走廊向东移动到达甘肃东部,再沿着青海省东北部独有的地形河湟谷地倒灌进入青海省,对于青海省来说是东路冷空气是一条比较特殊又常见的入侵路径。从冷锋的移动(图 4.108b)可以清楚地看到冷空气倒灌进入青海省,使得东部地区的气温最先开始下降。此次寒潮过程中西路冷空气(冷空气从南疆盆地进入柴达木盆地东移)的作用表现的不是很明显。

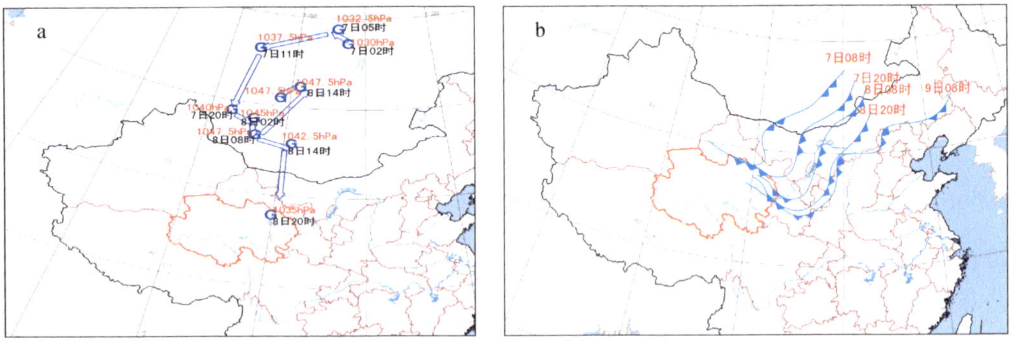

图 4.108 冷高压动态图(a)冷锋动态图(b)

4 小结

1)青海省东北部秋季寒潮天气过程,伴有明显降水和吹风天气。日平均气温普遍下降 8~10 ℃,其中海东市民和县降温幅度最大,达 11.6 ℃。

2)新疆北部至蒙古地区有一个乌拉尔山脊前东北风与西风带偏西风形成的横槽。冷空气在蒙古至新疆一带堆积,形成−36 ℃冷中心,等温度线密集,高空锋区强,冷平流强。

3)前期温度持续回暖及后期辐射降温是形成剧烈降温的重要条件。

4)寒潮天气过程中强冷空气的源头来自于贝加尔湖,贝加尔湖冷空气沿着乌拉尔山高压脊前东北风向蒙古至新疆一带输送,在蒙古西部形成冷高压,冷高压向南扩散影响青海省东北部地区。

5)从蒙古西部到达河西走廊的冷空气由于受到了祁连山脉高山阻挡,使得冷空气沿着河西走廊向东移动到达甘肃东部，再沿着青海省东北部独有的地形河湟谷地倒灌进入青海省，对于青海省来说东路冷空气是一条比较特殊又常见的入侵路径。

参考文献

[1] 陶诗言．阻塞形势破坏时期东亚的一次寒潮过程[J]．气象学报，1957，28(1)：63-74.

[2] 李根娥．一次春季罕见寒潮暴雨-雪天气过程诊断分析[D]．兰州：兰州大学，2007.

[3] 唐孟琪．近30多年中国东北地区春季寒潮的年代际变化及其可能原因[D]．南京：南京信息工程大学，2017.

[4] 牛若芸，乔林，陈涛，等．2008年12月2—6日寒潮天气过程分析[J]．气象，2009，35(12)：74-82.

[5] 张山清，田惠平．一次全国性寒潮暴雪天气过程分析[J]．新疆气象，2005，28(4)：7-8.

[6] 赵玉广，何丽华，张南，等．河北省寒潮天气形势分析及预报[J]．干旱气象，2012，30(1)：94-99.

[7] 闫小利，余锦华，刘谦，等．河南省一次强寒潮天气诊断分析[J]．气象与环境科学，2008，31(1)：60-65.

[8] 张林梅，庄晓翠，胡磊．新疆阿勒泰地区一次强寒潮天气过程分析[J]．干旱气象，2010，28(1)：71-75.

[9] 莫爱勰．2011年4月2日卢氏县寒潮天气成因分析[J]．气象与环境科学，2012，35(2)：78-82.

[10] 王桂春，宋若宁．大连地区2009年12月29—30日寒潮天气过程分析[J]．安徽农业科学，2010，38(18)：9620-9622.

[11] 何建业，杨铁钢，张连霞．河套地区一次寒潮强降雪过程环流形势及物理成因分析[J]．内蒙古气象，2010(2)：6-8.

[12] 陈豫英，陈楠，邵建，等．2008年12月两次寒潮天气对比分析[J]．气象，2009，35(11)：29-38.

[13] 李向红，廖幕科，熊英明，等．影响广西的三次寒潮过程对比研究[J]．气象科学，2011，31(2)：228-235.

附　录

个例普查具体技术规范

1)普查时段

2007年1月1日—2017年12月31日

2)普查范围

发生在青海省范围内(包括影响青海省及周边地区)的灾害性天气过程个例。

3)普查类型

包括大到暴雨、大到暴雪、寒潮、大风、沙尘暴等五类灾害性天气。

4)普查站点

全省国家基准站、基本站、一般站。

5)普查资料

普查及分析所用资料为逐日的MICAPS资料,以北京时08—08时为日界,普查以地面实况资料为依据。

6)各类灾害性天气定义及普查标准如下:

大到暴雪——定义标准为24 h内降雪量≥5 mm,且雪深≥5 cm为大雪,降雪量≥10 mm,且雪深≥10 cm为暴雪;普查标准为全省出现大雪≥3站或暴雪≥1站。

大到暴雨——定义标准为24 h内降雨量≥25 mm为大雨,≥50 mm为暴雨;普查标准为全省出现大雨≥3站或暴雨≥1站。

寒潮——定义标准为24 h内最低气温下降≥8 ℃,且最低气温≤4 ℃;普查标准为全省出现寒潮≥8站。(最低温度进行五舍六入取整后再计算)

大风——定义标准为24 h内出现瞬时风力≥8级的大风;普查标准为全省出现大风≥15站。

沙尘暴——定义标准为24 h内出现能见度≤1.0 km的沙尘暴天气;普查标准为全省出现沙尘暴≥2站。

2007—2017年间灾害性天气个例普查个例数及入选个例集个例数量统计

<table>
<tr><th>个例类型</th><th>普查个例数</th><th>初选个例数</th><th>终选个例数</th><th>入选个例集</th></tr>
<tr><td>大到暴雪</td><td>389</td><td>17</td><td>27</td><td>21</td></tr>
<tr><td>大到暴雨</td><td>264</td><td>16</td><td>28</td><td>21</td></tr>
<tr><td>寒潮</td><td>662</td><td>36</td><td>20</td><td>17</td></tr>
<tr><td>大风</td><td>2936</td><td>47</td><td rowspan="2">41</td><td rowspan="2">22</td></tr>
<tr><td>沙尘暴</td><td>275</td><td>39</td></tr>
<tr><td>合计</td><td>4526</td><td>155</td><td>116</td><td>81</td></tr>
</table>

注:大风个例和沙尘暴个例终选时合并统计

2007—2017 年青海省灾害性天气个例汇总表

个例类型	个例编号	个例时间（年月日）	出现站次	极值站点及数值	地面影响系统	高空影响系统	概念模型分类	是否入选个例集
大到暴雪	BX01	20070302	3 站暴雪（德令哈，湟中、互助）6 站大雪（西宁、民和、泽库、天峻、大柴旦、都兰）	德令哈（14，14）	冷高压 冷锋 青海湖锢囚锋 蒙古气旋	西风槽 高原槽 南支槽	南北槽叠加型	否
	BX02	20070315	1 站暴雪（德令哈）8 站大雪（湟水谷地大部）	德令哈（14，16）	冷高压、冷锋 青海湖锢囚锋 蒙古气旋	西风槽 高原槽 南支槽	南北槽叠加型	是
	BX03	20170330	1 站暴雪（大通）2 站大雪（互助、海晏）	大通（10，10）	冷锋 地面辐合线	西风槽 高原槽 南支槽	南北槽叠加型	是
	BX04	20100420	2 站暴雪（互助、湟中）1 站大雪（门源）	互助（23，12）	冷高压、冷锋 青海湖锢囚锋 蒙古气旋	西风槽 高原槽	东高西低型	否
	BX05	20091111	6 站大雪（西宁、互助、湟中、乐都、贵德、都兰）	都兰（7，6）	冷高压 冷锋 青海湖锢囚锋	西风槽 高空急流 高原槽	东高西低型	是
	BX06	20100420	2 站暴雪（互助、湟中）1 站大雪（门源）	互助（23，12）	冷高压 冷锋 青海湖锢囚锋	西风槽 高空急流 高原槽	东高西低型	是
	BX07	20120408	2 站暴雪（共和、贵南）1 站大雪（贵德）	共和（15，10） 贵德（23，4）	地面辐合线	高原槽 高原涡 高原切变线 南支槽	低涡切变型	是
	BX08	20120415	3 站大雪（杂多、久治、达日）	杂多（16，9）	冷高压 冷锋	高原切变线 南支槽	南支切变型	是
	BX09	20120501	1 站暴雪（久治）1 站大雪（达日）	久治（11，14）	冷高压 冷锋	高原切变线 高原涡、南支槽、高空急流	南支切变型	是
	BX10	20130218	2 站暴雪（河南、泽库）5 站大雪（清水河、杂多、达日、同仁、都兰）	河南（11，10）	冷高压 冷锋 青海湖锢囚锋 蒙古气旋	西风槽 高原槽 南支槽	南北槽叠加型	否
	BX11	20130422	5 站暴雪（玉树、清水河、曲麻莱、杂多、久治）	玉树（19，19）	冷高压 冷锋	西风槽、高原槽、高原切变线、南支槽	南北槽叠加型	是
	BX12	20130507	2 站暴雪（达日、泽库），2 站大雪（河南、门源）；6 站大雨（大通、湟中、西宁、湟源、互助、尖扎）	达日（23，11） 大通（45）	冷高压 冷锋 青海湖锢囚锋 蒙古气旋 地面辐合线	西风槽 高原槽 高原涡 高原切变线 高空急流	东高西低型	是

续表

个例类型	个例编号	个例时间(年月日)	出现站次	极值站点及数值	地面影响系统	高空影响系统	概念模型分类	是否入选个例集
大到暴雪	BX13	20140216	2站暴雪(清水河、杂多)4站大雪(班玛、久治、河南、甘德)	清水河(12,16)	冷高压 冷锋 青海湖锢囚锋	南支槽 高原槽 西风槽 高空急流	南北槽叠加型	是
	BX14	20140411	2站暴雪(泽库、托勒)1站大雪(贵南)	泽库(16,12)	冷高压 冷锋 青海湖锢囚锋	南支槽、高原槽、高原切变线、西风槽	南北槽叠加型	否
	BX15	20140420	1站暴雪(门源)	门源(13,11)	冷锋 锢囚锋	南支槽、高原槽、西风槽	南北槽叠加型	是
	BX16	20141010	2站暴雪(湟中、互助)3站大雪(祁连、门源、刚察)	湟中(25,13)	冷高压、冷锋 青海湖锢囚锋 蒙古气旋	西风槽 高原槽 南支槽	南北槽叠加型	是
	BX17	20150405	2站暴雪(玛多、贵南),6站大雪(同德、河南、泽库、天峻、都兰、乌兰)	同德(16,8) 玛多(12,10) 贵南(12,10)	冷高压 冷锋 青海湖锢囚锋 蒙古气旋	短波槽 南支槽 高原涡 高原切变线	低涡切变型	是
	BX18	20151030	1站大暴雪(互助)1站暴雪(西宁)1站大雪(海晏)	互助(24,22)	冷高压、冷锋 锢囚锋 蒙古气旋	西风槽 南支槽 切变线	北槽南涡型	是
	BX19 BX20	20160321 20160322	21日:2站暴雪(天峻、同德)3站大雪(乌兰、贵南、兴海) 22日:1站暴雪(贵南)4站大雪(湟中、天峻、同德、互助、清水河)	21日:天峻(10,11) 同德(10,11) 22日:贵南(16,16) 湟中(17,9)	冷高压 冷锋 青海湖锢囚锋 蒙古气旋	西风槽 高原槽 高原涡 高原切变线	东高西低型转北槽南涡型	是
	BX21	20160328	2站大雪(杂多、久治)3站大雪(班玛、达日、清水河)	杂多(14,16)	冷高压 冷锋	南支槽 高原切变线	南支切变型	是
	BX22	20160414	2站暴雪(湟源、海晏)4站大雪(湟中、贵南、化隆、泽库)	湟源(22,11) 贵德(34,0)	冷高压 冷锋 青海湖锢囚锋 蒙古气旋	西风槽、高原槽、高原涡 高原切变线 南支槽	南北槽叠加型	否
	BX23	20160525	3站暴雪(治多、清水河、久治)1站大雪(甘德)	久治(24,13)	蒙古气旋 冷锋	南支槽 高原切变线	南支切变型	是

续表

个例类型	个例编号	个例时间（年月日）	出现站次	极值站点及数值	地面影响系统	高空影响系统	概念模型分类	是否入选个例集
大到暴雪	BX24	20161027	2站暴雪（玛沁、化隆）3站大雪（互助、甘德、玉树）	玛沁（12,10）	冷锋 锢囚锋 蒙古气旋	西风槽 南支槽 西太副高	东高西低型	是
	BX25	20170220	大雪3站（都兰、德令哈、民和）北部大部伴寒潮	都兰（8,8）	冷高压、冷锋 青海湖锢囚锋 蒙古气旋	西风槽 高原槽	东高西低型	是
	BX26	20170311	4站大雪（同德、贵南、兴海、玛沁）	同德（10,6）	东北冷涡 冷锋	南支槽 高原涡 高原切变线	南支切变型	否
	BX27	20170425	2站暴雪（甘德、河南）4站大雪（兴海、玛沁、清水河）	甘德（16,11）	东北冷涡 冷锋	南支槽 高原涡 高原切变线	南支切变型	是
大到暴雨	BY01	20070825	3站暴雨（西宁、尖扎、互助）8站大雨（东部河谷大部）	西宁（80）	冷锋 地面辐合线	西太副高 西风槽 高原切变线	副高稳定型	是
	BY02	20070829	1站暴雨（互助）2站大雨（共和、久治）	互助（54）	冷锋 地面辐合线	西太副高 西风槽 高原切变线	副高稳定型	是
	BY03	20090720	1站暴雨（河南）	河南（55）	地面辐合线	西太副高 高原切变线	副高稳定型	否
	BY04	20090802	1站暴雨（尖扎）4站大雨（海晏、湟中、西宁、民和）	尖扎（57）	冷锋 地面辐合线	西太副高 西风槽 高原切变线	副高东退型	是
	BY05	20100618	1站暴雨（都兰）1站大雨（兴海）	都兰（51）	地面辐合线	高原切变线	低涡切变型	是
	BY06	20100802	1站暴雨（门源）2站大雨（都兰、乌兰）	门源（64）	地面辐合线	西太副高 西风槽	副高稳定型	是
	BY07	20100810	1站暴雨（泽库）2站大雨（同仁、玛沁）	泽库（55）	地面辐合线	西太副高 西风槽	副高稳定型	否
	BY08	20100920	1站暴雨（同仁）7站大雨（东部河谷大部地区）	同仁（79）	冷锋 地面辐合线 青海湖锢囚锋	西太副高 西风槽 高原槽	副高稳定型	是
	BY09	20110814	1站暴雨（门源）12站大雨（东部河谷和环湖地区）	门源（36）	冷锋	西太副高 西风槽 高原槽	副高稳定型	是
	BY10	20120729	9站大雨（东部河谷）	平安（46）	冷锋	西太副高 西风槽 高原槽	副高稳定型	是

续表

个例类型	个例编号	个例时间(年月日)	出现站次	极值站点及数值	地面影响系统	高空影响系统	概念模型分类	是否入选个例集
大到暴雨	BY11	20120815	1 站暴雨(同德)	同德(55.5)	地面辐合线	西太副高 西风槽	副高稳定型	是
	BY12	20130618	1 站暴雨(茶卡)1 站大雨(托勒)	茶卡(71.5)	地面辐合线	西太副高 西风槽	副高东退型	是
	BY13	20130820	2 站大雨(刚察、茶卡)	刚察(45.4)	地面辐合线	西太副高 西风槽	副高东退型	否
	BY14	20130821	1 站大暴雨(大通)	大通(145)	地面辐合线	西太副高 西风槽	副高东退型	是
	BY15	20140805	2 站大雨(久治、河南)	久治(26.4)	地面辐合线	西太副高 中东高压 高原切变线	两高切变型	否
	BY16	20150627	1 站大雨(诺木洪)	诺木洪(31)	冷锋 地面辐合线	西太副高 西风槽	副高稳定型	否
	BY17	20150629	1 站暴雨(贵南)2 站大雨(共和、甘德)	贵南(57.2)	冷锋 地面辐合线	西太副高 西风槽	副高东退型	是
	BY18	20150703	3 站大雨(乌兰、天峻、都兰)	乌兰(39)	地面辐合线	西风槽 高原切变线	低涡切变型	是
	BY19	20160710	10 站大雨(东部河谷)	门源(38)	地面辐合线	西太副高 西风槽	副高稳定型	否
	BY20	20160817	1 站暴雨(湟源)	湟源(62)	地面辐合线	西太副高 西风槽	副高稳定型	否
	BY21	20160823	2 站暴雨(同德、河南)	同德(59)	冷锋 地面辐合线	西太副高 西风槽	副高稳定型	是
	BY22	20160824	1 站暴雨(河南)8 站大雨(海南、环湖地区)	河南(68)	冷锋 地面辐合线	西太副高 西风槽	副高稳定型	是
	BY23	20170521	5 站大雨(贵德、同德、互助、湟中、达日)	贵德、同德(均为 28)	冷锋 青海湖锢囚锋	西太副高 西风槽 高原涡、高原槽	东高西低型	是
	BY24	20170707	1 站大雨(曲麻莱)	曲麻莱(26)	地面辐合线	高原涡 高原切变线	低涡切变型	是
	BY25	20170723	1 站暴雨(刚察)3 站大雨(海晏、门源、共和)	刚察(54)	冷锋 地面辐合线	西风槽 西太副高	副高东退型	是
	BY26	20170726	5 站大雨(贵南、兴海、海晏、民和、河南、同)	贵南(46)	冷锋 地面辐合线	西风槽 西太副高	副高稳定型	是
	BY27	20170805	1 站暴雨(泽库)2 站大雨(河南、天峻)	泽库(58)	地面辐合线	西太副高	副高西伸型	是
	BY28	20170819	10 站大雨(海晏、西宁周边、海南南部、黄南)	海晏(48)	地面辐合线	青藏高压 西太副高	两高切变型	是

续表

个例类型	个例编号	个例时间（年月日）	出现站次	极值站点及数值	地面影响系统	高空影响系统	概念模型分类	是否入选个例集
大风和沙尘暴	DS01	20070125	5 站沙尘暴 18 站大风	诺木洪 (500 m) 野牛沟 ($32\ m\cdot s^{-1}$)	冷锋	蒙古冷槽 高空急流	混合型	是
	DS02	20070416	1 站强沙尘暴 26 站大风	冷湖 ($27\ m\cdot s^{-1}$)	冷锋	西北气流 高空急流	混合型	是
	DS03	20070916	23 站大风	大柴旦 ($28\ m\cdot s^{-1}$)	冷锋	蒙古冷槽 高空急流	混合型	否
	DS04	20080331	5 站沙尘暴 24 站大风	冷湖 (200 m) 野牛沟 ($28\ m\cdot s^{-1}$)	冷锋	蒙古冷槽 高空急流	混合型	否
	DS05	20080501	5 站沙尘暴 9 站大风	冷湖 ($25.2\ m\cdot s^{-1}$) 冷湖 (50 m)	冷锋 2 日 热低压 1 日	西风槽	中尺度型	是
	DS06	20090312	1 站强沙尘暴 26 站大风	冷湖 ($27\ m\cdot s^{-1}$) 冷湖 (400 m)	冷锋	蒙古横槽 高空急流	混合型	否
	DS07	20090817	1 站沙尘暴 11 站大风	冷湖 ($27\ m\cdot s^{-1}$) 诺木洪 (700 m) 4 站冰雹、雷暴	冷锋	短波槽	中尺度型	否
	DS08	20091226	1 站沙尘暴 22 站大风	河南县 ($24\ m\cdot s^{-1}$)	冷锋后	蒙古冷槽 高空急流	混合型	否
	DS09	20100307	2 站沙尘暴 34 站大风	湟源、海晏 ($27\ m\cdot s^{-1}$)	冷锋	蒙古横槽 高空急流	混合型	是
	DS10	20100316	2 站扬沙 23 站大风	野牛沟 ($32\ m\cdot s^{-1}$)	冷锋、大风发生在冷锋前	高空急流	动量下传型	否
	DS11	20100409	4 站沙尘暴 34 站大风	刚察、冷湖、茫崖、格尔木 (200 m) 茶卡 ($30\ m\cdot s^{-1}$)	冷锋 大风发生在冷锋前	高空急流	动量下传型	否

续表

个例类型	个例编号	个例时间(年月日)	出现站次	极值站点及数值	地面影响系统	高空影响系统	概念模型分类	是否入选个例集
大风和沙尘暴	DS12	20100905	3站沙尘暴7站大风	格尔木(100 m) 野牛沟($25\ m \cdot s^{-1}$)	热低压 冷锋	新疆低涡	中尺度型	是
	DS13	20110313	26站大风	五道梁($29\ m \cdot s^{-1}$) 茫崖(0.8 m)	冷锋	高空急流 蒙古槽	混合型	是
	DS14	20121102	7站沙尘暴35站大风	冷湖(100 m) 托勒($29\ m \cdot s^{-1}$)	冷锋	高空急流 蒙古冷槽	混合型	是
	DS15	20121206	24站大风	五道梁($30\ m \cdot s^{-1}$)	冷锋之前的大风	高空急流	动量下传型	是
	DS16	20110317	4站沙尘暴8站大风	格尔木(100 m) 格尔木($26\ m \cdot s^{-1}$)	冷锋 热低压 大风发生在冷锋前	新疆冷槽 高空急流	动量下传型	是
	DS17	20140430	4站沙尘暴14站大风	茫崖(10 m) 茫崖($30\ m \cdot s^{-1}$)	冷锋	新疆冷槽	混合型	否
	DS18	20140508	1站沙尘暴11站大风	茫崖(200 m) ($26.3\ m \cdot s^{-1}$)	中尺度冷锋	西亚横槽	混合型	是
	DS19	20140518	12站大风	大武($21\ m \cdot s^{-1}$)	冷锋	高原槽	混合型	否
	DS20	20140523	6站沙尘暴11站大风	诺木(500 m) 冷湖($22\ m \cdot s^{-1}$)	冷锋	新疆槽	混合型	否
	DS21	20150302	28站大风	曲麻莱($28\ m \cdot s^{-1}$)	冷锋	蒙古冷槽	混合型	否
	DS22	20150315	17站大风	五道梁($23\ m \cdot s^{-1}$)	无	高空急流	动量下传型	是

续表

个例类型	个例编号	个例时间（年月日）	出现站次	极值站点及数值	地面影响系统	高空影响系统	概念模型分类	是否入选个例集
大风和沙尘暴	DS23	20150313	3站沙尘暴18站大风	冷湖（600 m）冷湖（23 m·s^{-1}）	冷锋	蒙古冷槽 高空急流	混合型	否
	DS24	20150331	4站沙尘暴20站大风	格尔木（30 m）小灶火（27 m·s^{-1}）	冷锋 热低压	高原槽 大风发生在热低压	中尺度型	否
	DS25	20150402	3站沙尘暴9站大风	诺木洪（160 m）五道梁（21.1 m·s^{-1}）	中尺度冷锋	高原槽	中尺度型	是
	DS26	20150510	21站大风	大武、玛多（25 m·s^{-1}）	冷锋	蒙古槽、高空急流，大风发生在冷锋前	动量下传型	否
	DS27	20160121	2站沙尘暴22站大风	沱沱河（28 m·s^{-1}）	冷锋	蒙古横槽、高空急流，大风发生在冷锋前	动量下传型	否
	DS28	20160216	10站大风	五道梁（25 m·s^{-1}）	冷锋	高空急流，大风发生在冷锋前	动量下传型	是
	DS29	20160304	24站大风	茶卡（25.6 m·s^{-1}）茫崖（0.5 m）	冷锋	高空急流 西风槽	混合型	是
	DS30	20160305	2站沙尘暴24站大风	茫崖（500 m）茶卡（25 m·s^{-1}）	冷锋 大风发生在冷锋前	高空急流	动量下传型	是
	DS31	20160312	26站大风	野牛沟（24 m·s^{-1}）	冷锋，大风发生在冷锋前	高空急流	动量下传型	是
	DS32	20160416	29站大风	共和（24 m·s^{-1}）	冷锋	高空急流 蒙古槽	混合型	是

续表

个例类型	个例编号	个例时间(年月日)	出现站次	极值站点及数值	地面影响系统	高空影响系统	概念模型分类	是否入选个例集
大风和沙尘暴	DS33	20160501	2站沙尘暴26站大风	都兰(200 m)沱沱河(27 m·s^{-1})	冷锋大风发生在冷锋前	高空急流	动量下传型	否
	DS34	20160606	5站大风	海晏(25 m·s^{-1})	冷锋	西风槽	中尺度型	否
	DS35	20161003	11站大风	野牛沟(16.9 m·s^{-1})茫崖(0.1)	热低压 冷锋	西风槽	中尺度型	否
	DS36	20170120	12站大风	五道梁(23 m·s^{-1})	无	高空急流	动量下传型	否
	DS37	20170209	8站大风	沱沱河(24 m·s^{-1})	无	高空急流	动量下传型	否
	DS38	20170225	12站大风	玛多(19 m·s^{-1})	无	高空急流	动量下传型	是
	DS39	20170323	18站大风	瓦里关(33.6 m·s^{-1})	冷锋	高空急流 蒙古槽	混合型	是
	DS40	20170408	10站大风	沱沱河(24 m·s^{-1})	无	高空急流	动量下传型	是
	DS41	20170618	1站沙尘暴3站大风	格尔木(300 m)格尔木(18.5 m·s^{-1})	冷锋		中尺度型	是
寒潮	HC01	20080112	7	大柴旦(−16)	冷高压 冷锋	西风槽	小槽东移型	是
	HC02	20081203	21	互助、门源(−15)	冷高压 冷锋	西风槽	横槽转竖型	是
	HC03	20091116	13	门源(−17)	冷高压、冷锋 锢囚锋	西风槽	横槽转竖型	是
	HC04	20100331	13	玛多(−13)	冷高压 冷锋	西风槽	蒙古冷涡型	是
	HC05	20110314	16	河南(−16)	冷高压、冷锋 锢囚锋	西亚大槽 高原槽	横槽转竖型	是
	HC06	20120209	17	沱沱河(−15)	冷高压 冷锋	短波槽 南支槽	蒙古冷槽型	是

续表

个例类型	个例编号	个例时间（年月日）	出现站次	极值站点及数值	地面影响系统	高空影响系统	概念模型分类	是否入选个例集
寒潮	HC07	20121228	29	门源（−15）	冷高压 冷锋	蒙古冷槽 高原槽	蒙古冷槽型	是
	HC08	20130108	12	甘德（−19）	冷高压 冷锋	短波槽	低槽东移型	是
	HC09	20130219	14	清水河（−18）	冷高压 冷锋	西亚大槽	横槽转竖型	是
	HC10	20131123	26	清水河（−13）	冷高压 冷锋	高原槽 蒙古冷槽	蒙古冷槽型	是
	HC11	20131214	18	海晏（−16）	冷高压 冷锋	高原槽 冷温槽	小槽发展型	是
	HC12	20140119	23	清水河（−23）	冷高压、冷锋 锢囚锋	横槽	横槽转竖型	是
	HC13	20140206	22	野牛沟（−14）	冷高压、冷锋 锢囚锋	西风槽	小槽东移型	否
	HC14	20150117	25	清水河（−21）	冷高压、冷锋 锢囚锋	西风槽	小槽东移型	是
	HC15	20150401	18	同德、甘德 久治、西宁（−12）	冷高压 冷锋 锢囚锋	西风槽 高原槽	低槽东移型	是
	HC16	20150930	27	门源（−14）	冷高压、冷锋 锢囚锋	西风槽 高原槽	低槽东移型	否
	HC17	20160123	33	河南（−17）	冷高压、冷锋 锢囚锋	横槽	蒙古冷涡型	是
	HC18	20160215	11	清水河（−13）	冷高压 冷锋	西风槽	西北气流型	是
	HC19	20170221	10	都兰（−12）	冷高压、冷锋 青海湖锢囚锋	西风槽 高原槽	低槽东移型	否
	HC20	20171009	13	民和（−12）	冷高压、冷锋 青海湖锢囚锋	西风槽、高原槽、南支槽	横槽转竖型	是

注：极值站点和数值列中，大到暴雪为：站点（降水/mm，雪深/cm）。大到暴雨为：站点（降水量/mm）。寒潮为：站点（最低气温降温幅度/℃）。大风为：站点（极大风速/（m·s^{-1}））。沙尘暴为：站点（发生沙尘暴时的最小能见度/m）。